최신전기설비규정 반영 · CBT 완벽 대비

전기기사·산업기사
D-30
30일 필기 단기완성

제1과목 전기자기학

- Chapter 01. 벡터 · · · · · · 6
- Chapter 02. 진공중의 정전계 · · · · · · 14
- Chapter 03. 진공중의 도체계 · · · · · · 44
- Chapter 04. 유전체 · · · · · · 66
- Chapter 05. 전기영상법 · · · · · · 84
- Chapter 06. 전류 · · · · · · 92
- Chapter 07. 진공중의 정자계 · · · · · · 108
- Chapter 08. 전류에 의한 자계 · · · · · · 118
- Chapter 09. 자성체와 자기회로 · · · · · · 136
- Chapter 10. 전자유도현상 · · · · · · 158
- Chapter 11. 인덕턴스 · · · · · · 168
- Chapter 12. 전자계 · · · · · · 182
- Chapter 13. 최신기출 CBT 신경향 문제 · · · · · · 198

제2과목 전력공학

- Chapter 01. 가공전선로 · · · · · · 216
- Chapter 02. 지중 전선로 · · · · · · 228
- Chapter 03. 선로정수·코로나 · · · · · · 232
- Chapter 04. 송전특성 · · · · · · 246
- Chapter 05. 고장해석 · · · · · · 260
- Chapter 06. 중성점 접지 방식과 유도장해 · · · · · · 272
- Chapter 07. 이상전압과 안정도 · · · · · · 286
- Chapter 08. 배전선로의 운영 · · · · · · 304
- Chapter 09. 수변전설비 설계 · · · · · · 312
- Chapter 10. 수변전설비 운영 · · · · · · 322
- Chapter 11. 수력발전 · · · · · · 336
- Chapter 12. 화력발전 · · · · · · 346
- Chapter 13. 원자력발전 · · · · · · 354
- Chapter 14. 최신기출 CBT 신경향 문제 · · · · · · 360

제3과목 전기기기

- Chapter 01. 직류 발전기 · · · · · · 386
- Chapter 02. 직류 전동기 · · · · · · 402
- Chapter 03. 동기 발전기 · · · · · · 412
- Chapter 04. 동기 전동기 · · · · · · 430
- Chapter 05. 변압기 · · · · · · 436
- Chapter 06. 유도기 · · · · · · 462
- Chapter 07. 정류기 · · · · · · 482
- Chapter 08. 특수기기 · · · · · · 492
- Chapter 09. 최신기출 CBT 신경향 문제 · · · · · · 500

제4과목 회로이론

- Chapter 01. 전기이론 ··· 524
- Chapter 02. 정현파 교류 ··· 532
- Chapter 03. 기본 교류 회로 ··· 542
- Chapter 04. 단상 교류전력 ··· 554
- Chapter 05. 유도결합회로 ··· 562
- Chapter 06. 일반 선형 회로망 ··· 568
- Chapter 07. 다상교류 ··· 576
- Chapter 08. 대칭좌표법 ··· 596
- Chapter 09. 비정현파 교류 ··· 606
- Chapter 10. 2단자망 ··· 616
- Chapter 11. 4단자망 ··· 622
- Chapter 12. 분포정수 ··· 636
- Chapter 13. 라플라스 변환 ··· 644
- Chapter 14. 전달함수 ··· 654
- Chapter 15. 과도현상 ··· 664
- Chapter 16. 최신기출 CBT 신경향 문제 ··· 674

제5과목 제어공학

- Chapter 01. 자동제어계의 종류와 구성 ··· 708
- Chapter 02. 블록선도와 신호흐름선도 ··· 720
- Chapter 03. 자동제어계의 과도응답 ··· 730
- Chapter 04. 주파수 응답 ··· 748
- Chapter 05. 안정도 판별법 ··· 760
- Chapter 06. 근궤적법 ··· 776
- Chapter 07. 상태방정식 및 z변환 ··· 782
- Chapter 08. 시퀀스 제어 ··· 796
- Chapter 09. 제어기기 ··· 806
- Chapter 10. 최신기출 CBT 신경향 문제 ··· 812

제6과목 전기설비기술기준

- Chapter 01. 공통사항 ··· 836
- Chapter 02. 저압전기설비 ··· 850
- Chapter 03. 고압/특고압 전기설비 ··· 838
- Chapter 04. 전기철도설비 ··· 936
- Chapter 05. 분산형전원설비 ··· 942
- Chapter 06. 최신기출 CBT 신경향 문제 ··· 948

[**D-30** 전기기사·산업기사 필기
30일 필기 단기완성]

제1과목
전기자기학

Chapter 01 벡터
Chapter 02 진공중의 정전계
Chapter 03 진공중의 도체계
Chapter 04 유전체
Chapter 05 전기영상법
Chapter 06 전류
Chapter 07 진공중의 정자계
Chapter 08 전류에 의한 자계
Chapter 09 자성체와 자기회로
Chapter 10 전자유도현상
Chapter 11 인덕턴스
Chapter 12 전자계
Chapter 13 CBT 신경향 문제

제1과목
전기자기학
DAY - 01

30일 단기완성

Chapter 01
벡터

1 출제경향분석

제1장 벡터의 해석에서는 기본적인 벡터의 계산법을 다루며 시험에 자주 출제가 되는 내용은 다음과 같습니다.

> **반드시 알아야 하는 핵심 포인트**
> ① 방향벡터　　　　　　② 벡터의 내적
> ③ 벡터의 외적　　　　　④ 벡터의 미분

2 학습 가이드라인

- 반드시 알아야 하는 핵심 포인트는 전기기사 및 산업기사 시험에서 가장 출제빈도가 높은 논점으로 각 파트별 핵심 포인트와 문제를 연계하여 학습해 주시기를 권장합니다.
- 체크리스트를 작성하시면서 문제의 유형과 학습의 완성도를 스스로 확인해 주세요.
- 출제 빈도가 높고 틀리기 쉬운 문제를 맞출 수 있도록 "콕콕 포인트"를 확인해 주세요.

우선순위 논점	KEY WORD	선생님의 콕콕 포인트
벡터의 내적	두 벡터가 이루는 각, 스칼라 계산	두 벡터가 이루는 각을 계산 시 내적을 이용
벡터의 내적	$A \cdot B$	ijk 삭제, 같은 방향의 크기끼리 곱할 것
벡터의 외적	평행사변형의 적, 삼각형의 적, 두 벡터의 수직한 단위 벡터	외적을 이용 행렬 연산으로 계산할 것
벡터의 발산	div, $\nabla \cdot$ 벡터	같은 방향의 계수만 곱하고 편미분 후 합산
스토크스 정리	선형정리, stokes	$\int_c \to \int_s$, $dl \to ds$로 변환 시 $rot = \nabla \times$ 되는 것을 찾을 것
발산 정리	면 $S[m^2]$에서 체적 $v[m^3]$으로 적분	$\int_S \to \int_v$, $ds \to dv$로 변환 시 $div = \nabla$ 되는 것을 찾을 것

1-1 벡터 – 합과 차·단위벡터

1. 벡터의 합과 차 : 같은 성분의 단위벡터의 계수끼리 가감
   $$\vec{A} \pm \vec{B} = (A_x \pm B_x)i + (A_y \pm B_y)j + (A_z \pm B_z)k$$
2. 거리 벡터 계산 : 두 벡터 중 시점$(x_2 y_2 z_2)$, 종점$(x_1 y_1 z_1)$의 경우
   $$r = 종점 - 시점 = (x_1 - x_2)i + (y_1 - y_2)j + (z_1 - z_2)k$$
3. 단위벡터: 크기가 1인 벡터를 말하며 i, j, k를 포함
   ① 방향벡터 : 크기가 1이며 벡터에 방향성을 제시하는 벡터
   $$\vec{n} = \frac{벡터}{스칼라} = \frac{\vec{A}}{|\vec{A}|} = \frac{A_x i + A_y j + A_z k}{\sqrt{A_x^2 + A_y^2 + A_z^2}} = \frac{A_x}{|A|}i + \frac{A_y}{|A|}j + \frac{A_z}{|A|}k$$
   ② 단위벡터 : 방향벡터의 절대값 크기가 $|\vec{n}| = 1$인 벡터

01 벡터의 합과 차 □□□ check up!

어떤 물체에 $F_1 = -3i + 4j - 5k$와 $F_2 = 6i + 3j - 2k$의 힘이 작용하고 있다. 이 물체에 F_3을 가했을 때 세 힘이 평형이 되기 위한 F_3은?

① $F_3 = -3i - 7j + 7k$
② $F_3 = 3i + 7j - 7k$
③ $F_3 = 3i - j - 7k$
④ $F_3 = 3i - j + 3k$

해설 $F_1 = -3i + 4j - 5k$, $F_2 = 6i + 3j - 2k$일 때
세 힘이 평형이 되는 경우는 세 힘을 모두 합산 시 0일 때이다.
그러므로 $F_1 + F_2 + F_3 = 0$에서
$F_3 = -(F_1 + F_2) = -[(-3i + 4j - 5k) + (6i + 3j - 2k)] = -3i - 7j + 7k$[N]이 된다.   **답** ①

02 단위 벡터 □□□ check up!

원점에서 점 $A(-2, 2, 1)$로 향하는 단위벡터 a_0는?

① $-2i + 2j + k$
② $\frac{1}{3}i + \frac{2}{3}j - \frac{2}{3}k$
③ $-\frac{2}{3}i + \frac{2}{3}j + \frac{1}{3}k$
④ $-\frac{2}{5}i + \frac{2}{5}j + \frac{1}{5}k$

해설 단위벡터 $n = \frac{벡터}{스칼라}$ $n = a_0 = \frac{A}{|A|} = \frac{-2i + 2j + k}{\sqrt{(-2)^2 + 2^2 + 1^2}} = \frac{-2i + 2j + k}{3}$ **답** ③

1-2 벡터 – 곱

1. 벡터의 곱 내적 (·) : 벡터를 스칼라로 환원
   ① 내적의 정의식 : $\vec{A} \cdot \vec{B} = |\vec{A}||\vec{B}|\cos\theta$
   ② 내적의 성질 : $i \cdot i = j \cdot j = k \cdot k = 1$, $i \cdot j = j \cdot k = k \cdot i = 0$
   ③ 내적의 계산 : $\vec{A} \cdot \vec{B} = A_x B_x + A_y B_y + A_z B_z$

2. 벡터의 곱 외적 (×) : 벡터 ➔ 벡터(벡터곱)
   ① 외적의 정의식

   $$\vec{A} \times \vec{B} = |\vec{A}||\vec{B}|\sin\theta\, n = |A \times B| n = \begin{vmatrix} i & j & k \\ A_x & A_y & A_z \\ B_x & B_y & B_z \end{vmatrix}$$

   $$= (A_y B_z - A_z B_y) i - (A_x B_z - A_z B_x) j + (A_x B_y - A_y B_x) k$$

   ② 외적의 성질
   $i \times i = j \times j = k \times k = 0$
   $i \times j = -j \times i = k$ (i에서 j를 감으면 엄지는 k를 가리킨다.)
   $j \times k = -k \times j = i$ (j에서 k를 감으면 엄지는 i를 가리킨다.)
   $k \times i = -i \times k = j$ (k에서 i를 감으면 엄지는 j를 가리킨다.)

01 벡터의 내적 - ① □□□ check up!

두 벡터 $A = iA_x + jA_y + kA_z$, $B = iB_x + jB_y + kB_z$의 스칼라 곱은?

① $A_x B_x + A_y B_y + A_z B_z$ ② $A_x B_y + A_y B_z + A_z B_x$
③ $A_x B_z + A_y B_x + A_z B_y$ ④ $A_y B_x + A_z B_y + A_y B_z$

해설 같은 성분 끼리 계수만 곱하여 모두 합산한다.
$A \cdot B = (A_x i + A_y j + A_z k) \cdot (B_x i + B_y j + B_z k) = A_x B_x + A_y B_y + A_z B_z$

답 ①

02 벡터의 내적 - ② □□□ check up!

벡터에 대한 계산식이 옳지 않은 것은?

① $i \cdot i = j \cdot j = k \cdot k = 0$ ② $i \cdot j = j \cdot k = k \cdot i = 0$
③ $A \cdot B = AB\cos\theta$ ④ $i \times i = j \times j = k \times k = 0$

해설 내적의 성질 $i \cdot i = j \cdot j = k \cdot k = 1 \times 1 \times \cos 0° = 1$

답 ①

Chapter 01. 벡터

03 벡터의 내적 - ③ □□□ check up!

벡터 $A = i - j + 3k$, $B = i + ak$ 일 때 벡터 A가 수직이 되기 위한 a의 값은? (단, i, j, k는 x, y, z 방향의 기본벡터이다.)

① -2
② $-\dfrac{1}{3}$
③ 0
④ $\dfrac{1}{2}$

해설 $A \cdot B$가 수직이 되기 위한 조건은 $A \cdot B = 0$

$A \cdot B = (1 \times 1) + (-1 \times 0) + (3 \times a) = 0$에서 $1 + 3a = 0$이므로 $a = -\dfrac{1}{3}$이다.

답 ②

04 벡터의 외적 - ① □□□ check up!

다음 벡터의 곱을 나타내는 식 중 틀린 것은?

① $A \cdot B = AB\cos\theta$
② $A \times B = AB\sin\theta$
③ $A \cdot B = B \cdot A$
④ $A \times B = B \times A$

해설 벡터의 외적(벡터 곱, cross적)은 교환 법칙이 성립되지 않는다.
$A \times B$와 $B \times A$의 크기는 $AB\sin\theta$로 같으나 방향이 반대이다. $A \times B = -B \times A$

답 ④

05 벡터의 외적 - ② □□□ check up!

벡터 $A = 2i - 6j - 3k$와 $B = 4i + 3j - k$에 수직한 단위 벡터는?

① $\pm\left(\dfrac{3}{7}i - \dfrac{2}{7}j + \dfrac{6}{7}k\right)$
② $\pm\left(\dfrac{3}{7}i + \dfrac{2}{7}j - \dfrac{6}{7}k\right)$
③ $\pm\left(\dfrac{3}{7}i - \dfrac{2}{7}j - \dfrac{6}{7}k\right)$
④ $\pm\left(\dfrac{3}{7}i + \dfrac{2}{7}j + \dfrac{6}{7}k\right)$

해설 $A \times B = |A \times B| \cdot n$, $n = \dfrac{A \times B}{|A \times B|}$

$A \times B = \begin{vmatrix} i & j & k \\ 2 & -6 & -3 \\ 4 & 3 & -1 \end{vmatrix} = 15i - 10j + 30k$

$|A \times B| = \sqrt{15^2 + (-10)^2 + 30^2} = 35$

$n = \dfrac{A \times B}{|A \times B|} = \dfrac{15i - 10j + 30k}{35} = \dfrac{3}{7}i - \dfrac{2}{7}j + \dfrac{6}{7}k$

$A \times B = -B \times A$이므로 $\pm\left(\dfrac{3}{7}i - \dfrac{2}{7}j - \dfrac{6}{7}k\right)$

답 ①

1-3 벡터 – 미분·적분

1. 벡터 미분

   ① 헤밀턴의 미분 연산자 ∇(nabla) : $\nabla = \frac{\partial}{\partial x}i + \frac{\partial}{\partial y}j + \frac{\partial}{\partial z}k$

   ② 라플라스 연산자 : $\nabla \cdot \nabla = \frac{\partial^2}{\partial x^2} + \frac{\partial^2}{\partial y^2} + \frac{\partial^2}{\partial z^2} = \nabla^2$

   ③ 스칼라 V의 구배(기울기) : 스칼라 함수 V를 벡터로 환원

   $grad\,V = \nabla V = \left(\frac{\partial}{\partial x}i + \frac{\partial}{\partial y}j + \frac{\partial}{\partial z}k\right)V = \frac{\partial V}{\partial x}i + \frac{\partial V}{\partial y}j + \frac{\partial V}{\partial z}k$

   ④ 벡터의 발산 : 벡터함수 $\vec{E}$를 스칼라로 환원

   $div\,\vec{E} = \nabla \cdot \vec{E} = \left(\frac{\partial}{\partial x}i + \frac{\partial}{\partial y}j + \frac{\partial}{\partial z}k\right) \cdot (E_x i + E_y j + E_z k) = \frac{\partial E_x}{\partial x} + \frac{\partial E_y}{\partial y} + \frac{\partial E_z}{\partial z}$

   ⑤ 벡터의 회전(rotation, curl) : 벡터 함수 $\vec{E}$를 벡터로 환원

   $rot\,\vec{E} = curl\,\vec{E} = \nabla \times \vec{E} = \begin{vmatrix} i & j & k \\ \frac{\partial}{\partial x} & \frac{\partial}{\partial y} & \frac{\partial}{\partial z} \\ E_x & E_y & E_z \end{vmatrix} = \left(\frac{\partial E_z}{\partial y} - \frac{\partial E_y}{\partial z}\right)i - \left(\frac{\partial E_z}{\partial x} - \frac{\partial E_x}{\partial z}\right)j + \left(\frac{\partial E_y}{\partial x} - \frac{\partial E_x}{\partial y}\right)k$

2. 적분

   ① Stokes의 정리 : 선적분을 면적분으로 변환 $\oint_c \vec{E}\,dl = \int_s rot\,\vec{E}\,ds = \int_s \nabla \times \vec{E}\,ds$

   ② 발산의 정리 : 면적분을 체적적분으로의 변환 $\oint_s \vec{E}\,ds = \int_v div\,\vec{E}\,dv = \int_v \nabla \cdot \vec{E}\,dv$

---

01 스칼라의 구배 및 기울기 – ①   □□□ check up!

헤밀턴의 미분 연산자를 $\nabla = \frac{\partial}{\partial x}i + \frac{\partial}{\partial y}j + \frac{\partial}{\partial z}k$라 할 때 스칼라량 T와 ∇의 곱 ∇T를 나타낸 물리적 의미는 다음 중 어느 것인가?

① $grad\,T$
② $div\,T$
③ $rot\,T$
④ $vector\,T$

해설 $grad\,T = \nabla T = \left(\frac{\partial}{\partial x}i + \frac{\partial}{\partial y}j + \frac{\partial}{\partial z}k\right)T = \frac{\partial T}{\partial x}i + \frac{\partial T}{\partial y}j + \frac{\partial T}{\partial z}k$

$grad$는 스칼라를 벡터로 환원 시킨다.

답 ①

02 스칼라의 구배 및 기울기 - ②

V를 임의의 스칼라라 할 때 $gradV$의 직각 좌표에 있어서의 표현은?

① $\dfrac{\partial V}{\partial x}+\dfrac{\partial V}{\partial y}+\dfrac{\partial V}{\partial z}$
② $i\dfrac{\partial V}{\partial x}+j\dfrac{\partial V}{\partial y}+k\dfrac{\partial V}{\partial z}$
③ $\dfrac{\partial^2 V}{\partial x^2}+\dfrac{\partial^2 V}{\partial y^2}+\dfrac{\partial^2 V}{\partial z^2}$
④ $i\dfrac{\partial^2 V}{\partial x^2}+j\dfrac{\partial^2 V}{\partial y^2}+k\dfrac{\partial^2 V}{\partial z^2}$

해설
$grad\,V = \nabla V = \left(\dfrac{\partial}{\partial x}i+\dfrac{\partial}{\partial y}j+\dfrac{\partial}{\partial z}k\right)V = \dfrac{\partial V}{\partial x}i+\dfrac{\partial V}{\partial y}j+\dfrac{\partial V}{\partial z}k$

$grad$는 스칼라를 벡터로 환원

답 ②

03 벡터의 발산 - ①

임의점의 전계가 $E=iE_x+jE_y+kE_z$로 표시되었을 때 $\dfrac{\partial E_x}{\partial x}+\dfrac{\partial E_y}{\partial y}+\dfrac{\partial E_z}{\partial z}$ 와 같은 의미를 갖는 것은?

① $\nabla \times E$
② $rot\,E$
③ $grad\,E$
④ $\nabla \cdot E$

해설
$div\,E = \nabla \cdot E = \left(\dfrac{\partial}{\partial x}i+\dfrac{\partial}{\partial y}j+\dfrac{\partial}{\partial z}k\right)\cdot(E_xi+E_yj+E_zk)$

같은 성분끼리 계수만 곱해서 모두 합산 = $\dfrac{\partial E_x}{\partial x}+\dfrac{\partial E_y}{\partial y}+\dfrac{\partial E_z}{\partial z}$

→ div는 벡터를 스칼라로 환원

답 ④

04 벡터의 발산 - ②

$f=xyz$, $A=xi+yj+zk$일 때 점 $(1,1,1)$에서의 $div(fA)$는?

① 3
② 4
③ 5
④ 6

해설
① $fA = xyz(xi+yj+zk) = x^2yzi+xy^2zj+xyz^2k$

② $div(fA) = \left(\dfrac{\partial}{\partial x}i+\dfrac{\partial}{\partial y}j+\dfrac{\partial}{\partial z}k\right)\cdot(x^2yzi+xy^2zj+xyz^2k)$

같은 성분끼리 계수만 곱해서 모두 합산 $= 2xyz+2xyz+2xyz = 6xyz\big|_{x=1,\,y=1,\,z=1}$ 대입 $= 6$이 된다.

답 ④

05 가우스의 발산정리　　　　　　　　□□□ check up!

$\int_s E ds = \int_{vol} \nabla \cdot E dv$ 은 다음 중 어느 것에 해당되는가?

① 발산의 정리
② 가우스의 정리
③ 스토크스의 정리
④ 암페어의 정리

해설 가우스 발산정리는 면적분과 체적분의 $\int_s E ds = \int_v \nabla \cdot E dv = \int_v div E dv$ 변환식이다.　　**답** ①

06 스토크스의 정리　　　　　　　　□□□ check up!

다음 중 Stokes의 정리는?

① $\oint_c H \cdot dS = \int\int_s (\nabla \cdot H) \cdot dS$
② $\int\int B \cdot dS = \int\int_s (\nabla \cdot H) \cdot dS$
③ $\oint_c H \cdot dS = \int (\nabla \cdot H) \cdot dl$
④ $\oint_c H \cdot dl = \int\int_s (\nabla \times H) \cdot dS$

해설 스토크스 정리는 선적분과 면적분의 변환식 $\oint_c E dl = \int_s rot E ds$ 이다.　　**답** ④

[D-30 전기기사·산업기사 필기 30일 필기 단기완성]

제1과목
전기자기학
DAY - 01

30일 단기완성

Chapter 02
진공중의 정전계

1. 출제경향분석

제2장 진공중의 정전계에서 시험에 자주 출제가 되는 내용은 다음과 같습니다.

> **반드시 알아야 하는 핵심 포인트**
> ① 전계의 세기 ② 전기력선의 성질
> ③ 전속 및 전속밀도 ④ 도체모양에 따른 전계 및 전위 공식
> ⑤ 여러 가지 방정식

2. 학습 가이드라인

- 반드시 알아야 하는 핵심 포인트는 전기기사 및 산업기사 시험에서 가장 출제빈도가 높은 논점으로 각 파트별 핵심 포인트와 문제를 연계하여 학습해 주시기를 권장합니다.
- 체크리스트를 작성하시면서 문제의 유형과 학습의 완성도를 스스로 확인해 주세요.
- 출제 빈도가 높고 틀리기 쉬운 문제를 맞출 수 있도록 "콕콕 포인트"를 확인해 주세요.

우선순위 논점	KEY WORD	선생님의 콕콕 포인트
전기력선의 성질	전기력선의 성질, 대전된 도체	대전시 에너지는 도체 표면과 외부공간에 존재 할 것. 그리고 도체 표면으로 수직으로 출입
전계의 세기	무한도선, 원통, 원주	전하 분포의 면적이 겉 표면적 이므로 분모에 $2\pi\varepsilon_0 r$ 일 것
전계의 세기	임의의 지정된 지점의 전계의 세기	두전하의 극성이 같으면 절대값 작은 전하기준 두 전하 사이가 0이며 두 전하의 극성이 다르면 절대값 작은 전하 기준 작은 전하 외측
전위	동심구, 중공 도체구	내도체와 외도체의 주어진 전하량을 반드시 확인 할 것
전위	전위차	전계와 같은 방향이면 $V = Er$, 전계와 반대 방향이면 $V = -Er$ 일 것
전기쌍극자	전기쌍극자, 전기모멘트	전위 및 전계의 거리 관계를 구분 할 것 전기쌍극자에서 전위 및 전계의 최대값 조건을 암기 할 것
가우스의 정리	가우스, 체적전하, 전속과 전하	미분형과 적분형을 암기 할 것
포아손의 방정식	전위 함수로 체적전하를 계산	$-\nabla^2 V = \dfrac{\rho}{\varepsilon_0}$, $\nabla^2 V = -\dfrac{\rho}{\varepsilon_0}$ (− 여부를 확인할 것)

2-1 진공중의 정전계 – 쿨롱의 법칙

1. 두 전하 사이에 작용하는 힘 : 쿨롱의 법칙 $F = \dfrac{Q_1 Q_2}{4\pi\varepsilon_o r^2} = 9 \times 10^9 \dfrac{Q_1 Q_2}{r^2} [\text{N}]$

2. 진공의 유전율 : $\varepsilon_o = \dfrac{1}{\mu_o C_o^2} = \dfrac{10^7}{4\pi C_o^2} = \dfrac{10^{-9}}{36\pi} = \dfrac{1}{120\pi C_o} = 8.855 \times 10^{-12} [\text{F/m}]$

01 쿨롱의 법칙 – ① □□□ check up!

$+10[\text{nC}]$의 점전하로부터 $100[\text{mm}]$ 떨어진 거리에 $+100[\text{pC}]$의 점전하가 놓인 경우 이 전하에 작용하는 힘의 크기는 몇 $[\text{nN}]$인가?

① 100
② 200
③ 300
④ 900

해설 $Q_1 = 10[\text{nC}]$, $Q_2 = 100[\text{pC}]$, $r = 100[\text{mm}]$일 때,
두 전하 사이에 작용하는 힘은 쿨롱의 법칙을 이용

$F = \dfrac{Q_1 \cdot Q_2}{4\pi\varepsilon_o r^2} [\text{N}] = 9 \times 10^9 \times \dfrac{10 \times 10^{-9} \times 100 \times 10^{-12}}{(100 \times 10^{-3})^2} \times 10^9 = 900 [\text{nN}]$

답 ④

02 쿨롱의 법칙 – ② □□□ check up!

같은 크기를 가진 두 전하가 $20[\text{cm}]$의 거리를 두고 놓여 있다. 두 전하 사이에 $8.6 \times 10^{-4} [\text{N}]$의 반발력이 작용할 때, 이 전하의 전하량$[\text{C}]$를 구하시오.

① 6.2×10^{-6}
② 3.1×10^{-6}
③ 6.2×10^{-8}
④ 3.1×10^{-8}

해설 두 전하 사이 작용하는 힘 $F = \dfrac{Q_1 Q_2}{4\pi\varepsilon_o r^2} = 9 \times 10^9 \dfrac{Q_1 Q_2}{r^2} [\text{N}]$에서

같은 크기를 가진 두 전하이므로 $Q_1 = Q_2 = Q$

→ $F = 9 \times 10^9 \dfrac{Q^2}{r^2} [\text{N}]$

∴ 전하량 $Q = \sqrt{\dfrac{F r^2}{9 \times 10^9}} = \sqrt{\dfrac{8.6 \times 10^{-4} \times 0.2^2}{9 \times 10^9}} = 6.18 \times 10^{-8} [\text{N}]$

답 ③

03 쿨롱의 법칙 - ③

☐☐☐ check up!

점 $P(1, 2, 3)$[m]와 $Q(2, 0, 5)$[m]에 각각 4×10^{-5}[C]과 -2×10^{-4}[C]의 점전하가 있을 때 점 P에 작용하는 힘은 몇 [N]인가?

① $\dfrac{8}{3}(i-2j+2k)$ ② $\dfrac{8}{3}(-i-2j+2k)$

③ $\dfrac{3}{8}(i+2j+2k)$ ④ $\dfrac{3}{8}(2i+j-2k)$

해설

쿨롱의 법칙 $F = \dfrac{Q_1 Q_2}{4\pi\varepsilon_o |r|^2} \cdot n = 9 \times 10^9 \times \dfrac{Q_1 Q_2}{|r|^2} \cdot n$[N]

여기서, $Q_1 Q_2$[C] : 전하량, r[m] : 두 전하사이의 거리, 방향 벡터 : $n = \dfrac{\text{벡터}}{\text{스칼라}} = \dfrac{r}{|r|}$

전하량의 부호가 반대이므로 점 Q측으로 흡인력이 작용하며

따라서 거리벡터 $r = Q - P = (2-1)i + (0-2)j + (5-3)k = i - 2j + 2k$ [m]

$|r| = \sqrt{1^2 + (-2)^2 + 2^2} = 3$ [m]

1) 힘의 크기 $|F| = 9 \times 10^9 \times \dfrac{4 \times 10^{-5} \times 10^{-4}}{3^2} = 8$ [N]

2) 힘의 방향 $n = \dfrac{r}{|r|} = \dfrac{1}{3}(i - 2j + 2k)$

3) $\vec{F} = |F| \cdot \vec{n} = \dfrac{8}{3}(i - 2j + 2k)$ [N]

답 ①

2-2 진공중의 정전계 – 전계·전기력선

1. 전계의 세기 : $E = \dfrac{Q}{4\pi\varepsilon_0 r^2} = 9 \times 10^9 \dfrac{Q}{r^2}\,[\text{V/m}]$
2. 전계의 정의 : 임의의 전하 $Q[C]$과 단위 정전하($1[C]$)사이에 작용하는 힘
3. 전기력선의 성질
   ① 전하가 없는 점에서는 전기력선의 발생 및 소멸은 없다.
   ② 전기력선은 정(+)전하에서 시작하여 부(-)전하에서 끝난다.
   ③ 전기력선의 방향은 그 점의 전계의 방향과 일치한다.
   ④ 전기력선의 밀도는 전계의 세기와 같다.
   ⑤ 전기력선은 전위가 높은 점에서 낮은 점으로 향한다.
   ⑥ 전기력선은 서로 반발하여 교차 할 수 없으며 그 자신만으로 폐곡선을 이룰 수 없다.
   ⑦ 전기력선 전계 전하는 도체 표면과 외부공간에 존재하고 도체 내부에는 존재하지 않는다. (대전상태)
   ⑧ 전기력선은 도체표면과 수직으로 출입한다. (대전된 도체는 등전위이다.)
   ⑨ 전하는 곡률이 큰 곳, 곡률반경이 작은 곳에 큰 밀도를 이룬다.
   ⑩ 전기력선의 수는 Q/ε_0개다.

01 전계의 정의 - ① □□□ check up!

전계 중에 단위 전하를 놓았을 때 그것에 작용하는 힘을 그 점에 있어서의 무엇이라 하는가?
① 전계의 세기 ② 전위
③ 전위차 ④ 변화 전류

해설 전계의 정의 : 임의의 $Q[C]$의 전하가 단위 정전하($1[C]$) 사이에 작용하는 힘을 말한다. 답 ①

02 전계의 정의 - ② □□□ check up!

전계의 단위가 아닌 것은?
① $[\text{N/C}]$ ② $[\text{V/m}]$
③ $[\text{C/J} \cdot \dfrac{1}{m}]$ ④ $[\text{A}\cdot\Omega/\text{m}]$

해설 $E = \dfrac{Q}{4\pi\varepsilon_0 r^2} = 9 \times 10^9 \dfrac{Q}{r^2} = \dfrac{F}{Q}\,[\text{V/m} = \text{N/C} = \text{A}\Omega/\text{m}]$ 답 ③

03 전계의 세기

진공 중에 놓인 $3[\mu C]$의 점전하에서 $3[m]$되는 점의 전계는 몇 $[V/m]$인가?

① 100
② 1000
③ 300
④ 3000

해설 점전하에 의한 전계의 세기 $E = \dfrac{Q}{4\pi\varepsilon_0 r^2}[V/m]$, 점전하 $Q = 3[\mu C] = 3\times 10^{-6}[C]$,

떨어진 거리 $r = 3[m]$를 적용하면 $E = 9\times 10^9 \times \dfrac{3\times 10^{-6}}{3^2} = 3000[V/m]$

답 ④

04 전기력선의 성질 - ①

전기력선의 기본 성질에 관한 설명으로 옳지 않은 것은?

① 전기력선의 방향은 그 점의 전계의 방향과 일치한다.
② 전기력선은 전위가 높은 점에서 낮은 점으로 향한다.
③ 전기력선은 그 자신만으로 폐곡선이 된다.
④ 전계가 0이 아닌 곳에서 전기력선은 도체 표면에 수직으로 만난다.

해설 전기력선은 서로 반발하여 교차 할 수 없으며 그 자신만으로 폐곡선을 이룰 수 없다.

답 ③

05 전기력선의 성질 - ②

대전된 도체 표면의 전하밀도는 도체 표면의 모양에 따라 어떻게 되는가?

① 표면 전하밀도는 표면의 모양과 무관하다.
② 표면 전하밀도는 평면일 때 가장 크다.
③ 표면 전하밀도는 뾰족할수록 커진다.
④ 표면 전하밀도는 곡률이 크면 작아진다.

해설 전하는 곡률이 큰 곳, 곡률반경이 작은 곳에 큰 밀도를 이룬다. 즉 뾰족한 도체에 큰 밀도를 이룬다.

답 ③

06 전기력선의 성질 - ③ ☐☐☐ check up!

진공 중에 있는 구도체 일정 전하를 대전 시켰을 때 정전 에너지가 존재하는 것으로 다음 중 옳은 것은?

① 도체 내에만 존재한다.
② 도체 표면에만 존재한다.
③ 도체 내외에 모두 존재한다.
④ 도체 표면과 외부 공간에 존재한다.

해설 도체 표면과 외부공간에 존재하고 도체 내부에는 존재하지 않는다. **답** ④

07 전기력선의 성질 - ④ ☐☐☐ check up!

대전도체의 성질 중 옳지 않은 것은?

① 도체 표면의 전하 밀도를 $\sigma[\mathrm{C/m^2}]$이라 하면 표면상의 전계는 $E=\dfrac{\sigma}{\varepsilon_0}[\mathrm{V/m}]$이다.
② 도체 표면상의 전계는 면에 대해서 수평이다.
③ 도체 내부의 전계는 0이다.
④ 도체는 등전위이고, 그의 표면은 등전위면이다.

해설 도체 표면상의 전계는 면에 대해서 수직이다. **답** ②

08 전계 내 전하가 받는 힘 ☐☐☐ check up!

전계의 세기가 1500[V/m]인 전장에 5[μC]의 전하를 놓았을 때 이 전하에 작용하는 힘은 몇 [N]인가?

① 4.5×10^{-3}
② 5.5×10^{-3}
③ 6.5×10^{-3}
④ 7.5×10^{-3}

해설 전계 내 전하가 받는 힘 $F=QE=5\times 10^{-6}\times 1500=7.5\times 10^{-3}[\mathrm{N}]$ **답** ④

2-3 진공중의 정전계 – 전기력선·전속·가우스의 법칙

1. 전기력선의 수 : $N = \dfrac{Q}{\varepsilon} = \dfrac{Q}{\varepsilon_o \varepsilon_s}$[개] (진공시 $\varepsilon_s = 1$)
2. 전속수 : $\psi = Q$[개] (전속은 매질과 관계없이 전하량만큼 발생한다.)
3. 전속밀도 : $D = \dfrac{\psi}{S} = \dfrac{Q}{S} = \dfrac{Q}{4\pi r^2} = \varepsilon_o E = \rho_s = \sigma$ [C/m²]
4. 가우스 법칙(정리)

    전기력선수 $N = \displaystyle\int E ds = \dfrac{Q}{\varepsilon_o}$: 대칭 정전계의 세기를 계산

    전속수 $\psi = \displaystyle\int D ds = Q$: 폐곡면 내에서 전하와 전속의 상관관계를 나타낸 식
5. 전하의 표현
    ① 점전하 Q[C]
    ② 선전하 $\lambda = \rho_l = \dfrac{Q}{l}$[C/m], $Q = \lambda l$ [C]
    ③ 면전하 $\sigma = \rho_s = \dfrac{Q}{S}$[C/m²], $Q = \sigma S$ [C]
    ④ 체적전하 $\rho = \rho_v = \dfrac{Q}{v}$[C/m³], $Q = \rho v$ [C]

01 전기력선수 □□□ check up!

그림과 같이 도체구 내부 공동의 중심에 점전하 Q[C]가 있을 때 이 도체구의 외부로 발산되어 나오는 전기력선의 수는? (단, 도체내외의 공간은 진공이라 한다.)

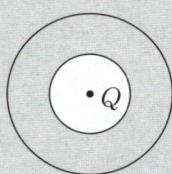

① 4π
② $\dfrac{Q}{\varepsilon_0}$
③ Q
④ $\varepsilon_0 Q$

해설 진공(공기)시 Q[C]에서 발생하는 전기력선의 총수는 $\dfrac{Q}{\varepsilon_o}$개다. **답** ②

02 전속

어떤 대전체가 진공 중에서 전속이 Q[C]이었다. 이 대전체를 비유전율 10인 유전체 속으로 가져갈 경우에 전속[C]은?

① Q
② $10Q$
③ $Q/10$
④ $10\varepsilon_0 Q$

해설 전속선은 매질과 관계가 없고 전하량만큼 발생하므로 유전체내 전속선은 $\psi = Q$이다.

답 ①

03 전속밀도 - ①

반지름 a[m]인 도체구에 전하 Q[C]을 주었을 때, 구 중심에서 r[m] 떨어진 구 밖 $(r>a)$의 전속밀도 D[C/m²]은?

① $\dfrac{Q}{2\pi\varepsilon r}$
② $\dfrac{Q}{4\pi r^2}$
③ $\dfrac{Q}{4\pi\varepsilon a^2}$
④ $\dfrac{Q}{4\pi\varepsilon r^2}$

해설 전속밀도란 면적당 전속을 말한다. $D = \dfrac{\psi}{S} = \dfrac{Q}{S} = \dfrac{Q}{4\pi r^2} = \varepsilon_o E = \rho_s = \sigma$ [C/m²]

여기서, r[m] : 도체의 반지름 또는 도체에서 떨어진 거리, $S = 4\pi r^2$[m²] : 구의 면적

답 ②

04 전속밀도 - ②

지구의 표면에 있어서 대지로 향하여 $E = 300$[V/m]의 전계가 있다고 가정하면 지표면의 전하 밀도는 몇 [C/m²]인가?

① 1.65×10^{-9}
② -1.65×10^{-9}
③ 2.65×10^{-9}
④ -2.65×10^{-9}

해설 전계의 방향은 (+)에서 (-)로 들어가므로 전계가 지구로 향하면 지구의 지표면은 (-)전하가 분포하므로 $\rho_s = D = \varepsilon_o(-E) = 8.855 \times 10^{-12} \times (-300) = -2.65 \times 10^{-9}$[C/m²]

답 ④

05 가우스의 법칙

폐곡면을 통하는 전속과 폐곡면 내부의 전하와의 상관관계를 나타내는 법칙은?

① 가우스법칙
② 쿨롱의 법칙
③ 푸아송의 법칙
④ 라플라스 법칙

해설 가우스의 정리

① $\int_S E \cdot dS = \dfrac{Q}{\varepsilon_0}$: 전기력선의 총수 및 대칭 정전계의 세기

② $\int_S D \cdot dS = Q$: 전속의 총수 및 폐곡면을 통과하는 전속과 폐곡면 내부의 전하와의 관계를 나타낸 식이다.

답 ①

2-4 진공중의 정전계 – 무한장 직선·원통에 의한 전계

가우스의 정리에 의한 전계 공식

1. 무한장 직선 전하에 의한 전계

   $E = \dfrac{\lambda}{2\pi\varepsilon_o r} = 18 \times 10^9 \dfrac{\lambda}{r}$ [V/m] : 거리에 반비례한다.

2. 원통(원주)도체에 의한 전계

   ① 전하 대전시 : $(r>a)$ 외부 $E = \dfrac{\lambda}{2\pi\varepsilon_o r}$ [V/m], $(r<a)$ 내부 $E_i = 0$

   ② 내외 전하 균일시 : $(r>a)$ 외부 $E = \dfrac{\lambda}{2\pi\varepsilon_o r}$ [V/m], $(r<a)$ 내부 $E_i = \dfrac{\lambda r}{2\pi\varepsilon_o a^2}$ [V/m]

01 원통(원주)도체에 의한 전계 □□□ check up!

축이 무한히 길며 반경이 a[m]인 원주 내에 전하가 축대칭이며 축방향으로 균일하게 분포 되어 있을 경우, 반경 $(r>a)$[m]되는 동심 원통면상의 한 점 P의 전계 세기[V/m]는? (단, 원주의 단위 길이당 전하를 λ[C/m]라 한다.)

① $\dfrac{\lambda}{2\varepsilon_o}$ ② $\dfrac{\lambda}{2\pi\varepsilon_o}$

③ $\dfrac{\lambda}{2\pi a}$ ④ $\dfrac{\lambda}{2\pi\varepsilon_o r}$

해설 원통(원주)도체에 의한 전계의 세기

① 전하 대전시 : $(r>a)$ 외부 $E = \dfrac{\lambda}{2\pi\varepsilon_o r}$ [V/m], $(r<a)$ 내부 $E_i = 0$

② 내외 전하 균일시 : $(r>a)$ 외부 $E = \dfrac{\lambda}{2\pi\varepsilon_o r}$ [V/m], $(r<a)$ 내부 $E_i = \dfrac{\lambda r}{2\pi\varepsilon_o a^2}$ [V/m]   **답** ④

02 무한장 직선 전하에 의한 전계 – ① □□□ check up!

무한 길이의 직선도체에 전하가 균일하게 분포되어 있다. 이 직선 도체로부터 l인 거리에 있는 점의 전계의 세기는?

① l에 비례   ② l에 반비례

③ l^2에 비례   ④ l^2에 반비례

해설 무한장 직선에 의한 전계 $E = \dfrac{\lambda}{2\pi\varepsilon_o r} = 18 \times 10^9 \dfrac{\lambda}{r}$ [V/m]이며 $r = l$[m] 거리에 반비례한다.   **답** ②

2-5 진공중의 정전계 – 무한평면에 의한 전계

1. 무한 평면(무한평판)에 의한 전계
   ① $\pm\sigma[\text{C/m}^2]$로 대전된 평행판 내부, 구도체 표면에 면전하 존재시 : $E=\dfrac{\sigma}{\varepsilon_o}[\text{V/m}]$
   ② 무한평면 : $E=\dfrac{\sigma}{2\varepsilon_o}[\text{V/m}]$ 무한 평판에 의한 전계의 세기는 거리와 무관하다.

2. 원형(원환)도체 전하에 의한 전계
   ① $E=\dfrac{Qx}{4\pi\varepsilon_o(a^2+x^2)^{\frac{3}{2}}}[\text{V/m}]$
   ② 선전하 $\lambda[\text{C/m}]$로 표현시 전계의 세기 $E=\dfrac{\lambda ax}{2\varepsilon_o(a^2+x^2)^{\frac{3}{2}}}[\text{V/m}]$

   여기서, $a[\text{m}]$: 원환도선의 반지름, $x[\text{m}]$: 중심축상 거리

01 무한 평면(무한평판)에 의한 전계 – ①

무한히 넓은 평면에 면밀도 $\sigma[\text{C/m}]$의 전하가 분포되어 있는 경우 전계의 세기는 몇 $[\text{V/m}]$인가?

① $\dfrac{\sigma}{\varepsilon_o}$
② $\dfrac{\sigma}{2\varepsilon_o}$
③ $\dfrac{\sigma}{2\pi\varepsilon_o}$
④ $\dfrac{\sigma}{4\pi\varepsilon_o}$

해설 무한 평면(무한평판)에 의한 전계
① 평행판, 구도체 표면에 면전하 존재시 : $E=\dfrac{\sigma}{\varepsilon_o}[\text{V/m}]$
② 무한평면 : $E=\dfrac{\sigma}{2\varepsilon_o}[\text{V/m}]$ 무한 평판에 의한 전계의 세기는 거리와 무관하다.

답 ②

02 무한 평면(무한평판)에 의한 전계 – ②

무한히 넓은 두 장의 평면판 도체를 간격 $d[\text{m}]$로 평행하게 배치하고 각각의 평면판에 면전하밀도 $\pm\sigma[\text{C/m}^2]$으로 분포되어 있는 경우 전기력선은 면에 수직으로 나와 평행하게 발산한다. 이 평면판 내부의 전계의 세기는 몇 $[\text{V/m}]$인가?

① $\dfrac{\sigma}{\varepsilon_o}$
② $\dfrac{\sigma}{2\varepsilon_o}$
③ $\dfrac{\sigma}{2\pi\varepsilon_o}$
④ $\dfrac{\sigma}{4\pi\varepsilon_o}$

해설 평행판, 구도체 표면에 면전하 존재시 : $E=\dfrac{\sigma}{\varepsilon_o}[\text{V/m}]$ 답 ①

03 무한 평면(무한평판)에 의한 전계 - ③   □□□ check up!

진공 중에서 있는 임의의 구도체 표면 전하밀도가 σ일 때의 구도체 표면의 전계 세기[V/m]는?

① $\dfrac{\varepsilon_o \sigma^2}{2}$ ② $\dfrac{\sigma}{2\varepsilon_o}$

③ $\dfrac{\sigma^2}{\varepsilon_o}$ ④ $\dfrac{\sigma}{\varepsilon_o}$

해설 평행판, 구도체 표면에 면전하 존재시 : $E=\dfrac{\sigma}{\varepsilon_o}[\text{V/m}]$ 답 ④

2-6 진공중의 정전계 – 전계의 세기 계산 응용

1. 지정된 지점의 전계의 세기 계산법 : 지정된 지점에 단위 정전하 +1[C]을 두고 지정된 거리까지 전하의 극성과 관계없이 각각 계산 후 1[C]을 기준으로 작용하는 힘의 방향이 서로 같은 방향이면 : E_1+E_2, 서로 반대 방향이면 : 大 − 小
2. 정삼각형 정점의 전계의 세기
   ① 정삼각형 각 정점에 전하 존재 시 주어진 두전하의 극성과 전하량이 같다면 :
      평행사변형의 원리를 이용 $\sqrt{E_1^2+E_2^2+2E_1E_2\cos\theta}=\sqrt{3}\,E_1$
   ② 정삼각형 각 정점에 전하 존재 시 주어진 두전하의 극성은 다르고 전하량이 같다면 :
      평행사변형의 원리를 이용 $\sqrt{E_1^2+E_2^2+2E_1E_2\cos\theta}=E_1$
3. 전계의 세기가 0(최소) 되는 점: $E_1=E_2$
   ① 두 전하의 극성이 같으면: 절대값 작은 전하 기준 두 전하 사이
   ② 두 전하의 극성이 다르면: 절대값 크기가 작은 전하의 외측
4. 전계의 세기 벡터 표시 방법 $\vec{E}=E|\vec{n}|=E\dfrac{\vec{r}}{|\vec{r}|}$

01 전계의 세기 계산 응용 - ① ☐☐☐ check up!

자유공간에서 정육각형의 꼭짓점에 동량, 동질의 점전하 Q가 각각 놓여 있을 때 정육각형 한 변의 길이가 a라 하면 정육각형 중심의 전계의 세기[V/m]는?

① $\dfrac{Q}{4\pi\varepsilon_o a^2}$
② $\dfrac{3Q}{4\pi\varepsilon_o a^2}$
③ $6Q$
④ 0

해설 점전하에 의한 전계의 세기 $E=\dfrac{Q}{4\pi\varepsilon_0 r^2}=9\times10^9\dfrac{Q}{r^2}$[V/m]은 전하량 Q와 거리 r에 따라 결정된다.

각 꼭지점의 전하량과 각 꼭지점과 중심 사이 거리는 동일하므로 각 꼭지점에서 중심을 향하는 전계의 세기는 같다. 중심 기준으로 마주보는 꼭지점에서 발생하는 전계가 서로 상쇄되면서 중심의 전계의 세기는 0이다.

답 ④

02 전계의 세기 계산 응용 - ② □□□ check up!

진공 중에서 전하 밀도 $\pm\sigma[\text{C/m}^2]$의 무한 평면이 간격 $d[\text{m}]$로 떨어져 있다. $+\sigma$의 평면으로부터 $r[\text{m}]$ 떨어진 점 P의 전계의 세기[N/C]는?

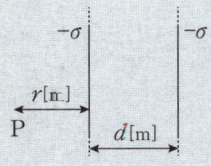

① 0
② $\dfrac{\sigma}{\varepsilon_o}$
③ $\dfrac{\sigma}{2\varepsilon_o}$
④ $\dfrac{\sigma}{2\varepsilon_o}\left(\dfrac{1}{r}-\dfrac{1}{r+d}\right)$

해설

$+\sigma$에 의한 전계 $E_1=\dfrac{\sigma}{2\varepsilon_o}[\text{V/m}]$, $-\sigma$에 의한 전계 $E_2=\dfrac{\sigma}{2\varepsilon_o}[\text{V/m}]$이므로
평행판 외측은 전계의 방향이 반대이므로 $E=E_1-E_2=0[\text{V/m}]$

답 ①

03 전계의 세기 계산 응용 - ③ □□□ check up!

한 변의 길이 1[m]인 정 3각형의 두 정점 B, C에 $10^{-4}[\text{C}]$의 점전하가 있을 때 다른 또 하나의 정점 A의 전계[V/m]는?

① 9.0×10^5
② 15.6×10^5
③ 18.0×10^5
④ 31.2×10^5

해설 지정된 지점의 전계의 세기 계산 방법

정삼각형 각 정점에 전하 존재 시 주어진 두 전하의 극성과 전하량이 같다면
: 평행사변형의 원리를 이용 $\sqrt{E_1^2+E_2^2+2E_1E_2\cos\theta}=\sqrt{3}\,E_1$

$E=\sqrt{3}\times E_1=\sqrt{3}\times\dfrac{Q}{4\pi\varepsilon_0 r^2}[\text{V/m}]$ 1변의 길이 $r=1[\text{m}]$, 정삼각형 두 정점의 전하량
$Q_B=Q_C=10^{-4}[\text{C}]$일 때 주어진 수치를 대입하면 $E=\sqrt{3}\times9\times10^9\times\dfrac{10^{-4}}{1^2}=15.6\times10^5[\text{V/m}]$

답 ②

04 전계의 세기 계산 응용 - ④

□□□ check up!

진공내의 점$(3, 0, 0)$[m]에 4×10^{-9}[C]의 전하가 있다. 이 때 점$(6, 4, 0)$[m]의 전계의 크기는 몇 [V/m]이며, 전계의 방향을 표시하는 단위 벡터는 어떻게 표시되는가?

① 전계 : $\dfrac{36}{25}$, 단위 벡터 : $\dfrac{1}{5}(3a_x+4a_y)$　　② 전계 : $\dfrac{36}{125}$, 단위 벡터 : $3a_x+4a_y$

③ 전계 : $\dfrac{36}{25}$, 단위 벡터 : a_x+a_y　　④ 전계 : $\dfrac{36}{125}$, 단위 벡터 : $\dfrac{1}{5}(a_x+a_y)$

해설　① 점$(3, 0, 0)$에서 점$(6, 4, 0)$에 대한 거리벡터 : $\vec{r}=(6-3)a_x+(4-0)a_y=3a_x+4a_y$
　　　　거리벡터의 크기 : $|\vec{r}|=\sqrt{3^2+4^2}=5[\mathrm{m}]$
　　　　전계방향의 단위벡터 : $\vec{n}=-\dfrac{\vec{r}}{|\vec{r}|}=\dfrac{3a_x+4a_y}{5}=\dfrac{1}{5}(3a_x+4a_y)$

② 점전하 $Q=4\times 10^{-9}$[C]에 의한 전계의 세기 : $E=9\times 10^9 \times \dfrac{4\times 10^{-9}}{5^2}=\dfrac{36}{25}[\mathrm{V/m}]$

답　①

2-7 진공중의 정전계 – 전위

1. 점전하 $Q[C]$ 및 도체구에 의한 전위 $V = \dfrac{Q}{4\pi\varepsilon_0 r} = 9 \times 10^9 \dfrac{Q}{r}[V]$

2. 평등전계 내 전위차 $V = Ed[V]$

3. 동심구의 전위

   ① A도체에 $+Q[C]$ B도체에 $Q = 0[C]$인 경우 A도체의 전위 $V_A = \dfrac{Q}{4\pi\varepsilon_0}\left(\dfrac{1}{a} - \dfrac{1}{b} + \dfrac{1}{c}\right)[V]$

   ② A도체에 $+Q[C]$ B도체에 $-Q[C]$인 경우 전위차 $V_{AB} = V_A - V_B = \dfrac{Q}{4\pi\varepsilon_0}\left(\dfrac{1}{a} - \dfrac{1}{b}\right)[V]$

4. 무한장 직선, 원통, 원주, 동축의 전위

   ① 무한장 직선 : $V = \infty$, $r_2 > r_1$ 임의 지점 전위차 $V = \dfrac{\lambda}{2\pi\varepsilon_0}\ln\dfrac{r_2}{r_1}[V]$

   ② 동축원통 : a 와 b 사이의 전위차 $V = \dfrac{\lambda}{2\pi\varepsilon_0}\ln\dfrac{b}{a}[V]$

      여기서, $a[m]$: 내원통 반지름, $b[m]$: 외원통 반지름, $\lambda = \rho_l[C/m]$: 선전하

5. 평행 두 도선간의 전위($d > a$) : $V = \dfrac{\lambda}{\pi\varepsilon_0}\ln\dfrac{d}{a}[V]$

   여기서, $d \fallingdotseq d - a[m]$: 극판사이 간격, $a[m]$: 도선의 반지름, $\lambda = \rho_l[C/m]$: 선전하

6. 무한평면= 무한평판

   ① 무한평면=얇은판 : $V = \infty$

   ② 두꺼운판=평행판=구도체 표면에 면전하존재 : $V = Ed = \dfrac{\sigma}{\varepsilon_0} \cdot d[V]$

      여기서, $\sigma = \rho_s[C/m^2]$: 면전하, $d = r = a[m]$: 떨어진 거리(구도체는 반지름)

---

01 점전하에 의한 전위 □□□ check up!

여러 가지 도체의 전하 분포에 있어 각 도체의 전하를 n배 하면 중첩의 원리가 성립하기 위해서는 그 전위는 어떻게 되는가?

① $\dfrac{1}{2}n$배가 된다. ② n배가 된다.

③ $2n$배가 된다. ④ n^2배가 된다.

해설 $nV = \dfrac{nQ}{4\pi\varepsilon_0 r}[V]$ 전하가 n배이면 전위도 n배가 된다. 답 ②

02 점전하 및 도체구의 전위 - ① □□□ check up!

대전도체의 내부 전위는?

① 항상 0이다.
② 표면 전위와 같다.
③ 대지전압과 전하의 곱으로 표시한다
④ 공기의 유전율과 같다.

해설 대전된 도체의 도체표면과 내부의 전위는 동일하고(등전위), 또한 표면은 등전위면이다.   답 ②

03 점전하 및 도체구의 전위 - ② □□□ check up!

반지름 $r=1[m]$인 도체구의 표면전하밀도가 $\dfrac{10^{-8}}{9\pi}[C/m^2]$가 되도록 하는 도체구의 전위는 몇 $[V]$인가?

① 10
② 20
③ 40
④ 80

해설 도체 모양에 따른 전위 공식

면전하 밀도 $\sigma = \rho_s = \dfrac{Q}{S}[C/m^2]$, $Q = \sigma S[C]$

구도체의 면적 $S = 4\pi r^2[m^2]$를 대입하여 정리하면

전위 $V = \dfrac{Q}{4\pi\varepsilon_0 r} = \dfrac{\sigma S}{4\pi\varepsilon_0 r} = \dfrac{\sigma 4\pi r^2}{4\pi\varepsilon_0 r} = \dfrac{\sigma}{\varepsilon_0} r[V/m]$이 되므로 $V = \dfrac{\frac{10^{-8}}{9\pi}}{8.855 \times 10^{-12}} \cdot 1 = 40[V]$

여기서, $\sigma[C/m^2]$: 면 전하밀도, $r = l = d[m]$: 반지름, 떨어진 거리   답 ③

04 점전하 및 도체구의 전위 - ③ □□□ check up!

한 변의 길이가 $a[m]$인 정 4각형 A, B, C, D의 각 정점에 각각 $Q[C]$의 전하를 놓을 때, 정 4각형 중심 0의 전위는 몇 $[V]$인가?

① $\dfrac{3Q}{4\pi\varepsilon_0 a}$
② $\dfrac{3Q}{\pi\varepsilon_0 a}$
③ $\dfrac{\sqrt{2}Q}{\pi\varepsilon_0 a}$
④ $\dfrac{2Q}{\pi\varepsilon_0 a}$

해설
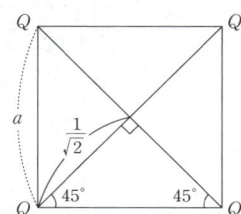

$\cos 45° = \dfrac{r}{a} = \dfrac{1}{\sqrt{2}}$ 이므로 $r = \dfrac{a}{\sqrt{2}}$ 중심점 전체전위는

전하가 4개 이므로 $V = \dfrac{Q}{4\pi\varepsilon_0 r} = \dfrac{4Q}{4\pi\varepsilon_0 \frac{a}{\sqrt{2}}} = \dfrac{\sqrt{2}Q}{\pi\varepsilon_0 a}[V]$ 답 ③

05 r[m] 떨어진 점의 전위

30[V/m]인 평등전계 중의 80[V]되는 점에서 1[C]의 전하를 전계 방향으로 80[cm] 떨어진 점의 전위는 몇 [V]인가?

① 9
② 24
③ 30
④ 56

해설 평등전계 내 전위차 $V = E \cdot d = 30 \times 0.8 = 24$[V]이며 전계의 방향은 전위가 감소하는 방향이므로
$V_B = V_A - V = 80 - 24 = 56$[V]   답 ④

06 동심구의 전위

그림과 같은 동심구에서 도체 A에 Q[C]을 줄 때 도체 A의 전위는 몇 [V]인가? (단, 도체 B의 전하는 0이다.)

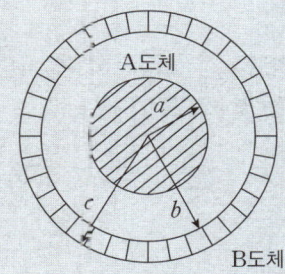

① $\dfrac{Q}{4\pi\varepsilon_o C}$
② $\dfrac{Q}{4\pi\varepsilon_o}\left(\dfrac{1}{a} - \dfrac{1}{b}\right)$
③ $\dfrac{Q}{4\pi\varepsilon_o}\left(\dfrac{1}{a} + \dfrac{1}{b}\right)$
④ $\dfrac{Q}{4\pi\varepsilon_o}\left(\dfrac{1}{a} - \dfrac{1}{b} + \dfrac{1}{c}\right)$

해설 1) A도체에 $+Q$[C], B도체 $Q=0$[C]을 경우의 A도체의 전위 V_A
$V_A = \dfrac{Q}{4\pi\varepsilon_0}\left(\dfrac{1}{a} - \dfrac{1}{b} + \dfrac{1}{c}\right)$[V]

2) A도체에 $+Q$[C], B도체 $-Q$[C]인 경우 A도체와 B도체 사이에 전위차
$V_{AB} = V_A - V_B = \dfrac{Q}{4\pi\varepsilon_0}\left(\dfrac{1}{a} - \dfrac{1}{b}\right)$[V]   답 ④

07 무한장 직선의 전위 - ①

무한장 직선전하, 대전된 무한 평면 도체로부터 일정한 거리 $r[\text{m}]$ 떨어진 점의 전위$[\text{V}]$는?

① 0이다.
② 무한대의 값이다.
③ 거리 r에 반비례한다.
④ r이다.

해설 1) 무한장 직선

$$V=-\int_{\infty}^{r}Edr=-\frac{\lambda}{2\pi\varepsilon_0}\int_{\infty}^{r}\frac{1}{r}dr=-\frac{\lambda}{2\pi\varepsilon_0}[\ln r]_{\infty}^{r}=\frac{\lambda}{2\pi\varepsilon_0}[\ln\infty-\ln r]=\infty$$

2) 무한평면 도체

$$V=-\int_{\infty}^{r}Edr=\int_{r}^{\infty}Edr=\int_{r}^{\infty}\frac{\sigma}{2\varepsilon_0}dr=\frac{\sigma}{2\varepsilon_0}[r]_{r}^{\infty}=\frac{\sigma}{2\varepsilon_0}[\infty-r]=\infty[\text{V}]$$

답 ②

08 무한장 직선의 전위 - ②

진공 중에서 무한장 직선도체에 선전하밀도 $\rho_L=2\pi\times 10^{-3}[\text{C/m}]$가 균일하게 분포된 경우 직선도체에서 2[m]와 4[m] 떨어진 두 점사이의 전위차는 몇 [V]인가?

① $\dfrac{10^{-3}}{\pi\varepsilon_o}\ln 2$
② $\dfrac{10^{-3}}{\varepsilon_o}\ln 2$
③ $\dfrac{1}{\pi\varepsilon_o}\ln 2$
④ $\dfrac{1}{\varepsilon_o}\ln 2$

해설

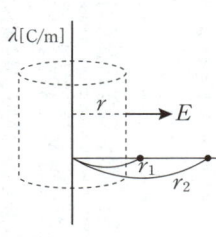

그림에서 r_1과 r_2의 전위차는

$$V=-\int_{r_2}^{r_1}Edr=-\frac{\lambda}{2\pi\varepsilon_0}\int_{r_2}^{r_1}\frac{1}{r}dr=-\frac{\lambda}{2\pi\varepsilon_0}\int_{r_2}^{r_1}\frac{1}{x}dx$$

$$=-\frac{\lambda}{2\pi\varepsilon_0}[\ln x]_{r_2}^{r_1}=-\frac{\lambda}{2\pi\varepsilon_0}[\ln r_1-\ln r_2]=\frac{\lambda}{2\pi\varepsilon_0}\ln\frac{r_2}{r_1}[\text{V}]$$

$\lambda=\rho_L=2\pi\times 10^{-3}[\text{C/m}]$, $r_1=2[\text{m}]$, $r_2=4[\text{m}]$ 대입 정리하면

$$V=\frac{2\pi\times 10^{-3}}{2\pi\varepsilon_0}\ln\frac{4}{2}=\frac{10^{-3}}{\varepsilon_0}\ln 2[\text{V}]$$가 된다.

답 ②

09 평행 두 도선간의 전위 □□□ check up!

그림과 같이 반지름 a인 무한장 평행도체 A, B가 간격 d로 놓여 있고, 단위 길이당 각각 $+\lambda$, $-\lambda$의 전하가 균일하게 분포되어 있다. A, B 도체 간의 전위차 $[V]$는? (단, $d \gg a$이다.)

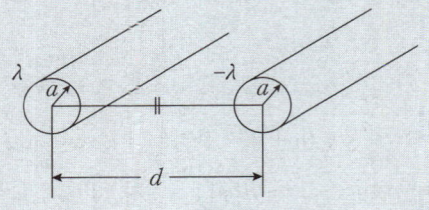

① $\dfrac{\lambda}{\pi\varepsilon_o} \ln \dfrac{d-a}{a}$

② $\dfrac{\lambda}{2\pi\varepsilon_o} \ln \dfrac{d}{a}$

③ $\dfrac{\lambda}{\pi\varepsilon_o} \ln \dfrac{a}{d}$

④ $\dfrac{\lambda}{2\pi\varepsilon_o} \ln \dfrac{a}{d}$

해설

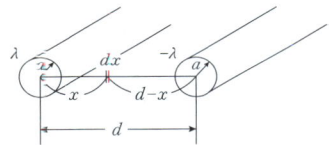

$E_1 = \dfrac{\lambda}{2\pi\varepsilon_0 x}$, $E_2 = \dfrac{\lambda}{2\pi\varepsilon_0 (d-x)}$ 이때 전계 E_1과 E_2의 전계의 작용하는 방향은 같으므로

$E = E_1 + E_2 = \dfrac{\lambda}{2\pi\varepsilon_0 x} + \dfrac{\lambda}{2\pi\varepsilon_0 (d-x)}$

$V = -\displaystyle\int_{d-a}^{a} E\,dx = -\dfrac{\lambda}{2\pi\varepsilon_0} \left(\int_{d-a}^{a} \dfrac{1}{x}dx + \int_{d-a}^{a} \dfrac{1}{d-x}dx \right)$

$= \dfrac{\lambda}{2\pi\varepsilon_0} \left(\int_{a}^{d-a} \dfrac{1}{x}dx - \int_{a}^{d-a} \dfrac{1}{d-x}dx \right)$

$= \dfrac{\lambda}{2\pi\varepsilon_0} \left[(\ln x)_a^{d-a} - (\ln(d-x))_a^{d-a} \right]$

$= \dfrac{\lambda}{2\pi\varepsilon_0} \left(\ln \dfrac{d-a}{a} - \ln \dfrac{a}{d-a} \right) = \dfrac{\lambda}{\pi\varepsilon_0} \ln \dfrac{d-a}{a}$

이때 $d \gg a$ 경우 $\ln \dfrac{d-a}{a} \fallingdotseq \ln \dfrac{d}{a}$

여기서, $d[\mathrm{m}] \fallingdotseq d-a[\mathrm{m}]$: 도선 사이 간격, $a[\mathrm{m}]$: 도선의 반지름, $\lambda = \rho_l [\mathrm{C/m}]$: 선전하

답 ①

10 무한평면의 전위 - ① □□□ check up!

무한 평행판 평행 전극 사이의 전위차 $V[V]$는? (단, 평행판 전하 밀도 $\sigma[C/m^2]$, 판간 거리 $d[m]$라 한다.)

① $\dfrac{\sigma}{\varepsilon_o}$

② $\dfrac{\sigma}{\varepsilon_o}d$

③ σd

④ $\dfrac{\varepsilon_o \sigma}{d}$

해설 평행판의 전계의 세기는 $E=\dfrac{\sigma}{\varepsilon_o}[V/m]$이고 전위 $V=Ed=\dfrac{\sigma}{\varepsilon_o}\cdot d[V]$이다.

여기서, $\sigma[C/m^2]$: 면 전하밀도, $r=l=d[m]$: 거리, 길이, 간격

답 ②

11 무한평면의 전위 - ② □□□ check up!

진공 중 $3[m]$ 간격으로 두 개의 평행한 무한 평판 도체에 각각 $+4[C/m^2]$, $-4[C/m^2]$의 전하를 주었을 때, 두 도체 간의 전위차는 약 몇 $[V]$인가?

① 1.5×10^{11}

② 1.5×10^{12}

③ 1.36×10^{11}

④ 1.36×10^{12}

해설 평행판의 전위차 $V=Ed=\dfrac{\sigma}{\varepsilon_o}\cdot d=\dfrac{4}{8.855\times 10^{-12}}\times 3=1.36\times 10^{12}[V]$

여기서, $\sigma[C/m^2]$: 면 전하밀도, $r=l=d[m]$: 거리, 길이, 간격

답 ④

12 전위와 에너지 - ① □□□ check up!

다음 중 실용상 영(0) 전위의 기준으로 가장 적합한 것은?

① 자유공간

② 무한 원점

③ 철제 부분

④ 대지

해설 도체를 접지시킬 때 도체의 전위는 영전위이다.

답 ④

13 전위와 에너지 - ② □□□ check up!

등전위면을 따라 전하 $Q[C]$을 운반하는데 필요한 일은?

① 전하의 크기에 따라 변한다.

② 전위의 크기에 따라 변한다.

③ QV

④ 0

해설 등전위면은 전위차가 0이므로 전하 이동시 하는 일 에너지는 0이 되며 또한 전하 일주 및 폐곡선을 이루는 경우 에너지 보존의 법칙에 의해 일 에너지는 0이 된다.

답 ④

2-8 진공중의 정전계 – 전위경도·전기쌍극자·전기이중층

1. 전위의 경도(기울기) : $E = -\text{grad}\, V = -\nabla V = -\dfrac{dV}{dr}$ [V/m]

2. 전기 쌍극자

   ① 전기 쌍극자 모멘트 : $M = Q \cdot l$ [C·m] 단, l : 두 전하 사이의 미소거리

   ② 전위 : $V = \dfrac{M}{4\pi\varepsilon_0 r^2}\cos\theta = \dfrac{Ql}{4\pi\varepsilon_0 r^2}\cos\theta = 9 \times 10^9 \dfrac{M\cos\theta}{r^2}$ [V]

   ③ 전계의 세기

     Ⓐ 거리 $E_r = \dfrac{2M}{4\pi\varepsilon_0 r^3}\cos\theta$ [V/m] Ⓑ 각도 $E_\theta = \dfrac{M}{4\pi\varepsilon_0 r^3}\sin\theta$ [V/m]

     Ⓒ 전체전계 $E = \dfrac{M}{4\pi\varepsilon_0 r^3}\sqrt{1+3\cos^2\theta}$ [V/m]

3. 전기이중층의 전위 : $V = \dfrac{M}{4\pi\varepsilon_0}\omega$ [V] (정전하측 +, 부전하측 −)

   여기서, $M = \sigma\delta$ [C/m] : 이중층세기 또는 판의 세기, ω [sr] : 입체각

   ① 정전하측(부전하측)에서만 판에 무한히 접근=반구 : $\omega = 2\pi$ [sr]

   ② 정전하측과 부전하측이 동시에 판에 무한히 접근=구 : $\omega = 4\pi$ [sr]

   ③ 전기이중층 중심축에서 떨어진 임의의 지점 : $\omega = 2\pi(1-\cos\theta)$ [sr]

---

01 전위 경도 - ①　　　　□□□ check up!

전계와 전위 경도를 옳게 표현 한 것은?

① 크기가 같고 방향이 같다.　　② 크기가 같고 방향이 반대이다.
③ 크기가 다르고 방향이 같다.　　④ 크기가 다르고 방향이 반대이다.

해설　임의의 점에 있어 임의의 방향의 전위 감소 비율을 전위 경도라 하면
　　　전계의 세기와 크기는 같고 서로 반대방향이다.
　　　$E = -\text{grad}\, V = -\nabla V = -\dfrac{dV}{dr}$ [V/m]　　　　답 ②

---

02 전위 경도 - ②　　　　□□□ check up!

전위경도 V와 전계 E의 관계식은?

① $E = \text{grad}\, V$　　　　② $E = \text{div}\, V$
③ $E = -\text{grad}\, V$　　　④ $E = -\text{div}\, V$

해설 문제 1번 해설 참조 답 ③

03 전위 경도 - ③ ☐☐☐ check up!

전위함수가 $V = 3xy + z + 4[V]$일 때 점$(4, -4, 4)$에 있어서 전계의 세기는?

① $i12 + j12 - k$
② $-i12 + j12 + k$
③ $i - j - k$
④ $i12 - j12 - k$

해설 전위 $V = 3xy + z + 4[V]$, $(4, -4, 4)$일 때 $x = 4$, $y = -4$, $z = 4$

전계의 세기는 $E = -grad\ V = -\nabla V = -\left(\dfrac{\partial V}{\partial x}i + \dfrac{\partial V}{\partial y}j + \dfrac{\partial V}{\partial z}k\right)$

$= -3yi - 3xj - k[V/m]$이므로 주어진 수치를 대입하면 $E = 12i - 12j - k[V/m]$가 된다.

답 ④

04 전기 쌍극자 - ① ☐☐☐ check up!

전기 쌍극자로부터 r 만큼 떨어진 점의 전위 크기 V는 r과 어떤 관계가 있는가?

① $V \propto r$
② $V \propto 1/r^3$
③ $V \propto 1/r^2$
④ $V \propto 1/r$

해설 전기 쌍극자 전위 $V = \dfrac{M\cos\theta}{4\pi\varepsilon_o r^2} = 9 \times 10^9 \dfrac{M\cos\theta}{r^2}[V] \propto \dfrac{1}{r^2}$

답 ③

05 전기 쌍극자 - ② ☐☐☐ check up!

진공 중에서 $+q[C]$과 $-q[C]$의 점전하가 미소거리 $a[m]$만큼 떨어져 있을 때 이 쌍극자가 P점에 만드는 전계[V/m]와 전위[V]의 크기는?

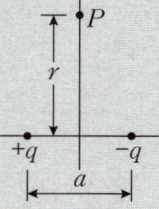

① $E = \dfrac{qa}{4\pi\varepsilon_o r^2}$, $V = 0$
② $E = \dfrac{qa}{4\pi\varepsilon_o r^3}$, $V = 0$
③ $E = \dfrac{qa}{4\pi\varepsilon_o r^2}$, $V = \dfrac{qa}{4\pi\varepsilon_o r}$
④ $E = \dfrac{qa}{4\pi\varepsilon_o r^3}$, $V = \dfrac{qa}{4\pi\varepsilon_o r^2}$

해설 전기 쌍극자 전계 $E = \dfrac{M}{4\pi\varepsilon_o r^3}\sqrt{1+3\cos^2\theta}$ [V/m] 이때 전기쌍극자 모멘트 $M = qa$ [C·m]

전기쌍극자 중심과 축방향의 각은 $\theta = 90°$이므로 $\cos 90° = 0$을 적용하면 $E = \dfrac{qa}{4\pi\varepsilon_o r^3}$ [V/m]이 되며

전기 쌍극자 전위 $V = \dfrac{M}{4\pi\varepsilon_o r^2}\cos\theta$ [V]에 $\cos 90° = 0$을 적용하면 $V = 0$ [V]이다. **답** ②

06 전기 쌍극자 - ③ □□□ check up!

전기 쌍극자 모멘트 M[C·m]인 전기 쌍극자에 의한 임의의 점의 전위는 몇 [V]인가? (단, 전기 쌍극자간의 중심점에서 임의의 점까지의 거리는 R[m]이고, 이들간에 이루어진 각은 θ이다.)

① $9 \times 10^9 \dfrac{M\cos\theta}{R}$
② $9 \times 10^9 \dfrac{M\cos\theta}{R^2}$
③ $9 \times 10^9 \dfrac{M\sin\theta}{R}$
④ $9 \times 10^9 \dfrac{M\sin\theta}{R^2}$

해설 전기 쌍극자 전위 $V = \dfrac{M}{4\pi\varepsilon_o R^2}\cos\theta = 9 \times 10^9 \dfrac{M\cos\theta}{R^2}$ [V] **답** ②

07 전기 쌍극자 - ④ □□□ check up!

전기 쌍극자에서 전계의 세기 E와 거리 r과의 관계는?

① E는 r^2에 반비례
② E는 r^3에 반비례
③ E는 $r^{\frac{3}{2}}$에 반비례
④ E는 $r^{\frac{5}{2}}$에 반비례

해설 전기 쌍극자 전계 $E = \dfrac{M}{4\pi\varepsilon_o r^3}\sqrt{1+3\cos^2\theta}$ [V/m]이므로 $E \propto \dfrac{1}{r^3}$

즉 r^3에 반비례 한다. **답** ②

08 전기 이중층 □□□ check up!

반지름 a[m]인 원판형 전기 2중층(세기 M)의 축상 x[m]되는 거리에 있는 점 P(정전하측)의 전위[V]은?

① $\dfrac{M}{2\varepsilon_o}\left(1 - \dfrac{a}{\sqrt{x^2+a^2}}\right)$
② $\dfrac{M}{\varepsilon_o}\left(1 - \dfrac{a}{\sqrt{x^2+a^2}}\right)$
③ $\dfrac{M}{2\varepsilon_o}\left(1 - \dfrac{x}{\sqrt{x^2+a^2}}\right)$
④ $\dfrac{M}{\varepsilon_o}\left(1 - \dfrac{x}{\sqrt{x^2+c^2}}\right)$

해설 전기이중층

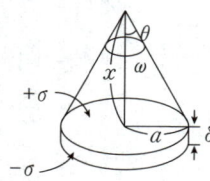

$V = \dfrac{M}{4\pi\varepsilon_o}\omega[\mathrm{V}]$ 여기서 입체각 $\omega = 2\pi(1-\cos\theta)$ 이므로

$V = \dfrac{M}{4\pi\varepsilon_o} \times 2\pi\left(1 - \dfrac{x}{\sqrt{a^2+x^2}}\right) = \dfrac{M}{2\varepsilon_o} \times \left(1 - \dfrac{x}{\sqrt{a^2+x^2}}\right)[\mathrm{V}]$

답 ③

2-9 정전계의 방정식

1. 전기력선의 방정식 : 성립조건식 $\dfrac{dx}{E_x}=\dfrac{dy}{E_y}=\dfrac{dz}{E_z}$

   ① i, j가 동일 부호이면 $y=Cx$ C(임의 상수)
   ② i, j가 다른 부호이면 $y=C/x$
   ③ (x, y) 한점(좌표값)이 주어지면 보기의 각 식에 대입하여 등식이 성립하면 답

2. 가우스의 발산의 정리 : $N=\displaystyle\int_S E ds=\int_v div E dv=\int_v \dfrac{\rho}{\varepsilon_0}dv$

3. 가우스의 미분형
   ① $div E = \rho/\varepsilon_0$
   ② $div D = \rho [C/m^3]$
   여기서 $\rho[C/m^3]$는 체적당 전하량(공간전하밀도)이다.

4. 포아송의 방정식 : 전위함수를 가지고 공간전하밀도를 구한다.

   $-\nabla^2 V=\dfrac{\rho}{\varepsilon_o}$ 또는 $\nabla^2 V=-\dfrac{\rho}{\varepsilon_o}$

5. 라플라스 방정식 : 전하가 없는 곳의 포아송의 방정식 $\nabla^2 V=0$

01 전기력선의 방정식 - ① □□□ check up!

$E=i\left(\dfrac{x}{x^2+y^2}\right)+j\left(\dfrac{y}{x^2+y^2}\right)$인 전계의 전기력선의 방정식을 옳게 나타낸 것은? (단, c는 상수이다.)

① $y=c\ln x$
② $y=\dfrac{c}{x}$
③ $y=cx$
④ $y=cx^2$

해설 전계의 세기가 $E=\dfrac{x}{x^2+y^2}i+\dfrac{x}{x^2+y^2}j [V/m]$일 때 전기력선의 방정식을 구하면

전기력선의 방정식 $\dfrac{dx}{Ex}=\dfrac{dy}{Ey}$ 이므로 $\dfrac{dx}{\dfrac{x}{x^2+y^2}}=\dfrac{dy}{\dfrac{y}{x^2+y^2}}$ → $\dfrac{1}{x}dx=\dfrac{1}{y}dy$에서 양변을 적분하면

$\ln x = \ln y + \ln A$, $\ln x - \ln y = \ln A$, $\ln\dfrac{x}{y}=A$가 되므로 $y=\dfrac{1}{A}x=cx$이 된다.   **답** ③

02 전기력선의 방정식 - ②

$E = xa_x - ya_y$ [V/m]일 때 점 (6, 2)[m]를 통과하는 전기력선의 방정식은?

① $y = 12x$
② $y = \dfrac{12}{x}$
③ $y = \dfrac{x}{12}$
④ $y = 12x^2$

해설 전계의 세기가 $E = xa_x - ya_y$ [V/m]일 때 (6,2)을 지나는 전기력선의 방정식을 구하면
전기력선의 방정식 $\dfrac{dx}{Ex} = \dfrac{dy}{Ey}$ 이므로 $\dfrac{dx}{x} = \dfrac{dy}{-y}$ → $\dfrac{1}{x}dx = \dfrac{1}{y}dy$ 에서 양변을 적분하면
$\ln x = -\ln y + c$, $\ln xy = \ln c$, $xy = c$ 가 되므로 $(x=6, y=2)$을 대입하면
$xy = 12$에서 $y = \dfrac{12}{x}$가 된다.

답 ②

03 가우스의 정리 미분형 - ①

$divD = \rho$와 관계가 가장 깊은 것은?

① Ampere의 주회적분 법칙
② Faraday의 전자유도 법칙
③ Laplace의 방정식
④ Gauss의 정리

해설 가우스 정리의 미분형 : $divE = \rho/\varepsilon_0$, $divD = \rho$ [C/m³]
여기서, ρ [C/m³]는 체적당 전하량(공간전하밀도)이다.

답 ④

04 가우스의 정리 미분형 - ②

전속밀도 $D = x^2 i + 2y^2 j + 3zk$ [C/m²]을 주는 원점의 1[mm³] 내의 전하는 몇 [C]인가?

① 3
② 3×10^{-6}
③ 3×10^{-9}
④ 3×10^{-12}

해설 면전하밀도(전속밀도)로 체적전하를 계산 시 가우스의 미분형을 이용 전속밀도
$D = D_x i + D_y j + D_z k = x^2 i + 2y^2 j + 3zk$ [C/m²]이고 원점이므로 (0, 0, 0)
$divD = \nabla \cdot D = \left(\dfrac{\partial}{\partial x}i + \dfrac{\partial}{\partial y}j + \dfrac{\partial}{\partial^2 z}k\right) \cdot D = \dfrac{\partial D_x}{\partial x} + \dfrac{\partial D_y}{\partial y} + \dfrac{\partial D_z}{\partial z} = \rho$ [C/m³]
$= \dfrac{\partial x^2}{\partial x} + \dfrac{\partial 2y^2}{\partial y} + \dfrac{\partial 3z}{\partial z} = 2x + 4y + 3$ 이때 $x=0, y=0, z=0$을 대입 정리하면
$= 3$ [C/m³] $= 3 \times 10^{-9}$ [C/mm³] 1[mm³]내의 전하는 $Q = 3 \times 10^{-9}$ [C]이 된다.

답 ③

05 포아송의 방정식

Poisson의 방정식은?

① $div\dot{E} = \dfrac{\rho}{\varepsilon_0}$
② $\nabla^2 V = -\dfrac{\rho}{\varepsilon_0}$
③ $\dot{E} = grad V$
④ $div\dot{E} = \varepsilon_0$

해설 포아송의 방정식 : 전위함수를 가지고 공간전하밀도를 구한다.

$$-\nabla^2 V = \dfrac{\rho}{\varepsilon_0} \text{ 또는 } \nabla^2 V = -\dfrac{\rho}{\varepsilon_0}$$

답 ②

06 라플라스 방정식 - ①

전위 V가 단지 x만의 함수 이며 $x=0$에서 $V=0$이고 $x=d$일 때 $V=V_0$인 경계 조건을 갖는다고 한다. 라플라스 방정식에 의한 V의 해는?

① $\nabla^2 V$
② $V_0 d$
③ $\dfrac{V_0}{d} x$
④ $\dfrac{Q}{4\pi\varepsilon_0 d}$

해설 $\nabla^2 V = \dfrac{\partial^2 V}{\partial x^2} = 0$이므로 V는 x의 1차 함수이며 적분상수를 A, B라 하면 $V = Ax + B$

경계의 조건에서 $x=0$일 때 $V=0$이며 $B=0$이다.

또한 $x=d$일 때 $V=V_0$에서 $A=\dfrac{V_0}{d}$가 되므로 $V=\dfrac{V_0}{d}x$라 할수 있다.

답 ③

07 라플라스 방정식 - ②

정전계 해석에 관한 설명으로 틀린 것은?

① 포아송 방정식은 가우스 정리의 미분형으로 구할 수 있다.
② 도체 표면에서의 전계의 세기는 표면에 대해 법선 방향을 갖는다.
③ 라플라스 방정식은 전극이나 도체의 형태에 관계없이 체적전하밀도가 0인 모든점에서 $\nabla^2 V = 0$을 만족한다.
④ 라플라스 방정식은 비선형 방정식이다.

해설 라플라스 방정식은 선형 동차 미분방정식 또는 2차 편미분 방정식이라 한다.

답 ④

08 정전계 방정식 응용 - ① □□□ check up!

시간적으로 변화하지 않는 보존적(conservative)인 전하가 비회전성(非回轉性)이라는 의미를 나타낸 식은?

① $\nabla E = 0$
② $\nabla \cdot E = 0$
③ $\nabla \times E = 0$
④ $\nabla^2 E = 0$

해설 전계의 비회전성(보존장의 조건) $\oint_C E dl = \int_s rot E ds = 0$ 이며
전계 내에서 폐회로를 따라 단위전하를 일주시 한일은 항상 0임을 의미하며 미분형으로 표현하면 $rot E = Curl E = \nabla \times E = 0$ 이며 시간적으로 변하지 않는 보존적인 전하가 비회전성이라는 의미 한다.

답 ③

09 정전계 방정식 응용 - ② □□□ check up!

다음 식 중에서 틀린 것은?

① 가우스의 정리 : $div D = \rho$
② 포아송의 방정식 : $\nabla^2 V = \dfrac{\rho}{\varepsilon_o}$
③ 라플라스의 방정식 : $\nabla^2 V = 0$
④ 발산의 정리 : $\oint_s A \cdot ds = \int_v div A dv$

해설 포아손의 방정식 $-\nabla^2 V = \dfrac{\rho}{\varepsilon_0}$ 또는 $\nabla^2 V = -\dfrac{\rho}{\varepsilon_0}$ 이다.

답 ②

[D-30 전기기사·산업기사 필기
        30일 필기 단기완성]

제1과목
전기자기학
DAY - 02

30일 단기완성

Chapter 03
진공중의 도체계

1 출제경향분석

제3장 진공중의 도체계에서 시험에 자주 출제가 되는 내용은 다음과 같습니다.

반드시 알아야 하는 핵심 포인트

① 정전용량 공식　　　　② 콘덴서에 축적되는 에너지
③ 정전흡인력　　　　　④ 합성정전용량
⑤ 전위계수와 용량계수 및 유도 계수의 성질

2 학습 가이드라인

- 반드시 알아야 하는 핵심 포인트는 전기기사 및 산업기사 시험에서 가장 출제빈도가 높은 논점으로 각 파트별 핵심 포인트와 문제를 연계하여 학습해 주시기를 권장합니다.
- 체크리스트를 작성하시면서 문제의 유형과 학습의 완성도를 스스로 확인해 주세요.
- 출제 빈도가 높고 틀리기 쉬운 문제를 맞출 수 있도록 "콕콕 포인트"를 확인해 주세요.

우선순위 논점	KEY WORD	선생님의 콕콕 포인트
정전용량 공식	동심구, 중공 도체구	부등호의 크기를 확인 할 것.
정전용량 공식	극판, 평행판	도체에 저축되는 전하 및 정전용량 공식을 반드시 암기할 것.
정전용량 공식	동축, 원통, 원주	분자에 $2\pi\varepsilon_0$, 분모에 $\ln$, 큰 거리에서 작은 거리를 나눌 것.
합성정전용량	병렬연결	선으로 연결 또는 접촉이라는 말은 병렬연결로 볼 것.
전위계수	전위계수의 성질	아래 첨자 수가 많은 도체가 첨자 수가 적은 도체를 포위할 것.
정전 에너지	평행판, 극판, 전압 인가시 저축되는 에너지	정전용량 공식과 정전에너지 공식 및 단위 환산을 확인할 것.
정전 흡인력	평행판, 극판	평행판 사이 정전용량과 전위차를 확인할 것.

3-1 진공중의 도체계 – 정전용량

1. 정전 용량 : $C = \dfrac{Q}{V} = \dfrac{전기량}{전위차}$ [F]

    ① 축적되는 전하량 $Q = CV$ [C]

    ② 전위차 $V = \dfrac{Q}{C}$ [V=C/F]

    ③ 엘라스턴스 $P = \dfrac{1}{C} = \dfrac{V}{Q} = \dfrac{d}{\varepsilon_0 S}$ [daraf = $\dfrac{1}{F}$]

2. 도체 모양에 따른 정전용량 공식

    ① 구도체 : $C = 4\pi\varepsilon_0 a$ [F] (단, a는 구도체의 반지름)

    ② 반구도체 : $C = 2\pi\varepsilon_0 a$ [F] (단, a는 반구도체의 반지름)

    ③ $b > a$ 동심구의 정전용량 : $C = \dfrac{4\pi\varepsilon_0}{\dfrac{1}{a} - \dfrac{1}{b}} = \dfrac{4\pi\varepsilon_0 ab}{b-a} = \dfrac{1}{9 \times 10^9} \cdot \dfrac{ab}{b-a}$ [F]

    a[m] : 동심구의 내 반지름, b[m] : 동심구의 외 반지름

    ※ 내구를 접지하고 외구에 Q[C]을 준 경우 : $C = \dfrac{4\pi\varepsilon_0 ab}{b-a} + 4\pi\varepsilon_0 b = \dfrac{4\pi\varepsilon_0 b^2}{b-a}$ [F]

    ※ 동심구의 정전용량은 반지름을 각각 n배씩 증가시키면 C[F]도 n배로 증가한다.

    ④ 평행판(극판) : $C = \dfrac{\varepsilon_0 S}{d}$ [F] (단위 면적당 $C = \dfrac{\varepsilon_0}{d} = \dfrac{E\varepsilon_0}{V}$ [F/m²])

    S[m²] : 극판의 면적, E[V/m] : 전계, V[V] : 전위차

    ⑤ $b > a$ 동심, 원통 : $C = \dfrac{2\pi\varepsilon_0}{\ln\dfrac{b}{a}}$ [F/m]

    a[m] : 내 원통의 반지름, b[m] : 외 원통의 반지름

    ⑥ $d > a$ 평행 도선간의 정전용량 : $C = \dfrac{\pi\varepsilon_0}{\ln\dfrac{d}{a}}$ [F/m]

    $d ≒ d-a$ [m] : 평행 두 도선 사이의 거리, r[m] : 도선의 반지름

    ⑦ 바리콘 = 가변형 콘덴서 : $C_\theta = C_0 \dfrac{\theta}{\pi}$ [F]

    여기서, C_0[F] : 바리콘의 전체 정전용량

01 정전용량 – ① □□□ check up!

모든 전기 장치에 접지시키는 근본적인 이유는?

① 지구의 용량이 커서 전위가 거의 일정하기 때문이다.
② 편의상 지면을 영전위로 보기 때문이다.
③ 영상 전하를 이용하기 때문이다.
④ 지구는 전류를 잘 통하기 때문이다.

해설 지구의 정전용량이 매우 크므로 많은 전하가 축적되더라도 표면전위와 내부전위가 같아 지구의 전위가 거의 일정하기 때문이다. 모든 전기 장치를 접지 시키고 대지를 실용상 등전위로(0[V]) 한다.

답 ①

02 정전용량 – ② □□□ check up!

두 도체 사이에 $100[V]$의 전위를 가하는 순간 $700[\mu C]$의 전하가 축적되었을 때 이 두 도체 사이의 정전용량은 몇 $[\mu F]$인가?

① 4
② 5
③ 6
④ 7

해설 정전용량 $C = \dfrac{Q}{V} = \dfrac{700 \times 10^{-6}}{100} \times 10^6 = 7[\mu F]$

답 ④

03 정전용량 – 도체구 ① □□□ check up!

공기 중에 있는 지름 $6[cm]$인 단일 도체구의 정전용량은 약 몇 $[pF]$인가?

① 0.34
② 0.67
③ 3.34
④ 6.67

해설 구도체의 정전용량

$$C = \frac{Q}{V} = \frac{Q}{\dfrac{Q}{4\pi\varepsilon_0 a}} = 4\pi\varepsilon_0 a = \frac{a}{9 \times 10^9} = \frac{3 \times 10^{-2}}{9 \times 10^9} \times 10^{12} = 3.333[pF]$$

여기서, $a[m]$: 반지름

답 ③

04 정전용량 – 도체구 ② □□□ check up!

공기 중에 놓여진 직경 2[m]의 구도체에 줄 수 있는 최대 전하는 약 몇 [C]인가? (단, 공기의 절연내력은 3000[kV/m]이다.)

① 5.3×10^{-4}
② 3.33×10^{-4}
③ 2.65×10^{-4}
④ 1.67×10^{-4}

해설 전계≤절연내력 이므로 $E = \dfrac{Q}{4\pi\varepsilon_0 a^2} \leq 3000 \times 10^3 [\text{V/m}]$

→ $Q \leq 4\pi\varepsilon_0 a^2 \times 3000 \times 10^3 = 4\pi \times 8.855 \times 10^{-12} \times 1^2 \times 3000 \times 10^3 = 3.338 \times 10^{-4}[\text{C}]$

답 ②

05 정전용량 – 동심구 ① □□□ check up!

반지름 $b > a$(단위 : [m])인 동심구 도체의 정전용량은 몇 [F]인가?

① $\dfrac{4\pi\varepsilon_0 ab}{b-a}$
② $\dfrac{4\pi\varepsilon_0 ab}{a-b}$
③ $\dfrac{8\pi\varepsilon_0 ab}{a-b}$
④ $\dfrac{16\pi\varepsilon_0 ab}{a-b}$

해설 $b > a$ 동심구의 정전용량 : $C = \dfrac{4\pi\varepsilon_0}{\dfrac{1}{a} - \dfrac{1}{b}} = \dfrac{4\pi\varepsilon_0 ab}{b-a} = \dfrac{1}{9 \times 10^9} \cdot \dfrac{ab}{b-a}[\text{F}]$

$b > a$ 이라면 b가 외구의 반지름, a가 내구의 반지름을 말한다.

만약 $b < a$ 동심구의 정전용량 : $C = \dfrac{4\pi\varepsilon_0}{\dfrac{1}{b} - \dfrac{1}{a}} = \dfrac{4\pi\varepsilon_0 ab}{a-b}[\text{F}]$

답 ①

06 정전용량 – 동심구 ② □□□ check up!

동심구형 콘덴서의 내외 반지름을 각각 10배로 증가시키면 정전 용량은 몇 배인가?

① 5
② 10
③ 20
④ 100

해설 동심구의 내외 반지름을 각각 n배씩 증가시키면 정전용량도 n 배로 증가한다.

수리적으로 본다면 동심구의 정전용량은 $C = \dfrac{4\pi\varepsilon_0 ab}{b-a}[\text{F}]$이므로 내외 반지름을 각각 10배로 하면,

$b = 10b$, $a = 10a$이므로 $C = \dfrac{4\pi\varepsilon_0 10a \cdot 10b}{10b - 10a} = \dfrac{100(4\pi\varepsilon_0 ab)}{10(b-a)} = 10C$가 되므로 10배가 된다.

답 ②

07 정전용량 – 평행판 ①

면적이 $S[\text{m}^2]$인 금속판 2매를 간격이 $d[\text{m}]$가 되게 공기 중에 나란하게 놓았을 때 두 도체 사이의 정전용량 $[\text{F}]$은?

① $\dfrac{S}{d}\varepsilon_0$
② $\dfrac{d}{S}\varepsilon_0$
③ $\dfrac{d}{S^2}\varepsilon_0$
④ $\dfrac{S^2}{d}\varepsilon_0$

해설 평행판 정전용량 $C=\dfrac{Q}{V}=\dfrac{\sigma S}{\dfrac{\sigma}{\varepsilon_0}d}=\dfrac{\varepsilon_0 S}{d}[\text{F}]$

여기서, $S[\text{m}^2]$: 극판의 면적, $d[\text{m}]$: 극판의 간격

답 ①

08 정전용량 – 평행판 ②

평행판 콘덴서의 양극판 면적을 3배로 하고 간격을 1/2배로 하면 정전 용량은 처음의 몇 배가 되는가?

① 3/2
② 2/3
③ 1/6
④ 6

해설 도체 모양에 따른 정전용량 공식

면적 S, 간격 d인 평행판 콘덴서의 정전 용량을 C이라 하면 $C=\dfrac{\varepsilon_0 S}{d}$

문제에서 면적 S를 3배하고 $d=\dfrac{1}{2}d$이므로 구하는 정전 용량 $C=\varepsilon_0 3S/\dfrac{1}{2}d=\dfrac{6\varepsilon_0 S}{d}$이므로 6배가 된다.

답 ④

09 정전용량 – 평행판 ③

극판의 면적이 $4[\text{cm}^2]$, 정전 용량 $1[\text{pF}]$인 종이 콘덴서를 만들려고 한다. 비유전율 2.5, 두께 $0.01[\text{mm}]$의 종이를 사용하면 종이는 몇 장을 겹쳐야 되겠는가?

① 87장
② 100장
③ 250장
④ 885장

해설 평행판 콘덴서 $C=\dfrac{\varepsilon_0 \varepsilon_s S}{d}[\text{F}]$

극판의 간격 $d=\dfrac{\varepsilon_0 \varepsilon_s S}{C}=\dfrac{8.855\times 10^{-12}\times 2.5\times 4\times 10^{-4}}{10^{-12}}=8.85\times 10^{-3}[\text{m}]=8.85[\text{mm}]$

이때 $0.01[\text{mm}]$ 두께의 종이로 쌓으면 $N=\dfrac{8.85}{0.01}=885$장

답 ④

10 정전용량 – 평행판 ④

평행판 콘덴서의 극판 사이에 비유전율 ε_s의 유전체를 채운 경우 동일 전위차에 대한 극판간의 전하량은?

① $\dfrac{1}{\varepsilon_s}$로 감소 ② ε_s배로 증가

③ $\pi\varepsilon_s$배로 증가 ④ 불변

해설 충전되는 전하량 $Q = CV = \dfrac{\varepsilon_0 \varepsilon_s S}{d} V \propto \varepsilon_s [C]$

답 ②

11 정전용량 – 동축·원통 ①

그림과 같은 길이가 1[m]인 동축 원통 사이의 정전용량[F/m]은?

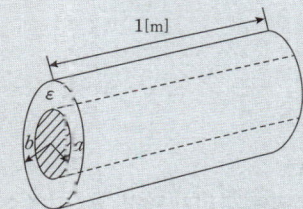

① $C = \dfrac{2\pi}{\varepsilon \ln \dfrac{b}{a}}$

② $C = \dfrac{\varepsilon}{2\pi \ln \dfrac{b}{a}}$

③ $C = \dfrac{2\pi\varepsilon}{\ln \dfrac{b}{a}}$

④ $C = \dfrac{2\pi\varepsilon}{\ln \dfrac{a}{b}}$

해설 $b > a$ 동심 원통 도체의 정전용량

1) 정전용량 : $C = \dfrac{Q}{V} = \dfrac{\lambda l}{\dfrac{\lambda}{2\pi\varepsilon_0} \ln \dfrac{b}{a}} = \dfrac{2\pi\varepsilon_0 l}{\ln \dfrac{b}{a}} [F]$

2) 단위 길이당 정전용량 : $C' = \dfrac{C}{l} = \dfrac{2\pi\varepsilon_0}{\ln \dfrac{b}{a}} [F/m]$

여기서, $a[m]$: 내 원통의 반지름, $b[m]$: 외 원통의 반지름, $l[m]$: 원통의 길이

그림에서 매질은 ε이므로 $C = \dfrac{2\pi\varepsilon}{\ln \dfrac{b}{a}} [F/m]$이다.

답 ③

12 정전용량 – 동축·원통 ②

내부 원통의 반지름이 a, 외부 원통의 반지름이 b인 동축 원통 콘덴서의 내외 원통 사이에 공기를 넣었을 때 정전용량이 C_1이었다. 내외 반지름을 모두 3배로 증가시키고 공기 대신 비유전율이 3인 유전체를 넣었을 경우 정전용량 C_2는?

① $C_2 = \dfrac{C_1}{9}$ ② $C_2 = \dfrac{C_1}{3}$
③ $C_2 = 3C_1$ ④ $C_2 = 9C_1$

해설 동축 원통 사이 공기를 넣었을 때 정전용량 $C_1 = \dfrac{2\pi\varepsilon_0}{\ln\dfrac{b}{a}}$ [F/m]

내외 반지름을 모두 3배로 증가시키고 동축 원통 사이 유전체를 넣었을 때 정전용량
$C_2 = \dfrac{2\pi\varepsilon_0\varepsilon_s}{\ln\dfrac{3b}{3a}} = \dfrac{2\pi\varepsilon_0 \times 3}{\ln\dfrac{b}{a}} = 3C_1$ [F/m]

답 ③

13 정전용량 – 평행 두 도선(원통)

반지름 r[m], 중심 간격 d[m]인 평행 원통 도체가 있다. $d \gg r$라 할 때 원통 도체의 단위 길이당 정전 용량 [F/m]은?

① $2\pi\varepsilon_0 / \ln\dfrac{r}{d}$ ② $2\pi\varepsilon_0 / \ln\dfrac{d}{r}$
③ $\pi\varepsilon_0 / \ln\dfrac{r}{d}$ ④ $\pi\varepsilon_0 / \ln\dfrac{d}{r}$

해설 $d > r$ 평행 원통(두도선) 사이의 정전용량

1) 정전용량 : $C = \dfrac{Q}{V} = \dfrac{\lambda l}{\dfrac{\lambda}{\pi\varepsilon_0}\ln\dfrac{d}{r}} = \dfrac{\pi\varepsilon_0 l}{\ln\dfrac{d}{r}}$ [F]

2) 단위 길이당 정전용량 : $C' = \dfrac{C}{l} = \dfrac{\pi\varepsilon_0}{\ln\dfrac{d}{r}}$ [F/m]

여기서, d[m] : 평행 두 도선 사이의 거리 $d ≒ d-r$, r[m] : 도선의 반지름, l[m] : 도선의 길이

답 ④

3-2 진공중의 도체계 – 콘덴서 연결방법

1. 콘덴서 직렬 연결

    ① 합성정전용량 : $C = \dfrac{C_1 \cdot C_2}{C_1 + C_2}$ [F]

    C_1과 C_2의 크기가 같다면 $C = \dfrac{1개의\ 정전용량}{n(콘덴서의\ 개수)}$

    ② 전압 분배 법칙 : $V_1 = \dfrac{C_2}{C_1 + C_2} V$ [V], $V_2 = \dfrac{C_1}{C_1 + C_2} V$ [V]

    ③ 먼저 파괴되는 콘덴서 : $Q = CV$ [C]값이 작은 콘덴서가 먼저 파괴된다.

    전체내압 $= \dfrac{\frac{1}{C_1} + \frac{1}{C_2} + \frac{1}{C_3}}{\frac{1}{C_1}} \times$ 내압[V], 분모의 $\dfrac{1}{C_1}$ 은 먼저 파괴되는 콘덴서이다.

2. 콘덴서 병렬 연결

    ① 합성정전용량 : $C = C_1 + C_2$ [F]

    C_1과 C_2의 크기가 같다면 $C = 1개의\ 정전용량 \cdot n(콘덴서의\ 개수)$

    ② 전하량 분배법칙 : $Q_1 = \dfrac{C_1}{C_1 + C_2} Q$ [C], $Q_2 = \dfrac{C_2}{C_1 + C_2} Q$ [C]

    ③ 공통전위 = 단자전압 : $V = \dfrac{Q}{C} = \dfrac{Q_1 + Q_2}{C_1 + C_2} = \dfrac{C_1 V_1 + C_2 V_2}{C_1 + C_2}$

※ 도체구를 각각 충전 후 두 개를 가는 선으로 연결 시 공통 전위

$V = \dfrac{Q}{C} = \dfrac{Q_1 + Q_2}{C_1 + C_2} = \dfrac{C_1 V_1 + C_2 V_2}{C_1 + C_2} = \dfrac{r_1 V_1 + r_2 V_2}{r_1 + r_2}$ [V]

여기서, r_1, r_2 [m] : 도체구의 반지름

---

01 콘덴서의 연결　　　　　　　　　　　　　　　　□□□ check up!

콘덴서의 성질에 관한 설명으로 틀린 것은?

① 정전용량이란 도체의 전위를 1[V]로 하는데 필요한 전하량을 말한다.
② 용량이 같은 콘덴서를 n개 직렬 연결하면 내압은 n배, 용량은 1/n로 된다.
③ 용량이 같은 콘덴서를 n개 병렬 연결하면 내압은 같고, 용량은 n배로 된다.
④ 콘덴서를 직렬 연결할 때 각 콘덴서에 분포되는 전하량은 콘덴서 크기에 비례한다.

해설　콘덴서를 직렬 연결할 때 각 콘덴서에 분포되는 전압은 분배되고 전하는 일정하다.　　답　④

02 콘덴서의 직렬연결 – ①

두 개의 콘덴서를 직렬접속하고 직류전압을 인가 시 설명으로 옳지 않은 것은?

① 정전용량이 작은 콘덴서에 전압이 많이 걸린다.
② 합성 정전용량은 각 콘덴서의 정전용량의 합과 같다.
③ 합성 정전용량은 각 콘덴서의 정전용량보다 작아진다.
④ 각 콘덴서의 두 전극에 정전유도에 의하여 정·부의 동일한 전하가 나타나고 전하량은 일정하다.

해설

① 직렬연결 시 합성정전용량

$$C = \frac{1}{\frac{1}{C_1} + \frac{1}{C_2}} = \frac{C_1 \cdot C_2}{C_1 + C_2} [\text{F}]$$

이므로 각 콘덴서를 합친 값과 각 콘덴서를 곱한 비이다.

② 병렬연결 시 합성정전용량
$C = C_1 + C_2 [\text{F}]$ 이므로 합성 정전용량은 각 콘덴서의 정전용량의 합과 같다.

답 ②

03 콘덴서의 직렬연결 – ②

내압과 용량이 각각 $200[\text{V}] - 5[\mu\text{F}]$, $300[\text{V}] - 4[\mu\text{F}]$, $400[\text{V}] - 3[\mu\text{F}]$, $500[\text{V}] - 3[\mu\text{F}]$인 4개의 콘덴서를 직렬연결하고 양단에 직류전압을 가하여 전압을 서서히 상승시키면 최초로 파괴되는 콘덴서는? (단, 콘덴서의 재질이나 형태는 동일하다.)

① $200[\text{V}] - 5[\mu\text{F}]$
② $300[\text{V}] - 4[\mu\text{F}]$
③ $400[\text{V}] - 3[\mu\text{F}]$
④ $500[\text{V}] - 3[\mu\text{F}]$

해설 $Q = CV[\text{C}]$으로 계산 시 전하량이 가장 작은 콘덴서가 먼저 파괴된다
$Q_1 = C_1 V_1 = 5 \times 10^{-6} \times 200 = 1 \times 10^{-3}[\text{C}]$, $Q_2 = C_2 V_2 = 5 \times 10^{-6} \times 300 = 1.2 \times 10^{-3}[\text{C}]$
$Q_3 = C_3 V_3 = 3 \times 10^{-6} \times 400 = 1.2 \times 10^{-3}[\text{C}]$, $Q_4 = C_4 V_4 = 3 \times 10^{-6} \times 500 = 1.5 \times 10^{-3}[\text{C}]$
전하량이 가장 작은 $200[\text{V}] - 5[\mu\text{F}]$ 콘덴서가 가장 먼저 파괴된다.

답 ①

04 콘덴서의 직렬연결 – ③

내압이 $1[\text{kV}]$이고 용량이 각각 $0.01[\mu\text{F}]$, $0.02[\mu\text{F}]$, $0.05[\mu\text{F}]$인 콘덴서를 직렬로 연결했을 때의 전체 내압 $[\text{V}]$은?

① 3000
② 1750
③ 1700
④ 1500

해설 $C_1=0.01[\mu F]$, $C_2=0.02[\mu F]$, $C_3=0.05[\mu F]$이고
$V_1=V_2=V_3=1[kV]$일 때 각 콘덴서의 전하
$Q_1=C_1V_1=0.01\times 10^{-6}\times 1\times 10^3=0.01[mC]$
$Q_2=C_2V_2=0.02\times 10^{-6}\times 1\times 10^3=0.02[mC]$
$Q_3=C_3V_3=0.05\times 10^{-6}\times 1\times 10^3=0.05[mC]$
전하량이 가장 작은 C_1 콘덴서가 먼저 파괴되므로
이를 기준하면 $V=\dfrac{\dfrac{1}{C_1}+\dfrac{1}{C_2}+\dfrac{1}{C_3}}{\dfrac{1}{C_1}}V_1=\dfrac{\dfrac{1}{0.01}+\dfrac{1}{0.02}+\dfrac{1}{0.05}}{\dfrac{1}{0.01}}\times 1000=1700[V]$가 된다.

답 ③

05 콘덴서의 직렬연결 - ④   □□□ check up!

두 콘덴서 C_1, C_2를 직렬로 연결하고 그 양단에 전압을 가한 경우 C_1에 분배된 전압[V]은 얼마인가?

① $\dfrac{C_1}{C_1+C_2}V$ ② $\dfrac{C_2}{C_1+C_2}V$
③ $\dfrac{C_1+C_2}{C_1}V$ ④ $\dfrac{C_1+C_2}{C_2}V$

해설

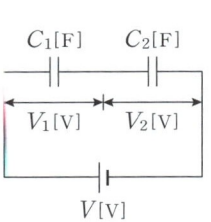

C_1에 분배 : $V_1=\dfrac{\dfrac{1}{C_1}}{\dfrac{1}{C_1}+\dfrac{1}{C_2}}V=\dfrac{C_2}{C_1+C_2}V[V]$

C_2에 분배 : $V_2=\dfrac{\dfrac{1}{C_2}}{\dfrac{1}{C_1}+\dfrac{1}{C_2}}V=\dfrac{C_1}{C_1+C_2}V[V]$

답 ②

06 콘덴서의 병렬연결 - ①   □□□ check up!

반지름이 각각 $a[m]$, $b[m]$, $c[m]$인 독립 구도체가 있다. 이들 도체를 가는 선으로 연결하면 합성 정전용량은 몇[F]인가?

① $4\pi\varepsilon_o(a+b+c)$ ② $4\pi\varepsilon_o\sqrt{a+b+c}$
③ $4\pi\varepsilon_o\sqrt{a^3+b^3+c^3}$ ④ $\dfrac{4}{3}\pi\varepsilon_o\sqrt{a^3+b^3+c^3}$

해설 가는 선으로 연결하면 병렬연결이 되므로 합성 정전용량은
$C=C_1+C_2+C_3=4\pi\varepsilon_o a+4\pi\varepsilon_o b+4\pi\varepsilon_o c=4\pi\varepsilon_o(a+b+c)[F]$이 된다.

답 ①

07 콘덴서의 병렬연결 - ②

아래 회로도의 $2[\mu F]$ 콘덴서에 $100[\mu C]$의 전하가 축적되었을 때 $3[\mu F]$ 콘덴서 양단에 걸리는 전위차[V]는?

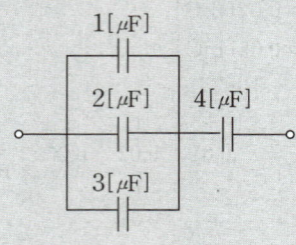

① 50
② 100
③ 70
④ 150

해설 $1[\mu F]$, $2[\mu F]$, $3[\mu F]$ 콘덴서에 걸리는 전압을 각각 V_1, V_2, V_3라 하면

$$V_2 = \frac{Q_2}{C_2} = \frac{100}{2} = 50[V]$$

병렬 접속에서 전압은 일정하므로 $V_1 = V_2 = V_3 = 50[V]$

답 ①

08 콘덴서의 병렬연결 - ③

전압 V로 충전된 용량 C의 콘덴서에 용량 $2C$의 콘덴서를 병렬 연결한 후의 단자 전압[V]은?

① $3V$
② $2V$
③ $\dfrac{V}{2}$
④ $\dfrac{V}{3}$

해설 콘덴서 병렬 연결시 공통 전위 및 단자전압 $V = \dfrac{Q}{C} = \dfrac{Q_1 + Q_2}{C_1 + C_2} = \dfrac{C_1 V_1 + C_2 V_2}{C_1 + C_2}[V]$

여기에 $C_1 = C$, $V_1 = V$, $Q_1 = C_1 V_1 = CV[C]$, $C_2 = 2C$, $V_2 = 0$, $Q_2 = C_2 V_2 = 2C \cdot 0 = 0$

대입 정리하면 $V' = \dfrac{Q_1 + Q_2}{C_1 + C_2} = \dfrac{CV + 0}{C + 2C} = \dfrac{V}{3}[V]$

답 ④

09 콘덴서의 병렬연결 - ④

공기 중에서 $5[V]$, $10[V]$로 대전된 반지름 $2[cm]$, $4[cm]$의 2개의 구를 가는 철사로 접속시 공통 전위는 몇 [V]인가?

① 6.25
② 7.5
③ 8.33
④ 10

해설 도체구를 각각 충전 후 두 거를 가는 선으로 연결 시 병렬 접속이므로 공통전위

$$V = \frac{C_1 V_1 + C_2 V_2}{C_1 + C_2} = \frac{4\pi\varepsilon_0 (r_1 V_1 + r_2 V_2)}{4\pi\varepsilon_0 (r_1 + r_2)} = \frac{r_1 V_1 + r_2 V_2}{r_1 + r_2}[\text{V}] = \frac{2 \times 5 + 4 \times 10}{2 + 4} = 8.33[\text{V}]$$이다.

답 ③

3-3 진공중의 도체계 – 전위·유도·용량 계수

1. 전위 계수의 성질($P_1=P_r$, $P_2=P_s$)
   ① 각 도체의 전위 : $V_1=P_{11}Q_1+P_{12}Q_2$, $V_2=P_{21}Q_1+P_{22}+Q_2$
   ② 전위 계수의 성질 : $P_{11}>0$, $P_{11}\geqq P_{12}$, $P_{11}=P_{12}\geqq 0$
   ※ $P_{11}=P_{12}$(1 도체는 2 도체를 포함한다.)
2. 유도 계수 및 용량 계수의 성질($q_1=q_r$, $q_2=q_s$)
   ① 각 도체의 전하 $Q_1=q_{11}V_1+q_{12}V_2$, $Q_2=q_{21}V_1+q_{22}V_2$
   ② 용량 계수 및 유도 계수의 성질 : $q_{11}>0$, $q_{11}\geqq -q_{12}$, $q_{12}=q_{21}\leqq 0$
   ※ $q_{11}=-q_{12}$(2 도체는 1 도체를 포함한다.)
3. 전위 계수에 의한 전위차($\pm Q[C]$대전시) : $V_1-V_2=(P_{11}-2P_{12}+P_{22})Q[V]$
4. 전위 계수에 의한 정전 용량($\pm Q[C]$대전시) : $C=\dfrac{Q}{V_1-V_2}=\dfrac{1}{P_{11}-2P_{12}+P_{22}}[F]$

01 전위 계수의 성질 - ① □□□ check up!

도체계의 전위 계수의 설명 중 옳지 않은 것은?

① $P_{rr}\geqq P_{rs}$
② $P_{rr}<0$
③ $P_{rs}\geqq 0$
④ $P_{rs}=P_{sr}$

해설
① $P_{rr}(P_{11}, P_{22}, P_{33} \cdots)>0$
② $P_{rs}(P_{12}, P_{23}, P_{34} \cdots)\geqq 0$
③ $P_{rs}=P_{sr}(P_{12}=P_{21})$
④ $P_{rr}\geqq P_{sr}(P_{11}\geqq P_{21})$

답 ②

02 전위 계수의 성질 - ② □□□ check up!

전위 계수에 있어서 $P_{11}=P_{21}$의 관계가 의미하는 것은?

① 도체 1과 2 는 멀리 있다.
② 도체 2가 1 속에 있다.
③ 도체 2가 도체 3 속에 있다.
④ 도체 1과 2는 가까이 있다.

해설

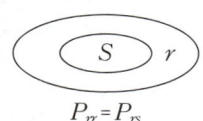
$P_{rr}=P_{rs}$

$r(1)$ 도체가 $s(2)$ 도체를 완전 포위(포함)한다.
또는 $s(2)$도체가 $r(1)$ 도체 내부에 존재한다.

답 ②

03 전위 계수의 성질 - ③   ☐☐☐ check up!

각각 $\pm Q[C]$로 대전된 두 개의 도체 간의 전위차를 전위계수로 표시하면? (단, $P_{12}=P_{21}$이다.)

① $(P_{11}+P_{12}+P_{22})Q$
② $(P_{11}+P_{12}-P_{22})Q$
③ $(P_{11}-P_{12}+P_{22})Q$
④ $(P_{11}-2P_{12}+P_{22})Q$

해설 두 도체에 전하 $\pm Q[C]$를 대전시 $V_1=P_{11}Q_1+P_{12}Q_2=P_{11}Q-P_{12}Q[V]$이고
$V_2=P_{21}Q_1+P_{22}Q_2=P_{21}Q-P_{22}Q[V]$이다. 이때 $P_{12}=P_{21}$이므로 V_1-V_2를 하면

① 전위차 $V=V_1-V_2=(P_{11}-2P_{12}+P_{22})Q=PQ[V]$

② 전위계수 $P=P_{11}-2P_{12}+P_{22}=\dfrac{1}{C}[1/F]$

③ 정전용량 $C=\dfrac{1}{P}=\dfrac{1}{P_{11}-2P_{12}+P_{22}}[F]$

답 ④

---

04 전위 계수의 성질 - ④   ☐☐☐ check up!

점 0를 중심으로 반지름 $a[m]$의 도체구 1과 내반지름 $b[m]$, 외반지름 $c[m]$의 도체구 2가 있다. 이 도체계에서 전위계수 $P_{11}[1/F]$에 해당되는 것은?

① $\dfrac{1}{4\pi\varepsilon}\cdot\dfrac{1}{a}$
② $\dfrac{1}{4\pi\varepsilon}\left(\dfrac{1}{a}-\dfrac{1}{b}\right)$
③ $\dfrac{1}{4\pi\varepsilon}\left(\dfrac{1}{b}-\dfrac{1}{c}\right)$
④ $\dfrac{1}{4\pi\varepsilon}\left(\dfrac{1}{a}-\dfrac{1}{b}+\dfrac{1}{c}\right)$

해설 도체 1 및 도체 2의 전위를 V_1, V_2 전하를 Q_1, Q_2라고 하면
$V_1=P_{11}Q_1+P_{12}Q_2$, $V_2=P_{21}Q_1+P_{22}Q_2$의 관계가 성립한다.
$Q_1=0$, $Q_2=0$일 때, $V_1=P_{11}$, $V_2=P_{21}$이 되며 $Q_1=0$, $Q_2=1$일 때, $V_1=P_{12}$, $V_2=P_{22}$이 된다.
내구(도체 1)에 $Q_1=1$을 주면 외구에는 -1, $+1$의 전하가 유기되므로

내구의 전위 $V_1=\dfrac{Q_1}{4\pi\varepsilon_0}\left(\dfrac{1}{a}-\dfrac{1}{b}+\dfrac{1}{c}\right)$이므로 $P_{11}=\dfrac{V_1}{Q_1}=\dfrac{1}{4\pi\varepsilon_0}\left(\dfrac{1}{a}-\dfrac{1}{b}+\dfrac{1}{c}\right)[1/F]$

이 때의 외구(도체 2)의 전위 $V_2=\dfrac{Q_2}{4\pi\varepsilon_0 c}$이므로 $P_{21}=\dfrac{V_2}{Q_1}=\dfrac{1}{4\pi\varepsilon_0 c}[1/F]$

또한 $Q_1=0$, $Q_2=1[C]$이라 하면 $V_1=\dfrac{Q_2}{4\pi\varepsilon_0 c}$, $V_2=\dfrac{Q_2}{4\pi\varepsilon_0 c}$이므로

$P_{12}=\dfrac{V_1}{Q_2}=\dfrac{1}{4\pi\varepsilon_0 c}[1/F]$, $P_{22}=\dfrac{V_2}{Q_2}=\dfrac{1}{4\pi\varepsilon_0 c}[1/F]$이다.

답 ④

05 용량계수 및 유도계수의 성질 - ①

용량계수와 유도계수의 성질로 틀린 것은?

① $q_{rr} > 0$
② $q_{rs} \geq 0$
③ $q_{11} \geq -(q_{21} + q_{31} + \cdots + q_{n1})$
④ $q_{rs} = q_{sr}$

해설 유도 계수 및 용량 계수의 성질($q_1 = q_r$, $q_2 = q_s$)
$q_{11} > 0$, $q_{11} \geq -q_{12}$, $q_{12} = q_{21} \leq 0$
$q_{11} = -q_{12}$(2 도체는 1 도체를 포함한다.)

답 ②

06 용량계수 및 유도계수의 성질 - ②

그림과 같이 도체 1을 도체 2로 포위하여 도체2를 일정 전위로 유지하고 도체 1과 도체2의 외측에 도체 3이 있을 때 용량계수 및 유도계수의 성질로 옳은 것은?

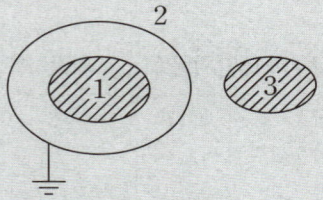

① $q_{23} = q_{11}$
② $q_{13} = -q_{11}$
③ $q_{31} = q_{11}$
④ $q_{21} = -q_{11}$

해설 도체 1에 1[V]를 주고 도체2와 도체3의 전위는 0[V]로 유지시 도체2에 정전 유도 현상에 의하여 $Q_2 = -Q_1$의 전하가 유도되어 도체 1에서 발생하는 전기력선은 도체2에서 멈추므로
$q_{21} = -q_{11}$, $q_{31} = q_{13} = 0$이므로 도체 1의 전하 $Q_1 = q_{11}V - q_{11}V_2 + 0$이고
도체 2의 전하 $Q_2 = -q_{11}V_1 - q_{22}V_2 + q_{23}V_3$이며 도체 3의 전하 $Q_3 = 0 + q_{32}V_2 + q_{33}V_3$
따라서 V_2가 일정 시 Q_1은 V_3와 무관하며 Q_3는 V_1과 관계가 없게 된다.
즉 1도체와 2도체는 유도계수가 발생하고. 2도체와 3도체도 유도계수가 발생하나
2도체를 접지하여 1도체와 3도체는 유도계수가 발생하지 않아 서로 관계가 없는 상태가 된다.
이를 일정전위를 가진 도체로 내외 전계를 완전 차단하는 것을 정전차폐라 한다.

답 ④

07 용량계수 및 유도계수의 성질 - ③

도체계에서 임의의 도체를 일정 전위의 도체로 완전 포위하면 내외 공간의 전계를 완전히 차단할 수 있다. 이것을 무엇이라 하는가?

① 전자차폐
② 정전차폐
③ 홀(hall) 효과
④ 핀치(pinch) 효과

해설 정전차폐란 도체계에서 임의의 도체를 일정 전위의 도체로 완전 포위하여 내외 공간의 전계를 완전히 차단 하는 것을 말한다.

답 ②

3-4 진공중의 도체계 – 정전 에너지

1. 콘덴서에 축적되는 에너지 [정전 에너지]

   ① 전압을 인가, 콘덴서에 저항 및 코일 연결 시 : $W = \dfrac{1}{2}CV^2 = \dfrac{1}{2}\dfrac{\varepsilon_0 S}{d}V^2 [\text{J}]$

   ② 전하 $Q[\text{C}]$ 대전 또는 주었다, 존재하고 있다 : $W = \dfrac{Q^2}{2C} = \dfrac{dQ^2}{2\varepsilon_0 S}[\text{J}] \propto d$

   ③ 도체계 총에너지 $W = \dfrac{1}{2}\sum Q_n V_n [\text{J}]$

   ※ 콘덴서 병렬 연결 시 전위차가 같아지도록 전하 이동이 생길 때 줄열 손실에 의해 에너지는
   감소 : W(합친 후) $< W_1 + W_2$(합치기 전)
   비누방울이 합칠 때 에너지는 증가 : W(합친 후) $> W_1 + W_2$(합치기 전)

2. 전계 내에 축적되는 단위체적당 정전 에너지

   $W_E = \dfrac{\sigma^2}{2\varepsilon_0} = \dfrac{D^2}{2\varepsilon_0} = \dfrac{1}{2}\varepsilon_o E^2 = \dfrac{1}{2}ED [\text{J/m}^3]$

3. 대전 도체에 작용하는 힘 [정전응력, 정전흡인력]

   ① 단위 면적당 작용하는 힘 : $f = \dfrac{\sigma^2}{2\varepsilon_0} = \dfrac{D^2}{2\varepsilon_0} = \dfrac{1}{2}\varepsilon_o E^2 = \dfrac{1}{2}ED [\text{N/m}^2]$

   ② 정전응력 전체적인 힘 $F = fS [\text{N}]$

01 콘덴서에 축적되는 에너지 - ①

콘덴서의 전위차와 축적되는 에너지와의 관계를 그림으로 나타내면 다음의 어느 것인가?

① 쌍곡선   ② 타원
③ 포물선   ④ 직선

해설 $W = \dfrac{1}{2}QV = \dfrac{1}{2}CV^2 = \dfrac{Q^2}{2C}[\text{J}] \propto V^2 \propto Q^2$ 정전에너지와 전하와 전위의 관계 곡선은 포물선   답 ③

02 콘덴서에 축적되는 에너지 - ②

극판면적 $10[\text{cm}^2]$, 간격 $1[\text{mm}]$의 평행판 콘덴서에 비유전율 3인 유전체를 채웠을 때 전압 $100[\text{V}]$를 가하면 저축되는 에너지는 몇 [J]인가?

① 1.33×10^{-7} ② 2.66×10^{-7}
③ 3.5×10^{-8} ④ 6.9×10^{-8}

해설 $S=10[\text{cm}^2]$, $d=1[\text{mm}]$, $\varepsilon_s=3$, $V=100[\text{V}]$일 때 평행판 사이에 저축되는 에너지
$W=\dfrac{1}{2}CV^2=\dfrac{1}{2}\cdot\dfrac{\varepsilon_o\varepsilon_s S}{d}\cdot V^2=\dfrac{1}{2}\cdot\dfrac{8.855\times 10^{-12}\times 3\times 10\times 10^{-4}}{1\times 10^{-3}}\cdot 100^2=1.33\times 10^{-7}[\text{J}]$가 된다.

답 ①

03 콘덴서에 축적되는 에너지 – ③ □□□ check up!

면적 $S[\text{m}^2]$, 간격 $d[\text{m}]$인 평행판 콘덴서에 전하 $Q[\text{C}]$를 충전하였을 때 정전 에너지 $W[\text{J}]$는?

① $W=\dfrac{dQ^2}{\varepsilon S}$ ② $W=\dfrac{dQ^2}{2\varepsilon S}$

③ $W=\dfrac{dQ^2}{4\varepsilon S}$ ④ $W=\dfrac{dQ^2}{8\varepsilon S}$

해설 전하 $Q[\text{C}]$ 대전 또는 주었다, 존재하고 있을 때

정전에너지는 $W=\dfrac{Q^2}{2C}[\text{J}]$ 평행판 콘덴서의 정전용량 $C=\dfrac{\varepsilon S}{d}[\text{F}]$

이를 대입하면 $W=\dfrac{Q^2}{2\dfrac{\varepsilon S}{d}}=\dfrac{dQ^2}{2\varepsilon S}[\text{J}]$

답 ②

04 콘덴서에 축적되는 에너지 – ④ □□□ check up!

공간 전하밀도 $\rho[\text{C/m}^3]$를 가진 점의 전위가 $V[\text{V}]$, 전계의 세기가 $E[\text{V/m}]$일 때 공간 전체의 전하가 갖는 에너지는 몇 [J]인가?

① $\dfrac{1}{2}\int_v EV dv$ ② $\dfrac{1}{2}\int_v \rho dv$

③ $\dfrac{1}{2}\int_v E^2 dv$ ④ $\dfrac{1}{2}\int_v V\,div D\,dv$

해설 전하가 갖는 에너지 $W=\dfrac{1}{2}QV=\dfrac{1}{2}CV^2=\dfrac{Q^2}{2C}[\text{J}]$에

$W=\dfrac{1}{2}QV=\dfrac{1}{2}\rho\cdot vV=\dfrac{1}{2}\int_v \rho V dv=\dfrac{1}{2}\int_v V\,div D\,dv[\text{J}]$가 된다.

여기서, 전하량 $Q=\rho v[\text{C}]$, 가우스의 미분형 $div D=\rho[\text{C/m}^3]$

답 ④

05 콘덴서에 축적되는 에너지 – ⑤ □□□ check up!

$10[\mu\text{F}]$의 콘덴서를 $100[\text{V}]$로 충전한 것을 단락시켜 $0.1[\text{msec}]$에 방전시켰다고 하면 평균 전력[W]은?

① 450   ② 500
③ 550   ④ 600

해설 전력량 $W=Pt[\text{W}\cdot\text{sec}=\text{J}]=\dfrac{1}{2}CV^2[\text{J}]$, $P=\dfrac{W}{t}=\dfrac{\frac{1}{2}CV^2}{t}=\dfrac{\frac{1}{2}\times10\times10^{-6}\times100^2}{0.1\times10^{-3}}=500[\text{W}]$

답 ②

06 콘덴서에 축적되는 에너지 - ⑥ □□□ check up!

정전용량이 $1[\mu\text{F}]$, $2[\mu\text{F}]$인 콘덴서에 각각 $2\times10^{-4}[\text{C}]$, $3\times10^{-4}[\text{C}]$의 전하를 주고 극성을 같게 하여 병렬로 접속할 때 콘덴서에 축적된 에너지는 약 몇 [J]인가?

① 0.042
② 0.063
③ 0.083
④ 0.126

해설 병렬 접속에서 전체 전하량 $Q_0=Q_1+Q_2[\text{C}]$이며 합성 정전용량 $C_0=C_1+C_2[\text{F}]$이므로 콘덴서에 축적되는 에너지

$W=\dfrac{1}{2}\dfrac{Q_0^2}{C_0}=\dfrac{1}{2}\dfrac{(Q_1+Q_2)^2}{C_1+C_2}=\dfrac{1}{2}\times\dfrac{(2\times10^{-4}+3\times10^{-4})^2}{1\times10^{-6}+2\times10^{-6}}=0.042[\text{J}]$

답 ①

07 정전흡인력 - ① □□□ check up!

대전도체 표면의 전하밀도를 $\sigma[\text{C/m}^2]$이라 할 때, 대전도체 표면의 단위면적이 받는 정전응력은 전하밀도 σ와 어떤 관계에 있는가?

① $\sigma^{\frac{1}{2}}$에 비례
② $\sigma^{\frac{3}{2}}$에 비례
③ σ에 비례
④ σ^2에 비례

해설 대전된 도체의 면적당 작용하는 힘=정전응력=정전흡인력

$f=\dfrac{\sigma^2}{2\varepsilon_o}=\dfrac{D^2}{2\varepsilon_o}=\dfrac{1}{2}\varepsilon_o E^2=\dfrac{1}{2}ED[\text{N/m}^2]$에서 $f\propto\sigma^2\propto D^2\propto E^2$

답 ④

08 정전흡인력 - ② □□□ check up!

반지름 $a[\text{m}]$의 구도체에 전하 $Q[\text{C}]$이 주어질 때, 구도체 표면에 작용하는 정전응력$[\text{N/m}^2]$은?

① $\dfrac{Q^2}{64\pi^2\varepsilon_o a^4}$
② $\dfrac{Q^2}{32\pi^2\varepsilon_o a^4}$
③ $\dfrac{Q^2}{16\pi^2\varepsilon_o a^4}$
④ $\dfrac{Q^2}{8\pi^2\varepsilon_o a^4}$

해설 대전된 도체의 면적당 작용하는 힘=정전응력=정전흡인력=면(판)에 작용하는 힘

$f=\dfrac{D^2}{2\varepsilon_o}=\dfrac{\left(\dfrac{Q}{S}\right)^2}{2\varepsilon_o}=\dfrac{Q^2}{2\varepsilon_o S^2}=\dfrac{Q^2}{2\varepsilon_o(4\pi a^2)^2}=\dfrac{Q^2}{32\pi^2\varepsilon_o a^4}[\text{N/m}^2]$

답 ②

Chapter 03. 진공중의 도체계

09 정전흡인력 - ③　　　　　　　　　　　　　　　　□□□ check up!

무한히 넓은 2개의 평행판 도체의 간격이 d[m]이며 그 전위차는 V[V]이다. 도체판의 단위 면적에 작용하는 힘[N/m²]은? (단, 유전율은 ε_0이다.)

① $\varepsilon_0 \dfrac{V}{d}$　　　　　　　　　　② $\varepsilon_0 \left(\dfrac{V}{d}\right)^2$

③ $\dfrac{1}{2}\varepsilon_0 \dfrac{V}{d}$　　　　　　　　　④ $\dfrac{1}{2}\varepsilon_0 \left(\dfrac{V}{d}\right)^2$

해설 단위 면적당 정전흡인력 $f = \dfrac{1}{2}\varepsilon_0 E^2$[N/m²]에서

평행판 사이 전위차 $V = Ed$[V], 전계의 세기는 $E = \dfrac{V}{d}$[V/m]이므로

이를 대입하면 $f = \dfrac{1}{2}\varepsilon_0 \left(\dfrac{V}{d}\right)^2$[N/m²]　　　　　　**답** ④

10 정전흡인력 - ④　　　　　　　　　　　　　　　　□□□ check up!

넓이 4[m²], 간격 1[m]의 진공 평행판 콘덴서에 1[C]의 전하를 충전하는 경우 평행판 사이의 힘[N]은?

① $\dfrac{1}{4\varepsilon_0}$[N]　　　　　　　　② $\dfrac{1}{8\varepsilon_0}$[N]

③ $\dfrac{1}{16\varepsilon_0}$[N]　　　　　　　④ $\dfrac{1}{32\varepsilon_0}$[N]

해설 총힘 $F = f \cdot S = \dfrac{\sigma^2}{2\varepsilon_0}S = \dfrac{\left(\dfrac{Q}{S}\right)^2}{2\varepsilon_0}S = \dfrac{Q^2}{2\varepsilon_0 S}$[N], $F = \dfrac{Q^2}{2\varepsilon_0 S} = \dfrac{1^2}{2\varepsilon_0 \times 4} = \dfrac{1}{8\varepsilon_0}$[N]　　**답** ②

11 정전 에너지 - ①　　　　　　　　　　　　　　　　□□□ check up!

유전율 ε, 전계의 세기 E인 유전체의 단위 체적에 축적되는 에너지는?

① $\dfrac{E}{2\varepsilon}$　　　　　　　　　　② $\dfrac{\varepsilon E}{2}$

③ $\dfrac{\varepsilon E^2}{2}$　　　　　　　　　④ $\dfrac{\varepsilon^2 E^2}{2}$

해설 전계 내 또는 유전체내에 축적되는 단위 체적당 에너지

$W = \dfrac{\sigma^2}{2\varepsilon} = \dfrac{D^2}{2\varepsilon} = \dfrac{1}{2}\varepsilon E^2 = \dfrac{1}{2}ED$[J/m³]　　　　　　**답** ③

12 정전 에너지 - ②

비유전율이 2.4인 유전체 내의 전계의 세기가 $100[\text{mV/m}]$이다. 유전체에 축적되는 단위체적당 정전에너지는 몇 $[\text{J/m}^3]$인가?

① 1.06×10^{-13}
② 1.77×10^{-13}
③ 2.32×10^{-13}
④ 2.32×10^{-11}

해설 비유전율 $\varepsilon_s = 2.4$이고 전계 $E = 100[\text{mV/m}] = 100 \times 10^{-3}[\text{V/m}]$이므로

$$W = \frac{1}{2}\varepsilon E^2 = \frac{1}{2}\varepsilon_0 \varepsilon_s E^2 = \frac{1}{2} \times 8.855 \times 10^{-12} \times 2.4 \times (100 \times 10^{-3})^2 = 1.06 \times 10^{-13}[\text{J/m}^3]$$

답 ①

13 정전 에너지 - ③

커패시터를 제조하는데 A, B, C, D와 같은 4가지의 유전재료가 있다. 커패시터 내에서 단위체적당 가장 큰 에너지 밀도를 나타내는 재료부터 순서대로 나열하면? (단, 유전재료 A, B, C, D의 비유전율은 각각 $\varepsilon_{rA} = 8$, $\varepsilon_{rB} = 10$, $\varepsilon_{rC} = 2$, $\varepsilon_{rD} = 4$이다.)

① $B > A > D > C$
② $A > B > D > C$
③ $D > A > C > B$
④ $C > D > A > B$

해설 전계 내 또는 유전체내에 축적되는 단위 체적당 에너지 $W = \frac{1}{2}\varepsilon E^2 [\text{J/m}^3]$에서 $W \propto \varepsilon_r$

즉 에너지 밀도는 비유전율에 비례한다. 따라서, $\varepsilon_{rB} > \varepsilon_{rA} > \varepsilon_{rD} > \varepsilon_{rC}$이므로 $B > A > D > C$

답 ①

[**D-30** 전기기사·산업기사 필기
30일 필기 단기완성]

제1과목
전기자기학
DAY-02

30일 단기완성

Chapter 04
유전체

1 출제경향분석

제4장 유전체에서 시험에 자주 출제가 되는 내용은 다음과 같습니다.

반드시 알아야 하는 핵심 포인트

① 분극의 세기
② 유전체의 경계면의 조건
③ 경계면에서 작용하는 힘
④ 복합 유전체의 합성 정전용량 계산

2 학습 가이드라인

- 반드시 알아야 하는 핵심 포인트는 전기기사 및 산업기사 시험에서 가장 출제빈도가 높은 논점으로 각 파트별 핵심 포인트와 문제를 연계하여 학습해 주시기를 권장합니다.
- 체크리스트를 작성하시면서 문제의 유형과 학습의 완성도를 스스로 확인해 주세요.
- 출제 빈도가 높고 틀리기 쉬운 문제를 맞출 수 있도록 "콕콕 포인트"를 확인해 주세요.

우선순위 논점	KEY WORD	선생님의 콕콕 포인트
분극현상	분극의 세기, 전기분극도, 분극 전하밀도, 유전체 표면의 전하밀도	전계만 존재 시 $\varepsilon_s - 1$ 전속밀도만 존재 시 $1 - \dfrac{1}{\varepsilon_s}$ 일 것
분극현상	분극의 세기, 전기분극도, 분극 전하밀도, 유전체 표면의 전하밀도	분극의 세기 계산시 $\varepsilon_0 = 10^{-9}/36\pi \, [\text{F/m}]$ 이용 할 것
경계조건 - ①	두 유전체의 경계의 조건	법선(수직) 성분에는 전속밀도가, 접선(수평) 성분에는 전계가 서로 같다.
경계조건 - ②	경계면의 각	굴절각 공식을 이용 할 것
경계조건 - ③	경계면의 전속밀도 및 전계	수직 입사를 기준 전속밀도를 이용하고 x영역의 크기만 계산 할 것
합성 정전용량	평행판 합성정전용량	극판의 간격이 각각, 극판의 면적이 일정 시 직렬연결 일 것

4-1 유전체 – 비유전율·유전율 비교

1. 비유전율의 특징
   ① 진공이나 공기중일 때는 $\varepsilon_s=1$, 유전체일 때 $\varepsilon_s=\varepsilon/\varepsilon_o>1$인 절연체
      즉 비유전율은 1 보다 작은 값은 없다.
   ② 비유전율은 재질(물질)에 따라 다르다.
   ③ 비유전율의 단위는 없다.
   ④ 비유전율이 1보다 큰 절연체(절연물)는 도체 간 절연은 물론 정전용량의 값을 증가시킨다.
   ⑤ 비유전율이 1보다 큰 절연체내에서는 분극 현상이 발생한다.

2. 공기와 임의의 유전체

공기중(ε_0)	임의의 유전체($\varepsilon=\varepsilon_0\varepsilon_s$)	유전율(ε_s)
$F_0=\dfrac{Q_1Q_2}{4\pi\varepsilon_0 r^2}$	$F=\dfrac{Q_1Q_2}{4\pi\varepsilon_0\varepsilon_s r^2}$	$\dfrac{1}{\varepsilon_s}$배 감소
$E_0=\dfrac{Q}{4\pi\varepsilon_0 r^2}$	$E=\dfrac{Q}{4\pi\varepsilon_0\varepsilon_s r^2}$	$\dfrac{1}{\varepsilon_s}$배 감소
$V_0=\dfrac{Q}{4\pi\varepsilon_0 r}$	$V=\dfrac{Q}{4\pi\varepsilon_0\varepsilon_s r}$	$\dfrac{1}{\varepsilon_s}$배 감소
$D_0=\varepsilon_0 E_0=\dfrac{Q}{4\pi r^2}$	$D=\varepsilon_0\varepsilon_s E=\dfrac{Q}{4\pi r^2}$	불변
$C_0=\dfrac{\varepsilon_0 S}{d}$	$C=\dfrac{\varepsilon_0\varepsilon_s S}{d}$	$\varepsilon_s=\dfrac{C}{C_0}$
Q 일정시 $W_0=\dfrac{Q^2}{2C_0}$	$W=\dfrac{Q^2}{2\varepsilon_s C_0}$	$\dfrac{1}{\varepsilon_s}$배 감소
V 일정시 $W_0=\dfrac{1}{2}C_0V^2$	$W=\dfrac{1}{2}\varepsilon_s C_0V^2$	ε_s배 증가

3. 패러데이관 : 전속밀도의 역선인 전속선으로 역선에 의해 생긴 역관이라고도 한다.
   ① 패러데이관내의 전속수는 일정하다.
   ② 패러데이관 양단에는 정, 부 단위 전하가 있다.
   ③ 진 전하가 없는 점에는 패러데이관은 연속이다.
   ④ 패러데이관의 밀도는 전속밀도와 같다.
   ⑤ 패러데이관에서 단위 전위차시 에너지는 1/2[J]이다.

01 비유전율의 특징 - ①

비유전율 ε_s에 대한 설명으로 옳은 것은?

① 진공의 비유전율은 0이고, 공기의 비유전율은 1이다.
② ε_s는 항상 1보다 작은 값이다.
③ ε_s는 절연물의 종류에 따라 다르다.
④ ε_s의 단위는 [C/m]이다.

해설 비유전율의 특징

① 진공이나 공기중 일 때는 $\varepsilon_s=1$ 유전체일 때 $\varepsilon_s=\varepsilon/\varepsilon_o>1$인 절연체 즉 비유전율은 1 보다 작은 값은 없다.
② 비유전율은 재질(물질)에 따라 다르다.
③ 비유전율의 단위는 없다.
④ 비유전율이 1보다 큰 절연체(절연물)는 도체 간 절연은 물론 정전용량의 값을 증가 시킨다.
⑤ 비유전율이 1보다 큰 절연체 내에서는 분극 현상이 발생한다.

답 ③

02 비유전율의 특징 - ②

다음 중 비유전율이 가장 큰 물질은?

① 유리
② 운모
③ 고무
④ 증류수

해설 각종 유전체의 비유전율

유전체	비유전율 ε_s	유전체	비유전율 ε_s
진공	1	운모	5.5 ~ 6.7
공기	1.00058	유리	3.5 ~ 10
종이	1.2 ~ 1.6	물(증류수)	80
폴리에틸렌	2.3	산화티탄	100
변압기유	2.2 ~ 2.4	로셀염	100 ~ 1000
고무	2.0 ~ 3.5	티탄산바륨 자기	1000 ~ 3000

답 ④

03 공기와 임의의 유전체 - ① □□□ check up!

공기 중 두 점전하 사이에 작용하는 힘이 5[N]이었다. 두 전하 사이에 유전체를 넣었더니 힘이 2[N]으로 되었다면 유전체의 비유전율은 얼마인가?

① 15
② 10
③ 5
④ 2.5

해설 공기중 $F_o=5[N]$, 유전체 내 $F=2[N]$일 때 비유전율은 $F=Q_1 \cdot Q_2/4\pi\varepsilon_o\varepsilon_s r^2 = F_o/\varepsilon_s [N]$이므로 비유전율은 $\varepsilon_s = F_o/F = 5/2 = 2.5$가 된다. 답 ④

04 공기와 임의의 유전체 - ② □□□ check up!

콘덴서에 대한 설명 중 옳지 않은 것은?

① 콘덴서는 두 도체 간 정전용량에 의하여 전하를 축적시키는 장치이다.
② 가능한 한 많은 전하를 축적하기 위하여 도체간의 간격을 작게 한다.
③ 두 도체간의 절연물은 절연을 유지할 뿐이다.
④ 두 도체간의 절연물은 도체 간 절연은 물론 정전용량의 값을 증가시키기 위함이다.

해설 절연물은 절연을 유지하고 정전용량은 절연물의 유전율에 따라 달라지므로 정전용량의 크기에도 영향을 준다. 답 ③

05 패러데이 관 □□□ check up!

패러데이(Faraday)관에 대한 설명 중 틀린 것은?

① 패러데이관 중에 있는 전속수는 그 관속에 진전하가 없으면 일정하며 연속적이다.
② 패러데이관의 양단에는 양 또는 음의 단위 진전하가 존재하고 있다.
③ 패러데이관의 밀도는 전속밀도와 같지 않다.
④ 단위 전위차 당 패러데이관의 보유에너지는 1/2[J]이다.

해설 패러데이관 : 전속밀도의 역선인 전속선으로 역선에 의해 생긴 역관이라고도 한다.
① 패러데이관내의 전속수는 일정하다.
② 패러데이관 양단에는 정, 부 단위 전하가 있다.
③ 진 전하가 없는 점에는 패러데이관은 연속이다.
④ 패러데이관의 밀도는 전속밀도와 같다.
⑤ 패러데이관에서 단위 전위차시 에너지는 1/2[J]이다. 답 ③

4-2 유전체 – 분극의 종류·분극의 세기

1. 전기분극의 종류
   ① 전자분극　　　　　　　　② 이온분극
   ③ 배향분극

2. 분극의 세기 [분극전하밀도, 전기분극도, 유전체 표면의 전하밀도]

$$P = D - \varepsilon_0 E = \varepsilon_0(\varepsilon_s - 1)E = \chi E = D\left(1 - \frac{1}{\varepsilon_s}\right) = \frac{M}{v} [\text{C/m}^2]$$

① 분극률 $\chi = \varepsilon_0(\varepsilon_s - 1)$　　　　② 비분극률 $\chi_m = \frac{\chi}{\varepsilon_0} = \varepsilon_s - 1$

③ 비유전률 $\varepsilon_s = \frac{\chi}{\varepsilon_o} + 1$　　　　④ 분극의 정의 $P = \frac{M}{v}[\text{C/m}^2]$

　전기모멘트 $M = Q\delta [\text{C}\cdot\text{m}]$, 체적 $v[\text{m}^3]$

⑤ 유전체의 전계와 분극의 세기 관계 $E = \frac{\sigma - \sigma_p}{\varepsilon_0} = \frac{D - P}{\varepsilon_0} [\text{V/m}]$

　여기서 전속밀도 $D = \frac{Q}{S} = \varepsilon E = \varepsilon_0 \varepsilon_s E = \varepsilon_0 E + P [\text{C/m}^2]$

01 분극의 종류　　　　　　　　　　　　　　　□□□ check up!

유전체내 분극(유전분극)의 종류가 아닌 것은?

① 전하분극　　　　　　　　② 전자분극
③ 이온분극　　　　　　　　④ 배향분극

해설 유전체 내에 발생하는 전기분극에는 전자, 이온, 배향분극이 있다.　　　　**답** ①

02 분극의 세기 - ①　　　　　　　　　　　　□□□ check up!

전기분극이란?

① 도체 내의 원자핵의 변위이다.　　　　② 유전체 내의 원자의 흐름이다.
③ 유전체 내의 속박전하의 변위이다.　　④ 도체 내의 자유전하의 흐름이다.

해설 전계 내 놓았을 때 유전체 내 속박전하의 변위에 의해서 발생하는 분극현상　　　　**답** ③

03 분극의 세기 - ② ☐☐☐ check up!

비유전율이 10인 유전체를 5[V/m]인 전계 내에 놓을 때 유전체의 표면전하밀도는 몇 [C/m²]인가?
(단, 유전체의 표면과 전계는 직각이다.)

① $45\varepsilon_0$
② $55\varepsilon_0$
③ $65\varepsilon_0$
④ $75\varepsilon_0$

해설 전계 내 유전체의 표면전하밀도=분극전하밀도=분극의 세기 이므로
분극의 세기 $P=\varepsilon_0(\varepsilon_s-1)E=\varepsilon_0(10-1)\times 5=45\varepsilon_0[C/m^2]$

답 ①

04 분극의 세기 - ③ ☐☐☐ check up!

평등 전계 내에 수직으로 비유전율 $\varepsilon_s=2$인 유전체 판을 놓았을 경우 판 내의 전속밀도가 $D=4\times 10^{-6}$ [C/m²]이었다. 유전체 내의 분극의 세기 $P[C/m^2]$는?

① 1×10^{-6}
② 2×10^{-6}
③ 4×10^{-6}
④ 8×10^{-6}

해설 $P=D\left(1-\dfrac{1}{\varepsilon_s}\right)=4\times 10^{-6}\times\left(1-\dfrac{1}{2}\right)=2\times 10^{-6}[C/m^2]$

답 ②

05 분극의 세기 - ④ ☐☐☐ check up!

전계 $E[V/m]$, 전속밀도 $D[C/m^2]$, 유전율 $\varepsilon=\varepsilon_0\varepsilon_s[F/m]$, 분극의 세기 $P[C/m^2]$ 사이의 관계는?

① $P=D+\varepsilon_0 E$
② $P=D-\varepsilon_0 E$
③ $P=\dfrac{D+E}{\varepsilon_0}$
④ $P=\dfrac{D-E}{\varepsilon_0}$

해설 문제 3번 해설 참조

답 ②

06 분극의 세기 - ⑤ ☐☐☐ check up!

전지에 연결된 진공 평행판 콘덴서에서 진공 대신 어떤 유전체로 채웠더니 충전전하가 2배로 되었다면 전기 감수율(susceptibility) χ_{er}은 얼마인가?

① 0
② 1
③ 2
④ 3

해설 분극의 세기 P는 전계의 세기 E에 비례하고, 이때 비례상수 χ는 분극의 발생을 나타내는 분극률이다. 또한 $\frac{\chi}{\varepsilon_0}$를 전기감수율(비분극률) χ_{er}이라 한다.

비유전율의 크기는 $\frac{Q}{Q_0} = \frac{CV}{C_0 V} = \frac{C}{C_0} = \varepsilon_s = 2$, 전기감수율 $\chi_{er} = \frac{\chi}{\varepsilon_0} = \varepsilon_s - 1$

$\chi_{er} = 2 - 1 = 1$

답 ②

07 분극의 세기 - ⑥

비유전율 $\varepsilon_s = 5$인 등방 유전체의 한 점에서 전계의 세기가 $E = 10^4 [\text{V/m}]$일 때 이 점의 분극률 χ는 몇 $[\text{F/m}]$인가?

① $\frac{10^{-9}}{9\pi}$
② $\frac{10^{-9}}{18\pi}$
③ $\frac{10^9}{9\pi}$
④ $\frac{10^9}{36\pi}$

해설 분극률 $\chi = \frac{10^{-9}}{36\pi}(5-1) = \frac{10^{-9}}{9\pi}$

답 ①

08 분극의 세기 - ⑦

공기 중에서 평등 전계 $E[\text{V/m}]$에 수직으로 비유전율이 ε_s인 유전체를 놓았더니 $\sigma_P[\text{C/m}^2]$의 분극전하가 표면에 생겼다면 유전체 중의 전계 강도 $E[\text{V/m}]$는?

① $\sigma_P / \varepsilon_o \varepsilon_s$
② $\sigma_P / \varepsilon_o (\varepsilon_s - 1)$
③ $\varepsilon_o \varepsilon_s \sigma_P$
④ $\varepsilon_o (\varepsilon_s - 1) \sigma_P$

해설 분극의 세기(P) = 분극전하밀도$(\sigma_P) = \varepsilon_0 (\varepsilon_s - 1) E$를 이용 $E = \frac{\sigma_P}{\varepsilon_0 (\varepsilon_s - 1)} [\text{V/m}]$가 된다.

답 ②

09 분극의 세기 - ⑧

유전체 콘덴서에 전압을 인가할 때 발생하는 현상으로 옳지 않은 것은?

① 속박전하의 변위가 분극전하로 나타난다.
② 유전체면에 나타나는 분극전하 면밀도와 분극의 세기는 같다.
③ 유전체콘덴서는 공기콘덴서에 비하여 전계 세기는 작아지고 정전용량은 커진다.
④ 단위 면적당의 전기 쌍극자모멘트가 분극의 세기이다.

해설 단위 체적당 전기쌍극자 모멘트를 분극의 세기라 한다.
$P = \dfrac{M}{v}[\text{C/m}^2]$

답 ④

4-3 유전체 – 경계면

1. 복합유전체의 경계면 조건
   1) 완전경계조건 : 경계면(접선)에는 진전하밀도가 존재하지 않고, 전위차는 없다
   2) 법선(수직)에는 전속밀도 $D_1 = D_2$ (법 밀 코)
      ① $D_1 = D_2$: 연속적이다.
      ② $E_1 \neq E_2$: 불연속적이다.
      ③ $D_1 \cos\theta_1 = D_2 \cos\theta_2$, $\varepsilon_1 E_1 \cos\theta_1 = \varepsilon_2 E_2 \cos\theta_2$
   3) 접선(수평)=경계면에는 전계 $E_1 = E_2$ (접 계 싸)
      ① $E_1 = E_2$: 연속적이다.
      ② $D_1 \neq D_2$: 불연속적이다.
      ③ $E_1 \sin\theta_1 = E_2 \sin\theta_2$
   4) 굴절각 $\varepsilon_1 \tan\theta_2 = \varepsilon_2 \tan\theta_1$이며 유전체에 비례한다.
   5) 굴절하지 않는 경우 : 문제에서 각도가 주어지지 않는 경우 경계면에 수직으로 입사하는 것으로 본다. 즉 전속 또는 전기력선이 경계면에 수직으로 입사 시 $\theta_1 = 0$, $\theta_2 = 0$이므로 다음과 같은 관계가 성립.
      ① 전속과 전기력선은 굴절하지 않는다.
      ② 전속밀도만 법선에 존재하며 전속밀도는 불변이다.
      ③ 전계의 세기는 불연속적이다.
   6) 비례 관계 : $\varepsilon_1 > \varepsilon_2$일 때 $\theta_1 > \theta_2$, $D_1 > D_2$, $E_1 < E_2$

2. 경계면에 작용하는 힘($\varepsilon_1 > \varepsilon_2$)(Maxwell 변형력)
   1) 유전율이 큰 쪽에서 작은 쪽으로 힘이 작용한다.
   2) 전속(밀도)선은 유전율이 큰 쪽으로 모이려는 성질이 있다.
   3) 전계(전기력선)는 유전율이 작은 쪽으로 몰리는 속성이 있다.
      ① 전계가 경계면에 수평으로 입사시 : $(\varepsilon_1 > \varepsilon_2)$ $f = \dfrac{1}{2}(\varepsilon_1 - \varepsilon_2)E^2 [\text{N/m}^2]$
      ② 전계가 경계면에 수직으로 입사시 : $(\varepsilon_1 > \varepsilon_2)$ $f = \dfrac{1}{2}\left(\dfrac{1}{\varepsilon_2} - \dfrac{1}{\varepsilon_1}\right)D^2 [\text{N/m}^2]$

01 경계면 조건 - ① □□□ check up!

종류가 다른 두 유전체 경계면에 전하 분포가 다를 때 경계면에서 정전계가 만족하는 것은?

① 전계의 법선 성분이 같다.
② 전속선은 유전율이 큰 곳으로 모인다.
③ 전속 밀도의 접선 성분이 같다.
④ 경계면상의 두 점 간의 전위차가 다르다.

해설 종류가 다른 두 유전체 경계면에 전하 분포가 다를 때 경계면에서 전속선은 유전율이 큰 곳으로 모인다.

답 ②

02 경계면 조건 - ② □□□ check up!

서로 다른 두 유전체 사이의 경계면에 전하분포에 없다면 경계면 양쪽에서의 전계 및 전속밀도는?

① 전계 및 전속밀도의 접선성분은 서로 같다.
② 전계 및 전속밀도의 법선성분은 서로 같다.
③ 전계의 법선성분이 서로 같고, 전속밀도의 접선성분이 서로 같다.
④ 전계의 접선성분이 서로 같고, 전속밀도의 법선성분이 서로 같다.

해설 서로 다른 두 유전체사이의 경계면에 전하분포가 없다면 경계면 양쪽에서의 전계 및 전속밀도는 전계의 접선성분이 서로 같고, 전속밀도의 법선성분이 서로 같다.

답 ④

03 경계면 조건 - ③ □□□ check up!

두 종류의 유전율 ε_1, ε_2을 가진 유전체 경계면에 진전하가 존재하지 않을 때 성립하는 경계조건을 옳게 나타낸 것은? (단, θ_1, θ_2는 각각 유전체 경계면의 법선벡터와 E_1, E_2가 이루는 각이다.)

① $E_1\sin\theta_1 = E_2\sin\theta_2$, $D_1\sin\theta_1 = D_2\sin\theta_2$, $\dfrac{\tan\theta_1}{\tan\theta_2} = \dfrac{\varepsilon_2}{\varepsilon_1}$

② $E_1\cos\theta_1 = E_2\cos\theta_2$, $D_1\sin\theta_1 = D_2\sin\theta_2$, $\dfrac{\tan\theta_1}{\tan\theta_2} = \dfrac{\varepsilon_2}{\varepsilon_1}$

③ $E_1\sin\theta_1 = E_2\sin\theta_2$, $D_1\cos\theta_1 = D_2\cos\theta_2$, $\dfrac{\tan\theta_1}{\tan\theta_2} = \dfrac{\varepsilon_1}{\varepsilon_2}$

④ $E_1\cos\theta_1 = E_2\cos\theta_2$, $D_1\cos\theta_1 = D_2\cos\theta_2$, $\dfrac{\tan\theta_1}{\tan\theta_2} = \dfrac{\varepsilon_1}{\varepsilon_2}$

해설 유전체 경계면에 진전하가 존재하지 않을 때
$E_1\sin\theta_1 = E_2\sin\theta_2$, $D_1\cos\theta_1 = D_2\cos\theta_2$, $\dfrac{\tan\theta_1}{\tan\theta_2} = \dfrac{\varepsilon_1}{\varepsilon_2}$

답 ③

04 복합유전체의 경계면 조건 - ①

유전율이 각각 ε_1, ε_2인 두 유전체가 접한 경계면에서 전하가 존재하지 않는다고 할 때 유전율이 ε_1인 유전체에서 유전율이 ε_2인 유전체로 전계 E_1이 입사각 $\theta=0°$로 입사할 때 성립되는 식은?

① $E_1 = E_2$
② $E_1 = \varepsilon_1 \varepsilon_2 E_2$
③ $\dfrac{E_1}{E_2} = \dfrac{\varepsilon_1}{\varepsilon_2}$
④ $\dfrac{E_1}{E_2} = \dfrac{\varepsilon_2}{\varepsilon_1}$

해설 입사각 $\theta=0$인 경우 수직입사이다. 법선(수직) 성분은 전속밀도 $D_1 = D_2$이므로
$\varepsilon_1 E_1 = \varepsilon_2 E_2$, $\dfrac{E_1}{E_2} = \dfrac{\varepsilon_2}{\varepsilon_1}$ 이 된다.

답 ④

05 복합유전체의 경계면 조건 - ②

유전체 A, B의 접합면에 전하가 없을 때, 각 유전체 중 전계의 방향이 그림과 같고 $E_A = 100[\text{V/m}]$이면, E_B는 몇 [V/m]인가?

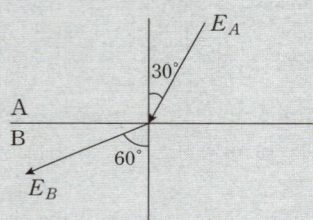

① $\dfrac{100}{3}$
② $\dfrac{100}{\sqrt{3}}$
③ 300
④ $100\sqrt{3}$

해설 전계의 접선 성분이 같으므로 $E_A \sin\theta_A = E_B \sin\theta_B$
$E_B = \dfrac{\sin_A}{\sin_B} \cdot E_A = \dfrac{\sin 30°}{\sin 60°} \times 100 = \dfrac{\frac{1}{2}}{\frac{\sqrt{3}}{2}} \times 100 = \dfrac{100}{\sqrt{3}}[\text{V/m}]$

답 ②

06 복합유전체의 경계면 조건 - ③

유전율이 각각 ε_1, ε_2인 두 유전체가 접한 경계면에서 $\varepsilon_1 > \varepsilon_2$이면 θ_1과 θ_2의 관계는?

① $\theta_1 = \theta_2$
② $\theta_1 < \theta_2$
③ $\theta_1 > \theta_2$
④ $\theta_1 < \theta_2$ 혹은 $\theta_1 > \theta_2$

해설 $\varepsilon_1 > \varepsilon_2$일 때 비례관계 $\theta_1 > \theta_2$, $D_1 > D_2$, $E_1 < E_2$

답 ③

07 복합유전체의 경계면 조건 - ④ □□□ check up!

그림과 같이 평행판 콘덴서의 극판 사이에 유전율이 각각 ε_1, ε_2인 두 유전체를 반반씩 채우고 극판 사이에 일정한 전압을 걸어준다. 이 때 매질 Ⅰ, Ⅱ 내의 전계의 세기 E_1, E_2 사이에는 다음 어느 관계가 성립 하는가?

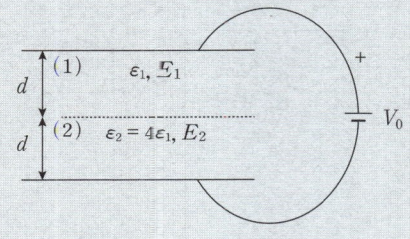

① $E_2 = 4E_1$
② $E_2 = 2E_1$
③ $E_2 = E_1/4$
④ $E_2 = E_1$

해설 그림에서 경계면에 전계가 수직입사이므로 경계면 양측에서 전속밀도는 같아야 한다.

$D_1 = D_2$의 조건을 이용 이를 정리하면 $\varepsilon_1 E_1 = \varepsilon_2 E_2$, $\varepsilon_1 E_1 = 4\varepsilon_1 E_2$, $E_1 = 4E_2$, $E_2 = \dfrac{E_1}{4}$ 가 된다.

답 ③

08 복합유전체의 경계면 조건 - ⑤ □□□ check up!

$x > 0$인 영역에 $\varepsilon_1 = 3$인 유전체, $x < 0$인 영역에 $\varepsilon_2 = 5$인 유전체가 있다. 유전율 ε_2인 영역에서 전계가 $E_2 = 20 a_x + 30 a_y - 40 a_z$[V/m]일 때, 유전율 ε_1인 영역에서의 전계 E_1[V/m]은?

① $\dfrac{100}{3} a_x + 30 a_y - 40 a_z$
② $20 a_x + 90 a_y - 40 a_z$
③ $100 a_x + 10 a_y - 40 a_z$
④ $60 a_x + 30 a_y - 40 a_z$

해설 전계 $E_1 = E_x a_x + E_y a_y + E_z a_z$라 할 때

1) a_y, a_z 성분은 경계면에 수평하므로 경계면 양측에서 전계의 세기가 같다.
   따라서 $E_y = 30$, $E_z = -40$

2) a_x 성분은 경계면에 수직이므로 경계면 양쪽에서 전속밀도가 같다.
   $D_1 = D_2$, $\varepsilon_1 E_x = \varepsilon_2 E_{2x}$
   $E_x = \dfrac{\varepsilon_2}{\varepsilon_1} E_{2x} = \dfrac{5}{3} \times 20 = \dfrac{100}{3}$

$\therefore E_1 = \dfrac{100}{3} a_x + 30 a_y - 40 a_z$

답 ①

09 복합유전체의 경계면 조건 - ⑥

그림과 같은 유전속의 분포에서 ε_1과 ε_2의 관계는?

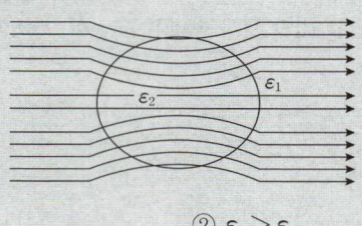

① $\varepsilon_1 > \varepsilon_2$
② $\varepsilon_2 > \varepsilon_1$
③ $\varepsilon_1 = \varepsilon_2$
④ $\varepsilon_2 < \varepsilon_1$

해설 전속선은 유전율이 큰 쪽으로 모이므로 $\varepsilon_2 > \varepsilon_1$이 된다.

답 ②

10 경계면에 작용하는 힘 - ①

평행판 사이에 유전율이 ε_1, ε_2되는 ($\varepsilon_1 > \varepsilon_2$) 유전체를 경계면에 판에 평행하게 그림과 같이 채우고 그림의 극성으로 극판 사이에 전압을 걸었을 때 두 유전체 사이에 작용하는 힘은?

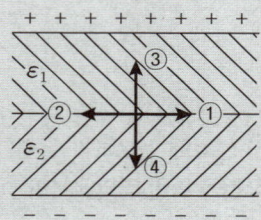

① ①의 방향
② ②의 방향
③ ③의 방향
④ ④의 방향

해설 경계면에 작용하는 힘은 유전율이 큰 쪽에서 작은 쪽으로 작용하므로 ε_1에서 ε_2로 작용하는 ④번이 된다.

답 ④

11 경계면에 작용하는 힘 - ②

유전체에 작용하는 힘과 관련된 사항으로 전계 중의 두 유전체가 경계면에서 받는 변형력을 무엇이라 하는가?

① 쿨롱의 힘
② 맥스웰의 응력
③ 톰슨의 응력
④ 볼타의 힘

해설 유전율이 큰 유전체가 작은 유전체 쪽으로 끌려 들어가는 힘(인장 응력)을 받는다.
이 힘을 맥스웰(Maxwell)의 응력이라 한다.

답 ②

12 경계면에 작용하는 힘 - ③

□□□ check up!

$\varepsilon_1 > \varepsilon_2$의 두 유전체의 경계면에 전계가 수직으로 입사할 때 경계면에 작용하는 힘은?

① $f = \frac{1}{2}\left(\frac{1}{\varepsilon_2} - \frac{1}{\varepsilon_1}\right)D^2$의 힘이 ε_1에서 ε_2로 작용한다.

② $f = \frac{1}{2}\left(\frac{1}{\varepsilon_1} - \frac{1}{\varepsilon_2}\right)E^2$의 힘이 ε_2에서 ε_1로 작용한다.

③ $f = \frac{1}{2}\left(\frac{1}{\varepsilon_1} - \frac{1}{\varepsilon_2}\right)D^2$의 힘이 ε_2에서 ε_1로 작용한다.

④ $f = \frac{1}{2}\left(\frac{1}{\varepsilon_2} - \frac{1}{\varepsilon_1}\right)E^2$의 힘이 ε_1에서 ε_2로 작용한다.

해설 전계가 수직입사이므로 전속밀도가 같으므로 경계면에 작용하는 힘은 $f = \frac{D^2}{2}\left(\frac{1}{\varepsilon_2} - \frac{1}{\varepsilon_1}\right)[\text{N/m}^2]$가 되고 작용하는 힘은 유전율이 큰 쪽에서 작은 쪽으로 작용하므로 ε_1에서 ε_2로 작용한다.   답 ①

4-4 유전체 – 복합 유전체 합성정전용량

복합유전체의 합성정전용량

① 병렬연결 : 극판과 유전체를 수직으로 채운 경우

$$C = \frac{1}{d}(\varepsilon_1 S_1 + \varepsilon_2 S_2)[\text{F}]$$: 극판의 간격은 일정 극판의 면적이 나누어진다.

② 직렬연결 : 극판과 유전체를 수평으로 채운 경우

$$C = \frac{S}{\frac{d_1}{\varepsilon_1} + \frac{d_2}{\varepsilon_2}} = \frac{\varepsilon_1 \varepsilon_2 S}{\varepsilon_1 d_2 + \varepsilon_2 d_1}[\text{F}]$$: 극판의 면적은 일정 극판의 간격은 나누어진다.

③ 공기 콘덴서에 유전체를 판간격 반만 평행하게 채운 경우

$$C = \frac{1}{\frac{1}{C_1} + \frac{1}{C_2}} = \frac{2C_0}{1 + \frac{\varepsilon_0}{\varepsilon}} = \frac{2C_0}{1 + \frac{1}{\varepsilon_s}} = \frac{2\varepsilon_s}{1 + \varepsilon_s} C_0 [\text{F}]$$

01 복합유전체 합성정전용량 – ①

면적 $S[\text{m}^2]$, 간격 $d[\text{m}]$인 평행판콘덴서에 그림과 같이 두께 $d_1, d_2[\text{m}]$이며 유전율 $\varepsilon_1, \varepsilon_2[\text{F/m}]$인 두 유전체를 극판간에 평행으로 채웠을 때 정전용량은 얼마인가?

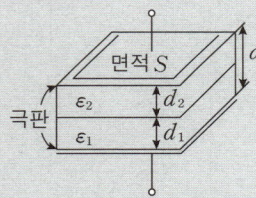

① $\dfrac{S}{\dfrac{d_1}{\varepsilon_1} + \dfrac{d_2}{\varepsilon_2}}$

② $\dfrac{S}{\dfrac{d_1}{\varepsilon_2} + \dfrac{d_2}{\varepsilon_1}}$

③ $\dfrac{\varepsilon_1 S}{d_1} + \dfrac{\varepsilon_2 S}{d_2}$

④ $\dfrac{\varepsilon_1 \varepsilon_2 S}{d}$

해설 유전체가 평행판에 수평으로 채워진 경우이므로 콘덴서 직렬연결이므로 합성정전용량은

$$C = \frac{\varepsilon_1 \varepsilon_2 S}{\varepsilon_1 d_2 + \varepsilon_2 d_1} = \frac{S}{\dfrac{d_1}{\varepsilon_1} + \dfrac{d_2}{\varepsilon_2}}[\text{F}]$$

답 ①

02 복합유전체의 합성정전용량 - ② □□□ check up!

정전용량이 C_o[F]인 평행판 공기 콘덴서가 있다. 이 극판에 평행으로 판 간격 d[m]의 1/2 두께 되는 유리판을 삽입하면, 이때의 정전용량[F]는? (단, 유리판의 유전율은 ε[F/m]이라 한다.)

① $\dfrac{C_o}{1+\dfrac{1}{\varepsilon}}$ ② $\dfrac{2C_o}{1+\dfrac{1}{\varepsilon}}$

③ $\dfrac{C}{1+\dfrac{1}{\varepsilon_o}}$ ④ $\dfrac{2C_o}{1+\dfrac{\varepsilon_o}{\varepsilon}}$

해설 공기 콘덴서에 판간격 반만 평행하게 채운 경우 정전용량은
$C = \dfrac{1}{\dfrac{1}{C_1}+\dfrac{1}{C_2}} = \dfrac{2C_0}{1+\dfrac{\varepsilon_0}{\varepsilon}} = \dfrac{2C_0}{1+\dfrac{1}{\varepsilon_s}} = \dfrac{2\varepsilon_s}{1+\varepsilon_s}C_0$[F] 여기서, C_0[F] : 공기콘덴서 용량)   답 ④

03 복합유전체의 합성정전용량 - ③ □□□ check up!

0.2[μF]인 평행판 공기 콘덴서가 있다. 전극 간에 그 간격의 절반 두께의 유리판을 넣었다면 콘덴서의 용량은 약 몇 [μF]인가? (단, 유리의 비유전율은 10이다.)

① 0.26 ② 0.36
③ 0.46 ④ 0.56

해설 공기콘덴서 정전용량 $C_o=2$[μF], 비유전율 $\varepsilon_s=10$일 때
공기콘덴서 판 간격 절반 두께에 유전체를 평행판에 수평으로 채운 경우의 정전용량은
$C = \dfrac{2\varepsilon_s}{1+\varepsilon_s}C_0 = \dfrac{2\times10}{1+10}\times 0.2\times 10^{-6} = 0.3636[\mu F]\times 10^6 = 0.3636[F]$ 답 ②

04 복합유전체의 합성정전용량 - ④ □□□ check up!

그림과 같이 한변의 길이가 500[mm]인 정사각형 평행 평판 2장이 10[mm] 간격으로 놓여 있고 그림과 같이 유전율이 다른 2개의 유전체로 채워진 경우 합성 정전용량은 약 몇 [pF]인가?

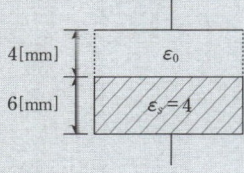

① 402 ② 922
③ 2,028 ④ 4,228

해설 직렬 접속

그림에서 유전체를 수평으로 채운 경우 또는 극판의 간격이 각각 극판의 면적이 일정

$C = \dfrac{\varepsilon_1 \varepsilon_2 S}{\varepsilon_1 d_2 + \varepsilon_2 d_1} = \dfrac{S}{\dfrac{d_1}{\varepsilon_1} + \dfrac{d_2}{\varepsilon_2}}$[F]을 이용 $\varepsilon_1 = \varepsilon_0$, $d_1 = 4$[mm], $\varepsilon_2 = 4\varepsilon_0$, $d_2 = 6$[mm]를 대입하면

$C = \dfrac{\varepsilon_1 \varepsilon_2 S}{\varepsilon_1 d_2 + \varepsilon_2 d_1} = \dfrac{\varepsilon_0 \varepsilon_0 \varepsilon_s S}{\varepsilon_0 d_2 + \varepsilon_0 \varepsilon_s d_1} = \dfrac{\varepsilon_0 \varepsilon_s S}{d_2 + \varepsilon_s d_1} = \dfrac{8.855 \times 10^{-12} \times 4 \times 0.5^2}{6 \times 10^{-3} + 4 \times 4 \times 10^{-3}} \times 10^{12} = 402.463$[pF] 답 ①

05 복합유전체의 합성정전용량 - ⑤ □□□ check up!

그림과 같이 정전용량 C_o[F]되는 평행판 공기 콘덴서의 판면적의 2/3되는 공간에 비유전율 e_s인 유전체를 채우면 공기콘덴서의 정전용량[F]은?

$\dfrac{1}{3}S$	$\dfrac{2}{3}S$
ε_0	ε_s

① $\dfrac{2\varepsilon_s}{3} C_0$ ② $\dfrac{3}{1+2\varepsilon_s} C_0$

③ $\dfrac{1+\varepsilon_s}{3} C_0$ ④ $\dfrac{1+2\varepsilon_s}{3} C_0$

해설 그림에서 유전체를 수직으로 채운 경우 또는 극판의 면적이 각각 극판의 간격이 일정 또는 선으로 연결 시 병렬 연결로 간주하므로

$C = C_1 + C_2 = \dfrac{\varepsilon_1 S_1}{d} + \dfrac{\varepsilon_2 S_2}{d} = \dfrac{1}{d}(\varepsilon_1 S_1 + \varepsilon_2 S_2)$[F], $C = \dfrac{1}{d}\left(\varepsilon_o \dfrac{1}{3}S + \varepsilon_o \varepsilon_s \dfrac{2}{3}S\right) = \dfrac{\varepsilon_o S}{d3}(1+2\varepsilon_s)$

이때 공기중 콘덴서 $C_o = \dfrac{\varepsilon_o S}{d}$[F]이므로 $C = \dfrac{(1+2\varepsilon_s)}{3} C_o$ 답 ④

06 복합유전체의 합성정전용량 - ⑥ □□□ check up!

그림과 같은 유전율이 ε_1, ε_2인 두 유전체의 경계면에 중심을 둔 반지름 a[m]인 도체구의 정전 용량은?

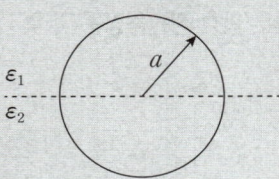

① $4\pi a(\varepsilon_1 + \varepsilon_2)$ ② $2\pi a(\varepsilon_1 + \varepsilon_2)$

③ $\dfrac{\varepsilon_1 + \varepsilon_2}{2\pi a}$ ④ $\dfrac{\varepsilon_1 + \varepsilon_2}{4\pi a}$

해설 반구의 정전 용량은 $2\pi\varepsilon a[\mathrm{F}]$이고 반구의 정전 용량 C_1과 아래 반구의 정전 용량 C_2이 경계면을 이루고 있다. 즉 접촉하고 있으므로 병렬연결로 취급할 수 있다. $C_1=2\pi\varepsilon_1 a[\mathrm{F}]$, $C_2=2\pi\varepsilon_2 a[\mathrm{F}]$이므로, 병렬 합성 정전 용량 C는 $C=C_1+C_2=2\pi\varepsilon_1 a+2\pi\varepsilon_2 a=2\pi a(\varepsilon_1+\varepsilon_2)[\mathrm{F}]$

답 ②

제1과목
전기자기학
DAY-02

30일 단기완성

Chapter 05
전기영상법

1 출제경향분석

제5장 전기영상법에서 시험에 자주 출제가 되는 내용은 다음과 같습니다.

> **반드시 알아야 하는 핵심 포인트**
> ① 접지 무한 평면과 점전하 ② 접지 무한 평면과 선전하
> ③ 접지 구도체와 점점하

2 학습 가이드라인

- 반드시 알아야 하는 핵심 포인트는 전기기사 및 산업기사 시험에서 가장 출제빈도가 높은 논점으로 각 파트별 핵심 포인트와 문제를 연계하여 학습해 주시기를 권장합니다.
- 체크리스트를 작성하시면서 문제의 유형과 학습의 완성도를 스스로 확인해 주세요.
- 출제 빈도가 높고 틀리기 쉬운 문제를 맞출 수 있도록 "콕콕 포인트"를 확인해 주세요.

우선순위 논점	KEY WORD	선생님의 콕콕 포인트
접지무한평면·점전하 ①	접지된 도체 및 무한 평면 도체 간 점전하 작용력	$9 \times 10^9 / 4a^2$, 분모 $16\pi a^2$ 매질상수를 확인할 것
접지무한평면·점전하 ②	무한평면(무한원점)에너지	$W = Fr[\text{N} \cdot \text{m} = \text{J}]$과 영상력을 이용할 것
접지무한평면·점전하 ③	복합유전체에서 작용하는 힘	분모 $16\pi a^2$ 분자에 유전율이 큰 곳에서 작은 곳을 빼줄 것
접지무한평면과 선전하	접지무한평면과 선전하 작용력	분모에 $4\pi\varepsilon_0 h$ 여기서 h는 선전하와 무한평면과 떨어진 거리일 것
접지구도체와 점전하	영상전하 및 유기되는 전하	접지 구도체와 점전하의 영상전하 공식

5-1 전기영상법 – 전계의 특수 해법 ①

1. 접지무한평판과 점전하
   1) 영상전하 $Q' = -Q[\text{C}]$
      ① 영상전하는 점전하와 전기량(크기)는 같고 부호(극성)가 반대이다.
      ② 영상전하의 위치는 점전하와 대칭인 지점에 존재한다.
   2) 영상전하와 점전하 사이에 작용하는 힘=영상력
      $$F = -9 \times 10^9 \frac{Q^2}{4a^2} = -2.25 \times 10^9 \frac{Q^2}{a^2} = -\frac{Q^2}{16\pi\varepsilon_0 a^2}[\text{N}]$$
      (−) : 항상 흡인력 $a[\text{m}]$: 무한평면에서 떨어진 거리
   3) 점전하가 무한평면(무한원점)까지 이동시 한일(에너지) $W = F \cdot a = \frac{Q^2}{16\pi\varepsilon_0 a}[\text{J}]$

2. 평면(판)에 유기되는 전계 및 전속밀도
   ① 영상전하에 의한 전계의 세기 $E = -\frac{Qa}{2\pi\varepsilon_0(a^2+x^2)^{\frac{3}{2}}}[\text{V/m}]$
   ② 판에 유기되는 전하밀도 $\sigma = \varepsilon_0 E = -\frac{Qa}{2\pi(a^2+x^2)^{\frac{3}{2}}}[\text{C/m}^2]$
   ③ 전계 최대값은 $x=0$인 지점의 전계의 세기 $E = -\frac{Q}{2\pi\varepsilon_0 a^2}[\text{V/m}]$
   ④ 최대전하밀도=최대전속 밀도 $\sigma_{\max} = D_{\max} = \varepsilon_0 E = -\frac{Q}{2\pi a^2}[\text{C/m}^2]$

01 영상전하 □□□ check up!

점전하 $Q[\text{C}]$에 의한 무한 평면 도체의 영상 전하는?

① $-Q[\text{C}]$ 보다 작다.
② $Q[\text{C}]$ 보다 크다.
③ $-Q[\text{C}]$과 같다.
④ $Q[\text{C}]$과 같다.

해설 무한평면 도체에 의한 영상 전하는 크기는 같고 부호는 반대이므로 $Q' = -Q[\text{C}]$이 된다.   답 ③

02 접지무한평면에서의 전위

그림과 같이 무한 평면 도체로부터 수직 거리 a[m]인 곳에 점전하 Q[C]이 있다. 점전하 Q[C]으로부터 r[m] 떨어진 점 $(0, y)$의 전위[V]는?

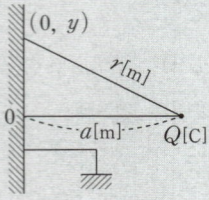

① 0

② $\dfrac{Q}{4\pi\varepsilon_0}\left[\dfrac{1}{\sqrt{a^2+x^2}}\right]$

③ $\dfrac{Q}{4\pi\varepsilon_0}\left[\dfrac{1}{(a^2+x^2)}+\dfrac{1}{(a^2+x^2)}\right]$

④ $\dfrac{Q}{4\pi\varepsilon_0}\left[\dfrac{1}{\sqrt{a^2+y^2}}+\dfrac{1}{\sqrt{a^2+y^2}}\right]$

해설 접지된 곳의 전위는 0이다.

답 ①

03 접지무한평면과 점전하사이에 작용하는 힘 - ①

무한평면도체로부터 거리 a[m]인 곳에 점전하 Q[C]이 있을 때 Q[C]과 무한 평면도체간의 작용력[N]은? (단, 공간 매질의 유전율은 ε[F/m]이다.)

① $\dfrac{Q_1Q_2}{2\pi\varepsilon r^2}$

② $\dfrac{-Q^2}{16\pi\varepsilon_o a^2}$

③ $\dfrac{Q^2}{4\pi\varepsilon a^2}$

④ $\dfrac{-Q^2}{16\pi\varepsilon a^2}$

해설 공간 매질의 유전율은 ε[F/m]이므로 점전하과 영상전하 사이에 작용하는 힘=영상력

$$F=\dfrac{Q_1Q_2}{4\pi\varepsilon r^2}=\dfrac{QQ'}{4\pi\varepsilon(2a)^2}=-\dfrac{Q^2}{16\pi\varepsilon a^2}[\text{N}] \quad (-)\text{는 항상 흡인력이 발생한다는 의미}$$

답 ④

04 접지무한평면과 점전하사이에 작용하는 힘 - ②

공기 중에서 무한 평면 도체 표면 아래의 1[m] 떨어진 곳에 1[C]의 점전하가 있다. 전하가 받는 힘의 크기는 몇 [N]인가?

① 9×10^9[N]

② $\dfrac{9}{2}\times10^9$[N]

③ $\dfrac{9}{4}\times10^9$[N]

④ $\dfrac{9}{16}\times10^9$[N]

해설 $F=\dfrac{QQ'}{4\pi\varepsilon_0(2a)^2}=9\times10^9\dfrac{-Q^2}{4a^2}=9\times10^9\dfrac{1^2}{4\times1^2}=\dfrac{9}{4}\times10^9$[N]

답 ③

Chapter 05. 전기영상법

05 접지무한평면에 유기되는 최대전하밀도 □□□ check up!

무한 평면도체로부터 거리 a[m]의 곳에 점전하 2π[C]이 있을 때 도체 표면에 유도되는 최대전하밀도는 몇 [C/m²]인가?

① $-\dfrac{1}{a^2}$ ② $-\dfrac{1}{2a^2}$
③ $-\dfrac{1}{2\pi a}$ ④ $-\dfrac{1}{4\pi a}$

해설 판에 유기되는 최대전하밀도=최대전속밀도 $\sigma_{\max}=D_{\max}=\varepsilon_0 E=-\dfrac{Q}{2\pi a^2}$[C/m²]

점전하 $Q=2\pi$[C]을 대입하면 $\sigma_{\max}=-\dfrac{2\pi}{2\pi a^2}=-\dfrac{1}{a^2}$[C/m²]   **답** ①

06 접지무한평면에 점전하가 이동시 한 일 □□□ check up!

평면도체 표면에서 r[m]의 거리에 점전하 Q[C]이 있을 때 이 전하를 무한원까지 운반하는데 필요한 일은 몇 [J]인가?

① $\dfrac{Q^2}{4\pi\varepsilon_0 r}$ ② $\dfrac{Q^2}{8\pi\varepsilon_0 r}$
③ $\dfrac{Q^2}{16\pi\varepsilon_0 r}$ ④ $\dfrac{Q^2}{32\pi\varepsilon_0 r}$

해설 점전하가 무한원(무한대)까지 이동시 필요한 일

$$W=\int F dr=\int_r^\infty \dfrac{Q^2}{16\pi\varepsilon_0 r^2}dr=\dfrac{Q^2}{16\pi\varepsilon_0 r}[J]$$ **답** ③

07 접지 무한평면에 작용하는 힘과 중력의 힘 □□□ check up!

질량 m[kg]인 작은 물체가 전하 Q[C]을 가지고 중력 방향과 직각인 무한도체평면 아래쪽 d[m]의 거리에 놓여있다. 정전력이 중력과 같게 되는데 필요한 Q[C]의 크기는?

① $\dfrac{d}{2}\sqrt{\pi\varepsilon_0 mg}$ ② $d\sqrt{\pi\varepsilon_0 mg}$
③ $2d\sqrt{\pi\varepsilon_0 mg}$ ④ $4d\sqrt{\pi\varepsilon_0 mg}$

해설 중력 $F_1=mg$[N], 무한평판과 점전하 사이에 작용하는 정전력 $F_2=\dfrac{Q^2}{16\pi\varepsilon_0 a^2}$[N]

$F_1=F_2$, $mg=\dfrac{Q^2}{16\pi\varepsilon_0 a^2}$에서 $Q=\sqrt{16\pi\varepsilon_0 d^2 mg}=4d\sqrt{\pi\varepsilon_0 mg}$ 가 된다.   **답** ④

5-2 전기영상법 – 전계의 특수 해법 ②

1. $d > a$ 접지도체구와 점전하

   1) 영상전하 $Q' = -\dfrac{a}{d}Q[C]$

      영상전하는 점전하와 전기량(크기)은 다르고 부호(극성)가 반대이다.

      여기서, $d[m]$: 접지 구도체 중심에서 떨어진 거리, $a[m]$: 접지 구도체의 반지름

   2) 영상전하 위치 : 접지 구도체 내부에 존재하며 위치는 $x = \dfrac{a^2}{d}[m]$

   3) 점전하와 영상전하 작용하는 힘 $F = \dfrac{Q \cdot Q'}{4\pi\varepsilon_0 \left(\dfrac{d^2-a^2}{d}\right)^2} = -\dfrac{adQ^2}{4\pi\varepsilon_0(d^2-a^2)^2}[N]$

   4) $(-)$는 항상 흡인력을 의미한다.

01 접지 구도체에 유기 되는 영상전하 – ① ☐☐☐ check up!

반지름 $a[m]$인 접지 도체구의 중심에서 $r[m]$되는 거리에 점전하 $Q[C]$을 놓았을 때 도체구에 유도된 총 전하는 몇 $[C]$인가?

① 0
② $-Q$
③ $-\dfrac{a}{r}Q$
④ $-\dfrac{r}{a}Q$

해설 $r > a$ 접지 구도체와 점전하에 의해 접지 구도체에 유기되는 영상전하 $Q' = -\dfrac{a}{r}Q[C]$이며 영상전하의 위치 $x = \dfrac{a^2}{r}[m]$이다.

답 ③

02 접지 구도체에 유기 되는 영상전하 – ② ☐☐☐ check up!

반경이 $0.01[m]$인 구도체를 접지시키고 중심으로부터 $0.1[m]$의 거리에 $10[\mu C]$의 점전하를 놓았다. 구도체에 유도된 총 전하량은 몇 $[\mu C]$인가?

① 0
② -1.0
③ -10
④ $+10$

해설 $Q' = -\dfrac{a}{d}Q = -\dfrac{0.01}{0.1} \times 10 \times 10^{-6} = -1.0[\mu C]$

답 ②

03 접지 구도체에 유기 되는 영상전하 - ③

점전하와 접지된 유한한 도체 구가 존재할 때 점전하에 의한 접지 구 도체의 영상전하에 관한 설명 중 틀린 것은?

① 영상전하는 구 도체 내부에 존재한다.
② 영상전하는 점전하와 크기는 같고 부호는 반대이다.
③ 영상전하는 점전하와 도체 중심축을 이은 직선상에 존재한다.
④ 영상전하가 놓인 위치는 도체 중심과 점전하와의 거리와 도체 반지름에 의해 결정된다.

해설 접지구도체와 점전하에서 점전하 Q, 영상전하 $Q' = -\dfrac{a}{d}Q$ 이므로 부호는 반대지만 크기는 같지 않다.

답 ②

04 접지 구도체와 점전하사이에 작용하는 힘

그림과 같이 접지된 반지름 a[m]의 도체구 중심 O에서 d[m]떨어진 점 A에 Q[C]의 점전하가 존재할 때, A' 점에 Q'의 영상 전하를 생각하면 구도체와 점전하간에 작용하는 힘[N]은?

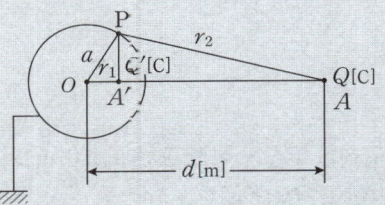

① $F = \dfrac{QQ'}{4\pi\varepsilon_o\left(\dfrac{d^2-a^2}{d}\right)}$

② $F = \dfrac{QQ'}{4\pi\varepsilon_o\left(\dfrac{d}{d^2-a^2}\right)}$

③ $F = \dfrac{QQ'}{4\pi\varepsilon_o\left(\dfrac{d^2+a^2}{d}\right)^2}$

④ $F = \dfrac{QQ'}{4\pi\varepsilon_o\left(\dfrac{d^2-a^2}{d}\right)^2}$

해설 쿨롱의 힘을 이용 $F = \dfrac{Q \cdot Q'}{4\pi\varepsilon_0 r^2}$ 이때 영상전하와 점전하 사이의 거리는 $d-x$

$F = \dfrac{Q \cdot Q'}{4\pi\varepsilon_0(d-x)^2}$ 여기서 영상전하의 위치 $x = \dfrac{a^2}{d}$[m]를 대입 정리하면

$F = \dfrac{Q \cdot Q'}{4\pi\varepsilon_0\left(\dfrac{d^2-a^2}{d}\right)^2}$ 영상전하 $Q' = -\dfrac{a}{d}Q$[C] 대입하면 $F = \dfrac{-adQ^2}{4\pi\varepsilon_0(d^2-a^2)^2}$ [N]이 되며

항상 흡인력이 작용한다.

답 ④

5-3 전기영상법 – 전계의 특수 해법 ③

1. 접지무한 평판과 선전하
   1) 영상 선전하 $\lambda' = -\lambda [C/m]$
      ① 영상 선전하는 선전하와 전기량(크기)는 같고 부호(극성)가 반대이다.
      ② 영상 선전하는 선전하와 대칭인 지점에 존재한다.
   2) 영상 선전하와 선전하 사이에 작용하는 힘 $f = -\dfrac{\lambda^2}{4\pi\varepsilon h} \propto \lambda^2 \propto \dfrac{1}{h}[N/m]$
      여기서, $h[m]$: 무한평면에서 떨어진 거리, $(-)$는 항상 흡인력을 의미
   3) 도체와 대지사이의 정전용량 $C' = \dfrac{2\pi\varepsilon_0}{\ln\dfrac{2h-a}{a}} = \dfrac{2\pi\varepsilon_0}{\ln\dfrac{2h}{a}} = \dfrac{2\pi\varepsilon_0}{\cosh^{-1}\dfrac{h}{a}}[F/m]$

2. 영상전하 개수
   1) 무한평면이 직교 수직 $n = \dfrac{360°}{\theta} - 1 = \dfrac{360°}{90°} - 1 = 3$
   2) 무한평면 $n = \dfrac{360°}{\theta} - 1 = \dfrac{360°}{180°} - 1 = 1$

01 선전하에 작용하는 힘

□□□ check up!

무한대 평면 도체와 $d[m]$ 떨어져 평행한 무한장 직선 도체에 $\rho[C/m]$의 전하 분포가 주어졌을 때 직선 도체의 단위 길이당 받는 힘은? (단, 공간의 유전율은 ε)

① $0[N/m]$
② $\dfrac{\rho^2}{\pi\varepsilon d}[N/m]$
③ $\dfrac{\rho^2}{2\pi\varepsilon d}[N/m]$
④ $\dfrac{\rho^2}{4\pi\varepsilon d}[N/m]$

해설 접지무한평판과 선전하 사이에 작용하는 힘은 다음과 같다. 선전하 $\rho[C/m] = \lambda[C/m]$
1) 총 힘 $F = QE = -\lambda \cdot l \dfrac{\lambda}{4\pi\varepsilon_0 d} = -\dfrac{\lambda^2 l}{4\pi\varepsilon_0 d}[N]$
2) 길이당 힘 $f = -\dfrac{\lambda^2}{4\pi\varepsilon_0 d}[N/m] \propto \dfrac{1}{d}$

답 ④

02 도선의 정전용량   □□□ check up!

무한평면 도체에서 $h[\mathrm{m}]$의 높이에 반지름 $a[\mathrm{m}]\,(a \ll h)$의 도선을 평행하게 가설하였을 때 도체에 대한 도선의 정전 용량은 몇 $[\mathrm{F/m}]$인가?

① $\dfrac{\pi\varepsilon_0}{\ln\dfrac{h}{a}}$

② $\dfrac{2\pi\varepsilon_0}{\ln\dfrac{2h}{a}}$

③ $\dfrac{\pi\varepsilon_0}{\ln\dfrac{2h}{a}}$

④ $\dfrac{2\pi\varepsilon_0}{\ln\dfrac{h}{a}}$

해설

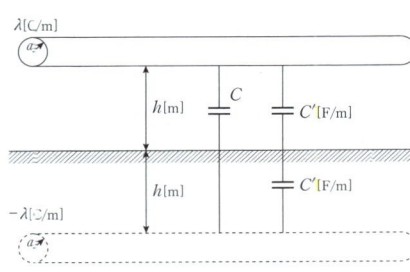

평행 두 도선 사이의 정전용량 $C=\dfrac{\pi\varepsilon_0}{\ln\dfrac{d}{a}}[\mathrm{F/m}]$

이때 $d=2h$이므로 $C=\dfrac{\pi\varepsilon_0}{\ln\dfrac{2h}{a}}[\mathrm{F/m}]$가 된다.

이때 대지면과 도선 사이에는 $C[\mathrm{F/m}]$ 2개가 직렬 연결 상태이므로 $C=\dfrac{C'}{2}$이다. 이때

$C'=2C=\dfrac{2\pi\varepsilon_0}{\ln\dfrac{2h-a}{a}}=\dfrac{2\pi\varepsilon_0}{\ln\dfrac{2h}{a}}=\dfrac{2\pi\varepsilon_0}{\cosh^{-1}\dfrac{h}{a}}[\mathrm{F/m}]$

답 ②

03 영상 전하 개수   □□□ check up!

그림과 같이 직교 도체 평면상 P점에 $Q[\mathrm{C}]$이 있을 때 P'인 점의 영상 전하는 어느 것인가?

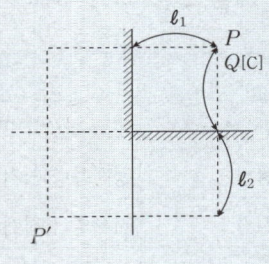

① Q^2
② Q
③ $-Q$
④ 0

해설 직교평면 전하인 경우의 영상전하는 $n=\dfrac{360}{\theta}-1$이며 그림과 같이 직교하므로
$n=\dfrac{360}{90}-1=3$개가 발생한다. 이때 P'쪽의 영상전하는 Q이다.

답 ②

제1과목
전기자기학
DAY-03

30일 단기완성

Chapter 06
전류

1 출제경향분석

제6장 전류에서 시험에 자주 출제가 되는 내용은 다음과 같습니다.

반드시 알아야 하는 핵심 포인트

① 전기저항
② 온도 변화에 따른 저항
③ 정전용량과 저항의 관계
④ 전류
⑤ 여러 가지 전기현상

2 학습 가이드라인

- 반드시 알아야 하는 핵심 포인트는 전기기사 및 산업기사 시험에서 가장 출제빈도가 높은 논점으로 각 파트별 핵심 포인트와 문제를 연계하여 학습해 주시기를 권장합니다.
- 체크리스트를 작성하시면서 문제의 유형과 학습의 완성도를 스스로 확인해 주세요.
- 출제 빈도가 높고 틀리기 쉬운 문제를 맞출 수 있도록 "콕콕 포인트"를 확인해 주세요.

우선순위 논점	KEY WORD	선생님의 콕콕 포인트
저항의 종류	온도계수, 합성 온도계수	온도 변화에 따른 저항 계산 및 온도계수를 이용 할 것.
저항의 종류	손실유전체, 비저항, 정전용량	정전용량과 저항의 관계식을 이용 할 것.
전류의 종류	전자의 개수, 전자의 이동시간	전류의 정전계의 표현을 이용할 것.
전기의 현상	서로 다른금속, 온도차, 기전력발생	제벡 효과를 암기 할 것.
전기의 현상	압전기, 분극이 응력과 수직	압전기효과를 암기 할 것.

6-1 전류 – 저항

1. 도선에서의 전기 저항 $R[\Omega]$: $R = \rho \dfrac{l}{S} = \rho \dfrac{l}{\pi r^2} = \rho \dfrac{4l}{\pi D^2} = \dfrac{l}{kS}[\Omega]$

   여기서 $k = \sigma = \dfrac{1}{\rho}[\mho/m]$: 도전율, $\rho = \dfrac{1}{k}[\Omega m]$: 고유 저항(비저항물질)

   $l[m]$: 길이, $S = \pi r^2 = \dfrac{\pi D^2}{4}[m^2]$: 도선의 단면적, $r[m]$: 반지름, $D[m]$: 지름

2. 도체의 처음 온도가 $t[°C]$의 저항값이 R_t라면 나중 온도 $T[°C]$가 되었을 때의 저항값

   R_T는 $R_T = R_t[1 + \alpha_t(T-t)] = R_t \dfrac{234.5 + T}{234.5 + t}[\Omega]$이 된다.

   여기서 α_t는 $t[°C]$에서의 온도계수로서 $\alpha_t = \dfrac{1}{234.5 + t}$이다.

   ※ 저항 2개가 직렬로 연결시 합성 온도계수 : $\alpha = \dfrac{\alpha_1 R_1 + \alpha_2 R_2}{R_1 + R_2}$

01 고유저항 단위 □□□ check up!

MKS 단위계로 고유 저항의 단위는?

① $[\Omega \cdot m]$
② $[\Omega \cdot mm^2/m]$
③ $[\mu\Omega \cdot cm]$
④ $[\Omega \cdot cm]$

해설 고유저항의 단위 MKS $1[\Omega m]$ = CGS $10^6[\Omega mm^2/m]$, CGS $1[\Omega mm^2/m]$ = MKS $10^{-6}[\Omega m]$

답 ①

02 도전율 단위 □□□ check up!

도전율의 단위로 옳은 것은?

① $[m/\Omega]$
② $[\Omega/m^2]$
③ $[1/\mho \cdot m]$
④ $[\mho/m]$

해설 ① $k = \sigma = \dfrac{1}{\rho}[\mho/m]$: 도전율, ② $\rho = \dfrac{1}{k}[\Omega m]$: 고유 저항(비저항물질)

답 ④

03 전기저항의 요소 □□□ check up!

도체의 고유 저항과 관계 없는 것은?

① 온도
② 길이
③ 단면적
④ 단면적의 모양

해설 고유저항 $\rho = \dfrac{SR}{l}[\Omega \cdot m]$이므로 길이 단면적과 관련 있으며 단면적의 모양과 관련 없다.

온도 변화에 따른 저항은 $t[°C]$에서 R_t인 저항이 $T[°C]$로 상승했다면
R_T는 $R_T = R_t + \alpha_t R_t(T-t) = R_t\{1+\alpha_t(T-t)\}[\Omega]$이므로 온도와도 관련 있다.

답 ④

04 전기저항 – 체적과 길이 □□□ check up!

전선의 체적을 동일하게 유지하면서 2배의 길이로 늘렸을 때 저항은 어떻게 되는가?

① 1/2로 줄어든다.
② 동일하다.
③ 2배로 증가한다.
④ 4배로 증가한다.

해설 전기저항 $R = \rho \dfrac{l}{S} = \rho \dfrac{l^2}{v} \propto l^2 [\Omega]$이므로 $l^2 = 2^2 = 4$배가 된다.

답 ④

05 전기저항의 계산 □□□ check up!

지름이 3.2[mm], 길이가 500[m]인 경동선의 상온에서의 저항[Ω]은 대략 얼마인가? (단, 상온에서의 고유저항은 $1/55[\Omega \cdot mm^2/m]$이다.)

① 1.13
② 2.26
③ 3.3
④ 3.8

해설 $R = \rho \dfrac{l}{S} = \rho \dfrac{l}{\pi r^2} = \dfrac{1}{55} \times 10^{-6} \times \dfrac{500}{\pi \times (1.6 \times 10^{-3})^2}[\Omega]$ 여기서 $r[m]$ 도선의 반지름

답 ①

06 온도 변화에 따른 저항 □□□ check up!

온도 $t[°C]$에서 저항 $R_t[\Omega]$인 동선은 30$[°C]$일 때 저항은 어떻게 변하는가?

① $\dfrac{30-t}{234.5}R_t$
② $\dfrac{234.5+t}{264.5}R_t$
③ $\dfrac{30-t}{234.5+t}R_t$
④ $\dfrac{264.5}{234.5+t}R_t$

해설 온도 변화에 따른 저항 값 계산은 다음과 같다.

$$R_T = R_t + \alpha_t R_t(T-t) = R_t\{1+\alpha_t(T-t)\} = R_t \frac{234.5+T}{234.5+t}[\Omega]$$

처음 온도 $t[°C]$에서의 저항 $R_t[\Omega]$일 때 나중 온도 $T=30[°C]$일 때의 저항 R_T는

$$R_T = R_t \frac{234.5+T}{234.5+t} = R_t \frac{234.5+30}{234.5+t} = R_t \frac{264.5}{234.5+t}[\Omega]$$

답 ④

07 합성저항 온도계수 □□□ check up!

저항 10[Ω]인 구리선과 30[Ω]의 망간선을 직렬 접속하면 합성 저항 온도계수는 몇 [%]인가? (단, 동선의 저항 온도계수는 0.4[%], 망간선은 0이다.)

① 0.1
② 0.2
③ 0.3
④ 0.4

해설 구리선 : $R_1=10[\Omega]$, $\alpha_1=0.4[\%]$, 망간선 : $R_2=30[\Omega]$, $\alpha_2=0[\%]$일 때

합성저항온도계수 $\alpha_t = \frac{\alpha_1 R_1 + \alpha_2 R_2}{R_1 + R_2} = \frac{0.4 \times 10 + 0 \times 30}{10+30} = 0.1$

답 ①

08 저항온도계수의 크기 □□□ check up!

다음 중 20[°C]에서 저항온도계수(temperature coefficient of resistance)가 가장 큰 것은?

① Ag
② Cu
③ Al
④ Ni

해설 저항 온도계수

① 백금(Pt) : 0.003
② 금(Au) : 0.0034
③ 구리(Cu) : 0.00393
④ 알루미늄(Al) : 0.0042
⑤ 은(Ag) : 0.0038
⑥ 철(Fe) : 0.005
⑦ 니켈(Ni) : 0.0054

답 ④

6-2 전류 - 저항과 정전용량의 관계

1. 저항과 정전용량의 관계

    ① $RC = \rho\varepsilon$

    ② 접지저항 $R = \dfrac{\rho\varepsilon}{C}[\Omega]$

    ③ 누설전류 $I = \dfrac{CV}{\rho\varepsilon}[A]$

2. 여러 가지 도체의 접지저항 (손실유전체, 비저항물질, 정전용량을 준 경우)

    ① 도체구 : $R = \dfrac{\rho\varepsilon}{C} = \dfrac{\rho}{4\pi a} = \dfrac{1}{4\pi ka}[\Omega]$ 여기서 $a[m]$: 반지름

    ② 반구 : $R = \dfrac{\rho}{2\pi a} = \dfrac{1}{2\pi ka}[\Omega]$ 여기서 $a[m]$: 반지름

    ③ 동심구 : $R = \dfrac{\rho}{4\pi}\left(\dfrac{1}{a} - \dfrac{1}{b}\right) = \dfrac{1}{4\pi k}\left(\dfrac{1}{a} - \dfrac{1}{b}\right)[\Omega]$

    여기서 $a[m]$: 내구 반지름, $b[m]$: 외구 반지름

    ④ $b > a$ 동축, 원통 : $R = \dfrac{\rho\varepsilon}{C} = \dfrac{\rho}{2\pi l}\ln\dfrac{b}{a} = \dfrac{1}{2\pi lk}\ln\dfrac{b}{a}[\Omega]$

    여기서 $a[m]$: 내원통 반지름, $b[m]$: 외원통 반지름

01 저항과 정전용량의 관계

check up!

평행판 콘덴서에 유전율 $9 \times 10^{-8}[F/m]$, 고유 저항 $\rho = 10^6[\Omega \cdot m]$인 액체를 채웠을 때 정전 용량이 $3[\mu F]$이었다. 이 양극판 사이의 저항은 몇 $[k\Omega]$인가?

① 37.6
② 30
③ 18
④ 15.4

해설 $RC = \rho\varepsilon$에서 저항 $R = \dfrac{\rho\varepsilon}{C} = \dfrac{10^6 \times 9 \times 10^{-8}}{3 \times 10^{-6}} \times 10^{-3} = 30[k\Omega]$

답 ②

02 누설전류

액체 유전체를 포함한 콘덴서 용량이 $C[\text{F}]$인 것에 $V[\text{V}]$의 전압을 가했을 경우에 흐르는 누설전류$[\text{A}]$는? (단, 유전체의 유전율은 $\varepsilon[\text{F/m}]$, 고유저항은 $\rho[\Omega\cdot\text{m}]$이다.)

① $\varepsilon\rho \dfrac{1}{CV}$
② $\varepsilon\rho \dfrac{V}{C}$
③ $\dfrac{1}{\varepsilon\rho} CV$
④ $\dfrac{1}{\varepsilon\rho} \dfrac{C}{V}$

해설 누설전류 $I = \dfrac{V}{R} = \dfrac{V}{\dfrac{\rho\varepsilon}{C}} = \dfrac{CV}{\rho\varepsilon}[\text{A}]$

답 ③

03 반구도체의 저항

대지의 고유저항이 $\rho[\Omega\cdot\text{m}]$일 때 반지름 $a[\text{m}]$인 그림과 같은 반구 접지극의 접지저항$[\Omega]$은?

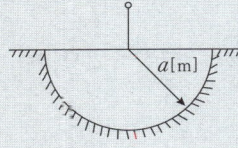

① $\dfrac{\rho}{4\pi a}$
② $\dfrac{\rho}{2\pi a}$
③ $\dfrac{2\pi\rho}{a}$
④ $2\pi\rho a$

해설 반구형이므로 $R = \dfrac{\rho\varepsilon}{C} = \dfrac{\rho\varepsilon}{2\pi\varepsilon a} = \dfrac{\rho}{2\pi a}[\Omega]$

답 ②

04 동심구간 저항

내구의 반지름 $a[\text{m}]$, 외구의 반지름 $b[\text{m}]$인 동심 구도체 간에 도전율이 $k[\text{S/m}]$인 저항 물질이 채워져 있을 때의 내외구간의 합성저항$[\Omega]$은?

① $\dfrac{1}{8\pi k}\left(\dfrac{1}{a}-\dfrac{1}{b}\right)$
② $\dfrac{1}{4\pi k}\left(\dfrac{1}{a}-\dfrac{1}{b}\right)$
③ $\dfrac{1}{2\pi k}\left(\dfrac{1}{a}-\dfrac{1}{b}\right)$
④ $\dfrac{1}{\pi k}\left(\dfrac{1}{a}-\dfrac{1}{b}\right)$

해설 $b>a$ 동심구의 $C=\dfrac{4\pi\varepsilon}{\dfrac{1}{a}-\dfrac{1}{b}}[\text{F}]$, $R=\dfrac{\varepsilon\rho}{C}=\dfrac{\rho}{4\pi}\left(\dfrac{1}{a}-\dfrac{1}{b}\right)=\dfrac{1}{4\pi k}\left(\dfrac{1}{a}-\dfrac{1}{b}\right)[\Omega]$

여기서 고유저항 $\rho=\dfrac{1}{k}[\Omega\cdot\text{m}]$, 도전율 $k=\dfrac{1}{\rho}[\mho/\text{m}=\text{S/m}]$

답 ②

05 동축, 원통, 원주의 저항 □□□ check up!

내반경 $a[\text{m}]$, 외반경 $b[\text{m}]$, 길이 $l[\text{m}]$인 동축 케이블의 내원통 도체와 외원통 도체간에 유전율 $\varepsilon[\text{F/m}]$, 도전율 $\sigma[\text{S/m}]$인 손실유전체를 채웠을 때 양 원통간의 저항$[\Omega]$을 나타내는 식은?

① $R=\dfrac{0.16\sigma}{\varepsilon l}\ln\dfrac{b}{a}[\Omega]$
② $R=\dfrac{0.08}{\sigma l}\ln\dfrac{b}{a}[\Omega]$
③ $R=\dfrac{0.32}{\sigma l}\ln\dfrac{b}{a}[\Omega]$
④ $R=\dfrac{0.16}{\sigma l}\ln\dfrac{b}{a}[\Omega]$

해설 동축 및 원주형 도체 $C=\dfrac{2\pi\varepsilon l}{\ln\dfrac{b}{a}}[\text{F}]$, $R=\dfrac{\rho\varepsilon}{C}=\dfrac{\rho}{2\pi l}\ln\dfrac{b}{a}=\dfrac{1}{2\pi kl}\ln\dfrac{b}{a}=\dfrac{0.16}{\sigma l}\ln\dfrac{b}{a}[\Omega]$

여기서 고유저항 $\rho=\dfrac{1}{k}[\Omega\cdot\text{m}]$, 도전율 $k=\sigma=\dfrac{1}{\rho}[\mho/\text{m}]$, $\dfrac{1}{2\pi}=0.156\fallingdotseq 0.16$

답 ④

06 도체구의 합성 저항 - ① □□□ check up!

반지름 a, b인 두 구상 도체 전극이 도전율 k인 매질 속에 중심간의 거리 l만큼 떨어져 놓여 있다. 양 전극간의 저항$[\Omega]$은? (단, $l\gg a$, b이다.)

① $4\pi k\left(\dfrac{1}{a}+\dfrac{1}{b}\right)$
② $4\pi k\left(\dfrac{1}{a}-\dfrac{1}{b}\right)$
③ $\dfrac{1}{4\pi k}\left(\dfrac{1}{a}+\dfrac{1}{b}\right)$
④ $\dfrac{1}{4\pi k}\left(\dfrac{1}{a}-\dfrac{1}{b}\right)$

해설

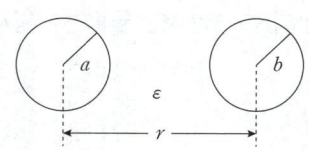

① 반지름 $a[\text{m}]$인 도체구 $C_1=4\pi\varepsilon a[\text{F}]$, $R_1=\dfrac{\rho\varepsilon}{C_1}=\dfrac{\rho}{4\pi a}[\Omega]$

② 반지름 $b[\text{m}]$인 도체구 $C_2=4\pi\varepsilon b[\text{F}]$, $R_2=\dfrac{\rho\varepsilon}{C_2}=\dfrac{\rho}{4\pi b}[\Omega]$

③ 전체 저항은 직렬 연결이므로

$R=R_1+R_2=\dfrac{\rho}{4\pi}\left(\dfrac{1}{a}+\dfrac{1}{b}\right)=\dfrac{1}{4\pi k}\left(\dfrac{1}{a}+\dfrac{1}{b}\right)[\Omega]$

답 ③

07 도체구의 합성 저항 - ②

그림과 같은 반지름 a인 반구 도체 2개가 대지에 매설되어 있다. 이경우 양 반구 도체 사이의 저항[Ω]은? (단, 대지의 고유 저항을 ρ라 하고 도체의 고유 저항은 0이며, $l \gg a$이다.)

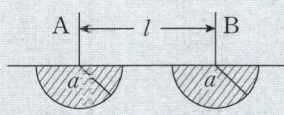

① $\dfrac{\rho}{4\pi a}$ ② $\dfrac{\rho}{2\pi a}$

③ $\dfrac{\rho}{\pi a}$ ④ $\dfrac{\rho}{2\pi}$

해설 반구형이므로 $R = \dfrac{\rho\varepsilon}{C} = \dfrac{\rho\varepsilon}{2\pi\varepsilon a} = \dfrac{\rho}{2\pi a}[\Omega]$ 2개가 직렬연결이므로 $R = \dfrac{\rho}{2\pi a} \cdot 2 = \dfrac{\rho}{\pi a}[\Omega]$ **답** ③

6-3 전류 – 전류의 전기학적 표현

1. 전기의 발생원인 : 자유전자의 과부족현상
2. 전류 $I[A]$: 단위 시간당 이동한 전기량의 크기

$$I = \frac{Q}{t} = \frac{ne}{t} = kES = \frac{E}{\rho}S \, [C/sec = A]$$

여기서, n : 전자의 개수, $e = 1.602 \times 10^{-19}[C]$: 전자의 전하량, $Q[C]$: 전하량
$I[A]$: 전류, $S[m^2]$: 면적, $k[\mho/m]$: 도전율, $E[V/m]$: 전계의 세기

3. 전류 밀도 $i[A/m^2]$: 단위 면적당 전류

$$i = i_c = J = \frac{I_c}{S} = kE = \frac{E}{\rho} = nev = Qv \, [A/m^2]$$

여기서, $n[개/m^3]$: 단위체적당 전자 개수, $v[m/sec]$: 전자 이동속도
$Q[C/m^3]$: 단위체적당 전하량

4. 키르히호프의 전류 법칙
   ① 임의의 도체 단면에 유입하는 전류의 총합은 유출하는 전류의 총합과 같다.
   ② 적분형 $\sum I = 0 = \int_s i \cdot dS = \int_v div \, i \, dv = 0$
   ③ 미분형 $div \, i = 0$: 전류의 연속성을 나타낸다.
   ※ 단위 체적당의 전류의 발산은 없고 단위 시간당 전하가 일정하며 전류가 일정

01 전류 □□□ check up!

전자가 매초 10^{10}개의 비율로 전선 내를 통과하면 이것은 몇 [A]의 전류에 상당하는가? (단, 전기량은 $1.602 \times 10^{-19}[C]$이다.)

① 1.602×10^{-9}
② 1.602×10^{-29}
③ $\frac{1}{1.602} \times 10^{-9}$
④ $\frac{1}{1.602} \times 10^{-29}$

해설 전기량 $Q = It = ne[C]$, 전류 $I = \frac{ne}{t} = \frac{10^{10} \times 1.602 \times 10^{-19}}{1} = 1.602 \times 10^{-9}$

답 ①

02 키르히호프의 전류법칙 ☐☐☐ check up!

$div\ i = 0$에 대한 설명이 아닌 것은?

① 도체 내에 흐르는 전류는 연속적이다.   ② 도체 내에 흐르는 전류는 일정하다.
③ 단위 시간당 전하의 변화는 없다.   ④ 도체 내에 전류가 흐르지 않는다.

해설 키르히호프의 전류 법칙 : 임의의 도체 단면에 유입하는 전류의 총합은 유출하는 전류의 총합과 같다.

적분형 $\sum I = 0 = \int_s i \cdot dS = \int_v div\ i\ dv = 0$

미분형 $div\ i = 0$: 전류의 연속성을 나타낸다.
단위 체적당의 전류의 발산은 없으며 단위 시간당 전하가 일정하며 전류가 일정하다는 의미이다.

답 ④

03 전류밀도 - ① ☐☐☐ check up!

다음 중 옴의 법칙은 어느 것인가? (단, k는 도전율, ρ는 고유 저항, E는 전계의 세기이다.)

① $i = E/\rho$ ② $i = E/k$
③ $i = \rho E$ ④ $i = -kE$

해설 전류 밀도 $i\ [A/m^2]$: 단위 면적당 전류 $i = i_c = J = \dfrac{I_c}{S} = kE = \dfrac{E}{\rho} = nev = Qv\ [A/m^2]$

여기서, $I[A]$: 전류, $S[m^2]$: 면적, $k[\mho/m]$: 도전율, $E[V/m]$: 전계의 세기
$n[개/m^3]$: 단위체적당 전자 개수, $v[m/sec]$: 전자 이동속도, $Q[C/m^3]$: 단위체적당 전하량

답 ①

04 전류밀도 - ② ☐☐☐ check up!

대지 중의 두 전극사이에 있는 어떤 점의 전계의 세기가 $6[V/cm]$, 지면의 도전율이 $10^{-4}[\mho/cm]$일 때 이점의 전류밀도는 몇 $[A/cm^2]$인가?

① 6×10^{-4} ② 6×10^{-3}
③ 6×10^{-2} ④ 6×10^{-1}

해설 전류 밀도 $i = kE = 10^{-4} \times 6 = 6 \times 10^{-4}\ [A/cm^2]$

답 ①

6-4 전류

전기의 여러 가지 현상

1. 제벡 효과[열전효과] : 서로 다른 금속을 접속하고 접속점을 서로 다른 온도를 유지하면 기전력이 생겨 일정한 방향으로 전류가 흐른다.
2. 펠티어 효과[제벡의 역효과] : 서로 다른 금속에서 다른 쪽 금속으로 전류를 흘리면 열의 발생 또는 흡수가 일어나는 현상을 펠티어 효과라 한다. 전자 냉동기의 원리
3. 톰슨 효과 : 동종의 금속에서 각부에서 온도가 다르면 그 부분에서 열의 발생 또는 흡수가 일어나는 효과를 톰슨 효과라 한다.
4. 홀(Hall) 효과 : 홀 효과는 전류가 흐르고 있는 도체에 자계를 가하면 플레밍의 왼손 법칙에 의하여 도체 내부의 전하가 횡방향으로 힘을 받아 도체 측면에 (+), (-)의 전하가 나타나는 현상이다.
5. 핀치 효과 : 직류 전압 인가 시 전류가 도선 중심쪽으로 집중되어 흐르려는 현상
6. 파이로(Pyro)전기[초전효과] : 롯셈염이나 수정의 결정을 가열하면 한면에 정(正), 반대편에 부(負)의 전기가 분극을 일으키고 반대로 냉각시키면 역의 분극이 나타나는 것을 파이로 전기라 한다.
7. 압전효과 : 어떤 유전체의 결정을 압력이나 인장을 가하면 그 응력으로 인하여 내부에 전기분극이 일어나고 그 단면에 분극전하가 나타나는 현상
   ① 압전기 진동자 : 압전기 현상이 가장 현저한 로셀염을 비롯하여 수정, 전기석, 티탄산바륨 등이 있다.
   ② 응용범위 : 마이크, 압력측정, 초음파발생, 전기진동(발진기), 크리스탈픽업
   ③ 응력과 분극방향이 동일방향인 경우를 종효과, 응력과 분극방향이 수직방향인 경우를 횡효과
8. 접촉전기 [볼타효과] : 도체와 도체, 유전체와 유전체, 유전체와 도체를 접촉시키면 전자가 이동하여 양, 음으로 대전되는 현상

01 제벡효과 - ①

다른 종류의 금속선으로 된 폐회로의 두 접합점의 온도를 달리하였을 때 전기가 발생하는 효과는?

① 톰슨 효과 ② 핀치 효과
③ 펠티어 효과 ④ 제벡 효과

해설 제벡 효과 (열전효과) : 서로 다른 금속을 접속하고 접속점을 서로 다른 온도를 유지하면 기전력이 생겨 일정한 방향으로 전류가 흐른다. 답 ④

02 제벡효과 - ② ☐☐☐ check up!

제벡(Seebeck) 효과를 이용한 것은?
① 광전지　　　　　　　　　　　② 열전대
③ 전자냉동　　　　　　　　　　④ 수정 발진기

해설　제벡 효과(열전효과) : 서로 다른 금속을 접속하고 접속점을 서로 다른 온도를 유지하면 기전력이 생겨 일정한 방향으로 전류가 흐른다.　　　　　답　②

03 펠티어 효과 ☐☐☐ check up!

두 종류의 금속으로 된 폐회로에 전류를 흘리면 양 접속점에서 한 쪽은 온도가 올라가고 다른 쪽은 온도가 내려가는 현상을 무엇이라고 하는가?
① 볼타(Volta) 효과　　　　　　② 지벡(Seeback) 효과
③ 펠티에(Peltier) 효과　　　　　④ 톰슨(Thomson) 효과

해설　펠티어 효과 (제벡의 역효과) : 서로 다른 금속에서 다른 쪽 금속으로 전류를 흘리면 열의 발생 또는 흡수가 일어나는 현상을 펠티어 효과라 하며 전자 냉동기의 원리로 이용한다.　답　③

04 톰슨효과 ☐☐☐ check up!

균질의 철사를 고리 형으로 연결하고 한쪽 면에는 기전력을 인가하고 한쪽면에 온도차를 주면 열의 흡수 및 발생이 일어나는 현상은?
① 볼타(Volta) 효과　　　　　　② 지벡(Seeback) 효과
③ 펠티에(Peltier) 효과　　　　　④ 톰슨(Thomson) 효과

해설　톰슨 효과 : 동종의 금속에서 각부에서 온도가 다르면 그 부분에서 열의 발생 또는 흡수가 일어나는 효과를 톰슨 효과라 한다.　　답　④

05 홀효과 ☐☐☐ check up!

전류가 흐르고 있는 도체와 직각방향으로 자계를 가하게 되면 도체 측면에 정·부의 전하가 생기는 것을 무슨 효과라 하는가?
① 톰슨(Thomson) 효과　　　　② 펠티에(Peltier) 효과
③ 제벡(Seebeck) 효과　　　　　④ 홀(Hall) 효과

해설 홀(Hall) 효과 : 전류가 흐르고 있는 도체에 자계를 가하면 플레밍의 왼손 법칙에 의하여 도체 내부의 전하가 횡 방향으로 힘을 받아 도체 측면에 정·부의 전하가 나타나는 현상이다. 답 ④

06 압전효과 - ① ☐☐☐ check up!

기계적인 변형력을 가할 때, 결정체의 표면에 전위차가 발생되는 현상은?

① 볼타 효과
② 전계 효과
③ 압전 효과
④ 파이로 효과

해설 압전효과
어떤 유전체의 결정을 압력이나 인장을 가하면 그 응력으로 인하여 내부에 전기분극이 일어나고 그 단면에 분극전하가 나타나는 현상
① 압전기 진동자 : 압전기 현상이 가장 현저한 로셀염을 비롯하여 수정, 전기석, 티탄산바륨 등이 있다.
② 응용범위 : 마이크, 압력측정, 초음파발생, 전기진동(발진기), 크리스탈픽업
③ 응력과 분극방향이 동일방향인 경우를 종효과, 응력과 분극방향이 수직방향인 경우를 횡효과

답 ③

07 압전효과 - ② ☐☐☐ check up!

압전효과를 이용하지 않은 것은?

① 수정발진기
② 마이크로폰
③ 초음파발생기
④ 자속계

해설 압전기 응용범위 : 마이크, 압력측정, 초음파발생, 전기진동(발진기), 크리스탈픽업 답 ④

08 압전효과 - ③ ☐☐☐ check up!

압전기 현상에서 분극이 응력에 수직한 방향으로 발생하는 현상을 무슨 효과라 하는가?

① 종효과
② 횡효과
③ 역효과
④ 간접효과

해설 응력과 분극방향이 동일방향인 경우를 종효과라 하며 응력과 분극방향이 수직방향인 경우를 횡효과라 한다. 답 ②

09 파이로 효과 - ①

다음이 설명하고 있는 것은?

> 수정, 로셀염 등에 열을 가하면 분극을 일으켜 한쪽 끝에 양(+) 전기, 다른 쪽 끝에 음(−) 전기가 나타나며, 냉각할 때에는 역분극이 생긴다.

① 강유전성
② 압전기현상
③ 파이로(Pyro) 전기
④ 톰슨(Thomson) 효과

해설 파이로(Pyro)전기 : 로셀염 및 수정 등의 결정을 가열하면 한 면에 정(正), 반대편에 부(負)의 전기가 분극을 일으키고 반대로 냉각시키면 역의 분극이 나타나는 것을 파이로 전기라 한다.   **답** ③

10 파이로 효과 - ②

유전체의 초전효과(Pyroelectric Effect)에 대한 설명이 아닌 것은?

① 온도변화에 관계없이 일어난다.
② 자발 분극을 가진 유전체에서 생긴다.
③ 초전효과가 있는 유전체를 공기 중에 놓으면 중화된다.
④ 열에너지를 전기에너지로 변화시키는 데 이용된다.

해설 파이로 효과 즉 초전효과는 온도 변화에 의해 발생한다.   **답** ①

11 핀치효과

DC전압을 가하면 전류는 도선 중심쪽으로 흐르려고 한다. 이러한 현상을 무슨 효과라 하는가?

① Skin 효과
② Pinch 효과
③ 압전기 효과
④ Palter 효과

해설 핀치 효과 : 직류 전압 인가 시 전류가 도선 중심쪽으로 집중되어 흐르려는 현상   **답** ②

12 볼타효과 □□□ check up!

도체와 도체, 유전체와 유전체, 도체와 유전체를 접촉시 한쪽은 정전하로 대전되고 한쪽은 부전하로 대전되는 현상을 무엇이라 하는가?

① 볼타 효과
② 전계 효과
③ 압전 효과
④ 파이로 효과

해설 접촉전기[볼타효과] : 도체와 도체, 유전체와 유전체, 유전체와 도체를 접촉시키면 전자가 이동하여 양, 음으로 대전되는 현상

답 ①

[**D-30** 전기기사·산업기사 필기
30일 필기 단기완성]

제1과목
전기자기학
DAY-03

30일 단기완성

**Chapter 07
진공중의 정자계**

1 출제경향분석

제7장 진공중의 정자계에서 시험에 자주 출제가 되는 내용은 다음과 같습니다.

반드시 알아야 하는 핵심 포인트

① 두 자극 사이에 작용하는 힘   ② 자계의 세기
③ 자속 및 자속밀도   ④ 자기 쌍극자

2 학습 가이드라인

- 반드시 알아야 하는 핵심 포인트는 전기기사 및 산업기사 시험에서 가장 출제빈도가 높은 논점으로 각 파트별 핵심 포인트와 문제를 연계하여 학습해 주시기를 권장합니다.
- 체크리스트를 작성하시면서 문제의 유형과 학습의 완성도를 스스로 확인해 주세요.
- 출제 빈도가 높고 틀리기 쉬운 문제를 맞출 수 있도록 "콕콕 포인트"를 확인해 주세요.

우선순위 논점	KEY WORD	선생님의 콕콕 포인트
정전계와 정자계	자계 내에 점자극이 받는 힘	자속밀도 공식과 자극이 받는 힘 공식을 암기 할 것
정전계와 정자계	자기력선수	전기력선수 대응관계로 공식을 유도 할 것
정전계와 정자계	삼각형 정점의 힘	전계에서 삼각형 정점의 전계의 세기계산 법을 이용할 것
정전계와 정자계	자계의 세기	지정된 전계의 세기 계산법을 이용 할 것
막대자석-회전력	막대자석 봉자석 나침반에 회전력	회전력이 발생하게 한 외부자계가 무엇인지 확인 할 것

7-1 진공중의 정전계 - 정전계와 정자계의 대응관계

	정 전 계		정 자 계
유전율	$\varepsilon = \varepsilon_0 \varepsilon_s [\text{F/m}]$ $\varepsilon_0 = 8.855 \times 10^{-12} [\text{F/m}]$ 진공이나 공기 $\varepsilon_s = 1$ 그 외 매질은 $\varepsilon_s > 1$ 이다.	투자율	$\mu = \mu_0 \mu_s [\text{H/m}]$ $\mu_0 = 4\pi \times 10^{-7} [\text{H/m}]$ 진공이나 공기 $\mu_s = 1$ 그 외 매질은 $\mu_s > 1, \mu_s < 1$
전하	$Q[\text{C}]$ $Q[\text{C}]$: 정전하 $-Q[\text{C}]$: 부전하	자하 (자극의 세기)	$m[\text{Wb}]$ $m[\text{Wb}]$: 정자하(N극) $-m[\text{Wb}]$: 부자하(S극)
쿨롱의 법칙	$F = \dfrac{Q_1 Q_2}{4\pi\varepsilon_0 r^2}[\text{N}]$ 동종의 전하는 반발력 이종의 전하는 흡인력	쿨롱의 법칙	$F = \dfrac{m_1 m_2}{4\pi\mu_0 r^2}[\text{N}]$ 동종의 자하(자극)는 반발력 이종의 자하(자극)는 흡인력
쿨롱상수	$\dfrac{1}{4\pi\varepsilon_0} = 9 \times 10^9$	쿨롱상수	$\dfrac{1}{4\pi\mu_0} = 6.33 \times 10^4$
전계의 세기	$E = \dfrac{F}{Q}[\text{V/m}] = \dfrac{Q}{4\pi\varepsilon_0 r^2}$ 정의 : 임의의 $Q[\text{C}]$의 전하가 단위 정전하($1[\text{C}]$) 사이에 작용하는 힘을 말한다.	자계의 세기	$H = \dfrac{F}{m}[\text{A/m} = \text{AT/m}] = \dfrac{m}{4\pi\mu_0 r^2}$ 정의 : 임의의 $m[\text{Wb}]$의 자하가 단위 정자하($1[\text{Wb}]$) 사이에 작용하는 힘을 말한다.
전계 내 $Q[\text{C}]$이 받는 힘	$F = QE[\text{N}]$	자계 내 $m[\text{Wb}]$이 받는 힘	$F = mH[\text{N}]$
전기력선수	$N = \dfrac{Q}{\varepsilon_0}$	자기력선수	$N = \dfrac{m}{\mu_0}$
전계 세기 계산 방법	지정된 지점에 단위 정전하 $+1[\text{C}]$을 두고 계산	자계 세기 계산 방법	지정된 지점에 단위 정자하 $+1[\text{Wb}]$을 두고 계산
전속	$\psi = Q = D \cdot S[\text{C}]$	자속	$\phi = m = B \cdot S[\text{Wb}]$
전속밀도	$D = \dfrac{\psi}{S} = \dfrac{Q}{S} = \dfrac{Q}{4\pi r^2} = \varepsilon_0 E[\text{C/m}^2]$	자속밀도	$B = \dfrac{\phi}{S} = \dfrac{m}{S} = \dfrac{m}{4\pi r^2} = \mu_0 H[\text{Wb/m}^2]$
전 위	$V = \dfrac{Q}{4\pi\varepsilon_0 r}[\text{V}]$	자위	$U = I = \dfrac{m}{4\pi\mu_0 r}[\text{A}]$
전기 쌍극자 전위	$V_p = \dfrac{M}{4\pi\varepsilon_0 r^2}\cos\theta[\text{V}] \propto \dfrac{1}{r^2}$ $\theta = 0°$: 최대 $\theta = 90°$: 최소 전기 쌍극자 모멘트 $M = Q \cdot \delta[\text{C} \cdot \text{m}]$ δ : 두 전하 사이의 거리	자기 쌍극자 자위	$U_p = \dfrac{M}{4\pi\mu_0 r^2}\cos\theta[\text{A}] \propto \dfrac{1}{r^2}$ $\theta = 0°$: 최대 $\theta = 90°$: 최소 자기 쌍극자 모멘트 $M = m \cdot l[\text{Wb} \cdot \text{m}]$ l : 두 자하 사이의 거리

	정 전 계		정 자 계
전기 쌍극자 전계	$E_r = \dfrac{M}{2\pi\varepsilon_0 r^3}\cos\theta\,[\text{V/m}]$ $E_\theta = \dfrac{M}{4\pi\varepsilon_0 r^3}\sin\theta\,[\text{V/m}]$ $E_r = \dfrac{M}{4\pi\varepsilon_0 r^3}\sqrt{1+3\cos^2\theta}\,[\text{V/m}]$	자기 쌍극자 자계	$H_r = \dfrac{M}{2\pi\mu_0 r^3}\cos\theta\,[\text{AT/m}]$ $H_\theta = \dfrac{M}{4\pi\mu_0 r^3}\sin\theta\,[\text{AT/m}]$ $H_r = \dfrac{M}{4\pi\mu_0 r^3}\sqrt{1+3\cos^2\theta}\,[\text{AT/m}]$
전기이중층	1) 정전하측 전위 $V_P = \dfrac{M}{4\pi\varepsilon_0}\omega_1\,[\text{V}]$ 2) 부전하측 전위 $V_Q = \dfrac{-M}{4\pi\varepsilon_0}\omega_2\,[\text{V}]$ 판의 세기 $M=\sigma\delta\,[\text{C/m}]$	자기이중층	1) N극측 자위 $U_P = \dfrac{M}{4\pi\mu_0}\omega_1\,[\text{A}]$ 2) S극측 자위 $U_Q = \dfrac{-M}{4\pi\mu_0}\omega_2\,[\text{A}]$ 판의 세기 $M=\sigma\delta\,[\text{Wb/m}]$
분극의 세기	$P = D-\varepsilon_0 E = \varepsilon_0(\varepsilon_s-1)E = xE$ $= D\left(1-\dfrac{1}{\varepsilon_s}\right) = \dfrac{M}{v}\,[\text{C/m}^2]$ 1) 분극률 $x=\varepsilon_0(\varepsilon_s-1)$ 2) 비분극률 $x_m = \dfrac{x}{\varepsilon_o} = \varepsilon_s-1$	자화의 세기	$J = B-\mu_0 H = \mu_0(\mu_s-1)H = xH$ $= B\left(1-\dfrac{1}{\mu_s}\right) = \dfrac{M}{v}\,[\text{Wb/m}^2]$ 1) 자화율 $x=\mu_0(\mu_s-1)$ 2) 비자화율 $x_m = \dfrac{x}{\mu_o} = \mu_s-1$
유전체 경계의 조건	완전경계조건 1) $\sigma=0$ 경계면에 진전하가 존재하지 않음 2) 경계면의 전위차는 없다. $E_1\sin\theta_1 = E_2\sin\theta_2$ $D_1\cos\theta_1 = D_2\cos\theta_2$ $\dfrac{\tan\theta_1}{\tan\theta_2} = \dfrac{\varepsilon_1}{\varepsilon_2}$	자성체 경계의 조건	완전경계조건 1) $i=0$ 경계면에 전류밀도가 존재하지 않음 2) 경계면의 자위차는 없다 $H_1\sin\theta_1 = H_2\sin\theta_2$ $B_1\cos\theta_1 = B_2\cos\theta_2$ $\dfrac{\tan\theta_1}{\tan\theta_2} = \dfrac{\mu_1}{\mu_2}$
정전 흡인력	$f = \dfrac{D^2}{2\varepsilon_0} = \dfrac{1}{2}\varepsilon_o E^2 = \dfrac{1}{2}ED\,[\text{N/m}^2]$	자석 흡인력	$f = \dfrac{B^2}{2\mu_0} = \dfrac{1}{2}\mu_o H^2 = \dfrac{1}{2}HB\,[\text{N/m}^2]$
전계 내 축적되는 에너지	$W = \dfrac{D^2}{2\varepsilon_0} = \dfrac{1}{2}\varepsilon_o E^2$ $= \dfrac{1}{2}ED\,[\text{N/m}^2 = \text{J/m}^3]$	자계 내 축적되는 에너지	$W = \dfrac{B^2}{2\mu_0} = \dfrac{1}{2}\mu_o H^2$ $= \dfrac{1}{2}HB\,[\text{N/m}^2 = \text{J/m}^3]$
콘덴서에 축적되는 에너지 =정전에너지	$W = \dfrac{1}{2}CV^2 = \dfrac{Q^2}{2C} = \dfrac{1}{2}QV\,[\text{J}]$ 축적되는 그림 : 포물선	코일에 축적되는 에너지 =전자에너지	$W = \dfrac{1}{2}LI^2 = \dfrac{\phi^2}{2L} = \dfrac{1}{2}\phi I\,[\text{J}]$ 축적되는 그림 : 포물선

전기력선의 성질	자기력선의 성질
1) 전하가 없는 점에서는 전기력선의 발생 및 소멸은 없다. 2) 전기력선은 정(+)전하에서 시작하여 부(-)전하에서 끝난다. 3) 전기력선의 방향은 그 점의 전계의 방향과 일치한다. 4) 전기력선의 밀도는 전계의 세기와 같다. 5) 전기력선은 전위가 높은 점에서 낮은 점으로 향한다. 6) 전기력선은 도체 표면(등전위면)에 수직으로 만난다. 7) 도체에 주어진 전하는 도체 표면에만 분포한다. 8) 전기력선은 대전도체 내부에는 존재하지 않는다. 9) 전하는 곡률이 큰 곳 곡률이 작은 곳에 큰 밀도를 이룬다. 10) 전기력선은 서로 반발하여 교차 할 수 없으며 그 자신만으로 폐곡선을 이룰 수 없다.	1) 자극이 존재하지 않는 곳에서는 자기력선의 발생 및 소멸이 없다 2) 정자하 $+m[Wb]$(N극)에서 나와 부자하 $-m[Wb]$(S극)에서 끝난다. 3) 자기력선의 방향은 그 점의 자계의 방향과 일치한다. 4) 자기력선의 밀도는 자계의 세기와 같다. 5) 자기력선은 자위가 높은 점에서 낮은 점으로 향한다. 6) 자기력선은 등자위면과 수직으로 출입한다. 그러나 정자계 에서는 정전계의 도체에 해당되는 것이 없으므로 항상 등자위를 이루지는 않는다. 7) 자기력선은 고무줄과 같은 응축력이 존재한다. 8) 자기력선은 서로 반발하여 교차 할 수 없으며 그 자신만으로 폐곡선을 이룰 수 있다. 9) 자속의 연속성 $\phi = \int_s B ds = \int_v div B dv = 0$ $\nabla \cdot B = div B = 0$ N극과 S극은 항상 공존 한다.

01 쿨롱의 법칙 - ①

□□□ check up!

공기 중에서 가상 자극 $m_1[Wb]$과 $m_2[Wb]$를 $r[m]$ 떼어 놓았을 때 두 자극간의 작용력이 $F[N]$이었다면, 이때의 거리 $r[m]$은?

① $\sqrt{\dfrac{m_1 m_2}{F}}$

② $\dfrac{6.33 \times 10^4 m_1 m_2}{F}$

③ $\sqrt{\dfrac{6.33 \times 10^4 m_1 m_2}{F}}$

④ $\sqrt{\dfrac{9 \times 10^9 \times m_1 m_2}{F}}$

해설 두 자극사이에 작용하는 힘 쿨롱의 법칙을 이용 $F = \dfrac{m_1 m_2}{4\pi\mu_0 r^2} = 6.33 \times 10^4 \dfrac{m_1 m_2}{r^2}[N]$ 이므로

이를 정리하면 $r = \sqrt{6.33 \times 10^4 \dfrac{m_1 m_2}{F}}[m]$ 이다.

답 ③

02 쿨롱의 법칙 - ② □□□ check up!

10^{-5} [Wb]와 1.2×10^{-5} [Wb]의 점자극을 공기 중에서 2[cm] 거리에 놓았을 때 극간에 작용하는 힘은 약 몇 [N]인가?

① 1.9×10^{-2}
② 1.9×10^{-3}
③ 3.8×10^{-2}
④ 3.8×10^{-3}

해설 두자극(자하) 사이에 작용하는 힘 $F = \dfrac{m_1 m_2}{4\pi\mu_0 r^2} = 6.33 \times 10^4 \dfrac{m_1 m_2}{r^2}$ [N]

여기서, m[Wb] : 자극의 세기=자하, r[m] : 자극사이의 거리

$F = 6.33 \times 10^4 \times \dfrac{10^{-5} \times 1.2 \times 10^{-5}}{(2 \times 10^{-2})^2} = 0.01899[N] = 1.89 \times 10^{-2}[N]$

답 ①

03 자계 내에서 자극이 받는 힘 - ① □□□ check up!

진공중의 자계 10[AT/m]인 점에 5×10^{-3} [Wb]의 자극을 놓으면 그 자극에 작용하는 힘[N]은?

① 5×10^{-2}
② 5×10^{-3}
③ 2.5×10^{-2}
④ 2.5×10^{-3}

해설 자계 내에서 자극을 놓았을 때 자극이 받는 힘 $F = mH$[N]이므로
$F = 5 \times 10^{-3} \times 10 = 5 \times 10^{-2}$[N]

답 ①

04 자계 내에서 자극이 받는 힘 - ② □□□ check up!

비투자율 μ_s, 자속밀도 B인 자계 중에 있는 m[Wb]의 자극이 받는 힘은?

① $\dfrac{Bm}{\mu_0 \mu_s}$
② $\dfrac{Bm}{\mu_0}$
③ $\dfrac{\mu_0 \mu_s}{Bm}$
④ $\dfrac{Bm}{\mu_s}$

해설 힘 $F = mH$[N], 자속밀도 $B = \dfrac{\phi}{S} = \mu H$ [Wb/m²] 여기서 자계 $H = \dfrac{B}{\mu}$ [AT/m]를

힘 F[N]에 대입하면 $F = \dfrac{Bm}{\mu} = \dfrac{Bm}{\mu_0 \mu_s}$ [AT/m]가 된다.

답 ①

05 자계의 세기 - ①

자극의 크기 $m=4[\text{Wb}]$의 점자극으로부터 $r=4[\text{m}]$ 떨어진 점의 자계의 세기$[\text{AT/m}]$를 구하면?

① 7.9×10^3
② 6.3×10^4
③ 1.6×10^4
④ 1.3×10^3

해설 점 자극에 의한 자계의 세기 $H = \dfrac{m}{4\pi\mu_0 r^2} = 6.33 \times 10^4 \dfrac{m}{r^2}[\text{N}]$

수치를 대입하면 $H = 6.33 \times 10^4 \times \dfrac{4}{4^2} = 1.6 \times 10^4[\text{AT/m}]$가 된다.   **답** ③

06 자계의 세기 - ②

두 개의 자력선이 동일한 방향으로 흐르면 자계강도는?

① 더 약해진다.
② 주기적으로 약해졌다 또는 강해졌다 한다.
③ 더 강해진다.
④ 강해졌다가 약해진다.

해설 자(기)력선이 동일한 방향으로 흐르면 합해지므로 자계강도는 더 강해진다.   **답** ③

07 자계의 세기 - ③

그림과 같이 진공에서 $6 \times 10^{-3}[\text{Wb}]$의 자극을 가진 길이 $10[\text{cm}]$되는 막대자석의 정자극(正磁極)으로부터 $5[\text{cm}]$ 떨어진 P점의 자계의 세기는?

① $13.3 \times 10^4[\text{AT/m}]$
② $17.3 \times 10^4[\text{AT/m}]$
③ $23.3 \times 10^3[\text{AT/m}]$
④ $28.1 \times 10^5[\text{AT/m}]$

해설 임의의 지점의 자계의 세기 계산 방법은 전계의 세기 계산 방법과 동일하다.
P점에 단위 점자하($1[\text{Wb}]$)을 놓고 자계의 세기를 계산하면

$m = 6 \times 10^{-3}[\text{Wb}]$에 의한 자계 $H_1 = 6.33 \times 10^4 \times \dfrac{6 \times 10^{-3}}{(5 \times 10^{-2})^2} = 151920[\text{AT/m}]$

$m = -6 \times 10^{-3}[\text{Wb}]$에 의한 자계 $H_2 = 6.33 \times 10^4 \times \dfrac{6 \times 10^{-3}}{(15 \times 10^{-2})^2} = 16880[\text{AT/m}]$

$1[\text{Wb}]$와 자극사이의 작용하는 힘의 방향을 구하면 방향이 서로 반대가 되므로
P점의 전체 자계 $H = H_1 - H_2 = 151920 - 16880 = 135040 = 13.5 \times 10^4[\text{AT/m}]$가 된다.   **답** ①

08 자기력선수

진공 중에서 8π[Wb]의 자하로부터 발산되는 총자기력선수는?

① 10^7개
② 2×10^7개
③ $8\pi \times 10^7$개
④ $\dfrac{10^7}{8\pi}$개

해설 진공 중 m[Wb]의 자하로부터 나오는 자기력선수 $N = \dfrac{m}{\mu_0} = \dfrac{8\pi}{\mu_0} = \dfrac{8\pi}{4\pi \times 10^{-7}} = 2 \times 10^7$개 답 ②

09 자속밀도 - ①

자속 밀도의 단위가 아닌 것은?

① [Wb/m^2]
② [maxwell/m^2]
③ [gauss]
④ [gauss/m^2]

해설 자속밀도 $B = 1$[Wb/m^2] $= 10^8$[maxwell/m^2] $= 10^4$[maxwell/cm^2] $= 10^4$[gauss] $= 1$[Tesra]

답 ④

10 자속밀도 - ②

공기 중 임의의 점에서 자계의 세기 H가 20[AT/m]라면 자속밀도(B)는 약 몇 [Wb/m^2]인가?

① 2.5×10^{-5}
② 3.5×10^{-5}
③ 4.5×10^{-5}
④ 5.5×10^{-5}

해설 $B = \dfrac{\phi}{S} = \dfrac{m}{S} = \dfrac{m}{4\pi r^2} = \mu_0 H$[Wb/m^2]이므로 $B = \mu_0 H = 4\pi \times 10^{-7} \times 20 = 2.513 \times 10^{-5}$[Wb/m^2]

여기서, ϕ[Wb] : 자속, m[Wb] : 자극의세기=자하, $\mu_0 = 4\pi \times 10^{-7}$[H/m] : 공기(진공)중 투자율, H[AT/m=A/m] : 자계

답 ①

11 자위

자위(magnetic potential)의 단위로 옳은 것은?

① [C/m]
② [N·m]
③ [AT]
④ [J]

해설 정전계와 정자계의 대응 관계
$H = -gradU = -\nabla U \,[\text{AT/m} = \text{A/m}]$ 에서 $H = Ur\,[\text{AT/m} = \text{A/m}]$ 이고
자위 $U = \dfrac{H}{r}\,[\dfrac{\text{AT/m}}{\text{m}} = \text{AT} = \text{A}]$

답 ③

12 자기쌍극자 □□□ check up!

자기 쌍극자에 의한 자위 $U[\text{A}]$에 해당되는 것은? (단, 자기 쌍극자의 자기 모멘트는 $M[\text{Wb}\cdot\text{m}]$, 쌍극자의 중심으로부터의 거리는 $r[\text{m}]$, 쌍극자의 정방향과의 각도는 θ라 한다.)

① $6.33 \times 10^4 \dfrac{M\sin\theta}{r^3}$
② $6.33 \times 10^4 \dfrac{M\sin\theta}{r^2}$
③ $6.33 \times 10^4 \dfrac{M\cos\theta}{r^3}$
④ $6.33 \times 10^4 \dfrac{M\cos\theta}{r^2}$

해설 자기쌍극자에 의한 P점의 자위 $U_P = \dfrac{M}{4\pi\mu_0 r^2}\cos\theta = 6.33 \times 10^4 \dfrac{M\cos\theta}{r^2}[\text{A}] \propto \dfrac{1}{r^2}$
자기 쌍극자 모멘트 $M = m \cdot l\,[\text{Wb}\cdot\text{m}]$ 단, δ : 두 전하 사이의 거리($\theta = 0°$: 최대, $\theta = 90°$: 최소)

답 ④

13 자기이중층 □□□ check up!

그림과 같이 자기 모멘트 $M[\text{Wb}\cdot\text{m}]$인 판자석의 N과 S극 축에 입체각 ω_1, ω_2인 P점과 Q점이 판에 무한히 접근해 있을 때 두 점 사이의 자위차[J/Wb]는? (단, 판자석의 표면 밀도를 $\pm\sigma[\text{Wb/m}^2]$라 하고 두께를 $\delta[\text{m}]$라 할 때 $M = \sigma \cdot \delta[\text{Wb/m}]$이다.)

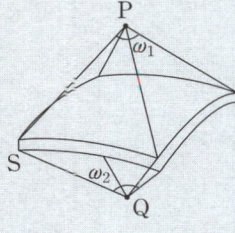

① $\dfrac{M}{\mu_o}$
② $\dfrac{M}{4\pi\mu_o}$
③ $\dfrac{2M}{4\pi\mu_o}(\omega_1 - \omega_2)$
④ 0

해설 판 자석의 자위는 다음과 같다. N극측 자위 $U_P = \dfrac{M}{4\pi\mu_0}\omega_1[\text{A}]$, S극측 자위 $U_Q = \dfrac{-M}{4\pi\mu_0}\omega_2[\text{A}]$

여기서, $M = P = \sigma\delta[\text{Wb/m}]$: 판의 세기, $\omega[\text{sr}]$: 입체각

※ 입체각 $\omega[\text{sr}]$는 다음과 같다
① 판자석 중심축에서 떨어진 임의의 지점 : $\omega = 2\pi(1-\cos\theta)[\text{sr}]$
② N극 측(S극 측)에서만 판에 무한히 접근 : $\omega = 2\pi[\text{sr}]$
③ N극 측과 S극 측이 동시에 판에 무한히 접근 : $\omega = 4\pi[\text{sr}]$

$U_P = \dfrac{M}{4\pi\mu_0}\omega = \dfrac{M}{4\pi\mu_0} \times 4\pi = \dfrac{M}{\mu_0}[\text{A}]$

답 ①

7-2 진공중의 정전계 – 막대자석에 작용하는 회전력

막대 자석에 작용하는 회전력

1) 토크 : $T = Fl\sin\theta = mlH\sin\theta = MH\sin\theta$ [N·m = N·m/rad]

   여기서, $M = ml$ [Wb·m] : 자기 모멘트, $F = mH$ [N] : 자계 내 m [Wb]이 받는 힘

2) 외적 표현 : $T = M \times H$

3) 막대 자석을 θ만큼 회전시 필요한 일

$$W = \int_0^\theta T d\theta = \int_0^\theta mlH\sin\theta d\theta = mlH(1-\cos\theta) = MH(1-\cos\theta) \text{ [J]}$$

01 막대자석에 작용하는 회전력 - ① □□□ check up!

자극의 세기 4×10^{-6} [Wb], 길이 10 [cm]인 막대자석을 150 [AT/m]의 평등 자계 내에 자계와 60°의 각도로 놓았다면 자석이 받는 회전력 [N·m]은?

① $\sqrt{3} \times 10^{-4}$ ② $3\sqrt{3} \times 10^{-5}$
③ 3×10^{-4} ④ 3×10

해설 막대자석에 의한 회전력

$T = mlH\sin\theta = MH\sin\theta = M \times H$ [N·m] $= 4 \times 10^{-6} \times 10 \times 10^{-2} \times 150 \times \sin 60°$
$= 5.196 \times 10^{-5} = 3\sqrt{3} \times 10^{-5}$ [N·m]

답 ②

02 막대자석에 작용하는 회전력 - ② □□□ check up!

자기모멘트 9.8×10^{-5} [Wb·m]의 막대자석을 지구자계의 수평성분 10.5 [AT/m]인 곳에서 지자기 자오면으로부터 90° 회전시키는데 필요한 일은 약 몇 [J]인가?

① 1.03×10^{-3} ② 1.03×10^{-5}
③ 9.03×10^{-3} ④ 9.03×10^{-5}

해설 막대 자석을 θ만큼 회전 시 필요한 일 W [J]

$$W = \int_0^\theta T d\theta = \int_0^\theta mlH\sin\theta d\theta = mlH(1-\cos\theta) = MH(1-\cos\theta) \text{ [J]}$$

90° 회전시 필요한 일에너지는 $W = MH(1-\cos\theta) = 9.8 \times 10^{-5} \times 10.5 \times (1-\cos 90°) = 1.03 \times 10^{-3}$ [J]

답 ①

제1과목 전기자기학
DAY-03

30일 단기완성

Chapter 08 전류에 의한 자계

1. 출제경향분석

제8장 전류에 의한 자계에서 시험에 자주 출제가 되는 내용은 다음과 같습니다.

> **반드시 알아야 하는 핵심 포인트**
> ① 암페어의 주회적분 　　　② 무한장 직선에 의한 자계
> ③ 비오-사바르의식 　　　　④ 원형코일에 의한 자계
> ⑤ 솔레노이드의 자계 　　　⑥ 플레밍의 왼손 법칙
> ⑦ 로렌츠의 힘

2. 학습 가이드라인

- 반드시 알아야 하는 핵심 포인트는 전기기사 및 산업기사 시험에서 가장 출제빈도가 높은 논점으로 각 파트별 핵심 포인트와 문제를 연계하여 학습해 주시기를 권장합니다.
- 체크리스트를 작성하시면서 문제의 유형과 학습의 완성도를 스스로 확인해 주세요.
- 출제 빈도가 높고 틀리기 쉬운 문제를 맞출 수 있도록 "콕콕 포인트"를 확인해 주세요.

우선순위 논점	KEY WORD	선생님의 콕콕 포인트
암페어의 오른나사 법칙 및 주회 적분	자계의 방향	자계의 방향은 암페어(앙페르)오른나사, 자계의 크기 결정은 비오-사바르 일 것.
암페어의 오른나사 법칙 및 주회 적분	무한장 직선, 자계의 방향	무한장 직선 분모 $2\pi r$을 기억하고 자계의 방향은 암페어(앙페르)오른나사 이용 할 것.
비오-사바르의 법칙	원형코일의 자계	원형코일 중심에서 떨어진 지점의 자계와 중심의 자계를 구분 할 것.
비오-사바르의 법칙	정삼각형, 정사각형, 정육각형	정삼각형, 정사각형, 정육각형의 공식을 암기 할 것.
솔레노이드의 자계	환상철심, 원환철심, 무단코일, 트로이드 코일	솔레노이드 내부 자계공식과 자로의 길이를 암기할 것.
전자력	전하가 자계내에서 받는 힘	공식을 암기하고 계산하는 방법을 숙지 할 것.

8-1 전류에 의한 자계 – 암페어의 오른나사법칙

1. **암페어의 오른나사 법칙** : 도체에 전류를 흘러주었을 때 그 주변에 생기는 자계(자장)의 회전성과 자계의 방향을 결정하며 오른 나사의 진행 방향이 전류의 방향이라면 오른 나사의 회전 방향이 바로 자계(자장)의 방향이다.

2. **암페어의 주회 적분 법칙** : $\oint_c H dl = \sum NI$ 전류와 자계의 관계를 정의한 식으로 폐회로 주위를 따라 자계를 선적분 한 값은 폐회로 내의 총 전류와 같다.

3. **무한장 직선 전류에 의한 자계** : $H = \dfrac{I}{2\pi r}$ [AT/m] $\propto \dfrac{1}{r}$ 여기서 r[m] : 떨어진 거리

4. **원통[원주]도체에 의한 자계 [전류 균등]**

   ① 외부($r > a$) : $H = \dfrac{I}{2\pi r}$ [AT/m]

   ② 내부($r < a$) : $H_i = \dfrac{rI}{2\pi a^2}$ [AT/m] 축으로부터의 거리에 비례한다.

   ③ 전류가 표면에만 흐를 시에는 전류 균등 시 외부 자계와 같으며 내부의 자계의 세기는 0이다.

---

01 암페어의 오른 나사 법칙 □□□ check up!

전류에 의한 자계의 방향을 결정하는 법칙은?

① 렌쯔의 법칙 ② 플레밍의 오른손 법칙
③ 플레밍의 왼손 법칙 ④ 암페어의 오른손 법칙

해설 도체에 전류를 흘러주었을 때 그 주변에 생기는 자계(자장)의 회전성과 자계의 방향을 결정하며 오른 나사의 진행 방향이 전류의 방향이라면 오른 나사의 회전 방향이 바로 자계(자장)의 방향이다.

답 ④

02 암페어의 주회 적분 법칙 – ① □□□ check up!

암페어의 주회 적분 법칙은 직접적으로 다음의 어느 관계를 표시 하는가?

① 전하와 전계 ② 전류와 인덕턴스
③ 전류와 자계 ④ 전하와 전위

해설 암페어의 주회 적분 법칙은 $\oint_c H dl = \sum NI$ 이므로 전류와 자계의 관계를 표시한다.

답 ③

03 암페어의 주회 적분 법칙 - ②

앙페르의 주회적분법칙을 설명한 것으로 올바른 것은?

① 폐회로 주위를 따라 전계를 선적분한 값은 폐회로내의 총 저항과 같다.
② 폐회로 주위를 따라 전계를 선적분한 값은 폐회로내의 총 전압과 같다.
③ 폐회로 주위를 따라 자계를 선적분한 값은 폐회로내의 총 전류와 같다.
④ 폐회로 주위를 따라 전계와 자계를 선적분한 값은 폐회로내의 총 저항, 총 전압, 총 전류의 합과 같다.

해설 암페어의 주회적분법칙은 $\oint_c H dl = \sum NI$ 이므로 폐회로 주위를 따라 자계를 선적분한 값은 폐회로내의 총전류와 같다. 또한 전류와 자계의 관계를 표시한다.

답 ③

04 무한장 직선의 자계 - ①

무한장 직선 전류에 의한 자계의 세기[AT/m]는?

① 거리 r에 비례한다.
② 거리 r^2에 비례한다.
③ 거리 r에 반비례한다.
④ 거리 r^2에 반비례한다.

해설 무한장 직선전류에 의한 자계의 세기 $H = \dfrac{I}{2\pi r}$[AT/m]이므로 거리에 대하여 반비례하며 쌍곡선의 형태로 감소한다.

답 ③

05 무한장 직선의 자계 - ②

전류가 흐르고 있는 무한직선도체로부터 2[m]만큼 떨어진 자유공간 내 P점의 자계의 세기가 $\dfrac{4}{\pi}$[AT/m]일 때 이 도체에 흐르는 전류는 몇 [A]인가?

① 2
② 4
③ 8
④ 16

해설 무한장 직선전류에 의한 자계의 세기 $H = \dfrac{I}{2\pi r}$[AT/m]
전류 $I = 2\pi r H$[A]이므로 $I = 2\pi \times 2 \times \dfrac{4}{\pi} = 16$[A]

답 ④

06 무한장 직선의 자계 - ③

$2\pi[\text{A}]$의 전류가 흐르고 있는 무한직선으로부터 $2[\text{m}]$만큼 떨어진 자유공간 내 P점의 자속밀도의 크기는?

① $\dfrac{\mu_0}{8}$
② $\dfrac{\mu_0}{4}$
③ $\dfrac{\mu_0}{2}$
④ μ_0

해설 자속밀도 $B=\mu H[\text{Wb/m}^2]$이며 무한장 직선 도체의 자계 $H=\dfrac{I}{2\pi r}[\text{AT/m}]$이므로

이를 대입하면 $H=\dfrac{\mu_0 I}{2\pi r}=\dfrac{\mu_0 \times 2\pi}{2\pi \times 2}=\dfrac{\mu_0}{2}[\text{Wb/m}^2]$

답 ③

07 무한장 직선의 자계 - ④

그림과 같은 평행한 무한장 직선의 두 도선에 $I[\text{A}]$, $4I[\text{A}]$인 전류가 각각 흐른다. 두 도선 사이 점 P에서 자계의 세기가 0이라면 $\dfrac{a}{b}$는?

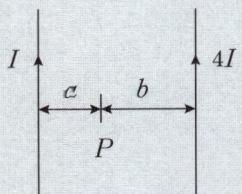

① 2
② 4
③ $\dfrac{1}{2}$
④ $\dfrac{1}{4}$

해설 무한장 직선 전류에 의한 자계 $H=\dfrac{I}{2\pi r}[\text{AT/m}]$이므로

$I[\text{A}]$에 의한 자계 $H_1=\dfrac{I}{2\pi a}[\text{AT/m}]$

$4I[\text{A}]$에 의한 자계 $H_2=\dfrac{4I}{2\pi b}[\text{AT/m}]$

H_1과 H_2는 반대 방향이며 P점의 자계의 세기가 0이므로

$H_1=H_2 \rightarrow \dfrac{I}{2\pi a}=\dfrac{4I}{2\pi b} \rightarrow \dfrac{a}{b}=\dfrac{1}{4}$

답 ④

08 원통, 원주의 자계 - ①

전전류 I[A]가 반지름 a[m]인 원주를 흐를 때, 원주 내부 중심에서 r[m] 떨어진 원주 내부의 점의 자계의 세기[AT/m]는?

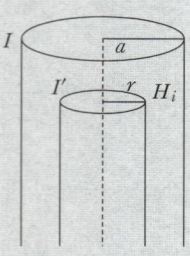

① $\dfrac{rI}{2\pi a^2}$

② $\dfrac{I}{2\pi a^2}$

③ $\dfrac{rI}{\pi a^2}$

④ $\dfrac{I}{\pi a^2}$

해설 원통(원주)도체에 전류가 도체 내외 균일하게 흐를 시 내부자계가 존재하므로 내부자계는 $H_i = \dfrac{I'}{2\pi r} = \dfrac{rI}{2\pi a^2}$[AT/m]이다.

답 ①

8-2 전류에 의한 자계 – 비오·사바르의 법칙

1. 비오-사바르의 법칙 : 전류에 의한 자계의 크기를 결정하며 미소자장 dH 계산 시 이용

   $$dH = \frac{Idl}{4\pi r^2}\sin\theta \, [\text{AT/m}] = \frac{I \times a_r}{4\pi r^2}dl \, [\text{AT/m}]$$

2. 원형 코일 중심축상의 자계의 세기 : $H = \dfrac{NI \cdot a^2}{2(a^2+x^2)^{\frac{3}{2}}} = \dfrac{NI}{2a}\sin^3\theta \, [\text{AT/m}]$

   여기서 $a[\text{m}]$: 원형코일의 반지름, $x[\text{m}]$: 원형코일 축(중심)상 떨어진 거리

3. 반지름이 $a[\text{m}]$인 원형코일 중심의 자계 : $x=0$일때 $H = \dfrac{NI}{2a}[\text{AT/m}]$

   ① 반지름이 $a[\text{m}]$ 반원 : $H = \dfrac{I}{4a}[\text{AT/m}]$

   ② 반지름이 $a[\text{m}]$ $\dfrac{3}{4}$ 원 : $H = \dfrac{3I}{8a}[\text{AT/m}]$

   ③ 반지름이 $a[\text{m}]$ $\dfrac{3}{4}$ 원과 반무한장(유한장)직선 : $H = \dfrac{(3\pi-2)I}{8\pi a}[\text{AT/m}]$

4. 유한장 직선 전류에 의한 자계의 세기

   $$H = \frac{I}{4\pi r}(\sin\theta_1 + \sin\theta_2) = \frac{I}{4\pi r}(\cos\alpha_1 + \cos\alpha_2)[\text{AT/m}]$$

   여기서 유한장 직선 양끝 cos, 유한장 직선에서 떨어진 지점 sin

   ① 정삼각형 중심의 자계의 세기 : $H = \dfrac{9I}{2\pi l}[\text{AT/m}]$

   ② 정사각형 중심의 자계의 세기 : $H = \dfrac{2\sqrt{2}\,I}{\pi l}[\text{AT/m}]$

   ③ 정육각형 중심의 자계의 세기 : $H = \dfrac{\sqrt{3}\,I}{\pi l}[\text{AT/m}]$ 단, l는 한변의 길이이다.

---

01 비오·사바르의 법칙 □□□ check up!

진공 중에 미소 선전류 $I \cdot dl[\text{A/m}]$에 기인된 $r[\text{m}]$ 떨어진 점 P에 생기는 자계 $dH[\text{A/m}]$를 나타내는 식은?

① $dH = \dfrac{I \times a_r}{4\pi r^2}dl[\text{A/m}]$ ② $dH = \dfrac{a_r \times I}{8\pi \mu_0 r^2}dl[\text{A/m}]$

③ $dH = \dfrac{I \times a_r}{4\pi \mu_0 r^2}dl[\text{A/m}]$ ④ $dH = \dfrac{a_r \times I}{8\pi r^2}dl[\text{A/m}]$

해설 비오사바르 법칙 $dH = \dfrac{Idl}{4\pi r^2}\sin\theta = \dfrac{I \times a_r}{4\pi r^2}dl[\text{AT/m}]$

답 ①

02 원형 코일 중심축상의 자계의 세기

그림과 같이 전류 $I[\text{A}]$가 흐르는 반지름 $a[\text{m}]$인 원형 코일의 중심으로부터 $x[\text{m}]$인 점 P의 자계의 세기는 몇 $[\text{A/m}]$인가? (단, θ는 각 APO라 한다.)

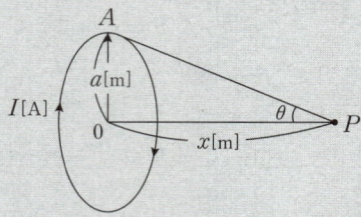

① $\dfrac{I}{2a}\cos^2\theta$
② $\dfrac{I}{2a}\sin^3\theta$
③ $\dfrac{I}{2a}\cos^3\theta$
④ $\dfrac{I}{2a}\sin^2\theta$

해설 원형 코일 중심에서 떨어진 지점의 자계 $H = \dfrac{Ia^2}{2(a^2+x^2)^{\frac{3}{2}}} = \dfrac{I}{2a}\sin^3\theta\,[\text{AT/m}]$

여기서, $I[\text{A}]$: 전류, $a[\text{m}]$: 반지름, $x[\text{m}]$: 중심축상에서 떨어진 거리

답 ②

03 원형 코일 중심의 자계의 세기 - ①

그림과 같이 권수가 1이고 반지름 $a[\text{m}]$인 원형 전류 $I[\text{A}]$가 만드는 자계의 세기$[\text{AT/m}]$는?

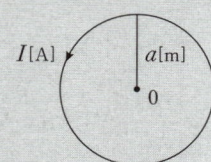

① $\dfrac{I}{a}$
② $\dfrac{I}{2a}$
③ $\dfrac{I}{3a}$
④ $\dfrac{I}{4a}$

해설 원형코일 중심점의 자계의 세기 $H = \dfrac{NI}{2a}[\text{AT/m}]$이다.

문제에서 권수를 주지 않았으므로 $N=1[\text{T}]$으로 보면 $H = \dfrac{I}{2a}[\text{AT/m}]$이다.

답 ②

04 원형 코일 중심의 자계의 세기 - ②

□□□ check up!

그림과 같이 반지름 10[cm]인 반원과 그 양단으로부터 직선으로 된 도선에 10[A]의 전류가 흐를 때, 중심 0에서의 자계의 세기와 방향은?

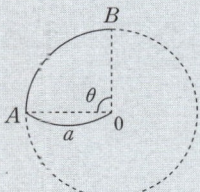

① 2.5[AT/m], 방향 ⊙
② 25[AT/m], 방향 ⊙
③ 2.5[AT/m], 방향 ⊗
④ 25[AT/m], 방향 ⊗

해설 반원 중심의 자계는 원형코일 중심점의 자계의 세기에 반만 작용하므로
$H = \dfrac{I}{2a} \times \dfrac{1}{2} = \dfrac{I}{4a}$[AT/m]가 되고 이를 계산하면 $H = \dfrac{10}{4 \times 10 \times 10^{-2}} = 25$[AT/m]이다.
자계의 방향은 앙페르(암페어)의 오른나사 법칙에 의하여 들어가는 방향 ⊗이 된다.

답 ④

05 원형 코일 중심의 자계의 세기 - ③

□□□ check up!

그림과 같이 반지름 r[m]인 원의 임의의 2점 A, B, 각 θ 사이에 전류 I[A]가 흐른다. 원의 중심 0의 자계의 세기는 몇 [A/m]인가?

① $\dfrac{I\theta}{4\pi a^2}$
② $\dfrac{I\theta}{4\pi a}$
③ $\dfrac{I\theta}{2\pi a^2}$
④ $\dfrac{I\theta}{2\pi a}$

해설 전체를 원형 코일의 중심자계의 세기로 보고 A에서 B구간에만 전류가 흐르므로
$H = \dfrac{I}{2a} \times \dfrac{\theta}{2\pi} = \dfrac{I\theta}{4\pi a}$[AT/m]

답 ②

06 원형 코일 중심의 자계의 세기 - ④   □□□ check up!

전류의 세기가 I[A], 반지름 r[m]인 원형 선전류 중심에 m[Wb]인 가상 점자극을 둘 때 원형 선전류가 받는 힘은 몇 [N]인가?

① $\dfrac{mI}{2\pi r}$ ② $\dfrac{mI}{2r}$

③ $\dfrac{mI^2}{2\pi r}$ ④ $\dfrac{mI}{2\pi r^2}$

해설 자계가 있는 곳에 자극을 두었을 때의 힘 $F=mH$[N] 원형코일(원형선전류) 자계

$H=\dfrac{I}{2r}$[AT/m] 이를 정리하면 $F=mH=\dfrac{mI}{2r}$[N]   답 ②

07 유한장 직선 도체의 자계의 세기 - ①   □□□ check up!

그림과 같이 l_1[m]에서 l_2[m]까지 전류 I[A]가 흐르고 있는 직선 도체에서 수직 거리 a[m] 떨어진 P점의 자계를 구하면 몇 [AT/m]인가?

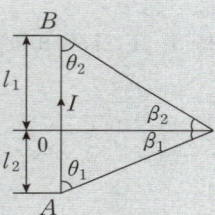

① $\dfrac{I}{4\pi a}(\sin\theta_1+\sin\theta_2)$ ② $\dfrac{I}{4\pi a}(\cos\theta_1+\cos\theta_2)$

③ $\dfrac{I}{2\pi a}(\sin\theta_1+\sin\theta_2)$ ④ $\dfrac{I}{2\pi a}(\cos\theta_1+\cos\theta_2)$

해설 유한장 직선 도체에 의한 자계의 세기 $H=\dfrac{I}{4\pi a}(\cos\theta_1+\cos\theta_2)=\dfrac{I}{4\pi a}(\sin\beta_1+\sin\beta_2)$[AT/m]

여기서, 유한장직선 양끝 cos, 유한장 직선에서 떨어진 지점 sin   답 ②

08 유한장 직선 도체의 자계의 세기 - ② □□□ check up!

한 변의 길이가 $l[m]$인 정삼각형 회로에 전류 $I[A]$가 흐르고 있을 때 삼각형 중심에서의 자계의 세기 $[AT/m]$는?

① $\dfrac{\sqrt{2}\,I}{3\pi l}$ ② $\dfrac{9I}{\pi l}$

③ $\dfrac{2\sqrt{2}\,I}{3\pi l}$ ④ $\dfrac{9I}{2\pi l}$

해설 ① 정삼각형 중심의 자계의 세기 : $H = \dfrac{9I}{2\pi l}[AT/m]$

② 정사각형 중심의 자계의 세기 : $H = \dfrac{2\sqrt{2}\,I}{\pi l}[AT/m]$

③ 정육각형 중심의 자계의 세기 : $H = \dfrac{\sqrt{3}\,I}{\pi l}[AT/m]$ 여기서, $l[m]$는 한변의 길이, $I[A]$: 전류

④ 반지름 $r[m]$인 원에 내접하는 n각형 중심의 자계의 세기 : $H = \dfrac{nI}{2\pi r}\tan\dfrac{\pi}{n}[AT/m]$ **답** ④

09 유한장 직선 도체의 자계의 세기 - ③ □□□ check up!

진공 중에서 한 변이 $a[m]$인 정사각형 단일 코일이 있다. 코일에 $I[A]$의 전류를 흘릴 때 정사각형 중심에서 자계의 세기는 몇 $[AT/m]$인가?

① $\dfrac{2\sqrt{2}\,I}{\pi a}$ ② $\dfrac{I}{\sqrt{2}\,a}$

③ $\dfrac{I}{2a}$ ④ $\dfrac{4I}{a}$

해설 정사각형 중심의 자계 : $H = \dfrac{2\sqrt{2}\,I}{\pi l} = \dfrac{2\sqrt{2}\,I}{\pi a}[AT/m]$ 여기서, $l = a[m]$ 1변의 길이   **답** ①

8-3 전류에 의한 자계 – 솔레노이드에 의한 자계

1. 전류에 의한 자위
   ① 전류 $I = \dfrac{M}{\mu_o}$
   ② 자위 $U = \dfrac{I}{4\pi}\omega[\mathrm{A}]$
   여기서, $M = \sigma_s\delta[\mathrm{Wb/m}]$: 자기 이중층의 세기, $\omega = 2\pi(1-\cos\theta)[\mathrm{sr}]$: 입체각

2. 솔레노이드의 자계의 세기
   ① 환상 솔레노이드 내부자계 $H = \dfrac{NI}{l} = \dfrac{NI}{2\pi r} = \dfrac{NI}{\pi d}[\mathrm{AT/m}]$
   여기서, $r[\mathrm{m}]$: 평균 반지름, $d[\mathrm{m}]$: 평균 지름
   ② 무한장 솔레노이드 내부자계 $H = nI[\mathrm{AT/m}]$
   여기서, $n[\mathrm{T/m}]$은 단위길이당 권선수이다.
   ③ 솔레노이드 외부자계는 0이다.

01 전류에 의한 자위 □□□ check up!

원형 선전류 $I[\mathrm{A}]$의 중심축상 점 P의 자위$[\mathrm{A}]$를 나타내는 식은? (단, θ는 점 P에서 원형전류를 바라보는 평면각이다.)

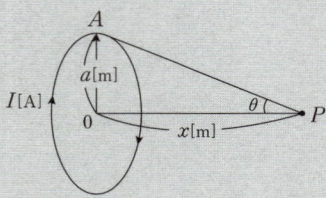

① $\dfrac{I}{2}(1-\cos\theta)$ ② $\dfrac{I}{4}(1-\cos\theta)$

③ $\dfrac{I}{2}(1-\sin\theta)$ ④ $\dfrac{I}{4}(1-\sin\theta)$

해설 $U = \dfrac{I}{4\pi}\omega = \dfrac{I}{4\pi}2\pi(1-\cos\theta)[\mathrm{A}]$ 여기서 입체각 $\omega = 2\pi(1-\cos\theta) = 2\pi\left(1-\dfrac{x}{\sqrt{a^2+x^2}}\right)$

$U = \dfrac{\omega I}{4\pi} = \dfrac{I}{4\pi} \times 2\pi\left(1-\dfrac{x}{\sqrt{x^2+a^2}}\right) = \dfrac{I}{2}\left(1-\dfrac{x}{\sqrt{x^2+a^2}}\right)[\mathrm{A}]$

답 ①

02 환상솔레노이드의 자계의 세기 - ① □□□ check up!

환상 솔레노이드 (Solenoid) 철심 내부 자계의 세기[AT/m]는? (단, N은 코일의 감긴 수, r는 환상 솔레노이드의 평균 반지름이다.)

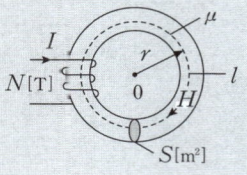

① $\dfrac{2\pi r}{NI}$ ② $\dfrac{NI}{2\pi r}$

③ 0   ④ $\dfrac{NI}{4\pi r}$

해설 환상솔레노이드의 자계의 세기
① 철심 외부 자계 : $H=0$[AT/m] (그림에서 0점의 자계의 세기)
② 철심 내부 자계 : $H=\dfrac{NI}{l}=\dfrac{NI}{2\pi r}$[AT/m]
여기서, N[T] : 권수, I[A] : 전류, $l=2\pi r$[m] : 자로의 길이, r[m] : 평균 반지름   **답** ②

03 환상솔레노이드의 자계의 세기 - ② □□□ check up!

평균 반지름(r)이 20[cm], 단면적(S)이 6[cm²]인 환상 철심에서 권선수(N)가 500회인 코일에 흐르는 전류(I)가 4[A]일 때 철심 내부에서의 자계의 세기(H)는 약 몇 [AT/m]인가?

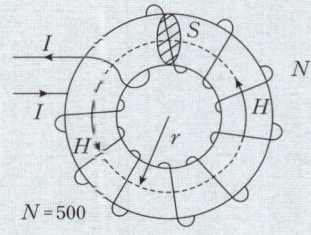

① 1590   ② 1700
③ 1870   ④ 2120

해설 환상 솔레노이드 내부 자계의 세기 $H=\dfrac{NI}{l}=\dfrac{NI}{2\pi r}=\dfrac{500\times 4}{2\pi\times 0.2}=1591.55$[AT/m]   **답** ①

04 무한장 솔레노이드의 자계의 세기 - ①

반지름 a[m], 단위 길이당 권회수 n_o[회/m], 전류 I[A]인 무한장 솔레노이드의 내부 자계의 세기[AT/m]는?

① $\dfrac{n_o I}{2\pi a}$
② $\dfrac{n_o I}{2a}$
③ $n_o I$
④ $\dfrac{n_o I}{2\pi}$

해설 무한장 솔레노이드 내부자계 $H = nI$[AT/m]이며 솔레노이드 외부자계는 0이다.
여기서, n[T/m]은 단위길이당 권선수이다.

답 ③

05 무한장 솔레노이드의 자계의 세기 - ②

1[cm]마다 권수가 100인 무한장 솔레노이드에 20[mA]의 전류를 유통시킬 때 솔레노이드 내부의 자계의 세기[AT/m]는?

① 0
② 20
③ 100
④ 200

해설 단위길이당 권선수 $n = \dfrac{N}{l} = \dfrac{100}{0.01} = 10000$[T/m]이므로
무한장 솔레노이드의 자계의 세기는 $H = nI = 10000 \times 20 \times 10^{-3} = 200$[AT/m]가 된다.

답 ④

8-4 전류에 의한 자계 - 전자력

1. 플레밍의 왼손법칙 : 전류가 흐르는 도선을 자계 안에 놓으면 이 도선에 힘이 작용한다 이와 같은 자계와 전류 간에 작용하는 힘을 전자력이라 하며 그 세기는 플레밍의 왼손법칙을 이용한다.
   ① 플레밍의 왼손 법칙 : 전동기원리 및 전동기 회전자 도체의 운동방향 결정

   $$F = BIl\sin\theta = \mu_0 HIl\sin\theta = \oint (Id\vec{l}) \times B \, [\text{N}]$$

   - 엄지 : $F[\text{N}]$ (힘의 방향=전자력의 방향)
   - 검지 : $B[\text{Wb/m}^2]$ (자속밀도, 자즉의 방향)
   - 중지 : $I[\text{A}]$ (전류의 방향)

   ② 자계 내에서 사각코일의 회전력 : $T = NI\phi = NBSI\cos\theta = NBIab\cos\theta \, [\text{N}\cdot\text{m}]$
   여기서, $N[\text{T}]$: 권수, $B[\text{Wb/m}^2]$: 자속밀도, $I[\text{A}]$: 전류, $S(A)[\text{m}^2]$: 면적

2. 로렌츠의 힘 : 자계 내에 전하가 속도를 가지고 이동 시 전하가 받는 힘
   ① 자계만 존재시 : $F = Bqv\sin\theta = \mu_0 Hqv\sin\theta = (\vec{v} \times \vec{B})q \, [\text{N}]$
   ② 자계와 전계가 동시 존재시 : $F = F_H + F_E = q(\vec{v} \times \vec{B} + \vec{E}) \, [\text{N}]$

3. 자계 내에 전자 수직 입사 시
   ① 항상 원운동하며 작용하는 힘은 $F = BIl\sin\theta = qvB\sin\theta = \dfrac{mv^2}{r} \, [\text{N}]$ 이다.
   ② 회전 반경 : $r = \dfrac{mv}{Be} = \dfrac{mv}{\mu_0 He} \, [\text{m}]$
   ③ 각속도 : $\omega = \dfrac{Be}{m} \, [\text{rad/s}]$
   ④ 주기 : $T = \dfrac{2\pi m}{Be} \, [\text{sec}]$

   여기서, $e[\text{C}]$: 전자, $v[\text{m/s}]$: 속도, $B[\text{Wb/m}^2]$: 자속밀도, $m[\text{kg}]$: 질량

4. 평행 도선 사이에 작용하는 힘
   ① 단위 길이당 작용하는 힘 : $F = \dfrac{\mu_0 I_1 I_2}{2\pi d} = \dfrac{2I_1 I_2}{d} \times 10^{-7} \, [\text{N/m}]$

   여기서, $d = r[\text{m}]$: 두 도선간의 거리(간격)
   ② 전류의 방향이 같은 경우 : 흡인력이 작용한다.
   ③ 전류의 방향이 반대인 경우 : 반발력이 작용한다.

01 전자력　　　　　　　　　　　　　　　　　　　　　　　☐☐☐ check up!

같은 평등 자계 중의 자계와 수직방향으로 전류 도선을 놓으면 N극 S극이 만드는 자계와 전류에 의한 자계와의 상호 작용에 의하여 자계의 합성이 이루어지고 전류 도선은 힘을 받는다. 이러한 힘을 무엇이라 하는가?

① 전자력　　　　　　　　　　　　② 기전력
③ 기자력　　　　　　　　　　　　④ 전계력

해설　전류가 흐르는 도선을 자계 안에 놓으면 이 도선에 힘이 작용한다. 이와 같은 자계와 전류간에 작용하는 힘을 전자력이라 하며 그 세기는 플레밍의 왼손법칙을 이용한다.
플레밍의 왼손 법칙 : 전동기원리 및 회전방향 결정

$$F = BIl\sin\theta = \mu_0 HIl\sin\theta = \oint (Idl) \times B \, [\text{N}]$$

- 엄지 : $F[\text{N}]$ (힘의 방향＝전자력의 방향)
- 검지 : $B[\text{Wb/m}^2]$ (자속밀도, 자장의 방향)
- 중지 : $I[\text{A}]$ (전류의 방향)

답　①

02 플레밍의 왼손 법칙 - ①　　　　　　　　　　　　　　☐☐☐ check up!

자계 B의 안에 놓여 있는 전류 I의 회로 C가 받는 힘 F의 식으로 옳은 것은? (단, dl은 미소 변위)

① $F = \int_c (Idl) \times B$　　　　　　② $F = \int_c (IB) \times dl$

③ $F = \int_c (Idl) \cdot (B)$　　　　　　④ $F = \int_c (-IB) \cdot (dl)$

해설　플레밍의 왼손 법칙 : 전동기원리 및 회전방향 결정

$$F = BIl\sin\theta = \mu_0 HIl\sin\theta = \oint (Idl) \times B \, [\text{N}]$$

답　①

03 플레밍의 왼손 법칙 - ②　　　　　　　　　　　　　　☐☐☐ check up!

공기 중에 $0.3[\text{Wb/m}^2]$인 평등자계 내에 $5[\text{A}]$의 전류가 흐르고 있는 길이 $2[\text{m}]$인 직선도체를 자계의 방향에 대하여 $60°$의 각도로 놓았을 때 이 도체가 받는 힘은 약 몇 [N]인가?

① 5.5　　　　　　　　　　　　② 4.7
③ 3.3　　　　　　　　　　　　④ 2.6

해설　플레밍의 왼손 법칙
$$F = BIl\sin\theta = 0.3 \times 5 \times 2 \times \sin 60° = 2.6[\text{N}]$$

답　④

04 로렌츠의 힘

□□□ check up!

전하 q[C]가 진공중의 자계 H[AT/m]에 수직 방향으로 v[m/s]의 속도로 움직일 때 받는 힘은 몇 [N]인가?

① $\dfrac{qH}{\mu_0 v}$

② qvH

③ $\dfrac{1}{\mu_0}qvH$

④ $\mu_0 qvH$

해설 로렌츠 힘

자계 내 전하 입사시 전하가 받는 힘 $F = Bqv\sin\theta = \mu_0 Hqv\sin\theta = q(v \times B)$[N]

자계와 수직방향으로 이동하므로 $F = \mu_0 Hqv\sin 90° = \mu_0 Hqv = \mu_0 qvH$[N]

답 ④

05 자계 내에 전자 수직 입사 시

□□□ check up!

v[m/s]의 속도로 전자가 B[Wb/m²]의 평등 자계에 직각으로 들어가면 원운동을 한다. 이 때 각속도 ω[rad/s] 및 주기 T[s]는? (단, 전자의 질량은 m, 전자의 전하는 e이다.)

① $\omega = \dfrac{m}{eB}, T = \dfrac{eB}{2\pi m}$

② $\omega = \dfrac{eB}{m}, T = \dfrac{2\pi m}{eB}$

③ $\omega = \dfrac{mv}{eB}, T = \dfrac{2\pi B}{mv}$

④ $\omega = \dfrac{em}{B}, T = \dfrac{2\pi m}{Bv}$

해설 ① 전자가 운동하는 자계의 반지름(궤적) 구심력=원심력 $\dfrac{mv^2}{r} = Bev$을 이용하여

$r = \dfrac{mv}{Be}$[m]$\propto v$에 비례하며 항상 원운동을 한다.

② 전자의 운동속도 $v = \dfrac{Ber}{m}$[m/s]

③ 각속도 $\omega = \dfrac{v}{r} = \dfrac{Be}{m} = 2\pi f$[rad/s]

④ 주파수 $f = \dfrac{1}{T} = \dfrac{Be}{2\pi m}$[Hz]

⑤ 원운동 주기 $T = \dfrac{1}{f} = \dfrac{2\pi m}{Be}$[sec]

여기서, e[C] : 전자의 전하량, v[m/s] : 속도, B[Wb/m²] : 자속밀도

답 ②

06 자계가 회전하는 공간 내에 전자 수직 입사 시

평등자계 내에 수직으로 돌입한 전자의 궤적은?

① 원운동을 하는데 반지름은 자계의 세기에 비례한다.
② 구면 위에서 회전하고 반지름은 자계의 세기에 비례한다.
③ 원운동을 하고 반지름은 전자의 처음 속도에 반비례한다.
④ 원운동을 하고 반지름은 자계의 세기에 반비례한다.

해설 $r = \dfrac{mv}{Be} = \dfrac{mv}{\mu_0 He} \propto v \propto \dfrac{1}{H}$ 에 비례하며 항상 원운동을 한다.

답 ④

07 평행 도선 사이에 작용하는 힘

그림과 같이 직류 전원에서 부하에 공급하는 전류는 50[A]이고, 전원 전압은 480[V]이다. 도선이 10[cm] 간격으로 평행하게 배선되어 있다면 1[m]당 도선 사이에 작용하는 힘은 몇 [N]이며, 어떻게 작용 하는가?

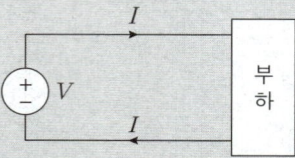

① 5×10^{-3}, 흡인력
② 5×10^{-3}, 반발력
③ 5×10^{-2}, 흡인력
④ 5×10^{-2}, 반발력

해설 평행도선 사이에 작용하는 힘 $F = \dfrac{\mu_0 I_1 I_2}{2\pi d} = \dfrac{2 I_1 I_2}{d} \times 10^{-7} [\text{N/m}]$

두 전류의 방향이 같으면 흡인력, 두 전류의 방향이 반대면 반발력

그림에서 전류의 크기가 같고 왕복 선로이므로 $F = \dfrac{2 \times 50^2}{10 \times 10^{-2}} \times 10^{-7} = 5 \times 10^{-3} [\text{N}]$

두 전류의 방향이 반대이므로 반발력이 작용한다.

답 ②

[**D-30** 전기기사·산업기사 필기
30일 필기 단기완성]

제1과목
전기자기학
DAY-04

30일 단기완성

Chapter 09
자성체와 자기회로

1 출제경향분석

제9장 자성체와 자기회로에서 시험에 자주 출제가 되는 내용은 다음과 같다.

반드시 알아야 하는 핵심 포인트

① 자성체
② 자화의 세기
③ 자성체의 경계의 조건
④ 자성체의 경계의 조건
⑤ 자성체내 축적되는 에너지
⑥ 자기회로

2 학습 가이드라인

- 반드시 알아야 하는 핵심 포인트는 전기기사 및 산업기사 시험에서 가장 출제빈도가 높은 논점으로 각 파트별 핵심 포인트와 문제를 연계하여 학습해 주시기를 권장합니다.
- 체크리스트를 작성하시면서 문제의 유형과 학습의 완성도를 스스로 확인해 주세요.
- 출제 빈도가 높고 틀리기 쉬운 문제를 맞출 수 있도록 "콕콕 포인트"를 확인해 주세요.

우선순위 논점	KEY WORD	선생님의 콕콕 포인트
자성체	강자성체의 특성	강자성체의 특성을 암기할 것
자성체	강자성이 상자성이 되는 온도	큐리(퀴리), 임계온도 770[℃]를 기억할 것
자성체	히스테리시스루프 면적	강자성체의 단위체적당 자화 시 필요한 에너지 일 것
자화의 세기	감자력, 자성체내 자화의 세기	(μ_s-1) 또는 $(\mu-\mu_0)$을 암기 할 것
경계의 조건	자성체의 경계의 조건	유전체의 경계의 조건을 대응 할 것
자성체 에너지	자성체 내 축적되는 에너지	전계 내 축적되는 에너지를 대응할 것
자기회로	자기저항	전기회로와 자기회로의 대응관계를 암기 할 것
자기회로	공극 시 자기저항	공극 시 자기저항 증가율 공식을 암기 할 것

9-1 자성체와 자기회로 – 자성체

1. 자화의 근본적인 원인 : 전자의 자전현상
2. 자성체의 종류
   ① 상자성체 : $\mu_s \geq 1$, 알루미늄(Al), 백금(Pt), 주석(Sn), 산소(O_2)
   ② 반(역)자성체 : $\mu_s < 1$ 납(Pb), 아연(Zn), 비스무트(Bi), 금(Au), 은(Ag) 구리(Cu)
   ③ 강자성체 : $\mu_s \gg 1$ 철(Fe), 니켈(Ni), 코발트(Co)
3. 강자성체의 특징
   ① 고투자율을 가질 것
   ② 자기포화특성이 있을 것
   ③ 히스테리시스특성
   ④ 자구의 미소 영역을 가질 것
   ※ 자기차폐란 강자성체로 물질이나 공간을 포위시켜서 외부 자계의 영향을 차폐시키는 현상으로 완전 차폐는 되지 않는다.
   ※ 큐리온도(=임계온도) : 자화된 강자성체의 온도를 서서히 높이면 자화가 점점 감소하다가 급격히 강자성을 잃어버리고 상자성체가 되는 온도지점을 말하며 순철기준으로 770[℃]~790[℃]가 된다.
4. 자성체의 스핀(Spin)배열(자기쌍극자 배열)
   ① 상자성체 : 배열이 불규칙
   ② 강자성체 : 크기와 방향이 모두 같다.
   ③ 반강자성체 : 크기는 같으나 방향이 서로 반대
   ④ 훼리(페리)자성체 : 크기와 방향이 모두 다르다.

01 자화의 근본적인 원인

□□□ check up!

물질의 자화 현상은?

① 전자의 이동 ② 전자의 공전
③ 전자의 자전 ④ 분자의 운동

해설 자화의 근본적인 이유는 전자의 자전 현상 때문이다.

답 ③

02 자성체의 종류

금속물질 중에서 강자성체가 아닌 것은?

① 철
② 니켈
③ 백금
④ 코발트

해설 보기 ①, ②, ④번은 강자성체이며 보기 ③은 상자성체이다. **답** ③

03 강자성체의 특징 - ①

강자성체의 세 가지 특성이 아닌 것은?

① 와전류 특성
② 히스테리시스 특성
③ 고투자율 특성
④ 포화 특성

해설 강자성체의 특징
① 고투자율을 가질 것
② 자기포화특성이 있을 것
③ 히스테리시스특성
④ 자구의 미소 영역을 가질 것 **답** ①

04 강자성체의 특징 - ②

일반적으로 자구를 가지는 자성체는?

① 상자성체
② 강자성체
③ 역자성체
④ 비자성체

해설 강자성체만 자구의 미소영역을 가질 수 있다. **답** ②

05 강자성체의 특징 - ③

자구(magnetic domain)의 크기는?

① 물질의 종류와 상태에 따라 다르다.
② 물질의 종류에 관계없이 크기가 일정하다.
③ 물질의 원자나 분자의 질량에 따라 다르다.
④ 물질의 상태에 관계없이 크기가 모두 같다.

해설 강자성체의 원자들이 결정을 이룰 때 자기모멘트가 같은 원자들의 일정한 영역을 자구라 하고 자구의 크기는 물질의 종류, 상태에 따라 다르다. **답** ①

06 강자성체의 특징 - ④ ☐☐☐ check up!

자계의 세기에 관계 없이 급격히 자성을 잃는 점을 자기 임계 온도 또는 큐리점(Curie point)이라고 한다. 다음 중에서 철의 임계 온도는?

① 약 0[℃]
② 370[℃]
③ 약 570[℃]
④ 770[℃]

해설 큐(퀴)리온도＝임계온도 : 자화된 강자성체의 온도를 서서히 높이면 자화가 점점 감소하다가 급격히 강자성을 잃어버리고 상자성체가 되는 온도지점을 말하며 순철기준으로 770[℃]~790[℃]가 된다.

답 ④

07 자성체의 스핀배열 ☐☐☐ check up!

인접 영구 자기 쌍극자가 크기는 같으나 방향이 서로 반대 방향으로 배열된 자성체를 어떤 자성체라 하는가?

① 반자성체
② 상자성체
③ 강자성체
④ 반강자성체

해설 자성체의 스핀(Spin)배열(자기쌍극자 배열)
① 상자성체 : 배열이 불규칙
② 강자성체 : 크기와 방향이 모두 같다
③ 반강자성체 : 크기는 같으나 방향이 서로 반대
④ 훼리(페리)자성체 : 크기와 방향이 모두 다르다

답 ④

9-2 자성체와 자기회로 – 히스테리시스

1. 히스테리시스 곡선($B-H$ 곡선, 자기이력곡선, 자기포화곡선)
   히스테리시스 현상이란 교류에 의한 교번자계가 자기 분자 간에 마찰을 일으켜서 발생한다.
   ① 종축 : 자속밀도 $B[\text{Wb/m}^2]$을 나타내며 종축과 만남은 잔류자기밀도 $B_r[\text{Wb/m}^2]$
   ② 횡축 : 자계 $H[\text{AT/m}]$을 나타내며 횡축과 만남은 보자력 $H_c[\text{AT/m}]$
   ③ 히스테리시스 곡선의 기울기 : 투자율 $\dfrac{B}{H}=\dfrac{\mu H}{H}=\mu$
   ④ 히스테리시스 루프의 면적은 강자성체의 자화 시 필요한 단위체적당 필요한 에너지 또는 히스테리시스 손의 면적을 뜻한다.
   ⑤ 히스테리시스손 $P_h = \eta f B^{1.6}[\text{W/m}^3]$, 방지책으로서 규소 강판을 사용한다.
   ⑥ 바크하우젠 효과 : 자성체내에서 임의의 방향으로 배열되었던 자구가 외부자장의 힘이 일정치 이상이 되면 순간적으로 회전하여 자장의 방향으로 배열되기 때문에 자속밀도가 증가하는 현상 $B-H$곡선을 자세히 관찰하면 매끈한 곡선이 아니라 B가 계단적으로 증가 또는 감소함을 할 수가 있다.

2. 와전류＝맴돌이 전류 : 일반적으로 도체를 관통하는 자속이 변화하든가 또는 자속과 도체가 상대적으로 운동하여 도체 내의 자속이 시간적으로 변화를 일으키면, 이 변화를 막기 위하여 도체 내에 국부적으로 형성되는 임의의 폐회로를 따라 전류가 유기되는데 이 전류를 와전류라 한다.
   ① 와전류손 : $Pe=(fB_m t)^2 = k(fB_m)^2[\text{W/m}^3]$ 방지책으로서 성층결선을 사용한다.
   여기서, $B_m[\text{Wb/m}^2]$: 자속밀도, $f[\text{Hz}]$: 주파수, $t[\text{m}]$: 철판의 두께, $k[\mho/\text{m}]$: 도전율
   ② 와전류의 방향은 자속이 수직인 면에 회전한다
   ③ 와전류 응용 : 제동법 (마그네트 브레이크)

3. 자석 재료의 조건
   ① 영구 자석: 히스테리시스곡선의 면적이 크고, 잔류자기와 보자력이 모두 큰 것
   ② 전자석 : 히스테리시스곡선의 면적이 작고, 잔류자기는 크고, 보자력은 작을 것

01 히스테리시스 곡선 - ①

히스테리시스 곡선이 종축과 만나는 좌표는?

① 잔류자기
② 보자력
③ 기자력
④ 포화자속

해설 종축 : 자속밀도 $B[\text{Wb/m}^2]$을 나타내며 종축과 만남은 잔류자기밀도 $B_r[\text{Wb/m}^2]$

답 ①

02 히스테리시스 곡선 - ②

자기이력곡선(Hysteresis loop)에 대한 설명 중 틀린 것은?

① 자화의 경력이 있을 때나 없을 때나 곡선은 항상 같다.
② Y축은 자속밀도이다.
③ 자화력이 0일 때 남아있는 자기가 잔류자기이다.
④ 잔류자기를 상쇄시키려면 역방향의 자화력을 가해야 한다.

해설 자화의 경력이 있을 때 와 없을 때의 곡선은 항상 다르다.

답 ①

03 강자성체의 히스테리시스 면적

강자성체에 있어서 히스테리시스 루프의 면적은?

① 강자성체의 단위 체적당에 필요한 에너지이다.
② 강자성체의 단위 면적당에 필요한 에너지이다.
③ 강자성체의 단위 길이당에 필요한 에너지이다.
④ 강자성체의 전체 체적에 필요한 에너지이다.

해설 히스테리시스 루프의 면적은 강자성체의 단위체적당 필요한 에너지

$$S = W_h = \int_0^B H dB [\text{J/m}^3]$$

답 ①

04 히스테리시스 곡선의 기울기

히스테리시스곡선의 기울기는 다음의 어떤 값에 해당하는가?

① 투자율
② 유전율
③ 자화율
④ 감자율

해설 히스테리시스 곡선의 기울기 $\dfrac{B}{H}=\dfrac{\mu H}{H}=\mu$ → 투자율

답 ①

05 히스테리시스손 - ① □□□ check up!

히스테리시스 손은 최대 자속 밀도의 몇 승에 비례 하는가?

① 1
② 1.6
③ 2
④ 2.6

해설 히스테리시스 손 $P_h=\eta f B^{1.6}[\text{W/m}^3]$

여기서, $B_r[\text{Wb/m}^2]$: 잔류자기밀도, $H_c[\text{AT/m}]$: 보자력, $f[\text{Hz}]$: 주파수, η : 스타인메츠상수

답 ②

06 히스테리시스손 - ② □□□ check up!

그림과 같은 모양의 자화곡선을 나타내는 자성체 막대를 충분히 강한 평등자계 중에서 매분 3000회 회전시킬 때 자성체의 단위 체적당 약 몇 [kcal/sec]의 열이 발생하는가? (단, $B_r=2[\text{Wb/m}^2]$, $H_L=500[\text{AT/m}]$, $B=\mu H$에서 μ 일정)

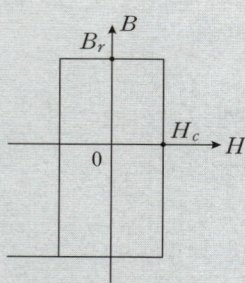

① 11.7
② 47.6
③ 70.2
④ 200

해설 히스테리시스 루프의 면적 $S=W_h[\text{J/m}^3]$, 분당회전수 $N=3000[\text{rpm}]$,

잔류자기 자속밀도 $B_r=2[\text{Wb/m}^2]$, 자계 $H_C=500[\text{AT/m}]$일 때 자화곡선의 면적

$S=W_h=4\int_h^B HdB=4H_LB=4H_LB=4\times 500\times 2=4000[\text{J/m}^3]$이된다.

이 때 단위체적당 단위시간당 열량

$Q=0.24W_h\times\dfrac{N}{60}\times 10^{-3}=0.24\times 4000\times\dfrac{3000}{60}\times 10^{-3}=48[\text{Kcal/m}^3\text{sec}]$이 된다.

답 ②

07 히스테리시스손 - ③

그림과 같은 히스테리시스 루프를 가진 철심이 강한 평등자계에 의해 매초 60[Hz]로 자화할 경우 히스테리시스 손실은 몇 [W]인가? (단, 철심의 체적은 20[cm³], $B_r=5$[Wb/m²], $H_c=2$[AT/m]이다.)

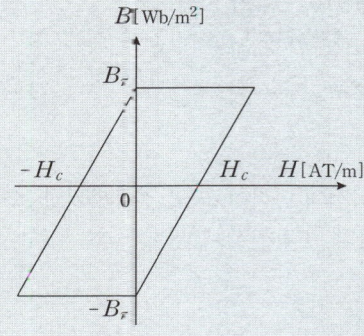

① 1.2×10^{-2}
② 2.4×10^{-2}
③ 3.6×10^{-2}
④ 4.8×10^{-2}

해설 각형 형태의 히스테리시스 곡선의 히스테리시스손 : $P = 4B_r H_c f$ [W/m³]

여기서, B_r[Wb/m²] : 잔류자기밀도, H_c[AT/m] : 보자력, f[Hz] : 주파수, v[m³] : 체적

$P = 4B_r H_c f v$ [W] $= 4 \times 5 \times 2 \times 60 \times 20 \times 10^{-6} = 0.048 = 4.8 \times 10^{-2}$ [W]

답 ④

08 바크 하우젠 효과

자성체내에서 임의의 방향으로 배열되었던 자구가 외부자장의 힘이 일정치 이상이 되면 순간적으로 회전하여 자장의 방향으로 배열되기 때문에 자속밀도가 증가하는 현상은?

① 자기여효
② 바크 하우젠 효과
③ 자기왜현상
④ 핀치효과

해설 바크하우젠 효과 : 자성체내에서 임의의 방향으로 배열되었던 자구가 외부자장의 힘이 일정치 이상이 되면 순간적으로 회전하여 자장의 방향으로 배열되기 때문에 자속밀도가 증가하는 현상을 말하며 $B-H$ 곡선을 자세히 관찰하면 매끈한 곡선이 아니라 B가 계단적으로 증가 또는 감소함을 알 수가 있다.

답 ②

09 자석 재료의 조건

전자석에 사용하는 연철(soft iron)은 다음 어느 성질을 가지는가?

① 잔류 자기, 보자력이 모두 크다.
② 보자력이 크고 히스테리시스 곡선의 면적이 작다.
③ 보자력과 히스테리시스 곡선의 면적이 모두 작다.
④ 보자력이 크고 잔류 자기가 작다.

해설 자석 재료의 조건
① 영구 자석 : 히스테리시스곡선의 면적이 크고, 잔류자기와 보자력이 모두 큰 것
② 전자석 : 히스테리시스곡선의 면적이 작고, 잔류자기는 크고, 보자력은 작을 것

답 ③

10 와전류 - ①

일반적으로 도체를 관통하는 자속이 변화하든가 또는 자속과 도체가 상대적으로 운동하여 도체 내의 자속이 시간적으로 변화를 일으키면, 이 변화를 막기 위하여 도체 내에 국부적으로 형성되는 임의의 폐회로를 따라 전류가 유기되는데 이 전류를 무엇이라 하는가?

① 변위전류
② 도전전류
③ 대칭전류
④ 와전류

해설 ① 와전류손 : $Pe=(fB_mt)^2=k(fB_m)^2[\text{W/m}^3]$ 방지책으로서 성층결선을 사용한다.
여기서, $B_m[\text{Wb/m}^2]$: 자속밀도, $f[\text{Hz}]$: 주파수, $t[\text{m}]$: 철판의 두께, $k[\mho/\text{m}]$: 도전율
② 와전류의 방향은 자속이 수직인 면에 회전한다
③ 와전류 응용 : 제동법 (마그네트 브레이크)

답 ④

11 와전류 - ②

와전류와 관련된 설명으로 틀린 것은?

① 와전류는 교번자속의 주파수와 최대자속밀도에 비례한다.
② 단위 체적당 와류손의 단위는 $[\text{W/m}^3]$이다.
③ 와전류손은 히스테리시스손과 함께 철손이다.
④ 와전류손을 감소시키기 위하여 성층철심을 사용한다.

해설 와전류
와전류손 $P_h=kf^2B_m^2t^2[\text{W/m}^3]$으로 교번자속의 주파수의 제곱과 최대자속밀도의 제곱에 비례한다.

답 ①

9-3 자성체와 자기회로 – 자화의 세기

1. 자화의 세기 : 분극의 세기와 대응관계를 이용하면 된다.

$$J = B - \mu_0 H = \mu_0(\mu_s - 1)H = \chi H = B\left(1 - \frac{1}{\mu_s}\right) = \frac{M}{v} [\text{Wb/m}^2]$$

① 자화율 $\chi = \mu_0(\mu_s - 1)$

② 비자화율 $\chi_m = \frac{\chi}{\mu_0} = \mu_s - 1$

③ 비투자율 $\mu_s = \frac{\chi}{\mu_0} + 1$

④ 자화의 정의 : 단위 체적당 자기 모멘트이다.

⑤ 강자성체에서 자화의 세기 J는 B 보다 약간 작다.

2. 감자력

① 감자력 : $H' = H_o - H = \frac{N}{\mu_o}J$, 감자력은 자화의 세기에 비례한다.

② 자화의 세기 : $J = \frac{\mu_0(\mu_s - 1)}{1 + N(\mu_s - 1)}H_0 = \frac{\mu_0(\mu - \mu_0)}{\mu_0 + N(\mu - \mu_0)}H_0 [\text{Wb/m}^2]$

③ 감자율 : 환상(솔레노이드) 철심 $N = 0$, 구자성체 $N = \frac{1}{3}$

01 자화의 세기 - ①

자화의 세기 단위로 옳은 것은?

① [AT/Wb]
② [AT/m²]
③ [Wb·m]
④ [Wb/m²]

해설 자화의 세기 $J = \frac{M[\text{Wb·m}]}{v[\text{m}^3]} = [\text{Wb/m}^2]$

답 ④

02 자화의 세기 - ②

자성체가 균일하게 자화되어 있을 때의 자극의 상태로 옳은 것은?

① 자성체에는 자극이 나타나지 않는다.
② 자성체 전체에 자극이 골고루 분포되어 나타난다.
③ 자성체의 내부에 자극이 나타난다.
④ 자성체의 양단면에 자극이 나타난다.

해설 자성체의 내부 현상으로 전자의 자전운동으로 인하여 발생되는 자기 쌍극자 모멘트가 생기므로 자성체 전체에 자극이 골고루 분포한다.

답 ②

03 자화의 세기 - ③

자화의 세기 $P_m[\text{Wb/m}^2]$을 자속밀도 $B[\text{Wb/m}^2]$과 비투자율 μ_r로 나타내면?

① $P_m = (1-\mu_r)B$
② $P_m = \left(1-\dfrac{1}{\mu_r}\right)B$
③ $P_m = (\mu_r-1)B$
④ $P_m = \left(\dfrac{1}{\mu_r}-1\right)B$

해설 자화의 세기 $J = P_m = B - \mu_0 H = \mu_0(\mu_r-1)H = \chi H = B\left(1-\dfrac{1}{\mu_r}\right) = \dfrac{M}{v}[\text{Wb/m}^2]$

① 자화율 $\chi = \mu_0(\mu_r-1)$ ② 비자화율 $\chi_m = \dfrac{\chi}{\mu_o} = \mu_r - 1$ ③ 비투자율 $\mu_r = \dfrac{\chi}{\mu_o} + 1$

답 ②

04 자화의 세기 - ④

길이 $l[\text{m}]$, 지름 $d[\text{m}]$인 원통의 길이 방향으로 균일하게 자화되어 자화의 세기가 $J[\text{Wb/m}^2]$인 경우 원통 양단에서의 전자극의 세기[Wb]는?

① $\pi d^2 J$
② $\pi d J$
③ $\dfrac{4J}{\pi d^2}$
④ $\dfrac{\pi d^2 J}{4}$

해설 자화의 세기 $J = \dfrac{M[\text{모멘트}]}{v[\text{체적}]} = \dfrac{m \cdot l}{\pi a^2 \cdot l} = \dfrac{m}{\pi a^2}[\text{Wb/m}^2]$이고

① 자극의 세기 m를 구하면 $m = \pi a^2 \cdot J = \pi \times \left(\dfrac{d}{2}\right)^2 \cdot J = \dfrac{\pi d^2 J}{4}[\text{Wb}]$

② 자기모멘트 M을 구하면 $M = \pi a^2 \cdot J \cdot l = \pi \times \left(\dfrac{d}{2}\right)^2 \cdot J \cdot l = \dfrac{\pi d^2 J \cdot l}{4}[\text{Wb} \cdot \text{m}]$

여기서, $a[\text{m}]$: 반지름, $d[\text{m}]$: 지름

답 ④

05 자화의 세기 - ⑤

자화의 세기로 정의할 수 있는 것은?

① 단위 체적당 자기모멘트
② 단위 면적당 자위 밀도
③ 자화선 밀도
④ 자력선 밀도

해설 자화의 세기 $J = \dfrac{M[\text{모멘트}]}{v[\text{체적}]}[\text{Wb/m}^2]$이므로 단위 체적당 자기모멘트로 정의할 수 있다.

답 ①

06 자화율과 비자화율 및 비투자율의 관계 – ①

□□□ check up!

비투자율은? (단, μ_0는 진공의 투자율, X_m은 자화율이다.)

① $1+\dfrac{X_m}{\mu_0}$
② $\mu_0(1+X_m)$
③ $\dfrac{1}{1+X_m}$
④ $\dfrac{1}{1-X_m}$

해설 자화의 세기 J와 자계의 세기에서 $J=X_m H=\mu_0(\mu_s-1)H\,[\text{Wb/m}^2]$이고
여기서, X_m은 자화율이고 이를 정리하면 비투자율 값은 $\mu_s=1+\dfrac{X_m}{\mu_0}$이다.

답 ①

07 자화율과 비자화율 및 비투자율의 관계 – ②

□□□ check up!

다음 설명 중 옳은 것은?

① 상자성체는 자화율이 0보다 크고 반자성체에서는 자화율이 0보다 작다.
② 상자성체는 투자율이 1보다 작고 반자성체에서는 투자율이 1보다 크다.
③ 반자성체는 자화율이 0보다 크고 투자율이 1보다 크다.
④ 성자성체는 자화율이 0보다 작고 투자율이 1보다 크다.

해설 상자성체는 비투자율 $\mu_s>1$이므로 자화율 $\chi=\mu_0(\mu_r-1)>0$ 이 되고
반자성체는 비투자율 $\mu_s<1$이므로 자화율 $\chi=\mu_0(\mu_r-1)<0$이 된다.

답 ①

08 자화의 세기 응용

□□□ check up!

강자성체의 자속 밀도 B의 크기와 자화의 세기 J의 크기 사이에는?

① J는 B보다 약간 크다.
② J는 B보다 대단히 크다.
③ J는 B보다 약간 작다.
④ J는 B보다 대단히 작다.

해설 자화의 세기 $J=B-\mu_0 H\,[\text{Wb/m}^2]$이고 자속밀도는 $B=\mu_0 H+J\,[\text{Wb/m}^2]$가 되며
$B-J=\mu_0 H\,[\text{Wb/m}^2]$이므로 J는 B보다 약간 작다. 또는 B가 J보다 약간 크다.

답 ③

09 감자력

다음 중 감자율이 0인 것은?

① 가늘고 짧은 막대 자성체
② 굵고 짧은 막대 자성체
③ 가늘고 긴 막대 자성체
④ 환상 솔레노이드

해설 감자율 : N
① 가늘고 긴 막대 $N ≒ 0$
② 환상(솔레노이드) 철심 $N = 0$
③ 굵고 짧은 막대 $N = 1$
④ 구자성체 $N ≒ \frac{1}{3}$

답 ④

9-4 자성체와 자기회로 – 자성체의 경계의 조건

정 전 계 유전체의 경계면의 조건	정 자 계 자성체의 경계면의 조건
1. 완전경계조건 1) $\sigma=0$ 경계면에 진전하가 존재하지 않음 2) 경계면의 전위차는 없다.	1. 완전경계조건 1) $i=0$ 경계면에 전류밀도가 존재하지 않음 2) 경계면의 자위차는 없다.
2. 전속밀도의 경계의 조건 법선(수직) : $D_{n1}=D_{n2}$만 존재 $D_{n1}=D_{n2}$: 연속적, $E_{n1}\neq E_{n2}$: 불연속적 n은 법선(수직)성분을 의미 $D_1\cos\theta_1=D_2\cos\theta_2$, $\varepsilon_1 E_1\cos\theta_1=\varepsilon_2 E_2\cos\theta_2$	2. 자속밀도의 경계의 조건 법선(수직) : $B_{n1}=B_{n2}$만 존재 $B_{n1}=B_{n2}$: 연속적, $H_{n1}\neq H_{n2}$: 불연속적 n는 법선(수직)성분을 의미 $B_1\cos\theta_1=B_2\cos\theta_2$, $\mu_1 H_1\cos\theta_1=\mu_2 H_2\cos\theta_2$
3. 전계의 경계의 조건 접선(수평) : 전계 $E_{t1}=E_{t2}$만 존재 $E_{t1}=E_{t2}$: 연속적, $D_{t1}\neq D_{t2}$: 불연속적 t는 접선(수평)성분을 의미 $E_1\sin\theta_1=E_2\sin\theta_2$	3. 자계의 경계의 조건 접선(수평) : 전계 $H_{t1}=H_{t2}$만 존재 $H_{t1}=H_{t2}$: 연속적, $B_{t1}\neq B_{t2}$: 불연속적 t는 접선(수평)성분을 의미 $H_1\sin\theta_1=H_2\sin\theta_2$
4. 굴절각 $\dfrac{\tan\theta_1}{\varepsilon_1}=\dfrac{\tan\theta_2}{\varepsilon_2}$, $\varepsilon_1\tan\theta_2=\varepsilon_2\tan\theta_1$ $\varepsilon_1>\varepsilon_2$일 때 $\theta_1>\theta_2$, $D_1>D_2$, $E_1<E_2$ 1) 작용하는 힘의 방향은 유전율이 큰 곳에서 유전율이 작은 곳으로 향한다. 2) 전속(밀도)선은 유전율이 큰 쪽으로 모이려는 성질이 있다고 전계(전기력선)는 유전율이 작은 쪽으로 몰리는 속성이 있다.	4. 굴절각 $\dfrac{\tan\theta_1}{\mu_1}=\dfrac{\tan\theta_2}{\mu_2}$, $\mu_1\tan\theta_2=\mu_2\tan\theta_1$ $\mu_1>\mu_2$일 때 $\theta_1>\theta_2$, $B_1>B_2$, $H_1<H_2$ 1) 작용하는 힘의 방향은 투자율이 큰 곳에서 투자율이 작은 곳으로 향한다. 2) 자속(밀도)선은 투자율이 큰 쪽으로 모이려는 성질이 있다고 자계(자기력선)는 투자율이 작은 쪽으로 몰리는 속성이 있다.

01 자성체의 경계의 조건 - ① □□□ check up!

투자율이 다른 두 자성체가 평면으로 접하고 있는 경계면에서 전류 밀도가 0일 때 성립하는 경계 조건은?

① $\mu_2\tan\theta_1=\mu_1\tan\theta_2$
② $\mu_1\cos\theta_1=\mu_2\cos\theta_2$
③ $B_1\sin\theta_1=B_2\cos\theta_2$
④ $\mu_1\tan\theta_1=\mu_2\tan\theta_2$

해설

1. 완전경계조건
   ① $i=0[A/m^2]$: 경계면에 전류밀도가 존재하지 않음
   ② 경계면의 자위차는 없다.
2. 자속밀도의 경계의 조건
   ① 법선(수직) : $B_{n1}=B_{n2}$만 존재, $B_1\cos\theta_1=B_2\cos\theta_1$, $\mu_1 H_1\cos\theta_1=\mu_2 H_2\cos\theta_2$
   ② $B_{n1}=B_{n2}$: 연속적, $H_{n1}\neq H_{n2}$: 불연속적, n은 법선(수직)성분을 의미
3. 자계의 경계의 조건
   ① 접선(수평) : 자계 $H_{t1}=H_{t2}$만 존재, $H_1\sin\theta_1=H_2\sin\theta_2$
   ② $H_{t1}=H_{t2}$: 연속적, $B_{t1}\neq B_{t2}$: 불연속적, t는 접선(수평)성분을 의미
4. 굴절각 $\dfrac{\tan\theta_1}{\mu_1}=\dfrac{\tan\theta_2}{\mu_2}$, $\mu_1\tan\theta_2=\mu_2\tan\theta_1$, $\mu_1>\mu_2$일 때 $\theta_1>\theta_2$, $B_1>B_2$, $H_1<H_2$
   ① 작용하는 힘의 방향은 투자율이 큰 곳에서 투자율이 작은 곳으로 향한다.
   ② 자속(밀도)선은 투자율이 큰 쪽으로 모이려는 성질이 있다고 자계(자기력선)는 투자율이 작은 쪽으로 몰리는 속성이 있다.

   참고 제4장에서 배웠던 유전체의 경계의 조건을 그대로 대응관계로 보면 문제를 풀기 쉽다.

   답 ①

02 자성체의 경계의 조건 - ②

두 자성체의 경계면에서 경계 조건을 설명한 것 중 옳은 것은?

① 자계의 성분은 서로 같다.
② 자계의 법선 성분은 서로 같다.
③ 자속밀도의 법선 성분은 서로 같다.
④ 자속밀도의 접선 성분은 서로 같다.

해설

1. 자속밀도의 경계의 조건
   ① 법선(수직) : $B_{n1}=B_{n2}$만 존재, $B_1\cos\theta_1=B_2\cos\theta_1$, $\mu_1 H_1\cos\theta_1=\mu_2 H_2\cos\theta_2$
   ② $B_{n1}=B_{n2}$: 연속적, $H_{n1}\neq H_{n2}$: 불연속적, n은 법선(수직)성분을 의미
2. 자계의 경계의 조건
   ① 접선(수평) : 자계 $H_{t1}=H_{t2}$만 존재, $H_1\sin\theta_1=H_2\sin\theta_2$
   ② $H_{t1}=H_{t2}$: 연속적, $B_{t1}\neq B_{t2}$: 불연속적, t는 접선(수평)성분을 의미

   답 ③

9-5 자석의 흡인력 및 자계내 축적되는 에너지

	정 전 계		정 자 계	
전하가 이동 시 한 일	$W=QV$ [J]	전자력이 한 일	$W=\phi I$ [J]	
정전 흡인력	$f=\dfrac{D^2}{2\varepsilon_0}=\dfrac{1}{2}\varepsilon_0 E^2=\dfrac{1}{2}ED$ [N/m²]	자석 흡인력	$f=\dfrac{B^2}{2\mu_0}=\dfrac{1}{2}\mu_0 H^2=\dfrac{1}{2}HB$ [N/m²]	
전계 내 축적되는 에너지	$W=\dfrac{D^2}{2\varepsilon_0}=\dfrac{1}{2}\varepsilon_0 E^2=\dfrac{1}{2}ED$ [N/m²=J/m³]	자계 내 축적되는 에너지	$W=\dfrac{B^2}{2\mu_0}=\dfrac{1}{2}\mu_0 H^2=\dfrac{1}{2}HB$ [N/m²=J/m³]	

01 자석의 흡인력 - ①

전자석의 흡인력은 공극(air gap)의 자속밀도를 B라 할 때 다음의 어느 것에 비례하는가?

① B
② $B^{0.5}$
③ $B^{1.6}$
④ $B^{2.0}$

해설
① 자석의 흡인력(단위 면적당 받는 힘) : $f_m=\dfrac{F}{S}=\dfrac{B^2}{2\mu}=\dfrac{1}{2}\mu H^2=\dfrac{1}{2}BH$ [N/m²]

② 총 힘 : $F=f_m \cdot S=\dfrac{B^2}{2\mu_0}\cdot S$ [N] $\propto B^2$

여기서, S[m²] : 흡인력이 작용하는 자극의 면적

답 ④

02 자석의 흡인력 - ②

그림과 같이 Gap의 단면적 S[m²]의 전자석에 자속밀도 B[Wb/m²]의 자속이 발생될 때 철편을 흡입하는 힘은 몇 [N]인가?

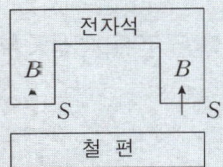

① $\dfrac{B^2 S}{2\mu_0}$
② $\dfrac{B^2 S}{\mu_0}$
③ $\dfrac{B^2 S^2}{\mu_0}$
④ $\dfrac{2B^2 S^2}{\mu_0}$

해설 철편을 흡입하는 힘 $F = f_m \cdot S = \dfrac{B^2}{2\mu_0} \cdot S[\text{N}]$이 된다. 그림상에서 작용하는 힘은 양쪽에서 작용하므로 전체적인 힘은 $F' = F \times 2 = \dfrac{B^2}{\mu_0} \cdot S[\text{N}]$이 된다.

답 ②

03 자석의 흡인력 - ③ □□□ check up!

단면적 15[cm²]의 자석 근처에 같은 단면적을 가진 철편을 놓을 때 그 곳을 통하는 자속이 3×10^{-4}[Wb]이면 철편에 작용하는 흡인력은 약 몇 [N]인가?

① 12.2
② 23.9
③ 36.6
④ 48.8

해설 $F = f \cdot S = \dfrac{B^2}{2\mu_0} \cdot S = \dfrac{\left(\dfrac{\phi}{S}\right)^2}{2\mu_0} \cdot S = \dfrac{\phi^2}{2\mu_0 S} = \dfrac{(3 \times 10^{-4})^2}{2 \times 4\pi \times 10^{-7} \times 15 \times 10^{-4}} = 23.88[\text{N}]$

답 ②

04 자계 내에 축적되는 에너지 - ① □□□ check up!

자기인덕턴스 L[H]인 코일에 전류 I[A]를 흘렸을 때, 자계의 세기가 H[A/m]이다. 이 코일에 전류 $\dfrac{I}{2}$[A]를 흘리면 저장되는 자기에너지 밀도[J/m³]는?

① $\dfrac{1}{2}LI^2$
② $\dfrac{1}{8}LI^2$
③ $\dfrac{1}{2}\mu_0 H^2$
④ $\dfrac{1}{8}\mu_0 H^2$

해설 전류 $\dfrac{I}{2}$[A]가 흘렀을 때 $H = \dfrac{1}{2}H$가 되므로 이때 자기 에너지밀도는

$w = \dfrac{1}{2}\mu_0 H^2 = \dfrac{1}{2}\mu_0 \left(\dfrac{1}{2}H\right)^2 = \dfrac{1}{8}\mu_0 H^2 [\text{J/m}^3]$

답 ④

05 자계 내에 축적되는 에너지 - ② □□□ check up!

비투자율이 2500인 철심의 자속밀도가 5[Wb/m²]이고 철심의 부피가 4×10^{-6}[m³]일 때, 이 철심에 저장된 자기에너지는 몇 [J]인가?

① $\dfrac{1}{\pi} \times 10^{-2}$[J]
② $\dfrac{3}{\pi} \times 10^{-2}$[J]
③ $\dfrac{4}{\pi} \times 10^{-2}$[J]
④ $\dfrac{5}{\pi} \times 10^{-2}$[J]

해설 철심에 저장된 총 에너지 $W = \dfrac{B^2}{2\mu_0 \mu_s}[\text{J/m}^3] \times v[\text{m}^3] = \dfrac{5^2}{2 \times 4\pi \times 10^{-7} \times 2500} \times 4 \times 10^{-6} = \dfrac{5}{\pi} \times 10^{-2}[\text{J}]$

답 ④

9-6 자성체와 자기회로 – 자기회로

1. 전기회로와 자기회로의 대응 관계

전기회로(전류계)		자기회로	
기전력	$V=IR[\text{V}]$	기자력	$F=NI=R_m\phi[\text{AT}]$
전류	$I=\dfrac{V}{R}[\text{A}]$	자속	$\phi=\dfrac{F}{R_m}=\dfrac{\mu SNI}{l}[\text{Wb}]$
전기저항	$R=\rho\dfrac{l}{S}=\dfrac{l}{k\cdot S}[\Omega]$	자기저항	$R_m=\dfrac{F}{\phi_m}=\dfrac{l}{\mu\cdot S}[\text{AT/Wb}]$
도전율	$k=\sigma[\mho/\text{m}]$	투자율(도자율)	$\mu[\text{H/m}]$
전류밀도	$i_c=\dfrac{I}{S}[\text{A/m}^2]$	자속밀도	$B=\dfrac{\phi}{S}[\text{Wb/m}^2]$

① 자기저항의 역수 퍼미언스 $P=\dfrac{1}{R_m}[\text{Wb/AT}]$

② 자기회로의 특징
- 자기회로에 의한 줄열의 손실이 없다.
- 누설전류보다 누설자속이 많다.
- L, C에 해당하는 소자가 없다.
- 비직선적이다. (자기포화곡선)

③ 합성 자기저항

직렬 연결시 $R_m=R_{m1}+R_{m2}$, 병렬 연결시 $R_m=\dfrac{1}{\dfrac{1}{R_{m1}}+\dfrac{1}{R_{m2}}}=\dfrac{R_{m1}\cdot R_{m2}}{R_{m1}+R_{m2}}$

2. 자기회로의 키르히호프 법칙
- 제1법칙 : 하나의 폐자기 회로 내에서 나가고 들어가는 자속의 대수의 합은 같다.
  $\sum\phi_i=\sum\phi_o$, $\sum\phi=0$
- 제2법칙 : 하나의 폐자기 회로에 대하여 각 분로의 자속과 자기저항을 곱한 것의 대수합은 폐자기 회로에 작용하는 기자력의 대수합과 같다. $\sum F(NI)=\sum\phi R_m$

3. 공극 발생 시 자기저항

① 공극 발생시 합성자기저항 $R=R_m+R_g=\dfrac{l}{\mu\cdot S}+\dfrac{l_g}{\mu_0\cdot S}=\dfrac{l+\mu_s'l_g}{\mu\cdot S}[\text{AT/Wb}]$

② 공극 발생 시 자기저항 증가율 : $\dfrac{R}{R_m}=1+\dfrac{\mu l_g}{\mu_o l}=1+\dfrac{l_g\mu_s}{l}$ 배

여기서, $l_g[\text{m}]$: 공극의 길이

01 전기회로와 자기회로의 대응관계 - ①

다음 중 자기회로와 전기회로의 대응관계로 옳지 않은 것은?

① 자속 – 전속
② 자계 – 전계
③ 투자율 – 도전율
④ 기자력 – 기전력

해설 전기회로와 자기회로의 대응관계에서 전류는 자속과 대응관계가 된다.

답 ①

02 전기회로와 자기회로의 대응관계 - ②

자기회로의 퍼미언스(permeance)에 대응하는 전기회로의 요소는?

① 도전율
② 컨덕턴스
③ 정전용량
④ 엘라스턴스

해설 퍼미언스는 자기저항의 역수 $P=\dfrac{1}{R_m}$[Wb/AT]이므로 전기저항의 역수인 컨덕턴스가 된다.

답 ②

03 기자력 - ①

환상철심에 감은 코일에 5[A]의 전류를 흘러 2000[AT]의 기자력을 발생시키고자 한다면 코일의 권수는 몇 회로 하면 되는가?

① 100회
② 200회
③ 300회
④ 400회

해설 기자력 $F=NI=\phi R_m$[AT] 여기서 권수 $N=\dfrac{F}{I}=\dfrac{2000}{5}=400$[T]

답 ④

04 기자력 - ②

300회 감은 코일에 3[A]의 전류가 흐를 때의 기자력[AT]은?

① 10
② 90
③ 100
④ 900

해설 기자력 $F=NI=R_m\phi$[AT]이고 권수 $N=300$[T], 전류 $I=3$[A]이므로
$F=300\times 3=900$[AT]

답 ④

05 자기회로의 특징

자기 회로에 관한 설명으로 옳지 못한 것은? (단, C는 커패시턴스, L은 인덕턴스이다.)

① 기자력과 자속 사이에는 비직선성을 갖고 있다.
② 자기 저항에서 줄열의 손실이 있다.
③ 누설 자속은 전기 회로의 누설 전류에 비하여 대체적으로 많다.
④ 전기 회로에서의 C 및 L에 해당하는 것은 없다.

해설 자기회로의 특징
- 자기저항에 의한 줄열의 손실이 없다.
- 누설전류보다 누설자속이 많다.
- L.C 해당하는 소자가 없다.
- 비직선적이다.(자기포화곡선)

답 ②

06 자기회로의 키르히호프 법칙 - ①

자기 회로에 대한 키르히호프의 법칙 중 옳은 것은?

① 수 개의 자기 회로가 1점에서 만날 때는 각 회로의 기자력의 대수합은 0이다.
② 수 개의 자기 회로가 1점에서 만날 때는 각 회로의 자속과 자기저항을 곱한 것의 대수합은 0이다.
③ 하나의 폐자기 회로에 대하여 각 분로의 기자력과 자기저항을 곱한 것의 대수합은 폐자기 회로에 작용하는 자속의 대수합과 같다.
④ 하나의 폐자기 회로에 대하여 각 분로의 자속과 자기저항을 곱한 것의 대수합은 폐자기 회로에 작용하는 기자력의 대수합과 같다.

해설 키르히호프 법칙
- 제1법칙 : 임의의 결합점으로 유입하는 자속의 총합은 유출하는 자속의 총합과 같다.
  $\sum \phi_i = \sum \phi_o$, $\sum \phi = 0$
- 제2법칙 : 임의의 폐 자기회로에서 자기 저항과 자속의 곱은 기자력의 대수합과 같다.
  $\sum F(NI) = \sum \phi R_m$

답 ④

07 자기회로의 키르히호프 법칙 - ②

자기회로에서 키르히호프의 법칙에 대한 설명으로 옳은 것은?

① 임의의 결합점으로 유입하는 자속의 대수합은 0이다.
② 임의의 폐자로에서 유일하는 자속의 기자력의 대수합은 0이다.
③ 임의의 폐자로에서 자기저항과 기자력의 대수합은 0이다
④ 임의의 폐자로에서 각 부의 자기저항과 자속의 대수합은 0이다.

해설 **자기회로의 키르히호프 법칙**
(1) 제1법칙 : 하나의 폐자기 회로 내에서 나가고 들어가는 자속의 대수의 합은 같다.
$\sum \phi_i = \sum \phi_o$, $\sum \phi = 0$
(2) 제2법칙 : 하나의 폐자기 회로에 대하여 각 분로의 자속과 자기저항을 곱한 것의 대수합은 폐자기 회로에 작용하는 기자력의 대수합과 같다. $\sum F(NI) = \sum \phi R_m$

답 ①

08 자기회로의 자속 – ① □□□ check up!

단면적 $S[\text{m}^2]$, 길이 $l[\text{m}]$, 투자율 $\mu[\text{H/m}]$의 자기 회로에 N회의 코일을 감고 $I[\text{A}]$의 전류를 통할 때의 옴의 법칙은?

① $B = \dfrac{\mu SNI}{l}$
② $\phi = \dfrac{\mu SI}{lN}$
③ $\phi = \dfrac{\mu SNI}{l}$
④ $\phi = \dfrac{l}{\mu SNI}$

해설 자속 $\phi = \dfrac{F}{R_m} = \dfrac{NI}{\frac{l}{\mu S}} = \dfrac{\mu SNI}{l}$ [Wb]가 된다.

답 ③

09 자기회로의 자속 – ② □□□ check up!

비투자율 1,000인 철심이 든 환상솔레노이드의 권수가 600회, 평균지름 20[cm], 철심의 단면적 10[cm²]이다. 이 솔레노이드에 2[A]의 전류가 흐를 때 철심 내의 자속은 약 몇 [Wb]인가?

① 1.2×10^{-3}
② 1.2×10^{-4}
③ 2.4×10^{-3}
④ 2.4×10^{-4}

해설 자속 $\phi = B \cdot S = \mu HS = \dfrac{F}{R_m} = \dfrac{\mu SNI}{l} = [\text{Wb}]$

$\phi = \dfrac{\mu_o \mu_s SNI}{\pi d} = \dfrac{4\pi \times 10^{-7} \times 1000 \times 10 \times 10^{-4} \times 600 \times 2}{\pi \times 20 \times 10^{-2}} = 2.4 \times 10^{-3} [\text{Wb}]$

여기서, $\phi[\text{Wb}]$: 자속, $B[\text{Wb/m}^2]$: 자속밀도, $S[\text{m}^2]$: 철심의 단면적, $N[\text{T}]$: 권수, $I[\text{A}]$: 전류, $l[\text{m}]$: 자로의 길이, $R_m[\text{AT/Wb}]$: 자기저항, $F[\text{AT}]$: 기자력
$l = 2\pi r = \pi d[\text{m}]$: 자로의 길이, $r[\text{m}]$: 평균반지름, $d[\text{m}]$: 평균지름

답 ③

10 자기저항 - ①   □□□ check up!

자기 회로의 단면적 $S[\text{m}^2]$, 길이 $l[\text{m}]$, 비투자율 μ_s, 진공의 투자율 $\mu_0[\text{H/m}]$일 때의 자기 저항[AT/Wb]은?

① $\dfrac{l}{\mu_0\mu_s S}$ ② $\dfrac{\mu_0\mu_s l}{S}$

③ $\dfrac{S}{\mu_0\mu_s l}$ ④ $\dfrac{\mu_0\mu_s S}{l}$

해설 자기저항 $R_m = \dfrac{F}{\phi_m} = \dfrac{l}{\mu \cdot S} = \dfrac{l}{\mu_0\mu_s S}[\text{AT/Wb}]$

답 ①

11 자기저항 - ②   □□□ check up!

어떤 철심에 단면적 $4.26 \times 10^{-2}[\text{m}^2]$인 공극이 있다. 이 공극의 길이가 $5.66[\text{mm}]$일 때 공극의 자기저항 [AT/Wb]을 구하시오

① 1.05×10^5 ② 5.1×10^5

③ 5.1×10^{-5} ④ 1.05×10^{-5}

해설 자기회로

공극의 자기저항 $R_m = \dfrac{l}{\mu S} = \dfrac{l}{\mu_0 S} = \dfrac{5.6 \times 10^{-3}}{4\pi \times 10^{-7} \times 4.26 \times 10^{-2}} = 1.05 \times 10^5[\text{AT/Wb}]$

답 ①

12 공극 발생 시 자기저항의 비   □□□ check up!

코일로 감겨진 자기 회로에서 철심의 투자율을 μ라 하고 회로의 길이를 l이라 할 때, 그 회로 일부에 미소 공극 l_g를 만들면 자기 저항은 처음의 몇 배가 되는가? (단, $l \gg l_g$이다.)

① $1 + \dfrac{\mu l}{\mu_0 l_g}$ ② $1 + \dfrac{\mu_0 l_g}{\mu l}$

③ $1 + \dfrac{\mu_0 l}{\mu l_g}$ ④ $1 + \dfrac{\mu l_g}{\mu_0 l}$

해설 공극 발생 시 자기저항 증가율 : $\dfrac{R}{R_m} = 1 + \dfrac{\mu l_g}{\mu_0 l} = 1 + \dfrac{l_g \mu_s}{l}$ 배

여기서, $l_g[\text{m}]$: 공극의 길이

답 ④

제1과목
전기자기학
DAY-04

30일 단기완성

Chapter 10
전자유도현상

1 출제경향분석

제10장 전자유도현상에서 시험에 자주 출제가 되는 내용은 다음과 같다.

반드시 알아야 하는 핵심 포인트

① 패러데이법칙 ② 렌츠의 법칙
③ 플레밍의 오른손법칙 ④ 표피효과

2 학습 가이드라인

- 반드시 알아야 하는 핵심 포인트는 전기기사 및 산업기사 시험에서 가장 출제빈도가 높은 논점으로 각 파트별 핵심 포인트와 문제를 연계하여 학습해 주시기를 권장합니다.
- 체크리스트를 작성하시면서 문제의 유형과 학습의 완성도를 스스로 확인해 주세요.
- 출제 빈도가 높고 틀리기 쉬운 문제를 맞출 수 있도록 "콕콕 포인트"를 확인해 주세요.

우선순위 논점	KEY WORD	선생님의 콕콕 포인트
전자유도법칙	자속의 시간적 변화	패러데이 전자유도 법칙 정의를 암기 할 것
전자유도법칙	렌쯔(츠), 코일의 전류에 시간적 변화	유도기전력의 방향은 쇄교 자속의 변화를 방해하는 방향 일 것
전자유도법칙	유도기전력의 위상	역기전력이므로 인덕턴스의 위상과 반대로 생각 할 것
전자유도법칙	자계 내에 도체가 움직일 때 유도기전력	플레밍의 오른손법칙을 암기할 것.
표피효과	표피효과, 침투(표피)깊이	표피효과와 침투(표피)깊이를 구분 할 것

10-1 전자유도법칙 – 패러데이, 렌츠

1. 패러데이(노이만) 법칙 (유기기전력의 크기결정) : $e = -N\dfrac{d\phi}{dt} = -L\dfrac{di}{dt}[\text{V}]$
   - 정의 : 전자 유도에 의해 회로에 발생되는 기전력은 쇄교 자속수의 시간에 대한 감쇠율에 비례한다. 이때 정의는 패러데이 전자 유도 법칙이지만 보기에 패러데이가 없다면 노이만이 답이다.

2. 렌쯔(츠)의 법칙 (유기기전력의 방향결정)

   유도전압의 방향은 쇄교 자속의 변화를 방해하는 방향이 된다.

3. 정현파 자속에 의한 코일에 유기 되는 기전력
   ① 정현파 자속 : $\phi = \phi_m \sin\omega t [\text{Wb}]$
   ② 유도기전력 : $e = -N\dfrac{d\phi}{dt} = \omega N\phi_m \cos\omega t = \omega N\phi_m \sin\left(\omega t - \dfrac{\pi}{2}\right)[\text{V}]$

   코일에 유기되는 전압은 자속보다 위상이 90° 뒤진다.

   ③ 유도 기전력의 최대값 $e_{\max} = \omega N\phi_m [\text{V}]$

   여기서, $\omega = \dfrac{2\pi n}{60} = 2\pi f[\text{rad/s}]$: 각속도, $f[\text{Hz}]$: 주파수,

   $n[\text{rpm}]$: 분당 회전수, $N[\text{T}]$: 권수

01 전자유도 법칙
☐☐☐ check up!

다음 (가), (나)에 대한 법칙으로 알맞은 것은?

전자유도에 의하여 회로에 발생되는 기전력은 쇄교 자속수의 시간에 대한 감소비율에 비례한다는 (가)에 따르고 특히, 유도된 기전력의 방향은 (나)에 따른다.

① (가) 패러데이의 법칙, (나) 렌츠의 법칙
② (가) 렌츠의 법칙, (나) 패러데이의 법칙
③ (가) 플레밍의 왼손 법칙, (나) 패러데이의 법칙
④ (가) 패러데이의 법칙, (나) 플레밍의 왼손법칙

해설 1) 패러데이(노이만) 법칙 : 유도(기)기전력의 크기 결정 $e=-N\dfrac{d\phi}{dt}[V]$

전자 유도에 의해 회로에 발생되는 기전력은 쇄교 자속수의 시간에 대한 감쇠율에 비례한다.

2) 렌쯔(츠)의 법칙 : 유도 기전력의 방향 결정

전자유도에 의하여 생기는 전류의 방향은 쇄교 자속변화를 방해하는 방향이다.

답 ①

02 패러데이 전자유도 법칙 - ①   □□□ check up!

100회 감은 코일과 쇄교하는 자속이 1/10 초 동안에 0.5[Wb]에서 0.3[Wb]로 감소했다. 이 때 유기되는 기전력은 몇 [V]인가?

① 100
② 200
③ 300
④ 400

해설 패러데이 전자유도 법칙 $e=-N\dfrac{d\phi}{dt}=-100\times\dfrac{0.3-0.5}{\dfrac{1}{10}}=200[V]$

답 ②

03 패러데이 전자유도 법칙 - ②   □□□ check up!

권수 500[T]의 코일 내를 통하는 자속이 다음 그림과 같이 변화하고 있다. bc기간 내에 코일 단자간에 생기는 유기 기전력[V]은?

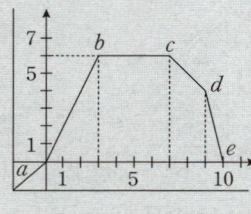

① 1.5
② 0.7
③ 1.4
④ 0

해설 그림 상에서 bc구간은 자속의 변화가 없으므로 유기기전력은 없다.

답 ④

04 정현파 자속에 의한 코일에 유기 되는 기전력- ①

자속 ϕ[Wb]가 주파수 f[Hz]로 $\phi=\phi_m\sin2\pi ft$[Wb]일 때, 이 자속과 쇄교하는 권수 N회인 코일에 발생하는 기전력은 몇 [V]인가?

① $-2\pi fN\phi_m\cos2\pi ft$
② $-2\pi fN\phi_m\sin2\pi ft$
③ $2\pi fN\phi_m\tan2\pi ft$
④ $2\pi fN\phi_m\sin2\pi ft$

해설 코일에 유기되는 기전력 e[V], 자속 $\phi=\phi_m\sin2\pi ft$[Wb]일 때
코일에 유기되는 기전력은 전자유도현상에 의한 패러데이법칙을 이용하면
$$e=-N\frac{d\phi}{dt}=-N\frac{d}{dt}\phi_m\sin2\pi ft=-N\phi_m\frac{d}{dt}\sin2\pi ft=-N\phi_m(\cos2\pi ft)\cdot2\pi f$$
$$=-2\pi fN\phi_m\cos2\pi ft\text{[V]}$$

답 ①

05 정현파 자속에 의한 코일에 유기 되는 기전력- ②

$\phi=\phi_m\sin\omega t$[Wb]인 정현파로 변화하는 자속이 권수 N인 코일과 쇄교할 때의 유기 기전력의 위상은 자속에 비해 어떠한가?

① $\frac{\pi}{2}$만큼 빠르다.
② $\frac{\pi}{2}$만큼 늦다.
③ π만큼 빠르다.
④ 동위상이다.

해설 $e=-\omega N\phi_m\cos\omega t=-\omega NB_mS\cos\omega t=\omega NB_mS\sin\left(\omega t-\frac{\pi}{2}\right)$[V]

여기서, $\omega=2\pi f=\frac{2\pi n}{60}$[rad/sec], n[rpm] : 분당 회전수

유기 기전력 e는 자속 ϕ에 비하여 위상이 $\frac{\pi}{2}$만큼 뒤진다(늦다).

답 ②

06 정현파 자속에 의한 코일에 유기 되는 기전력- ③

저항 24[Ω]의 코일을 지나는 자속이 $0.3\cos800t$[Wb]일 때 코일에 흐르는 전류의 최대치는?

① 10[A]
② 20[A]
③ 30[A]
④ 40[A]

해설 최대 유기기전력 $e_m=\omega N\phi_m=0.3\times800=240$[V], 전류 $I_m=\frac{e_m}{R}=\frac{240}{24}=10$[A]

답 ①

07 정현파 자속에 의한 코일에 유기 되는 기전력- ④

자속밀도 $B[\text{Wb/m}^2]$가 도체 중에서 $f[\text{Hz}]$로 변화할 때 도체 중에 유기되는 기전력 e는 무엇에 비례하는가?

① $e \propto Bf$
② $e \propto \dfrac{B}{f}$
③ $e \propto \dfrac{B^2}{f}$
④ $e \propto \dfrac{f}{B}$

해설 유기기전력의 최대값 $e_{\max} = \omega N \phi_m = 2\pi f NBS[\text{V}]$
유기 기전력은 주파수 $f[\text{Hz}]$, 자속밀도 $B[\text{Wb/m}^2]$에 비례한다.

답 ①

10-2 전자유도법칙 – 플레밍의 오른손, 패러데이 원판

1. 플레밍의 오른손 법칙 : 자계 내에 도체(도선)을 넣고 속도를 가지고 운동 시 발생되는 유도기전력의 방향을 결정 $e = Blv\sin\theta = (\vec{v} \times \vec{B})l = \dfrac{F}{I}v[\text{V}]$

   여기서, $B[\text{Wb/m}^2]$: 자속밀도, $l[\text{m}]$: 도체의 길이, $v[\text{m/s}]$: 이동속도
   $F[\text{N}]$: 전자력, $I[\text{A}]$: 전류
   ※ 오른손 손가락 방향 $v[\text{m/s}]$: 엄지, $B[\text{Wb/m}^2]$: 검지(인지), $e[\text{V}]$: 중지

2. 패러데이(아라고) 원판 : 원판 회전시 우기되는 유기 기전력

   ① $e = \dfrac{\omega B a^2}{2}[\text{V}]$ ② $I = \dfrac{e}{R} = \dfrac{\omega B a^2}{2R}[\text{A}]$

   ※ 원판과 자석을 동시에 같은 방향, 같은 속도로 회전시킬 때 $e = 0[\text{V}]$

   여기서, $\omega = \dfrac{2\pi n}{60}[\text{rad/s}]$: 각속도, $B[\text{Wb/m}^2]$: 자속밀도
   $a[\text{m}]$: 원판의 반지름, $n[\text{rpm}]$: 분당 회전수

---

01 패러데이(아라고) 원판 – ①   □□□ check up!

자속 밀도 $B[\text{Wb/m}^2]$의 평등 자계와 평행한 축 둘레에 각속도 $\omega[\text{rad/s}]$로 회전하는 반지름 $a[\text{m}]$의 도체 원판에 그림과 같이 브러시를 접촉시킬 때 저항 $R[\Omega]$에 흐르는 전류[A]는?

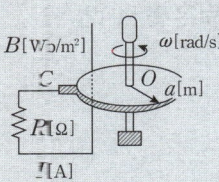

① $\dfrac{\omega B a^2}{2R}$ ② $\dfrac{\omega B a^2}{R}$

③ $\dfrac{\omega B a}{2R}$ ④ $\dfrac{\omega B a}{R}$

해설
- 원판 회전시 유기전압 $e = \displaystyle\int_0^a B\omega r\,dr = \dfrac{B\omega a^2}{2} = B \times \dfrac{2\pi N}{60} \times \dfrac{a^2}{2}[\text{V}]$
- 원판 회전시 흐르는 전류 $i = \dfrac{e}{R} = \dfrac{B\omega a^2}{2R}[\text{A}]$

  여기서, $\omega = \dfrac{2\pi n}{60}[\text{rad/sec}]$인 각속도이며 $N[\text{rpm}]$은 분당 회전수 $a[\text{m}]$는 원판의 반지름이다.

답 ①

02 패러데이(아라고) 원판 - ②

막대자석 위쪽에 동축도체 원판을 놓고 회로의 한 끝은 원판의 주변에 접촉시켜 습동하도록 해놓은 그림과 같은 패러데이 원판실험을 할 때 검류계에 전류가 흐르지 않는 경우는?

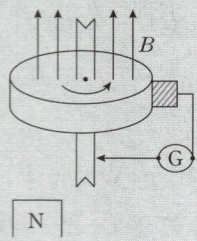

① 자석을 축 방향으로 전진시킨 후 후퇴시킬 때
② 자석만을 일정한 방향으로 회전시킬 때
③ 원판만을 일정한 방향으로 회전시킬 때
④ 원판과 자석을 동시에 같은 방향, 같은 속도로 회전시킬 때

해설 원판과 자석을 동시에 같은 방향, 같은 속도로 회전시 자속을 끊지 못해 전압이 유기되지 않는다.

답 ④

03 플레밍의 오른손 법칙 - ①

자계 중에 이것과 직각으로 놓인 도선에 $I[\mathrm{A}]$의 전류를 흘리니 $F[\mathrm{N}]$의 힘이 작용하였다. 이 도선을 $v[\mathrm{m/s}]$의 속도로 자계와 직각으로 운동시키면 기전력은 몇 $[\mathrm{V}]$인가?

① $\dfrac{vI}{F}$ ② $\dfrac{F^2 v}{I}$
③ $\dfrac{Fv}{I}$ ④ $\dfrac{Fv^2}{I}$

해설 플레밍의 오른손 법칙 자계내 도체 이동시 도체에 전압이 유기되는 현상으로 자계내 도체의 운동으로 인하여 발생되는 유기 기전력의 방향을 결정

$$e = Blv\sin\theta = (\vec{v}\times\vec{B})l = \dfrac{F}{I}v\,[\mathrm{V}]$$

여기서, $B[\mathrm{Wb/m^2}]$: 자속밀도, $l[\mathrm{m}]$: 도체의 길이, $v[\mathrm{m/s}]$: 이동속도
  $F[\mathrm{N}]$: 전자력, $I[\mathrm{A}]$: 전류
손가락 방향은 다음과 같다 $v[\mathrm{m/s}]$: 엄지, $B[\mathrm{Wb/m^2}]$: 검지, $e[\mathrm{V}]$: 중지

답 ③

04 플레밍의 오른손 법칙 - ②

그림과 같은 균일한 자계 $B[\text{Wb/m}^2]$ 내에서 길이 $l[\text{m}]$인 도선 AB가 속도 $v[\text{m/s}]$로 움직일 때 $ABCD$ 내에 유도되는 기전력 $e[\text{V}]$는?

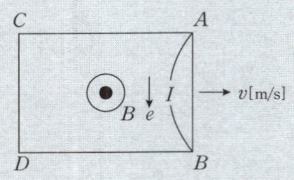

① 시계방향으로 Blv이다.
② 반시계방향으로 Blv이다.
③ 시계방향으로 Blv^2이다.
④ 반시계방향으로 Blv^2이다.

해설
- 자계내 도체 이동시 유기기전력의 크기 $e = Blv\sin\theta = (\vec{v} \times \vec{B})l[\text{V}]$
- 유기기전력의 방향 : $\vec{v} \times \vec{B}$ (외적의 방향)
 외적의 방향은 오른나사 법칙에 의해 앞쪽벡터 $\vec{v}$에서 뒤쪽 벡터 $\vec{B}$를 오른손으로 감았을 때 엄지손가락의 방향이 된다. 그림에서 자계와 이루는 각도는 수직($\theta=90°$)이므로 유기기전력의 크기는 $e=Blv\sin90°=Blv[\text{V}]$이며 $\vec{v}$에서 $\vec{B}$쪽을 오른손으로 감았을 때 유기기전력의 방향은 시계방향이 된다.

답 ①

05 플레밍의 오른손 법칙 - ③

$0.2[\text{Wb/m}^2]$의 평등 자계 속에 자계와 직각 방향으로 놓인 길이 $90[\text{cm}]$의 도선을 자계와 $30°$ 각의 방향으로 $50[\text{m/s}]$의 속도로 이동시킬 때 도체 양단에 유기되는 기전력은 몇 $[\text{V}]$인가?

① 9
② 3
③ 4.5
④ 6

해설 플레밍의 오른손 법칙
자계 내에 도체가 이동시 발생하는 유기기전력
$e = Blv\sin\theta = 0.2 \times 0.9 \times 50 \times \sin30° = 4.5[\text{N}]$

답 ③

10-3 전자유도법칙 – 표피효과

1. 표피효과에 의한 침투깊이(표피두께) : $\delta = \sqrt{\dfrac{2}{\omega\mu\sigma}} = \dfrac{1}{\sqrt{\pi f \mu \sigma}}$ [m]

   여기서, $\omega = 2\pi f$[rad/s] : 각속도(각주파수), μ[H/m] : 투자율, $\sigma = k = \dfrac{1}{\rho}$[℧/m] : 도전율

2. 표피효과 : $P = \dfrac{1}{\delta} = \sqrt{\pi f \mu \sigma}$

   영향 : 표피효과는 주파수가 클수록 도선의 온도가 높을수록 크다 그러므로 전기저항을 증가 시킨다. $R = \rho \dfrac{l}{S} \propto \sqrt{f}$ 방지책으로는 압분철심, 연선, 중공도선 사용

01 표피효과 - ① □□□ check up!

표피부근에 집중해서 전류가 흐르는 현상을 표피효과라 하는데 표피효과에 대한 설명으로 잘못된 것은?

① 도체에 교류가 흐르면 표면에서부터 중심으로 들어갈수록 전류 밀도가 작아진다.
② 표피효과는 고주파일수록 심하다.
③ 표피효과는 도체의 전도도가 클수록 심하다.
④ 표피효과는 도체의 투자율이 작을수록 심하다.

해설 표피효과란 도선에 교류를 인가시 도선 표면의 전류밀도는 증가하고 도선중심의 전류 밀도는 감소하는 현상을 말한다.

1) 표피효과에 의한 침투깊이(표피두께) $\delta = \sqrt{\dfrac{2}{\omega\mu\sigma}} = \dfrac{1}{\sqrt{\pi f \mu \sigma}}$[m]

   침투깊이는 주파수가 클수록, 투자율이 클수록, 도전율이 높을수록 작아진다.

2) 표피효과 $P = \dfrac{1}{\delta} = \sqrt{\pi f \mu \sigma}$

   여기서, $\omega = 2\pi f$[rad/s] : 각속도(각주파수), μ[H/m] : 투자율, $\sigma = k = \dfrac{1}{\rho}$[℧/m] : 도전율

   표피효과는 주파수가 클수록, 투자율이 클수록, 도전율이 높을수록 커진다. **답** ④

02 표피효과 - ② □□□ check up!

다음 중에서 주파수의 증가에 대하여 가장 급속히 증가하는 것은?

① 표피 두께의 역수
② 히스테리시스 손실
③ 교번 자속에 의한 기전력
④ 와전류 손실

해설 표피두께의 역수는 표피 효과를 나타냄 : $P = \dfrac{1}{\delta} = \sqrt{\pi f \mu \sigma} \propto \sqrt{f}$

- 히스테리시스 손실 : $P_h = kfB_m^{1.6} \propto f$
- 교번자속에 의한 기전력 : $e = 4.44 f \phi_m N [\text{V}] \propto f$
- 와전류 손실 : $Pe = k(fB)^2 \propto f^2$
- 와전류 손실이 주파수 제곱에 비례하므로 주파수 증가에 따라 가장 급속히 증가

답 ④

03 표피효과 - ③

☐☐☐ check up!

도선이 고주파로 인한 표피 효과의 영향으로 저항분이 증가하는 양은?

① $\sqrt{f}$ 에 비례
② f 에 비례
③ f^2 에 비례
④ $\dfrac{1}{f}$ 에 비례

해설 $P = \dfrac{1}{\delta} = \sqrt{\pi f \mu \sigma} \propto \sqrt{f}$ 표피효과가 좋을수록 전류가 도체표면으로 많이 흐르기 때문에 전류가 흐르는 면적이 작아진다. 저항 $(R) = \rho \dfrac{l}{S} \propto \dfrac{1}{S}$ 표피효과가 좋을수록 저항은 커진다.

표피효과 $\propto \sqrt{f}$, 저항 $\propto \sqrt{f}$

답 ①

제1과목
전기자기학
DAY-05

30일 단기완성

Chapter 11
인덕턴스

1 출제경향분석

제11장 인덕턴스에서 시험에 자주 출제가 되는 내용은 다음과 같다.

반드시 알아야 하는 핵심 포인트

① 자기인덕턴스   ② 상호인덕턴스
③ 코일에 축적되는 에너지

2 학습 가이드라인

- 반드시 알아야 하는 핵심 포인트는 전기기사 및 산업기사 시험에서 가장 출제빈도가 높은 논점으로 각 파트별 핵심 포인트와 문제를 연계하여 학습해 주시기를 권장합니다.
- 체크리스트를 작성하시면서 문제의 유형과 학습의 완성도를 스스로 확인해 주세요.
- 출제 빈도가 높고 틀리기 쉬운 문제를 맞출 수 있도록 "콕콕 포인트"를 확인해 주세요.

우선순위 논점	KEY WORD	선생님의 콕콕 포인트
자기인덕턴스	무한장 솔레노이드	단위길이당 권수제곱 및 면적과 투자율에 비례 할 것
자기인덕턴스	환상솔레노이드, 환상철심, 무단코일, 트로이드코일	권수제곱 및 면적과 투자율에 비례하며 자로의 길이에 반비례 할 것
자기인덕턴스	환상솔레노이드, 환상철심, 무단코일, 트로이드코일	환상 솔레노이드 공식을 암기 할 것
상호인덕턴스	상호인덕턴스 결합계수	상호인덕턴스 결합계수가 1인 경우의 공식을 암기할 것
전자에너지	코일에 축적되는 에너지	전자에너지 공식과 각 인덕턴스공식을 암기 할 것

11-1 인덕턴스 - 자기 인덕턴스

1. 자기 인덕턴스 : $L=\dfrac{N\phi}{I}=\dfrac{et}{I}$ [Wb/A=Vsec/A=Ω·sec=J/A²=H]

   ① 자기 인덕턴스의 성질 : 항상 (+) 정이다
   ② 1[H]란 1[A]의 전류에 대한 자속이 1[Wb]인 경우이다.

2. 환상 솔레노이드의 인덕턴스 : $L=\dfrac{\mu S N^2}{l}=\dfrac{N^2}{R_m}$ [H]

   여기서, $l=2\pi r=\pi d$[m] : 자로의 길이, r[m] : 평균반지름, d[m] : 평균 지름

   $S=\pi a^2$[m²] : 철심의 단면적, $R_m=\dfrac{l}{\mu S}$ [AT/m] : 자기저항

3. 무한장 솔레노이드의 인덕턴스 : $L=\mu S n^2=\mu\pi a^2 n^2$ [H/m]

   여기서, $S=\pi a^2$[m²] : 철심의 단면적, $n=\dfrac{N}{l}$ [T/m] : 단위 길이당 권수

4. $b>a$ 동축, 원통, 원주의 인덕턴스 : $L'=\dfrac{\mu_o}{2\pi}\ln\dfrac{b}{a}$(외부)$+\dfrac{\mu}{8\pi}$(내부)[H/m]

   인덕턴스와 정전용량의 관계 : $L\cdot C=\mu\cdot\varepsilon$

5. $d>a$ 평행 도선사이의 인덕턴스 : $L=\dfrac{\mu_o}{\pi}\ln\dfrac{d}{a}$ [H/m]

   전체 인덕턴스 $L_0=L+2L_i=\dfrac{\mu_o}{\pi}\ln\dfrac{d}{a}+\dfrac{\mu}{4\pi}$ [H/m]

01 자기인덕턴스 - ① □□□ check up!

인덕턴스의 단위에서 1[H]는?

① 1[A]의 전류에 대한 자속이 1[Wb]인 경우이다.
② 1[A]의 전류에 대한 유전율이 1[F/m]이다.
③ 1[A]의 전류가 1초 간에 변화하는 양이다.
④ 1[A]의 전류에 대한 자계가 1[AT/m]인 경우이다.

해설 $\phi=L\cdot I$에서 $L=\dfrac{\phi}{I}=\dfrac{1[\text{Wb}]}{1[\text{A}]}=1[\text{H}]$이므로 1[A]의 전류에 대한 자속이 1[Wb]인 경우이다.

답 ①

02 자기인덕턴스 - ②

인덕턴스의 단위[H]와 같지 않은 것은?

① [J/A·s]
② [Ω·s]
③ [Wb/A]
④ [J/A²]

해설 자기 인덕턴스의 단위 $L=\dfrac{N\phi}{I}=\dfrac{et}{I}$ [Wb/A=Vsec/A=Ω·sec=J/A²=H]

답 ①

03 자기인덕턴스 - ③

다음 중 자기 인덕턴스의 성질을 옳게 표현한 것은?

① 항상 부(負)이다.
② 항상 정(正)이다.
③ 항상 0이다.
④ 유도되는 기전력에 따라 정(正)도 되고 부(負)도 된다.

해설 자기회로에 전위 전류가 흐를 때 발생되는 자속 쇄교수를 인덕턴스 또는 자기유도계수라 한다. 성질은 항상 정(+)이다.

답 ②

04 자기인덕턴스 - ④

단면적 100[cm²], 비투자율 1000인 철심에 500회의 코일을 감고 여기에 1[A]의 전류를 흘릴 때 자계가 1.28[AT/m]였다면 자기 인덕턴스[mH]는?

① 8.04
② 0.16
③ 0.81
④ 16.08

해설 $L=\dfrac{N\cdot\phi}{I}=\dfrac{NBS}{I}=\dfrac{N\mu_o\mu_s HS}{I}=\dfrac{500\times 4\pi\times 10^{-7}\times 1000\times 1.28\times 100\times 10^{-4}}{1}\times 10^3=8.04$ [mH]

답 ①

05 환상솔레노이드의 자기인덕턴스 - ①

그림과 같이 환상의 철심에 일정한 권선이 감겨진 권수 N회, 단면 $S[\text{m}^2]$, 평균 자로의 길이 $l[\text{m}]$인 환상 솔레노이드에 전류 $I[\text{A}]$를 흘렸을 때 이 환상 솔레노이드의 자기 인덕턴스를 옳게 표현한 식은?

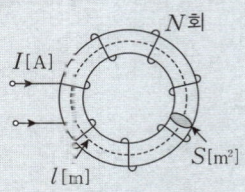

① $\dfrac{\mu^2 SN}{l}$
② $\dfrac{\mu S^2 N}{l}$
③ $\dfrac{\mu SN}{l}$
④ $\dfrac{\mu SN^2}{l}$

해설 환상솔레노이드의 인덕턴스 $L = \dfrac{N\phi}{I} = \dfrac{N}{I} \times \dfrac{\mu SNI}{l} = \dfrac{\mu SN^2}{l} = \dfrac{N^2}{R_m} \propto N^2 [\text{H}]$

여기서, $l = 2\pi r = \pi d [\text{m}]$: 자로(철심)의 길이, $r[\text{m}]$: 평균반지름, $d[\text{m}]$: 평균 지름
$S = \pi a^2 [\text{m}^2]$: 철심의 단면적, $R_m = \dfrac{l}{\mu S} [\text{AT/m}]$: 자기저항

답 ④

06 환상솔레노이드의 자기인덕턴스 - ②

권수가 N인 철심이 든 환상 솔레노이드가 있다. 철심의 투자율은 일정하다고 하면, 이 솔레노이드의 자기 인덕턴스 L은? (단, 여기서 R_m은 철심의 자기 저항이고 솔레노이드에 흐르는 전류를 I라 한다.)

① $L = \dfrac{R_m}{N^2}$
② $L = \dfrac{N^2}{R_m}$
③ $L = R_m N^2$
④ $L = \dfrac{N}{R_m}$

해설 환상솔레노이드의 인덕턴스 $L = \dfrac{N\phi}{I} = \dfrac{N}{I} \times \dfrac{\mu SNI}{l} = \dfrac{\mu SN^2}{l} = \dfrac{N^2}{R_m} \propto N^2 [\text{H}]$

답 ②

07 환상솔레노이드의 자기인덕턴스 - ③

N회 감긴 환상 솔레노이드의 단면적이 $S[\text{m}^2]$이고 평균 길이가 $l[\text{m}]$이다. 이 코일의 권수를 반으로 줄이고 인덕턴스를 일정하게 하려면?

① 길이를 1/2로 줄인다.
② 길이를 1/4로 줄인다.
③ 길이를 1/8로 줄인다.
④ 길이를 1/16로 줄인다.

해설 환상 솔레노이드의 자기인덕턴스 $L \propto N^2$이므로 권선수를 1/2배로 하면 1/4배가 된다.

$L[\mathrm{H}]$을 일정하게 하려면 $L = \dfrac{\mu S N^2}{l} = \dfrac{\mu 4S \frac{1}{4}}{l} = \dfrac{\mu S \frac{1}{4}}{\frac{1}{4}l}$

단면적 S를 4배 증가 시키거나 길이를 $\dfrac{1}{4}$배로 한다.

답 ②

08 환상솔레노이드의 자기인덕턴스 - ④   □□□ check up!

단면적 3[cm²], 길이 30[cm], 비투자율 1000인 철심에 3000회의 코일을 감았다. 코일의 자기 인덕턴스 [H]는?

① 9.31
② 11.31
③ 10.31
④ 12.31

해설 솔레노이드 자기 인덕턴스

$L = \dfrac{\mu S N^2}{l} = \dfrac{\mu_0 \mu_s S N^2}{l} = \dfrac{4\pi \times 10^{-7} \times 1000 \times 3 \times 10^{-4} \times 3000^2}{30 \times 10^{-2}} = 11.31[\mathrm{H}]$

답 ②

09 무한장 솔레노이드의 자기인덕턴스   □□□ check up!

단면적 $S[\mathrm{m}^2]$, 단위 길이에 대한 권수가 $n_o[\text{회}/\mathrm{m}]$인 무한히 긴 솔레노이드의 단위 길이당 자기 인덕턴스 [H/m]를 구하면?

① $\mu S n_o$
② $\mu S n_o^2$
③ $\mu S^2 n_o^2$
④ $\mu S^2 n_o$

해설 단위 길이당 솔레노이드의 자기인덕턴스 $L = \mu S n^2 [\mathrm{H/m}]$ (단, $n[\mathrm{T/m}]$: 단위 길이당 권수)

답 ②

10 동축, 원통, 원주의 인덕턴스 - ①   □□□ check up!

반지름 $a[\mathrm{m}]$인 원통 도체가 있다. 이 원통 도체의 길이가 $l[\mathrm{m}]$일 때 내부 인덕턴스[H]는 얼마인가? (단, 원통 도체의 투자율은 $\mu[\mathrm{H/m}]$이다.)

① $\dfrac{1}{2} \times 10^{-7} \mu_s l$
② $10^{-7} \mu_s l$
③ $2 \times 10^{-7} \mu_s l$
④ $\dfrac{1}{2a} \times 10^{-7} \mu_s l$

해설 ① 원주도체 내부의 단위길이당 자기인덕턴스 $L_i' = \dfrac{L_i}{l} = \dfrac{\mu}{8\pi}$ [H/m]

② 원통도체 내부의 자기인덕턴스 $L_i = \dfrac{\mu l}{8\pi} = \dfrac{\mu_0 \mu_s l}{8\pi} = \dfrac{4\pi \times 10^{-7} \mu_s l}{8\pi} = \dfrac{1}{2} \times 10^{-7} \mu_s l$ [H]

답 ①

11 동축, 원통, 원주의 인덕턴스 - ②

무한히 긴 원주 도체의 내부 인덕턴스의 크기는 어떻게 결정되는가?

① 도체의 인덕턴스는 0이다.　　② 도체의 기하학적 모양에 따라 결정된다.
③ 주위 자계의세기에 따라 결정된다.　　④ 도체의 재질에 따라 결정된다.

해설 원주도체 내부의 자기인덕턴스 $L_i = \dfrac{\mu l}{8\pi}$ [H]이므로 투자율 μ에 따라 달라진다.

답 ④

12 동축, 원통, 원주의 인덕턴스 - ③

내부도체의 반지름이 a[m]이고, 외부도체의 내반지름이 b[m], 외반지름이 c[m]인 동축케이블의 단위 길이당 자기 인덕턴스는 몇 [H/m]인가?

① $\dfrac{\mu_0}{2\pi} \ln \dfrac{b}{a}$　　② $\dfrac{\mu_0}{\pi} \ln \dfrac{b}{a}$

③ $\dfrac{2\pi}{\mu_0} \ln \dfrac{b}{a}$　　④ $\dfrac{\pi}{\mu_0} \ln \dfrac{b}{a}$

해설 $b > a$ 동축, 원통, 원주의 인덕턴스 $L = \dfrac{\mu_c}{2\pi} \ln \dfrac{b}{a}$ [H/m]

답 ①

13 평행 도선사이의 인덕턴스 - ①

반지름 a[m], 선간거리 d[m]의 평행 왕복 도선간의 단위 길이당 자기 인덕턴스[H/m]는? (단 도체는 공기중에 있고 $d \gg a$로 한다)

① $L = \dfrac{\mu_0}{\pi} \ln \dfrac{a}{d} + \dfrac{\mu}{4\pi}$　　② $L = \dfrac{\mu_0}{\pi} \ln \dfrac{a}{d} + \dfrac{\mu}{2\pi}$

③ $L = \dfrac{\mu_0}{\pi} \ln \dfrac{d}{a} + \dfrac{\mu}{4\pi}$　　④ $L = \dfrac{\mu_0}{\pi} \ln \dfrac{d}{a} + \dfrac{\mu}{2\pi}$

해설 평행 두 도선간의 자기인덕턴스 $L = \frac{\mu_o}{\pi} \ln \frac{d}{a}$ [H/m]이고

각 도선 내부에 있는 자기 인덕턴스 $L_i = \frac{\mu}{8\pi}$ [H/m]이므로 평행 왕복 도선의 전 인덕턴스는

$L_0 = L + 2L_i = \frac{\mu_o}{\pi} \ln \frac{d}{a} + \frac{2\mu}{8\pi} = \frac{\mu_o}{\pi} \ln \frac{d}{a} + \frac{\mu}{4\pi}$ [H/m]이다.

답 ③

14 평행 도선사이의 인덕턴스 - ②

□□□ check up!

임의의 단면을 가진 2개의 원주상의 무한히 긴 평행 도체가 있다. 지금도체의 도전율을 무한대라고 하면 C, L, ε 및 μ 사이의 관계는? (단, C는 두 도체간의 단위 길이당 정전용량, L은 두 도체를 한 개의 왕복회로로 한 경우의 단위 길이당 자기 인덕턴스, ε은 두 도체 사이에 있는 매질의 유전율, μ는 두 도체 사이에 있는 매질의 투자율이다.)

① $C\varepsilon = L\mu$
② $\frac{C}{\varepsilon} = \frac{L}{\mu}$
③ $\frac{1}{LC} = \varepsilon\mu$
④ $LC = \varepsilon\mu$

해설 L[H]과 C[F]의 관계 : $L \cdot C = \mu \cdot \varepsilon$

답 ④

11-2 인덕턴스 - 상호 인덕턴스

1. 상호 인덕턴스 성질
   ① A코일에서 만든 자속은 B코일에 전부 쇄교되고 B코일에서 만든 자속은 A코일에 전부 쇄교된다.
   ② 상호 인덕턴스의 성질 : 항상 정(+)이거나 항상 부(−)이다
2. 상호인덕턴스 : $M = k\sqrt{L_1 L_2}\,[\text{H}]$
3. 결합 계수 : $k = \dfrac{M}{\sqrt{L_1 L_2}}$
   ① 이상적인 결합 및 누설자속이 없을시 결합계수 $k=1$
   ② 결합계수의 범위 $0 \leq k \leq 1$
4. 결합계수 $k=1$ 일 경우 환상 솔레노이드의 상호 인덕턴스
   $M = \dfrac{\mu S N_1 N_2}{l} = \dfrac{N_1 N_2}{R_m} = L_1 \dfrac{N_2}{N_1} = L_2 \dfrac{N_1}{N_2}\,[\text{H}]$
   $l = 2\pi r = \pi d\,[\text{m}]$: 자로(철심)의 길이, $r\,[\text{m}]$: 평균반지름
   $d\,[\text{m}]$: 평균 지름, $S = \pi a^2\,[\text{m}^2]$: 철심의 단면적
5. 상호 인덕턴스의 유기기전력
   ① 1차측 $e_1 = L_1 \dfrac{dI_1}{dt} \pm M_{12} \dfrac{dI_2}{dt}\,[\text{V}]$
   ② 2차측 $e_2 = L_2 \dfrac{dI_2}{dt} \pm M_{21} \dfrac{dI_1}{dt}\,[\text{V}]$
6. 노이만의 상호 인덕턴스
   $M_{21} = \dfrac{\phi_{21}}{I_1} \oint_c B \cdot dS = \dfrac{\mu}{4\pi} \oint_{c_1} \oint_{c_2} \dfrac{dl_1 \cdot dl_2}{r_{21}} = \dfrac{\mu}{4\pi} \oint_{c_1} \oint_{c_2} \dfrac{\cos\theta\, dl_1 dl_2}{r_{21}}\,[\text{H}]$
7. 합성 인덕턴스
   ① 직렬 $L = L_1 + L_2 \pm 2M$ (가동+, 차동−)
   ② 병렬 $L = \dfrac{L_1 L_2 - M^2}{L_1 + L_2 \pm 2M}\,[\text{H}]$ (가동−, 차동+)
8. 코일에 축적되는 에너지
   $W = \dfrac{1}{2}LI^2 = \dfrac{1}{2}\phi I = \dfrac{\phi^2}{2L}\,[\text{J}]$ (전자력이 한일 $W = \phi I\,[\text{J}]$)

01 상호 인덕턴스 - ①

자기 인덕턴스가 L_1, L_2이고 상호 인덕턴스가 M인 두 회로의 결합계수가 1일 때, 다음 중 성립되는 식은?

① $L_1 \cdot L_2 = M$
② $L_1 \cdot L_2 < M^2$
③ $L_1 \cdot L_2 > M^2$
④ $L_1 \cdot L_2 = M^2$

해설 자기 인덕턴스와 상호인덕턴스의 관계 $k=1$일 경우 $M=\sqrt{L_1 L_2}$, $M^2 = L_1 L_2$

답 ④

02 상호 인덕턴스 - ②

자기 인덕턴스와 상호 인덕턴스와의 관계에서 결합계수 k의 값은?

① $0 \leq k \leq \frac{1}{2}$
② $0 \leq k \leq 1$
③ $1 \leq k \leq 2$
④ $1 \leq k \leq 10$

해설 결합계수 $k = \frac{M}{\sqrt{L_1 \cdot L_2}}$, $0 \leq k \leq 1$

답 ②

03 상호 인덕턴스 - ③

두 개의 코일이 있다. 각각의 자기인덕턴스가 0.4[H], 0.9[H]이고, 상호인덕턴스가 0.36[H]일 때 결합계수는?

① 0.5
② 0.6
③ 0.7
④ 0.8

해설 상호 인덕턴스 $M = k\sqrt{L_1 L_2}$ [H], 결합계수 $k = \frac{M}{\sqrt{L_1 \cdot L_2}} = \frac{0.36}{\sqrt{0.4 \times 0.9}} = 0.6$

답 ②

04 결합계수 $k=1$일 경우 환상 솔레노이드의 상호 인덕턴스 - ①

그림과 같이 단면적 $S[\text{m}^2]$, 평균 자로의 길이 $l[\text{m}]$, 투자율 $\mu[\text{H/m}]$인 철심에 $N_1 N_2$의 권선을 감은 무단 솔레노이드가 있다. 누설자속을 무시할 때 권선의 상호 인덕턴스는 몇 [H]가 되는가?

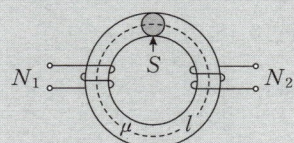

① $\dfrac{\mu N_1 N_2 S}{l^2}$ ② $\dfrac{\mu N_1 N_2 S}{l}$

③ $\dfrac{\mu N_1^2 N_2^2 S}{l}$ ④ $\dfrac{\mu N_1 N_2 S^2}{l}$

해설 결합계수 $k=1$일 경우 상호 인덕턴스 $M = \dfrac{\mu S N_1 N_2}{l} = \dfrac{N_1 N_2}{R_m} = L_1 \dfrac{N_2}{N_1} = L_2 \dfrac{N_1}{N_2}$ [H]

여기서, $l = 2\pi r = \pi d$ [m] : 자로(철심)의 길이, r[m] : 평균반지름, d[m] : 평균 지름

$S = \pi a^2$ [m²] : 철심의 단면적   **답** ②

05 결합계수 $k=1$ 일 경우 환상 솔레노이드의 상호 인덕턴스 - ②   □□□ check up!

단면적이 균일한 환상 철심에 권수 N_1인 A코일과 권수 N_2인 B 코일이 있을 때 A코일의 자기 인덕턴스가 L_1[H]라면 두 코일의 상호 인덕턴스 M[H]는? (단, 누설 자속은 0이다.)

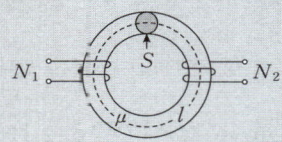

① $\dfrac{L_1 N_1}{N_2}$ ② $\dfrac{N_2}{L_1 N_1}$

③ $\dfrac{N_1}{L_1 N_2}$ ④ $\dfrac{L_1 N_2}{N_1}$

해설 결합계수 $k=1$일 경우 상호 인덕턴스 $M = \dfrac{\mu S N_1 N_2}{l} = \dfrac{N_1 N_2}{R_m} = L_1 \dfrac{N_2}{N_1} = L_2 \dfrac{N_1}{N_2}$ [H]   **답** ④

06 상호 인덕턴스의 유기기전력 - ①   □□□ check up!

그림과 같은 환상철심에 A, B의 코일이 감겨있다. 전류 I가 120[A/s]로 변화할 때, 코일 A에 90[V], 코일 B에 40[V]의 기전력이 유도된 경우, 코일 A의 자기인덕턴스 L_1[H]과 상호인덕턴스 M[H]의 값은 얼마인가?

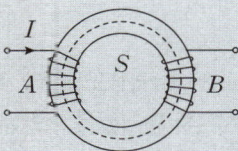

① $L_1=0.75$, $M=0.33$ ② $L_1=1.25$, $M=0.7$

③ $L_1=1.75$, $M=0.9$ ④ $L_1=1.95$, $M=1.1$

해설
- A코일에 유기되는 전압 $e_A = L_1 \dfrac{dI_A}{dt}[\text{V}]$ $\dfrac{dI_A}{dt} = 120[\text{A/sec}]$, $e_A = 90[\text{V}]$일 때

  자기인덕턴스 $L_1 = e_A \dfrac{dt}{dI_A} = 90 \times \dfrac{1}{120} = 0.75[\text{H}]$

- B코일에 유기되는 전압 $e_B = M \dfrac{dI_A}{dt}[\text{V}]$ $\dfrac{dI_A}{dt} = 120[\text{A/sec}]$, $e_B = 40[\text{V}]$일 때

  상호 인덕턴스 $M = e_B \dfrac{dt}{dI_A} = 40 \times \dfrac{1}{120} = 0.33[\text{H}]$

답 ①

07 상호 인덕턴스의 유기기전력 - ② □□□ check up!

두 코일이 있다. 한 코일의 전류가 매초 120[A]의 비율로 변화할 때 다른 코일에는 15[V]의 기전력이 발생하였다면 두 코일의 상호 인덕턴스[H]는?

① 0.125   ② 0.255
③ 0.515   ④ 0.615

해설 $\dfrac{di_1}{dt} = 120[\text{A/sec}]$, $e_2 = 15[\text{V}]$일 때 상호인덕턴스 M은 상대편 전류 변화에 의한 상대편 전압

$e_2 = M \dfrac{di_1}{dt}[\text{V}]$ 이므로 $15 = M \times 120$ → $M = \dfrac{15}{120} = 0.125[\text{H}]$가 된다.

답 ①

08 상호 인덕턴스의 유기기전력 - ③ □□□ check up!

송전선의 전류가 0.01초 사이에 10[kA] 변화될 때 이 송전선에 나란한 통신선에 유도되는 유도전압은 몇 [V]인가? (단, 송전선과 통신선 간의 상호유도계수는 0.3[mH]이다.)

① 30   ② 3×10^2
③ 3×10^3 ④ 3×10^4

해설 $e_2 = M \dfrac{di_1}{dt} = 0.3 \times 10^{-3} \times \dfrac{10 \times 10^3}{0.01} = 3 \times 10^2 [\text{V}]$

여기서, $M[\text{H}]$: 상호유도계수, $I[\text{A}]$: 전류, $t[\text{s}]$: 시간 (초)

답 ②

09 합성인덕턴스 - ① □□□ check up!

두 코일 A, B의 자기 인덕턴스가 각각 3[mH], 5[mH]라 한다. 두 코일을 직렬연결 시, 자속이 서로 상쇄되도록 했을 때의 합성 인덕턴스는 서로 증가하도록 연결했을 때의 60[%]이었다. 두 코일의 상호인덕턴스는 몇 [mH]인가?

① 0.5   ② 1
③ 5   ④ 10

해설 두 코일간 자속이 서로 가해져서 보강(증가)되는 방향의 합성인덕턴스의 값인
L_A은 가동접속 $L_A = L_1 + L_2 + 2M$ 서로 상쇄되는 방향의 합성인덕턴스의 값이
L_B는 차동접속 $L_B = L_1 + L_2 - 2M$이다. 이때 상쇄시가 증가 시에 60[%]이므로
$L_B = L_1 + L_2 - 2M = 0.6 L_A$
$L_1 + L_2 - 2M = 0.6(L_1 + L_2 + 2M)$, $3 + 5 - 2M = 0.6(3 + 5 + 2M)$, $8 - 2M = 4.8 + 1.2M$
$M = \dfrac{8 - 4.8}{2 + 1.2} = 1[\text{mH}]$

답 ②

10 합성인덕턴스 - ② □□□ check up!

L_1, L_2이고 상호 인덕턴스가 M인 두 코일을 직렬로 연결하여 합성 인덕턴스 L을 얻었을 때 다음 중 항상 양의 값을 갖는 것만 골라 묶은 것은?

① L_1, L_2, M
② L_1, L_2, L
③ L, M
④ 항상 양의 값을 갖는 것은 없다.

해설 자기인덕턴스 L_1, L_2의 성질과 합성 인덕턴스 L의 성질은 항상 정(+)이다.
상호 인덕턴스 M의 성질은 정(+)이거나 부(-)이다.

답 ②

11 코일에 축적되는 에너지 - ① □□□ check up!

전원에 연결한 코일에 10[A]가 흐르고 있다. 지금 순간적으로 전원을 분리하고 코일에 저항을 연결하였을 때 저항에서 24[cal]의 열량이 발생하였다. 코일의 자기 인덕턴스는 몇 [H]인가?

① 0.1
② 0.5
③ 2
④ 24

해설 코일에 축적되는 에너지 $W = \dfrac{1}{2} LI^2 [\text{J}]$을 이용 1[cal] = 4.186[J]이므로 24[cal] = 100.464[J]
$L = \dfrac{2W}{I^2} = \dfrac{2 \times 100.464}{10^2} = 2.009 \fallingdotseq 2[\text{H}]$

답 ③

12 코일에 축적되는 에너지 - ② □□□ check up!

권선수가 N회인 코일에 전류 $I[\text{A}]$를 흘릴 경우, 코일에 $\phi[\text{Wb}]$의 자속이 지나간다면 이 코일에 저장된 자계 에너지[J]는?

① $\dfrac{1}{2} N\phi^2 I$
② $\dfrac{1}{2} N\phi I$
③ $\dfrac{1}{2} N^2 \phi I$
④ $\dfrac{1}{2} N\phi I^2$

해설 코일에 축적되는 에너지=전자에너지 $W=\frac{1}{2}LI^2=\frac{\phi^2}{2L}=\frac{1}{2}\phi I=\frac{1}{2}\phi NI=\frac{1}{2}\phi F[J]$

여기서, $L[H]$: 인덕턴스, $\phi[Wb]$: 자속, $I[A]$: 전류, $N[T]$: 권수, $F=NI[AT]$: 기자력

답 ②

13 코일에 축적되는 에너지 - ③ □□□ check up!

4[A]전류가 흐르는 코일과 쇄교하는 자속수가 4[Wb]이다. 이 전류 회로에 축적되어 있는 자기 에너지[J]는?

① 4
② 2
③ 8
④ 16

해설 코일에 축적되는 에너지=전자에너지 $W=\frac{1}{2}LI^2=\frac{\phi^2}{2L}=\frac{1}{2}\phi I=\frac{1}{2}\phi NI=\frac{1}{2}\phi F[J]$

여기서, $L[H]$: 인덕턴스, $\phi[Wb]$: 자속, $I[A]$: 전류, $N[T]$: 권수, $F=NI[AT]$: 기자력

$W=\frac{1}{2}\phi I=\frac{1}{2}\times 4\times 4=8[J]$

답 ③

14 코일에 축적되는 에너지 - ④ □□□ check up!

자기 유도계수가 20[mH]인 코일에 전류를 흘릴 때 코일과의 쇄교 자속수가 0.2[Wb]였다면 코일에 축적된 에너지는 몇 [J]인가?

① 1
② 2
③ 3
④ 4

해설 코일에 축적되는 에너지=전자에너지 $W=\frac{\phi^2}{2L}=\frac{0.2^2}{2\times 20\times 10^{-3}}=1[J]$

답 ①

15 코일에 축적되는 에너지 - ⑤ □□□ check up!

그림에서 $l=100[cm]$, $S=10[cm^2]$, $\mu_s=100$, $N=1000$회인 회로에 전류 $I=10[A]$를 흘렸을 때 축적되는 에너지[J]는?

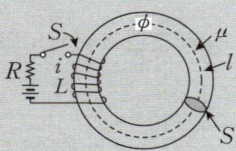

① 2×10^{-1}
② $2\pi\times 10^{-2}$
③ $2\pi\times 10^{-3}$
④ 2π

해설 코일에 축적되는 에너지 $W = \frac{1}{2}LI^2[J]$

환상솔레노이드의 인덕턴스를 적용하면 $W = \frac{1}{2}\frac{\mu SN^2}{l}I^2 = \frac{1}{2}\frac{\mu_o\mu_s SN^2}{l}I^2[J]$ 이므로

주어진 수치를 대입하면 $W = \frac{1}{2}\frac{4\pi \times 10^{-7} \times 100 \times 10 \times 10^{-4} \times 1000^2}{100 \times 10^{-2}} \times 10^2 = 2\pi[J]$

답 ④

16 코일에 축적되는 에너지 - ⑥   □□□ check up!

그림과 같이 직렬로 접속된 두개의 코일이 있을 때 $L_1 = 20[mH]$, $L_2 = 80[mH]$, 결합계수 $k = 0.8$이다. 여기에 $0.5[A]$의 전류를 흘릴 때 이 합성코일에 저축되는 에너지는 약 몇 $[J]$인가?

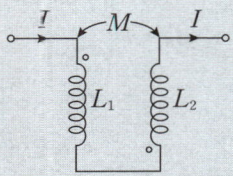

① 1.13×10^{-3}
② 2.05×10^{-2}
③ 6.63×10^{-2}
④ 8.25×10^{-2}

해설 코일에 축적되는 에너지 $W = \frac{1}{2}LI^2[J]$ 이때 합성 인덕턴스는 가동 접속이므로

$L = L_1 + L_2 + 2M = L_1 + L_2 + 2k\sqrt{L_1 L_2} = 20 + 80 + (2 \times 0.8 \times \sqrt{20 \times 80}) = 164[mH]$

$W = \frac{1}{2}LI^2 = \frac{1}{2} \times 164 \times 10^{-3} \times 0.5^2 = 2.05 \times 10^{-2}[J]$

답 ②

제1과목
전기자기학
DAY-05

30일 단기완성

Chapter 12
전자계

1 출제경향분석

제12장 전자계에서 시험에 자주 출제가 되는 내용은 다음과 같다.

반드시 알아야 하는 핵심 포인트

① 변위전류
② 맥스웰의 전자 방정식
③ 파동 임피던스
④ 전자파의 속도
⑤ 포인팅 벡터

2 학습 가이드라인

- 반드시 알아야 하는 핵심 포인트는 전기기사 및 산업기사 시험에서 가장 출제빈도가 높은 논점으로 각 파트별 핵심 포인트와 문제를 연계하여 학습해 주시기를 권장합니다.
- 체크리스트를 작성하시면서 문제의 유형과 학습의 완성도를 스스로 확인해 주세요.
- 출제 빈도가 높고 틀리기 쉬운 문제를 맞출 수 있도록 "콕콕 포인트"를 확인해 주세요.

우선순위 논점	KEY WORD	선생님의 콕콕 포인트
변위전류	변위전류 전속밀도	변위전류의 정의식을 암기할 것
변위전류	유전체 손실각	임계주파수 f_c/f 의 비를 암기 할 것
맥스웰의 방정식	맥스웰의 방정식	맥스웰의 방정식 식을 전부 암기 할것
전자파	파동 고유 특성 임피던스	전계와 자계의 비를 이용할 것
전자파	전자파의 진행방향	전계 E가 우선으로 나오는 외적을 기억할 것
전자파	포인팅벡터 전계 자계	포인팅벡터 공식을 암기 할 것

12-1 전자계 – 변위 전류

1. 변위 전류 : 시간에 대한 전속밀도의 변화율로서 유전체를 통해 흐르는 전류를 변위전류라 한다.
   ① 변위 전류 : $I_D = i_d S = \omega C V_m \cos\omega t \, [\text{A}]$
   ② 변위 전류 밀도 : $i_D = i_d = \dfrac{\partial D}{\partial t} = \omega \varepsilon E \, [\text{A/m}^2]$
   전속밀도의 시간적 변화는 변위 전류를 만들고 변위전류는 자계를 발생시킨다.
2. 유전체 손실각 : $\tan\delta = \dfrac{i_C}{i_D} = \dfrac{\sigma}{2\pi f \varepsilon} = \dfrac{f_c}{f}$ 유전체 손실은 인가 전압과 무관하다.
   임계주파수 : 도체와 유전체를 구분하는 임계점에서의 주파수
   $i_c = i_D$일 때 주파수 $f_c = \dfrac{\sigma}{2\pi\varepsilon} \, [\text{Hz}]$

01 변위 전류 – ①　　□□□ check up!

유전체에서 변위 전류를 발생하는 것은?
① 분극 전하 밀도의 시간적 변화　　② 전속 밀도의 시간적 변화
③ 자속 밀도의 시간적 변화　　④ 분극 전하 밀도의 공간적 변화

해설　변위전류밀도 $i_d = \dfrac{\partial D}{\partial t} \, [\text{A/m}^2]$이므로 전속밀도의 시간적 변화에 의해서 유전체를 통해 평행판 사이에 흐르는 전류이다.
답 ②

02 변위 전류 – ②　　□□□ check up!

다음 중 (　)에 들어갈 내용으로 옳은 것은?

맥스웰은 전극간의 유전체를 통하여 흐르는 전류를 해석하기 위해 (㉠)의 개념을 도입하였고, 이 것도 (㉡)를 발생한다고 가정하였다.

① ㉠ 와전류, ㉡ 자계　　② ㉠ 변위전류, ㉡ 자계
③ ㉠ 전자전류, ㉡ 전계　　④ ㉠ 파동전류, ㉡ 전계

해설　전속밀도의 시간적 변화는 변위 전류를 발생시키고 변위전류는 자계를 발생시킨다.
답 ②

03 변위 전류 - ③

변위 전류와 가장 관계가 깊은 것은?

① 반도체　　　　　　　　　② 유전체
③ 자성체　　　　　　　　　④ 도체

해설 전속밀도의 시간적 변화율로서 유전체를 통해 흐르는 가상의 전류를 변위전류라 한다.

답 ②

04 변위 전류 - ④

극판간격 d[m], 면적 S[m²], 유전율 ε[F/m]이고, 정전 용량이 C[F]인 평행판 콘덴서에 $v = V_m \sin\omega t$[V]의 전압을 가할 때의 변위전류[A]는?

① $\omega C V_m \cos\omega t$　　　　　　② $C V_m \sin\omega t$
③ $-C V_m \sin\omega t$　　　　　　④ $-\omega C V_m \cos\omega t$

해설 변위전류 $I_D = \dfrac{\varepsilon}{d} \dfrac{\partial V}{\partial t} \cdot S = \dfrac{\varepsilon}{d} \dfrac{\partial}{\partial t} V_m \sin\omega t \cdot S = \omega \dfrac{\varepsilon S}{d} V_m \cos\omega t \cdot S = \omega C V_m \cos\omega t$ [A]

여기서, i_D[A/m²] : 변위 전류밀도, S[m²] : 극판의 면적, $D = \varepsilon E$[C/m²] : 전속밀도

ε[F/m²] : 유전률, $E = \dfrac{V}{d}$[V/m] : 전계, d[m] : 극판의 간격, $C = \dfrac{\varepsilon S}{d}$[F]

답 ①

05 변위 전류 - ⑤

공기 중에서 1[V/m]의 전계의 세기에 의한 변위전류밀도의 크기를 2[A/m²]으로 흐르게 하려면 전계의 주파수는 몇 [MHz]가 되어야 하는가?

① 9000　　　　　　　　　② 18000
③ 36000　　　　　　　　④ 72000

해설 변위전류

공기 중 변위전류밀도 $i_d = \omega \varepsilon_0 E = 2\pi f \varepsilon_0 E$ [A/m²]에서

주파수 $f = \dfrac{i_d}{2\pi \varepsilon_0 E} = \dfrac{2}{2\pi \times 8.855 \times 10^{-12} \times 1} \times 10^{-6} \fallingdotseq 36000$ [MHz]

답 ③

06 유전체손실각　　　　　　　　　　　　　　□□□ check up!

유전체에서 임의의 주파수 f에서의 손실각을 $\tan\delta$라 할 때, 전도 전류 i_c와 변위 전류 i_D의 크기가 같아지는 주파수 f_c라 하면 $\tan\delta$는?

① $\dfrac{f_c}{f}$ 　　　　　　　　　　　② $\dfrac{f_c}{\sqrt{f}}$

③ $\dfrac{\sqrt{f_c}}{f}$ 　　　　　　　　　　④ $2f_cf$

해설 임계주파수(f_c)는 도체와 유전체를 구분하는 임계점($i_c=i_D$)에서의 주파수 $f_c=\dfrac{k}{2\pi\varepsilon}=\dfrac{\sigma}{2\pi\varepsilon}[\text{Hz}]$

유전체 손실각 $\tan\delta=\dfrac{i_c}{i_D}=\dfrac{kE}{\omega\varepsilon E}=\dfrac{k}{2\pi\varepsilon}\times\dfrac{1}{f}=\dfrac{f_c}{f}$ 여기서 도전율 $k[\mho/\text{m}]=\sigma[\mho/\text{m}]$　　**답** ①

12-2 전자계 – 맥스웰의 전자 방정식

1. 맥스웰의 제 1의 기본 방정식 : $rotH = curlH = \nabla \times H = i_c + \dfrac{\partial D}{\partial t} = i_c + \varepsilon \dfrac{\partial E}{\partial t} [A/m^2]$

   ① 암페어의 주회적분법칙에서 유도한 식이다.
   ② 전도 전류, 변위 전류는 자계를 형성한다.(전류와 자계의 관계)
   ③ 전류의 연속성을 표현한다.

2. 맥스웰의 제 2의 기본 방정식 : $rotE = curlE = \nabla \times E = -\dfrac{\partial B}{\partial t} = -\mu \dfrac{\partial H}{\partial t} [V]$

   ① 자속 밀도의 시간적 변화는 전계를 회전시키고 유기 기전력을 형성한다.
   ② 패러데이의 법칙에서 유도한 전계에 관한 식

3. 정전계의 가우스의 정리 미분형 : $divD = \nabla \cdot D = \rho [C/m^3]$

   ① 임의의 폐곡면 내의 전하에서 전속선이 발산한다.
   ② 가우스 발산 정리에 의하여 유도된 식
   ③ 고립(독립)된 전하는 존재한다.

4. 정자계의 가우스의 정리 미분형 : $divB = \nabla \cdot B = 0$

   ① 자기력선은 연속적이다
   ② N, S 극이 항상 공존하며 고립(독립)된 자극(자하)는 없다.
       자속밀도의 발산은 없으며 즉, 자속밀도 B가 회전성분만을 갖고 있음을 의미
       공간상의 한 점에서 자속밀도가 새로이 발생되거나 소멸하지 않음.

※ $rot\vec{A} = \nabla \times \vec{A} = B[Wb/m^2]$ 벡터 포텐셜($\vec{A}$)의 회전은 자속 밀도를 형성한다.

01 맥스웰의 제 1 전자 방정식 - ① □□□ check up!

맥스웰 방정식 중에서 전류와 자계의 관계를 직접 나타내고 있는 것은? (단, D는 전속 밀도, σ는 전하 밀도, B는 자속 밀도, E는 전계의 세기, i_c는 전류 밀도, H는 자계의 세기이다.)

① $divD = \sigma$
② $divB = 0$
③ $\nabla \times H = i_c + \dfrac{\partial D}{\partial t}$
④ $\nabla \times E = -\dfrac{\partial B}{\partial t}$

해설 맥스웰의 제1의 기본 방정식 $rotH = curlH = \nabla \times H = i_c + \dfrac{\partial D}{\partial t} = i_c + \varepsilon \dfrac{\partial E}{\partial t} [A/m^2]$ 답 ③

02 맥스웰의 제 1 전자 방정식 - ②

자계가 비보존적인 경우를 나타내는 것은? (단, j는 공간상에 0이 아닌 전류 밀도를 의미한다.)

① $\nabla \times B = 0$
② $\nabla \times B = j$
③ $\nabla \times H = 0$
④ $\nabla \times H = j$

해설
- $rot H = \nabla \times H = j$: 자계의 비보존성
- $rot E = \nabla \times E = 0$: 전계의 보존성

답 ④

03 맥스웰의 제 2 전자 방정식

자계의 벡터 포텐셜(vector potential)을 $A[\text{Wb/m}]$라 할 때 도체 주위에서 자계 $B[\text{Wb/m}^2]$가 시간적으로 변화하면 도체에 발생하는 전계의 세기 $E[\text{V/m}]$는?

① $E = -\dfrac{\partial A}{\partial t}$
② $rot E = -\dfrac{\partial A}{\partial t}$
③ $rot E = \dfrac{\partial B}{\partial t}$
④ $E = rot B$

해설 $rot \vec{A} = \nabla \times \vec{A} = B[\text{Wb/m}^2]$이므로 맥스월의 제2의 기본방정식 $\nabla \times E = -\dfrac{\partial B}{\partial t}$을 이용

$\nabla \times E = -\dfrac{\partial B}{\partial t} = -\dfrac{\partial}{\partial t}(\nabla \times A) = \nabla \times \left(-\dfrac{\partial A}{\partial t}\right)$이므로 $E = -\dfrac{\partial A}{\partial t}$

답 ①

04 맥스웰의 전자 방정식 - ①

다음 중 맥스웰의 방정식으로 틀린 것은?

① $rot H = J + \dfrac{\partial D}{\partial t}$
② $rot E = -\dfrac{\partial B}{\partial t}$
③ $div D = \rho$
④ $div B = \phi$

해설 정자계의 가우스의 정리 미분형 $div B = \nabla \cdot B = 0$
① 자기력선은 연속적이다
② N, S 극이 항상 공존하며 고립(독립)된 자극(자하)은 없다.

답 ④

05 맥스웰의 전자 방정식 - ②

Maxwell의 전자기파 방정식이 아닌 것은?

① $\oint_c H \cdot dl = nI$

② $\oint_c E \cdot dl = -\int_s \frac{\partial B}{\partial t} \cdot ds$

③ $\oint_c D \cdot ds = \int_v \rho dv$

④ $\oint_s B \cdot ds = 0$

해설 전도전류, 변위전류 모두 자계를 발생시키므로

맥스웰의 제 1의 기본 방정식에는 변위전류에 대한 식 $\frac{\partial D}{\partial t}$ 가 포함되어야 한다.

답 ①

06 맥스웰의 전자 방정식 - ③

맥스웰 방정식에 대한 설명으로 틀린 것은?

① 전도전류는 자계를 발생시키지만, 변위전류는 자계를 발생시키지 않는다.
② N극과 S극이 공존한다.
③ 자속밀도의 시간적 변화에 따라 전계의 회전이 발생한다.
④ 폐곡면을 통해 나오는 전속은 폐곡면 내 전하량과 같다.

해설 맥스웰 방정식

전도전류와 변위전류 모두 자계를 발생시킨다.

답 ①

07 맥스웰의 전자 방정식 - ④

맥스웰 전자방정식에 대한 설명으로 틀린 것은?

① 폐곡면을 통해 나오는 전속은 폐곡면 내의 전하량과 같다.
② 폐곡면을 통해 나오는 자속은 폐곡면 내의 자극의 세기와 같다.
③ 폐곡선에 따른 전계의 선적분은 폐곡선 내를 통하는 자속의 시간 변화율과 같다.
④ 폐곡선에 따른 자계의 선적분은 폐곡선 내를 통하는 전류와 전속의 시간적 변화율을 더한 것과 같다.

해설 맥스웰의 전자 방정식 정전계의 가우스의 미분형 : $divB = \nabla \cdot B = 0$
　① 자속의 연속성을 나타낸 식이다.
　② 고립(독립)된 자극(자하)은 없으며 N극과 S극이 항상 공존한다.
　　• 자속밀도의 발산은 없으며 즉, 자속밀도 B가 회전성분 만을 갖고 있음을 의미
　　• 공간상의 한 점에서 자속밀도가 새로이 발생되거나 소멸하지 않음

답 ②

12-3 전자계 - 전자파

1. 전자파의 파동방정식(완전 절연체인 경우)

   ① $\nabla^2 E = \varepsilon\mu \dfrac{\partial^2 E}{\partial t^2}$　　　　② $\nabla^2 H = \varepsilon\mu \dfrac{\partial^2 H}{\partial t^2}$

2. 자계에 대한 전계의 비 : $\sqrt{\varepsilon}\, E = \sqrt{\mu}\, H$

3. 파동 고유 임피던스 : $\eta = Z = \dfrac{E}{H} = \sqrt{\dfrac{\mu}{\varepsilon}}\ [\Omega]$

   1) $Z = \dfrac{E}{H} = \sqrt{\dfrac{\mu}{\varepsilon}} = \sqrt{\dfrac{\mu_0}{\varepsilon_0}\dfrac{\mu_s}{\varepsilon_s}} = \sqrt{\dfrac{4\pi \times 10^{-7}}{\dfrac{10^{-9}}{36\pi}}\dfrac{\mu_s}{\varepsilon_s}} = 120\pi\sqrt{\dfrac{\mu_s}{\varepsilon_s}} = 377\sqrt{\dfrac{\mu_s}{\varepsilon_s}}\ [\Omega]$

   2) (공기 = 진공) $Z = \dfrac{E}{H} = \sqrt{\dfrac{\mu_0}{\varepsilon_0}} = 120\pi = 377\ [\Omega]$

   3) 진공(공기)중일 때 전계와 자계의 실효값

   ① $E = \sqrt{\dfrac{\mu_0}{\varepsilon_0}}\, H = 377H\ [\text{V/m}]$

   ② $H = \sqrt{\dfrac{\varepsilon_0}{\mu_0}}\, E = \dfrac{1}{377} E = 0.265 \times 10^{-2} E\ [\text{A/m}]$

4. 전자파의 속도 : $v = \dfrac{1}{\sqrt{\varepsilon\mu}} = \dfrac{3 \times 10^8}{\sqrt{\varepsilon_s \mu_s}} = \dfrac{\omega}{\beta} = \dfrac{1}{\sqrt{LC}} = \lambda f\ [\text{m/s}]$

   여기서, $\beta = \omega\sqrt{LC}$: 위상정수, $\lambda[\text{m}]$: 파장, $f[\text{Hz}]$: 주파수

   전자파의 속도는 완전절연체에서는 주파수 $f[\text{Hz}]$와 무관하며 매질의 특성 $\varepsilon\mu$에 관계가 있으며 완전 절연체(유전체)에서 전자파는 무감쇠 진동을 한다.

01 전자파의 파동방정식 - ①　　　□□□ check up!

매질이 완전 절연체인 경우의 전자파동방정식을 표시하는 것은?

① $\nabla^2 E = \varepsilon\mu \dfrac{\partial E}{\partial t},\ \nabla^2 H = k\mu \dfrac{\partial H}{\partial t}$　　② $\nabla^2 E = \varepsilon\mu \dfrac{\partial^2 E}{\partial t},\ \nabla^2 H = k\mu \dfrac{\partial^2 E}{\partial t^2}$

③ $\nabla^2 E = \varepsilon\mu \dfrac{\partial^2 E}{\partial t^2},\ \nabla^2 H = \varepsilon\mu \dfrac{\partial^2 H}{\partial t^2}$　　④ $\nabla^2 E = \varepsilon\mu \dfrac{\partial E}{\partial t},\ \nabla^2 H = \varepsilon\mu \dfrac{\partial H}{\partial t}$

해설 전자파의 파동방정식(완전 절연체인 경우)

① $\nabla^2 E = \varepsilon\mu \dfrac{\partial^2 E}{\partial t^2}$　　　　② $\nabla^2 H = \varepsilon\mu \dfrac{\partial^2 H}{\partial t^2}$

답 ③

02 전자파의 파동방정식 - ②

도전성이 없고 유전율과 투자율이 일정하며, 전하분포가 없는 균질완전절연체 내에서 전계 및 자계가 만족하는 미분방정식의 형태는? (단, $a=\sqrt{\varepsilon\mu}$, $v=\dfrac{1}{\sqrt{\varepsilon\mu}}$)

① $\nabla^2 \overline{F} = \overline{O}$
② $\nabla^2 \overline{F} = \dfrac{1}{a^2} \cdot \dfrac{\partial \overline{F}}{\partial t}$
③ $\nabla^2 \overline{F} = \dfrac{1}{v^2} \cdot \dfrac{\partial^2 \overline{F}}{\partial t^2}$
④ $\nabla^2 \overline{F} = \dfrac{1}{a^2} \cdot \dfrac{\partial \overline{F}}{\partial t} + \dfrac{1}{v^2} \cdot \dfrac{\partial^2 \overline{F}}{\partial t^2}$

해설 $\nabla^2 \overline{F} = \dfrac{1}{v^2} \cdot \dfrac{\partial^2 \overline{F}}{\partial t^2}$ **답** ③

03 자계에 대한 전계의 비

전자파 파동임피던스 관계식으로 옳은 것은?

① $\sqrt{\varepsilon}H = \sqrt{\mu}E$
② $\sqrt{\varepsilon\mu} = EH$
③ $\sqrt{\mu}H = \sqrt{\varepsilon}E$
④ $\varepsilon\mu = EH$

해설 파동 고유 임피던스 $\eta = Z = \dfrac{E}{H} = \sqrt{\dfrac{\mu}{\varepsilon}}\,[\Omega]$에서 전계와 자계의 관계 $\sqrt{\varepsilon}E = \sqrt{\mu}H$ 가 된다.   **답** ③

04 파동 임피던스 - ①

자유공간(진공)에서의 고유임피던스$[\Omega]$는?

① 144
② 277
③ 377
④ 544

해설 공기=진공 중 파동 임피던스 $Z = \dfrac{E}{H} = \sqrt{\dfrac{\mu_o}{\varepsilon_o}} = 120\pi = 377\,[\Omega]$ **답** ③

05 파동 임피던스 - ②

$\varepsilon_s = 81$, $\mu_s = 1$인 매질의 전자파의 고유 임피던스(intrinsic impedance)는 얼마인가?

① $41.9\,[\Omega]$
② $33.9\,[\Omega]$
③ $21.9\,[\Omega]$
④ $13.9\,[\Omega]$

해설 파동 고유임피던스 $Z = \sqrt{\dfrac{\mu}{\varepsilon}} = \sqrt{\dfrac{\mu_o}{\varepsilon_o}}\sqrt{\dfrac{\mu_s}{\varepsilon_s}} = 377\sqrt{\dfrac{\mu_s}{\varepsilon_s}} = 377\sqrt{\dfrac{1}{81}} = 41.888 ≒ 41.9\,[\Omega]$ **답** ①

06 파동 임피던스 - ③

전계 $E=\sqrt{2}E_e\sin\omega\left(t-\dfrac{x}{c}\right)$[V/m]인 평면 전자파가 있을 때 자계의 실효치[A/m]는? (단, 진공 중이라 한다.)

① $5.4\times10^{-3}E_e$
② $4.0\times10^{-3}E_e$
③ $2.7\times10^{-3}E_e$
④ $1.3\times10^{-3}E_e$

해설 진공(공기)중일 때 전계와 자계의 실효값

① $E=\sqrt{\dfrac{\mu_o}{\varepsilon_o}}\,H=377H$ [V/m]

② $Z=\sqrt{\dfrac{\varepsilon_o}{\mu_o}}\,E=\dfrac{1}{377}E=2.65\times10^{-3}E$ [A/m]

답 ③

07 전자파의 속도 - ①

유전율 ε, 투자율 μ의 공간을 전파하는 전자파의 전파 속도 v[m/s]는?

① $v=\sqrt{\varepsilon\mu}$
② $v=\sqrt{\dfrac{\varepsilon}{\mu}}$
③ $v=\sqrt{\dfrac{\mu}{\varepsilon}}$
④ $v=\dfrac{1}{\sqrt{\varepsilon\mu}}$

해설 전자파의(전파)속도 $v=\dfrac{1}{\sqrt{\varepsilon\mu}}=\dfrac{3\times10^8}{\sqrt{\varepsilon_s\mu_s}}=\dfrac{\omega}{\beta}=\dfrac{1}{\sqrt{LC}}=\lambda f$ [m/s]

여기서, $\beta=\omega\sqrt{LC}$: 위상정수, λ[m] : 파장, f[Hz] : 주파수

답 ④

08 전자파의 속도 - ②

유전율 ε, 투자율 μ인 매질 중을 주파수 f[Hz]의 전자파가 전파되어 나갈 때의 파장[m]은?

① $f\sqrt{\varepsilon\mu}$
② $\dfrac{1}{f\sqrt{\varepsilon\mu}}$
③ $\dfrac{f}{\sqrt{\varepsilon\mu}}$
④ $\dfrac{\sqrt{\varepsilon\mu}}{f}$

해설 전자파의 전파속도 $v=\dfrac{1}{\sqrt{\varepsilon\mu}}=\lambda f$[m/sec]에서 파장 $\lambda=\dfrac{1}{f\sqrt{\varepsilon\mu}}$[m]이 된다.

답 ②

12-4 전자계 – 전자파의 특징

1. 전자파(평면파=TEM파)의 특징
   ① 전자파에서는 전계와 자계가 동시에 존재하고 동상이다.
   ② 전계 에너지와 자계 에너지는 같다.
   ③ 전자파의 진행 방향 : $E \times H$의 방향이다.
   ④ 전자파는 진행 방향에 대한 전계와 자계의 성분은 없고 수직 성분만 존재 한다.
   만약 Z축으로 진행하는 전자파라고 가정한다면 X, Y축의 미분계수는 존재하지 않으며 Z축의 미분계수만 존재한다. 그래서 Z축의 전계와 자계의 성분이 없다.

2. 포인팅 벡터 : 면적당 전력
   ① $R = \dfrac{P}{S} = E \times H = EH\sin\theta = EH\sin 90° = EH\,[\text{W/m}^2]$
   ② 진공, 공기중에서 포인팅 벡터 $R = EH = 377H^2 = \dfrac{1}{377}E^2 = \dfrac{P}{S}\,[\text{W/m}^2]$

3. 전자파의 경계의 조건
   상이한 매질의 경계면에서 전자파는 다음과 같은 조건을 만족한다.
   ① 경계면의 양측에서 전계의 세기의 접선성분은 같다. ($E_{t1} = E_{t2} = E$)
   ② 경계면의 양측에서는 전속밀도의 법선성분이 같다. ($D_{n1} = D_{n2}$)
   ③ 경계면의 양측에서는 자계의 세기의 접선성분이 같다. ($H_{t1} = H_{t2}$)
   ④ 경계면의 양측에서는 자속밀도의 법선성분이 같다. ($B_{n1} = B_{n2}$)
   ⑤ 이상 도체면에서는 자계의 세기의 접선 성분은 표면 전류 밀도가 같다.

01 전자파의 특징 – ① □□□ check up!

전자파는?

① 전계만 존재한다.
② 자계만 존재한다.
③ 전계와 자계가 동시에 존재한다.
④ 전계와 자계가 동시에 존재하되 위상이 90° 다르다.

해설 　전자파(평면파=TEM파)의 특징
① 전자파에서는 전계와 자계가 동시에 존재하고 동상이다.
② 전계 에너지와 자계 에너지는 같다
③ 전자파의 진행 방향 : $E \times H$의 방향이다.
④ 전자파는 진행 방향에 대한 전계와 자계의 성분은 없고 수직 성분만 존재 한다
　　만약 Z축으로 진행하는 전자파라고 가정한다면 X, Y축의 미분계수는 존재하지 않으며 Z축의 미분계수만 존재한다. 그래서 Z축의 전계와 자계의 성분이 없다.

답 ③

02 전자파의 특징 - ②

시변 전자파에 대한 설명 중 틀린 것은?

① 전자파는 전계와 자계가 동시에 존재한다.
② TEM파에서는 전파의 진행 방향으로 전계와 자계가 존재한다.
③ 포인팅 벡터의 방향은 전자파의 진행 방향과 같다.
④ 수직편파는 대지에 대해서 전계가 수직면에 있는 전자파이다.

해설 　TEM(횡전자파)는 전계와 자계 전파의 진행방향과 수직으로 존재한다.

답 ②

03 전자파의 특징 - ③

자유공간을 진행하는 전자기파의 전계와 자계의 위상차는?

① 전계가 $\frac{\pi}{2}$ 빠르다.　　　　② 자계가 $\frac{\pi}{2}$ 빠르다.
③ 위상이 같다.　　　　　　　④ 전계가 π 빠르다.

해설 　전자파에서는 전계와 자계가 동시에 존재하고 동상이다.

답 ③

04 전자파의 특징 - ④

전자파의 진행 방향은?

① 전계 E의 방향과 같다.　　　② 자계 H의 방향과 같다.
③ $E \times H$의 방향과 같다.　　　④ $H \times E$의 방향과 같다.

해설 　전자파의 진행 방향 : $E \times H$의 방향이다.

답 ③

05 전자파의 특징 - ⑤

변위 전류에 의하여 전자파가 발생되었을 때 전자파의 위상은?

① 변위 전류보다 90° 빠르다.
② 변위 전류보다 90° 늦다.
③ 변위 전류보다 30° 빠르다.
④ 변위 전류보다 30° 늦다.

해설 전자파는 변위 전류보다 90° 늦다.

답 ②

06 포인팅 벡터 - ①

전계 $E[\text{V/m}]$, 자계 $H[\text{AT/m}]$의 전자계가 평면파를 이루고, 자유공간으로 단위 시간에 전파될 때 단위 면적당 전력밀도$[\text{W/m}^2]$의 크기는?

① EH^2
② EH
③ $\frac{1}{2}EH^2$
④ $\frac{1}{2}EH$

해설 ① 포인팅 벡터 : 임의의 점을 통과할 때 전력밀도 또는 면적당 전력

$$R = \frac{P}{S} = E \times H = EH\sin\theta = EH\sin 90° = EH[\text{W/m}^2]$$

② 진공, 공기중에서 포인팅 벡터

$$R = EH = 377H^2 = \frac{1}{377}E^2 = \frac{P}{S}[\text{W/m}^2]$$

답 ②

07 포인팅 벡터 - ②

전계 및 자계의 세기가 각각 E, H일 때 포인팅벡터 R은 몇 $[\text{W/m}^2]$인가?

① $E + H$
② $V(E \cdot H)$
③ $E \times H$
④ $\oint E \times H dl$

해설 포인팅 벡터 : 임의의 점을 통과할 때 전력밀도 또는 면적당 전력

$$R = \frac{P}{S} = E \times H = EH\sin\theta = EH\sin 90° = EH[\text{W/m}^2]$$

답 ③

08 포인팅 벡터 - ③

자유공간에 있어서의 포인팅 벡터를 $P[\text{W/m}^2]$이라 할 때, 전계의 세기의 실효값 $E_o[\text{V/m}]$를 구하면?

① $377P$
② $\dfrac{P}{377}$
③ $\sqrt{377P}$
④ $\sqrt{\dfrac{P}{377}}$

해설 포인팅벡터 $P = \dfrac{1}{377}E^2 [\text{W/m}^2]$에서 전계 $E = \sqrt{377P}\ [\text{V/m}]$가 된다.

답 ③

09 포인팅 벡터 - ④

유전율이 $\varepsilon = 4\varepsilon_0$이고 투자율이 μ_0인 비도전성 유전체에서 전자파의 전계의 세기가 $E(z,t) = a_y 377 \cos(10^9 t - \beta Z)[\text{V/m}]$일 때의 자계의 세기 H는 $[\text{A/m}]$인가?

① $-a_z 2\cos(10^9 t - \beta Z)$
② $-a_x 2\cos(10^9 t - \beta Z)$
③ $-a_z 7.1 \times 10^4 \cos(10^9 t - \beta Z)$
④ $-a_x 7.1 \times 10^4 \cos(10^9 t - \beta Z)$

해설 전계와 자계와의 관계 $\sqrt{\varepsilon}\,E = \sqrt{\mu}\,H$를 이용 유전율 $\varepsilon = 4\varepsilon_0$이고 투자율이 $\mu = \mu_0$이므로

$$H = \sqrt{\dfrac{\varepsilon}{\mu}}\,E = \sqrt{\dfrac{4\varepsilon_o}{\mu_o}}\,E = \sqrt{\dfrac{4 \times 8.855 \times 10^{-12}}{4\pi \times 10^{-7}}} \times 377 = 2.001 [\text{A/m}]$$ 이 되고

$E(z,t) = a_y 377\cos(10^9 t - \beta Z)[\text{V/m}]$은 전파 E의 크기는 a_y방향, 진행파는 a_z방향, 즉 z의 방향이 된다. 전자파의 진행방향은 $E \times H$ 방향이므로 외적의 성질을 이용 $i \times j = k$가 된다.
하지만 진행방향은 a_z이지만 파동은 a_y이므로 $j \times -i = k$이므로 자파 H는 $-a_x$ 방향이 되므로
$H = -a_x 2\cos(10^9 t - \beta Z)[\text{AT/m}]$가 된다.

답 ②

10 포인팅 벡터 - ⑤

전계의 실효치가 $377[\text{V/m}]$인 평면전자파가 진공을 진행하고 있다. 이 때 이 전자파에 수직되는 방향으로 설치된 단면적 $10[\text{m}^2]$의 센서로 전자파의 전력을 측정하려고 한다. 센서가 $1[\text{W}]$의 전력을 측정했을 때 $1[\text{mA}]$의 전류를 외부로 흘려준다면 전자파의 전력을 측정했을 때 외부로 흘려주는 전류는 몇 $[\text{mA}]$인가?

① $3.77[\text{mA}]$
② $37.7[\text{mA}]$
③ $377[\text{mA}]$
④ $3770[\text{mA}]$

해설 포인팅 벡터 $R=EH=377H^2=\dfrac{1}{377}E^2=\dfrac{P}{S}[\text{W/m}^2]$

전력 $P=\dfrac{1}{377}E^2S=\dfrac{1}{377}\times 377^2 \times 10=3770[\text{W}]$

1[W]의 전력을 측정 했을 때 1[mA]의 전류를 외부로 흘려주므로 3770[W]의 전력측정시 외부로 흘려주는 전류는 3770[mA]라 할 수 있다.

답 ④

11 포인팅 벡터 - ⑥ ☐☐☐ check up!

진공중의 점 A에서 출력 $50[\text{kW}]$의 전자파를 방사하여 이것이 구면파로서 전파할 때 점 A에서 $100[\text{km}]$ 떨어진 점 B에 있어서의 포인팅 벡터 값은 약 몇 $[\text{W/m}^2]$인가?

① $4\times 10^{-7}[\text{W/m}^2]$
② $4.5\times 10^{-7}[\text{W/m}^2]$
③ $5\times 10^{-7}[\text{W/m}^2]$
④ $5.5\times 10^{-7}[\text{W/m}^2]$

해설 포인팅 벡터 $R=\dfrac{P}{S}=\dfrac{P}{4\pi r^2}=\dfrac{50000}{4\pi \times (100\times 10^3)^2}=3.98\times 10^{-7}[\text{W/m}^2]$

답 ①

12 전자파의 경계의 조건 ☐☐☐ check up!

수평 전파는?

① 대지에 대해서 전계가 수직면에 있는 전자파
② 대지에 대해서 전계가 수평면에 있는 전자파
③ 대지에 대해서 자계가 수직면에 있는 전자파
④ 대지에 대해서 자계가 수평면에 있는 전자파

해설 수평 전파는 전계가 대지에 대해서 수평면(입사면에 수직)에 있는 전자파이고 수직전파는 전계가 대지에 대해서 수직면(입사면에 수평)에 있는 전자파를 말한다.

답 ②

[**D-30** 전기기사·산업기사 필기
30일 필기 단기완성]

제1과목 전기자기학 DAY-05

30일 단기완성
Chapter 13 최신기출

---

01 전기력선의 성질 ☐☐☐ check up!

그림과 같이 등전위면이 존재하는 경우 전계의 방향은?

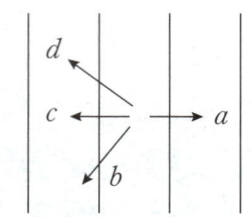

20[V] 30[V] 40[V] 50[V]

① a
② b
③ c
④ d

해설 전기력선(전계)은 전위가 높은 점에서 낮은 점으로 향한다. 답 ③

---

02 전속밀도 ☐☐☐ check up!

전계 내 도체 표면에서 전계의 세기가 $E=\dfrac{a_x-2a_y+2a_z}{\varepsilon_0}$ [V/m]일 때 도체 표면상의 전하 밀도 ρ_s[C/m²]를 구하면? (단, 자유공간이다.)

① 1
② 2
③ 3
④ 5

해설 $\rho_s = D = \varepsilon_0 E = \varepsilon_0 \times \dfrac{a_x-2a_y+2a_z}{\varepsilon_0} = a_x-2a_y+2a_z$ [C/m²]

$|\rho_s| = \sqrt{1^2+(-2)^2+2^2} = 3$ [C/m²] 답 ③

03 도체 모양에 따른 전위 - ①

그림과 같이 공기 중 2개의 동심 구도체에서 내구(A)에만 전하 Q를 주고 외구(B)를 접지하였을 때 내구(A)의 전위는?

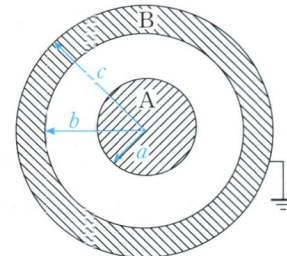

① $\dfrac{Q}{4\pi\varepsilon_0}\left(\dfrac{1}{a}-\dfrac{1}{b}+\dfrac{1}{c}\right)$
② $\dfrac{Q}{4\pi\varepsilon_0}\left(\dfrac{1}{a}-\dfrac{1}{b}\right)$
③ $\dfrac{Q}{4\pi\varepsilon_0}\cdot\dfrac{1}{c}$
④ 0

해설 접지된 도체의 전위는 영전위이고 정전차폐가 된다. 도체A에 준 전하에 의한 전계는 B도체 외부로 발산되지 못하므로 $V=-\int_b^a E\,dr=-\int_b^a \dfrac{Q}{4\pi\varepsilon_0 r^2}dr=\dfrac{Q}{4\pi\varepsilon_0}\left(\dfrac{1}{a}-\dfrac{1}{b}\right)[\text{V}]$ **답** ②

04 도체 모양에 따른 전위 - ②

진공 중 4[m] 간격으로 평행한 두 개의 무한평판 도체에 각각 $+4[\text{C/m}^2]$, $-4[\text{C/m}^2]$의 전하를 주었을 때, 두 도체 간의 전위차는 약 몇 [V]인가?

① 1.36×10^{11}
② 1.36×10^{12}
③ 1.8×10^{11}
④ 1.8×10^{12}

해설 평행판 사이 전위차 $V=E\cdot d=\dfrac{\sigma}{\varepsilon_0}d=\dfrac{4}{8.855\times10^{-12}}\times4=1.8\times10^{12}[\text{V}]$ **답** ④

05 전기력선 방정식

전계 $E=\dfrac{2}{x}\hat{x}+\dfrac{2}{x}\hat{y}[\text{V/m}]$에서 점$(3, 5)[\text{m}]$를 통과하는 전기력선의 방정식은? (단, $\hat{x}$, $\hat{y}$는 단위벡터이다.)

① $x^2+y^2=12$
② $y^2-x^2=12$
③ $x^2+y^2=16$
④ $y^2-x^2=16$

해설 　전계의 세기가 $E=\dfrac{2}{x}\hat{x}+\dfrac{2}{x}\hat{y}$일 때 전기력선의 방정식을 구하면 전기력선의 방정식 $\dfrac{dx}{Ex}=\dfrac{dy}{Ey}$이므로

$\dfrac{dx}{\frac{2}{x}}=\dfrac{dy}{\frac{2}{y}}$ → $xdx=ydy$에서 양변을 적분하면 $\dfrac{1}{2}x^2+\dfrac{1}{2}y^2+k$,

$x=3$, $y=5$이므로 $k=-8$가 된다. 따라서 이에 등식이 해당되는 보기는 $y^2-x^2=16$이다. 　답 ④

06 도체 모양에 따른 정전용량　　□□□ check up!

내구의 반지름이 $a=5[cm]$, 외구의 반지름이 $b=10[cm]$이고, 공기로 채워진 동심구형 커패시터의 정전용량은 약 몇 [pF]인가?

① 11.1
② 22.2
③ 33.3
④ 44.4

해설 　동심구형 콘덴서 정전용량

$C=\dfrac{4\pi\varepsilon_0}{\dfrac{1}{a}-\dfrac{1}{b}}=4\pi\varepsilon_0\dfrac{ab}{b-a}=\dfrac{1}{9\times10^9}\times\dfrac{0.05\times0.1}{0.1-0.05}\times10^{12}=11.1[pF]$ 　답 ①

07 전위계수　　□□□ check up!

진공 중에 서로 떨어져 있는 두 도체 A, B가 있다. 도체 A에만 1[C]의 전하를 줄 때, 도체 A, B의 전위가 각각 3[V], 2[V]이었다. 지금 도체 A, B에 각각 1[C]과 2[C]의 전하를 주면 도체 A의 전위는 몇 [V]인가?

① 6
② 7
③ 8
④ 9

해설 　A 도체(1도체)에만 1[C]의 전하를 주었으므로 B(2도체)도체에 전하량은 0[C]이 된다.
두 도체의 전위 $V_1=P_{11}Q_1+P_{12}Q_2$, $V_2=P_{21}Q_2+P_{22}Q_2$에
$Q_1=1[C]$, $Q_2=0[C]$, $V_1=4$, $V_2=6$을 대입정리하면 $P_{11}=3$, $P_{21}=P_{12}=2$
따라서 $Q_1=1[C]$, $Q_2=2[C]$을 주면
A 도체(1도체)의 전위는 $V_1=P_{11}Q_1+P_{12}Q_2=3\times1+2\times2=7[V]$ 　답 ②

08 정전 에너지 □□□ check up!

평행판 커패시터에 어떤 유전체를 넣었을 때 전속밀도가 $4.8 \times 10^{-7}[C/m^2]$이고 단위 체적당 정전에너지가 $5.3 \times 10^{-3}[J/m^3]$이었다. 이 유전체의 유전율은 약 몇 [F/m]인가?

① 1.15×10^{-11}
② 2.17×10^{-11}
③ 3.19×10^{-11}
④ 4.21×10^{-11}

해설 전속밀도 $D=4.8 \times 10^{-7}[C/m^2]$ 단위체적당 정전에너지 $W=5.3 \times 10^{-3}[J/m^3]$이므로
$W=\dfrac{D^2}{2\varepsilon}$을 이용하여 유전율을 구하면 $\varepsilon=\dfrac{D^2}{2W}=\dfrac{(4.8 \times 10^{-7})^2}{2 \times 5.3 \times 10^{-3}}=2.17 \times 10^{-11}[F/m]$ **답** ②

09 정전 흡입력 □□□ check up!

면적이 $0.02[m^2]$, 간격이 $0.03[m]$이고, 공기로 채워진 평행평판의 커패시터에 $1.0 \times 10^{-6}[C]$의 전하를 충전시킬 때, 두 판 사이에 작용하는 힘의 크기는 약 몇 [N]인가?

① 1.13
② 1.41
③ 1.89
④ 2.83

해설 단위 면적당 정전 흡입력 $f=\dfrac{F}{S}=\dfrac{\sigma^2}{2\varepsilon_0}=\dfrac{D^2}{2\varepsilon_0}=\dfrac{\varepsilon_0 E^2}{2}=\dfrac{ED}{2}[N/m^2]$에서
$F=f \cdot S=\dfrac{\sigma^2}{2\varepsilon_0}S=\dfrac{\left(\dfrac{Q}{S}\right)^2}{2\varepsilon_0}S=\dfrac{Q^2}{2\varepsilon_0 S}=\dfrac{(1.0 \times 10^{-6})^2}{2 \times 8.855 \times 10^{-12} \times 0.02}=2.83[N]$ **답** ④

10 분극의 세기 □□□ check up!

정전용량이 $20[\mu F]$인 공기의 평행판 커패시터에 $0.1[C]$의 전하량을 충전하였다. 두 평행판 사이에 비유전율이 10인 유전체를 채웠을 때 유전체 표면에 나타나는 분극 전하량[C]은?

① 0.009
② 0.01
③ 0.09
④ 0.1

해설 분극의 세기=분극전하밀도 $\sigma_P=D\left(1-\dfrac{1}{\varepsilon_s}\right)=\dfrac{Q}{S}\left(1-\dfrac{1}{\varepsilon_s}\right)$
분극전하량 $Q_P=\sigma_P \cdot S=Q\left(1-\dfrac{1}{\varepsilon_s}\right)=0.1 \times \left(1-\dfrac{1}{10}\right)=0.09[C]$ **답** ③

11 유전체 경계면 조건

두 종류의 유전율($\varepsilon_1, \varepsilon_2$)을 가진 유전체 경계면에 진전하가 존재하지 않을 때 성립하는 경계조건을 옳게 나타낸 것은? (단, θ_1, θ_2는 각각 유전체 경계면의 법선벡터와 E_1, E_2가 이루는 각이다.)

① $E_1\sin\theta_1 = E_2\sin\theta_2$, $D_1\sin\theta_1 = D_2\sin\theta_2$, $\dfrac{\tan\theta_1}{\tan\theta_2} = \dfrac{\varepsilon_2}{\varepsilon_1}$

② $E_1\cos\theta_1 = E_2\cos\theta_2$, $D_1\cos\theta_1 = D_2\cos\theta_2$, $\dfrac{\tan\theta_1}{\tan\theta_2} = \dfrac{\varepsilon_1}{\varepsilon_2}$

③ $E_1\cos\theta_1 = E_2\cos\theta_2$, $D_1\sin\theta_1 = D_2\sin\theta_2$, $\dfrac{\tan\theta_1}{\tan\theta_2} = \dfrac{\varepsilon_2}{\varepsilon_1}$

④ $E_1\sin\theta_1 = E_2\sin\theta_2$, $D_1\cos\theta_1 = D_2\cos\theta_2$, $\dfrac{\tan\theta_1}{\tan\theta_2} = \dfrac{\varepsilon_1}{\varepsilon_2}$

해설 ① 완전경계조건 : 경계면(접선)에는 진전하밀도가 존재하지 않고, 전위차는 없다.
② 법선(수직)에는 전속밀도 $D_1 = D_2$만 존재(법 밀 코)
  ⓐ $D_1 = D_2$: 연속적이다.   ⓑ $E_1 \neq E_2$: 불연속적이다.
  ⓒ $D_1\cos\theta_1 = D_2\cos\theta_2$, $\varepsilon_1 E_1\cos\theta_1 = \varepsilon_2 E_2\cos\theta_2$
③ 접선(수평)=경계면에는 전계 $E_1 = E_2$만 존재(접 계 싸)
  ⓐ $E_1 = E_2$: 연속적이다.   ⓑ $D_1 \neq D_2$: 불연속적이다.
  ⓒ $E_1\sin\theta_1 = E_2\sin\theta_2$
④ 굴절각 $\varepsilon_1\tan\theta_2 = \varepsilon_2\tan\theta_1$이며 유전체에 비례한다.
⑤ 굴절하지 않는 경우 : 문제에서 각도가 주어지지 않는 경우 경계면에 수직으로 입사하는 것으로 본다.
  즉 전속 또는 전기력선이 경계면에 수직으로 입사 시 $\theta_1 = 0$, $\theta_2 = 0$이므로 다음과 같은 관계가 성립.
  ⓐ 전속과 전기력선은 굴절하지 않는다.
  ⓑ 전속밀도만 법선에 존재하며 전속밀도는 불변이다.
  ⓒ 전계의 세기는 불연속적이다.
⑥ 비례 관계 : $\varepsilon_1 > \varepsilon_2$일 때 $\theta_1 > \theta_2$, $D_1 > D_2$, $E_1 < E_2$

답 ④

12 경계면에 작용하는 힘

전계 $E[\text{V/m}]$가 두 유전체의 경계면에 평행으로 작용하는 경우 경계면에 단위면적당 작용하는 힘의 크기는 몇 $[\text{N/m}^2]$인가? (단, $\varepsilon_1, \varepsilon_2$는 각 유전체의 유전율이다.)

① $f = E^2(\varepsilon_1 - \varepsilon_2)$

② $f = \dfrac{1}{E^2}(\varepsilon_1 - \varepsilon_2)$

③ $f = \dfrac{1}{2}E^2(\varepsilon_1 - \varepsilon_2)$

④ $f = \dfrac{1}{2E^2}(\varepsilon_1 - \varepsilon_2)$

해설 ① 전계가 경계면에 수평으로 입사 시 $\varepsilon_1 > \varepsilon_2$ $f = \frac{1}{2}(\varepsilon_1 - \varepsilon_2)E^2 [\text{N/m}^2]$

② 전계가 경계면에 수직으로 입사 시 $\varepsilon_1 > \varepsilon_2$ $f = \frac{1}{2}(\frac{1}{\varepsilon_2} - \frac{1}{\varepsilon_1})D^2 [\text{N/m}^2]$

답 ③

13 복합유전체의 합성정전용량 □□□ check up!

평행 극판 사이의 간격이 $d[\text{m}]$이고 정전용량이 $0.3[\mu\text{F}]$인 공기 커패시터가 있다. 그림과 같이 두 극판 사이에 비유전율이 5인 유전체를 절반 두께 만큼 넣었을 때 이 커패시터의 정전용량은 몇 $[\mu\text{F}]$이 되는가?

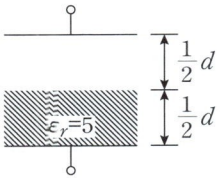

① 0.01
② 0.05
③ 0.1
④ 0.5

해설 공기 콘덴서 정전용량 $C_0 = 0.3[\mu\text{F}]$, 비유전율 $\varepsilon_s = 5$일 때
공기 콘덴서 판간격 절반 두께에 유전체를 평행판에 수평으로 채운 경우
$C = C_0 \times \frac{2\varepsilon_s}{1+\varepsilon_s} = 0.3 \times \frac{2 \times 5}{1+5} = 0.5 [\mu\text{F}]$

답 ④

14 접지·무한평면도체와 점전하 사이 힘 □□□ check up!

공기 중 무한 평면도체의 표면으로부터 2[m] 떨어진 곳에 4[C]의 점전하가 있다. 이 점전하가 받는 힘은 몇 [N]인가?

① $\frac{1}{\pi\varepsilon_0}$
② $\frac{1}{4\pi\varepsilon_0}$
③ $\frac{1}{8\pi\varepsilon_0}$
④ $\frac{1}{16\pi\varepsilon_0}$

해설 무한 평면도체와 점전하 사이에 작용하는 힘 = 영상력
$F = -9 \times 10^9 \frac{Q^2}{4a^2} = -2.25 \times 10^9 \frac{Q^2}{a^2} = -\frac{Q^2}{16\pi\varepsilon_0 a^2}[\text{N}]$
$(-)$: 항상 흡인력 $a[\text{m}]$: 무한평면에서 떨어진 거리
$F = -\frac{Q^2}{16\pi\varepsilon_0 a^2} = -\frac{4^2}{16\pi\varepsilon_0 \times 2^2} = -\frac{1}{4\pi\varepsilon_0}[\text{N}]$

답 ②

15 접지구도체과 점전하 사이 힘

반지름이 $a[\mathrm{m}]$인 접지 구도체의 중심에서 $d[\mathrm{m}]$ 거리에 점전하 $Q[\mathrm{C}]$을 놓았을 때 구도체에 유도된 총 전하는 몇 $[\mathrm{C}]$인가?

① $-Q$
② $-\dfrac{d}{a}Q$
③ 0
④ $-\dfrac{a}{d}Q$

해설 접지구도체와 점전하 Q에서 영상전하 $Q' = -\dfrac{a}{d}Q[\mathrm{C}]$

답 ④

16 전류

$10[\mathrm{mm}]$의 지름을 가진 동선에 $50[\mathrm{A}]$의 전류가 흐를 때 단위 시간에 동선의 단면을 통과하는 전자의 수는 얼마인가?

① 약 $50 \times 10^{19}[개]$
② 약 $20.45 \times 10^{19}[개]$
③ 약 $31.25 \times 10^{19}[개]$
④ 약 $7.85 \times 10^{19}[개]$

해설 전류 $I = \dfrac{Q}{t} = \dfrac{ne}{t}[\mathrm{A}]$

전자의 수 $n = \dfrac{I \cdot t}{e} = \dfrac{50 \times 1}{1.602 \times 10^{-19}} = 31.21 \times 10^{19}[개]$

답 ③

17 동축 원통·원주의 저항

내부 원통 도체의 반지름이 $a[\mathrm{m}]$, 외부 원통도체의 반지름이 $b[\mathrm{m}]$인 동축 원통 도체에서 내외 도체 간 물질의 도전율이 $\sigma[\mho/\mathrm{m}]$일 때 내외 도체 간의 단위 길이당 컨덕턴스 $\sigma[\mho/\mathrm{m}]$는?

① $\dfrac{2\pi\sigma}{\ln\dfrac{b}{a}}$
② $\dfrac{2\pi\sigma}{\ln\dfrac{a}{b}}$
③ $\dfrac{4\pi\sigma}{\ln\dfrac{b}{a}}$
④ $\dfrac{4\pi\sigma}{\ln\dfrac{a}{b}}$

해설 원통도체 내외 정전용량 $C=\dfrac{2\pi\varepsilon}{\ln\dfrac{b}{a}}[\mathrm{F}]$

컨덕턴스 $G=\dfrac{1}{R}=\dfrac{C}{\rho\varepsilon}=\dfrac{\dfrac{2\pi\varepsilon}{\ln\dfrac{b}{a}}}{\rho\varepsilon}=\dfrac{2\pi}{\rho\ln\dfrac{b}{a}}=\dfrac{2\pi\sigma}{\ln\dfrac{b}{a}}[\mho/\mathrm{m}]$

답 ①

18 여러 가지 전기현상

두 종류의 금속으로 폐회로를 만들고 여기에 전류를 흘리면 양 접속점에서 한 쪽은 온도가 올라가고 한 쪽은 온도가 내려가서 열의 발생 또는 흡수가 생기고, 전류를 반대 방향으로 변화시키면 열의 발생부와 흡수부가 바뀌는 현상이 발생한다. 이 현상을 지칭하는 효과로 알맞은 것은?

① 핀치 효과
② 펠티어 효과
③ 톰슨 효과
④ 제어벡 효과

해설 서로 다른 금속에서 다른 쪽 금속으로 전류를 흘리면 열의 발생 또는 흡수가 일어나는 현상을 펠티어 효과라 한다.

답 ②

19 자기쌍극자

자기 쌍극자에 의한 자위 $U[\mathrm{A}]$에 해당되는 것은? (단, 자기 쌍극자의 자기 모멘트는 $M[\mathrm{Wb\cdot m}]$, 쌍극자의 중심으로부터의 거리는 $r[\mathrm{m}]$, 쌍극자의 정방향과의 각도는 θ라고 한다.)

① $6.33\times10^4\dfrac{M\sin\theta}{r^3}$
② $6.33\times10^4\dfrac{M\sin\theta}{r^2}$
③ $6.33\times10^4\dfrac{M\cos\theta}{r^3}$
④ $6.33\times10^4\dfrac{M\cos\theta}{r^2}$

해설 자기 쌍극자에 의한 자위

$U=\dfrac{M}{4\pi\mu_0 r^2}\cos\theta=6.33\times10^4\times\dfrac{M}{r^2}\cos\theta[\mathrm{A}]$

답 ④

20 막대자석의 회전력

자극의 세기가 $7.4\times10^{-5}[\mathrm{Wb}]$, 길이가 $10[\mathrm{cm}]$인 막대자석이 $100[\mathrm{AT/m}]$의 평등자계 내에 자계의 방향과 $30°$로 놓여 있을 때 이 자석에 작용하는 회전력$[\mathrm{N\cdot m}]$은?

① 2.5×10^{-3}
② 3.7×10^{-4}
③ 5.3×10^{-5}
④ 6.2×10^{-6}

해설 $T = mlH\sin\theta = MH\sin\theta \equiv M \times H$에서
$m = 7.4 \times 10^{-5}[\text{Wb}]$, $l = 0.1[\text{m}]$, $H = 100[\text{AT/m}]$, $\theta = 30°$이므로
$T = 7.4 \times 10^{-5} \times 0.1 \times 100 \times \sin 30° = 3.7 \times 10^{-4}[\text{N} \cdot \text{m}]$

답 ②

21 막대자석을 θ만큼 회전시 필요한 일 □□□ check up!

자기 모멘트 $9.8 \times 10^{-5}[\text{Wb} \cdot \text{m}]$의 막대자석을 지구자계의 수평성분 $10.5[\text{AT/m}]$인 곳에서 지자기 자오면으로부터 $90°$ 회전시키는데 필요한 일은 약 몇 [J]인가?

① 1.03×10^{-3}
② 1.03×10^{-5}
③ 9.03×10^{-3}
④ 9.03×10^{-5}

해설 $W = \int_0^\theta T d\theta = \int_0^\theta MH\sin\theta d\theta = MH(1-\cos\theta)$
$= 9.8 \times 10^{-5} \times 10.5 \times (1-\cos 90°) = 1.029 \times 10^{-3}[\text{J}]$

답 ①

22 무한장 직선도체에 의한 자계 □□□ check up!

무한장 직선형 도선에 $I[\text{A}]$의 전류가 흐를 경우 도선으로부터 $R[\text{m}]$ 떨어진 점의 자속밀도 $B[\text{Wb/m}^2]$는?

① $B = \dfrac{\mu I}{2\pi R}$
② $B = \dfrac{I}{2\pi \mu R}$
③ $B = \dfrac{\mu I}{4\pi R}$
④ $B = \dfrac{I}{4\pi \mu R}$

해설 자속밀도 $B = \mu H[\text{Wb/m}^2]$이며 무한장 직선 도체의 자계 $H = \dfrac{I}{2\pi R}[\text{AT/m}]$이므로
$B = \mu H = \dfrac{\mu I}{2\pi R}[\text{Wb/m}^2]$이다.

답 ①

23 원형도체 중심점 자계 □□□ check up!

지름이 $10[\text{cm}]$인 원형 코일 중심에서 자계가 $1000[\text{A/m}]$이다. 원형코일이 100회 감겨 있을 때 전류는 몇 [A]인가?

① 1
② 2
③ 3
④ 5

해설 원형도체 중심점 자계 $H = \dfrac{NI}{2a}$ [AT/m]

$$I = \dfrac{2aH}{N} = \dfrac{2 \times \dfrac{0.1}{2} \times 1000}{100} = 1 [A]$$

답 ①

24 도형 중심점 자계 □□□ check up!

한 변의 길이가 4[m]인 정사각형의 루프에 1[A]의 전류가 흐를 때, 중심점에서의 자속밀도 B는 약 몇 [Wb/m²]인가?

① 2.83×10^{-7}
② 5.65×10^{-7}
③ 11.31×10^{-7}
④ 14.14×10^{-7}

해설 정사각형(정방형) 코일에 의한 중심점에 작용하는 자계는 $H = \dfrac{2\sqrt{2} I}{\pi l}$ [AT/m]

자속밀도 $B = \mu_0 H = \mu_0 \dfrac{2\sqrt{2} I}{\pi l} = 4\pi \times 10^{-7} \times \dfrac{2\sqrt{2} \times 1}{\pi \times 4} = 2.828 \times 10^{-7}$ [Wb/m²]

답 ①

25 자계 내 전자 수직 입사시 □□□ check up!

평등자계 내에 수직으로 돌입한 전자의 궤적은?
① 원운동을 하는데 반지름은 자계의 세기에 비례한다.
② 구면 위에서 회전하고 반지름은 자계의 세기에 비례한다.
③ 원운동을 하고 반지름은 전자의 처음 속도에 반비례한다.
④ 원운동을 하고 반지름은 자계의 세기에 반비례한다.

해설 $r = \dfrac{mv}{Be} = \dfrac{mv}{\mu_0 He}$ [m] $\propto v \propto \dfrac{1}{r}$ 에 비례하며 항상 원운동을 한다.

답 ④

26 자성체의 종류 □□□ check up!

자성체의 종류에 대한 설명으로 옳은 것은? (단, χ_m는 자화율이고, μ_r은 비투자율이다.)
① $\chi_m > 0$이면, 역자성체이다.
② $\chi_m < 0$이면, 상자성체이다.
③ $\mu_r > 1$이면, 비자성체이다.
④ $\mu_r < 1$이면, 역자성체이다.

해설 자화율 $\chi_m = \mu_0(\mu_r - 1)$에서
상자성체는 $\mu_r > 1$이므로 $\mu_r - 1 > 0$, $\chi_m > 0$이다.
역자성체는 $\mu_r < 1$이므로 $\mu_r - 1 < 0$, $\chi_m < 0$이다.

답 ④

27 자화의 세기 □□□ check up!

길이가 10[cm]이고 단면의 반지름이 1[cm]인 원통형 자성체가 길이 방향으로 균일하게 자화되어 있을 때 자화의 세기가 $0.5[\text{Wb/m}^2]$이라면 이 자성체의 자기모멘트[Wb·m]는?

① 1.57×10^{-5}
② 1.57×10^{-4}
③ 1.57×10^{-3}
④ 1.57×10^{-2}

해설 자화의 세기 $J = \dfrac{M[\text{모멘트}]}{v[\text{체적}]} = \dfrac{m \cdot l}{Sl} = \dfrac{m \cdot l}{\pi a^2 \cdot l} = \dfrac{m}{\pi a^2}[\text{Wb/m}^2]$에서

$M = v \cdot J = \pi a^2 l \cdot J = \pi \times (1 \times 10^{-2}) \times 10 \times 10^{-2} \times 0.5 = 1.570 \times 10^{-5}[\text{Wb·m}]$

답 ①

28 히스테리시스 곡선 □□□ check up!

변압기 철심에서 규소강판이 쓰이는 주요 원인은?

① 와전류손을 적게 하기 위하여
② 큐리 온도를 높이기 위하여
③ 부하손(동손)을 적게 하기 위하여
④ 히스테리시스 손을 적게 하기 위하여

해설 히스테리시스 곡선의 면적은 강자성체의 자화 시 필요한 단위 체적당 에너지밀도 즉 히스테리시스 손실과 대응한다. 규소는 강자성체에 속하지만 변압기의 철손인 히스테리시스 손을 방지하기 때문에 히스테리시스 곡선의 면적이 작은 것이 좋다.

답 ④

29 자기회로 - ① □□□ check up!

다음 중 기자력(Magnetomotive force)에 대한 설명으로 틀린 것은?

① SI 단위는 암페어[A]이다.
② 전기회로의 기전력에 대응한다.
③ 자기회로의 자기저항과 자속의 곱과 동일하다.
④ 코일에 전류를 흘렸을 때 전류밀도와 코일의 권수의 곱의 크기와 같다.

해설 기자력 $F = NI = \phi R_m [\text{AT} = \text{A}]$이므로 코일에 전류를 흘렸을 때 전류와 코일의 권수의 곱의 크기와 같다.

답 ④

30 자기회로 - ②   □□□ check up!

비투자율이 50인 환상 철심을 이용하여 100[cm] 길이의 자기회로를 구성할 때 자기저항을 2.0×10^7 [AT/Wb] 이하로 하기 위해서는 철심의 단면적을 약 몇 [m²] 이상으로 하여야 하는가?

① 3.6×10^{-4}
② 6.4×10^{-4}
③ 8.0×10^{-4}
④ 9.2×10^{-4}

해설 자기저항 $R_m = \dfrac{F}{\phi_m} = \dfrac{l}{\mu \cdot S} = \dfrac{l}{\mu_0 \mu_s S}$ [AT/Wb]

철심의 단면적 $S = \dfrac{l}{\mu_0 \mu_s R_m} = \dfrac{100 \times 10^{-2}}{4\pi \times 10^{-7} \times 50 \times 2 \times 10^7} = 7.957 \times 10^{-4} \fallingdotseq 8 \times 10^{-4}$ [m²]

답 ①

31 전자유도현상   □□□ check up!

10[V]의 기전력을 유기시키려면 5[sec]간에 몇 [Wb]의 자속을 끊어야 하는가?

① 2
② 0.5
③ 10
④ 50

해설 패러데이 전자유도 법칙을 $e = -N\dfrac{d\phi}{dt} = -N\dfrac{\phi}{t}$ [V]를 이용

$\phi = \dfrac{et}{N} = \dfrac{10 \times 5}{1} = 50$ [Wb]

답 ④

32 표피효과   □□□ check up!

어떤 도체에 교류 전류가 흐를 때 도체에서 나타나는 표피 효과에 대한 설명으로 틀린 것은?

① 도체 중심부보다 도체 표면부에 더 많은 전류가 흐르는 것을 표피 효과라 한다.
② 전류의 주파수가 높을수록 표피 효과는 작아진다.
③ 도체의 도전율이 클수록 표피 효과는 커진다.
④ 도체의 투자율이 클수록 표피 효과는 커진다.

해설 표피효과 $\propto \dfrac{1}{\delta} = \sqrt{\pi f \sigma \mu}$ 이므로

주파수가 클수록, 투자율이 클수록, 도전율이 높을수록 표피효과는 커진다.

답 ②

33 인덕턴스 □□□ check up!

자기인덕턴스와 상호인덕턴스와의 관계에서 결합계수 k에 영향을 주지 않는 것은?

① 코일의 형상
② 코일의 크기
③ 코일의 재질
④ 코일의 상대위치

해설 자기인덕턴스 $L[\mathrm{H}]$는 회로의 크기, 형상, 주위 매질의 투자율 등에 의해 정해지는 상수이며
상호 인덕턴스 $M[\mathrm{H}]$은 두 코일에서 전류와 쇄교 자속 간에 비례상수를 말하므로
회로의 권수, 형상 주위 매질의 투자율 및 두 회로의 상대 위치에 의해 정해지는 상수이다.

답 ③

34 상호 인덕턴스 □□□ check up!

두 코일의 인덕턴스가 각각 0.25[H]와 0.4[H]이고 결합계수가 1인 경우 상호인덕턴스의 크기는?

① 0.32
② 0.48
③ 0.5
④ 0.86

해설 상호 인덕턴스 $M=k\sqrt{L_1L_2}\,[\mathrm{H}]$, 결합계수 $k=1$일 때
$M=\sqrt{L_1L_2}=\sqrt{0.25\times 0.4}≒0.32[\mathrm{H}]$

답 ①

35 합성 인덕턴스 □□□ check up!

자기인덕턴스가 각각 L_1, L_2인 두 코일을 서로 간섭이 없도록 병렬로 연결하였을 때 그 합성 인덕턴스는?

① L_1L_2
② $\dfrac{L_1+L_2}{L_1L_2}$
③ L_1+L_2
④ $\dfrac{L_1L_2}{L_1+L_2}$

해설 자속이 간섭이 없는 경우 합성인덕턴스 (상호인덕턴스가 발생하지 않은 경우)
① 직렬연결 : $L=L_1+L_2[\mathrm{H}]$
② 병렬연결 : $L=\dfrac{L_1L_2}{L_1+L_2}[\mathrm{H}]$

답 ④

36 변위전류

그림은 커패시터의 유전체 내에 흐르는 변위전류를 보여준다. 커패시터의 전극 면적을 $S[\text{m}^2]$, 전극에 축적된 전하를 $q[\text{C}]$, 전극의 표면전하 밀도를 $\sigma[\text{C/m}^2]$, 전극 사이의 전속밀도를 $D[\text{C/m}^2]$라 하면 변위전류밀도 $i_d[\text{A/m}^2]$는?

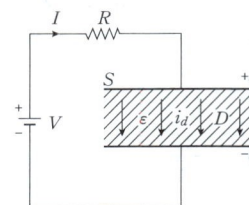

① $\dfrac{\partial D}{\partial t}$
② $\dfrac{\partial q}{\partial t}$
③ $S\dfrac{\partial D}{\partial t}$
④ $\dfrac{1}{S}\dfrac{\partial D}{\partial t}$

해설 변위전류밀도 $i_d = \dfrac{I}{S} = \dfrac{1}{S} \cdot \dfrac{\partial Q}{\partial t} = \dfrac{\partial}{\partial t}\left(\dfrac{Q}{S}\right) = \dfrac{\partial}{\partial t}\left(\dfrac{\psi}{S}\right) = \dfrac{\partial D}{\partial t}[\text{A/m}^2]$

답 ①

37 맥스웰의 전자방정식

패러데이-노이만 전자 유도 법칙에 의하여 일반화된 맥스웰 전자 방정식의 형태는?

① $\nabla \times E = i_c + \dfrac{\partial D}{\partial t}$
② $\nabla \cdot B = 0$
③ $\nabla \times E = -\dfrac{\partial B}{\partial t}$
④ $\nabla \cdot D = \rho$

해설 맥스웰의 제 2의 기본 방정식: $rot E = curl E = \nabla \times E = -\dfrac{\partial B}{\partial t} = -\mu\dfrac{\partial H}{\partial t}$
① 자속 밀도의 시간적 변화는 전계를 회전 시키고 유기 기전력을 형성한다.
② 패러데이의 법칙에서 유도한 전계에 관한 식

답 ③

38 파동·고유 임피던스

$\varepsilon_r = 81$, $\mu_r = 1$인 매질의 고유 임피던스는 약 몇 $[\Omega]$인가? (단, ε_r은 비유전율이고, μ_r은 비투자율이다.)

① 13.9
② 21.9
③ 33.9
④ 41.9

해설 $\eta = \dfrac{E}{H} = \sqrt{\dfrac{\mu}{\varepsilon}} = \sqrt{\dfrac{\mu_s}{\varepsilon_0\varepsilon_s}} = 377\sqrt{\dfrac{\mu_s}{\varepsilon_s}} = 377\sqrt{\dfrac{1}{81}} = 41.9[\Omega]$

답 ④

39 전파속도

비유전율 $\varepsilon_s = 4$인 유전체 내에서의 전자파의 전파 속도는 얼마인가? (단, $\mu_s = 1$이다.)

① 1.5×10^8
② 1.0×10^8
③ 1.5×10^8
④ 2.0×10^8

해설 전파속도 $v = \lambda f = \dfrac{\omega}{\beta} = \dfrac{1}{\sqrt{LC}}$

$= \dfrac{1}{\sqrt{\mu\varepsilon}} = \dfrac{1}{\sqrt{\mu_0\varepsilon_0}} = \dfrac{1}{\sqrt{\mu_s\varepsilon_s}} = \dfrac{3 \times 10^8}{\sqrt{\mu_s\varepsilon_s}}$

$= \dfrac{3 \times 10^8}{\sqrt{1 \times 4}} = 1.5 \times 10^8 [\text{m/s}]$

답 ③

40 포인팅 벡터

방송국 안테나 출력이 $W[\text{W}]$이고 이로부터 진공 중에 $r[\text{m}]$ 떨어진 점에서 자계의 세기의 실효치는 약 몇 $[\text{A/m}]$인가?

① $\dfrac{1}{r}\sqrt{\dfrac{W}{377\pi}}$
② $\dfrac{1}{2r}\sqrt{\dfrac{W}{377\pi}}$
③ $\dfrac{1}{2r}\sqrt{\dfrac{W}{188\pi}}$
④ $\dfrac{1}{r}\sqrt{\dfrac{2W}{377\pi}}$

해설 ① 포인팅 벡터 : 임의의 점을 통과할 때 전력밀도 또는 면적당 전력

$R = \dfrac{P}{S} = E \times H = EH\sin\theta = EH\sin 90° = EH[\text{W/m}^2]$

② 진공, 공기중에서 포인팅 벡터

$R = EH = 377H^2 = \dfrac{1}{377}E^2 = \dfrac{P}{S}[\text{W/m}^2]$

여기서 $P = W[\text{W}]$: 전력, $S = 4\pi r^2 [\text{m}^2]$: 방사면적

$377H^2 = \dfrac{W}{S}[\text{W/m}^2]$을 이용 $H^2 = \dfrac{W}{377S}$ 이고 이를 정리하면

$H = \sqrt{\dfrac{W}{377S}} = \sqrt{\dfrac{W}{377 \times 4\pi r^2}} = \dfrac{1}{2r}\sqrt{\dfrac{W}{377\pi}}[\text{A/m}^2]$

답 ②

41 자성체의 종류

반자성체의 투자율과 진공의 투자율의 관계는?

① 투자율 ≪ 진공 투자율
② 투자율 < 진공 투자율
③ 투자율 > 진공 투자율
④ 투자율 ≫ 진공 투자율

해설 자성체의 종류

반자성체의 비투자율 $\mu_s < 1$ 이므로 양변에 진공의 투자율 μ_0를 곱하면
반자성체의 투자율 $\mu = \mu_s \mu_0 < \mu_0$

답 ②

42 분극의 세기

진공 중에서 유전율 $\varepsilon[\mathrm{F/m}]$인 유전체가 평등자계 $B[\mathrm{Wb/m^2}]$에서 속도 $v[\mathrm{m/s}]$로 운동할 때 유전체에 발생하는 분극의 세기$[\mathrm{C/m^2}]$는 어떻게 표현되는가?

① $(\varepsilon - \varepsilon_0)v \times B$
② $(\varepsilon - \varepsilon_0)v \cdot B$
③ $\varepsilon v \times B$
④ $\varepsilon v \cdot B$

해설 분극의 세기

평등자계 내 속도 v로 이동시 유도기전력 $V=(v \times B)l[\mathrm{V}]$이므로

분극의 세기 $P = \varepsilon_0(\varepsilon_s - 1)E = (\varepsilon_0\varepsilon_s - \varepsilon_0)\dfrac{V}{l} = (\varepsilon_0\varepsilon_s - \varepsilon_0)\dfrac{v \times B}{l}l = (\varepsilon - \varepsilon_0)v \times B[\mathrm{C/m^2}]$

답 ①

[**D-30** 전기기사·산업기사 필기
30일 필기 단기완성]

제2과목

전력공학

Chapter 01 가공전선로
Chapter 02 지중 전선로
Chapter 03 선로정수·코로나
Chapter 04 송전특성
Chapter 05 고장해석
Chapter 06 중성점 접지방식과 유도장해
Chapter 07 이상전압과 안정도
Chapter 08 배전선로의 운영
Chapter 09 수변전설비 설계
Chapter 10 수변전설비 운영
Chapter 11 수력발전
Chapter 12 화력발전
Chapter 13 원자력발전
Chapter 14 CBT 신경향 문제

제2과목
전력공학
DAY-06

30일 단기완성

**Chapter 01
가공전선로**

1 출제경향분석

본장은 가공전선로에서 사용되는 전선, 애자, 각종 금구류, 이도의 계산 등을 다루며, 기본적인 송전선로의 전기적인 특성 등을 묻는 문제가 출제됩니다.

반드시 알아야 하는 핵심 포인트

① 전선의 구비조건
② 표피효과
③ 댐퍼와 오프셋
④ 켈빈의 법칙
⑤ 애자의 구비조건
⑥ 애자의 전압분포
⑦ 소호환·소호각
⑧ 연효율
⑨ 전선의 합성하중
⑩ 이도·장력

2 학습 가이드라인

- 반드시 알아야 하는 핵심 포인트는 전기기사 및 산업기사 시험에서 가장 출제빈도가 높은 논점으로 각 파트별 핵심 포인트와 문제를 연계하여 학습해 주시기를 권장합니다.
- 체크리스트를 작성하시면서 문제의 유형과 학습의 완성도를 스스로 확인해 주세요.
- 출제 빈도가 높고 틀리기 쉬운 문제를 맞출 수 있도록 "콕콕 포인트"를 확인해 주세요.

우선순위 논점	KEY WORD	선생님의 콕콕 포인트
ACSR	중량, 바깥지름, 장경간, 코로나	ACSR전선의 대표적인 특징은 가볍고 바깥지름이 크다는 것임
애자련의 보호	아킹링, 아킹혼, 초호환, 초호각	아킹링, 아킹혼, 초호환, 초호각, 소호환, 소호각 모두 애자련을 보호하는 역할이며, 용어를 바꾸어 가면서 출제되고 있음
이도의 계산	장력, 인장하중, 합성하중	계산문제시 인장하중과 안전율이 주어지면 장력을 계산하고, 합성하중 계산방법을 숙지할 것
평균높이	이도, 지지물의 높이, 평균높이	간단한 계산문제가 출제되고 있으므로, 공식을 암기할 것
표피효과	비투자율, 주파수, 도전율, 굵기	표피효과는 주파수, 도전율 등에 비례하는 관계이며, 반비례가 있으면 오답일 확률이 높음

1-1 가공 전선로 – 전선·애자·금구류

1. 전선의 구비조건 : 비중, 밀도, 중량이 작고, 신장률이 클 것
2. ACSR의 특징 : 전선의 바깥지름이 크며, 중량이 가볍다.
3. 표피효과의 특징 : 주파수, 단면적, 도전율, 비투자율에 비례
4. 전선의 진동방지대책 : 댐퍼·아마로드·클램프
5. 오프셋(Off-set) : 상하전선의 혼촉방지를 위한 수평거리 차이
6. 켈빈의 법칙 : 가장 경제적인 전선의 굵기를 선정하는 법칙
7. 아킹링(소호환), 아킹혼(소호각) : 낙뢰에 의한 애자련 보호·전압분담 균일
8. 애자련의 전압분포 : 전선에서 가장 가까운 애자가 전압분담이 최대

01 가공전선의 구비조건 ☐☐☐ check up!

가공전선의 구비조건으로 옳지 않은 것은?

① 도전율이 클 것
② 기계적 강도가 클 것
③ 비중이 클 것
④ 신장률이 클 것

해설 가공전선로에서 사용되는 전선은 비중, 밀도가 작아야 된다. **답** ③

02 강심알루미늄연선[ACSR] ☐☐☐ check up!

장거리 경간을 갖는 송전선로에서 전선의 단선을 방지하기 위하여 사용하는 전선은?

① 알루미늄선
② 경동선
③ 중공전선
④ ACSR

해설 ACSR은 중심에 스틸로 보강된 전선으로 그 강도가 커서 장거리 송전선로에 적합하다. **답** ④

03 ACSR의 특징 ☐☐☐ check up!

ACSR은 동일한 길이에서 동일한 전기저항을 갖는 경동연선에 비하여 어떠한가?

① 바깥지름은 크고 중량은 작다.
② 바깥지름은 작고 중량은 크다.
③ 바깥지름과 중량이 모두 크다.
④ 바깥지름과 중량이 모두 작다.

해설 강심알루미늄연선은 중심에 스틸로 보강된 전선으로 바깥지름은 크고 중량은 작다.
ACSR은 장거리 송전선로에 적합하고, 코로나현상 방지에도 효과적이다. 답 ①

04 해안지방 송전용 전선 – 동선 □□□ check up!

다음 중 해안지방의 송전용 나전선으로 가장 적당한 것은?
① 동선
② 강선
③ 알루미늄합금선
④ 강심알루미늄선

해설 해안지방의 경우 염의 피해를 최소화하기 위해 염분에 강한 동선을 사용한다. 답 ①

05 철탑의 오프셋[Off-Set] □□□ check up!

3상 3선식 수직배치인 선로에서 오프셋(Off-Set)을 주는 주된 이유는?
① 상하전선의 단락방지
② 전선 진동 억제
③ 전선의 풍압 감소
④ 철탑 중량 감소

해설 오프셋 : 상·하전선의 단락방지하기 위해 철탑암의 길이의 차를 주어 설계하는 것 답 ①

06 표피효과 정의 □□□ check up!

전선에서 전류의 밀도가 도선의 중심으로 들어갈수록 작아지는 현상은?
① 페란티 효과
② 표피 효과
③ 근접 효과
④ 접지 효과

해설 전선에서 전류의 밀도가 도선의 중심으로 들어갈수록 작아지는 현상을 말한다. 답 ②

07 표피효과 특징 □□□ check up!

표피효과에 대한 설명으로 옳은 것은?
① 표피효과는 주파수에 비례한다.
② 표피효과는 전선의 단면적에 반비례한다.
③ 표피효과는 전선의 비투자율에 반비례한다.
④ 표피효과는 전선의 도전율에 반비례한다.

해설 표피효과란 도선의 중심으로 갈수록 전류밀도가 작아지고, 표피 쪽으로 갈수록 전류밀도가 커지는 현상이다. 표피 효과는 주파수, 전선의 단면적, 도전율, 비투자율에 비례한다. 답 ①

08 켈빈의 법칙 – 전선의 굵기   □□□ check up!

다음 중 켈빈(Kelvin)의 법칙이 적용되는 경우는?
① 전력손실량을 축소시키고자 하는 경우
② 전압강하를 감소시키고자 하는 경우
③ 부하 배분의 균형을 얻고자 하는 경우
④ 경제적인 전선의 굵기를 선정하고자 하는 경우

해설 경제적인 전선의 굵기를 선정하고자 하는 경우에는 켈빈의 법칙을 적용하며, 스틸의 식은 경제적인 송전전압을 선정할 때 사용한다.

> **참고** 옥내배선의 굵기를 설계하는 경우 전압강하, 허용전류, 기계적 강도 등을 고려하여야 결정하여야 한다. 이 중에서 가장 중요한 것은 허용전류이다.

답 ④

09 전선의 진동방지 – 댐퍼   □□□ check up!

가공 전선로의 전선 진동을 방지하기 위한 방법으로 옳지 않은 것은?
① 토셔널 댐퍼(torsional damper)의 설치
② 스프링 피스톤 댐퍼와 같은 진동 제지권을 설치
③ 경동선을 ACSR로 교환
④ 클램프나 전선 접촉기 등을 가벼운 것으로 바꾸고 클램프 부근에 적당히 전선을 첨가

해설 ACSR선은 경동선에 비해서 전선의 직경이 크기 때문에 바람에 영향을 많이 받을 수 있다.

답 ③

10 애자의 구비조건   □□□ check up!

애자가 갖추어야 할 구비조건으로 옳은 것은?
① 온도의 급변에 잘 견디고 습기도 잘 흡수해야 한다.
② 지지물에 전선을 지지할 수 있는 충분한 기계적 강도를 갖추어야 한다.
③ 비, 눈, 안개 등에 대해서도 충분한 절연저항을 가지며 누설전류가 많아야 한다.
④ 선로전압에는 충분한 절연내력을 가지며, 이상전압에는 절연내력이 매우 적어야 한다.

해설 애자의 구비조건
- 누설전류가 작을 것
- 절연저항이 클 것
- 가격이 저렴할 것
- 습기를 흡수하지 말 것
- 기계적 강도가 클 것

답 ②

11 현수애자의 특징

현수애자에 대한 설명이 잘못된 것은?

① 애자를 연결하는 방법에 따라 클래비스형과 볼 소켓형이 있다.
② 2~4 층의 갓 모양의 자기편을 시멘트로 접착하고 그 자기를 주철제 베이스로 지지한다.
③ 애자의 연결 개수를 가감함으로써 임의의 송전전압에 사용할 수 있다.
④ 큰 하중에 대하여는 2련 또는 3련으로 하여 사용할 수 있다.

해설 보기 ②는 핀[pin]애자에 대한 설명이다. **답** ②

12 애자련의 개수

공칭전압 154[kV] 선로에 쓰이는 현수애자의 1련의 개수는 대략 몇 개인가?

① 6~7
② 9~11
③ 11~14
④ 15~18

해설 전압별 애자 수는 표에서 근사치로 선정한다.

공칭전압 [kV]	66	154	345	765
애자 수	5	10	20	40

답 ②

13 아킹링·아킹혼 – 애자련 보호

송전선에 낙뢰가 가해져서 애자에 섬락이 생기면 아크가 생겨 애자가 손상되는 경우가 있다. 이것을 방지하기 위하여 사용되는 것은?

① 댐퍼
② 아머로드(armour rod)
③ 가공지선
④ 아킹혼(arcing horn)

해설 아킹링·아킹혼은 애자련을 낙뢰로부터 보호하고 애자련에 걸리는 전압분담을 균일하게 한다. **답** ④

14 애자련의 전압부담

가공 송전선에 사용되는 애자 1련 중 전압부담이 최대인 애자는?

① 철탑에 제일 가까운 애자
② 전선에 제일 가까운 애자
③ 중앙에 있는 애자
④ 철탑과 애자련 중앙의 그 중간에 있는 애자

해설 애자련의 전압분담
- 전압부담 최대인 애자 : 전선에서 가장 가까운 애자

> **참고** 전압부담이 최소인 애자
> → 1련에 애자가 10개인 경우 전선에서 8번째 애자

답 ②

15 연효율과 건조섬락전압 ☐☐☐ check up!

250[mm] 현수애자 10개를 직렬로 접속한 애자련의 건조섬락전압이 590[kV]이고 연효율(string efficiency)이 0.74이다. 현수애자 한 개의 건조섬락전압은 약 몇 [kV]인가?

① 80 ② 90
③ 100 ④ 120

해설 애자 한 개의 건조섬락전압 $V_1 = \dfrac{V_n}{\eta \times n} = \dfrac{590}{0.74 \times 10} = 79.7[\text{kV}]$

답 ①

16 애자의 섬락전압 - 유형 ① ☐☐☐ check up!

250[mm] 현수애자 1개의 건조섬락전압은 약 몇 [kV] 정도인가?

① 50 ② 60
③ 80 ④ 100

해설
- 주수 섬락 전압 50[kV]
- 충격 섬락 전압 125[kV]
- 건조 섬락 전압 80[kV]
- 유중 파괴 전압 140[kV] 이상

답 ③

17 애자의 섬락전압 - 유형 ② ☐☐☐ check up!

애자의 전기적 특성에서 가장 높은 전압은?

① 건조 섬락 전압 ② 주수 섬락 전압
③ 충격 섬락 전압 ④ 유중 파괴 전압

해설 유중파괴전압이 가장 높다.

답 ④

18 애자의 열화원인

☐☐☐ check up!

송전선로에 사용되는 애자의 특성이 나빠지는 원인으로 볼 수 없는 것은?

① 애자 각 부분의 열팽창의 상이
② 전선 상호간의 유도장애
③ 누설전류에 의한 편열
④ 시멘트의 화학 팽창 및 동결 팽창

해설 전선 상호간의 유도장애로 인해 애자의 특성이 나빠진다고 볼 수 없다.   답 ②

1-2 가공 전선로 – 하중·이도

1. 전선의 하중
   전선하중의 종류는 수직하중(전선자중 W, 빙설하중 W_c)과, 수평하중(풍압하중 W_p)이 있다.
   가장 중요한 하중은 풍압하중(수평횡하중)이다.

2. 전선의 합성하중
   ① 빙설이 적은지역 $W=\sqrt{W_i^2+W_p^2}$ ② 빙설이 많은지역 $W=\sqrt{(W_i+W_c)^2+W_p^2}$

3. 전선의 이도계산 : $D=\dfrac{WS^2}{8T}[\mathrm{m}]$
   - 이도의 크기는 지지물의 크기를 좌우함
   - 전선의 이도는 장력(T)에 반비례하고, 경간(S)의 제곱에 비례함

4. 전선의 실제 길이 : $L=S+\dfrac{8D^2}{3S}[\mathrm{m}]$

5. 전선의 지표상 평균높이 : $H=h-\dfrac{2}{3}D[\mathrm{m}]$

01 풍압하중 – 수평횡하중 □□□ check up!

송전선용 표준철탑 설계의 경우 일반적으로 가장 큰 하중은?

① 빙설
② 애자, 전선의 중량
③ 풍압
④ 전선의 인장강도

해설 송전선용 표준철탑 설계의 경우 가장 큰 하중은 풍압하중이며, 그 중 수평횡하중을 고려한다. **답** ③

02 합성하중 – 벡터합 □□□ check up!

전선의 자체 중량과 빙설의 종합하중을 W_1, 풍압하중을 W_2라 할 때 합성하중은?

① W_1+W_2
② W_2-W_1
③ $\sqrt{W_1-W_2}$
④ $\sqrt{W_1^2+W_2^2}$

해설 하중의 크기는 수직하중 W_1(자체중량+빙설하중)과, 풍압하중 W_2의 벡터합 $\sqrt{W_1^2+W_2^2}$이다.

답 ④

03 이도의 특징 – 지지물의 높이 □□□ check up!

가공 송전선로를 가선할 때에는 하중조건과 온도조건을 고려하여 적당한 이도(dip)를 주도록 하여야 한다. 다음 중 이도에 대한 설명으로 옳은 것은?

① 이도가 작으면 전선이 좌우로 크게 흔들려서 다른 상의 전원에 접촉하여 위험하게 된다.
② 전선을 가선할 때 전선을 팽팽하게 가선하는 것을 크게 준다고 한다.
③ 이도를 작게 하면 이에 비례하여 전선의 장력이 증가되며, 너무 작으면 전선 상호간이 꼬이게 된다.
④ 이도의 대소는 지지물의 높이를 좌우한다.

해설 이도가 너무 작으면 장력이 커져 단선될 수 있고, 이도가 크면 다른 상이나 수목에 접촉할 우려가 있기 때문에 적당한 이도를 적용 한다. **답** ④

04 이도와 경간의 관계 □□□ check up!

송배전선로에서 전선의 장력을 2배로 하고 또 경간을 2배로 하면 전선의 이도는 처음의 몇 배가 되는가?

① $\dfrac{1}{4}$ ② $\dfrac{1}{2}$
③ 2   ④ 4

해설 $D=\dfrac{WS^2}{8T}$ 에서 장력과 경간을 제외한 나머지는 일정하다면 $\dfrac{2^2}{2}=2$배가 된다. **답** ③

05 이도의 계산 – 유형 ① □□□ check up!

경간 200[m], 전선의 자체 무게 2[kg/m], 인장하중 5000[kg/m], 안전율 2인 경우, 전선의 이도는 몇 [m]인가?

① 2   ② 4
③ 6   ④ 8

해설 이도 $D=\dfrac{WS^2}{8T}=\dfrac{2\times 200^2}{8\times \dfrac{5000}{2}}=4[\text{m}]$

※ 장력 T = 인장하중 ÷ 안전율 **답** ②

06 이도의 계산 – 유형 ② □□□ check up!

공칭단면적 200[mm²], 전선무게 1.838[kg/m], 전선의 바깥지름 18.5[mm]인 경동연선을 경간 200[m]로 가설하는 경우 이도[m]는? (단, 경동연선의 인장하중은 7910[kg], 빙설하중은 0.416[kg/m], 풍압하중은 1.525[kg/m]이고, 안전율은 2.2라 한다.)

① 3.28 ② 3.78
③ 4.28 ④ 4.78

해설 전선의 합성하중 $W = \sqrt{(W_i + W_c)^2 + W_p^2} = \sqrt{(1.838 + 0.416)^2 + 1.525^2} = 2.72\,[\text{kg/m}]$

전선의 이도 $D = \dfrac{WS^2}{8T} = \dfrac{2.72 \times 200^2}{8 \times \dfrac{7910}{2.2}} = 3.78\,[\text{m}]$

답 ②

07 전선의 실제길이 □□□ check up!

전선 지지점에 고저차가 없는 경간 300[m]인 송전선로가 있다. 이도를 10[m]로 유지할 경우 지지점간의 전선 길이는 약 몇 [m]인가?

① 300.0 ② 300.3
③ 300.6 ④ 300.9

해설 전선의 길이는 경간보다 $\dfrac{8D^2}{3S}$ 만큼 길기 때문에 $L = S + \dfrac{8D^2}{3S} = 300 + \dfrac{8 \times 10^2}{3 \times 300} \fallingdotseq 300.9\,[\text{m}]$

답 ④

08 경간·전선의 실제길이 □□□ check up!

전선 1[m]당 중량이 0.5[kg], 전선의 허용수평장력 250[kg], 이도 5.6[m]일 때 전선의 지지점 사이의 경간 S[m]와 전선의 실제길이 L[m]은?

① $S = 150,\ L = 150.5$ ② $S = 150,\ L = 156$
③ $S = 152,\ L = 151.2$ ④ $S = 152,\ L = 156$

해설
- 전선의 총길이
$D = \dfrac{WS^2}{8T}$ 에서 $S = \sqrt{\dfrac{8TD}{W}} = \sqrt{\dfrac{8 \times 250 \times 5.6}{0.5}} \fallingdotseq 150\,[\text{m}]$

- 전선의 실제길이
$L = S + \dfrac{8D^2}{3S} = 150 + \dfrac{8 \times 5.6^2}{3 \times 150} = 150.5\,[\text{m}]$

답 ①

09 이도와 장력의 관계 □□□ check up!

가공 전선로에서 전선의 단위 길이당 중량과 경간이 일정할 때 이도는 어떻게 되는가?

① 전선의 장력에 비례한다.
② 전선의 장력에 반비례한다.
③ 전선의 장력의 제곱에 비례한다.
④ 전선의 장력의 제곱에 반비례한다.

해설 $D = \dfrac{WS^2}{8T}$ 이므로 중량과 경간이 일정하면 장력은 이도에 반비례한다.   답 ②

10 이도의 변화 – 2배 □□□ check up!

그림과 같이 지지점 A, B, C에는 고저차가 없으며, 경간 AB와 BC 사이에 전선이 가설되어, 그 이도가 12[cm]이었다. 지금 경간 AC의 중점인 지지점 B에서 전선이 떨어져서 전선의 이도가 D로 되었다면 D는 몇 [cm]인가?

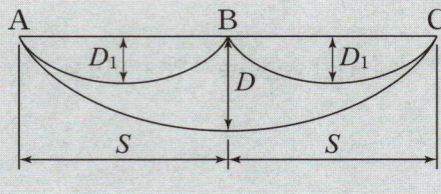

① 18
② 24
③ 30
④ 36

해설 양쪽의 이도가 같을 때 B에서 전선이 떨어지면 한쪽 이도의 2배가 된다.   답 ②

11 온도상승시 이도 □□□ check up!

온도가 $t[°C]$ 상승했을 때의 이도는 약 몇 [m] 정도 되는가? (단, 온도변화 전의 이도를 D[m] 경간을 S[m], 전선의 온도계수를 α라 한다.)

① $\sqrt{D_1 \pm \dfrac{3}{8}S\alpha t}$
② $\sqrt{D_1 \pm \dfrac{8}{3}S\alpha^2 t^2}$
③ $\sqrt{D_1^2 \pm \dfrac{3}{8}S^2\alpha t}$
④ $\sqrt{D_1^2 \pm \dfrac{8}{3}S^2\alpha t}$

해설 온도 변화 후의 이도 : $D_2 = \sqrt{D_1^2 \pm \dfrac{3}{8}\alpha t S^2}$ [m]

여기서, D_1, S_1 : 온도변화 전의 이도와 길이, α : 전선의 온도계수, t : 변화온도   답 ③

12 전선의 평균높이 □□□ check up!

전선의 지지점 높이가 31[m]이고, 전선의 이도가 9[m]라면 전선의 평균높이는 몇 [m]가 적당한가?
① 25.0[m]   ② 26.5[m]
③ 28.5[m]   ④ 30.0[m]

해설 전선의 지표상 평균높이

$$H = h - \frac{2}{3}D = 31 - \frac{2}{3} \times 9 = 25[\text{m}]$$

여기서, h : 지지물의 높이, D : 이도

답 ①

13 내장형 철탑[E형] □□□ check up!

전선로의 지지물 양쪽 경간의 차가 큰 곳에 쓰이며, E 철탑이라고도 하는 철탑은?
① 인류형 철탑   ② 보강형 철탑
③ 각도형 철탑   ④ 내장형 철탑

해설 내장형 철탑(E철탑)은 전선로의 지지물 양쪽 경간의 차가 큰 곳에 사용된다. 전선의 직선 철탑이 여러 기로 연결될 때에는 10기마다 1기의 비율로 넣은 철탑으로 선로의 보강용으로 사용된다.

답 ④

제2과목
전력공학
DAY-06

30일 단기완성

Chapter 02
지중 전선로

1 출제경향분석

지중전선로의 특징, 케이블의 구조에 따른 전력손실의 종류, 지중전선로의 시공방법 등을 다룹니다. 출제빈도는 낮지만, 2차 실기 시험에서도 출제되는 부분입니다.

> **반드시 알아야 하는 핵심 포인트**
>
> ① 지중전선로의 특징
> ② 지중케이블 시공방법
> ③ 지중케이블 고장점 탐지법

2 학습 가이드라인

- 반드시 알아야 하는 핵심 포인트는 전기기사 및 산업기사 시험에서 가장 출제빈도가 높은 논점으로 각 파트별 핵심 포인트와 문제를 연계하여 학습해 주시기를 권장합니다.
- 체크리스트를 작성하시면서 문제의 유형과 학습의 완성도를 스스로 확인해 주세요.
- 출제 빈도가 높고, 틀리기 쉬운 문제를 맞출 수 있도록 "콕콕 포인트"를 확인해 주세요.

우선순위 논점	KEY WORD	선생님의 콕콕 포인트
유전체손	유전체, 정전용량, 주파수, fE^2	유전체손실은 전압의 제곱에 비례함
연피손	시스손, 전자유도작용	연피손을 시스손이라고도 하며, 간단한 원리를 숙지할 것
케이블의 고장점 탐지법	머레이, 수색, 펄스, 정전용량	메거는 절연저항을 측정하는 기기로, 케이블의 고장점 탐지법이 아닌 보기로 출제 됨

2 지중 전선로

1. 지중케이블 시공방법의 특징

방법	장점	단점
직매식	• 저렴한 공사비 • 짧은 공사기간 • 케이블의 융통성이 좋음	• 외상을 입기 쉬움 • 케이블의 증설이 곤란 • 보수 점검이 어려움
관로식	• 케이블의 증설이 용이 • 고장 복구가 비교적 용이 • 보수 점검이 편리	• 회선이 많을수록 송전용량 감소 • 케이블의 융통성이 낮음 • 진동에 의한 시스손상
암거식[전력구식]	• 보수 점검이 편리 • 케이블 증설이 용이	• 공사비가 고가 • 공사기간이 장기간 소요

2. 케이블 고장점 탐지법의 종류
   ① 머레이루프법
   ② 정전용량법
   ③ 수색코일법
   ④ 펄스 레이더법

01 케이블의 전력손실

케이블의 전력손실과 관계가 없는 것은?

① 도체의 저항손
② 유전체손
③ 연피손
④ 철손

해설 철손은 변압기 또는 전동기에서 발생하는 손실이다. 답 ④

02 유전체손실 $-fE^2$

주파수 f, 전압 E일 때 유전체손실은 다음 어느 것에 비례하는가?

① E/f
② fE
③ f/E^2
④ fE^2

해설 유전체손실은 $2\pi fCE^2\tan\delta$이며, 정전용량과 유전정접이 일정할 경우 fE^2에 비례한다. 답 ④

03 연피손[시스손] - 전자유도

케이블의 연피손(시스손)의 원인은?
① 도플러 효과
② 히스테리시스 현상
③ 전자유도작용
④ 유전체손

해설 케이블에 교류전류가 흐르면, 도체로부터의 전자유도작용으로 연피(시스)에 전압이 유기되고, 와전류가 흐르게 되어 연피손(시스손)이 발생한다.

답 ③

04 메거[Megger] - 절연저항

지중 케이블에 있어서 고장 점을 찾는 방법이 아닌 것은?
① 머레이 루프 시험기에 의한 방법
② 수색 코일에 의한 방법
③ 메거에 의한 측정방법
④ 펄스에 의한 측정법

해설 메거는 절연저항을 측정하는 기기이다.

답 ③

05 선택배류기

선택 배류기는 다음의 어느 전기설비에 설치하는가?
① 지하 전력케이블
② 급전선
③ 가공 전화선
④ 가공 통신케이블

해설 선택 배류기는 전기적 부식을 방지하며 지하 전력케이블에 설치한다.

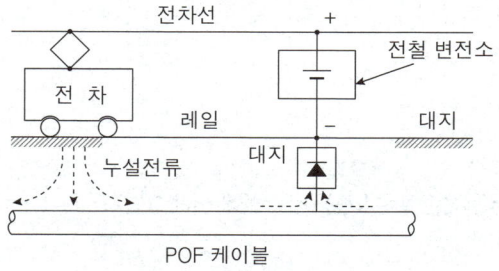

답 ①

06 과열개소 탐지장치

☐☐☐ check up!

전력설비의 과열개소 발견에 사용되는 장치와 관계 없는 것은?

① 적외선 카메라
② Thermovision
③ Hot spot detector
④ Heat proof cable

해설 과열개소 탐지 장치 : 적외선 카메라, Thermovision, Hot spot detector

답 ④

제2과목
전력공학
DAY-06

30일 단기완성

Chapter 03
선로정수 · 코로나

1 출제경향분석

선로정수는 전력공학에 대해 이해할 때 반드시 알아야 하는 안정도, 전압강하, 전력손실 등과 밀접한 관계가 있습니다. 코로나 현상과 복도체 방식의 특징은 2차 실기시험에서도 자주 출제되는 논점입니다.

> **반드시 알아야 하는 핵심 포인트**
> ① 작용 인덕턴스 : L　　② 작용 정전용량 : C
> ③ 코로나 현상　　　　　④ 연가[Transposition]
> ⑤ 복도체[다도체]

2 학습 가이드라인

- 반드시 알아야 하는 핵심 포인트는 전기기사 및 산업기사 시험에서 가장 출제빈도가 높은 논점으로 각 파트별 핵심 포인트와 문제를 연계하여 학습해 주시기를 권장합니다.
- 체크리스트를 작성하시면서 문제의 유형과 학습의 완성도를 스스로 확인해 주세요.
- 출제 빈도가 높고 틀리기 쉬운 문제를 맞출 수 있도록 "콕콕 포인트"를 확인해 주세요.

우선순위 논점	KEY WORD	선생님의 콕콕 포인트
등가 선간거리	정사각형, 평균거리, 4도체	각각의 전선의 배치에 따른 등가선간거리 계산방법을 숙지할 것
작용 인덕턴스	반지름, 배치, 선간거리	전선의 배치에 따른 등가 선간거리 방법을 적용하며, 등가반지름에 대해 숙지할 것
작용 정전용량	반지름, 배치, 선간거리	작용 정전용량과 작용 인덕턴스의 특성은 서로 반대임을 기억하면 쉽게 접근이 가능함
충전전류	진상전류, 대지전압	주로 선간전압이 주어지며, 충전전류 계산시 대지전압 대입
복도체[다도체]	L, 송전용량, 안정도, 코로나	복도체의 특징은 가능한 이해한 후 암기할 것

3-1 선로정수 – 정의·인덕턴스·등가선간거리

1. **선로정수** : 저항, 인턱턴스, 정전용량, 컨덕턴스를 선로정수라 하며, 전선의 배치, 종류, 굵기 등에 따라 영향을 많이 받고 전압, 주파수, 역률 등에 영향을 크게 받지 않는다.
2. **작용 인덕턴스**
   - 단도체 인덕턴스 : $L = 0.05 + 0.4605 \log_{10} D_e / r$ [mH/km]
   - 다도체 인덕턴스 : $L_n = 0.05/n + 0.4605 \log_{10} D_e / r_e$ [mH/km] ※ 등가반지름 : $r_e = \sqrt[n]{rs^{n-1}}$
3. **등가 선간거리**
   ① 임의의 배치 : $D_e = \sqrt[3]{D_1 \times D_2 \times D_3}$ ② 일직선 수평배치 : $D_e = \sqrt[3]{2}\,D$
   ③ 정삼각형 배치 : $D_e = D$ ④ 정사각형 배치 : $D_e = \sqrt[6]{2}\,D$

01 선로정수 정의 – 전선의 배치 □□□ check up!

송·배전선로에 대한 다음 설명 중 틀린 것은?

① 송·배전선로는 저항, 인덕턴스, 정전용량, 누설 컨덕턴스라는 4개의 정수로 이루어진 연속된 전기회로이다.
② 송·배전선로의 전압강하, 수전전력, 송전손실, 안정도 등을 계산하는데 선로정수가 필요하다.
③ 장거리 송전선로에 대해서 정밀한 계산을 할 경우에는 분포정수회로로 취급한다.
④ 송·배전선로의 선로정수는 원칙적으로 송전전압, 전류 또는 역률 등에 의해서 영향을 많이 받게 된다.

해설 선로정수는 전압, 전류, 역률, 주파수 등에는 영향을 많이 받지 않는다. 한편, 가장 선로정수의 영향을 미치는 것은 전선의 배치이다.

답 ④

02 애자련의 누설 컨덕턴스 □□□ check up!

현수애자 4개를 1련으로 한 66[kV] 송전선로가 있다. 현수애자 1개의 절연저항이 2000[MΩ]이라면, 표준경간을 200[m]로 할 때 1[km]당의 누설 컨덕턴스[℧]는?

① 0.63×10^{-9} ② 0.93×10^{-9}
③ 1.23×10^{-9} ④ 1.53×10^{-9}

해설 애자 한 개의 저항이 2000[MΩ]이고, 이 것이 직렬로 연결되어 있으므로, 애자련의 합성절연저항 $R = 4 \times 2000 = 8000$[MΩ]이다. 한편, 표준경간이 200[m]이므로 1[km]당 애자련 5개가 병렬접속 되어있는 것이다. 따라서 총 합성절연저항 $R_0 = \dfrac{8000}{5} = 1600$[MΩ]이며, 누설컨덕턴스는 이 값의 역수이다.
누설컨덕턴스 $G = \dfrac{1}{R_0} = \dfrac{1}{1600 \times 10^6} = 0.63 \times 10^{-9}$[℧]이다.

답 ①

03 등가선간거리 – 수평배치 　□□□ check up!

그림과 같은 선로의 등가선간거리는 몇 [m]인가?

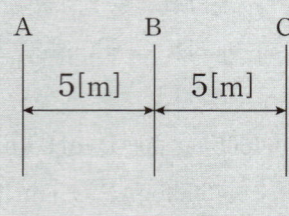

① 5
② $5\sqrt{2}$
③ $5\sqrt[3]{2}$
④ $10\sqrt[3]{2}$

해설 일직선 수평배치의 등가선간거리 $D_e = \sqrt[3]{2}\, D_1 = 5\sqrt[3]{2}$ 　답 ③

04 등가선간거리 – 정사각형 배치 　□□□ check up!

정사각형으로 배치된 4도체 송전선이 있다. 소도체의 반지름이 1[cm]이고, 한 변의 길이가 32[cm]일 때, 소도체간의 기하학적 평균거리는 몇 [cm]인가?

① $32 \times 2^{\frac{1}{3}}$
② $32 \times 2^{\frac{1}{4}}$
③ $32 \times 2^{\frac{1}{5}}$
④ $32 \times 2^{\frac{1}{6}}$

해설 정사각형 배치의 등가선간거리 $D_e = \sqrt[6]{2} \cdot 32 = 2^{\frac{1}{6}} \times 32$ 　답 ④

05 단도체의 인덕턴스 – 유형 ① 　□□□ check up!

가공 왕복선 배치에서 지름이 d[m]이고 선간거리가 D[m]인 선로 한 가닥의 작용인덕턴스는 몇 [mH/km]인가? (단, 선로의 투자율은 1이라 한다.)

① $0.05 + 0.04605 \log_{10} \dfrac{D}{d}$
② $0.05 + 0.4605 \log_{10} \dfrac{D}{d}$
③ $0.5 + 0.4605 \log_{10} \dfrac{2D}{d}$
④ $0.05 + 0.4605 \log_{10} \dfrac{2D}{d}$

해설 분모의 반지름이 지름으로 표현 되었으므로, 분자에 2를 곱한다. 　답 ④

06 단도체의 인덕턴스 - 유형 ②   □□□ check up!

반지름 16[mm]의 강심 알루미늄 연선으로 구성된 완전 연가된 3상 1회선 송전선로가 있다. 각 상간의 등가 선간거리가 3000[mm]라고 할 때, 이 선로의 작용인덕턴스는 약 몇 [mH/km]인가?

① 0.8　　　　　　　　② 1.1
③ 1.5　　　　　　　　④ 1.8

해설 작용인덕턴스 $L = 0.05 + 0.4605 \log_{10} \dfrac{3000}{16} = 1.1 [\text{mH/km}]$ 답 ②

07 단도체의 인덕턴스 - 유형 ③   □□□ check up!

반지름 r[m]인 전선 A, B, C가 그림과 같이 수평으로 D[m] 간격으로 배치되고 3선이 완전 연가된 경우 각 선의 인덕턴스는 몇 [mH/km]인가?

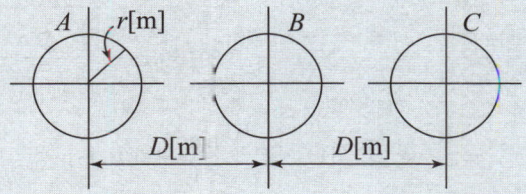

① $L = 0.05 + 0.4605 \log_{10} \dfrac{D}{r}$　　② $L = 0.05 + 0.4605 \log_{10} \dfrac{\sqrt{2}\,D}{r}$

③ $L = 0.05 + 0.4605 \log_{10} \dfrac{\sqrt{3}\,D}{r}$　　④ $L = 0.05 + 0.4605 \log_{10} \dfrac{\sqrt[3]{2}\,D}{r}$

해설 일직선 배치의 평균선간거리 $D_e = \sqrt[3]{2}\,D$, $L = 0.05 + 0.4605 \log_{10} \dfrac{\sqrt[3]{2}\,D}{r} [\text{mH/km}]$ 답 ④

08 단도체의 인덕턴스 - 유형 ④   □□□ check up!

3상3선식 송전선에서 바깥지름 20[mm]의 경동연선을 2[m] 간격으로 일직선 수평배치로 하여 연가를 했을 때, 1[km] 마다의 인덕턴스는 약 몇 [mH/km]인가?

① 1.16　　　　　　　　② 1.32
③ 1.48　　　　　　　　④ 1.64

해설 일직선 배치의 평균선간거리 $D_e = \sqrt[3]{2}\,D$　$L = 0.05 + 0.4605 \log_{10} \dfrac{\sqrt[3]{2} \times 2 \times 10^3}{10} ≒ 1.16 [\text{mH/km}]$

답 ①

09 복도체의 등가반지름

복도체의 선로가 있다. 소도체의 지름이 8[mm], 소도체 사이의 간격이 40[cm]일 때 등가 반지름[cm]은?

① 2.8[cm]
② 3.6[cm]
③ 4.0[cm]
④ 5.7[cm]

해설 복도체의 등가반지름 $r_e = \sqrt[n]{rS^{n-1}} = \sqrt[2]{r \cdot S^{2-1}} = \sqrt{r \cdot S} = \sqrt{0.4 \times 40} = 4$[cm]

답 ③

10 복도체의 인덕턴스

반지름 r[m]이고 소도체 간격 S인 4 복도체 송전선로에서 전선 A, B, C가 수평으로 배열되어 있다. 등가선간거리가 D[m]로 배치되고 완전 연가 된 경우 송전선로의 인덕턴스는 몇 [mH/km]인가?

① $0.4605 \log_{10} \dfrac{D}{\sqrt{rs^2}} + 0.0125$
② $0.4605 \log_{10} \dfrac{D}{\sqrt[2]{rs}} + 0.025$
③ $0.4605 \log_{10} \dfrac{D}{\sqrt[3]{rs^2}} + 0.0167$
④ $0.4605 \log_{10} \dfrac{D}{\sqrt[4]{rs^3}} + 0.0125$

해설 4 복도체의 등가반지름 $r_e = \sqrt[4]{r \cdot S^3}$, 인덕턴스 $L_4 = \dfrac{0.05}{4} + 0.4605 \log_{10} \dfrac{D}{\sqrt[4]{rS^3}}$

답 ④

11 자기·상호인덕턴스

3상 3선식 송전선에서 L을 작용 인덕턴스라 하고, L_e 및 L_m은 대지를 귀로로 하는 1선의 자기 인덕턴스 및 상호 인덕턴스라고 할 때 이들 사이의 관계식은?

① $L = L_m - L_e$
② $L = L_e - L_m$
③ $L = L_m + L_e$
④ $L = \dfrac{L_m}{L_e}$

해설 작용 인덕턴스의 대략값 $L = L_e - L_m$[mH/km]

답 ②

12 작용인덕턴스의 대략값

작용 인덕터스의 대략값[mH/km]은?

① 1.1
② 1.3
③ 2.4
④ 4.6

해설 자기인덕턴스 $L_e ≒ 2.4\,[\text{mH/km}]$, 상호인덕턴스 $L_m ≒ 1.1\,[\text{mH/km}]$
작용인덕턴스 $L = L_e - L_m = 2.4 - 1.1 = 1.3\,[\text{mH/km}]$

답 ②

3-2 선로정수 – 정전용량·충전전류·연가

1. 작용 정전용량 [C_s : 대지 정전용량, C_m : 선간 정전용량]
   - 단상 2선식 : $C_n = C_s + 2C_m$
   - 3상 3선식 : $C_n = C_s + 3C_m$
2. 작용 정전용량 [선간거리와 전선의 반지름]
   - 단도체 : $C_n = \dfrac{0.02413}{\log_{10}\dfrac{D}{r}}[\mu F/km]$
   - 복도체 : $C_n = \dfrac{0.02413}{\log_{10}\dfrac{D}{r_e}}[\mu F/km]$
3. 송전선로의 충전전류 [정전용량 – 진상전류 – 페란티현상]
   $$I_c = 2\pi f CE = 2\pi f C\left(\dfrac{V}{\sqrt{3}}\right)[A] \quad \text{※ } E\text{는 대지전압, } V\text{는 선간전압}$$
4. 송전선로의 충전용량 : $Q_c = 3 \times 2\pi f CE^2 = 3 \times 2\pi f C(V/\sqrt{3})^2 = 2\pi f CV^2 \times 10^{-3}[kVA]$
5. 연가 : 3의 배수로 등분, 선로정수평형, 통신선 유도장해를 방지, 이상전압 억제

01 대지정전용량과 선간정전용량 □□□ check up!

3상 3선식 3각형 배치의 송전선로에 있어서 각 선의 대지정전 용량이 $0.5038[\mu F]$이고, 선간 정전 용량이 $0.1237[\mu F]$일 때 1선의 작용 정전 용량은 몇 $[\mu F]$인가?

① 0.6275
② 0.8749
③ 0.9164
④ 0.9755

해설 $C_n = C_s + 3C_m = 0.5038 + 3 \times 0.1237 = 0.8749[\mu F]$

답 ②

02 작용정전용량 – 유형① □□□ check up!

3상 3선식 1회선의 가공 송전선로에서 D를 선간거리, r을 전선의 반지름이라고 하면 1선당 정전용량 C는?

① $\log_{10}\dfrac{D}{r}$에 비례한다.
② $\log_{10}\dfrac{D}{r}$에 반비례한다.
③ $\dfrac{D}{r}$에 비례한다.
④ $\dfrac{r}{D}$에 비례한다.

해설 정전용량 $C_n = \dfrac{0.02413}{\log_{10}\dfrac{D}{r}}[\mu F/km]$ 즉, 정전용량은 $\log_{10}\dfrac{D}{r}$에 반비례한다.

답 ②

03 작용정전용량 – 유형② □□□ check up!

소도체 두 개로 된 복도체방식 3상3선식 송전선로가 있다. 소도체의 지름 2[cm], 소도체간격 16[cm], 등가선간 거리 200[cm]인 경우 1상당 작용정전용량[$\mu F/km$]은?

① 0.014
② 0.14
③ 0.065
④ 0.093

해설 $C_n = \dfrac{0.02413}{\log_{10}\dfrac{D}{\sqrt{rs}}} = \dfrac{0.02413}{\log_{10}\dfrac{200}{\sqrt{16 \times 1}}} = 0.014\,[\mu F/km]$

답 ①

04 충전전류의 특성 – 진상전류 □□□ check up!

충전전류는 일반적으로 어떤 전류를 말하는가?

① 앞선전류
② 뒤진전류
③ 유효전류
④ 누설전류

해설 충전전류는 정전용량에 의해 발생하므로 전류가 전압보다 90도 앞선전류이다.

답 ①

05 페란티 현상의 원인 – 정전용량 □□□ check up!

최근 전력계통에 전력케이블의 사용이 많아지고 있다. 그래서 계통의 전압조정 및 보호방식에 대하여 많은 문제점이 발생하고 있는데, 이들에 대하여 기술한 것 중 옳은 것은?

① 적당한 개소에 분로용 콘덴서를 설치하여 무효전력을 흡수토록 하고 전압변동률을 줄인다.
② 계통의 정전용량이 커져 경부하에서는 페란티효과(Ferranti effect)로 인하여 전압 상승이 발생할 가능성이 많아진다.
③ 중성점접지방식의 경우 종류에 따라서는 고장시 반파의 정류전류가 흐르고 대지 정전용량이 커져서 영상임피던스도 커진다.
④ 접지사고시 과도지락전류가 작아서 지락보호에 대해서는 가공선로와 같은 무리를 할 필요가 없다.

해설 경부하 또는 무부하시 계통의 상대적으로 정전용량이 커지기 때문에 송전단 전압보다 수전단 전압이 높은 페란티현상($V_s < V_r$)이 발생한다.

답 ②

06 선로의 충전전류 – 유형 ①

전압 66000[V], 주파수 60[Hz], 길이 20[km], 심선 1선당 작용 정전용량 0.3464[μF/km]인 3상 지중 전선로의 3상 무부하 충전 전류는 약 몇 [A]인가? (단, 정전 용량 이외의 선로정수는 무시한다.)

① 83.5[A]
② 91.5[A]
③ 99.5[A]
④ 107.5[A]

해설 $I_c = \omega CE = 2\pi \times 60 \times 0.3464 \times 10^{-6} \times 20 \times \dfrac{66000}{\sqrt{3}} = 99.5[A]$

답 ③

07 선로의 충전전류 – 유형 ②

60[Hz], 154[kV], 길이 200[km]인 3상송전선로에서 $C_s = 0.008[\mu F/km]$, $C_m = 0.0018[\mu F/km]$일 때 1선에 흐르는 충전전류[A]는?

① 68.9
② 78.9
③ 89.8
④ 97.6

해설 $C_n = C_s + 3C_m = 0.0134[\mu F/km]$, $I_c = 2\pi \times 60 \times 0.0134 \times 10^{-6} \times 200 \times \dfrac{154000}{\sqrt{3}} = 89.8[A]$

답 ③

08 선로의 충전용량 – $3\omega CE^2$

전압 66[kV], 주파수 60[Hz], 길이 12[km]의 3상 3선식 1회선 지중 송전선로가 있다. 케이블의 심선 1선당의 정전용량이 0.4[μF/km]라고 할 때 이 선로의 3상 무부하 충전용량은 약 몇 [kVA]인가?

① 5569
② 7882
③ 11138
④ 13642

해설 $Q_c = 3 \times 2\pi \times 60 \times 0.4 \times 10^{-6} \times 12 \times \left(\dfrac{66000}{\sqrt{3}}\right)^2 \times 10^{-3} = 7882[kVA]$

답 ②

09 연가의 목적 – 선로정수 평형

3상 3선식 송전선로를 연가(Transposition)하는 주된 목적은?

① 전압강하를 방지하기 위하여
② 송전선을 절약하기 위하여
③ 고도를 표시하기 위하여
④ 선로정수를 평형 시키기 위하여

해설 연가의 목적 및 효과 : 선로정수 평형, 통신선 유도장해 방지, 이상전압 억제

답 ④

10 연가의 방법 – 3의 배수

3상 3선식 송전선을 연가할 경우 일반적으로 몇의 배수(培數)의 구간으로 등분하여 연가하는가?

① 2
② 3
③ 5
④ 6

해설 3상 3선식 송전선을 연가할 경우 3의 배수의 구간으로 등분한다.

답 ②

3-3 코로나 현상

1. 코로나 임계전압 : $E_0 = 24.3 m_0 m_1 \delta d \log_{10} \dfrac{D}{r}$ [kV]

   m_0 : 표면계수, m_1 : 날씨계수, δ : 공기상대밀도, d : 전선지름

2. 코로나 영향

   ① 전력손실 발생 : $P_c = \dfrac{241}{\delta}(f+25)\sqrt{\dfrac{d}{2D}}(E-E_0)^2 \times 10^{-5}$ [kW/km/선]   ※ E : 대지전압

   ② 오존(O_3)으로 인한 전선의 부식

   ③ 소음, 통신선의 유도장해 등이 발생

   ④ 소호 리액터의 소호 능력이 저하

3. 코로나 방지대책

   ① 복도체 또는 굵은 전선을 사용하여 코로나 임계전압을 높인다.

   ② 가선금구를 개량하여 국부적으로 강한 전계의 형성을 방지한다.

01 공기의 파열극한 전위경도

공기의 파열 극한 전위경도는 정현파 교류의 실효치로 약 몇 [kV/cm]인가?

① 21[kV/cm]
② 25[kV/cm]
③ 30[kV/cm]
④ 33[kV/cm]

해설 파열극한 전위경도 : AC-21[kV/cm], DC-30[kV/cm]

답 ①

02 코로나 임계전압 - 유형 ①

3상 3선식 송전 선로에서 코로나의 임계 전압 E_0[kV]의 계산식은? (단, $d=2r=$전선의 지름[cm], $D=$전선(3선)의 평균 선간 거리[cm]이다.)

① $E_0 = 24.3 d \log_{10} \dfrac{D}{r}$
② $E_0 = 24.3 d \log_{10} \dfrac{r}{D}$
③ $E_0 = \dfrac{24.3}{d \log_{10} \dfrac{D}{r}}$
④ $E_0 = \dfrac{24.3}{d \log_{10} \dfrac{r}{D}}$

해설 코로나 임계전압 : $E_0 = 24.3 d \log_{10} \dfrac{D}{r}$

답 ①

03 코로나 임계전압 - 유형 ② □□□ check up!

송전선로의 코로나 임계전압이 높아지는 경우는?

① 기압이 낮아지는 경우
② 전선의 지름이 큰 경우
③ 온도가 높아지는 경우
④ 상대공기밀도가 작은 경우

해설 기압이 낮아지거나 온도가 높아지면 코로나 임계전압은 낮아진다. **답** ②

04 코로나 방지대책 - 복도체 □□□ check up!

코로나 방지에 가장 효과적인 방법은?

① 선로의 절연을 강화한다.
② 선간거리를 증가시킨다.
③ 복도체를 사용한다.
④ 선로의 높이를 가급적 낮춘다.

해설 코로나 방지를 위해 복도체 방식을 채용하는 것이 가장 효과적이다. **답** ③

05 코로나 전력손실 □□□ check up!

코르나손실에 대한 Peek의 식은?

① $\frac{241}{\delta}(f-25)\sqrt{\frac{2D}{d}}(E-E_0)^2 \times 10^{-5}$ [kW/km/선]

② $\frac{241}{\delta}(f+25)\sqrt{\frac{2D}{d}}(E-E_0)^2 \times 10^{-5}$ [kW/km/선]

③ $\frac{241}{\delta}(f+25)\sqrt{\frac{d}{2D}}(E-E_0)^2 \times 10^{-5}$ [kW/km/선]

④ $\frac{241}{\delta}(f-25)\sqrt{\frac{d}{2D}} \times 10^{-5}$ [kW/km/선]

해설 코르나에 의해 발생하는 전력손실

$$P_c = \frac{241}{\delta}(f+25)\sqrt{\frac{d}{2D}}(E-E_0)^2 \times 10^{-5} [kW/km/선]$$

답 ③

3-4 복도체[다도체]

1. 복도체의 적용 : 154[kV] − 2도체, 345[kV] − 4도체, 765[kV] − 6도체
2. 복도체 방식의 특징
   - 인덕턴스 감소, 정전용량 증가
   - 허용전류, 송전용량 증가
   - 전선표면 전위경도 감소
   - 코로나 임계전압 증가
3. 스페이서[Spacer]
   소도체에 같은 방향의 대전류가 흐를 경우 흡인력이 발생하여 서로 충돌할 수 있다. 이를 방지하기 위해 스페이서를 설치한다.

01 복도체 주된목적 − 코로나 방지

송전 계통에 복도체가 사용되는 주된 목적은 다음 중 무엇인가?

① 전력손실의 경감 ② 역률 개선
③ 선로 정수의 평형 ④ 코로나 방지

해설 코로나 방지를 위해 복도체 방식을 채용하는 것이 가장 효과적이다.   답 ④

02 복도체 방식의 특징

송전선에 복도체(또는 다도체)를 사용할 경우, 같은 단면적의 단도체를 사용하였을 경우와 비교할 때 다음 표현 중 적합하지 않는 것은?

① 전선의 인덕턴스는 감소되고 정전용량은 증가된다.
② 고유 송전용량이 증대되고 정태안정도가 증대된다.
③ 전선표면의 전위경도가 증가한다.
④ 전선의 코로나 개시전압이 높아진다.

해설 복도체를 사용하는 경우 등가반지름이 증가하여 전선표면의 전위경도는 감소한다.   답 ③

[**D-30** 전기기사·산업기사 필기
30일 필기 단기완성]

제2과목
전력공학
DAY-07

30일 단기완성

Chapter 04
송전특성

1 출제경향분석

본장은 송전선로의 특성을 단거리, 중거리, 장거리 선로로 분류하고 그에 따른 회로해석법을 적용합니다. 한편, 회로이론의 기본적인 4단자정수 이론과 함께 출제되고 있습니다.

반드시 알아야 하는 핵심 포인트

① 전압강하·전압강하율
② 전력손실·전력손실률
③ T형회로·π형회로
④ 특성임피던스·전파정수
⑤ 송전전압[스틸식]과 송전용량

2 학습 가이드라인

- 반드시 알아야 하는 핵심 포인트는 전기기사 및 산업기사 시험에서 가장 출제빈도가 높은 논점으로 각 파트별 핵심 포인트와 문제를 연계하여 학습해 주시기를 권장합니다.
- 체크리스트를 작성하시면서 문제의 유형과 학습의 완성도를 스스로 확인해 주세요.
- 출제 빈도가 높고 틀리기 쉬운 문제를 맞출 수 있도록 "콕콕 포인트"를 확인해 주세요.

우선순위 논점	KEY WORD	선생님의 콕콕 포인트
전압강하	부하전류, 3상 3선식, 전압강하	전류가 기지값일 경우를 제외한 나머지는 전압강하 근사식을 이용할 것
전압강하율	전압강하율, 부하용량, 전압강하	전압강하율이 기지값일 경우 단위법으로 환산한 후 계산하여 접근할 것
전력손실	저항, 전압, 역률, 제곱의 반비례	전력손실에서 대부분 어떤 요소의 제곱에 반비례함을 기억할 것
π형/T형	중거리, 송전단전류, 4단자정수	T형회로와 π형회로의 각각의 A, B, C, D를 암기한 후 계산할 것
송전용량	송전용량계수, 거리, 2회선, 단위	2회선일 경우 2를 곱할 것

4-1 송전특성 – 단거리 송전선로

1. 전압강하 : $e = \sqrt{3}\,I(R\cos\theta + X\sin\theta) = \dfrac{P}{V_r}(R + X\tan\theta)\ [V_r : 수전단\ 선간전압]$
2. 전압강하율 : $\delta = \dfrac{V_s - V_r}{V_r} \times 100 = \dfrac{P}{V_r^2}(R + X\tan\theta) \times 100$
3. 전압변동률 : $\varepsilon = \dfrac{V_{ro} - V_r}{V_r} \times 100\,[\%]$ 단, $\begin{cases} V_{ro} : 무부하시\ 수전단전압 \\ V_r : 전부하시\ 수전단전압 \end{cases}$
4. 전력손실 : $P_l = \dfrac{P^2 R}{V^2 \cos^2\theta} = \dfrac{P^2 \rho l}{V^2 \cos^2\theta A}\,[W]$
5. 전력손실률 : $P = KV^2$ (전력손실률 K가 일정할 경우 $P \propto V^2$)

01 송전특성 – $R < X$

송전선로의 저항은 R, 리액턴스를 X라 하면 다음의 어느 식이 성립하는가?
① $R \geq X$
② $R < X$
③ $R = X$
④ $R > X$

해설 송전선로는 일반적으로 저항보다 리액턴스가 더 크며, 옥내배선의 경우 저항이 더 크다. **답** ②

02 전압강하 – 3상 3선식

3상 3선식 가공 송전선로가 있다. 전선 한 가닥의 저항은 15[Ω], 리액턴스는 20[Ω] 이고, 부하전류는 100[A] 부하 역률은 0.8로 지상이다. 이때 선로의 전압강하는 약 몇 [V]인가?
① 2400[V]
② 4157[V]
③ 6062[V]
④ 10500[V]

해설 $e = \sqrt{3}\,I(R\cos\theta + X\sin\theta) = \sqrt{3} \times 100 \times (15 \times 0.8 + 20 \times 0.6) \fallingdotseq 4157$ **답** ②

03 전압강하방지 – 직렬콘덴서

저항 2[Ω], 유도 리액턴스 8[Ω]의 단상 2선식 배전 선로의 전압강하를 보상하기 위하여, 용량 리액턴스 6[Ω]의 직렬 콘덴서를 넣었을 때의 부하 단자전압[V]을 구하여라. 여기서 전원은 6900[V], 부하전류는 200[A], 역률(지상)은 80[%]라 한다.
① 5340
② 5000
③ 6340
④ 6000

해설 $V_s = V_r + e = V_r + I[R\cos\theta + (X_L - X_C)\sin\theta]$ (단상2선식)
$V_r = V_s - I[R\cos\theta + (X_L - X_C)\sin\theta] = 6900 - 200 \times [2 \times 0.8 + (8-6) \times 0.6] = 6340[V]$

답 ③

04 전압강하 근사식 □□□ check up!

늦은 역률의 부하를 갖는 단거리 송전선로의 전압강하의 근사식은? (단, P는 3상 부하전력[kW], E는 선간전압[kV], R은 선로 저항[Ω], X는 리액턴스[Ω], θ는 부하의 늦은 역률각이다.)

① $\dfrac{\sqrt{3}P}{E}(R + X\tan\theta)$ ② $\dfrac{P}{\sqrt{3}E}(R + X\tan\theta)$

③ $\dfrac{P}{E}(R + X\tan\theta)$ ④ $\dfrac{P}{\sqrt{3}E}(R\cos\theta + X\sin\theta)$

해설 선간전압을 E라고 했을 경우 전압강하 근사식은 $\dfrac{P}{E}(R + X\tan\theta)$이다.

답 ③

05 전압강하 - 선로저항 R □□□ check up!

송전단 전압이 3300[V] 수전단 전압이 3000[V]인 3상 배전선에서 부하전력이 1200[kW], 역률이 0.9일 때 선로저항은 약 몇 [Ω]인가? (단, 선로의 리액턴스는 무시한다.)

① 0.68 ② 0.75
③ 0.83 ④ 0.95

해설 선로 저항 $R = \dfrac{e \times V_r}{P} = \dfrac{(3300 - 3000) \times 3000}{1200 \times 10^3} = 0.75$

답 ②

06 전압강하 - 송전전력 P □□□ check up!

모선 전압이 6600[V]인 변전소에서 저항 6[Ω], 리액턴스 8[Ω]의 송전선을 통해서 역률 0.8의 부하에 급전할 때 부하점 전압을 6000[V]로 하면 몇 [kW]의 전력이 전송되는가?

① 300 ② 400
③ 500 ④ 600

해설 $e = \dfrac{P}{V_r}(R + X\tan\theta)$, $P = \dfrac{e \times V_r}{(R + X\tan\theta)} = \dfrac{(6600 - 6000) \times 6000}{\left(6 + 8 \times \dfrac{0.6}{0.8}\right)} \times 10^{-3} = 300[kW]$

답 ①

07 전압강하율 - 전압

전력이 같고, 단면적과 긍장이 같을 때 전압강하율[%]은?

① 전압에 비례한다.
② 전압의 제곱에 비례한다.
③ 전압에 반비례한다.
④ 전압의 제곱에 반비례한다.

해설 $\delta = \dfrac{P}{V_r^2}(R + X\tan\theta) \times 100$, 전압 강하율은 $\delta \propto \dfrac{1}{V_r^2}$ 이다.

답 ④

08 전압강하율 계산

3상 3선식 송전선이 있다. 1선당의 저항은 8[Ω], 리액턴스는 12[Ω]이며, 수전단의 전력이 1000[kW], 전압이 10[kV], 역률이 0.8일 때 이 송전선의 전압강하율은 몇 [%]인가?

① 14
② 15
③ 17
④ 19

해설 $\delta = \dfrac{P}{V_r^2}(R + X\tan\theta) \times 100[\%] = \dfrac{1000 \times 10^3}{(10 \times 10^3)^2} \times \left(8 + 12 \times \dfrac{0.6}{0.8}\right) \times 100 = 17[\%]$

답 ③

09 전력손실 공식

3상 선로의 전압이 V[V]이고, P[W], 역률 $\cos\theta$인 부하에서 한 선의 저항이 R[Ω]이라면 3상 선로의 전체 전력손실은 몇 [W]가 되겠는가?

① $\dfrac{PR}{\sqrt{3}\,V^2\cos^2\theta}$
② $\dfrac{P^2R^2}{V^2\cos^2\theta}$
③ $\dfrac{PR^2}{V\cos^2\theta}$
④ $\dfrac{P^2R}{V^2\cos^2\theta}$

해설 전력손실 $P_l = 3I^2R = \dfrac{P^2R}{V^2\cos^2\theta} = \dfrac{P^2\rho l}{V^2\cos^2\theta A}$ 단, $R = \rho \times \dfrac{l}{A}$

답 ④

10 전력손실 계산 □□□ check up!

그림과 같은 단거리 배전선로의 송전단 전압 및 역률은 각각 6600[V], 0.9이고 수전단 전압 및 역률이 각각 6100[V], 0.8일 때 회로에 흐르는 전류[A]는? (단, $r=10[\Omega]$, $x=20[\Omega]$이다.)

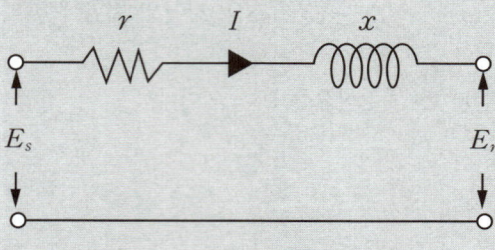

① 96[A]
② 106[A]
③ 120[A]
④ 126[A]

해설 $P_l = P_s - P_r = I^2 R [\text{W}]$

$$I = \frac{V_s \cos\theta_s - V_r \cos\theta_r}{R} = \frac{6600 \times 0.9 - 6100 \times 0.8}{10} = 106[\text{A}]$$

답 ②

11 전압변동률 정의 □□□ check up!

송전선의 전압변동률은 다음 식으로 표시된다. 이 식에서 V_{R1}은 무엇인가?

$$전압변동률 = \frac{V_{R1} - V_{R2}}{V_{R2}} \times 100[\%]$$

① 무부하시 송전단전압
② 부하시 송전단전압
③ 무부하시 수전단전압
④ 부하시 수전단전압

해설 전압변동률 $\varepsilon = \frac{V_{ro} - V_r}{V_r}$ 여기서, V_{ro} : 무부하시 수전단전압, V_r : 전부하시 수전단전압

답 ③

12 전압변동률 계산 □□□ check up!

송전단 전압이 66[kV], 수전단 전압이 61[kV]인 송전선로에서 수전단의 부하를 끊은 경우 수전단 전압이 63[kV]라면 전압 변동률은 약 몇 [%]인가?

① 2.55
② 2.90
③ 3.17
④ 3.28

해설 수전단의 부하를 끊은 경우는 무부하 상태를 의미한다. $\varepsilon = \dfrac{63-61}{61} \times 100 = 3.28[\%]$ 답 ④

13 전력손실률 – 승압 □□□ check up!

154[kV] 송전선로의 전압을 345[kV]로 승압하고 같은 손실률로 송전한다고 가정하면 송전전력은 승압전의 약 몇 배 정도 되겠는가?

① 2
② 3
③ 4
④ 5

해설 전력손실률이 일정한 경우 $P \propto V^2$이다. ∴ $P = (345/154)^2 = 5$배이다.   답 ④

4-2 송전특성 – 중거리 송전선로

1. 일반 회로정수 및 전파방정식
   - $AD - BC = 1$
   - $E_s = AE_r + BI_r$ $I_s = CE_r + DI_r$

2. T형 회로

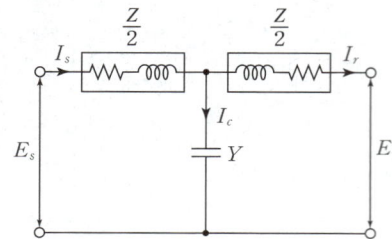

$$\begin{bmatrix} A & B \\ C & D \end{bmatrix} = \begin{bmatrix} 1 + \dfrac{ZY}{2} & Z\left(1 + \dfrac{ZY}{4}\right) \\ Y & 1 + \dfrac{ZY}{2} \end{bmatrix}$$

3. π형 회로

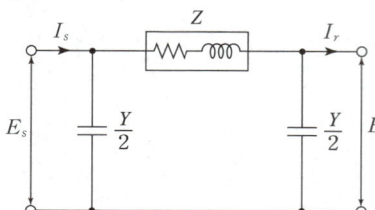

$$\begin{bmatrix} A & B \\ C & D \end{bmatrix} = \begin{bmatrix} 1 + \dfrac{ZY}{2} & Z \\ Y\left(1 + \dfrac{ZY}{4}\right) & 1 + \dfrac{ZY}{2} \end{bmatrix}$$

01 일반 회로 정수 – 유형 ① ☐☐☐ check up!

송전선로의 일반 회로 정수가 $A = 0.7$, $B = j190$, $D = 0.9$, C의 값은?

① $-j1.95 \times 10^{-3}$
② $j1.95 \times 10^{-3}$
③ $-j1.95 \times 10^{-4}$
④ $j1.95 \times 10^{-4}$

해설 4단자 정수에서 $AD - BC = 1$, $C = \dfrac{AD - 1}{B} = \dfrac{0.9 \times 0.7 - 1}{j190} = j1.95 \times 10^{-3}$ 답 ②

02 일반 회로 정수 – 유형 ② ☐☐☐ check up!

일반회로정수가 A, B, C, D인 선로에 임피던스가 $\dfrac{1}{Z_T}$인 변압기가 수전단에 접속된 계통의 일반회로정수 D_0는?

① $\dfrac{C + DZ_T}{Z_T}$
② $\dfrac{C + AZ_T}{Z_T}$
③ $\dfrac{B + AZ_T}{Z_T}$
④ $\dfrac{B + DZ_T}{Z_T}$

해설

$$\begin{bmatrix} A_0 & B_0 \\ C_0 & D_0 \end{bmatrix} = \begin{bmatrix} A & B \\ C & D \end{bmatrix} \begin{bmatrix} 1 & \frac{1}{Z_T} \\ 0 & 1 \end{bmatrix} = \begin{bmatrix} A & \frac{A}{Z_T}+B \\ C & \frac{C}{Z_T}+D \end{bmatrix} \therefore D_0 = \frac{C}{Z_T}+D = \frac{C+DZ_T}{Z_T}$$

답 ①

03 일반 회로 정수 – 유형 ③

그림과 같이 정수가 서로 같은 평행 2회선의 4단자정수 중 C_0는?

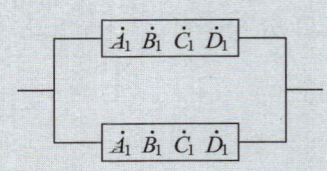

① $\frac{C_1}{2}$
② $\frac{C_1}{4}$
③ $2C_1$
④ 4

해설

1회선	A	B	C	D
2회선	A	$\frac{1}{2}B$	$2C$	D

답 ③

04 전파 방정식 – 유형 ①

일반회로정수가 A, B, C, D이고 송전단 상전압이 E_s인 경우, 무부하시의 충전전류(송전단 전류)는?

① $\frac{C}{A}E_s$
② ACE_s
③ $\frac{A}{C}E_s$
④ CE_s

해설 $E_s = AE_r + BI_r$에서, 무부하이므로 $I_r=0$, 그러므로 $E_s = AE_r$ → $E_r = \frac{E_s}{A}$ 가 된다.

송전단 전류 $I_s = CE_r + DI_r$에서 무부하이므로 $I_r=0$, 그러므로 $I_s = CE_r$ → $I_s = CE_r = C \times \frac{E_s}{A}$

답 ①

05 전파 방정식 – 유형 ②

3상 154[kV] 송전선의 일반회로정수가 $A=0.900$, $B=50$, $C=j0.901\times10^{-3}$, $D=0.930$일 때 무부하 시 송전단에 154[kV]를 가했을 때 수전단 전압은 몇 [kV]인가?

① 143
② 154
③ 166
④ 171

해설 송전단의 상전압 $E_s = AE_r + BI_r$에서 무부하 이므로 $I_r = 0$

송전단의 선간전압은 $V_s = AV_r + \sqrt{3}BI_r$(선간전압은 상전압의 $\sqrt{3}$배) ∴ $V_r = \dfrac{V_s}{A} = \dfrac{154}{0.9} = 171[\text{kV}]$

답 ④

06 T형 회로 – 4단자 정수

T형 회로에서 4단자 정수 A는? (단, Z는 선로의 직렬 임피던스, Y는 선로의 병렬 어드미턴스이다.)

① Z
② Y
③ $1 + \dfrac{ZY}{2}$
④ $Z\left(1 + \dfrac{ZY}{4}\right)$

해설 T형 회로의 4단자 정수는 $\begin{pmatrix} A & B \\ C & D \end{pmatrix} = \begin{pmatrix} 1+\dfrac{ZY}{2} & Z\left(1+\dfrac{ZY}{4}\right) \\ Y & 1+\dfrac{ZY}{2} \end{pmatrix}$ 이다.

답 ③

07 π형 회로 – 4단자 정수

중거리 송전선로의 π형 회로에서 송전단전류 I_s는? (단, Z, Y는 선로의 직렬임피던스와 병렬 어드미턴스이고, E_r, I_r은 수전단 전압과 전류이다.)

① $\left(1+\dfrac{ZY}{2}\right)E_r + ZI_r$
② $\left(1+\dfrac{ZY}{2}\right)E_r + Z\left(1+\dfrac{ZY}{4}\right)I_r$
③ $\left(1+\dfrac{ZY}{2}\right)I_r + Z\left(1+\dfrac{ZY}{4}\right)E_r$
④ $\left(1+\dfrac{ZY}{2}\right)I_r + Y\left(1+\dfrac{ZY}{4}\right)E_r$

해설 π형 회로 $\begin{bmatrix} A & B \\ C & D \end{bmatrix} = \begin{bmatrix} 1+\dfrac{ZY}{2} & Z \\ Y\left(1+\dfrac{ZY}{4}\right) & 1+\dfrac{ZY}{2} \end{bmatrix}$, $I_s = CE_r + DI_r$이므로

$I_s = \left(1+\dfrac{ZY}{2}\right)I_r + Y\left(1+\dfrac{ZY}{4}\right)E_r$

답 ④

4-3 송전특성 – 장거리 송전선로

1. 특성[파동]임피던스

    $Z_0 = \sqrt{\dfrac{Z}{Y}} = \sqrt{\dfrac{r+j\omega L}{g+j\omega C}} = \sqrt{\dfrac{L}{C}} = 138\log_{10}\dfrac{D}{r}\,[\Omega]$ ※ 특성 임피던스는 선로의 길이에 관계없음

2. 전파정수

    $\gamma = \sqrt{ZY} = \sqrt{(r+j\omega L)(g+j\omega C)} = j\omega\sqrt{LC} = \sqrt{LC}$

3. 송전용량 계수법 : 송전용량 $P = K\dfrac{V^2}{\ell}\,[\text{kW}]$, K : 용량계수, ℓ : 송전거리[km]

4. 송전용량 일반식 : $P = \dfrac{V_s V_r}{X} \times \sin\delta$, X : 선로의 리액턴스[Ω], δ : 상차각

    ※ $\sin\theta$는 90°일 때 1이므로 90°일 때 송전용량 최대

5. 송전전압[스틸식] : $V = 5.5\sqrt{0.6\ell + \dfrac{P}{100}}\,[\text{kV}]$, P : 송전용량[kW]

01 특성임피던스 개략값 □□□ check up!

전선에서 저항과 누설 컨덕턴스를 무시한 개략 계산에서 송전선의 특성임피던스의 값은 보통 몇 [Ω] 정도인가?

① 100~300
② 300~500
③ 500~700
④ 700~900

해설
- 단도체 특성임피던스 : 300~500[Ω]
- 복도체 특성임피던스 : 230~380[Ω]

답 ②

02 특성임피던스 특징 □□□ check up!

선로의 특성 임피던스는?

① 선로의 길이가 길어질수록 값이 커진다.
② 선로의 길이가 길어질수록 값이 작아진다.
③ 선로의 길이보다는 부하전력에 따라 값이 변한다.
④ 선로의 길이에 관계없이 일정하다.

해설 특성임피던스는 $Z_0 = \sqrt{\dfrac{L}{C}}$ 이므로 길이어 무관하게 일정한 값을 갖는다.

답 ④

03 특성임피던스 계산 - 유형 ①

선로의 길이가 250[km]인 3상 3선식 송전선로가 있다. 중성선에 대한 1선당 1[km]의 리액턴스는 0.5[Ω], 용량 서셉턴스는 3×10^{-6}[℧]이다. 이 선로의 특성 임피던스는 약 몇 [Ω]인가?

① 366[Ω]
② 408[Ω]
③ 424[Ω]
④ 462[Ω]

해설 $Z_s = \sqrt{\dfrac{Z}{Y}} = \sqrt{\dfrac{0.5}{3 \times 10^{-6}}} = 408[\Omega]$ ※ 선로의 길이를 곱하지 않는다.

답 ②

04 특성임피던스 계산 - 유형 ②

송전선로의 수전단을 단락한 경우 송전단에서 본 임피던스는 300[Ω]이고, 수전단을 개방한 경우에는 1200[Ω]일 때 이 선로의 특성 임피던스는 몇 [Ω]인가?

① 600
② 750
③ 1000
④ 1200

해설 $Z_0 = \sqrt{\dfrac{Z}{Y}} = \sqrt{\dfrac{300}{1/1200}} = 600[\Omega]$

답 ①

05 특성임피던스 계산 - 유형 ③

가공송전선의 인덕턴스가 1.3[mH/km]이고 정전용량이 0.009[μF/km]일 때 특성임피던스[Ω]는?

① 360
② 400
③ 420
④ 380

해설 $Z_0 = \sqrt{\dfrac{L}{C}} = \sqrt{\dfrac{1.3 \times 10^{-3}}{0.009 \times 10^{-6}}} = 380[\Omega]$

답 ④

06 특성임피던스 공식

송전선로의 인덕턴스 L과 정전용량 C가 다음과 같을 때 파동임피던스는? (단, r은 도체 반지름, D는 선간거리임)

$$L = 0.4605 \log_{10} \dfrac{D}{r} [\text{mH/km}], \quad C = \dfrac{0.02413}{\log_{10} \dfrac{D}{r}} [\mu\text{F/km}]$$

① 약 $159 \log_{10} \sqrt{\dfrac{D}{r}}$ [Ω] ② 약 $138 \log_{10} \dfrac{D}{r}$ [Ω]

③ 약 $122 \log_{10} \dfrac{\sqrt{r}}{D}$ [Ω] ④ 약 $102 \log_{10} \dfrac{r}{\sqrt{D}}$ [Ω]

해설 주어진 조건의 L과 C의 값을 대입하면 $Z_C = \sqrt{\dfrac{L}{C}} = 138 \log_{10} \dfrac{D}{r}$ [Ω]이다. **답** ②

07 전파정수 □□□ check up!

선로의 단위 길이당의 분포 인덕턴스를 L, 저항을 r, 정전용량을 C, 누설 컨덕턴스를 각각 g라 할 때 전파정수는 어떻게 표현되는가?

① $\sqrt{g + \dfrac{j\omega C}{r}} + j\omega L$ ② $\sqrt{r + \dfrac{j\omega L}{g}} + j\omega C$

③ $\sqrt{(r+j\omega L)(g+j\omega C)}$ ④ $(r+j\omega L)(g+j\omega C)$

해설 $\gamma = \sqrt{ZY} = \sqrt{(r+j\omega L)(g+j\omega C)} = j\omega\sqrt{LC}$ **답** ③

08 무부하시험·단락시험 □□□ check up!

다음 중 송전선로의 특성임피던스와 전파정수를 구하기 위한 시험으로 가장 적절한 것은?

① 무부하시험과 단락시험 ② 부하시험과 단락시험
③ 부하시험과 충전시험 ④ 충전시험과 단락시험

해설 특성임피던스와 전파정수를 구하기 위해 Z(임피던스)는 단락시험에서 구하고 Y(어드미턴스)는 무부하 시험을 통하여 구한다. **답** ①

09 송전전압 – 스틸식 □□□ check up!

30000[kW]의 전력을 50[km] 떨어진 지점에 송전하는데 필요한 전압은 약 몇 [kV] 정도인가? (단, Still의 식에 의하여 산정한다.)

① 22 ② 33
③ 66 ④ 100

해설 $V_s = 5.5\sqrt{0.6\ell\text{[km]} + \dfrac{P\text{[kW]}}{100}}$ [kV] $= 5.5 \times \sqrt{0.6 \times 50 + \dfrac{30000}{100}} = 100$ [kV] **답** ④

10 송전용량계수법 공식 □□□ check up!

송전선로의 송전용량을 결정할 때 송전용량계수법에 의한 수전전력[kW]을 나타낸 식으로 알맞은 것은? (단, 수전단 선간전압은 [kV]이고, 송전거리는 [km]이다.)

① 송전용량계수 × $\dfrac{(\text{수전단 선간전압})^2}{\text{송전거리}}$
② 송전용량계수 × $\dfrac{\text{수전단 선간전압}}{\text{송전거리}}$
③ 송전용량계수 × $\dfrac{(\text{송전거리})^2}{\text{수전단 선간전압}}$
④ 송전용량계수 × $\dfrac{\text{송전거리}}{\text{수전단 선간전압}}$

해설 송전용량 계수법은 $P = K\dfrac{V_r^2}{l}[\text{kW}]$ V_r : 선간 전압[kV], l : 송전거리, K : 송전용량계수

즉, 수전전력의 크기는 송전거리에 반비례하고, 수전단 선간전압의 제곱에 비례한다.   **답** ①

---

11 송전용량계수법 계산 – 2회선 □□□ check up!

345[kV] 2회선 선로의 선로 길이가 220[km]이다. 송전용량 계수법에 의하면 송전용량은 약 몇 [MW]인가? (단, 345[kV]의 송전용량 계수는 1200이다.)

① 525
② 650
③ 1050
④ 1300

해설 $P_s = 1200 \times \dfrac{345^2}{220} \times 2 \times 10^{-3} \fallingdotseq 1300[\text{MW}]$ **답** ④

---

12 송전용량 일반식 – 위상차 □□□ check up!

송전선로의 송전단전압을 E_S, 수전단전압을 E_R, 송수전단전압 사이의 위상차를 δ, 선로의 리액턴스를 X라 하고, 선로저항을 무시할 때 송전전력 P는 어떤 식으로 표시되는가?

① $P = \dfrac{E_S - E_R}{X}$
② $P = \dfrac{(E_S - E_R)^2}{X}$
③ $P = \dfrac{E_S E_R}{X}\sin\delta$
④ $P = \dfrac{E_S E_R}{X}\tan\delta$

해설 $P = \dfrac{V_s V_r}{X} \times \sin\delta [\text{MW}]$, X : 선로의 리액턴스[Ω], δ : 송수전단전압 사이의 상차각[위상차]

답 ③

13 송전용량과 송전거리 ☐☐☐ check up!

교류송전에서는 송전거리가 멀어질수록 동일 전압에서의 송전 가능전력이 적어진다. 다음 중 그 이유로 가장 알맞은 것은?

① 선로의 어드미턴스가 커지기 때문이다.
② 선로의 유도성 리액턴스가 커지기 때문이다.
③ 코로나 손실이 증가하기 때문이다.
④ 표피효과가 커지기 때문이다.

해설 교류송전에서는 송전거리가 멀어질수록 리액턴스가 커지기 때문에 동일 전압에서의 송전 가능전력이 적어진다.

답 ②

14 송전용량 일반식 – 상차각 ☐☐☐ check up!

송전단 전압 161[kV], 수전단 전압 155[kV], 상차각 60도, 리액턴스가 50[Ω]일 때 선로손실을 무시하면 송전전력은 약 몇 [MW]인가?

① 300
② 321
③ 432
④ 580

해설 $P = \dfrac{V_s V_r}{X} \times \sin\delta = \dfrac{161 \times 155}{50} \times \sin 60° = 432\,[\text{MW}]$

답 ③

15 송전선로 공칭전압 ☐☐☐ check up!

3상 송전선로의 공칭전압이란?

① 무부하상태에서 그의 수전단의 선간전압
② 무부하상태에서 그의 송전단의 상전압
③ 전부하상태에서 그의 송전단의 선간전압
④ 전부하상태에서 그의 수전단의 상전압

해설 3상 송전선로의 공칭전압이란 전부하상태에서 그의 송전단의 선간전압을 말한다.
우리나라 3상 송전선로의 대표적인 공칭전압은 154[kV], 345[kV], 765[kV]이다.

답 ③

제2과목
전력공학
DAY-07

30일 단기완성

Chapter 05
고장해석

1 출제경향분석

본장은 선로의 고장 발생시 흐르는 단락전류와 단락용량을 계산하여 적절한 차단기용량을 선정함을 목표로 하며, 불평형 고장의 해석에서 필요한 대칭좌표법을 학습합니다.

> **반드시 알아야 하는 핵심 포인트**
> ① 퍼센트 임피던스 정의 ② 퍼센트 임피던스의 집계 및 환산
> ③ 단락전류의 계산 ④ 단락용량의 계산 – 차단기 용량
> ⑤ 대칭좌표법

2 학습 가이드라인

- 반드시 알아야 하는 핵심 포인트는 전기기사 및 산업기사 시험에서 가장 출제빈도가 높은 논점으로 각 파트별 핵심 포인트와 문제를 연계하여 학습해 주시기를 권장합니다.
- 체크리스트를 작성하시면서 문제의 유형과 학습의 완성도를 스스로 확인해 주세요.
- 출제 빈도가 높고 틀리기 쉬운 문제를 맞출 수 있도록 "콕콕 포인트"를 확인해 주세요.

우선순위 논점	KEY WORD	선생님의 콕콕 포인트
%임피던스	임피던스, 전류, 용량, 전압	용량[kVA], 전압[kV]의 단위를 유의할 것
3상 단락전류	3상 단락사고, $\sqrt{3}$, 공칭전압	3상 단락전류 계산시 단상과 3상을 구분할 것
단상 단락전류	단상 단락사고, 공칭전압	단상 단락전류 계산시 단상과 3상을 구분할 것
대칭좌표법	1선지락, 선간단락	불평형 고장해석시 필요한 임피던스를 구분함

5-1 고장해석 - %Z와 단락전류

1. 퍼센트 임피던스
   ① $\%Z = \dfrac{I_n Z}{E_n} \times 100$ (단, $I_n[\text{A}]$, $Z[\Omega]$, $E_n[\text{V}]$)
   ② $\%Z = \dfrac{PZ}{10V^2}$ (단, $P[\text{kVA}]$, $V[\text{kV}]$)

2. 단락전류 [옴법·%Z법]
   ① $I_s = \dfrac{E}{Z} = \dfrac{V}{\sqrt{3}\,Z}[\text{A}]$
   ② 단상 : $I_s = \dfrac{100}{\%Z} \times I_n = \dfrac{100}{\%Z} \times \dfrac{P}{V}[\text{A}]$
   ③ 3상 : $I_s = \dfrac{100}{\%Z} \times I_n = \dfrac{100}{\%Z} \times \dfrac{P}{\sqrt{3}\,V}[\text{A}]$

01 %임피던스 정의 □□□ check up!

3상 변압기의 %임피던스는? (단, 임피던스는 $Z[\Omega]$, 선간전압은 $V[\text{kV}]$, 변압기의 용량은 $P[\text{kVA}]$이다.)

① $\dfrac{PZ}{V}$ ② $\dfrac{PZ}{10V}$
③ $\dfrac{PZ}{10V^2}$ ④ $\dfrac{10PZ}{V^2}$

해설 $\%Z = \dfrac{PZ}{10V^2}$ 여기서, $P[\text{kVA}]$는 변압기용량, $V[\text{kV}]$는 선간전압이다.   **답** ③

02 임피던스 계산 □□□ check up!

어느 발전소의 발전기는 그 정격이 13.2[kV], 93000[kVA], 95[%Z]라고 명판에 씌어 있다. 이것은 몇 [Ω]인가?

① 1.2   ② 1.8
③ 1200   ④ 1780

해설 $\%Z = \dfrac{PZ}{10V^2}$ 에서 $Z = \dfrac{\%Z \times 10V^2}{P} = \dfrac{95 \times 10 \times 13.2^2}{93000} = 1.8[\Omega]$ **답** ②

03 퍼센트 리액턴스 계산

기준 선간전압 23[kV], 기준 3상 용량 5000[kVA], 1선의 유도 리액턴스가 15[Ω]일 때 % 리액턴스는?

① 28.36[%]
② 14.18[%]
③ 7.09[%]
④ 3.55[%]

해설 $\%X = \dfrac{PX}{10V^2} = \dfrac{5000 \times 15}{10 \times 23^2} = 14.18[\%]$

답 ②

04 퍼센트 임피던스 환산

기준용량 P[kVA], V[kV]일 때 % 값이 Z_p인 것을 기준용량 P_1[kVA], V_1[kV]로 기준값을 변환하면, 새로운 기준값에 대한 %값 P_{p1}은?

① $Z_p \times \dfrac{P_1}{P} \times \left(\dfrac{V}{V_1}\right)^2$
② $Z_p \times \dfrac{P_1}{P} \times \left(\dfrac{V}{V_1}\right)$
③ $Z_p \times \dfrac{P_1}{P} \times \left(\dfrac{V_1}{V}\right)^2$
④ $Z_p \times \dfrac{P_1}{P} \times \dfrac{V_1}{V}$

해설 퍼센트 임피던스는 기준용량에 비례하고 전압의 제곱에 반비례 한다.

답 ①

05 3상 단락전류 정의

고장점에서 전원 측을 본 계통 임피던스를 Z[Ω], 고장점의 상전압을 E[V]라 하면 3상 단락전류[A]는?

① $\dfrac{E}{Z}$
② $\dfrac{ZE}{\sqrt{3}}$
③ $\dfrac{\sqrt{3}\,E}{Z}$
④ $\dfrac{3E}{Z}$

해설 3상 단락전류를 계산할 경우 1상분의 전압과 1상분의 임피던스를 기준으로 한다. 한편, 임피던스는 정상분 임피던스만 고려한다.

답 ①

06 단락전류 특징

단락전류는 일반적으로 다음 어느 것인가?

① 무효전류
② 지상전류
③ 유효전류
④ 진상전류

해설 단락전류는 전압을 기준으로 할 때 발전기, 변압기, 선로의 리액턴스의 영향을 받아 지상전류가 흐른다.

답 ②

07 단락전류의 제한 □□□ check up!

한류리액터를 사용하는 가장 큰 목적은?
① 충전전류의 제한
② 접지전류의 제한
③ 누설전류의 제한
④ 단락전류의 제한

해설
- 한류 리액터 : 단락 전류 제한
- 직렬 리액터 : 제5고조파 제거
- 병렬 리액터 : 페란티 현상 방지
- 소호 리액터 : 지락 아크 소멸

답 ④

08 단락전류계산- 옴법 □□□ check up!

그림과 같은 3상 송전계통에서 송전단 전압은 3300[V]이다. 지금 P에서 3상 단락사고가 발생했다면 발전기에 흐르는 단락 전류는 몇 [A]가 되는가?

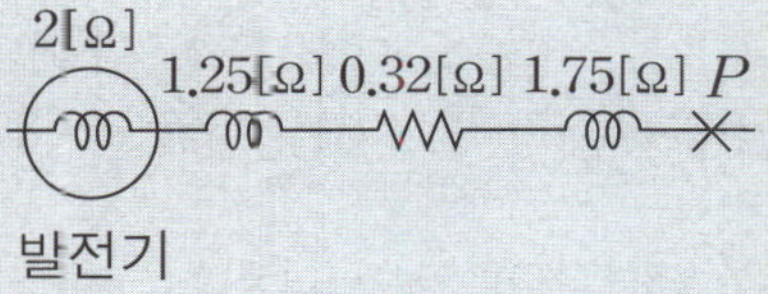

① 320
② 330
③ 380
④ 410

해설 전치의 임피던스 $Z = 0.32 + j(2 + 1.25 + 1.75) = 0.32 + j5$ → $|Z| = \sqrt{0.32^2 + 5^2}$

3상 단락전류 $I_s = \dfrac{E}{Z} = \dfrac{E}{\sqrt{R^2 + X^2}} = \dfrac{3300/\sqrt{3}}{\sqrt{0.32^2 + 5^2}} = 380[\text{A}]$

답 ③

09 단락전류 계산 – %Z   □□□ check up!

그림과 같은 3상 3선식 전선로의 단락 점에 있어서의 3상 단락전류는 약 몇 [A]인가? (단, 66[kV]에 대한 %리액턴스는 10[%]이고 저항분은 무시한다.)

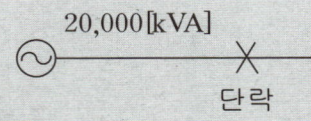

① 1,750[A]　　　　　　　　　　② 2,000[A]
③ 2,500[A]　　　　　　　　　　④ 3,030[A]

해설　$I_s = \dfrac{100}{\%Z} \times \dfrac{P_a}{\sqrt{3} \times V} = \dfrac{100}{10} \times \dfrac{20000}{\sqrt{3} \times 66} = 1750[A]$　　답 ①

10 선로의 3상 단락전류   □□□ check up!

선로의 3상 단락전류는 대개 다음과 같은 식으로 구한다. 여기에서 I_n은 무엇인가?

$$I_s = \dfrac{100}{\%Z_T + \%Z_L} \times I_n$$

① 그 선로의 평균전류　　　　　② 그 선로의 최대전류
③ 전원변압기의 선로측 정격전류(단락측)　　④ 전원변압기의 전원측 정격전류

해설　I_n은 전원변압기의 선로측 정격전류(단락측)를 의미한다.　　답 ③

5-2 고장해석 – 단락용량·대칭좌표법

1. 단락용량 계산
   ① 단상 : $P_s =$ 공칭전압 × 단락전류
   ② 3상 : $P_s = \sqrt{3}$ × 공칭전압 × 단락전류
   ③ 퍼센트법 : $P_s = \dfrac{100}{\%Z} \times P_n$ (단, P_n : 기준용량)

2. 대칭 좌표법
   ① 영상분 $I_0 = \dfrac{1}{3}(I_a + I_b + I_c)$
   ② 정상분 $I_1 = \dfrac{1}{3}(I_a + aI_b + a^2 I_c)$
   ③ 역상분 $I_2 = \dfrac{1}{3}(I_a + a^2 I_b + aI_c)$

3. 고장에 따른 임피던스 적용
   ① 1선 지락사고(정상분 + 역상분 + 영상분) : $I_g = 3I_0 = \dfrac{3E}{Z_0 + Z_1 + Z_2}$
   ② 선간단락사고(정상분 + 역상분) : $I_{2s} = \dfrac{a^2 - a}{Z_1 + Z_2} \times E = I_s \times 0.866$
   ③ 3상 단락사고(정상분) : $I_s = \dfrac{E}{Z_1}$ (Z_1 정상분 임피던스)

01 단상 단락고장 □□□ check up!

단락점까지의 전선 한 가닥의 임피던스가 $Z = 6 + j8[\Omega]$(전원포함), 단락 전의 단락점 전압이 22.9[kV]인 단상 2선식 전선로의 단락용량은 몇 [kVA]인가? (단, 부하전류는 무시한다.)

① 13100 ② 26220
③ 18300 ④ 21200

해설 단락전류 $I_s = \dfrac{E}{Z} = \dfrac{22900}{2 \times \sqrt{6^2 + 8^2}} = 1145[A]$ → 단락용량 $P_s = VI_s = 22900 \times 1145 \times 10^{-3} = 26220[kVA]$

22.9[kV]라 할지라도 선로가 단상 2선식이므로 22.9[kV]는 상전압이다.
또한, 임피던스를 계산할 경우 한 가닥의 임피던스에 2를 곱하여 전체 한 선의 임피던스를 계산한다.

답 ②

02 3상 단락고장

3상 차단기의 정격차단용량을 나타낸 것은?

① $\sqrt{3} \times$ 정격전압 $\times$ 정격전류
② $\dfrac{1}{\sqrt{3}} \times$ 정격전압 $\times$ 정격전류
③ $\sqrt{3} \times$ 정격전압 $\times$ 정격차단전류
④ $\dfrac{1}{\sqrt{3}} \times$ 정격전압 $\times$ 정격차단전류

해설 3상 차단기의 정격차단용량은 정격전압과 정격전류의 곱에 루트3배를 하며, 단상의 선로에서 정격차단용량은 정격전압과 정격전류의 곱으로 계산한다. **답** ③

03 %Z와 단락용량의 관계

%임피던스에 대한 설명 중 옳은 것은?

① 터빈발전기의 %임피던스는 수차의 %임피던스보다 적다.
② 전기기계의 %임피던스가 크면 단락용량이 작아진다.
③ %임피던스는 %리액턴스보다 작다.
④ 직렬 리액터는 %임피던스를 적게 하는 작용이 있다.

해설 퍼센트 임피던스와 차단용량은 반비례 관계이다. **답** ②

04 차단기 용량 - 공급측 전원

수변용 변전설비에서 1차 측에 설치하는 차단기의 용량은 주로 어느 것에 의하여 정하는가?

① 변압기 용량
② 수전계약용량
③ 공급측 전원의 크기
④ 부하설비용량

해설 단락전류를 차단할 수 있는 차단기를 선정하며 수변용 변전설비에서 1차 측에 설치하는 차단기의 용량은 주로 공급측 전원의 크기에 의하여 결정된다. **답** ③

05 단락전류 경감대책

송전용량이 증가함에 따라 송전선의 단락 및 지락전류도 증가하여 계통에 여러 가지 장해요인이 되고 있는데 이들의 경감대책으로 적합하지 않은 것은?

① 계통의 전압을 높인다.
② 발전기와 변압기의 임피던스를 작게 한다.
③ 송전선 또는 모선간에 한류리액터를 삽입한다.
④ 고장 시 모선 분리 방식을 채용한다.

해설 단락전류의 크기는 임피던스와 반비례 한다. 임피던스가 감소하면 단락전류가 증가된다.   답 ②

06 3상 단락용량-유형①

정격용량 $20000[kVA]$ 임피던스 $8[\%]$인 3상 변압기가 2차 측에서 3상 단락되었을 때 단락용량은 몇 $[MVA]$인가?

① 160
② 200
③ 250
④ 320

해설 $P_s = \dfrac{100}{\%Z} \times P_n = \dfrac{100}{8} \times 20000 \times 10^{-3} = 250[MVA]$ 답 ③

07 3상 단락용량 - 유형②

그림과 같은 전선로의 단락 용량은 약 몇 $[MVA]$인가? (단, 그림의 수치는 $10,000[kVA]$를 기준으로 한 %리액턴스를 나타낸다.)

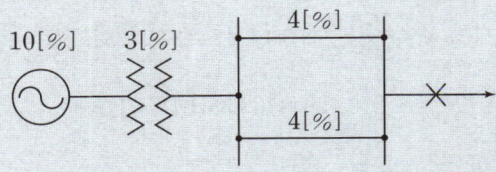

① 33.7
② 66.7
③ 99.7
④ 132.7

해설
- 퍼센트 임피던스의 집계

$\%Z_{tl} = \dfrac{4 \times 4}{4+4} = 2[\%]$, $\%Z_{total} = \%Z_g + \%Z_t + \%Z_{tl} = 10+3+2 = 15[\%]$

- $P_s = \dfrac{100}{\%Z_{total}} \times P_n = \dfrac{10}{15} \times 10000 \times 10^{-3} = 66.7[MVA]$ 답 ②

08 3상 단락용량-유형③

그림과 같은 계통에서 송전선의 S점에 3상 단락고장이 발생하였다면 고장전력은 약 몇 [MVA]인가? (단, 발전기 G_1, G_2의 %과도리액턴스 및 변압기의 리액턴스는 각각 자기용량기준으로 25[%], 25[%], 10[%]이고 변압기에서 S점까지의 %리액턴스는 100[MVA] 기준으로 5[%]라고 한다.)

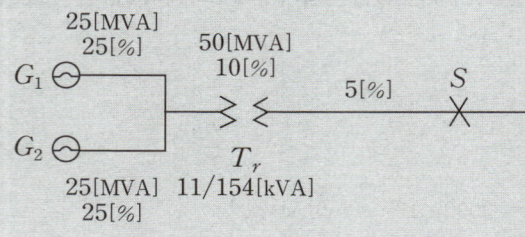

① 82
② 133
③ 154
④ 250

해설
- 기준 용량을 50[MVA]로 정한 후 각각의 퍼센트 리액턴스를 기준용량에 맞게 환산한다.
- %X 환산 : $X_{G1} = \frac{50}{25} \times 25 = 50[\%]$, $X_{G2} = \frac{50}{25} \times 25 = 50[\%]$, $X_T = 10[\%]$, $X_L = \frac{50}{100} \times 5 = 2.5[\%]$
- 퍼센트 리액턴스 집계 $\%X = \frac{50 \times 50}{50 + 50} + 10 + 2.5 = 37.5[\%]$
- 단락용량 $P_s = \frac{100}{\%X} \times P_n = \frac{100}{37.5} \times 50 = 133.33[\text{MVA}]$

답 ②

09 차단기의 정격차단용량

3상용 차단기의 정격전압은 170[kV]이고 정격차단전류가 50[kA]일 때 차단기의 정격차단용량은 약 [MVA]인가?

① 5000
② 10000
③ 15000
④ 20000

해설 $P_s = \sqrt{3} \times V_n \times I_{kA} = \sqrt{3} \times 170 \times 50 = 15000[\text{MVA}]$
여기서, V_n : 차단기의 정격전압, I_{kA} : 차단기의 정격차단전류

답 ③

10 정격차단전류[kA]

정격전압 7.2[kV]인 3상용 차단기의 차단용량이 100[MVA]라면 정격차단전류는 약 몇 [kA]인가?

① 2
② 4
③ 8
④ 12

해설 $P_s = \sqrt{3} \times V_n \times I_{kA}$
여기서, V_n : 차단기의 정격전압, I_{kA} : 차단기의 정격차단전류
그러므로 정격차단전류 $I_{kA} = \dfrac{P_s}{\sqrt{3} \times V_n} = \dfrac{100 \times 10^3}{\sqrt{3} \times 7.2} \times 10^{-3} = 8 \,[\text{kA}]$

답 ③

11 대칭좌표법 – 불평형 고장 ☐☐☐ check up!

3상 송전선로의 고장에서 1선 지락사고 등 3상 불평형 고장시 사용되는 계산법은?

① 옴[Ω]법에 의한 계산
② %법에 의한 계산
③ 단위(PU)법에 의한 계산
④ 대칭좌표법

해설 3상 송전선로의 고장에서 1선 지락사고, 선간단락사고 등 3상 불평형 고장시 대칭좌표법을 사용하여 계산한다. 한편, 3상 단락사고는 평형고장이므로 대칭좌표법을 사용하지 않는다.

답 ④

12 대칭좌표법 – 정상분 전압 ☐☐☐ check up!

불평형 3상 전압을 V_a, V_b, V_c라 하고 $A = \varepsilon^{j\frac{2\pi}{3}}$라 할 때, $V_x = \dfrac{1}{3}(V_a + aV_b + a^2V_c)$이다. 여기에서 V_x는 어떤 전압을 나타내는가?

① 정상 전압
② 단락 전압
③ 영상 전압
④ 지락 전압

해설 정상분 전압 $V_1 = \dfrac{1}{3}(V_a + aV_b + a^2V_c)$

답 ①

13 대칭좌표법 – 역상분 전류 ☐☐☐ check up!

A, B, C상의 전류를 각각 I_a, I_b, I_c라 할 때 $I_x = \dfrac{1}{3}(I_a + a^2I_b + aI_c)$, $a = -\dfrac{1}{2} + j\dfrac{\sqrt{3}}{2}$으로 표시되는 I_x는 어떤 전류인가?

① 정상전류
② 역상전류
③ 영상전류
④ 역상전류와 영상전류의 합

해설 역상분 전류 $I_2 = \dfrac{1}{3}(I_a + a^2I_b + aI_c)$

답 ②

14 동상전류 – 영상전류

3본의 송전선에 동상의 전류가 흘렀을 경우 이 전류를 무슨 전류라 하는가?

① 영상전류　　　　　　　　② 평형전류
③ 단락전류　　　　　　　　④ 대칭전류

해설 1선 지락사고시 흐르는 영상전류는 각상 전류의 크기가 같고 위상이 같은 전류를 말한다. 한편, 1선 지락사고시 지락전류는 영상전류의 3배의 전류가 흐른다.

답 ①

15 선간 단락사고 – 정상·역상

선간 단락 고장을 대칭 좌표법으로 해석할 경우 필요한 것은?

① 정상 임피던스도 및 역상 임피던스도　　② 정상 임피던스도 및 영상 임피던스도
③ 역상 임피던스도 및 영상 임피던스도　　④ 정상 임피던스도

해설 선간 단락 고장 발생시 영상분은 나타나지 않고, 정상분과 역상분만 나타나므로 정상임피던스도와 역상 임피던스도가 필요하다.

답 ①

16 송전선의 임피던스 : $Z_1 = Z_2$

다음 설명 중 옳은 것은?

① 송전 선로의 정상 임피던스는 역상 임피던스의 반이다.
② 송전 선로의 정상 임피던스는 역상 임피던스의 배이다.
③ 송전선로의 정상 임피던스는 역상 임피던스와 같다.
④ 송전선로의 정상 임피던스는 역상 임피던스의 3배이다.

해설　· 송전선로 : $Z_1 = Z_2 < Z_0$　　　· 변압기의 : $Z_1 = Z_2 = Z_0$

답 ③

17 동기발전기의 지락사고 – 유형 ①

3상 동기 발전기 단자에서 고장전류 계산시 영상 전류 i_0와 정상 전류 i_1 및 역상 전류 i_2가 같은 경우는?

① 1선 지락　　　　　　　　② 2선 지락
③ 선간단락　　　　　　　　④ 3상 단락

해설 3상 동기발전기 1선 지락시 흐르는 지락전류는 영상 전류, 정상 전류, 역상 전류가 모두 같다.

답 ①

18 동기발전기의 지락사고 – 유형 ②

그림과 같은 3상 무부하 교류발전기에서 a상이 지락된 경우 지락전류는 어떻게 나타내는가?

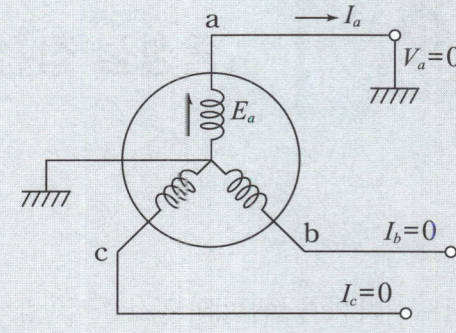

① $\dfrac{E_a}{Z_0+Z_1+Z_2}$

② $\dfrac{2E_a}{Z_0+Z_1+Z_2}$

③ $\dfrac{3E_a}{Z_0+Z_1+Z_2}$

④ $\dfrac{\sqrt{3}\,E_a}{Z_0+Z_1+Z_2}$

해설 1선 지락전류

a상이 지락 되었을 때 $I_b=I_c=0$, $V_a=0$이므로

$I_0=I_1=I_2=\dfrac{1}{3}I_a=\dfrac{1}{3}I_g=\dfrac{E_a}{Z_0+Z_1+Z_2}$

∴ $I_0=I_1=I_2\neq 0$ ∴ $I_g=3I_0=\dfrac{3E_a}{Z_0+Z_1-Z_2}$

답 ③

제2과목
전력공학
DAY-08

30일 단기완성

Chapter 06
중성점 접지방식과 유도장해

1 출제경향분석

본장은 송전선로에서 사용되는 여러 가지 변압기의 중성점 접지방식의 종류와 그에 따른 특징이 중요하며, 전자 유도장해와 정전 유도장해의 특징에 대해 출제됩니다.

> **반드시 알아야 하는 핵심 포인트**
>
> ① 중성점 직접접지   ② 소호리액터 접지
> ③ 비접지 방식   ④ 전자유도장해
> ⑤ 정전유도장해

2 학습 가이드라인

- 반드시 알아야 하는 핵심 포인트는 전기기사 및 산업기사 시험에서 가장 출제빈도가 높은 논점으로 각 파트별 핵심 포인트와 문제를 연계하여 학습해 주시기를 권장합니다.
- 체크리스트를 작성하시면서 문제의 유형과 학습의 완성도를 스스로 확인해 주세요.
- 출제 빈도가 높고 틀리기 쉬운 문제를 맞출 수 있도록 "콕콕 포인트"를 확인해 주세요.

우선순위 논점	KEY WORD	선생님의 콕콕 포인트
중성점 직접접지	전위상승, 절연레벨, 단절연, 지락전류	직접접지방식의 특징을 소호리액터 접지방식과 비교
소호리액터 접지	병렬공진, 과보상, 소호리액터용량	원리를 이해하고 소호리액터 접지방식의 특성들을 암기할 것
비접지 방식	델타결선, V결선, 출력비, 이용률	비접지방식에서 지락전류의 계산과 특징이 중요하며 V결선과 연계하여 학습할 것
전자유도장해	영상전류, 상호인덕턴스, 병행길이	전자유도장해는 선로의 길이에 비례
정전유도장해	영상전압, 상호정전용량	전정유도장해는 선로의 길이와 관계없음

6-1 중성점 접지방식 - 직접접지·비접지

1. 직접접지와 소호리액터 접지의 비교

	직접접지	소호리액터
전위 상승	최저	최대
절연레벨	최저	최대
지락전류	최대	최소
보호계전기 동작	확실	불확실
통신선 유도장해	최대	최소
과도안정도	나쁨	좋음

2. 비접지 방식의 특징[20~30kV] - 델타결선
   - 1선 지락시 건전상의 전압이 $\sqrt{3}$ 배 상승
   - 비접지 방식의 지락전류 : $I_g = \sqrt{3}\,\omega C_s V$ [A]
     여기서, C_s는 대지정전용량이며 진상전류이다.

01 중성점 접지의 목적 □□□ check up!

송전선의 중성점을 접지하는 이유가 아닌 것은?

① 코로나를 방지한다.
② 기기의 절연강도를 낮출 수 있다.
③ 이상전압을 방지한다.
④ 지락 사고선을 선택 차단한다.

해설 중성점 접지와 코로나현상의 방지와는 관련이 없다. 답 ①

02 유효접지의 정의 - 1.3배 □□□ check up!

송전 계통의 중성점 접지 방식에서 유효 접지 하는 것은?

① 저항 접지 및 직접 접지를 말한다.
② 1선 지락사고 시 건전상의 전위가 상용 견압의 1.3배 이하가 되도록 중성점 임피던스를 억제한 중성점 접지 방식을 말한다.
③ 리액터 접지방식 이외의 접지방식을 말한다.
④ 저항 접지를 말한다.

해설 1선 지락사고 시 건전상의 전위가 상용 전압의 1.3배 이하가 되도록 중성점 임피던스를 억제한 중성점 접지 방식을 유효접지라 한다. 중성점 직접접지 방식은 유효접지 방식에 속한다. **답 ②**

03 중성점 직접접지 방식 장점 □□□ check up!

직접 접지방식이 초고압 송전선로에 채용되는 이유로 가장 타당한 것은?
① 계통의 절연 레벨을 저감하게 할 수 있으므로
② 지락시의 지락전류가 적으므로
③ 지락고장시 병행 통신선에 유기되는 유도전압이 작기 때문에
④ 송전선의 안정도가 높으므로

해설 직접접지방식은 다른 접지방식과는 다르게 지락 사고시에 건전상의 전위 상승이 가장 낮으므로 단절연(graded insulation) 또는 저감절연(reduced insulation)을 할 수 있는 장점이 있다. **답 ①**

04 우리나라 송전계통 접지방식 □□□ check up!

우리나라의 송전계통에서 채택하는 접지방식은?
① 비접지방식
② 직접 접지방식
③ 고저항 접지방식
④ 소호 리액터 접지방식

해설 우리나라의 송전계통에서(154, 345kV)에서는 중성점 직접 접지방식을 채택하여 운영하고 있다. **답 ②**

05 직접접지 방식의 특징 - 유형 ① □□□ check up!

직접 접지방식의 장점이 아닌 것은?
① 통신선에의 유도장해 경감
② 기기의 절연수준 저감
③ 단절연 변압기 사용 가능
④ 보호계전기의 동작 확실

해설

	직접접지 [154, 345kV]	소호리액터접지 [66kV]
건전상의 전위상승	최소	최대
기기 절연레벨	최소 [ ]	최소
1선 지락 전류	최대	최소
보호계전기 동작	확실	불확실
과도안정도	나쁨	좋음

답 ①

06 직접접지 방식의 특징 – 유형 ②

송전계통에 있어서 지락보호계전기의 동작이 가장 확실한 방식은?

① 비접지식
② 고저항 접지식
③ 직접접지식
④ 소호 리액터 접지식

해설 직접 접지방식은 지락전류가 가장 큰 방식이므로 지락보호계전기의 동작이 확실하다.   답 ③

07 직접접지방식의 지락전류

중성점이 직접 접지된 6600[V] 3상 발전기의 1단자가 접지되었을 경우 예상되는 지락전류의 크기는 약 몇 [A]인가? (단, 발전기의 임피던스는 $Z_0=0.2+j0.6[\Omega]$, $Z_1=0.1+j4.5[\Omega]$, $Z_2=0.5+j1.4[\Omega]$이다.)

① 1578[A]
② 1678[A]
③ 1745[A]
④ 3023[A]

해설 중성점 직접접지 방식에서 1선 지락사고시 흐르는 지락전류는 영상전류의 3배이다.

$$I_g=3I_0=3\times\frac{E}{Z_0+Z_1+Z_2}=3\times\frac{6600/\sqrt{3}}{0.2+j0.6+0.1+j4.5+0.5+j1.4}=1745[A]$$

답 ③

08 고저항 접지방식의 저항

저항접지방식 중 고저항 접지방식에 사용하는 저항은?

① 30~50[Ω]
② 50~100[Ω]
③ 100~1000[Ω]
④ 1000[Ω] 이상

해설 저저항 접지방식은 30[Ω] 정도이며, 고저항 접지방식은 100~1000[Ω] 정도이다.   답 ③

09 저항접지방식의 지락전류

중성점 저항접지방식에서 1선 지락시의 영상전류를 I_0라고 할 때 저항을 통하는 전류는 어떻게 표현되는가?

① $\frac{1}{3}I_0$
② $\sqrt{3}I_0$
③ $3I_0$
④ $6I_0$

해설 저항접지방식에서 1선 지락 사고시 지락전류는 영상전류의 3배이다.   답 ③

10. 복저항 접지방식의 지락전류

그림과 같이 송전단 및 수전단의 변압기를 △−Y 및 Y−△로 접속한 선간전압 10[kV]의 3상 송전선이 있다. 중성점은 각각 100[Ω], 200[Ω]의 저항접지이고 송전선의 1선이 그림과 같이 지락된 경우의 지락전류는 몇 [A]인가? (단, 주어지지 않은 기타 값들은 무시하고 계산한다.)

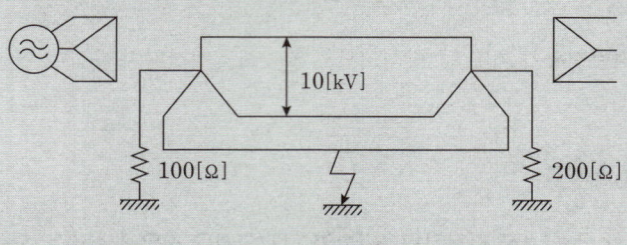

① 56.5
② 86.6
③ 110
④ 140

해설
$$I_g = \frac{E}{Z} = \frac{\frac{10000}{\sqrt{3}}}{100} + \frac{\frac{10000}{\sqrt{3}}}{200} = 86.6[A]$$

답 ②

11. 비접지방식 – 델타결선

다음 중 중성점 비접지방식에서 가장 많이 사용되는 변압기의 결선 방법은?

① △−Y
② △−△
③ Y−V
④ Y−Y

해설 △−△ 결선은 중성점 비접지방식에서 가장 많이 사용되는 변압기의 결선 방법이며, 단상 변압기 3대로 델타−델타 결선하여 운전하던 중 1대가 고장이 나더라도 V결선되어 지속적으로 운전이 가능하다. 한편, 델타결선은 3고조파를 제거할 수 있다.

답 ②

12. 지락전류의 크기 순서

송전선로의 중성점 접지방식 중 지락사고시 건전상의 전압상승이 최대이며, 지락전류가 최소인 접지 방식은?

① 비접지
② 고저항 접지
③ 소호 리액터 접지
④ 직접 접지

해설 소호리액터 접지방식은 1선 지락사고시 전압상승은 최대, 지락전류는 최소이다.

답 ③

13 비접지방식 – 전위상승 계산 □□□ check up!

3300[V] △결선 비접지 배전선로에서 1선이 지락하면 전선로의 대지전압은 몇 [V]까지 상승하는가?

① 4125
② 4950
③ 5715
④ 6600

해설 건전상의 전위상승 : $\sqrt{3} \times 3300 = 5715[V]$ **답** ③

14 비접지방식 – 지락전류 ① □□□ check up!

비접지식 3상 송배전 계통에서 선로정수 중 1선 지락 고장시 고장 전류를 계산하는 데 사용되는 정전 용량은?

① 작용 정전용량
② 대지 정전용량
③ 합성 정전용량
④ 선간 정전용량

해설 비접지 방식의 지락전류 : $I_g = \sqrt{3}\omega C_s V[A]$ 여기서, C_s는 대지정전용량이며 비접지 방식에서의 지락전류는 전류가 전압보다 90도 앞선 진상전류이다. **답** ②

15 비접지방식 – 지락전류 ② □□□ check up!

선간전압 $V[V]$, 1선의 대지정전용량 $C[\mu F]$의 비접지식 3상 1회선 송전선로에 1선 지락사고가 발생하였을 때의 지락전류[A]는?

① $j\omega CV \times 10^{-6}$
② $j3\omega CV \times 10^{-6}$
③ $j\omega C\sqrt{3}\,V \times 10^{-6}$
④ $j\omega C\dfrac{V}{\sqrt{3}} \times 10^{-6}$

해설 비접지 방식의 지락전류 : $I_g = \sqrt{3}\omega C_s V[A]$ 여기서, C_s는 대지정전용량이며 비접지 방식에서의 지락전류는 전류가 전압보다 90도 앞선 진상전류이다. **답** ③

16 비접지방식 – 지락전류 ③ □□□ check up!

비접지식 송전선로에서 1선 지락 고장이 생겼을 경우 지락점에 흐르는 전류는?

① 직류전류이다.
② 고장 지점의 영상전압보다 90도 빠른전류이다.
③ 고장 지점의 영상전압보다 90도 늦은전류이다.
④ 고장 지점의 영상전압과 동상의 전류이다.

해설 비접지 방식의 지락전류 : $I_g = \sqrt{3}\,\omega C_s V [\text{A}]$ 여기서, C_s는 대지정전용량이며 비접지 방식에서의 지락전류는 전류가 전압보다 90도 앞선 진상전류이다.

답 ②

17 비접지방식 – 지락전류 ④   □□□ check up!

6.6[kV], 60[Hz] 3상 3선식 비접지식에서 선로의 길이가 10[km]이고 1선의 대지 정전 용량이 0.005[μF/km]일 때 1선 지락시의 고장전류 I_g[A]의 범위로 옳은 것은?

① $I_g < 1$
② $1 \leq I_g < 2$
③ $2 \leq I_g < 3$
④ $3 \leq I_g < 4$

해설 비접지 방식의 지락전류 : $I_g = \sqrt{3} \times 2\pi \times 60 \times 0.005 \times 10^{-6} \times 10 \times 6600 = 0.215[\text{A}]$

답 ①

18 $V-V$결선의 출력   □□□ check up!

400[kVA] 단상 변압기 3대를 △−△결선으로 사용하다가 1대의 고장으로 $V-V$결선을 하여 사용하면 대략 몇 [kW]부하까지 걸 수 있겠는가?

① 133[kW]
② 577[kW]
③ 690[kW]
④ 866[kW]

해설 V결선시에 3상의 출력은 단상변압기 한 대의 출력에 $\sqrt{3}$ 배를 한 크기이다.
∴ $P_V = \sqrt{3}\,P_1 = \sqrt{3} \times 400 = 692.8[\text{kVA}]$

참고 • V결선의 이용률 $= \dfrac{\sqrt{3}P}{2P} = 0.866$ • V결선의 출력비 $= \dfrac{\sqrt{3}P}{3P} = 0.577$

답 ③

6-2 중성점 접지방식 – 소호리액터 접지

1. 소호리액터 접지방식
   ① 원리 : 병렬공진
   ② 적용 : 66[kV]
2. 공진 리액턴스의 크기
   ① $X_L = \dfrac{1}{3\omega C_s} - \dfrac{X_t}{3} [\Omega]$
   ② $L = \dfrac{1}{3\omega^2 C_s} - \dfrac{X_t}{3\omega} [H]$
3. 소호리액터 용량 : $Q_L = 3\omega CE^2 \times 10^{-3} [kVA]$
   → 소호 리액터의 용량은 3선 일괄 대지 충전용량과 같다.
4. 과보상 : $\omega L < \dfrac{1}{3\omega C_s}$ → 직렬공진에 의한 이상전압의 발생을 방지

01 소호리액터접지방식 원리 □□□ check up!

소호 리액터를 송전 계통에 쓰면 리액터의 인덕턴스와 선로의 정전 용량이 다음의 어느 상태가 되어 지락 전류를 소멸시키는가?

① 병렬공진
② 직렬공진
③ 고 임피던스
④ 저 임피던스

해설 지락점을 중심으로 소호 리액터의 리액턴스와 건전상의 대지 정전용량과 병렬 공진의 상태가 되어 지락전류를 소멸시킨다.

답 ①

02 공진 리액턴스 – 유형 ① □□□ check up!

한 상의 대지 정전 용량 $0.4[\mu F]$, 주파수 $60[Hz]$인 3상 송전선이 있다. 이 선로에 소호 리액터를 설치하려 한다. 소호 리액터의 공진 리액턴스는 약 몇 $[\Omega]$인가?

① 565[Ω]
② 1370[Ω]
③ 1770[Ω]
④ 2210[Ω]

해설 $\omega L = \dfrac{1}{3\omega C} = \dfrac{1}{3 \times 2\pi \times 60 \times 0.4 \times 10^{-6}} = 2210[\Omega]$

답 ④

03 공진 리액턴스 - 유형 ②

1상의 대지정전용량 $C[\text{F}]$, 주파수 $f[\text{Hz}]$인 3상 송전선의 소호리액터 공진탭의 리액턴스는 몇 $[\Omega]$인가? (단, 소호리액터를 접속시키는 변압기의 리액턴스는 $X_t[\Omega]$이다.)

① $\dfrac{1}{3\omega C} + \dfrac{X_t}{3}$
② $\dfrac{1}{3\omega C} - \dfrac{X_t}{3}$
③ $\dfrac{1}{3\omega C} + 3X_t$
④ $\dfrac{1}{3\omega C} - 3X_t$

해설 변압기의 리액턴스를 고려하는 경우의 소호리액터의 리액턴스 $X_L = \dfrac{1}{3\omega C} - \dfrac{X_t}{3}[\Omega]$

답 ②

04 합조도(+) [과보상]

소호 리액터 접지의 합조도가 정(+)인 경우에는 어느 것과 관련이 있는가?

① 공진
② 과보상
③ 접지 저항
④ 아크 전압

해설 합조도가 (+)인 경우에는 과보상을 의미 : $\omega L < \dfrac{1}{3\omega C}$

답 ②

05 과보상의 목적 - 이상전압 억제

소호 리액터 접지계통에서 리액터의 탭을 완전 공진상태에서 약간 벗어나도록 하는 이유는?

① 전력 손실을 줄이기 위하여
② 선로의 리액턴스분을 감소시키기 위하여
③ 접지 계전기의 동작을 확실하게 하기 위하여
④ 직렬공진에 의한 이상전압의 발생을 방지하기 위하여

해설 과보상 : $\omega L < \dfrac{1}{3\omega C_s}$ → 직렬공진에 의한 이상전압의 발생을 방지

답 ④

06 소호리액터의 용량 - 유형 ①

3상 3선식 소호 리액터접지방식에서 1선의 대지정전용량을 $C[\mu\text{F}]$, 상전압 $E[\text{kV}]$, 주파수 $f[\text{Hz}]$라 하면, 소호리액터의 용량은 몇 $[\text{kVA}]$인가?

① $\pi f C E^2 \times 10^{-3}$
② $2\pi f C E^2 \times 10^{-3}$
③ $3\pi f C E^2 \times 10^{-3}$
④ $6\pi f C E^2 \times 10^{-3}$

해설 $Q_c = \omega CV^2 \times 10^{-3} = 3\omega CE^2 \times 10^{-3} [\text{kVA}] = 6\pi f \times CE^2 \times 10^{-3} [\text{kVA}]$ **답** ④

07 소호리액터의 용량 - 유형 ②   ☐☐☐ check up!

선로의 길이가 50[km]인 66[kV], 3상 3선식 1회선 송전선의 1선당 대지정전용량은 0.0058[μF/km]이다. 여기에 시설할 소호리액터의 용량은 몇 [kVA]인가? (단, 소호리액터의 용량은 10[%]의 여유를 주도록 한다.)

① 386   ② 435
③ 524   ④ 712

해설 $Q_c = 3 \times 2\pi \times 60 \times 0.0058 \times 10^{-6} \times 50 \times \left(\dfrac{36000}{\sqrt{3}}\right)^2 \times 1.1 \times 10^{-3} = 524 [\text{kVA}]$ **답** ③

6-3 전자유도장해 · 정전유도장해

1. **전자 유도장해**
   1선 지락사고 등 영상전류에 의해서 자기장이 형성되고 전력선과 통신선에 상호 인덕턴스(M)에 의하여 통신선에 전압이 유도된다.
   $$E_m = j\omega Ml(I_a + I_b + I_c) = j\omega Ml \times 3I_0$$
   여기서, $3I_0$: 지락전류, l : 전력선과 통신선의 병행길이

2. **정전 유도장해**
   송전선로의 영상전압과 통신선과의 상호 정전용량의 불평형에 의해 통신선에 유도되는 전압을 정전 유도전압이라 한다.
   ① 단상인 경우 : $E_s = \dfrac{C_{ab}}{C_{ab} + C_s} \times E$
   ② 3상인 경우 : $E_s = \dfrac{\sqrt{C_a(C_a - C_b) + C_b(C_b - C_c) + C_c(C_c - C_a)}}{C_a + C_b + C_c + C_s} \times \dfrac{V}{\sqrt{3}}$

---

01 전자유도장해 - 원인 □□□ check up!

전력선에 영상전류가 흐를 때 통신선로에 발생되는 유도장해는?

① 고조파유도장해 ② 전력유도장해
③ 정전유도장해 ④ 전자유도장해

해설 전자유도장해 : 지락사고시 영상전류에 의해 발생
$E_m = -j\omega Ml(I_a + I_b + I_c) = -j\omega Ml(3I_0)$

답 ④

02 전자유도장해 - 특징 □□□ check up!

3상 송전 선로와 통신선이 병행되어 있는 경우에 통신유도 장해로서 통신선에 유도되는 전자 유도 전압은?

① 통신선의 길이에 비례한다.
② 통신선의 길이의 자승에 비례한다.
③ 통신선의 길이에 반비례한다.
④ 통신선의 길이에 관계없다.

해설 전자유도 전압은 통신선의 길이에 비례하지만, 정전 유도 전압은 길이에 관계가 없다.

답 ①

03 전자유도장해 - 계산 □□□ check up!

통신선과 평행된 주파수 60[Hz]의 3상 회선 송전선에서 1선 지락으로 영상전류가 100[A] 흐르고 있을 때 통신선에 유기되는 전자유도전압은 약 몇 [V]인가? (단, 영상전류는 송전선 전체에 걸쳐 같으며, 통신선과 송전선의 상호 인덕턴스는 0.05[mH/km]이고, 양 선로의 병행 길이는 50[km]이다.)

① 94[V]
② 163[V]
③ 242[V]
④ 283[V]

해설 $E_m = j\omega Ml(3I_0) = j2\pi \times 60 \times 0.05 \times 10^{-3} \times 50 \times 3 \times 100 = 283[V]$

답 ④

04 중성점 잔류전압 □□□ check up!

154[kV] 3상 3선식 전선로에서 각 선의 정전용량이 각각 $C_a = 0.031[\mu F]$, $C_b = 0.030[\mu F]$, $C_c = 0.032[\mu F]$일 때 변압기의 중성점 잔류전압은 계통 상전압의 약 몇 [%] 정도 되는가?

① 1.9[%]
② 2.8[%]
③ 3.7[%]
④ 5.5[%]

해설 중성점 잔류전압 E_n은

$$E_s = \frac{\sqrt{C_a(C_a - C_b) + C_b(C_b - C_c) + C_c(C_c - C_a)}}{C_a + C_b + C_c} \times \frac{V}{\sqrt{3}}$$

$$= \left\{ \frac{\sqrt{0.031(0.031 - 0.030) + 0.030(0.030 - 0.032) + 0.032(0.032 - 0.031)}}{0.031 + 0.030 + 0.032} \right\} \times \frac{154000}{\sqrt{3}} = 1655.9[V]$$

$$\therefore \frac{1655.9}{\frac{154000}{\sqrt{3}}} \times 100 = 1.9[\%]$$

답 ①

05 유도장해 방지대책 □□□ check up!

유도 장해를 방지하기 위한 전력선측 대책으로 옳지 않은 것은?

① 소호 리액터를 채용한다.
② 차폐선을 설치한다.
③ 중성점 전압을 가능한 높게 한다.
④ 중성점 접지에 고저항을 넣어서 지락전류를 줄인다.

해설 중성점 잔류 전압이 크면 유도 장해 영향이 커지므로, 중성점 전압을 가능한 낮게 하여야 한다.

참고
- 전력선측 유도장해 대책
  ① 전력선을 케이블화 한다.
  ② 차폐선을 설치한다.(30~50[%])
  ③ 전력선과 통신선을 수직 교차시킨다.
  ④ 연가를 하여 선로정수를 평형하게 한다.
  ⑤ 소호리액터 접지를 채용하여 지락전류를 줄인다.
  ⑥ 고속도차단기를 설치하여 고장전류를 신속히 제거한다.
  ⑦ 전력선과 통신선의 이격거리를 증대시켜 상호인덕턴스를 줄인다.

- 통신선측 유도장해 대책
  ① 차폐선을 설치한다.
  ② 통신선을 연피케이블화 한다.
  ③ 통신선을 전력선과 수직교차 시킨다.
  ④ 통신선, 통신기기의 절연을 향상, 배류코일이나 중계코일을 사용한다.

답 ③

06 차폐선 설치시 효과 – 30~50[%]   □□□ check up!

유도 장해 방지책으로 차폐선을 이용하면 유도전압을 몇 [%] 정도 줄일 수 있는가?
① 30~50
② 60~70
③ 80~90
④ 90~100

해설 유도 장해 방지책으로 차폐선을 이용하면 유도전압을 30~50[%] 정도 줄일 수 있다.

답 ①

[**D-30** 전기기사·산업기사 필기
30일 필기 단기완성]

제2과목
전력공학
DAY-08

30일 단기완성

Chapter 07
이상전압과 안정도

1 출제경향분석

본장은 이상전압의 종류와 그에 따른 특징, 방호대책 등을 학습하며, 시험에서 가장 출제빈도가 높은 부분입니다. 안정도는 이상전압만큼 출제빈도가 높으며, 안정도의 향상대책을 중점적으로 다룹니다.

> **반드시 알아야 하는 핵심 포인트**
> ① 가공지선·매설지선
> ② 피뢰기[LA]·서지흡수기[SA]
> ③ 절연협조·기준충격절연강도[BIL]
> ④ 안정도 향상대책
> ⑤ 조상설비의 종류와 특징

2 학습 가이드라인

- 반드시 알아야 하는 핵심 포인트는 전기기사 및 산업기사 시험에서 가장 출제빈도가 높은 논점으로 각 파트별 핵심 포인트와 문제를 연계하여 학습해 주시기를 권장합니다.
- 체크리스트를 작성하시면서 문제의 유형과 학습의 완성도를 스스로 확인해 주세요.
- 출제 빈도가 높고 틀리기 쉬운 문제를 맞출 수 있도록 "콕콕 포인트"를 확인해 주세요.

우선순위 논점	KEY WORD	선생님의 콕콕 포인트
내부이상전압	페란티현상, 분로[병렬]리액터	정의, 원인, 대책을 중점적으로 학습할 것
가공지선	철탑각, 접지저항, 보호각, 차폐각	철탑각과 차폐각은 다른 용어이며, 가공지선과 매설지선의 역할을 혼동하지 말 것
피뢰기	피뢰기 관련 용어, 역할, 구조, 구비조건, 절연협조, BIL	제한전압, 정격전압은 피뢰기 용어에서 출제빈도가 높으며, 서지흡수기[SA]와 비교할 것
조상설비	콘덴서, 진상, 불연속, 전력손실	조상설비의 종류, 그에 다른 특징을 묻는 문제로서 동기조상기와 비교할 것
리액터	병렬리액터[Sh.R], 직렬리액터[SR], 한류리액터, 소호리액터	리액터의 종류에 따른 목적에 대해 각각을 구분해서 숙지할 것

7-1 이상전압 – 내부이상전압

1. 내부 이상전압의 종류 및 대책

종 류	대 책	결 과
개폐 서지	개폐 저항기	이상전압 억제
1선 지락 이상전압	중성점 직접접지	이상전압 방지
무부하시 이상전압	분로리액터	페란티 현상 방지
중성점의 잔류전압	연가	선로정수 평형

2. 개폐서지 : 송전선로의 개폐 조작에 따른 과도현상 때문에 발생하는 이상전압을 뜻한다. 회로를 투입할 때보다 개방하는 경우, 부하가 있는 회로를 개방하는 것보다 무부하의 회로를 개방할 때가 더 높은 이상전압이 발생된다.

3. 페란티 현상 : 계통의 정전용량이 커져 발생하는 것으로서 송전단의 전압보다 수전단의 전압이 상승하는 것을 의미한다. 페란티 현상을 방지하기 위하여 분로리액터를 설치한다.

01 내부이상전압의 종류

송배전 계통에 발생하는 이상전압의 내부적 원인이 아닌 것은?

① 직격뢰
② 선로의 개폐
③ 아크 접지
④ 선로의 이상상태

해설 직격뢰와 유도뢰는 내부적 원인이 아닌 외부적인 원인이다.

답 ①

02 개폐서지 – 무부하·개로

다음 중 송전선로에서 이상 전압이 가장 크게 발생하기 쉬운 경우는?

① 무부하 송전선로를 폐로하는 경우
② 무부하 송전선로를 개로하는 경우
③ 부하 송전선로를 폐로하는 경우
④ 부하 송전선로를 개로하는 경우

해설 송전선로에서 이상전압은 투입시보다 개방시에, 부하가 있는 회로보다 무부하의 회로를 개방할 때 높은 이상전압이 발생한다. 이상 전압이 가장 큰 경우는 무부하 송전선로의 충전 전류를 개방할 때 가장 크다.

답 ②

03 개폐 서지 – 개폐 저항기

다음 중 효과적으로 개폐 서지 이상 전압 발생을 억제할 목적으로 사용되는 것은?

① 개폐 저항기
② 피뢰기
③ 콘덴서
④ 리액터

해설 개폐 서지를 억제할 목적으로 개폐 저항기를 사용한다.

답 ①

04 페란티 현상 원인 – 정전용량 증가

송전선로의 페란티 효과에 관한 설명으로 옳지 않은 것은?

① 송전선로에 충전전류가 흐르면 수전단 전압이 송전단 전압보다 높아지는 현상을 말한다.
② 페란티 효과를 방지하기 위하여 선로에 분로리액터를 설치한다.
③ 장거리 송전선로에서 정전용량으로 인하여 발생한다.
④ 페란티 현상을 방지하기 위해서는 진상 무효전력을 공급하여야 한다.

해설 페란티 현상은 정전용량의 증가로 인해 발생하며 이를 억제하기 위하여 지상 무효전력을 공급한다. 이를 위해 동기발전기의 부족여자 운전, 분로 리액터 설치 등이 있다.

답 ④

05 페란티현상 대책 – 분로리액터

송전 선로의 페란티 효과를 방지하는데 효과적인 것은?

① 분로 리액터 사용
② 복도체 사용
③ 병렬 콘덴서 사용
④ 직렬 콘덴서 사용

해설 페란티 현상을 방지하기 위해서는 위해 분로[병렬]리액터를 설치한다.

답 ①

7-2 이상전압 – 외부이상전압

1. 가공지선 : 유도뢰차폐, 직격뢰차폐, 통신선 유도 장해 경감
2. 매설지선 : 철탑각 저항을 감소시켜 역섬락을 방지
3. 피뢰기[LA] : 뇌전류를 방전하고 속류를 차단[직렬갭+특성요소]
4. 피뢰기의 정격전압 : 속류를 차단 할 수 있는 상용주파수 최고의 교류전압
5. 피뢰기의 제한전압 : 피뢰기 동작 중 피뢰기 단자 간에 나타나는 충격전압
6. 피뢰기의 구비조건
   ① 상용주파 방전개시전압이 높을 것   ② 충격방전 개시전압이 낮을 것
   ③ 속류 차단능력이 클 것   ④ 제한전압이 낮을 것
   ⑤ 방전내량이 클 것
7. 절연협조 : 적절한 절연강도를 지니게 함으로써 절연설계를 합리화·경제화를 도모
8. 기준충격절연 강도[BIL] : 계통의 기기 절연을 표준화하고 통일된 절연 체계를 구성하는 목적으로 절연계급을 설정하며 피뢰기의 제한 전압보다 높은 전압을 기준충격절연강도로 정한다.

01 가공지선-목적

다음 중 가공 지선의 설치 목적으로 볼 수 없는 것은?

① 유도뢰에 대한 정전차폐
② 전압강하의 방지
③ 직격뢰에 대한 차폐
④ 통신선에 대한 전자유도 장해 경감

해설 전압강하를 방지하는 것은 직렬 콘덴서이다.   답 ②

02 가공지선 – 차폐각

가공 지선에 대한 다음 설명 중 옳은 것은?

① 차폐각은 보통 15~30° 정도로 하고 있다.
② 차폐각이 클수록 벼락에 대한 차폐 효과가 크다.
③ 가공 지선을 2선으로 하면 차폐각이 적어진다.
④ 가공 지선으로 연동선을 주로 사용한다.

해설 가공 지선은 송전선의 차폐를 위하여 사용한다. 차폐각은 45°도 이내, 보호율은 97[%]정도이고, 차폐각이 작을수록 보호율이 높으며 가공 지선으로 전선은 ACSR을 사용한다. 차폐각이 작을수록 보호율이 높아지나 건설비가 비싸다.   답 ③

03 가공지선 – ACSR

가공지선으로 사용되는 것은?

① ACSR
② 강연선
③ 경동연선
④ 철선

해설 가공지선으로 ACSR을 사용하고 있다.

답 ①

04 역섬락의 원인 – 철탑각 저항

철탑의 탑각 접지저항이 커지면 우려되는 것으로 옳은 것은?

① 뇌의 직격
② 역섬락
③ 가공 지선의 차폐각의 증가
④ 코로나의 증가

해설 철탑의 접지 저항이 크면 송전선에 역섬락을 일으킨다.

답 ②

05 매설지선 – 역섬락 방지

송전선로에 매설지선을 설치하는 목적으로 알맞은 것은?

① 직격뇌로부터 송전선을 차폐보호하기 위하여
② 철탑 기초의 강도를 보강하기 위하여
③ 현수애자 1련의 전압 분담을 균일화하기 위하여
④ 철탑으로부터 송전선로로의 역섬락을 방지하기 위하여

해설 철탑의 접지 저항이 크면 송전선에 역섬락이 발생한다. 철탑 다리에 매설지선을 연결하여 철탑각 저항을 낮게 유지하면 역섬락을 방지할 수 있다.

답 ④

06 피뢰기 – 구조[직렬 갭·특성요소]

피뢰기의 구조는 다음 중 어느 것인가?

① 특성요소와 소호리액터
② 특성요소와 콘덴서
③ 소호 리액터와 콘덴서
④ 특성요소와 직렬 갭

해설 피뢰기는 특성요소와 직렬 갭으로 구성되어 있으며, 직렬갭이 없는 피뢰기를 갭리스 피뢰기라 한다. 갭리스형 피뢰기는 구조가 간단하고, 가볍고, 다빈도 동작에도 우수하다.

답 ④

07 피뢰기 – 직렬갭의 역할　　　□□□ check up!

전력용 피뢰기에서 직렬 갭의 주된 사용 목적은?

① 방전내량을 크게 하고 장시간 사용하여도 열화를 적게 하기 위함
② 충격방전 개시전압을 높게 하기 위함
③ 상시는 누설전류를 방지하고 충격파 방전 종료 후에는 속류를 즉시 차단하기 위함
④ 충격파가 침입할 때 대지에 흐르는 방전전류를 크게 하여 제한전압을 낮게 하기 위함

해설 피뢰기의 직렬갭은 상시는 누설전류를 방지하고 충격파 방전 종료 후에는 속류하는 것을 주된 사용 목적으로 하고 있다.　　　**답** ③

08 피뢰기 – 제한전압　　　□□□ check up!

피뢰기의 제한 전압이란?

① 상용 주파 전압에 대한 피뢰기의 충격 방전 개시 전압
② 충격파 침입시 피뢰기의 충격 방전 개시 전압
③ 피뢰기가 충격파 방전종료 후 언제나 속류를 확실히 차단할 수 있는 상용 주파 허용 단자 전압
④ 충격파 전류가 흐르고 있을 때 피뢰기의 단자 전압

해설 피뢰기의 제한전압이란 충격파 전류가 흐르고 있을 때 피뢰기의 단자 전압을 말한다.　　　**답** ④

09 LA – 충격방전개시전압　　　□□□ check up!

피뢰기의 충격방전 개시전압은 무엇으로 표시하는가?

① 직류전압의 크기
② 충격파의 평균치
③ 충격파의 최대치
④ 충격파의 실효치

해설 충격 방전 개시 전압은 충격파의 최대치로 나타낸다.　　　**답** ③

10 피뢰기-구비조건　　　□□□ check up!

피뢰기가 구비하여야 할 조건으로 거리가 먼 것은?

① 시간지연(time lag)이 적을 것
② 충격 방전 개시 전압이 낮을 것
③ 방전내량이 크면서 제한 전압이 높을 것
④ 속류 차단 능력이 클 것

해설 피뢰기는 방전내량이 크고, 제한 전압은 낮아야 한다. 답 ③

11 절연협조-정의 □□□ check up!

계통내의 각 기기, 기구 및 애자 등의 상호간에 적정한 절연강도를 지니게 함으로서 계통 설계를 합리적으로 할 수 있게 한 것을 무엇이라 하는가?

① 기준충격절연강도
② 보호계전방식
③ 절연계급 선정
④ 절연협조

해설 계통내의 각 기기, 기구 및 애자 등의 상호간에 적정한 절연강도를 지니게 함으로서 계통 설계를 합리적으로 할 수 있게 한 것을 절연협조라 한다. 답 ④

12 절연협조와 피뢰기 □□□ check up!

송전계통에서 절연 협조의 기본이 되는 사항은?

① 애자의 섬락전압
② 권선의 절연내력
③ 피뢰기의 제한전압
④ 변압기 부싱의 섬락전압

해설 송전계통에서 절연 협조의 기본이 되는 것은 피뢰기의 제한전압이다. 답 ③

13 기준충격절연강도[BIL] □□□ check up!

계통의 기기 절연을 표준화하고 통일된 절연 체계를 구성하는 목적으로 절연계급을 설정하고 있다. 이 절연계급에 해당하는 내용을 무엇이라 부르는가?

① 제한전압
② 기준충격절연강도
③ 상용주파 내전압
④ 보호계전

해설 계통의 기기 절연을 표준화하고 통일된 절연 체계를 구성하는 목적으로 절연계급을 설정하고 있으며 피뢰기의 제한 전압보다 높은 전압을 기준충격절연강도[BIL]로 정한다. 답 ②

14 충격파형 – 파두장·파미장

아래의 충격 파형은 직격뢰에 의한 파형이다. 여기에서 T_f와 T_t는 무엇을 표시한 것인가?

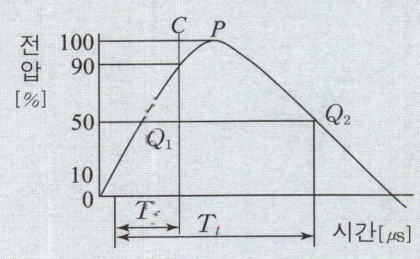

① T_f=파고값, T_t=파미 길이
② T_f=파두 길이, T_t=충격파 길이
③ T_f=파미 길이, T_t=충격반파 길이
④ T_f=파두 길이, T_t=파미길이

해설
- T_f(파두장) : 규약 원점에서 파고값의 90[%]에 도달할 때까지의 시간으로, 1.2[μs]이다.
- T_t(파미장) : 규약 원점에서 파고값의 50[%]로 감쇠할 때까지의 시간으로, 50[μs]이다.

답 ④

15 투과파 전압 – 투과계수

파동임피던스는 Z_1=400[Ω]인 가공선로에 파동임피던스 50[Ω]인 케이블을 접속하였다. 이 때 가공선로에 e_1=80[kV]인 전압파가 들어왔다면 접속점에서의 전압의 투과파는 약 몇 [kV]가 되겠는가?

① 17.8
② 35.6
③ 71.1
④ 142.2

해설 투과파 전압 $e_t = \dfrac{2Z_2}{Z_1+Z_2} \times e_1 = \dfrac{2\times 50}{400+50}\times 80 = 17.8[\text{kV}]$

답 ①

16 반사파 전압 – 반사계수

파동임피던스 Z_1=400[Ω], 선로종단에 파동임피던스 Z_2=1200[Ω]인 변압기가 접속되어 있다. 지금 선로에서 파고 e_1=800[kV]인 전압이 입사했다. 접속점에서 전압 반사파의 파고값[kV]은?

① 400
② 800
③ 1200
④ 1600

해설 반사파 전압 $e_r = \left(\dfrac{Z_2-Z_1}{Z_2+Z_1}\right)\times e_1 = \dfrac{1200-400}{1200+400}\times 800 = 400[\text{kV}]$

답 ①

17 무반사 조건

임피던스 Z_1, Z_2 및 Z_3를 그림과 같이 접속한 선로의 A쪽에서 전압파 E가 진행해 왔을 때 접속점 B에서 무반사로 되기 위한 조건은?

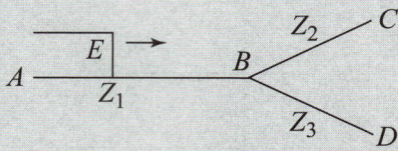

① $Z_1 = Z_2 + Z_3$

② $\dfrac{1}{Z_3} = \dfrac{1}{Z_1} + \dfrac{1}{Z_2}$

③ $\dfrac{1}{Z_1} = \dfrac{1}{Z_2} + \dfrac{1}{Z_3}$

④ $\dfrac{1}{Z_2} = \dfrac{1}{Z_1} + \dfrac{1}{Z_3}$

해설 무반사조건은 접속점을 기준으로 양쪽의 임피던스가 같아야 한다.

$$Z_1 = \dfrac{1}{\dfrac{1}{Z_2} + \dfrac{1}{Z_3}} \quad \therefore \dfrac{1}{Z_1} = \dfrac{1}{Z_2} + \dfrac{1}{Z_3}$$

답 ③

7-3 안정도

1. 안정도의 종류
    ① 정태안정도 : 정상상태에서 서서히 부하를 증가시켰을 경우 운전능력
    ② 동태안정도 : AVR 등이 갖는 제어효과까지 고려했을 경우 운전능력
    ③ 과도안정도 : 선로의 사고, 발전기 탈락 등의 큰 외란에 대한 운전능력
2. 안정도 향상대책
    ① 직렬리액턴스 감소: 회선증가, 복도체, 직렬 콘덴서, 발전기·변압기 리액턴스 감소
    ② 전압 변동 억제 : 계통 연계, 속응 여자방식, 중간 조상방식
    ③ 충격 경감 : 재폐로, 고속 차단, 적당한 중성점 접지방식
3. 조상설비의 특성

구 분	동기조상기	콘덴서	리액터
무효전력	진상 및 지상	진상	지상
조정의 형태	연속	불연속	불연속
보수	곤란	용이	용이
손실	대	소	소
시충전[시송전]	가능	불가능	불가능

01 안정도의 종류 □□□ check up!

전력계통에서 안정도란 주어진 운전 조건하에서 계통이 안정하게 운전을 계속할 수 있는가의 능력을 말한다. 다음 중 안정도의 구분에 포함되지 않는 것은?

① 동태안정도 ② 과도안정도
③ 정태안정도 ④ 동기안정도

해설 전력계통에서 안정도란 주어진 운전 조건하에서 계통이 안정하게 운전을 계속할 수 있는가의 능력을 말하며, 정태, 동태, 과도 안정도가 있다.   답 ④

02 과도안정극한전력 □□□ check up!

과도 안정 극한 전력이란?

① 부하가 서서히 감소할 때의 극한 전력 ② 부하가 서서히 증가할 때의 극한 전력
③ 부하가 갑자기 사고가 났을 때의 극한 전력 ④ 부하가 변하지 않을 때의 극한 전력

해설 과도 안정 극한 전력이란 갑자기 사고가 났을 때 탈조를 일으키지 않고 안전하게 공급할 수 있는 최고 전력을 말한다.

답 ③

03 조상설비 – 역할 □□□ check up!

조상설비에 대한 설명으로 잘못된 것은?

① 송·수전단의 전압이 일정하게 유지되도록 하는 조정 역할을 한다.
② 역률의 개선으로 송전 손실을 경감시키는 역할을 한다.
③ 전력 계통 안정도 향상에 기여한다.
④ 이상전압으로부터 선로 및 기기의 보호능력을 가진다.

해설 이상전압으로부터 선로 및 기기의 보호능력을 가지는 것은 피뢰기, 서지흡수기 등이다.

답 ④

04 동기조상기 – 유형 ① □□□ check up!

전력용 콘덴서와 비교할 때 동기조상기의 특징에 해당되는 것은?

① 전력손실이 적다.
② 진상전류 이외에 지상전류도 취할 수 있다.
③ 단락고장이 발생하여도 고장전류를 공급하지 않는다.
④ 필요에 따라 용량을 계단적으로 변경할 수 있다.

해설 동기 조상기는 진상 및 지상전류를 공급할 수 있다.

답 ②

05 동기조상기 – 유형 ② □□□ check up!

무효전력 흡수 능력면에서 동기조상기가 전력용 콘덴서 보다 유리한 점으로 가장 알맞은 것은?

① 필요에 따라 용량을 수시로 변경할 수 있다.
② 진상 전류 이외에 지상 전류를 취할 수 있다.
③ 전력 손실이 적다.
④ 선로의 유도 리액턴스를 보상하여 전압강하를 줄인다.

해설 전력용 콘덴서는 진상 전류만을, 동기조상기는 과여자운전 또는 부족여자운전으로 진상 또는 지상 전류를 취할 수 있다.

답 ②

06 동기조상기 - 유형 ③

수전단에 관련된 다음 사항 중 틀린 것은?

① 경부하시 수전단에 설치된 동기조상기는 부족여자로 운전
② 중부하시 수전단에 설치된 동기조상기는 부족여자로 운전
③ 중부하시 수전단에 전력 콘덴서를 투입
④ 시충전시 수전단 전압이 송전단보다 높게됨

해설 동기조상기는 무부하로 운전되는 동기전동기이며, 과여자로 하면 선로에서 진상전류를 취하여 콘덴서로 작용하고, 부족여자로 운전하면 뒤진전류를 취하여 리액터로 작용한다. 중부하시에는 진상운전을 해야 하므로 과여자운전을 한다. **답** ②

07 안정도 향상대책 - ①

송전계통의 안정도를 향상시키기 위한 방법이 아닌 것은?

① 계통의 직렬리액턴스를 감소시킨다.
② 속응 여자 방식을 채용한다.
③ 여러 개의 계통으로 계통을 분리시킨다.
④ 중간 조상 방식을 채택한다.

해설 계통을 연계시켜 안정도를 향상시킨다. **답** ③

08 안정도 향상대책 - ②

전력계통의 안정도 향상대책으로 직렬 리액턴스를 적게 하기 위한 방법이 아닌 것은?

① 발전기의 리액턴스를 적게 한다.
② 변압기의 리액턴스를 적게 한다.
③ 복도체를 사용한다.
④ 단락비가 작은 발전기를 사용한다.

해설 직렬 리액턴스를 적게 하기 위해서는 단락비를 크게 한다. **답** ④

09 안정도 향상대책 - ③

중간 조상 방식(intermediate phase modifying system)이란?

① 송전선로의 중간에 동기 조상기 연결
② 송전선로의 중간에 직렬 전력 콘덴서 삽입
③ 송전선로의 중간에 병렬 전력 콘덴서 삽입
④ 송전선로의 중간에 개폐소 설치, 리액터와 전력 콘덴서 병렬연결

해설 중간 조상 방식은 송전선로의 중간에 동기 조상기를 연결하여 전력 계통에 안정도를 향상시킨다.

답 ①

10 안정도 향상대책 - ④ ☐☐☐ check up!

각각 다른 2개의 전력계통을 연락선(Tie line)을 통하여 상호 연계하면 여러 가지 장점이 있는데, 계통 운용상 이득이 아닌 것은?

① 전력의 융통으로 설비용량이 저감된다.
② 배후 전력이 커져 단락전류가 감소한다.
③ 경제적인 발전력 배분이 가능하다.
④ 안정된 주파수 유지가 가능하다.

해설 계통연계시 임피던스가 감소하기 때문에 단락 사고시 단락용량이 증대된다.

답 ②

11 직렬리액터 - 유형 ① ☐☐☐ check up!

전력용 콘덴서를 변전소에 설치할 때 직렬리액터를 설치하고자 한다. 직렬리액터의 용량을 결정하는 계산식은? (단, f_0는 전원의 기본주파수, C는 역률 개선용 콘덴서의 용량, L은 직렬리액터의 용량이다)

① $L = \dfrac{1}{(2\pi f_0)^2 C}$
② $L = \dfrac{1}{(5\pi f_0)^2 C}$
③ $L = \dfrac{1}{(6\pi f_0)^2 C}$
④ $L = \dfrac{1}{(10\pi f_0)^2 C}$

해설 직렬리액터는 5고조파를 제거하며 근거식은 다음과 같다.
$5\omega L = \dfrac{1}{5\omega C} \rightarrow \therefore L = \dfrac{1}{(10\pi f_0)^2 C}$

답 ④

12 직렬리액터 - 유형 ② ☐☐☐ check up!

한 상당 용량 150[kVA]의 콘덴서에 제5고조파를 억제시키기 위하여 필요한 직렬 리액터의 기본파에 대한 용량[kVA]은?

① 3
② 4.5
③ 5
④ 6

해설 전력용 콘덴서의 직렬 리액터의 용량은 이론적으로는 4[%]이나, 실제 용량은 이보다 여유를 두어 5~6[%]의 용량을 설정한다.

답 ④

13 리액터의 종류

다음 표는 리액터의 종류와 그 목적을 나타낸 것이다. 바르게 짝지어진 것은?

종류	목적
① 병렬 리액터	ⓐ 지락 아크의 소멸
② 한류 리액터	ⓑ 송전 손실 경감
③ 직렬 리액터	ⓒ 차단기의 용량 경감
④ 소호 리액터	ⓓ 제5고조파 제거

① ① - ⓑ
② ② - ⓐ
③ ③ - ⓓ
④ ④ - ⓒ

해설
- 병렬 리액터 : 페란티 현상 방지
- 한류 리액터 : 단락 전류 경감
- 소호 리액터 : 지락 아크 소멸

답 ③

14 방전코일[DC]

전력용 콘덴서 회로에 방전 코일을 설치하는 주목적은?

① 합성 역률의 개선
② 전원 개방시 잔류 전하를 방전시켜 인체의 위험 방지
③ 콘덴서의 등가 용량 증대
④ 전압의 개선

해설 방전코일: 전원 개방시 잔류전하를 방전

답 ②

15 직류송전방식 - ①

직류송전방식에 대한 설명으로 틀린 것은?

① 직류방식은 선로 전압이 교류 전압의 최고값보다 낮아 절연계급이 낮아진다.
② 직류방식은 교류방식의 표피효과가 없어 송전효율은 떨어진다.
③ 직류방식은 리액턴스나 위상각을 고려할 필요가 없어서 안정도가 높다.
④ 장거리 송전의 경우에는 교류방식보다 직류방식이 유리하다.

해설

직류송전방식 장점	교류송전방식 장점
• 계통의 절연계급을 낮출 수 있다. • 무효전력 및 표피 효과가 없다. • 송전효율과 안정도가 좋다. • 비동기 연계가 가능하다.	• 승압 및 강압이 용이하다. • 회전자계를 쉽게 얻을 수 있다. • 전류를 차단하기 쉽다. • 대부분 교류송전이므로 일관된 운용을 할 수 있다.

답 ②

16 직류송전방식 - ②

송전방식에는 교류송전과 직류송전방식이 있다. 교류에 비하여 직류송전방식의 장점은?

① 전압변경이 쉽다.
② 송전효율이 좋다.
③ 회전자계를 쉽게 얻을 수 있다.
④ 설비비가 싸다.

해설 DC송전은 리액턴스 성분이 없으므로 전압강하, 전력손실이 작고 송전효율이 높다.

답 ②

17 교류송전방식

직류 송전 방식에 비하여 교류 송전 방식의 가장 큰 이점은?

① 선로의 리액턴스에 의한 전압강하가 없으므로 장거리 송전에 유리하다.
② 지중송전의 경우, 충전 전류와 유전체손을 고려하지 않아도 된다.
③ 변압이 쉬워 고압 송전에 유리하다.
④ 같은 절연에서 송전전력이 크게 된다.

해설 교류방식은 회전자계를 얻기 쉬우며, 변압이 쉬워 고압 송전에 유리하다.

답 ③

18 $Q-V$ 컨트롤 - ①

전력계통의 전압을 조정하는 가장 보편적인 방법은?

① 발전기의 유효전력 조정
② 부하의 유효전력 조정
③ 계통의 주파수 조정
④ 계통의 무효전력 조정

해설 전력계통의 전압을 조정하는 가장 보편적인 방법은 무효전력의 조정이다.

답 ④

19　Q-V 컨트롤 - ②

전력계통의 전압조정과 무관한 것은?
① 발전기의 조속기
② 발전기의 전압조정장치
③ 전력용 콘덴서
④ 전력용 분로 리액터

해설　발전기의 조속기는 속도를 제어하는 기기로써 전력계통의 전압조정과 무관하다.　답　①

20　P-F 컨트롤 - ①

전력계통의 전주파수 변동은 주로 무엇의 변화에 기인하는가?
① 유효전력
② 무효전력
③ 계통 전압
④ 계통 임피던스

해설　전력계통의 전주파수 변동은 부하(유효분)의 변동에 따라 발생하며, 발전전력보다 부하의 크기가 클 경우 주파수는 낮아진다. 이럴 경우 발전출력을 증가시켜 주파수를 정격으로 유지한다.　답　①

21　P-F 컨트롤 - ②

전력계통의 주파수가 기준치보다 증가하는 경우 어떻게 하는 것이 타당한가?
① 발전출력[kW]을 증가시켜야 한다.
② 발전출력[kW]을 감소시켜야 한다.
③ 무효전력[kVar]을 증가시켜야 한다.
④ 무효전력[kVar]을 감소시켜야 한다.

해설　전력계통의 주파수가 기준치보다 증가하는 경우 발전출력을 감소시켜서 정격주파수로 유지한다.　답　②

22　단권변압기 - ①

최근에 초고압 송전계통에서 단권변압기가 사용되고 있는데 그 이유로 볼 수 없는 것은?
① 중량이 가볍다.
② 전압변동률이 적다.
③ 효율이 높다.
④ 단락전류가 적다.

해설　단권변압기는 임피던스가 작기 때문에 단락사고시 단락전류가 크다.　답　④

23 단권변압기 - ②

단권 변압기를 초고압 계통의 연계용으로 이용할 때 장점에 해당되지 않는 것은?

① 동량이 경감된다.
② 2차측의 절연강도를 낮출 수 있다.
③ 분로권선에는 누설자속이 없어 전압변동률이 작다.
④ 부하용량은 변압기 고유용량보다 크다.

해설 단권변압기는 1차측과 2차측이 권선이 하나로 되어 있어, 2차측의 절연강도가 높아진다.

답 ②

24 단권변압기 - ③

단상 승압기 1대를 사용하여 승압할 경우 승압전의 전압을 E_1이라 하면, 승압후의 전압 E_2는 어떻게 되는가? (단, 승압기의 변압비는 $\dfrac{e_1}{e_2}$이다.)

① $E_2 = E_1 + \dfrac{e_1}{e_2} E_1$
② $E_2 = E_1 + e_2$
③ $E_2 = E_1 + \dfrac{e_2}{e_1} E_1$
④ $E_2 = E_1 + e_1$

해설 $E_2 = e_1 + e_2 = E_1 + \dfrac{E_1}{n} = E_1\left(1 + \dfrac{1}{n}\right) = E_1\left(1 + \dfrac{e_2}{e_1}\right) = E_1 + \dfrac{e_2}{e_1} E_1$

답 ③

25 단권변압기 - ④

정격 전압 1차 6600[V], 2차 210[V]의 단상 변압기 두 대를 승압기로 V결선하여 6300[V]의 3상 전원에 접속한다면 승압된 전압[V]은?

① 6600
② 6500
③ 6300
④ 6200

해설 $E_2 = E_1\left(1 + \dfrac{1}{n}\right) = 6300\left(1 + \dfrac{210}{6600}\right) = 6500[\text{V}]$

답 ②

[**D-30** 전기기사·산업기사 필기 30일 필기 단기완성]

제2과목
전력공학
DAY-08

30일 단기완성

Chapter 08
배전선로의 운영

1 출제경향분석

본장은 2차변전소로부터 수용가에 이르기까지의 배전방식과 수용가에서 사용하고 있는 전기 공급방식의 종류별 특징에 대해 학습합니다.

반드시 알아야 하는 핵심 포인트

① 배전방식의 종류별 특징　　　② 전기 공급방식의 종류별 특징
③ 배전선로의 전압조정 방법　　④ 말단집중부하와 균등부하의 비교

2 학습 가이드라인

- 반드시 알아야 하는 핵심 포인트는 전기기사 및 산업기사 시험에서 가장 출제빈도가 높은 논점으로 각 파트별 핵심 포인트와 문제를 연계하여 학습해 주시기를 권장합니다.
- 체크리스트를 작성하시면서 문제의 유형과 학습의 완성도를 스스로 확인해 주세요.
- 출제 빈도가 높고 틀리기 쉬운 문제를 맞출 수 있도록 "콕콕 포인트"를 확인해 주세요.

우선순위 논점	KEY WORD	선생님의 콕콕 포인트
루프배전방식	부하밀집, 경제, 전압강하	루프배전방식 고유특징의 키워드를 숙지할 것
저압뱅킹방식	케스케이딩, 플리커, 전압변동	저압뱅킹방식 고유특징의 키워드를 숙지할 것
망상배전방식	무정전, 인축의 접촉 사고	망상백전방식 고유특징의 키워드를 숙지할 것
전기방식의 종류	1선당 전력, 전력비교, 전선량	공급전력, 1선당공급전력, 전선소요량의 표를 숙지할 것
송전단 역률	무유도성, 임피던스의 크기, 역률	회로이론에서 학습하는 역률의 기본개념을 숙지할 것

8. 배전선로의 운영

1. 배전방식의 종류
   ① 수지식 : 전압강하가 크고 정전범위가 넓고, 농어촌에 적합
   ② 환상식 : 부하밀집 지역에 유리, 높은 경제성
   ③ 저압뱅킹방식 : 캐스케이딩 현상이 발생가능, 플리커 경감
   ④ 저압네트워크 방식 : 전력손실이 작고 신뢰도가 높음, 인축의 접촉사고 가능성

2. 배전선로의 전기방식

전기방식	공급 전력	선당 전력	1선당 공급전력의 비	전선량 비
단상 2선식	$VI\cos\theta$	$0.5VI\cos\theta$	1	1
단상 3선식	$2VI\cos\theta$	$0.67VI\cos\theta$	1.33	3/8
3상 3선식	$\sqrt{3}VI\cos\theta$	$0.57VI\cos\theta$	1.15	3/4
3상 4선식	$3VI\cos\theta$	$0.75VI\cos\theta$	1.5	1/3

---

01 배전방식 – 정전압 병렬식 ☐☐☐ check up!

다음 그림이 나타내는 배전방식은 다음 중 어느 것인가?

① 정전압 병렬식 ② 정전류 직렬식
③ 정전압 직렬식 ④ 정전류 병렬식

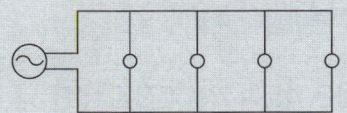

해설 정전압 병렬식으로 전압이 일정하고 부하를 여러개 연결할 수 있다.

답 ①

---

02 방사상식[가지식] ☐☐☐ check up!

배전선을 구성하는 방식 중 방사상식에 대한 설명으로 알맞은 것은?

① 부하의 분포에 따라 수지상으로 분기선을 내는 방식이다.
② 선로의 전류분포가 가장 좋고 전압강하가 적다.
③ 수용 증가에 따른 선로의 연장이 어렵다.
④ 사고시 무정전 공급으로 도시 배전선에 적합하다.

해설 방사상식(가지식)은 부하의 분포에 따라 수지상으로 분기선을 내는 방식이다.

답 ①

03 환상식[루프식]

루프(Loop)배전방식에 대한 설명으로 옳은 것은?

① 전압강하가 적은 이점이 있다.
② 시설비가 적게 드는 반면에 전력손실이 크다.
③ 부하밀도가 적은 농어촌에 적당하다.
④ 고장시 정전범위가 넓은 결점이 있다.

해설 루프방식의 이점은 전력손실 및 전압강하가 작고 경제적인 배전방식이다.

답 ①

04 저압뱅킹방식 - 케스케이딩

저압 뱅킹배전방식에서 케스케이딩(cascading)현상이란?

① 변압기의 부하배분이 불균일한 현상
② 저압선의 고장에 의하여 건전한 변압기의 일부 또는 전부가 차단되는 현상
③ 전압 동요가 적은 현상
④ 저압선이나 변압기에 고장이 생기면 자동적으로 고장이 제거되는 현상

해설 케스케이딩 현상이란 저압선의 고장에 의하여 건전한 변압기 일부 또는 전부가 차단되는 현상을 말한다.

답 ②

05 저압뱅킹방식 - 특징

다음과 같은 특징이 있는 배전 방식은?

- 전압 강하 및 전력 손실이 경감된다.
- 변압기 용량 및 저압선 동량이 절감된다.
- 부하 증가에 대한 탄력성이 향상된다.
- 고장 보호 방법이 적당할 때 공급 신뢰도가 향상되며, 플리커 현상이 경감된다.

① 저압 네트워크 방식
② 고압 네트워크 방식
③ 저압 뱅킹 방식
④ 수지상 배전 방식

해설 저압 뱅킹 방식 : 적당할 때 공급 신뢰도가 향상되며, 플리커 경감

답 ③

06 네트워크 방식 – 특징 ☐☐☐ check up!

다음의 배전 방식 중 공급 신뢰도가 가장 우수한 계통 구성 방식은?

① 수지상 방식 ② 저압 뱅킹 방식
③ 고압 네트워크 방식 ④ 저압 네트워크 방식

해설 배전 방식 중 공급 신뢰도가 가장 우수한 것은 저압 네트워크 방식이다. 답 ④

07 단상 3선식 – 장점 ☐☐☐ check up!

교류 단상 3선식 배전 방식은 교류 2선식에 비해 어떠한가?

① 전압 강하가 작고, 효율이 높다. ② 전압 강하가 크고, 효율이 높다.
③ 전압 강하가 작고, 효율이 낮다. ④ 전압 강하가 크고, 효율이 낮다.

해설 교류 단상 3선식 배전 방식은 교류 2선식에 비해 전압 강하가 작고, 효율이 높다. 답 ①

08 단상 3선식 – 단점 ☐☐☐ check up!

저압 단상 3선식 배전 방식의 단점은?

① 절연이 곤란하다. ② 전압의 불평형이 생기기 쉽다.
③ 설비 이용률이 나쁘다. ④ 2종의 전압을 얻을 수 있다.

해설 단상 3선식 배전 방식은 중성선 단선 등이 발생할 경우 전압의 불평형이 발생하기 쉽다. 답 ②

09 단상 3선식 – 밸런서 ☐☐☐ check up!

다음 중 옳지 않은 것은?

① 저압 뱅킹 방식은 전압 동요를 경감할 수 있다.
② 밸런서는 단상 2선식에 필요하다.
③ 수용률이란 최대 수용 전력을 설비 용량으로 나눈 값을 퍼센트로 나타낸다.
④ 배전 선로의 부하율이 F일 때 손실 계수는 F와 F^2의 중간값이다.

해설 단상 3선식의 경우 전압의 불평형이 발생하기 쉬우므로 밸런서를 설치할 필요가 있다. 답 ②

10 3상 3선식

단상, 3상 3선식 모두 선간 전압을 $6600[V]$로 하고 1선에 흐르는 전류를 $500[A]$, 역률이 각각 0.85로 같다고 하면 단상 2선식에 대한 3상 3선식의 1선당의 전력비는 얼마인가?

① 0.7
② 1.0
③ 1.15
④ 1.33

해설 단상 2선식의 1선당 전력 $P_2=0.5VI\cos\theta$, 3상 3선식의 1선당 전력 $P_3=0.57VI\cos\theta$
전력비는 $0.57/0.5=1.15$이다.

답 ③

11 전선소요량 - ①

동일한 조건하에서 3상 4선식 배전선로의 총 전선소요량은 3상 3선식의 전선소요량의 몇 배인가? (단, 중성선의 굵기는 전력선의 굵기와 같다고 한다.)

① 4/9
② 2/3
③ 3/4
④ 1/3

해설

전기방식	중량 비교[%]
$1\phi 2w$	1(100)
$1\phi 3w$	3/8(37.5)
$3\phi 3w$	3/4(75)
$3\phi 4w$	1/3(33.3)

$$\dfrac{\dfrac{1}{3}}{\dfrac{3}{4}}=\dfrac{4}{9}$$

답 ①

12 전선소요량 - ②

송전 전력, 부하 역률, 송전 거리, 전력 손실 및 선간 전압을 동일하게 하였을 경우 3상 3선식에 요한 전선 총량은 단상 2선식에 필요로 하는 전선 량의 몇 배인가?

① $\dfrac{1}{2}$
② $\dfrac{2}{3}$
③ $\dfrac{3}{4}$
④ 1

해설

전기방식	중량 비교[%]
$1\phi 2w$	1(100)
$1\phi 3w$	3/8(37.5)
$3\phi 3w$	3/4(75)
$3\phi 4w$	1/3(33.3)

답 ③

13 전선소요량 - ③ ☐☐☐ check up!

배전선로의 전기방식 중 전선의 중량(전선비용)이 가장 적게 소요되는 방식은? (단, 배전전압, 거리, 전력 및 선로손실 등은 같다.)

① 단상 2선식 ② 단상 3선식
③ 3상 3선식 ④ 3상 4선식

해설 3상 4선식이 배전선로의 전기방식 중 전선의 중량이 가장 적게 소요된다. 답 ④

14 3상 3선식 ☐☐☐ check up!

3상 3선식 배전방식에서 1선당의 최대전력은? (단, 상전압 : V, 선전류 : I라 한다.)

① $0.5VI$ ② $0.57VI$
③ $0.75VI$ ④ $1.0VI$

해설

전기방식	공급 전력	1선당 전력
단상 2선식	$VI\cos\theta$	$0.5VI\cos\theta$
단상 3선식	$2VI\cos\theta$	$0.67VI\cos\theta$
3상 3선식	$\sqrt{3}VI\cos\theta$	$0.57VI\cos\theta$

답 ②

15 전기방식의 전류비교 ☐☐☐ check up!

송전 전력, 부하 역률, 송전 거리, 전력 손실 및 선간 전압이 같을 경우 3상 3선식에서 전선 한 가닥에 흐르는 전류는 단상 2선식에서 전선 한 가닥에 흐르는 경우의 몇 배가 되는가?

① $\frac{1}{\sqrt{3}}$ 배 ② $\frac{2}{3}$ 배
③ $\frac{3}{4}$ 배 ④ $\frac{4}{9}$ 배

해설 송전전력이 같으므로 $VI_1\cos\theta = \sqrt{3}VI_3\cos\theta$이며, 나머지 조건들을 고려할 경우 $I_1 = \sqrt{3}I_3$이 된다. 그러므로, 3상 3선식에서 전선 한 가닥에 흐르는 전류는 단상 2선식에서 전선 한 가닥에 흐르는 경우의 $1/\sqrt{3}$ 배 이다. 답 ①

16 변압기 접지공사

주상변압기의 2차측 접지공사는 어느 것에 의한 보호를 목적으로 하는가?

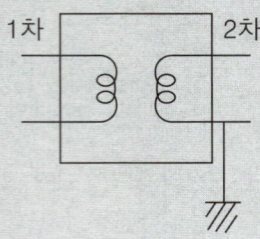

① 2차측 단락
② 1차측 접지
③ 2차측 접지
④ 1차측과 2차측의 혼촉

해설 주상변압기의 2차측 접지공사는 1차측과 2차측의 혼촉사고시 2차측의 전압상승을 억제하기 위함이다.

답 ④

17 배전용변압기

배전용 변전소의 주변압기로 주로 사용되는 것은?

① 단권변압기
② 삼권선변압기
③ 체강변압기
④ 체승변압기

해설
- 배전용 변전소의 주변압기 : 체강변압기(강압용변압기)
- 송전용 변전소의 주변압기 : 체승변압기(승압용변압기)

답 ③

18 플리커 현상 - ①

저압 배전선로의 플리커(fliker) 전압의 억제 대책으로 볼 수 없는 것은?

① 내부 임피던스가 작은 대용량의 변압기를 선정한다.
② 배전선은 굵은 선으로 한다.
③ 저압뱅킹방식 또는 네트워크방식으로 한다.
④ 배전선로에 누전차단기를 설치한다.

해설 플리커 현상이란 부하의 특성에 기인하는 전압 동요에 의해서 조명의 깜박거림, 텔레비전의 영상이 일그러지는 현상이다. 배전선로에 누전차단기를 설치하는 것은 기기 플리커 현상과 관련이 없다.

답 ④

19 플리커 현상 - ②

플리커 경감을 위한 전력 공급측의 방안이 아닌 것은?

① 공급 전압을 낮춘다.
② 전용 변압기로 공급한다.
③ 단독 공급 계통을 구성한다.
④ 단락 용량이 큰 계통에서 공급한다.

해설 플리커 경감을 공급 전압을 격상 시킨다

답 ①

20 고조파 제거 방법

송전선로에서 고조파 제거 방법이 아닌 것은?

① 변압기를 △결선한다.
② 유도전압 조정장치를 설치한다.
③ 무효전력 보상장치를 설치한다.
④ 능동형 필터를 설치한다.

해설 유도전압 조정장치는 전압을 조정하는 기기이다.

답 ②

제2과목
전력공학
DAY-09

30일 단기완성

Chapter 09
수변전설비 설계

1 출제경향분석

수변전설비를 설계할 때 필요로 하는 수용률, 부하율, 부등률, 합성최대전력, 변압기 용량, 전력용 콘덴서의 계산방법과 의미를 다루며 본 장은 1차 필기 및 2차 실기시험에서 출제빈도가 매우 높습니다.

반드시 알아야 하는 핵심 포인트

① 부하율
② 부등률
③ 합성최대전력·변압기용량
④ 전력용 콘덴서[SC]

2 학습 가이드라인

- 반드시 알아야 하는 핵심 포인트는 전기기사 및 산업기사 시험에서 가장 출제빈도가 높은 논점으로 각 파트별 핵심 포인트와 문제를 연계하여 학습해 주시기를 권장합니다.
- 체크리스트를 작성하시면서 문제의 유형과 학습의 완성도를 스스로 확인해 주세요.
- 출제 빈도가 높고 틀리기 쉬운 문제를 맞출 수 있도록 "콕콕 포인트"를 확인해 주세요.

우선순위 논점	KEY WORD	선생님의 콕콕 포인트
부하율	부하의 변동상태, 일, 월, 년	부하율의 종류에 따른 계산방법을 숙지할 것
합성최대전력	수용률, 부등률, 역률, TR용량	합성최대전력의 단위에 유의할 것
합성역률	유효전력의 합, 무효전력의 합	합성역률의 개념과 계산방법을 숙지할 것
역률개선 효과	전력손실, 전압강하, 전기요금	역률개선 효과와 과보상시 문제점이 중요
전력용콘덴서[SC]	지상 무효분 감소, 콘덴서용량	역률개선의 원리, 콘덴서 설치시 역률을 계산하는 방법을 숙지할 것

9-1 수변전설비 설계 – 수용률·부하율·부등률

1. 수용률 = $\dfrac{\text{최대수용전력}}{\text{부하설비합계}} \times 100$

2. 부하율 = $\dfrac{\text{평균전력}}{\text{최대전력}} = \dfrac{\text{사용전력량[kWh]}/\text{시간[h]}}{\text{최대수용전력[kW]}} \times 100$

3. 손실계수와 부하율 : $H = \alpha F + (1-\alpha)F^2$, $1 \geq F \geq H \geq F^2 \geq 0$

4. 부등률 = $\dfrac{\text{각부하 최대수용전력의 합}}{\text{합성최대전력}} = \dfrac{\sum \text{설비용량} \times \text{수용률}}{\text{합성최대전력}}$

5. 합성최대전력 = $\dfrac{\text{각부하 최대수용전력의 합}}{\text{부등률}}$

6. 변압기 용량 = $\dfrac{\text{각부하 최대수용전력의 합}}{\text{부등률} \times \text{역률}} = \dfrac{\sum \text{설비용량} \times \text{수용률}}{\text{부등률} \times \text{역률}}$ [kVA]

01 수용률 정의 ☐☐☐ check up!

전력수용의 수용률은?

① 수용률 = $\dfrac{\text{평균전력[kW]}}{\text{설비용량[kW]}} \times 100[\%]$

② 수용률 = $\dfrac{\text{설비용량[kW]}}{\text{평균잔력[kW]}} \times 100[\%]$

③ 수용률 = $\dfrac{\text{최대수용전력[kW]}}{\text{부하설비합계[kW]}} \times 100[\%]$

④ 수용률 = $\dfrac{\text{부하설비합계[kW]}}{\text{최대수용전력[kW]}} \times 100[\%]$

해설 부하설비용량[합계]에 대한 최대수용전력의 비를 수용률이라 하며, 일반적으로 수용률은 낮을수록 경제적이며, 변압기용량을 감소시킬 수 있다.

답 ③

02 부하율 정의 ☐☐☐ check up!

부하율이란?

① $\dfrac{\text{최대전력}}{\text{평균전력}}$

② $\dfrac{\text{최대전력}}{\text{설비용량}}$

③ $\dfrac{\text{설비용량}}{\text{최대전력}}$

④ $\dfrac{\text{평균전력}}{\text{최대전력}}$

해설 부하율이란 어느 일정기간 동안의 최대전력에 대한 어느 일정기간 동안의 평균전력의 비를 말한다.

답 ④

03 부하율 의미

전력 사용의 변동 상태를 알아보기 위한 것으로 가장 적당한 것은?

① 수용률 ② 부등률
③ 부하율 ④ 역률

해설 부하율은 전력사용의 변동 상태를 알 수 있는 지표이며, 일반적으로 부하율이 높을수록 설비의 이용률이 증가하게 된다. 전력을 공급하는 측면에서 수용가의 부하율이 높을수록 경제적이다. **답** ③

04 일 부하율 계산

정격 10[kVA] 주상변압기가 있다. 이것의 2차 측 일부하곡선이 그림과 같을 때 1일의 부하율은 몇 [%]인가?

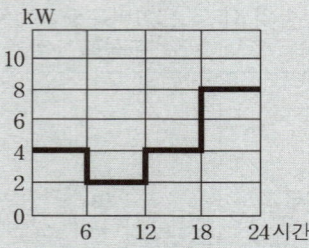

① 52.35 ② 54.35
③ 56.25 ④ 58.25

해설 1일 부하율 = $\dfrac{\text{사용전력량[kWh]}/24[\text{h}]}{\text{최대수용전력[kW]}} = \dfrac{(4\times6+2\times6+4\times6+8\times6)/24}{8}\times100 = 56.25[\%]$

답 ③

05 연 부하율 계산

연간 전력량이 E[kWh]이고, 연간 최대전력이 W[kW]인 연 부하율은 몇 [%]인가?

① $\dfrac{E}{W}\times100$ ② $\dfrac{W}{E}\times100$
③ $\dfrac{8760W}{E}\times100$ ④ $\dfrac{E}{8760W}\times100$

해설 연 부하율 = $\dfrac{\text{평균전력}}{\text{최대전력}} = \dfrac{\text{연간사용전력량[kWh]}/8760[\text{h}]}{\text{최대전력[kW]}}\times100[\%] = \dfrac{\text{연간사용전력량}}{8760\times\text{최대전력}}\times100[\%]$

답 ④

06 손실계수

단일 부하의 선로에서 부하율 50[%] 선로 전류의 변화곡선의 모양에 따라 달라지는 계수 $\alpha=0.2$인 배전선의 손실계수는 얼마인가?

① 0.05
② 0.15
③ 0.25
④ 0.30

해설 $H = \alpha F + (1-\alpha)F^2 = 0.2 \times 0.5 + (1-0.2) \times 0.5^2 = 0.30$

답 ④

07 부등률 의미

각 개의 최대 수요 전력의 합계는 그 군의 종합 최대수요 전력보다도 큰 것이 보통이다. 이 최대 전력의 발생 시각 또는 발생 시기의 분산을 나타내는 지표를 무엇이라 하는가?

① 전일효율
② 부등률
③ 부하율
④ 수용률

해설 최대 전력의 발생 시각 또는 발생 시기의 분산을 나타내는 지표를 뜻하는 것은 부등률이며, 이것은 일반적으로 1보다 큰 값을 가진다. 한편, 부등률이 클수록 변압기의 용량을 감소시킬 수 있다.

답 ②

08 부등률 크기

다음 중 그 값이 1이상인 것은?

① 부등률
② 부하율
③ 수용률
④ 전압 강하율

해설 부등률은 여러 개의 부하간의 수용전력의 관계로서, 각각의 최대부하는 같은 시각에 일어나는 것이 아니고, 개별로 차이가 있기 때문에 부등률은 1 이상이다.

답 ①

09 부등률 계산

연간최대수용전력이 70[kW], 75[kW], 85[kW], 100[kW]인 4개의 수용가를 합성한 연간 최대수용전력이 250[kW]이다. 이수용가의 부등률은 얼마인가?

① 1.11
② 1.32
③ 1.38
④ 1.43

해설 부등률 $= \dfrac{70+75+85+100}{250} = 1.32$

답 ②

10 전력특성항목

각 수용가의 수용률 및 수용가 사이의 부등률이 변화할 때 수용가군 총합의 부하율에 대한 설명으로 옳은 것은?

① 수용률에 비례하고 부등률에 반비례한다.
② 부등률에 비례하고 수용률에 반비례한다.
③ 부등률과 수용률에 모두 비례한다.
④ 부등률과 수용률에 모두 반비례한다.

해설 부하율 = $\dfrac{평균전력}{합성최대전력}$ = $\dfrac{평균전력}{설비용량 \times 수용률/부등률}$ = $\dfrac{평균전력 \times 부등률}{설비용량 \times 수용률}$

즉, 부하율은 부등률에 비례하고 수용률에 반비례한다.

답 ②

11 변압기 용량

그림과 같은 수용설비용량과 수용률을 갖는 부하의 부등률이 1.5이다. 평균부하 역률을 75[%]라 하면 변압기 용량은 약 몇 [kVA]인가?

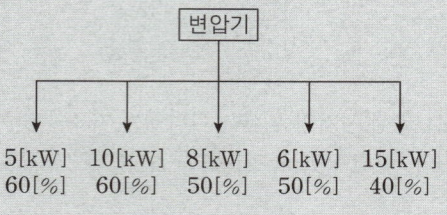

① 45
② 30
③ 20
④ 15

해설 변압기용량 = $\dfrac{설비용량 \times 수용률}{부등률 \times 역률}$ = $\dfrac{5 \times 0.6 + 10 \times 0.6 + 8 \times 0.5 + 6 \times 0.5 + 15 \times 0.4}{1.5 \times 0.75}$ = 20[kVA]

답 ③

12 최대부하[kVA]

수용가를 2군으로 나누어서 각 군에 변압기 1대씩을 설치하고 각 군 수용가의 총 설비부하용량을 각각 30[kW] 및 20[kW]라 하자. 각 수용가의 수용률을 0.5, 수용가 상호간의 부등률을 1.2, 변압기 상호간의 부등률을 1.3이라 하면 고압 간선에 대한 최대부하는 몇 [kVA]인가? (단, 부하역률은 모두 0.8이라고 한다.)

① 13
② 16
③ 20
④ 25

해설 고압간선의 최대부하 = $\dfrac{\dfrac{30 \times 0.5}{1.2} + \dfrac{20 \times 0.5}{1.2}}{1.3 \times 0.8}$ = 20[kVA]

답 ③

9-2 수변전설비 설계 – 전력용콘덴서[SC]

1. 역률 개선시 효과
   ① 전력손실 감소   ② 전압강하 감소
   ③ 전기요금 절감   ④ 설비용량의 여유 증가

2. 콘덴서 용량 : $Q_c = P \times (\tan\theta_1 - \tan\theta_2) = P \times \left(\dfrac{\sqrt{1-\cos^2\theta_1}}{\cos\theta_1} - \dfrac{\sqrt{1-\cos^2\theta_2}}{\cos\theta_2}\right)$[kVA]

   참고
   - $\cos^2\theta + \sin^2\theta = 1$
   - $\sin\theta = \sqrt{1-\cos^2\theta}$
   - 무효전력 : $P_r = P \cdot \tan\theta = P_a \cdot \sin\theta$

3. 부하의 합성역률 : $\dfrac{P_1 + P_2}{\sqrt{(P_1+P_2)^2 + (P_1\tan\theta_1 + P_2\tan\theta_2)^2}}$

4. 방전코일[DC] : 잔류전하를 방전시켜 감전사고 방지

01 역률개선시 효과 - ①

배전 계통에서 전력용 콘덴서를 설치하는 목적으로 다음 중 가장 타당한 것은?

① 전력손실 감소   ② 개폐기의 차단 능력 증대
③ 고장 시 영상전류 감소   ④ 변압기 손실 감소

해설 전력용 콘덴서를 병렬로 설치하여 역률을 개선하는 경우 전력손실을 감소시킬 수 있다.   **답** ①

02 역률개선시 효과 - ②

부하 역률이 $\cos\theta$인 경우의 배전선로의 전력손실을 같은 크기의 부하전력으로 역률이 1인 경우의 전력손실에 비하여 몇 배인가?

① $\dfrac{1}{\cos^2\theta}$ ② $\dfrac{1}{\cos\theta}$

③ $\cos\theta$ ④ $\cos^2\theta$

해설 $P_l = 3I^2R = 3 \times \left(\dfrac{P}{\sqrt{3}V\cos\theta}\right)^2 \times R = \dfrac{P^2R}{V^2\cos^2\theta} = \dfrac{P^2\rho l}{V^2\cos^2\theta A}$[W]   **답** ①

03 역률개선시 효과 - ③

부하 역률이 0.8인 선로의 저항 손실은 부하 역률이 0.9인 선로의 저항 손실에 비하여 약 몇 배인가?

① 0.27
② 0.87
③ 1.27
④ 1.87

해설

$$\frac{P_{l0.8}}{P_{l0.9}} = \frac{\frac{1}{0.8^2}}{\frac{1}{0.9^2}} = \frac{\frac{1}{0.64}}{\frac{1}{0.81}} = \frac{0.81}{0.64} = 1.27$$

답 ③

04 부하의 합성역률 - ①

한 대의 주상변압기에 역률(뒤짐) $\cos\theta_1$, 유효전력 P_1[kW]의 부하와 역률(뒤짐) $\cos\theta_2$, 유효전력 P_2[kW]의 부하가 병렬로 접속되어 있을 때 주상 변압기 2차측에서 본 부하의 종합 역률은 어떻게 되는가?

① $\dfrac{P_1+P_2}{\sqrt{(P_1+P_2)^2+(P_1\tan\theta_1+P_2\tan\theta_2)^2}}$

② $\dfrac{P_1+P_2}{\sqrt{(P_1+P_2)^2+(P_1\sin\theta_1+P_2\sin\theta_2)^2}}$

③ $\dfrac{P_1+P_2}{\dfrac{P_1}{\cos\theta_1}+\dfrac{P_2}{\cos\theta_2}}$

④ $\dfrac{P_1+P_2}{\dfrac{P_1}{\sin\theta_1}+\dfrac{P_2}{\sin\theta_2}}$

해설 2개 이상의 부하의 합성역률은 각부하의 유효분과 무효분을 각각 합성하여 벡터합으로 계산한다.

답 ①

05 부하의 합성역률 - ②

불평형 부하에서 역률은 어떻게 표현되는가?

① $\dfrac{\text{유효전력}}{\text{각 상의 피상 전력의 산술 합}}$

② $\dfrac{\text{유효전력}}{\text{각 상의 피상 전력의 벡터 합}}$

③ $\dfrac{\text{무효전력}}{\text{각 상의 피상 전력의 산술 합}}$

④ $\dfrac{\text{무효전력}}{\text{각 상의 피상 전력의 벡터 합}}$

해설 불평형 부하에서 역률은 각 상의 피상 전력의 벡터 합에 대한 유효전력으로 표현한다.

답 ②

06 콘덴서 용량 - ① ☐☐☐ check up!

정격용량 P[kVA]의 변압기에서 늦은 역률 $\cos\theta_1$의 부하에 P[kVA]를 공급하고 있다. 합성역률 $\cos\theta_2$로 개선하여 이 변압기의 전 용량까지 전력을 공급하려고 한다. 소요 콘덴서의 용량은 몇 [kVA]인가?

① $P\cos\theta_1(\tan\theta_1-\tan\theta_2)$
② $P\cos\theta_2(\cos\theta_1-\cos\theta_2)$
③ $P(\tan\theta_1-\tan\theta_2)$
④ $P(\cos\theta_1-\cos\theta_2)$

해설 역률 개선시 필요한 콘덴서 용량 : $Q_c = P[\text{kW}] \times (\tan\theta_1-\tan\theta_2)$[kVA]

답 ①

07 콘덴서 용량 - ② ☐☐☐ check up!

뒤진 역률 80[%], 1000[kW]의 3상 부하가 있다. 이것에 전력용 콘덴서를 설치하여 역률을 95[%]로 개선하는데 필요한 전력용 콘덴서의 용량은 약 몇 [kVA]가 되겠는가?

① 376
② 398
③ 421
④ 464

해설 콘덴서 용량 $Q_c = P \times \left(\dfrac{\sqrt{1-\cos^2\theta_1}}{\cos\theta_1} - \dfrac{\sqrt{1-\cos^2\theta_2}}{\cos\theta_2}\right) = 1000 \times \left(\dfrac{\sqrt{1-0.8^2}}{0.8} - \dfrac{\sqrt{1-0.95^2}}{0.95}\right) \fallingdotseq 421$[kVA]

답 ③

08 콘덴서 용량 - ③ ☐☐☐ check up!

3상 배전 선로의 말단에 지상역률 80[%], 160[kW]인 평형 3상 부하가 있다. 부하점에 전력용 콘덴서를 접속하여 선로손실을 최소가 되게 하려면 전력용 콘덴서의 필요한 용량[kVA]은? (단, 여기서 부하단 전압은 변하지 않는 것으로 한다.)

① 100[kVA]
② 120[kVA]
③ 160[kVA]
④ 200[kVA]

해설 선로손실이 최소가 되기 위해서는 역률이 1이 되어야 하며, 이때 필요한 콘덴서 용량은 다음과 같다.

$Q_c = P \times \left(\dfrac{\sin\theta_1}{\cos\theta_1} - \dfrac{0}{1}\right) = P\tan\theta_1 = 160 \times \dfrac{0.6}{0.8} = 120$[kVA]

답 ②

09 역률개선시 효과 - ④

역률 80[%], 10000[kVA]의 부하를 갖는 변전소에 2000[kVA]의 콘덴서를 설치하여 역률을 개선하면 변압기에 걸리는 부하는 몇 [kVA] 정도 되는가?

① 8000[kVA]
② 8500[kVA]
③ 9000[kVA]
④ 9500[kVA]

해설
- 역률 개선 전 무효 전력 $P_{r1} = 10000 \times 0.6 = 6000$[kVar]
- 콘덴서 설치 후 무효전력 $P_{r2} = 6000 - 2000 = 4000$[kVar]
∴ 콘덴서 설치 후 부하의 피상전력 $= \sqrt{8000^2 + 4000^2} \fallingdotseq 9000$[kVA]
콘덴서 설치시 부하의 지상 무효분이 감소하게 되어 부하의 피상분은 감소한다.

답 ③

[D-30 전기기사·산업기사 필기 30일 필기 단기완성]

제2과목
전력공학
DAY-09

30일 단기완성

Chapter 10
수변전설비 운영

1 출제경향분석

본장은 수용가의 수변전설비의 여러 기기 중에서 출제빈도가 높은 단로기, 차단기, 변성기, 릴레이 등을 중점적으로 학습합니다.

반드시 알아야 하는 핵심 포인트
① 개폐기의 종류별 특성 ② 차단기의 종류별 특성
③ 계기용변성기의 종류별 특성 ④ 보호계전기의 종류별 특성

2 학습 가이드라인

- 반드시 알아야 하는 핵심 포인트는 전기기사 및 산업기사 시험에서 가장 출제빈도가 높은 논점으로 각 파트별 핵심 포인트와 문제를 연계하여 학습해 주시기를 권장합니다.
- 체크리스트를 작성하시면서 문제의 유형과 학습의 완성도를 스스로 확인해 주세요.
- 출제 빈도가 높고 틀리기 쉬운 문제를 맞출 수 있도록 "콕콕 포인트"를 확인해 주세요.

우선순위 논점	KEY WORD	선생님의 콕콕 포인트
단로기[DS]	부하전류 및 사고전류 차단 불가	단로기와 차단기의 차이점을 이해하고, 단로기와 선로개폐기의 유사성을 암기할 것
전력퓨즈[PF]	단락전류 차단, 장점 및 단점	전력퓨즈와 COS 용도를 비교할 것
차단기[CB]	GCB, VCB, ABB, OCB, MBB, ACB, MCCB, ELCB	차단기의 소호방식에 따른 종류별 고유특징을 이해하고 키워드를 중점적으로 숙지할 것
변류기[CT]	변류비, 정격, 유지보수	PT와 CT의 점검시 유의사항을 비교하면서 숙지할 것
보호계전기	순한시, 정한시, 반한시 등	계전기의 한시특성의 종류별 특징을 그래프로 이해하고 키워드를 중점적으로 숙지할 것

10-1 수변전설비 운영 – 개폐기

1. **자동부하전환개폐기[ALTS]** : 계통의 정전사고시 자동으로 상시전원을 개방하고 예비전원으로 전환되어 부하에 비상전원을 공급
2. **자동고장구분 개폐기[ASS]** : 고장구간만을 신속·정확하게 차단하여 고장의 확대를 방지한다.
3. **단로기[DS]** : 단로기는 선로의 접속 또는 분리하는 것을 목적으로 무부하시에만 선로를 개폐할 수 있다. 단로기는 아크소호 능력이 없기 때문에 단로기는 부하전류의 개폐를 하지 않는다. 반면에 차단기[CB]는 아크소호능력이 있기 때문에 부하전류 및 사고전류를 차단할 수 있다.
4. 단로기와 차단기 조작순서

   전원 ——○ DS_1 ○—[CB]—○ DS_2 ○—— 부하

   - 차단순서 : CB OFF → DS_2 OFF → DS_1 OFF
   - 투입순서 : DS_2 ON → DS_1 ON → CB ON
5. **전력퓨즈[PF]** : 단락전류 차단이 주 목적이며, 재투입이 불가능하다.
6. **컷아웃 스위치[COS]** : 변압기 1차측에 설치, 과전류에 변압기를 보호한다.

---

01 자동고장구분 개폐기[ASS] □□□ check up!

가공배전선로에서 부하용량 4000[kVA] 이하의 분기점에 설치하여 후비보호 장치인 차단기 또는 리클로저와 협조하여 고장구간을 자동으로 구분 분리하는 개폐장치는?

① 고장구간 자동 개폐기 ② 자동 선로 구분 개폐기
③ 자동 부하 전환 개폐기 ④ 기중부하 개폐기

해설 자동고장구분 개폐기[ASS]는 고장구간만을 신속·정확하게 차단하여 고장의 확대를 방지한다. 한편, 차단기 또는 리클로저와 협조하여 고장구간을 자동으로 구분 분리하는 개폐장치이다.　답　①

---

02 자동부하전환개폐기[ALTS] □□□ check up!

22.9[kV] 가공 배전선로에서 주 공급 선로의 정전사고 시 예비 전원 선로로 자동 전환되는 개폐장치는?

① 고장구간 자동 개폐기 ② 자동선로 구분 개폐기
③ 자동부하 전환 개폐기 ④ 기중부하 개폐기

해설 자동부하전환개폐기[ALTS]는 계통의 정전사고시 자동으로 상시전원을 개방하고 예비전원으로 전환되어 부하에 비상전원 선로로 자동 전환되는 개폐장치이다.　답　③

03 섹셔널라이저

선로 고장발생시 타 보호기기와의 협조에 의해 고장 구간을 신속히 개방하는 자동 구간 개폐기로서 고장전류를 차단할 수 없어 차단 기능이 있는 후비 보호 장치와 직렬로 설치되어야 하는 배전용 개폐기는?

① 배전용 차단기
② 부하 개폐기
③ 컷아웃 스위치
④ 섹셔널라이저

해설 섹셔널라이져는 선로 고장발생시 타 보호기기와의 협조에 의해 고장 구간을 신속히 개방하는 자동 구간 개폐기로서 고장전류를 차단할 수 없어 차단 기능이 있는 후비 보호 장치와 직렬로 설치한다.

답 ④

04 보호협조 순서

공통 중성선 다중접지방식인 22.9[kV] 계통에 있어서 사고가 생기면 정전이 되지 않도록 선로 도중이나 분기선에 보호 장치를 설치하여 상호 보호협조로 사고 구간만을 제거할 수 있도록 각종 개폐기의 설치순서를 옳게 나열한 것은?

① 변전소 차단기 → 섹셔널라이저 → 리클로저 → 라인퓨즈
② 변전소 차단기 → 리클로저 → 라인퓨즈 → 섹셔널라이저
③ 변전소 차단기 → 섹셔널라이저 → 라인퓨즈 → 리클로저
④ 변전소 차단기 → 리클로저 → 섹셔널라이저 → 라인퓨즈

해설 보호협조 순서 : 리클로저[R] → 섹셔널라이저[S] → 라인퓨즈[F]

답 ④

05 단로기의 특징 - ①

다음 중 부하전류의 차단에 사용되지 않는 것은?

① NFB
② OCB
③ VCB
④ DS

해설 단로기(Disconnecting Switch)는 선로의 접속 또는 분리하는 것을 목적으로 아크소호능력이 없기때문에 무부하시에만 선로를 개폐할 수 있다. 즉, 단로기는 부하전류, 사고전류를 차단할 수 없다.

답 ④

06 단로기 특징 - ②

무부하시의 충전전류 차단만이 가능한 것은?

① 진공차단기
② 유입차단기
③ 단로기
④ 자기차단기

해설 단로기는 아크 소호 능력이 없기 때문에 두전압 상태에서만 개폐 가능하다. 그러나 긴급할 경우 충전전류, 여자전류는 개폐할 수 있다.

답 ③

07 단로기 특징 - ③

단로기에 대한 설명으로 적합하지 않은 것은?

① 소호장치가 있어 아크를 소멸시킨다.
② 무부하 및 여자전류의 개폐에 사용된다.
③ 배전용 단로기는 보통 디스컨넥팅바로 개폐한다.
④ 회로의 분리 또는 계통의 접속 변경시 사용한다.

해설 단로기는 아크소호능력이 없다.

답 ①

08 단로기 조작순서

그림과 같은 배전선로에서 부하의 급전시와 차단시에 조작방법 중 옳은 것은?

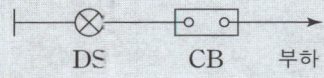

① 급전 시는 DS, CB 순이고, 차단 시는 CB, DS 순이다.
② 급전 시는 CB, DS 순이고, 차단 시는 DS, CB 순이다.
③ 급전 및 차단 시 모두 DS, CB 순이다.
④ 급전 및 차단 시 모두 CB, DS 순이다.

해설 급전하는 경우 단로기 투입 후 차단기를 투입하여야 하고, 선로를 차단하는 경우 반대로 한다.

답 ①

09 인터록[Interlock]

전력계통에서 인터록(interlock)의 설명으로 알맞은 것은?

① 부하 통전시 단로기를 열 수 있다.
② 차단기가 열려 있어야 단로기를 닫을 수 있다.
③ 차단기가 닫혀 있어야 단로기를 열 수 있다.
④ 차단기의 접점과 단로기의 접점이 기계적으로 연결되어 있다.

해설 인터록이란 차단기와 단로기의 동시투입을 방지하기 위한 것으로 차단기가 열려 있어야 단로기를 닫을 수 있다.

답 ②

10 전력퓨즈 역할 – 단락전류 차단

전력 퓨즈(Power fuse)는 고압, 특고압기기의 주로 어떤 전류의 차단을 목적으로 설치하는가?

① 충전 전류
② 부하 전류
③ 단락 전류
④ 영상 전류

해설 전력퓨즈[PF]는 단락사고시 단락전류를 차단한다.

답 ③

11 전력퓨즈 장점

전력용 퓨즈의 장점으로 틀린 것은?

① 소형으로 큰 차단용량을 갖는다.
② 밀폐형 퓨즈는 차단시에 소음이 없다.
③ 가격이 싸고 유지보수가 간단하다.
④ 과도전류에 의해 쉽게 용단되지 않는다.

해설 전력퓨즈는 기동전류와 같은 과도전류에 용단되기 쉽기 때문에 정격 선정시 유의하여야 한다.

답 ④

10-2 수변전설비 운영 – 차단기[CB]

1. 가스차단기[GCB] : 육불화유황(SF_6)과 같은 특수한 기체인 불활성 가스를 소호매질로 사용한다. 육불화유황가스는 무색·무취·무해하다.
2. 진공차단기(VCB) : 전로의 차단을 높은 진공 속에서 행하는 차단기
3. 공기차단기(ABB) : 공기차단기는 전로의 차단이 압축공기를 매질로 하는 차단기를 말한다. 이때, 압축공기를 소호매체로 한다.
4. 유입차단기(OCB) : 절연유를 절연 및 소흐매질로 사용하는 차단기
5. 자기차단기(MBB) : 아크와 직각방향으로 자계를 주어서 발생한 아크를 소호장치 내로 끌어들여 차단 → 전자력을 이용
6. 기중차단기(ACB) : 기중차단기는 전로의 차단이 자연공기를 매질로 하는 차단기를 말한다. 기중차단기는 주로 저압반에서 사용하며, 부하를 보호한다.

01 차단기[CB] 역할 □□□ check up!

고장전류와 같은 대전류를 차단할 수 있는 것은?
① 단로기
② 선로개폐기
③ 유입개폐기
④ 차단기

해설 차단기는 아크소호능력이 있기 때문에 부하전류 및 사고전류를 차단할 수 있다. 답 ④

02 가스차단기[GCB] □□□ check up!

SF_6가스차단기에 대한 설명으로 옳지 않은 것은?
① 공기에 비하여 소호능력이 약 100배 정도이다.
② 절연거리를 적게 할 수 있어 차단기 전체를 소형, 경량화 할 수 있다.
③ SF_6 가스를 이용한 것으로서 독성이 있으므로 취급에 유의하여야 한다.
④ SF_6 가스 자체는 불활성기체이다.

해설 육불화유황(SF_6)가스를 소호매질로 사용하는 가스차단기는 무색·무취·무해하며, 불연성으로 화재의 위험이 낮다. 답 ③

03 육불화유황가스 - SF₆

현재 널리 쓰이고 있는 GCB(Gas Circuit Breaker)용 가스는?

① SF₆가스　　　　　　　　② 아르곤 가스
③ 네온 가스　　　　　　　　④ N₂ 가스

해설 154[kV] 등의 변전소에서 사용하는 가스차단기는 육불화유황(SF₆)가스를 사용한다. 육불화유황(SF₆) 가스는 무색·무취·무해하며, 불연성으로 화재의 위험이 낮다. **답 ①**

04 자기차단기[MBB] - 전자력

차단기와 차단기의 소호 매질이 틀리게 결합된 것은 어느 것인가?

① 공기 차단기 - 압축 공기　　② 가스 차단기 - SF₆ 가스
③ 자기 차단기 - 진공　　　　　④ 유입 차단기 - 절연유

해설 자기 차단기[MBB]는 전자력을 이용하여 아크를 소호시킨다. **답 ③**

05 공기차단기[ABB] - 압축공기

압축된 공기를 아크에 불어넣어서 차단하는 차단기는?

① ABB　　　　　　　　② MBB
③ VCB　　　　　　　　④ ACB

해설 압축된 공기를 아크에 불어넣어서 차단하는 차단기는 공기차단기[ABB]이며, ACB[기중 차단기]는 자연상태의 공기를 이용한다. **답 ①**

06 CB - 정격차단시간

차단기의 정격 차단 시간은?

① 가동 접촉자의 동작 시간부터 소호까지의 시간
② 고장 발생부터 소호까지의 시간
③ 가동 접촉자의 개극부터 소호까지의 시간
④ 트립 코일 여자부터 소호까지의 시간

해설 차단기의 정격 차단 시간이란 트립 코일이 여자되는 순간부터 아크가 소호되기 까지 걸리는 시간을 말한다. 차단기의 정격 차단시간은 2, 3, 5, 8[Cycle/sec]이 있다. **답 ④**

07 CB - 표준동작책무

다음 중 고속도 재투입용 차단기의 표준 동작책무 표기로 가장 옳은 것은? (단, t는 임의의 시간 간격으로 재투입 하는 시간을 말하며, O는 차단 동작, C는 투입 동작, CO는 투입 동작에 계속하여 차단 동작을 하는 것을 말함.)

① O − 1분 − CO
② CO − 15초 − CO
③ CO − 1분 − CO − t초 − CO
④ O − t초 − CO − 1분 − CO

해설 고속도 재투입용 차단기의 표준 동작책무 : O − t초 − CO − 1분 − CO   **답** ④

08 CB - 재점호 - 진상전류

다음 중 재점호가 가장 일어나기 쉬운 차단 전류는?

① 동상 전류
② 지상 전류
③ 진상 전류
④ 단자 전류

해설 재점호란 차단전류가 차단된 직후 차단기의 접촉자간에 전류가 다시 흐르는 것으로 재점호가 발생하는 차단 전류는 진상 전류이다.   **답** ③

10-3 수변전설비 운영 – 변성기·보호계전기

1. 계기용 변성기
   ① 변류기(CT) : 대 전류를 소 전류로 변환하여 계기 및 계전기에 전원공급하는 역할을 한다. 보수점검시 변류기 2차측을 단락시킨다.
   ② 계기용변압기(PT) : 고전압을 저전압으로 변성하여 계측기 및 계전기에 전원공급하는 역할을 한다. 보수점검시 계기용변압기 2차측을 개방시킨다.
   ③ 영상변류기(ZCT) : 비접지계통에서 1선지락사고시 영상전류 검출
   ④ 접지형 계기용변압기(GPT) : 비접지계통에서 1선지락사고시 영상전압 검출
   ⑤ 전력수급용 계기용변성기(MOF) : PT와 CT를 내장한 것으로 전력량계에 전원 공급
2. 보호계전기
   ① 지락계전기(GR) : 지락사고시 트립코일 여자
   ② 과전류 계전기(OCR) : 일정 값 이상의 전류가 흘렀을 때 동작
   ③ 과전압 계전기(OVR) : 일정 값 이상의 전압이 걸렸을 때 동작
   ④ 부족전압 계전기(UVR) : 전압이 일정 값 이하로 떨어졌을 경우 동작
   ⑤ 지락과전류 계전기(OCGR) : 지락 고장 보호용으로 지락전류가 흘렀을 때 동작
   ⑥ 선택지락 계전기(SGR) : 2회선 이상의 선로에서 사고 회선만을 선택차단

01 변류기[CT]

변류기 개방시 2차측을 단락하는 이유는?
① 2차측 절연 보호   ② 2차측 과전류 보호
③ 측정 오차 방지   ④ 1차측 과전류 방지

해설 변류기는 대전류를 소전류로 변성하는 기기이다. 통전중의 상태에서 변류기 2차측을 점검하는 경우에는 CT의 2차측을 반드시 단락시켜야한다. 개방되는 경우 2차 측에 고전압기 유기되어 절연이 파괴될 수 있다. 한편 PT의 2차측을 점검하는 경우 2차 측을 개방시킨다.

참고 계기용 변류기의 2차측 정격은 5[A]이다.

답 ①

02 계기용변압기[PT] ☐☐☐ check up!

자가용 수전설비의 13.2/22.9[kV−Y] 결선에서 계기용변압기의 2차측 정격전압은 몇 [V]인가?

① 100
② $100\sqrt{3}$
③ 110
④ $110\sqrt{3}$

해설 13.2/22.9[kV−Y] 결선에서의 계기용변압기 2차측 정격전압 : 110[V] **답** ③

03 영상변류기[ZCT] ☐☐☐ check up!

영상변류기와 관계가 가장 깊은 계전기는?

① 차동계전기
② 과전류계전기
③ 과전압계전기
④ 선택접지계전기

해설 영상변류기(ZCT)는 비접지계통에서 1선지락사고시 영상전류 검출하여 선택지락계전기 또는 지락계전기를 동작시킨다. **답** ④

04 과전류계전기[OCR] ☐☐☐ check up!

6.6[kV] 고압 배전선로(비접지 선로)에서 지락보호를 위하여 특별히 필요치 않은 것은?

① 과전류 계전기(OCR)
② 선택접지 계전기(SGR)
③ 영상변류기(ZCT)
④ 접지변압기(GPT)

해설 과전류계전기는 일정 값 이상의 전류가 흘렀을 때 동작하는 계전기로써 과부하 또는 단락 사고시에 동작한다. 한편, 과전류계전기가 동작하는 최소동작전류를 탭(Tap)이라 한다. **답** ①

05 선택지락계전기[SGR] ☐☐☐ check up!

선택접지(지락) 계전기의 용도를 옳게 설명한 것은?

① 단일회선에서 접지고장 회선의 선택 차단
② 단일회선에서 접지전류의 방향 선택 차단
③ 병행 2회선에서 접지고장 회선의 선택 차단
④ 병행 2회선에서 접지사고의 지속시간 선택 차단

해설 전압은 접지형계기용변압기[GPT]에서, 전류는 영상변류기[ZCT]에서 공급받아 동작하며, 선택접지계전기[SGR]는 2회선 선로에서 지락사고가 발생했을 때 고장 회선만을 선택하여 차단한다. **답** ③

06 보호계전기 한시특성 - ①

보호 계전기의 한시 특성 중 정한시에 관한 설명을 바르게 표현한 것은?

① 입력 크기에 관계없이 정해진 시간에 동작한다.
② 입력이 커질수록 정비례하여 동작한다.
③ 입력 150[%]에서 0.2초 이내에 동작한다.
④ 입력 200[%]에서 0.04초 이내에 동작한다.

해설 보호계전기의 한시특성
정한시 계전기는 동작전류의 크기와는 관계없이 항상 일정한 시간에 동작하는 계전기이다.   답 ①

07 보호계전기 한시특성 - ②

계전기의 반한시 특성이란?

① 동작전류가 클수록 동작시간이 길어진다.
② 동작전류가 흐르는 순간에 동작한다.
③ 동작전류에 관계없이 동작시간은 일정하다.
④ 동작전류가 크면 동작시간은 짧아진다.

해설 계전기의 반한시 특성이란 동작전류가 크면 동작시간은 짧아지는 것을 말한다.   답 ④

08 보호계전기 한시특성 - ③

과전류계전기는 그 용도에 따라 적절한 동작 시한(time limit)이 있는 것을 선정하여야 하는바 그림에서 반한시형으로 가장 알맞은 것은?

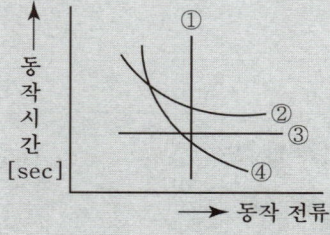

① ①   ② ②
③ ③   ④ ④

해설 그림에서 반한시형을 나타내는 것은 ④번 곡선이다.   답 ④

09 송전선로 단락보호 – 방사선로

전원이 양단에 있는 방사상 송전선로의 단락보호에 사용되는 계전기의 조합방식은?

① 방향거리 계전기와 과전압 계전기의 조합
② 방향단락 계전기와 과전류 계전기의 조합
③ 선택접지 계전기와 과전류 계전기의 조합
④ 부족전류 계전기와 과전압 계전기의 조합

해설 송전선로의 단락보호
① 방사 선로
  - 전원이 1단에만 있는 경우 : OCR
  - 전원이 양단에 있는 경우 : OCR + 방향단락 계전기
② 환상 선로
  - 전원이 1단에만 있을 경우 : 방향 단락 계전기
  - 전원이 두 군데 이상 있는 경우 : 방향 거리 계전기

답 ②

10 송전선로 단락보호 – 환상선로

전원이 양단에 있는 환상선로의 단락보호에 사용되는 계전기는?

① 방향거리계전기
② 부족전압계전기
③ 선택접지계전기
④ 부족전류계전기

해설 전원이 2군데 이상의 환상 선로의 단락보호에 사용되는 계전기는 방향거리계전기이고, 전원이 2군데 이상의 방사 선로의 단락보호는 방향 단락 계전기이다.

답 ①

11 기억 작용

거리 계전기의 "기억 작용"이란?

① 고장 후에도 건전 전압을 잠시 유지하는 작용
② 고장 위치를 기억하는 작용
③ 거리와 시간을 판별하는 작용
④ 전압, 전류의 고장전 값을 기억하는 작용

해설 거리계전기의 기억작용이란 고장 후에 고장 전 전압을 잠시 유지하는 작용을 말한다.

답 ①

12 비율차동계전기 - ①

발전기나 변압기의 내부고장 검출에 가장 많이 사용되는 계전기는?

① 역상 계전기   ② 비율 차동 계전기
③ 과전압 계전기   ④ 과전류 계전기

해설 비율차동계전기는 발전기나 변압기의 내부고장 검출 및 모선 보호용으로 사용되는 계전기이다.

답 ②

13 비율차동계전기 - ②

발전기 보호용 비율 차동 계전기의 특성이 아닌 것은?

① 외부 단락시 오동작을 방지하고 내부 고장시만 예민하게 동작한다.
② 계전기의 최고 동작 전류를 일정치로 고정시켜 비율에 의해 동작한다.
③ 발전기 전류와 계전기의 차전류의 비율에 의해 동작한다.
④ 외부 단락으로 전기자 전류 급증시 계전기의 최소 동작 전류도 증대된다.

해설 비율 차동 계전기는 발전기 전류와 계전기의 차전류가 아니고 보호기기의 1차 전류(유입전류)와 2차 전류(유출전류)의 차가 일정 비율 이상으로 되었을 때 동작하는 계전기이다.

답 ③

14 탈조보호계전기

송전계통에서 발생한 고장 때문에 일부 계통의 위상각이 커져서 동기를 벗어나려고 할 경우 이것을 검출하고 계통을 분리하기 위해서 차단하지 않으면 안 될 경우에 사용되는 계전기는?

① 한시계전기   ② 선택단락계전기
③ 탈조보호계전기   ④ 방향거리계전기

해설 탈조보호계전기란 송전시스템에 발생한 고장 때문에 일부 시스템의 위상각이 커져서 동기(synchronous)를 벗어나려고 할 경우 이것을 검출하여 해당 시스템을 분리하고자 할 때 사용되는 계전기이다.

답 ③

[**D-30** 전기기사·산업기사 필기
30일 필기 단기완성]

제2과목
전력공학
DAY - 10

30일 단기완성

Chapter 11
수력발전

1 출제경향분석

본장에서는 수력발전의 기초역학, 원리, 특성을 유기적으로 학습하여야 하고, 수력발전소에 필수적인 설비의 종류별 특징을 중점적으로 학습합니다.

반드시 알아야 하는 핵심 포인트
① 연속의 원리 ② 수력발전의 출력
③ 특유속도와 캐비테이션현상 ④ 낙차변화에 의한 특성변화

2 학습 가이드라인

- 반드시 알아야 하는 핵심 포인트는 전기기사 및 산업기사 시험에서 가장 출제빈도가 높은 논점으로 각 파트별 핵심 포인트와 문제를 연계하여 학습해 주시기를 권장합니다.
- 체크리스트를 작성하시면서 문제의 유형과 학습의 완성도를 스스로 확인해 주세요.
- 출제 빈도가 높고 틀리기 쉬운 문제를 맞출 수 있도록 "콕콕 포인트"를 확인해 주세요.

우선순위 논점	KEY WORD	선생님의 콕콕 포인트
연속의 정리	유량, 유속, 지름, 단면적	연속의 원리를 이해하고 유속은 수압관지름의 제곱에 비례함
수력발전 출력	유효낙차, 유량[m^3/s], 단위	유량의 단위는 [m^3/s]이므로, 수력발전의 출력 계산시 저수량 1000[m^3]을 3600으로 나눌 것
연평균 유량	유역면적, 강우량, 유출계수	면적과 연강우량의 단위를 기본단위로 통일시켜 유량의 단위인 [m^3/s]로 만들 것
조압수조	서지탱크, 수격압, 수압관	조압수조의 역할과 흡출관의 역할을 혼동하지 말 것
낙차변화	낙차, 유량, 출력	낙차가 변할 경우 회전수, 유량, 출력이 변하며, 유량과 회전수는 1/2승에 비례하고, 출력은 3/2승에 비례함을 유의할 것

03　조속기 – 난조·탈조　　　　□□□ check up!

수차의 조속기가 너무 예민하면 어떤 현상이 발생되는가?
① 탈조를 일으키게 된다.
② 수압 상승률이 크게 된다.
③ 속도 변동률이 작게 된다.
④ 전압 변동이 작게 된다

해설 회전속도의 변화에 따라서 자동적으로 유량을 가감하는 장치로 조속기의 감도가 예민하면 난조 또는 탈조를 일으킬 수 있다.

답 ①

04　제수문 – 유량조절　　　　□□□ check up!

취수구에 제수문을 설치하는 주된 목적은?
① 낙차를 높이기 위하여
② 홍수위를 낮추기 위하여
③ 모래를 배제하기 위하여
④ 유량을 조정하기 위하여

해설
• 제수문 : 취수량 조절
• 배수문 : 침전된 토사물 제거

답 ④

05　흡출관 – ①　　　　□□□ check up!

수력발전설비에서 흡출관을 사용하는 목적은?
① 압력을 줄이기 위하여
② 물의 유선을 일정하게 하기 위하여
③ 속도 변동률을 적게 하기 위하여
④ 낙차를 늘리기 위하여

해설 흡출관은 반동수차 방식에서 낙차를 늘리기 위하여 사용하는 설비이다.

답 ④

06　흡출관 – ②　　　　□□□ check up!

흡출관이 필요 없는 수차는?
① 프로펠러수차
② 카플란수차
③ 프란시스수차
④ 펠턴수차

해설 흡출관은 충동수차[펠턴수차]에서는 사용되지 않는다. 반동형 수차에서 사용하는 설비이다.

답 ④

11-1 수력발전 – 수력학 개요

1. 연속의 정리 : $A_1 v_1 = A_2 v_2 \,[\text{m}^3/\text{s}]$
2. 물의 분출속도 : $v = \sqrt{2gH} \,[\text{m/s}]$
3. 양수식발전소 : 잉여전력을 이용해서 전동기로 펌프를 돌려 물을 상부의 저수지에 저장하였다가 첨두부하시 수압관을 통하여 이 물을 이용해서 발전하는 방식이다.
4. 조력발전소 : 바닷물의 간만의 차에 의한 위치에너지를 전력으로 변환하는 발전소이다.
5. 수력발전의 출력 : $P = 9.8 Q H \eta_t \,[\text{kW}]$ 여기서, Q : 유량[m^3/s], H : 유효낙차[m], η : 효율
6. 특유속도 : $N_s = N \times \dfrac{P^{\frac{1}{2}}}{H^{\frac{5}{4}}} \,[\text{m} \cdot \text{kW}]$
7. 낙차 변화에 따른 특성 변화

   - $\dfrac{N_2}{N_1} = \left(\dfrac{H_2}{H_1}\right)^{\frac{1}{2}}$
   - $\dfrac{Q_2}{Q_1} = \left(\dfrac{H_2}{H_1}\right)^{\frac{1}{2}}$
   - $\dfrac{P_2}{P_1} = \left(\dfrac{H_2}{H_1}\right)^{\frac{3}{2}}$

01 연속의 정리   □□□ check up!

수압 철관의 안지름이 4[m]인 곳에서의 유속이 4[m/s]이었다. 안지름이 3.5[m]인 곳에서의 유속은 약 몇 [m/s]인가?

① 4.2[m/s]
② 5.2[m/s]
③ 6.2[m/s]
④ 7.2[m/s]

해설 유량 $Q = A_1 v_1 = A_2 v_2$ 여기서, $\therefore v_2 = \dfrac{A_1}{A_2} \times v_1 = \left(\dfrac{d_1}{d_2}\right)^2 \times v_1 = \left(\dfrac{4}{3.5}\right)^2 \times 4 = 5.2 [\text{m/s}]$ **답** ②

02 물의 분출속도 – ①   □□□ check up!

유효낙차 H[m]인 펠턴수차의 노즐로부터 분출하는 물의 속도[m/sec]는? (단, g는 중력가속도라 한다.)

① $\sqrt{gH}$
② $\sqrt{2gH}$
③ $\dfrac{H}{2g}$
④ $\sqrt{\dfrac{H}{2g}}$

해설 물의 분출속도 $v = \sqrt{2gH} \,[\text{m/s}]$ **답** ②

03 물의 분출속도 - ② □□□ check up!

유효낙차 400[m]의 수력발전소에서 펠턴수차의 노즐에서 분출하는 물의 속도를 이론값의 0.95배로 한다면 물의 분출속도는 약 몇 [m/s]인가?

① 4.23
② 59.5
③ 62.6
④ 84.1

해설 물의 분출속도 높이 $H[m]$에서 $v=\sqrt{2gH}=\sqrt{2\times 9.8\times 400}=88.54$이며, 이론값의 0.95배 이므로 $88.54\times 0.95=84.1[m/s]$이다.

답 ④

04 양수식 발전소 - ① □□□ check up!

전력 계통의 경부하시 또는 다른 발전소의 발전 전력에 여유가 있을 때, 이 잉여 전력을 이용해서 전동기로 펌프를 돌려 물을 상부의 저수지에 저장하였다가 필요에 따라 이 물을 이용해서 발전하는 발전소는?

① 조력 발전소
② 양수식 발전소
③ 수로식 발전소
④ 유역 변경식 발전소

해설 양수식 발전소는 전력 계통의 경부하시 또는 다른 발전소(대용량 화력 발전소, 원자력 발전소)의 발전 전력에 여유가 있을 때, 이 잉여 전력을 이용해서 전동기로 펌프를 돌려 물을 상부의 저수지에 저장하였다가 필요에 따라 이 물을 이용해서 발전하는 방식이다.

답 ②

05 양수식 발전소 - ② □□□ check up!

첨두부하용으로 사용에 적합한 발전 방식은?

① 조력발전소
② 양수식 발전소
③ 유역 변경식 발전소
④ 수로식 발전소

해설 양수식 발전소는 첨두부하용으로 사용되는 발전 방식이다.

답 ②

06 갈수량 - 355일 □□□ check up!

유량의 크기를 구분할 때 갈수량이란?

① 하천의 수위 중에서 1년을 통하여 355일간 이보다 내려가지 않는 수위 때의 물의 양
② 하천의 수위 중에서 1년을 통하여 275일간 이보다 내려가지 않는 수위 때의 물의 양
③ 하천의 수위 중에서 1년을 통하여 185일간 이보다 내려가지 않는 수위 때의 물의 양
④ 하천의 수위 중에서 1년을 통하여 95일간 이보다 내려가지 않는 수위 때의 물의 양

해설 갈수량 : 하천의 수위 중에서 1년을 통하여 355일간 이보다 내려가지 않는 수위 때의 물의 양

답 ①

07 적산유량곡선 – 댐 설계

수력발전소의 댐을 설계하거나 저수지의 용량 등을 결정하는데 가장 적당한 것은?

① 유량도
② 적산유량곡선
③ 유황곡선
④ 수위유량곡선

해설 수력발전소의 댐을 설계하거나 저수지의 용량을 결정하는 곡선은 적산유량곡선이다.

답 ②

08 유황곡선

다음 그림 중 유황곡선모양을 표시하는 것은? (단, 유량은 [m³/s], 수량은 [cm³]이다.)

①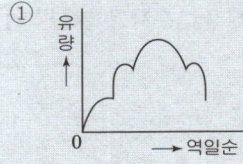
②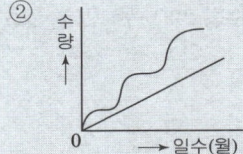
③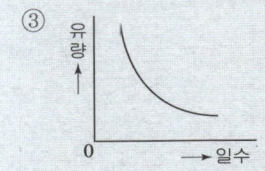
④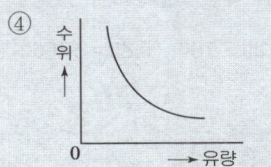

해설 유황곡선이란 유량도를 사용하여 가로축에 1년에 일수를, 세로축에 유량을 취하여 매일의 유량 중 큰 것부터 순서적으로 그린 곡선이다.

답 ③

09 연평균 유량

유역면적이 4000[km²]인 어떤 발전 지점이 있다. 유역내의 연강우량이 1400[mm]이고 유출 계수가 75[%]라고 하면, 그 지점을 통과하는 연평균 유량은 약 몇 [m³/s]인가?

① 121
② 133
③ 251
④ 150

해설 $Q = \dfrac{\text{유역면적}[\text{km}^2] \times 10^6 \times \text{강수량}[\text{mm}] \times 10^{-3}}{365 \times 24 \times 3600} \times \text{유출계수}[\text{m}^3/\text{s}]$

$Q = \dfrac{4000 \times 10^6 \times 1400 \times 10^{-3}}{365 \times 24 \times 3600} \times 0.75 = 133.18[\text{m}^3/\text{s}]$

답 ②

10 상시첨두출력 – 355일 □□□ check up!

1년 중 355일 이상 매일 일정 시간만 발생할 수 있는 출력은?

① 보급출력
② 예비출력
③ 상시첨두출력
④ 특수출력

해설 상시첨두출력이란 1년 중 355일 이상 매일 일정 시간만 발생할 수 있는 출력을 말한다.

답 ③

11 수력발전 – 발전출력 □□□ check up!

유효낙차 100[m], 최대사용수량 20[m³/s]인 발전소의 최대출력은 약 몇 [kW]인가? (단, 수차 및 발전기의 합성효율은 85[%]라 한다.)

① 14160
② 16660
③ 24990
④ 33320

해설 $P = 9.8QH\eta = 9.8 \times 20 \times 100 \times 0.85 = 16660[\text{kW}]$

답 ②

12 수력발전 – 유량 □□□ check up!

유효 낙차 50[m], 이론 출력 4900[kW]인 수력 발전소가 있다. 이 발전소의 최대 사용 수량은 몇 [m³/sec]인가?

① 10
② 25
③ 50
④ 75

해설 $P = 9.8QH[\text{kW}]$, $Q = \dfrac{P}{9.8H} = \dfrac{4900}{9.8 \times 50} = 10[\text{m}^3/\text{sec}]$

답 ①

13 발생전력량　□□□ check up!

조정지 용량 100000[m³], 유효 낙차 100[m]인 수력 발전소가 있다. 조정지의 전 용량을 사용하여 발생될 수 있는 전력량은 약 몇 [kWh]인가?(단, 수차 및 발전기의 종합 효율을 75[%]로 하고, 유효 낙차는 거의 일정하다고 본다.)

① 20000
② 25000
③ 30000
④ 50000

해설　$W = 9.8 \times \dfrac{V}{3600} \times H \times \eta = 9.8 \times \dfrac{100000}{3600} \times 100 \times 0.75 = 20416.67 [\text{kWh}]$　답　①

14 특유속도 - ①　□□□ check up!

어느 수차의 정격 회전수가 450[rpm]이고 유효낙차가 220[m]일 때 출력은 6000[kW]이었다. 이 수차의 특유속도는 약 몇 [m·kW]인가?

① 35[m·kW]
② 38[m·kW]
③ 41[m·kW]
④ 47[m·kW]

해설　특유속도 $N_s = N \times \dfrac{\sqrt{P}}{H^{\frac{5}{4}}}[\text{m·kW}]$, $N_s = 450 \times \dfrac{\sqrt{6000}}{220^{\frac{5}{4}}} = 41.14 [\text{m·kW}]$　답　③

15 특유속도 - ②　□□□ check up!

특유속도가 큰 수차일수록 발생되는 현상으로 옳은 것은?

① 회전자의 주변속도가 대단히 작아진다.
② 회전수가 커진다.
③ 저 낙차에서는 사용할 수 없다.
④ 경부하에서 효율의 저하가 심하다.

해설　특유속도가 크면 경부하시 효율의 저하가 더욱 심해지고 운전에 안정도가 떨어진다.　답　④

16 특유속도 - ③　□□□ check up!

수력 발전소에서 특유 속도가 가장 낮은 수차는?

① 펠톤 수차
② 프로펠러 수차
③ 프란시스 수차
④ 모든 수차의 특유 속도는 동일하다.

해설　펠톤 수차는 고낙차 영역에서 사용되는 수차로 특유 속도가 가장 작다.　답　①

17 낙차변화 – 유량

유효낙차 100[m], 최대유량 20[m³/s]의 수차에서 낙차가 81[m]로 감소하면 유량은 몇 [m³/s]가 되겠는가? (단, 수차안내날개의 열림은 불변이라고 한다.)

① 15
② 18
③ 24
④ 30

해설 $Q = 20 \times \left(\dfrac{81}{100}\right)^{\frac{1}{2}} = 18 [\text{m}^3/\text{s}]$

답 ②

18 낙차변화 – 출력

어떤 수력발전소의 안내날개의 열림 등 기타조건은 불변으로 하여 유효 낙차가 30[%] 저하되면 수차의 효율이 10[%] 저하된다면 이런 경우에는 출력은 원래의 출력의 약 몇 [%]가 되는가?

① 53
② 58
③ 63
④ 68

해설 발전소 출력 P, 낙차 H, 효율을 η라 하면 $P \propto H^{\frac{3}{2}} \times \eta$ ∴ $P = (0.7^{\frac{3}{2}} \times 0.9) \times 100 ≒ 52.7[\%]$

답 ①

11-2 수력발전 - 설비

1. 조압수조 : 수격압을 완화시켜 수압관을 보호
2. 조속기 : 수차의 회전 속도를 조절하고, 조속기가 예민한 경우 난조, 탈조를 일으킬 수 있다.
3. 제수문 : 취수 수량을 조절하기 위한 장치
4. 흡출관 : 반동수차의 러너출구에서 방수로까지 이르는 관으로 유효낙차를 증가
5. 캐비테이션 현상

문제점	방지대책
• 수차의 효율 및 낙차 저하 • 러너와 버킷 등에 침식 발생 • 수차에 진동 및 소음 발생 • 흡출관 입구에서 수압의 변동	• 흡출관높이를 적당히 할 것 • 비속도를 크게 하지 말 것 • 침식에 강한 재료로 제작 • 러너표면을 매끄럽게 가공

01 조압수조 - ① □□□ check up!

수력발전소에서 조압수조를 설치하는 목적은?

① 부유물의 제거
② 수격작용의 완화
③ 유량의 조절
④ 토사의 제거

해설 조압수조는 수격작용을 완화시켜 수압관을 보호한다. 답 ②

02 조압수조 - ② □□□ check up!

수력발전소에서 이용되는 서지탱크의 설치목적이 아닌 것은?

① 흡출관을 보호하기 위함이다.
② 부하의 변동시 생기는 수격압을 증감시킨다.
③ 유량을 조절한다.
④ 수격압이 압력수로에 미치는 것을 방지한다.

해설 서지탱크[조압수조]는 수압관의 보호를 위한 설비이다. 답 ①

07 튜블러수차 □□□ check up!

수력발전소에서 사용되는 수차 중 15[m] 이하의 저낙차에 적합하여 조력발전용으로 알맞은 수차는?

① 카플란 수차 ② 펠톤수차
③ 프란시스 수차 ④ 튜블러수차

해설 15[m] 이하의 저낙차에 적합하여 조력발전용으로 튜블러 또는 원통형 수차가 사용된다. **답** ④

08 프란시스수차 □□□ check up!

유효낙차 150[m] 정도의 양수발전소의 펌프수차로 쓰이는 수차의 형식은?

① 펠턴수차 ② 프란시스수차
③ 프로펠러수차 ④ 카플란수차

해설
- 펠턴수차 : 고낙차용 (350[m] 이상)
- 프란시스 수차 : 중낙차차용 (30~400[m])
- 프로펠러, 카플란수차 : 저낙차용(45[m] 이하)

답 ②

09 캐비테이션 □□□ check up!

다음 중 수차의 캐비테이션의 방지책으로 옳지 않은 것은?

① 과부하 운전을 가능한 한 피한다. ② 흡출수두를 증대시킨다.
③ 수차의 비속도를 너무 크게 잡지 않는다. ④ 침식에 강한 금속재료로 러너를 제작한다.

해설 흡출수두를 증대시키면 수차의 캐비테이션 현상은 더 심해진다. **답** ②

제2과목
전력공학
DAY - 10

30일 단기완성

Chapter 12
화력발전

1 출제경향분석

본장은 화력발전의 기초역학, 원리, 특성을 유기적으로 연결하여 학습하고, 화력발전소에 필수적인 설비의 종류별 특징을 중점적으로 학습합니다.

> **반드시 알아야 하는 핵심 포인트**
> ① 열역학   ② 카르노 사이클
> ③ 열 사이클의 종류별 특징   ④ 화력발전소의 열효율

2 학습 가이드라인

- 반드시 알아야 하는 핵심 포인트는 전기기사 및 산업기사 시험에서 가장 출제빈도가 높은 논점으로 각 파트별 핵심 포인트와 문제를 연계하여 학습해 주시기를 권장합니다.
- 체크리스트를 작성하시면서 문제의 유형과 학습의 완성도를 스스로 확인해 주세요.
- 출제 빈도가 높고 틀리기 쉬운 문제를 맞출 수 있도록 "콕콕 포인트"를 확인해 주세요.

우선순위 논점	KEY WORD	선생님의 콕콕 포인트
랭킨사이클①	2개의 등압변화, 2개의 단열변화	2개의 등압변화: 보일러, 복수기 2개의 단열변화: 터빈, 급수펌프
랭킨사이클②	보일러, 터빈, 복수기, 급수펌프	랭킨사이클의 순서를 암기하고, 절탄기가 있을 경우의 장치선도를 함께 학습할 것
재생사이클	일부 추기, 급수가열	재생사이클과 재열사이클의 차이점을 비교 및 숙지하고 장치선도의 종류를 구별할 것
화력발전 효율	발열량, 연료, 전력량, 860	화력발전소의 열효율공식 활용시 분자와 분모, 지문에서 요구하는 요소의 단위를 주의하여 계산할 것
열효율 향상	절탄기, 공기예열기, 재생·재열사이클, 과열기, 고온고압의 증기	화력발전소의 설비의 종류별 특징을 중점적으로 학습하면서, 열효율 향상과 연계할 것

12 화력발전

1. 화력발전 열효율 : $\eta = \dfrac{860W}{mH} \times 100$, W : 전력량[kWh], m : 연료[kg], H : 발열량[kcal/kg]

2. 열 사이클의 종류 및 특징
   ① 카르노 사이클 : 두 개의 등온변화 + 두 개의 단열변화, 가장 이상적인 사이클
   ② 랭킨 사이클 : 가장 기본적인 사이클
   ③ 재열 사이클 : 고압터빈에서 나온 증기를 모두 추기하여 보일러의 재열기로 보내어 다시 열을 가해 저압터빈으로 보내는 방식
   ④ 재생 사이클 : 증기를 일부 추기하여 급수가열기에 보내어 급수가열에 이용하는 방식
   ⑤ 재생재열 사이클 : 재생과 재열 사이클의 특징을 혼합한 방식

3. 보일러의 부속장치
   ① 복수기 : 터빈에서 나온 증기를 물로 회수시키는 장치로서, 순환펌프 필요
   ② 절탄기 : 배기가스의 여열을 이용해서 보일러에 공급되는 급수를 예열
   ③ 탈기기 : 급수 중의 용존산소 및 이산화탄소의 분리
   ④ 집진장치 : 전기식 집진장치가 효율이 가장 좋음

---

01 화력발전의 열효율 - ① ☐☐☐ check up!

발열량 10000[kcal/kg]의 벙커C유를 1시간에 75[ton] 사용하여 300[MW]를 발전하는 화력발전소의 열효율은?

① 31.6[%]　　　　　　　　　　② 34.4[%]
③ 36.2[%]　　　　　　　　　　④ 38.0[%]

해설 열효율 $\eta = \dfrac{860W}{mH} = \dfrac{860 \times 300 \times 10^3}{75 \times 10^3 \times 10000} \times 100 = 34.4[\%]$　　　**답** ②

---

02 화력발전의 열효율 - ② ☐☐☐ check up!

출력 20000[kW]의 화력발전소가 부하율 80[%]로 운전할 때 1일의 석탄소비량은 약 몇 [ton]인가? (단, 보일러 효율 80[%], 터빈의 열 사이클 효율 35[%], 터빈효율 85[%], 발전기 효율 76[%], 석탄의 발열량은 5500[kcal/kg]이다.)

① 272　　　　　　　　　　② 293
③ 312　　　　　　　　　　④ 333

해설 　열효율 $\eta = \dfrac{860W}{mH}$ → $m = \dfrac{860W}{\eta_{total}H} = \dfrac{860 \times 20000 \times 0.8 \times 24}{5500 \times 0.85 \times 0.8 \times 0.35 \times 0.76} \times 10^{-3} = 333[\text{ton}]$ 답 ④

03 랭킨 사이클

화력발전소의 기본 랭킨 사이클(Rankine cycle)을 바르게 나타낸 것은?

① 보일러 → 급수펌프 → 터빈 → 복수기 → 과열기 → 다시 급수펌프로
② 보일러 → 터빈 → 급수펌프 → 과열기 → 복수기 → 다시 급수펌프로
③ 급수펌프 → 보일러 → 과열기 → 터빈 → 복수기 → 다시 급수펌프로
④ 급수펌프 → 보일러 → 터빈 → 과열기 → 복수기 → 다시 급수펌프로

해설　랭킨 사이클은 가장 기본적인 사이클로, 급수펌프 → 보일러 → 과열기 → 터빈 → 복수기 → 다시 급수펌프의 사이클을 나타낸다.   답 ③

04 재생사이클 - ①

그림과 같은 열사이클은?

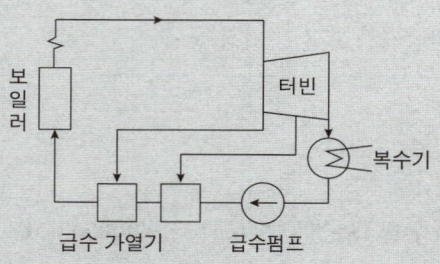

① 재열 사이클　　　　　　　② 재생 사이클
③ 재생재열 사이클　　　　　④ 카르노 사이클

해설　재생 사이클 : 증기를 일부 추기하여 급수가열기에 보내어 급수가열에 이용하는 방식   답 ②

05 재생사이클 - ②

증기터빈 내에서 팽창 도중에 있는 증기를 추기하여 그것이 갖는 열을 급수가열에 이용하는 열 사이클은?

① 랭킨 사이클　　　　　　　② 카르노 사이클
③ 재생 사이클　　　　　　　④ 재열 사이클

해설　재생사이클은 증기 터빈 내에서 팽창 도중에 있는 증기를 추기하여 급수가열에 사용하는 사이클은 재생 사이클이다.   답 ③

06 재열기 - 증기가열

화력발전소에서 재열기의 목적은?

① 공기를 가열한다.
② 급수를 가열한다.
③ 증기를 가열한다.
④ 석탄을 건조한다.

해설 재열기는 고압터빈에서 팽창하여 포화 온도에 가깝게 된 증기를 빼내어 증기를 재열하는 장치이다.

답 ③

07 재생재열 사이클

그림과 같은 열사이클은?

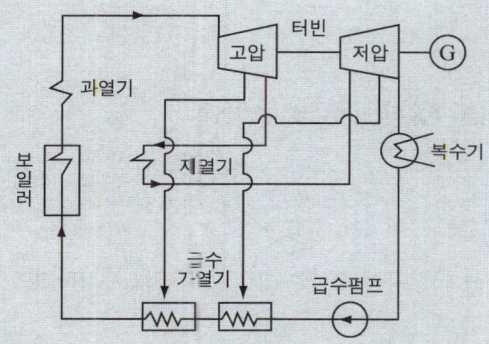

① 재열 사이클
② 재생 사이클
③ 재생재열 사이클
④ 기본 열사이클

해설 재생·재열 사이클은 재생 사이클과 재열 사이클을 혼합하여 만든 것으로 효율이 높다.

답 ③

08 재열 사이클

증기 사이클에 대한 설명 중 옳지 않은 것은?

① 랭킨 사이클의 열효율은 초온, 초압이 높을수록 효율이 크다.
② 재열 사이클은 재생 사이클에 비하여 열역학적으로 우수하다.
③ 재생 사이클은 터빈의 도중에서 증기를 추출하여 급수를 예열한다.
④ 팽창 과정의 수증기량을 줄이고 저압부에서 증기만 용점을 감소시키도록 하는 사이클을 재열 재생 사이클이라 한다.

해설 재생 사이클은 재열 사이클보다 열역학적으로 우수한 특징을 가지고 있다.

답 ②

09 증기·연료소비량 ☐☐☐ check up!

증기압, 증기 온도 및 진공도가 일정할 때에 추기할 때는 추기하지 않을 때보다 단위 발전량 당 증기 소비량과 연료소비량은 어떻게 변화하는가?

① 증기 소비량, 연료 소비량은 다 감소한다.
② 증기 소비량은 증가하고 연료 소비량은 감소한다.
③ 증기 소비량은 감소하고 연료 소비량은 증가한다.
④ 증기 소비량은, 연료 소비량은 다 증가한다.

해설 추기 급수 가열을 하게 되면 회수되는 열량이 크므로 연료 소비량은 감소하고, 증기 소비량이 증가하여 발전 효율이 향상된다.   **답** ②

10 추기터빈 ☐☐☐ check up!

증기터빈의 팽창 도중에서 증기를 추출하는 형태의 터빈은?

① 복수터빈　　　　　　　　　② 배압터빈
③ 추기터빈　　　　　　　　　④ 배기터빈

해설 증기터빈의 팽창 도중에서 증기를 추출하는 형태의 터빈을 추기터빈이라 한다.   **답** ③

11 절탄기 - 급수예열 ☐☐☐ check up!

화력 발전소에서 절탄기의 용도는?

① 보일러에 공급되는 급수를 예열한다.　　② 포화증기를 과열한다.
③ 연소용 공기를 예열한다.　　　　　　　④ 석탄을 건조한다.

해설 절탄기는 급수를 예열하는 장치로 연도에 설치한다.   **답** ①

12 탈기기 ☐☐☐ check up!

기력발전소에서 탈기기의 설치 목적으로 가장 타당한 것은?

① 급수 중의 용존 산소 및 이산화탄소 분리　　② 급수의 습증기 건조
③ 물때의 부착 방지　　　　　　　　　　　　④ 염류 및 부유물질 제거

해설 탈기기란 급수 중의 용존 산소와 이산화탄소를 분리시키는 설비이다.   **답** ①

13 복수기 - 순환펌프　　　　　□□□ check up!

복수기에 냉각수를 보내는 펌프는?

① 순환펌프　　　　　　　　② 급수펌프
③ 배출펌프　　　　　　　　④ 복수펌프

해설　복수기의 냉각수를 순환 시켜야 하며 이때 순환펌프를 사용한다.　　　답　①

14 복수기 - 손실　　　　　□□□ check up!

다음 중 화력발전소에서 가장 큰 손실은?

① 소내용 동력　　　　　　　② 연도 배출가스 손실
③ 복수기에서의 손실　　　　④ 송풍기 손실

해설　복수기 손실이 총 손실의 50[%] 정도이다.　　　답　③

15 포밍 - 급수의 불순물　　　　　□□□ check up!

포밍(foaming)의 원인은?

① 과열기의 손상　　　　　　② 냉각수의 불순물
③ 급수의 불순물　　　　　　④ 기압의 과대

해설　급수 불순물(칼슘, 나트륨 등)에 의하여 증기가 잘 발생하지 않고 거품이 발생하는 현상을 말한다.
　　　답　③

16 스팀트랩　　　　　□□□ check up!

스팀트랩의 작용은?

① 증기의 건조　　　　　　　② 증기의 누설방지
③ 증기의 생산　　　　　　　④ 응결수의 배제

해설　증기관 계통에서 관이나 판 속에 복수가 쌓였을 때 갑자기 증기를 통과시키면 증기의 일부가 물로 되고 압력이 급히 변하여 파괴되는 경우를 방지하기 위해 증기관의 적당한 곳에 드레인 관과 드레인 판을 설치하여 복수를 자동 배제하는 장치이다. 즉, 응결수를 배제하는 장치이다.　　　답　④

17 전기식 집진장치

석탄연소 화력발전소에서 사용되는 집진 장치의 효율이 가장 큰 것은?

① 전기식 집진기
② 수세식 집진기
③ 원심력식 집진장치
④ 직렬결합식 집진장치

해설 화력발전소에서 사용되는 집진장치 중에서 전기식 집진장치의 효율이 가장 크다.

답 ①

18 열사이클 효율 향상 방법

화력발전소에서 열사이클의 효율향상을 위하여 채용되는 방법으로 볼 수 없는 것은?

① 조속기를 설치한다.
② 재생재열사이클을 채용한다.
③ 절탄기, 공기예열기를 설치한다.
④ 고압, 고온 증기의 채용과 과열기를 설치한다.

해설 조속기는 열사이클의 효율 향상과 관련이 없다.

답 ①

19 수소냉각방식

터빈발전기의 수소냉각방식을 채택하는 이유가 아닌 것은?

① 수소의 열전도가 커서 발전기 내 온도상승이 저하한다.
② 코로나에 의한 손상이 제거된다.
③ 수소부족시, 공기와 혼합사용이 가능하므로 경제적이다.
④ 수소압력의 변화로 출력을 변화시킬 수 있다.

해설 수소는 공기와 혼합시 폭발할 수 있으므로 공기와 혼합하여 사용하지 않는다.

답 ③

20 가스터빈의 특징

가스터빈발전의 장점은?

① 효율이 가장 높은 발전방식이다.
② 기동시간이 짧아 첨두부하용으로 사용하기 용이하다.
③ 어떤 종류의 가스라도 연료로 사용이 가능하다.
④ 장기간 운전해도 고장이 적으며, 발전효율이 높다.

해설   가스터빈의 특징
- 구조가 간단하고, 건설비가 싸다.
- 기동시간이 짧고, 운전 조작이 간단하다.
- 대출력형은 아니므로 첨두부하용 비상용 전원으로 적당하다.
- 냉각수가 적어도 되며, 열효율이 비교적 높고 보수가 용이하다

답 ②

21 자동주파수 제어장치[AFC]

□□□ check up!

화력발전소에서 AFC는 무엇인가?

① 자동급수 제어장치
② 자동주파수 제어장치
③ 자동연소 제어장치
④ 자동보일러 제어장치

해설   AFC(Automatic Frequency Control) : 자동주파수 제어장치

답 ②

22 자동경제급전[ELD]

□□□ check up!

자동경제급전(ELD : Economic Load Dispatch)의 목적은?

① 계통주파수를 유지하는 것
② 경제성이 높은 수용가의 자동선택
③ 수용가의 낭비전력의 자동선택
④ 발전연료비(fuel cost)의 절약

해설   전력에너지소요량에 대하여 경제적으로 발전소의 출력을 배분하는 방법으로 연료비를 절약할 수 있다.

답 ④

제2과목
전력공학
DAY - 10

30일 단기완성

Chapter 13
원자력발전

1 출제경향분석

본장은 원자력발전의 원리와 구성을 유기적으로 연결하여 학습하고, 원자로의 종류에 따른 특징을 학습합니다.

> **반드시 알아야 하는 핵심 포인트**
> ① 원자력발전의 원리 ② 원자력발전의 특징
> ③ 냉각재·제어재·감속재

2 학습 가이드라인

- 반드시 알아야 하는 핵심 포인트는 전기기사 및 산업기사 시험에서 가장 출제빈도가 높은 논점으로 각 파트별 핵심 포인트와 문제를 연계하여 학습해 주시기를 권장합니다.
- 체크리스트를 작성하시면서 문제의 유형과 학습의 완성도를 스스로 확인해 주세요.
- 출제 빈도가 높고 틀리기 쉬운 문제를 맞출 수 있도록 "콕콕 포인트"를 확인해 주세요.

우선순위 논점	KEY WORD	선생님의 콕콕 포인트
원자력발전 특징	건설비, 연료비, 발전원가, 방사선	원자력발전의 특징 중 출제빈도가 높은 것은 연료비와 건설비이며, 화력발전과 비교하여 특징을 기억할 것
감속재	고속중성자, 열중성자, 경수, 중수	감속재의 역할 및 구비조건을 숙지할 것
제어재	흡수 단면적, 하프늄, 붕소, 카드뮴	감속재, 제어재, 냉각재의 역할 및 구비조건을 구별할 것
냉각재	열매체, 온도유지, 경수, 중수, 헬륨	감속재, 제어재, 냉각재의 역할 및 구비조건을 구별할 것

13 원자력발전

1. 감속재 : 고속중성자의 에너지를 떨어뜨려서 열중성자로 바꿈
   ① 감속재의 재료 : 경수(H_2O), 중수(D_2O), 흑연(C), 베릴륨(Be)
   ② 구비조건 : 원자량이 적은 원소일 것, 중성자 흡수 단면적이 적을 것
      감속비가 클 것(중수가 감속비가 가장 크다.), 내부식성, 가공성, 내열성, 내방사성
2. 제어재 : 중성자를 흡수하여 열중성자가 연료에 흡수되는 비율제어
   ① 제어재의 재료 : 카드뮴(Cd), 붕소(B), 하프늄(Hf)
   ② 구비조건 : 중성자 흡수 단면적이 클 것, 냉각재에 대하여 내부식성이 있을 것
3. 냉각재 : 열매체로서 동시에 노 내의 온도를 적당한 값으로 유지
   ① 냉각재의 재료 : 경수(H_2O), 중수(D_2O), 헬륨(He)
   ② 냉각재의 구비조건 : 중성자 흡수 단면적이 적을 것, 비열 및 열전도도가 클 것,
      연료피복재, 감속재 등의 사이에서 화학반응이 적을 것

01 핵연료 - 우라늄 □□□ check up!

우라늄 235(U^{235}) 1[g]에서 얻을 수 있는 에너지는 일반적인 경우 석탄 몇 톤 정도에서 얻을 수 있는 에너지에 상당하는가?

① 0.3　　　　　　　　　　　　② 0.5
③ 1　　　　　　　　　　　　　④ 3

해설　우라늄 235(U^{235}) 1[g]에서 얻을 수 있는 에너지는 일반적인 경우 석탄 3톤 정도이다.　답　④

02 핵분열·핵융합 □□□ check up!

다음 (㉠), (㉡), (㉢)에 알맞은 것은?

> 원자력이란 일반적으로 무거운 원자핵이 핵분열하여 가벼운 핵으로 바뀌면서 발생하는 핵분열 에너지를 이용하는 것이고, (㉠) 발전은 가벼운 원자핵을(과) (㉡) 하여 무거운 핵으로 바뀌면서 (㉢) 전후의 질량결손에 해당하는 방출 에너지를 이용하는 방식이다.

① ㉠ 원자핵융합, ㉡ 융합, ㉢ 결합　　② ㉠ 핵결합, ㉡ 반응, ㉢ 융합
③ ㉠ 핵융합, ㉡ 융합, ㉢ 핵반응　　　④ ㉠ 핵반응, ㉡ 반응, ㉢ 결합

해설 원자력이란 일반적으로 무거운 원자핵이 핵분열하여 가벼운 핵으로 바뀌면서 발생하는 핵분열 에너지를 이용하는 것이고, (핵융합) 발전은 가벼운 원자핵을 (융합)하여 무거운 핵으로 바뀌면서 (핵반응) 전후의 질량결손에 해당하는 방출 에너지를 이용하는 방식이다.   답 ③

03 핵연료의 구비조건 □□□ check up!

다음 중 핵연료의 특성으로 적합하지 않은 것은?

① 높은 융점을 가져야 한다.
② 낮은 열전도율을 가져야 한다.
③ 부식에 강해야 한다.
④ 방사선에 안정하여야 한다.

해설 핵연료는 높은 열전도율을 가져야 한다.   답 ②

04 감속재 - 역할 □□□ check up!

원자로에서 핵분열로 발생한 고속중성자를 열중성자로 바꾸는 작용을 하는 것은?

① 제어재
② 냉각재
③ 감속재
④ 반사체

해설 감속재는 고속중성자를 열중성자로 감속시키며, D_2O(중수), H_2O(경수), C(흑연), Be(베릴륨) 등이 사용된다.   답 ③

05 감속재 - 구비조건 □□□ check up!

원자로의 감속재와 관련하여 거리가 먼 것은?

① 경수
② 감속 능력이 클 것
③ 원자 질량이 클 것
④ 고속 중성자를 열중성자로 바꾸는 작용

해설 감속재는 원자 질량이 작아야 하며 경수, 산화베릴륨, 흑연 등이 사용한다.   답 ③

06 제어재 - 구비조건 □□□ check up!

원자로의 제어재가 구비하여야 할 조건으로 옳지 않은 것은?

① 중성자의 흡수 단면적이 적어야 한다.
② 높은 중성자속에서 장시간 그 효과를 간직하여야 한다.
③ 내식성이 크고, 기계적 가공이 쉬워야 한다.
④ 열과 방사선에 대하여 안정적이어야 한다.

해설 제어재는 원자로 내에서 핵분열의 연쇄반응을 제어하고 증배율을 변화시키기 위해서 사용되는 것으로서 제어봉을 노심에 삽입하고 이것을 넣었다 뺐다 할 수 있도록 한다. 제어재는 중성자의 흡수 단면적이 커야 한다는 것이다.

답 ①

07 제어재 - 종류 □□□ check up!

원자로의 중성자 수를 적당히 유지하고 노의 출력을 제어하기 위한 제어재로서 적합하지 않은 것은?
① 하프늄
② 카드뮴
③ 붕소
④ 플루토늄

해설 제어재는 원자로의 중성자 수를 적당히 유지하고 노의 출력을 제어하기 위해서 사용되며 사용되는 재료는 하프늄, 카드뮴, 붕소 등이 사용된다.

답 ④

08 냉각재 - 역할 □□□ check up!

원자로 내에서 발생한 열에너지를 외부로 끄집어 내기 위한 열매체를 무엇이라고 하는가?
① 반사체
② 감속재
③ 냉각재
④ 제어봉

해설 냉각재는 원자로 내에서 발생한 열에너지를 외부로 끄집어내기 위한 열매체이다.

답 ③

09 냉각재 - 구비조건 □□□ check up!

원자력발전소에서 원자로의 냉각재가 갖추어야 할 조건으로 잘못된 것은?
① 중성자의 흡수 단면적이 클 것
② 유도 방사능이 적을 것
③ 비열이 클 것
④ 열전도율이 클 것

해설 냉각재란 원자로에서 발생한 열에너지를 외부로 꺼내기 위한 매개체로써, 중성자 흡수 단면적이 작고, 비열이 크며, 열전도율이 커야 한다. 냉각재로 사용되는 물질로서는 탄산가스나 헬륨 등의 기체나 경수 및 중수 등과 같은 물 또는 나트륨과 같은 액체 금속 유체를 사용한다.

답 ①

10 차폐재 - 역할 □□□ check up!

원자로에서 중성자가 원자로 외부로 유출되어 인체에 위험을 주는 것을 방지하고 방열의 효과를 주기 위한 것은?
① 제어재
② 차폐재
③ 반사재
④ 구조재

해설 차폐재는 원자로 내부의 방사선이 외부로 누출되는 것을 방지하는 역할을 한다.   답 ②

11 비등수형 원자로[BWR]

비등수형 원자로의 특색에 대한 설명으로 옳지 않은 것은?

① 증기 발생기가 필요하다.
② 저농축 우라늄을 연료로 사용한다.
③ 순환펌프로서는 급수펌프뿐이므로 펌프동력이 작다.
④ 방사능 때문에 증기는 완전히 기수분리를 해야 한다.

해설 비등수형 원자로는 저농축 우라늄의 산화물을 소결한 연료를 사용하고 감속재, 냉각재로서 물을 사용하며 열교환기가 없다.   답 ①

12 가압수형원자로[PWR]

가압수형 동력용 원자로에 대한 설명으로 옳은 것은?

① 냉각재인 경수는 가압되지 않은 상태이므로 끓여서 높은 온도까지 올려야 한다.
② 노심에서 발생한 열은 가압된 경수에 의하여 열교환기에 운반된다.
③ 노심은 약 $100[\text{kg/m}^2]$ 정도의 압력에 견딜 수 있는 압력 용기 안에 들어 있다.
④ 가압수형 원자로는 BWR이라고 한다.

해설 가압수형 원자로의 특징
- 물이 비등하지 않도록 원자로 내부를 가압한다.
- 노심은 약 $160[\text{kg/cm}^2]$ 정도로 가압한다.   답 ②

13 감속재의 온도계수

감속재의 온도 계수란?

① 감속재의 시간에 대한 온도 상승률
② 반응에 아무런 영향을 주지 않는 계수
③ 감속재의 온도 $1[℃]$ 변화에 대한 반응도의 변화
④ 열중성자로에의 양(+)의 값을 갖는 계수

해설 감속재의 온도 계수란 감속재의 온도 $1[℃]$ 변화에 대한 반응도의 변화를 말한다.   답 ③

14 원자로의 독작용 □□□ check up!

다음 중 원자로에서 독작용을 설명한 것으로 가장 알맞은 것은?

① 열중성자가 독성을 받는 것을 말한다.
② $_{54}X^{135}$와 $_{62}Sn^{149}$가 인체에 독성을 주는 작용이다.
③ 열중성자 이용률이 저하되고 반응도가 감소되는 작용을 말한다.
④ 방사성 물질이 생체에 유해 작용을 하는 것을 말한다.

해설 열중성자 이용률이 저하되고 반응도가 감소되는 작용을 말한다.   답 ③

15 고속증식로 □□□ check up!

고속중성자를 감속시키지 않고 냉각재로 액체 나트륨을 사용하는 원자로를 영문 약어로 나타내면?

① FBR ② CANDU
③ BWR ④ PWR

해설 원자로 종류
- 고속증식로(Fast Breeder Reactor : FBR) : 핵연료는 $_{92}^{235}U_2$을 플로토늄으로 전환 증식하여 사용 전환비가 1보다 크다. 냉각재는 나트륨 사용
- 중수감속 중수로(Canadian Deuterium Natural Uranium Reactor : CDNUR)
- 비등수형 원자로(Boiling Water Reactor : BWR)
- 가압수형 원자로 (Pressurized Water Reactor : PWR)   답 ①

제2과목
전력공학
DAY - 10

30일 단기완성

Chapter 14
최신기출

01 이도의 계산 – 장력　　　□□□ check up!

전주 사이의 경간이 $80[\text{m}]$인 가공전선로에서 전선 $1[\text{m}]$당의 하중이 $0.37[\text{kg}]$, 전선의 이도가 $0.8[\text{m}]$일 때 수평장력은 몇 $[\text{kg}]$인가?

① 330　　　　　　　　　　　② 350
③ 370　　　　　　　　　　　④ 390

해설 수평장력 $T = \dfrac{WS^2}{8D} = \dfrac{0.37 \times 80^2}{8 \times 0.8} = 370[\text{kg}]$　　　　**답** ③

02 가선금구 – 스페이서　　　□□□ check up!

복도체를 사용하는 가공전선로에서 소도체 사이의 간격을 유지하여 소도체 간의 꼬임 현상이나 충돌 현상을 방지하기 위하여 설치하는 것은?

① 아모로드　　　　　　　　　② 댐퍼
③ 스페이서　　　　　　　　　④ 아킹혼

해설 복도체의 경우 전선 상호의 접근 및 충돌을 방지하기 위해 스페이서를 설치한다.　　**답** ③

03 케이블 고장점 탐지법　　　□□□ check up!

케이블 단선사고에 의한 고장점까지의 거리를 정전용량 측정법으로 구하는 경우, 건전상의 정전용량이 C, 고장점까지의 정전용량이 C_x, 케이블의 길이가 l일 때 고장점까지의 거리를 나타내는 식으로 알맞은 것은?

① $\dfrac{C}{C_x} l$　　　　　　　　　② $\dfrac{C_x}{l} C$
③ $\dfrac{C_x}{C} l$　　　　　　　　　④ $\dfrac{C}{C_x} l^2$

해설 정전용량은 길이에 비례하므로 선로 전체의 정전용량을 알고 있으면 고장점까지의 정전용량을 측정하여 그 값으로부터 고장점을 산출할 수 있다. 정전용량 측정법은 케이블의 단선사고에 사용하는 고장점 탐지법이다.

고장점까지의 거리 $L = \dfrac{C_x}{C} \times l$

답 ③

04 케이블 고장점 탐지법 □□□ check up!

전력케이블의 고장점 탐색방법 중 휘스톤브리지의 평형상태를 이용하여 고장점을 측정하는 방법은?

① 수색 코일법
② 펄스 측정법
③ 머레이 루프법
④ 정전용량 측정법

해설 머레이 루프법은 휘스톤브리지의 평형상태를 이용하여 고장점까지의 거리를 측정하는 방법으로 1선 지락, 선간단락사고의 측정에 이용한다.

답 ③

05 4도체 인덕턴스 □□□ check up!

반지름 r[m]이고 소도체 간격 S인 4 복도체 송전선로에서 전선 A, B, C가 수평으로 배열되어 있다. 등가선간거리가 D[m]로 배치되고 완전 연가 된 경우 송전선로의 인덕턴스는 몇 [mH/km]인가?

① $0.4605 \log_{10} \dfrac{D}{\sqrt{rs^2}} + 0.0125$

② $0.4605 \log_{10} \dfrac{D}{\sqrt[2]{rS}} + 0.025$

③ $0.4605 \log_{10} \dfrac{D}{\sqrt[3]{rS^2}} + 0.0167$

④ $0.4605 \log_{10} \dfrac{D}{\sqrt[4]{rS^3}} + 0.0125$

해설
- 4 복도체의 등가반지름 $r_e = \sqrt[n]{rs^{n-1}} = \sqrt[4]{rs^{4-1}} = \sqrt[4]{rs^3}$
- 4 복도체의 인덕턴스 $L_4 = \dfrac{0.05}{4} + 0.4605 \log_{10} \dfrac{D}{\sqrt[4]{rS^3}}$

답 ④

06 작용정전용량 □□□ check up!

송전 선로의 정전용량은 등가 선간거리 D가 증가하면 어떻게 되는가?

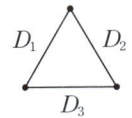
$D = (D_1, D_2, D_3)$

① 증가한다.
② 감소한다.
③ 변하지 않는다.
④ D^2에 반비례하여 감소한다.

해설 송전선로의 작용 정전용량은 $C_n = \dfrac{0.02413}{\log_{10}\dfrac{D}{r}}$ 이고, 등가 선간거리 D와 작용 정전용량은 반비례관계이다.

즉, 등가 선간거리 D가 증가하면 작용 정전용량은 감소한다.

답 ②

07 코로나 현상 – 정의 ☐☐☐ check up!

전극의 어느 일부분의 전위경도가 커져서 공기와의 절연이 파괴되어 생기는 현상은?

① 페란티 현상
② 코로나 현상
③ 카르노 현상
④ 보어 현상

해설 전선 주위의 공기절연이 국부적으로 파괴되어 낮은 소리나 엷은 빛을 내면서 방전하게 되는 현상을 코로나 현상 또는 코로나 방전이라고 한다.

답 ②

08 코로나 임계전압 ☐☐☐ check up!

가공 송전선의 코로나 임계전압에 영향을 미치는 여러 가지 인자에 대한 설명 중 틀린 것은?

① 전선표면이 매끈할수록 임계전압이 낮아진다.
② 날씨가 흐릴수록 임계전압은 낮아진다.
③ 기압이 낮을수록, 온도가 높을수록 임계전압은 낮아진다.
④ 전선의 반지름이 클수록 임계전압은 높아진다.

해설 코로나 임계전압은 날씨가 맑은 날, 상대공기밀도가 높은 경우, 기압이 높은 경우, 온도가 낮은 경우, 전선의 직경이 큰 경우, 전선의 표면이 매끈할수록 높아진다.

답 ①

09 단상 2선식 – 역률 ☐☐☐ check up!

단상 2선식 배전선로의 선로임피던스가 $2+j5[\Omega]$이고 무유도성 부하전류 10[A]일 때 송전단 역률은? (단, 수전단 전압의 크기는 100[V]이고, 위상각은 0°이다.)

① $\dfrac{5}{12}$
② $\dfrac{5}{13}$
③ $\dfrac{11}{12}$
④ $\dfrac{12}{13}$

해설 무유도성 이므로, 전류는 동상의 전류가 흐르며, 부하의 저항을 아래와 같이 계산할 수 있다.

$I_R = 10[A]$이므로, $R = \dfrac{V}{I} = \dfrac{100}{10} = 10[\Omega]$

임피던스의 크기는 선로의 임피던스와 부하의 저항을 합성한 값이다.
① $Z = 10 + 2 + j5 = 12 + j5 [\Omega]$
② $|Z| = \sqrt{12^2 + 5^2} [\Omega]$
③ $\cos\theta = \dfrac{R}{\sqrt{R^2 + X^2}} = \dfrac{10}{\sqrt{12^2 + 5^2}} = \dfrac{12}{13}$

답 ④

10 단상 2선식 – 전압강하 □□□ check up!

그림과 같은 단상 2선식 배선에서 인입구 A점의 전압이 220[V]라면 C점의 전압[V]은? (단, 저항값은 1선의 값이며 AB간은 0.05[Ω], BC간은 0.1[Ω]이다.)

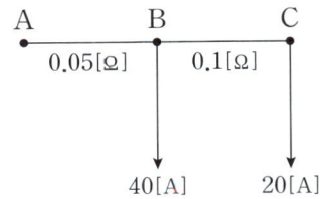

① 214 ② 210
③ 196 ④ 192

해설
- B점의 전압
  $V_B = V_A - 2IR = 220 - 2 \times (40 + 20) \times 0.05 = 214[V]$
- C점의 전압
  $V_C = V_B - 2IR = 214 - 2 \times 20 \times 0.1 = 210[V]$

답 ②

11 단상 2선식 – 전압강하 □□□ check up!

그림에서 단상2선식 저압배전선의 A, C점에서 전압을 같게 하기 위한 공급점 D의 위치를 구하면?
(단, 전선의 굵기는 AB간 5[mm], BC간 4[mm], 또, 부하역률은 1이고 선로의 리액턴스는 무시한다.)

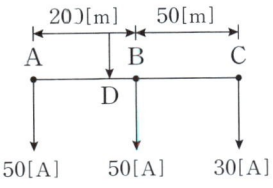

① B에서 A쪽으로 58.9[m] ② B에서 A쪽으로 57.4[m]
③ B에서 A쪽으로 56.9[m] ④ B에서 A쪽으로 55.9[m]

해설 A점과 C점의 전압이 같게 되기 위해서는 공급점을 기준으로 양쪽의 전압강하의 크기가 같아야 한다. 전압강하

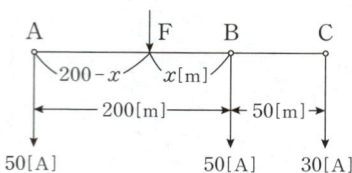

$$e = IR = I \times \rho \frac{l}{A} = I \times \frac{4\rho l}{\pi d^2}$$

① $50 \times \dfrac{4 \times \rho \times (200-x)}{\pi \times 5^2} = 80 \times \dfrac{4\rho x}{\pi \times 5^2} + 30 \times \dfrac{4\rho \times 50}{\pi \times 4^2}$

② $50 \times \dfrac{(200-x)}{5^2} = 80 \times \dfrac{x}{5^2} + 30 \times \dfrac{50}{4^2}$

③ $2 \times (200-x) = 3.2x + 93.75$

④ $5.2x = 306.25 \ \rightarrow \ x = 58.89 ≒ 58.9\,[\text{m}]$

답 ①

12 단상 2선식 – 선로손실   □□□ check up!

> 순저항 부하의 부하전력 $P[\text{kW}]$, 전압 $E[\text{V}]$, 선로의 길이 $l[\text{m}]$, 고유저항 $\rho[\Omega \cdot \text{mm}^2/\text{m}]$인 단상 2선식 선로에서 선로 손실을 $q[\text{W}]$라 하면, 전선의 단면적 $[\text{mm}^2]$은 어떻게 표현되는가?
>
> ① $\dfrac{\rho l P^2}{qE^2} \times 10^6$ ② $\dfrac{2\rho l P^2}{qE^2} \times 10^6$
>
> ③ $\dfrac{\rho l P^2}{2qE^2} \times 10^6$ ④ $\dfrac{2\rho l P^2}{q^2 E} \times 10^6$

해설 단상 2선식의 전력손실 $q = 2I^2 R[\text{W}]$이며, 전선의 저항 $R = \rho \times \dfrac{l}{A}$, 전류 $I = \dfrac{P}{E}$이다.

이것을 전력손실 식에 대입하여 정리하면 다음과 같다.

$q = 2 \times \left(\dfrac{P}{E}\right)^2 \times \rho \times \dfrac{l}{A} = \dfrac{2\rho l P^2}{E^2 A}$ 이다.

여기서, 전선의 단면적 A로 정리하면, 아래와 같다.

$A = \dfrac{2\rho l P^2}{qE^2} \times 10^6$

답 ②

13 단상 2선식 – 공급전력

단상 2선식 배전선로의 말단에 지상역률 $\cos\theta$인 부하 P[kW]가 접속되어 있고 선로 말단의 전압은 V[V]이다. 선로 한 가닥의 저항을 R[Ω]이라 할 때 송전단의 공급전력[kW]은?

① $P + \dfrac{P^2 R}{V\cos\theta} \times 10^3$
② $P + \dfrac{2P^2 R}{V\cos\theta} \times 10^3$
③ $P + \dfrac{P^2 R}{V^2 \cos^2\theta} \times 10^3$
④ $P + \dfrac{2P^2 R}{V^2 \cos^2\theta} \times 10^3$

해설 공급전력 $P_s = P + P_l = P + 2I^2 R = P + 2 \times \left(\dfrac{P}{V\cos\theta}\right)^2 \times R = P + \dfrac{2P^2 R}{V^2 \cos^2\theta} \times 10^3$ [kW]   **답** ④

14 승압시 효과

동일한 부하전력에 대하여 전압을 2배로 승압하면 전압강하, 전압강하율, 전력손실률은 각각 얼마나 감소하는지를 순서대로 나열한 것은?

① $\dfrac{1}{2}, \dfrac{1}{2}, \dfrac{1}{2}$
② $\dfrac{1}{2}, \dfrac{1}{2}, \dfrac{1}{4}$
③ $\dfrac{1}{2}, \dfrac{1}{4}, \dfrac{1}{4}$
④ $\dfrac{1}{4}, \dfrac{1}{4}, \dfrac{1}{4}$

해설 전압강하 $e \propto \dfrac{1}{V}$, 전압강하율 $\delta \propto \dfrac{1}{V^2}$, 전력손실률 $K \propto \dfrac{1}{V^2}$ 이다.   **답** ③

15 전력 손실률 – 송전전력

3상 3선식 송전선로에서 선간전압을 3000V에서 5200V로 높일 때 전선이 같고 송전 손실률과 역률이 같다고 하면 송전전력[kW]은 약 몇 배로 증가하는가?

① $\sqrt{3}$
② 3
③ 5.4
④ 6

해설 전력손실 $P_l = 3I^2 R = \dfrac{P^2 R}{V^2 \cos^2\theta}$

전력손실률 $K = \dfrac{P_l}{P} = \dfrac{PR}{V^2 \cos^2\theta}$ 이므로

전선(R)이 같고, 전력손실률(K)과 역률($\cos\theta$)이 같다고 하면 송전전력 $P \propto V^2$이므로

$\therefore P = \left(\dfrac{5200}{3000}\right)^2 = 3$배   **답** ②

16 전파 방정식 □□□ check up!

송전선 중간에 전원이 없을 경우에 송전단의 전압 $E_S = AE_R + BI_R$이 된다. 수전단의 전압 E_R의 식으로 옳은 것은? (단, I_S, I_R는 송전단 및 수전단의 전류이다.)

① $E_R = AE_S + CI_S$
② $E_R = BE_S + AI_S$
③ $E_R = DE_S - BI_S$
④ $E_R = CE_S - DI_S$

해설
$E_S = AE_R + BI_R$ → ①×D
$I_S = CE_R + DI_R$ → ②×B
①식에 D를 ②식에 B를 곱해서 빼주면
$DE_S - BI_S = (AD - BC)E_R$
∴ $E_R = DE_S - BI_S$

답 ③

17 π형 회로 – 4단자 정수 □□□ check up!

4단자 정수가 A, B, C, D인 송전선로의 등가 π회로를 그림과 같이 표현하였을 때 Z_1에 해당하는 것은?

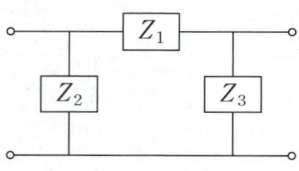

① B
② $\dfrac{A}{B}$
③ $\dfrac{D}{B}$
④ $\dfrac{1}{B}$

해설 4단자 정수 A, B, C, D는

$$\begin{bmatrix} A & B \\ C & D \end{bmatrix} = \begin{bmatrix} 1 & 0 \\ \dfrac{1}{Z_2} & 1 \end{bmatrix} \begin{bmatrix} 1 & Z \\ 0 & 1 \end{bmatrix} \begin{bmatrix} 1 & 0 \\ \dfrac{1}{Z_3} & 1 \end{bmatrix} = \begin{bmatrix} 1 + \dfrac{Z_1}{Z_3} & Z_1 \\ \dfrac{1}{Z_2} + \dfrac{1}{Z_3} + \dfrac{Z_1}{Z_2 Z_3} & 1 + \dfrac{Z_1}{Z_2} \end{bmatrix}$$

∴ $Z_1 = B$

답 ①

18 평행 2회선

일반회로정수가 같은 평행 2회선에서 A, B, C, D는 각각 1회선의 경우의 몇 배로 되는가?

① A : 2배, B : 2배, C : $\frac{1}{2}$배, D : 1배
② A : 1배, B : 2배, C : $\frac{1}{2}$배, D : 1배
③ A : 1배, B : $\frac{1}{2}$배, C : 2배, D : 1배
④ A : 1배, B : $\frac{1}{2}$배, C : 2배, D : 2배

해설 4단자 정수가 A, B, C, D인 송전선로를 2회선으로 운용할 경우 A와 D는 즉, 전압비와 전류비는 변하지 않는다. 그러나, 직렬성분인 임피던스 B는 병렬접속이므로 1/2배로 감소하고 어드미턴스 C는 병렬접속이므로 2배 증가한다.

답 ③

19 특성 임피던스

파동임피던스가 300[Ω]인 가공송전선 1[km] 당의 인덕턴스는 몇 [mH/km]인가?
(단, 저항과 누설콘덕턴스는 무시한다.)

① 0.5
② 1
③ 1.5
④ 2

해설 파동 임피던스 $Z = \sqrt{\dfrac{L}{C}} = 138\log_{10}\dfrac{D}{r} = 300[\Omega]$에서 $\log_{10}\dfrac{D}{r} = \dfrac{300}{138}$

$\therefore L = 0.05 + 0.4605\log_{10}\dfrac{D}{r} = 0.05 + 0.4605 \times \dfrac{300}{138}$

$\fallingdotseq 1[\text{mH/km}]$

답 ②

20 전파 속도

전력손실이 없는 송전선로에서 서지파(진행파)가 진행하는 속도는?
(단, L : 단위 선로길이 당 인덕턴스, C : 단위 선로길이 당 커패시턴스이다)

① $\sqrt{\dfrac{L}{C}}$
② $\sqrt{\dfrac{C}{L}}$
③ $\dfrac{1}{\sqrt{LC}}$
④ $\sqrt{LC}$

해설 전파 속도 $v = \dfrac{1}{\sqrt{LC}}$

답 ③

21 특성 임피던스

송전선의 특성임피던스를 Z_0, 전파속도를 V라 할 때, 이 송전선의 단위 길이에 대한 인덕턴스 L은?

① $L=\sqrt{Z_0}V$
② $L=\dfrac{Z_0}{V}$
③ $L=\dfrac{Z_0^2}{V}$
④ $L=\dfrac{V}{Z_0}$

해설 특성임피던스 $Z=\sqrt{\dfrac{L}{C}}$ ········· ①식 $\left(Z_0^2=\dfrac{L}{C},\ L=Z_0^2\cdot C\right)$

전파속도 $v=\dfrac{1}{\sqrt{LC}}$ ········· ②식 $\left(V^2=\dfrac{1}{LC},\ C=\dfrac{1}{L\cdot V^2}\right)$

①식과 ②식에서 인덕턴스를 구한다.

$\therefore L=Z_0^2\times\dfrac{1}{LV^2} \rightarrow L^2=\dfrac{Z_0^2}{V^2},\ \therefore L=\dfrac{Z_0}{V}$

답 ②

22 송전용량 일반식

그림과 같은 2기 계통에 있어서 발전기에서 전동기로 전달되는 전력 P는? (단, $X=X_G+X_L+X_M$이고 E_G, E_M은 각각 발전기 및 전동기의 유기기전력, δ는 E_G와 E_M 간의 상차각이다.)

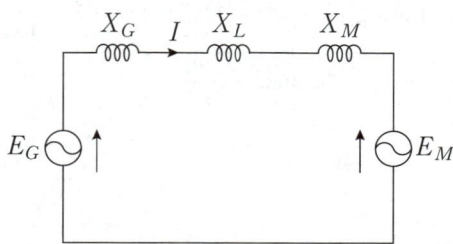

① $P=\dfrac{E_G}{XE_M}\sin\delta$
② $P=\dfrac{E_G E_M}{X}\sin\delta$
③ $P=\dfrac{E_G E_M}{X}\cos\delta$
④ $P=XE_G E_M\cos\delta$

해설 발전기에서 전동기로 전달되는 전력 $P=\dfrac{E_s E_r}{X}\times\sin\delta$

$E_s=E_G$, $E_r=E_M$이므로 $P=\dfrac{E_G E_M}{X}\sin\delta$이다.

답 ②

23 전력원선도

전력원선도의 실수축과 허수축은 각각 어느 것을 나타내는가?

① 실수축은 전압이고, 허수축은 전류이다.
② 실수축은 전압이고, 허수축은 역률이다.
③ 실수축은 전류이고, 허수축은 유효전력이다.
④ 실수축은 유효전력이고, 허수축은 무효전력이다.

해설 전력원선도에서 가로축은 유효전력을 세로축은 무효전력을 나타낸다.

답 ④

24 전력원선도 - 반지름

송전단, 수전단 전압을 각각 E_s, E_r이라 하고 4단자 정수를 A, B, C, D라 할 때 전력원선도의 반지름은?

① $\dfrac{E_s E_r}{A}$
② $\dfrac{E_s E_r}{B}$
③ $\dfrac{E_s E_r}{C}$
④ $\dfrac{E_s E_r}{D}$

해설 전력원선도의 반지름 $\rho = \dfrac{E_s E_r}{B}$

답 ②

25 전력원선도

수전단의 전력원 방정식이 $P_r^2 + (Q_r + 400)^2 = 250000$으로 표현되는 전력계통에서 조상설비 없이 전압을 일정하게 유지하면서 공급할 수 있는 부하전력은? (단, 부하는 무유도성이다.)

① 200
② 250
③ 300
④ 350

해설 조상설비가 없으므로 무효전력($Q_r = 0$)을 추가로 공급할 수는 없다.
그러므로, 전압을 일정하게 유지하면서 공급할 수 있는 부하전력(P_r)은
$P_r^2 + 400^2 = 250000$이며, $P_r = 300$ 됨을 알 수 있다.

답 ③

26 전력원선도

수전단 전력 원선도의 전력 방식이 $P_r^2+(Q_r+400)^2=250000$으로 표현되는 전력계통에서 가능한 최대로 공급할 수 있는 부하전력(P_r)과 이때 전압을 일정하게 유지하는데 필요한 무효전력(Q_r)은 각각 얼마인가?

① $P_r=500$, $Q_r=-400$
② $P_r=400$, $Q_r=500$
③ $P_r=300$, $Q_r=100$
④ $P_r=200$, $Q_r=-300$

해설 계통에서 전력을 최대로 공급하기 위해서는 무효전력의 성분이 '0'이 되어야 한다. 만약 무효성분이 '0' 이라고 하고 P_r을 계산하면, $P_r^2=250000$에서 $P_r=500$이다. 한편, 무효전력을 '0'으로 하기 위해서는 현재 400의 지상무효전력을 보상하기 위해 -400만큼의 진상 무효전력을 공급한다. **답 ①**

27 퍼센트 임피던스

%임피던스와 관련된 설명으로 틀린 것은?

① 정격전류가 증가하면 %임피던스는 감소한다.
② 직렬리액터가 감소하면 %임피던스도 감소한다.
③ 전기기계의 %임피던스가 크면 차단기의 용량은 작아진다.
④ 송전계통에서는 임피던스의 크기를 옴값 대신에 %값으로 나타내는 경우가 많다.

해설 정격전압과 임피던스가 일정할 경우,
정격전류 I_n와 %Z는 비례하므로, 정격전류 증가시 %임피던스는 증가한다.

참고 $\%Z = \dfrac{I_n Z}{E_n} \times 100$ **답 ①**

28 우리나라 송전전압

우리나라에서 현재 사용되고 있는 송전전압에 해당되는 것은?

① 150[kV]
② 220[kV]
③ 345[kV]
④ 700[kV]

해설 우리나라에서 현재 사용되고 있는 송전전압은 154, 345, 765[kV]이며, 중성점 직접접지 방식을 채택하고 있다. 한편, 배전선로의 공칭전압은 22.9[kV], 중성점 다중접지 방식을 채택하여 사용하고 있다.

답 ③

29 내부 이상전압 - 개폐서지 ☐☐☐ check up!

송전선로의 개폐 조작에 따른 개폐서지에 관한 설명으로 틀린 것은?

① 회로를 투입할 때보다 개방할 때 더 높은 이상전압이 발생한다.
② 부하가 있는 회로를 개방하는 것보다 무부하를 개방할 때 더 높은 이상전압이 발생한다.
③ 이상전압이 가장 큰 경우는 무부하 송전선로의 충전전류를 차단할 때이다.
④ 이상전압의 크기는 선로의 충전전류 파고값에 대한 배수로 나타내고 있다.

해설
- 일반적으로 이상전압의 크기는 대지 충전압 파고값에 대한 배수로 나타내고 있다.
- 개폐서지는 상규 대지 전압의 3.5배 이하로서 4배를 넘는 경우는 거의 없다.

답 ④

30 피뢰기 공칭방전전류 ☐☐☐ check up!

우리나라 22.9[kV] 배전선로에 적용하는 피뢰기의 공칭방전전류[A]는?

① 1500
② 2500
③ 5000
④ 10000

해설 설치장소별 피뢰기 공칭 방전전류

공칭방전 전류	설치 장소	적용 조건
10,000[A]	변전소	1. 154[kV] 이상의 계통 2. 66[kV] 및 그 이하 계통에서 뱅크용량이 3,000[kV]를 초과하거나 특히 중요한 곳 3. 장거리 송전선 케이블(배전선로 인출용 단거리 케이블은 제외) 4. 배전선로 인출측(배전 간선 인출용 장거리 케이블은 제외)
5,000[A]	변전소	66[kV] 및 그 이하 계통에서 뱅크 용량이 3,000[kV] 이하인 곳
2,500[A]	선로	배전선로

전압 22.9[kV-Y] 이하 (22[kV] 비접지 제외)의 배전선로에서 수전하는 설비의 피뢰기 공칭방전전류는 일반적으로 2,500[A]를 적용한다.

답 ②

31 직렬콘덴서 ☐☐☐ check up!

송전선에 직렬콘덴서를 설치하였을 때의 특징으로 틀린 것은?

① 선로 중에서 일어나는 전압강하를 감소시킨다.
② 송전전력의 증가를 꾀할 수 있다.
③ 부하역률이 좋을수록 설치효과가 크다.
④ 단락사고가 발생하는 경우 사고전류에 의하여 과전압이 발생한다.

해설 직렬콘덴서 장점
부하역률이 나쁠수록 설치효과가 크다.

답 ③

32 직렬콘덴서 □□□ check up!

직렬콘덴서를 선로에 삽입할 때의 현상으로 옳은 것은?

① 부하의 역률을 개선한다.
② 선로의 리액턴스가 증가된다.
③ 선로의 전압강하를 줄일 수 없다.
④ 계통의 정태안정도를 증가시킨다.

해설 직렬 콘덴서는 지상 무효분을 감소시켜 전압강하를 감소시키고, 계통의 정태안정도를 향상시킨다.

참고 부하의 역률을 개선시키기 위해 콘덴서를 병렬로 설치한다.

답 ④

33 전기방식 - 전력비 □□□ check up!

송전전력, 송전거리, 전선로의 전력손실이 일정하고, 같은 재료의 전선을 사용한 경우 단상 2선식에 대한 3상 4선식의 1선당 전력비는 약 얼마인가?

① 0.7
② 0.87
③ 0.94
④ 1.15

해설

전기방식	전력	1선당 전력
단상 2선식	$P_1 = VI\cos\theta$	$\dfrac{VI\cos\theta}{2}$
3상 4선식	$P_3 = \sqrt{3}\,VI\cos\theta$	$\dfrac{\sqrt{3}\,VI\cos\theta}{4}$

따라서 전력의 비 $\dfrac{P_3}{P_1} = \dfrac{\frac{\sqrt{3}}{4}VI\cos\theta}{\frac{1}{2}VI\cos\theta} \fallingdotseq 0.87$

답 ②

34 전력손실 감소방안 □□□ check up!

서울과 같이 부하밀도가 큰 지역에서는 일반적으로 변전소의 수와 배전거리를 어떻게 설정하는 것이 좋은가?

① 변전소의 수를 줄이고 배전거리를 증가시킨다.
② 변전소의 수를 늘리고 배전거리를 감소시킨다.
③ 변전소의 수를 줄이고 배전거리를 감소시킨다.
④ 변전소의 수를 늘리고 배전거리를 증가시킨다.

해설 부하밀도가 큰 지역에서는 변전소의 수를 증가해서 담당 용량을 줄이고 배전거리를 작게 해야 전력 손실도 줄어든다.

답 ②

35 변압기 손실 – 철손　　　□□□ check up!

변압기의 손실 중 철손의 감소 대책이 아닌 것은?
① 자속 밀도의 감소
② 권선의 단면적 증가
③ 아몰퍼스 변압기의 채용
④ 고배향성 규소 강판 사용

해설 철손은 변압기에서 발생하는 손실이며, 고정손에 속한다. 철손을 감소시키기 위해서는 자속 밀도의 감소, 아몰퍼스 변압기의 채용, 고배향성 규소 강판 사용, 성층철심의 사용 등이 있다. 한편, 변압기의 동손을 감소시키기 위해서는 권선의 단면적 증가, 권선의 길이를 짧게 하는 방법 등이 있다.

답 ②

36 변압기 손실 – 동손　　　□□□ check up!

단상변압기 3대에 의한 △결선에서 1대를 제거하고 동일전력을 V결선으로 보낸다면 동손은 약 몇 배가 되는가?
① 0.67
② 2.0
③ 2.7
④ 3.0

해설 △결선에서 변압기 1대를 제거하면 V결선이 되고, 동일전력을 V결선으로 공급한다는 것은 부하의 크기는 변하지 않는다는 뜻이다. V결선이 되면서 변압기의 공급능력이 저하된 상태에서 동일부하가 변압기에 걸리게 되면 변압기의 부하율은 $\sqrt{3}$ 배 증가하게 된다.

한편, 단상 변압기 3대의 각 변압기에서 동손이 발생하다가 V결선하여 2대로 운전하는 경우 변압기 동손은 감소되어 처음의 2/3배가 된다.

그러므로, V결선시 변압기 전체 동손은 $(\sqrt{3})^2 \times \dfrac{2}{3} = 2$배가 된다.

참고 동손 $P_c = m^2 P_c$

답 ②

37 변압기 - 손실량

용량 20[kVA]인 단상 주상 변압기에 걸리는 하루 동안의 부하가 처음 14시간 동안은 20[kW], 다음 10시간 동안은 10[kW]일 때, 이 변압기에 의한 하루 동안의 손실량[Wh]은? (단, 부하의 역률은 1로 가정하고, 변압기의 전 부하동손은 300[W], 철손은 100[W]이다.)

① 6850
② 7200
③ 7350
④ 7800

해설
- 철손량 : $P_i = 24P_i = 24 \times 100 = 2400[\text{Wh}]$
- 동손량 : $P_c = m^2 P_c \times T[\text{Wh}]$
  $P_c = 1^2 \times 300 \times 14 + 0.5^2 \times 300 \times 10 = 4950[\text{Wh}]$
- 변압기 전체 손실량 = 2400 + 4950 = 7350[Wh]

답 ③

38 콘덴서 결선방식

3상 전원에 접속된 △결선의 커패시터를 Y결선으로 바꾸면 진상 용량 $Q_Y[\text{kVA}]$는?
(단, $Q_\triangle$는 △결선된 커패시터의 진상 용량이고, Q_Y는 Y결선된 커패시터의 진상 용량이다.)

① $Q_Y = \sqrt{3}\, Q_\triangle$
② $Q_Y = \dfrac{1}{3} Q_\triangle$
③ $Q_Y = 3 Q_\triangle$
④ $Q_Y = \dfrac{1}{\sqrt{3}} Q_\triangle$

해설 콘덴서 결선방식에 따른 진상용량

구 분	Y결선	△결선
정전용량	3	1
진상용량	1	3

답 ②

39 콘덴서 결선방식

역률 개선용 콘덴서를 부하와 병렬로 연결하고자 한다. △결선방식과 Y결선방식을 비교하면 콘덴서의 정전용량[μF]의 크기는 어떠한가?

① △결선방식과 Y결선방식은 동일하다.
② Y결선방식이 △결선방식의 $\dfrac{1}{2}$이다.
③ △결선방식이 Y결선방식의 $\dfrac{1}{3}$이다.
④ Y결선방식이 △결선방식의 $\dfrac{1}{\sqrt{3}}$다.

해설 결선방식에 따른 콘덴서 용량과 정전용량

- △결선
  콘덴서 용량 $Q = 3\omega CE^2$

  정전용량 $C = \dfrac{Q_d}{3\omega E^2}$

- Y결선
  Y결선에서는 △결선방식에서 보다 전압이 $1/\sqrt{3}$ 배로 감소한다.

  콘덴서 용량 $Q = 3\omega C\left(\dfrac{V}{\sqrt{3}}\right)^2 = \omega CV^2$

  정전용량 $C = \dfrac{Q_y}{\omega V^2}$

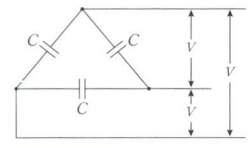
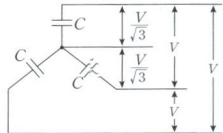

답 ③

40 콘덴서 결선방식   □□□ check up!

주파수 60[Hz], 정전용량 $\dfrac{1}{6\pi}[\mu F]$의 콘덴서를 △결선해서 3상전압 20000[V]를 가했을 때의 충전용량은 몇 [kVA]인가?

① 12
② 24
③ 48
④ 50

해설 충전용량 $Q = 3 \times 2\pi fCE^2 = 3 \times 2\pi \times 60 \times \dfrac{1}{6\pi} \times 10^{-6} \times 20000^2 \times 10^{-3} = 24[kVA]$

답 ②

41 콘덴서 용량 – 정전용량   □□□ check up!

정전용량이 C_1이고, V_1의 전압에서 Q_r의 무효전력을 발생하는 콘덴서가 있다. 정전용량을 변화시켜 2배로 승압된 전압($2V_1$)에서도 동일한 무효전력 Q_r을 발생시키고자 할 때, 필요한 콘덴서의 정전용량 C_2는?

① $C_2 = 4C_1$
② $C_2 = 2C_1$
③ $C_2 = \dfrac{1}{2}C_1$
④ $C_2 = \dfrac{1}{4}C_1$

해설 콘덴서의 정전용량이 1/4배가 되면 전압이 2배 증가 되더라도 무효전력은 동일하게 된다.

답 ④

42 전력용 콘덴서

역률 0.8(지상), 480[kW] 부하가 있다. 전력용 콘덴서를 설치하여 역률을 개선하고자 할 때 콘덴서 220[kVA]를 설치하면 역률은 몇 [%]로 개선되는가?

① 82   ② 85
③ 90   ④ 96

해설
- 부하의 지상무효전력 $P_{r1} = P \times \tan\theta = 480 \times \dfrac{0.6}{0.8} = 360[\text{kVar}]$
- 콘덴서 설치시 무효전력 $P_{r2} = 360 - 220 = 140[\text{kVar}]$
- 역률 개선 $\cos\theta = \dfrac{P}{\sqrt{P^2 + P_{r2}^2}} = \dfrac{480}{\sqrt{480^2 + 140^2}} \times 100 = 96[\%]$

답 ④

43 전력용 콘덴서

지상 역률 80[%], 10000[kVA]의 부하를 가진 변전소에 6000[kVA]의 콘덴서를 설치하여 역률을 개선하면 변압기에 걸리는 부하[kVA]는 콘덴서 설치 전의 몇 [%]로 되는가?

① 60   ② 75
③ 80   ④ 85

해설
유효전력 : $10000 \times 0.8 = 8000[\text{kW}]$
무효전력 : $10000 \times 0.6 = 6000[\text{kVar}](\text{지상})$
(진상)콘덴서 6000[kVar]를 설치하면
무효전력 : $6000 - 6000 = 0[\text{kVar}]$
피상전력 : $\sqrt{8000^2 + 0^2} = 8000[\text{kVA}]$

역률 개선 후 걸리는 부하와 콘덴서 설치 전 부하의 비 $\dfrac{8000}{10000} \times 100 = 80[\%]$

답 ③

44 주상변압기 – 보호장치

배전선로의 주상변압기에서 고압측-저압측에 주로 사용되는 보호장치의 조합으로 적합한 것은?

① 고압측 : 컷아웃 스위치, 저압측 : 캐치홀더
② 고압측 : 캐치홀더, 저압측 : 컷아웃 스위치
③ 고압측 : 리클로저, 저압측 : 라인퓨즈
④ 고압측 : 라인퓨즈, 저압측 : 리클로저

해설 컷아웃스위치[COS]는 배전용 변압기의 과전류에 대한 보호장치로 1차 측인 고압측에 설치한다.
한편, 변압기의 2차측인 저압측 보호에는 캐치홀더를 사용한다.

답 ①

45 변성기 - 정격부담

변성기의 정격부담을 표시하는 단위는?

① W
② S
③ dyne
④ VA

해설 변성기는 전압 또는 전류를 다른 값으로 변환하는 장치이다.
정격부담은 변성기 2차측에 연결할 수 있는 부하용량의 한도이며, 단위는 [VA]이다.

답 ④

46 영상전류 - 검출방법

그림에서 X부분에 흐르는 전류는 어떤 전류인가?

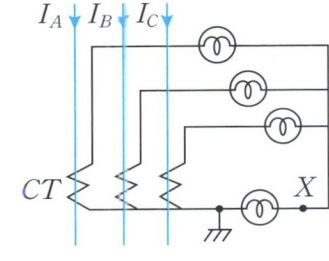

① b상 전류
② 정상전류
③ 역상전류
④ 영상전류

해설 X부분에 흐르는 전류는 지락사고시 흐르는 지락전류, 즉 영상전류이다.

답 ④

47 고압차단기 종류

배선계통에서 사용하는 고압용 차단기의 종류가 아닌 것은?

① 기중차단기(ACB)
② 공기차단기(ABB)
③ 진공차단기(VCB)
④ 유입차단기(OCB)

해설 기중차단기(ACB)의 특징
- 저압에서만 사용
- 자연공기 내에서 개방할 때 자연 소호에 의한 방식으로 소호

답 ①

48 진공차단기　　　　　　□□□ check up!

진공차단기의 특징에 적합하지 않은 것은?

① 화재위험이 거의 없다.
② 소형 경량이고 조작 기구가 간단하다.
③ 동작 시 소음이 크지만 소호실의 보수가 거의 필요하지 않다.
④ 차단시간이 짧고 차단성능이 회로 주파수의 영향을 받지 않는다.

해설　진공차단기의 특징
- 소형 경량이고 조작 기구가 간편하다.
- 화재 위험이 없다
- 폭발음이 없다.
- 소호실에 대해서 보수가 거의 필요치 않다.
- 차단 시간이 짧고 차단 성능이 회로의 주파수에 영향을 받지 않는다.
- 개폐 서지 전압이 높기 때문에 VCB 2차측에 Mold변압기가 설치된 경우 VCB 2차측에 SA(서지 흡수기)를 설치하여 서지로부터 변압기를 보호해야 한다.

답 ③

49 차단기 표준동작책무　　　　　　□□□ check up!

차단기에서 O-3분-CO-3분-CO 인 것의 의미는? (단, O : 차단공작, C : 투입동작, CO : 투입동작에 뒤따라 곧 차단동작)

① 일반 차단기의 표준동작책무
② 자동 재폐로용
③ 정격차단용량 50[mA] 미만의 것
④ 무전압시간

해설　차단기의 동작책무 : 어느 시간 간격을 두고 행하여지는 일련의 동작을 규정한 것
- 일반용 : CO-1분-CO, O-3분-CO-3분-CO
- 고속도 재투입용 : O-0.3초-CO-1분-CO

답 ①

50 부족전압 계전기 - UVR　　　　　　□□□ check up!

전압이 일정값 이하로 되었을 때 동작하는 것으로서 단락 시 고장 검출용으로도 사용되는 계전기는?

① OVR
② OVGR
③ NSR
④ UVR

해설　과전압계전기[OVR]와 부족전압계전기[UVR]
OVR은 일정값 이상의 전압이 걸렸을 때 동작하는 계전기이며, UVR은 일정값 이하로 전압이 떨어졌을 때 동작하는 계전기이다.

답 ④

51 계전기 동작 방법

전압요소가 필요한 계전기가 아닌 것은?

① 주파수 계전기
② 동기탈조 계전기
③ 지락 과전류 계전기
④ 방향성 지락 과전류 계전기

해설 지락과전류계전기[OCGR]는 전압요소가 필요없는 단일 전류요소 계전기이다. 답 ③

52 비율차동계전기

변압기 등 전력설비 내부 고장 시 변류기에 유입하는 전류와 유출하는 전류의 차로 동작하는 보호계전기는?

① 차동계전기
② 지락계전기
③ 과전류계전기
④ 역상전류계전기

해설 발전기, 변압기의 내부고장 보호용, 모선 보호용으로 사용되며 변압기 결선을 Y−△로 하였을 경우 1차측과 2차측은 30°의 위상차가 발생한다. 따라서 비율차동계전기에 연결된 변류기의 결선은 1차측은 △, 2차측은 Y로 접속하여 차동 계전기의 입력전류는 동상이 되도록 한다. 답 ①

53 선택지락계전기

중성점 저항 접지방식의 병행 2회선 송전선로의 지락사고 차단에 사용되는 계전기는?

① 선택접지계전기
② 거리 계전기
③ 과전류계전기
④ 역상계전기

해설 선택지락계전기[SGR]는 접지형계기용변압기[GPT]에서 영상전압을 영상변류기[ZCT]에서 영상전류를 공급받아 동작한다. 선택지락계전기는 특히 병행 2회선 선로에서 1회선에서 지락사고가 발생했을 때 고장 회선만을 선택하여 차단한다. 답 ①

54 모선보호 방식

모선 보호에 사용되는 계전방식이 아닌 것은?

① 위상 비교방식
② 선택접지 계전방식
③ 방향거리 계전방식
④ 전류차동 보호방식

해설 **모선 보호 계전방식**
- 전류차동 계전방식
- 방향비교 계전방식
- 전압차동 계전방식
- 위상비교 계전방식

답 ②

55 역상계전기 □□□ check up!

3상 결선 변압기의 단상운전에 의한 소손방지 목적으로 설치하는 계전기는?

① 차동계전기
② 역상계전기
③ 단락계전기
④ 과전류계전기

해설 3상 결선 변압기의 단상 운전에 의한 소손 방지를 목적으로 설치하는 계전기는 역상 계전기이다. 한편, 과전류계전기와 단락계전기는 단락 사고시에 주로 동작한다.

답 ②

56 사고 확대 방지 □□□ check up!

배전선로에서 사고범위의 확대를 방지하기 위한 대책으로 적당하지 않은 것은?

① 선택접지계전방식 채택
② 자동고장 검출장치 설치
③ 진상콘덴서 설치하여 전압보상
④ 특고압의 경우 자동구분개폐기 설치

해설 진상콘덴서는 안정도 증진을 위한 진상무효전력 공급 장치로서 전압을 보상할 수는 있지만, 배전선로에서 사고범위의 확대를 방지하기 위한 설비는 아니다.

답 ③

57 낙차를 얻는 방법 □□□ check up!

수력발전소의 취수 방법에 따른 분류로 틀린 것은?

① 댐식
② 수로식
③ 역조정지식
④ 유역변경식

해설
- 낙차를 얻는 방법
  수로식, 댐식, 댐수로식, 유역 변경식
- 유량의 사용 방법
  자연유입식, 저수지식, 조정지식, 양수식

답 ③

58 발전기 정격전압

발전소의 발전기 정격전압[kV]으로 사용되는 것은?

① 6.6
② 33
③ 66
④ 154

해설 발전소 발전기 정격전압
3300[V], 6600[V], 11000[V]

답 ①

59 유황곡선 – 저수지 용량

그림과 같은 유황곡선을 가진 수력지점에서 최대사용수량 OC로 1년간 계속 발전하는데 필요한 저수지의 용량은?

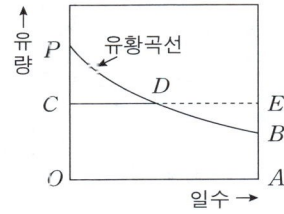

① 면적 CCPBA
② 면적 OCDBA
③ 면적 DEB
④ 면적 PCD

해설 최대사용수량이 OC로 1년간 발전하는데 필요한 전체 수량은 OCEA이다. 여기서, 면적 DEB만큼의 수량이 부족하므로 DEB만큼의 저수지를 건설하면 연간 일정한(OC) 수량으로 발전할 수 있다.

답 ③

60 흡출관 – 반동수차

수력발전설비에서 흡출관을 사용하는 목적으로 옳은 것은?

① 압력을 줄이기 위하여
② 유효낙차를 늘리기 위하여
③ 속도 변동률을 적게 하기 위하여
④ 물의 유선을 일정하게 하기 위하여

해설 흡출관
반동수차의 러너출구에서 방수로까지 이르는 관으로 유효낙차를 늘린다.

답 ②

61 프란시스수차 – 중낙차

반동수차의 일종으로 주요 부분은 러너, 안내 날개, 스피드링 및 흡출관 등으로 되어 있으며 50~500[m] 정도의 중낙차 발전소에 사용되는 수차는?

① 카플란수차 ② 프란시스수차
③ 펠턴수차 ④ 튜블러수차

해설 프란시스수차[반동수차]

러너, 안내 날개, 스피드링 및 흡출관 등으로 되어 있으며 50~500m 정도의 중낙차 발전소에 사용되는 수차이다. 프란시스수차는 적용 가능한 낙차의 범위가 가장 넓고, 구조가 간단하고 가격이 저렴하여 많이 사용되고 있다. 반동식 수차는 가역식이기 때문에 펌프로도 사용 가능하여 양수발전에 사용할 수 있다. 우리나라의 양수식발전에 프란시스 수차가 사용되고 있다.

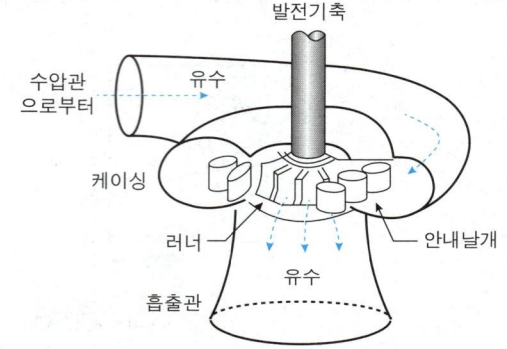

저 낙차	중 낙차		고 낙차
15[m] 이하	15~45[m] 이하	50~500[m] 이하	350[m] 이상
원통형수차 튜블러수차	프로펠러수차 카플란수차	프란시스수차 사류수차	펠턴수차
반동수차			충동수차

답 ②

62 신·재생 – 풍력발전

풍력발전에 대한 설명으로 적합하지 않은 것은?

① 자연에너지 이용의 신시스템으로 각광을 받고 있다.
② 풍력발전은 풍향, 풍속과 관계없이 설치가 가능하다.
③ 풍차는 수평축과 수직축 풍차로 분류할 수 있다.
④ 대용량발전에는 프로펠러와 다리우스 풍차가 있다.

해설 풍력발전의 근원이 되는 평균 풍속은 장소에 따라 서로 다르고 또한 풍향·풍속 변동도 크기 때문에 풍력발전은 입지조건이 중요한 전제가 되는 에너지원이다.

답 ②

63. 화력발전소 - 열효율

연료의 발열량이 430[kcal/kg]일 때, 화력발전소의 열효율[%]은?
(단, 발전기 출력은 P_G[kW], 시간당 연료의 소비량은 B[kg/h]이다.)

① $\dfrac{P_G}{B} \times 100$　　　② $\sqrt{2} \times \dfrac{P_G}{B} \times 100$

③ $\sqrt{3} \times \dfrac{P_G}{B} \times 100$　　　④ $2 \times \dfrac{P_G}{B} \times 100$

해설 화력발전소의 열효율 $\eta = \dfrac{860W}{BH} \times 100 = \dfrac{860 \times W}{B \times 430} \times 100 = \dfrac{2 \times P_G}{B} \times 100$

답 ④

64. 원자력 발전

원자력 발전의 특징이 아닌 것은?

① 건설비와 연료비가 높다.
② 설비는 국내 관련 사업을 발전시킨다.
③ 이산화탄소의 배출이 거의 없다.
④ 방사선 측정기, 폐기물 처리 장치 등이 필요하다.

해설 원자력발전은 기력발전보다 발전소 건설비가 높고, 연료비는 낮다. 원자력발전은 화력발전의 보일러 대신 원자로를 사용한다.

답 ①

65. 송전선로 건설비와 전압

송전선로의 건설비와 전압과의 관계를 나타낸 것은?

①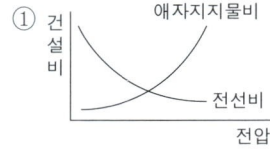

②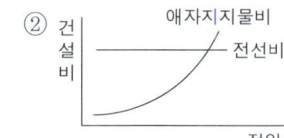

③

④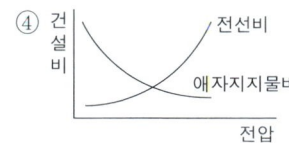

해설 전압이 커지면 전선비는 감소하고, 애자지지물비는 증가한다.

답 ①

[**D-30** 전기기사·산업기사 필기
30일 필기 단기완성]

제3과목
전기기기

Chapter 01 직류 발전기
Chapter 02 직류 전동기
Chapter 03 동기 발전기
Chapter 04 동기 전동기
Chapter 05 변압기
Chapter 06 유도기
Chapter 07 정류기
Chapter 08 특수기기
Chapter 09 CBT 신경향 문제

제3과목

전기기기
DAY - 21

30일 단기완성

Chapter 01
직류 발전기

1. 출제경향분석

본장은 전기기기를 공부함에 있어서 기초가 되는 부분으로 기기의 구조 및 용도에 관련된 문제가 출제됩니다.

> **반드시 알아야 하는 핵심 포인트**
>
> ① 직류기의 3요소 ② 전기자 권선법
> ③ 직류기의 유기기전력 ④ 전기자 반작용
> ⑤ 직류발전기의 종류 ⑥ 병렬운전조건

2. 학습 가이드라인

- 반드시 알아야 하는 핵심 포인트는 전기기사 및 산업기사 시험에서 가장 출제빈도가 높은 논점으로 각 파트별 핵심 포인트와 문제를 연계하여 학습해 주시기를 권장합니다.
- 체크리스트를 작성하시면서 문제의 유형과 학습의 완성도를 스스로 확인해 주세요.
- 출제 빈도가 높고 틀리기 쉬운 문제를 맞출 수 있도록 "콕콕 포인트"를 확인해 주세요.

우선순위 논점	KEY WORD	선생님의 콕콕 포인트
전기자 권선법	중권 및 파권	병렬회로수 중권 : 극수, 파권 : 2
발전기 유기기전력	유기기전력의 비례관계	$E = K\phi N$, $I_f \fallingdotseq \phi$
전기자 반작용	전기자 반작용의 방지대책	보상권선 설치
정류작용 특징	정류시 양호한 정류곡선	가장 양호한 정류곡선은 정현파 곡선
직류발전기 종류	직류발전기의 종류별 유기기전력	$E = V + I_a R_a$ [V] (분권 발전기)
직류발전기 특성곡선	특성곡선에서의 전압과 전류의 관계	외부 특성 곡선 : 단자전압(V) - 부하전류(I)
직류발전기 병렬운전	직류발전기의 병렬운전조건	극성, 단자전압이 같을 것 수하특성일 것, 균압선을 설치

1-1 직류 발전기

1. 직류기 3요소 : 계자, 전기자, 정류자
2. 직류발전기 전기자 철심 : 성층철심(와류손 감소), 규소강판(히스테리시스손 감소)
3. 브러시 종류 : 탄소 브러시, 금속 흑연 브러시
4. 직류기 권선법 : 고상권, 폐로권, 2층권
5. 중권, 파권

	중권(병렬권)	파권(직렬권)
전기자 병렬회로수(a)	극수(p)	2
용도	저전압 대전류	고전압 소전류
균압환	4극 이상	불필요

6. 직류발전기 유기기전력 : $E = Blv \times \dfrac{Z}{a} = \dfrac{pZ\phi N}{60a} = K\phi N$
7. 전기자 반작용 방지책 : 브러시 이동, 보극 설치, 보상권선 설치
8. 양호한 정류대책 : 리액턴스 전압 낮을 것, 보극 설치, 탄소 브러시 사용

01 성층하는 목적 □□□ check up!

전기자철심을 규소강판으로 성층하는 가장 적절한 이유는?

① 가격이 싸다.
② 철손을 작게 할 수 있다.
③ 가공하기 쉽다.
④ 기계손을 작게 할 수 있다.

해설 전기자철심에 규소를 함유하여 성층하면 철손(히스테리시스손, 와류손)을 감소시킬 수 있다.

답 ②

02 전기자 철심 두께 □□□ check up!

전기자철심을 성층할 때 철심의 두께는 약 몇 [mm]로 하는가?

① 0.1~0.25[mm]
② 0.35~0.5[mm]
③ 1~3[mm]
④ 3.5~4[mm]

해설 전기자철심의 두께를 0.35~0.5[mm] 정도로 얇게 하여 성층하여 와류손을 줄인다.

답 ②

03 전기자 권선법

다음 권선법 중에서 직류기에 주로 사용되는 것은?

① 폐로권, 환상권, 이층권
② 폐로권, 고상권, 이층권
③ 개로권, 환상권, 단층권
④ 개로권, 고상권, 이층권

해설 직류기는 고상권, 폐로권, 이층권의 전기자 권선법을 사용한다.   답 ②

04 중권 파권 - 유형 ①

직류기의 전기자 권선을 중권으로 하였을 때 해당하지 않는 조건은?

① 전기자 권선의 병렬 회로수는 극수와 같다.
② 브러시 수는 2개이다.
③ 전압이 낮고, 비교적 전류가 큰 기기에 적합하다.
④ 균압선(환) 접속을 할 필요가 있다.

해설 중권의 브러시수 $b=p$, 병렬회로에 흐르는 전류 $i_a = \dfrac{I_a}{a} = \dfrac{I_a}{p}[\mathrm{A}]$ 답 ②

05 중권 파권 - 유형 ②

직류기의 권선을 단중 파권으로 감으면?

① 내부 병렬회로수가 극수만큼 생긴다.
② 균압환을 연결해야 한다.
③ 저압 대전류용 권선이다.
④ 전기자 병렬회로수가 극수에 관계없이 언제나 2이다.

해설

비교항목	중권	파권
전기자 병렬회로 수(a)	극수(p)	2

답 ④

06 중권 파권 - 유형 ③

직류기의 다중 중권 권선법에서 전기자 병렬 회로수 a와 극수 p 사이에는 어떤 관계가 있는가? (단, 다중도는 m이다.)

① $a=2$
② $a=2m$
③ $a=p$
④ $a=mp$

해설 병렬회로수 $a=p$ (다중도 m이 주어진 경우 : $a=mp$)

답 ④

07 중권 파권 - 유형 ④

전기자 도체의 굵기, 권수, 극수가 모두 동일할 때, 단중 파권은 단중 중권에 비해 전류와 전압의 관계는?

① 소전류 저전압
② 대전류 저전압
③ 소전류 고전압
④ 대전류 고전압

해설

비교항목	중권	파권
용도	저전압, 대전류용	고전압, 소전류용

답 ③

08 중권 파권 - 유형 ⑤

전기자 도체의 굵기, 권수 및 극수가 같을 때 소전류, 고전압을 얻을 수 있는 권선법은?

① 단중 중권
② 단중 파권
③ 균압 접속
④ 개로권

해설 파권의 용도 : 고전압, 소전류

답 ②

09 중권 파권-유형 ⑥

직류기의 권선법에 관한 설명으로 틀린 것은?

① 단중 파권으로 하면 단중 중권의 P/2배인 유기 전압이 발생한다.
② 중권으로 하면 균압환이 필요없다.
③ 단중 중권의 병렬 회로수는 극수와 같다.
④ 중권이나 파권의 권선법에는 모두 진권 및 여권을 할 수 있다.

해설

비교항목	중권(병렬권)	파권(직렬권)
균압환	필요	불필요

답 ②

10 직류기의 유기기전력 - 유형 ①

전기자도체의 총 수 400, 10극 단중 파권으로 매극의 자속수가 0.02[Wb]인 직류발전기가 1200[rpm]의 속도로 회전할 때, 그 유도기전력[V]은?

① 800
② 750
③ 720
④ 700

해설 $E=\dfrac{pZ\phi N}{60a}$[V], $Z=400$, $p=10$극, $a=2$, $\phi=0.02$[Wb], $N=1200$[rpm]

$$\therefore E=\dfrac{10\times 400\times 0.02\times 1200}{60\times 2}=800[\text{V}]$$

답 ①

11 직류기의 유기기전력 - 유형 ②

직류 분권발전기의 극수 8, 전기자 총 도체수 600으로 매분 800회전할 때, 유기기전력이 110[V]라 한다. 전기자권선은 중권일 때, 매극의 자속수[Wb]는?

① 0.03104
② 0.02375
③ 0.01014
④ 0.01375

해설 $E=\dfrac{pZ\phi N}{60a}$[V] → $\phi=\dfrac{60aE}{pZN}$[Wb], $p=8$극, $Z=600$, $N=800$[rpm], $E=110$[V]

$a=p=8$ ∴ $\phi=\dfrac{60aE}{pZN}=\dfrac{60\times 8\times 110}{8\times 600\times 800}=0.01375$[Wb]

답 ④

12 직류기의 유기기전력 – 유형 ③

어떤 타여자발전기가 800[rpm]으로 회전할 때, 120[V] 기전력을 유도하는데 4[A]의 여자 전류를 필요로 한다고 한다. 이 발전기를 640[rpm]으로 회전하여 140[V]의 유도기전력을 얻으려면 몇 [A]의 여자 전류가 필요한가? (단, 자기 회로의 포화현상은 무시한다)

① 6.7　　　　　　　　　　　　② 6.4
③ 6　　　　　　　　　　　　　④ 5.8

해설 $E = K\phi N$ (여기서 여자전류 $I_f ≒ \phi$이다.)

회전수가 바뀌기 전 조건으로 기계정수 K를 알 수 있다. $K = \dfrac{E}{\phi N} = \dfrac{120}{4 \times 800} = 0.0375$

회전수가 바뀐 후 $E' = K\phi' N'$ ∴ $I_f' (≒\phi) = \dfrac{E'}{KN'} = \dfrac{140}{0.0375 \times 640} ≒ 5.8[A]$

답 ④

13 직류기의 유기기전력 – 유형 ④

4극 전기자 권선이 단중 중권인 직류 발전기의 전기자 전류가 20[A]이면 각 전기자 권선의 병렬 회로에 흐르는 전류[A]는?

① 10[A]　　　　　　　　　　② 8[A]
③ 5[A]　　　　　　　　　　　④ 2[A]

해설 병렬회로수 : $a = p$, 병렬회로에 흐르는 전류 : $i_a = \dfrac{I_a}{a} = \dfrac{I_a}{p} = \dfrac{20}{4} = 5$

답 ③

14 전기자반작용 방지책 및 양호한 정류방법

직류발전기의 전기자반작용을 줄이고 정류를 잘 되게 하기 위해서는?

① 리액턴스 전압을 크게 할 것
② 보극과 보상권선을 설치 할 것
③ 브러시를 이동시키고 주기를 크게할 것
④ 보상권선을 설치하여 리액턴스전압을 크게 할 것

해설
- 보상권선
- 보극(리액턴스 전압 감소)

답 ②

15 전기자반작용 방지책

직류기의 전기자반작용에 관한 사항으로 틀린 것은?

① 보상권선은 계자극면의 자속분포를 수정할 수 있다.
② 전기자 반작용을 보상하는 효과는 보상 권선보다 보극이 유리하다.
③ 고속기나 부하변화가 큰 직류기에는 보상권선이 적당하다.
④ 보극은 바로 밑의 전기자권선에 의한 기자력을 상쇄한다.

해설
- 보상권선 : 계자극 표면에 설치하여 전기자 전류와 반대방향의 자속을 발생시켜 전기자 반작용을 크게 줄인다.
- 보극 : 중성축 부근의 반작용만을 줄인다.

답 ②

16 정류곡선

그림과 같은 정류곡선에서 양호한 정류를 얻을 수 있는 곡선은?

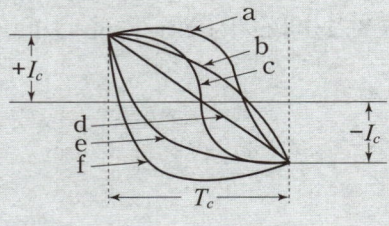

① a, b
② c, d
③ a, f
④ b, e

해설
- 양호한 정류곡선(c, d)
  c : 불꽃 없는 가장 이상적인 곡선이다.
  d : 보극에 의해 정현파 정류가 되며 양호한 정류 곡선이다.
- 부족정류곡선(a, b)
  정류말기에서 전류변화가 급격해져 정류가 불량해지며, 브러시 후반부에 불꽃이 발생한다.
- 과정류곡선(e, f)
  정류초기에서 전류변화가 급격해져 정류가 불량해지며, 브러시 전반부에 불꽃이 발생한다.

답 ②

17 전기자반작용

전기자반작용에 대한 설명으로 틀린 것은?

① 전기자 중성축이 이동하여 주자속이 증가하고 정류자편 사이의 전압이 상승한다.
② 전기자권선에 전류가 흘러서 생긴 기자력은 계자 기자력에 영향을 주어서 자속의 분포가 기울어진다.
③ 직류발전기에 미치는 영향으로는 중성축이 이동되고 정류자 편간의 불꽃 섬락이 일어난다.
④ 전기자 전류에 의한 자속이 계자자속에 영향을 미치게 하여 자속 분포를 변화시키는 것이다.

해설
- 정의 : 전기자 전류로 인하여 주자속(계자극)에 영향을 주는 현상
- 전기자반작용 영향
  - 편자작용 발생(중성축이 이동하는 현상)
    - 중성축 이동 $\begin{cases} \text{발전기 : 회전방향} \\ \text{전동기 : 회전반대방향} \end{cases}$
  - 감자작용 발생(극당 자속이 감소하는 현상)

답 ①

18 보극

직류기에 보극을 설치하는 목적이 아닌 것은?

① 정류자의 불꽃 방지
② 브러시의 이동 방지
③ 정류 기전력의 발생
④ 난조의 방지

해설
- 기하학적 중성축상에 설치한 소자극
- 전기자 권선과 직렬로 접속
- 극성 : 회전 방향보다 하나 빠르게 표시
- 크기 : 전기자 기자력의 1.3~1.4배 정도

답 ④

19 보상권선

직류기의 보상권선은?

① 계자와 병렬로 연결
② 계자와 직렬로 연결
③ 전기자와 병렬로 연결
④ 전기자와 직렬로 연결

해설
- 전기자와 직렬로 연결하여 전기자 반작용 방지
- 보상권선의 전류 방향 : 전기자 전류와 반대 방향의 전류
- 전기자 반작용 방지에 가장 효과적

답 ④

20 정류자 편간전압

6극 직류발전기의 정류자 편수가 132, 단자전압이 220[V], 직렬 도체수가 132개이고 중권이다. 정류자 편간전압[V]은?

① 10
② 20
③ 30
④ 40

해설 정류자편간 평균전압 $e_a = \dfrac{\text{전체회로의 기전력}}{\text{정류자편수}} = \dfrac{E \times a}{K} = [\text{V}]$

$E = 220[\text{V}]$, $a = p = 6$, $K = 132$, $e_a = \dfrac{220 \times 6}{132} = 10[\text{V}]$

답 ①

21 전기자 반작용 – 감자기자력

전기자 총 도체수 152, 4극, 파권인 직류 발전기가 전기자 전류를 100[A]로 할 때 매극당 감자기자력[AT/극]은 얼마인가? (단, 브러시의 이동각은 10°이다.)

① 33.6
② 52.8
③ 105.6
④ 211.2

해설 감자기자력 $AT_d = \dfrac{2\alpha}{180} \cdot \dfrac{ZI_a}{2ap} [\text{AT/극}]$, $Z = 152$, $P = 4$, $a = 2$, $I_a = 100[\text{A}]$, $\alpha = 10°$

∴ $AT_d = \dfrac{2 \times 10}{180} \cdot \dfrac{152 \times 100}{2 \times 2 \times 4} ≒ 105.6[\text{AT/극}]$

답 ③

1-2 직류 발전기

1. 직류 발전기의 종류 : 타여자 발전기, 자여자 발전기(직권, 분권, 복권)
2. 자여자 발전기 : 잔류자기가 존재하여야 하며 역회전시 잔류자기가 소멸되어 발전하지 않는다.
3. 특성곡선
   ① 무부하 포화 특성곡선 : E(유기기전력) - I_f(계자전류)
   ② 부하 포화 특성곡선 : V(단자전압) - I_f(계자전류)
   ③ 외부 특성곡선 : V(단자전압) - I(부하전류)
4. 발전기의 전압변동률 $\varepsilon = \dfrac{\text{무부하전압} - \text{정격전압}}{\text{정격전압}} \times 100 = \dfrac{V_0 - V_n}{V_n} \times 100$
5. 직류발전기의 병렬운전
   ① 극성이 일치할 것
   ② 정격전압이 같을 것
   ③ 외부특성이 수하특성일 것
   ④ 균압선을 설치하여 안정한 운전을 할 것

01 직류발전기 운전 조건 □□□ check up!

직류발전기의 계자철심에 잔류자기가 없어도 발전할 수 있는 발전기는?

① 타여자기   ② 복권기
③ 직권기   ④ 분권기

해설 타여자기는 외부전원에 의해 여자되므로 잔류자기가 필요없다.   답 ①

02 직류 분권 발전기 □□□ check up!

직류 분권발전기를 서서히 단락상태로 하면 다음 중 어떠한 상태로 되는가?

① 과전류로 소손된다.   ② 과전압이 된다.
③ 소전류가 흐른다.   ④ 운전이 정지된다.

해설 분권발전기의 부하전류가 어느 값 이상으로 증가하게 되면 단자전압이 감소하여 부하전류는 소전류가 흐른다.   답 ③

03 직류발전기 전압확립　　　□□□ check up!

무부하에서 자기 여자로 전압을 확립하지 못하는 직류 발전기는?

① 타여자 발전기　　　　　　② 직권 발전기
③ 분권 발전기　　　　　　　④ 차동복권 발전기

해설　직권 발전기는 무부하시 폐회로가 되지 않아 여자되지 않으므로 발전이 되지 않는다.　　답　②

04 직류 복권발전기 - 유형 ①　　　□□□ check up!

가동복권 발전기의 내부 결선을 바꾸어 분권 발전기로 하려면?

① 직권 계자를 단락시킨다.　　② 분권 계자를 단락시킨다.
③ 외분권 복권형으로 한다.　　④ 분권 발전기로 할 수 없다.

해설　복권발전기를 직권 및 분권발전기로 사용하는 경우
- 직권발전기로 사용시 : 분권계자권선 개방(open)
- 분권발전기로 사용시 : 직권계자권선 단락(short)　　답　①

05 직류 복권발전기 - 유형 ②　　　□□□ check up!

직류 가동 복권 발전기를 전동기로 사용하자면?

① 가동복권 전동기로 사용 가능　　② 차동복권 전동기로 사용 가능
③ 속도가 급상승해서 사용 불능　　④ 직권 코일의 분리가 필요

해설　발전기와 전동기는 구조가 같지만 전류의 방향이 반대가 되며 직권 계자 코일에 흐르는 전류의 방향이 반대가 되므로 다음과 같이 용도가 바뀌게 된다.
- 가동 복권 발전기 ↔ 차동 복권 전동기
- 차동 복권 발전기 ↔ 가동 복권 전동기　　答　②

06 직류 분권 발전기 ☐☐☐ check up!

직류 분권 발전기를 역회전하면?
① 발전되지 않는다.
② 정회전 때와 마찬가지이다.
③ 과대 전압이 유기된다.
④ 섬락이 일어난다.

해설 자여자 발전기인 직류 분권 발전기는 역회전시 반대로 흐르는 전류가 잔류자기를 소멸시켜 발전이 되지 않는다. 답 ①

07 직류 발전기 유기기전력 - 유형 ① ☐☐☐ check up!

전기자 저항이 0.3[Ω]이며, 단자전압이 210[V], 부하 전류가 95[A], 계자 전류가 5[A]인 직류 분권 발전기의 유기기전력[V]은?
① 180
② 230
③ 240
④ 250

해설 $E=V+I_a R_a$[V], 전기자 저항 $R_a=0.3$[Ω], 단자 전압 $V=210$[V]
전기자 전류 $I_a=I+I_f=95+5$[A]$=100$[A] ∴ $E=210+100\times 0.3=240$[V] 답 ③

08 직류 발전기 유기기전력 - 유형 ② ☐☐☐ check up!

1000[kW], 500[V]의 분권 발전기가 있다. 회전수 246[rpm]이며 슬롯수 192, 슬롯 내부 도체수 6, 자극수 12일 때 전부하시의 자속수[Wb]는 얼마인가? (단, 전기자 저항은 0.006[Ω]이고, 단중 중권이다.)
① 1.85
② 0.11
③ 0.0185
④ 0.001

해설 $E=\dfrac{pZ\phi N}{60a}$ → $\phi=\dfrac{60aE}{pZN}$[Wb]
총 도체수 $Z=$슬롯수$\times$슬롯 내부 도체수$=192\times 6=1152$
$p=12$, $R_a=0.006$[Ω], $a=p=12$, $V=500$[V], $N=246$[rpm]
$E=V+I_a R_a=V+\dfrac{P}{V}\times R_a=500+\dfrac{1000\times 10^3}{500}\times 0.006=512$[V]
∴ $\phi=\dfrac{60\times 12\times 512}{12\times 1152\times 246}≒0.11$[Wb] 답 ②

09 직류 발전기 유기기전력 - 유형 ③

직류발전기를 전동기로 사용하고자 한다. 이 발전기의 정격전압 120[V], 정격전류 40[A], 전기자저항 0.15[Ω], 전부하일 때 발전기와 같은 속도로 회전시키려면 단자전압은 몇 [V]를 공급하여야 하는가? (단, 전기자 반작용 및 여자 전류는 무시한다.)

① 114[V]
② 126[V]
③ 132[V]
④ 138[V]

해설 발전기의 유기기전력 $E = V + I_a R_a = 120 + 0.15 \times 40 = 126[V]$
같은 속도의 전동기 역기전력 $E = V - I_a R_a$ → $V = E + I_a R_a = 126 + 0.15 \times 40 = 132[V]$

답 ③

10 직류 발전기 특징 - 유형 ①

직류 발전기의 단자 전압을 조정하려면 다음 어느 것을 조정하는가?

① 기동저항
② 계자저항
③ 방전저항
④ 전기자저항

해설 계자저항을 조정하여 계자전류를 변화시키면 유기기전력이 변화하며 단자전압도 변화하게 된다.

답 ②

11 직류 발전기 특징 - 유형 ②

직류 발전기의 종류별 특성 설명 중 틀린 것은?

① 타여자발전기 : 전압강하가 적고 계자전압은 전기자 전압과 관계없이 설계된다.
② 분권발전기 : 타여자발전기와 같이 전압변동률이 적고, 다른 여자전원이 필요 없다.
③ 가동복권발전기 : 단자전압을 부하의 증감에 관계없이 거의 일정하게 유지할 수 있다.
④ 차동복권발전기 : 부하의 변화에 따라 전압이 변화하지 않는 특성이 있는 발전기이다.

해설 차동복권 발전기는 수하특성이 가장 좋은 직류 발전기로 부하의 증가에 따라 전압이 강하하여 일정한 전류를 만들어 주는 특성을 갖는다.

답 ④

12 직류 발전기 특성곡선 – 유형 ①

직류발전기의 무부하 포화 곡선과 관계되는 것은 어느 것인가?

① 단자전압과 여자전류
② 단자전압과 부하전류
③ 유기기전력과 계자전류
④ 부하전류와 회전속도

해설 무부하 포화 특성곡선은 계자전류를 증가시켰을 때 얻는 유기기전력이 대한 곡선이다.   **답** ③

13 직류 발전기 특성곡선 – 유형 ②

직류발전기의 외부특성곡선에서 나타내는 관계로 옳은 것은?

① 계자전류와 단자전압
② 계자전류와 부하전류
③ 부하전류와 유기기전력
④ 부하전류와 단자전압

해설
- 무부하 포화 특성곡선 : 유기기전력(E) – 계자전류(I_f) 관계
- 부하 포화 특성곡선 : 단자전압(V) – 계자전류(I_f) 관계
- 외부 특성 곡선 : 단자전압(V) – 부하전류(I) 관계   **답** ④

14 전압변동률

정격 전압 200[V], 무부하 전압 220[V]인 발전기의 전압 변동률[%]은?

① 5
② 6
③ 9
④ 10

해설 전압변동률 $\varepsilon = \dfrac{V_0 - V_n}{V_n} \times 100[\%] = \dfrac{220 - 200}{200} \times 100[\%] = 10[\%]$ **답** ④

15 직류발전기 병렬운전 – 유형 ①

2대의 직류발전기를 병렬운전할 때, 필요한 조건 중 틀린 것은?

① 전압의 크기가 같을 것
② 극성이 일치할 것
③ 주파수가 같을 것
④ 외부특성이 수하특성일 것

해설
- 극성이 일치할 것
- 단자전압이 같을 것
- 외부특성이 수하특성일 것
- 직권, (과)복권의 경우 균압선을 설치   **답** ③

16 직류발전기 병렬운전 - 유형 ② □□□ check up!

직류발전기를 병렬운전 할 때 균압모선이 필요한 직류기는?

① 직권발전기, 분권발전기
② 직권발전기, 복권발전기
③ 복권발전기, 분권발전기
④ 분권발전기, 단극발전기

해설
- 균압모선의 목적 : 직류발전기의 안정된 병렬운전을 위하여
- 병렬운전시 균압모선이 필요한 발전기 : 직권발전기, (과)복권발전기

답 ②

17 직류발전기 병렬운전 - 유형 ③ □□□ check up!

A, B 두 대의 직류 발전기를 병렬 운전하여 부하에 100[A]를 공급하고 있다. A발전기의 유기기전력과 내부저항은 110[V]과 0.04[Ω]이고 B발전기의 유기기전력과 내부저항은 112[V]와 0.06[Ω]이다. 이때 A발전기에 흐르는 전류[A]는?

① 4
② 6
③ 40
④ 60

해설 직류 발전기의 병렬운전 조건은 단자전압이 같아야 한다. ($V_A = V_B$)

이는 $E_A - I_A R_A = E_B - I_B R_B$[V]로 표현되며 문제에서 주어진 값들을 대입하면

$110 - I_A \times 0.04 = 112 - I_B \times 0.06$ 이다.

$I = I_A + I_B = 100$ → $I_A = 100 - I_B$로 치환되므로 이를 대입하면

$110 - (100 - I_B) \times 0.04 = 112 - I_B \times 0.06$

∴ $0.1 I_B = 6$, $I_B = 60$[A], $I_A = 40$[A]

답 ③

18 직류발전기 병렬운전 - 유형 ④ □□□ check up!

직류발전기의 병렬운전에서 부하분담의 방법은?

① 계자전류와 무관하다.
② 계자전류가 증가하면 부하분담은 증가한다.
③ 계자전류가 감소하면 부하분담은 증가한다.
④ 계자전류가 증가하면 부하분담은 감소한다.

해설
- 저항이 같을 때 : 유기기전력이 큰 쪽이 부하를 더 많이 분담한다.
- 유기기전력이 같을 때 : 전기자 저항에 반비례하여 분담한다.
∴ 계자전류가 증가하면 유기기전력도 증가하므로 부하분담도 증가한다.

답 ②

[**D-30** 전기기사·산업기사 필기
30일 필기 단기완성]

제3과목 전기기기 DAY-21

30일 단기완성

Chapter 02 직류 전동기

1. 출제경향분석

본장은 전기기기를 공부함에 있어서 기초가 되는 부분으로 기기의 구조 및 용도에 관련된 문제가 출제됩니다.

반드시 알아야 하는 핵심 포인트

① 직류전동기의 원리 및 토크
② 직류전동기의 종류와 특성
③ 직류전동기의 운전법
④ 전기기기의 손실과 효율
⑤ 직류기의 측정 및 시험법

2. 학습 가이드라인

- 반드시 알아야 하는 핵심 포인트는 전기기사 및 산업기사 시험에서 가장 출제빈도가 높은 논점으로 각 파트별 핵심 포인트와 문제를 연계하여 학습해 주시기를 권장합니다.
- 체크리스트를 작성하시면서 문제의 유형과 학습의 완성도를 스스로 확인해 주세요.
- 출제 빈도가 높고 틀리기 쉬운 문제를 맞출 수 있도록 "콕콕 포인트"를 확인해 주세요.

우선순위 논점	KEY WORD	선생님의 콕콕 포인트
직류전동기의 토크	전부하, 분권전동기, 토크	전기자 저항, 자속이 주어졌을 시 구분해서 암기할 것
직류전동기의 특성	직권전동기, 회전수, 토크	토크와 회전수의 관계를 이해할 것
분권전동기의 특성	분권전동기, 무부하운전, 단선	분권전동기의 속도와 무부하시의 관계를 숙지할 것
직권전동기의 특성	직권전동기, 위험속도	직권전동기가 언제 위험속도에 도달하는지 숙지할 것
직류전동기 제동법	제동법, 극성	직류전동기의 각각의 제동법의 특징을 비교 숙지할 것
전동기의 효율	효율, 고정손실, 가변손실	효율에서 입력과 출력을 구분해서 숙지할 것

2 직류 전동기

1. 직류 전동기 토크

$$T = \frac{60I_a(V-I_aR_a)}{2\pi N} = \frac{pZ\phi I_a}{2\pi a}[\text{N}\cdot\text{m}] = K\phi I_a = 0.975 \times \frac{P[\text{W}]}{N}[\text{kg}\cdot\text{m}]$$

2. 분권전동기 : 정격전압 상태에서 무여자 운전을 하면 위험속도에 도달하기 때문에 계자권선의 단선을 피할 것 ($T \propto I_a \propto 1/N$)
3. 직권전동기 : 정격전압 운전 중 무부하(무여자) 하지 말것. 벨트가 끊어질 경우 무부하 상태가 되어 위험속도 도달 ($T \propto I_a^2 \propto 1/N^2$)
4. 직류전동기의 속도제어 : 전압제어법, 저항제어법, 계자제어법
5. 전기기기의 효율

    - 발전기의 규약효율 : $\eta_G = \dfrac{출력}{출력+손실} \times 100[\%]$
    - 전동기의 규약효율 : $\eta_M = \dfrac{입력-손실}{입력} \times 100[\%]$

01 직류전동기 종류 및 특성 - 유형 ① ☐☐☐ check up!

다음 ( ) 안에 알맞은 내용은?

직류전동기의 회전속도가 위험한 상태가 되지 않으려면 직권 전동기는 (①) 상태로, 분권전동기는 (②) 상태가 되지 않도록 하여야 한다.

① ⓐ 무부하, ⓑ 무여자
② ⓐ 무여자, ⓑ 무부하
③ ⓐ 무여자, ⓑ 경부하
④ ⓐ 무부하, ⓑ 경부하

해설 직류 전동기 위험상태

직권 전동기 : 정격전압, 무부하 상태 분권 전동기 : 정격전압, 무여자 상태

답 ①

02 직류전동기 종류 및 특성 - 유형 ② ☐☐☐ check up!

회전수 $N[\text{rpm}]$으로 단자 전압이 $E_t[\text{V}]$일 때, 정격 부하에서 $I_a[\text{A}]$의 전기자 전류가 흐르는 직류 분권 전동기의 전기자 저항이 $R_a[\Omega]$이라고 한다. 이 전동기를 같은 전압으로 무부하 운전할 때 그 속도 $N'[\text{rpm}]$는? (단 그 전기자 반작용 및 자기 포화 현상 등은 일체 무시한다.)

① $\dfrac{N}{E_t - I_a R_a}$
② $\left(\dfrac{E_t}{E_t - I_a R_a}\right) N$
③ $\left(\dfrac{E_t - I_a R_a}{E_t}\right) N$
④ $\left(\dfrac{E_t + I_a R_a}{E_t}\right) N$

해설 무부하시 단자전압=역기전력
정격 부하시 단자전압 $E_1 = E_t - I_a R_a$, 무부하시 단자전압 $E_2 = E_t$
$E_1 : N = E_2 : N'$, $N' = \dfrac{E_2}{E_1} N = \dfrac{E_t}{E_t - I_a R_a} N$

답 ②

03 직류전동기 종류 및 특성 - 유형 ③ ☐☐☐ check up!

부하가 변하면 현저하게 속도가 변하는 직류전동기는?
① 가동 복권 전동기
② 분권 전동기
③ 직권 전동기
④ 차동 복권 전동기

해설 속도변동률 및 토크의 대소 관계 : 직권 ➡ 가동복권 ➡ 분권 ➡ 차동복권

답 ③

04 직류전동기 종류 및 특성 - 유형 ④ ☐☐☐ check up!

다음 설명 중 잘못된 것은?
① 전동차용 전동기는 직권전동기를 쓴다.
② 승용 엘리베이터는 워드-레오나드 방식이 사용된다.
③ 기중기용 전동기는 직류분권 전동기를 쓴다.
④ 크레인, 엘리베이터 등은 가동복권전동기를 쓴다.

해설
- 직권 : 전기철도, 기중기, 크레인, 엘리베이터(워드-레오나드)
- 가동 복권 전동기 : 크레인, 엘리베이터, 공작기계

답 ③

05 직류전동기 종류 및 특성 – 유형 ⑤ □□□ check up!

직류전동기의 설명 중 옳은 것은?

① 전동차용 전동기는 차동복권 전동기이다.
② 직권 전동기가 운전 중 무부하로 되면 위험 속도가 된다.
③ 부하변동에 대하여 속도변동이 가장 큰 직류전동기는 분권전동기이다.
④ 직류직권 전동기는 속도조정이 어렵다.

해설 직권 전동기가 위험한 경우 : 무부하가 되면 속도가 상승하여 위험하게 된다. 답 ②

06 직류전동기 종류 및 특성 – 유형 ⑥ □□□ check up!

다음 중 옳은 것은?

① 전차용 전동기는 차동 복권 전동기이다.
② 분권 전동기의 운전 중 계자 회로만이 단선되면 위험 속도가 된다.
③ 직권 전동기에서는 부하가 줄면 속도가 감소한다.
④ 분권 전동기는 부하에 따라 속도가 많이 변한다.

해설 분권 전동기 : 계자가 단선이 되면 속도가 상승하여 위험하게 된다. 답 ②

07 직류전동기 종류 및 특성 – 유형 ⑦ □□□ check up!

직권계자 권선저항 $0.2[\Omega]$, 전기자 저항 $0.3[\Omega]$의 직권 전동기에 $200[V]$를 가하였더니 부하전류 $20[A]$였다. 이 때 전동기의 속도[rpm]는? (단, 기계정수는 3.0이다.)

① 1140   ② 1560
③ 1710   ④ 1930

해설 $I_a = I_f = I \fallingdotseq \phi$, $n = K \dfrac{V - I_a(R_a + R_s)}{\phi} \times 60 = 3 \times \dfrac{200 - 20(0.2 + 0.3)}{20} \times 60 = 1710[\text{rpm}]$ 답 ③

08 직류전동기 종류 및 특성 – 유형 ⑧ □□□ check up!

직권 전동기의 전기자 전류가 30[A]일 때 210[kg·m]의 토크를 발생한다. 전기자 전류가 90[A]로 되면 토크는 몇 [kg·m]로 되는가? (단, 자기포화는 무시한다.)

① 1625　　　　　　　　　　　　② 1758
③ 1890　　　　　　　　　　　　④ 1935

해설 직권 전동기 : $T \propto I_a^2$

$$T : I_a^2 = T_1 : I_{a1}^2 \rightarrow 210 : 30^2 = T_1 : 90^2 \rightarrow T_1 = \left(\frac{90}{30}\right)^2 \times 210 = 1890[\text{kg} \cdot \text{m}]$$

답 ③

09 직류전동기 종류 및 특성 – 유형 ⑨ □□□ check up!

직류 직권전동기의 회전수를 반으로 줄이면 토크는 약 몇 배인가?

① $\frac{1}{4}$　　　　　　　　　　　　② $\frac{1}{2}$
③ 4　　　　　　　　　　　　　　④ 2

해설 직권 전동기 : $T \propto \frac{1}{N^2}$, $T' = \frac{1}{\left(\frac{1}{2}\right)^2} = 4$

답 ③

10 직류전동기 종류 및 특성 – 유형 ⑩ □□□ check up!

직류 분권 전동기가 있다. 총 도체수 100, 단중 파권으로 자극수는 4, 자속수 3.14[Wb], 부하를 가하여 전기자에 5[A]가 흐르고 있으면 이 전동기의 토크[N·m]는?

① 400　　　　　　　　　　　　② 450
③ 500　　　　　　　　　　　　④ 550

해설 토크 $T = \frac{pZ\phi I_a}{2\pi a}[\text{N} \cdot \text{m}]$, $Z=100$, $p=4$, $\phi=3.14[\text{Wb}]$, $I_a=5[\text{A}]$, $a=2$

$\therefore$ 토크 $T = \frac{4 \times 100 \times 3.14 \times 5}{2\pi \times 2} \fallingdotseq 500[\text{N} \cdot \text{m}]$

답 ③

11 직류전동기 토크

출력 3[kW], 1500[rpm]인 전동기의 토크[kg·m]는?

① 1.5
② 2
③ 3
④ 15

해설 $T = 0.975 \times \dfrac{P}{N}$[N·m] 출력 $p = 3$[kW], $N = 1500$[rpm]

∴ 토크 $T = 0.975 \times \dfrac{3000}{1500} \fallingdotseq 2$[kg·m]

답 ②

12 직류전동기 속도

전기자 저항 0.3[Ω], 직권 계자 권선의 저항 0.7[Ω]의 직권 전동기에 110[V]를 가하였더니 부하 전류가 10[A]이었다. 이때 전동기의 속도[rpm]는? (단, 기계 정수는 2이다.)

① 1200
② 1500
③ 1800
④ 3600

해설 (직권)회전수 $N = K' \dfrac{V - I_a(R_a + R_s)}{\phi}$[rps]에서 직권 전동기이므로 $I_a = I \fallingdotseq \phi$이다.

∴ $N = 2 \times \dfrac{110 - 10(0.3 + 0.7)}{10} \times 60 = 1200$[rpm] ※ 단위주의 [rps]×60=[rpm]

답 ①

13 직류전동기 종류 및 특성 - 유형 ⑪

무부하로 운전하고 있는 분권전동기의 계자회로가 갑자기 끊어졌을 때의 전동기의 속도는?

① 전동기가 갑자기 정지한다.
② 속도가 약간 낮아진다.
③ 속도가 약간 빨라진다.
④ 전동기가 갑자기 가속하여 고속이 된다.

해설 전동기의 회전수 $n = K' \dfrac{V - I_a R_a}{\phi}$[rps]에서

계자회로가 끊어지면 $\phi \fallingdotseq 0$이 되어 $n = \infty$(위험속도)에 도달하게 된다.

답 ④

14 직류전동기 종류 및 특성 - 유형 ⑫

직류 직권전동기의 발생 토크는 전기자 전류를 변화시킬 때, 어떻게 변하는가? (단, 자기 포화는 무시한다.)

① 전류에 비례한다.
② 전류의 제곱에 비례한다.
③ 전류에 반비례한다.
④ 전류의 제곱에 반비례한다.

해설 직류 직권 전동기는 계자와 전기자가 직렬연결된 전동기로서 전기자에 흐르는 전류가 계자자속에도 그대로 영향을 미치므로 $T=k\phi I_a$에서 $I_a \fallingdotseq \phi$가 되어 전류의 제곱에 비례한다.

답 ②

15 직류전동기 종류 및 특성 - 유형 ⑬

직류 직권 전동기가 전차용에 사용되는 이유는?

① 속도가 클 때 토크가 크다.
② 토크가 클 때 속도가 적다.
③ 기동토크가 크고 속도는 불변이다.
④ 토크는 일정하고 속도는 전류에 비례한다.

해설 직권 전동기는 $T \propto I^2 \propto \dfrac{1}{N^2}$이므로, 기동토크가 큰 곳에 사용한다.

답 ②

16 직류전동기 종류 및 특성 - 유형 ⑭

직류 직권 전동기에서 벨트(belt)를 걸고 운전하면 안 되는 이유는?

① 손실이 많아진다.
② 직결하지 않으면 속도 제어가 곤란하다.
③ 벨트가 벗겨지면 위험 속도에 도달한다.
④ 벨트가 마모하여 보수가 곤란하다.

해설 벨트는 끊어질 경우 무부하가 되어 위험속도에 도달하므로 기동토크가 큰 직권에서는 사용하지 않는다.

답 ③

17 직류전동기 종류 및 특성 - 유형 ⑮

직류 직권전동기에서 토크 T와 회전수 N의 관계는?

① $T \propto N$
② $T \propto N^2$
③ $T \propto \dfrac{1}{N}$
④ $T \propto \dfrac{1}{N^2}$

해설 직류 직권전동기의 토크는 회전수의 제곱에 반비례한다.

답 ④

18 직류전동기 종류 및 특성 – 유형 ⑯ □□□ check up!

직권 전동기에서 위험속도가 되는 경우는?

① 저전압, 과여자
② 정격전압, 무부하
③ 정격전압, 과부하
④ 전기자에 저저항 접속

해설 직권 전동기에서 $I_a = I = I_f \doteqdot \phi$이다. 회전수 $n = K' \dfrac{V - I_a(R_a + R_s)}{\phi}$[rps]이며 정격전압상태에서 무부하시 $\phi = 0$이 되므로 회전수 $n = \infty$(위험속도)가 된다.

답 ②

19 직류 전동기 속도변동률 □□□ check up!

그림과 같은 여러 직류 전동기의 속도 특성 곡선을 나타낸 것이다. ①~④ 까지 차례로 맞는 것은?

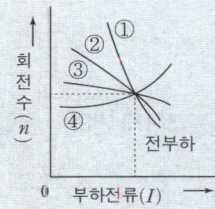

① 차동복권, 분권, 가동복권, 직권
② 분권, 직권, 가동복권, 차동복권
③ 가동복권, 차동복권, 직권, 분권
④ 직권, 가동복권, 분권, 차동복권

해설
大 ──────────────────────→ 小
직권전동기 – 가동복권전동기 – 분권전동기 – 차동복권전동기 – 타여자전동기

답 ④

20 직류전동기 효율 – 유형 ① □□□ check up!

직류 전동기의 규약 효율은 어떤 식으로 표시된 식에 의하여 구하여진 값인가?

① $\eta = \dfrac{출력}{입력} \times 100[\%]$
② $\eta = \dfrac{출력}{출력 + 손실} \times 100[\%]$
③ $\eta = \dfrac{입력 - 손실}{입력} \times 100[\%]$
④ $\eta = \dfrac{입력}{출력 + 손실} \times 100[\%]$

해설
- 발전기의 규약효율 : $\eta_G = \dfrac{출력}{출력 + 손실} \times 100[\%]$
- 전동기의 규약효율 : $\eta_M = \dfrac{입력 - 손실}{입력} \times 100[\%]$

답 ③

21 직류전동기 효율 – 유형 ② □□□ check up!

효율 80[%], 출력 10[kW]인 직류발전기의 고정손실이 1300[W]라 한다. 이때 발전기의 가변손실이 몇 [W]인가?

① 1000
② 1200
③ 1500
④ 2500

해설
- 효율 = $\dfrac{출력}{입력} \times 100[\%]$, 효율 $\eta = 80[\%]$, 출력 $P_{out} = 10[kW]$
- 입력 = $\dfrac{출력}{효율} \times 100 = \dfrac{10[kW]}{80} = 12.5[kW]$
- 입력 - 출력 = 전체손실, $12.5[kW] - 10[kW] = 2.5[kW]$
  $2.5[kW] - 1.3[kW] = 1.2[kW] = 1200[W]$

답 ②

22 직류전동기 효율 – 유형 ③ □□□ check up!

직류기의 손실 중에서 부하의 변화에 따라서 현저하게 변하는 손실은 다음 중 어느 것인가?

① 표유 부하손
② 철손
③ 풍손
④ 기계손

해설 부하에 따라 현저하게 변하는 손실은 부하손이며 이는 동손과 표유부하손으로 나뉜다.

답 ①

23 직류전동기 손실 □□□ check up!

다음에서 고정손은?

① 철손
② 동손
③ 표유부하손
④ 저항손

해설 고정손(무부하손) = 철손

답 ①

24 직류전동기 속도 제어법 – 유형 ①

워드 레오너드 방식의 목적은?

① 정류개선 ② 계자자속 조정
③ 속도제어 ④ 병렬운전

해설 워드 레오너드 방식은 속도 제어법중 전압 제어법의 일종이다. **답** ③

25 직류전동기 속도 제어법 – 유형 ②

직류 분권전동기에서 부하의 변동이 심할 때, 광범위하게 또한 안정되게 속도를 제어하는 가장 적당한 방식은?

① 계자제어 방식 ② 직렬 저항제어 방식
③ 워드레오너드 방식 ④ 일그너 방식

해설 부하변동이 심할 때 플라이휠을 이용하여 안정하게 속도제어를 하는 방법은 일그너 방식이다.

답 ④

26 직류전동기 속도 제어법 – 유형 ③

워드레오너드 방식과 일그너 방식의 차이점은?

① 플라이휠을 이용하는 점이다. ② 전동발전기를 이용하는 점이다.
③ 직류전원을 이용하는 점이다. ④ 권선형 유도발전기를 이용하는 점이다.

해설
- 워드레오너드 방식 : 부하변동이 심하지 않은 경우 제어하는 방식
- 일그너 방식 : 부하변동이 심할 경우 플라이휠을 이용하여 제어하는 방식

답 ①

제3과목
전기기기
DAY-22

30일 단기완성

Chapter 03
동기 발전기

1 출제경향분석

본장은 전기기기를 공부함에 있어서 기초가 되는 부분으로 기기의 구조 및 용도에 관련된 문제가 출제됩니다.

> **반드시 알아야 하는 핵심 포인트**
>
> ① 동기발전기의 원리 ② 동기발전기의 분류
> ③ 전기자 권선법 ④ 유기기전력
> ⑤ 전기자 반작용 ⑥ 동기발전기의 출력
> ⑦ 동기발전기의 특성 ⑧ 동기발전기의 병렬운전

2 학습 가이드라인

- 반드시 알아야 하는 핵심 포인트는 전기기사 및 산업기사 시험에서 가장 출제빈도가 높은 논점으로 각 파트별 핵심 포인트와 문제를 연계하여 학습해 주시기를 권장합니다.
- 체크리스트를 작성하시면서 문제의 유형과 학습의 완성도를 스스로 확인해 주세요.
- 출제 빈도가 높고 틀리기 쉬운 문제를 맞출 수 있도록 "콕콕 포인트"를 확인해 주세요.

우선순위 논점	KEY WORD	선생님의 콕콕 포인트
동기발전기의 원리	동기속도, 주파수, 극수	동기속도를 구하는 공식을 꼭 암기할 것
동기발전기의 분류	비돌극형, 고속기, 동기계	비돌극형, 돌극형의 차이점을 비교 할 것
전기자권선법	매극 매상 슬롯수, 분포권계수	슬롯수의 공식과 분포권계수 식을 숙지할 것
유기기전력	유기기전력	유기기전력 구하는 식에서 4.44라는 것 꼭 기억할 것
전기자반작용	감자, 증자, 교차자화	진상, 지상, 동위상일 때 각각 작용을 암기할 것
동기발전기의 출력	동기리액턴스, 부하각	단상인지 3상인지 꼭 구분하여 공식의 차이점을 비교
동기발전기의 특성	단락비, 안정도	동기발전기의 특징을 기억할 것
동기발전기 병렬운전	병렬운전, 위상, 주파수, 크기	크. 위. 주. 파. 상

3-1 동기 발전기

1. 동기속도 $N_s = \dfrac{120f}{p}$ (f : 주파수, p : 극수)
2. 회전 계자형의 특징 : 튼튼, 절연 용이(직류 저전압)
3. 원동기에 의한 분류

종류	용도	냉각방식	극수	속도	단락비	리액턴스	최대출력 부하각
돌극기	수차발전기	공기	많다	저속기	크다	$x_d > x_q$	$\delta = 60°$
비돌극기	터빈발전기	수소	적다	고속기	작다	$x_d = x_q$	$\delta = 90°$

4. 전기자 권선법 : 분포권, 단절권
5. 동기기 유기기전력 : $E = 4.44 f \phi W K_\omega$
   (f : 주파수, ϕ : 매극당 자속, W : 1상당 권수, K_ω : 권선계수)

01 동기속도 - 유형 ①

4극에서 60[Hz]의 주파수를 얻으려면 동기 발전기의 회전수를 얼마로 하여야 하는가?

① 1800[rpm] ② 1600[rpm]
③ 1400[rpm] ④ 1200[rpm]

해설 동기속도 $N_s = \dfrac{120f}{p} = \dfrac{120 \times 60}{4} = 1800[\text{rpm}]$

답 ①

02 동기속도 - 유형 ②

3상 20000[kVA]인 동기 발전기가 있다. 이 발전기는 60[c/s]인 때는 200[rpm], 50[c/s]인 때는 167[rpm]으로 회전한다. 이 동기 발전기의 극수는?

① 18극 ② 36극
③ 54극 ④ 72극

해설
- 주파수 $f = 60[\text{Hz}]$인 경우 $N_s = \dfrac{120f}{p}$에서 $p = \dfrac{120f}{N_s} = \dfrac{120 \times 60}{200} = 36$극
- 주파수 $f = 50[\text{Hz}]$인 경우 $N_s = \dfrac{120f}{p}$에서 $p = \dfrac{120f}{N_s} = \dfrac{120 \times 50}{167} \fallingdotseq 36$극

답 ②

03 동기속도 - 유형 ③

동기발전기에서 동기속도와 극수와의 관계를 표시한 것은 어느 것인가? (단, N_s : 동기 속도, p : 극수)

①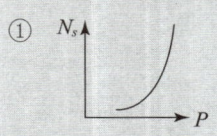
②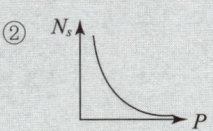
③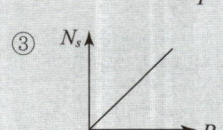
④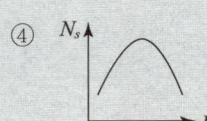

해설 동기속도공식 $N_s = \dfrac{120f}{p}$ 주파수 f는 일정하므로 동기속도와 극수는 반비례 관계이다.

답 ②

04 회전자 종류에 따른 특징 - 유형 ①

대형 수차발전기를 회전계자형 동기발전기로 하는 이유는?

① 효율이 좋다.
② 절연이 용이하다.
③ 냉각효과가 크다.
④ 기전력의 파형개선

해설 회전계자형 기기의 특징
- 절연이 용이하고 기계적으로 튼튼하다.
- 계자권선의 전원이 직류전원으로 소요전력이 작다.
- 전기자 권선은 고압으로 결선이 복잡하다.

답 ②

05 회전자 종류에 따른 특징 - 유형 ②

동기발전기는 회전 계자형을 사용하는 경우가 많다. 그 이유로 적합하지 않은 것은?

① 계자극은 기계적으로 튼튼하다.
② 전기자 권선은 고전압으로 결선이 복잡하다.
③ 기전력의 파형을 개선한다.
④ 계자회로는 직류 저전압으로 소요전력이 적다.

해설 기전력의 파형은 권선법을 이용해서 개선한다.

답 ③

06 회전자 종류에 따른 특징 – 유형 ③　　　□□□ check up!

동기 발전기에서 전기자와 계자의 권선이 모두 고정되고 유도자가 회전하는 것은?

① 수차발전기　　　　　　　　② 고주파발전기
③ 터빈발전기　　　　　　　　④ 엔진발전기

해설

분류	고정자	회전자	용도
회전 전기자형	계자	전기자	직류발전기
회전 계자형	전기자	계자	동기발전기
유도자형	계자, 전기자	유도자	고주파 발전기

답　②

07 회전자 종류에 따른 특징 – 유형 ④　　　□□□ check up!

보통 회전 계자형으로 하는 전기 기계는?

① 직류 발전기　　　　　　　　② 회전 변류기
③ 동기 발전기　　　　　　　　④ 유도 발전기

해설　문제 6번 참고　　　　　　　　　　　　　답　③

08 주변속도 ①　　　□□□ check up!

60[Hz], 12극 회전자 외경 2[m]의 동기발전기에 있어서 자극면의 주변 속도[m/s]는?

① 30　　　　　　　　　　　② 40
③ 50　　　　　　　　　　　④ 62

해설　동기 발전기의 회전자 주변속도 $v = \pi D \times \dfrac{N_s}{60}$[m/s], 외경(지름) $D = 2$[m]

동기속도 $N_s = \dfrac{120f}{P} = \dfrac{120 \times 60}{12} = 600$[rpm], $v = \pi \times 2 \times \dfrac{600}{60} ≒ 62$[m/s]　　답　④

09 주변속도 ②

4극 60[Hz]의 3상 동기발전기가 있다. 회전자의 주변속도를 200[m/s] 이하로 하려면 회전자의 최대 직경을 약 몇 [m]로 하여야 하는가?

① 1.5
② 1.8
③ 2.1
④ 2.8

해설 주변속도 $v = \pi D \dfrac{N_s}{60}$, 동기속도 $N_s = \dfrac{120f}{p} = \dfrac{120 \times 60}{4} = 1800$

회전자의 지름 $D = \dfrac{v}{\pi \times \dfrac{N_s}{60}} = \dfrac{200}{\pi \times \dfrac{1800}{60}} = 2.12[\text{m}]$

답 ③

10 원동기 종류에 따른 특징 – 유형 ①

비돌극형 발전기의 특징에 해당되지 않는 것은?

① 극수가 적다.
② 공극이 균일하다.
③ 고속기이다.
④ 철기계이다.

해설

돌극형	비돌극형
극수가 많다	극수가 적다
공극이 불균일하다	공극이 균일하다
저속기(수차발전기)	고속기(터빈발전기)
철기계	동기계

답 ④

11 원동기 종류에 따른 특징 – 유형 ②

동기기(돌극형)에서 직축리액턴스 X_d와 횡축리액턴스 X_q는 그 크기 사이에 어떤 관계가 성립하는가? (단, X_s는 동기리액턴스이다.)

① $X_q = X_d = X_s$
② $X_q > X_d$
③ $X_d > X_q$
④ $X_q = 2X_d$

해설 돌극형(철극기)발전기는 직축리액턴스가 횡축리액턴스보다 큰 구조이다. $X_d > X_q$

답 ③

12 원동기 종류에 따른 특징 – 유형 ③ □□□ check up!

돌극형발전기의 특징으로 해당되지 않는 것은?
① 극수가 많다.
② 공극이 불균일하다.
③ 저속기이다.
④ 동기계이다.

해설 문제 10번 참고 답 ④

13 전기자 권선법 – 유형 ① □□□ check up!

동기기의 전기자 권선법이 아닌 것은?
① 분포권
② 전절권
③ 2층권
④ 중권

해설 동기발전기의 전기자는 2층권 및 중권을 이용하며 기전력의 좋은 파형을 얻기 위해 단절권과 분포권을 채용한다. 또한, 전절권 및 집중권은 고조파가 포함되므로 현재는 사용하지 않는다. 답 ②

14 전기자 권선법 – 유형 ② □□□ check up!

동기 발전기에서 기전력의 파형을 좋게 하고 누설리액턴스를 감소시키기 위하여 채택한 권선법은?
① 집중
② 분포권
③ 단절권
④ 전절권

해설 동기발전기의 전기자 권선법을 분포권으로 하면 고조파를 감소시켜 기전력의 파형을 좋게 하며 누설리액턴스를 감소시킬 수 있다. 답 ②

15 전기자 권선법 – 유형 ③ ☐☐☐ check up!

상수 m, 매극 매상당 슬롯수 q인 동기 발전기에서 n차 고조파분에 대한 분포권 계수는?

① $\dfrac{\sin\dfrac{\pi}{2m}}{q\sin\dfrac{n\pi}{2mq}}$ ② $\dfrac{q\sin\dfrac{n\pi}{mq}}{\sin\dfrac{n\pi}{m}}$

③ $\dfrac{\sin\dfrac{n\pi}{m}}{q\sin\dfrac{n\pi}{mq}}$ ④ $\dfrac{\sin\dfrac{n\pi}{2m}}{q\sin\dfrac{n\pi}{2mq}}$

해설 분포권계수 $K_d = \dfrac{\text{분포권의 합성기전력}}{\text{집중권의 합성기전력}} = \dfrac{\sin\dfrac{n\pi}{2m}}{q\sin\dfrac{n\pi}{2mq}}$

답 ④

16 전기자 권선법 – 유형 ④ ☐☐☐ check up!

3상 동기발전기의 매극 매상의 슬롯수를 3이라 할 때 분포권 계수는?

① $6\sin\dfrac{\pi}{18}$ ② $3\sin\dfrac{\pi}{36}$

③ $\dfrac{1}{6\sin\dfrac{\pi}{18}}$ ④ $\dfrac{1}{12\sin\dfrac{\pi}{36}}$

해설 상수 $m=3$, 매극 매상의 슬롯수 $q=3$이므로

$\therefore K_d = \dfrac{\sin\dfrac{\pi}{2m}}{q\sin\dfrac{\pi}{2mq}} = \dfrac{\sin\dfrac{\pi}{6}}{3\sin\dfrac{\pi}{2\times 3\times 3}} = \dfrac{\dfrac{1}{2}}{3\sin\dfrac{\pi}{18}} = \dfrac{1}{6\sin\dfrac{\pi}{18}}$

답 ③

17 전기자 권선법 – 유형 ⑤

동기 발전기 단절권의 특징이 아닌 것은?

① 고조파를 제거해서 기전력의 파형이 좋아진다.
② 코일단이 짧게 되므로 재료가 절약된다.
③ 전절권에 비해 합성 유기기전력이 증가한다.
④ 코일간격이 극간격보다 작다.

해설 단절권은 고조파를 제거하여 파형을 개선하지만 합성 유기기전력이 감소한다. 답 ③

18 전기자 권선법 유형 – ⑥

3상 동기 발전기에서 권선 피치와 자극 피치의 비를 $\frac{13}{15}$의 단절권으로 하였을 때 단절권계수는 얼마인가?

① $\sin\frac{13}{15}\pi$ ② $\sin\frac{15}{26}\pi$
③ $\sin\frac{13}{30}\pi$ ④ $\sin\frac{15}{13}\pi$

해설 단절권 계수 $K_p = \sin\frac{\beta\pi}{2}$에서 β(권선피치/자극피치)$=\frac{13}{15}$ ∴ $\sin\frac{\frac{13}{15}}{2}\pi = \sin\frac{13}{30}\pi$ 답 ③

19 동기발전기 유기기전력 – 유형 ①

동기발전기에서 극수 4, 1극의 자속수 0.062[Wb], 1분간의 회전속도를 1800[rpm], 코일의 권수를 100이라 하고, 이때 코일의 유기기전력의 실효값[V]은?(단, 권선계수는 1.0이라 한다.)

① 526 ② 1488
③ 1652 ④ 2336

해설 $p=4$, $\phi=0.062[\text{Wb}]$, $w=100$, $k_\omega=1$
$N_s = \frac{120f}{p}$에서, $f = N_s \times \frac{p}{120} = 1800 \times \frac{4}{120} = 60[\text{Hz}]$
$E = 4.44 f\phi w k_\omega = 4.44 \times 60 \times 0.062 \times 100 \times 1 ≒ 1652[\text{V}]$ 답 ③

20 동기발전기 유기기전력 – 유형 ②

6극 60[Hz], Y결선 3상 동기 발전기의 극당 자속이 0.16[Wb], 회전수 1200[rpm], 1상의 권수 186, 권선계수 0.96이면 단자전압은?

① 13183[V]
② 12254[V]
③ 26366[V]
④ 27456[V]

해설 1상에 나타나는 유기기전력
$E = 4.44 f \phi w K_\omega = 4.44 \times 60 \times 0.16 \times 186 \times 0.96 = 7610.94[V]$
Y결선이므로 $V = \sqrt{3}\, E = \sqrt{3} \times 7610.94 ≒ 13183[V]$

답 ①

3-2 동기 발전기

1. 동기기 전기자 반작용

	R (동상)	L (지상)	C (진상)
동기 발전기	교차 자화작용	감자작용	증자작용
동기 전동기	교차 자화작용	증자작용	감자작용

2. 동기 발전기의 전압변동률
   - 유도부하(L)의 경우 감자작용발생 : $\varepsilon(+)(V_0 > V_n)$
   - 용량부하(C)의 경우 증자작용발생 : $\varepsilon(-)(V_0 < V_n)$

3. 동기 발전기 병렬운전조건
   - 기전력 크기가 같을 것
   - 기전력 주파수가 같을 것
   - 상회전이 같을 것
   - 기전력 위상이 같을 것
   - 기전력 파형이 같을 것

4. 동기 발전기 특성
   - %동기임피던스 강하율 $\%Z_s = \dfrac{I_n Z_s}{E} \times 100 = \dfrac{I_n}{I_s} \times 100 = \dfrac{PZ_s}{10V^2}$
   - 단락비 $k_s = \dfrac{1}{\%Z_s[\text{p.u}]} = \dfrac{V^2}{PZ_s} = \dfrac{I_s}{I_n}$

5. 난조
   - 원인 : 부하 급변, 전기자 저항 클 때, 원동기 조속기 예민, 고조파가 포함된 경우
   - 난조 방지책 : 제동권선 설치, 관성모멘트를 크게, 조속기 감도를 무디게

01 동기기 전기자 반작용 – 유형 ① ☐☐☐ check up!

동기발전기에서 유기기전력과 전기자전류가 동상인 경우의 전기자 반작용은?

① 교차 자화작용
② 증자작용
③ 감자작용
④ 직축 반작용

해설 R부하일 경우 전기자 반작용은 교차 자화작용(횡축반작용)이다.   답 ①

02 동기기 전기자 반작용 - 유형 ②　　　□□□ check up!

동기발전기에서 앞선전류가 흐를 때 어느 것이 옳은가?

① 감자작용을 받는다.　　② 증자작용을 받는다.
③ 속도가 상승한다.　　④ 효율이 좋아진다.

해설 동기발전기에서 앞선전류(C부하)가 흐를 경우 증자(자화)작용이 발생한다.　　**답** ②

03 동기기 전기자 반작용 - 유형 ③　　　□□□ check up!

동기전동기에서 위상에 관계없이 감자작용을 할 때는 어떤 경우인가?

① 진전류가 흐를 때　　② 지전류가 흐를 때
③ 동상 전류가 흐를 때　　④ 전류가 흐르면

해설 동기 전동기에서 감자 작용이 발생하는 것은 진상(앞선)전류가 흐를 때이다.　　**답** ①

04 동기기 전압변동률　　　□□□ check up!

동기기의 전압 변동률이 용량 부하이면 어떻게 되는가? (단, V_0 : 무부하로 하였을 때의 전압, V : 정격 단자전압이다.)

① $-(V_0<V)$　　② $+(V_0>V)$
③ $-(V_0>V)$　　④ $+(V_0<V)$

해설 전압변동률이 용량부하(C)이면 증자작용 때문에 단자전압이 증가하며, 전압변동률은 ($-$)값이 된다.　　**답** ①

05 동기 발전기 병렬운전 - 유형 ①　　　□□□ check up!

3상 동기발전기를 병렬운전시키는 경우 고려하지 않아도 되는 조건은?

① 발생전압이 같을 것　　② 전압파형이 같을 것
③ 회전수가 같을 것　　④ 상회전이 같을 것

해설
- 기전력의 크기가 같을 것 ➡ 다를 경우 무효순환전류가 흐른다.
- 기전력의 위상이 같을 것 ➡ 다를 경우 동기화전류가 흐른다.
- 기전력의 주파수가 같을 것 ➡ 다를 경우 동기화 전류가 흐른다.
- 기전력의 파형이 같을 것 ➡ 다를 경우 고주파 무효순환전류가 흐른다.
- 상회전 방향이 같을 것(3상의 경우)

답 ③

06 동기 발전기 병렬운전 - 유형 ②

병렬운전을 하고 있는 두 대의 3상 동기발전기 사이에 무효순환 전류가 흐르는 경우는?

① 여자전류의 변화
② 원동기의 출력변화
③ 부하의 증가
④ 부하의 감소

해설 여자전류의 변화에 의해 기전력의 크기가 다른 경우 무효순환전류가 발생

답 ①

07 동기 발전기 병렬운전 - 유형 ③

2대의 동기발전기가 병렬운전하고 있을 때 동기화전류가 흐르는 경우는?

① 기전력의 크기에 차가 있을 때
② 기전력의 위상에 차가 있을 때
③ 부하 분담에 차가 있을 때
④ 기전력의 파형에 차가 있을 때

해설 원동기 출력의 변화에 의해 기전력의 위상이 다른 경우 유효순환전류가(동기화전류) 발생

답 ②

08 동기발전기 특성 - 유형 ①

동기 발전기의 단락 시험, 무부하 시험으로부터 구할 수 없는 것은?

① 철손
② 단락비
③ 전기자 반작용
④ 동기 임피던스

해설
- 무부하 포화 시험 : 철손, 단락비
- 3상 단락 시험 : 동손, 동기 임피던스, 단락비

답 ③

09 동기발전기 특성 – 유형 ②

동기기에서 동기임피던스 값과 실용상 같은 것은? (단, 전기자 저항은 무시한다.)

① 전기자 누설리액턴스
② 동기리액턴스
③ 유도리액턴스
④ 등가리액턴스

해설 동기기의 전기자저항 r_a는 매우 작으므로 이를 무시하면 동기임피던스는 실용상 동기리액턴스와 같다. ($Z_s ≒ X_s$)

답 ②

10 동기발전기 특성 – 유형 ③

비돌극형 동기 발전기의 단자전압을(1상)을 V, 유도기전력(1상)을 E, 동기리액턴스를 x_s, 부하각을 $δ$라고 하면 1상의 출력[W]은 얼마인가?

① $\dfrac{E^2 V}{x_s}\sin δ$
② $\dfrac{EV^2}{x_s}\sin δ$
③ $\dfrac{EV}{x_s}\sin δ$
④ $\dfrac{EV}{x_s}\cos δ$

해설
- 1상의 출력 $P_{1\phi} = \dfrac{EV}{x_s}\sin δ\,[\mathrm{W}]$
- 3상의 출력 $P_{3\phi} = 3 \cdot \dfrac{EV}{x_s}\sin δ\,[\mathrm{W}]$

답 ③

11 동기발전기 특성 – 유형 ④

6000[V], 5[MVA]의 3상 동기 발전기의 계자 전류 200[A]에서 무부하 단자 전압이 6000[V]이고, 단락 전류는 600[A]라고 한다. 동기 임피던스[Ω]와 %동기임피던스는 약 얼마인가?

① 5.8[Ω], 80[%]
② 6.4[Ω], 85[%]
③ 6.4[Ω], 73[%]
④ 6.0[Ω], 75[%]

해설
- 동기 임피던스 : $Z_s = \dfrac{E}{I_s} = \dfrac{V}{\sqrt{3}\,I_s} = \dfrac{6000}{600\sqrt{3}} = 5.77$
- %동기 임피던스 : $\%Z_s = \dfrac{PZ_s}{10V^2} = \dfrac{5 \times 10^3 \times 5.77}{10 \times 6^2} = 80.14[\%]$

답 ①

12 동기발전기 특성 – 유형 ⑤ □□□ check up!

3상 동기발전기가 있다. 이 발전기의 여자전류 5[A]에 대한 1상의 유기기전력이 600[V]이고 그 3상 단락전류는 30[A]이다. 이 발전기의 동기임피던스[Ω]는 얼마인가?

① 2   ② 3
③ 20 ④ 30

해설 $E=600[\text{V}]$, $I_s=30[\text{A}]$, $Z_s=\dfrac{E}{I_s}=\dfrac{600}{30}=20[\Omega]$ **답** ③

13 동기발전기 특성 – 유형 ⑥ □□□ check up!

8000[kVA], 6000[V]인 3상 교류 발전기의 %동기임피던스가 80[%]이다. 이 발전기의 동기 임피던스는 몇 [Ω]인가?

① 3.6   ② 3.2
③ 3.0   ④ 2.4

해설 $\%Z_s=\dfrac{PZ_s}{10V^2}[\%]$ → 동기임피던스 $Z_s=\dfrac{10V^2\times\%Z_s}{P}$

$P=8000[\text{kVA}]$, $V=6000[\text{V}]$, $\%Z_s=80[\%]$ ∴ $Z_s=\dfrac{10\times6^2\times80}{8000}=3.6[\Omega]$ **답** ①

14 동기발전기 특성 – 유형 ⑦ □□□ check up!

정격출력 10000[kVA], 정격전압 6600[V], 동기 임피던스가 매상 3.6[Ω]인 3상 동기 발전기의 단락비는 약 얼마인가?

① 1.40   ② 1.35
③ 1.21   ④ 1.15

해설 매상(1상) : 단상으로 계산, 단락비 $K=\dfrac{V^2}{PZ_s}=\dfrac{6600^2}{10000\times10^3\times3.6}=1.21$ **답** ③

15 동기발전기 특성 - 유형 ⑧

동기발전기의 퍼센트 동기임피던스가 $83[\%]$일 때 단락비는 얼마인가?

① 1.0
② 1.1
③ 1.2
④ 1.3

해설 단락비 $K = \dfrac{100}{\%Z_s} = \dfrac{100}{83} = 1.21$

답 ③

16 동기발전기 특성 - 유형 ⑨

단락비 1.2인 발전기의 $\%Z_s$(퍼센트 동기임피던스)$[\%]$는 약 얼마인가?

① 100
② 83
③ 60
④ 45

해설 $K_s = \dfrac{1}{\%Z[\text{p.u}]} \rightarrow \%Z = \dfrac{1}{K_s} \times 100[\%]$ $\therefore \%Z_s = \dfrac{1}{1.2} \times 100[\%] ≒ 83[\%]$

답 ②

17 동기발전기 특성 - 유형 ⑩

정격 전압 $6000[\text{V}]$, 용량 $5000[\text{kVA}]$의 Y결선 3상 동기 발전기가 있다. 여자 전류 $200[\text{A}]$에서의 무부하 단자전압 $6000[\text{V}]$, 단락전류 $600[\text{A}]$일 때, 이 발전기의 단락비는?

① 0.25
② 1
③ 1.25
④ 1.5

해설 $K_s = \dfrac{I_s(\text{단락전류})}{I_n(\text{정격전류})}$, $I_s = 600[\text{A}]$, $I_n = \dfrac{P}{\sqrt{3}\,V} = \dfrac{5000 \times 10^3}{\sqrt{3} \times 6000} = 481.12[\text{A}]$

$\therefore K_s = \dfrac{I_s}{I_n} = \dfrac{600}{481.12} ≒ 1.25$

답 ③

18 동기발전기 특성 – 유형 ⑪ □□□ check up!

동기 발전기의 단락비는 기계의 특성을 단적으로 잘 나타내는 수치로서, 동일 정격에 대하여 단락비가 큰 기계는 다음과 같은 특성을 가진다. 옳지 않은 것은?

① 과부하 내량이 크고, 안정도가 좋다.
② 동기임피던스가 작아져 전압변동률이 좋으며, 송전선 충전 용량이 크다.
③ 기계의 형태, 중량이 커지며, 철손, 기계손이 증가하고 가격도 비싸다.
④ 극수가 적은 고속기가 된다.

해설 단락비가 큰 기계는 극수가 많은 수차 발전기(저속기)이다.   답 ④

19 동기발전기 특성 – 유형 ⑫ □□□ check up!

동기기에 있어서 동기 임피던스와 단락비와의 관계는?

① 동기임피던스[Ω] = $\dfrac{1}{(단락비)^2}$

② 단락비 = $\dfrac{동기임피던스[Ω]}{동기각속도}$

③ 단락비 = $\dfrac{1}{동기임피던스[\text{p.u}]}$

④ 동기임피던스[p.u] = 단락비

해설 동기 임피던스와 단락비의 관계 $K = \dfrac{1}{Z_s[\text{p.u}]}$ 답 ③

20 동기 발전기 특성 – 유형 ⑬ □□□ check up!

동기기의 전기자 저항을 r, 전기자 반작용 리액턴스를 x_a, 누설 리액턴스를 x_l이라고 하면 동기 임피던스를 표시하는 식은?

① $\sqrt{r^2 + \left(\dfrac{x_a}{x_l}\right)^2}$

② $\sqrt{r^2 + x_l^2}$

③ $\sqrt{r^2 + x_a^2}$

④ $\sqrt{r^2 + (x_a + x_l)^2}$

해설
- 동기 리액턴스 : $x_s = x_a + x_l$
- 동기 임피던스 : $Z_s = r_a + jx_s = r_a + j(x_a + x_l) = \sqrt{r_a^2 + (x_a + x_l)^2}$ 답 ④

21 동기발전기 특성 – 유형 ⑭

무부하 포화 곡선과 공극선을 써서 산출할 수 있는 것은?

① 동기 임피던스 ② 단락비
③ 전기자 반작용 ④ 포화율

해설 무부하 포화곡선과 공극선이 정격전압을 유기하는 점에서 포화율을 산출하며 이는 발전기의 포화의 정도를 나타낸다.

답 ④

22 동기발전기 특성 – 유형 ⑮

그림은 3상 동기발전기의 무부하 포화곡선이다. 이 발전기의 포화율은 얼마인가?

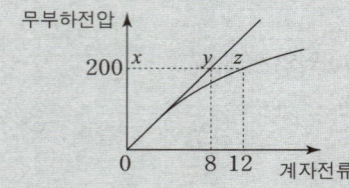

① 0.5 ② 0.67
③ 0.8 ④ 1.5

해설 포화율 $\delta = \dfrac{yz}{xy} = \dfrac{4}{8} = 0.5$

답 ①

23 동기발전기 특성 – 유형 ⑯

3상 동기 발전기의 단락곡선이 직선이 되는 이유는?

① 무부하 상태이므로 ② 전기자 반작용으로
③ 자기포화가 있으므로 ④ 누설 리액턴스가 크므로

해설 전기자 반작용 때문에 단락곡선이 직선이 된다.

답 ②

24 난조 – 유형 ①　　　　　　　　　　　　　　□□□ check up!

동기 전동기에서 난조를 일으키는 원인이 아닌 것은?

① 회전자의 관성이 작다.
② 원동기의 토크에 고조파 토크를 포함하는 경우이다.
③ 전기자 회로의 저항이 크다.
④ 원동기의 조속기의 감도가 너무 예민하다.

해설 난조의 원인과 방지 대책
- 조속기 감도가 지나치게 예민한 경우 ➡ 조속기 감도를 무디게 한다.
- 원동기 토크에 고조파 토크가 포함된 경우 ➡ 플라이 휠 설치(관성 모멘트 증가)
- 전기자 회로의 저항이 큰 경우 ➡ 자극면에 제동권선 설치(가장 효과적)
- 부하가 맥동하는 경우

답　①

25 난조 – 유형 ②　　　　　　　　　　　　　　□□□ check up!

동기전동기의 난조방지에 가장 유효한 방법은?

① 자극수를 적게 한다.
② 회전자의 관성을 크게 한다.
③ 자극면에 제동권선을 설치한다.
④ 동기리액턴스를 작게 하고 동기화력을 크게 한다.

해설 동기기는 동기속도로 회전하는 기기이므로 회전속도에 영향을 미치게 되면 난조가 발생한다. 이를 방지하기 위한 가장 유효한 방법은 제동권선을 설치하는 것이다.

답　③

26 난조 – 유형 ③　　　　　　　　　　　　　　□□□ check up!

3상 동기기의 제동 권선의 효용은?

① 출력증가　　　　　　　　　　② 효율증가
③ 역률개선　　　　　　　　　　④ 난조방지

해설 제동권선의 주된 역할은 난조방지이다.

답　④

제3과목
전기기기
DAY-22

30일 단기완성

Chapter 04
동기 전동기

1 출제경향분석

본장은 전기기기를 공부함에 있어서 기초가 되는 부분으로 기기의 구조 및 용도에 관련된 문제가 출제됩니다.

> **반드시 알아야 하는 핵심 포인트**
> ① 동기전동기의 특성　　　　② 동기전동기의 위상특성곡선
> ③ 동기 조상기　　　　　　　④ 동기기의 안정도

2 학습 가이드라인

- 반드시 알아야 하는 핵심 포인트는 전기기사 및 산업기사 시험에서 가장 출제빈도가 높은 논점으로 각 파트별 핵심 포인트와 문제를 연계하여 학습해 주시기를 권장합니다.
- 체크리스트를 작성하시면서 문제의 유형과 학습의 완성도를 스스로 확인해 주세요.
- 출제 빈도가 높고 틀리기 쉬운 문제를 맞출 수 있도록 "콕콕 포인트"를 확인해 주세요.

우선순위 논점	KEY WORD	선생님의 콕콕 포인트
동기전동기의 특성	계자권선, 자기기동, 단락	자기기동법의 특징을 암기할 것
동기전동기의 위상특성곡선	출력, 계자전류, 전기자전류, 역률	위상특성곡선의 가로축과 세로축의 요소를 확인할 것
동기조상기	동기조상기, 자기여자, 계자전류	동기조상기의 역할을 암기할 것
동기기의 안정도	안정도, 리액턴스, 속응여자	안정도 향상대책을 꼭 암기할 것

4 동기 전동기

1. 동기전동기 장점
   - 역률을 1로 운전이 가능하다.
   - 정속도 전동기(속도불변) 이다.
   - 필요시 지상, 진상으로 운전이 가능하다.
   - 유도기에 비해 효율이 좋다.
2. 동기전동기 단점
   - 기동토크가 0 이어서 원동기가 필요하다.
   - 속도 조정이 곤란하다.
   - 기동장치, 여자전원이 필요하다.
   - 난조가 일어나기 쉽다.
3. 위상특성곡선 (V 곡선)

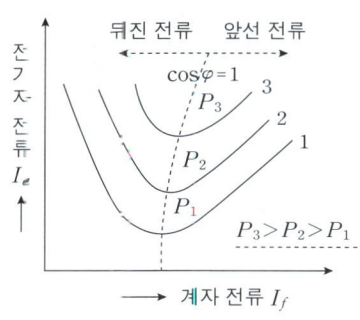

01 동기 전동기 특징 - 유형 ①

동기 전동기에 관한 설명 중 옳지 않은 것은?

① 기동 토크가 작다.
② 난조가 일어나기 쉽다.
③ 여자기가 필요하다.
④ 역률을 조정할 수 없다.

해설 동기전동기를 무부하 운전시 동기조상기가 되어 위상과 역률을 마음대로 조절할 수 있다. 답 ④

02 동기 전동기 특징 - 유형 ②

역률이 가장 좋은 전동기는?

① 농형 유도전동기
② 반발기동전동기
③ 동기전동기
④ 교류 정류자전동기

해설 동기전동기는 동기조상기로 사용할 수 있으므로 위상과 역률을 마음대로 조절할 수 있다. 답 ③

03 동기 전동기 위상특성곡선 - 유형 ① ☐☐☐ check up!

전압이 일정한 도선에 접속되어 역률 1로 운전하고 있는 동기전동기의 여자전류를 증가시키면 어떻게 되는가?

① 역률은 앞서고 전기자 전류는 증가한다.
② 역률은 앞서고 전기자 전류는 감소한다.
③ 역률은 뒤지고 전기자 전류는 증가한다.
④ 역률은 뒤지고 전기자 전류는 감소한다.

해설 동기전동기의 여자 전류를 증가시키면 콘덴서(C)로 작용하여 진상전류를 흘린다.
따라서 역률은 앞서고 전기자전류는 증가한다. **답** ①

04 동기 전동기 위상특성곡선 - 유형 ② ☐☐☐ check up!

동기전동기의 공급전압, 주파수 및 부하가 일정할 때, 여자전류를 변화시키면 어떤 현상이 생기는가?

① 속도가 변한다.
② 회전력이 변한다.
③ 역률만 변한다.
④ 전기자 전류와 역률이 변한다.

해설 여자전류 I_f 변화시 전기자 전류 I_a는 증가하며 과여자의 경우 콘덴서(C), 부족여자의 경우 리액터(L)의 역할을 한다. **답** ④

05 동기 전동기 위상특성곡선 - 유형 ③ ☐☐☐ check up!

정전압 계통에 접속된 동기발전기의 여자를 약하게 하면?

① 출력이 감소한다.
② 전압이 강하한다.
③ 앞선 무효전류가 증가한다.
④ 뒤진 무효전류가 증가한다.

해설 동기발전기의 여자전류 특성
- 여자전류를 약하게 하면 진상(앞선) 무효전류가 흘러 역률이 높아진다.
- 여자전류를 강하게 하면 지상(뒤진) 무효전류가 흘러 역률이 낮아진다. **답** ③

06 동기 전동기 위상특성곡선 - 유형 ④ ☐☐☐ check up!

동기전동기의 위상특성이란? (단, 여기서 P를 출력, I_f를 계자전류, I를 전기자전류, $\cos\theta$를 역률이라 한다.)

① $I_f - I$곡선, $\cos\theta$는 일정
② $I_f - I$곡선, P는 일정
③ $P - I$곡선, I_f는 일정
③ $P - I$곡선, I는 일정

해설 공급전압(V)와 부하(P)가 일정할 때 계자전류(I_f)에 대한 전기자 전류(I_a)와 역률의 변화를 나타낸 곡선을 의미한다. **답** ②

Chapter 04. 동기 전동기

07 동기 전동기 위상특성곡선 – 유형 ⑤ ☐☐☐ check up!

동기전동기의 V곡선을 옳게 표시한 것은?

①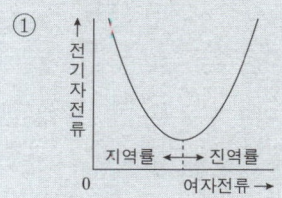
②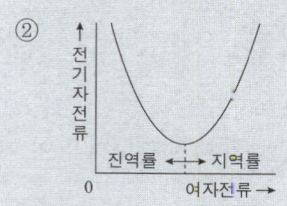
③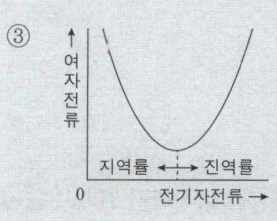
④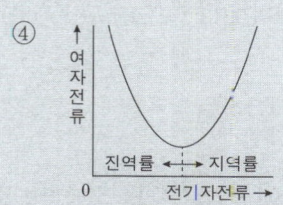

해설 그래프의 횡축(가로축)은 여자전류(I_f)와 역률을 나타내며, 종축(세로축)은 전기자전류(I_a)로 표현한다.

답 ①

08 동기 전동기 결선법 – 유형 ① ☐☐☐ check up!

3상 동기 발전기의 전기자 권선을 Y결선으로 하는 이유로서 적당하지 않은 것은?

① 고조파 순환 전류가 흐르지 않는다.
② 이상 전압 방지의 대책이 용이하다.
③ 전기자 반작용이 감소한다.
④ 코일의 코로나, 열화 등이 감소된다.

해설 3상 동기 발전기를 Y결선으로 하는 이유
- 중성점을 접지할 수 있으므로 이상전압의 방지대책이 용이하다.
- 제3고조파에 의한 순환전류가 흐르지 않아 선간전압에 제3고조파가 나타나지 않는다.
- 상전압이 선간전압의 $1/\sqrt{3}$ 배가 되어 절연이 용이하고 코로나 발생과 열화손이 감소한다.
  ※ 3상 Y결선과 △결선의 출력은 $P_{3\phi} = \sqrt{3}\,V_l I_l [\mathrm{W}]$로 동일하다.

답 ③

09 동기 전동기 결선법 – 유형 ②

3상 동기발전기의 전기자 권선을 Y결선으로 하는 이유 중 △결선과 비교할 때 장점이 아닌 것은?

① 출력을 더욱 증대할 수 있다.
② 권선의 코로나 현상이 작다.
③ 고조파 순환전류가 흐르지 않는다.
④ 권선의 보호 및 이상전압의 방지 대책이 용이하다.

해설 3상 Y결선과 △결선의 출력은 $P_{3\phi}=\sqrt{3}\,V_l I_l [\mathrm{W}]$로 동일하다.

답 ①

10 동기 조상기

무부하의 장거리 송전선로에 동기발전기를 접속하는 경우 송전선로의 자기여자현상을 방지하기 위해서 동기조상기를 사용하였다. 이때 동기조상기의 계자전류를 어떻게 하여야 하는가?

① 계자전류 0으로 한다.
② 부족여자로 한다.
③ 과여자로 한다.
④ 역률이 1인 상태에서 일정하게 한다.

해설 자기여자현상은 충전전류(C)에 의해 단자 전압이 이상상승하는 현상으로서 동기조상기의 계자전류를 부족여자로 하여 리액터로 작용시키면 방지책이 된다.

답 ②

[**D-30** 전기기사·산업기사 필기
30일 필기 단기완성]

제3과목
전기기기
DAY-23

30일 단기완성

Chapter 05
변압기

1 출제경향분석

본장은 전기기기를 공부함에 있어서 기초가 되는 부분으로 기기의 구조 및 용도에 관련된 문제가 출제됩니다.

> **반드시 알아야 하는 핵심 포인트**
>
> ① 변압기의 구조와 원리   ② 변압기의 특성
> ③ 변압기의 등가회로   ④ 변압기의 냉각방식
> ⑤ 변압기의 극성   ⑥ 변압기의 효율
> ⑦ 변압기의 결선   ⑧ 변압기의 병렬운전
> ⑨ 특수 변압기   ⑩ 변압기 보호계전기 및 측정시험

2 학습 가이드라인

- 반드시 알아야 하는 핵심 포인트는 전기기사 및 산업기사 시험에서 가장 출제빈도가 높은 논점으로 각 파트별 핵심 포인트와 문제를 연계하여 학습해 주시기를 권장합니다.
- 체크리스트를 작성하시면서 문제의 유형과 학습의 완성도를 스스로 확인해 주세요.
- 출제 빈도가 높고 틀리기 쉬운 문제를 맞출 수 있도록 "콕콕 포인트"를 확인해 주세요.

우선순위 논점	KEY WORD	선생님의 콕콕 포인트
변압기의 구조와 원리	권수비, 철심, 최대자속	유기기전력의 공식을 암기할 것
변압기의 특성	단상변압기, 전압변동률, 권수비	전압과 전압변동률 관계를 이해할 것
변압기의 등가회로	무부하시험, 임피던스와트, 여자어드미턴스, 내부임피던스	각 시험별 작성에 필요한 것을 암기
변압기의 냉각방식	절연유, 응고점, 절연내력, 인화점, 효과	절연유의 구비조건을 꼭 암기할 것
변압기의 효율	철손, 동손, 효율	최대효율의 식을 암기할 것
변압기의 결선	3고조파, Y, △	Y결선과 △결선의 장단점 암기할 것
특수변압기	단권변압기, 선간전압, 부하용량	변압기 개수에 따른 공식 암기할 것
보호계전기·시험	권선, 단락사고, 차동, 비율차동	비율차동계전기의 특성을 이해할 것

5-1 변압기

1. 변압기 원리
   $L \propto N^2$ (누설리액턴스는 권수 제곱에 비례)
2. 권수비(전압비, 변압비)
   $$a = \frac{E_1}{E_2} = \frac{N_1}{N_2} = \frac{V_1}{V_2} = \frac{I_2}{I_1} = \sqrt{\frac{Z_1}{Z_2}} = \sqrt{\frac{R_1}{R_2}} = \sqrt{\frac{X_1}{X_2}}$$
3. 유기기전력
   $$E_2^1 = 4.44 f\phi N_2^1 = 4.44 f B A N_2^1 \,[\text{V}]$$
4. 여자전류 : 변압기 무부하시 1차에 흐르는 전류(철손전류＋자화전류)
   $$I_\phi = \sqrt{I_0^2 - I_i^2} = \sqrt{I_0^2 - (P_i/V_1)^2} \,[\text{A}]$$
   변압기 여자전류에 많이 포함된 고조파 : 제3고조파
5. 변압기 절연유의 구비조건
   - 절연내력이 클 것
   - 비열이 커서 냉각효과가 크고, 점도가 작을 것
   - 인화점이 높고, 응고점은 낮을 것
   - 고온에서 산화하지 않고, 석출물이 생기지 않을 것

01 변압기 누설리액턴스 - 유형 ① □□□ check up!

변압기의 누설리액턴스는? 여기서, N은 권수이다.

① N에 비례한다.　　② N^2에 비례한다.
③ N에 무관하다.　　④ N에 반비례한다.

해설　변압기의 누설리액턴스는 권수의 제곱에 비례한다.　　답 ②

02 변압기 누설리액턴스 - 유형 ② □□□ check up!

변압기의 누설리액턴스를 줄이는 가장 효과적인 방법은 어느 것인가?

① 권선을 분할하여 조립한다.　　② 권선을 동심 배치한다.
③ 코일의 단면적을 크게 한다.　　④ 철심의 단면적을 크게 한다.

해설　권선을 분할조립하게 되면 코일의 인덕턴스가 감소하므로 누설리액턴스도 감소한다.　　답 ①

03 변압기 유기기전력 - 유형 ①

60[Hz]의 변압기에 50[Hz]의 동일 전압을 가했을 때의 자속밀도는 60[Hz]때의 몇 배인가?

① $\dfrac{6}{5}$
② $\dfrac{5}{6}$
③ $\left(\dfrac{5}{6}\right)^2$
④ $\left(\dfrac{6}{5}\right)^2$

해설 변압기 유기기전력 $E = 4.44fB_m AN[\mathrm{V}]$에서 전압이 같을 때 주파수 $f \propto \dfrac{1}{B}$ 관계이다.

주파수가 $\dfrac{5}{6}$ 배 감소했으므로, 자속밀도는 $\dfrac{6}{5}$ 배 증가한다.

답 ①

---

04 변압기 유기기전력 - 유형 ②

권수비 $a = 6600/220$, 60[Hz] 변압기의 철심 단면적 $0.02[\mathrm{m}^2]$, 최대자속밀도 $1.2[\mathrm{Wb/m}^2]$일 때, 1차 유기기전력[V]은 약 얼마인가?

① 1407
② 3521
③ 42198
④ 49814

해설 $E_1 = 4.44fB_m AN_1[\mathrm{V}]$, $f = 60[\mathrm{Hz}]$, $A = 0.02[\mathrm{m}^2]$, $B_m = 1.2[\mathrm{Wb/m}^2]$, $N_1 = 6600$
$\therefore E_1 = 4.44 \times 60 \times 1.2 \times 0.02 \times 6600 ≒ 42198[\mathrm{V}]$

답 ③

---

05 변압기 유기기전력 - 유형 ③

50[kVA], 3300/210[V], 60[Hz]의 단상 변압기가 있다. 1차 권수 660, 철심 단면적 $161[\mathrm{cm}^2]$이다. 자속밀도는 약 몇 $[\mathrm{Wb/m}^2]$인가?

① 1.41
② 1.16
③ 1.02
④ 0.98

해설 $\phi_m = B[\mathrm{Wb/m}^2] \times A[\mathrm{m}^2]$ $E_1 = 4.44f\phi_m N_1$
→ $B = \dfrac{E}{4.44fAN_1} = \dfrac{3300}{4.44 \times 60 \times 161 \times 10^{-4} \times 660} = 1.166$

답 ②

06 변압기 유기기전력 - 유형 ④

변압기에서 권수가 2배가 되면 유기 기전력은 몇 배가 되는가?

① $\frac{1}{2}$
② 1
③ 2
④ 4

해설 $E=4.44f\phi_m N$ → $E\propto N$ 이므로 권수가 2배가 되면 기전력이 2배가 된다. **답** ③

07 변압기 권수비 - 유형 ①

1차전압 3300[V], 권수비 30인 단상변압기가 전등부하에 20[A]를 공급할 때의 입력[kW]은?

① 6.6
② 5.6
③ 3.4
④ 2.2

해설 변압기 입력 $P_1=V_1 I_1 \times 10^{-3}$[kW], 전등부하전류 $I_2=20$[A]에서, 권수비 $a=30$이므로
$I_1=\frac{I_2}{a}=\frac{20}{30}=\frac{2}{3}$[A] ∴ $P_1=3300 \times \frac{2}{3} \times 10^{-3}=2.2$[kW] **답** ④

08 변압기 권수비 - 유형 ②

그림과 같은 변압기 회로에서 부하 R_2에 공급되는 전력이 최대로 되는 변압기의 권수비 a는?

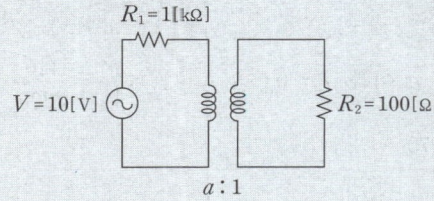

① 약 2
② 약 1.16
③ 약 2.16
④ 약 3.16

해설 변압기 권수비 $a=\sqrt{\frac{R_1}{R_2}}=\sqrt{\frac{1000}{100}}=\sqrt{10} ≒ 3.16$ **답** ④

09 변압기 권수비 - 유형 ③

권선비 20의 10[kVA]변압기가 있다. 1차 저항이 3[Ω]이라면 2차로 환산한 저항[Ω]은?

① 0.0058
② 0.0075
③ 0.749
④ 0.38

해설 권선비 $a=20$, 1차 저항 $r_1=3[\Omega]$이므로 $r_2=\dfrac{3}{20^2}=0.0075[\Omega]$

답 ②

10 변압기 여자전류 - 유형 ①

부하에 관계없이 변압기에서 흐르는 전류로서 자속만을 만드는 것은?

① 1차 전류
② 철손전류
③ 여자전류
④ 자화전류

해설 여자전류(무부하전류)=철손전류(I_i)+자화전류(I_ϕ), 자화전류(I_ϕ) : 자속만을 만드는 전류성분

답 ④

11 변압기 여자전류 - 유형 ②

1차 전압이 2200[V], 무부하 전류가 0.088[A], 철손이 110[W]인 단상 변압기의 자화전류[A]는?

① 0.05
② 0.038
③ 0.075
④ 0.088

해설 $I_0=\sqrt{I_i^2+I_\phi^2}$ 에서 $I_\phi=\sqrt{I_0^2-I_i^2}$ 이다. $I_0=0.088[\text{A}]$, $I_i=\dfrac{P_i}{V_1}=\dfrac{110}{2200}=0.05[\text{A}]$

$\therefore I_\phi=\sqrt{0.088^2-0.05^2}=0.075[\text{A}]$

답 ③

12 변압기 건조방식

변압기의 냉각방식 중 유입 자냉식의 표시 기호는?

① ANAN
② ONAN
③ ONAF
④ OFAF

해설 ONAN : 유입 자냉식, OFAF : 송유 풍냉식

답 ②

13 변압기 절연유 구비조건 – 유형 ①

변압기유로 쓰이는 절연유에 요구되는 특성이 아닌 것은?

① 응고점이 낮을 것
② 절연내력이 클 것
③ 인화점이 높을 것
④ 점도가 클 것

해설
- 절연내력이 클 것
- 인화점은 높고, 응고점은 낮을 것
- 비열이 커서 냉각효과가 크고, 점도가 작을 것
- 고온에서 산화하지 않고, 석출물이 생기지 않을 것

답 ④

14 변압기 절연유 구비조건 – 유형 ②

다음 중 변압기유가 갖추어야 할 조건으로 옳은 것은?

① 절연내력이 낮을 것
② 인화점이 높을 것
③ 유동성이 풍부하고 비열이 적어 냉각효과가 작을 것
④ 응고점이 높을 것

해설 문제 13번 풀이 참고

답 ②

15 변압기 절연유 구비조건 – 유형 ③

변압기에 콘서베이터를 설치하는 목적은?

① 열화방지
② 통풍장치
③ 코로나 방지
④ 강제순환

해설 대형 변압기에 설치하는 콘서베이터는 변압기의 열화를 방지한다.

답 ①

16 변압기 절연유 구비조건 – 유형 ④

변압기 기름의 열화 영향에 속하지 않는 것은?

① 냉각 효과의 감소
② 침식 작용
③ 공기 중 수분의 흡수
④ 절연 내력의 저하

해설 공기 중의 수분의 흡수는 변압기의 호흡작용으로 이는 변압기 열화현상의 원인이다.

답 ③

5-2 변압기

1. 백분율 전압강하 : $\%Z = \dfrac{PZ}{V^2} \times 100 = \dfrac{PZ}{10V^2} = \dfrac{V_s}{V} \times 100 = \dfrac{I_n}{I_s} \times 100 = \sqrt{\%R^2 + \%X^2}$

2. 단락전류 : $I_s = \dfrac{100}{\%Z} \times I_n$

3. 전압 변동률 : $\varepsilon = \dfrac{V_{20} - V_{2n}}{V_{2n}} \times 100 = p\cos\theta \pm q\sin\theta \begin{cases} + : \text{지상(뒤진)} \\ - : \text{진상(앞선)} \end{cases}$

4. 변압기 등가회로 작성시 필요한 시험
   - 권선 저항 측정 시험
   - 무부하(개방)시험 → 철손, 여자(무부하)전류, 여자어드미턴스
   - 단락 시험 → 동손, 임피던스 와트(전압), 단락전류

   ※ 임피던스 전압(V_s) : 정격전류가 흐를 때 변압기 내 전압강하

5. 전부하시 효율 : $\eta = \dfrac{P_a \cos\theta}{P_a \cos\theta + P_i + P_c} \times 100$

   $\dfrac{1}{m}$ 부하시 : $\eta_{\frac{1}{m}} = \dfrac{\dfrac{1}{m} P_a \cos\theta}{\dfrac{1}{m} P_a \cos\theta + P_i + \left(\dfrac{1}{m}\right)^2 P_c} \times 100$

01 변압기 전압강하 – 유형 ① ☐☐☐ check up!

5[kVA], 3000/200[V]의 변압기의 단락 시험에서 임피던스 전압=120[V], 동손=150[W]라 하면 %저항 강하는 몇 [%]인가?

① 2
② 3
③ 4
④ 5

해설 $\%R = \dfrac{I_n R}{V_n} \times 100 [\%] \rightarrow \%R = \dfrac{I_n R \times I_n}{V_n \times I_n} \times 100 = \dfrac{I^2 R}{VI} \times 100 = \dfrac{\text{동손[W]}}{\text{변압기용량[VA]}} \times 100 [\%]$

동손=150[W], 변압기용량=5[kVA] ∴ $\%R = \dfrac{150[\text{W}]}{5000[\text{VA}]} \times 100 = 3[\%]$

답 ②

02 변압기 전압강하 - 유형 ②

10[kVA], 2000/100[V] 변압기에서 1차 환산한 등가 임피던스는 $6+j8[\Omega]$이다. 이 변압기의 %리액턴스 강하는?

① 1.5　　　　　　　　　　② 2
③ 5　　　　　　　　　　　④ 10

해설 $\%X = \dfrac{PX}{10V_1^2}$ ([kVA], [kV] 단위공식) 출력 $P=10$[kVA], 1차 전압 $V_1=2000$[V]

리액턴스 $X=8[\Omega]$, $\%X=\dfrac{10 \times 8}{10 \times 2^2}=2[\%]$

답 ②

03 변압기 전압강하 - 유형 ③

3300/210[V], 5[kVA] 단상 변압기의 퍼센트 저항 강하 2.4[%], 리액턴스 강하 1.8[%]이다. 이 임피던스 와트[W]는?

① 320　　　　　　　　　　② 240
③ 120　　　　　　　　　　④ 80

해설 $\%R = \dfrac{\text{임피던스 와트(동손)}}{\text{변압기용량}} \times 100$ → $P_c = $ 변압기용량 $\times \%R = 5 \times 10^3 \times 0.024 = 120$

답 ③

04 변압기 전압강하 - 유형 ④

3300/210[V], 5[kVA] 단상 변압기가 퍼센트 저항 강하 2.4[%], 리액턴스 강하 1.8[%]이다. 임피던스 전압[V]는?

① 99　　　　　　　　　　② 66
③ 33　　　　　　　　　　④ 21

해설 임피던스 전압 : $V_s = I_n Z$

%임피던스 강하 $\%Z = \dfrac{I_n Z}{V_n} \times 100 = \sqrt{p^2+q^2}$ → $V_s = \dfrac{V_{1n}}{100}\sqrt{p^2+q^2} = \dfrac{3300}{100}\sqrt{2.4^2+1.8^2} = 99$

답 ①

05 변압기 단락전류 – 유형 ①

임피던스 강하가 5[%]인 변압기가 운전 중 단락되었을 때 그 단락 전류는 정격전류의 몇 배인가?

① 15배
② 20배
③ 25배
④ 30배

해설 단락전류 $I_s = \dfrac{100}{\%Z} \times I_n = \dfrac{100}{5} \times I_n = 20 \times I_n$

답 ②

06 변압기 단락전류 – 유형 ②

용량 40[kVA], 3200/200[V]인 3상변압기 2차측에 3상 단락이 생겼을 경우 단락전류는 약 몇 [A]인가? (단, %임피던스전압은 4[%]이다.)

① 1887
② 2887
③ 3243
④ 3558

해설 2차측에 단락사고가 생긴 경우(3상) $I_s = \dfrac{100}{\%Z} \cdot I_n = \dfrac{100}{\%Z} \cdot \dfrac{P}{\sqrt{3}\,V_2} = \dfrac{100}{4} \times \dfrac{40 \times 10^3}{200\sqrt{3}} = 2886.75[\text{A}]$

답 ②

07 변압기 단락전류 – 유형 ③

75[kVA], 6000/200[V]의 단상 변압기의 %임피던스 강하가 4[%]이다. 1차 단락 전류는?

① 512.5
② 412.5
③ 312.5
④ 212.5

해설 1차측에 단락사고가 생긴 경우(단상) $I_s = \dfrac{100}{\%Z} I_n = \dfrac{100}{\%Z} \cdot \dfrac{P}{V_1} = \dfrac{100}{4} \times \dfrac{75 \times 10^3}{6000} = 312.5$

답 ③

08 변압기 단락전류 – 유형 ④

변압기에서 등가 회로를 이용하여 단락 전류를 구하는 식은?

① $I_{1s} = \dfrac{E_1}{Z_1 + a^2 Z_2}$
② $I_{1s} = \dfrac{E_1}{Z_1 \times a^2 Z_2}$
③ $I_{1s} = \dfrac{E_1}{Z_1^2 + a^2 Z_2}$
④ $I_{1s} = \dfrac{E_1}{a^2 Z + Z_2}$

해설 1차로 환산한 단락전류 $I_{1s} = \dfrac{E_1}{Z_{21}} = \dfrac{E_1}{Z_1 + a^2 Z_2} = \dfrac{E_1}{\sqrt{(r_1 + a^2 r_2)^2 + (x_1 + a^2 x_2)^2}}$

답 ①

09 변압기 등가회로 - 유형 ①

변압기의 등가회로 작성에 필요 없는 시험은?

① 단락시험
② 반환부하법
③ 무부하시험
④ 저항측정시험

해설   변압기 등가회로 작성시 필요한 시험
- 권선저항측정시험
- 무부하시험(개방시험) : 철손, 여자(무부하)전류, 여자어드미턴스
- 단락시험 : 동손, 임피던스와트(전압), 단락전류

답 ②

10 변압기 등가회로 - 유형 ②

변압기의 여자전류, 철손을 알 수 있는 시험은?

① 유도시험
② 부하시험
③ 무부하시험
④ 단락시험

해설   무부하시험(개방시험)을 알 수 있는 시험 : 철손, 여자(무부하)전류, 여자어드미턴스

답 ③

11 변압기 등가회로 - 유형 ③

단상 변압기의 임피던스 와트(Impedance watt)를 구하기 위하여는 다음 중 어느 시험이 필요한가?

① 무부하 시험
② 단락시험
③ 유도시험
④ 반환부하법

해설   단락시험으로 구할 수 있는 성분 : 임피던스 전압, 임피던스 와트(동손)

답 ②

12 변압기 등가회로 - 유형 ④

변압기의 단락 시험과 관계없는 것은?

① 누설 리액턴스
② 전압 변동률
③ 임피던스 와트
④ 여자 어드미턴스

해설   여자 어드미턴스는 무부하 시험을 통해 알 수 있다.

답 ④

13 변압기 등가회로 - 유형 ⑤   □□□ check up!

변압기의 철손과 동손을 측정할 수 있는 시험은?

① 무부하시험, 단락시험
② 부하시험, 유도시험
③ 무부하시험, 절연내력시험
④ 단락시험, 극성시험

해설 철손은 무부하시험, 동손은 단락시험을 통해서 알 수 있다.   답 ①

14 변압기 전압변동률 - 유형 ①   □□□ check up!

어떤 단상 변압기의 2차 무부하 전압이 240[V]이고 정격 부하시의 2차 단자 전압이 230[V]이다. 전압 변동률[%]은?

① 2.35
② 3.35
③ 4.35
④ 5.35

해설 변압기의 전압변동률 $\varepsilon = \dfrac{V_{20}-V_{2n}}{V_{2n}} \times 100[\%] = \dfrac{240-230}{230} \times 100[\%] \fallingdotseq 4.35[\%]$ 답 ③

15 변압기 전압변동률 - 유형 ②   □□□ check up!

어느 변압기의 백분율 저항 강하가 2[%], 백분율 리액턴스 강하가 3[%]일 때 역률(지상역률) 80[%]인 경우의 전압 변동률[%]은?

① -0.2
② 3.4
③ 0.2
④ -3.4

해설 $p=2[\%]$, $q=3[\%]$, $\cos\theta=0.8$, $\sin\theta=\sqrt{1-\cos^2\theta}=\sqrt{1-0.8^2}=0.6$
$\varepsilon = p\cos\theta + q\sin\theta = 2 \times 0.8 + 3 \times 0.6 = 3.4[\%]$ 답 ②

16 변압기 전압변동률 - 유형 ③   □□□ check up!

권수비가 60인 단상변압기의 전부하 2차 전압 200[V], 전압변동률 3[%]일 때, 1차 단자전압[V]은?

① 12360
② 12720
③ 13625
④ 18760

해설 1차 단자전압 $V_{1n} = a(1+\varepsilon)V_{2n}$ 권수비 $a=60$, 전압변동률 $\varepsilon = 3[\%] = 0.03[\text{p.u}]$, $V_{2n}=200[\text{V}]$
∴ $V_{1n} = 60 \times (1+0.03) \times 200 = 12360[\text{V}]$ 답 ①

17 변압기 전압변동률 - 유형 ④

역률 100[%]인 때의 전압 변동률 ε은 어떻게 표시되는가?

① % 저항 강하
② % 리액턴스 강하
③ % 서셉턴스 강하
④ % 임피던스 전압

해설 전압변동률 $\varepsilon = p\cos\theta \pm q\sin\theta [\%]$, $\cos\theta = 1$이므로 $\sin\theta = 0$이다. $\therefore \varepsilon = \%R = p$

답 ①

18 변압기 전압변동률 - 유형 ⑤

단상 변압기가 전부하시 2차 전압은 115[V]이고, 전압변동률은 2[%]일 때 1차 단자전압은 몇 [V]인가? (단, 권선비는 20 : 1이다.)

① 2356[V]
② 2346[V]
③ 2336[V]
④ 2326[V]

해설 $V_1 = a(1+\varepsilon)V_2 [\text{V}]$, $V_2 = 115[\text{V}]$, $\varepsilon = 2[\%]$, $a = 20$ $\therefore V_1 = 20 \times (1+0.02) \times 115 = 2346[\text{V}]$

답 ②

19 변압기 전압변동률 - 유형 ⑥

어떤 변압기의 전압변동률은 부하역률 100[%]에서 2[%], 부하역률 80[%]에서 3[%]이다. 이 변압기의 최대 전압 변동률[%]은 약 얼마인가?

① 6.2
② 5.1
③ 4.2
④ 3.1

해설 $\cos\theta = 1$인 경우의 전압변동률 $\varepsilon = p = 2$

$\cos\theta = 0.8$인 경우 전압변동률 $\varepsilon = p\cos\theta + q\sin\theta$ → $3 = 2 \times 0.8 + 0.6q$ → $q = \dfrac{3-1.6}{0.6} = 2.33$

최대 전압변동률 $\varepsilon_{max} = \%Z = \sqrt{p^2 + q^2} = \sqrt{2^2 + 2.33^2} = 3.07$

답 ④

20 변압기 전압변동률 – 유형 ⑦

3300/210[V], 10[kVA]의 단상 변압기가 있다. %저항강하는 3[%], %리액턴스 강하는 4[%]이다. 이 변압기가 무부하인 경우의 2차 단자전압은 약 몇 [V]인가?(단, 변압기는 지역률 80[%]일 때 정격출력을 낸다고 한다.)

① 168　　　　　　　　　　　　② 216
③ 220　　　　　　　　　　　　④ 228

해설 전압변동률 $\varepsilon = p\cos\theta + q\sin\theta = 3 \times 0.8 + 4 \times 0.6 = 4.8$
무부하시 2차 단자전압 $V_{20} = V_{2n}(1+\varepsilon) = 210(1+0.048) = 220.08[V]$

답 ③

21 변압기 전압변동률 – 유형 ⑧

변압기의 정격전류에 대한 백분율 저항강하가 1.5[%], 백분율 리액턴스 강하는 4[%]이다. 이 변압기에 정격전류를 통하여 전압변동률이 최대로 되는 부하 역률은 약 얼마인가?

① 0.15　　　　　　　　　　　② 0.28
③ 0.35　　　　　　　　　　　④ 0.68

해설 $\cos\theta = \dfrac{p}{\sqrt{p^2+q^2}} = \dfrac{1.5}{\sqrt{1.5^2+4^2}} = 0.35$

답 ③

22 변압기 병렬 운전 – 유형 ①

변압기의 병렬 운전에서 필요하지 않은 것은?

① 극성이 같을 것　　　　　　② 전압이 같을 것
③ 출력이 같을 것　　　　　　④ 임피던스 전압이 같을 것

해설
- 극성이 같아야 한다.
- %임피던스강하가 같아야 한다.
- 상회전 방향과 위상변위가 같아야 한다.(3상일 경우)
- 1차, 2차 정격전압이 같고 권수비가 같아야 한다.
- 저항과 리액턴스비가 같아야 한다.

답 ③

23 변압기 병렬 운전 – 유형 ②

변압기의 병렬 운전이 불가능한 것은?

① $\triangle-\triangle$와 $\triangle-\triangle$　　　　　② $\triangle-\triangle$와 $Y-Y$
③ $\triangle-\triangle$와 $\triangle-Y$　　　　　④ $\triangle-Y$와 $\triangle-Y$

해설 변압기 병렬운전시 결선의 개수가 홀수일 경우 각 변위가 같지 않아 불가능하다.

답 ③

24 변압기 병렬 운전 - 유형 ③

단상 변압기를 병렬운전하는 경우 부하전류의 분담은 무엇에 관계되는가?

① 용량에 비례하고 누설임피던스에 비례한다.
② 용량에 비례하고 누설임피던스에 반비례한다.
③ 용량에 반비례하고 누설임피던스에 비례한다.
④ 용량에 반비례하고 누설임피던스에 반비례한다.

해설 변압기의 부하분담은 용량에는 비례하고 누설 임피던스에는 반비례한다.

$$\frac{I_A}{I_B}=\frac{P_A}{P_B}\times\frac{\%Z_B}{\%Z_A}$$

답 ②

25 변압기 효율 - 유형 ①

변압기의 부하 전류 및 전압은 일정하고, 주파수가 낮아지면?

① 철손이 증가   ② 철손이 감소
③ 동손이 증가   ④ 동손이 감소

해설
- 비례 : 전압강하, 역률, 효율, 동기속도, 회전자속도, %임피던스 강하, 누설 리액턴스
- 반비례 : 손실(철손), 여자전류, 자속밀도, 온도

답 ①

26 변압기 효율 - 유형 ②

변압기의 철손이 P_i[kW], 전부하 동손이 P_c[kW]일 때 정격 출력의 $\frac{1}{m}$ 부하를 걸었을 때 전손실[kW]는 얼마인가?

① $(P_i+P_c)\left(\frac{1}{m}\right)^2$
② $P_i\left(\frac{1}{m}\right)^2+P_c$
③ $P_i+P_c\left(\frac{1}{m}\right)^2$
④ $P_i+P_c\left(\frac{1}{m}\right)$

해설 $\frac{1}{m}$ 부하시 효율 $\eta_{\frac{1}{m}}=\dfrac{\frac{1}{m}P_a\cos\theta}{\frac{1}{m}P_a\cos\theta+P_i+\left(\frac{1}{m}\right)^2P_c}\times100$

최대 효율 조건 : $P_i=\left(\frac{1}{m}\right)^2P_c$, 전체 손실 : $P_i+\left(\frac{1}{m}\right)^2P_c$

답 ③

27 변압기 효율 - 유형 ③

200[kVA]의 단상 변압기가 있다. 철손이 1.6[kW]이고 전부하 동손이 2.4[kW]이다. 이 변압기의 역률이 0.8일 때 전부하시의 효율[%]은?

① 96.6
② 97.6
③ 98.6
④ 99.6

해설 변압기의 전부하시 효율 $\eta = \dfrac{P_a \cos\theta}{P_a \cos\theta + P_i + P_c} \times 100$, $P_a = 200[\text{kVA}]$, 역률 $\cos\theta = 0.8$

$P_i = 1.6[\text{kW}]$, $P_c = 2.4[\text{kW}]$ ∴ $\eta = \dfrac{200[\text{kVA}] \times 0.8}{200[\text{kVA}] \times 0.8 + 1.6[\text{kW}] + 2.4[\text{kW}]} \times 100 = 97.6[\%]$

답 ②

28 변압기 효율 - 유형 ④

50[Hz], 6.3[kV]/210[V], 50[kVA], 정격역률 0.8 (지상)의 단상 변압기에 있어서 무부하손은 0.65[%], %저항강하는 1.4[%]라 하면 이 변압기의 전부하 효율은?

① 약 96.5[%]
② 약 97.7[%]
③ 약 98.6[%]
④ 약 99.4[%]

해설
- 철손 : $P_i' = P_a \cos\theta \times P_i = 50 \times 0.8 \times 0.0065 = 0.26$
- 동손 : $\%R = \dfrac{\text{임피던스 와트(동손)}}{\text{변압기용량}} \times 100 \rightarrow P_c = \dfrac{50 \times 1.4}{100} = 0.7$
- 전부하시 효율 : $\eta = \dfrac{P_a \cos\theta}{P_a \cos\theta + P_i + P_c} \times 100 = \dfrac{50 \times 0.8}{50 \times 0.8 + 0.26 + 0.7} \times 100 = 97.66[\%]$

답 ②

29 변압기 효율 - 유형 ⑤

용량 10[kVA], 철손 120[W], 전부하 동손 200[W]인 단상 변압기 2대를 V결선하여 부하를 걸었을 때, 전부하 효율은 약 몇 [%]인가? (단, 부하의 역률은 $\dfrac{\sqrt{3}}{2}$이라 한다.)

① 99.2
② 98.3
③ 97.9
④ 95.9

해설 효율 $\eta = \dfrac{\sqrt{3}\,P_1\cos\theta}{\sqrt{3}\,P_1\cos\theta + 2(P_i + P_c)} \times 100 = \dfrac{10\sqrt{3} \times \dfrac{\sqrt{3}}{2}}{10\sqrt{3} \times \dfrac{\sqrt{3}}{2} + 2(0.12 + 0.2)} \times 100 = 95.9$

답 ④

30 변압기 효율 - 유형 ⑥

변압기의 철손과 동손을 같게 설계하면 최대효율은?

① $\frac{1}{2}$ 부하시
② $\frac{2}{3}$ 부하시
③ 전부하시
④ $\frac{3}{2}$ 부하시

해설 변압기의 철손=동손일 때 최대효율이며 최대효율 부하지점 $\frac{1}{m} = \sqrt{\frac{P_i}{P_c}} = \sqrt{\frac{1}{1}}$ 전부하 지점이다.

답 ③

31 변압기 효율 - 유형 ⑦

150[kVA]의 변압기 철손이 1[kW], 전부하 동손이 2.5[kW]이다. 이 변압기의 최대 효율은 몇 [%] 전부하에서 나타나는가?

① 약 50
② 약 58
③ 약 63
④ 약 72

해설 $\frac{1}{m} = \sqrt{\frac{P_i}{P_c}} \times 100[\%] = \sqrt{\frac{1}{2.5}} \times 100[\%] ≒ 63[\%]$

답 ③

32 변압기 효율 - 유형 ⑧

전부하에서 동손 100[W], 철손 50[W]인 변압기가 최대 효율을 나타내는 부하[%]는?

① 50
② 67
③ 70
④ 86

해설 최대 효율일 때 $\frac{1}{m} = \sqrt{\frac{P_i}{P_c}} = \sqrt{\frac{50}{100}} \times 100[\%] = 70.7[\%]$

답 ③

33 변압기 효율 - 유형 ⑨

변압기에서 발생하는 손실 중 1차측이 전원에 접속되어 있으면 부하의 유무에 관계없이 발생하는 손실은?

① 동손
② 표유부하손
③ 철손
④ 부하손

해설 부하에 관계없이 발생하는 손실 : 무부하손(철손)

답 ③

34 변압기 효율 – 유형 ⑩

전류가 2배로 증가하면 변압기의 동손은?

① $\dfrac{1}{4}$
② $\dfrac{1}{2}$
③ 2
④ 4

해설 $P_c = I^2 R$ → $P_c \propto I^2$ 이므로 전류가 2배가 되면 동손은 4배가 된다.

답 ④

5-3 변압기

1. 변압기 3상결선의 종류 : Y−Y결선, △−△결선, V−V결선, △−Y결선, Y−△결선
2. 변압기 보호장치
   - 부흐홀츠 계전기 : 콘서베이터와 본체 사이에 설치
   - 비율 차동 계전기 : 단락사고 및 내부고장 보호
3. 변류기 1차측 전류
   - 가동결선 : $I_1 = CT비 \times I_2$
   - 차동결선 : $I_1 = CT비 \times I_2 \times \dfrac{1}{\sqrt{3}}$
4. 단권 변압기

$\dfrac{\text{자기용량}}{\text{부하용량}}$	1대	2대(V결선)	3대(Y결선)	3대(△결선)
	$\dfrac{V_h - V_l}{V_h}$	$\dfrac{2}{\sqrt{3}} \cdot \dfrac{V_h - V_l}{V_h}$	$\dfrac{V_h - V_l}{V_h}$	$\dfrac{V_h^2 - V_l^2}{\sqrt{3}\, V_l \cdot V_h}$

01 변압기 3상 결선 – 유형 ① □□□ check up!

변압기 결선에서 부하 단자에 제3고조파 전압이 발생하는 것은?

① △−△
② △−Y
③ Y−Y
④ Y−△

해설 Y−Y 결선은 제3고조파 순환전류가 흐르지 않아 기전력의 파형이 제3고조파를 포함하여 왜형파가 된다.

답 ③

02 변압기 3상 결선 – 유형 ② □□□ check up!

단상 변압기의 3상 Y−Y결선에서 잘못된 것은?

① 3조파 전류가 흐르며 유도장해를 일으킨다.
② V결선이 가능하다.
③ 권선전압이 선간전압의 $1/\sqrt{3}$ 배이므로 결연이 용이하다.
④ 중성점 접지가 된다.

해설 고장시 V결선으로 운전이 가능한 결선은 △−△결선이다.

답 ②

03 변압기 3상 결선 - 유형 ③

권수비 $a:1$인 3개의 단상변압기를 $\triangle - Y$로 하고 1차 단자전압 V_1, 1차 전류 I_1이라 하면 2차의 단자전압 V_2 및 2차 전류 I_2 값은? (단, 저항, 리액턴스 및 여자전류는 무시한다.)

① $V_2 = \sqrt{3}\dfrac{V_1}{a}$, $I_1 = I_2$
② $V_2 = V_1$, $I_2 = I_1\dfrac{a}{\sqrt{3}}$
③ $V_2 = \sqrt{3}\dfrac{V_1}{a}$, $I_2 = I_1\dfrac{a}{\sqrt{3}}$
④ $V_2 = \sqrt{3}\dfrac{V_1}{a}$, $I_2 = \sqrt{3}\,aI_1$

해설 변압기의 전력전달은 1차 상권선에서 2차 상권선으로 전달된다.

1차측 $\triangle$결선에서 입력되는 1차 선간전압 V_{1l} = 1차 상전압 V_{1p}

변압기의 권수비에 의해 2차측 Y결선 상전압 $V_{2p} = \dfrac{V_{1p}}{a}$ → ∴ 선간전압 $V_{2l} = \sqrt{3} \times \dfrac{V_{1p}}{a}$

1차측 $\triangle$결선에서 입력되는 1차 선간전류 I_{1l} → 1차 상전류 $\dfrac{I_{1p}}{\sqrt{3}}$

변압기의 권수비에 의해 2차측 $\triangle$결선 상전류 $I_{2p} = \dfrac{I_{1p}}{\sqrt{3}} \times a$ ∴ 선간전류 $I_{2l} = \dfrac{I_{1p}}{\sqrt{3}} \times a$ **답** ③

04 변압기 3상 결선 - 유형 ④

2대의 변압기로 V결선하여 3상 변압하는 경우 변압기 이용률[%]은?

① 57.8
② 66.6
③ 86.6
④ 100

해설 V결선 이용률 $= \dfrac{\sqrt{3}\,P_1}{2P_2} \times 100 = 86.6[\%]$ **답** ③

05 변압기 3상 결선 - 유형 ⑤

용량 100[kVA]인 동일 정격의 단상 변압기 4대로 낼 수 있는 3상 최대 출력 용량[kVA]은?

① $200\sqrt{3}$
② $200\sqrt{2}$
③ $300\sqrt{3}$
④ 400

해설 변압기 4대(V−V결선) $P_{V-V} = 2\sqrt{3}\,P_1 = 2\sqrt{3} \times 100 = 200\sqrt{3}$ [kVA] **답** ①

06 변압기 3상 결선 - 유형 ⑥

3상 배전선에 접속된 V결선의 변압기에서 전부하시의 출력을 100[kVA]라 하면 같은 용량의 변압기 한 대를 증설하여 △결선 하였을 때의 정격출력은 몇 [kVA]인가?

① 50
② $50\sqrt{3}$
③ 100
④ $100\sqrt{3}$

해설 1대를 증설한 경우 출력 $P_\triangle = 3P_1 = 3 \times \dfrac{P_V}{\sqrt{3}} = \sqrt{3}\,P_v = 100\sqrt{3}$

답 ④

07 변압기 3상 결선 - 유형 ⑦

3상 전원을 이용하여 2상 전압을 얻고자 할 때 사용하는 결선 방법은?

① Scott 결선
② Fork 결선
③ 환상 결선
④ 2중 3각 결선

해설
- 3상에서 2상으로 상수 변환 : 메이어 결선, 우드 브리지 결선, 스코트 결선(T결선)
- 3상에서 6상으로 상수 변환 : 포크 결선, 환상결선, 2중 성형 결선, 대각 결선

답 ①

08 변압기 보호장치 - 유형 ①

부흐홀쯔 계전기로 보호되는 기기는?

① 변압기
② 발전기
③ 동기전동기
④ 회전 변류기

해설 부흐홀쯔 계전기는 변압기의 내부 고장으로 발생하는 기름의 분해에 의한 가스 또는 기름의 흐름을 이용하여 계전기의 접점을 닫는 장치로서 변압기의 주탱크와 콘서베이터와의 연결관 도중에 설치한다.

답 ①

09 변압기 보호장치 - 유형 ②

부흐홀쯔 계전기의 설치 위치로 옳은 것은?

① 본체탱크 내부
② 방열기 출구
③ 방열기 입구
④ 본체탱크와 콘서베이터의 사이

해설 변압기의 주 탱크와 콘서베이터 사이에 부착한다.

답 ④

10 변압기 보호장치 – 유형 ③

변압기의 내부고장 보호에 쓰이는 계전기로서 가장 적당한 것은?
① 과전류계전기
② 차동계전기
③ 접지계전기
④ 역상계전기

해설 발전기 및 변압기의 층간단락 등 내부고장 보호에 쓰이는 계전기는 차동계전기이다.   답 ②

11 변압기 절연내력 시험 – 유형 ①

다음 중 변압기의 절연내력 시험법이 아닌 것은?
① 단락 시험
② 가압 시험
③ 오일의 절연파괴시험
④ 충격전압시험

해설 단락시험법은 변압기의 등가회로 작성시 필요한 시험이다.   답 ①

12 변압기 절연내력 시험 – 유형 ②

변압기 권선 간의 절연 시험은?
① 가압 시험
② 유도 시험
③ 충격 시험
④ 단락 시험

해설 변압기 권선간의 절연시험법은 고전압을 유도시켜 시험하는 유도시험법이다.   답 ②

13 변압기 온도 시험

변압기의 온도 시험을 하는 데 가장 좋은 방법은?
① 실부하법
② 반환 부하법
③ 단락시험법
④ 내전압법

해설 변압기의 온도상승 시험법 : 반환부하법, 단락시험법, 실부하법   답 ②

14 계기용 변성기 - 유형 ①

변류기 개방시 2차측을 단락하는 이유는?

① 2차측 절연 보호
② 2차측 과전류 보호
③ 측정 오차 방지
④ 1차측 과전류 방지

해설 변류기는 2차측에 개방시 2차측에 과전압이 고전압이 유기되어 절연이 파괴되므로 2차측 절연보호를 위해 단락을 먼저 시킨다.

답 ①

15 계기용 변성기 - 유형 ②

평형 3상회로의 전류를 측정하기 위해서 변류비 200/5[A]의 변류기를 그림과 같이 접속하였더니 전류계의 지시가 1.5[A]이다. 1차 전류[A]는?

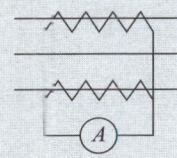

① 60
② $60\sqrt{3}$
③ 30
④ $30\sqrt{3}$

해설 전류계의 지시값 $I_2=1.5[A]$, CT비$=\dfrac{200}{5}=40$

∴ $I_1=40\times 1.5[A]=60[A]$

답 ①

16 계기용 변성기 - 유형 ③

변류비 100/5[A]의 변류기(CT)와 5[A]의 전류계를 사용해서 부하전류를 측정한 경우 전류계의 지시가 4[A]이었다. 이 때 부하 전류는 몇 [A]인가?

① 20
② 30
③ 60
④ 80

해설 부하전류(1차 전류) $I_1=$전류계 지시값(I_2)$\times$CT비$=4\times\dfrac{100}{5}=80$, CT비$=\dfrac{I_1}{I_2}$

답 ④

17 계기용 변성기 - 유형 ④

평형 3상 전류를 측정하려고 변류비 60/5[A]의 변류기 두 대를 그림과 같이 접속했더니 전류계에 2.5[A]가 흘렀다. 1차 전류는 몇 [A]인가?

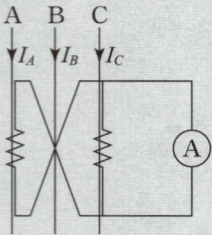

① 약 12.0
② 약 17.3
③ 약 30.0
④ 약 51.9

해설 차동결선시 변류기의 CT비$=\dfrac{I_1}{I_2}\times\sqrt{3}$ 에서 ➡ $\dfrac{\text{CT비}\times I_2}{\sqrt{3}}$

전류계의 지시값 $I_2=2.5[A]$, CT비$=\dfrac{60}{5}=12$ ∴ $I_1=\dfrac{12\times 2.5}{\sqrt{3}}≒17.3[A]$

답 ②

18 계기용 변성기 - 유형 ⑤

평형 3상 3선식 선로에 2개의 PT와 3개의 전압계 V_1, V_2, V_3를 그림과 같이 접속하고, 선간 전압을 측정할 때 퓨즈 F_B가 절단되었다고 하면 각 전압계의 지시는 몇 [V]가 되는가? (단, 3상 선간 전압은 3000[V]이다.)

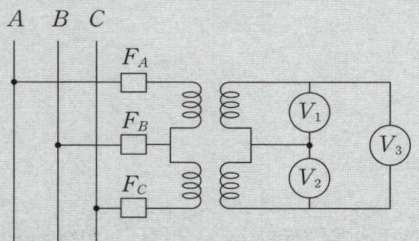

① $V_1=V_2=3000[V]$, $V_3=6000[V]$
② $V_1=V_2=V_3=3000[V]$
③ $V_1=V_2=1500[V]$, $V_3=3000[V]$
④ $V_1=V_2=V_3=1500[V]$

 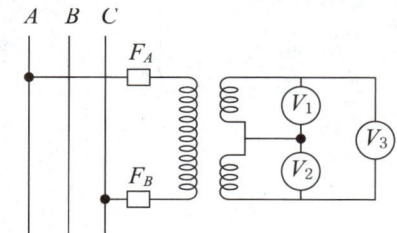

퓨즈 B가 절단되면 변성기의 1차가 직렬이 되어 AC간의 단상 전압이 되므로 $V_1=V_2=1500[V]$, $V_3=3000[V]$

답 ③

19 계기용 변성기 - 유형 ⑥

전류 변성기 사용 중에 2차를 개방해서는 안 되는 이유는 다음과 같다. 틀린 것은?

① 철손의 급격한 증가로 소손의 우려가 있다
② 포화 자속으로 인한 첨두 기전압이 발생하여 절연 파괴의 우려가 있다
③ 계기와 계전기의 정상적 작용을 일시 정지시키기 때문이다
④ 일단 크게 작용한 히스테리시스 루프의 영향으로 계기의 오차 발생

해설 변류기 2차측은 개방시 1차측 전원의 여자전류가 다량의 자속을 발생시켜 2차측에 고전압이 유기된다. 이로 인해 계기의 오차가 발생하거나 절연파괴가 발생하기 때문에 2차측 단자를 단락 후 점검한다.

답 ③

20 단권 변압기 - 유형 ①

그림과 같이 1차 전압 V_1, 2차 전압 V_2인 단권변압기를 V결선했을 때 변압기의 등가 용량과 부하 용량과의 비를 나타내는 식은? (단, 손실은 무시한다.)

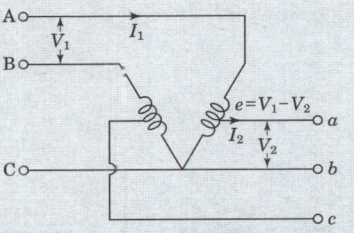

① $\dfrac{2}{\sqrt{3}} \cdot \dfrac{V_1-V_2}{V_1}$

② $\dfrac{\sqrt{3}}{2} \cdot \dfrac{V_1-V_2}{V_1}$

③ $\dfrac{1}{2} \cdot \dfrac{V_1-V_2}{V_1}$

④ $\dfrac{2(V_1-V_2)}{V_1}$

해설 단권변압기 2대(V결선) $\dfrac{\text{자기용량}}{\text{부하용량}} = \dfrac{2}{\sqrt{3}} \cdot \dfrac{V_1-V_2}{V_1}$

답 ①

21 단권 변압기 – 유형 ②

3000[V]의 단상 배전선 전압을 3300[V]로 승압하는 단권변압기의 자기용량[kVA]은?
(단, 여기서 부하용량은 100[kVA]이다.)

① 약 2.1
② 약 5.3
③ 약 7.4
④ 약 9.1

해설 $\dfrac{\text{자기용량}}{\text{부하용량}} = \dfrac{V_H - V_L}{V_H}$ → 자기용량 $= \dfrac{V_H - V_L}{V_H} \times$ 부하용량 ∴ $\dfrac{3300 - 3000}{3300} \times 100 [\text{kVA}] \fallingdotseq 9.1 [\text{kVA}]$

답 ④

22 단권 변압기 – 유형 ③

다음은 단권 변압기를 설명한 것이다. 틀린 것은?

① 소형에 적합하다.
② 누설 자속이 적다.
③ 손실이 적고 효율이 좋다.
④ 재료가 절약되어 경제적이다.

해설 소형 및 대형 모두 널리 사용하는 변압기로서 소형화할 수 있는 장점이 있지만 소형에만 적합하지는 않다.

답 ①

23 내철형 변압기

내철형 3상 변압기를 단상변압기로 사용할 수 없는 이유로 가장 옳은 것은?

① 1, 2차간의 각변위가 있기 때문에
② 각 권선마다의 독립된 자기회로가 있기 때문에
③ 각 권선마다의 독립된 자기회로가 없기 때문에
④ 각 권선이 만든 자속이 $\dfrac{3\pi}{2}$ 위상차가 있기 때문에

해설 내철형 3상 변압기는 각 권선마다 독립된 자기회로가 없기 때문에 각 권선을 단상으로 사용할 수 없다.

답 ③

24 자기누설변압기 – 유형 ① □□□ check up!

자기누설변압기의 특징은?
① 단락전류가 크다.
② 전압변동률이 크다.
③ 역률이 좋다.
④ 표유부하손이 작다.

해설
- 용도 : 용접용 변압기, 네온관용 변압기
- 특징 : 전압변동률이 크고, 역률과 효율이 나쁘다.

답 ②

25 자기누설변압기 – 유형 ② □□□ check up!

네온관용 변압기는?
① 단상변압기
② 3상변압기
③ 정전압변압기
④ 자기누설변압기

해설 용접용이나 네온관용 변압기는 누설변압기이다.

답 ④

제3과목
전기기기
DAY-24

30일 단기완성

Chapter 06
유도기

1 출제경향분석

본장은 전기기기를 공부함에 있어서 기초가 되는 부분으로 기기의 구조 및 용도에 관련된 문제가 출제됩니다.

> **반드시 알아야 하는 핵심 포인트**
>
> ① 유도전동기 원리와 특성 ② 유도전동기 전력 변환
> ③ 유도전동기 토크   ④ 비례추이
> ⑤ 유도전동기 기동 및 제동   ⑥ 유도전동기 속도제어
> ⑦ 유도 전압조정기   ⑧ 원선도
> ⑨ 3상 유도전동기 시험   ⑩ 단상 유도전동기

2 학습 가이드라인

- 반드시 알아야 하는 핵심 포인트는 전기기사 및 산업기사 시험에서 가장 출제빈도가 높은 논점으로 각 파트별 핵심 포인트와 문제를 연계하여 학습해 주시기를 권장합니다.
- 체크리스트를 작성하시면서 문제의 유형과 학습의 완성도를 스스로 확인해 주세요.
- 출제 빈도가 높고 틀리기 쉬운 문제를 맞출 수 있도록 "콕콕 포인트"를 확인해 주세요.

우선순위 논점	KEY WORD	선생님의 콕콕 포인트
유도전동기 종류	슬립, 유도전동기, 범위	슬립의 범위는 무조건 알아야 할 것
유도전동기 전력	슬립, 2차동손, 2차출력, 2차입력	용어의 뜻을 정확히 파악해서 암기할 것
유도전동기 특성	전압, 기동토크	토크와 전압과의 관계를 이해할 것
비례추이	전부하 토크, 2차 저항	비례추이의 정의를 암기할 것
원선도	원선도, 역률	원선도 그림 이해할 것
유도전동기 기동	기동법, 기동보상	권선형과 농형을 구분해서 숙지할 것
속도제어	권선형, 유도전동기, 속도제어	'2차'가 들어가는 것은 권선형
유도 전압 조정기	단락권선, 유도전압조정기	단락권선의 특징을 암기할 것
단상 유도전동기	반발, 콘덴서, 분상기동, 셰이딩 코일	단상유도전동기의 특징을 암기할 것
특수 유도기	2중농형유도전동기, 농형유도전동기	농형유도전동기와 2중 농형유도전동기 특징을 비교할 것

6-1 유도기

1. 유도전동기 원리 : 3상 유도전동기는 회전자계, 단상유도전동기는 교번자계이다.
2. 3상 유도전동기의 종류 : 농형 유도전동기, 권선형 유도전동기
3. 슬립 $s : \dfrac{N_s - N}{N_s}$

   유도전동기 : $0 < s < 1$, 유도발전기 : $s < 0$, 유도제동기(역상제동) : $1 < s < 2$
4. 슬립 특성 : 회전시 주파수 → $f_{2s} = sf_1 [\text{Hz}]$, $f_1 = f_2$(정지시)
5. 등가부하저항(기계적 출력정수)
6. 유도전동기 2차측 전력관계[P_2 : 2차 입력=1차 출력=동기와트]

   ① P_{c2}(2차 동손) → $P_{c2} = sP_2$ ② P(2차 출력) → $P = (1-s)P_2$
7. 토크 $T = 0.975 \dfrac{P_2 \text{동기와트}}{N_s \text{동기속도}} [\text{kg·m}]$, $T = 0.975 \dfrac{P_0 \text{기계적출력}}{N \text{회전자속도}} [\text{kg·m}]$
8. 전압 특성 $T \propto V^2$, $s \propto \dfrac{1}{V^2}$

01 유도전동기 특징 - 유형 ① □□□ check up!

3상 유도전동기의 회전방향은 이 전동기에서 발생되는 회전자계의 회전 방향과 어떤 관계가 있는가?

① 아무관계도 없다.
② 회전자계의 회전방향으로 회전한다.
③ 회전자계의 반대방향으로 회전한다.
④ 부하 조건에 따라 정해진다.

해설 유도전동기 회전방향은 회전자계 회전방향과 동일한 방향으로 회전한다. 답 ②

02 유도전동기 특징 - 유형 ② □□□ check up!

유도전동기가 다른 어떤 전동기보다 넓게 보급되는 이유로 적당한 것은?

① 구조가 복잡하고 가격이 비싸다.
② 취급이 어려워 전문가가 조작해야 한다.
③ 부하변화에 대하여 속도변화가 심하다.
④ 3상 교류에 의하여 회전자계를 쉽게 얻을 수 있다.

해설
- 전원을 간단히 얻을 수 있고, 3상 교류에 의하여 회전자계를 쉽게 얻을 수 있다.
- 구조가 간단하고 견고하며 가격이 싸다.
- 취급이 간단하며 전기적 지식이 없는 사람도 쉽게 운전할 수 있다.
- 정속도전동기로, 부하의 변화에 대하여 속도의 변화가 적다. 답 ④

03 유도전동기 특징 - 유형 ③

권선형 유도전동기와 직류 분권전동기와의 유사한 점 두 가지는?

① 정류자가 있다. 저항으로 속도 조정이 된다.
② 속도 변동률이 작다. 저항으로 속도 조정이 된다.
③ 속도 변동률이 작다. 토크가 전류에 비례한다.
④ 속도가 가변, 기동 토크가 기동 전류에 비례한다.

해설
- 직류 분권전동기 : 저항으로 속도제어가 가능하며 정속도 특성을 지닌다.
- 권선형 유도전동기 : 2차저항을 조절하여 속도제어가 가능하며 정속도 특성을 지닌다.

답 ②

04 유도전동기 슬립 - 유형 ①

60[Hz], 8극인 3상 유도전동기의 전부하에서 회전수가 855[rpm]이다. 이때 슬립[%]은?

① 4
② 5
③ 6
④ 7

해설
$f=60[\text{Hz}]$, $p=8$, $N=855[\text{rpm}]$ 동기속도 $N_s=\dfrac{120f}{p}=\dfrac{120\times 60}{8}=900[\text{rpm}]$

∴ 유도 전동기의 슬립 $s=\dfrac{N_s-N}{N_s}\times 100[\%]=\dfrac{900-855}{900}\times 100[\%]=5[\%]$

답 ②

05 유도전동기 슬립 - 유형 ②

유도전동기의 동작특성에서 제동기로 쓰이는 슬립의 영역은?

① 1~2
② 0~1
③ 0~-1
④ -1~-2

해설 유도 전동기를 역회전 또는 제동시 슬립의 범위는 $1<s<2$ 사이값을 가진다.

답 ①

06 유도전동기 슬립 – 유형 ③

8극 60[Hz], 500[kW]의 3상 유도 전동기의 전부하 슬립이 2.5[%]라 한다. 이 때의 회전수[rps]는?

① 877   ② 900
③ 14.6   ④ 15.0

해설

$$n = \frac{N_s(1-s)}{60} = \frac{\frac{120f}{P}(1-s)}{60} = \frac{\frac{120 \times 60}{8}(1-0.025)}{60} = 14.625[\text{rps}]$$

답 ③

07 유도전동기 2차측 전력관계 – 유형 ①

6000[V], 60[Hz], 8극 100[kW]의 3상 유도 전동기의 전부하 2차 구리손이 3[kW], 기계손이 2[kW]라면 전부하 회전수[rpm]는?

① 984   ② 874
③ 593   ④ 498

해설

$$P_{cs} = sP_2 \rightarrow s = \frac{P_{c2}}{P_2} = \frac{P_{c2}}{P_O + P_{c2}} = \frac{P_{c2}}{P + P_m + P_{c2}} = \frac{3}{100 + 2 + 3} = 0.028$$

회전자 속도 $N = N_s(1-s) = \frac{120f}{P}(1-s) = \frac{120}{8} \times 60 \times (1-0.028) ≒ 874$

답 ②

08 유도전동기 2차측 전력관계 – 유형 ②

3상 유도기에서 출력의 변환식이 맞는 것은?

① $P_0 = P_2 - P_{c2} = P_2 - sP_2 = \frac{N}{N_s}P_2 = (1-s)P_2$
② $P_0 = P_2 + P_{c2} = P_2 + sP_2 = \frac{N}{N_s}P_2 = (1+s)P_2$
③ $P_0 = P_2 + P_{c2} = \frac{N}{N_s}P_2 = (1-s)P_2$
④ $(1-s)P_2 = \frac{N}{N_s}P_2 = P_0 - P_{c2} = P_0 - sP_2$

해설 $P_0 = P_2 - P_{2c} = P_2 - sP_2 = \frac{N}{N_s}P_2 = (1-s)P_2$

답 ①

09 유도전동기 2차측 전력관계 - 유형 ③

3상 유도전동기가 있다. 슬립 $s[\%]$일 때 2차 효율은?

① $1-s$
② $2-s$
③ $3-s$
④ $4-s$

해설 $\eta_2 = \dfrac{P}{P_2} \times 100 = \dfrac{P_2(1-s)}{P_2} \times 100 = (1-s) \times 100 [\%]$

답 ①

10 유도전동기 2차측 전력관계 - 유형 ④

어떤 유도 전동기가 부하시 슬립 $s=5[\%]$에서 한 상당 $10[A]$의 전류를 흘리고 있다. 한 상에 대한 회전자 유효 저항이 $0.1[\Omega]$일 때 3상 회전자 출력은 얼마인가?

① $190[W]$
② $570[W]$
③ $620[W]$
④ $830[W]$

해설 $P = 3{I_2'}^2 R = 3{I_2'}^2 r_2 \left(\dfrac{1}{s} - 1\right) = 3 \times 10^2 \times 0.1 \left(\dfrac{1}{0.05} - 1\right) = 570[W]$

답 ②

11 유도전동기 2차측 전력관계 - 유형 ⑤

유도 전동기의 동기와트를 설명한 것은?

① 동기 속도 하에서 2차 입력을 말함
② 동기 속도 하에서 1차 입력을 말함
③ 동기 속도 하에서 2차 출력을 말함
④ 동기 속도 하에서 2차 동손을 말함

해설 동기와트는 동기속도하에 있는 2차 입력을 말한다.

답 ①

12 유도전동기 2차측 전력관계 - 유형 ⑥

유도전동기의 2차동손을 P_{c2}라 하고 2차입력을 P_2라 하며 슬립을 s라 할 때, 이들 사이의 관계는?

① $s = \dfrac{P_{c2}}{P_2}$
② $s = \dfrac{P_2}{P_{c2}}$
③ $s = P_2 P_{c2}$
④ $1 = s \cdot P_2 P_{c2}$

해설 유도전동기의 2차 동손 $P_{c2} = sP_2$ ∴ 슬립 $s = \dfrac{P_{c2}}{P_2}$

답 ①

13 유도전동기 2차측 전력관계 – 유형 ⑦ □□□ check up!

3상 유도전동기의 출력이 10[kW], 슬립이 4.8[%]일 때의 2차동손[kW]은?

① 0.4
② 0.45
③ 0.5
④ 0.55

해설
- 2차 동손 : $P_{c2}=sP_2$
- 2차 출력 $P_0=10[\mathrm{kW}]$, 슬립 $s=4.8[\%]$
- 2차 입력 $P_2=\dfrac{P_0}{(1-s)}=\dfrac{10[\mathrm{kW}]}{1-0.048}=10.5[\mathrm{kW}]$

∴ $P_{c2}=sP_2=0.048\times 10.5 \fallingdotseq 0.5[\mathrm{kW}]$

답 ③

14 유도전동기 2차측 전력관계 – 유형 ⑧ □□□ check up!

15[kW] 3상 유도전동기의 기계손이 350[W], 전부하시의 슬립이 3[%]이다. 전부하시의 2차동손[W]은?

① 395
② 411
③ 475
④ 524

해설 $s=3[\%]$, $P_0=(1-s)P_2$ → $P_2=\dfrac{P_0}{(1-s)}=\dfrac{15[\mathrm{kW}]+0.35[\mathrm{kW}]}{1-0.03}=15.824[\mathrm{kW}]$

∴ $P_{c2}=sP_2=0.03\times 15.8[\mathrm{kW}]\fallingdotseq 0.475[\mathrm{kW}]=475[\mathrm{W}]$

답 ③

15 유도전동기 2차측 전력관계 – 유형 ⑨ □□□ check up!

유도전동기에 있어서 2차 입력 P_2, 출력 P_0, 슬립 s 및 2차 동손 P_{c2}와의 관계를 선정하면?

① $P_2:P_0:P_{c2}=1:s:1-s$
② $P_2:P_0:P_{c2}=1-s:1:s$
③ $P_2:P_0:P_{c2}=1:1/s:1-s$
④ $P_2:P_0:P_{c2}=1:1-s:s$

해설

2차입력	2차출력(P_0)	2차동손(P_{c2})
P_2	$(1-s)P_2$	sP_2

∴ $P_2:P_0=P_{c2}=1:1-s:s$

답 ④

16 유도전동기 2차측 전력관계 – 유형 ⑩

50[Hz], 12극의 3상 유도 전동기가 정격 전압으로 정격 출력 10[HP]를 발생하며 회전하고 있다. 이 때의 회전수는 약 몇 [rpm]인가? (단, 회전자 동손은 350[W], 회전자 입력은 출력과 회전자 동손과 합이다.)

① 468　　　　　　　　　　　　② 478
③ 485　　　　　　　　　　　　④ 500

해설 $1[HP]=746[W]$　$P_{c2}=sP_2$　→　$s=\dfrac{P_{c2}}{P_2}=\dfrac{P_{c2}}{P+P_{c2}}=\dfrac{350}{7460+350}≒0.0448$

회전자 속도 $N=N_s(1-s)=\dfrac{120f}{P}(1-s)=\dfrac{120\times 50}{12}(1-0.0448)≒477.6[rpm]$

답 ②

17 유도전동기 토크 – 유형 ①

20[HP], 4극, 60[Hz]의 3상 전동기가 있다. 전부하 슬립이 4[%]이다. 전부하시의 토크[kg·m]는? (단, 1[HP]은 746[W]이다.)

① 약 11.41　　　　　　　　　　② 약 10.41
③ 약 9.41　　　　　　　　　　　④ 약 8.41

해설 동기 속도 $N_s=\dfrac{120f}{P}=\dfrac{120\times 60}{4}=1800[rpm]$

토크 $T=0.975\dfrac{P}{N}=0.975\dfrac{P}{N_s(1-s)}=0.975\times\dfrac{746\times 20}{1800(1-0.04)}≒8.418[kg\cdot m]$

답 ④

18 유도전동기 토크 – 유형 ②

60[Hz], 6극 10[kW]인 유도전동기가 슬립 5[%]로 운전할 때 2차의 동손이 500[W]이다. 이 전동기의 전부하시의 토크[kg·m]는?

① 약 4.3　　　　　　　　　　　② 약 8.5
③ 약 41.8　　　　　　　　　　　④ 약 83.5

해설 동기 속도 $N_s=\dfrac{120f}{P}=\dfrac{120\times 60}{6}=1200[rpm]$

$T=0.975\dfrac{P_2}{N_s}=0.975\dfrac{P_{c2}/s}{1200}=\dfrac{500/0.05}{1200}=8.55[kg\cdot m]$

답 ②

19 유도전동기 토크 - 유형 ③

4극, 60[Hz]의 유도 전동기가 슬립 5[%]로 전부하 운전하고 있을 때 2차 권선의 손실이 94.25[W]라고 하면 토크[N·m]는?

① 1.02
② 2.04
③ 10.00
④ 20.00

해설 $N_s = \dfrac{120f}{P} = \dfrac{120 \times 60}{4} = 1800[\text{rpm}]$, $P_{c2} = sP_2$ → $P_2 = \dfrac{P_{c2}}{s} = \dfrac{94.25}{0.05} = 1885[\text{W}]$

$T = 0.975 \dfrac{P_2}{N_s} \times 9.8 = 0.975 \times \dfrac{1885}{1800} \times 9.8 = 10.00[\text{N·m}]$

답 ③

20 유도전동기 토크 - 유형 ④

3상 유도 전동기의 전압이 10[%] 낮아졌을 때 기동 토크는 약 몇 [%] 감소하는가?

① 5
② 10
③ 20
④ 30

해설 $T' = (1 - V^2) \times 100 = (1 - 0.9^2) \times 100 = 19[\%]$

답 ③

21 유도전동기 토크 - 유형 ⑤

극수 p인 3상 유도 전동기가 주파수 f[Hz], 슬립 s, 토크 T[N·m]로 회전하고 있을 때 기계적 출력[W]은?

① $T \cdot \dfrac{4\pi f}{p}(1-s)$
② $T \cdot \dfrac{4pf}{\pi}(1-s)$
③ $T \cdot \dfrac{4\pi f}{p} s$
④ $T \cdot \dfrac{\pi f}{2p}(1-s)$

해설 $P = T\left(\dfrac{2\pi}{60} \cdot \dfrac{120f}{p}\right) \times (1-s) = T\dfrac{4\pi f(1-s)}{p}[\text{W}]$

답 ①

22 유도전동기 토크 - 유형 ⑥

유도 전동기의 특성에서 토크 T와 2차 입력 P_2, 동기속도 N_s의 관계는?

① 토크는 2차 입력에 비례하고, 동기속도에 반비례한다.
② 토크는 2차 입력과 동기속도의 곱에 비례한다.
③ 토크는 2차 입력에 반비례하고, 동기속도에 비례한다.
④ 토크는 2차 입력의 자승에 비례하고, 동기속도의 자승에 반비례한다.

해설 $T = 0.975 \times \dfrac{P_2}{N_s} [\text{kg} \cdot \text{m}]$ 이므로 2차 입력에 비례하고 동기속도에 반비례한다.

답 ①

23 유도전동기 토크 - 유형 ⑦

3상 유도 전동기에서 동기 와트로 표시되는 것은?

① 토크
② 동기각속도
③ 1차입력
④ 2차출력

해설 동기속도는 일정한 성분이므로 P_2(2차입력)은 토크 T와 정비례하며 이를 동기와트[W]라 한다.

답 ①

24 유도전동기 토크 - 유형 ⑧

유도전동기의 토크(회전력)는?

① 단자전압과 무관
② 단자전압에 비례
③ 단자전압의 제곱에 비례
④ 단자전압의 3승에 비례

해설 유도전동기의 토크는 단자전압의 제곱에 비례한다. ($T \propto V^2$)

답 ③

25 유도전동기 토크 - 유형 ⑨

일정 주파수의 전원에서 운전 중인 3상 유도전동기의 전원 전압이 80[%]가 되었다고 하면 부하의 토크는 약 몇 [%]가 되는가?

① 55
② 64
③ 80
④ 90

해설 유도전동기의 토크는 단자전압의 제곱에 비례하므로 $T \propto V^2$에서 $T \propto (0.8V)^2 = 0.64V^2$

답 ②

26 유도전동기 토크 - 유형 ⑩

유도전동기의 1차 상수는 무시하고 2차 상수 $Z_2=0.2+j0.4[\Omega]$이라면 이 전동기가 최대토크를 발생할 때의 슬립은?

① 0.05
② 0.15
③ 0.35
④ 0.5

해설 최대토크는 $\dfrac{r_2}{s_t}=x_2$일 때 발생하므로 이 즈건을 만족하는 슬립 $s_t=\dfrac{r_2}{x_2}$이다.

$Z_2=0.2+j0.4[\Omega]$에서 $r_2=0.2[\Omega]$, $x_2=0.4[\Omega]$이다. ∴ $s_t=\dfrac{r_2}{x_2}=\dfrac{0.2}{0.4}=0.5$

답 ④

27 유도전동기 토크 - 유형 ⑪

유도 전동기의 공급 전압이 일정하고, 전원 주파수만 낮아질 때 일어나는 현상으로 옳은 것은?

① 여자전류가 감소한다.
② 철손이 감소한다.
③ 온도 상승이 커진다.
④ 회전속도가 증가한다.

해설 손실이 증가하고 회전 속도가 감소면서 냉각 팬의 속도가 감소하여 전체적으로 온도가 상승한다.

답 ③

6-2 유도기

1. 유도전동기 비례추이
   - 2차 저항을 조절해서 기동전류, 기동토크, 역률, 속도 등 제어
   - 비례추이를 해도 최대 토크(T_m)는 항상 일정
2. 유도전동기 속도제어
   - 농형 유도전동기 : 주파수 변환법, 극수 변환법, 전압 제어법
   - 권선형 유도전동기 : 2차 저항법, 2차 여자법, 종속법
3. 유도 전동기 기동법
   - 농형 유도전동기 : 전전압 기동, Y-△기동, 기동보상기, 리액터 기동, 콘돌퍼 기동
   - 권선형 유도전동기 : 2차 저항, 2차 임피던스, 게르게스
4. 원선도
   - 원선도의 지름은 전압에 비례하고 리액턴스에 반비례한다.
   - 전기적인 입출력 및 손실만 구하며 기계적 성분은 구할 수 없다.
5. 단상 유도전동기
   - 반발 기동, 반발 유도, 콘덴서 기동, 분상 기동, 셰이딩 코일
6. 유도 전압조정기

	단상	3상
원리	교번자계	회전자계
단락권선	○	×
2차 전압	$V_2 = V_1 \pm E_2 \cos\alpha$	$V_2 = \sqrt{3}\,(E_1 \pm E_2 \cos\alpha)$
조정용량	$P = E_2 I_2 \times 10^{-3}\,[\text{kVA}]$	$P = \sqrt{3}\,E_2 I_2 \times 10^{-3}\,[\text{kVA}]$

---

01 비례추이 - 유형 ①

권선형 유도전동기에서 비례추이를 할 수 없는 것은?

① 회전력
② 1차 전류
③ 2차 전류
④ 출력

해설 비례추이 할 수 없는 것 : 출력, 2차 동손, 효율

답 ④

02 비례추이 – 유형 ②

3상 유도 전동기의 2차 저항을 2배로 하면 2배로 되는 것은?

① 토크
② 전류
③ 역률
④ 슬립

해설 최대토크는 항상 일정, r_2 값이 클수록 $\begin{cases} \text{기동토크 증가} \\ \text{기동전류 감소} \end{cases}$

답 ④

03 비례추이 – 유형 ③

3상 권선형 유도전동기의 전부하 슬립이 4[%], 2차 1상의 저항 0.3[Ω]이다. 이 전동기의 기동토크를 전부하 토크와 같도록 하려면 외부에서 2차에 삽입해야 할 저항[Ω]은?

① 5.8[Ω]
② 6.7[Ω]
③ 7.2[Ω]
④ 8.3[Ω]

해설 기동시 외부저항

$$\frac{r_2}{s} = \frac{r_2 + R}{1} \rightarrow R = r_2\left(\frac{1}{s} - 1\right) = 0.3\left(\frac{1}{0.04} - 1\right) = 7.2[\Omega]$$

답 ③

04 비례추이 – 유형 ④

유도 전동기의 2차 저항을 2배로 하면 최대 회전력은 몇 배인가?

① 2배
② 3배
③ 1배
④ 1/2배

해설 최대 회전력은 2차 저항 및 슬립에 관계없이 일정

답 ③

05 비례추이 – 유형 ⑤

비례추이와 관계가 있는 전동기는?

① 동기전동기
② 3상유도 전동기
③ 단상유도 전동기
④ 정류자 전동기

해설 비례추이 : 권선형 유도전동기는 2차저항을 증감시키기 위해 외부회로에 가변저항기를 접속하여 토크 및 속도제어

답 ②

06 비례추이 - 유형 ⑥ □□□ check up!

유도 전동기의 토크 속도 곡선이 비례추이 한다는 것은 그 곡선이 무엇에 비례해서 이동하는 것을 말하는가?
① 슬립
② 회전수
③ 공급 전압
④ 2차 합성 저항

해설 최대토크를 발생하는 슬립이 증가하여 기동토크가 증가하고 기동전류가 감소하며 최대토크는 변하지 않는다.   답 ④

07 비례추이 - 유형 ⑦ □□□ check up!

권선형 유도 전동기의 기동시 2차측에 저항을 넣는 이유는?
① 기동전류 감소
② 회전수 감소
③ 기동토크 감소
④ 기동전류 감소와 토크 증대

해설 기동시 2차측 저항 삽입 이유 : 기동토크를 크게 하고 기동전류를 감소시키기 위해   답 ④

08 비례추이 - 유형 ⑧ □□□ check up!

권선형 유도 전동기에서 2차 저항을 변화시켜 속도를 제어하는 경우 최대 토크는?
① 최대 토크가 생기는 점의 슬립에 비례한다.
② 최대 토크가 생기는 점의 슬립에 반비례한다.
③ 2차 저항에만 비례한다.
④ 항상 일정하다.

해설 2차 저항이 증감하면 슬립은 변화하지만 최대토크는 불변(일정)하다.   답 ④

09 비례추이 - 유형 ⑨ □□□ check up!

3상 유도 전동기에서 2차측 저항을 2배로 하면 그 최대 토크는 몇 배로 되는가?
① 2배
② $\sqrt{2}$ 배
③ 1/2배
④ 변하지 않는다.

해설 비례추이시 2차측 저항을 2배로 하면 슬립도 2배가 되지만 최대토크는 변하지 않는다.   답 ④

10 유도전동기 속도제어 - 유형 ① ☐☐☐ check up!

다음 중 농형 유도 전동기에 주로 사용되는 속도 제어법은?

① 저항 제어법
② 2차 여자법
③ 종속 접속법
④ 극수 변환법

해설 농형유도전동기 속도제어법 : 주파수 변환법, 극수 변환법, 전압 제어법

답 ④

11 유도전동기 속도제어 - 유형 ② ☐☐☐ check up!

유도전동기의 속도 제어법이 아닌 것은?

① 2차 저항법
② 2차 여자법
③ 1차 저항법
④ 주파수 제어법

해설
- 농형 유도전동기 속도제어법 : (1차)주파수 제어법
- 권선형 유도전동기 속도제어법 : 2차 저항법, 2차 여자법

답 ③

12 유도전동기 속도제어 - 유형 ③ ☐☐☐ check up!

유도전동기의 회전자에 슬립 주파수의 전압을 공급하여 속도를 제어하는 방법은?

① 2차 저항법
② 직류 여자법
③ 주파수 변환법
④ 2차 여자법

해설 권선형 유도전동기의 슬립 s을 제어하여 속도를 제어하는 방법은 2차 여자법이다.

답 ④

13 유도전동기 속도제어 - 유형 ④ ☐☐☐ check up!

극수 p_1, p_2의 두 3상 유도 전동기를 종속 접속하였을 때 이 전동기의 동기 속도는 어떻게 되는가? (단, 전원 주파수는 $f_1[\text{Hz}]$이고 직렬 종속이다.)

① $\dfrac{120f_1}{p_1}$
② $\dfrac{120f_1}{p_2}$
③ $\dfrac{120f_1}{p_1+p_2}$
④ $\dfrac{120f_1}{p_1 \times p_2}$

해설 직렬 종속의 경우 극수의 합으로 속도제어가 된다.

답 ③

14 유도전동기 속도제어 - 유형 ⑤

유도전동기의 2차 회로에 2차 주파수와 같은 주파수로 적당한 크기와 위상 전압을 외부에 가하는 속도 제어법은?

① 1차 전압 제어
② 극수 변환 제어
③ 2차 저항 제어
④ 2차 여자 제어

해설 2차 여자 제어법 : 유도전동기 2차 회로에 슬립 주파수 f_2'와 동일한 주파수로 적당한 크기 및 위상을 외부에서 인가하는 것

답 ④

15 유도전동기 속도제어 - 유형 ⑥

60[Hz]인 3상 8극 및 2극의 유도전동기를 차동 종속으로 접속하여 운전할 때의 무부하 속도[rpm]는?

① 720
② 900
③ 1000
④ 1200

해설 $N = \dfrac{120f}{p_1 - p_2} = \dfrac{120 \times 60}{8 - 2} = 1200[\text{rpm}]$

답 ④

16 원선도 - 유형 ①

3상 유도 전동기의 원선도를 그리는 데 옳지 않은 시험은?

① 저항 측정
② 무부하 시험
③ 구속 시험
④ 슬립 측정

해설 유도 전동기 원선도 작성시 필요한 시험 : 권선저항 측정, 무부하 시험, 구속 시험

답 ④

17 원선도 - 유형 ②

유도 전동기 원선도에서 원의 지름은? (단, E를 1차 전압, r는 1차로 환산한 저항, x를 1차로 환산한 누설 리액턴스라 한다.)

① rE에 비례
② rxE에 비례
③ $\dfrac{E}{r}$에 비례
④ $\dfrac{E}{x}$에 비례

해설 유도 전동기는 부하에 의해 변화하는 전류 벡터의 궤적, 즉 원선도의 지름은 전압에 비례하고 리액턴스에 반비례한다.

답 ④

18 원선도 – 유형 ③ □□□ check up!

다음은 3상 유도전동기 원선도이다. 역률[%]은 얼마인가?

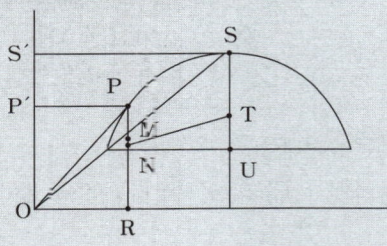

① $\dfrac{OS'}{OS} \times 100$
② $\dfrac{SS'}{OS} \times 100$
③ $\dfrac{OP'}{OP} \times 100$
④ $\dfrac{OS'}{OP} \times 100$

해설 $\cos\theta = \dfrac{OP'}{OP} \times 100$

답

19 원선도 – 유형 ④ □□□ check up!

그림과 같은 3상 유도전동기의 원선도에서 P점과 같은 부하 상태로 운전할 때 2차 효율은?

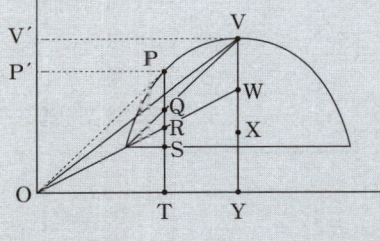

① $\dfrac{PQ}{PR}$
② $\dfrac{PQ}{PT}$
③ $\dfrac{PR}{PT}$
④ $\dfrac{PR}{PS}$

해설 2차 효율 $\eta_2 = \dfrac{P_0}{P_2} \times 100 = \dfrac{P_0}{P + P_{c2}} \times 100 = \dfrac{PQ}{PR} \times 100$

답

20 단상 유도 전동기

단상 유도전동기 중 기동토크가 가장 큰 것은?

① 콘덴서 기동형
② 반발 기동형
③ 분상기동형
④ 셰이딩 코일형

해설 단상 유도 전동기 기동토크 순서(큰 순서대로)
반발기동형 → 반발유도형 → 콘덴서기동형 → 분상기동형 → 셰이딩코일형

답 ②

21 유도 전압 조정기 - 유형 ①

단상 유도 전압 조정기에 대한 설명 중 옳지 않은 것은?

① 교번 자계의 전자 유도 작용을 이용한다.
② 회전 자계에 의한 유도 작용을 한다.
③ 무단으로 부드럽게 전압의 조정이 된다.
④ 전압, 위상의 변화가 없다.

해설

단상 유도전압 조정기	3상 유도전압 조정기
• 원리 : 변압기의 교번자계 원리 이용 • 입출력의 위상차 : 없다. • 단락권선 설치 : 누설 리액턴스에 의한 전압강하 방지 • 전압조정범위 : $V = V_1 + E_2 \sim V_1 - E_2$ • 정격출력 : $P = E_2 I_2 \times 10^{-3}$ [kVA] • 회전자와 위상각으로 전압 조정	• 원리 : 3상 유도전동기 회전자계 원리 • 입출력의 위상차 : 있다. • 단락권선 불필요 • 전압조정범위 : $V = \sqrt{3}\,(V_1 + E_2 \sim V_1 - E_2)$ • 정격출력 : $P = \sqrt{3}\,E_2 I_2 \times 10^{-3}$ [kVA] • 회전자와 위상각으로 전압 조정

답 ②

22 유도 전압 조정기 - 유형 ②

단상유도전압조정기 2차 전압이 100 ± 30 [V]이고, 직렬권선의 전류(2차전류)가 5[A]인 경우의 정격출력은 몇 [kVA]인가?

① 0.1[kVA]
② 0.15[kVA]
③ 0.26[kVA]
④ 0.45[kVA]

해설 $P = E_2 I_2 \times 10^{-3} = 30 \times 5 \times 10^{-3} = 0.15$ [kVA]

답 ②

23 유도 전압 조정기 - 유형 ③

단상 유도전압조정기에서 단락권선의 역할은?

① 철손경감 ② 전압강하 경감
③ 절연보호 ④ 전압조정 용이

해설 1차권선(분로권선)에 수직으로 설치되어 직렬권선의 누설리액턴스를 방지하여 전압강하를 방지하는 역할이다.

답 ②

24 유도 전압 조정기 - 유형 ④

3상 유도전압조정기의 동작 원리는?

① 회전자계에 의한 유도 작용을 이용하여 2차 전압의 위상 전압 조정에 따라 변화한다.
② 교번 자계의 전자 유도 작용을 이용한다.
③ 충전된 두 물체 사이에 작용하는 힘
④ 두 전류 사이에 작용하는 힘

해설 3상 유도전동기의 원리(회전자계)를 이용한 장치이다.

답 ①

25 유도 전압 조정기 - 유형 ⑤

유도전압조정기에서 2차 회로의 전압을 V_2, 조정전압을 E_2, 직렬권선 전류를 I_2라 하면 3상 유도 전압 조정기의 정격출력[kVA]은?

① $\sqrt{3}\,V_2 I_2 \times 10^{-3}$ ② $3\,V_2 I_2 \times 10^{-3}$
③ $\sqrt{3}\,E_2 I_2 \times 10^{-3}$ ④ $\sqrt{3}\,(E_1+E_2)$

해설 3상 유도 전압 조정기 정격 출력 : $P = \sqrt{3}\,E_2 I_2 \times 10^{-3}\,[\text{kVA}]$

답 ③

26 유도 전압 조정기 - 유형 ⑥

단상 유도 전압조정기와 3상 유도 전압조정기의 비교 설명으로 옳지 않은 것은?

① 모두 회전자와 고정자가 있으며, 한편에 1차 권선을 다른 편에 2차 권선을 둔다.
② 모두 입력전압과 이에 대응한 출력전압 사이에 위상차가 있다.
③ 단상 유도 전압조정기에는 단락코일이 필요하나 3상에서는 필요 없다.
④ 모두 회전자의 회전각에 따라 조정된다.

해설 단상 유도 전압조정기는 입력전압과 출력전압사이 위상차가 없으나, 3상 유도 전압조정기는 위상차가 존재한다.

답 ②

27 2중 농형 전동기 - 유형 ①

2중 농형 전동기가 보통 농형 전동기에 비해서 다른 점은?

① 기동 전류가 크고, 기동 토크도 크다.
② 기동 전류가 적고, 기동 토크도 적다.
③ 기동 전류는 적고, 기동 토크는 크다.
④ 기동 전류는 크고, 기동 토크는 적다.

해설 2중 농형의 권선은 기동시에는 저항이 높은 외측도체로 흐르는 전류에 의해 큰 기동 토크를 얻고 기동 완료 후에는 저항이 적은 내측 도체로 전류가 흘러 우수한 운전 특성을 얻는 특수 전동기이다.

답 ③

28 2중 농형 전동기 - 유형 ②

2중 농형 유도 전동기에서 외측(회전자 표면에 가까운 쪽)슬롯에 사용되는 전선으로 적당한 것은?

① 누설 리액턴스가 작고 저항이 커야 한다.
② 누설 리액턴스가 크고 저항이 작아야 한다.
③ 누설 리액턴스가 작고 저항이 작아야 한다.
④ 누설 리액턴스가 크고 저항이 커야 한다.

해설 2중 농형으로 되어있는 권선 중 바깥쪽 도체는 저항이 높은 도체가 사용하고 안쪽은 저항이 낮은 도체를 사용한다.

답 ①

[**D-30** 전기기사·산업기사 필기
30일 필기 단기완성]

제3과목 전기기기
DAY-25

30일 단기완성

Chapter 07
정류기

1 출제경향분석

본장은 전기기기를 공부함에 있어서 기초가 되는 부분으로 기기의 구조 및 용도에 관련된 문제가 출제됩니다.

반드시 알아야 하는 핵심 포인트
① 전력변환기기 ② 회전변류기
③ 전력용 반도체 소자 ④ 정류회로
⑤ 수은정류기 ⑥ 사이리스터

2 학습 가이드라인

- 반드시 알아야 하는 핵심 포인트는 전기기사 및 산업기사 시험에서 가장 출제빈도가 높은 논점으로 각 파트별 핵심 포인트와 문제를 연계하여 학습해 주시기를 권장합니다.
- 체크리스트를 작성하시면서 문제의 유형과 학습의 완성도를 스스로 확인해 주세요.
- 출제 빈도가 높고 틀리기 쉬운 문제를 맞출 수 있도록 "콕콕 포인트"를 확인해 주세요.

우선순위 논점	KEY WORD	선생님의 콕콕 포인트
전력변환기기	사이클로컨버터, 실리콘, 직류	컨버터와 인버터의 차이를 구분할 것
회전변류기	난조, 제동권선, 리액턴스	난조 방지대책을 반드시 숙지할 것
전력용 반도체	브레이크오버, 양극, 음극	SCR의 특성을 암기할 것
정류회로	브릿지, 전파정류, 전압	반파일때와 전파일때를 구분해서 암기할 것
수은정류기	수은정류기, 역호, 과대	수은 정류기의 특성을 파악할 것
사이리스터	SCR, SSS, SCS, TRIAC	각 소자의 특징을 구분해서 암기할 것

7 정류기

1. 전력변환기기의 종류

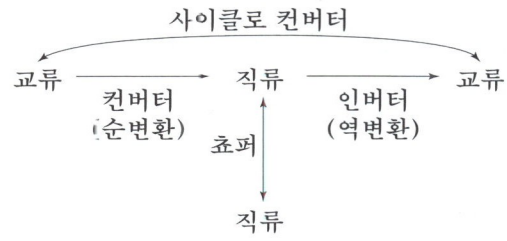

2. 다이오드

정류종류	직류와 교류	최대역전압
단상반파	$E_d = 0.45E = \dfrac{\sqrt{2}}{\pi}E$	$PIV = \sqrt{2}\,E$
단상전파	$E_d = 0.9E = \dfrac{2\sqrt{2}}{\pi}E$	$PIV = 2\sqrt{2}\,E$
3상반파	$E_d = 1.17E$	$PIV = \sqrt{2}\,E$
3상전파 6상반파	$E_d = 1.35E$	

3. 사이리스터 : 위상 제어, 전압제어

단방향 사이리스터	SCR	3단자	쌍방향 사이리스터	SSS	2단자
	LASCR	3단자		TRIAC	3단자
	GTO				
	SCS	4단자			

01 전력변환 장치 - 유형 ①   check up!

인버터(Inverter)의 전력 변환은?

① 교류 → 직류로 변환　　② 직류 → 직류로 변환
③ 교류 → 교류로 변환　　④ 직류 → 교류로 변환

해설 인버터는 직류를 교류로 변환하는 기기이다.　　답 ④

02 전력변환 장치 – 유형 ②

전력용 반도체를 사용하여 직류 전압을 직접 제어하는 것은?

① 단상 인버터
② 3상 인버터
③ 초퍼형 인버터
④ 브리지형 인버터

해설 직류전압의 파형을 제어하는 기기는 초퍼형 인버터이다.   답 ③

03 전력변환 장치 – 유형 ③

전력변환기기가 아닌 것은?

① 변압기
② 정류기
③ 유도전동기
④ 인버터

해설 전동기는 전기 입력 → 기계 출력 나오는 기계로 전력 변환기기에 해당하지 않는다.   답 ③

04 전력변환 장치 – 유형 ④

사이클로 컨버터를 가장 올바르게 설명한 것은?

① 게이트 제어 소자이다.
② 교류 제어 소자이다.
③ 교류 전력의 주파수를 변환하는 장치이다.
④ 실리콘 단방향성 소자이다.

해설 사이클로 컨버터 : 교류를 교류로 변환   답 ③

05 전력변환 장치 – 유형 ⑤

직류에서 교류로 변환하는 기기는?

① 인버터
② 사이클로 컨버터
③ 초퍼
④ 회전 변류기

해설 인버터 : 직류를 교류로 변환   답 ①

06 다이오드 - 유형 ①

다이오드를 사용한 정류 회로에서 여러 개를 직렬로 연결하여 사용할 경우 얻는 효과는?

① 다이오드를 과전류로부터 보호
② 다이오드를 과전압으로부터 보호
③ 부하 출력의 맥동률 감소
④ 전력 공급의 증대

해설 과전압 : 다이오드 추가 직렬접속   과전류 : 다이오드 추가 병렬접속

답 ②

07 다이오드 - 유형 ②

전압을 일정하게 유지하기 위해서 이용되는 다이오드는?

① 정류용 다이오드
② 바랙터 다이오드
③ 바리스터 다이오드
④ 제너 다이오드

해설
- 정류용 다이오드 : 교류를 직류로 정류
- 바랙터 다이오드 : 정전용량이 전압에 따라 변하는 소자
- 바리스터 다이오드 : 과도 전압, 이상 전압에 대한 회로 보호용으로 사용
- 제너 다이오드 : 정전압 회로용 소자

답 ④

08 정류 회로 - 유형 ①

단상 반파 정류로 직류 전압 150[V]를 얻으려고 한다. 최대 역전압 몇 [V] 이상의 다이오드를 사용해야 하는가? (단, 정류 회로 및 변압기의 전압 강하는 무시한다.)

① 약 150
② 약 166
③ 약 333
④ 약 470

해설 최대 역전압 PIV(Peak Inverse Voltage) 다이오드에 걸리는 최대 역전압값이다.

단상반파 $PIV = \sqrt{2}\,E$
↓
$PIV = \pi E_d$
↑
단상전파 $PIV = 2\sqrt{2}\,E$

∴ 직류전압 $E_d = 150[V]$이므로
$PIV = \pi \cdot E_d = \pi \cdot 150 ≒ 470[V]$

답 ④

09 정류 회로 - 유형 ②

사이리스터 2개를 사용한 단상 전파 정류회로에서 직류 전압 100[V]를 얻으려면 1차에 몇 [V]의 교류 전압이 필요하며, PIV가 몇 [V]인 다이오드를 사용하면 되는가?

① 11, 222
② 111, 314
③ 166, 222
④ 166, 314

해설 단상 전파 정류회로 $E = 1.11 \times E_d = 1.11 \times 100 = 111[V]$
$PIV = \pi \cdot E_d = \pi \times 100 = 314[V]$

답 ②

10 정류 회로 - 유형 ③

위상 제어를 하지 않은 단상 반파정류회로에서 소자의 전압 강하를 무시할 때 직류 평균값 E_d는? (단, E : 직류 권선의 상전압(실효값)이다.)

① $0.45E$
② $0.90E$
③ $1.17E$
④ $1.46E$

해설 단상 반파 정류회로의 직류전압 $E_d = 0.45E$이다.

답 ①

11 정류 회로 - 유형 ④

그림의 단상 반파정류회로에서 R에 흐르는 직류전류[A]는? (단, $V = 100[V]$, $R = 10\sqrt{2}\ [\Omega]$이다.)

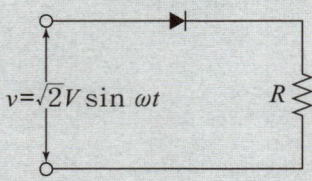

① 2.28
② 3.2
③ 4.5
④ 7.07

해설 다이오드를 통한 직류전압 $E_d = 0.45E = 0.45 \times 100 = 45[V]$
부하(R)에 흐르는 직류전류 $I_d = \dfrac{E_d}{R} = \dfrac{45}{10\sqrt{2}} \fallingdotseq 3.2[A]$

답 ②

12 정류 회로 – 유형 ⑤

단상 브리지 전파정류회로의 저항부하의 전압이 100[V]이면 전원 전압[V]은?

① 111
② 141
③ 100
④ 90

해설 단상 전파일 때, 직류전압 $E_d=0.9E$에서 $E=1.11E_d$이다.
직류전압 $R_d=100[V]$이므로 $E=1.11\times100=111[V]$

답 ①

13 정류 회로 – 유형 ⑥

반파정류회로에서 직류 전압 200[V]를 얻는 데 필요한 변압기 2차 상전압을 구하여라. (단, 부하는 순저항, 변압기 내 전압 강하를 무시하면 정류기 내의 전압 강하는 50[V]로 한다.)

① 68
② 113
③ 333
④ 555

해설 단상 반파의 직류전압 $E_d=0.45E-e$(전압강하)
변압기 2차 상전압(교류전압) $E=\dfrac{1}{0.45}(E_d+e)=2.22\times(200+50)=555[V]$

답 ④

14 정류 회로 – 유형 ⑦

단상 전파 정류 회로에서 교류측 공급 전압이 $628\sin34t[V]$, 직류측 부하 저항이 $20[\Omega]$일 때의 직류측 부하 전압의 평균값 $E_d[V]$는?

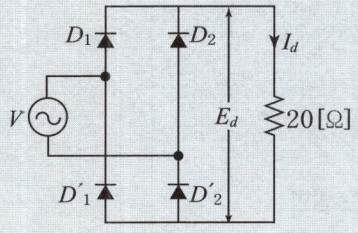

① 약 200
② 약 400
③ 약 600
④ 약 800

해설 공급전압의 실효값은 $E=\dfrac{628}{\sqrt{2}}=444[V]$, $E_d=0.9E=0.9\times444\fallingdotseq400[V]$

답 ②

15 사이리스터 – 유형 ①

다음은 SCR에 관한 설명이다. 적당하지 않은 것은?

① 3단자 소자이다.
② 적은 게이트 신호로 대전력을 제어한다.
③ 직류 전압만을 제어한다.
④ 도통 상태에서 전류가 유지 전류 이하가 되면 비도통 상태가 된다.

해설 SCR은 교류, 직류 전압을 모두 제어한다.

답 ③

16 사이리스터 – 유형 ②

SCR(실리콘 정류 소자)의 특징이 아닌 것은?

① 아크가 생기지 않으므로 열의 발생이 적다.
② 과전압에 약하다.
③ 게이트에 신호를 인가할 때부터 도통할 때까지의 시간이 짧다.
④ 전류가 흐르고 있을 때의 양극 전압 강하가 크다.

해설 SCR은 전압강하가 1[V] 정도로 작다.

답 ④

17 사이리스터 – 유형 ③

SCR의 설명으로 적당하지 않은 것은?

① 게이트 전류(I_G)로 통전 전압을 가변시킨다.
② 주전류를 차단하려면 게이트 전압을 (0) 또는 (−)로 해야 한다.
③ 게이트 전류의 위상각으로 통전 전류의 평균값을 제어시킬 수 있다.
④ 대전류 제어 정류용으로 이용된다.

해설 SCR을 턴오프(비도통상태)시키는 방법
- 유지전류 이하의 전류를 인가한다.
- 역바이어스 전압을 인가한다. → 애노드에 (0) 또는 (−)의 전압을 인가한다.

답 ②

18 사이리스터 - 유형 ④

다음 사이리스터 중 3단자 사이리스터가 아닌 것은?

① SCR
② GTO
③ TRIAC
④ SCS

해설 SCS : 단방향 4단자 사이리스터   답 ④

19 사이리스터 - 유형 ⑤

반도체 사이리스터에 의한 속도 제어에서 제어되지 않는 것은?

① 토크
② 위상
③ 전압
④ 주파수

해설 최근 이용되고 있는 반도체 사이리스터에 의한 속도제어는 전압, 위상, 주파수에 따라 제어하며 주로 위상각 제어를 이용한다.   답 ①

20 사이리스터 - 유형 ⑥

2방향성 3단자 사이리스터는 어느 것인가?

① SCR
② SSS
③ SCS
④ TRIAC

해설 TRIAC : 쌍방향 3단자 소자   답 ④

21 사이리스터 - 유형 ⑦

반도체 사이리스터에 의한 제어는 무엇을 변환시키는 것인가?

① 회전수
② 토크
③ 주파수
④ 위상각

해설 점호각을 조정하여 직류 전압을 가감하는 제어를 위상 제어라고 한다.   답 ④

22 사이리스터 - 유형 ⑧

SCR의 특성에 대한 설명으로 잘못된 것은?

① 브레이크 오버(Break Over)전압은 게이트 바이어스 전압을 역으로 증가함에 따라서 감소한다.
② 부성저항을 가진다
③ 양극과 음극간에 바이어스 전압을 가하면 PN 다이오드의 역방향 특성과 비슷하다.
④ 브레이크 오버 전압 이하의 전압에서도 역포화전류와 비슷한 낮은 전류가 흐른다.

해설 브레이크 오버 전압은 게이트 바이어스 전류가 증가함에 따라 역으로 감소한다.

답 ①

23 사이리스터 - 유형 ⑨

SCR의 설명으로 적당하지 않은 것은?

① 게이트 전류(I_G)로 통전전압을 가변시킨다.
② 주전류를 차단하려면 게이트 전압을 (0) 또는 (−)로 해야 한다.
③ 게이트 전류의 위상각으로 통전 전류의 평균값을 제어시킬 수 있다.
④ 대전류 제어 정류용으로 이용된다.

해설 게이트 전압이 아닌 애노드 전압을 (0) 또는 (−)로 해야 한다.

답 ②

24 사이리스터 - 유형 ⑩

다음은 SCR에 관한 설명이다. 적당하지 않은 것은?

① 3단자 소자이다.
② 적은 게이트 신호로 대전력을 제어한다.
③ 직류 전압만을 제어한다.
④ 스위칭 소자이다.

해설 SCR은 직.교류 양용이다.

답 ③

25 사이리스터 - 유형 ⑪

사이리스터(Thyristor)에서의 래칭전류(Latching Current)에 관한 설명 중 맞는 것은?

① 게이트를 개방한 상태에서 사이리스터 도통상태를 유지하기 위한 최소의 순전류
② 지정된 조건하에서의 사이리스터를 ON 상태로 스위치시키고, 게이트 트리거 펄스를 제거한 후에도 ON 상태를 유지시키기 위한 최소 애노드 전류
③ 사이리스터의 게이트를 개방한 상태에서 전압이 상승하면 급히 증가하게 되는 순전류
④ 지연시간과 상승시간의 합

해설 래칭 전류 : 사이리스터가 턴온하기 위해서 필요한 최소의 순전류 답 ②

26 사이리스터 - 유형 ⑫

SCR을 이용한 인버터 회로에서 SCR 이 도통상태에 있을 때 부하전류가 20[A] 흘렀다. 게이트 동작 범위내에서 전류를 $\frac{1}{2}$로 감소시키면 부하 전류는?

① 0[A] ② 10[A]
③ 20[A] ④ 40[A]

해설 SCR이 일단 ON 상태로 되면 전류가 유지 전류 이상으로 유지되는 한 게이트 전류의 유무에 관계 없이 항상 일정하게 흐른다. 답 ③

제3과목
전기기기
DAY-25

30일 단기완성

Chapter 08
특수기기

1 출제경향분석

본장은 전기기기를 공부함에 있어서 기초가 되는 부분으로 기기의 구조 및 용도에 관련된 문제가 출제됩니다.

> **반드시 알아야 하는 핵심 포인트**
>
> ① 단상 직권 정류자 전동기   ② 교류 정류자 전동기
> ③ 3상 직권 정류자 전동기   ④ 서보모터

2 학습 가이드라인

- 반드시 알아야 하는 핵심 포인트는 전기기사 및 산업기사 시험에서 가장 출제빈도가 높은 논점으로 각 파트별 핵심 포인트와 문제를 연계하여 학습해 주시기를 권장합니다.
- 체크리스트를 작성하시면서 문제의 유형과 학습의 완성도를 스스로 확인해 주세요.
- 출제 빈도가 높고 틀리기 쉬운 문제를 맞출 수 있도록 "콕콕 포인트"를 확인해 주세요.

우선순위 논점	KEY WORD	선생님의 콕콕 포인트
단상 직권 정류자 전동기	속도 기전력 실효치	속도 기전력 실효치 공식 암기 할 것
교류 정류자 전동기	교류 정류자 전동기 특징	교류 정류자 전동기 특징을 숙지할 것
3상 직권 정류자 전동기	$T \propto I^2 \propto 1/N^2$	$T \propto I^2 \propto 1/N^2$
서보모터	서보모터 특징	서보모터의 특징을 숙지할 것

8 특수기기

1. 단상 직권 정류자 전동기
   ① 성층철심으로 한다.
   ② 전기자 권수를 많이 감는다.
   ③ 보상권선을 설치한다.
   ④ 단락 전류를 제한한다.
   ⑤ 회전속도를 증가시킨다.
   ⑥ 속도기전력의 실효치 : $E_r = \dfrac{E_m}{\sqrt{2}} = \dfrac{1}{\sqrt{2}} \cdot \dfrac{pZ}{60a} \phi_m N$

2. 3상 직권 정류자 전동기
   ① 변속도 전동기로 기동토크가 매우 크지만 저속에서는 효율과 역률이 좋지 않다.
   ② 중간(직렬)변압기를 사용하는 이유 : 정류 전압 조정, 속도 상승을 제한

3. 서보모터의 특징
   - 기동 토크가 큼
   - 회전자 관성 모멘트가 작음
   - 제어권선 전압이 0에서는 정지
   - 직류 서보 모터의 기동토크가 교류 서보 모터보다 큼
   - 속응성이 좋음
   - 시정수가 짧음
   - 기계적 응답이 좋음
   - 냉각 효과를 기대할 수 없음

01 단상 직권 정류자 전동기　　□□□ check up!

단상직권 정류자 전동기에서 주자속의 최댓값을 ϕ_m, 극수를 p, 회전자의 병렬 회로수를 a, 회전자의 전도체 수를 Z, 회전자의 속도를 $n[\mathrm{rpm}]$이라 하면 속도기전력의 실효값 $E_r[\mathrm{V}]$는? (단, 주자속은 정현파 변화를 한다.)

① $E_r = \dfrac{1}{\sqrt{2}} \dfrac{p}{a} Z \dfrac{n}{60} \phi_m$
② $E_r = \sqrt{2} \dfrac{p}{a} Z \dfrac{n}{60} \phi_m$
③ $E_r = \dfrac{1}{\sqrt{2}} \dfrac{p}{a} Zn\phi_m$
④ $E_r = \dfrac{p}{a} Zn\phi_m$

해설 속도기전력의 실효치 $E_r = \dfrac{E_m}{\sqrt{2}} = \dfrac{1}{\sqrt{2}} \cdot \dfrac{pZ}{60a} \phi_m N$　　답 ①

02 교류 정류자 전동기

교류 분권 정류자 전동기는 다음 중 어느 때에 가장 적당한 특성을 가지고 있는가?

① 속도의 연속 가감과 정속도 운전을 아울러 요하는 경우
② 속도를 여러 단으로 변화시킬 수 있고 각 단에서 정속도 운전을 요하는 경우
③ 부하 토크에 관계없이 완전 일정 속도를 요하는 경우
④ 무부하와 전부하의 속도 변화가 적고 거의 일정 속도를 요하는 경우

해설 교류 분권 정류자 전동기(시라게 전동기)는 직류 분권전동기와 특성이 비슷하여 정속도 및 가변속도 전동기로 브러시 이동에 의해 속도제어와 역률개선을 할 수 있다.

답 ①

03 교류 분권 정류자 전동기

시라게(Schrage) 전동기의 특성과 가장 비슷한 것은?

① 분권전동기
② 직권전동기
③ 차동복권전동기
④ 가동복권전동기

해설 3상 분권정류자전동기의 일종인 시라게 전동기는 직류 분권전동기와 특성이 비슷하여 정속도 및 가변속도 전동기로 브러시 이동에 의하여 속도제어와 역률 개선을 할 수 있다.

답 ①

04 단상 직권 정류자 전동기 - 유형 ①

단상 직권 정류자 전동기의 기본형이 아닌 것은?

① 직권형
② 보상직권형
③ 유도보상직권형
④ 톰슨형

해설 단상 직권 정류자 전동기 : 직권형, 보상 직권형, 유도보상 직권형

답 ④

05 단상 직권 정류자 전동기 - 유형 ②

소형 공구 및 가전제품에 일반적으로 널리 이용되는 전동기는?

① 교류 서보 전동기
② 히스테리시스 전동기
③ 영구자석 스텝전동기
④ 단상 직권정류자 전동기

해설 단상 직권 정류자 전동기: 전기드릴, 가정용 미싱기, 치과 의료용 엔진기

답 ④

06 단상 직권 정류자 전동기 - 유형 ③

☐☐☐ check up!

직류 직권 전동기를 교류 단상 정류자 전동기로 사용하기 위하여 교류를 가했을 때 발생하는 문제점 중 옳지 않은 것은?

① 효율이 나빠진다.
② 역률이 떨어진다.
③ 정류가 불량하다.
④ 계자권선이 필요 없다.

해설 단상 직권 정류자 전동기
- 와전류 증가 방지 → 성층철심 사용
- 역률의 저하 방지 → 계자 권선의 권수를 감소, 보상권선 설치 { 역률 개선 / 전기자반작용 방지 }
- 직류기에 비해서 정류가 어려움 → 저항도선 설치
- 전기자 코일의 권수 증가 → 변압기 기전력 감소
- 접촉 저항이 큰 탄소 브러시 사용

답 ④

07 단상 직권 정류자 전동기 - 유형 ④

☐☐☐ check up!

직류 교류 양용에 사용되는 만능 전동기는?

① 직권정류자전동기
② 복권전동기
③ 유도전동기
④ 동기전동기

해설 단상 직권 정류자 전동기는 교류 및 직류 양용으로 만능 전동기라 칭한다.

답 ①

08 단상 직권 정류자 전동기 - 유형 ⑤

☐☐☐ check up!

단상 정류자 전동기에 보상 권선을 사용하는 가장 큰 이유는?

① 정류 개선
② 기동 토크 조절
③ 속도 제어
④ 역률 개선

해설 단상 직권 전동기의 보상 권선은 직류 직권 전동기와 달리 전기자 반작용으로 생기는 필요없는 자속을 상쇄하도록 하여, 무효 전력의 증대에 따르는 역률의 저하를 방지한다.

답 ④

09 단상 직권 정류자 전동기 - 유형 ⑥

단상 직권 정류자 전동기의 회전 속도를 높이는 이유는?

① 리액턴스 강하를 크게 한다.
② 전기자에 유도되는 역기전력을 적게 한다.
③ 역률을 개선한다.
④ 토크를 증가시킨다.

해설 단상 보상 직권형에서는 회전 속도에 비례하는 기전력이 전류와 동상으로 유기되어 속도가 커질수록 역률을 개선한다.

답 ③

10 단상 직권 정류자 전동기 - 유형 ⑦

다음은 단상 정류자 전동기에서 보상 권선과 저항 도선의 작용을 설명한 것이다. 옳지 않은 것은?

① 저항 도선은 변압기 기전력에 의한 단락전류를 작게 한다.
② 변압기 기전력을 크게 한다.
③ 역률을 좋게 한다.
④ 전기자 반작용을 제거해 준다.

해설 보상 권선은 전기자 반작용을 상쇄하여 역률을 좋게 할 수 있고 변압기 기전력을 작게 해서 정류 작용을 개선한다. 저항 도선은 변압기 기전력에 의한 단락 전류를 작게 하여 정류를 좋게 한다.

답 ②

11 단상 직권 정류자 전동기 - 유형 ⑧

다음은 직권 정류자 전동기의 브러시에 의하여 단락되는 코일 내의 변압기 전압(e_t)과 리액턴스 전압(e_r)의 크기가 부하 전류의 변화에 따라 어떻게 변화하는가를 설명한 것이다. 옳은 것은?

① e_t는 I가 증가하면 감소한다.
② e_t는 I가 증가하면 증가한다.
③ e_r은 I가 증가하면 감소한다.
④ e_r은 I가 증가하면 증가한다.

해설 변압기 기전력(e_t)은 $4.44f\phi N[\text{V}]$이므로 직권 특성에서 $\phi \propto I$가 성립하여 $e_t \propto I$임을 알 수 있다. 따라서 e_t는 I가 증가하면 함께 증가한다.

답 ②

12 3상 직권 정류자 전동기 - 유형 ①

3상 직권정류자전동기의 구조를 설명한 것 중 틀린 것은?

① 고정자에는 p극이 될 수 있는 3상 분포권선이 감겨 있다.
② 회전자는 직류기의 전기자와 거의 같다.
③ 정류자 위에 브러시가 전기각 $2\pi/3$의 간즉으로 배치되어 있다.
④ 중간변압기를 설치할 때에는 고정자 권선과 병렬로 설치한다.

해설 중간(직렬) 변압기 : 3상 직권 정류자 전동기
회전자 전압 조정, 권수비를 조정, 경부하시 속도가 상승하는 것을 방지

답 ④

13 3상 직권 정류자 전동기 - 유형 ②

3상 직권 정류자 전동기에서 중간변압기를 사용하는 이유가 아닌 것은?

① 고정자 권선과 병렬로 접속해서 사용하며 동기속도 이상에서 역률을 100[%]로 할 수 있다.
② 전원전압의 크기에 관계없이 회전자 전압을 정류에 알맞은 값으로 선정할 수 있다.
③ 중간변압기의 권수비를 바꾸어 전동기 특성을 조정할 수 있다.
④ 중간변압기의 철심을 포화하면 경부하시 속도상승을 억제할 수 있다.

해설 3상 직권 정류자 전동기의 중간 변압기는 고정자 권선과 회전자 권선 사이에 직렬로 접속된다.

답 ①

14 서보모터 - 유형 ①

다음 중 서보 모터가 갖추어야 할 조건이 아닌 것은?

① 기동 토크가 클 것
② 토크 속도 곡선이 수하 특성을 가질 것
③ 회전자를 굵고 짧게 할 것
④ 전압이 0이 되었을 때 신속하게 정지할 것

해설 서보 모터는 속응성이 좋고, 회전자의 관성 모멘트가 적어야 하므로 회전자의 직경을 작게 한다.

답 ③

15 서보모터 – 유형 ②

☐☐☐ check up!

브러시레스 DC서보 모터의 특징으로 틀린 것은?

① 단위 전류당 발생 토크가 크고 효율이 좋다.
② 토크 맥동이 작고, 안정된 제어가 용이하다.
③ 기계적 시간 상수가 크고 응답이 느리다.
④ 기계적 접점이 없고 신뢰성이 높다.

해설 서보모터의 특징
- 기동 토크가 크다.
- 회전자 관성 모멘트가 작다.
- 제어권선 전압이 0에서 신속히 정지한다.
- 직류 서보 모터의 기동토크가 교류 서보 모터보다 크다.
- 속응성이 좋고 시정수가 짧으며 기계적 응답이 좋다.
- 회전자 팬에 의한 냉각 효과를 기대할 수 없다.

답 ③

16 서보모터 – 유형 ③

☐☐☐ check up!

자동 제어장치에 쓰이는 서보모터의 특징을 나타낸 것 중 옳지 않은 것은?

① 발생 토크는 입력신호에 비례하고, 그 비가 클 것
② 시동 토크는 크나 회전부의 관성 모멘트가 작고, 전기적 시정수가 짧을 것
③ 빈번한 시동, 정지, 역전 등의 가혹한 상태에 견디도록 견고하고, 큰 돌입전류에 견딜 것
④ 직류 서보모터에 비하여 교류 서보모터의 시동 토크가 매우 크다.

해설 직류 서보모터가 교류 서보모터보다 기동 토크(시동 토크)가 크다.

답 ④

[**D-30** 전기기사·산업기사 필기
30일 필기 단기완성]

제3과목 전기기기 DAY-25

30일 단기완성
Chapter 09 최신기출

01 직류기의 구조 – 유형 ①

직류기의 구조가 아닌 것은?

① 계자 권선
② 전기자 권선
③ 내철형 철심
④ 전기자 철심

해설 직류기의 3요소 : 정류자, 전기자, 계자

답 ③

02 직류기의 구조 – 유형 ②

직류기에서 계자자속을 만들기 위하여 전자석의 권선에 전류를 흘리는 것을 무엇이라 하는가?

① 보극
② 여자
③ 보상권선
④ 자화작용

해설 여자 : 자속을 발생시키기 위해 계자에 전류를 흘려주는 것을 여자(勵磁)라 한다

답 ②

03 브러시의 종류

직류기에서 전류용량이 크고 저전압, 대전류에 가장 적합한 브러시 재료는?

① 탄소질
② 금속 탄소질
③ 금속 흑연질
④ 전기 흑연질

해설
- 금속흑연브러시 : 금속(구리)가 섞인 브러시로 접촉저항이 작고 대전류 특성을 가지고 있는 브러시
- 탄소브러시 : 접촉저항이 크고 소전류 특성을 가지고 있는 브러시

답 ③

04 정류작용　　　□□□ check up!

직류기에서 정류가 불량하게 되는 원인은 무엇인가?

① 탄소브러시 사용으로 인한 접촉저항 증가
② 코일의 인덕턴스에 의한 리액턴스 전압
③ 유도기전력을 균등하게 하기 위한 균압접속
④ 전기자 반작용 보상을 위한 보극의 설치

해설
- 리액턴스 전압은 직류기의 정류를 불량하게 만드는 원인이다.
- 양호한 정류를 위해 보극과 탄소브러시를 사용한다.　　　답 ②

05 전압변동률　　　□□□ check up!

$200[kW]$, $200[V]$의 직류 분권발전기가 있다. 전기자 권선의 저항이 $0.025[\Omega]$일 때 전압변동률은 몇 % 인가?

① 6.0　　② 12.5
③ 20.5　　④ 25.0

해설
$$I_a = \frac{P}{V} = \frac{200 \times 10^3}{200} = 1000[A]$$
$$E = V + I_a R_a = 200 + 1000 \times 0.025 = 225[V]$$
$$\varepsilon = \frac{V_0(E) - V_n}{V_n} \times 100 = \frac{225 - 200}{200} \times 100 = 12.5[\%]$$
답 ②

06 직류전동기 종류 및 특성 - 유형 ①　　　□□□ check up!

정격전압 $100[V]$ 전기자 전류 $100[A]$일 때 $1500[rpm]$으로 회전하는 직류 분권전동기가 있다. 이 전동기의 무부하 속도는 약 몇 $[rpm]$인가? (단, 전기자 저항은 $0.03[\Omega]$, 전기자 반작용은 무시한다.)

① 1646　　② 1600
③ 1582　　④ 1546

해설
정격상태 $I_a = 100$ 이므로 역기전력 $E_n = V - I_a R_a = 100 - 100 \times 0.03 = 97[V]$
무부하상태 $I_a = 0$ 이므로 역기전력 $E_0 = V = 100[V]$이다.
기전력 $E = K\phi N$에서 $E \propto N$이다.
$\frac{E_0}{E_n} = \frac{N_0}{N_n}$이므로 $N_0 = \frac{E_0}{E_n} \times N_n = \frac{100}{97} \times 1500 = 1546[rpm]$
답 ④

07 직류전동기 종류 및 특성 - 유형 ②

직류 분권전동기의 정격전압 220[V], 정격전류 105[A], 전기자저항 및 계자회로의 저항이 각각 0.1[Ω] 및 40[Ω]이다. 기동전류를 정격전류의 150[%]로 할 때의 기동저항은 약 몇 [Ω]인가?

① 0.46
② 0.92
③ 1.21
④ 1.35

해설
$I_f = \dfrac{V}{R_f} = \dfrac{220}{40} = 5.5[\text{A}]$

기동전류는 정격의 150%이므로 기동전류 $= 105 \times 1.5 = 157.5[\text{A}]$

전기자전류 $I_a = I - I_f = 157.5 - 5.5 = 152$

$R_a + R = \dfrac{V}{I_a} = \dfrac{220}{152} = 1.45[\Omega]$

기동저항 $R = 1.45 - 0.1 = 1.35[\Omega]$

답 ④

08 직류전동기 속도 제어법 - 유형 ①

직류 직권전동기에서 분류 저항기를 직권권선에 병렬로 접속해 여자전류를 가감시켜 속도를 제어하는 방법은?

① 저항 제어
② 전압 제어
③ 계자 제어
④ 직·병렬 제어

해설 직권전동기 특성
계자 제어법이란 직권전동기의 속도제어를 위해 분류 저항기를 제어를 통해 계자에 흐르는 전류를 변경하여 속도를 제어하는 방법이다.

답 ③

09 직류전동기 속도 제어법 - 유형 ②

직류 분권전동기의 기동 시에 정격전압을 공급하면 전기자 전류가 많이 흐르다가 회전속도가 점점 증가함에 따라 전기자전류가 감소하는 원인은?

① 전기자반작용의 증가
② 전기자권선의 저항 증가
③ 브러시의 접촉저항 증가
④ 전동기의 역기전력 상승

해설 직류 분권 전동기의 속도특성
기전력 $E = K\phi N$에서 $E \propto N$이다.
역기전력은 속도에 비례하므로 역기전력이 증가하여 전기자 전류도 점점 감소하게 된다.

답 ④

10 직류전동기 속도 제어법 – 유형 ③

직류전동기의 속도제어법이 아닌 것은?

① 계자 제어법
② 전력 제어법
③ 전압 제어법
④ 저항 제어법

해설 직류 전동기의 속도제어법
- 전압제어
- 계자제어
- 저항제어

답 ②

11 동기기 회전자 종류에 따른 특징

터빈발전기와 수차발전기의 특징으로 옳지 않은 것은?

① 터빈발전기의 돌극형이다.
② 수차발전기는 저속기이다.
③ 수차발전기의 안정도는 터빈 발전기보다 좋다.
④ 터빈발전기는 극수가 2~4개이다.

해설

종류	돌극기(철기계)	비돌극기(동기계)
용도	수차발전기	터빈발전기
속도	저속기	고속기
축	짧고 굵다	길고 얇다
극수	많다 / 6극 이상	적다 / 2~4
속도	공기	수소
단락비	크다 / 0.9~1.2	작다 / 0.6~0.9
안정도	크다	작다
공극	불균일	균일

답 ①

12 전기자권선법 □□□ check up!

3상, 6극, 슬롯 수 54의 동기발전기가 있다. 어떤 전기자 코일의 두 변이 제1슬롯과 제 8슬롯에 들어있다면 단절권 계수는 약 얼마인가?

① 0.9397 ② 0.9567
③ 0.9837 ④ 0.9117

해설 단절권 계수 $= \sin \dfrac{\beta}{2}\pi$

$\beta = \dfrac{\text{권선피치}}{\text{자극피치}} = \dfrac{7}{9}$

단절권 계수 $= \sin \dfrac{\beta}{2}\pi = \sin \dfrac{\frac{7}{9}}{2}\pi = 0.9397$

답 ①

13 동기발전기 유기기전력 □□□ check up!

1상의 유도기전력이 6000[V]인 동기발전기에서 1분간 회전수를 900[rpm]에서 1800[rpm]으로 하면 유도기전력은 약 몇 [V]인가?

① 6000 ② 12000
③ 24000 ④ 36000

해설 동기발전기의 유기기전력

유기기전력 $E = 4.44 f\phi\omega K_w$은 주파수와 비례관계이다.

또한, $N_s = \dfrac{120f}{p}$ 이므로 속도는 주파수와 비례관계이므로 속도가 증가시 기전력은 비례하여 2배가 된다.

답 ②

14 동기발전기 특성 – 유형 ① □□□ check up!

돌극형 동기발전기에서 직축 리액턴스 X_d와 횡축 리액턴스 Z_q는 그 크기 사이에 어떤 관계가 있는가?

① $X_d = X_q$ ② $X_d > X_q$
③ $X_d < X_q$ ④ $2X_d = X_q$

해설 돌극형 동기 발전기에서 직축 리액턴스와 횡축 리액턴스의 크기는 $X_d > X_q$이다.

답 ②

15 동기발전기 특성 – 유형 ②

동기발전기의 단자 부근에서 단락이 발생되었을 때 단락 전류에 대한 설명으로 옳은 것은?

① 서서히 증가한다.
② 발전기는 즉시 전지한다.
③ 일정한 큰 전류가 흐른다.
④ 처음은 큰 전류가 흐르나 점차 감소한다.

해설

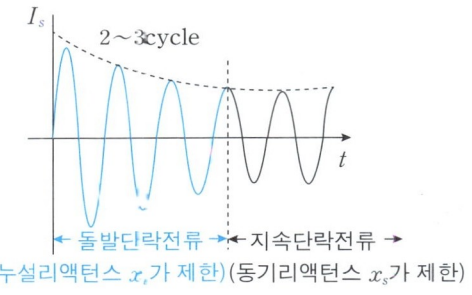

(누설리액턴스 x_l가 제한)(동기리액턴스 x_s가 제한)

처음에는 큰 전류가 흐르나 점차 감소한다.

답 ④

16 동기발전기 특성 – 유형 ③

전압변동률이 작은 동기발전기의 특성으로 옳은 것은?

① 단락비가 크다.
② 속도변동률이 크다.
③ 동기 리액턴스가 크다.
④ 전기자 반작용이 크다.

해설 단락비가 큰 기계
- 전기자 반작용이 작다.
- 전압변동률 및 속도변동률이 작다.
- 동기 리액턴스가 작다.
- 관성이 크다.

답 ①

17 동기전동기 자기동법

동기전동기의 자기기동에서 계자권선을 단락하는 이유는?

① 고전압이 유도된다.
② 전기자 반작용을 방지한다.
③ 기동권선으로 이용한다.
④ 기동이 쉽다.

해설 동기전동기를 자극 표면에 제동권선을 설치하여 기동시 계자권선에 고압이 유기되어 소손될 수 있어 단락시킨다.

답 ①

18 동기조상기 특징

동기조상기의 구조상 특징으로 틀린 것은?

① 고정자는 수차발전기와 같다.
② 안전 운전용 제동권선이 설치된다.
③ 계자 코일이나 자극이 대단히 크다.
④ 전동기 축은 동력을 전달하는 관계로 비교적 굵다.

해설 동기조상기
동기조상기는 무부하 운전을 하기 때문에 전동기 축을 통해 동력을 전달할 필요가 없다.

답 ④

19 동기발전기 제동권선

동기발전기에 설치된 제동권선의 효과로 틀린 것은?

① 난조 방지
② 과부하 내량의 증대
③ 송전선의 불평형 단락 시 이상전압 방지
④ 불평형 부하 시의 교류, 전압 파형의 개선

해설 제동권선의 효과
- 난조 방지
- 송전선의 불평형 단락 시 이상전압 방지
- 불평형 부하 시의 전류, 전압 파형의 개선

답 ②

20 안정도 증진 방법 □□□ check up!

동기기의 안정도를 증진시키는 방법이 아닌 것은?

① 단락비를 크게 할 것
② 속응여자방식을 채용할 것
③ 정상 리액턴스를 크게 할 것
④ 영상 및 역상 임피던스를 크게 할 것

해설 동기기의 안정도
① 단락비를 크게 한다.(동기 임피던스를 작게 한다.)
② 정상임피던스는 작고, 영상, 역상임피던스를 크게 한다.
③ 회전자에 플라이휠을 설치하여 회전자 관성을 크게 한다.
④ 속응여자 방식을 채용한다.
⑤ 조속기 동작을 신속히 한다.

답 ③

21 변압기 권수비 □□□ check up!

1차전압 6600[V], 권수비 30인 단상변압기로 전등부하에 30[A]를 공급할 때의 입력[kW]은? (단, 변압기의 손실은 무시한다.)

① 4.4
② 5.5
③ 6.6
④ 7.7

해설 단상변압기 입력 $P = V_1 \times I_1$
$V_1 = 6600[\text{V}]$
전등부하 $= I_2$
권수비 $a = 30$ 이므로 $I_1 = I_2 \times \dfrac{1}{a} = 30 \times \dfrac{1}{30} = 1[\text{A}]$
$P = V_1 \times I_1 = 6600 \times 1 = 6600[\text{W}] = 6.6[\text{kW}]$

답 ③

22 변압기 전압강하 □□□ check up!

변압기 단락시험에서 변압기의 임피던스 전압이란?

① 1차 전류가 여자전류에 도달했을 때의 2차측 단자전압
② 1차 전류가 정격전류에 도달했을 때의 2차측 단자전압
③ 1차 전류가 정격전류에 도달했을 때의 변압기 내의 전압강하
④ 1차 전류가 2차 단락전류에 도달했을 때의 변압기 내의 전압강하

해설 변압기의 임피던스 전압이란 1차 전류가 정격전류가 흐를 때 변압기 내에서 발생하는 전압강하이다.

답 ③

23 변압기 절연유 구비조건

변압기 열화방지 대책으로 옳지 않은 것은?

① 수소봉입
② 콘서베이터 설치
③ 브리더 방식
④ 질소봉입

해설 변압기유 열화 방지책
- 질소봉입(밀봉)
- 콘서베이터 설치
- 브리더(흡착제) 방식

답 ①

24 변압기 단락전류

변압기의 %Z가 커지면 단락전류는 어떻게 변화하는가?

① 커진다.
② 변동 없다.
③ 작아진다.
④ 무한대로 커진다.

해설 단락전류 $I_s = I \times \dfrac{100}{\%Z}$

%Z가 커지면 단락전류는 작아지게 된다.

답 ③

25 변압기 효율

3300[V], 60[Hz]용 변압기의 와류손이 360[W]이다. 이 변압기를 2750[V], 50[Hz]의 주파수에 사용할 때 와류손[W]는?

① 250
② 350
③ 425
④ 500

해설 $V \propto fB$이므로 와류손은 $P_e = k_e(fBt)^2 = k_e(Vt)^2$, 즉 $P_e : V^2$이다.

따라서, $P_e : V^2 = P_e' : V'^2$으로 계산되므로

$360 : 3300^2 = P_e' : 2750^2$

$P_e' = \left(\dfrac{2750}{3300}\right)^2 \times 360 = 250[\text{W}]$이다.

답 ①

26 변압기 스코트결선

동일 용량의 변압기 2대를 사용하여 3300[V]의 3상 간선에서 220[V]의 2상 전력을 얻으려면 T좌 변압기의 권수비는 약 얼마인가?

① 15.34
② 12.99
③ 17.31
④ 16.52

해설 T좌 변압기의 권수비 $a_T = \dfrac{\sqrt{3}}{2} \times a = \dfrac{\sqrt{3}}{2} \times \dfrac{3300}{220} = 12.99$

답 ②

27 유도전동기 출력

3상 유도전동기의 전원주파수와 전압의 비가 일정하고 정격속도 이하로 속도를 제어하는 경우 전동기의 출력 P와 주파수 f와의 관계는?

① $P \propto f$
② $P \propto \dfrac{1}{f}$
③ $P \propto f_2$
④ P는 f에 무관

해설 출력 $P = \omega \cdot T = 2\pi n T = \dfrac{4\pi f}{p}(1-s)$에서
출력 P와 주파수 f는 비례하는 것을 확 할 수 있다.

답 ①

28 유도전동기 슬립

60[Hz], 슬립 3[%], 회전수 1164[rpm]인 유도전동기의 극수는?

① 4
② 6
③ 8
④ 10

해설 유도전동기 속도는 $N = (1-s)\dfrac{120f}{p}$ 이므로
$p = (1-s)\dfrac{120f}{N} = (1-0.03)\dfrac{120 \times 60}{1164} = 6$[극]이다.

답 ②

29 유도전동기 회전시 특성

3상 유도전동기에서 회전자가 슬립 s로 회전하고 있을 때 2차 유기전압 E_{2s} 및 2차 주파수 f_{2s}와 s와의 관계는? (단, E_2는 회전자가 정지하고 있을 때 2차 유기기전력이며 f_1은 1차 주파수이다.)

① $E_{2s}=sE_2,\ f_{2s}=sf_1$
② $E_{2s}=sE_2,\ f_{2s}=\dfrac{f_1}{s}$
③ $E_{2s}=\dfrac{E_2}{s},\ f_{2s}=\dfrac{f_1}{s}$
④ $E_{2s}=(1-s)E_2,\ f_{2s}=(1-s)f_1$

해설 유도전동기의 회전자에 걸리는 2차 유기기전력과 2차 주파수는 슬립에 비례한다.

답 ①

30 유도전동기 전력변환

정격출력 50[kW], 4극 220[V], 60[Hz]인 3상 유도전동기가 전부하 슬립 0.04, 효율 90%로 운전되고 있을 때 다음 중 틀린 것은?

① 2차 효율=92[%]
② 1차 입력=55.56[kW]
③ 회전자 동손=2.08[kW]
④ 회전자 입력=52.08[kW]

해설 2차 효율 $=1-s=1-0.04=0.96=96[\%]$

효율 $=\dfrac{출력}{입력}$, 1차 입력 $=\dfrac{출력}{효율}=\dfrac{50}{0.9}=55.56[\text{kW}]$

회전자 동손(2차 동손) $=s\times P_2(2차\ 입력)=0.04\times 52.08=2.08[\text{kW}]$

회전자 입력 $=\dfrac{1}{1-s}\times P=\dfrac{1}{0.96}\times 50=52.08[\text{kW}]$

답 ①

31 유도전동기 역상제동

3상 유도전동기의 전원측에서 임의의 2선을 바꾸어 접속 하여 운전하면?

① 즉각 정지된다.
② 회전방향이 반대가 된다.
③ 바꾸지 않았을 때와 동일하다.
④ 회전방향은 불변이나 속도가 약간 떨어진다.

해설 유도 전동기의 전원측에서 임의의 2선을 접속하여 운전하면 회전방향이 반대가 된다. 이를 이용한 제동법이 역상제동(플러깅)이다.

답 ②

32 유도전동기 속도제어　　　□□□ check up!

권선형 유도전동기 2대를 직렬종속으로 운전하는 경우 그 동기속도는 어떤 전동기의 속도와 같은가?

① 두 전동기 중 적은 극수를 갖는 전동기
② 두 전동기 중 많은 극수를 갖는 전동기
③ 두 전동기의 극수의 합과 같은 극수를 갖는 전동기
④ 두 전동기의 극수의 합의 평균과 같은 극수를 갖는 전동기

해설
- 직렬종속법 : 전체 극수가 두 전동기 극수의 합인 속도가 된다. $\left(N_s = \dfrac{120f}{p_1+p_2}[\text{rpm}]\right)$
- 차동종속법 : 전체 극수가 두 전동기 극수의 차만큼의 속도가 된다. $\left(N_s = \dfrac{120f}{p_1-p_2}[\text{rpm}]\right)$
- 병렬종속법 : 전체 극수가 두 전동기 극수의 평균치로 속도가 된다. $\left(N_s = \dfrac{120f}{(p_1+p_2)/2}[\text{rpm}]\right)$

답 ③

33 슬립 측정　　　□□□ check up!

유도전동기의 슬립을 측정하려고 한다. 다음 중 슬립의 측정법이 아닌 것은?

① 수화기법　　　　　② 직류밀리볼트계법
③ 스트로보스코프법　④ 프로니브레이크법

해설 유도 전동기 시험

유도전동기 슬립 측정법 : 회전계법, 직류 밀리볼트계법, 수화기법, 스트로보스코프법

답 ④

34 역방향 슬립　　　□□□ check up!

2전동기설에 의하여 단상 유도전동기의 가상적 2개의 회전자 중 정방향에 회전하는 회전자 슬립이 s이면 역방향에 회전하는 가상적 회전자의 슬립은 어떻게 표시 되는가?

① $1+s$　　　　　　② $1-s$
③ $2-s$　　　　　　④ $3-s$

해설 역방향일 경우 $s' = 2-s$

답 ③

35 단상 유도전동기 특징

단상 유도전동기의 기동 시 브러시를 필요로 하는 것은?

① 분상 기동형
② 반발 기동형
③ 콘덴서 분상 기동형
④ 셰이딩 코일 기동형

해설 반발 기동형
기동시 회전자 권선을 브러시로 단락하고 고정자 권선을 전원에 저속해서 회전자에 전원을 공급하는 직권형의 교류정류자 전동기이다. 기동, 역전 및 속도제어를 브러시의 이동만으로 할 수 있으며 기동 토크가 매우 크다.

답 ②

36 전력변환기기

사이클로 컨버터(Sycloconverter)란?

① 직류제어 소자이다.
② 전류제어 장치이다.
③ 실리콘 양방향성 소자이다.
④ 제어 정류기를 사용한 주파수 변환기이다.

해설 사이클로 컨버터는 교류의 전압과 주파수를 변환하는 장치이다.

답 ④

37 다이오드

다이오드를 사용한 정류회로에서 다이오드를 여러 개 직렬로 연결하면 어떻게 되는가?

① 전력공급의 증대
② 출력전압의 맥동률을 감소
③ 다이오드를 과전류로부터 보호
④ 다이오드를 과전압으로부터 보호

해설 전력용 반도체 소자
다이오드 직렬 연결하여 다이오드 과전압을 보호한다.

답 ④

38 사이리스터

SCR에 대한 설명으로 옳은 것은?

① 증폭기능을 갖는 단방향성 3단자 소자이다.
② 제어기능을 갖는 양방향성 3단자 소자이다.
③ 정류기능을 갖는 단방향성 3단자 소자이다.
④ 스위칭기능을 갖는 양방향성 3단자 소자이다.

해설 SCR은 정류기능을 갖는 단방향성 3단자 소자이다.

답 ③

39 트랜지스터 - 유형 ①

IGBT(Insulated Gate Bipolar Transistor)에 대한 설명으로 틀린 것은?

① MOSFET와 같이 전압제어 소자이다.
② GTO 사이리스터와 같이 역방향 전압저지 특성을 갖는다.
③ 게이트와 에미터 사이의 입력 임피던스가 매우 낮아 BJT 보다 구동하기 쉽다.
④ BJT처럼 on-drop이 전류에 관계없이 낮고 거의 일정하며, MOSFET보다 훨씬 큰 전류를 흘릴 수 있다.

해설 전력용 반도체 소자
게이트와 에미터 사이의 입력 임피던스가 크다.

답 ③

40 트랜지스터 - 유형 ②

BJT에 대한 설명으로 틀린 것은?

① Bipolar Junction Thyristor의 약자이다.
② 베이스 전류로 컬렉터 전류를 제어하는 전류제어 스위치이다.
③ MOSFET, IGBT 등의 전압제어 스위치보다 훨씬 큰 구동전력이 필요하다.
④ 회로기호 B, E, C는 각각 베이스(Base), 에미터(Emitter), 컬렉터(Collerctor)이다.

해설 BJT는 Bipolar Junction Transistor의 약자이다.

답 ①

41 트랜지스터 - 유형 ③

게이트와 소스 사이에 걸리는 전압으로 제어하는 반도체소자로 트랜지스터에 비해 스위칭 속도가 매우 빠른 이점이 있으나 용량이 적어 비교적 작은 전력범위 내에서 사용하는 것은?

① IGBT
② MOSFET
③ SCR
④ TRIAC

해설 MOSFET은 게이트와 소스사이에 걸리는 전압으로 제어하며, 스위칭속도가 매우 빠른 이점이 있으나 용량이 적어 비교적 작은 전력 범위내에서 적용되는 한계가 있는 반도체 소자이다. **답** ②

42 정류회로

어떤 정류기의 출력전압 평균값이 2000[V]이고 맥동률이 3[%]이면 교류분은 몇 [V] 포함되어 있는가?

① 20
② 30
③ 60
④ 70

해설 맥동률 = $\dfrac{\text{교류전압}}{\text{직류전압}} = \dfrac{\text{교류전압}}{2000} \times 100 = 3[\%]$

교류 = $\dfrac{3}{100} \times 2000 = 60[V]$ **답** ③

43 단상 직권정류자 전동기 - 유형 ①

75[W] 이하의 소출력 단상 직권정류자 전동기의 용도로 적합하지 않은 것은?

① 믹서
② 소형공구
③ 공작기계
④ 치과의료용

해설 교류정류자기

단상직권정류자 전동기는 미싱, 믹서, 소형공구, 치과 의료용 등에서 사용된다. **답** ③

44 단상 직권정류자 전동기 – 유형 ②

단상 직권 정류자 전동기를 보상직권형으로 결선할 때 옳은 것은? (F : 계자권선, A : 전기자, C : 보상권선)

① F, A를 직렬로 연결한다.
② F, A, C를 직렬로 연결한다.
③ F, A를 병렬로 연결한다.
④ F, A, C를 병렬로 연결한다.

해설 보상 직권형 전동기의 계자권선 F, 전기자 A, 보상권선 C을 직렬로 연결한다. **답** ②

45 3상 분권 정류자전동기

3상 분권 정류자전동기에 속하는 것은?

① 톰슨 전동기
② 데리 전동기
③ 시라게 전동기
④ 애트킨슨 전동기

해설 시라게 전동기 (Schrage Motor) : 3상 분권 정류자전동기 **답** ③

46 서보모터

일반적인 DC 서보모터의 제어에 속하지 않는 것은?

① 역률제어
② 토크제어
③ 속도제어
④ 위치제어

해설 서보모터는 위치, 자세, 토크 등을 제어하는 모터로 직류 서보모터에서 역률을 제어하지 않는다.

답 ①

47. 스텝모터

스텝모터에 대한 설명으로 틀린 것은?

① 가속과 감속이 용이하다.
② 정.역 및 변속이 용이하다.
③ 위치제어 시 각도 오차가 작다.
④ 브러시 등 부품수가 많아 유지보수 필요성이 크다.

해설 스테핑 모터(스텝 모터)
스테핑 모터는 각도 오차가 매우 적은 전동기이며, 정밀제어에 사용된다. 스테핑 모터는 브러시 등의 특별한 유지보수가 필요 없어 유지보수가 용이하다.   **답** ④

48. 사이리스터

사이리스터에서의 Turn-on 시간은?(단, t_d : 지연시간, t_r : 상승시간)

① $t_d + t_r$
② $t_d - t_r$
③ $t_d \cdot t_r$
④ t_d / t_r

해설 사이리스터의 Turn-on 시간은 사이리스터가 오프 상태(차단 상태)에서 온 상태(도통 상태)로 변환되는 데 걸리는 시간이다. 이때 Turn-on 시간은 지연시간과 상승 시간을 합한 시간이 된다.   **답** ①

49. 정류회로

단상 50[Hz], 전파정류 회로에서 변압기의 2차 상전압 100[V], 수은 정류기의 전압강하 20[V]에서 회로 중의 인덕턴스는 무시한다. 외부부하로서 기전력 50[V], 내부저항 0.3[Ω]의 축전지를 연결할 때 평균 출력은 약 몇 [W]인가?

① 4556
② 4667
③ 4778
④ 4889

해설

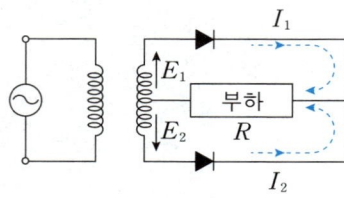

- 단상전파 $E_d = 0.9E - e(전압강하) = 0.9 \times 100 - 20 = 70[V]$
- 부하전류 $I_d = \dfrac{E_d - E_{부하기전력}}{내부저항} = \dfrac{70 - 50}{0.3} = 66.67[A]$
- 출력 $P = E_d \times I_d = 70 \times 66.67 = 4666.67[W]$

답 ②

50 전력변환 장치

무정전 전원장치(UPS)에 사용되고 있는 컨버터의 주된 사용 목적은?

① 교류 전압의 변화를 안정화시키기 위함이다.
② 교류 전압의 주파수를 변화시키기 위함이다.
③ 교류 전압을 직류 전압으로 변화시키기 위함이다.
④ 교류 전압을 다른 교류 전압으로 변화시키기 위함이다.

해설
- 컨버터 : 교류 → 직류
- 인버터 : 직류 → 교류

답 ③

51 전기자 권선법

다음 그림의 직류기의 권선법으로 옳은 것은?

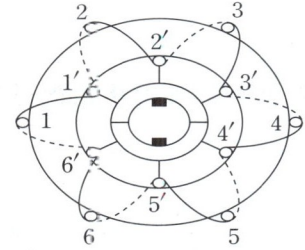

① 고상권
② 환상권
③ 이층권
④ 폐로권

해설 환상권 구조

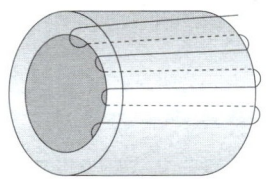

답 ②

52 단상 3권선 변압기

단상 3권선 변압기가 있다. 1차 전압은 100[kV], 2차 전압은 20[kV], 3차 전압은 10[kV]이다. 2차에 10000[kVA] 유도 역률 80[%]의 부하에, 3차에 6000[kVA]의 진상 무효 전력이 걸렸을 때의 1차 전류[A]를 구하면? (단, 변압기 손실 및 여자 전류는 무시한다.)

① 60
② 80
③ 100
④ 120

해설 변압기의 1차측 전력은 2차, 3차 부하전력의 합이므로
$$P_1 = P_2(\cos\theta + j\sin\theta) + P_3$$
$$= 10000(0.8 + j0.6) - j6000$$
$$= 8000[\text{kVA}]$$
$$I_1 = \frac{P_1}{V_1} = \frac{8000}{100} = 80[\text{A}]$$

답 ②

53 직류발전기 보극과 보상권선

직류발전기의 전기자 반작용을 방지하기 위한 보극A, B와 보상권선 X,Y의 설명으로 옳은 것은?

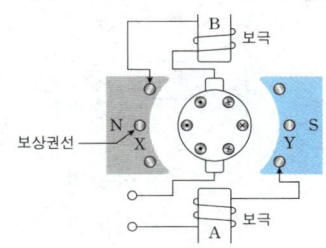

① 보극 A:N극, B:S극   보상권선X ⊙, Y ⊗
② 보극 A:N극, B:S극   보상권선X ⊗, Y ⊙
③ 보극 A:S극, B:N극   보상권선X ⊙, Y ⊗
④ 보극 A:S극, B:N극   보상권선X ⊗, Y ⊙

해설

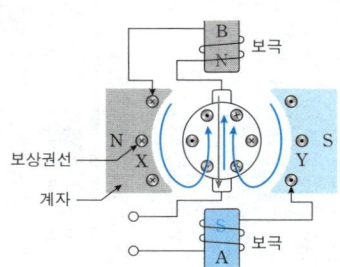

답 ④

54 동기발전기 병렬운전

동기발전기를 병렬운전하기 위해 동기점검등을 설치하였다. 동기점검등이 완전히 꺼지는 순간은 어떤 상태를 의미하는가?

① 전압차가 최대일 때
② 주파수차가 최대일 때
③ 위상차가 180°일 때
④ 전압, 주파수, 위상 모두 일치할 때

해설 동기점검등

동기점검등은 동기발전기를 병렬로 운전할 때 발전기의 위상과 전압, 주파수를 일치 여부를 확인하기 위해 사용되는 표시 장치

답 ④

55 동기발전기 2중 Y결선

3상 동기발전기에서 그림과 같이 1상의 권선을 서로 똑같은 2조로 나누어서 그 1조의 권선전압을 $E[\text{V}]$, 각 권선의 전류를 $I[\text{A}]$라 하고 2중 Y형(Double star)으로 결선한 경우 선간전압$[\text{V}]$, 선전류$[\text{A}]$, 피상전력$[\text{W}]$은?

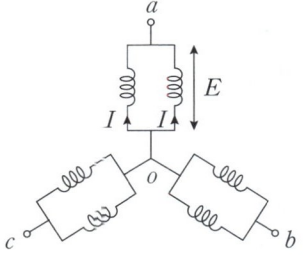

① $3E$, I, $5.19EI$
② $\sqrt{3}E$, $2I$, $6EI$
③ E, $2\sqrt{3}I$, $6EI$
④ $\sqrt{3}E$, $\sqrt{3}I$, $5.19EI$

해설
- 선간전압 $V_\ell = \sqrt{3}E$
- 선전류 $I_\ell = 2I$
- 피상전력 $P_a = \sqrt{3}V_\ell I_\ell = \sqrt{3} \times \sqrt{3}E \times 2I = 6EI$

답 ②

56 변압기 유기기전력 □□□ check up!

철심의 단면적이 $100[\text{cm}^2]$, 최대 자속밀도가 $1.4[\text{Wb/m}^2]$인 변압기가 있다. $60[\text{Hz}]$의 정현파로 1차에 $6300[\text{V}]$, 2차에 $210[\text{V}]$를 유도시키기 위한 각 권선의 권 수는 약 얼마인가? (철심의 점적률은 $90[\%]$이다.)

① 1차 : 1877회 2차 : 63회
② 1차 : 1780회 2차 : 58회
③ 1차 : 1954회 2차 : 67회
④ 1차 : 1523회 2차 : 54회

해설 변압기 기전력

변압기의 기전력 $E=4.44fBAN$

$$N_1=\frac{E_1}{4.44fBA}=\frac{6300}{4.44\times60\times1.4\times0.9\times100\times10^{-4}}=1876[\text{회}]$$

$$N_2=\frac{E_2}{4.44fBA}=\frac{210}{4.44\times60\times1.4\times0.9\times100\times10^{-4}}=62.56[\text{회}]$$

변압기의 점적률이란 철심을 적층했을 때 실제 철(유효 철심) 면적이 겉보기 단면적에서 차지하는 비율이다.

답 ①

57 유도전동기 슬립 □□□ check up!

유도전동기 슬립에 대한 설명으로 옳은 것은?

① 정지상태에서 $s=0$이다.
② 동기속도는 회전자계의 속도이다.
③ 같은 정격에서 농형이 권선형보다 약간 크다.
④ 2차 기전력 주파수는 구속 상태의 $(1/s)$배가 된다.

해설 유도전동기 슬립 특성
- 정지상태의 슬립 : $s=1$
- 동기속도는 회전자계의 속도이다.
- 같은 정격에서 농형이 권선형보다 약간 작다.
- 회전시 2차 주파수 : $f_{2s}=sf_1$
- 정지시 2차 주파수 : $f_2=f_1$

답 ②

58 단상 유도전동기 □□□ check up!

콘덴서 기동형 유도전동기의 보조권선 회로에 사용하는 커패시터의 용도는?

① 역률 개선 ② 기동 토크 향상
③ 슬립 감소 ④ 전류 감소

해설 단상 유도전동기 종류

콘덴서 기동형 유도전동기의 보조권선 회로에 사용하는 콘덴서(커패시터)의 용도는 회전자계를 발생시켜 기동토크를 얻기 위해서 사용된다.

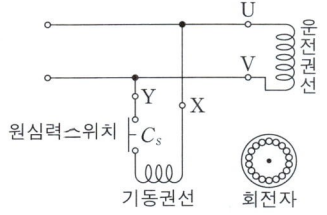

답 ②

59 단상 직권 정류자 전동기 □□□ check up!

직류 직권 전동기를 교류 단상 정류자 전동기로 사용하기 위하여 교류를 가했을 때 발생하는 문제점 중 옳지 않은 것은?

① 효율이 나빠진다. ② 역률이 떨어진다.
③ 정류가 불량하다. ④ 계자 권선이 필요 없다.

해설 단상 직권 정류자 전동기

직류 직권 전동기에 교류(단상)를 가하면 철손 증가로 효율이 나빠지고, 리액턴스 성분 때문에 역률이 떨어지며, 정류가 불량해지는 문제가 생긴다. 그러나 전동기에서 계자 권선은 필수요소이기 때문에 "계자 권선이 필요 없다"가 답이다.

답 ④

[**D-30** 전기기사·산업기사 필기 30일 필기 단기완성]

제3과목

회로이론

Chapter 01 전기이론
Chapter 02 정현파 교류
Chapter 03 기본 교류 회로
Chapter 04 단상 교류전력
Chapter 05 유도결합회로
Chapter 06 일반 선형 회로망
Chapter 07 다상교류
Chapter 08 대칭좌표법
Chapter 09 비정현파 교류
Chapter 10 2단자망
Chapter 11 4단자망
Chapter 12 분포정수
Chapter 13 라플라스 변환
Chapter 14 전달함수
Chapter 15 과도현상
Chapter 16 CBT 신경향 문제

제4과목
회로이론
DAY - 11

30일 단기완성

Chapter 01
전기이론

1 출제경향분석

본장은 전기를 표시하는 대표적인 물리량인 기본용어에 대한 내용을 다루었으며 시험에 자주 출제가 되는 내용은 다음과 같습니다.

> **반드시 알아야 하는 핵심 포인트**
> ① 옴의 법칙　　　　　　　　　② 전력
> ③ 저항의 직렬연결　　　　　　④ 저항의 병렬연결
> ⑤ 휘스톤 브리지

2 학습 가이드라인

- 반드시 알아야 하는 핵심 포인트는 전기기사 및 산업기사 시험에서 가장 출제빈도가 높은 논점으로 각 파트별 핵심 포인트와 문제를 연계하여 학습해 주시기를 권장합니다.
- 체크리스트를 작성하시면서 문제의 유형과 학습의 완성도를 스스로 확인해 주세요.
- 출제 빈도가 높고 틀리기 쉬운 문제를 맞출 수 있도록 "콕콕 포인트"를 확인해 주세요.

우선순위 논점	KEY WORD	선생님의 콕콕 포인트
옴의 법칙	전압, 전류, 저항	전류는 전압에 비례하고 저항에 반비례
전력	전력, 전력량	전압, 전류 변화시 저항은 고정이며, 변화한 %값을 대입하여 대입 전과 비교
저항의 직렬연결	전류 일정, 전압 분배	직렬연결에서는 전류가 일정하므로 전압의 분배비율은 저항의 비율과 같음
저항의 병렬연결	전압 일정, 전류 분배	병렬연결에서는 전압이 일정하므로 전류의 분배비율은 저항의 비율의 역수임
휘스톤 브리지	대각선 저항의 곱	대각선 저항의 곱이 같을 경우 중앙은 개방상태와 같음을 이용해 풀이

1 전기 이론

저항과 컨덕턴스의 직렬연결 & 병렬연결

직렬연결	병렬연결
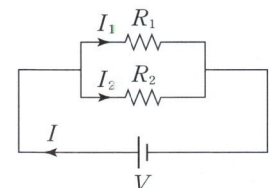 1) 전류 일정 · $I=I_1=I_2[\text{A}]$ 2) 전체전압 · $V=V_1+V_2[\text{V}]$ 3) 합성저항 · $R=R_1+R_2[\Omega]$ 4) 합성컨덕턴스 · $G=\dfrac{G_1 \cdot G_2}{G_1+G_2}[\mho]$ 5) 전압 분배법칙 · $V_1=\dfrac{R_1}{R_1+R_2}\times V=\dfrac{G_2}{G_1+G_2}\times V[\text{V}]$ · $V_2=\dfrac{R_2}{R_1+R_2}\times V=\dfrac{G_1}{G_1+G_2}\times V[\text{V}]$	1) 단자전압 일정 · $V=V_1=V_2[\text{V}]$ 2) 전체전류 · $I=I_1+I_2[\text{A}]$ 3) 합성저항 · $R=\dfrac{R_1 \cdot R_2}{R_1+R_2}[\Omega]$ 4) 합성컨덕턴스 · $G=G_1+G_2[\mho]$ 5) 전류분배법칙 · $I_1=\dfrac{R_2}{R_1+R_2}\times I=\dfrac{G_1}{G_1+G_2}\times I[\text{A}]$ · $I_2=\dfrac{R_1}{R_1+R_2}\times I=\dfrac{G_2}{G_1+G_2}\times I[\text{A}]$

01 전기량의 정의 □□□ check up!

$i=3t^2+2t[\text{A}]$의 전류가 도선을 30초간 흘렀을 때 통과한 전체 전기량[Ah]은?

① 4.25 ② 6.75
③ 7.75 ④ 8.25

해설 $Q=\int_0^t i\,dt=\int_0^{30}(3t^2+2t)dt=[t^3+t^2]_0^{30}=27900[\text{As}]$

$\therefore \dfrac{Q}{3600}=\dfrac{27900}{3600}=7.75[\text{Ah}]$

답 ③

02 전압의 정의 □□□ check up!

두 점 사이에 20[C]의 전하를 옮기는 데 80[J]의 에너지가 필요하다면 두 점 사이의 전압은?

① 2[V]
② 3[V]
③ 4[V]
④ 5[V]

해설 $V = \dfrac{W[\text{J}]}{Q[\text{C}]} = \dfrac{80}{20} = 4[\text{V}]$

답 ③

03 옴의 법칙 – 전류변화 □□□ check up!

일정 전압의 직류 전원에 저항을 접속하고 전류를 흘릴 때, 이 전류값을 20[%] 증가시키기 위하여 저항값은 몇 배로 하여야 하는가?

① 1.25
② 1.20
③ 0.83
④ 0.80

해설 $V = $일정, $I = 120[\%]$ 증가 → 1.2배

$V = IR = (1.2I)R'$, $R' = \dfrac{V}{1.2I} = \dfrac{R}{1.2} = 0.83$배

답 ③

04 전력 – 전압변화 □□□ check up!

정격전압에서 1[kW]의 전력을 소비하는 저항에 정격의 80[%] 전압을 가할 때의 전력[W]은?

① 320
② 540
③ 640
④ 860

해설 $P = \dfrac{V^2}{R}$에서 80[%] 전압 $V' = 0.8V$이므로 $P' = \dfrac{(V')^2}{R} = \dfrac{(0.8V)^2}{R} = 0.64 \times \dfrac{V^2}{R} = 640[\text{W}]$

답 ③

05 전력량 □□□ check up!

800[kW], 역률 80[%]의 부하가 있다. 1/4시간 동안 소비되는 전력량[kWh]은?

① 800
② 600
③ 400
④ 200

해설 소비전력량 $W[\text{kWh}] = P \times t = 800 \times \dfrac{1}{4} = 200[\text{kWh}]$

답 ④

06 직렬 - 병렬 연결 전압분배 □□□ check up!

다음 회로에서 $V_1=30[\text{V}]$일 때 저항 $R[\Omega]$값은?

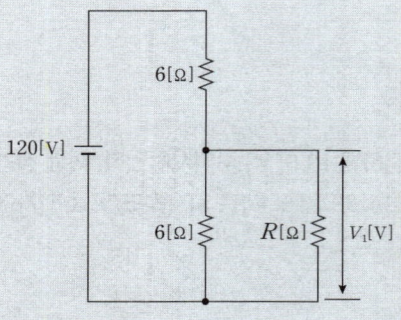

① 2[Ω]
② 3[Ω]
③ 4[Ω]
④ 5[Ω]

해설 6[Ω]과 $R[\Omega]$이 병렬연결인 부분의 전압은 30[V]로 같으므로($V_1=30[\text{V}]$이므로) 직렬연결인 6[Ω]의 걸리는 전압은 $V_2=120-30=90[\text{V}]$이 된다. 전압분배법칙에 의해서

$$V_2 = \frac{\frac{6 \times R}{6+R}}{6+\frac{6 \times R}{6+R}} \times 120 = 90[\text{V}]$$

∴ $R=3[\Omega]$

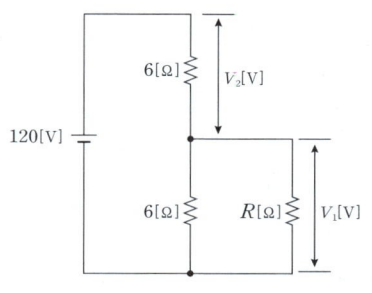

답 ②

07 직렬연결 - 전압 분배법칙 □□□ check up!

회로에서 V_{30}과 V_{15}는 각각 몇 [V]인가?

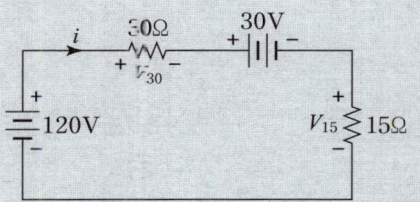

① $V_{30}=60$, $V_{15}=30$
② $V_{30}=80$, $V_{15}=40$
③ $V_{30}=90$, $V_{15}=45$
④ $V_{30}=120$, $V_{15}=60$

해설 전류 $I = \dfrac{120-30}{30+15} = 2[\text{A}]$

$V_{30} = 2 \times 30 = 60[\text{V}]$

$V_{15} = 2 \times 15 = 30[\text{V}]$

답 ①

08 축전지 내부저항 □□□ check up!

자동차 축전지의 무부하 전압을 측정하니 13.5[V]를 지시하였다. 이때 정격이 12[V], 55[W]인 자동차 전구를 연결하여 축전지의 단자전압을 측정하니 12[V]를 지시하였다. 축전지의 내부저항은 약 몇 [Ω]인가?

① 0.33
② 0.45
③ 2.62
④ 3.31

해설 자동차 전구의 부하저항은

$P = \dfrac{V^2}{R}[\text{W}]$ 식을 이용

$R = \dfrac{V^2}{P} = \dfrac{12^2}{55} = 2.62[\Omega]$

전류 $I = \dfrac{V}{R} = \dfrac{12}{2.62} = 4.58[\text{A}]$

전지의 내부저항 $r = \dfrac{E-V}{I} = \dfrac{13.5-12}{4.58} = 0.33[\Omega]$

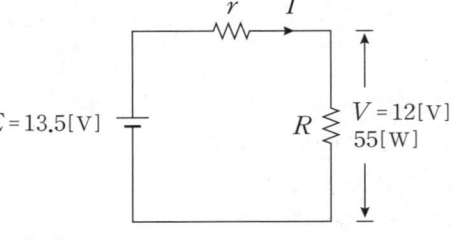

답 ①

09 병렬연결 - 합성저항 ① □□□ check up!

그림의 사다리꼴 회로에서 부하전압 V_L의 크기는 몇 [V]인가?

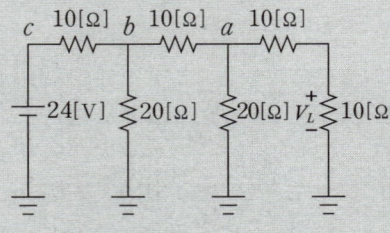

① 3.0
② 3.25
③ 4.0
④ 4.15

해설 $V_b = \dfrac{V}{2} = \dfrac{24}{2} = 12[\text{V}]$, $V_a = \dfrac{V_b}{2} = \dfrac{12}{2} = 6[\text{V}]$, $V_L = \dfrac{V_a}{2} = \dfrac{6}{2} = 3[\text{V}]$

답 ①

10 병렬회로 – 합성저항 ② ☐☐☐ check up!

그림과 같은 회로에서 S를 열었을 때 전류계는 $10[A]$를 지시하였다. S를 닫을 때 전류계의 지시는 몇 $[A]$인가?

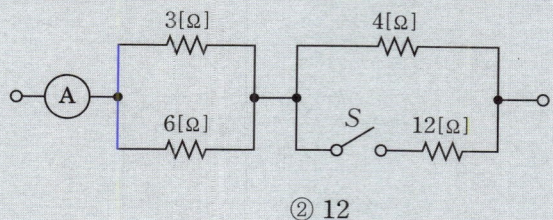

① 10
② 12
③ 14
④ 16

해설 S를 열었을 때 전압 $V=IR_o=10\times\left(\dfrac{3\times 6}{3+6}+4\right)=60[V]$

S를 닫았을 때 합성저항 $R_o=\dfrac{3\times 6}{3+6}+\dfrac{4\times 12}{4+12}=5[\Omega]$

전류 $I=\dfrac{V}{R_o}=\dfrac{60}{5}=12[A]$

답 ②

11 병렬회로 – 합성저항 ③ ☐☐☐ check up!

그림과 같이 $r=1[\Omega]$인 저항을 무한히 연결할 때 $a-b$에서의 합성저항은?

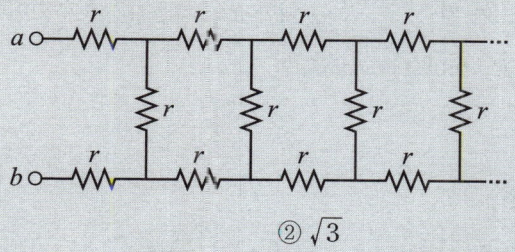

① $1+\sqrt{3}$
② $\sqrt{3}$
③ $1+\sqrt{2}$
④ ∞

해설

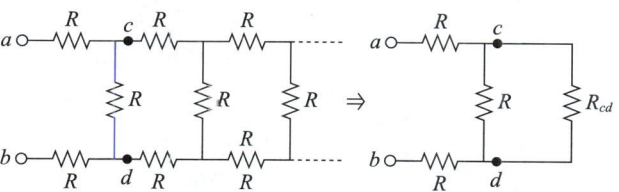

그림의 등가 회로에서 $R_{ab}=2R+\dfrac{R\cdot R_{cd}}{R+R_{cd}}$, $R_{ab}=R_{cd}$이므로 $RR_{ab}+R_{ab}^2-2R^2-2RR_{ab}=RR_{ab}$

$R=1[\Omega]$이므로 $R_{ab}+R_{ab}^2-2-2R_{ab}=R_{ab}$ → $R_{ab}^2-2R_{ab}-2=0$

근의 공식 $R_{ab}=\dfrac{-(-2)\pm\sqrt{(-2)^2-4\times 1\times(-2)}}{2\times 1}=1\pm\sqrt{3}$

저항은 반드시 양수값을 가져야 하므로 $R_{ab}=1+\sqrt{3}$

답 ①

12 병렬 회로 – 전류 분배법칙 ①

그림과 같은 회로에 일정한 전압이 걸릴 때 전원에 R_1 및 $100[\Omega]$을 접속하였다. R_1에 흐르는 전류를 최소로 하기 위한 R_2의 값$[\Omega]$은?

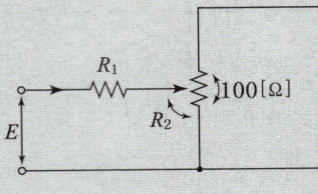

① 25
② 50
③ 75
④ 100

해설

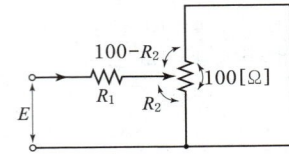

회로도에서 합성저항

$R = R_1 + \dfrac{(100-R_2)\cdot R_2}{100-R_2+R_2} = R_1 + \dfrac{100R_2 - R_2^2}{100}$ 이고, 합성저항이 최대일 때 R_1에 흐르는 전류가 최소가 된다. 즉, R_2에 대한 R의 기울기가 0이 되어야 한다.

$\dfrac{dR}{dR_2} = 100 - 2R_2 = 0, \ R_2 = 50[\Omega]$

답 ②

13 병렬 회로 – 전류 분배법칙 ②

그림에서 a, b단자에 $200[V]$를 가할 때 저항 $2[\Omega]$에 흐르는 전류 $I_1[A]$는?

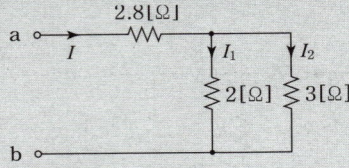

① 40
② 30
③ 20
④ 10

해설 합성저항 $R_o = 2.8 + \dfrac{2\times 3}{2+3} = 4[\Omega]$이므로 전체전류 $I = \dfrac{V}{R_o} = \dfrac{200}{4} = 50[A]$

병렬 회로의 전류 분배 법칙에 의하여 $I_1 = \dfrac{3}{2+3} \times 50 = 30[A]$

답 ②

14 병렬 회로 – 전류 분배법칙 ③

□□□ check up!

그림과 같은 회로에서 r_1, r_2에 흐르는 전류의 크기가 1:2의 비율이라면 r_1, r_2의 저항은 각각 몇 [Ω]인가?

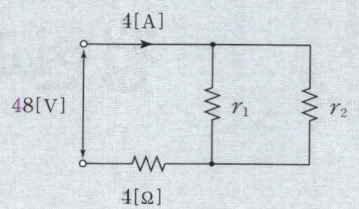

① $r_1=16$, $r_2=8$
② $r_1=24$, $r_2=12$
③ $r_1=6$, $r_2=3$
④ $r_1=8$, $r_2=4$

해설 r_1, r_2의 전류비 $I_1 : I_2 = 1 : 2$ 이므로 저항비 $r_1 : r_2 = 2 : 1$, $r_1 = 2r_2$

합성저항 $R = \dfrac{V}{I} = \dfrac{48}{4} = 12[\Omega]$ 이며,

또한 합성저항 $R = \dfrac{r_1 \cdot r_2}{r_1 + r_2} + 4 = 12$, $\dfrac{r_1 \cdot r_2}{r_1 + r_2} = \dfrac{2r_2 \cdot r_2}{2r_2 + r_2} = \dfrac{2}{3} r_2 = 8$

∴ $r_2 = 12[\Omega]$, $r_1 = 24[\Omega]$

답 ②

제4과목 회로이론
DAY - 11

30일 단기완성

Chapter 02
정현파 교류

1 출제경향분석

본장은 정현파 교류의 기본용어에 대한 내용과 교류의 크기를 나타내는 실효값과 평균값을 다루었으며 시험에 자주 출제가 되는 내용은 다음과 같습니다.

반드시 알아야 하는 핵심 포인트

① 정현파 교류
② 평균값과 실효값
③ 파고율 및 파형율
④ 복소수의 사칙연산

2 학습 가이드라인

- 반드시 알아야 하는 핵심 포인트는 전기기사 및 산업기사 시험에서 가장 출제빈도가 높은 논점으로 각 파트별 핵심 포인트와 문제를 연계하여 학습해 주시기를 권장합니다.
- 체크리스트를 작성하시면서 문제의 유형과 학습의 완성도를 스스로 확인해 주세요.
- 출제 빈도가 높고 틀리기 쉬운 문제를 맞출 수 있도록 "콕콕 포인트"를 확인해 주세요.

우선순위 논점	KEY WORD	선생님의 콕콕 포인트
정현파 교류	주기, 주파수, 위상차	$\sin\theta = \cos(\theta - 90°)$, $\cos\theta = \sin(\theta + 90°)$
평균값과 실효값	순시값, 평균값, 실효값	정현파의 실효값은 최대값의 $\frac{1}{\sqrt{2}}$ 배
파고율 및 파형율	파고율, 파형율	파고율과 파형율이 모두 1인 파형은 구형파
복소수의 사칙연산	복소수의 사칙연산, 공액복소수	실수는 실수끼리, 허수는 허수끼리 더하거나 뺌

2-1 정현파 교류

1. 정현파교류 전압 · $v = V_m \sin\theta = V_m \sin\omega t [V]$
2. 주기와 주파수의 관계 · $f = \frac{1}{T}[Hz]$ → $T = \frac{1}{f}[sec]$
3. 각주파수(ω) : 단위시간에 대한 각도의 변화율 → $\omega = \frac{\theta}{t} = \frac{2\pi}{T} = 2\pi f [rad/sec]$
4. 위상차 : 주파수가 동일한 2개의 교류 사이의 위상각의 차이
5. 각종 파형의 평균값과 실효값

명칭	파형	실효값(V)	평균값(V_a)
정현파		$\frac{I_m}{\sqrt{2}} = 0.707 I_m$	$\frac{2I_m}{\pi} = 0.637 I_m$
정현반파		$\frac{I_m}{2} = 0.5 I_m$	$\frac{I_m}{\pi} = 0.319 I_m$
구형파		I_m	I_m
구형반파		$\frac{I_m}{\sqrt{2}} = 0.707 I_m$	$\frac{I_m}{2} = 0.5 I_m$
톱니파		$\frac{I_m}{\sqrt{3}} = 0.577 I_m$	$\frac{I_m}{2} = 0.5 I_m$
삼각파		$\frac{I_m}{\sqrt{3}} = 0.577 I_m$	$\frac{I_m}{2} = 0.5 I_m$

01 정현파 교류 – 위상차 ☐☐☐ check up!

2개의 교류전압 $v_1 = 141\sin(120\pi t - 30°)[V]$와 $v_2 = 150\cos(120\pi t - 30°)[V]$의 위상차를 시간으로 표시하면 몇 초인가?

① $\frac{1}{60}$
② $\frac{1}{120}$
③ $\frac{1}{240}$
④ $\frac{1}{360}$

해설 $v_2 = 150\cos(120\pi t - 30°) = 150\sin(120\pi t + 60°)$

∴ 위상차 $\theta = 60° - (-30°) = 90° = \dfrac{\pi}{2}$

$t = \dfrac{\theta}{\omega} = \dfrac{\pi/2}{120\pi} = \dfrac{1}{240}[\sec]$

답 ③

02 정현파 교류 - 순시값 □□□ check up!

그림과 같은 파형의 전압 순시값은?

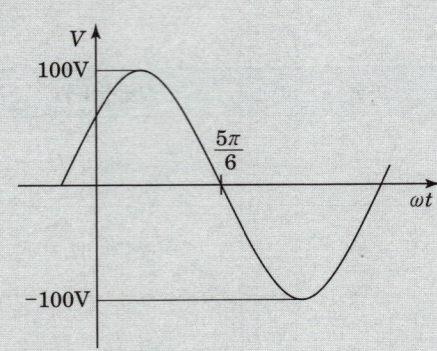

① $100\sin\left(\omega t + \dfrac{\pi}{6}\right)$
② $100\sqrt{2}\sin\left(\omega t + \dfrac{\pi}{6}\right)$
③ $100\sin\left(\omega t - \dfrac{\pi}{6}\right)$
④ $100\sqrt{2}\sin\left(\omega t - \dfrac{\pi}{6}\right)$

해설 최댓값 $V_m = 100[\text{V}]$, $\omega t = \dfrac{5\pi}{6}$일 때 $v = 0$이므로 $v(t) = 100\sin\left(\omega t + \dfrac{\pi}{6}\right)[\text{V}]$

답 ①

03 정현파 교류 - 평균값 ① □□□ check up!

그림과 같은 정현파의 평균값[V]은?

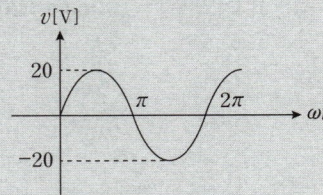

① 10[V]
② 12.73[V]
③ 14.14[V]
④ 20[V]

해설 정현파의 평균값

정현파에서 평균값 $V_a = \dfrac{2V_m}{\pi} = \dfrac{2 \times 20}{\pi} = 12.73[\text{V}]$

답 ②

04 정현파 교류 – 평균값 ②

☐☐☐ check up!

정현파 교류 전압의 실효값에 어떤 수를 곱하면 평균값을 얻을 수 있는가?

① $\dfrac{2\sqrt{2}}{\pi}$

② $\dfrac{\sqrt{3}}{2}$

③ $\dfrac{2}{\sqrt{3}}$

④ $\dfrac{\pi}{2\sqrt{2}}$

해설 정현파의 평균값 $V_a = \dfrac{2V_m}{\pi} = \dfrac{2\sqrt{2}}{\pi} V[\text{V}]$, 실효값 $V = \dfrac{\pi}{2\sqrt{2}} V_a [\text{V}]$

답 ①

05 정현반파의 실효값

☐☐☐ check up!

그림과 같은 반파 정현파의 실효값은?

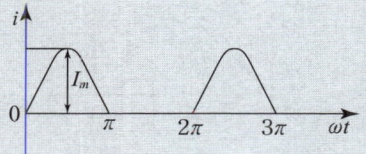

① $\dfrac{1}{\sqrt{2}} I_m$

② $\dfrac{2}{\pi} I_m$

③ $\dfrac{1}{\pi} I_m$

④ $\dfrac{1}{2} I_m$

해설 정현반파의 실효값 $I = \dfrac{I_m}{2}$

답 ④

06 삼각파의 평균값

그림과 같이 시간축에 대하여 대칭인 3각파 교류 전압의 평균값[V]은?

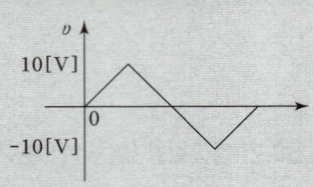

① 5.77 ② 5
③ 10   ④ 6

해설 삼각파의 평균값 $V_a = \dfrac{V_m}{2} = \dfrac{10}{2} = 5[\text{V}]$

답 ②

07 톱니파의 실효값

그림과 같은 파형의 실효값은?

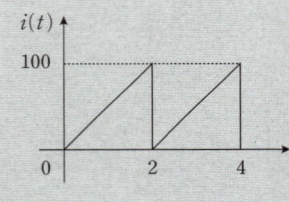

① 47.7 ② 57.7
③ 67.7 ④ 77.5

해설 톱니파의 실효값 $I = \dfrac{I_m}{\sqrt{3}} = \dfrac{100}{\sqrt{3}} = 57.7[\text{V}]$

답 ②

2-2 정현파 교류

1. 파고율 : 교류의 실효값에 대한 파형의 최댓값의 비율
    - 파고율 $= \dfrac{\text{최댓값}}{\text{실효값}}$
2. 파형율 : 교류의 직류성분값(평균값)에 대한 교류의 실효값의 비율
    - 파형율 $= \dfrac{\text{실효값}}{\text{평균값}}$
3. 각종 파형의 파고율과 파형율

명칭	파고율	파형율
정현파	$\sqrt{2} = 1.414$	$\dfrac{\pi}{2\sqrt{2}} = 1.11$
정현반파	2	$\dfrac{\pi}{2} = 1.57$
구형파	1	1
구형반파	$\sqrt{2} = 1.414$	$\sqrt{2} = 1.414$
삼각파 및 톱니파	$\sqrt{3} = 1.732$	$\dfrac{2}{\sqrt{3}} = 1.155$

01 구형파의 파고율　　□□□ check up!

그림과 같은 파형의 파고율은?

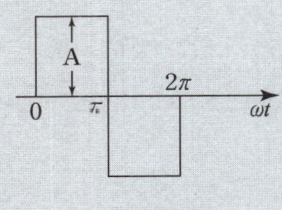

① 1　　　　　② 2
③ $\sqrt{2}$　　　　④ $\sqrt{3}$

해설 구형파는 최댓값, 실효값, 평균값이 모두 같으므로 파형율과 파고율이 모두 1이다.　　**답** ①

02 톱니파의 파형율

파형이 톱니파 일 경우 파형율은?

① 1.155
② 1.732
③ 1.414
④ 0.577

해설 삼각파 및 톱니파의 파형율 $= \dfrac{\text{실효값}}{\text{평균값}} = \dfrac{V_m/\sqrt{3}}{V_m/2} = 1.155$

답 ①

03 정현파의 파고율

정현파 교류전압의 파고율은?

① 0.91
② 1.11
③ 1.41
④ 1.73

해설 정현파의 실효값 전류 I, 평균값 전류 I_a라 하며
$I = \dfrac{I_m}{\sqrt{2}}$, $I_a = \dfrac{2I_m}{\pi}$ 이므로 파고율 $= \dfrac{\text{최댓값}}{\text{실효값}} = \dfrac{I_m}{\frac{I_m}{\sqrt{2}}} = \sqrt{2} = 1.41$

답 ③

2-3 정현파 교류

1. 복소수의 표현
   ① 직각좌표계 · $Z_1 = a + jb$ · $Z_2 = c + jd$
   ② 극좌표계 · $|Z_1| \angle \theta = |Z_1|(\cos\theta_1 + j\sin\theta_1)$ · $|Z_2| \angle \theta = |Z_2|(\cos\theta_2 + j\sin\theta_2)$
2. 복소수의 덧셈과 뺄셈 · $Z_1 + Z_2 = (a+c) + j(b+d)$
3. 복소수의 곱과 나눗셈 · $Z_1 \times Z_2 = |Z_1| \; |Z_2| \angle (\theta_1 + \theta_2)$ · $Z_1 \div Z_2 = \dfrac{|Z_1|}{|Z_2|} \angle (\theta_1 - \theta_2)$
4. 공액복소수 · $Z_1 = a + jb$ → $\overline{Z_1} = a - jb$

01 복소수의 덧셈과 뺄셈 □□□ check up!

교류 전류 $i_1 = 20\sqrt{2}\sin\left(\omega t + \dfrac{\pi}{3}\right)$[A], $i_2 = 10\sqrt{2}\sin\left(\omega t - \dfrac{\pi}{6}\right)$[A]의 합성 전류[A]를 복소수로 표시하면?

① $18.66 - j12.32$
② $18.66 + j12.32$
③ $12.32 - j18.66$
④ $12.32 + j18.66$

해설 $I_1 + I_2 = 20\left(\cos\dfrac{\pi}{3} + j\sin\dfrac{\pi}{3}\right) + 10\left(\cos\dfrac{\pi}{6} - j\sin\dfrac{\pi}{6}\right) = 18.66 + j12.32$

답 ②

02 극좌표계의 표현 □□□ check up!

$E_1 = 6\sqrt{2}\sin\omega t$[V], $E_2 = 4\sqrt{2}\sin(\omega t - 60°)$[V]일 때 $E_1 - E_2$의 실효값[V]은?

① $2\sqrt{2}$
② 4
③ $2\sqrt{7}$
④ $2\sqrt{13}$

해설 $E_1 = 6\angle 0°$, $E_2 = 4\angle -60°$이므로, $E_1 - E_2 = 6\angle 0° - 4\angle -60° = 2\sqrt{7} \angle 40.89°$

답 ③

03 직각좌표계와 극좌표계의 표현

그림과 같은 회로에서 Z_1의 단자 전압 $V_1=\sqrt{3}+jy$, Z_2의 단자 전압 $V_2=|V|\angle 30°$일 때, y 및 $|V|$의 값은?

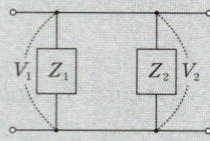

① $y=1$, $|V|=2$
② $y=\sqrt{3}$, $|V|=2$
③ $y=2\sqrt{3}$, $|V|=1$
④ $y=1$, $|V|=\sqrt{3}$

해설 병렬연결이므로 $V_1=V_2$, $\sqrt{3}+jy=|V|\angle 30°=|V|(\cos 30°+j\sin 30°)=\dfrac{|V|\sqrt{3}}{2}+j\dfrac{|V|}{2}$

$\sqrt{3}=\dfrac{|V|\sqrt{3}}{2}$, $y=\dfrac{|V|}{2}$

$|V|=2$, $y=1$

답 ①

04 복소수의 나눗셈

$\dot{A}_1=20\left(\cos\dfrac{\pi}{3}+j\sin\dfrac{\pi}{3}\right)$, $\dot{A}_2=5\left(\cos\dfrac{\pi}{6}+j\sin\dfrac{\pi}{6}\right)$로 표시되는 두 벡터가 있다. $\dot{A}_3=\dot{A}_1/\dot{A}_2$의 값은 얼마인가?

① $\dot{A}_3=10\left(\cos\dfrac{\pi}{3}+j\sin\dfrac{\pi}{3}\right)[\mathrm{A}]$
② $\dot{A}_3=10\left(\cos\dfrac{\pi}{6}+j\sin\dfrac{\pi}{6}\right)[\mathrm{A}]$
③ $\dot{A}_3=4\left(\cos\dfrac{\pi}{3}+j\sin\dfrac{\pi}{3}\right)[\mathrm{A}]$
④ $\dot{A}_3=4\left(\cos\dfrac{\pi}{6}+j\sin\dfrac{\pi}{6}\right)[\mathrm{A}]$

해설 $\dfrac{A_1}{A_2}=\dfrac{20\angle 60°}{5\angle 30°}=4\angle 30°=4\left(\cos\dfrac{\pi}{6}+j\sin\dfrac{\pi}{6}\right)$

답 ④

[**D-30** 전기기사·산업기사 필기
30일 필기 단기완성]

제4과목
회로이론
DAY - 11

30일 단기완성

Chapter 03
기본 교류 회로

1 출제경향분석

본장은 R, L, C 기본교류회로의 각 소자의 기본원리 및 소자 연결시 특성에 대한 내용을 다루었으며 시험에 자주 출제가 되는 내용은 다음과 같습니다.

> **반드시 알아야 하는 핵심 포인트**
>
> ① R, L, C 위상관계　　　② R, L, C의 임피던스
> ③ R, L, C 연결에 의한 역률계산　　　④ R, L, C 연결에 의한 전류 계산
> ⑤ 공진회로

2 학습 가이드라인

- 반드시 알아야 하는 핵심 포인트는 전기기사 및 산업기사 시험에서 가장 출제빈도가 높은 논점으로 각 파트별 핵심 포인트와 문제를 연계하여 학습해 주시기를 권장합니다.
- 체크리스트를 작성하시면서 문제의 유형과 학습의 완성도를 스스로 확인해 주세요.
- 출제 빈도가 높고 틀리기 쉬운 문제를 맞출 수 있도록 "콕콕 포인트"를 확인해 주세요.

우선순위 논점	KEY WORD	선생님의 콕콕 포인트
R, L, C 위상관계	진상, 지상, 유도성, 용량성	R 동상, L 지상(유도성), C 진상(용량성)
R, L, C의 임피던스	저항, 유도성 리액턴스, 용량성 리액턴스	$X_L = 2\pi f L$, $X_C = \dfrac{1}{2\pi f C}$
R, L, C 연결에 의한 역률 계산	역률, 무효율	직렬 연결시 $\dfrac{R}{Z}$, 병렬 연결시 $\dfrac{G}{Y}$
R, L, C 연결에 의한 전류 계산	소자의 전류, 전전류	병렬회로에서는 전압이 일정하다는 성질을 이용해서 풀이
공진회로	전압과 전류 동상, 허수부 0	공진시 허수부가 0임을 이용해 풀이

3-1 기본 교류 회로

1. 임피던스 $Z[\Omega]$: 전류에 대한 전압과의 비 · $Z=\dfrac{V}{I}[\Omega]$
2. 어드미턴스 $Y[\mho]$: 임피던스의 역수 · $Y=\dfrac{1}{Z}[\mho]$
3. 저항 $R[\Omega]$만의 회로 : 전압과 전류의 위상차 없음 → 동상 · $Z=R[\Omega]$
4. 인덕턴스 $L[H]$만의 회로 : 전류가 전압보다 위상이 $90°$ 뒤짐 → 지상
5. 유도성 리액턴스 · $jX_L=j\omega L=j2\pi fL[\Omega]$
6. 정전용량 $C[F]$만의 회로 : 전류가 전압브다 위상이 $90°$ 앞섬 → 진상
7. 용량성 리액턴스 · $-jX_C=\dfrac{1}{j\omega C}=-j\dfrac{1}{2\pi fC}[\Omega]$

01 임피던스 □□□ check up!

저항과 리액턴스의 직렬회로에 $E=14+j38[V]$인 교류 전압을 가하니 $I=6+j2[A]$의 전류가 흐른다. 이 회로의 저항과 리액턴스는 얼마인가?

① $R=4[\Omega]$, $X_L=5[\Omega]$
② $R=5[\Omega]$, $X_L=4[\Omega]$
③ $R=6[\Omega]$, $X_L=3[\Omega]$
④ $R=7[\Omega]$, $X_L=2[\Omega]$

해설 임피던스 $Z=\dfrac{E}{I}=\dfrac{14+j38}{6+j2}=4+5j[\Omega]$이므로

∴ $R=4[\Omega]$, $X_L=5[\Omega]$

답 ①

02 유도성 회로 - 리액턴스 □□□ check up!

자기 인덕턴스 $0.1[H]$인 코일에 실효값 $100[V]$, $60[Hz]$, 위상각 0인 전압을 인가했을 때 흐르는 전류의 실효값[A]은?

① 1.25
② 2.24
③ 2.65
④ 3.41

해설 $I=\dfrac{V}{Z}=\dfrac{V}{\omega L}=\dfrac{V}{2\pi fL}=\dfrac{100}{2\pi\times 60\times 0.1}=2.65[A]$

답 ③

03 유도성 회로 – 코일 축적 에너지

인덕턴스 $L=20[\text{mH}]$인 코일에 실효값 $E=50[\text{V}]$, 주파수 $f=60[\text{Hz}]$인 정현파 전압을 인가했을 때 코일에 축적되는 평균 자기에너지는 약 몇 [J]인가?

① 6.3
② 4.4
③ 0.63
④ 0.44

해설 $I = \dfrac{E}{\omega L} = \dfrac{50}{2\pi \times 60 \times 20 \times 10^{-3}} = 6.63[\text{A}]$

코일에 축적되는 에너지 $W_L = \dfrac{1}{2}LI^2 = \dfrac{1}{2} \times 20 \times 10^{-3} \times 6.63^2 = 0.44[\text{J}]$

답 ④

04 용량성 회로 – 리액턴스

정전용량 C만의 회로에 $100[\text{V}]$, $60[\text{Hz}]$의 교류를 가하니 $60[\text{mA}]$의 전류가 흐른다. C는 얼마인가?

① $5.26[\mu\text{F}]$
② $4.32[\mu\text{F}]$
③ $3.59[\mu\text{F}]$
④ $1.59[\mu\text{F}]$

해설 $X_C = \dfrac{V}{I} = \dfrac{1}{\omega C}$ 이므로 $C = \dfrac{I}{\omega V} = \dfrac{60 \times 10^{-3}}{2\pi \times 60 \times 100} = 1.59 \times 10^{-6} = 1.59[\mu\text{F}]$

답 ④

05 용량성 회로 – 위상관계

$0.1[\mu\text{F}]$의 콘덴서에 주파수 $1[\text{kHz}]$, 최대 전압 $2000[\text{V}]$를 인가할 때 전류의 순시값[A]은?

① $4.446\sin(\omega t + 90°)$
② $4.446\cos(\omega t - 90°)$
③ $1.256\sin(\omega t + 90°)$
④ $1.256\cos(\omega t - 90°)$

해설 용량성 회로는 전류가 전압보다 위상이 90° 앞서므로

순시전류 $i = I_m \sin(\omega t + 90°) = \omega C V_m \sin(\omega t + 90°)$
$= 2\pi \times 1000 \times 0.1 \times 10^{-6} \times 2000 \sin(\omega t + 90°) = 1.256\sin(\omega t + 90°)[\text{A}]$

답 ③

3-2 기본 교류 회로

1. R, L, C 직렬회로의 특성

   1) 합성 임피던스 · $Z = R + j(X_L - X_C)[\Omega]$

   2) 위상차 · $\theta = \tan^{-1}\dfrac{X_L - X_C}{R} = \tan^{-1}\dfrac{\omega L - \dfrac{1}{\omega C}}{R}$

   3) 전류의 크기 · $I = \dfrac{V}{Z} = \dfrac{V}{\sqrt{R^2 + (X_L - X_C)^2}}$

   4) 역률 · $\cos\theta = \dfrac{R}{Z}$

2. R, L, C 병렬회로의 특성

   1) 합성 어드미턴스 · $Y = \dfrac{1}{R} + j\left(\dfrac{1}{X_C} - \dfrac{1}{X_L}\right)$

   2) 위상차 · $\theta = \tan^{-1}\dfrac{\dfrac{1}{X_C} - \dfrac{1}{X_L}}{\dfrac{1}{R}} = \tan^{-1}R\left(\omega C - \dfrac{1}{\omega L}\right)$

   3) 전류의 크기 · $I_R = \dfrac{V}{R}[\text{A}]$, $I_L = -j\dfrac{V}{X_L}[\text{A}]$, $I_C = j\dfrac{V}{X_C}[\text{A}]$

   4) 역률 · $\cos\theta = \dfrac{G}{Y} = \dfrac{I_R}{I}$

---

01 R, L, C 직렬회로 – 합성 임피던스 ☐☐☐ check up!

RL 직렬회로에 $e = 100\sin(120\pi t)[\text{V}]$의 전압을 인가하여 $i = 2\sin(120\pi t - 45°)[\text{A}]$의 전류가 흐르도록 하려면 저항은 몇 $[\Omega]$인가?

① 25.0 [Ω]
② 35.4 [Ω]
③ 50.0 [Ω]
④ 70.7 [Ω]

해설 $Z = \dfrac{V}{I} = \dfrac{100\angle 0°}{2\angle -45°} = 35.35 + j35.35[\Omega]$이므로 $R = 35.35[\Omega]$, $X_L = 35.35[\Omega]$ 답 ②

02 R, L, C 직렬회로 – 위상차

저항 $R=60[\Omega]$과 유도리액턴스 $\omega L=80[\Omega]$인 코일이 직렬로 연결된 회로에 $200[V]$의 전압을 인가할 때 전압과 전류의 위상차는?

① 48.17°
② 50.23°
③ 53.13°
④ 55.27°

해설 전압과 전류의 위상차=RL 직렬회로 위상차 $\theta=\tan^{-1}\dfrac{\omega L}{R}=\tan^{-1}\dfrac{80}{60}=53.13°$

답 ③

03 R, L, C 직렬회로 – 전류의 크기 ①

$R=100[\Omega]$, $C=30[\mu F]$의 직렬 회로에 $f=60[Hz]$, $V=100[V]$의 교류 전압을 인가할 때 전류[A]는?

① 0.45
② 0.56
③ 0.75
④ 0.96

해설 $I=\dfrac{V}{Z}=\dfrac{V}{\sqrt{R^2+X_C^2}}=\dfrac{V}{\sqrt{R^2+\left(\dfrac{1}{\omega C}\right)^2}}=\dfrac{100}{\sqrt{100^2+\left(\dfrac{1}{2\times 3.14\times 60\times 30\times 10^{-6}}\right)^2}}=0.75[A]$

답 ③

04 R, L, C 직렬회로 – 전류의 크기 ②

그림에서 $e=100\sin(\omega t+30°)[V]$일 때 전류 I의 최댓값[A]은?

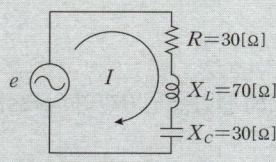

① 1
② 2
③ 3
④ 5

해설 $Z=R+j(X_L-X_C)=30+j(70-30)=30+j40=\sqrt{30^2+40^2}=50[\Omega]$

최대전류 $I_m=\dfrac{V_m}{Z}=\dfrac{100}{50}=2[A]$

답 ②

05 R, L, C 직렬회로 - 역률 ①

$R=50[\Omega]$, $L=200[mH]$의 직렬 회로에 주파수 $f=50[Hz]$의 교류에 대한 역률[%]은?

① 약 52.3
② 약 82.3
③ 약 62.3
④ 약 72.3

해설 RL 직렬 회로의 역률

$$\cos\theta = \frac{R}{Z} = \frac{R}{\sqrt{R^2+X_L^2}} = \frac{50}{\sqrt{50^2-(2\times 3.14\times 50\times 200\times 10^{-3})^2}} = 0.623 = 62.3[\%]$$

답 ③

06 R, L, C 직렬회로 - 역률 ②

정현파 교류전원 $e=E_m\sin(\omega t+\theta)[V]$가 인가된 RLC 직렬회로에 있어서 $\omega L > \frac{1}{\omega C}$일 경우, 이 회로에 흐르는 전류 $I[A]$의 위상은 인가전압 $e[V]$의 위상보다 어떻게 되는가?

① $\tan^{-1}\dfrac{\omega L - \dfrac{1}{\omega C}}{R}$ 앞선다.
② $\tan^{-1}\dfrac{\omega L - \dfrac{1}{\omega C}}{R}$ 뒤진다.
③ $\tan^{-1} R\left(\dfrac{1}{\omega L}-\omega C\right)$ 앞선다.
④ $\tan^{-1} R\left(\dfrac{1}{\omega L}-\omega C\right)$ 뒤진다.

해설 R, L, C 직렬회로의 위상차 $\theta = \tan^{-1}\dfrac{\omega L - \dfrac{1}{\omega C}}{R}$이며

$\omega L > \dfrac{1}{\omega C}$ 이면 유도성이므로 전류의 위상은 전압의 위상보다 뒤진다.

답 ②

07 R, L, C 병렬회로 - 합성 임피던스

그림과 같이 저항 $R=3[\Omega]$과 용량 리액턴스 $\dfrac{1}{\omega C}=4[\Omega]$인 콘덴서가 병렬로 연결된 회로에 $100[V]$의 교류 전압을 인가할 때, 합성 임피던스 $Z[\Omega]$는?

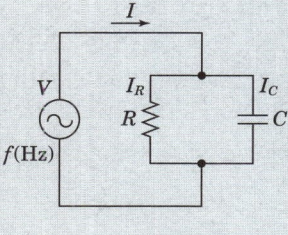

① 1.2
② 1.8
③ 2.2
④ 2.4

해설 RC 병렬회로 합성 임피던스 $Z=\dfrac{R\cdot X_C}{\sqrt{R^2+X_C^2}}=\dfrac{3\times4}{\sqrt{3^2+4^2}}=\dfrac{12}{5}=2.4[\Omega]$

답 ④

08 R, L, C 병렬회로 – 합성 어드미턴스 ☐☐☐ check up!

이 회로의 합성 어드미턴스의 값은 몇 $[\mho]$인가?

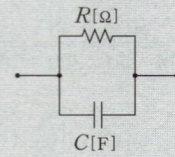

① $\dfrac{1}{R}(1+j\omega CR)$
② $j\dfrac{R}{\omega CR-1}$
③ $R-j\dfrac{1}{\omega C}$
④ $\dfrac{1}{R}-j\dfrac{1}{\omega C}$

해설 RC 병렬회로 합성 임피던스

$Y=Y_1+Y_2=\dfrac{1}{Z_1}+\dfrac{1}{Z_2}=\dfrac{1}{R}+\dfrac{1}{\dfrac{1}{j\omega C}}=\dfrac{1}{R}+j\omega C=\dfrac{1}{R}(1+j\omega CR)\,[\mho]$

답 ①

09 R, L, C 병렬회로 – 전류의 크기 ☐☐☐ check up!

실효치가 $12[\mathrm{V}]$인 정현파에 대하여 도면과 같은 회로에서 전 전류 I는?

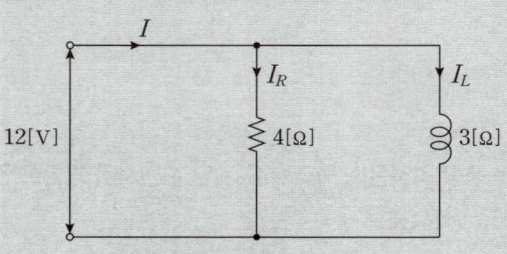

① $3-j4[\mathrm{A}]$
② $4+j3[\mathrm{A}]$
③ $4-j3[\mathrm{A}]$
④ $6+j10[\mathrm{A}]$

해설 병렬회로에서는 단자전압이 일정하므로 각 소자에 흐르는 전류는

$I_R=\dfrac{V}{R}=\dfrac{12}{4}=3[\mathrm{A}]$, $I_L=\dfrac{V}{jX_L}=-j\dfrac{12}{3}=-j4[\mathrm{A}]$

전체전류 $I=I_R+I_L=3-j4[\mathrm{A}]$

답 ①

10 $R-C$ 병렬 - 임피던스 ☐☐☐ check up!

그림과 같은 $R-C$ 병렬회로에서 전원전압이 $e_s=3e^{-5t}$인 경우 이 회로의 임피던스는?

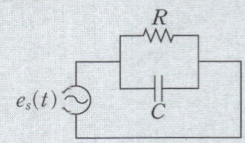

① $\dfrac{j\omega RC}{1+j\omega RC}$ ② $\dfrac{1}{1+RCs}$

③ $\dfrac{R}{1-5RC}$ ④ $\dfrac{1+j\omega RC}{R}$

해설 $R-C$ 병렬회로

$e_s(t)=3e^{-5t}=3e^{j\theta}=3e^{j\omega t}$ 일 때 $(j\omega=-5)$

$R-C$ 병렬회로에서의 합성 임피던스는

$$Z=\dfrac{Z_1 \cdot Z_2}{Z_1+Z_2}=\dfrac{R \cdot \dfrac{1}{j\omega C}}{R+\dfrac{1}{j\omega C}}=\dfrac{R}{1+j\omega CR}\bigg|_{j\omega=-5}=\dfrac{R}{1-5RC}[\Omega]$$

답 ③

3-3 기본 교류 회로

1. 공진회로의 의미
   1) 허수부의 크기가 0
   2) 전압과 전류 동상
   3) 역률 1
2. R, L, C 직렬 및 병렬 공진회로의 특성

	직렬공진	병렬공진
합성임피던스 및 어드미턴스	$Z=R+j(X_L-X_C)=R[\Omega]$	$Y=\dfrac{1}{R}+j\left(\dfrac{1}{X_C}-\dfrac{1}{X_L}\right)=\dfrac{1}{R}[\mho]$
공진조건	$X_L=X_C$, $\omega L=\dfrac{1}{\omega C}$, $\omega^2 LC=1$	
공진주파수	$f=\dfrac{1}{2\pi\sqrt{LC}}$	
최댓값	전류	임피던스
최솟값	임피던스	전류

01 직렬 공진회로 – 최댓값 ☐☐☐ check up!

직렬 공진회로에서 최대가 되는 것은?

① 전류
② 저항
③ 리액턴스
④ 임피던스

해설 직렬공진시 임피던스의 허수부가 0이므로 임피던스가 최소가 되어 전류가 최대로 된다.   답 ①

02 직렬 공진회로의 의미 ① ☐☐☐ check up!

R, L, C 직렬 회로에서 전압과 전류가 동상이 되기 위해서는? (단, $\omega=2\pi f$, f는 주파수)

① $\omega L^2 C^2=1$
② $\omega^2 LC=1$
③ $\omega LC=1$
④ $\omega=LC$

해설 R, L, C 직렬 회로에서 전압과 전류가 동상인 경우는 공진인 경우이다.
- $X_L=X_c$
- $\omega L=\dfrac{1}{\omega C}$
- $\omega^2 LC=1$ 답 ②

03　직렬 공진회로의 의미 ② ☐☐☐ check up!

$R=5[\Omega]$, $L=20[\text{mH}]$ 및 가변 콘덴서 C로 구성된 $R-L-C$ 직렬 회로에 주파수 $1000[\text{Hz}]$인 교류를 가한 다음 C를 가변시켜 직렬 공진시킬 때 C의 값은 약 $[\mu\text{F}]$인가?

① 1.27　　　　　　　　　　② 2.54
③ 3.52　　　　　　　　　　④ 4.99

해설　직렬공진시 $\omega L = \dfrac{1}{\omega C}$ 이므로 $C = \dfrac{1}{\omega^2 L} = \dfrac{1}{(2\pi \times 1000)^2 \times 20 \times 10^{-3}} \times 10^6 = 1.27[\mu\text{F}]$　　**답** ①

04　직렬공진 - 선택도 ☐☐☐ check up!

$R-L-C$ 직렬공진에서 $R=100[\Omega]$, $L=314[\text{mH}]$, $C=125.6[\text{pF}]$일 때, 선택도(전압 확대율) Q는?

① 2×10^3　　　　　　　② 3×10^3
③ 4×10^2　　　　　　　④ 5×10^2

해설　$R=100[\Omega]$, $L=314[\text{mH}]$, $C=125.6[\text{pF}]$일 때 직렬공진시 첨예도는

$Q = \dfrac{1}{R}\sqrt{\dfrac{L}{C}} = \dfrac{1}{100}\sqrt{\dfrac{314 \times 10^{-3}}{125.6 \times 10^{-12}}} = 5 \times 10^2$　　**답** ④

05　병렬 공진회로 - 최솟값 ☐☐☐ check up!

어떤 $R-L-C$ 병렬 회로가 병렬 공진되었을 때 합성 전류는?

① 최소가 된다.　　　　　　② 최대가 된다.
③ 전류는 흐르지 않는다.　　④ 전류는 무한대가 된다.

해설　병렬 공진 시 어드미턴스의 허수부가 0이므로 어드미턴스가 최소가 되어 전류도 최소가 된다.

답 ①

06 병렬 공진회로 – 합성 어드미턴스

다음과 같은 회로의 공진시 어드미턴스는?

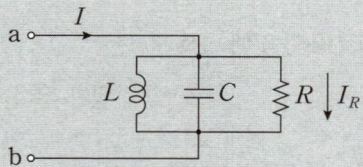

① $\dfrac{RL}{C}$ ② $\dfrac{RC}{L}$

③ $\dfrac{L}{RC}$ ④ $\dfrac{R}{LC}$

해설 합성 어드미턴스 $Y = \dfrac{1}{R+j\omega L} + j\omega C = \dfrac{R}{R^2+\omega^2 L^2} + j\left(\omega C - \dfrac{\omega L}{R^2+\omega^2 L^2}\right)$

허수부가 0이므로 $\omega C = \dfrac{\omega L}{R^2+\omega^2 L^2}$, $R^2+\omega^2 L^2 = \dfrac{L}{C}$

공진 어드미턴스 $Y = \dfrac{R}{R^2+\omega^2 L^2} = \dfrac{CR}{L}\,[\mho]$

답 ②

07 병렬 공진회로 – 공진주파수

그림과 같이 주파수 $f[\text{Hz}]$인 교류회로에 있어서 전류 I와 I_R이 같은 값으로 되는 조건은? (단, R은 저항$[\Omega]$, C는 정전용량$[\text{F}]$, L은 인덕턴스$[\text{H}]$로 된다.)

① $f = \dfrac{1}{\sqrt{LC}}$ ② $f = \dfrac{2\pi}{\sqrt{LC}}$

③ $f = \dfrac{1}{2\pi\sqrt{LC}}$ ④ $f = 2\pi(LC)^2$

해설 $I = I_R$이 성립되는 경우는 병렬 공진이며 공진주파수 $f = \dfrac{1}{2\pi\sqrt{LC}}$

답 ③

[**D-30** 전기기사·산업기사 필기
30일 필기 단기완성]

제4과목
회로이론
DAY-12

30일 단기완성

Chapter 04
단상 교류전력

1 출제경향분석

본장은 단상교류전력의 기본원리에 대한 내용을 다루었으며 시험에 자주 출제가 되는 내용은 다음과 같습니다.

> **반드시 알아야 하는 핵심 포인트**
> ① 단상교류전력   ② 복소전력
> ③ 최대전송전력

2 학습 가이드라인

- 반드시 알아야 하는 핵심 포인트는 전기기사 및 산업기사 시험에서 가장 출제빈도가 높은 논점으로 각 파트별 핵심 포인트와 문제를 연계하여 학습해 주시기를 권장합니다.
- 체크리스트를 작성하시면서 문제의 유형과 학습의 완성도를 스스로 확인해 주세요.
- 출제 빈도가 높고 틀리기 쉬운 문제를 맞출 수 있도록 "콕콕 포인트"를 확인해 주세요.

우선순위 논점	KEY WORD	선생님의 콕콕 포인트
단상교류전력	유효전력, 무효전력, 피상전력	각 전력의 단상교류전력의 전압·전류는 실효값이며, θ는 전압·전류의 위상차
복소전력	전류의 공액복소수	$P_a = V\bar{I} = P \pm jP_r$
최대전송전력	내부저항, 부하저항, 최대전력조건	내부저항과 부하저항이 동일할 때 최대전력을 전송할 수 있음

4-1 단상 교류전력

1. 유효전력 · $P = VI\cos\theta = I^2 R = \dfrac{R}{R^2+X^2}V^2 \text{[W]}$

2. 무효전력 · $P_r = VI\sin\theta = I^2 X = \dfrac{X}{R^2+X^2}V^2 \text{[Var]}$

3. 피상전력 · $P_a = P \pm jP_r = \sqrt{P^2+P_r^2} = V \cdot I = I^2 Z \text{[VA]}$

4. 역률 · $\cos\theta = \dfrac{P}{P_a} = \dfrac{P}{\sqrt{P^2+P_r^2}} = \dfrac{\text{유효전력}}{\text{피상전력}}$

5. 무효율 · $\sin\theta = \dfrac{P_r}{P_a} = \dfrac{P_r}{\sqrt{P^2+P_r^2}} = \dfrac{\text{무효전력}}{\text{피상전력}}$

01 단상 교류전력 – 유효전력 ①

어떤 회로에 전압 $v(t) = E_m \cos(\omega t + \theta) \text{[V]}$를 가했더니 전류 $i(t) = I_n \cos(\omega t + \theta + \phi) \text{[A]}$가 흘렀다. 이 때 회로에 공급되는 평균전력[W]는?

① $\dfrac{1}{4} E_m I_m \cos\phi$
② $\dfrac{1}{2} E_m I_m \cos\phi$
③ $\dfrac{E_m I_m}{\sqrt{2}} \sin\phi$
④ $E_m I_m \sin\phi$

해설 평균전력(유효전력) $P = VI\cos\theta = \dfrac{E_m}{\sqrt{2}} \times \dfrac{I_m}{\sqrt{2}} \cos(\theta+\phi-\theta) = \dfrac{1}{2} E_m I_m \cos\phi \text{[W]}$

답 ②

02 단상 교류전력 – 유효전력 ②

어떤 부하에 $e = 100\sin\left(100\pi t + \dfrac{\pi}{6}\right) \text{[V]}$의 기전력을 인가하니 $i = 10\cos\left(100\pi t - \dfrac{\pi}{3}\right)\text{[V]}$인 전류가 흘렀다. 이 부하의 소비 전력은 몇 [W]인가?

① 250
② 433
③ 500
④ 866

해설 $i = 10\cos\left(100\pi t - \dfrac{\pi}{3}\right) = 10\sin\left(100\pi t - \dfrac{\pi}{3} + \dfrac{\pi}{2}\right) = 10\sin\left(100\pi t + \dfrac{\pi}{6}\right)\text{[A]}$

$\therefore P = VI\cos\theta = \dfrac{100}{\sqrt{2}} \times \dfrac{10}{\sqrt{2}} \cos 0° = 500 \text{[W]}$

답 ③

03 단상 교류전력 - 유효전력 ③   □□□ check up!

$R=30[\Omega]$, $L=106[\text{mH}]$의 코일이 있다. 이 코일에 $100[\text{V}]$, $60[\text{Hz}]$의 전압을 인가할 때 소비되는 전력 $[\text{W}]$은?

① 100
② 120
③ 160
④ 200

해설 $X_L=\omega L=2\pi f L=2\pi \times 60 \times 106 \times 10^{-3} \fallingdotseq 40[\Omega]$

유효전력 $P=\dfrac{RV^2}{R^2+X_L^2}=\dfrac{30 \times 100^2}{30^2+40^2}=120[\text{W}]$

답 ②

04 단상 교류전력 - 무효전력 ①   □□□ check up!

저항 $40[\Omega]$, 임피던스 $50[\Omega]$의 직렬 유도부하에서 $100[\text{V}]$가 인가될 때, 소비되는 무효전력은?

① 120[Var]
② 160[Var]
③ 200[Var]
④ 250[Var]

해설 $R=40[\Omega]$, $Z=50[\Omega]$, $V=100[\text{V}]$일 때

직렬 유도부하시 유도리액턴스 $X_L=\sqrt{Z^2-R^2}=\sqrt{50^2-40^2}=30[\Omega]$이므로 전류 $I=\dfrac{V}{Z}=\dfrac{100}{50}=2[\text{A}]$

무효전력 $P_r=I^2 X_L=2^2 \times 30=120[\text{Var}]$

답 ①

05 단상 교류전력 - 무효전력 ②   □□□ check up!

어떤 회로의 전압과 전류가 각각 $v=50\sin(\omega t+\theta)[\text{V}]$, $i=4\sin(\omega t+\theta-30°)[\text{A}]$일 때, 무효 전력[Var]은 얼마인가?

① 100
② 86.6
③ 70.7
④ 50

해설 무효전력 $P_r=VI\sin\theta=\dfrac{50}{\sqrt{2}} \times \dfrac{4}{\sqrt{2}} \times \sin 30° = 50[\text{Var}]$

답 ④

06 단상 교류전력 - 무효전력 ③   □□□ check up!

$22[\text{kVA}]$의 부하가 역률 0.8이라면 무효전력[kVar]은?

① 16.6
② 17.6
③ 15.2
④ 13.2

해설 무효율 $\sin\theta = \sqrt{1-\cos^2\theta} = \sqrt{1-0.8^2} = 0.6$
$P_r = VI\sin\theta = P_a \times \sin\theta = 22 \times 0.6 = 13.2 [\text{kVar}]$

답 ④

07 무효전력 - 리액턴스 □□□ check up!

교류 전압 100[V], 전류 20[A]로서 1.2[kW]의 전력을 소비하는 회로의 리액턴스는 몇 [Ω]인가?
① 3
② 4
③ 6
④ 8

해설 무효 전력 $P_r = \sqrt{P_a^2 - P^2} = I^2 X$

$X = \dfrac{\sqrt{P_a^2 - P^2}}{I^2} = \dfrac{\sqrt{(VI)^2 - P^2}}{I^2} = \dfrac{\sqrt{(100 \times 20)^2 - (1.2 \times 10^3)^2}}{20^2} = 4[\Omega]$

답 ②

08 단상 교류전력 - 피상전력 ① □□□ check up!

어떤 회로에서 인가 전압이 100[V]일 때 유효전력이 300[W], 무효전력이 400[Var]이다. 전류 I는?
① 5[A]
② 50[A]
③ 3[A]
④ 4[A]

해설 피상전력 $P_a = VI = \sqrt{P^2 + P_r^2}$

$I = \dfrac{\sqrt{P^2 - P_r^2}}{V} = \dfrac{\sqrt{300^2 + 400^2}}{100} = 5[\text{A}]$

답 ①

09 단상 교류전력 - 피상전력 ③ □□□ check up!

$R-C$ 병렬 회로에 60[Hz], 100[V]의 전압을 가했더니 유효 전력이 800[W], 무효 전력이 600[Var]이었다. 저항 $R[\Omega]$과 정전 용량 $C[\mu\text{F}]$의 값은 각각 얼마인가?
① $R=12.5$, $C=159$
② $R=15.5$, $C=180$
③ $R=18.5$, $C=189$
④ $R=20.5$, $C=219$

해설 $f=60[\text{Hz}]$, $V=100[\text{V}]$, $P=800[\text{W}]$, $P_r=600[\text{Var}]$
병렬 회로에서는 전압이 일정하며 R에는 유효전력, C에는 무효전력이 발생

$P = \dfrac{V^2}{R}$ → $R = \dfrac{V^2}{P} = \dfrac{100^2}{800} = 12.5[\Omega]$

$P_r = \dfrac{V^2}{X_C} = \omega C V^2$ → $C = \dfrac{P_r}{\omega V^2} = \dfrac{600}{2\pi \times 60 \times 100^2} = 159 \times 10^{-6}[\text{F}] = 159[\mu\text{F}]$

답 ①

4-2 단상 교류전력

1. 복소전력　　　　　　• $P_a = V\bar{I} = P \pm jP_r$, ($+jP_r$ 지상, $-jP_r$ 진상)
2. R_L 부하 최대전력조건　• 부하저항 $R_L =$ 내부저항 R_g
3. R_L 부하 최대전력　　• $P_{\max} = \dfrac{E^2}{4R_g}$ [W]
4. Z_L 부하 최대전력조건　• 부하 임피던스 $Z_L =$ 내부 임피던스 $\overline{Z_g} = R_g - jX_g$

01 복소전력의 계산　　　　　□□□ check up!

어떤 회로에 $E = 100 + j50$ [V]인 전압을 가했더니 $I = 3 + j4$ [A]인 전류가 흘렀다면 이 회로의 소비전력 [W]은?

① 300　　　　　　　　　② 500
③ 700　　　　　　　　　④ 900

해설 복소전력 $P_a = P + P_r = E\bar{I} = (100 + j50)(3 - j4) = 500 - j250$
소비전력 $P = 500$ [W]

답 ②

02 복소전력 계산　　　　　□□□ check up!

$V = 50\sqrt{3} - j50$ [V], $I = 15\sqrt{3} + j15$ [A]일 때 유효전력 P [W] 무효전력 Q [Var]는 각각 얼마인가?

① $P = 3000$, $Q = -1500$　　　　② $P = 1500$, $Q = -1500\sqrt{3}$
③ $P = 750$, $Q = -750\sqrt{3}$　　　④ $P = 2250$, $Q = -1500\sqrt{3}$

해설 복소전력
$P_a = V\bar{I} = (50\sqrt{3} - j50) \times (15\sqrt{3} - j15) = 1500 - 1500\sqrt{3}$ [Var]이므로
$P = 1500$ [W], $Q = -1500\sqrt{3}$ [Var]

답 ②

03 부하의 최대전력조건

그림과 같은 교류 회로에서 저항 R을 변환시킬 때 저항에서 소비되는 최대 전력[W]은?

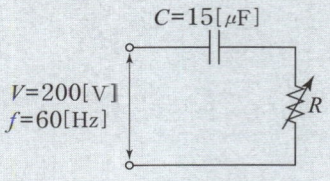

① 95
② 113
③ 134
④ 154

해설 $P = I^2 R = \left(\dfrac{V}{\sqrt{R^2 + X_C^2}}\right)^2 \times R = \dfrac{V^2}{R^2 + X_C^2} \times R$

최대 전력 조건은 $R = X_C$ 이므로

$P_{\max} = \dfrac{V^2}{2X_C^2} \times X_C = \dfrac{V^2}{2X_C} = \dfrac{1}{2}\omega C V^2 = \dfrac{1}{2} \times 2\pi \times 60 \times 15 \times 10^{-6} \times 200^2 = 113[\text{W}]$

답 ②

04 부하의 최대전력 ①

그림과 같이 전압 V와 저항 R로 구성되는 회로 단자 $A-B$간에 적당한 저항 R_L을 접속하여 R_L에서 소비되는 전력을 최대로 하게 했다. 이때 R_L에서 소비되는 전력 P는?

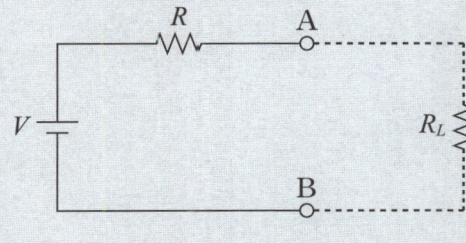

① $\dfrac{V^2}{4R}$
② $\dfrac{V^2}{2R}$
③ R
④ $2R$

해설 최대전력 전달조건 $R_L = R$

최대전력 $P_{\max} = \dfrac{V^2}{4R}$

답 ①

05 부하의 최대전력 ②

최댓값 V_0, 내부 임피던스 $Z_0 = R_0 + jX_0 (R_0 > 0)$인 전원에서 공급할 수 있는 최대 전력은?

① $\dfrac{V_0^2}{8R_0}$

② $\dfrac{V_0^2}{4R_0}$

③ $\dfrac{V_0}{2R_0^2}$

④ $\dfrac{V_0^2}{2\sqrt{2}\,R_0}$

해설

$V = \dfrac{V_0}{\sqrt{2}}$ 이므로 임피던스 부하 최대 전력 $P_{\max} = \dfrac{V^2}{4R_0} = \dfrac{\left(\dfrac{V_0}{\sqrt{2}}\right)^2}{4R_0} = \dfrac{V_0^2}{8R_0}\,[\text{W}]$

답 ①

[**D-30** 전기기사·산업기사 필기
30일 필기 단기완성]

제4과목
회로이론
DAY - 12

30일 단기완성

Chapter 05
유도결합회로

1 출제경향분석

본장은 유도결합회로의 기본원리에 대한 내용을 다루었으며 시험에 자주 출제가 되는 내용은 다음과 같습니다.

반드시 알아야 하는 핵심 포인트
① 자기 인덕턴스
② 전자유도에 의한 유기전압
③ 상호유도에 의한 유기전압
④ 합성인덕턴스
⑤ 교류브릿지 회로의 평형조건

2 학습 가이드라인

- 반드시 알아야 하는 핵심 포인트는 전기기사 및 산업기사 시험에서 가장 출제빈도가 높은 논점으로 각 파트별 핵심 포인트와 문제를 연계하여 학습해 주시기를 권장합니다.
- 체크리스트를 작성하시면서 문제의 유형과 학습의 완성도를 스스로 확인해 주세요.
- 출제 빈도가 높고 틀리기 쉬운 문제를 맞출 수 있도록 "콕콕 포인트"를 확인해 주세요.

우선순위 논점	KEY WORD	선생님의 콕콕 포인트
자기 인덕턴스	전류, 자속	$L=\dfrac{\phi}{I}$, $e=-L\dfrac{di}{dt}$
전자유도에 의한 유기전압	페러데이 법칙, 렌쯔의 법칙	dt에는 시간(초), di는 변화한 전류의 크기를 대입
상호유도에 의한 유기전압	상호인덕턴스, 결합계수	2차 유기전압 계산시 가동결합 (+), 차동결합 (−)
합성인덕턴스	가동결합, 차동결합	계산문제보다는 공식을 묻는 물제가 출제
교류브릿지 회로의 평형조건	대각선 임피던스 곱, 중앙 개방	L이나 C로 주어졌을 경우 반드시 X_L, X_C로 변환하여 계산

5 유도결합회로

1. 코일에 유기되는 전압 · $e = -L\dfrac{di}{dt}[\text{V}]$

2. 상호유도에 의해 유기되는 전압 · $e_2 = \pm M\dfrac{di_1}{dt}[\text{V}]$

3. 결합계수 · $K = \dfrac{M}{\sqrt{L_1 L_2}}$

4. 상호 인덕턴스 · $M = K\sqrt{L_1 L_2}$

5. 합성 인덕턴스

   1) 직렬연결

가동결합	차동결합
$L_0 = L_1 + L_2 + 2M$ $= L_1 + L_2 + 2K\sqrt{L_1 L_2}\,[\text{H}]$	$L_0 = L_1 + L_2 - 2M$ $= L_1 + L_2 - 2K\sqrt{L_1 L_2}\,[\text{H}]$

   2) 병렬연결

가동결합	차동결합
$L_0 = \dfrac{L_1 L_2 - M^2}{L_1 + L_2 - 2M}[\text{H}]$	$L_0 = \dfrac{L_1 L_2 - M^2}{L_1 + L_2 + 2M}[\text{H}]$

01 자기 인덕턴스의 크기

어떤 코일에 흐르는 전류를 0.5[ms] 동안에 5[A]로 변화시킬 때 20[V]의 전압이 발생한다. 자기 인덕턴스[mH]는?

① 2[mH]
② 4[mH]
③ 6[mH]
④ 8[mH]

해설 $dt=0.5[\text{ms}]$, $di=5[\text{A}]$, $e=20[\text{V}]$

패러데이 법칙 $e=L\dfrac{di}{dt}[\text{V}]$에 의해 $L=e\times\dfrac{dt}{di}=20\times\dfrac{0.5\times 10^{-3}}{5}\times 10^{3}=2[\text{mH}]$

답 ①

02 상호 인덕턴스의 크기

두 코일이 있다. 한 코일의 전류가 매초 40[A]의 비율로 변화할 때 다른 코일에는 20[V]의 기전력이 발생하였다면 두 코일의 상호인덕턴스는 몇 [H]인가?

① 0.2
② 0.5
③ 1.0
④ 2.0

해설 $\dfrac{di}{dt}=40$, $e=20[\text{V}]$

상호유도에 의한 유기되는 전압 $e=M\dfrac{di}{dt}$, $M=e\times\dfrac{dt}{di}=20\times\dfrac{1}{40}=0.5[\text{H}]$

답 ②

03 상호 인덕턴스 - 결합계수

코일 1, 2가 있다. 각각의 L은 20, 50[μH]이고 그 사이의 M은 5.6[μH]이다. 두 코일간의 결합 계수는?

① 4.156
② 0.177
③ 3.527
④ 0.427

해설 $L_1=20[\mu\text{H}]$, $L_2=50[\mu\text{H}]$, $M=5.6[\mu\text{H}]$일 때 결합계수는 $K=\dfrac{M}{\sqrt{L_1L_2}}=\dfrac{5.6}{\sqrt{20\times 50}}=0.1778$

답 ②

04 합성 인덕턴스 – 직렬 차동결합 □□□ check up!

그림과 같은 회로에서 a, b 간의 합성 인덕턴스 L_0의 값은?

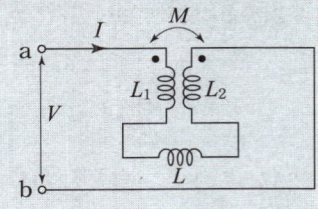

① L_1+L_2+L
② L_1+L_2-2M+L
③ L_1+L_2+2M+L
④ L_1+L_2-M+L

해설 직렬 차동결합 형태이므로 합성인덕턴스는 $L_0=L_1+L_2-2M+L$ [H]

답 ②

05 상호인덕턴스=0 – 직렬 분배전압 □□□ check up!

그림과 같은 회로에서 L_1[H] 양단의 전압 V_1[V]은? (단, 상호 인덕턴스는 무시한다.)

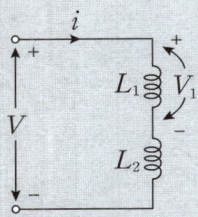

① $\dfrac{L_1}{L_1+L_2}V$
② $\dfrac{L_1+L_2}{L_1}V$
③ $\dfrac{L_2}{L_1+L_2}V$
④ $\dfrac{L_1+L_2}{L_2}V$

해설 L_1과 L_2가 직렬연결이므로 각 인덕턴스의 임피던스는
$Z_1=j\omega L_1$[Ω], $Z_2=j\omega L_2$[Ω]이므로
전압분배법칙에 의해서 $V_1=\dfrac{Z_1}{Z_1+Z_2}V=\dfrac{L_1}{L_1+L_2}V$ [V]

답 ①

06 합성 인덕턴스 – 최대최소비율

10[mH]의 두 자기인덕턴스가 있다. 결합계수를 0.1로부터 0.9까지 변화시킬 수 있다면 이것을 직렬 접속시켜 얻을 수 있는 합성 인덕턴스의 최댓값과 최솟값의 비는 얼마인가?

① 9 : 1　　② 13 : 1
③ 16 : 1　　④ 19 : 1

해설 직렬 합성 인덕턴스 $L_0 = L_1 + L_2 \pm 2M = L_1 + L_2 \pm k\sqrt{L_1 L_2}$ [H]
$k=0.9$일 때 최댓값, 최솟값이 되므로
$L_0 = L_1 + L_2 \pm 2k\sqrt{L_1 L_2} = 10 + 10 \pm 2 \times 0.9 \times 10 = 20 \pm 18$ [mH]
최댓값과 최솟값의 비 : $\dfrac{L_{max} = 20+18 = 38}{L_{min} = 20-18 = 2} = \dfrac{19}{1}$

답 ④

07 합성 인덕턴스 – 병렬 가동결합

그림과 같은 회로의 합성 인덕턴스는?

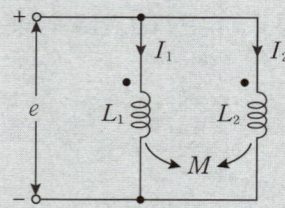

① $\dfrac{L_1 L_2 - M^2}{L_1 + L_2 - 2M}$　　② $\dfrac{L_1 L_2 + M^2}{L_1 + L_2 - 2M}$

③ $\dfrac{L_1 L_2 - M^2}{L_1 + L_2 + 2M}$　　④ $\dfrac{L_1 L_2 + M^2}{L_1 + L_2 + 2M}$

해설 병렬 가동결합 형태이므로 합성 인덕턴스 $L_o = \dfrac{L_1 L_2 - M^2}{L_1 + L_2 - 2M}$

답 ①

08 이상 변압기의 권수비

그림과 같은 이상 변압기에 대하여 성립되지 않는 관계식은? (단, n_1, n_2는 1차 및 2차 코일의 권수이다.)

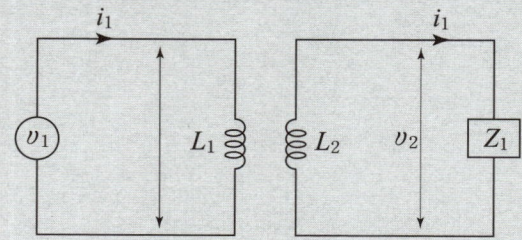

① $v_1 i_1 = v_2 i_2$ ② $\dfrac{v_2}{v_1} = \dfrac{n_2}{n_1} = \dfrac{1}{n}$

③ $\dfrac{i_2}{i_1} = \dfrac{n_1}{n_2} = n$ ④ $n = \sqrt{\dfrac{L_2}{L_1}}$

해설 이상 변압기의 권수비 $n = \dfrac{n_1}{n_2} = \dfrac{v_1}{v_2} = \dfrac{i_2}{i_1} = \sqrt{\dfrac{Z_1}{Z_2}} = \sqrt{\dfrac{L_1}{L_2}}$ **답** ④

09 교류 브리지 평형

그림과 같은 브리지 회로가 평형되기 위한 $\dot{Z}_4$의 값은?

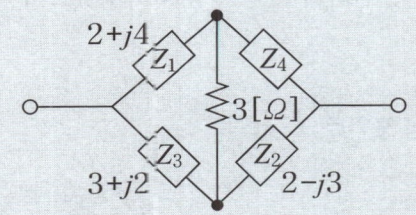

① $2+j4$ ② $-2+j4$
③ $4+j2$ ④ $4-j2$

해설 교류 브리지 평형 조건 $Z_1 Z_2 = Z_3 Z_4$ 이므로

$Z_4 = \dfrac{Z_1 Z_2}{Z_3} = \dfrac{(2+j4)(2-j3)}{3+j2} = \dfrac{(2+j4)(2-j3)(3-j2)}{(3+j2)(3-j2)} = \dfrac{52-j26}{13} = 4-j2$ **답** ④

참고 교류브릿지 평형 조건

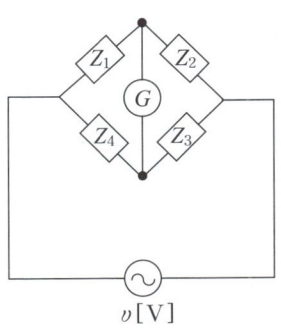

제4과목
회로이론
DAY - 12

30일 단기완성

**Chapter 06
일반 선형 회로망**

1 출제경향분석

본장은 일반 선형 회로망의 기본원리에 대한 내용을 다루었으며 시험에 자주 출제가 되는 내용은 다음과 같습니다.

반드시 알아야 하는 핵심 포인트

① 전원의 등가 변환
② 키르히호프의 법칙
③ 중첩의 원리
④ 테브난의 정리
⑤ 밀만의 정리

2 학습 가이드라인

- 반드시 알아야 하는 핵심 포인트는 전기기사 및 산업기사 시험에서 가장 출제빈도가 높은 논점으로 각 파트별 핵심 포인트와 문제를 연계하여 학습해 주시기를 권장합니다.
- 체크리스트를 작성하시면서 문제의 유형과 학습의 완성도를 스스로 확인해 주세요.
- 출제 빈도가 높고 틀리기 쉬운 문제를 맞출 수 있도록 "콕콕 포인트"를 확인해 주세요.

우선순위 논점	KEY WORD	선생님의 콕콕 포인트
전원의 등가 변환	전압원, 전류원	옴의 법칙을 이용해 전류와 전압을 구해 등가변환
키르히호프의 법칙	전류 평형, 전압 평형	주로 정의에 대해 묻는 문제가 출제
중첩의 원리	선형 회로, 전류원 개방, 전압원 단락	전압원 단락시, 전류원 개방시 각각의 전류의 합으로 구함
테브난의 정리	등가 임피던스, 등가 전압	$a-b$ 단자에서 본 합성 임피던스가 등가 임피던스
밀만의 정리	주파수 동일, 전압원 병렬	다수의 전압원이 병렬 연결되었을 경우 밀만의 정리일 가능성 높음

6 일반 선형 회로망

1. 키르히호프 제 1법칙 · $\sum I_+ = \sum I_-$
2. 키르히호프 제 2법칙 · $\sum E = \sum VI$
3. 중첩의 정리 · $I = $ 전압원 단락 + 전류원 개방
4. 테브난의 등가임피던스 $Z_T[\Omega]$
   · 전압원 단락 및 전류원 개방 후 개방단자 $a-b$에서 바라본 합성 임피던스
5. 테브난의 등가전압 $V_T[V]$
   · 개방단자 $a-b$에 걸리는 단자전압
6. 테브난의 등가회로 작성

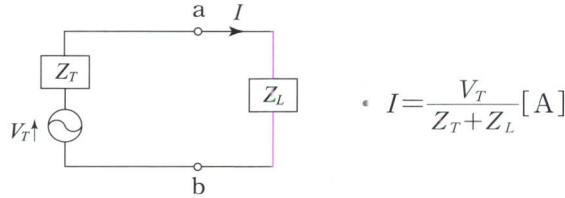

· $I = \dfrac{V_T}{Z_T + Z_L}[A]$

7. 밀만의 정리
   · 주파수가 동일한 다수의 전압원이 병렬 연결시 공통전압 V_{ab}를 계산

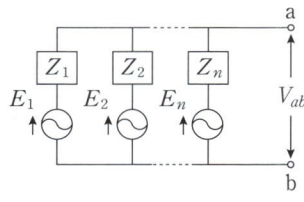

· $V_{ab} = \dfrac{\text{합성전류}}{\text{합성어드미턴스}} = \dfrac{I_1 + I_2 + \cdots + I_n}{Y_1 + Y_2 + \cdots + Y_n}$

$= \dfrac{\dfrac{E_1}{Z_1} + \dfrac{E_2}{Z_2} + \cdots + \dfrac{E_n}{Z_n}}{\dfrac{1}{Z_1} + \dfrac{1}{Z_2} + \cdots + \dfrac{1}{Z_n}}[V]$

01 중첩의 원리의 정의 ☐☐☐ check up!

몇 개의 전압원과 전류원이 동시에 존재하는 회로망에 있어서 회로 전류는 각 전압원이나 전류원이 각각 단독으로 가해졌을 때 흐르는 전류를 합한 것과 같다는 것은?

① 노튼의 정리   ② 중첩의 원리
③ 키르히 호프 법칙   ④ 테브낭의 정리

해설 회로망 내의 어느 한 지로에 흐르는 전류를 각 전원이 단독으로 존재할 때의 전류를 합하여 구하는 것을 중첩의 원리라 한다.   답 ②

02 중첩의 원리 - 전류 계산 ①   □□□ check up!

다음 회로에서 4[Ω]의 저항에 흐르는 전류는 몇 [A]인가?

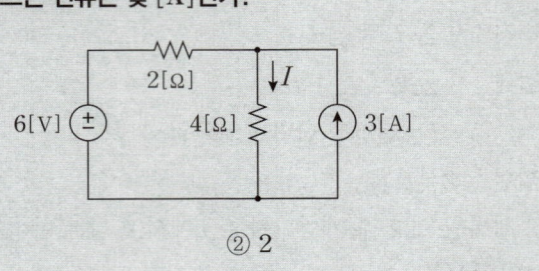

① 1
② 2
③ 3
④ 4

해설

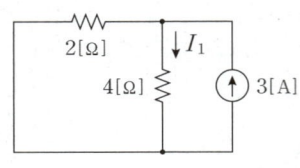

전압원 단락 시 4[Ω]에 흐르는 전류

$$I_1 = \frac{2}{2+4} \times 3 = 1[\text{A}]$$

전류원 개방 시 4[Ω]에 흐르는 전류

$$I_2 = \frac{6}{2+4} = 1[\text{A}]$$

4[Ω]에 흐르는 전체전류 $I = I_1 + I_2 = 2[\text{A}]$ 답 ②

03 중첩의 원리 - 전류 계산 ②   □□□ check up!

그림에서 10[Ω]의 저항에 흐르는 전류는 몇 [A]인가?

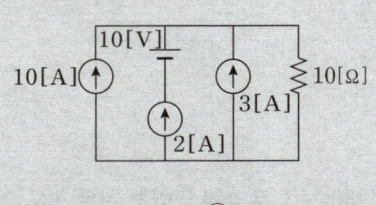

① 16
② 15
③ 14
④ 13

해설 전압원 단락 시 전류를 I_1, 전류원 개방 시 전류를 I_2라 하면
$I_1 = 10 + 2 + 3 = 15[\text{A}]$, $I_2 = 0[\text{A}]$
10[Ω]의 저항에 흐르는 전류 $I = I_1 + I_2 = 15 + 0 = 15[\text{A}]$ 답 ②

04 중첩의 원리 – 전류 계산 ③ □□□ check up!

다음 회로에서 저항 R에 흐르는 전류(I)는 몇 [A]인가?

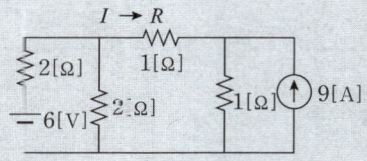

① 2[A]
② 1[A]
③ −2[A]
④ −1[A]

해설 9[A] 전류원 개방시 합성저항 $R=2+\dfrac{2\times 2}{2+2}=3[\Omega]$

전체전류 $I=\dfrac{V}{R}=\dfrac{6}{3}=2[A]$

전류원 개방시 R에 흐르는 전류 $I_1=\dfrac{2}{2+2}\times 2=1[A]$

전압원 단락시 R에 흐르는 전류 $I_2=\dfrac{1}{\dfrac{2\times 2}{2+2}+1+1}\times 9=3[A]$

I_2는 전류의 방향이 반대이므로 $I=I_1+I_2=1-3=-2[A]$

답 ③

05 중첩의 원리 – 전압 계산 □□□ check up!

그림의 회로에서 단자 a, b에 걸리는 전압 V_{ab}는 몇 [V]인가?

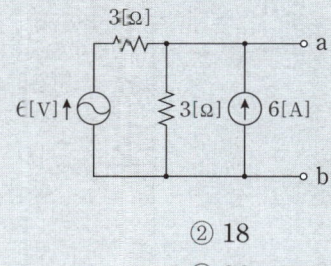

① 12
② 18
③ 24
④ 36

해설 중첩의 원리를 이용하여 전류원 개방 시 전류 $I_1=\dfrac{6}{3+3}=1[A]$

전압원 단락 시 전류 $I_2=\dfrac{3}{3+3}\times 6=3[A]$

∴ $I=I_1+I_2=1+3=4[A]$

$V_{ab}=I\cdot R=4\times 3=12[V]$

답 ①

06 테브난의 정리 - 등가 저항 및 전압 ①

테브난의 정리를 이용하여 그림 (a)의 회로를 (b)와 같은 등가회로로 만들려고 할 때 V와 R의 값은?

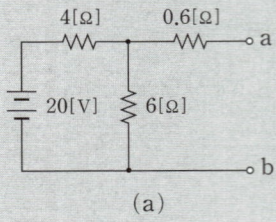
(a)

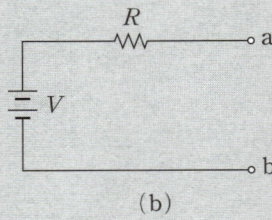
(b)

① $V=12[\text{V}]$, $R=3[\Omega]$
② $V=20[\text{V}]$, $R=3[\Omega]$
③ $V=12[\text{V}]$, $R=10[\Omega]$
④ $V=20[\text{V}]$, $R=10[\Omega]$

해설 테브난의 등가전압 $V_{ab}=\dfrac{6}{4+6}\times 20=12[\text{V}]$

테브난의 등가저항 $R=0.6+\dfrac{4\times 6}{4+6}=3[\Omega]$

답 ①

07 테브난의 정리 - 등가 저항 및 전압 ②

다음 회로를 테브닌(Thevenin)의 등가회로로 변환할 때 테브닌의 등가저항 $R_T[\Omega]$와 등가전압 $V_T[\text{V}]$는?

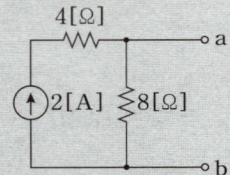

① $R_T=\dfrac{8}{3}[\Omega]$, $V_T=8[\text{V}]$
② $R_T=8[\Omega]$, $V_T=12[\text{V}]$
③ $R_T=8[\Omega]$, $V_T=16[\text{V}]$
④ $R_T=\dfrac{8}{3}[\Omega]$, $V_T=8[\text{V}]$

해설 테브난의 등가저항 $R_T=8[\Omega]$
테브난의 등가전압 $V_T=IR=2\times 8=16[\text{V}]$

답 ③

08 테브난 → 노튼 □□□ check up!

다음 전압원 회로를 등가회로인 전류원 회로로 표현한 값은?

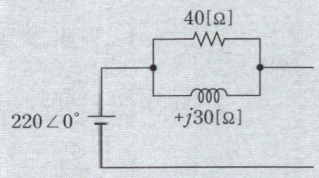

① $5.5+j7.33$
② $5.5-j7.33$
③ $9.16\angle 53°$
④ $14.4+j19.2$

해설 합성임피던스는 $Z=\dfrac{40\times j30}{40+j30}=14.4+j19.2[\Omega]$이므로

등가변환시 전류원의 전류 $I=\dfrac{V}{Z}=\dfrac{220\angle 0°}{14.4-j19.2}=5.5-j7.33[A]$

답 ②

09 테브난 정리 □□□ check up!

그림에서 $a-b$단자의 전압이 $10[V]$, $a-b$에서 본 능동 회로망 N의 임피던스가 $4[\Omega]$일 때 단자 $a-b$ 간에 $1[\Omega]$의 저항을 접속하면 $a-b$간에 흐르는 전류[A]는?

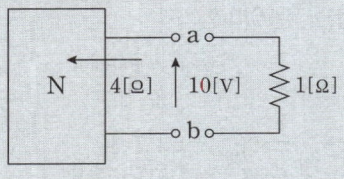

① $0.5[A]$
② $1[A]$
③ $1.5[A]$
④ $2[A]$

해설 테브난의 정리에 의해서 테브난의 등가임피던스 $Z_T=4[\Omega]$
테브난의 등가전압 $V_T=10[V]$이므로 등가회로를 작성하면

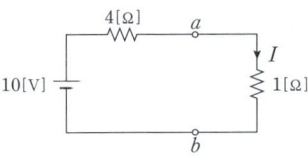

이므로 전류 $I=\dfrac{10}{4+1}=2[A]$

답 ④

10 테브난의 정리 – 전류 계산 □□□ check up!

그림과 같은 회로에서 저항 0.2[Ω]에 흐르는 전류는 몇 [A]인가?

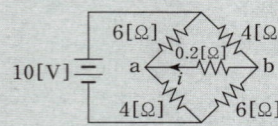

① 0.4
③ 0.2
② −0.4
④ −0.2

해설 테브난의 등가저항은 전류원 개방 및 전압원 단락시 개방단에서 본 등가저항으로

$$R_T = \frac{4 \times 6}{4+6} + \frac{6 \times 4}{6+4} = 4.8[\Omega]$$

테브난의 등가전압은 개방단자 사이에 걸리는 전압으로

$$V_T = V_b - V_a = \frac{6}{4+6} \times 10 - \frac{4}{6+4} \times 10 = 2[V]$$

$$\therefore I = \frac{V_T}{R_{ab}+R_T} = \frac{2}{0.2+4.8} = 0.4[A]$$

답 ①

11 밀만의 정리 – 전압 계산 ① □□□ check up!

다음 회로의 단자 a, b에 나타나는 전압[V]은 얼마인가?

① 9
③ 12
② 10
④ 3

해설 밀만의 정리를 이용

$$V_{ab} = \frac{\frac{V_1}{R_1}+\frac{V_2}{R_2}}{\frac{1}{R_1}+\frac{1}{R_2}} = \frac{\frac{9}{3}+\frac{12}{6}}{\frac{1}{3}+\frac{1}{6}} = 10[V]$$

답 ②

12 밀만의 정리 – 전압 계산 ②

그림의 회로에서 단자 a, b 사이의 전압을 구하면?

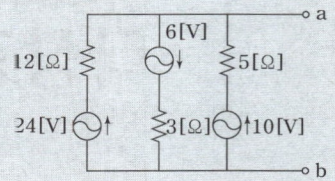

① $\dfrac{360}{37}$[V]
② $\dfrac{120}{37}$[V]
③ 28[V]
④ 40[V]

해설 밀만의 정리를 이용

$$V_{ab} = \dfrac{\dfrac{24}{12} - \dfrac{6}{3} + \dfrac{10}{5}}{\dfrac{1}{12} + \dfrac{1}{3} + \dfrac{1}{5}} = \dfrac{120}{37}[\text{V}]$$

답 ②

제4과목
회로이론
DAY - 13

30일 단기완성

Chapter 07
다상교류

1 출제경향분석

본장은 다상교류회로의 기본원리 및 결선과 결선 방식에 따른 특성에 대한 내용을 다루었으며 시험에 자주 출제가 되는 내용은 다음과 같습니다.

> **반드시 알아야 하는 핵심 포인트**
> ① 3상결선의 전압, 전류관계
> ② 3상 교류전력
> ③ 대칭 n상 교류회로
> ④ Y-△결선 등가변환
> ⑤ 2전력계법

2 학습 가이드라인

- 반드시 알아야 하는 핵심 포인트는 전기기사 및 산업기사 시험에서 가장 출제빈도가 높은 논점으로 각 파트별 핵심 포인트와 문제를 연계하여 학습해 주시기를 권장합니다.
- 체크리스트를 작성하시면서 문제의 유형과 학습의 완성도를 스스로 확인해 주세요.
- 출제 빈도가 높고 틀리기 쉬운 문제를 맞출 수 있도록 "콕콕 포인트"를 확인해 주세요.

우선순위 논점	KEY WORD	선생님의 콕콕 포인트
3상결선의 전압, 전류 관계	선간전압, 상전압, 선전류, 상전류	Y결선 전압관계 $V_l=\sqrt{3}\,V_p$, △결선 전류관계 $I_l=\sqrt{3}\,I_p$
3상 교류전력	유효전력, 무효전력, 피상전력	3상 유효전력 $P=\sqrt{3}\,V_lI_l\cos\theta=3I_p R^2[\text{W}]$
대칭 n상 교류전력	선간전압과 상전압 관계, 선전류와 상전류 관계, 위상관계, 소비전력	$V_l=2V_p\sin\dfrac{\pi}{n}\angle\dfrac{\pi}{2}\left(1-\dfrac{2}{n}\right)[\text{V}]$
Y-△결선 등가변환	임피던스 등가변환	Y→△결선으로 등가변환시 임피던스, 선전류, 유효전력이 3배 증가
2전력계법	유효전력, 무효전력, 피상전력, 역률	$P=P_1+P_2=\sqrt{3}\,V_lI_l\cos\theta[\text{W}]$

7-1 다상교류

1. 대칭 3상 교류의 위상차 $120° = \dfrac{2\pi}{3}\,[\text{rad}]$
2. 대칭 3상의 파형

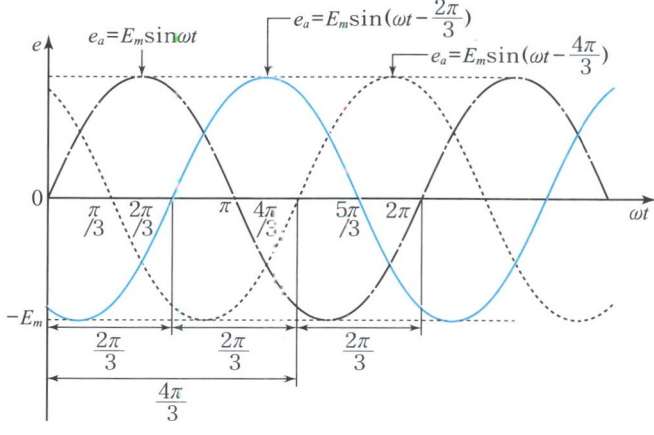

3. 대칭 3상의 복소수 표현
   - $e_a = E \angle 0° = E$
   - $e_b = E \angle -\dfrac{2}{3}\pi = E\left(\cos\dfrac{2\pi}{3} - j\sin\dfrac{2\pi}{3}\right) = E\left(-\dfrac{1}{2} - j\dfrac{\sqrt{3}}{2}\right)$
   - $e_c = E \angle -\dfrac{4}{3}\pi = E\left(\cos\dfrac{4\pi}{3} - j\sin\dfrac{4\pi}{3}\right) = E\left(-\dfrac{1}{2} + j\dfrac{\sqrt{3}}{2}\right)$

4. 대칭 3상 전압의 총합 : $e_a + e_b + e_c = 0$
5. 대칭 3상 교류의 전압 및 전류

	전 압	전 류
Y결선	$V_l = \sqrt{3}\,V_p \angle 30°\,[\text{V}]$	$I_l = I_p\,[\text{A}]$
△결선	$V_l = V_p\,[\text{V}]$	$I_l = \sqrt{3}\,I_p \angle -30°\,[\text{A}]$

- V_l 선간전압
- V_p 상전압
- I_l 선전류
- I_p 상전류

01 평형부하 - 전압의 크기

그림과 같은 회로에서 E_1, E_2, E_3는 대칭 3상 전압이다. 평형 부하라 할 때 전압 E_o는?

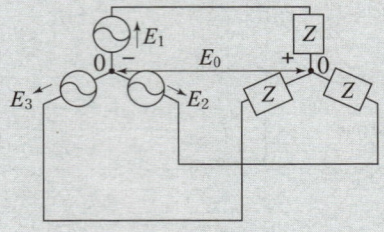

① 0
② $\sqrt{3}\,E_1$
③ $\dfrac{E_1}{3}$
④ $\dfrac{E_1}{\sqrt{3}}$

해설 대칭 3상 평형부하일 때 중성점 전압 $E_o = E_1 + E_2 + E_3 = 0$

답 ①

02 평형부하 - 전류의 크기

비접지 3상 Y회로에서 전류 $I_a = 15 + j2$[A], $I_b = -20 - j14$[A]일 경우 I_c[A]는?

① $5 + j12$[A]
② $-5 + j12$[A]
③ $5 - j12$[A]
④ $-5 - j12$[A]

해설 비접지 3상 Y회로에서 $I_0 = I_a + I_b + I_c = 0$
$I_c = -(I_a + I_b) = -(15 + j2 - 20 - j14) = 5 + j12$[A]

답 ①

03 Y결선 - 선전류의 크기 ①

각 상의 임피던스가 $Z = 6 + j8$[Ω]인 평형 Y부하에 선간 전압 220[V]인 대칭 3상 전압이 가해졌을 때 선전류는 약 몇 [A]인가?

① 11.7
② 12.7
③ 13.7
④ 14.7

해설 선전류 $I_l = I_p = \dfrac{V_P}{Z} = \dfrac{\frac{V_l}{\sqrt{3}}}{Z} = \dfrac{\frac{220}{\sqrt{3}}}{\sqrt{6^2 + 8^2}} \fallingdotseq 12.7$[A]

답 ②

04 Y결선 - 선전류의 크기 ②

그림과 같은 대칭 3상 Y결선 부하 $Z=6+j8[\Omega]$에 $200[V]$의 상전압이 공급될 때 선전류는 몇 $[A]$인가?

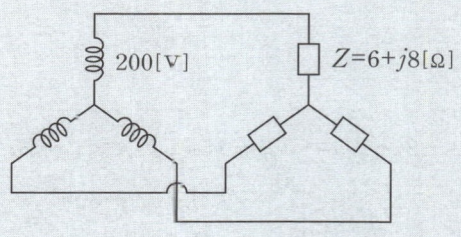

① 15
② 20
③ $15\sqrt{3}$
④ $20\sqrt{3}$

해설 $Z=6+j8=\sqrt{6^2+8^2}=10[\Omega]$ → 선전류 $I_l=I_p=\dfrac{V_P}{Z}=\dfrac{200}{10}=20[A]$ **답** ②

05 Y결선 - 선전류의 크기 ③

각 상의 임피던스가 $R+jX[\Omega]$인 것을 Y결선으로 한 평형 3상 부하에 선간전압 $E[V]$를 가하면 선전류는 몇 $[A]$가 되는가?

① $\dfrac{E}{\sqrt{2(R^2+X^2)}}$
② $\dfrac{\sqrt{2}\,E}{\sqrt{R^2+X^2}}$
③ $\dfrac{\sqrt{3}\,E}{\sqrt{R^2+X^2}}$
④ $\dfrac{E}{\sqrt{3(R^2+X^2)}}$

해설 $V_l=\sqrt{3}\,V_p$ → $I_l=I_p=\dfrac{V_P}{Z}=\dfrac{\frac{V_l}{\sqrt{3}}}{\sqrt{R^2+X^2}}=\dfrac{E}{\sqrt{3(R^2+X^2)}}$ **답** ④

06 △결선 - 선전류의 크기

전원과 부하가 다같이 △결선된 3상 평형 회로가 있다. 전원 전압이 $200[V]$, 부하 임피던스가 $6+j8[\Omega]$인 경우 선전류$[A]$는?

① 20
② $\dfrac{20}{\sqrt{3}}$
③ $20\sqrt{3}$
④ $10\sqrt{3}$

해설 △결선 상전류 $I_p = \dfrac{V_P}{Z} = \dfrac{V_l}{Z} = \dfrac{200}{\sqrt{6^2+8^2}} = 20[\text{A}]$

∴ 선전류 $I_l = \sqrt{3}\,I_p = 20\sqrt{3}\,[\text{A}]$

답 ③

07 △결선 – 상전류 및 선전류   □□□ check up!

△결선의 상전류가 각각 $I_{ab}=4\angle -36°,\ I_{bc}=4\angle -156°,\ I_{ca}=4\angle -276°$이다. 선전류 I_c는?

① $4\angle -306°$
② $6.93\angle -306°$
③ $6.93\angle -27°$
④ $4\angle -276°$

해설 △결선의 선전류는 $I_l = \sqrt{3}\,I_p \angle -30°$

∴ $I_c = \sqrt{3}\,I_{ca}\angle -30° = \sqrt{3}\cdot 4\angle -276°\angle -30° = 6.93\angle -306°$

답 ②

08 △결선 – 선전류   □□□ check up!

그림과 같은 평형 3상회로에서 전원 전압이 $V_{ab}=200[\text{V}]$이고 부하 한상의 임피던스가 $Z=4+j3[\Omega]$인 경우 전원과 부하사이 선전류 I_a는 약 몇 [A]인가?

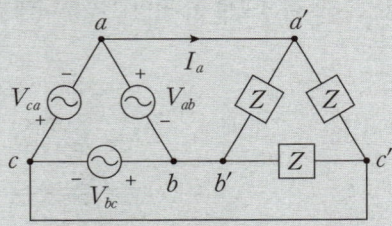

① $40\sqrt{3}\,\angle 36.87°$
② $40\sqrt{3}\,\angle -36.87°$
③ $40\sqrt{3}\,\angle 66.87°$
④ $40\sqrt{3}\,\angle -66.87°$

해설 환상결선(△결선)

$Z = 4+j3 = \sqrt{4^2+3^2}\angle \tan^{-1}\dfrac{3}{4} = 5\angle 36.8°[\Omega]$, $V_l = 220\angle 0°[\text{V}]$에서

△결선시 상전압과 선간전압은 같고 선전류는 상전류의 $\sqrt{3}$ 배이고 위상은 30° 뒤지므로

$I_l = \sqrt{3}\,I_p\angle -30° = \sqrt{3}\,\dfrac{V_p}{Z}\angle -30° = \sqrt{3}\,\dfrac{V_l}{Z}\angle -30°$

$= \sqrt{3}\,\dfrac{200\angle 0°}{5\angle 36.8°}\angle -30° = 40\sqrt{3}\,\angle -66.8°[\text{A}]$가 된다.

답 ④

09 Y결선 – 임피던스 크기 □□□ check up!

평형 3상 3선식 회로가 있다. 부하는 Y결선이고 $V_{AB}=100\sqrt{3}\angle 0°[V]$일 때, $I_A=20\angle -120°[A]$이었다. Y결선된 부하 한상의 임피던스는 몇 $[\Omega]$인가?

① $5\angle 60°$
② $5\sqrt{3}\angle 60°$
③ $5\angle 90°$
④ $5\sqrt{3}\angle 90°$

해설 성형결선(Y결선)

성형결선(Y 결선), 선간 전압 $V_l=100\sqrt{3}\angle 0°[V]$, 선전류 $I_l=20\angle -120°[A]$일 때

한 상의 임피던스 $Z=\dfrac{V_P}{I_P}=\dfrac{\dfrac{V_l}{\sqrt{3}}\angle -30°}{I_l}=\dfrac{\dfrac{100\sqrt{3}\angle 0°}{\sqrt{3}}\angle -30°}{20\angle -120°}=5\angle 90°[\Omega]$

답 ③

7-2 다상교류

1. 대칭 3상 전력
   1) 유효전력 · $P = 3V_P I_P \cos\theta = \sqrt{3} V_l I_l \cos\theta = 3I_p^2 R [\text{W}]$
   2) 무효전력 · $P_r = 3V_P I_P \sin\theta = \sqrt{3} V_l I_l \sin\theta = 3I_p^2 X [\text{Var}]$
   3) 피상전력 · $P_a = P \pm jP_r = \sqrt{P^2 + P_r^2} = 3V_p I_p = \sqrt{3} V_l I_l = 3I_P^2 Z [\text{VA}]$

2. 대칭 다상 교류의 특징

특징 \ 종류	성형결선	환상결선
전압관계	$V_l = 2\sin\dfrac{\pi}{n} V_p [\text{A}]$	$V_l = V_p [\text{A}]$
전류관계	$I_l = I_p [\text{A}]$	$I_l = 2\sin\dfrac{\pi}{n} I_p [\text{A}]$
위상관계	$\dfrac{\pi}{2}\left(1 - \dfrac{2}{n}\right)$	$-\dfrac{\pi}{2}\left(1 - \dfrac{2}{n}\right)$
소비전력	$P_n = \dfrac{n}{2\sin\dfrac{\pi}{n}} V_l I_l \cos\theta$	$P_n = \dfrac{n}{2\sin\dfrac{\pi}{n}} V_l I_l \cos\theta$

3. 대칭 다상 교류 회전자계 모양
   1) 대칭 : 원형 회전자계
   2) 비대칭 : 타원 회전자계

---

01 대칭 3상 전력 - 선전류의 크기 ① □□□ check up!

선간전압 $220[\text{V}]$, 역률 $60[\%]$인 평형 3상 부하에서 소비전력 $P = 10[\text{kW}]$일 때 선전류는 약 몇 [A]인가?

① 25.3　　　　　　　　　　② 32.8
③ 43.7　　　　　　　　　　④ 53.6

해설 유효전력 $P = \sqrt{3} V_l I_l \cos\theta \rightarrow I_l = \dfrac{P}{\sqrt{3} V_l \cos\theta} = \dfrac{10 \times 10^3}{\sqrt{3} \times 220 \times 0.6} = 43.7[\text{A}]$　　　답 ③

Chapter 07. 다상교류

02 대칭 3상 전력 - 선전류의 크기 ② □□□ check up!

선간 전압이 200[V]인 10[kW]의 3상 대칭 부하에 3상 전력을 공급하는 선로 임피던스가 $4+j3[\Omega]$일 때 부하가 뒤진 역률 80[%]이면 선전류는 몇 [A]인가?

① $18.8+j21.6$ ② $28.8-j21.6$
③ $35.7-j4.3$ ④ $14.1-j33.1$

해설 $V_l=200[V]$, $\cos\theta=0.8$, $P=10[kW]$이므로

소비전력은 $P=\sqrt{3}\,V_l I_l \cos\theta[W]$ → $I_l = \dfrac{P}{\sqrt{3}\,V_l \cos\theta} = \dfrac{10\times 10^3}{\sqrt{3}\times 200\times 0.8} = 36.08[A]$

뒤진역률 80[%]이므로 $I=I(\cos\theta - j\sin\theta) = 36.08(0.8-j0.6) = 28.8-j21.6$ 답 ②

03 대칭 3상 전력 - △결선 유효전력 □□□ check up!

한 상의 임피던스가 $6+j8[\Omega]$인 △부하에 대칭 선간전압 200[V]를 인가할 때 3상 전력[W]은?

① 2400   ② 4160
③ 7200   ④ 10800

해설 임피던스의 크기 $|Z|=\sqrt{6^2+8^2}=10[\Omega]$

상전류 $I_p = \dfrac{V_p}{Z} = \dfrac{200}{10} = 20[A]$

∴ $P=3I_p^2 R = 3\times 20^2 \times 6 = 7200[kW]$ 답 ③

04 대칭 3상 전력 - Y결선 유효전력 □□□ check up!

다음 그림의 3상 Y결선 회로에서 소비하는 전력[W]은?

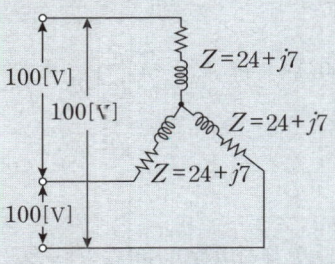

① 약 3072[W]   ② 약 1536[W]
③ 약 768[W]   ④ 약 381[W]

해설 임피던스 $|Z|=24+j7=\sqrt{24^2+7^2}=25[\Omega]$, 선전류 $V_l=100[V]$이므로

상전류 $I_p=\dfrac{V_p}{Z}=\dfrac{\frac{V_l}{\sqrt{3}}}{Z}=\dfrac{\frac{100}{\sqrt{3}}}{25}=2.3[A]$

유효전력 $P=3I^2 \cdot R=3\times 2.3^2 \times 24=381[W]$

답 ④

05 대칭 3상 전력 – 3상 전동기 선전류 □□□ check up!

3상 유도전동기의 출력이 5[Hp], 전압 220[V], 효율 80[%], 역률 85[%]일 때, 전동기의 유입 선전류는 몇 [A]인가?

① 14.4
② 13.1
③ 12.24
④ 11.52

해설 $P=5[HP]=5\times 746[W]$, $V_l=220[V]$, $\eta=80[\%]$, $\cos\theta=85[\%]$에서

3상 전동기 출력 $P_i=\dfrac{P}{\eta}=\sqrt{3}\,V_l I_l \cos\theta[W]$

$I_l=\dfrac{P}{\eta\sqrt{3}\,V_l\cos\theta}=\dfrac{5\times 746}{0.8\times\sqrt{3}\times 220\times 0.85}=14.39[A]$

답 ①

06 대칭 3상전력 – 부하 단자전압 □□□ check up!

△결선된 대칭 3상 부하가 있다. 역률이 0.8(지상)이고, 전 소비전력이 1800[W]이다. 한 상의 선로저항이 0.5[Ω]이고, 발생하는 전선로 손실이 50[W]이면 부하 단자전압은?

① 440[V]
② 402[V]
③ 324[V]
④ 225[V]

해설 선로저항 $R=0.5[\Omega]$, 선로 손실 $P_l=3I^2 R=50[W]$이므로 $I=\sqrt{\dfrac{P_l}{3R}}=\sqrt{\dfrac{50}{3\times 0.5}}=5.77[A]$

소비전력 $P=\sqrt{3}\,VI\cos\theta=1800[W]$ → $V=\dfrac{P}{\sqrt{3}\,I\cos\theta}=\dfrac{1800}{\sqrt{3}\times 5.77\times 0.8}=225[V]$

답 ④

07 대칭 3상 전력 – 무효전력 □□□ check up!

선간전압이 200[V], 선전류가 $10\sqrt{3}$ [A], 부하역률이 80[%]인 평형 3상 회로의 무효전력[Var]은?

① 3600
② 3000
③ 2400
④ 1800

해설 3상 무효전력 $P_r=\sqrt{3}\,V_l I_l \sin\theta=\sqrt{3}\times 200\times 10\sqrt{3}\times 0.6=3600[Var]$

답 ①

08 대칭 3상 전력 - △결선의 무효전력 ☐☐☐ check up!

평형 3상 △결선 부하의 각 상의 임피던스가 $Z=8+j6[\Omega]$인 회로에 대칭 3상 전원 전압 $100[V]$를 가할 때 무효율과 무효전력[Var]은?

① 무효율 : 0.6, 무효전력 : 1800
② 무효율 : 0.6, 무효전력 : 2400
③ 무효율 : 0.8, 무효전력 : 1800
④ 무효율 : 0.8, 무효전력 : 2400

해설 $Z=8+j6=\sqrt{8^2+6^2}=10[\Omega]$이므로 무효율 $\sin\theta=\dfrac{X}{Z}=\dfrac{6}{10}=0.6$

△결선이므로 $V_p=V_l$ → $I_P=\dfrac{V_p}{Z}=\dfrac{V_l}{Z}=\dfrac{100}{10}=10[A]$

무효전력 $P_r=3I_P^2X=3\times10^2\times6=1800[Var]$

답 ①

09 대칭 3상 전력 - 피상전력 ☐☐☐ check up!

대칭 3상 Y부하에서 각 상의 임피던스가 $Z=3+j4[\Omega]$이고, 부하 전류가 $20[A]$일 때 피상 전력[VA]은?

① 1800
② 2000
③ 2400
④ 6000

해설 $Z=3+j4=\sqrt{3^2+4^2}=5[\Omega]$이므로 피상전력 $P_a=3I_P^2\cdot Z=3\times20^2\times5=6000[VA]$

답 ④

10 대칭 다상 교류 - 선간전압 및 상전압 ① ☐☐☐ check up!

대칭 n상 성상 결선에서 선간전압의 크기는 상전압의 몇 배인가?

① $\sin\dfrac{\pi}{n}$
② $\cos\dfrac{\pi}{n}$
③ $2\sin\dfrac{\pi}{n}$
④ $2\cos\dfrac{\pi}{n}$

해설 Y결선시 n상에 대한 선간전압 $V_l=2V_p\sin\dfrac{\pi}{n}\angle\dfrac{\pi}{2}\left(1-\dfrac{2}{n}\right)[V]$

∴ $\dfrac{V_l}{V_p}=2\sin\dfrac{\pi}{n}$

답 ③

11 대칭 다상 교류 – 선간전압 및 상전압 ②

12상 성형결선 상전압이 $100[\text{V}]$일 때 단자 전압$[\text{V}]$은?

① 75.88
② 25.88
③ 100
④ 51.76

해설 $n=12$, $V_P=100[\text{V}]$이므로 대칭 n상 성형결선 $V_l=2\sin\dfrac{\pi}{n}V_p=2\sin\dfrac{\pi}{12}\times 100=51.76[\text{V}]$ 답 ④

12 대칭 다상 교류 – 전류 위상관계

대칭 n상에서 선전류와 상전류 사이의 위상차$[\text{rad}]$는 어떻게 되는가?

① $\dfrac{\pi}{2}\left(1-\dfrac{2}{n}\right)$
② $2\left(1-\dfrac{2}{n}\right)$
③ $\dfrac{n}{2}\left(1-\dfrac{2}{\pi}\right)$
④ $\dfrac{\pi}{2}\left(1-\dfrac{n}{2}\right)$

해설   대칭 n상 교류의 위상차 $\theta=\dfrac{\pi}{2}\left(1-\dfrac{2}{n}\right)$ 답 ①

13 대칭 다상 교류 – 선전류 및 상전류

대칭 6상 전원이 있다. 환상 결선으로 권선에 $120[\text{A}]$의 전류를 흘린다고 하면 선전류는 몇 $[\text{A}]$인가?

① 60
② 90
③ 120
④ 150

해설   △결선 선전류 $I_l=2I_P\sin\dfrac{\pi}{n}=2\times 120\times\sin\dfrac{\pi}{6}=120[\text{A}]$ 답 ③

14 대칭 다상 교류 – 전압 위상관계

대칭 5상 기전력의 선간 전압과 상전압의 위상차는 얼마인가?

① 27°
② 36°
③ 54°
④ 72°

해설   대칭 n상 교류의 위상차 $\theta=\dfrac{\pi}{2}\left(1-\dfrac{2}{n}\right)=\dfrac{\pi}{2}\left(1-\dfrac{2}{5}\right)=54°$ 답 ③

15 회전자계의 모양 – 대칭 다상교류 □□□ check up!

공간적으로 서로 $\dfrac{2\pi}{n}$[rad]의 각도를 두고 배치한 n개의 코일에 대칭 n상 교류를 흘리면 그 중심에 생기는 회전자계의 모양은?

① 원형 회전자계
② 타원형 회전자계
③ 원통형 회전자계
④ 원추형 회전자계

해설 • 대칭 : 원형 회전자계 • 비대칭 : 타원 회전자계 **답** ①

7-3 다상교류

1. Y-△ 결선의 변환

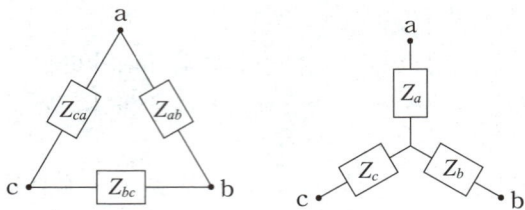

1) △결선 → Y결선시 등가 임피던스

- $Z_\triangle = Z_{ab} + Z_{bc} + Z_{ca}$ → $Z_a = \dfrac{Z_{ca} \cdot Z_{ab}}{Z_\triangle}$ · $Z_b = \dfrac{Z_{ab} \cdot Z_{bc}}{Z_\triangle}$ · $Z_c = \dfrac{Z_{bc} \cdot Z_{ca}}{Z_\triangle}$

- 평형부하 $Z_{ab} = Z_{bc} = Z_{ca}$인 경우 $Z_Y = \dfrac{1}{3} Z_\triangle$

2) Y결선 → △결선시 등가 임피던스

- $Z_Y = Z_a Z_b + Z_b Z_c + Z_c Z_a$ → $Z_{ab} = \dfrac{Z_Y}{Z_c}$ · $Z_{bc} = \dfrac{Z_Y}{Z_a}$ · $Z_{ca} = \dfrac{Z_Y}{Z_b}$

- 평형부하 $Z_a = Z_b = Z_c$인 경우 $Z_\triangle = 3 Z_Y$

3) △-Y결선 비교

	Y → △ 변환	△ → Y 변환
임피던스 Z 선전류 I_l 소비전력 P	3배 증가	$\dfrac{1}{3}$배 감소

---

01 Y-△ 변환 - 등가 임피던스 ①   □□□ check up!

다음과 같이 변환시 $R_1 + R_2 + R_3$의 값[Ω]은? (단, $R_{ab} = 2[\Omega]$, $R_{bc} = 4[\Omega]$, $R_{ca} = 6[\Omega]$이다.)

① 1.57[Ω]   ② 2.67[Ω]
③ 3.67[Ω]   ④ 4.87[Ω]

해설 $R_1 = \dfrac{R_{ab} \cdot R_{ca}}{R_{ab}+R_{bc}+R_{ca}} = \dfrac{2 \times 6}{2+4+6} = 1[\Omega]$

$R_2 = \dfrac{R_{ab} \cdot R_{bc}}{R_{ab}+R_{bc}+R_{ca}} = \dfrac{2 \times 4}{2+4+6} = \dfrac{2}{3}[\Omega]$

$R_3 = \dfrac{R_{bc} \cdot R_{ca}}{R_{ab}+R_{bc}+R_{ca}} = \dfrac{4 \times 6}{2+4+6} = 2[\Omega]$

$\therefore R_1+R_2+R_3 = 1+\dfrac{2}{3}+2 = 3.67[\Omega]$

답 ③

02 Y−△ 변환 − 등가 임피던스 ② ☐☐☐ check up!

9[Ω]과 3[Ω]의 저항 3개를 그림과 같이 연결하였을 때 a, b 사이의 합성저항은 얼마인가?

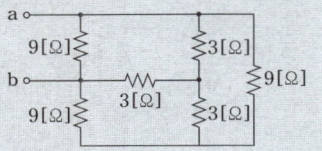

① 6[Ω] ② 4[Ω]
③ 3[Ω] ④ 2[Ω]

해설 Y−△등가 변환시 $R_\triangle = 3R_Y = 3 \times 3 = 9[\Omega]$

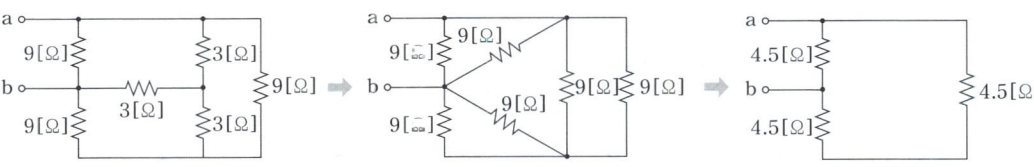

$R_{AB} = \dfrac{4.5 \times (4.5+4.5)}{4.5+(4.5+4.5)} = 3[\Omega]$

답 ③

03 Y−△ 변환 − 선전류 ☐☐☐ check up!

저항 $R[\Omega]$ 3개를 Y로 접속한 회로에 전압 200[V]의 3상 교류전원을 인가시 선전류가 10[A]라면 이 3개의 저항을 △로 접속하고 동일전원을 인가시 선전류는 몇 [A]인가?

① 10[A] ② $10\sqrt{3}$ [A]
③ 30[A] ④ $30\sqrt{3}$ [A]

해설 Y → △ 등가 변환시 선전류는 3배 증가 → $I_\triangle = 10 \times 3 = 30[A]$

답 ③

04 Y-△ 변환 - 소비전력

△결선된 부하를 Y결선으로 바꾸면 소비전력은 어떻게 되겠는가? (단, 선간 전압은 일정하다.)

① 1/3로 된다.
② 3배로 된다.
③ 1/9로 된다.
④ 9배로 된다.

해설 △결선을 Y결선으로 등가 변환시 소비전력은 1/3배로 감소

답 ①

05 Y-△ 변환 - 응용유형 ①

그림과 같은 순저항으로 된 회로에 대칭 3상 전압을 가했을 때 각 선에 흐르는 전류가 같으려면 R의 값[Ω]은?

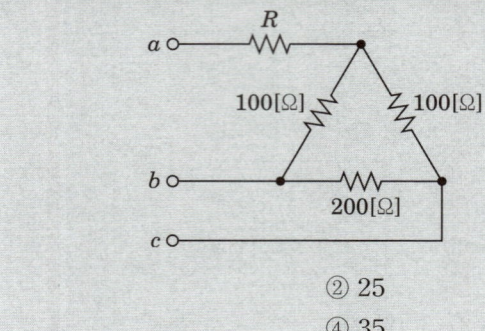

① 20
② 25
③ 30
④ 35

해설

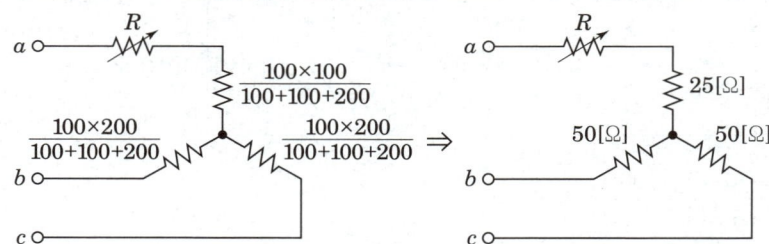

Y결선 등가회로에서 각 상의 저항을 R_a, R_b, R_c라 하면 $R_a = R + 25[\Omega]$, $R_b = 50[\Omega]$, $R_c = 50[\Omega]$
$R_a = R_b = R_c$일 때 각 선의 전류의 크기가 같으므로 ∴ $R = 50 - 25 = 25[\Omega]$

답 ②

06 Y-△ 변환 - 응용유형 ②

그림과 같은 부하에 선간전압이 $V_{ab}=100\angle 30°$[V]인 평형 3상 전압을 가했을 때 선전류 I_a[A]는?

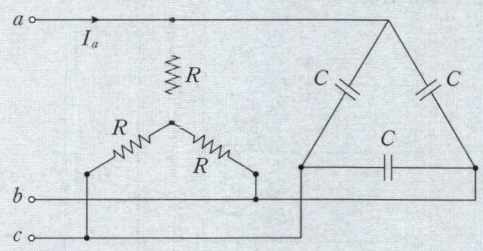

① $\dfrac{100}{\sqrt{3}}\left(\dfrac{1}{R}+j3\omega C\right)$

② $100\left(\dfrac{1}{R}+j\sqrt{3}\,\omega C\right)$

③ $\dfrac{100}{\sqrt{3}}\left(\dfrac{1}{R}+j\omega C\right)$

④ $100\left(\dfrac{1}{R}+j\omega C\right)$

해설 3상결선

△결선을 Y결선으로 변환하면 C의 임피던스는 $\dfrac{1}{j3\omega C}$[Ω]이 되고

R과 C가 병렬연결이므로

합성 어드미턴스는 $Y=\dfrac{1}{R}+j3\omega C$[℧]가 되므로

Y결선의 상전류는

$I_p=YV_p=\left(\dfrac{1}{R}+j3\omega C\right)\times\dfrac{V_l}{\sqrt{3}}=\left(\dfrac{1}{R}+j3\omega C\right)\times\dfrac{100}{\sqrt{3}}$[A]

선전류 $I_l=I_p=\left(\dfrac{1}{R}+j3\omega C\right)\times\dfrac{100}{\sqrt{3}}$[A]

답 ①

7-4 다상교류

1. 2전력계법 : 단상 전력계 2대로 3상 전력을 측정하는 방법

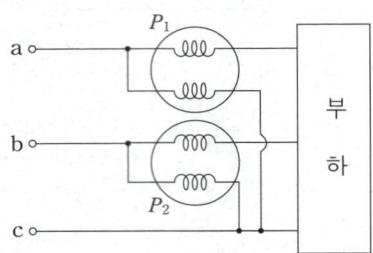

 1) 유효 전력 • $P=P_1+P_2=\sqrt{3}\,V_l I_l\cos\theta\,[\text{W}]$
 2) 무효 전력 • $P_r=\sqrt{3}(P_1-P_2)=\sqrt{3}\,V_l I_l\sin\theta\,[\text{Var}]$
 3) 피상 전력 • $P_a=2\sqrt{P_1^2+P_2^2-P_1P_2}\,[\text{VA}]$
 4) 역률 • $\cos\theta=\dfrac{P}{P_a}=\dfrac{P_1+P_2}{2\sqrt{P_1^2+P_2^2-P_1P_2}}$

2. V 결선 : △ 결선으로 운전 중 변압기 1대가 소손되어 2대만 가지고 3상 운전

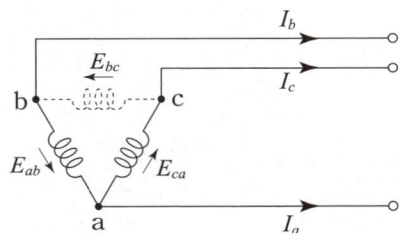

 1) V 결선의 출력 • $P_V=\sqrt{3}\,P_1\,[\text{kVA}]$
 2) V 결선의 변압기 이용률 • $U=\dfrac{V\text{결선시 출력}}{\text{변압기 2대의 출력}}=\dfrac{\sqrt{3}}{2}=0.866=86.6[\%]$
 3) V 결선의 출력비 • $\dfrac{P_V}{P_\triangle}=\dfrac{\sqrt{3}\,P}{3P}=\dfrac{1}{\sqrt{3}}=0.577=57.7[\%]$

---

01 2전력계법 – 유효전력 ☐☐☐ check up!

2전력계법을 써서 3상 전력을 측정하였더니 각 전력계가 $+500[\text{W}]$, $+300[\text{W}]$를 지시하였다. 전전력[W]은?

① 800 ② 200
③ 500 ④ 300

해설 2전력계법에 의한 유효 전력 $P=P_1+P_2=500+300=800[\text{W}]$ 답 ①

02 1전력계법 – 유효전력 □□□ check up!

선간 전압이 V_{ab}[V]인 3상 평형 전원에 대칭 부하 R[Ω]이 그림과 같이 접속되어 있을 때, a, b 두 상 간에 접속된 전력계의 지시 값이 W[W]라면 C상 전류의 크기[A]는?

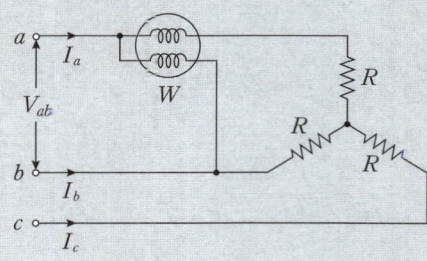

① $\dfrac{W}{3V_{ab}}$ ② $\dfrac{2W}{3V_{ab}}$

③ $\dfrac{2W}{\sqrt{3}\,V_{ab}}$ ④ $\dfrac{\sqrt{3}\,W}{V_{ab}}$

해설 1전력계법에 의한 유효전력은 $P=\sqrt{3}\,V_l I_l \cos\theta=2W$[W]이며
저항 R 부하시 역률 $\cos\theta=1$이고 Y결선시 상전류는 선전류와 같으므로
$I_l=\dfrac{2W}{\sqrt{3}\,V_l\cos\theta}=\dfrac{2W}{\sqrt{3}\,V_{ab}}$[A]

답 ③

03 2전력계법 – 역률 ① □□□ check up!

대칭 3상전압을 공급한 3상 유도전동기에서 각 계기의 지시는 다음과 같다. 유도전동기의 역률은 얼마인가?
(단, $W_1=1.2$[kW], $W_2=1.8$[kW], $V=200$[V], $A=10$[A]이다.)

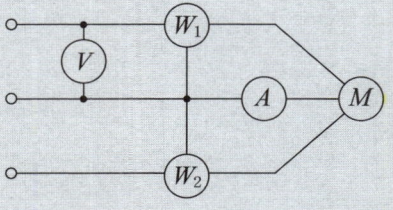

① 0.70 ② 0.76
③ 0.80 ④ 0.87

해설 2전력계법에 의한 역률 $\cos\theta=\dfrac{P}{P_a}=\dfrac{W_1+W_2}{\sqrt{3}\,VI}=\dfrac{1200+1800}{\sqrt{3}\times200\times10}=0.866$

답 ④

04 2전력계법 – 역률 ② ☐☐☐ check up!

2개의 단상 전력계로 3상 유도 전동기의 전력을 측정하였더니 한 전력계는 다른 전력계의 2배의 지시를 나타냈다고 한다. 전동기의 역률[%]은? (단, 전압과 전류는 순정현파라고 한다.)

① 70
② 76.4
③ 86.6
④ 90

해설 $P_2 = 2P_1$이므로 2전력계법에 의한 역률

$$\cos\theta = \frac{P_1 + P_2}{2\sqrt{P_1^2 + P_2^2 - P_1 P_2}} = \frac{P_1 + 2P_1}{2\sqrt{P_1^2 + (2P_1)^2 - P_1(2P_1)}} = \frac{3P_1}{2\sqrt{P_1^2}} = \frac{\sqrt{3}}{2} = 0.866 = 86.6[\%]$$

답 ③

05 V결선 – 이용률 ☐☐☐ check up!

V결선의 변압기 이용률[%]은?

① 57.7
② 86.6
③ 80
④ 100

해설
- V 결선 이용률 : $\dfrac{\sqrt{3}}{2} = 0.866 = 86.6[\%]$
- V 결선 출력비 : $\dfrac{\sqrt{3}}{3} = 0.577 = 57.7[\%]$

답 ②

[**D-30** 전기기사·산업기사 필기
30일 필기 단기완성]

제4과목
회로이론
DAY - 13

30일 단기완성

Chapter 08
대칭 좌표법

1 출제경향분석

본장은 사고시 고장값을 해석하는 대칭좌표법의 기본원리 및 특성에 대한 내용을 다루었으며 시험에 자주 출제가 되는 내용은 다음과 같습니다.

반드시 알아야 하는 핵심 포인트

① 대칭분 전압, 전류 ② 불평형률
③ a상을 기준한 대칭 3상 대칭분 전압 ④ 1선 지락사고

2 학습 가이드라인

- 반드시 알아야 하는 핵심 포인트는 전기기사 및 산업기사 시험에서 가장 출제빈도가 높은 논점으로 각 파트별 핵심 포인트와 문제를 연계하여 학습해 주시기를 권장합니다.
- 체크리스트를 작성하시면서 문제의 유형과 학습의 완성도를 스스로 확인해 주세요.
- 출제 빈도가 높고 틀리기 쉬운 문제를 맞출 수 있도록 "콕콕 포인트"를 확인해 주세요.

우선순위 논점	KEY WORD	선생님의 콕콕 포인트
대칭분 전압 및 전류	영상분, 정상분, 역상분	정상분과 역상분은 V_b와 V_c의 위상이 반대
불평형률	불평형, 정상분, 역상분	불평형률 $= \dfrac{역상분}{정상분}$
a상을 기준한 대칭 3상 대칭분 전압	a상 기준, 정상분만 존재	a상 기준 $V_1 = V_a$
1선 지락사고	지락전류, 영상전류, 접지전류	$I_g = I_a = \dfrac{3E_a}{Z_0 + Z_1 + Z_2}$ [A]

Chapter 08. 대칭 좌표법

8-1 대칭좌표법

1. 벡터연산자 · $a = 1\angle 120° = -\dfrac{1}{2} + j\dfrac{\sqrt{3}}{2}$ · $a^2 = 1\angle -120° = -\dfrac{1}{2} - j\dfrac{\sqrt{3}}{2}$

2. 비대칭 전압 및 전류

비대칭 전압	비대칭 전류
$V_a = V_o + V_1 + V_2$ $V_b = V_o + a^2 V_1 + a V_2$ $V_c = V_o + a V_1 + a^2 V_2$	$I_a = I_o + I_1 + I_2$ $I_b = I_o + a^2 I_1 + a I_2$ $I_c = I_o + a I_1 + a^2 I_2$

3. 대칭분 전압 및 전류

	전압	전류
영상분	$V_0 = \dfrac{1}{3}(V_a + V_b + V_c)$	$I_0 = \dfrac{1}{3}(I_a + I_b + I_c)$
정상분	$V_1 = \dfrac{1}{3}(V_a + a V_b + a^2 V_c)$	$I_1 = \dfrac{1}{3}(I_a + a I_b + a^2 I_c)$
역상분	$V_2 = \dfrac{1}{3}(V_a + a^2 V_b + a V_c)$	$I_2 = \dfrac{1}{3}(I_a + a^2 I_b + a I_c)$

01 대칭분 전류 - 평형부하 ① □□□ check up!

3상 △부하에서 각 선전류를 I_a, I_b, I_c라 하면 전류의 영상분은? (단, 회로는 평형 상태임)

① ∞
② $\dfrac{1}{3}$
③ 1
④ 0

해설 영상분 전류 $I_0 = \dfrac{1}{3}(I_a + I_b + I_c)$

3상 평형시 $I_a + I_b + I_c = 0$ → $I_0 = 0$

답 ④

02 대칭분 전류 - 평형부하 ② □□□ check up!

비접지 3상 Y부하에서 각 선전류를 I_a, I_b, I_c라 할 때, 전류의 영상분 I_0는?

① 1
② 0
③ −1
④ $\sqrt{3}$

해설 3상 3선식 비접지식 Y−Y결선은 영상분이 없다.

답 ②

03 대칭분 전압 및 전류 - 불평형부하

불평형 회로에서 영상분이 존재하는 3상 회로 구성은?

① △-△ 결선의 3상 3선식
② △-Y결선의 3상 3선식
③ Y-Y결선의 3상 3선식
④ Y-Y결선의 3상 4선식

해설 불평형 3상 4선식 접지방식 Y-Y결선은 영상분이 존재한다.

답 ④

04 비대칭 b상 전압

3상 회로에 있어서 대칭분 전압이 $V_0=100\angle 30°[\text{V}]$, $V_1=100\angle -60°[\text{V}]$, $V_2=200\angle 80°[\text{V}]$일 때 b상의 전압[V]은?

① $234\angle 43°$
② $289\angle 16°$
③ $202\angle -174°$
④ $85\angle 126°$

해설 불평형 3상 전압

b상의 불평형 전압

$V_b = V_0 + a^2 V_1 + a V_2$
$\quad = 100\angle 30° + 1\angle 240° \times 100\angle -60° + 1\angle 120° \times 200\angle 80°$
$\quad = 202\angle -174°$

답 ③

05 비대칭 3상 전류

대칭분을 I_0, I_1, I_2라 하고 선전류를 I_a, I_b, I_c라 할 때 I_b는?

① $I_0 + I_1 + I_2$
② $\dfrac{1}{3}(I_0 + I_1 + I_2)$
③ $I_0 + a^2 I_1 + a I_2$
④ $I_0 + a I_1 + a^2 I_2$

해설 비대칭 3상 전류

- a상의 전류 $I_a = I_0 + I_1 + I_2$
- b상의 전류 $I_b = I_0 + a^2 I_1 + a I_2$
- c상의 전류 $I_c = I_0 + a I_1 + a^2 I_2$

답 ③

06 비대칭 3상 전압

3상 회로에 있어서 대칭분 전압이 $V_0=-8+j3[\text{V}]$, $V_1=6-j8[\text{V}]$, $V_2=8+j12[\text{V}]$일 때 a상의 전압 [V]은?

① $6+j7$
② $-32.3+j2.73$
③ $2.3+j0.73$
④ $2.3-j0.73$

해설 비대칭 3상 전압
- a상의 전압 $V_a=V_0+V_1+V_2$
- b상의 전압 $V_b=V_0+a^2V_1+aV_2$
- c상의 전압 $V_c=V_0+aV_1+a^2V_2$

$V_a=-8+j3+6-j8+8+j12=6+j7[\text{V}]$

답 ①

07 대칭분 전압 - 영상분

3상 불평형 전압을 V_a, V_b, V_c라고 할 때, 영상전압 V_0는 얼마인가?

① $\frac{1}{3}(V_a+aV_b+a^2V_c)$
② $\frac{1}{3}(V_a+a^2V_b+aV_c)$
③ $\frac{1}{3}(V_a+V_b+V_c)$
④ $\frac{1}{3}(V_a+a^2V_b+V_c)$

해설
- 영상 전압 $V_0=\frac{1}{3}(V_a+V_b+V_c)$
- 정상 전압 $V_1=\frac{1}{3}(V_a+aV_b+a^2V_c)$
- 역상 전압 $V_2=\frac{1}{3}(V_a+a^2V_b+aV_c)$

답 ③

08 대칭분 전압 - 역상분

3상 불평형 전압을 V_a, V_b, V_c라고 할 때 역상 전압 V_2는?

① $V_2=\frac{1}{3}(V_a+V_b+V_c)$
② $V_2=\frac{1}{3}(V_a+aV_b+a^2V_c)$
③ $V_2=\frac{1}{3}(V_a+a^2V_b+V_c)$
④ $V_2=\frac{1}{3}(V_a+a^2V_b+aV_c)$

해설
- 영상 전압 $V_0 = \dfrac{1}{3}(V_a + V_b + V_c)$
- 정상 전압 $V_1 = \dfrac{1}{3}(V_a + aV_b + a^2V_c)$
- 역상 전압 $V_2 = \dfrac{1}{3}(V_a + a^2V_b + aV_c)$

답 ④

09 대칭분 전압 – 정상분 ① ☐☐☐ check up!

상순이 $a-b-c$인 경우 V_a, V_b, V_c를 3상 불평형 전압이라 하면 정상 전압은?

① $\dfrac{1}{3}(V_a + V_b + V_c)$
② $\dfrac{1}{3}(V_a + a^2V_b + aV_c)$
③ $\dfrac{1}{3}(V_a + aV_b + a^2V_c)$
④ $\dfrac{1}{3}(V_a + a^2V_b + a^2V_c)$

해설
- 영상 전압 $V_0 = \dfrac{1}{3}(V_a + V_b + V_c)$
- 정상 전압 $V_1 = \dfrac{1}{3}(V_a + aV_b + a^2V_c)$
- 역상 전압 $V_2 = \dfrac{1}{3}(V_a + a^2V_b + aV_c)$

답 ③

10 대칭분 전압 – 정상분 ② ☐☐☐ check up!

대칭좌표법을 이용하여 3상 회로의 각 상전압을 다음과 같이 쓴다.
$V_a = V_{a0} + V_{a1} + V_{a2}$, $V_b = V_{a0} + V_{a1}\angle -120° + V_{a2}\angle +120°$, $V_c = V_{a0} + V_{a1}\angle +120° + V_{a2}\angle -120°$
이와 같이 표시될 때 정상분 전압 V_{a1} 표시를 올바르게 계산한 것은? (상순은 a, b, c이다.)

① $\dfrac{1}{3}(V_a + V_b + V_c)$
② $\dfrac{1}{3}(V_a + V_b\angle +120° + V_c\angle -120°)$
③ $\dfrac{1}{3}(V_a + V_b\angle -120° + I_c\angle +120°)$
④ $\dfrac{1}{3}(V_a\angle +120° + V_b + V_c\angle -120°)$

해설
$V_1 = \dfrac{1}{3}(V_a + aV_b + a^2V_c) = \dfrac{1}{3}(V_a + V_b\angle +120° + V_c\angle -120°)$

참고
- $a = 1\angle 120° = 1\angle -240° = -\dfrac{1}{2} + j\dfrac{\sqrt{3}}{2}$
- $a^2 = 1\angle 240° = 1\angle -120° = -\dfrac{1}{2} - j\dfrac{\sqrt{3}}{2}$

답 ②

11. 대칭분 전류 – 영상분 ①

☐☐☐ check up!

불평형 3상 전류 $I_a=15+j2[A]$, $I_b=-20-j14[A]$, $I_c=-3+j10[A]$일 때의 영상 전류 I_0는?

① $2.67+j0.36$
② $-2.67-j0.67$
③ $15.7-j3.25$
④ $1.91+j6.24$

해설 영상분 전류

$$I_0=\frac{1}{3}(I_a+I_b+I_c)=\frac{1}{3}(15+j2-20-j14-3+j10)=\frac{1}{3}(-8-j2)=-2.67-j0.67$$

답 ②

12. 대칭분 전류 – 영상분 ②

☐☐☐ check up!

각 상의 전류가 $i_a=30\sin\omega t$, $i_b=30\sin(\omega t-90°)$, $i_c=30\sin(\omega t+90°)$일 때 영상 대칭분의 전류[A]는?

① $10\sin\omega t$
② $\frac{10}{3}\sin\frac{\omega t}{3}$
③ $\frac{30}{\sqrt{3}}\sin(\omega t+45°)$
④ $30\sin\omega t$

해설 영상분 전류

$$i_0=\frac{1}{3}(i_a+i_b+i_c)=\frac{1}{3}\{30\sin\omega t+30\sin(\omega t-90°)+30\sin(\omega t+90°)\}$$

$$=\frac{30}{3}\{\sin\omega t+\sin\omega t\cos(-90°)+\cos\omega t\sin(-90°)+\sin\omega t\cos 90°+\cos\omega t\sin 90°\}=10\sin\omega t$$

참고 삼각함수 가법정리
$\sin(\alpha\pm\beta)=\sin\alpha\cos\beta\pm\cos\alpha\sin\beta$ (사코±코사)
$\cos(\alpha\pm\beta)=\cos\alpha\cos\beta\mp\sin\alpha\sin\beta$ (코코∓사사)

답 ①

13. 대칭분 전류 – 역상분

☐☐☐ check up!

불평형 3상 전류가 $I_a=15+j2[A]$, $I_b=-20-j14[A]$, $I_c=-3+j10[A]$일 때, 역상분 전류 $I_2[A]$를 구하면?

① $1.91+j6.24$
② $15.74-j3.57$
③ $-2.67-j0.67$
④ $2.67-j0.67$

해설 역상분 전류

$$I_2=\frac{1}{3}(I_a+a^2I_b+aI_c)=\frac{1}{3}\left\{(15+j2)+\left(-\frac{1}{2}-j\frac{\sqrt{3}}{2}\right)(-20-j14)+\left(-\frac{1}{2}+j\frac{\sqrt{3}}{2}\right)(-3+j10)\right\}$$

$$=1.91+j6.24[A]$$

답 ①

8-2 대칭좌표법

1. a상을 기준한 대칭 3상 전압 · V_a, $V_b = a^2 V_a$, $V_c = aV_a$

   1) 영상분 · $V_0 = \dfrac{1}{3}(V_a + V_b + V_c) = \dfrac{1}{3}(V_a + a^2 V_a + aV_a) = 0$

   2) 정상분 · $V_1 = \dfrac{1}{3}(V_a + aV_b + a^2 V_c) = \dfrac{1}{3}(V_a + a^3 V_a + a^3 V_a) = V_a$

   3) 역상분 · $V_2 = \dfrac{1}{3}(V_a + a^2 V_b + aV_c) = \dfrac{1}{3}(V_a + a^4 V_a + a^2 V_a) = 0$

2. 1선 지락사고

   1) a상 지락시
   - $V_a = 0$
   - $I_b = I_c = 0$

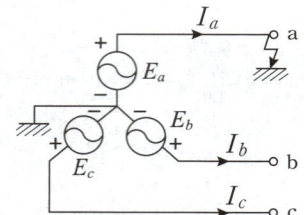

   2) 1선 지락사고 조건 및 계산

조 건	1선 지락 전류 계산
· $I_0 = \dfrac{1}{3}(I_a + I_b + I_c) = \dfrac{1}{3} I_a$ · $I_1 = \dfrac{1}{3}(I_a + aI_b + a^2 I_c) = \dfrac{1}{3} I_a$ · $I_2 = \dfrac{1}{3}(I_a + a^2 I_b + aI_c) = \dfrac{1}{3} I_a$ ∴ $I_0 = I_1 = I_2 \neq 0$	$V_a = V_0 + V_1 + V_2$ $\quad = -Z_0 I_0 + E_a - Z_1 I_1 - Z_2 I_2$ $\quad = -\dfrac{1}{3} I_a (Z_0 + Z_1 + Z_2) + E_a = 0$ ∴ $I_g = I_a = \dfrac{3E_a}{Z_0 + Z_1 + Z_2}$ [A]

01 a상을 기준한 대칭 3상 전압 □□□ check up!

대칭 3상 전압이 a상 V_a[V], b상 $V_b = a^2 V_a$[V], c상 $V_c = aV_a$[V]일 때 a상을 기준으로 한 대칭분 전압 중 정상분 V_1은 어떻게 표시되는가?

① $\dfrac{1}{3} V_a$
② V_a
③ aV_a
④ $a^2 V_a$

해설 a상 기준 대칭분 전압
- $V_0=0$
- $V_1=V_a$
- $V_2=0$

답 ②

02 대칭 3상 교류발전기 기본식 ☐☐☐ check up!

전류의 대칭분을 I_0, I_1, I_2 유기 기전력 및 단자전압의 대칭분을 E_a, E_b, E_c 및 V_0, V_1, V_2라 할 때 3상 교류 발전기의 기본식 중 정상분 V_1값은?(단, Z_0, Z_1, Z_2는 영상, 정상, 역상 임피던스이다.)

① $-Z_0I_0$
② $-Z_2I_2$
③ $E_a-Z_1I_1$
④ $E_b-Z_2I_2$

해설 3상 교류발전기 기본식
- $V_0=-I_0Z_0$
- $V_1=E_a-I_1Z_1$
- $V_2=-I_2Z_2$

답 ③

03 1선 지락사고 조건 ☐☐☐ check up!

그림과 같이 중성점을 접지한 3상 교류 발전기의 a상이 지락되었을 때의 조건으로 맞는 것은?

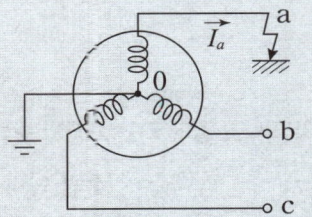

① $I_0=I_1=I_2$
② $V_0=V_1=V_2$
③ $I_1=-I_2$, $I_0=0$
④ $V_1=-V_2$, $V_0=0$

해설 1선 지락사고 조건 · $I_0=I_1=I_2=\dfrac{1}{3}I_a$

답 ①

04 1선 지락사고 계산

그림과 같은 평형 3상 교류 발전기의 1선이 접지되었을 때 접지 전류 I_a의 값은? (단, Z_0는 영상 임피던스, Z_1은 정상 임피던스, Z_2는 역상 임피던스이다.)

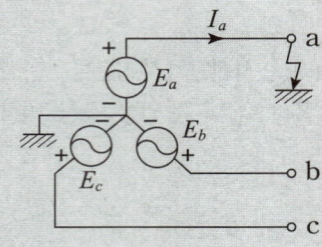

① $\dfrac{E_a}{Z_0+Z_1+Z_2}$ ② $\dfrac{\sqrt{3}\,E_a}{Z_0+Z_1+Z_2}$

③ $\dfrac{E_a}{3(Z_0+Z_1+Z_2)}$ ④ $\dfrac{3E_a}{Z_0+Z_1+Z_2}$

해설 1선지락전류 계산 · $I_a = \dfrac{3E_a}{Z_0+Z_1+Z_2}$

답 ④

05 2선 지락사고 조건

단자 전압의 각 대칭분 V_0, V_1, V_2가 0이 아니고 같게 되는 고장의 종류는?

① 1선 지락 ② 선간 단락
③ 2선 지락 ④ 3선 단락

해설 2선 지락사고 조건 · $V_0 = V_1 = V_2 \neq 0$

답 ③

[**D-30** 전기기사·산업기사 필기
30일 필기 단기완성]

제4과목
회로이론
DAY - 13

30일 단기완성

Chapter 09
비정현파 교류

1. 출제경향분석

본장은 사고시 비정현파 교류의 기본원리 및 특성에 대한 내용을 다루었으며 시험에 자주 출제가 되는 내용은 다음과 같습니다.

> **반드시 알아야 하는 핵심 포인트**
> ① 비정현파 교류의 대칭성 ② 비정현파 교류의 실효값 및 왜형률
> ③ n고조파 직렬 임피던스 ④ 비정현파 교류전력

2. 학습 가이드라인

- 반드시 알아야 하는 핵심 포인트는 전기기사 및 산업기사 시험에서 가장 출제빈도가 높은 논점으로 각 파트별 핵심 포인트와 문제를 연계하여 학습해 주시기를 권장합니다.
- 체크리스트를 작성하시면서 문제의 유형과 학습의 완성도를 스스로 확인해 주세요.
- 출제 빈도가 높고 틀리기 쉬운 문제를 맞출 수 있도록 "콕콕 포인트"를 확인해 주세요.

우선순위 논점	KEY WORD	선생님의 콕콕 포인트
비정현파 교류의 대칭성	정현파 대칭, 여현파 대칭, 반파대칭, 홀수항	대칭조건과 계수 유무로 파형구분
비정현파 교류의 실효값 및 왜형률	비정현파 실효값, 왜형률	주어진 함수를 실효값으로 바꾸어 계산해야 함
n고조파 직렬 임피던스	RL, RC 직렬 임피던스	$Z_n = R + jn\omega L$, $Z_n = R - \dfrac{1}{jn\omega C}$
비정현파 교류전력	비정현파 유효, 무효, 피상전력	같은 성분의 전압, 전류끼리 계산

9-1 비정현파 교류

1. 푸리에 급수전개에 의한 비정현파 함수
   - $f(t) = a_0 + \sum_{n=1}^{\infty} a_n \cos n\omega t + \sum_{n=1}^{\infty} b_n \sin n\omega t$

2. 비정현파의 구성
   - 직류분 + 기본파 + 고조파

3. 비정현파 교류의 대칭성

	대칭조건	계수
정현대칭파	$f(t) = -f(-t)$	$a_0 = 0$ ・ $a_n = 0$ ・ $b_n =$ 존재
여현대칭파	$f(t) = f(-t)$	$a_0 =$ 존재 ・ $a_n =$ 존재 ・ $b_n = 0$
반파대칭파	$f(t) = -f\left(\dfrac{T}{2}+t\right)$	$a_0 = 0$ ・ $a_n =$ 존재 ・ $b_n =$ 존재 ・홀수항만 존재
정현·반파대칭파	$f(t) = -f(-t)$ $f(t) = -f\left(\dfrac{T}{2}+t\right)$	$a_0 = 0$ ・ $a_n = 0$ ・ $b_n =$ 존재 ・홀수항만 존재
여현·반파대칭파	$f(t) = f(-t)$ $f(t) = -f\left(\dfrac{T}{2}+t\right)$	$a_0 = 0$ ・ $a_n =$ 존재 ・ $b_n = 0$ ・홀수항만 존재

4. 비정현파의 실효값
   - $v(t) = V_o + V_{m1}\sin\omega t + V_{m2}\sin 2\omega t + V_{m3}\sin 3\omega t + \cdots$

   → ・ $V = \sqrt{V_o^2 + V_1^2 + V_2^2 + V_3^2 + \cdots} = \sqrt{V_o^2 - \left(\dfrac{V_{m1}}{\sqrt{2}}\right)^2 + \left(\dfrac{V_{m2}}{\sqrt{2}}\right)^2 + \left(\dfrac{V_{m3}}{\sqrt{2}}\right)^2 \cdots}$

5. 비정현파의 왜형률
   - $\dfrac{\text{전 고조파의 실효치}}{\text{기본파의 실효치}} = \dfrac{\sqrt{V_2^2 + V_3^2 + V_4^2 \cdots}}{V_1}$

01 비정현파 분석 - 푸리에 급수 □□□ check up!

비정현파를 여러개의 정현파의 합으로 표시하는 방법은?

① 키르히 호프의 법칙 ② 노튼의 정리
③ 푸리에 분석 ④ 테일러의 분석

해설　푸리에 분석은 비정현파를 여러 개의 정현파의 합으로 표시한다.　　답　③

02 비정현파의 구성

비정현파 교류를 나타내는 식은?

① 기본파 + 고조파 + 직류분
② 기본파 + 직류분 − 고조파
③ 직류분 + 고조파 − 기본파
④ 교류분 + 기본파 + 고조파

해설 비정현파 교류는 직류분, 기본파, 고조파성분의 합으로 구성되어 있다.

답 ①

03 비정현파 교류함수

비정현파의 푸리에 급수에 의한 전개에서 옳게 전개한 $f(t)$는?

① $\sum_{n=1}^{\infty} a_n \sin n\omega t + \sum_{n=1}^{\infty} b_n \cos n\omega t$
② $\sum_{n=1}^{\infty} a_n \sin n\omega t + \sum_{n=1}^{\infty} b_n \sin n\omega t$
③ $a_0 + \sum_{n=1}^{\infty} a_n \cos n\omega t + \sum_{n=1}^{\infty} b_n \sin n\omega t$
④ $\sum_{n=1}^{\infty} a_n \cos n\omega t + \sum_{n=1}^{\infty} b_n \cos n\omega t$

해설 푸리에 급수전개에 의한 비정현파 함수 $f(t) = a_0 + \sum_{n=1}^{\infty} a_n \cos n\omega t + \sum_{n=1}^{\infty} b_n \sin n\omega t$

답 ③

04 푸리에 급수 – 직류분 계수

ωt가 0에서 π까지 $i=10[\mathrm{A}]$, π에서 2π까지는 $i=0[\mathrm{A}]$인 파형을 푸리에 급수로 전개하면 a_0는?

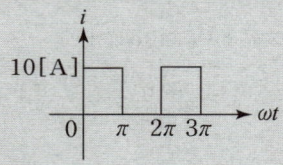

① 14.14
② 10
③ 7.05
④ 5

해설 a_0 직류분 = 평균값 → 구형 반파에 대한 직류분 $a_0 = I_a = \dfrac{I_m}{2} = \dfrac{10}{2} = 5[\mathrm{A}]$

답 ④

05 비정현파의 대칭성 – 정현 대칭

비정현파에 있어서 정현 대칭의 조건은?

① $f(t)=f(-t)$
② $f(t)=-f(-t)$
③ $f(t)=-f(t)$
④ $f(t)=-f(t+\dfrac{T}{2})$

해설
- 정현 대칭 조건 $f(t)=-f(-t)$
- 여현 대칭 조건 $f(t)=f(-t)$
- 반파 대칭 조건 $f(t)=-f(t+\dfrac{T}{2})$

답 ②

06 비정현파의 대칭성 – 반파 대칭

반파 대칭의 왜형파에 포함되는 고조파는?

① 제2고조파
② 제4고조파
③ 제5고조파
④ 제6고조파

해설 반파 대칭의 외형파는 홀수항의 a_n 및 b_n만 존재한다.

답 ③

07 비정현파의 대칭성 – 여현반파 대칭

$i(t)=\dfrac{4I_m}{\pi}\left(\cos\omega t+\dfrac{1}{3}\cos3\omega t+\dfrac{1}{5}\cos5\omega t+\cdots\right)$를 표시하는 파형은 어떻게 되는가?

①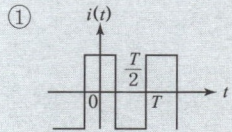
②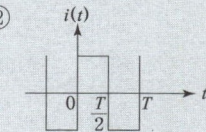
③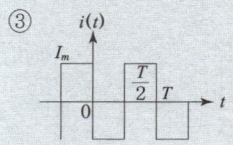
④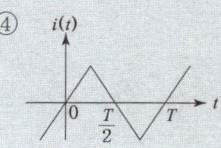

해설 cos함수의 홀수항만 존재하는 파형은 여현반파 대칭파이다.

답 ①

08 비정현파의 실효값 ①

$v = 3 + 5\sqrt{2}\sin\omega t + 10\sqrt{2}\sin\left(3\omega t - \dfrac{\pi}{3}\right)$[V]의 실효값[V]은?

① 9.6
② 10.6
③ 11.6
④ 12.6

해설 실효값 $V = \sqrt{V_0^2 + V_1^2 + V_3^2} = \sqrt{V_0^2 + \left(\dfrac{V_{m1}}{\sqrt{2}}\right)^2 + \left(\dfrac{V_{m2}}{\sqrt{2}}\right)^2} = \sqrt{3^2 + 5^2 + 10^2} = 11.57[\text{V}]$ **답** ③

09 비정현파의 실효값 ②

비정현파의 전압 $v = \sqrt{2} \cdot 100\sin\omega t + \sqrt{2} \cdot 50\sin 2\omega t + \sqrt{2} \cdot 30\sin 3\omega t$[V]일 때 실효 전압[V]은?

① $100 + 50 + 30 = 180[\text{V}]$
② $\sqrt{100 + 50 + 30} = 13.4[\text{V}]$
③ $\sqrt{100^2 + 50^2 + 30^2} = 115.8[\text{V}]$
④ $\dfrac{\sqrt{100^2 + 50^2 + 30^2}}{3} = 38.6[\text{V}]$

해설 $V = \sqrt{V_0^2 + V_1^2 + V_3^2} = \sqrt{V_0^2 + \left(\dfrac{V_{m1}}{\sqrt{2}}\right)^2 + \left(\dfrac{V_{m2}}{\sqrt{2}}\right)^2} = \sqrt{100^2 + 50^2 + 30^2} = 115.8[\text{V}]$ **답** ③

10 비정현파의 실효값 ③

그림과 같은 비정현파의 실효값[V]은?

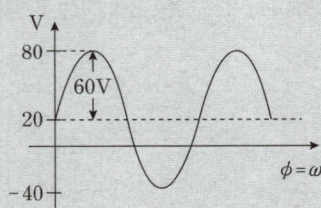

① 46.9
② 51.6
③ 56.6
④ 63.3

해설 순시값 $v = 20 + 60\sin\omega t$이므로 실효값 $V = \sqrt{V_0^2 + V_1^2} = \sqrt{20^2 + \left(\dfrac{60}{\sqrt{2}}\right)^2} = 46.9[\text{V}]$ **답** ①

11 인덕터에 축적되는 에너지 □□□ check up!

전류가 1[H]의 인덕터에 흐르고 있을 때 인덕터에 축적되는 에너지[J]는 얼마인가?
(단, $i=5+10\sqrt{2}\sin 100t+5\sqrt{2}\sin 200t$ 이다.)

① 150 ② 100
③ 75   ④ 50

해설 전류의 실효값 $I=\sqrt{I_0^2+I_1^2+I_2^2}=\sqrt{5^2+10^2+5^2}=\sqrt{150}\,[\text{A}]$

코일에 축적되는 에너지 $W=\dfrac{1}{2}LI^2=\dfrac{1}{2}\times 1\times(\sqrt{150})^2=75[\text{J}]$

답 ③

12 비정현파의 왜형률 ① □□□ check up!

다음 왜형파 전류의 왜형률은 약 얼마인가?

$$i=30\sin\omega t+10\cos 3\omega t+5\sin 5\omega t\,[\text{A}]$$

① 0.46 ② 0.26
③ 0.53 ④ 0.37

해설 $i=30\sin\omega t+10\cos 3\omega t+5\sin 5\omega t$에서 왜형률 $=\dfrac{\sqrt{I_3^2+I_5^2}}{I_1}=\dfrac{\sqrt{10^2+5^2}}{30}=0.37$

답 ④

13 비정현파의 왜형률 ② □□□ check up!

기본파의 30[%]인 제3고조파와 20[%]인 제5고조파를 포함하는 전압파의 왜형률은?

① 0.23 ② 0.46
③ 0.33 ④ 0.36

해설 $V_3=0.3V_1$, $V_5=0.2V_1$ 이므로 왜형률 $=\dfrac{\sqrt{V_3^2+V_5^2}}{V_1}=\dfrac{\sqrt{(0.3V_1)^2+(0.2V_1)^2}}{V_1}=0.36$

답 ④

9-2 비정현파 교류

1. n고조파 직렬 임피던스
   1) $R-L$ 직렬 · $Z_n = R + jn\omega L = \sqrt{R^2 + (n\omega L)^2}$
   2) $R-C$ 직렬 · $Z_n = R - j\dfrac{1}{n\omega C} = \sqrt{R^2 + \left(\dfrac{1}{n\omega C}\right)^2}$
   3) 공진주파수 · $f_o = \dfrac{1}{2\pi n\sqrt{LC}}$

2. 비정현파 교류 전력
   1) 유효 전력 · $P[\text{W}] = V_o I_o + V_1 I_1 \cos\theta_1 + V_2 I_2 \cos\theta_2 + V_3 I_3 \cos\theta_3 + \cdots$
   $\qquad\qquad\qquad = V_o I_o + \sum\limits_{n=1}^{\infty} V_n I_n \cos\theta_n = I^2 R[\text{W}]$
   2) 무효 전력 · $P_r[\text{Var}] = V_1 I_1 \sin\theta_1 + V_2 I_2 \sin\theta_2 + V_3 I_3 \sin\theta_3 + \cdots$
   $\qquad\qquad\qquad = \sum\limits_{n=1}^{\infty} V_n I_n \sin\theta_n [\text{Var}]$
   3) 피상 전력 · $P_a[\text{VA}] = VI = \sqrt{V_o^2 + V_1^2 + V_2^2 + \cdots} \times \sqrt{I_o^2 + I_1^2 + I_2^2 + \cdots}\,[\text{VA}]$
   4) 역률 · $\cos\theta = \dfrac{P}{P_a} = \dfrac{P}{VI}$

3. 상회전에 따른 고조파차수
   1) 각상이 동위상인 경우 · $h = 3n = 3, 6, 9 \cdots$
   2) 기본파와 동일방향 · $h = 3n + 1 = 1, 4, 7, 10 \cdots$
   3) 기본파와 반대방향 · $h = 3n - 1 = 2, 5, 8, 11 \cdots$

01 n고조파 직렬임피던스 - RL회로 ①

□□□ check up!

$e = 200\sqrt{2}\sin\omega t + 100\sqrt{2}\sin 3\omega t + 50\sqrt{2}\sin 5\omega t[\text{V}]$인 전압을 RL 직렬회로에 가할 때에 제3고조파 전류의 실효값[A]은? (단, $R = 8[\Omega]$, $\omega L = 2[\Omega]$이다.)

① 10[A]
② 14[A]
③ 20[A]
④ 28[A]

해설 제3고조파 실효 전압 $V_3 = \dfrac{100\sqrt{2}}{\sqrt{2}} = 100[\text{V}]$

제3고조파 임피던스 $Z_3 = R + j3\omega L = 8 + j(3 \times 2) = 8 + j6 = \sqrt{8^2 + 6^2} = 10[\Omega]$

제3고조파 전류의 실효값 $I_3 = \dfrac{V_3}{Z_3} = \dfrac{100}{10} = 10[\text{A}]$

답 ①

02 n고조파 직렬임피던스 - RL회로 ②

저항 3[Ω], 유도 리액턴스 4[Ω]인 직렬회로에 $e(t)=141.4\sin\omega t+42.4\sin3\omega t$[V]전압 인가시 전류의 실효값은 몇 [A]인가?

① 20.15
② 18.25
③ 16.15
④ 14.25

해설 기본파 임피던스 $Z_1=R+j\omega L=3+j4=\sqrt{3^2+4^2}=5[\Omega]$

3고조파 임피던스 $Z_3=R+j3\omega L=3+j3\times4=3+j12=\sqrt{3^2+12^2}=12.37[\Omega]$

기본파 전류 $I_1=\dfrac{V_1}{Z_1}=\dfrac{100}{5}=20[A]$

3고조파 전류 $I_3=\dfrac{V_3}{Z_3}=\dfrac{30}{12.37}=2.43[A]$

전류의 실효값 $I=\sqrt{I_1^2+I_3^2}=\sqrt{20^2+2.43^2}=20.15$

답 ①

03 n고조파 직렬임피던스 - 공진주파수

RLC 직렬 공진회로에서 제3고조파의 공진주파수 f[Hz]는?

① $\dfrac{1}{2\pi\sqrt{LC}}$
② $\dfrac{1}{3\pi\sqrt{LC}}$
③ $\dfrac{1}{6\pi\sqrt{LC}}$
④ $\dfrac{1}{9\pi\sqrt{LC}}$

해설 n고조파 공진조건 $n\omega L=\dfrac{1}{n\omega C}$ → $f_n=\dfrac{1}{2\pi n\sqrt{LC}}$

$\therefore f_3=\dfrac{1}{2\pi\times3\sqrt{LC}}=\dfrac{1}{6\pi\sqrt{LC}}[Hz]$

답 ③

04 비정현파 전력 - 유효전력 ①

어떤 회로의 단자 전압이 $v=100\sin\omega t+40\sin2\omega t+30\sin(3\omega t+60°)$[V]이고 전압강하의 방향으로 흐르는 전류가 $i=10\sin(\omega t-60°)+2\sin(3\omega t+105°)$[A]일 때 회로에 공급되는 평균 전력[W]은?

① 530
② 630
③ 371.2
④ 271.2

해설 $v=100\sin\omega t+40\sin2\omega t+30\sin(3\omega t+60°)$[V]

$i=10\sin(\omega t-60°)+2\sin(3\omega t+105°)$[A]이므로

$P=V_1I_1\cos\theta_1+V_3I_3\cos\theta_3=\dfrac{100}{\sqrt{2}}\times\dfrac{10}{\sqrt{2}}\cos60°+\dfrac{30}{\sqrt{2}}\times\dfrac{2}{\sqrt{2}}\cos45°=271.2[W]$

답 ④

05 비정현파 전력 - 유효전력 ②

다음 왜형파 전압과 전류에 의한 전력은 몇 [W]인가? (단, 전압의 단위는 [V], 전류의 단위는 [A]이다.)

$$v = 100\sin(\omega t + 30°) - 50\sin(3\omega t + 60°) + 25\sin 5\omega t$$
$$i = 20\sin(\omega t - 30°) + 15\sin(3\omega t + 30°) + 10\cos(5\omega t - 60°)$$

① 933.0
② 566.9
③ 420.0
④ 283.5

해설
$v = 100\sin(\omega t + 30°) - 50\sin(3\omega t + 60°) + 25\sin 5\omega t$
$i = 20\sin(\omega t - 30°) + 15\sin(3\omega t + 30°) + 10\cos(5\omega t - 60°)$
$ = 20\sin(\omega t - 30°) + 15\sin(3\omega t + 30°) + 10\sin(5\omega t + 30°)$
$P = V_1 I_1 \cos\theta_1 + V_3 I_3 \cos\theta_3 + V_5 I_5 \cos\theta_5$
$ = \frac{1}{2}(100 \times 20\cos 60° - 50 \times 15\cos 30° + 25 \times 10\cos 30°) = 283.5[W]$

답 ④

06 비정현파 전력 - 유효전력 ③

어떤 교류회로에 $e = 100\sin\omega t + 20\sin\left(3\omega t + \frac{\pi}{3}\right)$[V]인 전압을 가했을 때 이것에 의해 회로에 흐르는 전류가 $i = 40\sin\left(\omega t - \frac{\pi}{6}\right) + 5\sin\left(3\omega t + \frac{\pi}{12}\right)$[A]라 한다. 이 회로에서 소비되는 전력은 약 몇 [kW]인가?

① 1.27
② 1.77
③ 1.97
④ 2.27

해설 비정현파 교류전력

$e = 100\sin\omega t + 20\sin\left(3\omega t + \frac{\pi}{3}\right)$[V]

$i = 40\sin\left(\omega t - \frac{\pi}{6}\right) + 5\sin\left(3\omega t + \frac{\pi}{12}\right)$[A]

유효전력[W]은
$P = V_1 I_1 \cos\theta_1 + V_3 I_3 \cos\theta_3$
$ = \frac{1}{2}(100 \times 40\cos 30° + 20 \times 5\cos 45°) \times 10^{-3}$
$ = 1.77[kW]$가 된다.

답 ②

07 상회전에 따른 고조파 차수

□□□ check up!

일반적으로 대칭 3상 회로의 전압, 전류에 포함되는 전압, 전류의 고조파는 n을 임의의 정수로 하여 $[3n+1]$ 일 때의 상회전은 어떻게 되는가?

① 정지 상태
② 각 상 동위상
③ 상회전은 기본파의 반대
④ 상회전은 기본파와 동일

해설 상회전(상순)에 따른 고조파 차수

① $3n+1$: 상회전이 기본파와 동일 → 1, 4, 7, 10, … 고조파
② $3n-1$: 상회전이 기본파와 반대 → 2, 5, 8, 11, … 고조파
③ $3n$: 각 상이 동위상 → 3, 6, 9, … 고조파

답 ④

제4과목 **회로이론**
DAY - 14

30일 단기완성

Chapter 10
2단자망

1 출제경향분석

본장은 2단자망의 구동점 임피던스와 정저항회로에 대한 기본원리 및 특성에 대한 내용을 다루었으며 시험에 자주 출제가 되는 내용은 다음과 같습니다.

반드시 알아야 하는 핵심 포인트
① 2단자망의 구동점 임피던스   ② 정저항 회로

2 학습 가이드라인

- 반드시 알아야 하는 핵심 포인트는 전기기사 및 산업기사 시험에서 가장 출제빈도가 높은 논점으로 각 파트별 핵심 포인트와 문제를 연계하여 학습해 주시기를 권장합니다.
- 체크리스트를 작성하시면서 문제의 유형과 학습의 완성도를 스스로 확인해 주세요.
- 출제 빈도가 높고 틀리기 쉬운 문제를 맞출 수 있도록 "콕콕 포인트"를 확인해 주세요.

우선순위 논점	KEY WORD	선생님의 콕콕 포인트
2단자망의 구동점 임피던스	구동점 임피던스, 영점, 극점	$R \to R[\Omega],\ L \to Ls[\Omega],\ C \to \dfrac{1}{Cs}[\Omega]$
정저항 회로	주파수 무관, 정저항, 허수부 0	$Z_1 Z_2 = R^2 = \dfrac{L}{C}$

10 2단자망

1. 구동점 임피던스
   2단자망에 전원 인가시 전원측에서 회로망 쪽을 바라본 등가임피던스

   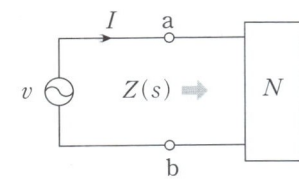

2. R, L, C에 대한 구동점 임피던스 $Z(s)$ [Ω]
   1) $R[\Omega]$ → $Z(s) = R[\Omega]$
   2) $L[H]$ → $Z(s) = j\omega L = sL[\Omega]$
   3) $C[F]$ → $Z(s) = \dfrac{1}{j\omega C} = \dfrac{1}{sC}[\Omega]$

3. 영점 및 극점
   - $Z(s) = \dfrac{(s+a_1)(s+a_2)}{(s+b_1)(s+b_2)}[\Omega]$
   1) 영점 : $Z(s)$가 0이 되는 s값으로 분자가 0이 되는 점 • $s = -a_1$ • $s = -a_2$
   2) 극점 : $Z(s)$가 ∞ 되는 s값으로 분모가 0이 되는 점 • $s = -b_1$ • $s = -b_2$

4. 정저항 회로의 조건

   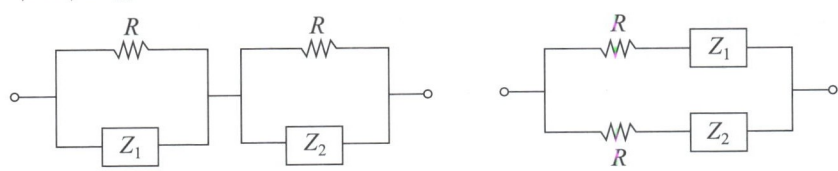

   - $Z_1 \cdot Z_2 = R^2$
   - Z_1과 Z_2가 L, C 단독회로 → $Z_1 Z_2 = \dfrac{L}{C} = R^2$

01 구동점 임피던스의 계산

다음 회로의 구동점 임피던스[Ω]는?

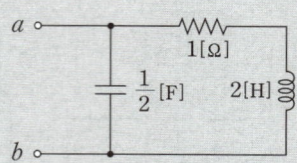

① $\dfrac{2(2s+1)}{2s^2+s+2}$

② $\dfrac{2s+1}{2s^2+s+2}$

③ $\dfrac{2(2s-1)}{2s^2+s+2}$

④ $\dfrac{2s^2+s+2}{2(2s+1)}$

해설 구동점 임피던스

$$Z(s) = \frac{\frac{2}{s} \cdot (1+2s)}{\frac{2}{s}+2s+1} = \frac{2 \cdot (2s+1)}{2s^2+s+2}[\Omega]$$

답 ①

02 구동점 임피던스 – 극점의 의미

구동점 임피던스(Driving Point Impedance)함수에 있어서 극점(Pole)은?

① 단락회로 상태를 의미한다.
② 개방회로 상태를 의미한다.
③ 아무런 상태도 아니다.
④ 전류가 많이 흐르는 상태를 의미한다.

해설
- 영점 : $Z(s)$가 0이 되므로 회로 단락상태가 된다.
- 극점 : $Z(s)$가 무한이 되므로 회로 개방상태가 된다.

답 ②

03 구동점 임피던스 – 영점의 의미

구동점 임피던스에 있어서 영점(Zero)은?

① 전류가 흐르지 않는 경우이다.
② 회로를 개방한 것과 같다.
③ 회로를 단락한 것과 같다.
④ 전압이 가장 큰 상태이다.

해설 구동점 임피던스 영점은 $Z(s)=0[\Omega]$인 경우이므로 분자가 0인 s이며 임피던스가 $0[\Omega]$이므로 회로를 단락한 상태이다.

답 ③

04 정저항 회로의 조건 ① □□□ check up!

L 및 C를 직렬로 접속한 임피던스가 있다. 지금 그림과 같이 L 및 C의 각각에 동일한 무유도 저항 R을 병렬로 접속하여 이 합성 회로가 주파수에 무관계하게 되는 R의 값을 구하여라.

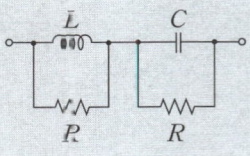

① $R^2 = \dfrac{L}{C}$

② $R^2 = \dfrac{C}{L}$

③ $R^2 = L \cdot C$

④ $R^2 = \dfrac{1}{LC}$

해설 정저항 회로는 Z가 주파수에 무관계한 회로이며 조건은 $R^2 = Z_1 Z_2 = j\omega L \times \dfrac{1}{j\omega C} = \dfrac{L}{C}$ **답** ①

05 정저항 회로의 조건 ② □□□ check up!

다음과 같은 회로가 정저항 회로가 되기 위한 $R[\Omega]$의 값은?

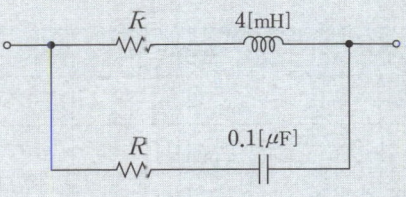

① 200
② 2
③ 2×10^{-2}
④ 2×10^{-4}

해설 정저항 회로

$R^2 = \dfrac{L}{C}$, $R = \sqrt{\dfrac{L}{C}}$ 이므로

$\therefore R = \sqrt{\dfrac{4 \times 10^{-3}}{0.1 \times 10^{-6}}} = 200[\Omega]$ **답** ①

06 2단자망의 표현

리액턴스 함수가 $Z(s) = \dfrac{3s}{s^2+15}$ 로 표시되는 리액턴스 2단자망은?

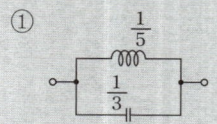

해설 $Z(s) = \dfrac{3s}{s^2+15}$ 에서 모든 분자를 1로 변환 → $Z(s) = \dfrac{1}{\dfrac{s^2}{3s}+\dfrac{15}{3s}} = \dfrac{1}{\dfrac{s}{3}+\dfrac{5}{s}} = \dfrac{1}{\dfrac{1}{3}s+\dfrac{1}{\dfrac{1}{5}s}}$

- 분수 안의 s계수 : C값
- $\dfrac{1}{s}$계수 : L값
- 분수안의 + : 병렬

∴ $Z(s) = \dfrac{3s}{s^2+15}$ → $C = \dfrac{1}{3}$ 과 $L = \dfrac{1}{5}$ 의 병렬연결

답 ①

참고 함수와 2단자 회로망의 관계

구분	분수 밖	분수 안
+	직 렬	병 렬
실수	$R[\Omega]$	$G[\mho]$
s의 계수	$L[H]$	$C[F]$
$\dfrac{1}{s}$의 계수	$C[F]$	$L[H]$

07 2단자망 - 역회로

그림 (a)와 그림 (b)가 역회로 관계에 있으려면 L의 값[mH]은? (단, $K^2=2000$이다.)

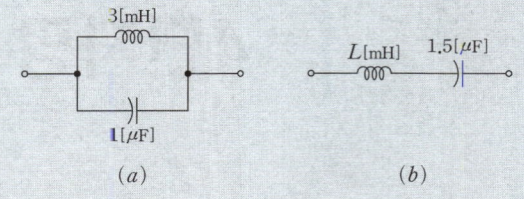

① 1.5×10^6 ② 2×10^6
③ 3 ④ 2

해설 역(쌍대)회로

$L_1 = 3[\text{mH}]$, $C_2 = 1[\mu\text{F}]$이고 역회로에서 $C_1 = 1.5[\mu\text{F}]$일 때

$L_2 = L$은 역회로 관계식에서 $Z_1 \cdot Z_2 = \dfrac{L_1}{C_1} = \dfrac{L_2}{C_2} = K^2$이므로

$L_2 = \dfrac{C_2}{C_1} L_1 = \dfrac{1 \times 10^{-6}}{1.5 \times 10^{-6}} \times 3 \times 10^{-3} \times 10^3 = 2[\text{mH}]$

답 ④

제4과목
회로이론
DAY-14

30일 단기완성

Chapter 11
4단자망

1 출제경향분석

본장은 4단자망의 파라미터의 종류에 대한 기본원리 및 특성에 대한 내용을 다루었으며 시험에 자주 출제가 되는 내용은 다음과 같습니다.

반드시 알아야 하는 핵심 포인트
① 임피던스 및 어드미턴스 파라미터 ② 4단자정수
③ 영상 임피던스 ④ 영상전달함수

2 학습 가이드라인

- 반드시 알아야 하는 핵심 포인트는 전기기사 및 산업기사 시험에서 가장 출제빈도가 높은 논점으로 각 파트별 핵심 포인트와 문제를 연계하여 학습해 주시기를 권장합니다.
- 체크리스트를 작성하시면서 문제의 유형과 학습의 완성도를 스스로 확인해 주세요.
- 출제 빈도가 높고 틀리기 쉬운 문제를 맞출 수 있도록 "콕콕 포인트"를 확인해 주세요.

우선순위 논점	KEY WORD	선생님의 콕콕 포인트
임피던스 및 어드미턴스 파라미터	T형회로, π형회로, 파라미터 정수	$Z_{11}=Z_1+Z_3$, $Z_{22}=Z_2+Z_3$, $Z_{12}=Z_{21}=Z_3$
4단자정수	전압비, 전류비, 임피던스, 어드미턴스	소자로 주어진 경우 임피던스로 변환
영상 임피던스	영상 임피던스, 4단자정수	1차 영상임피던스 $Z_{01}=\sqrt{\dfrac{AB}{CD}}\ [\Omega]$ 2차 영상임피던스 $Z_{02}=\sqrt{\dfrac{DB}{CA}}\ [\Omega]$
영상전달정수	영상파라미터, 4단자정수	대칭 T형시 $A=D$임을 이용해서 풀이

11-1 4단자망

1. T형 회로의 임피던스 파라미터

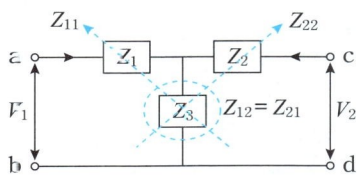

1) Z_{11} : 앞쪽 임피던스와 중앙 임피던스의 합 · $Z_{11}=Z_1+Z_3$
2) Z_{22} : 뒤쪽 임피던스와 중앙 임피던스의 합 · $Z_{22}=Z_2+Z_3$
3) $Z_{12}=Z_{21}$: 중앙의 공통 임피던스 · $Z_{12}=Z_{21}=Z_3$

2. π형 회로의 어드미턴스 파라미터

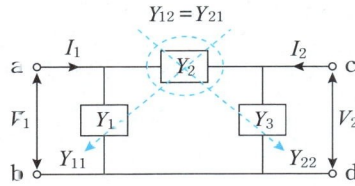

1) Y_{11} : 앞쪽 어드미턴스와 중앙 어드미턴스의 합 · $Y_{11}=Y_1+Y_2$
2) Y_{22} : 뒤쪽 어드미턴스와 중앙 어드미턴스의 합 · $Y_{22}=Y_3+Y_2$
3) $Y_{12}=Y_{21}$: 중앙 어드미턴스를 취한다. · $Y_{12}=Y_{21}=Y_2$

01 T형 임피던스 파라미터 □□□ check up!

아래 그림에서 본 구동점 임피던스 Z_{11}의 값[Ω]은?

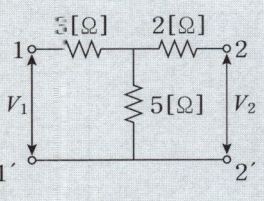

① 5 ② 8
③ 10 ④ 4.4

해설 T형 회로의 임피던스 파라미터

Z_{11} → 앞쪽 임피던스와 중앙 임피던스의 합 · $Z_{11}=Z_1+Z_3$

Z_{22} → 뒤쪽 임피던스와 중앙 임피던스의 합 · $Z_{22}=Z_2+Z_3$

$Z_{12}=Z_{21}$ → 중앙의 공통 임피던스 · $Z_{12}=Z_{21}=Z_3$

$\therefore Z_{11}=Z_1+Z_3=3+5=8[\Omega]$

답 ②

02 π형 어드미턴스 파라미터

그림과 같은 π형 회로에 있어서 어드미턴스 파라미터 중 Y_{21}은 어느 것인가?

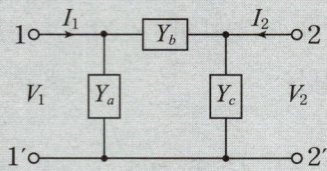

① Y_a
② $-Y_b$
③ Y_a+Y_b
④ Y_b+Y_c

해설 $Y_{11}=\dfrac{I_1}{V_1}\bigg|_{V_2=0}=Y_a+Y_b$

$Y_{12}=\dfrac{I_1}{V_2}\bigg|_{V_1=0}=\dfrac{-Y_b V_2}{V_2}=-Y_b$

$Y_{21}=\dfrac{I_2}{V_1}\bigg|_{V_2=0}=\dfrac{-Y_b V_1}{V_1}=-Y_b$

$Y_{22}=\dfrac{I_2}{V_2}\bigg|_{V_1=0}=Y_b+Y_c$

답 ②

11-2 4단자망

1. 4단자정수

$A = \dfrac{V_1}{V_2}\bigg|_{I_2=0}$ 전압이득(전압비) → 권수비 $a = n$

$B = \dfrac{V_1}{I_2}\bigg|_{V_2=0}$ 임피던스 → 0

$C = \dfrac{I_1}{V_2}\bigg|_{I_2=0}$ 어드미턴스 → 0

$D = \dfrac{I_1}{I_2}\bigg|_{V_2=0}$ 전류이득(전류비) → 권수비의 역수 $\dfrac{1}{a} = \dfrac{1}{n}$

2. 각종회로의 4단자정수

회로	4단자정수
Z_1 직렬	$\begin{bmatrix} A & B \\ C & D \end{bmatrix} = \begin{bmatrix} 1 & Z_1 \\ 0 & 1 \end{bmatrix}$
Z_2 병렬	$\begin{bmatrix} A & B \\ C & D \end{bmatrix} = \begin{bmatrix} 1 & 0 \\ \dfrac{1}{Z_2} & 1 \end{bmatrix}$
Z_1, Z_3 직렬 + Z_2 병렬	$\begin{bmatrix} A & B \\ C & D \end{bmatrix} = \begin{bmatrix} 1+\dfrac{Z_1}{Z_2} & Z_1+Z_3+\dfrac{Z_1 Z_3}{Z_2} \\ \dfrac{1}{Z_2} & 1+\dfrac{Z_3}{Z_2} \end{bmatrix}$
Z_2 직렬 + Z_1, Z_3 병렬	$\begin{bmatrix} A & B \\ C & D \end{bmatrix} = \begin{bmatrix} 1+\dfrac{Z_2}{Z_3} & Z_2 \\ \dfrac{Z_1+Z_2+Z_3}{Z_1 Z_3} & 1+\dfrac{Z_2}{Z_1} \end{bmatrix}$

3. 4단자정수 성질
   ① $AD - BC = 1$
   ② 좌우 대칭 $A = D$

01 4단자정수 - 어드미턴스

4단자 정수 A, B, C, D 중에서 어드미턴스 차원을 가진 정수는?

① A　　　　　　　　　　　　　② B
③ C　　　　　　　　　　　　　④ D

해설 $\begin{bmatrix} V_1 = AV_2 + BI_2 \\ I_1 = CV_2 + DI_2 \end{bmatrix}$의 4단자 정수

$A = \dfrac{V_1}{V_2}\Big|_{I_2=0}$ 전압이득(전압비)

$B = \dfrac{V_1}{I_2}\Big|_{V_2=0}$ 임피던스

$C = \dfrac{I_1}{V_2}\Big|_{I_2=0}$ 어드미턴스

$D = \dfrac{I_1}{I_2}\Big|_{V_2=0}$ 전류이득(전류비)

답　③

02 4단자정수의 계산

그림과 같은 4단자 회로망에서 출력측을 개방하니 $V_1=12[\text{V}]$, $I_1=2[\text{V}]$, $V_2=4[\text{V}]$이고 출력측을 단락하니 $V_1=16[\text{V}]$, $I_1=4[\text{V}]$, $I_2=2[\text{V}]$이었다. 4단자 정수 A, B, C, D는 얼마인가?

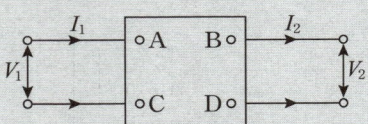

① $A=2$, $B=3$, $C=8$, $D=0.5$　　② $A=0.5$, $B=2$, $C=3$, $D=8$
③ $A=8$, $B=0.5$, $C=2$, $D=3$　　④ $A=3$, $B=8$, $C=0.5$, $D=2$

해설 출력측 개방시 $I_2=0$이며 출력측 단락시 $V_2=0$이므로

- $A = \dfrac{V_1}{V_2}\Big|_{I_2=0} = \dfrac{12}{4} = 3$
- $B = \dfrac{V_1}{I_2}\Big|_{V_2=0} = \dfrac{16}{2} = 8$
- $C = \dfrac{I_1}{V_2}\Big|_{I_2=0} = \dfrac{2}{4} = 0.5$
- $D = \dfrac{I_1}{I_2}\Big|_{V_2=0} = \dfrac{4}{2} = 2$

답　④

03 4단자정수 – 결합 회로 □□□ check up!

다음 결합 회로의 4단자 정수 A, B, C, D 파라미터 행렬은?

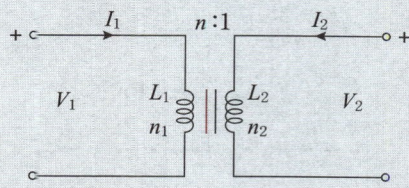

① $\begin{bmatrix} A & B \\ C & D \end{bmatrix} = \begin{bmatrix} n & 0 \\ 0 & \frac{1}{n} \end{bmatrix}$
② $\begin{bmatrix} A & B \\ C & D \end{bmatrix} = \begin{bmatrix} 1 & n \\ \frac{1}{n} & 0 \end{bmatrix}$

③ $\begin{bmatrix} A & B \\ C & D \end{bmatrix} = \begin{bmatrix} 0 & n \\ \frac{1}{n} & 1 \end{bmatrix}$
④ $\begin{bmatrix} A & B \\ C & D \end{bmatrix} = \begin{bmatrix} \frac{1}{n} & 0 \\ 0 & n \end{bmatrix}$

해설 권수비 $a = \dfrac{n_1}{n_2} = \dfrac{n}{1} = n$ ➡ $A = n,\ D = \dfrac{1}{n}$

$\begin{bmatrix} A & B \\ C & D \end{bmatrix} = \begin{bmatrix} n & 0 \\ 0 & \frac{1}{n} \end{bmatrix}$

답 ①

04 4단자정수 – T형 회로 ① □□□ check up!

그림과 같은 T형 회로에서 4단자 정수 중 D의 값은?

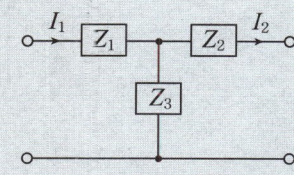

① $1 + \dfrac{Z_1}{Z_3}$
② $\dfrac{Z_1 Z_2}{Z_3} + Z_2 + Z_1$

③ $\dfrac{Z_1}{Z_3}$
④ $1 + \dfrac{Z_2}{Z_3}$

해설 T형 회로 4단자정수 $\begin{bmatrix} A & B \\ C & D \end{bmatrix} = \begin{bmatrix} 1 + \dfrac{Z_1}{Z_3} & Z_1 + Z_2 + \dfrac{Z_1 Z_2}{Z_3} \\ \dfrac{1}{Z_3} & 1 + \dfrac{Z_2}{Z_3} \end{bmatrix}$

답 ④

05 4단자정수 - T형 회로 ②

그림과 같은 회로에서 4단자 정수 A, B, C, D를 구하면?

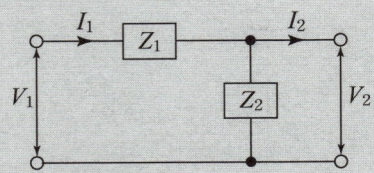

① $A=\dfrac{5}{3}, B=800, C=\dfrac{1}{450}, D=\dfrac{5}{3}$
② $A=\dfrac{3}{5}, B=600, C=\dfrac{1}{350}, D=\dfrac{3}{5}$
③ $A=800, B=\dfrac{5}{3}, C=\dfrac{5}{3}, D=\dfrac{1}{450}$
④ $A=600, B=\dfrac{3}{5}, C=\dfrac{3}{5}, D=\dfrac{1}{350}$

해설
- $A=D=1+\dfrac{300}{450}=\dfrac{5}{3}$
- $B=300+300+\dfrac{300\times300}{450}=800$
- $C=\dfrac{1}{450}$

답 ①

06 4단자정수 - L형 회로 ①

그림과 같은 L형 회로의 4단자 정수는 어떻게 되는가?

① $A=Z_1, B=1+\dfrac{Z_1}{Z_2}, C=\dfrac{1}{Z_2}, D=1$
② $A=1, B=\dfrac{1}{Z_2}, C=1+\dfrac{1}{Z_2}, D=Z_1$
③ $A=1+\dfrac{Z_1}{Z_2}, B=Z_1, C=\dfrac{1}{Z_2}, D=1$
④ $A=\dfrac{1}{Z_2}, B=1, C=Z_1, D=1+\dfrac{Z_1}{Z_2}$

해설
- $A=1+\dfrac{Z_1}{Z_2}$
- $C=\dfrac{1}{Z_2}$
- $B=Z_1+0+\dfrac{Z_1\times0}{Z_2}=Z_1$
- $D=1+\dfrac{0}{Z_2}=1$

답 ③

07 4단자정수 – L형 회로 ②

그림과 같은 L형 회로의 4단자 A, B, C, D 정수 중 A는?

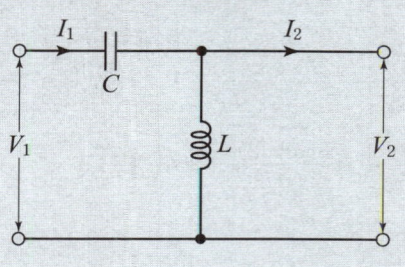

① $1+\dfrac{1}{\omega LC}$
② $1-\dfrac{1}{\omega^2 LC}$
③ $1+\dfrac{1}{j\omega L}$
④ $\dfrac{1}{2\sqrt{LC}}$

해설
$A = 1 + \dfrac{\frac{1}{j\omega C}}{j\omega L} = 1 - \dfrac{1}{\omega^2 LC}$

답 ②

08 4단자정수 – π형 회로

그림에서 4단자 회로 정수 A, B, C, D 중 출력 단자 3, 4가 개방되었을 때의 $\dfrac{V_1}{V_2}$ 인 A의 값은?

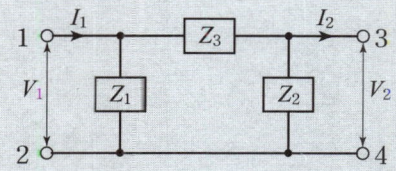

① $1+\dfrac{Z_2}{Z_1}$
② $\dfrac{Z_1+Z_2+Z_3}{Z_1 Z_3}$
③ $1+\dfrac{Z_2}{Z_3}$
④ $1+\dfrac{Z_3}{Z_2}$

해설
π형 회로 4단자 정수 $\begin{bmatrix} A & B \\ C & D \end{bmatrix} = \begin{bmatrix} 1+\dfrac{Z_3}{Z_2} & Z_3 \\ \dfrac{Z_1+Z_2+Z_3}{Z_1 Z_2} & 1+\dfrac{Z_3}{Z_1} \end{bmatrix}$

답 ④

09 4단자정수의 성질

어떤 회로망의 4단자 정수가 $A=8$, $B=j2$, $D=3+j2$이면 이 회로망의 C는 얼마인가?

① $2+j3$
② $3+j3$
③ $24+j14$
④ $8-j11.5$

해설 $AD-BC=1$ → $C=\dfrac{AD-1}{B}=\dfrac{8(3+j2)-1}{j2}=8-j11.5$

답 ④

10 4단자정수 - 대칭조건

다음의 T형 4단자망 회로에서 A, B, C, D 파라미터 사이의 성질 중 성립되는 대칭조건은?

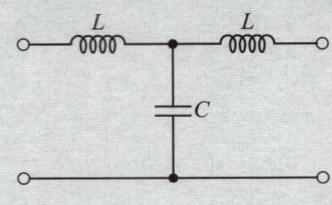

① $A=D$
② $A=C$
③ $B=C$
④ $B=A$

해설 대칭회로 조건 : $A=D$

답 ①

11-3 4단자망

1. 영상임피던스

   1) 1차 영상 임피던스 · $Z_{01} = \dfrac{V_1}{I_1} = \sqrt{\dfrac{AB}{CD}} = \sqrt{Z_{1s} \cdot Z_{1o}}$

   2) 2차 영상 임피던스 · $Z_{02} = \dfrac{V_2}{I_2} = \sqrt{\dfrac{BD}{AC}} = \sqrt{Z_{2s} \cdot Z_{2o}}$

   3) 1차, 2차 영상 임피던스의 관계 · $Z_{01} \cdot Z_{02} = \dfrac{B}{C}$, $\dfrac{Z_{01}}{Z_{02}} = \dfrac{A}{D}$

2. 좌우대칭회로의 영상임피던스 · $Z_{01} = Z_{02} = \sqrt{\dfrac{B}{C}}$

3. 영상전달정수 · $\theta = \log_e(\sqrt{AD} + \sqrt{BC}) = \cosh^{-1}\sqrt{AD} = \sinh^{-1}\sqrt{BC}$

01 영상 임피던스의 표현 □□□ check up!

4단자 회로에서 4단자 정수를 A, B, C, D라 하면 영상 임피던스 Z_{01}, Z_{02}는?

① $Z_{01} = \sqrt{\dfrac{AB}{CD}}$, $Z_{02} = \sqrt{\dfrac{BD}{AC}}$ ② $Z_{01} = \sqrt{AB}$, $Z_{02} = \sqrt{CD}$

③ $Z_{01} = \sqrt{\dfrac{BC}{AD}}$, $Z_{02} = \sqrt{ABCD}$ ④ $Z_{01} = \sqrt{\dfrac{BD}{AC}}$, $Z_{02} = \sqrt{ABCD}$

해설
- 1차 영상 임피던스 $Z_{01} = \sqrt{\dfrac{AB}{CD}}$
- 2차 영상 임피던스 $Z_{02} = \sqrt{\dfrac{BD}{AC}}$

답 ①

02 1차 및 2차 영상 임피던스의 관계 □□□ check up!

4단자 회로에서 4단자 정수를 A, B, C, D라 하면 영상 임피던스 $\dfrac{Z_{01}}{Z_{02}}$는?

① $\dfrac{D}{A}$ ② $\dfrac{B}{C}$

③ $\dfrac{C}{B}$ ④ $\dfrac{A}{D}$

해설

- 1차 영상 임피던스 $Z_{01} = \sqrt{\dfrac{AB}{CD}}$
- 2차 영상 임피던스 $Z_{02} = \sqrt{\dfrac{BD}{AC}}$

→ $\dfrac{Z_{01}}{Z_{02}} = \dfrac{\sqrt{\dfrac{AB}{CD}}}{\sqrt{\dfrac{DB}{CA}}} = \dfrac{A}{D}$

답 ④

03 영상 임피던스의 계산 – L형 회로 □□□ check up!

그림과 같은 회로의 영상 임피던스 Z_{01}, Z_{02}는?

[회로도: 4[Ω] 직렬, 5[Ω] 병렬, Z_{01}, Z_{02}]

① $Z_{01} = 9[\Omega]$, $Z_{02} = 5[\Omega]$
② $Z_{01} = 4[\Omega]$, $Z_{02} = 5[\Omega]$
③ $Z_{01} = 4[\Omega]$, $Z_{02} = \dfrac{20}{9}[\Omega]$
④ $Z_{01} = 6[\Omega]$, $Z_{02} = \dfrac{10}{3}[\Omega]$

해설
L형 회로 4단자정수

- $A = 1 + \dfrac{4}{5} = \dfrac{9}{5}$
- $B = 4$
- $C = \dfrac{1}{5}$
- $D = 1$

→ $Z_{01} = \sqrt{\dfrac{AB}{CD}} = \sqrt{\dfrac{\dfrac{9}{5} \times 4}{\dfrac{1}{5} \times 1}} = 6$, $Z_{02} = \sqrt{\dfrac{BD}{AC}} = \sqrt{\dfrac{4 \times 1}{\dfrac{9}{5} \times \dfrac{1}{5}}} = \dfrac{10}{3}$

답 ④

04 영상 임피던스의 계산 – T형 회로 □□□ check up!

다음과 같은 4단자 회로에서 영상 임피던스[Ω]는?

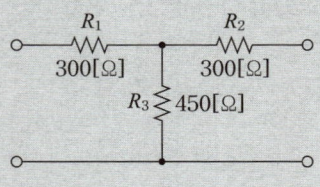

① 200
② 300
③ 450
④ 600

해설 대칭 회로이므로 $A=D$ → $Z_{01}=Z_{02}=\sqrt{\dfrac{B}{C}}$

- $B=\dfrac{300\times450+300\times300+300\times450}{450}=800$
- $C=\dfrac{1}{450}$

$\therefore Z_0=\sqrt{\dfrac{800}{\dfrac{1}{450}}}=600[\Omega]$

답 ④

05 공칭 임피던스 □□□ check up!

그림과 같은 고역 여파기에서 공칭 임피던스 $K[\Omega]$ 및 차단 주파수 $f_c[\text{kHz}]$는 얼마인가?

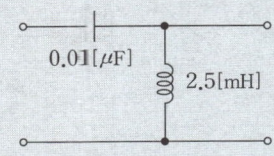

① 400, 25.9
② 460, 20.9
③ 480, 18.9
④ 500, 15.9

해설 고역 여파기에서 공칭 임피던스 $K^2=Z_1Z_2=\dfrac{L}{C}$ 이므로

$K=\sqrt{\dfrac{L}{C}}=\sqrt{\dfrac{2.5\times10^{-3}}{0.01\times10^{-6}}}=500[\Omega]$

차단 주파수 $f_c=\dfrac{K}{4\pi L}=\dfrac{500}{4\pi\times2.5\times10^{-3}}\times10^{-3}=15.9[\text{kHz}]$

답 ④

06 영상전달정수 – T형 회로 ① □□□ check up!

그림과 같은 T형 4단자망의 전달 정수는?

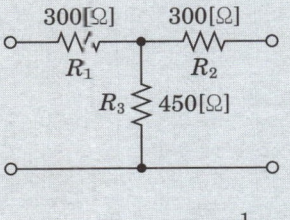

① $\log_e 2$
② $\log_e \dfrac{1}{2}$
③ $\log_e \dfrac{1}{3}$
④ $\log_e 3$

해설 대칭회로이므로

- $A = D = 1 + \dfrac{R_1}{R_3} = 1 + \dfrac{300}{450} = \dfrac{5}{3}$
- $B = R_1 + R_2 + \dfrac{R_1 R_2}{R_3} = 300 + 300 + \dfrac{300 \times 300}{450} = 800$
- $C = \dfrac{1}{R_3} = \dfrac{1}{450}$

$\therefore \theta = \log_e(\sqrt{AD} + \sqrt{BC}) = \log_e\left(\sqrt{\dfrac{5}{3} \times \dfrac{5}{3}} + \sqrt{\dfrac{800}{450}}\right) = \log_e 3$

답 ④

07 영상전달정수 – T형 회로 ② □□□ check up!

다음과 같은 회로망에서 영상파라미터(영상전달정수) θ는?

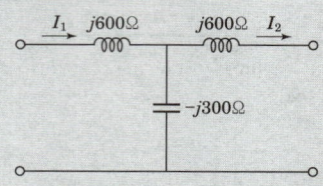

① 10
② 2
③ 1
④ 0

해설
- $A = D = 1 + \dfrac{j600}{-j300} = -1$
- $B = j600 + j600 + \dfrac{j600 \times j600}{-j300} = 0$
- $C = \dfrac{j600}{-j300} = j\dfrac{1}{300}$

$\therefore \theta = \log_e(\sqrt{AD} + \sqrt{BC}) = \log_e 1 = 0$

답 ④

[**D-30** 전기기사·산업기사 필기
30일 필기 단기완성]

제4과목
회로이론
DAY-14

30일 단기완성

Chapter 12
분포정수

1 출제경향분석

본장은 분포정수회로에 대한 기본원리 및 특성에 대한 내용을 다루었으며 시험에 자주 출제가 되는 내용은 다음과 같습니다.

반드시 알아야 하는 핵심 포인트
① 특성임피던스 및 전파정수 ② 무손실 선로
③ 무왜형 선로

2 학습 가이드라인

- 반드시 알아야 하는 핵심 포인트는 전기기사 및 산업기사 시험에서 가장 출제빈도가 높은 논점으로 각 파트별 핵심 포인트와 문제를 연계하여 학습해 주시기를 권장합니다.
- 체크리스트를 작성하시면서 문제의 유형과 학습의 완성도를 스스로 확인해 주세요.
- 출제 빈도가 높고 틀리기 쉬운 문제를 맞출 수 있도록 "콕콕 포인트"를 확인해 주세요.

우선순위 논점	KEY WORD	선생님의 콕콕 포인트
특성임피던스 및 전파정수	직렬 임피던스, 병렬 어드미턴스 감쇠정수, 위상정수	$Z_o = \sqrt{\dfrac{Z}{Y}} = \sqrt{\dfrac{R+j\omega L}{G+j\omega C}}$
무손실 선로	무손실, 감쇠정수, 위상정수	$R=0$, $G=0$ 대입
무왜형 선로	무왜형, 감쇠정수, 위상정수	$LG=RC$, $\dfrac{R}{L}=\dfrac{G}{C}$

12 분포정수

1. 특성임피던스   • $Z_0 = \sqrt{\dfrac{Z}{Y}} = \sqrt{\dfrac{R+j\omega L}{G+j\omega C}}\,[\Omega]$

2. 전파정수   • $\gamma = \sqrt{ZY} = \sqrt{(R+j\omega L)\cdot(G+j\omega C)} = \alpha + j\beta$
         • α = 감쇠정수, β = 위상정수

3. 무손실 선로 : 손실이 없는 선로
   1) 조건   • $R=0$ 및 $G=0$
   2) 특성임피던스   • $Z_0 = \sqrt{\dfrac{L}{C}}\,[\Omega]$
   3) 전파정수   • $\gamma = j\omega\sqrt{LC}$
         • $\alpha = 0$, $\beta = \omega\sqrt{LC}$
   4) 전파속도   • $v = \dfrac{2\pi f}{\beta} = \dfrac{\omega}{\beta} = \dfrac{1}{\sqrt{LC}} = \lambda f\,[\text{m/sec}]$

4. 무왜형 선로 : 파형의 일그러짐이 없는 선로
   1) 조건   • $\dfrac{R}{L} = \dfrac{G}{C}$ 또는 $LG = RC$
   2) 특성 임피던스   • $Z_0 = \sqrt{\dfrac{L}{C}}\,[\Omega]$
   3) 전파정수   • $\gamma = \sqrt{RG} + j\omega\sqrt{LC}$
         • $\alpha = \sqrt{RG}$, $\beta = \omega\sqrt{LC}$
   4) 전파속도   • $v = \dfrac{2\pi f}{\beta} = \dfrac{\omega}{\beta} = \dfrac{1}{\sqrt{LC}} = \lambda f\,[\text{m/sec}]$

01 특성임피던스의 표현 ①

분포정수회로에서 직렬임피던스를 Z, 병렬어드미턴스를 Y라 할 때, 선로의 특성임피던스 Z_0는?

① ZY ② $\sqrt{ZY}$
③ $\sqrt{\dfrac{Y}{Z}}$ ④ $\sqrt{\dfrac{Z}{Y}}$

해설   특성 임피던스 $Z_0 = \sqrt{\dfrac{Z}{Y}} = \sqrt{\dfrac{r+j\omega L}{g+j\omega C}}\,[\Omega]$

답 ④

02 특성임피던스의 표현 ②

선로의 단위 길이의 분포 인덕턴스, 저항, 정전용량, 누설 컨덕턴스를 각각 L, r, C 및 g로 할 때 특성 임피던스는?

① $(r+j\omega L)(g+j\omega C)$
② $\sqrt{(r+j\omega L)(g+j\omega C)}$
③ $\sqrt{\dfrac{r+j\omega L}{g+j\omega C}}$
④ $\sqrt{\dfrac{g+j\omega C}{r+j\omega L}}$

해설 특성 임피던스 $Z_0 = \sqrt{\dfrac{Z}{Y}} = \sqrt{\dfrac{r+j\omega L}{g+j\omega C}}\,[\Omega]$

답 ③

03 특성임피던스의 표현 ③

분포정수회로에 직류를 흘릴 때 특성 임피던스는? (단, 단위 길이당의 직렬 임피던스 $Z=R+j\omega L[\Omega]$, 병렬 어드미턴스 $Y=G+j\omega C[\mho]$이다.)

① $\sqrt{\dfrac{L}{C}}$
② $\sqrt{\dfrac{L}{R}}$
③ $\sqrt{\dfrac{G}{C}}$
④ $\sqrt{\dfrac{R}{G}}$

해설 특성 임피던스 $Z_0 = \sqrt{\dfrac{Z}{Y}} = \sqrt{\dfrac{R+j\omega L}{G+j\omega C}}$

직류를 흘릴 때 $f=0 \rightarrow \omega=0$

$\therefore Z_0 = \sqrt{\dfrac{R}{G}}$

답 ④

04 전파정수의 표현 ①

단위 길이당 임피던스 및 어드미턴스가 각각 Z 및 Y인 전송 선로의 전파정수 γ는?

① $\sqrt{\dfrac{Z}{Y}}$
② $\sqrt{\dfrac{Y}{Z}}$
③ $\sqrt{YZ}$
④ YZ

해설 전파정수 · $\gamma = \sqrt{ZY} = \sqrt{(R+j\omega L)\cdot(G+j\omega C)} = \alpha + j\beta$
· $\alpha =$ 감쇠정수, $\beta =$ 위상 정수

답 ③

05 전파정수의 표현 ② ☐☐☐ check up!

선로의 단위 길이 당 인덕턴스, 저항, 정전용량, 누설 컨덕턴스를 각각 L, R, C, G라 하면 전파정수는?

① $\sqrt{\dfrac{(R+j\omega L)}{(G+j\omega C)}}$
② $\sqrt{(R+j\omega L)(G+j\omega C)}$
③ $\sqrt{\dfrac{R+j\omega L}{G+j\omega C}}$
④ $\sqrt{\dfrac{G+j\omega C}{R+j\omega L}}$

해설 전파정수 $\gamma = \sqrt{ZY} = \sqrt{(R+j\omega L)\cdot(G+j\omega C)} = \alpha + j\beta$

답 ②

06 선로의 직렬 임피던스 ☐☐☐ check up!

분포 정수 회로에서 선로의 특성 임피던스를 Z_0, 전파 정수를 γ라 할 때 선로의 직렬 임피던스는?

① $\dfrac{Z_0}{\gamma}$
② $\dfrac{\gamma}{Z_0}$
③ $\sqrt{\gamma Z_0}$
④ γZ_0

해설 선로의 직렬 임피던스 $\gamma Z_0 = \sqrt{ZY}\cdot\sqrt{\dfrac{Z}{Y}} = Z$

답 ④

07 무손실 선로 – 전파속도 ☐☐☐ check up!

무손실 분포 정수 선로에 대한 설명 중 옳지 않은 것은?

① 전파 정수 γ는 $j\omega\sqrt{LC}$ 이다.
② 진행파의 전파 속도는 $\sqrt{LC}$ 이다.
③ 특성 임피던스는 $\sqrt{\dfrac{L}{C}}$ 이다.
④ 파장은 $\dfrac{1}{f\sqrt{LC}}$ 이다.

해설 무손실 선로 전파속도 $v = \dfrac{2\pi f}{\beta} = \dfrac{\omega}{\beta} = \dfrac{1}{\sqrt{LC}} = \lambda f\,[\text{m/sec}]$

답 ②

08 무손실 선로 – 특성 임피던스 ☐☐☐ check up!

전송 선로에서 무손실일 때 $L=96[\text{mH}]$, $C=0.6[\mu\text{F}]$이면 특성 임피던스$[\Omega]$는?

① 500
② 400
③ 300
④ 200

해설 무손실 선로 조건 $R=0$, $G=0$ → $Z_0 = \sqrt{\dfrac{L}{C}} = \sqrt{\dfrac{96 \times 10^{-3}}{0.6 \times 10^{-6}}} = 400[\Omega]$

답 ②

09 무손실 선로 - 감쇠위상정수 ☐☐☐ check up!

무손실 선로의 분포 정수 회로에서 감쇠 정수 α와 위상 정수 β의 값은?

① $\alpha = \sqrt{RG}$, $\beta = \omega\sqrt{LC}$
② $\alpha = 0$, $\beta = \omega\sqrt{LC}$
③ $\alpha = \sqrt{RG}$, $\beta = 0$
④ $\alpha = 0$, $\beta = \dfrac{1}{\sqrt{LC}}$

해설 무손실 선로의 전파정수는 $\gamma = \sqrt{Z \cdot Y} = j\omega\sqrt{LC}$ 이므로 감쇠정수 $\alpha = 0$, 위상정수 $\beta = \omega\sqrt{LC}$ 가 된다.

답 ②

10 무손실 선로 - 전파정수 ☐☐☐ check up!

선로의 저항 R과 컨덕턴스 G가 동시에 0이 되었을 때 전파 정수 γ와 관계 있는 것은?

① $\gamma = j\omega\sqrt{LC}$
② $\gamma = j\omega\sqrt{\dfrac{C}{L}}$
③ $C = \dfrac{\gamma}{(j\omega)^2 L}$
④ $\beta = j\omega\gamma\sqrt{LC}$

해설 $R=0$, $G=0$ → 무손실 선로
∴ $\gamma = j\omega\sqrt{LC}$

답 ①

11 무손실 선로 - 파장 ☐☐☐ check up!

분포정수 선로에서 위상정수를 $\beta[\text{rad/m}]$라 할 때 파장은?

① $2\pi\beta$
② $\dfrac{2\pi}{\beta}$
③ $4\pi\beta$
④ $\dfrac{4\pi}{\beta}$

해설 무손실 선로 전파속도 $v = \dfrac{\omega}{\beta} = \dfrac{2\pi f}{\beta} = \dfrac{1}{\sqrt{LC}} = \lambda f[\text{m/sec}]$ → $\lambda = \dfrac{2\pi}{\beta}[\text{m}]$

답 ②

Chapter 12. 분포정수

12 무손실 선로 – 전파속도 ① ☐☐☐ check up!

1[km]당의 인덕턴스 30[mH], 정전용량 0.007[μF]의 선로가 있을 때 무손실 선로라고 가정한 경우의 위상 속도[m/sec]는?

① 약 6.8×10^3
② 약 6.9×10^4
③ 약 6.9×10^2
④ 약 6.9×10^5

해설 전파속도 $v = \dfrac{1}{\sqrt{LC}} = \dfrac{1}{\sqrt{30 \times 10^{-3} \times 0.007 \times 10^{-6}}} = 6.9 \times 10^4 \,[\text{m/sec}]$ **답** ②

13 무손실 선로 – 전파속도 ② ☐☐☐ check up!

위상 정수가 $\dfrac{\pi}{8}$[rad/m]인 선로의 1[MHz]에 대한 전파 속도[m/s]는?

① 1.6×10^7
② 9×10^7
③ 10×10^7
④ 11×10^7

해설 전파속도 $v = \dfrac{\omega}{\beta} = \dfrac{2\pi f}{\beta} = \dfrac{2\pi \times 10^6}{\dfrac{\pi}{8}} = 1.6 \times 10^7 \,[\text{m/s}]$ **답** ①

14 무손실 선로 – 위상정수 ☐☐☐ check up!

무한장 평행 2선 선로에 주파수 4[MHz]의 전압을 가하였을 때 전압의 위상정수는 약 몇 [rad/m]인가? (단, 여기서 전파속도는 3×10^8[m/sec]로 한다)

① 0.0734
② 0.0838
③ 0.0934
④ 0.0634

해설 전파속도 $v = \dfrac{\omega}{\beta}$ → $\beta = \dfrac{\omega}{v} = \dfrac{2\pi f}{v} = \dfrac{2\pi \times 4 \times 10^6}{3 \times 10^8} = 0.0838$ **답** ②

15 무왜형 선로의 조건 ☐☐☐ check up!

분포 정수 회로가 무왜 선로로 되는 조건은? (단, 선로의 단위 길이당 저항을 R, 인덕턴스를 L, 정전 용량을 C, 누설 컨덕턴스를 G라 한다.)

① $RC = LG$
② $RL = CG$
③ $R = \sqrt{\dfrac{L}{C}}$
④ $R = \sqrt{LC}$

해설　무왜형 선로 조건 $LG = RC$

답　①

16 무왜형 선로 – 컨덕턴스　□□□ check up!

분포정수회로에서 저항 0.5[Ω/km], 인덕턴스가 1[μH/km], 정전용량 6[μF/km], 길이 10[km]인 송전선로에서 무왜형 선로가 되기 위한 컨덕턴스는?

① 1[℧/km]
② 2[℧/km]
③ 3[℧/km]
④ 4[℧/km]

해설　무왜형 선로 조건 $LG = RC$ → $G = \dfrac{RC}{L} = \dfrac{0.5 \times 6 \times 10^{-6}}{1 \times 10^{-6}} = 3[℧/km]$

답　③

17 무왜형 선로 – 전파정수　□□□ check up!

선로의 분포정수 R, L, C, G 사이에 $\dfrac{R}{L} = \dfrac{G}{C}$ 의 관계가 있으면 전파 정수 γ는?

① $RG + j\omega LC$
② $RL + j\omega CG$
③ $\sqrt{RG} + j\omega\sqrt{LC}$
④ $RL + j\omega\sqrt{GC}$

해설　무왜형 선로 전파정수 $\gamma = \sqrt{RG} + j\omega\sqrt{LC}$

답　③

18 분포 정수회로의 특성　□□□ check up!

다음 분포 전송 회로에 대한 서술에서 옳지 않은 것은?

① $\dfrac{R}{L} = \dfrac{G}{C}$ 인 회로를 무왜 회로라 한다.
② $R = G = 0$인 회로를 무손실 회로라 한다.
③ 무손실회로, 무왜 회로의 감쇠 정수는 $\sqrt{RG}$ 이다.
④ 무손실 회로, 무왜 회로에서의 위상 속도는 $\dfrac{1}{\sqrt{CL}}$ 이다.

해설　무손실 선로 감쇠정수 $\alpha = 0$

답　③

19 정재파비 계산 □□□ check up!

전송선로의 특성 임피던스가 $100[\Omega]$이고, 부하저항이 $400[\Omega]$일 때 전압 정재파비 S는 얼마인가?

① 0.25
② 0.6
③ 1.67
④ 4.0

해설 전압 반사계수 $\rho = \dfrac{Z_L - Z_0}{Z_L + Z_0} = \dfrac{400 - 100}{400 + 100} = \dfrac{300}{500} = 0.6$

정재파비 $S = \dfrac{1 + |\rho|}{1 - |\rho|} = \dfrac{1 + 0.6}{1 - 0.6} = \dfrac{1.6}{0.4} = 4$

답 ④

참고 반사계수 및 정재파비

Z_L 부하임피던스, Z_0 특성임피던스

- 반사계수 $\rho = \dfrac{Z_L - Z_0}{Z_L + Z_0}$
- 정재파비 $S = \dfrac{1 + |\rho|}{1 - |\rho|}$

제4과목
회로이론
DAY - 15

30일 단기완성

Chapter 13
라플라스 변환

1 출제경향분석

본장은 라플라스 변환과 역라플라스 변환에 대한 내용을 다루었으며 시험에 자주 출제가 되는 내용은 다음과 같습니다.

> **반드시 알아야 하는 핵심 포인트**
>
> ① 라플라스 변환의 기본식   ② 라플라스 변환의 여러 가지 정리
> ③ 역라플라스 변환

2 학습 가이드라인

- 반드시 알아야 하는 핵심 포인트는 전기기사 및 산업기사 시험에서 가장 출제빈도가 높은 논점으로 각 파트별 핵심 포인트와 문제를 연계하여 학습해 주시기를 권장합니다.
- 체크리스트를 작성하시면서 문제의 유형과 학습의 완성도를 스스로 확인해 주세요.
- 출제 빈도가 높고 틀리기 쉬운 문제를 맞출 수 있도록 "콕콕 포인트"를 확인해 주세요.

우선순위 논점	KEY WORD	선생님의 콕콕 포인트
라플라스 변환의 기본식	단위 임펄스 함수, 단위 계단 함수, 단위 램프 함수	각 함수의 공식 암기 필수
라플라스 변환의 여러 가지 정리	복소 추이, 복소 미분, 시간 추이, 초기값, 최종값	초기값 정리 $= \lim_{S \to \infty} sF(s)$ 최종값 정리 $= \lim_{S \to 0} sF(s)$
역라플라스 변환	단위 임펄스 함수, 단위 계단 함수, 단위 램프 함수	부분분수의 분해에 대한 이해가 필요

Chapter 13. 라플라스 변환

13-1 라플라스 변환

1. 라플라스 변환 $£[f(t)] = F(s) = \int_0^\infty f(t)e^{-st}dt$

2. 라플라스 변환 기본식

함수명	시간함수	라플라스변환
단위 임펄스 함수	$\delta(t)$	1
단위 계단 함수	$u(t)=1$	$\dfrac{1}{s}$
단위 램프 함수	t	$\dfrac{1}{s^2}$
n차 램프 함수	t^n	$\dfrac{n!}{s^{n+1}}$
지수 감쇠(증가) 함수	$e^{\mp at}$	$\dfrac{1}{s\pm a}$
정현파 함수	$\sin\omega t$	$\dfrac{\omega}{s^2+\omega^2}$
여현파 함수	$\cos\omega t$	$\dfrac{s}{s^2+\omega^2}$

01 라플라스 변환 – 단위 계단 함수 ☐☐☐ check up!

그림과 같은 직류 전압의 라플라스 변환을 구하면?

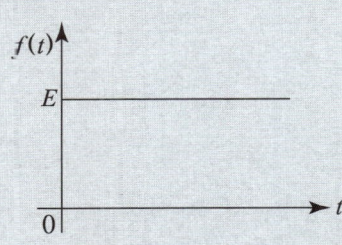

① $\dfrac{E}{s-1}$ ② $\dfrac{E}{s+1}$

③ $\dfrac{E}{s}$ ④ $\dfrac{E}{s^2}$

해설 $f(t) = Eu(t)$ → $F(s) = £[Eu(t)] = E£[u(t)] = \dfrac{E}{s}$

답 ③

02 라플라스 변환 – 지수 증가 함수

$e^{j\omega t}$의 라플라스 변환은?

① $\dfrac{1}{s-j\omega}$ ② $\dfrac{1}{s+j\omega}$

③ $\dfrac{1}{s^2-\omega^2}$ ④ $\dfrac{\omega}{s^2-\omega^2}$

해설 $\mathcal{L}[e^{\alpha t}] = \dfrac{1}{s-\alpha}$ → $F(s) = \mathcal{L}[f(t)] = \mathcal{L}[e^{j\omega t}] = \dfrac{1}{s-j\omega}$

답 ①

03 라플라스 변환 – 단위 램프 함수

다음 파형의 라플라스 변환은?

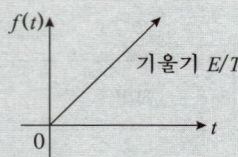

① $\dfrac{E}{s^2}$ ② $\dfrac{E}{Ts^2}$

③ $\dfrac{E}{s}$ ④ $\dfrac{E}{Ts}$

해설 $f(t) = \dfrac{E}{T} t u(t)$ → $F(s) = \dfrac{E}{T} \cdot \dfrac{1}{s^2} = \dfrac{E}{Ts^2}$

답 ②

04 라플라스 변환 – n차 램프 함수

$f(t) = 3t^2$의 라플라스 변환은?

① $\dfrac{3}{s^3}$ ② $\dfrac{3}{s^2}$

③ $\dfrac{6}{s^3}$ ④ $\dfrac{6}{s^2}$

해설 $\mathcal{L}[at^n] = a\dfrac{n!}{s^{n+1}}$ → $F(s) = \mathcal{L}[3t^2] = 3\dfrac{2!}{s^{2+1}} = \dfrac{6}{s^3}$

답 ③

05 라플라스 변환 – 삼각함수 ☐☐☐ check up!

$\mathcal{L}[\sin t] = \dfrac{1}{s^2+1}$ 을 이용하여 ㉮ $\mathcal{L}[\cos\omega t]$, ㉯ $\mathcal{L}[\sin at]$를 구하면?

① ㉮ $\dfrac{1}{s^2-a^2}$, ㉯ $\dfrac{1}{s^2-\omega^2}$ 　　② ㉮ $\dfrac{1}{s+a}$, ㉯ $\dfrac{s}{s+\omega}$

③ ㉮ $\dfrac{s}{s^2+\omega^2}$, ㉯ $\dfrac{a}{s^2+a^2}$ 　　④ ㉮ $\dfrac{1}{s+a}$, ㉯ $\dfrac{1}{s-\omega}$

해설　$\mathcal{L}[\sin at] = \dfrac{a}{s^2+a^2}$

$\mathcal{L}[\cos\omega t] = \dfrac{s}{s^2+\omega^2}$

답　③

13-2 라플라스 변환

1. 라플라스 변환에 관한 여러 가지 정리

   1) 선형의 정리 · $£[af_1(t) \pm bf_2(t)] = aF_1(s) \pm bF_2(s)$

   2) 복소 추이 정리 · $£[e^{\pm at}f(t)] = F(s)|_{s=s \mp a \text{ 대입}} = F(s \mp a)$

   3) 복소 미분정리 · $£[t^n f(t)] = (-1)^n \dfrac{d^n}{ds^n} F(s)$

   4) 시간 추이 정리 · $£[f(t-a)] = F(s)e^{-as}$

   5) 실미분 정리 · $f(0) = 0 \rightarrow £\left[\dfrac{d^n}{dt^n}f(t)\right] = s^n F(s)$

   6) 실적분 정리 · $f(0) = 0 \rightarrow £\left[\int f(t)dt\right] = \dfrac{1}{s}F(s)$

   7) 초기값 정리 · $f(0) = \lim\limits_{t \to 0} f(t) = \lim\limits_{s \to \infty} sF(s)$

   8) 최종값 정리 · $f(\infty) = \lim\limits_{t \to \infty} f(t) = \lim\limits_{s \to 0} sF(s)$

2. 역 라플라스 변환 · $£^{-1}[F(s)] = f(t)$

함수명	라플라스변환	시간함수
단위 임펄스 함수	1	$\delta(t)$
단위 계단 함수	$\dfrac{1}{s}$	$u(t) = 1$
단위 램프 함수	$\dfrac{1}{s^2}$	t
n차 램프 함수	$\dfrac{n!}{s^{n+1}}$	t^n
지수 감쇠(증가) 함수	$\dfrac{1}{s \pm a}$	$e^{\mp at}$
정현파 함수	$\dfrac{\omega}{s^2 + \omega^2}$	$\sin \omega t$
여현파 함수	$\dfrac{s}{s^2 + \omega^2}$	$\cos \omega t$

Chapter 13. 라플라스 변환

01 라플라스 변환 – 선형의 정리 □□□ check up!

$f(t) = \delta(t) - ae^{-at}$의 라플라스 변환은? (단, $\delta(t)$는 임펄스 함수이다)

① $\dfrac{1}{s+a}$ ② $\dfrac{6-a}{s+a}$

③ $\dfrac{a}{s+a}$ ④ $\dfrac{s}{s+a}$

해설 선형의 정리

$£[af_1(t) \pm bf_2(t)] = aF_1(s) \pm bF_2(s)$에 의해서
$F(s) = £[f(t)] = £[\delta(t) - ae^{-at}]$
$= 1 - a\dfrac{1}{s+a} = \dfrac{s+a-a}{s+a} = \dfrac{s}{s+a}$

답 ④

02 라플라스 변환 – 복소추이 정리 ① □□□ check up!

$f(t) = te^{-3t}$일 때 라플라스 변환은?

① $\dfrac{1}{(s+3)^2}$ ② $\dfrac{1}{(s-3)^2}$

③ $\dfrac{1}{(s-3)}$ ④ $\dfrac{1}{(s+3)}$

해설 복소추이 정리 $£[f(t)e^{\mp at}] = F(s)|_{s=s\pm a \text{ 대입}} = F(s \pm a)$

→ $£[te^{-3t}] = \dfrac{1}{s^2}\bigg|_{s=s+3} = \dfrac{1}{(s+3)^2}$

답 ①

03 라플라스 변환 – 복소추이 정리 ② □□□ check up!

$e^{-at}\cos\omega t$의 라플라스 변환은?

① $\dfrac{s+a}{(s+a)^2+\omega^2}$ ② $\dfrac{\omega}{(s+a)^2+\omega^2}$

③ $\dfrac{\omega}{(s^2+a^2)^2}$ ④ $\dfrac{s+a}{(s^2+a^2)^2}$

해설 복소추이 정리 $£[f(t)e^{\mp at}] = F(s)|_{s=s\pm a \text{ 대입}} = F(s \pm a)$

→ $£[e^{-at}\cos\omega t] = \dfrac{s}{s^2+\omega^2}\bigg|_{s=s+a} = \dfrac{s+a}{(s+a)^2+\omega^2}$

답 ①

04 라플라스 변환 – 복소미분 정리

$t\sin\omega t$의 라플라스 변환은?

① $\dfrac{\omega}{(s^2+\omega^2)^2}$
② $\dfrac{\omega s}{(s^2+\omega^2)^2}$
③ $\dfrac{\omega^2}{(s^2+\omega^2)^2}$
④ $\dfrac{2\omega s}{(s^2+\omega^2)^2}$

해설 복소미분정리 $£[t^n f(t)]=(-1)^n \dfrac{d^n F(s)}{ds^n}$

→ $F(s)=£[t\sin\omega t]=(-1)\dfrac{d}{ds}\{£(\sin\omega t)\}=(-1)\dfrac{d}{ds}\dfrac{\omega}{s^2+\omega^2}=\dfrac{2\omega s}{(s^2+\omega^2)^2}$ **답 ④**

05 라플라스 변환 – 시간추이 정리 ①

그림과 같이 높이가 1인 펄스의 라플라스 변환은?

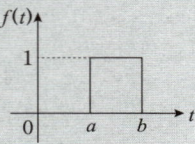

① $\dfrac{1}{s}(e^{-as}+e^{-bs})$
② $\dfrac{1}{s}(e^{-as}-e^{-bs})$
③ $\dfrac{1}{a-b}\left(\dfrac{e^{-as}+e^{-bs}}{s}\right)$
④ $\dfrac{1}{a-b}\left(\dfrac{e^{-as}-e^{-bs}}{s}\right)$

해설

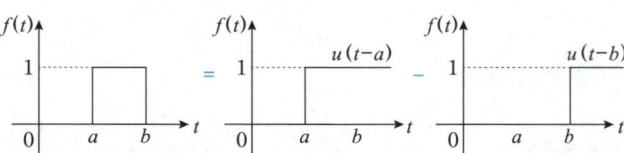

위 그림에 의해 $f(t)=u(t-a)-u(t-b)$

시간추이 정리 $£[f(t-a)]=F(s)e^{-as}$ → $F(s)=\dfrac{1}{s}e^{-as}-\dfrac{1}{s}e^{-bs}=\dfrac{1}{s}(e^{-as}-e^{-bs})$ **답 ②**

06 라플라스 변환 – 시간추이 정리 ② □□□ check up!

다음 파형의 라플라스 변환은?

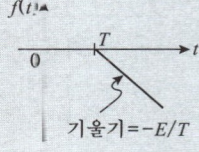

① $\dfrac{E}{Ts}e^{-Ts}$　　　　　　　② $-\dfrac{E}{Ts}e^{-Ts}$

③ $-\dfrac{E}{Ts^2}e^{-Ts}$　　　　　④ $\dfrac{E}{Ts^2}e^{-Ts}$

해설 $f(t) = -\dfrac{E}{T}(t-T)u(t-T)$

시간추이 정리 $£[f(t-a)] = F(s)e^{-as}$

→ $F(s) = £\left[-\dfrac{E}{T}(t-T)u(t-T)\right] = -\dfrac{E}{T}£[(t-T)u(t-T)] = -\dfrac{E}{Ts^2}e^{-Ts}$

답 ③

07 라플라스 변환 – 실미분 정리 □□□ check up!

$f(t) = \dfrac{d}{dt}\cos\omega t$ 를 라플라스 변환하면?

① $\dfrac{\omega^2}{s^2+\omega^2}$　　　　　　　② $\dfrac{-s^2}{s^2+\omega^2}$

③ $\dfrac{s}{s^2+\omega^2}$　　　　　　　④ $\dfrac{-\omega^2}{s^2+\omega^2}$

해설 실미분 정리 $£\left[\dfrac{d^n}{dt^n}f(t)\right] = s^n F(s) - s^{n-1}f(0) - s^{n-2}f'(0) - \cdots$

→ $£\left[\dfrac{d}{dt}f(t)\right] = sF(s) - f(0) = s \cdot \dfrac{s}{s^2+\omega^2} - \cos 0° = \dfrac{s^2}{s^2+\omega^2} - 1 = \dfrac{-\omega^2}{s^2+\omega^2}$

답 ④

08 라플라스 변환 – 초기값 정리 □□□ check up!

$F(s) = \dfrac{s^2+s+3}{s^3+2s^2+5s}$ 일 때 $f(t)$의 초기값은?

① 1　　　　　② 2
③ 3　　　　　④ 5

해설 초기값 정리 $\lim\limits_{t \to 0} f(t) = \lim\limits_{s \to \infty} s \cdot F(s) = \lim\limits_{s \to \infty} s \cdot \dfrac{s^2+s+3}{s^3+2s^2+5s} = 1$

답 ①

09 라플라스 변환 – 최종값 정리 ①

$F(s)=\dfrac{2s+15}{s^3+s^2+3s}$ 일 때 $f(t)$의 최종값은?

① 15
② 5
③ 3
④ 2

해설 최종값 정리 $\lim\limits_{t\to\infty}f(t)=\lim\limits_{s\to 0}s\cdot F(s)=\lim\limits_{s\to 0}s\dfrac{2s+15}{s^3+s^2+3s}=\lim\limits_{s\to 0}s\dfrac{2s+15}{s^2+s+3}=\dfrac{15}{3}=5$ **답** ②

10 라플라스 변환 – 최종값 정리 ②

$F(s)=\dfrac{5s+3}{s(s+1)}$ 일 때 $f(t)$의 정상값은?

① 5
② 3
③ 1
④ 0

해설 정상값 정리=최종값 정리 → $f(\infty)=\lim\limits_{s\to 0}s\cdot F(s)=\dfrac{5s+3}{s(s+1)}\cdot s\Big|_{s=0}=3$ **답** ②

11 역라플라스 변환 – 부분분수 분해 ①

$F(s)=\dfrac{s+1}{s^2+2s}$ 로 주어졌을 때 $F(s)$의 역변환은?

① $\dfrac{1}{2}(1+e^{t})$
② $\dfrac{1}{2}(1+e^{-2t})$
③ $\dfrac{1}{2}(1-e^{-t})$
④ $\dfrac{1}{2}(1-e^{-2t})$

해설 $F(s)=\dfrac{s+1}{s^2+2s}=\dfrac{s+1}{s(s+2)}=\dfrac{A}{s}+\dfrac{B}{s+2}$

$A=\lim\limits_{s\to 0}s\cdot F(s)=\left[\dfrac{s+1}{s+2}\right]_{s=0}=\dfrac{1}{2}$

$B=\lim\limits_{s\to 0}(s+2)F(s)=\left[\dfrac{s+1}{s}\right]_{s=-2}=\dfrac{1}{2}$

$F(s)=\dfrac{\frac{1}{2}}{s}+\dfrac{\frac{1}{2}}{s+2}=\dfrac{1}{2}\left(\dfrac{1}{s}+\dfrac{1}{s+2}\right) \to \dfrac{1}{2}\mathcal{L}^{-1}\left[\dfrac{1}{s}+\dfrac{1}{s+2}\right]=\dfrac{1}{2}(1+e^{-2t})$ **답** ②

12 역라플라스 변환 – 부분분수 분해 ②   □□□ check up!

다음 함수의 라플라스 역변환은?

$$I(s)=\frac{2s+3}{(s+1)(s+2)}$$

① $e^{-t}-e^{-2t}$ ② $e^{t}-e^{-2t}$
③ $e^{-t}+e^{-2t}$ ④ $e^{t}+e^{-2t}$

해설

$F(s)=\dfrac{2s+3}{(s+1)(s+2)}=\dfrac{A}{s+1}+\dfrac{B}{s+2}$

$A=F(s)(s+1)|_{s=-1}=\dfrac{2s+3}{s+2}\Big|_{s=-1}=1$

$B=F(s)(s+2)|_{s=-2}=\dfrac{2s+3}{s+1}\Big|_{s=-2}=1$

$F(s)=\dfrac{1}{s+1}+\dfrac{1}{s+2} \rightarrow \mathcal{L}^{-1}[F(s)]=e^{-t}+e^{-2t}$

답 ③

13 역라플라스 – 완전제곱   □□□ check up!

$F(s)=\dfrac{2}{(s+1)(s+3)}$ 의 역라플라스 변환은?

① $e^{-t}-e^{-3t}$ ② $e^{-t}-e^{3t}$
③ $e^{t}-e^{3t}$ ④ $e^{t}-e^{-3t}$

해설 역라플라스변환

$F(s)=\dfrac{2}{(s+1)(s+3)}=\dfrac{A}{(s+1)}+\dfrac{B}{(s+3)}$

$A=F(s)(s+1)|_{s=-1}=\left[\dfrac{2}{s+3}\right]_{s=-1}=1$

$B=F(s)(s+3)|_{s=-3}=\left[\dfrac{2}{s+1}\right]_{s=-3}=-1$

$F(s)=\dfrac{1}{s+1}-\dfrac{1}{s+3}$

$\therefore f(t)=e^{-t}-e^{-3t}$

답 ①

제4과목
회로이론
DAY - 15

30일 단기완성

Chapter 14
전달함수

1. 출제경향분석

본장은 자동제어계의 전달함수를 구하는 기본원리 및 특성에 대한 내용을 다루었으며 시험에 자주 출제가 되는 내용은 다음과 같습니다.

> **반드시 알아야 하는 핵심 포인트**
> ① 전달함수의 정의 ② 소자에 따른 전달함수
> ③ 제어요소의 전달함수 ④ 미분방정식에 따른 전달함수

2. 학습 가이드라인

- 반드시 알아야 하는 핵심 포인트는 전기기사 및 산업기사 시험에서 가장 출제빈도가 높은 논점으로 각 파트별 핵심 포인트와 문제를 연계하여 학습해 주시기를 권장합니다.
- 체크리스트를 작성하시면서 문제의 유형과 학습의 완성도를 스스로 확인해 주세요.
- 출제 빈도가 높고 틀리기 쉬운 문제를 맞출 수 있도록 "콕콕 포인트"를 확인해 주세요.

우선순위 논점	KEY WORD	선생님의 콕콕 포인트
전달함수의 정의	초기값 0, 입력신호, 출력신호	전달함수 : 초기값 0 → $\dfrac{출력}{입력}$
소자에 따른 전달함수	소자, 직렬, 병렬, 전달함수	$R \to R[\Omega]$, $L \to Ls[\Omega]$, $C \to \dfrac{1}{Cs}[\Omega]$
제어요소의 전달함수	비례요소, 미분요소, 적분요소, 지연요소, 부동작 시간요소	미분 요소 Ts, 적분 요소 $\dfrac{1}{Ts}$
미분방정식에 따른 전달함수	미분방정식, $\dfrac{d^2}{dt^2}$, $\dfrac{d}{dt}$	$\dfrac{d^2}{dt^2} \to s^2$, $\dfrac{d}{dt} \to s$로 변환

14 전달함수

1. 전달함수의 정의

- 초기값 0 → $G(s) = \dfrac{£[c(t)]}{£[r(t)]} = \dfrac{C(s)}{R(s)}$

$$\xrightarrow[R(s)]{\text{입력 } r(t)} \boxed{\text{전달함수 } G(s)} \xrightarrow[C(s)]{\text{출력 } C(s)}$$

2. 직렬연결시 전달함수

입력전압 라플라스에 대한 출력 전압 라플라스와의 비 → 전압비

- $G(s) = \dfrac{V_o(s)}{V_i(s)} = \dfrac{\text{출력 임피던스}}{\text{입력 임피던스}}$ (직렬연결시 전류가 일정하므로)

3. 병렬연결시 전달함수

전류에 대한 출력전압 라플라스변환과의 비 → 임피던스

- $G(s) = \dfrac{V_o(s)}{I(s)} = Z(s) = \dfrac{1}{Y(s)} = \dfrac{1}{\text{합성 어드미턴스}}$

4. 각요소들의 전달함수

비례요소	$G(s)=K$	1차지연요소	$G(s)=\dfrac{K}{Ts+1}$
미분요소	$G(s)=Ks$	2차지연요소	$G(s)=\dfrac{K\omega_n^2}{s^2+2\delta\omega_n s+\omega_n^2}$
적분요소	$G(s)=\dfrac{K}{s}$	부동작 시간요소	$G(s)=Ke^{-LS}$

---

01 전달함수의 정의 ☐☐☐ check up!

전달함수를 정의 할 때 옳게 나타낸 것은?

① 모든 초기값을 0으로 한다. ② 모든 초기값을 고려한다.
③ 입력만을 고려한다.   ④ 주파수 특성만을 고려한다.

해설 전달함수란 모든 초기값을 0으로 유지한 후 입력라플라스에 대한 출력라플라스의 비를 말한다.

답 ①

02 전달함수 – 직렬연결 ①

그림과 같은 전기회로의 전달함수는? (단, $e_i[t]$ 입력전압, $e_o[t]$ 출력전압이다.)

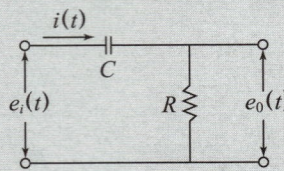

① $\dfrac{1+CRs}{CR}$
② $\dfrac{1+CRs}{CRs}$
③ $\dfrac{CR}{1+CRs}$
④ $\dfrac{CRs}{1+CRs}$

해설 전압비 전달함수 $G(s) = \dfrac{\text{출력 임피던스}}{\text{입력 임피던스}} = \dfrac{R}{\dfrac{1}{Cs}+R} = \dfrac{RCs}{1+RCs}$

답 ④

03 전달함수 – 직렬연결 ②

그림의 전기회로에서 전달함수 $\dfrac{E_2(s)}{E_1(s)}$ 는?

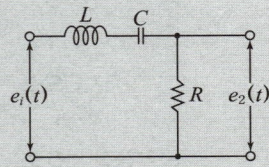

① $\dfrac{LRs}{LCs^2+RCs+1}$
② $\dfrac{Cs}{LCs^2+RCs+1}$
③ $\dfrac{RCs}{LCs^2+RCs+1}$
④ $\dfrac{LRCs}{LCs^2+RCs+1}$

해설 전달함수 $G(s) = \dfrac{\text{출력 임피던스}}{\text{입력 임피던스}} = \dfrac{R}{Ls+\dfrac{1}{Cs}+R} = \dfrac{RCs}{LCs^2+RCs+1}$

답 ③

04 전달함수 – 직렬연결 ③ □□□ check up!

그림과 같은 회로의 전달함수는? (단, 초기조건은 0이다.)

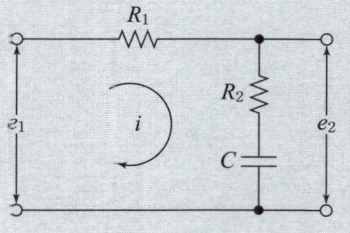

① $\dfrac{R_2+Cs}{R_1+R_2+Cs}$

② $\dfrac{R_1+R_2+Cs}{R_1+Cs}$

③ $\dfrac{R_2Cs+1}{R_2Cs+R_1Cs+1}$

④ $\dfrac{R_1Cs+R_2Cs+1}{R_2Cs+1}$

해설 $G(s)=\dfrac{V_o(s)}{V_i(s)}=\dfrac{\text{출력 임피던스}}{\text{입력 임피던스}}=\dfrac{R_2+\dfrac{1}{Cs}}{R_1+R_2+\dfrac{1}{Cs}}=\dfrac{R_2Cs+1}{R_1Cs+R_2Cs+1}$ **답** ③

05 전달함수 – 직렬연결 ④ □□□ check up!

RC 저역 여파기 회로의 전달함수 $G(j\omega)$에서 $\omega=\dfrac{1}{RC}$ 인 경우 $|G(j\omega)|$의 값은?

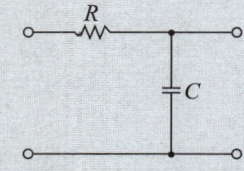

① 1

② $\dfrac{1}{\sqrt{2}}$

③ $\dfrac{1}{\sqrt{3}}$

④ $\dfrac{1}{2}$

해설 $G(s)=\dfrac{E_o(s)}{E_i(s)}=\dfrac{\dfrac{1}{Cs}}{R+\dfrac{1}{Cs}}=\dfrac{1}{RCs+1}$, $s=j\omega$

→ $G(j\omega)=\dfrac{1}{RC(j\omega)+1}\bigg|_{\omega=\frac{1}{RC}}=\dfrac{1}{RC\left(j\dfrac{1}{RC}\right)+1}=\dfrac{1}{j+1}=\dfrac{1}{\sqrt{1^2+1^2}}=\dfrac{1}{\sqrt{2}}$ **답** ②

06 전달함수 – 병렬연결 ①

그림과 같은 회로에서 전달 함수 $\dfrac{V_o(s)}{I(s)}$ 를 구하여라. (단, 초기조건은 모두 0으로 한다.)

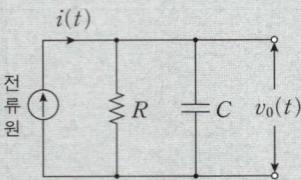

① $\dfrac{1}{RCs+1}$

② $\dfrac{R}{RCs+1}$

③ $\dfrac{C}{RCs+1}$

④ $\dfrac{RCs}{RCs+1}$

해설 병렬연결시 전달함수 $G(s) = \dfrac{V_o(s)}{I(s)} = \dfrac{1}{\text{합성 어드미턴스}} = \dfrac{1}{\frac{1}{R}+Cs} = \dfrac{R}{1+RCs}$

답 ②

07 전달함수 – 병렬연결 ②

다음과 같은 회로의 전달함수 $\dfrac{E_o(s)}{I(s)}$ 는?

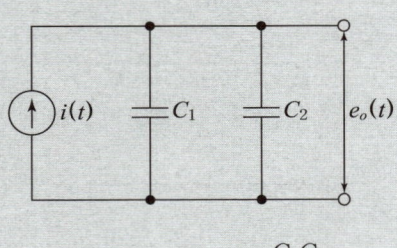

① $\dfrac{1}{s(C_1+C_2)}$

② $\dfrac{C_1C_2}{(C_1+C_2)}$

③ $\dfrac{C_1}{s(C_1+C_2)}$

④ $\dfrac{C_2}{s(C_1+C_2)}$

해설 $G(s) = \dfrac{E_o(s)}{I(s)} = \dfrac{1}{\text{합성 어드미턴스}} = \dfrac{1}{C_1s+C_2s} = \dfrac{1}{s(C_1+C_2)}$

답 ①

08 전달함수 - 병렬연결 ③

그림과 같은 회로에서 전압비 전달 함수는?

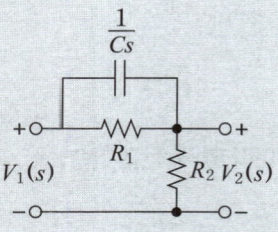

① $\dfrac{R_1}{R_1Cs+1}$

② $\dfrac{s+1}{s+(R_1+R_2)+R_1R_2C}$

③ $\dfrac{R_1R_2s+RCs}{R_1Cs+R_1R_2s^2+C}$

④ $\dfrac{R_2+R_1R_2Cs}{R_2+R_1R_2Cs+R_1}$

해설 R_1과 C의 합성 임피던스 등가 회로

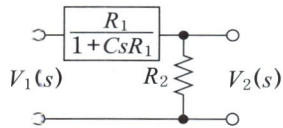

$$Z = \dfrac{R_1 \times \dfrac{1}{Cs}}{R_1 + \dfrac{1}{Cs}} = \dfrac{R_1}{1+R_1Cs}$$

→ $G(s) = \dfrac{V_2(s)}{V_1(s)} = \dfrac{\text{출력 임피던스}}{\text{입력 임피던스}} = \dfrac{R_2}{\dfrac{R_1}{1+CsR_1}+R_2} = \dfrac{R_2+R_1R_2Cs}{R_1+R_2+R_1R_2Cs}$

답 ④

09 전달함수 - 전압에 대한 전류

그림과 같은 RLC 회로에서 입력전압 $e_i(t)$, 출력 전류가 $i(t)$인 경우 이 회로의 전달함수 $I(s)/E_i(s)$는?

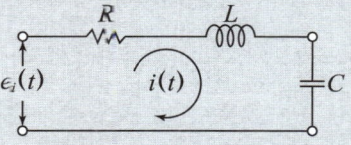

① $\dfrac{Cs}{RCs^2+LCs+1}$

② $\dfrac{1}{RCs^2+LCs+1}$

③ $\dfrac{Cs}{LCs^2+RCs+1}$

④ $\dfrac{1}{LCs^2+RCs+1}$

해설 전압에 대한 전류의 전달함수
$$G(s)=\frac{I(s)}{E_i(s)}=Y(s)=\frac{1}{Z(s)}=\frac{\text{출력 임피던스}}{\text{입력 임피던스}}=\frac{1}{R+Ls+\frac{1}{Cs}}=\frac{Cs}{LCs^2+RCs+1}$$

답 ③

10 전달함수 – 출력전압식   □□□ check up!

그림에서 e_i를 입력 전압, e_o를 출력 전압이라 할 때 전달 함수는?

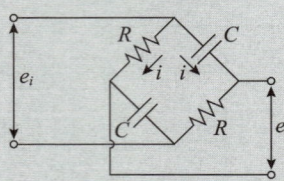

① $\dfrac{RCs-1}{RCs+1}$
② $\dfrac{1}{RCs+1}$
③ $\dfrac{RCs+1}{RCs-1}$
④ $\dfrac{1}{RCs-1}$

해설
$e_i(t)=Ri(t)+\dfrac{1}{C}\int i(t)dt$

$e_o(t)=Ri(t)-\dfrac{1}{C}\int i(t)dt$

초기값$=0$ →

$E_i(s)=\dfrac{1}{Cs}I(s)+RI(s)=\left(R+\dfrac{1}{Cs}\right)I(s)$

$E_o(s)=RI(s)+\dfrac{1}{Cs}I(s)=\left(R-\dfrac{1}{Cs}\right)I(s)$

$\therefore G(s)=\dfrac{E_o(s)}{E_i(s)}=\dfrac{R-\dfrac{1}{Cs}}{R+\dfrac{1}{Cs}}=\dfrac{CRs-1}{CRs+1}$

답 ①

11 전달함수 – 미분방정식 ①   □□□ check up!

입력신호 $x(t)$와 출력신호 $y(t)$의 관계가 다음과 같을 때 전달함수는?

$$\dfrac{d^2}{dt^2}y(t)+5\dfrac{d}{dt}y(t)+6y(t)=x(t)$$

① $\dfrac{1}{(s+2)(s+3)}$
② $\dfrac{s+1}{(s+2)(s+3)}$
③ $\dfrac{s+4}{(s+2)(s+3)}$
④ $\dfrac{s}{(s+2)(s+3)}$

해설 라플라스 변환시 $s^2Y(s)+5sY(s)+6Y(s)=X(s)$ ➜ $(s^2+5s+6)Y(s)=X(s)$

$$\therefore G(s)=\frac{Y(s)}{X(s)}=\frac{1}{s^2+5s+6}=\frac{1}{(s+2)(s+3)}$$

답 ①

12 전달함수 – 미분방정식 ②

시간 지정이 있는 특수한 시스템이 미분 방정식 $\frac{d}{dt}y(t)+y(t)=x(t-T)$로 표시될 때 이 시스템의 전달 함수는?

① $e^{-t}+e$
② $e^{-sT}+\frac{1}{s}$
③ $\frac{e^{-sT}}{s(s+1)}$
④ $\frac{e^{-sT}}{s+1}$

해설 시간추이 정리를 이용한 라플라스 변환시 $sY(s)+Y(s)=X(s)e^{-sT}$ ➜ $Y(s)=\frac{e^{-sT}}{s+1}X(s)$

$$\therefore G(s)=\frac{Y(s)}{X(s)}=\frac{e^{-sT}}{s+1}$$

답 ④

13 제어요소의 종류 – ①

다음 사항 중 옳게 표현된 것은?

① 비례 요소의 전달 함수는 $\frac{1}{Ts}$이다.
② 미분 요소의 전달 함수는 K이다.
③ 적분 요소의 전달 함수는 Ts이다.
④ 1차 지연 요소의 전달 함수는 $\frac{K}{Ts+1}$이다.

해설 • 비례 요소 K • 미분 요소 Ts • 적분 요소 $\frac{1}{Ts}$ • 1차 지연 요소 : $\frac{K}{Ts+1}$

답 ④

14 제어요소의 종류 - ②

그림과 같은 RC회로에서 $RC \ll 1$인 경우 어떤 요소의 회로인가?

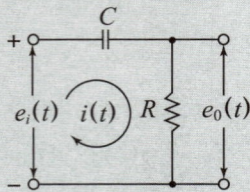

① 비례요소
② 미분요소
③ 적분요소
④ 2차 지연요소

해설
$E_0(s) = RI(s)$
$E_i(s) = \left(R + \dfrac{1}{Cs}\right)I(s)$

→ $G(s) = \dfrac{E_0(s)}{E_i(s)} = \dfrac{R}{R + \dfrac{1}{Cs}} = \dfrac{RCs}{RCs+1}$

$RC \ll 1$ → $G(s) = RCs$
∴ 미분요소(Ts)

답 ②

15 제어요소의 종류 ③

그림과 같은 요소는 제어계의 어떤 요소인가?

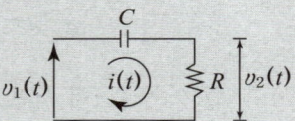

① 적분요소
② 미분요소
③ 1차 지연요소
④ 1차 지연 미분요소

해설
$V_1(s) = \left(R + \dfrac{1}{Cs}\right)I(s)$, $V_2(s) = RI(s)$

→ $G(s) = \dfrac{V_2(s)}{V_1(s)} = \dfrac{R}{R + \dfrac{1}{Cs}} = \dfrac{RCs}{RCs+1} = \dfrac{Ts}{Ts+1} = Ts \times \dfrac{1}{Ts+1}$

∴ 1차지연$\left(\dfrac{1}{Ts+1}\right)$ 및 미분요소(Ts)

답 ④

[**D-30** 전기기사·산업기사 필기
30일 필기 단기완성]

제4과목
회로이론
DAY-15

30일 단기완성

Chapter 15
과도현상

1 출제경향분석

본장은 스위치가 동작시 회로소자의 특성이 순간적으로 변화하는 과도현상의 기본원리 및 특성에 대한 내용을 다루었으며 시험에 자주 출제가 되는 내용은 다음과 같습니다.

반드시 알아야 하는 핵심 포인트

① 과도현상의 성질 ② $R-L$ 직렬회로의 스위치 on시 특징
③ $R-C$ 직렬회로의 스위치 on시 특징 ④ $R-L-C$ 직렬회로의 진동여부

2 학습 가이드라인

- 반드시 알아야 하는 핵심 포인트는 전기기사 및 산업기사 시험에서 가장 출제빈도가 높은 논점으로 각 파트별 핵심 포인트와 문제를 연계하여 학습해 주시기를 권장합니다.
- 체크리스트를 작성하시면서 문제의 유형과 학습의 완성도를 스스로 확인해 주세요.
- 출제 빈도가 높고 틀리기 쉬운 문제를 맞출 수 있도록 "콕콕 포인트"를 확인해 주세요.

우선순위 논점	KEY WORD	선생님의 콕콕 포인트
과도현상의 성질	과도현상, 시정수	과도현상은 시정수에 비례
$R-L$ 직렬회로의 스위치 on시 특징	스위치 on시 전류, 시정수, 초기전류, 정상전류	• $i(t) = \dfrac{E}{R}\left(1 - e^{-\frac{R}{L}t}\right)$[A] • $\tau = \dfrac{L}{R}$[sec]
$R-C$ 직렬회로의 스위치 on시 특징	스위치 on시 전류, 시정수, 초기전류,	• $i(t) = \dfrac{E}{R} e^{-\frac{1}{RC}t}$[A] • $\tau = RC$[sec]
$R-L-C$ 직렬회로의 진동여부	진동, 비진동, 임계진동	진동조건 $R < 2\sqrt{\dfrac{L}{C}}$

15 과도현상

1. $R-L$ 직렬회로

    1) 스위치 on시 흐르는 전류 · $i(t) = \dfrac{E}{R}\left(1 - e^{-\frac{R}{L}t}\right)[\text{A}]$

    2) 특성근 · $p = -\dfrac{R}{L}$

    3) 시정수 · $\tau = \dfrac{1}{|p|} = \dfrac{L}{R}[\sec]$

    4) 초기전류 · $i(0) = 0[\text{A}]$

    5) 최종전류=정상전류 · $i(\infty) = i_s = \dfrac{E}{R}[\text{A}]$

    6) 시정수에서의 전류값 · $i(\tau) = 0.632\dfrac{E}{R} = 0.632 i_s[\text{A}]$

    7) 스위치 S 개방시 전류 · $i(t) = \dfrac{E}{R} e^{-\frac{R}{L}t}[\text{A}]$

2. $R-C$ 직렬회로

    1) 스위치 on시 흐르는 전류 · $i(t) = \dfrac{E}{R} e^{-\frac{1}{RC}t}[\text{A}]$

    2) 시정수 · $\tau = RC[\sec]$

    3) 초기전류 · $i(0) = \dfrac{E}{R}[\text{A}]$

3. $L-C$ 직렬회로

    1) 불변의 진동전류

    2) C에 걸리는 최대전압 · $V_{Cmax} = 2E[\text{V}]$

4. $R-L-C$ 직렬회로

    1) $R > 2\sqrt{\dfrac{L}{C}}$ 비진동

    2) $R < 2\sqrt{\dfrac{L}{C}}$ 진동

    3) $R = 2\sqrt{\dfrac{L}{C}}$ 임계

01 과도현상의 성질

전기 회로에서 일어나는 과도 현상은 그 회로의 시정수와 관계가 있다. 이 사이의 관계를 옳게 표현한 것은?

① 회로의 시정수가 클수록 과도 현상은 오랫동안 지속된다.
② 시정수는 과도 현상의 지속 시간에는 상관되지 않는다.
③ 시정수의 역이 클수록 과도 현상은 천천히 사라진다.
④ 시정수가 클수록 과도 현상은 빨리 사라진다.

해설 과도현상은 시정수에 비례하므로 시정수가 클수록 과도현상은 오래 지속되며 천천히 사라진다.

답 ①

02 $R-L$ 직렬회로 - 스위치 on시 전류 ①

$t=0$에서 스위치 S를 닫을 때의 전류 $i(t)$는?

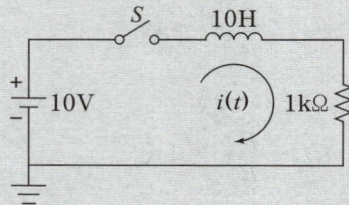

① $0.01(1-e^{-t})$
② $0.01(1+e^{-t})$
③ $0.01(1-e^{-100t})$
④ $0.01(1+e^{-100t})$

해설 $i(t)=\dfrac{E}{R}\left(1-e^{-\frac{R}{L}t}\right)=\dfrac{10}{1000}\left(1-e^{-\frac{1000}{10}t}\right)=0.01(1-e^{-100t})\,[\mathrm{A}]$

답 ③

03 $R-L$ 직렬회로 - 스위치 on시 전류 ②

그림의 RL 직렬회로에서 스위치를 닫은 후 몇 초 후에 회로의 전류가 10[mA]가 되는가?

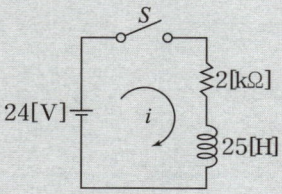

① 0.011[sec]
② 0.016[sec]
③ 0.022[sec]
④ 0.031[sec]

해설 $i(t) = \dfrac{24}{2 \times 10^3}\left(1 - e^{-\frac{2 \times 10^3}{25}t}\right) = 10 \times 10^{-3}$ → $e^{-80t} = \dfrac{1}{6}$, $-80t = \ln\dfrac{1}{6}$

∴ $t = 0.022[\sec]$ 답 ③

04 $R-L$ 직렬회로 – 스위치 on시 전류 ③   □□□ check up!

$R-L$ 직렬 회로에서 스위치 S를 닫아 직류 전압 $E[V]$를 회로 양단에 급히 가한 후 $\dfrac{L}{R}[s]$후의 전류 $I[A]$값은?

① $0.632\dfrac{E}{R}$ ② $0.5\dfrac{E}{R}$

③ $0.368\dfrac{E}{R}$ ④ $\dfrac{E}{R}$

해설 $i = \dfrac{E}{R}\left(1 - e^{-\frac{R}{L}t}\right)\Big|_{t=\frac{L}{R}} = \dfrac{E}{R}(1 - e^{-1}) = 0.632\dfrac{E}{R}[A]$ 답 ①

05 $R-L$ 직렬회로 – 초기전류   □□□ check up!

$R-L$ 직렬 회로에 V인 직류 전압원을 갑자기 연결하였을 때 $t=0$인 순간 이 회로에 흐르는 회로 전류에 대하여 바르게 표현된 것은?

① 이 회로에는 전류가 흐르지 않는다. ② 이 회로에는 V/R 크기의 전류가 흐른다.
③ 이 회로에는 무한대의 전류가 흐른다. ④ 이 회로에는 $V/(R+j\omega L)$의 전류가 흐른다.

해설 $i(t) = \dfrac{E}{R}\left(1 - e^{-\frac{R}{L}t}\right)\Big|_{t=0} = \dfrac{E}{R}(1 - 1) = 0[A]$ 답 ①

06 $R-L$ 직렬회로 – 정상전류   □□□ check up!

그림과 같은 회로에서 정상 전류값 $i_s[A]$는? (단, $t=0$에서 스위치 S를 닫았다.)

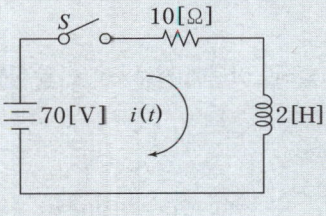

① 0 ② 7
③ 35 ④ -35

해설 $R-L$ 직렬회로 정상전류 $i_s = \dfrac{E}{R} = \dfrac{70}{10} = 7[A]$ 답 ②

07 R-L 직렬회로 - 시정수 ①

인덕턴스 0.5[H], 저항 2[Ω]의 직렬회로에 30[V]의 직류전압을 급히 가했을 때 스위치를 닫은 후 0.1초 후의 전류의 순시값 i[A]와 회로의 시정수 τ[s]는?

① $i=4.95$, $\tau=0.25$
② $i=12.75$, $\tau=0.35$
③ $i=5.95$, $\tau=0.45$
④ $i=13.95$, $\tau=0.25$

해설 순시전류 $i(t) = \dfrac{E}{R}\left(1-e^{-\frac{R}{L}t}\right) = \dfrac{30}{2}\left(1-e^{-\frac{2}{0.5}\times 0.1}\right) = 4.95[\text{A}]$

시정수 $\tau = \dfrac{L}{R} = \dfrac{0.5}{2} = 0.25[\text{s}]$

답 ①

08 R-L 직렬회로 - 시정수 ②

$R_1 = R_2 = 100[\Omega]$이며 $L = 5H$인 회로에서 시정수는 몇 [sec]인가?

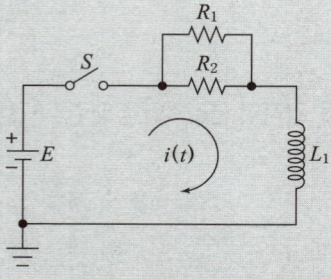

① 0.001
② 0.01
③ 0.1
④ 1

해설 합성저항 $R = \dfrac{R_1 \times R_2}{R_1 + R_2} = \dfrac{100 \times 100}{100 + 100} = 50[\Omega]$ → $\tau = \dfrac{L}{R} = \dfrac{5}{50} = 0.1[\text{sec}]$

답 ③

09 R-L 직렬회로 - 시정수 ③

권수가 2000회이고, 저항이 12[Ω]인 솔레노이드에 전류 10[A]를 흘릴 때, 자속이 6×10^{-2}[Wb]가 발생하였다. 이 회로의 시정수[sec]는?

① 1
② 0.1
③ 0.01
④ 0.001

해설 $N\phi = LI$, $L = \dfrac{N\phi}{I} = \dfrac{2000 \times 6 \times 10^{-2}}{10} = 12[\text{H}]$ → $\tau = \dfrac{L}{R} = \dfrac{12}{12} = 1[\text{sec}]$

답 ①

10 $R-L$ 직렬회로 – 스위치 개방시 전류 ①

그림과 같은 $R-L$ 회로에서 스위치 S를 열 때 흐르는 전류 $i[\text{A}]$는 어느 것인가?

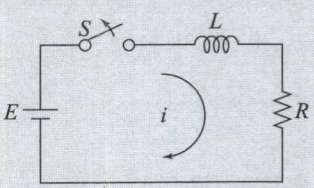

① $\dfrac{E}{R}e^{\frac{R}{L}t}$
② $\dfrac{E}{R}\left(1-e^{\frac{R}{L}t}\right)$
③ $\dfrac{E}{R}e^{-\frac{R}{L}t}$
④ $\dfrac{E}{R}\left(1-e^{-\frac{R}{L}t}\right)$

해설 $R-L$ 직렬회로 스위치 개방시 전류 $i(t)=\dfrac{E}{R}e^{-\frac{R}{L}t}[\text{A}]$

답 ③

11 $R-L$ 직렬회로 – 스위치 개방시 전류 ②

그림과 같은 회로에서 스위치 S를 $t=0$에서 닫았을 때 $(V_L)_{t=0}=60[\text{V}]$, $\left(\dfrac{di}{dt}\right)_{t=0}=30[\text{A/s}]$이다. L의 값은 몇 $[\text{H}]$인가?

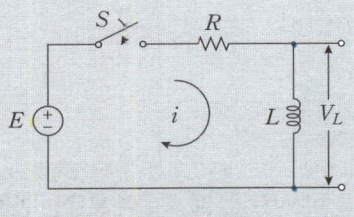

① 0.5
② 1.0
③ 1.25
④ 2.0

해설 $V_L = L \cdot \dfrac{di}{dt}[\text{V}]$ → $60 = L \cdot 30$
∴ $L = 2[\text{H}]$

답 ④

12 $R-C$ 직렬회로의 성질

RC 직렬회로의 과도현상에 대하여 옳게 설명한 것은?

① $\dfrac{1}{RC}$ 의 값이 클수록 과도 전류값은 천천히 사라진다.
② RC 값이 클수록 과도 전류값은 빨리 사라진다.
③ 과도 전류는 RC 값에 관계가 없다.
④ RC 값이 클수록 과도 전류값은 천천히 사라진다.

해설 과도현상은 시정수에 비례하므로 RC 값이 클수록 과도현상이 길어져 과도 전류값이 천천히 사라진다.

답 ④

13 $R-C$ 직렬회로 – 시정수

$R-C$ 직렬 회로의 시정수 τ[s]는?

① RC
② $\dfrac{1}{RC}$
③ $\dfrac{C}{R}$
④ $\dfrac{R}{C}$

해설 $R-C$ 직렬회로의 시정수 $\tau = RC$[s]

답 ①

14 $R-C$ 직렬회로 – 스위치 on시 전류

그림의 회로에서 콘덴서의 초기 전압을 0[V]로 할 때 회로에 흐르는 전류 $i(t)$[A]는?

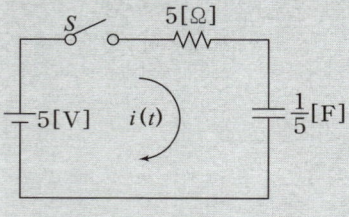

① $5(1-e^{-t})$
② $1-e^{-t}$
③ $5e^{-t}$
④ e^{-t}

해설 $R-C$ 직렬회로 스위치 on시 전류 $i(t) = \dfrac{E}{R}e^{-\frac{1}{RC}t} = \dfrac{5}{5}e^{-\frac{1}{5 \times \frac{1}{5}}t} = e^{-t}$[A]

답 ④

15 L-C 직렬회로 - 스위치 on시 전류 ☐☐☐ check up!

그림의 정전용량 C[F]를 충전한 후 스위치 S를 닫아 이것을 방전하는 경우의 과도 전류는? (단, 회로에는 저항이 없다.)

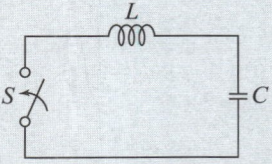

① 불변의 진동전류
② 감쇠하는 전류
③ 감쇠하는 진동전류
④ 일정치까지 증가한 후 감쇠하는 전류

해설 $L-C$ 직렬회로 과도전류 $i(t) = \dfrac{E}{\sqrt{\dfrac{L}{C}}} \sin \dfrac{1}{\sqrt{LC}} t$ [A]이며 불변 진동전류이다.   답 ①

16 L-C 직렬회로 - 최대전압 ☐☐☐ check up!

$L-C$ 직렬회로에 직류 기전력 E를 $t=0$에서 갑자기 인가할 때 C에 걸리는 최대 전압은?

① E ② $1.5E$
③ $2E$ ④ $2.5E$

해설 L 및 C에 걸리는 최대전압
$V_{Lmax} = E$ [V]
$V_{Cmax} = 2E$ [V]   답 ③

17 R-L-C 직렬회로 - 진동 조건 ① ☐☐☐ check up!

$R-L-C$ 직렬회로에 $t=0$에서 교류전압 $e = E_m \sin(\omega t + \theta)$를 가할 때 $R^2 - 4\dfrac{L}{C} > 0$이면 이 회로는?

① 진동적이다.   ② 비진동적이다.
③ 임계진동적이다.   ④ 비감쇠진동이다.

해설 $R-L-C$ 직렬회로 진동조건

1) 비진동 조건 · $R^2-4\dfrac{L}{C}>0$ · $R>2\sqrt{\dfrac{L}{C}}$

2) 진동 조건 · $R^2-4\dfrac{L}{C}<0$ · $R<2\sqrt{\dfrac{L}{C}}$

3) 임계 진동 조건 · $R^2-4\dfrac{L}{C}=0$ · $R=2\sqrt{\dfrac{L}{C}}$

답 ②

18 $R-L-C$ 직렬회로 – 진동 조건 ②

$R-L-C$ 직렬 회로에서 진동 조건은 어느 것인가?

① $R<2\sqrt{\dfrac{C}{L}}$
② $R<2\sqrt{\dfrac{L}{C}}$
③ $R<2\sqrt{LC}$
④ $R<\dfrac{1}{2\sqrt{LC}}$

해설 $R-L-C$ 직렬회로 진동 조건 · $R^2-4\dfrac{L}{C}<0$ · $R<2\sqrt{\dfrac{L}{C}}$

답 ②

19 과도현상의 성질

다음과 같은 회로에서 $t=0^+$에서 스위치 K를 닫았다. $i_1(0)$, $i(0^+)$는 얼마인가? (단, C의 초기전압과 L의 초기전류는 0이다.)

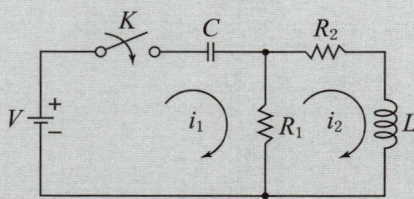

① $i_1(0^+)=0$, $i_2(0^+)=V/R_2$
② $i_1(0^+)=V/R_1$, $i_2(0^+)=0$
③ $i_1(0^+)=0$, $i_2(0^+)=0$
④ $i_1(0^+)=V/R_1$, $i_2(0^+)=V/R_2$

해설 $i_1(0)$, $i_2(0^+)$는 초기값이며 L은 초개말단, C은 초단말개이므로 등가회로는 아래와 같다.

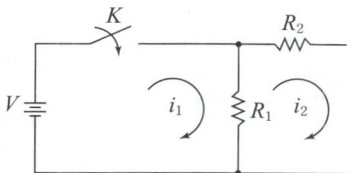

$i_1(0) = \dfrac{V}{R_1}$, $i_2(0^+) = 0$

답 ②

20 $R-C$ 직렬회로 – 과도현상 및 위상   □□□ check up!

$R=30[\Omega]$, $L=79.6[\text{mH}]$의 RL직렬회로에 $60[\text{Hz}]$의 교류를 가할 때 과도현상이 발생하지 않으려면 전압은 어떤 위상에서 가해야 하는가?

① 23°
② 30°
③ 45°
④ 60°

해설 과도현상이 발생하지 않으려면 임피던스의 위상과 같으면 된다.

$\theta = \tan^{-1}\dfrac{\omega L}{R} = \tan^{-1}\dfrac{377 \times 79.6 \times 10^{-3}}{30} = 45°$

답 ③

제4과목
회로이론
DAY – 15

30일 단기완성

Chapter 16
최신기출

---

01 직·병렬회로 – 전류   □□□ check up!

3개의 같은 저항 $R[\Omega]$를 그림과 같이 △ 결선하고, 기전력 $V[V]$, 내부저항 $r[\Omega]$인 전지를 n개 직렬 접속했다. 이 때 전지 내에 흐르는 전류가 $I[A]$라면 R은 몇 $[\Omega]$인가?

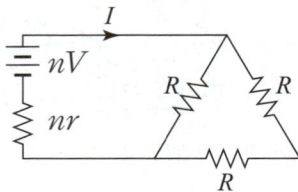

① $\dfrac{3}{2}n\left(\dfrac{V}{I}+r\right)$ 　　　　　　　② $\dfrac{2}{3}n\left(\dfrac{V}{I}+r\right)$

③ $\dfrac{3}{2}n\left(\dfrac{V}{I}-r\right)$ 　　　　　　　④ $\dfrac{2}{3}n\left(\dfrac{V}{I}-r\right)$

해설 합성저항은 $R_o = \dfrac{nV}{I} = \dfrac{R \times 2R}{R+2R} + nr = \dfrac{2R}{3} + nr$

$\dfrac{2R}{3} = \dfrac{nV}{I} - nr = n\left(\dfrac{V}{I} - r\right)$에서 $R = \dfrac{3}{2}n\left(\dfrac{V}{I} - r\right)$이 된다.　　　　답 ③

---

02 길이 변화에 따른 전력 변화   □□□ check up!

길이에 따라 비례하는 저항 값을 가진 어떤 전열선에 $E_0[V]$의 전압을 인가하면 $P_0[W]$의 전력이 소비된다. 이 전열선을 잘라 원래 길이의 $\dfrac{2}{3}$로 만들고 $E[V]$의 전압을 가한다면 소비전력 $P[W]$는?

① $P = \dfrac{P_0}{2}\left(\dfrac{E}{E_0}\right)^2$ 　　　　　　② $P = \dfrac{3P_0}{2}\left(\dfrac{E}{E_0}\right)^2$

③ $P = \dfrac{2P_0}{3}\left(\dfrac{E}{E_0}\right)^2$ 　　　　　　④ $P = \dfrac{\sqrt{3}P_0}{2}\left(\dfrac{E}{E_0}\right)^2$

해설 저항은 길이에 비례하므로 전열선의 길이를 $\frac{2}{3}$로 만들면 저항도 $\frac{2}{3}$가 되며, $P=\frac{V^2}{R}$ 식을 이용해 비례식을 이용하면 다음과 같다.

$$P_0 : \frac{E_0^2}{R} = P : \frac{E^2}{\frac{2}{3}R}$$ 식에서 $\frac{P}{R}E_0^2 = \frac{3P_0}{2R}E^2$

$$\therefore P = \frac{3P_0}{2}\left(\frac{E^2}{E_0^2}\right) = \frac{3P_0}{2}\left(\frac{E}{E_0}\right)^2 [\text{W}]$$

답 ②

03 배율기 내부저항 □□□ check up!

최대 눈금이 50[V]인 직류 전압계가 있다. 이 전압계를 사용하여 150[V]의 전압을 측정하려면 배율기의 저항은 몇 [Ω]을 사용하여야 하는가? (단, 전압계의 내부 저항은 5,000[Ω]이다.)

① 1000
② 2500
③ 5000
④ 10000

해설 최대측정한도전압 $V_a = 50[\text{V}]$, 측정코자 하는 전압 $V = 150[\text{V}]$,

전압계 내부저항 $r_a = 5,000[\Omega]$이므로 배율기의 배율 $m = \frac{150}{50} = 3$배가 된다.

$R_m = (m-1)r_a = (3-1) \times 5000 = 10000[\Omega]$

답 ④

04 전지 직·병렬회로 – 전류 □□□ check up!

기전력 3[V], 내부저항 0.5[Ω]의 전지 9개가 있다. 이것을 3개씩 직렬로 하여 3조 병렬 접속한 것에 부하저항 1.5[Ω]을 접속하면 부하전류[A]는?

① 2.5
② 3.5
③ 4.5
④ 5.5

해설 전지가 직렬로 3개, 병렬로 3조 접속되면 내부저항은 $\frac{3}{3} \times 0.5 = 0.5[\Omega]$, 기전력은 $3 \times 3 = 9[\text{V}]$가 된다.

따라서 부하전류를 계산하면 $I = \frac{E}{r+R} = \frac{9}{0.5+1.5} = 4.5[\text{A}]$

답 ③

05 양단자 전압차 □□□ check up!

다음과 같은 회로에서 a, b 양단의 전압은 몇 [V]인가?

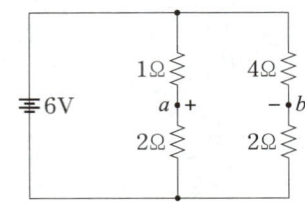

① 1
② 2
③ 2.5
④ 3.5

해설 전압 분배 법칙에 의해 $V_{ab} = \dfrac{2 \times 6}{1+2} - \dfrac{2 \times 6}{4+2} = 2 [\text{V}]$

답 ②

06 실효값 공식 □□□ check up!

정현파 교류 전류의 실효치를 계산하는 식은? (단, i는 순시치, I는 실효치, T는 주기이다.)

① $I = \dfrac{1}{T^2} \displaystyle\int_0^T i^2 dt$

② $I = \sqrt{\dfrac{2}{T^2} \displaystyle\int_0^T i^2 dt}$

③ $I^2 = \dfrac{1}{T} \displaystyle\int_0^T i^2 dt$

④ $I^2 = \dfrac{2}{T} \displaystyle\int_0^T i \, dt$

해설 정현파 교류의 실효값은
$I = \sqrt{\dfrac{1}{T^2} \displaystyle\int_0^T i^2 dt} = \sqrt{i^2 \text{의 한주기 평균값}}$ 이므로 $I^2 = \dfrac{1}{T} \displaystyle\int_0^T i^2 dt$ 이 된다.

답 ③

07 실효값 계산 □□□ check up!

그림과 같이 주기가 $3s$인 전압 파형의 실효값은 약 몇 [V]인가?

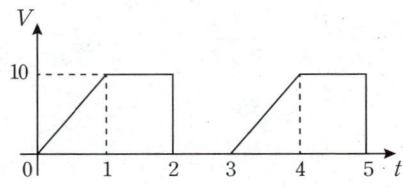

① 5.67
② 6.67
③ 7.57
④ 8.57

해설 $0 \sim 1[\sec]$ 사이 전압 $v_1 = 10t$
$1 \sim 2[\sec]$ 사이 전압 $v_2 = 10$
$2 \sim 3[\sec]$ 사이 전압 $v_3 = 0$ 이므로
전압의 실효값은 $V = \sqrt{\dfrac{1}{T}\int_0^T v^2 dt} = \sqrt{\dfrac{1}{3}\left[\int_0^1 (10t)^2 dt + \int_1^2 10^2 dt\right]} = 6.67[V]$

답 ②

08 전압순시값 응용 □□□ check up!

최댓값이 $10[V]$인 정현파 전압이 있다. $t=0$에서의 순시값이 $5[V]$이고 이 순간에 전압이 증가하고 있다. 주파수가 $60[Hz]$일 때, $t=2[ms]$에서의 전압의 순시값$[V]$은?

① $10\sin 30°$
② $10\sin 43.2°$
③ $10\sin 73.2°$
④ $10\sin 103.2°$

해설 최댓값 $V_m = 10[V]$, 주파수 $f = 60[Hz]$, $t=0$에서 순시전압 $v(t) = 5[V]$ 이므로
$v(t) = V_m \sin(\omega t + \theta) = 10\sin(2\pi ft + \theta) = 10\sin(120\pi t + \theta)$
$v(0) = 10\sin\theta = 5$, $\sin\theta = 0.5$
$\theta = \sin^{-1} 0.5 = 30°$
$v(t) = 10\sin(120\pi t + 30°)[V]$ 가 되며
$t = 2[\text{mec}]$ 에서의 각도는 $120\pi t + 30° = 120 \times 180° \times 2 \times 10^{-3} + 130° = 73.2°$ 가 된다.
∴ $v(t) = 10\sin(73.2°)[V]$

답 ③

09 가동 코일형 - 평균값 □□□ check up!

그림과 같은 파형의 맥동 전류를 열선형 계기로 측정한 결과 $10[A]$이었다. 이를 가동 코일형 계기로 측정할때 전류의 값은 몇 $[A]$인가?

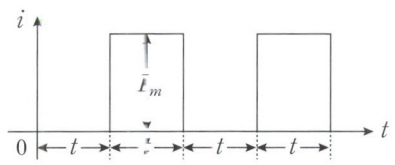

① 7.07
② 10
③ 14.14
④ 17.32

해설 열선형 계기는 실효값을 가동 코일형 계기는 평균값을 지시하므로 구형반파에서
실효값 $I = \dfrac{I_m}{\sqrt{2}}$, 평균값 $I_a = \dfrac{I_m}{2}$ 이므로 $I_a = \dfrac{I_m}{2} = \dfrac{\sqrt{2}I}{2} = \dfrac{10}{\sqrt{2}} = 7.07[A]$

답 ①

10 파형률

다음 중 파형률이 1.11이 되는 파형은?

①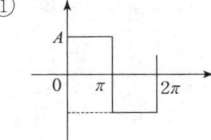
②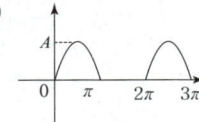
③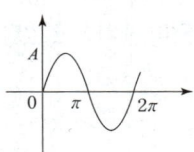
④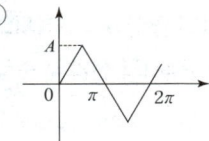

해설 정현파의 파형률

$$\frac{\text{실효값}}{\text{평균값}} = \frac{\frac{V_m}{\sqrt{2}}}{\frac{2V_m}{\pi}} = \frac{\pi}{2\sqrt{2}} = 1.111$$

답 ③

11 전압 – 전류 위상차

$V = v_1 + jv_2$ 와 $I = I$ 와의 위상차를 $\frac{\pi}{3}$ [rad] 만큼 I 를 앞서게 하는 조건은?

① $v_2 = \sqrt{3}\, v_1$
② $v_2 = -\sqrt{3}\, v_1$
③ $v_2 = \frac{1}{\sqrt{3}} v_1$
④ $v_2 = -\frac{1}{\sqrt{3}} v_1$

해설

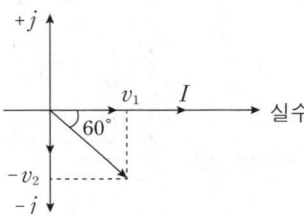

전류가 전압보다 위상이 $\theta = \frac{\pi}{3} = 60°$ 앞서므로 벡터도에서 $\tan 60° = \frac{-v_2}{v_1} = \sqrt{3}$ 이므로 $v_2 = -\sqrt{3}\, v_1$ 이 된다.

답 ②

12 용량성회로 특성 □□□ check up!

어느 소자에 전압 $e=125\sin377t[\mathrm{V}]$를 가했을 때 전류 $i=50\cos377t[\mathrm{A}]$가 흘렀다. 이 회로의 소자는 어떤 종류인가?

① 순저항
② 용량 리액턴스
③ 유도 리액턴스
④ 저항과 유도 리액턴스

해설 $e=125\sin377t[\mathrm{V}]$
$i=50\cos377t=50\sin(377t+90°)[\mathrm{A}]$이므로
전류가 전압보다 90° 위상이 앞서므로 용량성이다.

답 ②

13 코일축적에너지 □□□ check up!

회로에서 $e(t)=E_m\cos\omega t[\mathrm{V}]$의 전압을 인가했을 때 인덕턴스 $L[\mathrm{H}]$에 축적되는 에너지$[\mathrm{J}]$는?

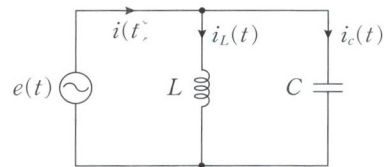

① $\dfrac{1}{2}\dfrac{E_m^2}{\omega^2 L^2}(1-\cos2\omega t)$
② $\dfrac{1}{2}\dfrac{E_m^2}{\omega^2 L^2}(1+\cos\omega t)$
③ $\dfrac{1}{4}\dfrac{E_m^2}{\omega^2 L}(1-\cos2\omega t)$
④ $\dfrac{1}{4}\dfrac{E_m^2}{\omega^2 L}(1+\cos\omega t)$

해설 인덕턴스 L에 흐르는 전류는 $i_L=\dfrac{1}{L}\int e(t)dt=\dfrac{1}{L}\int E_m\cos\omega t\,dt=\dfrac{E_m}{\omega L}\sin\omega t[\mathrm{A}]$이므로
인덕턴스에 축적되는 에너지는

$$W=\dfrac{1}{2}Li_L^2=\dfrac{1}{2}L\left(\dfrac{E_m}{\omega L}\sin\omega t\right)^2$$
$$=\dfrac{1}{2}\cdot\dfrac{E_m^2}{\omega^2 L}\sin^2\omega t=\dfrac{1}{2}\cdot\dfrac{E_m^2}{\omega^2 L}\cdot\dfrac{1-\cos2\omega t}{2}$$
$$=\dfrac{1}{4}\cdot\dfrac{E_m^2}{\omega^2 L}\cdot(1-\cos2\omega t)[\mathrm{J}]$$

답 ③

14 R-X직렬 역률

저항 $R[\Omega]$과 리액턴스 $X[\Omega]$이 직렬로 연결된 회로에서 $\dfrac{X}{R}=\dfrac{1}{\sqrt{2}}$일 때, 이 회로의 역률은?

① $\dfrac{1}{\sqrt{2}}$
② $\dfrac{1}{\sqrt{3}}$
③ $\sqrt{\dfrac{2}{3}}$
④ $\dfrac{\sqrt{3}}{2}$

해설 $\dfrac{X}{R}=\dfrac{1}{\sqrt{2}}$는 $R=\sqrt{2}\,X$이므로 $R-X$직렬회로의 역률은

$$\cos\theta=\dfrac{R}{\sqrt{R^2+X^2}}=\dfrac{\sqrt{2}\,X}{\sqrt{(\sqrt{2}\,X)^2+X^2}}=\sqrt{\dfrac{2}{3}}$$

답 ③

15 병렬회로 역률

다음 그림에서 각 선로의 전류가 각각 $I_L=3+j6[\text{A}]$, $I_C=5-j2[\text{A}]$일 때, 전원에서의 역률은?

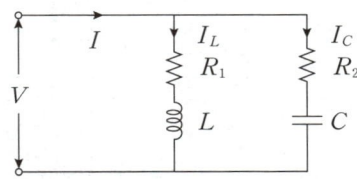

① $\dfrac{1}{\sqrt{17}}$
② $\dfrac{4}{\sqrt{17}}$
③ $\dfrac{1}{\sqrt{5}}$
④ $\dfrac{2}{\sqrt{5}}$

해설 회로가 병렬연결이므로 전체전류는 $I=I_L+I_C=3+j6+5-j2=8+j4[\text{A}]$이므로

역률 $\cos\theta=\dfrac{I_R}{I}=\dfrac{8}{\sqrt{8^2+4^2}}=\dfrac{8}{4\sqrt{5}}=\dfrac{2}{\sqrt{5}}$

답 ④

16 공진시 단자전압

$R=100[\Omega]$, $X_C=100[\Omega]$이고 L만을 가변 할 수 있는 RLC 직렬회로가 있다. 이 때 $f=500[\text{Hz}]$, $E=100[\text{V}]$를 인가하여 L을 변화시킬 때 L의 단자전압 E_L의 최대값은 몇 $[\text{V}]$인가? (단, 공진회로이다.)

① 50
② 100
③ 150
④ 200

해설 직렬공진시 L과 C의 단자전압이 같으므로
E_L의 최대값은 $E_{L최대}=E_{C최대}=I_{최대} \cdot X_C[\mathrm{V}]$가 되므로
직렬공진시 최대전류는 R에 흐르는 전류이므로
$$I_{최대}=\frac{E}{R}=\frac{100}{100}=1[\mathrm{A}]$$
$$\therefore E_{L최대}=E_{C최대}=1\times 100=100[\mathrm{V}]$$

답 ②

17 병렬공진 특징 □□□ check up!

RLC 병렬 공진회로에 관한 설명 중 틀린 것은?

① R의 비중이 작을수록 Q가 높다.
② 공진 시 입력 어드미턴스는 매우 작아진다.
③ 공진 주파수 이하에서의 입력전류는 전압보다 위상이 뒤진다.
④ 공진 시 L 또는 C에 흐르는 전류는 입력전류 크기의 Q배가 된다.

해설 병렬 공진 회로의 선택도 Q는 $Q=\dfrac{I_L}{I}=\dfrac{I_C}{I}=\dfrac{R}{X_L}=\dfrac{R}{X_C}=R\sqrt{\dfrac{C}{L}}$ 이므로
저항 R이 작을수록 선택도 Q가 작아진다.

답 ①

18 합성부하의 피상전력 □□□ check up!

600[kVA], 역률 0.6(지상)인 부하 A와 800[kVA], 역률 0.8(진상)인 부하 B를 연결시 전체 피상전력[kVA]는?

① 640 ② 1000
③ 0   ④ 1400

해설
- 부하 A의 피상전력 $P_{a1}=600\times 0.6-j600\times 0.8=360-j480[\mathrm{kVA}]$
- 부하 B의 피상전력 $P_{a2}=800\times 0.8+j800\times 0.6=640+j480[\mathrm{kVA}]$
- 전체피상전력 $P_{ab}=P_{a1}+P_{a2}=360-j480+640+j480=1000[\mathrm{kVA}]$

답 ②

19 콘덴서 설치시 용량리액턴스 □□□ check up!

코일에 단상 100[V]의 전압을 가하면 30[A]의 전류가 흐르고 1.8[kW]의 전력을 소비한다고 한다. 이 코일과 병렬로 콘덴서를 접속하여 회로의 역률을 100[%]로 하기 위한 용량 리액턴스는 약 몇 [Ω]인가?

① 4.2   ② 6.2
③ 8.2   ④ 10.2

해설 유효전력 $P=1800[W]$일 때
피상전력 $P_a=VI=100\times 30=3000[VA]$이므로
무효전력 $P_r=\sqrt{P_a^2-P^2}=\sqrt{3000^2-1800^2}=2400[Var]$

역률을 $100[\%]$로 하기 위해서는 $2400[Var]$의 콘덴서가 필요하므로 $Q_C=\dfrac{V^2}{X_C}$의 식에서

$$X_C=\dfrac{V^2}{Q_C}=\dfrac{100^2}{2400}=4.17[\Omega]$$

답 ①

20 복소전력 □□□ check up!

$V=50\sqrt{3}-j50[V]$, $I=15\sqrt{3}+j15[A]$일 때 유효전력 $P[W]$ 무효전력 $Q[Var]$는 각각 얼마인가?

① $P=3000$, $Q=-1500$
② $P=1500$, $Q=-1500\sqrt{3}$
③ $P=750$, $Q=-750\sqrt{3}$
④ $P=2250$, $Q=-1500\sqrt{3}$

해설 복소전력 $P_a=VI^*=P\pm jP_r[VA]$이므로
$V=50\sqrt{3}-j50[V]$, $I=15\sqrt{3}+j15[A]$일 때
복소전력을 구하면 $P_a=VI^*=(50\sqrt{3}-j50)(15\sqrt{3}-j15)$
$=1500-j1500\sqrt{3}\,[VA]$이므로
$P=1500[W]$, $Q=-1500\sqrt{3}\,[Var]$

답 ②

21 상호인덕턴스 □□□ check up!

인덕턴스가 각각 $5[H]$, $3[H]$인 두 코일을 모두 dot 방향으로 전류가 흐르게 직렬로 연결하고 인덕턴스를 측정 하였더니 $15[H]$이었다. 두 코일간의 상호 인덕턴스$[H]$는?

① 3.5
② 4.5
③ 7
④ 9

해설 $L_0=L_1+L_2+2M=15[H]$ 식에서
$M=\dfrac{1}{2}(L_0-L_1-L_2)=\dfrac{1}{2}(15+5+3)=3.5$

답 ①

22 차동결합 2차측 유기전력 □□□ check up!

그림과 같은 회로에서 $i_1 = I_m \sin\omega t [A]$일 때 개방된 2차 단자에 나타나는 유기기전력 e_2는 몇 $[V]$인가?

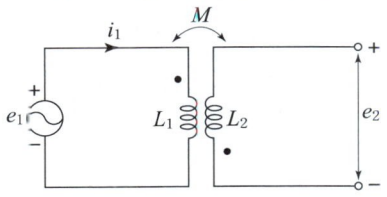

① $\omega M I_m \sin(\omega t - 90°)$
② $\omega M I_m \cos(\omega t - 90°)$
③ $-\omega M \sin\omega t$
④ $\omega M \cos\omega t$

해설 그림은 차동결합이므로
$$e_2 = -M\frac{di_1}{dt} = -M\frac{d}{dt}I_m\sin\omega t = -\omega M I_m \cos\omega t = \omega M I_m \sin(\omega t - 90°)[V]$$

참고 $\dfrac{d}{dt}\sin\omega t = \cos\omega t \times \omega$

답 ①

23 상호유도 없는 합성인덕턴스 □□□ check up!

다음과 같은 회로의 $a-b$간 합성 인덕턴스는 몇 $[H]$인가? (단, $L_1=4[H]$, $L_2=4[H]$, $L_3=2[H]$, $L_4=2[H]$ 이다.)

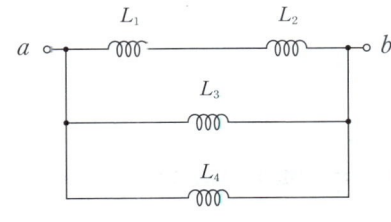

① $\dfrac{8}{9}$
② 6
③ 9
④ 12

해설 L_1과 L_2가 직렬연결이므로 합성 인덕턴스는 $L_{01} = L_1 + L_2 = 4 + 4 = 8[H]$

L_3와 L_4가 병렬연결이므로 합성 인덕턴스는 $L_{02} = \dfrac{L_3 \times L_4}{L_3 + L_4} = \dfrac{2 \times 2}{2 + 2} = 1[H]$

L_{01}과 L_{02}가 병렬연결이므로 $L_0 = \dfrac{L_{01} \times L_{02}}{L_{01} + L_{02}} = \dfrac{8 \times 1}{8 + 1} = \dfrac{8}{9}[H]$

답 ①

24 브리지 평형조건

그림의 교류 브리지 회로가 평형이 되는 조건은?

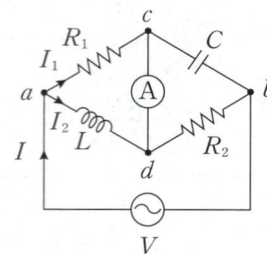

① $L = \dfrac{R_1 R_2}{C}$

② $L = \dfrac{C}{R_1 R_2}$

③ $L = R_1 R_2 C$

④ $L = \dfrac{R_2}{R_1} C$

해설 R_1의 임피던스 $Z_1 = R_1[\Omega]$, C의 임피던스 $Z_2 = \dfrac{1}{j\omega C}[\Omega]$

R_2의 임피던스 $Z_3 = R_2[\Omega]$, L의 임피던스 $Z_4 = j\omega L[\Omega]$이므로

교류 브릿지회로가 평형이 되는 경우는 대각선으로 임피던스의 곱이 같은 경우이므로

$Z_1 Z_3 = Z_2 Z_4$

$R_1 R_2 = \dfrac{1}{j\omega C} j\omega L$

$R_1 R_2 = \dfrac{L}{C}$ 이므로 $L = R_1 R_2 C$ 가 된다.

답 ③

25 키르히호프법칙

키르히호프의 전류법칙(KCL) 적용에 대한 설명 중 틀린 것은?

① 이 법칙은 집중정수회로에 적용된다.
② 이 법칙은 회로의 시변, 시불변에 관계받지 않고 적용된다.
③ 이 법칙은 회로의 선형, 비선형에 관계받지 않고 적용된다.
④ 이 법칙은 선형소자로만 이루어진 회로에 적용된다.

해설 키르히호프의 법칙은 집중 정수 회로에서 선형, 비선형, 시변, 시불변에 무관하게 항상 성립된다.

답 ④

26 테브난 등가저항 □□□ check up!

회로의 양 단자에서 테브난의 정리에 의한 등가 회로로 변환할 경우 V_{ab} 전압과 테브난 등가저항은?

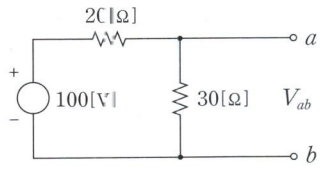

① 60[V], 12[Ω]
② 60[V], 15[Ω]
③ 50[V], 15[Ω]
④ 50[V], 50[Ω]

해설 테브난의 등가전항 $R_{ab} = \dfrac{20 \times 30}{20+30} = 12[\Omega]$

테브난의 등가저압 $V_{ab} = \dfrac{30}{20+30} \times 100 = 60[\text{V}]$

답 ①

27 중첩의 원리 응용 - ① □□□ check up!

회로에서 0.5[Ω] 양단 전압[V]은 약 몇 [V]인가?

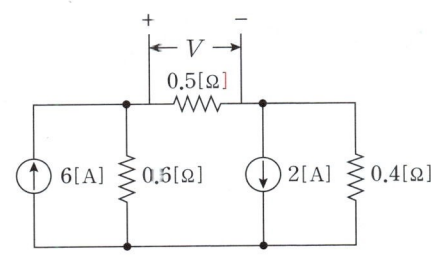

① 0.6
② 0.93
③ 1.47
④ 1.5

해설 중첩의 정리

전류원 2[A] 개방시 0.5[Ω]에 흐르는 전류 $I_1 = \dfrac{0.6}{0.6+0.5+0.4} \times 6 = \dfrac{12}{5}[\text{A}]$

전류원 6[A] 개방시 0.5[Ω]에 흐르는 전류 $I_2 = \dfrac{0.4}{0.6+0.5+0.4} \times 2 = \dfrac{8}{15}[\text{A}]$이므로

0.5[Ω]에 흐르는 전체전류는 $I = I_1 + I_2 = \dfrac{12}{5} + \dfrac{8}{15} = \dfrac{44}{15}[\text{A}]$

0.5[Ω]에 걸리는 전압 $V = IR = \dfrac{44}{15} \times 0.5 = 1.47[\text{A}]$

답 ③

28 중첩의 원리 응용 - ②

회로에서 전압 $V_{ab}[\text{V}]$는?

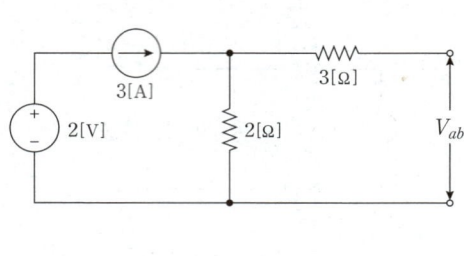

① 2
② 3
③ 6
④ 9

해설 개방단자 사이의 전압 V_{ab}는 $2[\Omega]$에 걸리는 전압이므로 중첩의 정리를 이용하여 풀면
전압원 $2[\text{V}]$단락시 $2[\Omega]$에 흐르는 전류 $I_1=3[\text{A}]$
전류원 $3[\text{A}]$개방시 $2[\Omega]$에 흐르는 전류 $I_2=0[\text{A}]$이므로
$2[\Omega]$에 흐르는 전체전류는 $I=I_1+I_2=3[\text{A}]$
$V_{ab}=IR=3\times 2=6[\text{V}]$

답 ③

29 중첩의 원리 응용 - ③

그림과 같은 회로에서 $5[\Omega]$에 흐르는 전류 I는 몇 $[\text{A}]$인가?

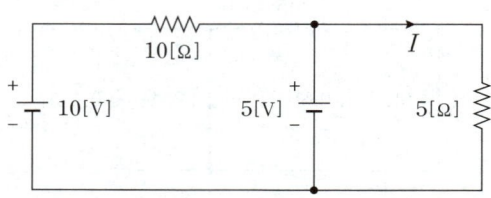

① $\dfrac{1}{2}$
② $\dfrac{2}{3}$
③ 1
④ $\dfrac{5}{3}$

해설 전압원 $5[\text{V}]$ 단락시 $5[\Omega]$에 흐르는 전류 $I_1=0[\text{A}]$
전압원 $10[\text{V}]$ 단락시 $5[\Omega]$에 흐르는 전류 $I_2=\dfrac{5}{5}=1[\text{A}]$이므로
$5[\Omega]$에 흐르는 전체 전류 $I=I_1+I_2=0+1=1[\text{A}]$

답 ③

30 밀만의 공식

□□□ check up!

불평형 Y결선의 부하 회로에 평형 3상 전압을 가할 경우 중성점의 전위 $V_{n'n}[V]$는? (단, Z_1, Z_2, Z_3는 각 상의 임피던스$[\Omega]$이고, Y_1, Y_2, Y_3는 각 상의 임피던스에 대한 어드미턴스이다.)

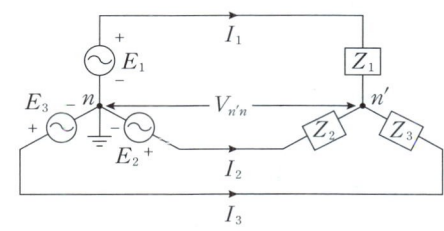

① $\dfrac{E_1+E_2+E_3}{Z_1+Z_2+Z_3}$

② $\dfrac{Z_1E_1+Z_2E_2+Z_3E_3}{Z_1+Z_2+Z_3}$

③ $\dfrac{E_1+E_2+E_3}{Y_1+Y_2+Y_3}$

④ $\dfrac{Y_1E_1+Y_2E_2+Y_3E_3}{Y_1+Y_2+Y_3}$

해설 3상 3선식 $Y-Y$결선의 중성점의 전위 $Vn'n[V]$는

$$Vn'n = \frac{Y_1E_1+Y_2E_2+Y_3E_3}{Y_1+Y_2+Y_3} = \frac{\dfrac{E_1}{Z_1}+\dfrac{E_2}{Z_2}+\dfrac{E_3}{Z_3}}{\dfrac{1}{Z_1}+\dfrac{1}{Z_2}+\dfrac{1}{Z_3}}[V]$$

답 ④

31 Y결선

□□□ check up!

Y결선의 평형 3상 회로에서 선간전압 V_{ab}와 상전압 V_{an}의 관계로 옳은 것은?
(단, $V_{bn}=V_{an}e^{-j(2\pi/3)}$, $V_{cn}=V_{bn}e^{-j(2\pi/3)}$)

① $V_{ab}=\dfrac{1}{\sqrt{3}}e^{j(\pi/6)}V_{an}$

② $V_{ab}=\sqrt{3}\,e^{j(\pi/6)}V_{an}$

③ $V_{ab}=\dfrac{1}{\sqrt{3}}e^{-j(\pi/6)}V_{an}$

④ $V_{ab}=\sqrt{3}\,e^{-j(\pi/6)}V_{an}$

해설 3상 Y결선

3상 Y결선의 선간전압은

$V_{ab}=V_a-V_b=\sqrt{3}\,V_{an}\angle\dfrac{\pi}{6}=\sqrt{3}\,e^{j(\pi/6)}V_{an}$

답 ②

32. △결선 유효전력

선간전압이 200[V]인 대칭 3상 전원에 평형 3상 부하가 접속되어 있다. 부하 1상의 저항은 10[Ω], 유도리액턴스 15[Ω], 용량리액턴스 5[Ω]가 직렬로 접속된 것이다. 부하가 △결선일 경우, 선전류[A]와 3상 전력[W]은 약 얼마인가?

① $I_l = 10\sqrt{6}$, $P_3 = 6000$
② $I_l = 10\sqrt{6}$, $P_3 = 8000$
③ $I_l = 10\sqrt{3}$, $P_3 = 6000$
④ $I_l = 10\sqrt{3}$, $P_3 = 8000$

해설 $V_l = 200[V]$, $R = 10[\Omega]$, $X_L = 15[\Omega]$, $X_C = 5[\Omega]$,
△결선일 때 $R-L-C$ 직렬연결이므로 합성임피던스는
$Z = R + j(X_L - X_C) = 10 + j(15-5) = \sqrt{10^2 + 10^2} = 10\sqrt{2}\ [\Omega]$
상전류 $I_P = \dfrac{V_P}{Z} = \dfrac{V_l}{Z} = \dfrac{200}{10\sqrt{2}} = 10\sqrt{2}\ [A]$
선전류 $I_l = \sqrt{3}\ I_P = \sqrt{3} \times 10\sqrt{2} = 10\sqrt{6}\ [A]$
유효전력 $P = 3I_P^2 R = 3 \times (10\sqrt{2})^2 \times 10 = 6000[W]$

답 ①

33. Y결선 한상 임피던스

평형 3상 3선식 회로에서 부하는 Y결선이고, 선간전압이 $173.2\angle 0°[V]$일 때 선전류는 $20\angle -120°[A]$이었다면, Y결선된 부하 한상의 임피던스는 약 몇 [Ω]인가?

① $5\angle 60°$
② $5\angle 90°$
③ $5\sqrt{3}\angle 60°$
④ $5\sqrt{3}\angle 90°$

해설 Y결선에서 $V_l = \sqrt{3}\ V_p \angle 30°[V]$, $I_l = I_P[A]$이므로
$Z = \dfrac{V_p}{I_p} = \dfrac{\frac{V_l}{\sqrt{3}}\angle -30}{I_l} = \dfrac{\frac{173.2}{\sqrt{3}}\angle -30°}{20\angle -120°} = 5\angle 90$

답 ②

34. △결선 선전류

그림과 같은 평형 3상회로에서 전원 전압이 $V_{ab} = 200[V]$이고 부하 한상의 임피던스가 $Z = 4 + j3[X]$인 경우 전원과 부하사이 선전류 I_a는 약 몇 [A]인가?

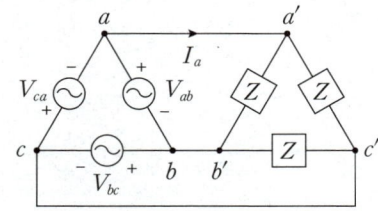

① $40\sqrt{3} \angle 36.87°$ ② $40\sqrt{3} \angle -36.87°$
③ $40\sqrt{3} \angle 66.87°$ ④ $40\sqrt{3} \angle -66.87°$

해설 △결선시 선전류 $I_l = \sqrt{3} I_p \angle -30°$이므로

$$I_a = \sqrt{3}\frac{V_{ab}}{Z} \angle -30° = \sqrt{3}\frac{200}{4+j3} \angle -30° = \sqrt{3}\,40 \angle -36.87° -30° = 40\sqrt{3} \angle -66.87°$$

답 ④

35 △결선 상전류 □□□ check up!

동일한 저항 $R[\Omega]$ 6개를 그림과 같이 결선하고 대칭 3상 전압 $V[V]$를 가하였을 때 전류 $I[A]$의 크기는?

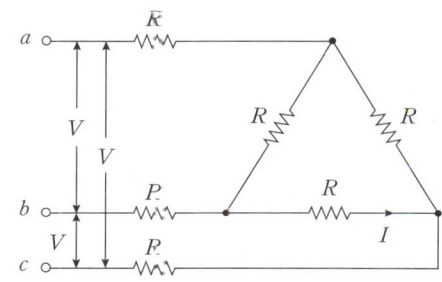

① $\dfrac{V}{R}$ ② $\dfrac{V}{2R}$
③ $\dfrac{V}{4R}$ ④ $\dfrac{V}{5R}$

해설 △결선을 Y 결선으로 변환시 각상의 저항은 1/3배로 감소하므로

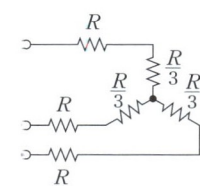

각 상의 저항 값은 $R_a = R_b = R_c = P_p = R - \dfrac{R}{3} = \dfrac{4R}{3}[\Omega]$이 되므로

Y 결선시 선전류 $I_l = \dfrac{\frac{V}{\sqrt{3}}}{\frac{4R}{3}} = \dfrac{\sqrt{3}}{4R}V$

△ 결선시 상전류 $I = \dfrac{I_l}{\sqrt{3}} = \dfrac{V}{4R}$

답 ③

36 △결선 한상 임피던스 □□□ check up!

전원이 Y결선, 부하가 △결선된 3상 대칭회로가 있다. 전원의 상전압이 $220[\text{V}]$이고 전원의 상전류가 $10[\text{A}]$일 경우, 부하 한 상의 임피던스$[\Omega]$는?

① $22\sqrt{3}$
② 22
③ $\dfrac{22}{3}$
④ 66

해설

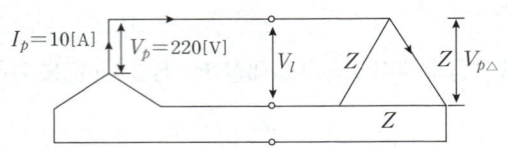

전원이 Y결선이고 부하가 △결선인 등가회로에서

△결선의 상전압은 Y결선의 선간전압과 같으므로 $V_{p\triangle} = V_l = \sqrt{3}\,V_p = 220\sqrt{3}\,[\text{V}]$

△결선의 상전류는 Y결선의 선전류의 $\dfrac{1}{\sqrt{3}}$ 배이므로 $I_{p\triangle} = \dfrac{I_l}{\sqrt{3}} = \dfrac{10}{\sqrt{3}}[\text{A}]$이므로

부하 한상의 임피던스는 $Z = \dfrac{V_{P\triangle}}{I_{P\triangle}} = \dfrac{220\sqrt{3}}{\dfrac{10}{\sqrt{3}}} = 66[\Omega]$

답 ④

37 2전력계법 □□□ check up!

선간 전압이 $V_{ab}[\text{V}]$인 3상 평형 전원에 대칭 부하 $R[\Omega]$이 그림과 같이 접속되어 있을 때, a, b 두 상 간에 접속된 전력계의 지시 값이 $W[\text{W}]$라면 C상 전류의 크기$[\text{A}]$는?

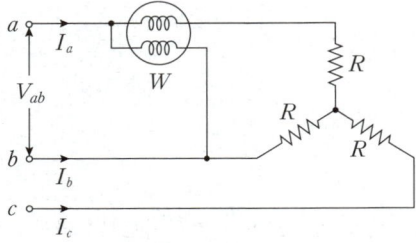

① $\dfrac{W}{3V_{ab}}$
② $\dfrac{2W}{3V_{ab}}$
③ $\dfrac{2W}{\sqrt{3}\,V_{ab}}$
④ $\dfrac{\sqrt{3}\,W}{V_{ab}}$

해설 1전력계법에 의한 유효전력은 $P = 2W = \sqrt{3}\,V_{ab}I_c$이므로 $I_c = \dfrac{2W}{\sqrt{3}\,V_{ab}}[\text{A}]$

답 ③

38 V결선 출력

100[kVA] 단상 변압기 3대로 △결선하여 3상 전원을 공급하던 중 1대의 고장으로 V결선하였다면 출력은 약 몇 [kVA]인가?

① 100
② 173
③ 245
④ 300

해설 V 결선시 출력 $P_V = \sqrt{3}\,P_{a1} = \sqrt{3} \times 100 = 173[\text{kVA}]$

답 ②

39 정상분 전류

3상전류가 $I_a = 10 + j3[\text{A}]$, $I_b = -5 - j2[\text{A}]$, $I_c = -3 + j4[\text{A}]$일 때 정상분 전류의 크기는 약 몇 [A]인가?

① 5
② 6.4
③ 10.5
④ 13.34

해설 대칭분 전압, 전류

정상분전류는 $I_1 = \dfrac{1}{3}(I_a + aI_b + a^2 I_c)$

$= \dfrac{1}{3}\left\{10 + j3 + \left(-\dfrac{1}{2} + j\dfrac{\sqrt{3}}{2}\right)(-5 - j2) + \left(-\dfrac{1}{2} + j\dfrac{\sqrt{3}}{2}\right)(-3 + j4)\right\}$

$= 6.4 + j0.09 = \sqrt{6.4^2 + 0.09^2}$

$= 6.4[\text{A}]$

답 ②

40 반파대칭, 정현대칭

비정현파 $f(x)$가 반파대칭 및 정현대칭일 때 옳은 식은? (단, 주기는 2π이다.)

① $f(-x) = f(x)$, $f(x+\pi) = f(x)$
② $f(-x) = f(x)$, $f(x+2\pi) = f(x)$
③ $f(-x) = -f(x)$, $-f(x+\pi) = f(x)$
④ $f(-x) = -f(x)$, $-f(x+2\pi) = f(x)$

해설 반파대칭 및 정현대칭을 동시에 만족하여야 하므로 정현대칭은 원점대칭이므로 크기는 같고 부호가 반대이므로 $f(x) = -f(-x)$가 되고 반파대칭은 반주기마다 크기는 같고 부호가 반대이므로 $f(x) = -f(\pi + x)$가 되어야 한다.

답 ③

41 반파 정현대칭 - ①

푸리에 급수로 표현된 왜형파 $f(t)$가 반파대칭 및 정현대칭일 때 $f(t)$에 대한 특징으로 옳은 것은?

$$f(t) = a_0 + \sum_{n=1}^{\infty} a_n \cos n\omega t + \sum_{n=1}^{\infty} b_n \sin n\omega t$$

① a_n의 우수항만 존재한다.
② a_n의 기수항만 존재한다.
③ b_n의 우수항만 존재한다.
④ b_n의 기수항만 존재한다.

해설 반파대칭 및 정현대칭이므로 반파대칭은 홀수(기수)항만 존재하고 정현대칭은 sin항의 계수 b_n만 존재한다.

답 ④

42 반파 정현대칭 - ②

다음과 같은 파형을 푸리에 급수로 전개하면?

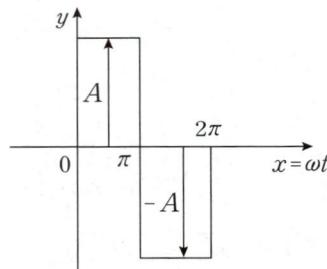

① $y = \dfrac{4A}{\pi}\left(\sin\alpha\sin x + \dfrac{1}{9}\sin 3\alpha\sin 3x + \cdots\right)$

② $y = \dfrac{4A}{\pi}\left(\sin x + \dfrac{1}{3}\sin 3x + \dfrac{1}{5}\sin 5x \cdots\right)$

③ $y = \dfrac{4}{\pi}\left(\dfrac{\cos 2x}{1 \cdot 3} + \dfrac{\cos 4x}{3 \cdot 5} + \dfrac{\cos 6}{5 \cdot 7} + \cdots\right)$

④ $y = \dfrac{A}{\pi}\left(\dfrac{\sin 2x}{2} + \dfrac{\sin 4x}{4} + \cdots\right)$

해설 정현·반파대칭이므로 홀수차의 sin항의 합으로 이루어진다.

답 ②

43 비정현파 전력 □□□ check up!

RC 회로에 비정현파 전압을 가하여 흐른 전류가 다음과 같을 때 이 회로의 역률은 약 몇 [%]인가?

$$v=20+220\sqrt{2}\sin120\pi t+40\sqrt{2}\sin360\pi t\,[V]$$
$$i=2.2\sqrt{2}\sin(120\pi t+36.87°)+0.49\sqrt{2}\sin(360\pi t+14.04°)\,[A]$$

① 75.8
② 80.4
③ 86.3
④ 89.7

해설 $v=20+220\sqrt{2}\sin120\pi t+40\sqrt{2}\sin360\pi t\,[V]$
$i=2.2\sqrt{2}\sin(120\pi t+36.87°)+0.49\sqrt{2}\sin(360\pi t+14.04°)\,[A]$ 일 때

유효전력 $P=V_1I_1\cos\theta_1+V_3I_3\cos\theta_3$
$=220\times2.2\times\cos36.87°+40\times0.49\times\cos14.04°=406.21\,[W]$

피상전력 $P_a=VI=\sqrt{V_0^2+V_1^2+V_3^2}\times\sqrt{I_1^2+I_3^2}$
$=\sqrt{20^2+220^2+40^2}\times\sqrt{2.2^2+0.49^2}=506\,[VA]$

역률 $\cos\theta=\dfrac{P}{P_a}=\dfrac{406}{506}\times100=80.3\,[\%]$

답 ②

44 상전압과 선간전압비 □□□ check up!

대칭 3상 전압이 있을 때 한 상의 Y전압 순시값 $e_p=1000\sqrt{2}\sin\omega t+500\sqrt{2}\sin(3\omega t+20°)$ $+100\sqrt{2}\sin(5\omega t+30°)\,[V]$이면 선간전압 E_L에 대한 상전압 E_P의 실효값 비율($\dfrac{E_P}{E_L}$)은 약 몇 [%]인가?

① 55
② 64
③ 85
④ 95

해설 상전압의 실효값 V_p는
$E_P=\sqrt{V_1^2+V_3^2+V_5^2}=\sqrt{1000^2+500^2+100^2}=1122.5\,[V]$
Y결선시 선간전압에는 3고조파분이 나타나지 않으므로
$E_l=\sqrt{3}\sqrt{V_1^2+V_5^2}=\sqrt{3}\sqrt{1000^2+100^2}=1740.7\,[V]$
$\dfrac{E_p}{E_l}=\dfrac{1122.5}{1740.5}=0.645=64.5\,[\%]$

답 ②

45 역회로

그림과 같은 (a), (b)회로가 역회로의 관계가 있으려면 L의 값[mH]은?

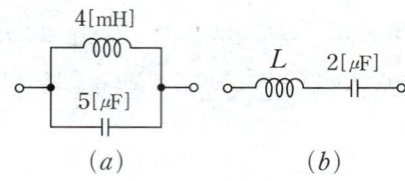

① 1
② 2
③ 5
④ 10

해설 $L_1=4$[mH]의 쌍대는 $C_1=2$[μF]
$C_2=5$[μF]의 쌍대는 $L_2=L$[mH]이고
쌍대(역)회로 관계에서는 쌍대의 임피던스의 곱이 실수 K^2의 관계를 가지므로
$Z_1 \cdot Z_2 = K^2$에서 $\dfrac{L_1}{C_1}=\dfrac{L_2}{C_2}=K^2$
$L_2=L=\dfrac{C_2}{C_1}L_1=\dfrac{5\times 10^{-6}}{2\times 10^{-6}}\times 4\times 10^{-3}=10$[mH]

답 ④

46 어드미턴스 파라미터 - ①

그림과 같은 π형 4단자 회로의 어드미턴스 상수 중 Y_{22}는 몇 [℧]인가?

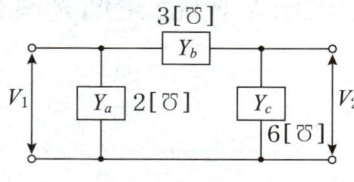

① 5
② 6
③ 9
④ 11

해설 π형 회로에서 어드미턴스 파라미터 찾는 방법

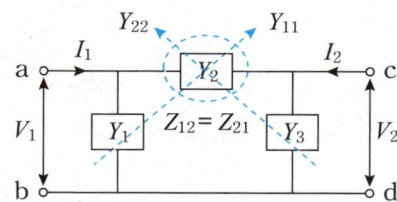

① Y_{11} : 앞쪽 어드미턴스와 중앙 어드미턴스를 더한다.
   → $Y_{11}=Y_1+Y_2$
② Y_{22} : 뒤쪽 어드미턴스와 중앙 어드미턴스를 더한다.
   → $Y_{22}=Y_3+Y_2$
③ $Y_{12}=Y_{21}$: 중앙 어드미턴스를 취한다.
   → $Y_{12}=Y_{21}=Y_2$
∴ $Y_{22}=6+3=9[℧]$

답 ③

47 어드미턴스 파라미터 - ② □□□ check up!

그림과 같은 4단자 회로의 어드미턴스 파라미터 중 $Y_{11}[℧]$은?

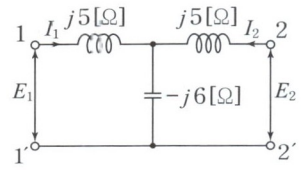

① $-j\dfrac{1}{35}$
② $j\dfrac{2}{35}$
③ $-j\dfrac{1}{33}$
④ $j\dfrac{5}{33}$

해설 문제의 T형 회로를 π형 회로로 등가변환하면 된다.

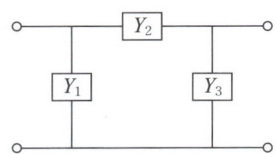

$Y_1 = \dfrac{j5}{j5 \times (-j6) + (-j6) \times j5 + j5 \times j5} = j\dfrac{1}{7}$

$Y_2 = \dfrac{-j6}{j5 \times (-j6) + (-j6) \times j5 + j5 \times j5} = -j\dfrac{6}{35}$

∴ $Y_{11} = Y_1 + Y_2 = j\dfrac{1}{7} - j\dfrac{6}{35} = -j\dfrac{1}{35}$

답 ①

48 H형 회로

그림과 같은 H형 4단자 회로망에서 4단자 정수(전송파라미터) A는? (단, V_1은 입력전압이고, V_2는 출력전압이고, A는 출력 개방 시 회로망의 전압 이득 $\left(\dfrac{V_1}{V_2}\right)$이다.)

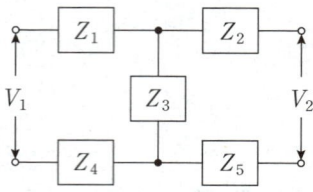

① $\dfrac{Z_1+Z_2+Z_3}{Z_3}$ ② $\dfrac{Z_1+Z_3+Z_4}{Z_3}$
③ $\dfrac{Z_2+Z_3+Z_5}{Z_3}$ ④ $\dfrac{Z_3+Z_4+Z_5}{Z_3}$

해설 T형으로 등가변환하면 아래와 같으므로

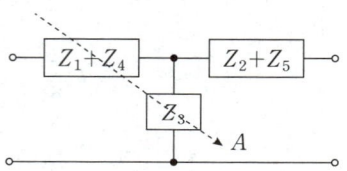

$A = 1 + \dfrac{Z_1+Z_4}{Z_3} = \dfrac{Z_3+Z_1+Z_4}{Z_3}$

답 ②

49 4단자정수

그림과 같이 10[Ω]의 저항에 권수비가 10 : 1의 결합회로를 연결했을 때 4단자정수 A, B, C, D는?

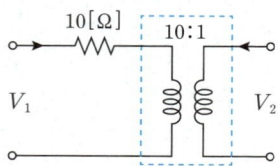

① $A=1$, $B=10$, $C=0$, $D=10$
② $A=10$, $B=1$, $C=0$, $D=10$
③ $A=10$, $B=0$, $C=1$, $D=\dfrac{1}{10}$
④ $A=10$, $B=1$, $C=0$, $D=\dfrac{1}{10}$

해설 $\begin{bmatrix} A & B \\ C & D \end{bmatrix} = \begin{bmatrix} 1 & 10 \\ 0 & 1 \end{bmatrix} \begin{bmatrix} 10 & 0 \\ 0 & \frac{1}{10} \end{bmatrix} = \begin{bmatrix} 10 & 1 \\ 0 & \frac{1}{10} \end{bmatrix}$

답 ④

50 하이브리드 파라미터 □□□ check up!

그림과 같은 4단자 회로망에서 하이브리드 파라미터 H_{11}은?

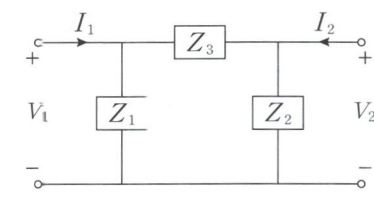

① $\dfrac{Z_1}{Z_1+Z_3}$
② $\dfrac{Z_1}{Z_1+Z_2}$
③ $\dfrac{Z_1 Z_3}{Z_1+Z_3}$
④ $\dfrac{Z_1 Z_2}{Z_1+Z_2}$

해설 $\begin{bmatrix} V_1 \\ I_2 \end{bmatrix} = \begin{bmatrix} H_{11} & H_{12} \\ H_{21} & H_{22} \end{bmatrix} \begin{bmatrix} V_1 \\ I_2 \end{bmatrix}$ 에서

$\begin{pmatrix} V_1 = H_{11}I_1 + H_{12}V_2 \\ I_2 = H_{21}I_1 + H_{22}V_2 \end{pmatrix}$ 이므로 $H_{11} = \dfrac{V_1}{I_1}\bigg|_{V_2=0} = \dfrac{I_1 \cdot \dfrac{Z_1 \times Z_3}{Z_1+Z_3}}{I_1} = \dfrac{Z_1 Z_3}{Z_1+Z_3}$

답 ③

51 π형 회로 □□□ check up!

그림과 같이 π형 회로에서 Z_3을 4단자 정수로 표시한 것은?

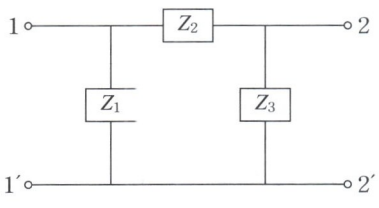

① $\dfrac{A}{1-B}$
② $\dfrac{B}{1-A}$
③ $\dfrac{A}{B-1}$
④ $\dfrac{B}{A-1}$

해설 π형에서 4단자 정수 $A=1+\dfrac{Z_2}{Z_3}$, $B=Z_2$이므로

$$A=1+\dfrac{Z_2}{Z_3}=1+\dfrac{B}{Z_3}$$

$$Z_3=\dfrac{B}{A-1}$$

답 ④

52 라플라스 □□□ check up!

$f(t)=e^{-t}+3t^2+3\cos 2t+5$의 라플라스 변환식은?

① $\dfrac{1}{s+1}+\dfrac{6}{s^2}+\dfrac{3s}{s^2+5}+\dfrac{5}{s}$

② $\dfrac{1}{s+1}+\dfrac{6}{s^3}+\dfrac{3s}{s^2+4}+\dfrac{5}{s}$

③ $\dfrac{1}{s+1}+\dfrac{5}{s^2}+\dfrac{3s}{s^2+5}+\dfrac{4}{s}$

④ $\dfrac{1}{s+1}+\dfrac{5}{s^3}+\dfrac{2s}{s^2+4}+\dfrac{4}{s}$

해설 $f(t)=e^{-t}+3t^2+3\cos 2t+5$의 라플라스 변환은

$$F(s)=\dfrac{1}{s+1}+\dfrac{3\times 2}{s^{2+1}}+\dfrac{3\times s}{s^2+2^2}+\dfrac{5}{s}$$

답 ②

53 단위계단 함수 □□□ check up!

다음과 같은 파형 $v(t)$를 단위계단 함수로 표시하면 어떻게 되는가?

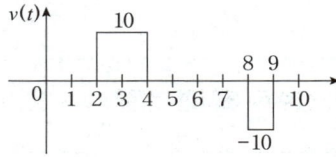

① $10u(t-2)+10u(t-4)+10u(t-8)+10u(t-9)$
② $10u(t-2)-10u(t-4)-10u(t-8)-10u(t-9)$
③ $10u(t-2)-10u(t-4)-10u(t-8)+10u(t-9)$
④ $10u(t-2)-10u(t-4)+10u(t-8)-10u(t-9)$

해설 $10u(t-2)-10u(t-4)-10u(t-8)+10u(t-9)$

답 ③

54 역라플라스 - ①

다음 함수 $F(s)=\dfrac{5s+3}{s(s+1)}$ 의 역라플라스 변환은?

① $2+3e^{-t}$
② $3+2e^{-t}$
③ $3-2e^{-t}$
④ $2-3e^{-t}$

해설

$F(s)=\dfrac{5s+3}{s(s+1)}=\dfrac{A}{s}+\dfrac{B}{s+1}$

$A=\lim\limits_{s\to 0} s\cdot F(s)=\left[\dfrac{5s+3}{s+1}\right]_{s=0}=3$

$B=\lim\limits_{s\to -1}(s+1)F(s)=\left[\dfrac{5s+3}{s+1}\right]_{s=-1}=2$

$F(s)=\dfrac{3}{s}+\dfrac{2}{s+1}=3\dfrac{1}{s}+2\dfrac{1}{s+1}$

$\therefore f(t)=3+2e^{-t}$

답 ②

55 역라플라스 - ②

$\dfrac{1}{s^2+2s+5}$ 의 라플라스 역변환 값은?

① $e^{-2t}\cos 2t$
② $\dfrac{1}{2}e^{-t}\sin t$
③ $\dfrac{1}{2}e^{-t}\sin 2t$
④ $\dfrac{1}{2}e^{-t}\cos 2t$

해설

$\mathcal{L}^{-1}\left[\dfrac{1}{s^2+2s+5}\right]=\mathcal{L}^{-1}\left[\dfrac{1}{(s+1)^2+2^2}\right]=\dfrac{1}{2}e^{-t}\sin 2t$

답 ③

56 미분 방정식

$\dfrac{E_o(s)}{E_i(s)} = \dfrac{1}{s^2+3s+1}$ 의 전달 함수를 미분 방정식으로 표시하면?
(단, $\pounds^{-1}[E_o(s)] = e_o(t)$, $\pounds^{-1}[E_i(s)] = e_i(t)$이다.)

① $\dfrac{d^2}{dt^2}e_i(t) + 3\dfrac{d}{dt}e_i(t) + e_i(t) = e_o(t)$

② $\dfrac{d^2}{dt^2}e_o(t) + 3\dfrac{d}{dt}e_o(t) + e_o(t) = e_i(t)$

③ $\dfrac{d^2}{dt^2}e_i(t) + 3\dfrac{d}{dt}e_i(t) + \int e_i(t)dt = e_o(t)$

④ $\dfrac{d^2}{dt^2}e_o(t) + 3\dfrac{d}{dt}e_o(t) + \int e_o(t) = e_i(t)$

해설 $\dfrac{E_o(s)}{E_i(s)} = \dfrac{1}{s^2+3s+1}$ 에서

$s^2 E_o(s) + 3sE_o(s) + E_o(s) = E_i(s)$

$\dfrac{d^2}{dt^2}e_o(t) + 3\dfrac{d}{dt}e_o(t) + e_o(t) = e_i(t)$

답 ②

57 $R-L$ 과도현상 - ①

다음과 같은 회로에서 $t=0$인 순간에 스위치 S를 닫았다. 이 순간에 인덕턴스 L에 걸리는 전압[V]은?
(단, L의 초기 전류는 0이다.)

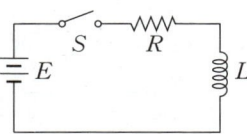

① 0

② $\dfrac{LE}{R}$

③ E

④ $\dfrac{E}{R}$

해설 $R-L$직렬 회로에서 스위치 S를 닫았을 때 흐르는 전류는 $i(t) = \dfrac{E}{R}\left(1-e^{-\frac{R}{L}t}\right)$[A]이므로

L에 걸리는 전압은 $v_L(t) = L\dfrac{di(t)}{dt} = L\dfrac{d}{dt}\dfrac{E}{R}\left(1-e^{-\frac{R}{L}t}\right) = Ee^{-\frac{R}{L}t}$[V]이므로

$t=0$인 순간 $v_L(0) = Ee^{-\frac{R}{L}t}\big|_{t=0} = E$[V]

답 ③

58 $R-L$ 과도현상 □□□ check up!

$R-L$ 직렬회로에서 스위치 S가 1번 위치에 오랫동안 있다가 $t=0^+$에서 위치 2번으로 옮겨진 후, $\dfrac{L}{R}(s)$ 후에 L에 흐르는 전류[A]는?

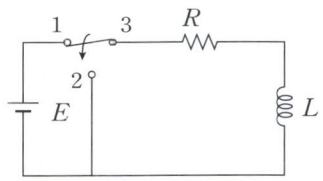

① $\dfrac{E}{R}$
② $0.5\dfrac{E}{R}$
③ $0.368\dfrac{E}{R}$
④ $0.632\dfrac{E}{R}$

해설 스위치 S가 1번 위치에 있다가 $t=0^+$에서 위치 2번으로 옮겨진 후는

$R-L$ 직렬회로에서 S-off시 전류이므로 $t=\dfrac{L}{R}$[sec] 후에 L에 흐르는 전류는

$i(t)=\dfrac{E}{R}e^{-\frac{R}{L}t}\Big|_{t=\frac{L}{R}}=\dfrac{E}{R}e^{-1}=0.368\dfrac{E}{R}$[A]

답 ③

59 $R-L$ 과도현상 - □□□ check up!

$R=4000[\Omega]$, $L=5[H]$의 직렬회로에 직류전압 $200[V]$를 가할 때 급히 단자 사이의 스위치를 단락시킬 경우 이로부터 $1/800$초 후 회로의 전류는 몇 [mA]인가?

① 18.4
② 1.84
③ 28.4
④ 2.84

해설 단자사이의 스위치를 단락하는 경우는 전원을 제거하는 경우이므로

전류 $i(t)=\dfrac{E}{R}e^{-\frac{R}{L}t}$[A]이므로 주어진 수치를 대입하면

$i(t)=\dfrac{200}{4000}e^{-\frac{4000}{5}\times\frac{1}{800}}\times 10^3=18.4$[mA]

답 ①

60 $R-C$ 과도현상

그림과 같은 회로에서 $t=0$의 시간에 스위치 S를 닫을 때 전류 $I(s)$는? (단, $V_c(0)=1[\text{V}]$이다.)

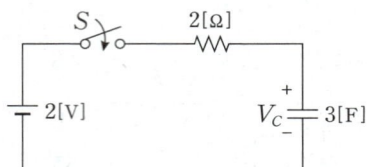

① $\dfrac{3s}{6s+1}$ ② $\dfrac{3}{6s+1}$

③ $\dfrac{6}{6s+1}$ ④ $\dfrac{-s}{6s+1}$

해설 $R-C$ 직렬이고, 초기전압 $V_c(0)=1[\text{V}]$이므로

전류 $i(t) = \dfrac{E-V_c}{R} \cdot e^{-\frac{1}{RC}t} = \dfrac{2-1}{2} \cdot e^{-\frac{1}{2\times 3}t} = \dfrac{1}{2} e^{-\frac{1}{6}t}[\text{A}]$

따라서 라플라스변환하면 $I(s) = \mathcal{L}\left[\dfrac{1}{2}e^{-\frac{1}{6}t}\right] = \dfrac{1}{2} \times \dfrac{1}{s+\frac{1}{6}} = \dfrac{1}{2s+\frac{1}{3}} = \dfrac{3}{6s+1}$

답 ②

61 시정수의미

시정수의 의미를 설명한 것 중 틀린 것은?

① 시정수가 작으면 과도현상이 짧다.
② 시정수가 크면 정상상태에 늦게 도달한다.
③ 시정수는 τ로 표기하며 단위는 초[sec]이다.
④ 시정수는 과도 기간 중 변화해야할 양의 $0.632[\%]$가 변화하는데 소요된 시간이다.

해설 시정수가 작으면 과도현상이 짧고 시정수가 크면 과도현상이 길어지므로 정상상태에 늦게 도달하며 시정수는 시간의 값이므로 단위는 초[sec]가 된다.

답 ④

62 반사계수

특성 임피던스가 $400[\Omega]$인 회로 말단에 $1200[\Omega]$의 부하가 연결되어 있다. 전원 측에 $20[\text{kV}]$의 전압을 인가할 때 반사파의 크기[kV]는? (단, 선로에서의 전압감쇠는 없는 것으로 간주한다.)

① 3.3 ② 5
③ 10   ④ 33

해설 반사계수

반사계수 $\rho = \dfrac{Z_R - Z_0}{Z_R + Z_0} = \dfrac{1200-400}{1200+400} = \dfrac{800}{1600} = 0.5$

반사파의 크기 = 반사계수 × 입사파 이므로 $V_2 = \rho \times V_1 = 0.5 \times 20 = 10[\text{kV}]$

답 ③

63 RLC병렬회로 – 전압의 크기   □□□ check up!

회로에서 단자 a, b 사이에 교류전압 200[V]를 가하였을 때, c, d 사이의 전위차는 몇 [V]인가?

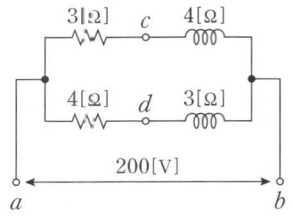

① 46   ② 96
③ 56   ④ 76

해설
c, d 사이의 전위차 V_{cd}는 $V_{cd} = \dot{V_c} - \dot{V_d} = \dfrac{j4}{3+j4} \times 200 - \dfrac{j3}{4+j3} \times 200 = 56[\text{V}]$

답 ③

64 △결선 – 상전류 및 선전류   □□□ check up!

3상 회로에 △결선된 평형 순저항 부하를 사용하는 경우 선간 전압 220[V], 상전류가 7.33[A]라면 1상의 부하저항은 약 몇 [Ω]인가?

① 80   ② 60
③ 45   ④ 30

해설 환상결선(△결선)

환상결선(△결선), 선간 전압 $V_l = 220[\text{V}]$, 상전류 $I_p = 7.33[\text{A}]$,

순저항 부하이므로 한상의 부하저항은 $R = \dfrac{V_p}{I_p} = \dfrac{V_l}{I_p} = \dfrac{220}{7.33} = 30[\Omega]$

답 ④

65 제어요소의 종류

그림과 같은 회로에서 $e_0[V]$의 위상은 $e_i[V]$보다 어떻게 되는가?

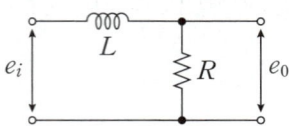

① 앞선다.
② 뒤진다.
③ 동상이다.
④ 90도 앞선다.

해설 L(코일)의 위치에 따른 회로해석

입력측	출력측
적분회로	미분회로
지상보상회로	진상보상회로
입력전압이 출력전압의 위상보다 앞선다.	입력전압이 출력전압의 위상보다 뒤진다.

답 ②

66 특성임피던스 및 차단주파수

그림과 같은 고역 여파기에서 공칭 임피던스 $K[\Omega]$ 및 차단 주파수 $f_c[kHz]$는 얼마인가?

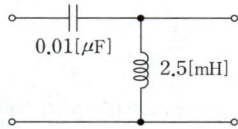

① 400, 25.9
② 460, 20.9
③ 480, 18.9
④ 500, 15.9

해설 고역 여파기에서 공칭 임피던스 $K^2 = Z_1 Z_2 = \dfrac{L}{C}$ 이므로

$$K = \sqrt{\dfrac{L}{C}} = \sqrt{\dfrac{2.5 \times 10^{-3}}{0.01 \times 10^{-6}}} = 500[\Omega]$$

차단 주파수 $f_c = \dfrac{K}{4\pi L} = \dfrac{500}{4\pi \times 2.5 \times 10^{-3}} \times 10^{-3} = 15.9[kHz]$

답 ④

67 합성 인덕턴스 - 최대최소비율 ☐☐☐ check up!

20[mH]의 두 자기 인덕턴스가 있다. 결합계수를 0.1 부터 0.9까지 변화시킬 수 있다면 이것을 접속시켜 얻을 수 있는 합성 인덕턴스의 최대값과 최소값의 비는 얼마인가?

① 19 : 1
② 16 : 1
③ 13 : 1
④ 9 : 1

해설 직렬연결시 합성 인덕턴스

$L_0 = L_1 + L_2 \pm 2M = L_1 + L_2 \pm k\sqrt{L_1 L_2}$ [H]이고

결합계수만 변화할 수 있으므로 $k=0.9$를 대입하였을 때 최대, 최소값이 된다.

$L_0 = L_1 + L_2 \pm 2k\sqrt{L_1 L_2}$
$= 20 + 20 \pm 2 \times 0.9 \times 20 = 40 \pm 36$ [mH]

$= \dfrac{L_{최대}=76}{L_{최소}=4} = \dfrac{19}{1}$

답 ①

68 직렬 - 병렬 연결 전압분배 ☐☐☐ check up!

다음 회로에서 $V_1 = 30$[V]일 때 저항 R[Ω]값은?

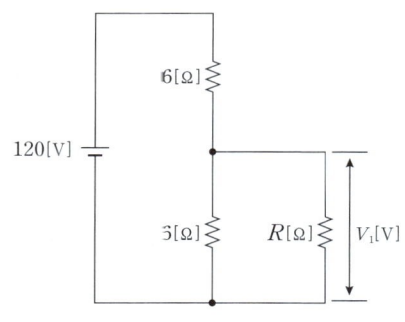

① 2[Ω]
② 3[Ω]
③ 4[Ω]
④ 5[Ω]

해설 6[Ω]과 R[Ω]이 병렬연결인 부분의 전압은 30[V]로 같으므로($V_1=30$[V]이므로)
직렬연결인 6[Ω]의 걸리는 전압은
$V_2=120-30=90$[V]이 된다.
전압분배법칙에 의해서
$$V_2=\frac{6}{6+\frac{6\times R}{6+R}}\times 120=90[V]$$
$\therefore R=3[\Omega]$

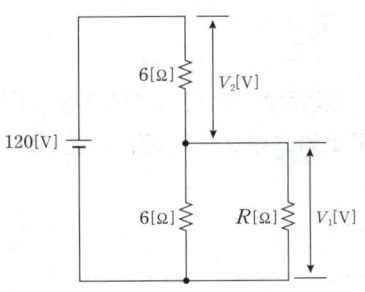

답 ②

69 복소전력 계산 □□□ check up!

$V=50\sqrt{3}-j50$[V], $I=15\sqrt{3}+j15$[A]일 때 유효전력 P[W] 무효전력 Q[Var]는 각각 얼마인가?

① $P=3000$, $Q=-1500$
② $P=1500$, $Q=-1500\sqrt{3}$
③ $P=750$, $Q=-750\sqrt{3}$
④ $P=2250$, $Q=-1500\sqrt{3}$

해설 복소전력
$P_a=V\overline{I}=(50\sqrt{3}-j50)\times(15\sqrt{3}-j15)=1500-1500\sqrt{3}$ [Var]이므로
$P=1500$[W], $Q=-1500\sqrt{3}$ [Var]

답 ②

제4과목

제어공학

Chapter 01 자동제어계의 종류와 구성
Chapter 02 블록선도와 신호흐름선도
Chapter 03 자동제어계의 과도응답
Chapter 04 주파수 응답
Chapter 05 안정도 판별법
Chapter 06 근궤적법
Chapter 07 상태방정식 및 Z변환
Chapter 08 시퀀스 제어
Chapter 09 제어기기
Chapter 10 CBT 신경향 문제

제5과목
제어공학
DAY - 16

30일 단기완성

Chapter 01
자동제어계의 종류와 구성

1 출제경향분석

본장은 자동제어계의 종류와 구성에 대한 기본원리와 내용을 다루었으며 시험에 자주 출제가 되는 내용은 다음과 같습니다.

반드시 알아야 하는 핵심 포인트

① 피드백 제어계의 구성　　② 제어량에 따른 분류
③ 목표값(제어목적)에 따른 분류　　④ 동작에 따른 분류

2 학습 가이드라인

- 반드시 알아야 하는 핵심 포인트는 전기기사 및 산업기사 시험에서 가장 출제빈도가 높은 논점으로 각 파트별 핵심 포인트와 문제를 연계하여 학습해 주시기를 권장합니다.
- 체크리스트를 작성하시면서 문제의 유형과 학습의 완성도를 스스로 확인해 주세요.
- 출제 빈도가 높고 틀리기 쉬운 문제를 맞출 수 있도록 "콕콕 포인트"를 확인해 주세요.

우선순위 논점	KEY WORD	선생님의 콕콕 포인트
피드백 제어계의 구성	목표값, 제어량, 비교부, 제어요소, 제어대상	제어요소는 조절부와 조작부로 구성되어 동작신호를 조작량으로 전환
제어량에 따른 분류	서보기구 제어, 프로세스 제어, 자동조정 제어	분류별 정의 및 예시에 대한 문제가 출제
목표값(제어목적)에 따른 분류	정치제어, 추치제어, 추종제어, 프로그램제어, 비율제어	분류별 정의 및 예시에 대한 문제가 출제
동작에 따른 분류	비례동작, 미분제어, 적분제어	분류별 개선요소에 대한 이해가 필요

1-1 자동제어계의 종류와 구성

1. 피드백 제어계의 구성

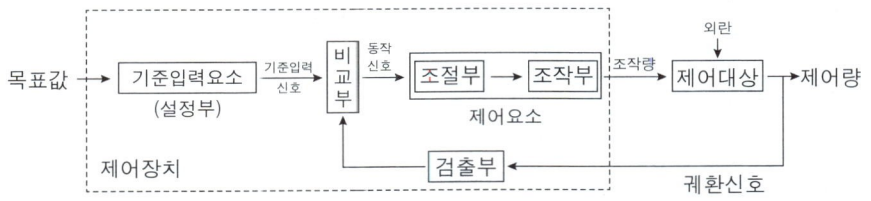

2. 제어계 구성요소의 정의

구성요소	정 의
목표값	제어계의 설정되는 값으로 제어계에 가해지는 입력
기준 입력요소	목표값을 제어할 수 있는 신호로 바꾸는 장치로서 제어계 설정부를 의미
동작신호	목표값과 제어량 사이에서 나타나는 편차값으로서 제어요소의 입력신호
제어요소	조절부와 조작부로 구성되며 동작신호를 조작량으로 변환하는 장치
조작량	제어장치 또는 제어요소의 출력이면서 제어대상의 입력인 신호
제어대상	제어기구로서 제어장치를 제외한 나머지 부분을 의미
제어량	제어계의 출력으로서 제어대상에서 만들어지는 값
검출부	제어량을 검출하는 부분으로 비교부에 출력신호 공급
제어장치	제어동작이 이루어지는 제어계 구성부분을 의미하며 제어대상은 제외 • 기준입력요소　• 제어요소　• 검출부　• 비교부

01 피드백 제어계의 구성 ① ☐☐☐ check up!

피드백 제어계에서 반드시 필요한 장치는 어느 것인가?

① 구동 장치
② 응답 속도를 빠르게 하는 장치
③ 안정도를 좋게 하는 장치
④ 입력과 출력을 비교하는 장치

해설　피드백 제어계는 오차를 정정하기 위하여 입력과 출력을 비교하는 장치가 반드시 필요하다.

답　④

02 피드백 제어계의 구성 ②

동작신호를 만드는 부분은?

① 검출부
② 비교부
③ 조작부
④ 제어부

해설 피드백 제어계의 구성

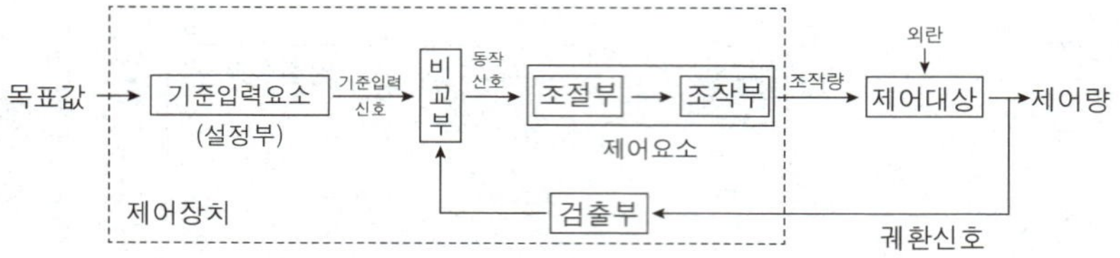

답 ②

03 피드백 제어계의 구성 ③

다음 그림 중 ①에 알맞은 신호는?

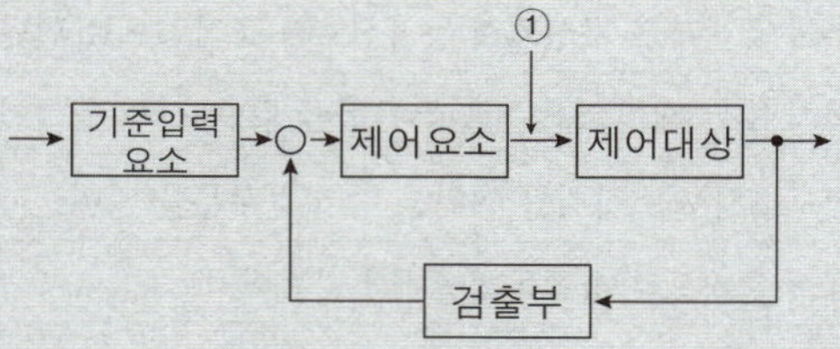

① 기준입력
② 동작신호
③ 조작량
④ 제어량

해설 조작량이란 제어요소에서 제어대상에 인가되는 양을 의미한다.

답 ③

04 제어계 구성요소의 정의 – 제어장치

다음 요소 중 피드백 제어계의 제어장치에 속하지 않는 것은?

① 설정부
② 조절부
③ 검출부
④ 제어대상

해설 제어대상은 제어동작이 이루어지는 제어계 구성부분을 의미하며 제어대상은 속하지 않는다.

답 ④

05 제어계 구성요소 - 제어요소 ①

제어요소는 무엇으로 구성되는가?

① 비교부와 검출부
② 검출부와 조작부
③ 검출부와 조절부
④ 조절부와 조작부

해설   제어요소는 조절부와 조작부로 구성되며 동작신호를 조작량으로 변환하는 장치이다.   답 ④

06 제어계 구성요소 - 제어요소 ②

피드백 제어계에서 제어요소에 대한 설명 중 옳은 것은?

① 목표치에 비례하는 신호를 발생하는 요소이다.
② 조작부와 검출부로 구성되어 있다.
③ 조절부와 검출부로 구성되어 있다.
④ 동작신호를 조작량으로 변환시키는 요소이다.

해설   제어요소는 조절부와 조작부로 구성되어 있으며 동작신호를 조작량으로 변환하는 장치이다.   답 ④

07 제어계 구성요소의 구분

다음 용어 설명 중 옳지 않은 것은?

① 목표값을 제어할 수 있는 신호로 변환하는 장치를 기준입력장치
② 목표값을 제어할 수 있는 신호로 변환하는 장치를 조작부
③ 제어량을 설정값과 비교하여 오차를 계산하는 장치를 오차검출기
④ 제어량을 측정하는 장치를 검출단

해설   기준입력장치는 목표값을 제어할 수 있는 신호로 바꾸어주는 장치로서 제어계의 설정부를 의미한다.   답 ②

08 제어계 구성요소의 종류

제어장치가 제어대상에 가하는 제어신호로 제어장치의 출력인 동시에 제어대상의 입력인 신호는?

① 목표값
② 조작량
③ 제어량
④ 동작 신호

해설   조작량이란 제어장치의 출력이면서 제어대상의 입력인 신호를 의미한다.   답 ②

09 제어계 구성요소의 적용 ①

전기로의 온도를 900[°C]로 일정하게 유지시키기 위하여, 열전 온도계의 지시값을 보면서 전압 조정기로 전기로에 대한 인가전압을 조절하는 장치가 있다. 이 경우 열전온도계는 어느 용어에 해당되는가?

① 검출부
② 조작량
③ 조작부
④ 제어량

해설 검출부는 제어량을 검출하는 부분으로서 입력과 출력을 비교할 수 있는 비교부에 출력신호를 공급하는 장치이다.
- 제어대상 : 전기로
- 제어량 : 온도
- 목표값 : 900[°C]
- 검출부 : 열전온도계
- 제어요소 : 전압조정기
- 조작량 : 인가전압

답 ①

10 제어계 구성요소의 적용 ②

목표값 200[°C]의 전기로에서 열전온도계의 지시에 따라 전압 조정기로 전압을 조절하여 온도를 일정하게 유지시킨다면 온도는 다음 어느 것에 해당되는가?

① 제어량
② 조작부
③ 조작량
④ 검출부

해설 제어량은 수치에 대한 이름으로 되어 있다.

답 ①

11 제어계 구성요소의 적용 ③

보일러의 온도를 70[°C]로 일정하게 유지시키기 위하여 기름의 공급을 변화시킬 때 목표값은?

① 70[°C]
② 온도
③ 기름 공급량
④ 보일러

해설 목표값은 숫자로 되어 있다.

답 ①

1-2 자동제어계의 종류와 구성

1. 제어량에 따른 분류

구 분	정 의
서보기구 제어	제어량이 기계적인 추치제어 • 위치 • 방향 • 자세 • 각도 • 거리
프로세스 제어	공정제어라고도 하며 제어량이 피드백 제어계로서 주로 정치제어인 경우 • 온도 • 압력 • 유량 • 액면 • 습도 • 농도
자동조정 제어	제어량이 전기적 및 기계적인 양인 정치제어 • 전압 • 장력 • 속도 • 주파수

2. 목표값 또는 제어목적에 따른 분류
   1) 정치제어 : 목표값이 시간에 관계없이 항상 일정한 제어(자동조정, 연속식 압연기)
   2) 추치제어 : 목표값의 크기나 위치가 시간에 따라 변하는 것을 제어

추치제어	정 의
추종제어	제어량에 의한 분류 중 서보 기구에 해당하는 값을 제어(목표값이 임의시간적 변화) • 비행기 추격레이더 • 유도미사일
프로그램 제어	미리 정해진 시간적 변화에 따라 정해진 순서대로 제어 • 무인 엘리베이터 • 무인 자판기 • 무인 열차
비율제어	목표값이 다른 것과 일정 비율 관계를 가지고 변화하는 경우를 제어

3. 동작에 따른 분류
   1) 연속동작에 의한 분류

구 분	정 의
비례동작 (P제어)	off-set(잔류편차, 정상편차)가 발생하고 속응성(응답속도)이 나쁨
미분제어 (D제어)	진동을 억제하여 속응성을 개선 오차변화속도에 비례하여 조작량을 조절하여 오차 증대를 미연에 방지
적분제어 (I제어)	정상응답특성을 개선하여 off-set(잔류편차, 정상편차)를 제거 응답의 진동시간이 길어짐
비례미분적분제어 (PID제어)	최상의 최적제어로서 off-set를 제거 속응성을 개선하여 안정한 제어가 되도록 함

   2) 불연속 동작에 의한 분류(사이클링 발생)
   • 2위치 제어(ON-OFF 제어)   • 샘플링제어

01 제어량에 따른 제어계 분류 ①

자동제어의 분류에서 제어량의 종류에 의한 분류가 아닌 것은?

① 서보기구
② 추치제어
③ 프로세스제어
④ 자동조정

해설 제어량에 의한 분류

구 분	정 의
서보기구 제어	제어량이 기계적인 추치제어 • 위치 • 방향 • 자세 • 각도 • 거리
프로세스 제어	공정제어라고도 하며 제어량이 피드백 제어계로서 주로 정치제어인 경우 • 온도 • 압력 • 유량 • 액면 • 습도 • 농도
자동조정 제어	제어량이 전기적 및 기계적인 양인 정치제어 • 전압 • 장력 • 속도 • 주파수

답 ②

02 제어량에 따른 제어계 분류 ②

제어계 중에서 물체의 위치(속도, 가속도), 각도(자세, 방향)등의 기계적인 출력을 목적으로 하는 제어는?

① 프로세스제어
② 프로그램제어
③ 자동조정제어
④ 서보제어

해설 서보기구 제어는 제어량이 기계적인 추치제어로서 위치, 방향, 자세, 각도, 거리등을 제어한다.

답 ④

03 서보기구제어의 제어량

서보기구에서 직접 제어되는 제어량은 주로 어느 것인가?

① 압력, 유량, 액위, 온도
② 수분, 화학 성분
③ 위치, 각도
④ 전압, 전류, 회전 속도, 회전력

해설 서보기구 제어량은 기계적인 추치제어로서 위치, 방향, 자세, 각도, 거리등을 말한다.

답 ③

04 프로세스제어의 제어량

프로세스제어의 제어량이 아닌 것은?

① 물체의 자세
② 액위면
③ 유량
④ 온도

해설 프로세스제어는 공정제어라고도 하며 제어량이 피드백 제어계로서 주로 정치제어인 경우이다.
예시는 아래와 같다.
- 온도 · 압력 · 유량 · 액면 · 습도 · 농도

답 ①

05 목표값에 따른 제어계 분류 ①

자동 조정계가 속하는 제어계는?

① 추종제어
② 정치제어
③ 프로그램제어
④ 비율제어

해설 정치제어는 목표값이 시간에 따라 변화하지 않는 것을 제어하는 것으로서 프로세스와 자동조정이 이에 속한다.

답 ②

06 목표값에 따른 제어계 분류 ②

다음 중 제어량을 어떤 일정한 목표값으로 유지 하는 것을 목적으로 하는 제어법은?

① 추종제어
② 비율제어
③ 프로그램제어
④ 정치제어

해설 정치제어는 목표값이 시간에 관계없이 항상 일정한 값을 제어하는 것을 말하며 연속식 압연기 등에 사용된다.

답 ④

07 목표값에 따른 제어계 분류 ③

제어목적에 의한 분류에 해당되는 것은?

① 프로세스 제어
② 서보기구
③ 자동조정
④ 비율제어

해설 1) 정치제어 : 목표값이 시간에 관계없이 항상 일정한 제어 예) 연속식 압연기, 자동조정
2) 추치제어 : 목표값의 크기나 위치가 시간에 따라 변하는 것을 제어

추치제어	정 의
추종제어	제어량에 의한 분류 중 서보 기구에 해당하는 값을 제어 • 비행기 추적레이더 • 유도미사일
프로그램 제어	미리 정해진 시간적 변화에 따라 정해진 순서대로 제어 • 무인 엘리베이터 • 무인 자판기 • 무인 열차
비율제어	목표값이 다른 것과 일정 비율 관계를 가지고 변화하는 경우를 제어

답 ④

08 목표값에 따른 분류 – 추치제어 ① □□□ check up!

자동제어의 추치제어 3종이 아닌 것은?

① 프로세스제어　　　　　　　　　② 추종제어
③ 비율제어　　　　　　　　　　　④ 프로그램제어

해설 추치제어는 목표값의 크기나 위치가 시간에 따라 변하는 것을 제어하는 것으로서 추종제어, 프로그램제어, 비율제어인 3종류로 분류된다.

답 ①

09 목표값에 따른 분류 – 추치제어 ② □□□ check up!

인공위성을 추적하는 레이더(Rader)의 제어방식은?

① 정치제어　　　　　　　　　　　② 비율제어
③ 추종제어　　　　　　　　　　　④ 프로그램제어

해설 항공기를 레이더로 추적하는 제어와 같이 임의로 변화하는 목표값을 추적하는 제어를 추종제어라 한다.

답 ③

10 목표값에 따른 분류 – 추치제어 ③ □□□ check up!

목표값이 미리 정해진 시간적 변화를 하는 경우 제어량을 그것에 추종시키기 위한 제어는?

① 프로그래밍 제어　　　　　　　　② 정치제어
③ 추종제어　　　　　　　　　　　④ 비율제어

해설 목표값이 미리 정해진 시간적 변화를 하는 경우 제어량을 그것에 추종시키기 위한 제어를 프로그래밍 제어라 하며 그 예는 아래와 같다.
- 무인 엘리베이터   • 무인 자판기   • 무인 열차

답 ①

11 목표값에 따른 분류 – 추치제어 ④ □□□ check up!

열차의 무인 운전을 위한 제어는 어느 것에 속하는가?

① 정치제어　　　　　　　　　② 추종제어
③ 비율제어　　　　　　　　　④ 프로그램제어

해설 목표값이 미리 정해진 시간적 변화를 하는 경우 제어량을 그것에 추종시키기 위한 제어를 프로그래밍 제어라 하며 그예로는 무인열차, 무인자판기, 무인엘리베이터등이 있다.

답 ④

12 연속동작에 의한 제어계 분류 ① □□□ check up!

제어요소의 동작 중 연속 동작이 아닌 것은?

① D 동작　　　　　　　　　② ON-OFF 동작
③ P+D 동작　　　　　　　　④ P+I 동작

해설 연속동작에 의한 분류
- 비례동작(P 제어)
- 비례 미분동작(P+D 제어)
- 비례 적분동작(P+I 제어)
- 비례미분적분제어(P+I+D 제어)

답 ②

13 연속등작에 의한 제어계 분류 ② □□□ check up!

잔류편차가 있는 제어계는?

① 비례 제어계(P 제어계)　　　　　② 적분 제어계(I 제어계)
③ 비례 적분 제어계(PI 제어계)　　④ 비례 적분 미분 제어계(PID 제어계)

해설 비례제어(P제어)는 off-set(오프셋, 잔류편차, 정상편차, 정상오차)이 발생하고 속응성(응답속도)이 나쁘다.

답 ①

14 연속동작에 의한 제어계 분류 ③

조절부의 동작에 의한 분류 중 제어계의 오차가 검출될 때 오차가 변화하는 속도에 비례하여 조작량을 조절하는 동작으로 오차가 커지는 것을 미연에 방지하는 제어동작은 무엇인가?

① 비례동작제어
② 미분동작제어
③ 적분동작제어
④ 온-오프(ON-OFF)제어

해설 미분동작제어(P+D 제어)는 진동 억제로 속응성를 개선하며 오차변화속도에 비례하여 조작량을 조절하여 오차 증대를 미연에 방한다.

답 ②

15 제어계의 개선 – PD 제어동작

PD 제어동작은 공정제어계의 무엇을 개선하기 위하여 쓰이고 있는가?

① 정밀성
② 속응성
③ 안정성
④ 이득

해설 비례 미분동작(PD 제어)은 진동을 억제하여 속응성(응답속도)를 개선한다. → 진상보상요소

답 ②

16 제어계의 개선 – PI 제어동작

PI 제어동작은 제어계의 무엇을 개선하기 위해 쓰는가?

① 정상특성
② 속응성
③ 안정성
④ 이득

해설 비례 적분동작(PI제어)은 정상특성을 개선하여 off-set(오프셋, 잔류편차, 정상편차, 정상오차)를 제거한다. → 지상보상요소

답 ①

17 제어계의 개선 – 정상특성 및 응답속응성

정상특성과 응답속응성을 동시에 개선시키려면 다음 어느 제어를 사용해야 하는가?

① P 제어
② PI 제어
③ PD 제어
④ PID 제어

해설 비례미분적분동작(PID제어)은 최상의 최적제어로서 off-set를 제거하며 속응성 또한 개선하여 안정한 제어가 되도록 한다. → 진상 및 지상보상요소

답 ④

[**D-30** 전기기사·산업기사 필기
30일 필기 단기완성]

제5과목
제어공학
DAY - 16

30일 단기완성

Chapter 02
블록선도와 신호흐름선도

1. 출제경향분석

본장은 자동제어계의 블록선도에 의한 전달함수의 기본원리와 내용을 다루었으며 시험에 자주 출제가 되는 내용은 다음과 같습니다.

반드시 알아야 하는 핵심 포인트

① 블록선도에 의한 전달함수   ② 신호흐름선도에 의한 전달함수

2. 학습 가이드라인

- 반드시 알아야 하는 핵심 포인트는 전기기사 및 산업기사 시험에서 가장 출제빈도가 높은 논점으로 각 파트별 핵심 포인트와 문제를 연계하여 학습해 주시기를 권장합니다.
- 체크리스트를 작성하시면서 문제의 유형과 학습의 완성도를 스스로 확인해 주세요.
- 출제 빈도가 높고 틀리기 쉬운 문제를 맞출 수 있도록 "콕콕 포인트"를 확인해 주세요.

우선순위 논점	KEY WORD	선생님의 콕콕 포인트
블록선도에 의한 전달함수	전향경로이득, 루프이득	$G(s) = \dfrac{C(s)}{R(s)} = \dfrac{\sum 전향\ 경로\ 이득}{1 - \sum 루프이득}$
신호흐름선도에 의한 전달함수		

2-1 블록선도와 신호흐름선도

1. 블록선도의 전달함수

   1) 직렬접속

   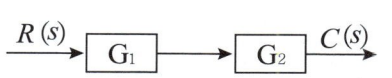

   $$G(s) = \frac{C(s)}{R(s)} = G_1 \cdot G_2$$

   2) 병렬접속

   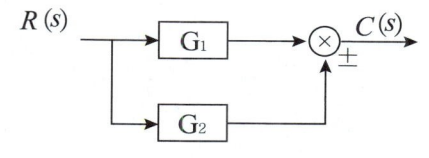

   $$G(s) = \frac{C(s)}{R(s)} = G_1 \pm G_2$$

   3) feed back 접속

   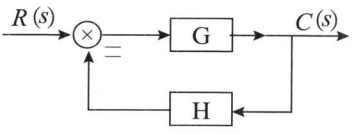

   - $C(s) = \{R(s) \pm C(s)H\}G$
   - $G(s) = \dfrac{C(s)}{R(s)} = \dfrac{G}{1 \mp GH}$
   - $C(s)\{1 \mp GH\} = R(s)G$

2. 블록선도의 용어 정리

   1) $G(s)$: 종합전달함수
   2) G : 전향전달함수
   3) H : 피드백 전달요소
   4) $H=1$: 단위 피드백제어계
   5) GH : 개루프 전달함수
   6) $+$: 정궤환, $-$: 부궤환
   7) 특성방정식 : 종합전달함수 $G(s)$의 분모가 0 이 되는 방정식
      - 특성방정식 $=1 \pm GH=0$
   8) 극점(×) : 종합전달함수 $G(s)$의 분모가 0 이 되는 s 또는 특성방정식의 근
   9) 영점(○) : 종합전달함수 $G(s)$의 분자가 0 이 되는 s

3. 별해
   - $G(s) = \dfrac{C(s)}{R(s)} = \dfrac{\sum 전향 경로 이득}{1 - \sum 루프이득}$
   - 전향경로이득 : 입력에서 출력으로 동일진행방향 갖는 가지들의 곱
   - 루프이득 : 피드백되는 폐루프의 가지들의 곱

01 블록선도의 전달함수 ①

다음 블록선도의 입·출력비는?

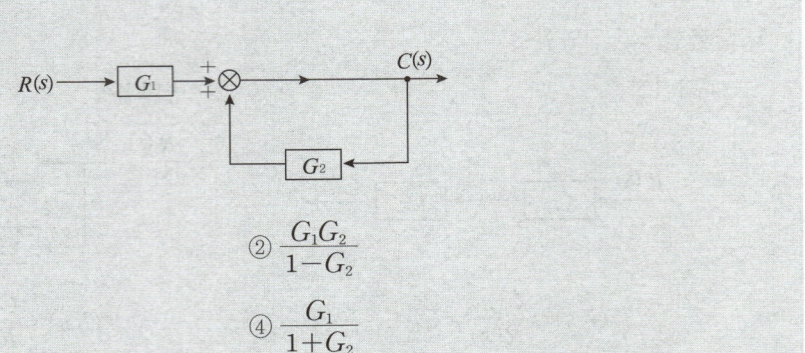

① $\dfrac{1}{1+G_1 G_2}$

② $\dfrac{G_1 G_2}{1-G_2}$

③ $\dfrac{G_1}{1-G_2}$

④ $\dfrac{G_1}{1+G_2}$

해설
- 전향경로이득 G_1
- 루프이득 G_2
- 전달함수 $G(s)=\dfrac{C(s)}{R(s)}=\dfrac{\sum 전향\ 경로\ 이득}{1-\sum 루프이득}=\dfrac{G_1}{1-G_2}$

답 ③

02 블록선도의 전달함수 ②

그림과 같은 블록선도에 대한 등가전달함수를 구하면?

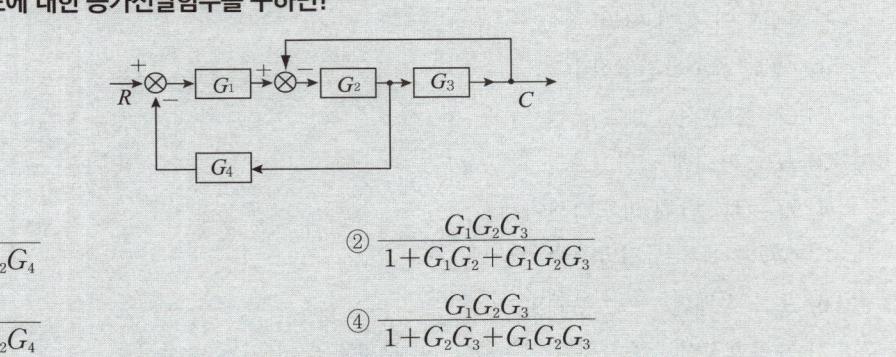

① $\dfrac{G_1 G_2 G_3}{1+G_2 G_3+G_1 G_2 G_4}$

② $\dfrac{G_1 G_2 G_3}{1+G_1 G_2+G_1 G_2 G_3}$

③ $\dfrac{G_1 G_2 G_4}{1+G_1 G_2+G_1 G_2 G_4}$

④ $\dfrac{G_1 G_2 G_3}{1+G_2 G_3+G_1 G_2 G_3}$

해설
- 전향경로이득 $G_1 \times G_2 \times G_3$
- 첫 번째 루프이득 $-G_1 \times G_2 \times G_4$
- 두 번째 루프이득 $-G_2 \times G_3$
- 전달함수 $G(s)=\dfrac{C(s)}{R(s)}=\dfrac{\sum 전향\ 경로\ 이득}{1-\sum 루프이득}=\dfrac{G_1 G_2 G_3}{1+G_1 G_2 G_4+G_2 G_3}$

답 ①

03 블록선도의 전달함수 ③

그림과 같은 피드백 회로의 종합전달함수는?

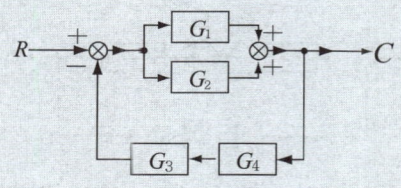

① $\dfrac{G_1G_2}{1+G_1G_2+G_3G_4}$

② $\dfrac{G_1+G_2}{1+G_1G_3G_4+G_2G_3G_4}$

③ $\dfrac{G_1+G_2}{1+G_1G_2G_3G_4+G_2G_3G_4}$

④ $\dfrac{G_1G_2}{1+G_4G_2+G_3G_1}$

해설
- 첫 번째 전향경로이득 G_1
- 두 번째 전향경로이득 G_2
- 첫 번째 루프이득 $-G_1 \times G_3 \times G_4$
- 두 번째 루프이득 $-G_2 \times G_3 \times G_4$
- 전달함수 $G(s) = \dfrac{C(s)}{R(s)} = \dfrac{\sum \text{전향 경로 이득}}{1 - \sum \text{루프이득}} = \dfrac{G_1+G_2}{1+G_1G_3G_4+G_2G_3G_4}$

답 ②

04 블록선도의 전달함수 - 외란 ①

그림과 같은 블록선도에서 외란이 있는 경우의 출력은?

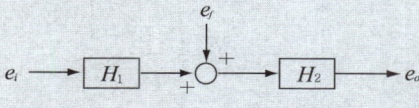

① $H_1H_2e_i + H_2e_f$

② $H_1H_2(e_i+e_f)$

③ $H_1e_i + H_2e_f$

④ $H_1H_2e_ie_f$

해설 출력 $e_0 = (e_iH_1+e_f)H_2 = e_iH_1H_2 + e_fH_2$

답 ①

05 블록선도의 전달함수 - 외란 ②

다음 그림과 같은 블록선도에서 입력 R과 외란 D가 가해질 때 출력 C는?

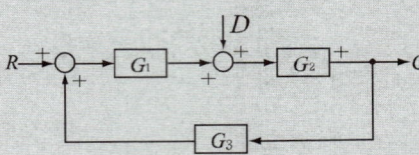

① $\dfrac{G_1G_2R+G_2D}{1+G_1G_2G_3}$

② $\dfrac{G_1G_2R-G_2D}{1+G_1G_2G_3}$

③ $\dfrac{G_1G_2R+G_2D}{1-G_1G_2G_3}$

④ $\dfrac{G_1G_2R-G_2D}{1-G_1G_2G_3}$

해설 $C=\{(R+CG_3)G_1+D\}G_2=RG_1G_2+CG_1G_2G_3+DG_2$

$C-CG_1G_2G_3=RG_1G_2+DG_2 \rightarrow C=\dfrac{RG_1G_2+DG_2}{1-G_1G_2G_3}$

답 ③

06 블록선도의 전달함수 - 오차

그림에서 $R=1$, $H=0.1$, $C=10$이면 오차 E는?

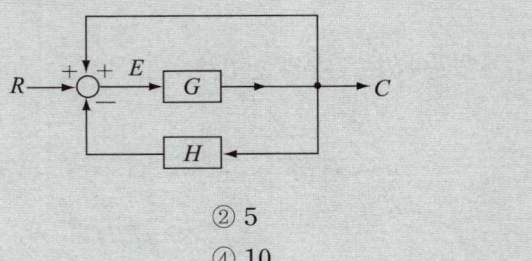

① 2
② 5
③ 9
④ 10

해설 오차 $E=R-CH+C=1-10\times 0.1+10=10$

답 ④

07 블록선도의 용어정리

PD 조절기와 전달함수 $G(s)=1.02+0.002s$의 영점은?

① -510
② -1020
③ 510
④ 1020

해설 영점은 전달함수의 분자가 0인 s이므로 $G(s)=1.02+0.002s=0$, $s=-510$

답 ①

2-2 블록선도와 신호흐름선도

1. 신호흐름선도의 전달함수 : 출력과 입력과의 비, 즉 계통의 이득 또는 전달 함수
   1) 메이슨 (Mason)의 정리
   - $G(s) = \dfrac{C(s)}{R(s)} = \dfrac{\sum_{k=1}^{N} G_k \triangle_k}{\triangle}$
   - $G_k = k$ 번째의 전향경로(forward path)의 이득
   - $\triangle = 1 - \sum_n L_{n1} + \sum_n L_{n2} - \sum_n L_{n3} - \cdots$
   - $\triangle_k = k$ 번째의 전향경로와 접촉하지 않은 부분에 대한 $\triangle$의 값
   - L_{n1} : 개개의 폐루우프내의 가지의 곱
   - L_{n2} : 2개의 접촉되지 않는 폐루우프내의 가지의 곱
   - L_{n3} : 3개의 접촉되지 않는 폐루우프내의 가지의 곱

01 신호흐름선도의 전달함수 ①   □□□ check up!

그림의 신호흐름선도에서 $\dfrac{C}{R}$는?

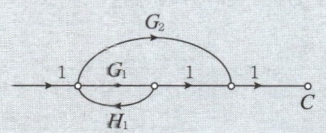

① $\dfrac{G_1 + G_2}{1 - G_1 H_1}$ ② $\dfrac{G_1 G_2}{1 - G_1 H_1}$

③ $\dfrac{G_1 + G_2}{1 + G_1 H_1}$ ④ $\dfrac{G_1 G_2}{1 + G_1 H_1}$

해설
- 첫 번째 전향경로이득 $1 \times G_1 \times 1 \times 1 = G_1$
- 두 번째 전향경로이득 $1 \times G_2 \times 1 = G_2$
- 루프이득 $G_1 H_1$ → $G(s) = \dfrac{C(s)}{R(s)} = \dfrac{\sum 전향\ 경로\ 이득}{1 - \sum 루프이득} = \dfrac{G_1 + G_2}{1 - G_1 H_1}$

답 ①

02 신호흐름선도의 전달함수 ②

다음 신호흐름선도에서 전달함수 C/R를 구하면 얼마인가?

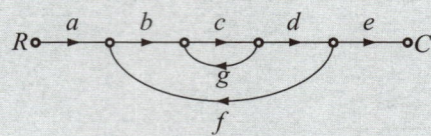

① $\dfrac{abcdg}{1-abcde}$ ② $\dfrac{abcde}{1-cg-bcdf}$

③ $\dfrac{abcde}{1-cg-dgf}$ ④ $\dfrac{abcde}{1+cg+dgf}$

해설
- 전향경로이득 $a \times b \times c \times d \times e = abcde$
- 첫 번째 루프이득 $c \times g = cg$
- 두 번째 루프이득 $b \times c \times d \times f = bcdf$

$$G(s) = \frac{C(s)}{R(s)} = \frac{\sum \text{전향 경로 이득}}{1 - \sum \text{루프이득}} = \frac{abcde}{1-(cg+bcdf)} = \frac{abcde}{1-cg-bcdf}$$

답 ②

03 신호흐름선도의 전달함수 ③

그림과 같은 신호흐름선도에서 전달함수 $C(s)/R(s)$의 값은?

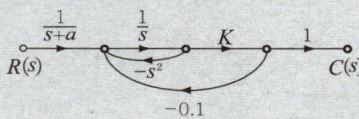

① $\dfrac{C(S)}{R(S)} = \dfrac{K}{(s+a)(s^2+s+0.1K)}$ ② $\dfrac{C(S)}{R(S)} = \dfrac{K(s+a)}{(s+a)(s^2+s+0.1K)}$

③ $\dfrac{C(S)}{R(S)} = \dfrac{K}{(s+a)(-s^2-s+0.1K)}$ ④ $\dfrac{C(S)}{R(S)} = \dfrac{K(s+a)}{(s+a)(-s^2-s+0.1K)}$

해설
- 전향경로이득 $\dfrac{1}{s+a} \times \dfrac{1}{s} \times K \times 1 = \dfrac{K}{s(s+a)}$
- 첫 번째 루프이득 $\dfrac{1}{s} \times (-s^2) = -s$
- 두 번째 루프이득 $\dfrac{1}{s} \times K \times (-0.1) = -\dfrac{0.1K}{s}$

- 전달함수 $G(s) = \dfrac{C(s)}{R(s)} = \dfrac{\sum \text{전향 경로 이득}}{1 - \sum \text{루프이득}} = \dfrac{\dfrac{K}{s(s+a)}}{1-\left(-s-\dfrac{0.1K}{s}\right)} = \dfrac{\dfrac{K}{s(s+a)}}{1+s+\dfrac{0.1K}{s}}$

$= \dfrac{\dfrac{K}{(s+a)}}{s^2+s+0.1K} = \dfrac{K}{(s+a)(s^2+s+0.1K)}$

답 ①

04 신호흐름선도의 전달함수 ④

그림과 같은 신호흐름선도에서 $\dfrac{C}{R}$의 값은?

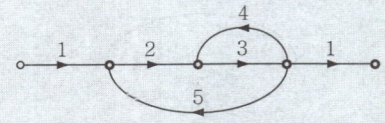

① $-\dfrac{1}{41}$ ② $-\dfrac{3}{41}$

③ $-\dfrac{5}{41}$ ④ $-\dfrac{6}{41}$

해설
- 전향경로이득 $1\times 2\times 3\times 1=6$
- 첫 번째 루프이득 $3\times 4=12$
- 두 번째 루프이득 $2\times 3\times 5=30$
- 전달함수 $G(s)=\dfrac{C(s)}{R(s)}=\dfrac{\sum \text{전향 경로 이득}}{1-\sum \text{루프이득}}=\dfrac{6}{1-(12+30)}=-\dfrac{6}{41}$

답 ④

05 신호흐름선도의 전달함수 ⑤

신호흐름선도의 전달함수는?

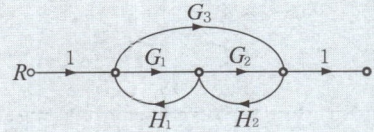

① $\dfrac{G_1G_2+G_3}{1-(G_1H_1+G_2H_2)-G_3H_1H_2}$ ② $\dfrac{G_1G_2+G_3}{1-(G_1H_1+G_2H_2)}$

③ $\dfrac{G_1G_2-G_3}{1-(G_1H_1-G_2H_2)}$ ④ $\dfrac{G_1G_2-G_3}{1-(G_1H_1+G_2H_2)}$

해설
- 첫 번째 전향경로이득 $1\times G_1\times G_2\times 1=G_1G_2$
- 두 번째 전향경로이득 $1\times G_3\times 1=G_3$
- 첫 번째 루프이득 $G_1\times H_1=G_1H_1$
- 두 번째 루프이득 $G_2\times H_2=G_2H_2$
- 세 번째 루프이득 $G_3\times H_1\times H_2=G_3H_1H_2$
- 전달함수 $G(s)=\dfrac{C(s)}{R(s)}=\dfrac{\sum \text{전향 경로 이득}}{1-\sum \text{루프이득}}=\dfrac{G_1G_2+G_3}{1-(G_1H_1+G_2H_2+G_3H_1H_2)}$

$=\dfrac{G_1G_2+G_3}{1-(G_1H_1+G_2H_2)-G_3H_1H_2}$

답 ①

06 신호흐름선도의 전달함수 ⑥

아래 신호흐름선도의 전달함수 $\left(\dfrac{C}{R}\right)$를 구하면?

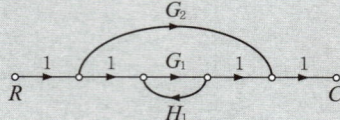

① $\dfrac{C}{R}=\dfrac{G_1+G_2}{1-G_1H_1}$

② $\dfrac{C}{R}=\dfrac{G_1+G_2}{1-G_1H_1-G_2H_2}$

③ $\dfrac{C}{R}=\dfrac{G_1+G_2(1-G_1H_1)}{1-G_1H_1}$

④ $\dfrac{C}{R}=\dfrac{G_1G_2}{1-G_1H_1}$

해설
- $G_1=G_1$
- $\Delta_1=1$
- $G_2=G_2$
- $\Delta_2=1-G_1H_1$
- $L_{11}=G_1H_1$
- $\Delta=1-L_{11}=1-G_1H_1$

$$G=\dfrac{C}{R}=\dfrac{G_1\Delta_1+G_2\Delta_2}{\Delta}=\dfrac{G_1+G_2(1-G_1H_1)}{1-G_1H_1}$$

답 ③

07 신호흐름선도의 전달함수 ⑦

그림의 신호흐름선도에서 $\dfrac{C(s)}{R(s)}$의 값은?

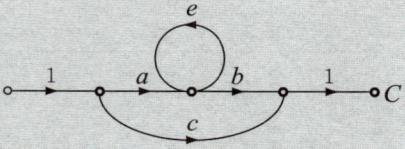

① $\dfrac{ab+c(1-e)}{1-e}$

② $\dfrac{ab+c}{1-e}$

③ $ab+c$

④ $\dfrac{ab+c(1+e)}{1+e}$

해설
- $G_1=ab$
- $\Delta_1=1$
- $G_2=c$
- $\Delta_2=1-e$
- $L_{11}=e$
- $\Delta=1-L_{11}=1-e$

$$G=\dfrac{C}{R}=\dfrac{G_1\Delta_1+G_2\Delta_2}{\Delta}=\dfrac{ab+c(1-e)}{1-e}$$

답 ①

08 신호흐름선도의 전달함수 ⑧

그림의 신호 흐름 선도에서 $\dfrac{y_2}{y_1}$ 은?

$$y_1 \circ \xrightarrow{1} \circ \xrightarrow{a} \circ \xrightarrow{1} \circ \xrightarrow{a} \circ \xrightarrow{1} \circ \xrightarrow{a} \circ \xrightarrow{1} \circ y_2$$
$$\quad\quad b \quad\quad b \quad\quad b$$

① $\dfrac{a^3}{1-3ab}$

② $\dfrac{a^3}{(1-ab)^3}$

③ $\dfrac{a^3}{(1-3ab+ab)}$

④ $\dfrac{a^3}{(1-3ab+2ab)}$

해설
- 전향경로이득 $1 \times a \times 1 = a$
- 루프이득 $a \times b = ab$

$$G(s) = \dfrac{\sum \text{전향 경로 이득}}{1 - \sum \text{루프이득}} = \dfrac{a}{1-ab}$$

$$G(s)' = G(s) \times G(s) \times G(s) = \dfrac{a}{1-ab} \times \dfrac{a}{1-ab} \times \dfrac{a}{1-ab} = \dfrac{a^3}{(1-ab)^3}$$

답 ②

제5과목
제어공학
DAY - 17

30일 단기완성

Chapter 03
자동제어계의 과도응답

1 출제경향분석

본장은 자동제어계의 블록선도에 의한 전달함수의 기본원리와 내용을 다루었으며 시험에 자주 출제가 되는 내용은 다음과 같습니다.

반드시 알아야 하는 핵심 포인트

① 응답의 종류
② 제동비에 따른 제동조건
③ 정상편차 및 편차함수
④ 자동제어계의 형의 분류

2 학습 가이드라인

- 반드시 알아야 하는 핵심 포인트는 전기기사 및 산업기사 시험에서 가장 출제빈도가 높은 논점으로 각 파트별 핵심 포인트와 문제를 연계하여 학습해 주시기를 권장합니다.
- 체크리스트를 작성하시면서 문제의 유형과 학습의 완성도를 스스로 확인해 주세요.
- 출제 빈도가 높고 틀리기 쉬운 문제를 맞출 수 있도록 "콕콕 포인트"를 확인해 주세요.

우선순위 논점	KEY WORD	선생님의 콕콕 포인트
응답의 종류	임펄스 응답, 단위인디셜응답, 단위램프응답	임펄스 응답은 기준시간이 $\delta(t)$일 때의 출력값
제동비에 따른 제동조건	과제동, 임계진동, 감쇠진동	제동비가 작을수록 오버슈트가 커짐
정상편차 및 편차함수	정상위치편차, 정상속도편차, 정상가속도편차	단위계단 입력 : 정상위치편차, 단위속도 입력 : 정상속도편차, 포물선 입력 : 정상가속도편차
자동제어계의 형의 분류	개루프 전달함수, 극점	$GH = \dfrac{(s+b_1)(s+b_2)\cdots}{s^N(s+a_1)(s+a_2)\cdots} \rightarrow N$형

3-1 자동제어계의 과도응답

1. 응답의 종류

구분	기준입력	식
임펄스 응답	단위임펄스 함수	$r(t)=\delta(t)$
단위인디셜응답	단위계단 함수	$r(t)=u(t)=1$
단위램프응답	단위램프 함수	$r(t)=t$

2. 응답(출력)의 계산

   $c(t)=\mathcal{L}^{-1}G(s)R(s)$ 단, $G(s)$: 전달함수, $R(s)$: 입력라플라스변환

3. 자동제어계의 과도응답

   1) 오버슈트(overshoot)
      - 응답이 목표값(입력)을 넘어가는 양
      - 자동제어계의 안정도의 척도

   2) 백분율 최대오버슈트 $=\dfrac{\text{최대오버슈트}}{\text{최종목표값}}\times 100[\%]$

   3) 감쇠비 $=\dfrac{\text{제2의 오버슈트}}{\text{최대오버슈트}}$
      - 과도응답이 소멸되는 정도

   4) 지연시간(Delay Time) t_d
      - 계단응답이 최종값(목표값)의 50[%]에 도달하는 데 필요한 시간

   5) 상승시간(Rise Time) t_r
      - 계단응답이 최종값의 10[%]에서 90[%]에 도달하는 데 필요한 시간
      - 자동제어계의 속응성과 관계 있음

   6) 정정시간(Settling Time) t_s
      - 계단응답이 감소하여 그 응답 최종값의 허용오차 범위 내 들어가는데 필요한 시간

---

01 응답의 종류 – 단위계단입력 □□□ check up!

제어계의 입력이 단위계단 신호일 때 출력응답은?

① 임펄스응답　　　② 인디셜응답
③ 노멀응답　　　　④ 램프응답

해설　기준입력이 단위계단 함수 $r(t)=u(t)=1$인 경우의 출력은 인디셜응답이다.　답 ②

02 응답의 계산 - 임펄스 응답 ①

전달함수 $C(s)=G(s)R(s)$에서 입력함수를 단위임펄스, 즉 $\delta(t)$로 가할 때 계의 응답은?

① $C(s)=G(s)\delta(s)$
② $C(s)=\dfrac{G(s)}{\delta(s)}$
③ $C(s)=\dfrac{G(s)}{s}$
④ $C(s)=G(s)$

해설 임펄스응답이란 기준입력이 단위임펄스 함수 $r(t)=\delta(t)$인 경우의 응답으로
- 전달함수 $G(s)=\dfrac{C(s)}{R(s)}$ → 응답 $C(s)=G(s)R(s)=G(s)$
- 입력라플라스 $R(s)=\pounds[\delta(t)]=1$

답 ④

03 응답의 계산 - 임펄스 응답 ②

$G(s)=\dfrac{1}{s^2+1}$인 계의 임펄스응답은?

① e^{-t}
② $\cos t$
③ $1+\sin t$
④ $\sin t$

해설
- $r(t)=\delta(t)$, $R(s)=1$
- $G(s)=\dfrac{C(s)}{R(s)}=\dfrac{1}{s^2+1}$
- $C(s)=G(s)R(s)=G(s)\times 1=G(s)=\dfrac{1}{s^2+1}$ → $c(t)=\pounds^{-1}[C(s)]=\sin t$

답 ④

04 전달함수 계산 - 임펄스 응답 ①

어떤 제어계의 임펄스응답이 $\sin\omega t$일 때 계의 전달함수는?

① $\dfrac{\omega}{s+\omega}$
② $\dfrac{s}{s^2+\omega^2}$
③ $\dfrac{\omega}{s^2+\omega^2}$
④ $\dfrac{\omega^2}{s+\omega}$

해설
- $r(t)=\delta(t)$, $R(s)=1$
- 응답 $c(t)=\sin\omega t$, $C(s)=\dfrac{\omega}{s^2+\omega^2}$ → $G(s)=\dfrac{C(s)}{R(s)}=\dfrac{\dfrac{\omega}{s^2+\omega^2}}{1}=\dfrac{\omega}{s^2+\omega^2}$

답 ③

05 전달함수 계산 – 단위인디셜응답

어떤 제어계에 단위계단입력을 가하였더니 출력이 $1-e^{-2t}$ 로 나타났다. 이 계의 전달함수는?

① $\dfrac{1}{s+2}$
② $\dfrac{2}{s+2}$
③ $\dfrac{1}{s(s+2)}$
④ $\dfrac{2}{s(s+2)}$

해설
- 기준입력이 단위계단 $r(t)=u(t)$, $R(s)=\dfrac{1}{s}$
- $c(t)=1-e^{-2t}$, $C(s)=\dfrac{1}{s}-\dfrac{1}{s+2}=\dfrac{2}{s(s+2)}$
- $G(s)=\dfrac{C(s)}{R(s)}=\dfrac{\dfrac{2}{s(s+2)}}{\dfrac{1}{s}}=\dfrac{2}{s+2}$

답 ②

06 자동제어계 과도응답의 의미

다음 과도응답에 관한 설명 중 틀린 것은?

① Over Shoot은 응답 중에 생기는 입력과 출력사이의 최대 편차량을 말한다.
② 시간늦음(Time Delay)이란 응답이 최초로 희망값의 10[%]에서 90[%]까지 도달하는 데 요하는 시간을 말한다.
③ 감쇠비 $=\dfrac{\text{제2의 OVERSHOOT}}{\text{최대 OVERSHOOT}}$
④ 입상시간(Rise time)이란 응답이 희망값의 10[%]에서 90[%]까지 도달하는 데 요하는 시간을 말한다.

해설 지연시간(Delay Time) t_d
- 계단응답이 최종값(목표값)의 50[%]에 도달하는 데 필요한 시간

답 ②

07 과도응답 – 응답시간 ①

응답이 최종값의 10[%]에서 90[%]까지 되는데 요하는 시간은?

① 상승시간(Rise Time)
② 지연시간(Delay Time)
③ 응답시간(Responese Time)
④ 정정시간(Settling Time)

해설 상승시간(Rise Time) t_r
- 계단응답이 최종값의 10[%]에서 90[%]에 도달하는 데 필요한 시간

답 ①

08 과도응답 – 응답시간 ②

응답이 최초로 희망값의 50[%]까지 도달하는데 요하는 시간은?

① 정정 시간
② 상승 시간
③ 응답 시간
④ 지연 시간

해설 지연시간(Delay Time) t_d
- 계단응답이 최종값(목표값)의 50[%]에 도달하는 데 필요한 시간

답 ④

09 과도응답 – 오버슈트

백분율 오버슈트는?

① $\dfrac{\text{최종 목표값}}{\text{최대 오버슈트}} \times 100$
② $\dfrac{\text{제2 오버슈트}}{\text{최대 목표값}} \times 100$
③ $\dfrac{\text{제2 오버슈트}}{\text{최대 오버슈트}} \times 100$
④ $\dfrac{\text{최대 오버슈트}}{\text{최종 목표값}} \times 100$

해설 백분율 오버슈트 = $\dfrac{\text{최대 오버슈트}}{\text{최종 목표값}} \times 100[\%]$

답 ④

10 과도응답 – 안정성의 척도

자동제어계에서 안정성의 척도가 되는 양은?

① 정상편차
② 오버슈트
③ 지연시간
④ 감쇠

해설 오버슈트(Over Shoot)
- 응답이 목표값(입력)을 넘어가는 양이며 자동제어계 안정도의 척도

답 ②

11 과도응답 – 감쇠비

과도응답이 소멸되는 정도를 나타내는 감쇠비는?

① $\dfrac{\text{제2 오버슈트}}{\text{최대 오버슈트}}$
② $\dfrac{\text{최대 오버슈트}}{\text{제2 오버슈트}}$
③ $\dfrac{\text{제2 오버슈트}}{\text{최대 목표값}}$
④ $\dfrac{\text{최대 오버슈트}}{\text{최대 목표값}}$

해설 　감소비 = 제2 오버슈트 / 최대 오버슈트
- 과도응답이 소멸되는 정도를 나타내는 값

답 ①

12 자동제어계 해석 – 시험입력 □□□ check up!

시간 영역에서 자동 제어계를 해석할 때 기본 시험 입력에 보통 사용되지 않는 입력은?
① 정속도 입력
② 정현파 입력
③ 단위계단 입력
④ 정가속도 입력

해설 　시간 영역에서 기본 시험 입력의 종류는 단위계단 입력, 정속도 입력, 정가속도 입력이 있으며 정현파 입력은 주파수 영역에서 사용되는 입력이다.

답 ②

3-2 자동제어계의 과도응답

1. 2차계의 종합전달함수 $\quad\cdot\ G(s)=\dfrac{C(s)}{R(s)}=\dfrac{\omega_n^2}{s^2+2\delta\omega_n s+\omega_n^2}$
2. 특성방정식 $\quad\cdot\ s^2+2\delta\omega_n s+\omega_n^2=0$
   - 종합전달함수의 분모가 0이 되는 방정식
   - δ 제동비(감쇠비) · ω_n 고유진동 각주파수
3. 제동비(δ)에 따른 제동 및 진동조건
   1) $\delta<1$인 경우 → 부족 제동 또는 감쇠진동
   2) $\delta=1$인 경우 → 임계 제동
   3) $\delta>1$인 경우 → 과제동 또는 비진동
   4) $\delta=0$인 경우 → 무제동 또는 무한진동
4. 제동비(δ)에 따른 시간응답특성곡선

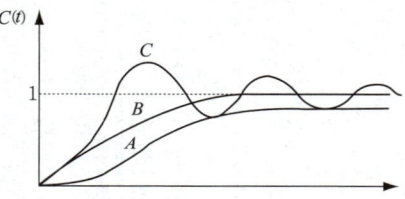

   1) $A : \delta>1$ → 과제동 또는 비진동
   2) $B : \delta=1$ → 임계제동
   3) $C : \delta<1$ → 부족제동 또는 감쇠진동
   4) 제동비가 작을수록 오버슈트(OVERSHOOT) 커짐

5. 특성방정식 근의 위치에 따른 응답곡선

특성방정식 근의 위치	응답곡선
1) 좌반부에 복소근이 존재	$f(t)=e^{-\delta t}\sin\omega t$ 감폭진동하므로 안정
2) 우반부에 복소근이 존재	$f(t)=e^{+\delta t}\sin\omega t$ 진동이 점점 커지므로 불안정
3) 특성방정식의 근이 좌반부에 존재시 안정하며 우반부에 존재시 불안정	

01 2차계 전달함수의 표현

감쇠비 $\zeta = 0.4$, 고유각주파수 $\omega_n = 1 \text{[rad/s]}$인 2차계의 전달함수는?

① $\dfrac{1}{s^2 + 0.4s + 1}$
② $\dfrac{1}{s^2 + 0.8s + 1}$
③ $\dfrac{1}{s^2 + 0.4s + 0.16}$
④ $\dfrac{0.16}{s^2 + 0.8s + 0.4}$

해설 2차계 전달함수 $G(s) = \dfrac{\omega_n^2}{s^2 + 2\zeta\omega_n s + \omega_n^2} = \dfrac{1^2}{s^2 + 2 \times 0.4 \times 1 s + 1^2} = \dfrac{1}{s^2 + 0.8s + 1}$

답 ②

02 2차계 전달함수 – 고유각주파수

전달함수 $G = \dfrac{1}{1 + 6j\omega + 9(j\omega)^2}$의 고유각주파수는?

① 9
② 3
③ 1
④ 0.33

해설
$$G(s) = \dfrac{1}{1 + 6j\omega + 9(j\omega)^2} = \dfrac{1}{1 + 6s + 9s^2} = \dfrac{\dfrac{1}{9}}{s^2 + \dfrac{6}{9}s + \dfrac{1}{9}} = \dfrac{\omega_n^2}{s^2 + 2\zeta\omega_n s + \omega_n^2}$$

$\therefore \omega_n^2 = \dfrac{1}{9}$, $\omega_n = \dfrac{1}{3} = 0.33$

답 ④

03 제동비 – 제동 및 진동조건 ①

2차 제어계에 대한 설명 중 잘못된 것은?

① 제동계수의 값이 적을수록 제동이 적게 걸려 있다.
② 제동계수의 값이 1일 때 제어계는 가장 알맞게 제동되어 있다.
③ 제동계수의 값이 클수록 제동은 많이 걸려 있다.
④ 제동계수의 값이 1일 때를 임계제동 되었다고 한다.

해설 제동비(감쇠율) δ에 따른 제동 및 진동조건
- $\delta < 1$인 경우 → 부족 제동(감쇠진동)
- $\delta > 1$인 경우 → 과제동(비진동)
- $\delta = 1$인 경우 → 임계 제동(임계 상태)
- $\delta = 0$인 경우 → 무제동(무한진동 또는 완전 진동)

답 ②

04 제동비 - 제동 및 진동조건 ②

2차 시스템의 감쇠율(Damping Ratio) δ가 $\delta < 1$이면 어떤 경우인가?

① 감쇠비
② 과감쇠
③ 부족감쇠
④ 발산

해설 $\delta < 1$인 경우 → 부족 제동(감쇠 진동)

답 ③

05 제동비 - 제동 및 진동조건 ③

제동비 ζ가 1 보다 점점 더 작아질수록 어떻게 되는가?

① 진동을 하지 않는다
② 일정한 진폭으로 계속 진동한다
③ 최대오버슈트가 점점 작아진다
④ 최대오버슈트가 점점 커진다

해설 제동비가 작아질수록 최대오버슈트가 점점 커진다.

답 ④

06 제동비의 계산

그림과 같은 궤환제어계의 감쇠계수(제동비)는?

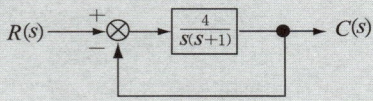

① 1
② 1/2
③ 1/3
④ 1/4

해설

전달함수 $G(s) = \dfrac{C(s)}{R(s)} = \dfrac{\sum \text{전향 경로 이득}}{1 - \sum \text{루프이득}} = \dfrac{\dfrac{4}{s(s+1)}}{1 + \dfrac{4}{s(s+1)}} = \dfrac{4}{s^2 + s + 4} = \dfrac{\omega_n^2}{s^2 + 2\zeta\omega_n s + \omega_n^2}$

$\omega_n^2 = 4$, $2\zeta\omega_n = 1$ → $\omega_n = 2$, $\zeta = \dfrac{1}{4}$

답 ④

07 제동비 - 오버슈트 관계 ①   □□□ check up!

최대초과량(Over Shoot)이 가장 큰 경우의 제동비 ζ의 값은?

① $\zeta=0$
② $\zeta=0.6$
③ $\zeta=1.2$
④ $\zeta=1.5$

해설 제동비가 0이 아니면서 가장 작을 때 최대초과량(Over Shoot)이 가장 크다.   답 ②

08 제동비 - 오버슈트 관계 ②   □□□ check up!

그림은 2차계의 단위계단응답을 나타낸 것이다. 감쇠계수 δ가 가장 큰 것은?

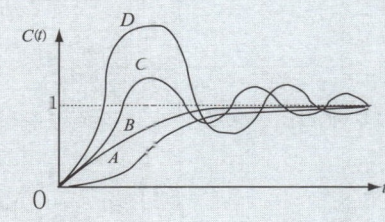

① A
② B
③ C
④ D

해설 제동비(감쇠계수)가 작을수록 오버슈트가 커지므로 감쇠계수 δ는 A가 가장 크다.   답 ①

09 제동비 - 미분방정식 계산   □□□ check up!

다음 미분방정식으로 표시되는 2차 계통에서 감쇠율(Damping Ratio) ζ와 제동의 종류는?

$$\frac{d^2y(t)}{dt^2}+6\frac{dy(t)}{dt}+9y(t)=9x(t)$$

① $\zeta=0$: 무제동
② $\zeta=1$: 임계제동
③ $\zeta=2$: 과제동
④ $\zeta=0.5$: 감쇠진동 또는 부족제동

해설 라플라스 변환시
$s^2Y(s)+6sY(s)+9Y(s)=9X(s)$ → $(s^2+6s+9)Y(s)=9X(s)$
$G(s)=\dfrac{Y(s)}{X(s)}=\dfrac{9}{s^2+6s+9}=\dfrac{\omega_n^2}{s^2+2\zeta\omega_n s+\omega_n^2}$
$\omega_n^2=9$, $\omega_n=3$ ⇨ $2\zeta\omega_n=6$, $\zeta=1$이므로 임계제동   답 ②

10 특성방정식 근에 따른 응답곡선 ①

s 평면상에서 전달함수의 극점이 그림과 같은 위치에 있으면 이 회로망의 상태는?

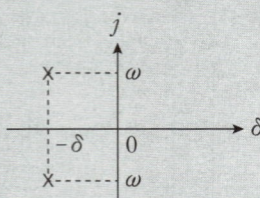

① 발진하지 않는다.
② 점점 더 크게 발진한다.
③ 지속발진한다.
④ 감폭진동한다.

해설 특성근 $s = -\delta \pm j\omega$ 이므로

$$F(s) = \frac{\omega^2}{(s+\delta-j\omega)(s+\delta+j\omega)} = \frac{\omega^2}{(s+\delta)^2-(j\omega)^2} = \frac{\omega^2}{(s+\delta)^2+\omega^2} \rightarrow f(t) = e^{-\delta t}\sin t$$

특성방정식의 근인 극점이 좌반부에 복소근으로 존재시 감폭 진동하므로 제어계가 안정하다.

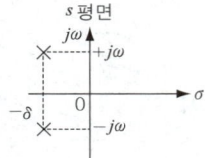 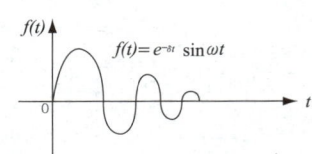

답 ④

11 특성방정식 근에 따른 응답곡선 ②

S 평면 (복소평면)에서의 극점배치가 다음과 같을 경우 이 시스템의 시간영역에서의 동작은?

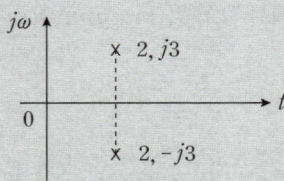

① 감쇠진동을 한다.
② 점점 진동이 커진다.
③ 같은 진폭으로 계속 진동한다.
④ 진동하지 않는다.

해설 특성방정식의 근인 극점이 우반부에 복소근으로 존재 시 진동이 점점 커지므로 제어계가 불안정하다.

답 ②

12 특성방정식 근에 따른 응답곡선 ③ □□□ check up!

안정된 제어계의 특성근이 2개의 공액복소근을 가질 때 이 근들이 허수축 가까이에 있는 경우 허수축에서 멀리 떨어져 있는 안정된 근에 비해 과도응답 영향은 어떻게 되는가?

① 천천히 사라진다.
② 영향이 같다.
③ 빨리 사라진다.
④ 영향이 없다.

해설 특성방정식의 근이 허수축(j)에서 많이 멀어져 있을수록 정상값에 빨리 도달하며 허수축에서 가까이에 있을수록 과도응답은 천천히 사라진다.

답 ①

3-3 자동제어계의 과도응답

1. 정상편차의 종류
   1) 정상위치편차 e_{ssp}
      - 기준입력이 단위계단입력 $r(t)=u(t)=1$, $R(s)=\dfrac{1}{s}$
      - $e_{ssp}=\dfrac{1}{1+\lim\limits_{s\to 0}G(s)}=\dfrac{1}{1+k_p}$
      - $k_p=\lim\limits_{s\to 0}G(s)$: 위치편차상수
   2) 정상속도편차 e_{ssv}
      - 기준입력이 단위램프입력 $r(t)=t$, $R(s)=\dfrac{1}{s^2}$
      - $e_{ssv}=\dfrac{1}{\lim\limits_{s\to 0}sG(s)}=\dfrac{1}{k_v}$
      - $k_v=\lim\limits_{s\to 0}sG(s)$: 속도편차상수
   3) 정상가속도편차 e_{ssa}
      - 기준입력이 단위포물선입력 $r(t)=t^2$, $R(s)=\dfrac{1}{s^3}$
      - $e_{ssa}=\dfrac{1}{\lim\limits_{s\to 0}s^2G(s)}=\dfrac{1}{k_a}$
      - $k_a=\lim\limits_{s\to 0}s^2G(s)$: 가속도편차상수

01 정상편차상수의 종류 □□□ check up!

제어시스템의 정상상태오차에서 포물선함수입력에 의한 정상상태오차를 $K_s=\lim\limits_{s\to 0}s^2G(s)H(s)$로 표현된다. 이 때 K_s를 무엇이라고 부르는가?

① 위치오차상수 ② 속도오차상수
③ 가속도오차상수 ④ 평균오차상수

해설 가속도 편차(오차)상수 $k_a=\lim\limits_{s\to 0}s^2G(s)$ 답 ③

02 정상위치편차의 계산

단위피드백 제어계에서 개루프 전달함수 $G(s)$가 다음과 같이 주어지는 계의 단위계단입력에 대한 정상편차는?

$$G(s) = \frac{10}{(s+1)(s+2)}$$

① 1/3 ② 1/4
③ 1/5 ④ 1/6

해설 기준입력이 단위계단입력 $r(t) = u(t) = 1$ → 정상위치편차 e_{ssp}

위치편차상수 $k_p = \lim_{s \to 0} G(s) = \lim_{s \to 0} \frac{10}{(s+1)(s+2)} = 5$

정상위치편차 $e_{ssp} = \dfrac{1}{1 + \lim_{s \to 0} G(s)} = \dfrac{1}{1 + k_p} = \dfrac{1}{1+5} = \dfrac{1}{6}$

답 ④

03 속도편차상수의 계산

다음 그림과 같은 블록선도의 제어계통에서 속도편차상수 k_v는 얼마인가?

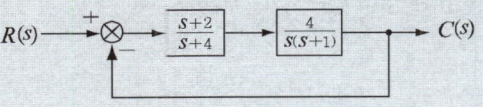

① 2 ② 0
③ 0.5 ④ ∞

해설 개루프 전달함수 $G(s) = \dfrac{s+2}{s+4} \times \dfrac{4}{s(s+1)} = \dfrac{4(s+2)}{s(s+1)(s+4)}$

속도편차상수 $k_v = \lim_{s \to 0} sG(s) = \lim_{s \to 0} s \dfrac{4(s+2)}{s(s+1)(s+4)} = 2$

답 ①

04 정상속도편차의 계산 ①

개루프 전달함수 $G(s)$가 다음과 같이 주어지는 단위피드백 계에서 단위속도입력에 대한 정상편차는?

$$G(s) = \frac{2(1+0.5s)}{s(1+s)(s+2s)}$$

① 0
② $\frac{1}{2}$
③ 1
④ 2

해설 기준입력이 단위속도입력 $r(t) = t$ → 정상속도편차 e_{ssv}

속도편차상수 $k_v = \lim_{s \to 0} sG(s) = \lim_{s \to 0} \frac{s \times 2(1+0.5s)}{s(1+s)(1+2s)} = 2$

정상속도편차 $e_{ssv} = \frac{1}{\lim_{s \to 0} sG(s)} = \frac{1}{k_v} = \frac{1}{2}$

답 ②

05 정상속도편차의 계산 ②

개루프 전달함수 $G(s)$가 다음과 같이 주어지는 단위궤환계가 있다. 단위속도입력에 대한 정상속도편차가 0.025가 되기 위해서는 K를 얼마로 하면 되는가?

$$G(s) = \frac{4K(1+2s)}{s(1+s)(1+3s)}$$

① 6
② 8
③ 10
④ 12

해설 기준입력이 단위속도입력 $r(t) = t$ → 정상속도편차 e_{ssv}

속도편차상수 $k_v = \lim_{s \to 0} sG(s) = \lim_{s \to 0} s \frac{4K(1+2s)}{s(1+s)(1+3s)} = 4K$

정상속도편차 $e_{ssv} = \frac{1}{\lim_{s \to 0} sG(s)} = \frac{1}{k_v} = \frac{1}{4K} = 0.025$

$K = \frac{1}{4 \times 0.025} = 10$

답 ③

3-4 자동제어계의 과도응답

1. 자동제어계의 형의 분류
   - 개루프 전달함수 GH의 원점($s=0$)에 있는 극점의 수로 분류
   - $GH = \dfrac{(s+b_1)(s+b_2)(s+b_3)\cdots}{s^N(s+a_1)(s+a_2)(s+a_3)\cdots}$
   - $N=0$ → 0형 제어계
   - $N=1$ → 1형 제어계
   - $N=2$ → 2형 제어계

2. 형의 분류에 의한 정상편차 및 편차상수

계통의 형	편차(오차)상수			정상편차(오차)		
	k_p	k_v	k_a	e_{ssp}	e_{ssv}	e_{ssa}
0형	k	0	0	$\dfrac{1}{1+k}$	∞	∞
1형	∞	k	0	0	$\dfrac{1}{k}$	∞
2형	∞	∞	k	0	0	$\dfrac{1}{k}$

01 자동제어계의 형의 분류 ①

$G(s)H(s) = \dfrac{K}{Ts+1}$ 일 때 이 계통은 어떤 형인가?

① 0 형
② 1 형
③ 2 형
④ 3 형

해설 제어계 형의 분류는 개루프 전달함수 $G(s)H(s)$의 원점($s=0$)에 있는 극점의 수로 분류

$G(s)H(s) = \dfrac{(s+b_1)(s+b_2)(s+b_3)\cdots}{s^N(s+a_1)(s+a_2)(s+a_3)\cdots}$

$N=0$ → 0형 제어계
$N=1$ → 1형 제어계
$N=2$ → 2형 제어계

∴ $G(s)H(s) = \dfrac{K}{Ts+1} = \dfrac{K}{s^0(Ts+1)}$ → 0형 제어계

답 ①

02 자동제어계의 형의 분류 ②

시스템의 전달함수가 $G(s)H(s) = \dfrac{s^2(s+1)(s^2+s+1)}{s^4(s^4+2s^2+2)}$ 같이 표시되는 제어계는 무슨 형인가?

① 1형
② 2형
③ 3형
④ 4형

해설
$$G(s)H(s) = \dfrac{(s+b_1)(s+b_2)(s+b_3)\cdots}{s^N(s+a_1)(s+a_2)(s+a_3)\cdots} = \dfrac{s^2(s+1)(s^2+s+1)}{s^4(s^4+2s^2+2)}$$
$$= \dfrac{(s+1)(s^2+s+1)}{s^2(s^4+2s^2+2)} \rightarrow 2형제어계$$

답 ②

03 자동제어계의 형의 분류 ③

그림과 같은 블록선도로 표시되는 계는 무슨 형인가?

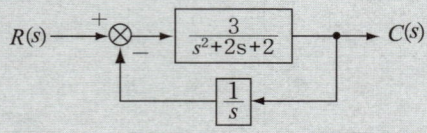

① 0형
② 1형
③ 2형
④ 3형

해설 $G(s)H(s) = \dfrac{3}{s^2+2s+2} \times \dfrac{1}{s} = \dfrac{3}{s(s^2+2s+2)} \rightarrow$ 1형 제어계

답 ②

04 형의 분류에 의한 편차상수

단위램프입력에 대하여 속도편차상수가 유한값을 갖는 제어계는 다음 중 어느 것인가?

① 0형
② 1형
③ 2형
④ 3형

해설 속도편차상수 K_v는 1형 일 때 $K_v = K$인 유한값을 갖는다.

계통의 형	편차(오차)상수		
	k_p	k_v	k_a
0형	k	0	0
1형	∞	k	0
2형	∞	∞	k

답 ②

05 형의 분류에 의한 정상편차 □□□ check up!

계단오차상수를 K_p라 할 때 1형 시스템의 계단입력 $u(t)$에 대한 정상상태오차 e_{ss}는?

① 1
② $\dfrac{1}{K_p}$
③ 0
④ ∞

해설 기준입력이 단위계단입력이므로 정상상태오차는 정상위치편차 e_{ssp}
∴ 1형 일 때 $e_{ssp} = 0$

계통의 형	정상편차(오차)		
	e_{ssp}	e_{ssv}	e_{ssa}
0형	$\dfrac{1}{1+k}$	∞	∞
1형	0	$\dfrac{1}{k}$	∞
2형	0	0	$\dfrac{1}{k}$

답 ③

제5과목
제어공학
DAY - 18

30일 단기완성

Chapter 04
주파수 응답

1 출제경향분석

본장은 주파수 전달함수와 이득 변화에 대한 내용을 다루었으며 시험에 자주 출제가 되는 내용은 다음과 같습니다.

반드시 알아야 하는 핵심 포인트
① 주파수 전달함수 ② 벡터궤적
③ 이득 ④ 이득변화 및 위상변화

2 학습 가이드라인

- 반드시 알아야 하는 핵심 포인트는 전기기사 및 산업기사 시험에서 가장 출제빈도가 높은 논점으로 각 파트별 핵심 포인트와 문제를 연계하여 학습해 주시기를 권장합니다.
- 체크리스트를 작성하시면서 문제의 유형과 학습의 완성도를 스스로 확인해 주세요.
- 출제 빈도가 높고 틀리기 쉬운 문제를 맞출 수 있도록 "콕콕 포인트"를 확인해 주세요.

우선순위 논점	KEY WORD	선생님의 콕콕 포인트
주파수 전달함수	주파수 전달함수, 크기, 위상	크기 $=\sqrt{\text{실수}^2+\text{허수}^2}$, 위상각 $=\tan^{-1}\dfrac{\text{허수}}{\text{실수}}$
벡터궤적	벡터궤적, 나이퀴스트 선도	ω를 $0 \to \infty$ 변화시 크기와 각도의 변화궤적을 구함
이득	이득, 데시벨	전달함수의 크기 $|G(j\omega)|$의 $20\log_{10}|G(j\omega)|[\text{dB}]$ 값을 이득이라 함
이득변화 및 위상변화	이득변화, 위상변화	$G(s)=s^n=(j\omega)^n$ 이득변화 $g=-20[\text{dB/dec}]$ 위상변화 $\theta=-90°$

4-1 주파수 응답

1. 주파수 전달함수
    1) 주파수 전달함수 · $G(j\omega) = a + jb =$ 실수부 + 허수부
    2) 전달함수의 크기 · $|G(j\omega)| = \sqrt{(\text{실수부})^2 + (\text{허수부})^2} = \sqrt{a^2 + b^2}$
    3) 전달함수의 위상차 · $\theta = \angle G(j\omega) = \tan^{-1}\dfrac{\text{허수}}{\text{실수}} = \tan^{-1}\dfrac{b}{a}$

2. 나이퀴스트 선도
    · 주파수 ω를 0에서 ∞까지 변화시킬 때 $|G(j\omega)|$와 θ의 변화를 극좌표에 그린 궤적
    1) 1차 지연요소의 전달함수의 벡터궤적

    · $G(j\omega) = \dfrac{1}{1 + j\omega T}$

    · 1차 지연요소 나이퀴스트 선도

    · 전달함수 크기 $|G(j\omega)| = \dfrac{1}{\sqrt{1 + (\omega T)^2}}$

    · 전달함수의 위상 $\theta = -\tan^{-1}\omega T$

    · $\omega = 0$ → $|G(j\omega)| = 1$, $\theta = 0°$
    · $\omega = \infty$ → $|G(j\omega)| = \infty$, $\theta = -90°$

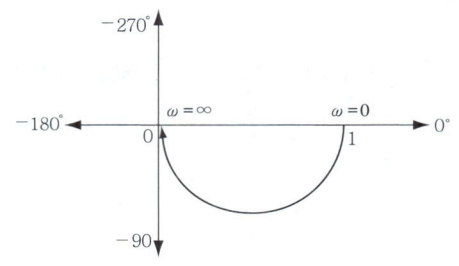

01 주파수 전달함수 – 입력값

□□□ check up!

주파수응답에 필요한 입력은?
① 계단입력　　　　　　　　② 임펄스입력
③ 램프입력　　　　　　　　④ 정현파입력

해설 주파수 응답이란 전달 함수 $G(s)$인 요소어 주파수 $j\omega$인 정현파 입력 $x(t)$을 가했을 때의 출력 $y(t)$값이다.

답　④

02 주파수 전달함수 – 1차지연요소 ① □□□ check up!

전달 함수 $G(j\omega)=\dfrac{1}{1+j\omega T}$ 의 크기와 위상각을 구한 값은? (단, $T>0$ 이다.)

① $G(j\omega)=\dfrac{1}{\sqrt{1+\omega^2 T^2}}\angle -\tan^{-1}\omega T$
② $G(j\omega)=\dfrac{1}{\sqrt{1-\omega^2 T^2}}\angle -\tan^{-1}\omega$
③ $G(j\omega)=\dfrac{1}{\sqrt{1+\omega^2 T^2}}\angle \tan^{-1}\omega$
④ $G(j\omega)=\dfrac{1}{\sqrt{1-\omega^2 T^2}}\angle \tan^{-1}\omega$

해설 1차지연요소 전달함수의 크기와 위상

- $|G(j\omega)|=\dfrac{1}{\sqrt{1^2+(\omega T)^2}}=\dfrac{1}{\sqrt{1^2+\omega^2 T^2}}$
- $G(j\omega)=\dfrac{1}{\sqrt{1^2+\omega^2 T^2}}\angle -\tan^{-1}\omega T$

답 ①

03 주파수 전달함수 – 1차지연요소 ② □□□ check up!

$G(j\omega)=\dfrac{1}{1+j2T}$ 이고 $T=2[\sec]$ 일 때 크기 $|G(j\omega)|$ 와 위상 $\angle G(j\omega)$ 는 각각 얼마인가?

① $0.44,\ \angle -36°$
② $0.44,\ \angle 36°$
③ $0.24,\ \angle -76°$
④ $0.24,\ \angle 76°$

해설
- $G(j\omega)=\dfrac{1}{1+j2T}\bigg|_{T=2}=\dfrac{1}{1+j4}$
- $|G(j\omega)|=\dfrac{1}{\sqrt{1^2+4^2}}=0.24$
- $\theta=-\tan^{-1}\dfrac{4}{1}=-76°$
- $\therefore G(j\omega)=0.24\angle -76°$

답 ③

04 나이퀴스트 선도 – 1차지연요소 □□□ check up!

1차지연요소의 벡터궤적은?

①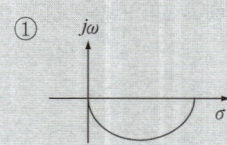
②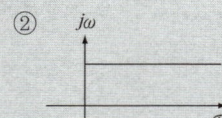
③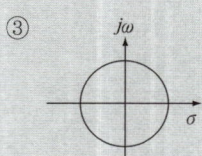
④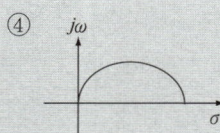

해설
- $G(j\omega) = \dfrac{1}{1+j\omega T}$
- $|G(j\omega)| = \dfrac{1}{\sqrt{1+(\omega T)^2}}$
- $\theta = -\tan^{-1}\omega T$
- $\omega = 0$ → $|G(j\omega)| = 1$, $\theta = 0°$
- $\omega = \infty$ → $|G(j\omega)| = \infty$, $\theta = -90°$

∴ 나이퀴스트 선도

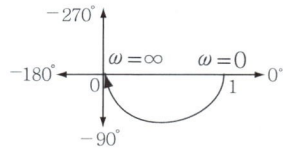

답 ①

05 나이퀴스트 선도 – 회전 궤적 □□□ check up!

벡터궤적이 그림과 같이 표시되는 요소는?

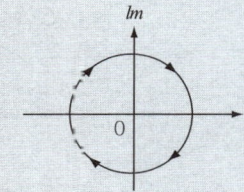

① 비례요소 ② 1차지연요소
③ 부동작요소 ④ 2차지연요소

해설 부동작 시간요소의 전달함수 $G(s) = e^{-Ls}$ → $G(j\omega) = e^{-j\omega L} = \cos\omega L - j\sin\omega L$

- $|G(j\omega)| = \sqrt{\cos^2\omega L + \sin^2\omega L} = 1$
- $\theta = \angle G(j\omega) = -\tan^{-1}\dfrac{\sin\omega L}{\cos\omega L} = \omega L$

크기는 1이며, ω의 증가에 따라 벡터궤적 $G(j\omega)$는 원주상을 시계방향으로 회전한다.

답 ③

4-2 주파수 응답

1. 형에 따른 나이퀴스트 선도
    1) 1형 제어계

    $$G(s)=\frac{1}{s(1+T_1s)}$$

    $$G(s)=\frac{1}{s(1+T_1s)(1+T_2s)}$$

    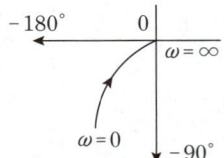 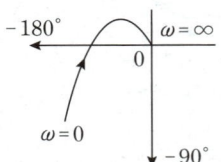

    2) 2형 제어계

    $$G(s)=\frac{1}{s^2(1+T_1s)}$$

    $$G(s)=\frac{1}{s^2(1+T_1s)(1+T_2s)}$$

    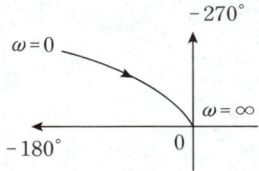 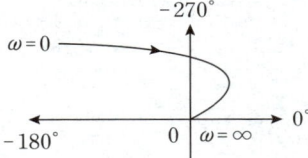

2. 보드선도　・ $|G(j\omega)| \angle G(j\omega)$
    1) 전달함수　・ $G(s)=G(j\omega)$
    2) 이득　・ $g=20\log_{10}|G(j\omega)|\,[\text{dB}]$
    3) 위상　・ $\theta = \angle G(j\omega)$

3. 보드선도의 이득 변화 및 위상변화
    ・ $g=20\log|G(j\omega)|$ → $\omega=0.1,\ 1,\ 10$ 대입

    1) $G(s)=s^n=(j\omega)^n$
        ・ 이득변화 $g=20n\,[\text{dB/dec}]$
        ・ 위상변화 $\theta=90°n$

    2) $G(s)=\dfrac{1}{s^n}=s^{-n}=(j\omega)^{-n}$
        ・ 이득변화 $g=-20n\,[\text{dB/dec}]$
        ・ 위상변화 $\theta=-90°n$

4. 절점주파수
    ・ 전달함수의 실수부와 허수부가 같아지는 $\omega[\text{rad/sec}]$

Chapter 04. 주파수 응답

01 나이퀴스트 선도 – 1형 제어계 ① □□□ check up!

$G(s) = \dfrac{K}{s(1+Ts)}$ 의 벡터궤적은?

① 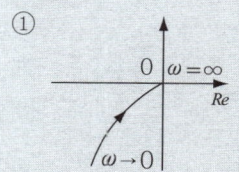 ② 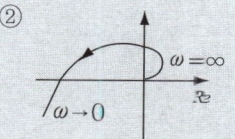 ③ 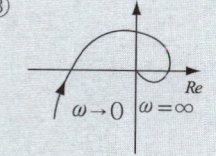 ④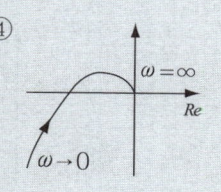

해설

- $G(j\omega) = \dfrac{K}{j\omega(Tj\omega+1)}$
- $|G(j\omega)| = \dfrac{K}{\omega\sqrt{T^2\omega^2+1}}$ • $\theta = \angle G(j\omega) = -90° - \tan^{-1}\omega$
- $\omega \to 0$ ➔ 이득 $|G(j\omega)| = \infty$, 위상 $\theta = -90°$
- $\omega \to \infty$ ➔ 이득 $|G(j\omega)| = 0$, 위상 $\theta = -180°$

∴ 나이퀴스트 선도

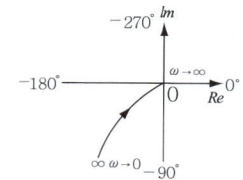

답 ①

02 나이퀴스트 선도 – 1형 제어계 ② □□□ check up!

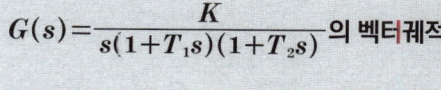

$G(s) = \dfrac{K}{s(1+T_1s)(1+T_2s)}$ 의 벡터궤적은?

① 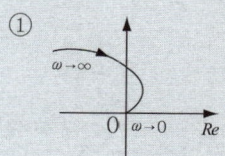 ② 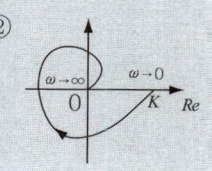 ③ 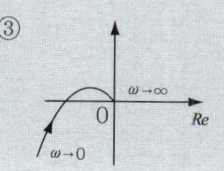 ④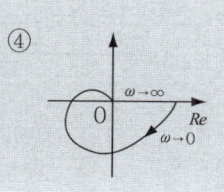

해설
- $G(j\omega) = \dfrac{K}{j\omega(1+j\omega T_1)(1+j\omega T_2)}$
- $\omega = 0$ → $|G(j\omega)| = \infty$, $\theta = -90°$
- $\omega = \infty$ → $|G(j\omega)| = 0$, $\theta = -270°$

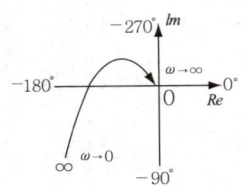

답 ③

03 나이퀴스트 선도 – 2형 제어계

□□□ check up!

$G(s) = \dfrac{K}{s^2(1+Ts)}$의 벡터궤적은?

① 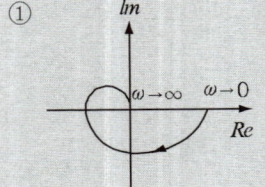   ② 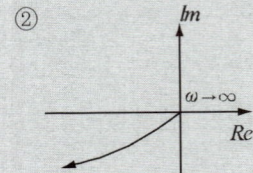   ③ 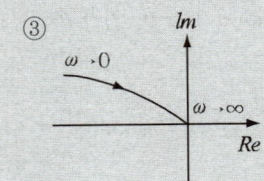   ④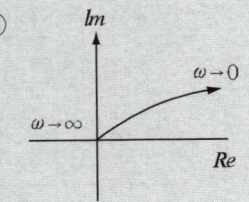

해설
- $G(j\omega) = \dfrac{K}{(j\omega)^2(1+j\omega T)}$
- $\omega = 0$ → $|G(j0)| = \infty$, $\theta = -180°$
- $\omega = \infty$ → $|G(j\infty)| = 0$, $\theta = -270°$

∴ 나이퀴스트 선도

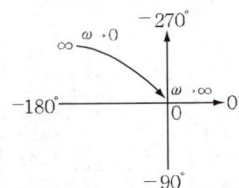

답 ③

04 나이퀴스트 선도 - 0형 제어계 ①

그림과 같은 궤적을 갖는 계의 주파수 전달함수는?

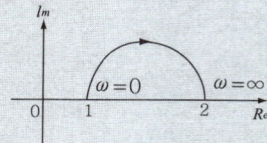

① $\dfrac{1}{j\omega+1}$
② $\dfrac{1}{j2\omega+1}$
③ $\dfrac{j\omega+1}{j2\omega+1}$
④ $\dfrac{j2\omega+1}{j\omega+1}$

해설 전달함수 $G(j\omega)=\dfrac{1+j\omega T_2}{1+j\omega T_1}$ 에서

- $\omega=0$ → $|G(j\omega)|=1$
- $\omega=\infty$ → $|G(j\omega)|=\dfrac{T_2}{T_1}=2$, $T_2=2T_1$

∴ $G(j\omega)=\dfrac{1+j2\omega}{1+j\omega}$

답 ④

05 나이퀴스트 선도 - 0형 제어계 ②

$G(s)=\dfrac{1+T_2 s}{1+T_1 s}$ 의 벡터궤적은? (단, $T_2>T_1>0$이다.)

①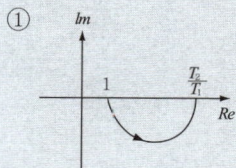
②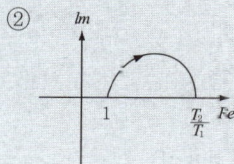
③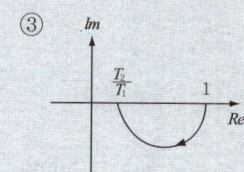
④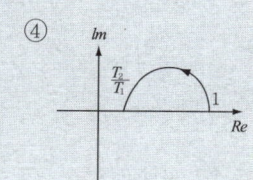

해설 $G(j\omega)=\dfrac{1+j\omega T_2}{1+j\omega T_1}$ 에서

- $\omega=0$ → $|G(j\omega)|=1$
- $\omega=\infty$ → $|G(j\omega)|=\dfrac{T_2}{T_1}$

$T_2>T_1>0$ 이므로 위상각 $\theta>0$ → 정답 ②번

답 ②

06 보드선도 - 이득 ①

$G(s)=20s$에서 $\omega=5[\text{rad/sec}]$일 때 이득[dB]은?

① 60
② 40
③ 30
④ 20

해설 $G(j\omega)=20j\omega|_{\omega=5}=j100$ → $|G(j\omega)|=100$

∴ 이득 $g=20\log_{10}|G(j\omega)|=20\log_{10}100=40[\text{dB}]$

답 ②

07 보드선도 - 이득 ②

$G(s)=\dfrac{1}{s(s+10)}$인 선형제어계에서 $\omega=0.1$일 때 주파수 전달함수의 이득은?

① $-20[\text{dB}]$
② $0[\text{dB}]$
③ $20[\text{dB}]$
④ $40[\text{dB}]$

해설 $G(j\omega)=\dfrac{1}{j\omega(10+j\omega)}\bigg|_{\omega=0.1}=\dfrac{1}{j0.1(10+j0.1)}$ → $|G(j\omega)|=\dfrac{1}{0.1\sqrt{10^2+0.1^2}}=1$

∴ $g=20\log_{10}|G(j\omega)|=20\log_{10}1=0[\text{dB}]$

답 ②

08 보드선도 - 이득 ③

$G(j\omega)=5/j2\omega$에서 이득[dB]이 0이 되는 각주파수는?

① 0
② 1
③ 2.5
④ ∞

해설 $|G(j\omega)|=\dfrac{5}{2\omega}$, $g=20\log_{10}|G(j\omega)|=20\log_{10}\dfrac{5}{2\omega}=0[\text{dB}]$

∴ $\dfrac{5}{2\omega}=10^0=1$ → $\omega=\dfrac{5}{2}=2.5[\text{rad/sec}]$

답 ③

09 보드선도 - 직류 이득

전달함수 $G(s)=\dfrac{10}{s^2+3s+2}$으로 표시되는 제어 계통에서 직류 이득은 얼마인가?

① 1
② 2
③ 3
④ 5

해설 직류시 주파수 $f=0$ → $s=j\omega=j2\pi f=0$

∴ $G(j\omega)=\dfrac{10}{2}=5$

답 ④

10 보드선도 - 이득 및 위상 ☐☐☐ check up!

주파수 전달함수 $G(j\omega)=\dfrac{1}{j100\omega}$ 인 계에서 $\omega=0.1[\text{rad/s}]$일 때의 이득[dB]과 위상각은?

① $-20[\text{dB}]$, $-90°$
② $-40[\text{dB}]$, $-90°$
③ $20[\text{dB}]$, $-90°$
④ $40[\text{dB}]$, $-90°$

해설 $G(j\omega)=\dfrac{1}{j100\omega}\Big|_{\omega=0.1}=\dfrac{1}{j10}$ → $|G(j\omega)|=\dfrac{1}{10}$

$g=20\log_{10}|G(j\omega)|=20\log_{10}\dfrac{1}{10}=-20[\text{dB}]$

$\theta=\angle G(j\omega)=-90°$

답 ①

11 보드선도 - 이득변화 및 최대위상 ☐☐☐ check up!

$G(j\omega)=\dfrac{K}{(j\omega)^2}$의 보우드선도에서 ω가 클 때으 이득변화[dB/dec]와 최대위상각는?

① $20[\text{dB/dec}]$, $\theta_m=90°$
② $-20[\text{dB/dec}]$, $\theta_m=-90°$
③ $40[\text{dB/dec}]$, $\theta_m=180°$
④ $-40[\text{dB/dec}]$, $\theta_m=-180°$

해설 $|G(j\omega)|=\dfrac{K}{\omega^2}$ → $g=20\log_{10}|G(j\omega)|=20\log_{10}\dfrac{K}{\omega^2}=20\log_{10}K-20\log_{10}\omega^2[\text{dB}]$

$\omega=0.1$ → $g=20\log_{10}K-20\log_{10}0.1^2=20\log_{10}K+40[\text{dB}]$
$\omega=1$ → $g=20\log_{10}K-20\log_{10}1^2=20\log_{10}K[\text{dB}]$
$\omega=10$ → $g=20\log_{10}K-20\log_{10}10^2=20\log_{10}K-40[\text{dB}]$

∴ $-40[\text{dB/dec}]$의 경사도 및 위상각 $\theta=\angle G(j\omega)=-90\times2=-180°$

답 ④

12 절점주파수의 계산 ☐☐☐ check up!

$G(s)=\dfrac{1}{1+5s}$ 일 때 절점에서 절점주파수 ω_0를 구하면?

① $0.1[\text{rad/s}]$
② $0.5[\text{rad/s}]$
③ $0.2[\text{rad/s}]$
④ $5[\text{rad/s}]$

해설 절점주파수 ω_0는 실수부와 허수부가 같아지는 ω이므로

$$G(j\omega_0) = \frac{1}{1+5j\omega_0} \rightarrow 1 = 5\omega_0$$

$$\therefore \omega_0 = \frac{1}{5} = 0.2[\text{rad/sec}]$$

답 ③

13 절점주파수에서의 이득

$G(s) = \dfrac{1}{1+j\omega T}$ 인 제어계에서 절점주파수일 때의 이득[dB]은?

① 약 -1
② 약 -2
③ 약 -3
④ 약 -4

해설 $G(j\omega_0) = \dfrac{1}{1+j\omega_0 T} \rightarrow 1 = \omega_0 T,\ \omega_0 = \dfrac{1}{T}[\text{rad/sec}]$

$G(j\omega_0) = \dfrac{1}{1+j\omega_0 T}\bigg|_{\omega_0 = \frac{1}{T}} = \dfrac{1}{1+j1} \rightarrow |G(j\omega_0)| = \dfrac{1}{\sqrt{1^2+1^2}} = \dfrac{1}{\sqrt{2}}$

$g = 20\log_{10}|G(j\omega)| = 20\log_{10}\dfrac{1}{\sqrt{2}} = -3[\text{dB}]$

답 ③

[**D-30** 전기기사·산업기사 필기
30일 필기 단기완성]

제5과목
제어공학
DAY - 18

30일 단기완성

Chapter 05
안정도 판별법

1 출제경향분석

본장은 자동제어계의 안정도에 대한 안정판별법의 기본원리와 내용을 다루었으며 시험에 자주 출제가 되는 내용은 다음과 같습니다.

반드시 알아야 하는 핵심 포인트
① 안정필요조건
② 복소평면에 의한 안정판별
③ 루드 수열에 의한 안정판별
④ 이득여유 $GM[\text{dB}]$
⑤ 보드 도면에 의한 안정판별

2 학습 가이드라인

- 반드시 알아야 하는 핵심 포인트는 전기기사 및 산업기사 시험에서 가장 출제빈도가 높은 논점으로 각 파트별 핵심 포인트와 문제를 연계하여 학습해 주시기를 권장합니다.
- 체크리스트를 작성하시면서 문제의 유형과 학습의 완성도를 스스로 확인해 주세요.
- 출제 빈도가 높고 틀리기 쉬운 문제를 맞출 수 있도록 "콕콕 포인트"를 확인해 주세요.

우선순위 논점	KEY WORD	선생님의 콕콕 포인트
안정필요조건	안정, 불안정, 필요조건	안정필요조건은 특성방정식의 모든 차수가 존재하고 부호변화가 없어야 함
복소평면에 의한 안정판별	안정, 불안정, 극점	극점이 좌반평면에 존재시 안정, 우반평면에 존재시 불안정
루드 수열에 의한 안정판별	안정, 불안정, 루드 수열, 부호 변화	제 1열 부호 변화의 수는 불안정 근의 수 또는 s평면 우반부 존재근의 수
이득여유	이득여유, 위상여유	이득여유 $= 20\log_{10}\dfrac{r}{\|GH\|_{\omega=0}}[\text{dB}]$
보드도면 안정판별	이득변화, 위상변화	이득 $g<0$, 이득여유 $G.M>0$, 위상여유 $P.M>0$일 때 안정

5-1 안정도 판별법

1. 안정 필요조건
    1) 특성방정식의 모든 차수가 존재해야 함
    2) 특성방정식의 부호변화가 없어야 함
2. 복소평면에 의한 안정판별

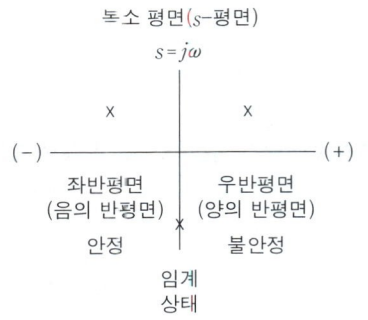

3. 루드(Routh)수열에 의한 안정판별

    특성방정식 $= a_0 s^5 + a_1 s^4 + a_2 s^3 + a_3 s^2 + a_4 s + a_5 = 0$

    1) 특성방정식의 계수를 다음과 같이 두 줄로 나열

    $a_0 \quad a_2 \quad a_4 \quad 0 \quad 0 \quad \cdots\cdots$

    $a_1 \quad a_3 \quad a_5 \quad 0 \quad 0 \quad \cdots\cdots$

    2) 아래 표와 같이 루드 수열을 계산

s^5	a_0	a_2	a_4	0
s^4	a_1	a_3	a_5	0
s^3	$\dfrac{a_1 a_2 - a_0 a_3}{a_1} = A$	$\dfrac{a_1 a_4 - a_0 a_5}{a_1} = B$	$\dfrac{a_1 \times 0 - a_0 \times 0}{a_1} = 0$	0
s^2	$\dfrac{A a_3 - a_1 B}{A} = C$	$\dfrac{A a_5 - a_1 \times 0}{A} = a_5$	$\dfrac{A \times 0 - a_1 \times 0}{A} = 0$	0
s^1	$\dfrac{BC - A a_5}{C} = D$	$\dfrac{C \times 0 - A \times 0}{C} = 0$	$\dfrac{C \times 0 - A \times 0}{C} = 0$	0
s^0	$\dfrac{D a_5 - C \times 0}{D} = a_5$	0	0	0

3. 안정판별
    1) 제1열의 부호변화가 없다 → 안정
    2) 제1열의 부호변화가 있다 → 불안정
    3) 제1열의 부호변화 수는 불안정한 근의 수 또는 복소평면 우반부에 존재하는 근의 수

01 안정필요조건 ①

다음 특성방정식 중 안정될 필요조건을 갖춘 것은?

① $s^4+3s^2+10s+10=0$
② $s^3-s^2+5s+10=0$
③ $s^3+2s^2+4s-1=0$
④ $s^3+9s^2+20s+12=0$

해설 ①번은 s^3이 없고 ②, ③번는 부호변화가 있으므로 불안정하다.

답 ④

02 안정필요조건 ②

특성방정식이 $Ks^3+2s^2-s+5=0$인 제어계가 안정하기 위한 K의 값을 구하면?

① $K<0$
② $K<-\dfrac{2}{5}$
③ $K>-\dfrac{2}{5}$
④ 안정한 값이 없다.

해설 특성방정식의 부호의 변화가 있으므로 불안정하므로 안정한 값은 없다.

답 ④

03 복소평면에 의한 안정판별 ①

선형계의 안정조건은 특성방정식의 근이 s평면의 어느 면에만 존재하여야 하는가?

① 상반 평면
② 하반 평면
③ 좌반 평면
④ 우반 평면

해설 복소평면(s-평면)에 의한 안정판별
- 좌반부(음의 반평면)에 극점 존재시 ➜ 안정
- 우반부(양의 반평면)에 극점 존재시 ➜ 불안정

답 ③

04 복소평면에 의한 안정판별 ②

-1, -5에 극점을, 1과 -2에 영점을 가지는 계가 있다. 이 계의 안정 판별은?

① 불안정하다.
② 임계 상태이다.
③ 안정하다.
④ 알 수 없다.

해설 극점이 -1, -5로 모두 좌반 평면에 존재하므로 안정하다.

답 ③

05 루드수열에 의한 안정판별 ①

루드(Routh) 판정법에서 제1열의 전 원소가 어떠한 경우일 때 불안정한가?

① 전 원소의 부호의 변화가 있어야 한다.
② 전 원소의 부호가 정이어야 한다.
③ 전 원소의 부호의 변화가 없어야 한다.
④ 전 원소의 부호가 부이어야 한다.

해설 루드 수열 안정판별
- 제1열의 부호변화가 없다 → 안정
- 제1열의 부호변화가 있다 → 불안정
- 제1열의 부호변화 수는 불안정한 근의 수 또는 복소평면 우반부에 존재하는 근의 수

답 ①

06 루드수열에 의한 안정판별 ②

루드 – 훌비쯔 표를 작성할 때 제1열 요소의 부호변환은 무엇을 의미하는가?

① s – 평면의 좌반면에 존재하는 근의 수
② s – 평면의 우반면에 존재하는 근의 수
③ s – 평면의 허수축에 존재하는 근의 수
④ s – 평면의 원점에 존재하는 근의 수

해설 루드 수열 안정판별
- 제1열의 부호변화가 없다 → 안정
- 제1열의 부호변화가 있다 → 불안정
- 제1열의 부호변화 수는 불안정한 근의 수 또는 복소평면 우반부에 존재하는 근의 수

답 ②

07 루드수열 안정판별 계산 ①

$2s^3+5s^2+3s+1=0$으로 주어진 계의 안정도를 판정하고 우반평면상의 근을 구하면?

① 임계상태이며 허축상에 근이 2개 존재한다
② 안정하고 우반 평면에 근이 없다.
③ 불안정하며 우반 평면상에 근이 2개이다.
④ 불안정하며 우반 평면상에 근이 1개이다.

해설 루드수열에 의한 안정판별

s^3	2	3	0
s^2	5	1	0
s^1	$\dfrac{3\times5-2\times1}{5}=\dfrac{13}{5}$	$\dfrac{5\times0-2\times0}{5}=0$	0
s^0	$\dfrac{1\times\dfrac{13}{5}-5\times0}{\dfrac{13}{5}}=1$	0	0

제1열 2, 5, $\frac{13}{5}$, 1의 부호변화가 없으므로 안정하고 s평면 우반 평면에 근이 없다. **답 ②**

08 루드수열 안정판별 계산 ② □□□ check up!

특성방정식이 $s^3+2s^2+3s+4=0$일 때 이 계통은?

① 안정하다.
② 불안정하다.
③ 조건부 안정
④ 알 수 없다.

해설

s^3	1	3	0
s^2	2	4	0
s^1	$\frac{3\times 2-1\times 4}{2}=1$	$\frac{0\times 2-1\times 0}{2}=0$	0
s^0	$\frac{4\times 1-2\times 0}{1}=4$	0	0

제1열의 부호 변화가 없으므로 안정하다. **답 ①**

09 루드수열 안정판별 계산 ③ □□□ check up!

특성방정식이 $s^3+s^2+s+1=0$일 때 이 계통은?

① 안정하다.
② 불안정하다.
③ 임계상태이다.
④ 조건부 안정이다.

해설

s^3	1	1	0
s^2	1	1	0
s^1	$\frac{1\times 1-1\times 1}{1}=0$	$\frac{0\times 1-1\times 0}{1}=0$	0
s^0			

제1열의 0이 있으므로 임계 상태이다. **답 ③**

10 루드수열 안정판별 계산 ④ □□□ check up!

제어계의 종합전달함수 $G(s)=\dfrac{s}{(s-2)(s^2+4)}$에서 안정성을 판정하면 어느 것인가?

① 안정하다.
② 불안정하다.
③ 알 수 없다.
④ 임계상태이다.

Chapter 05. 안정도 판별법

해설 특성방정식 $(s-2)(s^2+4)=s^3-2s^2+4s-8=0$
특성방정식의 부호의 변화가 있으므로 불안정하다.

답 ②

11 루드수열 안정판별 계산 ⑤   □□□ check up!

개루프 전달함수가 $G(s)H(s)=\dfrac{2}{s(s+1)(s+3)}$일 때 제어계는 어떠한가?

① 안정
② 불안정
③ 임계 안정
④ 조건부 안정

해설 $1+G(s)H(s)=1+\dfrac{2}{s(s+1)(s+3)}=\dfrac{s(s+1)(s+3)+2}{s(s+1)(s+3)}=0$

특성방정식 $s(s+1)(s+3)+2=s^3+4s^2+3s+2=0$

s^3	1	3	0
s^2	4	2	0
s^1	$\dfrac{3\times 4-1\times 2}{4}=2.5$	$\dfrac{0\times 4-1\times 0}{4}=0$	0
s^0	$\dfrac{2\times 2.5-4\times 0}{2.5}=2$	0	0

제1열의 부호변화가 없으므로 안정하다.

답 ①

12 루드수열 안정판별 – 근의 개수 ①   □□□ check up!

$s^3+11s^2+2s+40=0$에는 양의 실수부를 갖는 근은 몇 개 있는가?

① 0
② 1
③ 2
④ 3

해설

s^3	1	2	0
s^2	11	40	0
s^1	$\dfrac{2\times 11-1\times 40}{11}=-\dfrac{18}{11}$	$\dfrac{0\times 11-1\times 0}{11}=0$	0
s^0	$\dfrac{40\times(-\dfrac{18}{11})-11\times 0}{-\dfrac{18}{11}}=40$	0	0

제1열의 부호의 변화가 2번 있으므로 불안정하고 양의 실수를 갖는 근은 2개이다.

답 ③

13 루드수열 안정판별 – 근의 개수 ②

특성방정식 $s^3-4s^2-5s+6=0$로 주어지는 계는 안정한가? 불안정한가? 또 우반 평면에 근을 몇 개 가지는가?

① 안정하다. 0개
② 불안정하다. 1개
③ 불안정하다. 2개
④ 임계 상태이다. 0개

해설

s^3	1	-5	0
s^2	-4	6	0
s^1	$\dfrac{(-5)\times(-4)-1\times 6}{-4}=3.5$	$\dfrac{0\times(-4)-1\times 0}{-4}=0$	0
s^0	$\dfrac{6\times(-3.5)-(-4)\times 0}{-3.5}=6$	0	0

제1열의 부호의 변화가 2번 있으므로 불안정하고 우반평면에 2개의 근을 갖는다.

답 ③

14 루드수열 안정판별 – 근의 개수 ③

s^3+s^2-s+1에서 안정근은 몇 개인가?

① 0 개
② 1 개
③ 2 개
④ 3 개

해설

s^3	1	-1	0
s^2	1	1	0
s^1	$\dfrac{-1\times 1-1\times 1}{1}=-2$	$\dfrac{0\times 1-1\times 0}{1}=0$	0
s^0	$\dfrac{1\times(-2)-1\times 0}{-2}=1$	0	0

제1열에 부호가 2번 변화하였으므로 불안정 근이 두 개 존재하고 안정근은 1개가 존재한다.

답 ②

15 루드수열 – 특성방정식 상수의 범위 ①

특성방정식이 $s^3+2s^2+3s+1+K=0$일 때 제어계가 안정하기 위한 K의 범위는?

① $-1<K<5$
② $1<K<5$
③ $K>0$
④ $K<0$

해설

s^3	1	3	0
s^2	2	$1+K$	0
s^1	$\dfrac{3\times2-1\times(1+K)}{2}=\dfrac{5-K}{2}=A$	$\dfrac{0\times2-1\times0}{2}=0$	0
s^0	$\dfrac{(1+K)\times A-2\times0}{A}=1+K$	0	0

제1열의 부호의 변화가 없어야 안정하므로

$A=\dfrac{5-K}{2}>0,\ 1+K>0\ \rightarrow\ 5>K,\ K>-1$

동시에 존재하는 구간은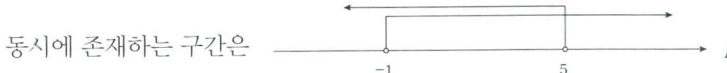

∴ $-1<K<5$

답 ①

16 루드수열 – 특성방정식 상수의 범위 ②   □□□ check up!

특성방정식이 $s^4+6s^3+11s^2+6s+K=0$인 제어계가 안정하기 위한 K의 범위는?

① $0>K$
② $0<K<10$
③ $10>K$
④ $K=10$

해설

s^4	1	11	K
s^3	6	6	0
s^2	$\dfrac{6\times11-1\times6}{6}=10$	$\dfrac{K\times6-1\times0}{6}=K$	0
s^1	$\dfrac{6\times10-6\times K}{10}=\dfrac{60-6K}{10}=A$	$\dfrac{0\times10-6\times0}{10}=0$	0
s^0	$\dfrac{K\times A-10\times0}{A}=K$	0	0

제 1열의 부호의 변화가 없어야 안정하므로

$A=\dfrac{60-6K}{10}>0,\ K>0\ \rightarrow\ 10>K,\ K>0$

동시에 존재하는 구간은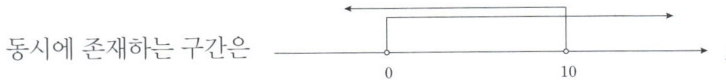

∴ $0<K<10$

답 ②

17 루드수열 – 특성방정식 상수의 범위 ③

그림과 같은 제어계가 안정하기 위한 K의 범위는?

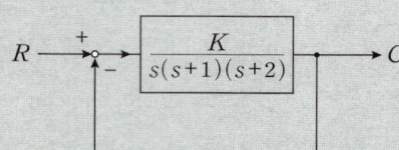

① $K>0$
② $K>6$
③ $0<K<6$
④ $K>6,\ K>0$

해설

$$1+G(s)H(s)=1+\frac{K}{s(s+1)(s+2)}=\frac{s(s+1)(s+2)+K}{s(s+1)(s+2)}=0$$

특성방정식 $=s(s+1)(s+2)+K=s^3+3s^2+2s+K=0$

s^3	1	2	0
s^2	3	K	0
s^1	$\dfrac{2\times3-1\times K}{3}=\dfrac{6-K}{3}=A$	$\dfrac{0\times3-1\times0}{3}=0$	0
s^0	$\dfrac{K\times A-3\times0}{A}=K$	0	0

제1열의 부호변화가 없어야 안정하므로

$\dfrac{6-K}{3}>0,\ K>0\ \rightarrow\ 6>K,\ K>0$

동시에 존재하는 구간은

$\therefore\ 0<K<6$

답 ③

5-2 안정도 판별법

1. 나이퀴스트 선도 안정 판별법
   - 시계방향으로 $\omega \to \infty$ 방향을 따라갈 때 $(-1, j0)$점이 선도의 왼쪽에 있을 경우 안정

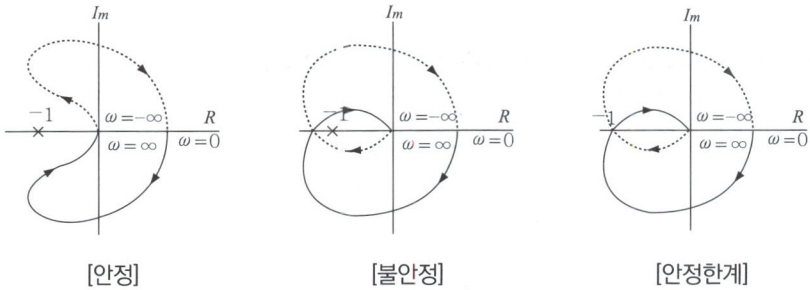

[안정]   [불안정]   [안정한계]

2. 이득여유

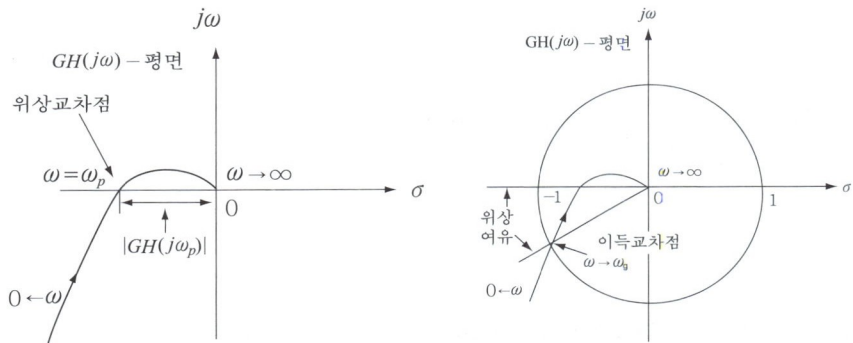

1) 이득교차점 : 나이퀴스트 선도가 $(-1, j0)$점을 지나는 단위원과의 교차점
2) 위상교차점 : 나이퀴스트 선도가 부의 실수축($-180°$)과의 교차점
3) 이득여유 $G.M = 20\log_{10}\dfrac{1}{|GH|_{\omega=\omega_p}}$ [dB]
   - 여기서 ω_p는 허수부가 0이 되는 ω

---

01 나이퀴스트 안정 판별법 ①   □□□ check up!

Nyquist의 안정론에서는 벡터 궤적과 점 (X, Y)의 상대적 관계로 안정 판별이 결정되는데 이 때 X, Y의 값으로 옳은 것은?

① $(1, j0)$
② $(-1, j0)$
③ $(0, j0)$
④ $(\infty, j0)$

해설   자동 제어계(또는 폐회로계)가 안정한지 또는 불안정한지는 $G(s)H(s)$의 벡터궤적은 시계방향으로 ω가 증가하는 방향으로 궤적을 따라갈 때 점 $(-1, j0)$을 왼쪽으로 보게 되면 안정, 오른쪽으로 보게 되면 불안정으로 판별할 수 있다.   답 ②

02 나이퀴스트 안정 판별법 ②   □□□ check up!

피드백 제어계의 전 주파수응답 $G(j\omega)H(j\omega)$의 나이퀴스트 벡터도에서 시스템이 안정한 궤적은?

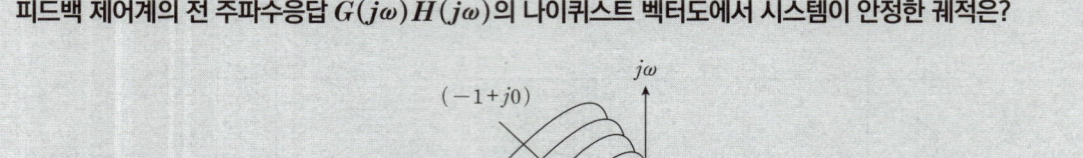

① a ② b
③ c ④ d

해설   자동제어계가 안정하려면 개루프 전달함수 $G(s)H(s)$의 나이퀴스트 선도가 시계 방향으로 ω가 증가하는 방향으로 따라갈 때 $(-1, j0)$점이 나이퀴스트 선도의 왼쪽에 있어야 한다.   답 ①

03 나이퀴스트 안정 판별법 ③   □□□ check up!

단위 피드백 제어계의 개루프 전달함수의 벡터궤적이다. 이 중 안정한 궤적은?

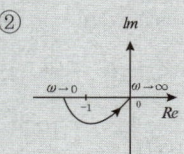

해설 $\omega \to \infty$ 방향으로 따라갈 때 $(-1, j0)$점이 선도의 왼쪽에 있는 ②번이 정답   답 ②

04 나이퀴스트 안정 판별법 ④

s평면의 우반면에 3개의 극점이 있고, 2개의 영점이 있다. 이때 다음과 같은 설명 중 어느 나이퀴스트 선도일 때 시스템이 안정한가?

① $(-1, j0)$점을 반 시계방향으로 1번 감쌌다.
② $(-1, j0)$점을 시계방향으로 1번 감쌌다.
③ $(-1, j0)$점을 반 시계방향으로 5번 감쌌다.
④ $(-1, j0)$점을 시계방향으로 5번 감쌌다.

해설
- s평면의 우반 평면상 존재하는 영점의 수 $Z=2$
- s평면의 우반 평면상 존재하는 극점의 수 $P=3$
- 나이퀴스트 궤적이 원점을 일주하는 횟수 $N=Z-P=2-3=-1$

∴ 반시계 방향으로 1번 감쌌다.

답 ①

05 나이퀴스트 판별법의 특징

나이퀴스트 판별법의 설명으로 틀린 것은?

① 안정성을 판별하는 동시에 안정성을 지시해 준다.
② 루드 판별법과 같이 계의 안정여부를 직접 판정해 준다.
③ 계의 안정을 개선하는 방법에 대한 정보를 제시해 준다.
④ 나이퀴스트 선도는 제어계의 오차응답에 관한 정보를 준다.

해설 나이퀴스트 선도에서 오차응답 관련 정보는 얻을 수는 없다.

답 ④

참고 나이퀴스트 선도의 특징
1) Routh-Hurwitz 판별법과 같이 계의 안정도에 대한 정보를 제공한다.
2) 시스템의 안정도를 개선할 수 있는 방법을 제시한다.
3) 시스템의 주파수응답에 대한 정보를 제시한다.

06 나이퀴스트 판별법과 특성근

Nyquist 경로로 둘러싸인 영역에 특정방정식의 근이 존재하지 않는 제어계는 어떤 특성을 나타내는가?

① 불안정
② 안정
③ 임계안정
④ 진동

해설 나이퀴스트 선도의 안정도 판별법
1) 안정 : 나이퀴스트 경로에 포위되는 영역에 특성방정식의 근이 존재하지 않는다.
2) 불안정 : 나이퀴스트 경로에 포위되는 영역에 특성방정식의 근이 존재한다.

답 ②

07 이득여유의 계산 ①

$G(s)H(s) = \dfrac{2}{(s+1)(s+2)}$ 의 이득여유[dB]를 구하면?

① 20
② -20
③ 0
④ ∞

해설 $(s+1)(s+2) = (j\omega+1)(j\omega+2) = 2-\omega^2 + j3\omega$

허수부가 0이 되는 $\omega = \omega_p = 0$이므로

$|G(j\omega)H(j\omega)| = \dfrac{2}{(j\omega+1)(j\omega+2)}\bigg|_{\omega=0} = 1$

이득여유 $GM = 20\log_{10}\dfrac{1}{|G(j\omega)H(j\omega)|_{\omega=0}} = 20\log_{10} 1 = 0\,[\text{dB}]$

답 ③

08 이득여유의 계산 ②

$G(s)H(s) = \dfrac{K}{(s+1)(s-2)}$ 인 계의 이득여유가 40[dB]이면 이 때 K의 값은?

① -50
② $1/50$
③ -20
④ $1/40$

해설 $|G(j\omega)H(j\omega)| = \dfrac{K}{(j\omega+1)(j\omega-2)}\bigg|_{\omega=0} = \dfrac{K}{2}$

이득여유 $GM = 20\log_{10}\dfrac{1}{|G(j\omega)H(j\omega)|_{\omega=0}} = 20\log_{10}\dfrac{2}{K} = 40\,[\text{dB}]$

$\dfrac{2}{K} = 10^2 = 100 \;\rightarrow\; K = \dfrac{1}{50}$

답 ②

참고 로그(log)

$\log_a b = c \;\rightarrow\; a^c = b$

5-3 안정도 판별법

1. 보드선도에 의한 안정판별

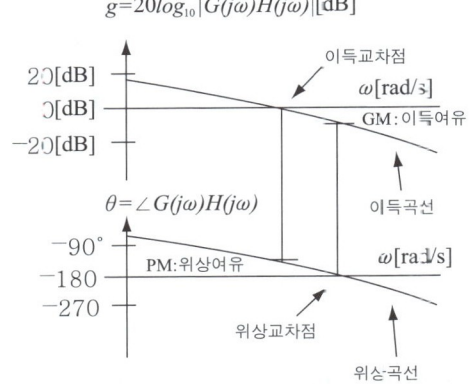
[안정]

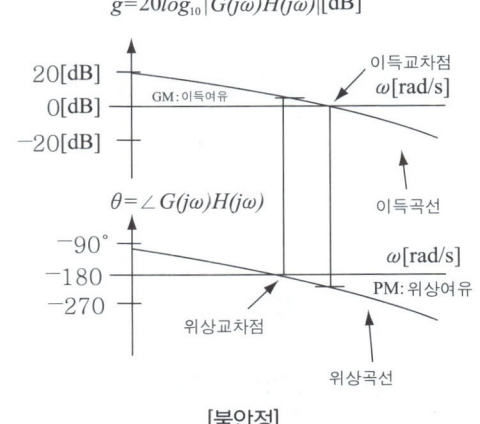
[불안정]

1) 이득여유
   - 위상교차점($-180°$)에서의 $GH(j\omega)$의 이득값
   - 이득이 음수이면 이득여유는 양수이고 계는 안정
   - 이득여유를 $0[dB]$축 위쪽에서 얻게 되면 이득여유가 음수이고 계는 불안정
2) 위상여유
   - 이득교차점($0[dB]$)에서 $GH(j\omega)$의 위상
   - $-180°$ 보다 더 크면 위상여유가 양수이고 계는 안정
   - $-180°$ 아래에서 위상여유가 구해지면 위상여유는 음수이고 계는 불안정

---

01 보드선도 – 이득여유 ① □□□ check up!

다음 ( ) 안에 알맞은 것은?

"계의 이득 여유는 보드 선도에서 위상곡선이 ( )의 점에서의 이득값이 된다."

① $90°$ ② $120°$
③ $-90°$ ④ $-180°$

해설 이득여유는 보드선도에서 위상곡선이 $-180°$ 축과 교차하는 점에서의 이득값이다. 답 ④

02 보드선도 – 이득여유 ②　　　　　　　　□□□ check up!

보드선도에서 이득여유는?

① 위상선도가 0°축과 교차하는 점에 대응하는 크기이다.
② 위상선도가 180°축과 교차하는 점에 대응하는 크기이다.
③ 위상선도가 −180°축과 교차하는 점에 대응하는 크기이다.
④ 위상선도가 −90°축과 교차하는 점에 대응하는 크기이다.

해설 보드 선도에서 위상 선도가 −180°축 위쪽에 있으면 위상 여유가 0보다 크게 되어 안정해지며 아래쪽에 있으면 위상여유가 0보다 작게 되어 불안정해진다.　　　　**답** ③

03 보드선도 판별법 – 위상여유　　　　　　　　□□□ check up!

보드 선도의 이득 교차점에서 위상각 선도가 −180° 축의 상부에 있을 때 이 계의 안정 여부는?

① 불안정하다.　　　　　　　　② 판정 불능이다.
③ 임계 안정이다.　　　　　　　④ 안정하다.

해설 보드 선도에서 위상 선도가 −180°축 위쪽에 있으면 위상 여유가 0 보다 크며 안정하며 아래쪽에 있으면 위상여유가 0 보다 작게 되어 불안정하다.　　　　**답** ④

04 보드선도에 의한 안정판별 ①　　　　　　　　□□□ check up!

보드선도의 안정판정의 설명 중 옳은 것은?

① 위상곡선이 −180°점에서 이득값이 양이다.
② 이득(0[dB])축과 위상(−180)축을 일치시킬 때 위상곡선이 위에 있다.
③ 이득곡선의 0[dB] 점에서 위상차가 180° 보다 크다.
④ 이득여유는 음의 값, 위상여유는 양의 값이다.

해설 보드도면에서 이득여유와 위상여유의 결정

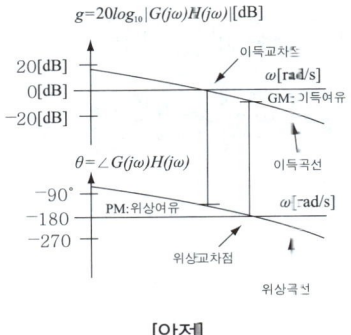
[안정]

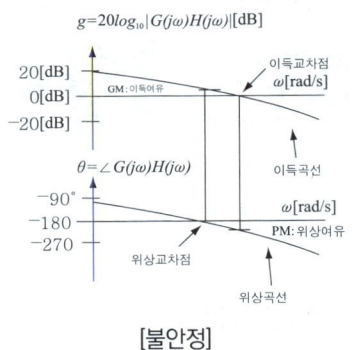
[불안정]

1) 위상곡선 $-180°$ 점에서의 이득값이 음이다.
2) 이득($0[dB]$)축과 위상($-180°$)축을 일치시킬 때 위상곡선이 위에 있다.
3) 이득곡선의 $0[dB]$ 점에서 위상차가 $-180°$ 보다 크다.
4) 이득여유는 양의 값, 위상여유는 양의 값이다.

답 ②

05 보드선도에 의한 안정판별 ② □□□ check up!

보드 선도에서 이득 곡선이 $0[dB]$인 점을 지날 때의 주파수에서 양의 위상 여유가 생기고 위상 곡선이 $-180°$를 지날 때 양의 이득 여유가 생긴다면 이 폐루프 시스템의 안정도는 어떻게 되겠는가?

① 항상 안정
② 항상 불안정
③ 안정성 여부를 판가름 할 수 없다.
④ 조건부 안정

해설 보드선도에서 이득곡선이 $0[dB]$인 점을 지날 때의 주파수에서 양의 위상여유가 생기고 위상곡선이 $-180°$를 지날 때 양의 이득여유가 생긴다면 시스템은 안정하다.

답 ①

06 감쇠계수의 특성 □□□ check up!

계의 특성상 감쇠계수가 크면 위상여유가 크고 감쇠성이 강하여 (A)는 좋으나 (B)는 나쁘다. A, B를 올바르게 묶은 것은?

① 이득여유, 안정도
② 오프셋, 안정도
③ 응답성, 이득여유
④ 안정도, 응답성

해설 감쇠계수가 크면 안정도는 좋으나 응답성이 나쁘다.

답 ④

제5과목
제어공학
DAY - 19

30일 단기완성

Chapter 06
근궤적법

1 출제경향분석

자동제어계의 안정성을 판별함에 있어서 절대 안정도 뿐만 아니라 상대 안정도가 필요한 경우가 있습니다. 본장에는 이 상대안정도를 판별하는 방법인 근궤적의 기본원리와 내용을 다루었으며 시험에 자주 출제가 되는 내용은 다음과 같습니다.

반드시 알아야 하는 핵심 포인트

① 근궤적의 출발점 및 도착점 ② 근궤적의 범위
③ 점근선의 교차점   ④ 실수축상의 근궤적

2 학습 가이드라인

- 반드시 알아야 하는 핵심 포인트는 전기기사 및 산업기사 시험에서 가장 출제빈도가 높은 논점으로 각 파트별 핵심 포인트와 문제를 연계하여 학습해 주시기를 권장합니다.
- 체크리스트를 작성하시면서 문제의 유형과 학습의 완성도를 스스로 확인해 주세요.
- 출제 빈도가 높고 틀리기 쉬운 문제를 맞출 수 있도록 "콕콕 포인트"를 확인해 주세요.

우선순위 논점	KEY WORD	선생님의 콕콕 포인트
근궤적의 출발점 및 도착점	근궤적, 출발점, 도착점	근궤적은 극점에서 출발하여 영점에서 종착
근궤적의 범위	근궤적, 범위, 실수축	극점의 수와 영점의 수의 합이 홀수인 경우 홀수구간만 존재
점근선의 교차점	점근선, 실수축, 교차점	$\sigma = \dfrac{\sum G(s)H(s)\text{의 극점} - \sum G(s)H(s)\text{의 영점}}{p-z}$
실수축상의 근궤적	근궤적의 수, 다항식, 극점, 영점	근궤적의 수는 극점의 수와 영점의 수중에서 큰 것 또는 다항식의 최고차항의 차수와 같음

6 안정도 판별법

1. 근궤적의 정의
   개루프 전달함수 $G(s)H(s)$ 이득정수 K가 $0 \to \infty$ 변화시 특성방정식의 근의 이동궤적
2. 근궤적의 작도법
   1) 근궤적의 출발점과 도착점
      - 근궤적상 $K=0$인 점 → $G(s)H(s)$의 극점
      - 근궤적상 $K=\pm\infty$인 점 → $G(s)H(s)$의 영점
      - 근궤적은 극점에서 출발하여 영점에서 도착
   2) 근궤적의 수 N
      - $G(s)H(s)$의 극점의 수(p)와 영점의 수(z) 중 큰 것을 선택
      - $G(s)H(s)$의 다항식의 최고차항의 차수와 같음
   3) 근궤적의 대칭성
      - 근궤적은 특성방정식 근이 실근 도는 공액복소근을 가지므로 s평면의 실수축에 대칭
   4) 근궤적의 점근선의 각도
      - 완전 근궤적($K>0$) $\alpha_k = \dfrac{2k+1}{p-z} \times 180°$
      - 대응 근궤적($K<0$) $\alpha_k = \dfrac{2k}{p-z} \times 180°$
      - p : 극점의 개수   · z : 영점의 개수   · k : 0, 1, 2, ⋯
   5) 점근선의 교차점
      - 점근선은 실수축 상에서만 교차하고 그 수는 $n=p-z$
      - 실수축 상에서의 점근선의 교차점
      - $\sigma = \dfrac{\sum G(s)H(s)\text{의 극점} - \sum G(s)H(s)\text{의 영점}}{p-z}$
   6) 실수축상의 근궤적
      - $G(s)H(s)$의 실극과 실영점으로 실축을 분할
      - 총합이 홀수이면 $-\infty$에서 우측으로 진행시 홀수구간에서 근궤적이 존재
      - 총합이 짝수이면 존재하지 않음

01 안정도 판별방법 – 근궤적법

다음 중 어떤 계통의 파라미터가 변할 때 생기는 특성방정식의 근의 움직임으로 시스템의 안정도를 판별하는 방법은?

① 보드 선도법
② 나이퀴스트 판별법
③ 근 궤적법
④ 루드–후르비쯔 판별법

해설 근궤적이란 개루프 전달함수의 이득 정수 K를 $0 \to \infty$으로 변화시킬 때 특성 방정식의 근인 개루프 전달 함수의 극 이동 궤적을 말한다.

답 ③

02 근궤적법 – 출발점 및 도착점

근궤적의 출발점 및 도착점과 관계되는 $G(s)H(s)$의 요소는? (단, $K>0$이다.)

① 영점, 분기점
② 극점, 영점
③ 극점, 분기점
④ 지지점, 극점

해설 근궤적은 극점에서 출발하여 영점에서 도착한다.

답 ②

03 근궤적법 – 근궤적 수 ①

$G(s)H(s) = \dfrac{K(s+1)}{s(s+2)(s+3)}$ 에서 근궤적의 수는?

① 1
② 2
③ 3
④ 4

해설 근궤적의 수(N)는 극점의 수(P)와 영점의 수(Z) 중에서 큰 것을 선택하면 되므로
$Z=1<3=P \;\to\; N=P=3$

답 ③

04 근궤적법 – 근궤적 수 ②

어떤 제어시스템이 $G(s)H(s) = \dfrac{K(s+3)}{s^2(s+2)(s+4)(s+5)}$ 일 때, 근궤적의 수는?

① 1
② 3
③ 5
④ 7

해설 근궤적의 수(N)는 극점의 수(P)와 영점의 수(Z) 중에서 큰 것을 선택하면 되므로
$Z=1<5=P \;\to\; N=P=5$

답 ③

05 근궤적법의 안정판별

근궤적이 s평면의 허수축과 교차하는 이득 K에 대하여 이 개루프 제어계는?

① 안정하다.　　　　　　　　　② 불안정하다.
③ 임계안정이다.　　　　　　　④ 조건부안정이다.

해설 근궤적이 허수축($s=j\omega$)과 교차시 특성근의 실수부가 0이므로 임계안정이다.　　**답** ③

06 근궤적법 – 근궤적의 극점

특성방정식 $(S+1)(S+2)(S+3)+K(S+4)=0$의 완전 근궤적상 $K=0$인 점은?

① $S=-4$인 점　　　　　　　② $S=-1$, $S=-2$, $S=-3$인 점
③ $S=1$, $S=2$, $S=3$인 점　　④ $S=4$인 점

해설 $K=0$일 때 특성방정식은 $(S+1)(S+2)(S+3)=0$이며
이때의 S값은 $S=-1$, $S=-2$, $S=-3$이다.　　**답** ②

07 근궤적법 – 대칭성

근궤적은 무엇에 대하여 대칭인가?

① 원점　　　　　　　　　　　② 허수축
③ 실수축　　　　　　　　　　④ 대칭성이 없다.

해설 개루프 제어계의 복소근은 반드시 공액 복소쌍을 이루므로 실수축에 관해서 상하대칭이다.　　**답** ③

08 근궤적의 성질

근궤적의 성질 중 옳지 않는 것은?

① 근궤적은 실수축에 대해 대칭이다.
② 근궤적은 개루프 전달함수의 극으로부터 출발한다.
③ 근궤적의 가지수는 특정방정식의 차수와 같다.
④ 점근선은 실수축과 허수축상에서 교차한다.

해설 근궤적의 점근선은 실수축 상에서 교차한다.　　**답** ④

09 근궤적법 - 점근선의 각도

$G(s)H(s) = \dfrac{K}{s(s+4)(s+5)}$ 에서 근궤적의 점근선이 실수축과 이루는 각은?

① $60°, 90°, 120°$
② $60°, 120°, 300°$
③ $60°, 120°, 270°$
④ $60°, 180°, 300°$

해설
- $G(s)H(s)$의 분모가 0이 되는 s인 극점 $P=3$개 ($s=0, s=-4, s=-5$)
- $G(s)H(s)$의 분자가 0이 되는 s인 영점 $Z=0$개

∴ 점금선의 각도 $\alpha_k = \dfrac{2k+1}{p-z} \times 180° = \dfrac{2k+1}{3} \times 180°$

$\alpha_{k=0} = \dfrac{2 \times 0 + 1}{3} \times 180° = 60°$

$\alpha_{k=1} = \dfrac{2 \times 1 + 1}{3} \times 180° = 180°$

$\alpha_{k=2} = \dfrac{2 \times 2 + 1}{3} \times 180° = 300°$

답 ④

10 근궤적법 - 점근선의 교차점 ①

$G(s)H(s) = \dfrac{K(s-1)}{s(s+1)(s-4)}$ 에서 점근선의 교차점을 구하면?

① 4
② 3
③ 2
④ 1

해설
- $G(s)H(s)$의 분모가 0이 되는 s인 극점 $P=3$개 ($s=0, s=-1, s=4$)
- $G(s)H(s)$의 분자가 0이 되는 s인 영점 $Z=1$개 ($s=1$)

∴ 실수축과의 교차점
$\sigma = \dfrac{\sum G(s)H(s)\text{의 극점} - \sum G(s)H(s)\text{의 영점}}{p-z} = \dfrac{0+(-1)+4-(1)}{3-1} = 1$

답 ④

11 근궤적법 - 점근선의 교차점 ②

개루프 전달함수 $G(s)H(s) = \dfrac{K(s-5)}{s(s-1)^2(s+2)^2}$ 일 때 주어지는 계에서 점근선의 교차점은?

① $-\dfrac{3}{2}$
② $-\dfrac{7}{4}$
③ $\dfrac{5}{3}$
④ $-\dfrac{1}{5}$

해설
- $G(s)H(s)$의 분모가 0이 되는 s인 극점 P=5개 ($s=0$, $s=1$, $s=1$, $s=-2$, $s=-2$)
- $G(s)H(s)$의 분자가 0이 되는 s인 영점 Z=1개 ($s=5$)
- ∴ 실수축과의 교차점

$$\sigma = \frac{\sum G(s)H(s)\text{의 극점} - \sum G(s)H(s)\text{의 영점}}{p-z} = \frac{0+1+1+(-2)+(-2)-(5)}{5-1} = -\frac{7}{4}$$

답 ②

12 근궤적법 – 실수축상 근궤적 범위 ①

개루프 전달함수가 $G(s)H(s) = \dfrac{K}{s(s+4)(s+5)}$ 와 같은 계의 실수축상의 근궤적은 어느 범위인가?

① 0과 -4사이의 실수축상
② -4와 -5사이의 실수축상
③ -5와 -∞사이의 실수축상
④ 0과 -4, -5와 -∞사이의 실수축상

해설
- $G(s)H(s)$의 분모가 0이 되는 s인 극점 P=3개 ($s=0$, $s=-4$, $s=-5$)
- $G(s)H(s)$의 분자가 0이 되는 s인 영점 Z=0개
- $P+Z=3+0=3$(홀수) → -∞에서 우측으로 진행시 홀수구간에서 근궤적이 존재

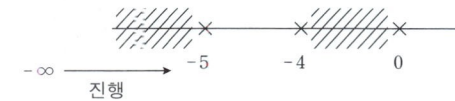

∴ -∞에서 -5사이와 -4에서 0(원점)사이

답 ④

13 근궤적법 – 실수축상 근궤적 범위 ②

개루프 전달함수 $G(s)H(s)$가 다음과 같을 때 실수축상의 근궤적 범위는 어떻게 되는가?

$$G(s)H(s) = \frac{K(s+1)}{s(s+2)}$$

① 원점과 (-2)사이
② 원점에서 점(-1)사이와 (-2)에서 (-∞)사이
③ (-2)와 (+∞)사이
④ 원점에서 (+2)사이

해설
- $G(s)H(s)$의 분모가 0이 되는 s인 극점 P=2개 ($s=0$, $s=-2$)
- $G(s)H(s)$의 분자가 0이 되는 s인 영점 Z=1개 ($s=-1$)
- $G(s)H(s)$의 $2+1=3$(홀수) → -∞에서 우측으로 진행시 홀수구간에서 근궤적이 존재

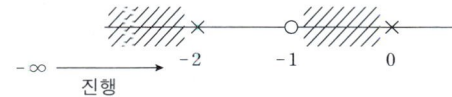

∴ -∞에서 -2사이 와 -1에서 0(원점)사이

답 ②

제5과목 제어공학 DAY-19

30일 단기완성

Chapter 07 상태방정식 및 z변환

1 출제경향분석

본장에는 자동제어계의 상태방정식과 z변환에 대한 기본원리와 내용을 다루었으며 시험에 자주 출제가 되는 내용은 다음과 같습니다.

> **반드시 알아야 하는 핵심 포인트**
> ① 계수행렬 ② 특성방정식의 근
> ③ z-변환 ④ z-평면에서의 안정판별

2 학습 가이드라인

- 반드시 알아야 하는 핵심 포인트는 전기기사 및 산업기사 시험에서 가장 출제빈도가 높은 논점으로 각 파트별 핵심 포인트와 문제를 연계하여 학습해 주시기를 권장합니다.
- 체크리스트를 작성하시면서 문제의 유형과 학습의 완성도를 스스로 확인해 주세요.
- 출제 빈도가 높고 틀리기 쉬운 문제를 맞출 수 있도록 "콕콕 포인트"를 확인해 주세요.

우선순위 논점	KEY WORD	선생님의 콕콕 포인트
계수행렬	상태방정식, 계수행렬	n차 미분을 1차 미분으로 변환하여 계수행렬을 구함
특성방정식의 근	특성방정식, 고유값	특성방정식의 근을 고유값이라 함
z - 변환	단위계단, z - 변환, 라플라스 변환	$f(t)=u(t),\ F(s)=\dfrac{1}{s},\ F(z)=\dfrac{z}{z-1}$
z - 평면에서의 안정판별	s - 평면, z - 평면, 안정판별	• 단위원 내부 : 안정(s - 평면 좌반평면) • 단위원 외부 : 불안정(s - 평면 우반평면)

7-1 상태방정식 및 z-변환

1. 상태방정식
   - n차 미분방정식을 n개의 1차 미분방정식으로 바꾸어서 행렬을 이용하여 표현한 식
   - $\dfrac{dx(t)}{dt} = \dot{x}(t) = Ax(t) + Bu(t)$
   - $A = \begin{bmatrix} 0 & 1 & 0 & \cdots & 0 \\ 0 & 0 & 1 & \cdots & 0 \\ \vdots & \vdots & \vdots & & \vdots \\ 0 & 0 & 0 & \cdots & 1 \\ -a_0 & -a_1 & -a_2 & \cdots & -a_{n-1} \end{bmatrix}$ $(n \times n)$ 행렬
   - $B = \begin{bmatrix} 0 \\ 0 \\ \vdots \\ 0 \\ 1 \end{bmatrix}$ $(n \times 1)$ 행렬

2. 특성방정식 $= |sI - A| = 0$
   - A : 계수행렬
   - $I = \begin{bmatrix} 1 & 0 \\ 0 & 1 \end{bmatrix}$: 단위행렬

3. 특성 방정식의 근 : 고유값

4. 계수행렬 A, B 구하는 방법

   $\ddot{x} + 3\dot{x} + 2x = r(t)$

   $\begin{bmatrix} \dot{x}_1 \\ \dot{x}_2 \end{bmatrix} = \begin{bmatrix} 0 & 1 \\ -2 & -3 \end{bmatrix} \begin{bmatrix} x_1 \\ x_2 \end{bmatrix} + \begin{bmatrix} 0 \\ 1 \end{bmatrix} r(t)$ $\therefore A = \begin{bmatrix} 0 & 1 \\ -2 & -3 \end{bmatrix}, B = \begin{bmatrix} 0 \\ 1 \end{bmatrix}$

   (부호가 반대) (부호동일)

4. 상태천이행렬
   - $\phi(t) = \mathcal{L}^{-1}[(sI - A)^{-1}] = e^{At}$

5. 상태천이행렬의 성질
   1) $x(t) = \phi(t)x(0) = e^{At}x(0)$
   2) $\phi(0) = I$ (단, I는 단위행렬)
   3) $\phi^{-1}(t) = \phi(-t) = e^{-At}$
   4) $\phi(t_2 - t_1)\phi(t_1 - t_0) = \phi(t_2 - t_0)$
   5) $[\phi(t)]^k = \phi(kt)$

01 상태방정식 변환 ① □□□ check up!

$\dfrac{d^2x}{dt^2}+\dfrac{dx}{dt}+2x=2u$ 의 상태변수를 $x_1=x$, $x_2=\dfrac{dx}{dt}$ 라 할 때 시스템 매트릭스(system matrix)는?

① $\begin{bmatrix} 0 & 1 \\ 1 & 1 \end{bmatrix}$
② $\begin{bmatrix} 0 & 1 \\ 2 & 1 \end{bmatrix}$
③ $\begin{bmatrix} 0 & 1 \\ -2 & -1 \end{bmatrix}$
④ $\begin{bmatrix} 0 \\ 2 \end{bmatrix}$

해설
- $x=x_1$
- $\dfrac{dx}{dt}=\dot{x}_1=x_2$
- $\dfrac{d^2x}{dt^2}=\dot{x}_2$ → $\dot{x}_2+x_2+2x_1=2u$

상태방정식 $\dot{x}=Ax+Bu$ → $\begin{aligned}\dot{x}_1 &= x_2 \\ \dot{x}_2 &= -2x_1-x_2+2u\end{aligned}$

∴ $A=\begin{bmatrix} 0 & 1 \\ -2 & -1 \end{bmatrix}$, $B=\begin{bmatrix} 0 \\ 2 \end{bmatrix}$

답 ③

02 상태방정식 변환 ② □□□ check up!

다음 방정식으로 표시되는 제어계가 있다. 이 계를 상태방정식 $\dot{x}=Ax+Bu$로 나타내면 계수행렬 A는 어떻게 되는가?

$$\dfrac{d^3c(t)}{dt^3}+5\dfrac{d^2c(t)}{dt^2}+\dfrac{dc(t)}{dt}+2c(t)=r(t)$$

① $\begin{bmatrix} 0 & 1 & 0 \\ 0 & 0 & 1 \\ -2 & -1 & -5 \end{bmatrix}$
② $\begin{bmatrix} 0 & 0 & 1 \\ 1 & 0 & 0 \\ 5 & 1 & 2 \end{bmatrix}$
③ $\begin{bmatrix} 0 & 0 & 1 \\ 1 & 0 & 0 \\ 0 & 5 & 2 \end{bmatrix}$
④ $\begin{bmatrix} 0 & 1 & 0 \\ 1 & 0 & 0 \\ -2 & -1 & 0 \end{bmatrix}$

해설
- $c(t)=x_1$
- $\dfrac{dc(t)}{dt}=\dot{x}_1=x_2$
- $\dfrac{d^2c(t)}{dt^2}=\dot{x}_2=x_3$
- $\dfrac{d^3c(t)}{dt^2}=\dot{x}_3$

→ $\dot{x}_3+5x_3+x_2+2x_1=r(t)$

상태방정식 $\dot{x}=Ax+Bu$ → $\begin{aligned}\dot{x}_1 &= x_2 \\ \dot{x}_2 &= x_3 \\ \dot{x}_3 &= -2x_1-x_2-5x_3+r(t)\end{aligned}$

$\begin{bmatrix} \dot{x}_1 \\ \dot{x}_2 \\ \dot{x}_3 \end{bmatrix} = \begin{bmatrix} 0 & 1 & 0 \\ 0 & 0 & 1 \\ -2 & -1 & -5 \end{bmatrix}\begin{bmatrix} x_1 \\ x_2 \\ x_3 \end{bmatrix}+\begin{bmatrix} 0 \\ 0 \\ 1 \end{bmatrix}r(t)$ → $A=\begin{bmatrix} 0 & 1 & 0 \\ 0 & 0 & 1 \\ -2 & -1 & -5 \end{bmatrix}$, $B=\begin{bmatrix} 0 \\ 0 \\ 1 \end{bmatrix}$

답 ①

03 상태방정식 변환 ③ ☐☐☐ check up!

$\ddot{x}+2\dot{x}+5x=u(t)$의 미분방정식으로 표시되는 계의 상태방정식은?

① $\begin{bmatrix} \dot{x}_1 \\ \dot{x}_2 \end{bmatrix} = \begin{bmatrix} 0 & 1 \\ -5 & -2 \end{bmatrix} \begin{bmatrix} x_1 \\ x_2 \end{bmatrix} + \begin{bmatrix} 1 \\ 0 \end{bmatrix} u$

② $\begin{bmatrix} \dot{x}_1 \\ \dot{x}_2 \end{bmatrix} = \begin{bmatrix} 1 & 2 \\ -2 & -5 \end{bmatrix} \begin{bmatrix} x_1 \\ x_2 \end{bmatrix} + \begin{bmatrix} 1 \\ 0 \end{bmatrix} u$

③ $\begin{bmatrix} \dot{x}_1 \\ \dot{x}_2 \end{bmatrix} = \begin{bmatrix} 0 & 1 \\ -5 & -2 \end{bmatrix} \begin{bmatrix} x_1 \\ x_2 \end{bmatrix} + \begin{bmatrix} 0 \\ 1 \end{bmatrix} u$

④ $\begin{bmatrix} \dot{x}_1 \\ \dot{x}_2 \end{bmatrix} = \begin{bmatrix} 0 & 1 \\ -2 & -5 \end{bmatrix} \begin{bmatrix} x_1 \\ x_2 \end{bmatrix} + \begin{bmatrix} 0 \\ 1 \end{bmatrix} u$

해설
- $x = x_1$
- $\dfrac{dx}{dt} = \dot{x}_1 = x_2$
- $\dfrac{d^2x}{dt^2} = \dot{x}_2$ → $\dot{x}_2 + 2x_2 + 5x_1 = u$

상태방정식 $\dot{x} = Ax + Bu$ → $\begin{aligned} \dot{x}_1 &= x_2 \\ \dot{x}_2 &= -5x_1 - 2x_2 + u \end{aligned}$

$\begin{bmatrix} \dot{x}_1 \\ \dot{x}_2 \end{bmatrix} = \begin{bmatrix} 0 & 1 \\ -5 & -2 \end{bmatrix} \begin{bmatrix} x_1 \\ x_2 \end{bmatrix} + \begin{bmatrix} 0 \\ 1 \end{bmatrix} u$ → $\therefore A = \begin{bmatrix} 0 & 1 \\ -5 & -2 \end{bmatrix}, B = \begin{bmatrix} 0 \\ 1 \end{bmatrix}$

답 ③

04 특성방정식 변환 ① ☐☐☐ check up!

상태방정식 $x(t) = Ax(t) + Br(t)$인 제어계의 특성방정식은?

① $[sI - B] = I$
② $[sI - A] = I$
③ $[sI - B] = 0$
④ $[sI - A] = 0$

해설 특성 방정식 $[sI - A] = 0$

답 ④

05 특성방정식 변환 ② ☐☐☐ check up!

$A = \begin{bmatrix} 0 & 1 \\ -3 & -2 \end{bmatrix}, B = \begin{bmatrix} 4 \\ 5 \end{bmatrix}$인 상태방정식 $\dfrac{dx}{dt} = Ax + Br$에서 제어계의 특성방정식은?

① $s^2 + 4s + 3 = 0$
② $s^2 + 3s + 2 = 0$
③ $s^2 + 3s + 4 = 0$
④ $s^2 + 2s + 3 = 0$

해설 상태방정식에서 계수행렬 A에 의한 특성방정식 $|sI - A| = 0$

$sI - A = s\begin{bmatrix} 1 & 0 \\ 0 & 1 \end{bmatrix} - \begin{bmatrix} 0 & 1 \\ -3 & -2 \end{bmatrix} = \begin{bmatrix} s & 0 \\ 0 & s \end{bmatrix} - \begin{bmatrix} 0 & 1 \\ -3 & -2 \end{bmatrix} = \begin{bmatrix} s & -1 \\ 3 & s+2 \end{bmatrix}$

특성방정식 $= |sI - A| = \begin{bmatrix} s & -1 \\ 3 & s+2 \end{bmatrix} = s(s+2) - (-1) \times 3 = s^2 + 2s + 3 = 0$

답 ④

06 특성방정식의 근 계산 ☐☐☐ check up!

상태방정식 $\dot{x} = Ax(t) + Bu(t)$ 에서 $=\begin{bmatrix} 0 & 1 \\ -2 & -3 \end{bmatrix}$ 일 때 특성방정식의 근은?

① $-2, -3$
② $-1, -2$
③ $-1, -3$
④ $1, -3$

해설
$$sI - A = s\begin{bmatrix} 1 & 0 \\ 0 & 1 \end{bmatrix} - \begin{bmatrix} 0 & 1 \\ -2 & -3 \end{bmatrix} = \begin{bmatrix} s & 0 \\ 0 & s \end{bmatrix} - \begin{bmatrix} 0 & 1 \\ -2 & -3 \end{bmatrix} = \begin{bmatrix} s & -1 \\ 2 & s+3 \end{bmatrix}$$

특성방정식 $= |sI - A| = \begin{vmatrix} s & -1 \\ 2 & s+3 \end{vmatrix} = s(s+3) - (-1) \times 2 = s^2 + 3s + 2 = (s+1)(s+2) = 0$

∴ 특성방정식의 근 $s = -1, -2$

답 ②

07 상태천이행렬의 표현 ☐☐☐ check up!

상태방정식이 다음과 같은 계의 천이행렬 $\phi(t)$는 어떻게 표시되는가?

$$\dot{x}(t) = Ax(t) + Br(t)$$

① $\mathcal{L}^{-1}\{(sI-A)\}$
② $\mathcal{L}^{-1}\{(sI-A)^{-1}\}$
③ $\mathcal{L}^{-1}\{(sI-B)\}$
④ $\mathcal{L}^{-1}\{(sI-B)^{-1}\}$

해설 천이행렬 $\phi(t) = \mathcal{L}^{-1}[(sI-A)^{-1}]$

답 ②

08 상태천이행렬의 성질 ☐☐☐ check up!

state transition matrix(상태천이행렬) $\phi(t) = e^{At}$ 에서 $t=0$의 값은?

① e
② I
③ e^{-1}
④ 0

해설 상태천이행렬의 성질
① $x(t) = \phi(t)x(0) = e^{At}x(0)\phi(t) = e^{At}$
② $\phi(0) = I$ (단, I는 단위행렬)
③ $\phi^{-1}(t) = \phi(-t) = e^{-At}$
④ $\phi(t_2 - t_1)\phi(t_1 - t_0) = \phi(t_2 - t_0)$
⑤ $[\phi(t)]^k = \phi(kt)$

답 ②

09 상태천이행렬 변환 ①

상태 방정식이 $\dfrac{d}{dt}x(t) = Ax(t) + Bu(t)$, $A = \begin{bmatrix} -1 & 0 \\ 3 & -2 \end{bmatrix}$, $B = \begin{bmatrix} 0 \\ 1 \end{bmatrix}$으로 주어져 있다. 이 상태 방정식에 대한 상태천이행렬(state transition matrix)의 2행 1열의 요소는?

① $3e^{-t} - 3e^{-2t}$
② $3e^{-t} + 3e^{-2t}$
③ $6e^{-t} - 6e^{-2t}$
④ $6e^{-t} - 6e^{-2t}$

해설

$sI - A = s\begin{bmatrix} 1 & 0 \\ 0 & 1 \end{bmatrix} - \begin{bmatrix} -1 & 0 \\ 3 & -2 \end{bmatrix} = \begin{bmatrix} s+1 & 0 \\ -3 & s+2 \end{bmatrix}$

$[sI - A]^{-1} = \begin{bmatrix} s+1 & 0 \\ -3 & s+2 \end{bmatrix}^{-1} = \dfrac{1}{(s+1)(s+2)} \begin{bmatrix} s+2 & 0 \\ 3 & s+1 \end{bmatrix} = \begin{bmatrix} \dfrac{1}{s+1} & 0 \\ \dfrac{3}{(s+1)(s+2)} & \dfrac{1}{s+2} \end{bmatrix}$

∴ 상태천이행렬 $\phi(t) = \mathcal{L}^{-1}\{[sI-A]^{-1}\} = \begin{bmatrix} e^{-t} & 0 \\ 3e^{-t} - 3e^{-2t} & e^{-2t} \end{bmatrix}$

답 ①

10 상태천이행렬 변환 ②

시스템의 특성이 $G(s) = \dfrac{C(s)}{U(s)} = \dfrac{1}{s^2}$과 같을 때 천이행렬은?

① $\begin{bmatrix} 1 & 0 \\ 0 & 1 \end{bmatrix}$
② $\begin{bmatrix} 1 & t \\ 0 & 1 \end{bmatrix}$
③ $\begin{bmatrix} 1 & -t \\ 0 & 1 \end{bmatrix}$
④ $\begin{bmatrix} -1 & 0 \\ 0 & 1 \end{bmatrix}$

해설

$G(s) = \dfrac{C(s)}{U(s)} = \dfrac{1}{s^2}$, $s^2 C(s) = U(s)$ → $\mathcal{L}^{-1}[s^2 C(s) = U(s)] = \dfrac{d^2 c(t)}{dt^2} = u(t)$

- $c(t) = x_1$
- $\dfrac{dc(t)}{dt} = \dot{x}_1 = x_2$
- $\dfrac{d^2 c(t)}{dt^2} = \dot{x}_2$

상태방정식 $\dot{x} = Ax + Bu$ → $\begin{matrix} \dot{x}_1 = x_2 \\ \dot{x}_2 = u(t) \end{matrix}$ → $\begin{bmatrix} \dot{x}_1 \\ \dot{x}_2 \end{bmatrix} = \begin{bmatrix} 0 & 1 \\ 0 & 0 \end{bmatrix}\begin{bmatrix} x_1 \\ x_2 \end{bmatrix} + \begin{bmatrix} 0 \\ 1 \end{bmatrix} u$

계수행렬 $A = \begin{bmatrix} 0 & 1 \\ 0 & 0 \end{bmatrix}$이므로 $sI - A = s\begin{bmatrix} 1 & 0 \\ 0 & 1 \end{bmatrix} - \begin{bmatrix} 0 & 1 \\ 0 & 0 \end{bmatrix} = \begin{bmatrix} s & -1 \\ 0 & s \end{bmatrix}$

$[sI - A]^{-1} = \begin{bmatrix} s & -1 \\ 0 & s \end{bmatrix}^{-1} = \dfrac{1}{s^2} \begin{bmatrix} s & 1 \\ 0 & s \end{bmatrix} = \begin{bmatrix} \dfrac{1}{s} & \dfrac{1}{s^2} \\ 0 & \dfrac{1}{s} \end{bmatrix}$

∴ $\phi(t) = \mathcal{L}^{-1}\{[sI-A]^{-1}\} = \begin{bmatrix} 1 & t \\ 0 & 1 \end{bmatrix}$

답 ②

7-2 상태방정식 및 z-변환

1. z-변환의 3정의식 · $F(z) = z[f(t)] = \sum_{t=0}^{\infty} f(t) Z^{-t}$ (단, $t=0, 1, 2, \cdots$)
2. $f(t)$, $F(s)$, $F(z)$의 비교

시간함수 $f(t)$	라플라스변환 $F(s)$	z변환 $F(z)$
$\delta(t)$	1	1
$u(t)=1$	$\dfrac{1}{s}$	$\dfrac{z}{z-1}$
e^{-at}	$\dfrac{1}{s+a}$	$\dfrac{z}{z-e^{-aT}}$
t	$\dfrac{1}{s^2}$	$\dfrac{Tz}{(z-1)^2}$

3. z-변환의 초기값정리 · $\lim_{t \to 0} f(t) = \lim_{z \to \infty} F(z)$
4. z-변환의 최종값정리 · $\lim_{t \to \infty} f(t) = \lim_{z \to 1} (1-z^{-1}) F(z)$
5. s-평면과 z-평면에 의한 안정판별

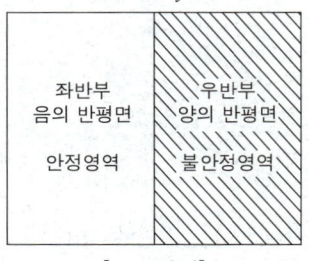

[s-평면]

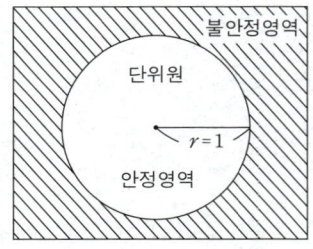

[z-평면]

구분 구간	s-평면	z-평면
안정	좌반평면(음의반평면)	단위원 내부
임계안정	허수축	단위 원주상
불안정	우반평면(양의반평면)	단위원 외부

Chapter 07. 상태방정식 및 z변환

01 z-변환 – 라플라스 변환 관계 □□□ check up!

T를 샘플주기라고 할 때 z변환은 라플라스 변환의 함수의 s대신 다음의 어느 것을 대입하여야 하는가?

① $\dfrac{1}{T}\ln\dfrac{1}{z}$ ② $\dfrac{1}{T}\ln z$

③ $T\ln z$ ④ $T\ln\dfrac{1}{z}$

해설 $z=e^{Ts}$, $\ln z = \ln e^{Ts} = Ts$ → $s=\dfrac{1}{T}\ln z$

답 ②

02 z-변환 – 초기값 정리 □□□ check up!

$e(t)$의 초기값 $e(t)$의 z변환을 $E(z)$라 했을 때 다음 어느 방법으로 얻어 지는가?

① $\lim\limits_{z\to 0} zE(z)$ ② $\lim\limits_{z\to 0} E(z)$

③ $\lim\limits_{z\to\infty} zE(z)$ ④ $\lim\limits_{z\to\infty} E(z)$

해설
- z-변환의 초기값 정리 $\lim\limits_{t\to 0} e(t) = \lim\limits_{z\to\infty} E(z)$
- z-변환의 최종값 정리 $\lim\limits_{t\to\infty} e(t) = \lim\limits_{z\to 1}(1-z^{-1})E(z)$

답 ④

03 z-변환 – 최종값 정리 □□□ check up!

다음 중 z변환에서 최종치 정리를 나타낸 것은?

① $x(0) = \lim\limits_{z\to\infty}(z)$ ② $x(0) = \lim\limits_{z\to\infty} X(z)$

③ $x(\infty) = \lim\limits_{z\to 1}(1-z)X(z)$ ④ $x(\infty) = \lim\limits_{z\to 1}(1-z^{-1})X(z)$

해설
- z-변환의 초기값 정리 $\lim\limits_{t\to 0} e(t) = \lim\limits_{z\to\infty} E(z)$
- z-변환의 최종값 정리 $\lim\limits_{t\to\infty} e(t) = \lim\limits_{z\to 1}(1-z^{-1})E(z)$

답 ④

04 z-변환 – 단위계단함수 □□□ check up!

단위계단함수 $u(t)$를 z변환하면?

① $\dfrac{1}{z}$ ② $\dfrac{1}{z-1}$

③ $\dfrac{z}{z-1}$ ④ $\dfrac{1}{z+1}$

해설

시간함수 $f(t)$	라플라스변환 $F(s)$	z변환 $F(z)$
$\delta(t)$	1	1
$u(t)=1$	$\dfrac{1}{s}$	$\dfrac{z}{z-1}$
e^{-at}	$\dfrac{1}{s+a}$	$\dfrac{z}{z-e^{-aT}}$
t	$\dfrac{1}{s^2}$	$\dfrac{Tz}{(z-1)^2}$

답 ③

05 z-변환 – 지수감쇠함수 □□□ check up!

신호 $x(t)$가 다음과 같을 때의 z변환 함수는 어느 것인가? (단, 신호 $x(t)$는 $x(t)=0$ $T<0$, $x(t)=e^{-aT}$ $T\geq 0$이며 이상 샘플러의 샘플주기는 $T[\text{s}]$이다.)

① $(1-e^{-aT})z/(z-1)(z-e^{-aT})$ ② $z/(z-1)$

③ $z/(z-e^{-aT})$ ④ $Tz/z(z-1)^2$

해설 지수감쇠함수의 z-변환 $\dfrac{z}{z-e^{-aT}}$

답 ③

06 역 z-변환 ① □□□ check up!

z변환함수 $\dfrac{Tz}{(z-1)^2}$에 대응되는 라플라스 변환함수는? (단, T는 이상적인 샘플 주기이다.)

① $\dfrac{1}{s^2}$ ② $\dfrac{2}{s^2}$

③ $\dfrac{1}{(s-3)^2}$ ④ $\dfrac{2}{(s-3)^2}$

해설 $\dfrac{Tz}{(z-1)^2}$의 역 z-변환 함수 $=t$ → $\mathcal{L}[t]=\dfrac{1}{s^2}$

답 ①

07 역 z-변환 ②   □□□ check up!

$R(z) = \dfrac{(1-e^{-aT})z}{(z-1)(z-e^{-aT})}$ 의 역변환은?

① $1-e^{-aT}$
② $1+e^{-aT}$
③ te^{-aT}
④ te^{aT}

해설

$\dfrac{R(z)}{z} = G(z) = \dfrac{(1-e^{-aT})}{(z-1)(z-e^{-aT})} = \dfrac{A}{(z-1)} + \dfrac{B}{(z-e^{-aT})}$

$A = G(z)(z-1)|_{z=1} = 1$
$B = G(z)(z-e^{-aT})|_{z=e^{-aT}} = -1$

→ $G(z) = \dfrac{R(z)}{z} = \dfrac{1}{(z-1)} - \dfrac{1}{(z-e^{-aT})}$

$\therefore R(z) = \dfrac{z}{(z-1)} + \dfrac{z}{(z-e^{-aT})}$ → 역 z-변환시 $r(t) = 1 - e^{-aT}$

답 ①

08 z-변환 – 라플라스 함수   □□□ check up!

Laplace 변환된 함수 $X(s) = \dfrac{1}{s(s+1)}$ 에 대한 z-변환은?

① $\dfrac{z(1-e^{-t})}{(z-1)(z-e^{-t})}$
② $\dfrac{z(1-e^{-t})}{(z+1)(z+e^{-t})}$
③ $\dfrac{z(1-e^{-t})}{(z+1)(z-e^{-t})}$
④ $\dfrac{z(1+e^{-t})}{(z+1)(z-e^{-t})}$

해설

$X(s) = \dfrac{1}{s(s+1)} = \dfrac{A}{s} + \dfrac{B}{s+1}$

$A = \lim\limits_{s \to 0} s \cdot F(s) = \left[\dfrac{1}{s+1}\right]_{s=0} = 1$

$B = \lim\limits_{s \to 0} (s+1)F(s) = \left[\dfrac{1}{s}\right]_{s=-1} = -1$

→ $X(s) = \dfrac{1}{s} - \dfrac{1}{s+1}$

$\mathcal{L}[X(s)] = \mathcal{L}\left[\dfrac{1}{s} - \dfrac{1}{s+1}\right] = x(t) = 1 - e^{-t}$

$X(s) = \dfrac{z}{z-1} - \dfrac{z}{z-e^{-t}} = \dfrac{z(1-e^{-t})}{(z-1)(z-e^{-t})}$

답 ①

09 z-평면의 안정판별 ①

이산시스템(Discrete Data System)에서의 안정도 해석에 대한 아래의 설명 중 맞는 것은?

① 특성방정식의 모든 근이 z 평면의 음의 반평면에 있으면 안정하다.
② 특성방정식의 모든 근이 z 평면의 양의 반평면에 있으면 안정하다.
③ 특성방정식의 모든 근이 z 평면의 단위원 내부에 있으면 안정하다.
④ 특성방정식의 모든 근이 z 평면의 단위원 외부에 있으면 안정하다.

해설

구분 구간	s - 평면	z - 평면
안정	좌반평면(음의반평면)	단위원 내부
임계안정	허수축	단위 원주상
불안정	우반평면(양의반평면)	단위원 외부

답 ③

10 z-평면의 안정판별 ②

계통의 특성방정식 $1+G(s)H(s)=0$의 음의 실근은 z평면 어느 부분으로 사상(Mapping) 되는가?

① z평면의 좌반평면
② z평면의 원점을 중심으로 한 단위원 외부
③ z평면의 우반평면
④ z평면의 원점을 중심으로 한 단위원 내부

해설

구분 구간	s - 평면	z - 평면
안정	좌반평면(음의반평면)	단위원 내부
임계안정	허수축	단위 원주상
불안정	우반평면(양의반평면)	단위원 외부

답 ④

11 z-평면의 안정판별 ③

3차인 이산치 시스템의 특성방정식의 근이 $-0.3, 0.2, +0.5$로 주어져 있다. 이 시스템의 안정도는?

① 이 시스템은 안정한 시스템이다.
② 이 시스템은 임계 안정한 시스템이다.
③ 이 시스템은 불안정한 시스템이다.
④ 위 정보로서는 이 시스템의 안정도를 알 수 없다.

해설 반경이 |z|=1인 단위원 내부는 제어계의 특성이 안정하며 문제의 근의 위치는 안정 영역에 존재함을 알 수 있다.

답 ①

12 s-평면 및 z-평면 판별 비교 ① □□□ check up!

z평면상의 원점에 중심을 둔 단위원주상에 사상되는 것은 s평면의 어느 성분연가?

① 양의 반평면
② 음의 반평면
③ 실수축
④ 허수축

해설

구분 구간	s − 평면	z − 평면
안정	좌반평면(음의반평면)	단위원 내부
임계안정	허수축	단위 원주상
불안정	우반평면(양의반평면)	단위원 외부

답 ④

13 s-평면 및 z-평면 판별 비교 ② □□□ check up!

s평면의 우반면은 z평면의 어느 부분으로 사상되는가?

① z평면의 좌반면
② z평면의 원점에 중심을 둔 단위원 내부
③ z평면이 우반면
④ z평면의 원점에 중심을 둔 단위원 외부

해설

구분 구간	s − 평면	z − 평면
안정	좌반평면(음의반평면)	단위원 내부
임계안정	허수축	단위 원주상
불안정	우반평면(양의반평면)	단위원 외부

답 ④

14 s-평면 및 z-평면 판별 비교 ③ □□□ check up!

샘플러의 주기를 T라 할 때 s평면상의 모든 점은 식 $z=e^{sT}$에 의하여 z평면상어 사상된다. s평면의 좌반평면상의 모든 점은 z평면상 단위원의 어느 부분으로 사상되는가?

① 내점
② 외점
③ 원주상의 점
④ z평면 전체

해설

구분 구간	s – 평면	z – 평면
안정	좌반평면(음의반평면)	단위원 내부
임계안정	허수축	단위 원주상
불안정	우반평면(양의반평면)	단위원 외부

답 ①

15 z-변환의 전달함수

☐☐☐ check up!

그림과 같은 이산치계의 z변환 전달함수 $\dfrac{C(z)}{R(z)}$를 구하면? (단, $z\left[\dfrac{1}{s+a}\right]=\dfrac{z}{z-e^{-aT}}$ 임)

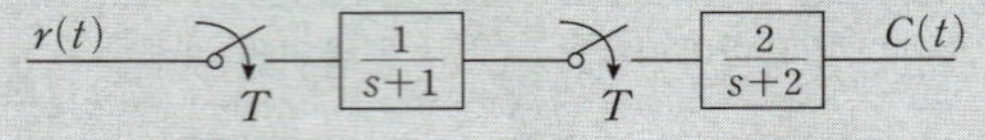

$r(t)$ —／T— $\boxed{\dfrac{1}{s+1}}$ —／T— $\boxed{\dfrac{2}{s+2}}$ — $C(t)$

① $\dfrac{2z}{z-e^{-T}}-\dfrac{2z}{z-e^{-2T}}$

② $\dfrac{2z}{z-e^{-2T}}-\dfrac{2z}{z-e^{-T}}$

③ $\dfrac{2z^2}{(z-e^{-T})(z-e^{-2T})}$

④ $\dfrac{2z}{(z-e^{-T})(z-e^{-2T})}$

해설 $G_1(z)=z\left[\dfrac{1}{s+1}\right]=\dfrac{z}{z-e^{-T}}$

$G_2(z)=z\left[\dfrac{2}{s+2}\right]=\dfrac{2z}{z-e^{-2T}}$ 이므로

z변환 종합 전달함수 $G(z)=G_1(z)\cdot G_2(z)=\dfrac{z}{z-e^{-T}}\cdot\dfrac{2z}{z-e^{-2T}}=\dfrac{2z^2}{(z-e^{-T})(z-e^{-2T})}$

답 ③

[**D-30** 전기기사·산업기사 필기
30일 필기 단기완성]

제5과목 **제어공학**
DAY-20

30일 단기완성

Chapter 08
시퀀스 제어

1. 출제경향분석

본장에는 시퀀스 제어의 논리회로에 대한 기본원리와 내용을 다루었으며 시험에 자주 출제가 되는 내용은 다음과 같습니다.

반드시 알아야 하는 핵심 포인트

① 시퀀스 논리회로의 논리식
② 부울대수를 이용한 논리식의 간소화
③ 논리대수를 이용한 논리식의 간소화

2. 학습 가이드라인

- 반드시 알아야 하는 핵심 포인트는 전기기사 및 산업기사 시험에서 가장 출제빈도가 높은 논점으로 각 파트별 핵심 포인트와 문제를 연계하여 학습해 주시기를 권장합니다.
- 체크리스트를 작성하시면서 문제의 유형과 학습의 완성도를 스스로 확인해 주세요.
- 출제 빈도가 높고 틀리기 쉬운 문제를 맞출 수 있도록 "콕콕 포인트"를 확인해 주세요.

우선순위 논점	KEY WORD	선생님의 콕콕 포인트
시퀀스 논리회로의 논리식	AND, 직렬, 곱셈, 로직회로	유접점이 직렬이면 AND, 유접점이 병렬이면 OR 회로
부울대수를 이용한 논리식의 간소화	부울대수	부울대수 정리를 이용하여 논리식 간소화
논리대수를 이용한 논리식의 간소화	AND, OR, 직렬, 병렬, 곱셈, 덧셈	로직회로에서 AND이면 곱셈, 병렬이면 덧셈, NOT이면 부정하여 논리식 간소화

8-1 시퀀스 제어

1. AND회로＝직렬＝곱
   - 입력이 모두 "1"일 때 출력이 "1"인 회로

논리식	논리회로	유접점	진리표			
$X = A \cdot B$	(AND 게이트)	(회로도)	A	B	X	
			0	0	0	
			0	1	0	
			1	0	0	
			1	1	1	

2. OR회로＝병렬＝합
   - 입력 중 어느 하나 이상 "1"일 때 출력이 "1"인 회로

논리식	논리회로	유접점	진리표		
$X = A + B$	(OR 게이트)	(회로도)	A	B	X
			0	0	0
			0	1	1
			1	0	1
			1	1	1

3. NOT회로＝부정
   - 입력과 출력이 반대로 동작하는 회로
   - 입력 "1" ⇨ 출력 "0"
   - 입력 "0" ⇨ 출력 "1"

논리식	논리회로	유접점	진리표	
$X = \overline{A}$	(NOT 게이트)	(회로도)	A	X
			0	1
			1	0

01 시퀀스 제어의 의미 □□□ check up!

시퀀스(Sequence)제어에서 다음 중 옳지 않은 것은?

① 조합논리회로(組合論理回路)도 사용된다.
② 기계적 계전기도 사용된다.
③ 전체 계통에 연결된 스위치가 일시에 동작할 수도 있다.
④ 시간 지연 요소도 사용된다.

해설 시퀀스 제어는 미리 정해놓은 순서에 따라 각 단계가 순차적으로 진행되는 제어로서 연결 스위치가 일시에 동작하면 안된다.

답 ③

02 유접점-논리식 변환 ① □□□ check up!

그림과 같은 계전기 접점회로의 논리식은?

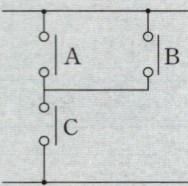

① $A+B+C$
② $(A+B)C$
③ $A+B-C$
④ ABC

해설 A와 B가 병렬연결 → $A+B$
$A+B$와 C가 직렬연결 → $(A+B) \cdot C$

답 ②

03 유접점-논리식 변환 ② □□□ check up!

그림과 같은 계전기 접점회로의 논리식은?

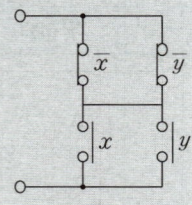

① $(\overline{x}+y) \cdot (x+y)$
② $(\overline{x}+\overline{y}) \cdot (x+y)$
③ $\overline{x} \cdot y + x \cdot \overline{y}$
④ $x \cdot y$

해설 $\overline{x}$와 $\overline{y}$, x와 y가 각각 병렬연결 → $\overline{x}+\overline{y}$, $x+y$
$(\overline{x}+\overline{y})$와 $(x+y)$가 직렬연결 → $(\overline{x}+\overline{y}) \cdot (x+y)$

답 ②

8-2 시퀀스 제어

4. NAND회로
- AND 회로의 부정회로

논리식	논리회로	유접점	진리표
$X=\overline{A \cdot B}$			A B X 0 0 1 0 1 1 1 0 1 1 1 0

5. NOR 회로
- OR회로의 부정회로

논리식	논리회로	유접점	진리표
$X=\overline{A+B}$			A B X 0 0 1 0 1 0 1 0 0 1 1 0

6. 배타적 논리합(Exclusive OR)회로
- 입력 중 어느 하나만 "1"일 때 출력이 "1" 되는 회로

논리식	논리회로	유접점	진리표
$X=A \cdot \overline{B}+\overline{A} \cdot B$			A B X 0 0 0 0 1 1 1 0 1 1 1 0

01 논리회로의 종류 ①

논리회로의 종류에서 설명이 잘못된 것은?

① AND 회로 : 입력신호 A, B, C의 값이 모두 1일 때에만 출력 신호 Z의 값이 1이 되는 회로로 논리식은 $A \cdot B \cdot C = Z$로 표시한다.
② OR 회로 : 입력신호 A, B, C의 값이 모두 1이면 출력 신호 Z의 값이 1이 되는 회로로 논리식은 $A + B + C = Z$로 표시한다.
③ NOT 회로 : 입력신호 A와 출력 신호 Z가 서로 반대로 되는 회로로 논리식은 $A = \overline{Z}$로 표시한다.
④ NOR 회로 : AND 회로의 부정회로로 논리식은 $A + B = C$로 표시한다.

해설 NOR 회로는 OR 회로의 부정회로로 논리식은 $\overline{A+B}$ 로 표시한다.　　**답** ④

02 논리회로의 종류 ②

다음 회로는 무엇을 나타낸 것인가?

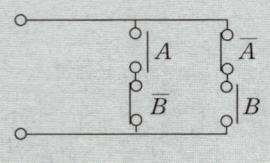

① AND
② OR
③ Exclusive OR
④ NAND

해설 A와 $\overline{B}$, $\overline{A}$와 B가 직렬연결 ➜ $A \cdot \overline{B}$, $\overline{A} \cdot B$
$(A \cdot \overline{B})$, $(\overline{A} \cdot B)$가 병렬연결 ➜ $A \cdot \overline{B} + \overline{A} \cdot B$
이를 배타적 논리합 회로(Exclusive OR 회로)라 하며 입력 A, B 중 어느 하나의 입력만 동작하는 경우 출력이 동작되는 회로이다.　　**답** ③

03 논리회로의 출력 ①

다음 논리회로의 출력 X_0는?

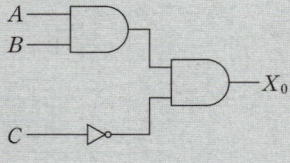

① $AB + \overline{C}$
② $(A+B)\overline{C}$
③ $A + B + \overline{C}$
④ $AB\overline{C}$

해설 $X_0 = A \cdot B \cdot \overline{C}$ 답 ④

04 논리회로의 출력 ② □□□ check up!

다음 논리회로의 출력은?

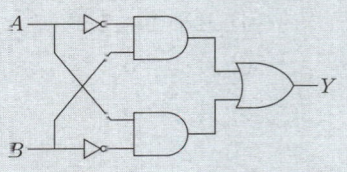

① $Y = A\overline{B} + \overline{A}B$
③ $Y = A\overline{B} + \overline{A}\,\overline{B}$
② $Y = \overline{A}\,\overline{B} + \overline{A}B$
④ $Y = \overline{A} + \overline{B}$

해설 배타적 논리합 회로(Exclusive OR 회로) → $Y = A\overline{B} + \overline{A}B$ 답 ①

05 논리회로의 출력 ③ □□□ check up!

그림과 같은 논리회로에서 $A=1$, $B=1$ 인 입력에 대한 출력 X, Y는 각각 얼마인가?

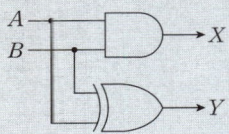

① $X=0$, $Y=0$
③ $X=1$, $Y=0$
② $X=0$, $Y=1$
④ $X=1$, $Y=1$

해설 X는 AND 이므로 $A=1$, $B=1$ → $X=1$
Y는 Exclusive OR 이므로 $A=1$, $B=1$ → $Y=0$ 답 ③

8-3 시퀀스 제어

1. 부울대수 정리
   1) $A+A=A$
   2) $A \cdot A=A$
   3) $A+1=1$
   4) $A+0=A$
   5) $A \cdot 1=A$
   6) $A \cdot 0=0$
   7) $A+\overline{A}=1$
   8) $A \cdot \overline{A}=0$

2. 드모르간 정리

$\overline{A \cdot B}=\overline{A}+\overline{B}$	$\overline{A+B}=\overline{A} \cdot \overline{B}$

3. 논리대수 정리
   1) 교환 법칙
      - $A+B=B+A$
      - $A \cdot B=B \cdot A$
   2) 결합의 법칙
      - $(A+B)+C=A+(B+C)$
      - $(A \cdot B) \cdot C=A \cdot (B \cdot C)$
   3) 분배의 법칙
      - $A \cdot (B+C)=A \cdot B+A \cdot C$
      - $A+(B \cdot C)=(A+B) \cdot (A+C)$

01 부울대수 계산 □□□ check up!

다음 논리식 중 옳지 않은 것은?

① $A+A=A$
② $A \cdot A=A$
③ $A+\overline{A}=1$
④ $A \cdot \overline{A}=1$

해설 $A \cdot \overline{A}=0$

답 ④

02 드모르간의 정리 □□□ check up!

다음식 중 De Morgan의 정답을 나타낸 식은?

① $A+B=B+A$
② $A\cdot(B\cdot C)=(A\cdot B)\cdot C$
③ $\overline{A\cdot B}=\overline{A}\cdot\overline{B}$
④ $\overline{A\cdot B}=\overline{A}+\overline{B}$

해설 드모르간의 정리
- $\overline{A\cdot B}=\overline{A}+\overline{B}$
- $\overline{A+B}=\overline{A}\cdot\overline{B}$

답 ④

03 논리식 정리하기 ① □□□ check up!

논리식 $\overline{A}+\overline{B}\cdot\overline{C}$를 간단히 계산한 결과는?

① $\overline{A}+BC$
② $\overline{A(B+C)}$
③ $\overline{A\cdot B}+C$
④ $\overline{A\cdot B+C}$

해설 드모르간 법칙을 이용
$\overline{A}+\overline{B}\cdot\overline{C}=\overline{A}+\overline{B+C}=\overline{A\cdot(B+C)}$

답 ②

04 논리식 정리하기 ② □□□ check up!

논리식 $L=X+\overline{X}Y$를 간단히 한 식은?

① X
② Y
③ $X+Y$
④ $\overline{X}+Y$

해설 분배의 법칙을 이용
$L=X+\overline{X}Y=(X+\overline{X})\cdot(X+Y)=1\cdot(X+Y)=X+Y$

답 ③

05 논리식 정리하기 ③ □□□ check up!

논리식 $L=\overline{x}\,\overline{y}+\overline{x}\,y+x\,y$를 간단히 한 것은?

① $x+y$
② $\overline{x}+y$
③ $x+\overline{y}$
④ $\overline{x}+\overline{y}$

해설 $L=\overline{x}\,\overline{y}+\overline{x}\,y+x\,y=\overline{x}(\overline{y}+y)+y(\overline{x}+x)=\overline{x}+y$

답 ②

06 논리식 정리하기 ④

다음 부울대수 계산에 옳지 않은 것은?

① $\overline{A \cdot B} = \overline{A} + \overline{B}$
② $\overline{A+B} = \overline{A} \cdot \overline{B}$
③ $A + A = A$
④ $A + A\overline{B} = 1$

해설 $A + A\overline{B} = A(1+\overline{B}) = A$

답 ④

07 논리회로 – 논리식 변환 ①

그림의 논리회로의 출력 y를 옳게 나타내지 못한 것은?

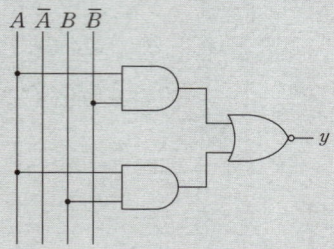

① $y = A\overline{B} + AB$
② $y = A(\overline{B} + B)$
③ $y = A$
④ $y = B$

해설 분배의 법칙을 이용
$y = A \cdot \overline{B} + A \cdot B = A(\overline{B} + B) = A$

답 ④

08 논리회로 – 논리식 변환 ②

다음은 2-차 논리계를 나타낸 것이다. 출력 y는?

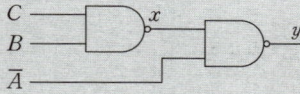

① $y = A + B \cdot C$
② $y = B + A \cdot C$
③ $y = \overline{A} + B \cdot C$
④ $y = \overline{B} + A \cdot C$

해설 드모르간 정리를 이용
$y = \overline{(B \cdot C) \cdot \overline{A}} = \overline{(B \cdot C)} + \overline{\overline{A}} = A + B \cdot C$

답 ①

09 논리회로 – 논리식 변환 ③ ☐☐☐ check up!

다음의 논리 회로를 간단히 하면?

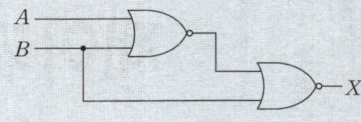

① AB
② $\overline{A}B$
③ $A\overline{B}$
④ $\overline{A}\,\overline{B}$

해설 드모르간의 법칙을 이용
$X = \overline{\overline{A+B}+B} = \overline{(A+B)} \cdot \overline{B} = (A+B) \cdot \overline{B} = A \cdot \overline{B} + B \cdot \overline{B} = A \cdot \overline{B}$

답 ③

10 논리회로 – 논리식 변환 ④ ☐☐☐ check up!

그림과 같은 회로의 출력 Z는 어떻게 표현되는가?

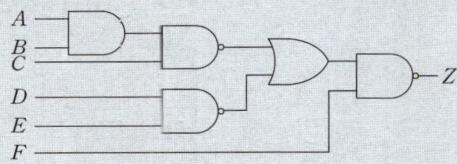

① $\overline{A}+\overline{B}+\overline{C}+\overline{D}+\overline{E}+F$
② $A+B+C+D+E+\overline{F}$
③ $\overline{A}\,\overline{B}\,\overline{C}\,\overline{D}\,\overline{E}+F$
④ $ABCDE+\overline{F}$

해설 $Z = \overline{\overline{(A \cdot B \cdot C} + \overline{D \cdot E}) \cdot F} = \overline{\overline{A \cdot B \cdot C} + \overline{D \cdot E}} + \overline{F}$
$= \overline{\overline{A \cdot B \cdot C}} \cdot \overline{\overline{D \cdot E}} + \overline{F} = ABCDE + \overline{F}$

답 ④

제5과목
제어공학
DAY-20

30일 단기완성

Chapter 09
제어기기

1 출제경향분석

본장에는 제어기기의 변환요소 및 변환장치에 대한 기본원리와 내용을 다루었으며 시험에 자주 출제가 되는 내용은 다음과 같습니다.

반드시 알아야 하는 핵심 포인트
① 변환요소 및 변환장치　　　② 제어소자
③ 비례적분미분동작의 전달함수

2 학습 가이드라인

- 반드시 알아야 하는 핵심 포인트는 전기기사 및 산업기사 시험에서 가장 출제빈도가 높은 논점으로 각 파트별 핵심 포인트와 문제를 연계하여 학습해 주시기를 권장합니다.
- 체크리스트를 작성하시면서 문제의 유형과 학습의 완성도를 스스로 확인해 주세요.
- 출제 빈도가 높고 틀리기 쉬운 문제를 맞출 수 있도록 "콕콕 포인트"를 확인해 주세요.

우선순위 논점	KEY WORD	선생님의 콕콕 포인트
변환요소 및 변환장치	트랜지스터, 다이어프램, 유압분사관, 열전대	• 압력 → 변위 : 다이어프램 • 변위 → 압력 : 유압분사관 • 온도 → 전압 : 열전대
제어소자	다이오드, 더미스터, 바리스터	• 제너 다이오드 : 전원전압 유지 • 터널 다이오드 : 증폭작용 • 더미스터 : 온도보상용 • 바리스터 : 서지전압에 대한 회로 보호
비례적분미분동작의 전달함수	비례이득, 적분시간, 미분시간	$G(s) = K_p \left(1 + \dfrac{1}{T_i s} + T_d s \right)$ K_p : 비례이득, T_i : 적분시간 T_d : 미분시간

9 제어기기

1. 제어기기 변환요소 및 변환장치

변환요소	변환장치
압 력 → 변 위	벨로스, 다이어프램
변 위 → 압 력	노즐플래퍼, 유압분사관
변 위 → 전 압	차동변압기, 전위차계
변 위 → 임피던스	가변저항기, 용량형 변환기
광 → 임피던스	광전관, 광전트랜지스터
광 → 전 압	광전지, 광다이오드
방사선 → 임피던스	GM관
온 도 → 임피던스	측온저항
온 도 → 전 압	열전대

2. 제어소자
   1) 제너다이오드 : 전원전압을 안정하게 유지
   2) 터널다이오드 : 증폭 작용, 발진작용, 개폐(스위칭)작용
   3) 더미스터 : 온도보상용
   4) 바리스터 : 서지 전압에 대한 회로 보호용

3. 비례적분미분동작(PID동작)의 전달함수 · $G(s) = K_p\left(1 + \dfrac{1}{T_i s} + T_d s\right)$

   · K_p : 비례이득   · T_i : 적분시간   · T_d : 미분시간

---

01 제어기기 변환장치 □□□ check up!

제어계에 가장 많이 이용되는 전자 요소는?

① 증폭기 ② 변조기
③ 주파수 변환기 ④ 가산기

해설 증폭기중 트랜지스터(TR)가 가장 대표적이다.

답 ①

02 압력 변위 변환장치

압력 → 변위의 변환 장치는?

① 노즐 플래퍼
② 가변 저항기
③ 다이어프램
④ 유압분사관

해설
① 노즐 플래퍼 : 변위 → 압력
② 가변저항기 : 변위 → 임피던스
③ 다이어프램 : 압력 → 변위
④ 유압 분사관 : 변위 → 압력

답 ③

03 온도 전압 변환장치

다음 중 온도를 전압으로 변환시키는 장치는?

① 차동변압기
② 열전대
③ 측온저항
④ 광전지

해설 온도를 전압으로 변환시키는 장치는 열전대이다.

답 ②

04 제어소자 – 연산증폭기

연산 증폭기의 성질에 관한 설명으로 틀린 것은?

① 전압 이득이 매우 크다.
② 입력 임피던스가 매우 작다.
③ 전력 이득이 매우 크다
④ 출력 임피던스가 매우 작다.

해설 연산증폭기의 임력임피던스는 크다.

답 ②

참고 연산 증폭기의 특징
1) 입력 임피던스가 크다.
2) 출력 임피던스는 적다.
3) 증폭도가 매우 크다.
4) 정부(+, −) 2개의 전원을 필요로 한다.

Chapter 09. 제어기기

05 제어소자 – 온도보상용 장치　□□□ check up!

다음 소자 중 온도보상용으로 쓰일 수 있는 것은?

① 서미스터
② 배리스터
③ 버랙터 다이오드
④ 제너 다이오드

해설
- 서미스터 : 온도보상용으로 사용
- 바리스터 : 서지 전압에 대한 회로 보호용
- 제너다이오드 : 전원전압을 안정하게 유지
- 버렉터 다이오드 : PN 접합에서 역바이어스시 전압에 따라 광범위하게 변환
- 터널 다이오드 : 증폭 작용, 발진작용 개폐(스위칭)작용

답 ①

06 비례적분미분동작 전달함수 ①　□□□ check up!

어떤 자동 조절기의 전달 함수에 대한 설명 중 옳지 않은 것은?

$$G(s)=K_p\left(1+\frac{1}{T_i s}+T_d s\right)$$

① 이 조절기는 비례적분미분 동작 조절기이다.
② K_p를 비례 감도라고도 한다.
③ T_d는 미분 시간 또는 레이트 시간(rate time)이라 한다.
④ T_i는 리셋 (reset rate)이다.

해설 T_i는 적분시간이다.

답 ④

07 비례적분미분동작 전달함수 ②　□□□ check up!

조작량 $y(t)$가 다음과 같이 표시되는 PID 동작에서 비례 감도, 적분 시간, 미분 시간은?

$$y(t)=4z(t)-1.6\frac{d}{dt}z(t)+\int z(t)dt$$

① 2, 0.4, 4
② 2, 4, 0.4
③ 4, 4, 0.4
④ 4, 0.4, 4

해설 조작량 라플라스 변환시

$$Y(s) = 4Z(s) + 1.6sZ(s) + \frac{1}{s}Z(s) = Z(s)\left(4 + 1.6s + \frac{1}{s}\right)$$

전달함수 $G(s) = \dfrac{Y(s)}{Z(s)} = 4 + 1.6s + \dfrac{1}{s} = 4\left(1 + 0.4s + \dfrac{1}{4s}\right) = K_p\left(1 + \dfrac{1}{T_i s} + T_d s\right)$

∴ 비례 감도 $K_p = 4$
 적분 시간 $T_i = 4$
 미분 시간 $T_d = 0.4$

답 ③

08 비례적분미분동작 전달함수 ③ □□□ check up!

제어기 전달 함수 $\dfrac{2s+5}{7s}$인 제어기가 있다. 이 제어기는 어떤 제어기인가?

① 비례미분 제어계
② 적분 제어계
③ 비례 적분제어계
④ 비례 적분 미분 제어계

해설 전달함수 $G(s) = \dfrac{2s+5}{7s} = \dfrac{2}{7} + \dfrac{5}{7s} = \dfrac{2}{7}\left(1 + \dfrac{1}{\frac{2}{5}s}\right) = K_p\left(1 + \dfrac{1}{T_i s}\right)$ 이므로 비례 적분제어계이다.

답 ③

09 사이리스터 래칭전류 □□□ check up!

사이리스터에서 래칭전류에 관한 설명으로 옳은 것은?

① 게이트를 개방한 상태에서 사이리스터가 도통상태를 유지하기 위한 최소의 순전류
② 게이트 전압을 인가한 후에 급히 제거한 상태에서 도통상태가 유지되는 최소의 순전류
③ 사이리스터의 게이트를 개방한 상태에서 전압을 상승하면 급히 증가하게 되는 순전류
④ 사이리스터가 턴온하기 시작하는 순전류

해설 래칭전류는 사이리스터가 턴온하기 시작하는 순전류이다.

답 ④

[**D-30** 전기기사·산업기사 필기
30일 필기 단기완성]

제5과목 제어공학
DAY-20
30일 단기완성
Chapter 10 최신기출

---

01 피드백 제어계 구성 □□□ check up!

기준 입력과 주궤환량과의 차로서, 제어계의 동작을 일으키는 원인이 되는 신호는?

① 조작 신호
② 동작 신호
③ 주궤환 신호
④ 기준 입력 신호

해설 피드백제어계의 구성에서 기준입력과 주궤환량과의 편차값으로서 제어요소의 입력신호를 동작신호라 한다.

답 ②

---

02 피드백 제어계 특징 □□□ check up!

궤환(Feed back) 제어계의 특징이 아닌 것은?

① 정확성이 증가한다.
② 대역폭이 증가한다.
③ 구조가 간단하고 설치비가 저렴하다.
④ 계(系)의 특성 변화에 대한 입력대 출력비의 감도가 감소한다.

해설 피이드백 제어계는 출력값을 입력방향으로 피드백 시켜 일정한 목표값과 비교.검토하여 오차를 자동적으로 정정하게 하는 제어계로서 입력과 출력을 비교하는 장치가 필수적이며 구조가 복잡하고 설치비가 비싸다.

답 ③

---

03 적분제어 특징 □□□ check up!

제어기에서 적분제어의 영향으로 가장 적합한 것은?

① 대역폭이 증가한다.
② 응답 속응성을 개선시킨다.
③ 작동오차의 변화율에 반응하여 동작한다.
④ 정상상태의 오차를 줄이는 효과를 갖는다.

해설   비례 적분동작(PI제어)은 정상특성을 개선하여 off-set(오프셋, 잔류편차, 정상편차, 정상오차)를 제거한다. → 지상보상요소

답 ④

04 블록선도 전달함수 ①   □□□ check up!

다음 블록선도의 전달함수는?

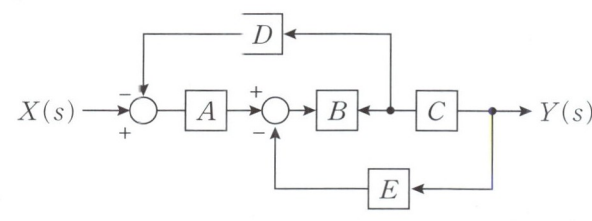

① $\dfrac{Y(s)}{X(s)} = \dfrac{ABC}{1+BCD+ABE}$

② $\dfrac{Y(s)}{X(s)} = \dfrac{ABC}{1+BCD+ABD}$

③ $\dfrac{Y(s)}{X(s)} = \dfrac{ABC}{1+BCE+ABD}$

④ $\dfrac{Y(s)}{X(s)} = \dfrac{ABC}{1+BCE+ABE}$

해설
- 전향경로이득 : $A \times B \times C$
- 첫 번째 루프이득 : $-A \times B \times D$
- 두 번째 루프이득 : $-B \times C \times E$
- 전달함수 $G(s) = \dfrac{C(s)}{R(s)} = \dfrac{\sum 전향\ 경로\ 이득}{1 - \sum 루프이득} = \dfrac{ABC}{1+ABD+BCE}$

답 ③

05 블록선도 전달함수 ②   □□□ check up!

블록선도의 전달함수가 $\dfrac{C(s)}{R(s)} = 10$과 같이 되기 위한 조건은?

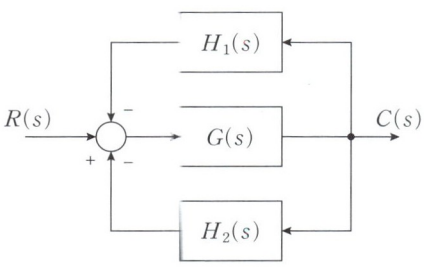

① $G(s) = \dfrac{1}{1-H_1(s)-H_2(s)}$

② $G(s) = \dfrac{10}{1-H_1(s)-H_2(s)}$

③ $G(s) = \dfrac{1}{1-10H_1(s)-10H_2(s)}$

④ $G(s) = \dfrac{10}{1-10H_1(s)-10H_2(s)}$

해설 블록선도에 의한 전달함수는 전향경로이득 : $G(s)$

첫 번째 루프이득 : $-G(s) \times H_2(s)$, 두 번째 루프이득 : $-G(s) \times H_1(s)$ 이므로

전체 전달함수 $G = \dfrac{C(s)}{R(s)} = \dfrac{\sum 전향\ 경로\ 이득}{1-\sum 루프이득} = \dfrac{G(s)}{1+G(s)H_1(s)+G(s)H_2(s)} = 10$ 가 되므로

$G(s) = 10 + 10G(s)H_1(s) + 10G(s)H_2(s)$

$G(s)[1 - 10H_1(s) - 10H_2(s)] = 10$

$G(s) = \dfrac{10}{1 - 10H_1(s) - 10H_2(s)}$ 가 된다.

답 ④

06 메이슨정리　　□□□ check up!

그림과 같은 신호흐름 선도에서 전달함수 $\dfrac{Y(s)}{X(s)}$ 는 무엇인가?

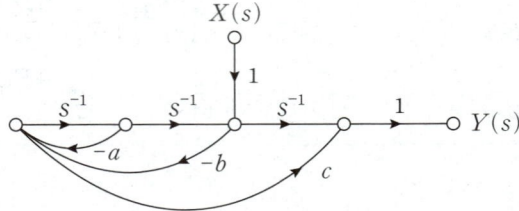

① $\dfrac{s+a}{s^2+as-b^2}$

② $\dfrac{-bcs^2+s}{s^2+as-b}$

③ $\dfrac{-bcs^2+s+a}{s^2+as}$

④ $\dfrac{-bcs^2+s+a}{s^2+as+b}$

해설 메이슨공식을 이용하면

전향경로 $G_1 = 1 \times s^{-1} \times 1 = \dfrac{1}{s}$

$G_2 = 1 \times (-b) \times c \times 1 = -bc$

루프이득 $L_{11} = s^{-1} \times (-a) = -\dfrac{a}{s}$

$L_{12} = s^{-1} \times s^{-1} \times (-b) = -\dfrac{b}{s^2}$

$\triangle = 1 - (L_{11} + L_{12}) = 1 + \dfrac{a}{s} + \dfrac{b}{s^2}$

$\triangle_1 = 1 - L_{11} = 1 + \dfrac{a}{s}$

$\triangle_2 = 1$

$\therefore G(s) = \dfrac{Y(s)}{X(s)} = \dfrac{G_1 \triangle_1 + G_2 \triangle_2}{\triangle} = \dfrac{\dfrac{1}{s} \times \left(1 + \dfrac{a}{s}\right) - bc \times 1}{1 + \dfrac{a}{s} + \dfrac{b}{s^2}} = \dfrac{-bcs^2+s+a}{s^2+as+b}$

답 ④

07 신호흐름선도

신호흐름선도에서 전달함수 $\left(\dfrac{C(s)}{R(s)}\right)$는?

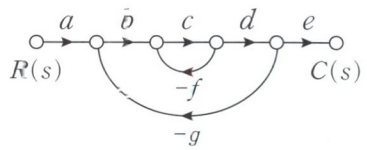

① $\dfrac{abcde}{1-cg-bcdg}$
② $\dfrac{abcde}{1-cf+bcdg}$
③ $\dfrac{abcde}{1+cf-bcdg}$
④ $\dfrac{abcde}{1+cf+bcdg}$

해설 신호흐름선도의 전달함수

전향경로이득 : $a \times b \times c \times d \times e = abcde$

첫 번째 루프이득 : $c \times (-f) = -cf$

두 번째 루프이득 : $b \times c \times d \times (-g) = -bcdg$

전달함수 $G = \dfrac{C(s)}{R(s)} = \dfrac{\sum \text{전향 경로 이득}}{1 - \sum \text{루프이득}} = \dfrac{abcde}{1-(-cf-bcdg)} = \dfrac{abcde}{1+cf+bcdg}$

답 ④

08 안정한 제어계

안정한 제어계에 임펄스 응답을 가했을 때 제어계의 정상상태 출력은?

① 0
② $+\infty$ 또는 $-\infty$
③ $+$의 일정한 값
④ $-$의 일정한 값

해설 안정한 제어계에 임펄스 응답을 가했을 때 제어계의 정상상태의 출력은 0에 수렴하여야 한다.

답 ①

09 지연시간

다음과 같은 시스템에 단위계단입력 신호가 가해졌을 때 지연시간에 가장 가까운 값[sec]는?

$$\dfrac{C(s)}{R(s)} = \dfrac{1}{s+1}$$

① 0.5
② 0.7
③ 0.9
④ 1.2

해설 전달함수 $G(s)=\dfrac{C(s)}{R(s)}=\dfrac{1}{s+1}$

단위계단 입력 $r(t)=u(t)=1$일 때 $C(s)=G(s)R(s)=\dfrac{1}{s(s+1)}=\dfrac{A}{s}+\dfrac{B}{s+1}$

$A=\lim\limits_{s\to 0}s\cdot C(s)=\left[\dfrac{1}{s+1}\right]_{s=0}=1$

$B=\lim\limits_{s\to 0}(s+1)C(s)=\left[\dfrac{1}{s}\right]_{s=-1}=-1$

$C(s)=\dfrac{1}{s}-\dfrac{1}{s+1}$ 이므로 응답 $c(t)=1-e^{-t}$가 되며

지연시간은 응답이 목표값의 50%가 되는 시간이므로
$c(t)=1-e^{-t}=0.5$
$e^{-t}=0.5$
$\ln e^{-t}=\ln 0.5$
$-t=\ln 0.5$
$t=-\ln 0.5=0.693[\sec]$

답 ②

10 2차제어계 전달함수 □□□ check up!

다음 회로망에서 입력전압을 $V_1(t)$, 출력전압을 $V_2(t)$라 할 때, $\dfrac{V_2(s)}{V_1(s)}$에 대한 고유주파수 ω_n과 제동비 ζ의 값은? (단, $R=100[\Omega]$, $L=2[H]$, $C=200[\mu F]$이고, 모든 초기전하는 0이다.)

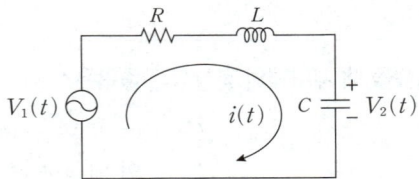

① $\omega_n=50$, $\zeta=0.5$
② $\omega_n=50$, $\zeta=0.7$
③ $\omega_n=250$, $\zeta=0.5$
④ $\omega_n=250$, $\zeta=0.7$

해설 직렬연결시 전달함수는

$G(s)=\dfrac{V_2(s)}{V_1(s)}=\dfrac{\text{출력 임피던스}}{\text{입력 임피던스}}=\dfrac{\dfrac{1}{Cs}}{R+Ls+\dfrac{1}{Cs}}=\dfrac{1}{LCs^2+RCs+1}=\dfrac{\dfrac{1}{LC}}{s^2+\dfrac{R}{L}s+\dfrac{1}{LC}}=\dfrac{\omega_n^2}{s^2+2\zeta\omega_n s+\omega_n^2}$

$R=100[\Omega]$, $L=2[H]$, $C=200[\mu F]$를 대입하면

$\omega_n=\dfrac{1}{\sqrt{2\times 200\times 10^{-6}}}=50$

$2\zeta\omega_n=\dfrac{R}{L}$, $\zeta=\dfrac{R}{2\omega_n L}=\dfrac{100}{2\times 50\times 2}=0.5$

답 ①

11 부족 제동

2차계 과도응답에 대한 특성 방정식의 근은 $s_1, s_2 = -\zeta\omega_n \pm j\omega_n\sqrt{1-\zeta^2}$ 이다. 감쇠비 ζ가 $0<\zeta<1$ 사이에 존재할 때 나타나는 현상은?

① 과제동
② 무제동
③ 부족제동
④ 임계제동

해설 제동비(감쇠율) ζ에 따른 제동 및 진동조건
- $\zeta > 1$인 경우 : 과제동(비진동)
- $\zeta = 1$인 경우 : 임계 진동(임계 상태)
- $0 < \zeta < 1$인 경우 : 부족 제동(감쇠 진동)
- $\zeta = 0$인 경우 : 무제동(무한 진동 또는 완전 진동)

답 ③

12 특성방정식 근

단위 궤환제어계의 개루프 전달함수가 $G(s) = \dfrac{K}{s(s+2)}$일 때 특성방정식의 근 K가 $-\infty$로부터 $+\infty$까지 변할 때 알맞지 않은 것은?

① $-\infty < K < 0$에 대하여 근은 모두 실근이다.
② $0 < K < 1$에 대하여 2개의 근은 모두 음의 실근이다.
③ $K = 0$에 대하여 $s_1 = 0, s_2 = -2$ 근은 $G(s)$의 극과 일치 한다.
④ $1 < K < \infty$에 대하여 2개의 근은 음의 실부를 갖는 중근이다.

해설 폐루우프의 특성방정식은 $s(s+2) + K = s^2 + 2s + K = 0$이므로

특성방정식의 근은 $s = \dfrac{-1 \pm \sqrt{1^2 - 1 \times K}}{1} = -1 \pm \sqrt{1-K}$ 가 되므로

① $-\infty < K < 0$이면 특성근 2가가 모두 실근이며 하나는 양의 실근이고 다른 하나는 음의 실근이다.
② $K = 0$이면 특성근 $s_1 = 0, s_2 = -2$이므로 특성근은 $G(s)$의 극점과 일치한다.
③ $0 < K < 1$이면 2개의 특성근은 모두 음의 실근이다.
④ $K = 1$이면 2개의 특성근은 $s_1 = s_2 - 1$인 중근이 된다.
⑤ $1 < K < \infty$이면 2개의 특성근은 음의 실수부를 가지는 공액복소근이다.

답 ④

13 진동주파수

전달함수가 $\dfrac{C(s)}{R(s)} = \dfrac{25}{s^2 + 6s + 25}$인 2차 제어시스템의 감쇠 진동 주파수($\omega_d$)는 몇 [rad/sec]인가?

① 3
② 4
③ 5
④ 6

해설 2차계의 전달함수

$G(s) = \dfrac{25}{s^2+6s+25} = \dfrac{\omega_n^2}{s^2+2\delta\omega_n s+\omega_n^2}$ 이므로

$\omega_n^2 = 25$에서 고유진동 각파수는 $\omega_n = 5[\text{rad/sec}]$이고

$2\delta\omega_n = 6$, $10\delta = 6$이므로 제동비 $\delta = 0.6$이므로 감쇠진동이 되어

이때 감쇠진동주파수 $\omega_d = \omega_n\sqrt{1-\delta^2} = 5\sqrt{1-0.6^2} = 4[\text{rad/sec}]$

답 ②

14 시간응답 특성

□□□ check up!

전달함수 $G(s) = \dfrac{1}{s^2+a}$일 때, 이 계의 임펄스응답 $c(t)$를 나타내는 것은? (단, a는 상수이다.)

①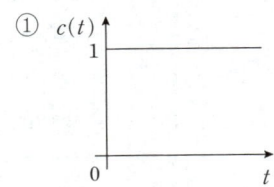

②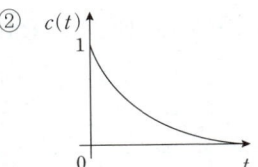

③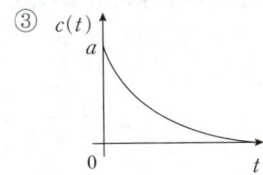

④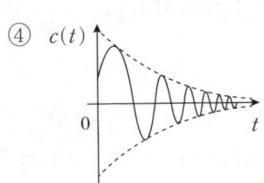

해설 임펄스 응답

임펄스 응답시 기준입력 $r(t) = \delta(t)$, $R(s) = 1$

전달함수 $G(s) = \dfrac{C(s)}{R(s)} = \dfrac{1}{s+a}$

응답(출력)은 $C(s) = G(s)R(s) = \dfrac{1}{s+a} \times 1 = \dfrac{1}{s+a}$

역라플라스 변환 $c(t) = \mathcal{L}^{-1}[C(s)] = e^{-at}$ 이므로

$t = 0$인 초기값 $c(0) = e^0 = 1$이며

$t = \infty$인 최종값 $c(\infty) = e^{-\infty} = \dfrac{1}{e^\infty} = 0$이 되며

지수적으로 감쇠하는 파형은 ②번이 된다.

답 ②

15 정상위치편차

개루프 전달함수 $G(s)$가 다음과 같이 주어지는 단위 부궤환계가 있다. 단위 계단입력이 주어졌을 때, 정상상태 편차가 0.05가 되기 위해서는 K의 값은 얼마인가?

$$G(s) = \frac{6K(s+1)}{(s+2)(s+3)}$$

① 19
② 20
③ 0.95
④ 0.05

해설 기준입력이 단위계단입력 $r(t)=u(t)$인 경우의 정상편차는 정상위치편차 e_{ssp}를 말하므로 위치편차상수를 구하면

$$k_p = \lim_{s \to 0} G(s) = \lim_{s \to 0} \frac{6K(s+1)}{(s+2)(s+3)} = K \text{이므로}$$

정상위치편차 $e_{ssp} = \dfrac{1}{1+\lim_{s=0} G(s)} = \dfrac{1}{1+k_p} = \dfrac{1}{1+K} = 0.05$

$K = \dfrac{1}{0.05} - 1 = 19$

답 ①

16 위치편차상수

그림과 같은 피드백제어 시스템에서 입력이 단위계단함수일 때 정상상태 오차상수인 위치상수(K_p)는?

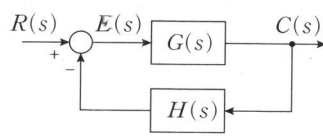

① $K_p = \lim_{s \to 0} G(s)H(s)$
② $K_p = \lim_{s \to 0} \dfrac{G(s)}{H(s)}$
③ $K_p = \lim_{s \to \infty} G(s)H(s)$
④ $K_p = \lim_{s \to \infty} \dfrac{G(s)}{H(s)}$

해설 기준입력이 단위계단함수 $r(t)=u(t)=1$인 경우 위치상수 K_p는 위치편차상수이므로 블록선도에서 개루프 전달함수는 $G(s)H(s)$이므로 위치편차상수 $k_p = \lim_{s \to 0} G(s)H(s)$가 된다.

답 ①

17 정상속도편차

블록선도의 제어시스템은 단위 램프 입력에 대한 정상상태 오차(정상편차)가 0.01이다. 이 제어시스템의 제어요소인 $G_{c1}(s)$의 k는?

$$G_{c1}(s)=k,\ G_{c2}(s)=\frac{1+0.1s}{1+0.2s}$$

$$G_p(s)=\frac{20}{s(s+1)(s+2)}$$

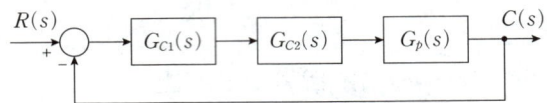

① 0.1
② 1
③ 10
④ 100

해설 기준입력이 단위속도입력 $r(t)=t$인 경우의 정상편차는 정상속도편차 e_{ssv}를 말하므로 블록선도에서 개루우프 전달함수

$G(s)=G_{c1}(s)G_{c2}(s)G_p(s)$

$=K\times\dfrac{1+0.1s}{1+0.2s}\times\dfrac{20}{s(s+1)(s+2)}$

$=\dfrac{20K(1+0.1s)}{s(s+1)(s+2)(1+0.2s)}$이므로

속도편차상수 $k_v=\lim\limits_{s\to 0}sG(s)=\lim\limits_{s\to 0}s\dfrac{20K(1+0.1s)}{s(s+1)(s+2)(1+0.2s)}=10K$

정상속도편차 $e_{ssv}=\dfrac{1}{\lim\limits_{s=0}sG(s)}=\dfrac{1}{k_v}=\dfrac{1}{10K}=0.01$

$K=10$

답 ③

18 정상위치편차

단위 피드백제어계에서 개루프 전달함수 $G(s)$가 다음과 같이 주어졌을 때 단위 계단 입력에 대한 정상상태 편차는?

$$G(s)=\frac{5}{s(s+1)(s+2)}$$

① 0
② 1
③ 2
④ 3

해설   기준입력이 단위계단입력 $r(t)=u(t)=1$인 경우의 정상편차는
정상위치편차 e_{ssp}를 말하므로 먼저 위치편차상수를 구하면
$$k_p = \lim_{s \to 0} G(s) = \lim_{s \to 0} \frac{5}{s(s+1)(s+2)} = \infty$$이므로
정상위치편차는 $e_{ssp} = \dfrac{1}{1+\lim_{s=0} G(s)} = \dfrac{1}{1+k_p} = \dfrac{1}{1+\infty} = 0$

답 ①

19 감도   □□□ check up!

그림과 같은 제어시스템의 폐루프 전달함수 $T(s) = \dfrac{C(s)}{R(s)}$에 대한 감도 S_K^T는?

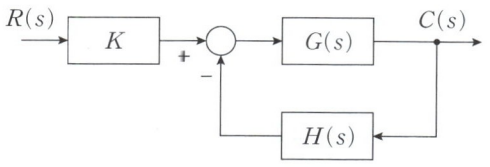

① 0.5
② 1
③ $\dfrac{G}{1+GH}$
④ $\dfrac{-GH}{1+GH}$

해설   먼저 전달함수 T를 구하면
$$T = \frac{C}{R} = \frac{KG(s)}{1+G(s)H(s)}$$ 이므로 감도 공식에 대입하면
$$S_K^T = \frac{K}{T} \cdot \frac{dT}{dK} = \frac{K}{\frac{KG(s)}{1+G(s)H(s)}} \cdot \frac{d}{dK}\left(\frac{KG(s)}{1+G(s)H(s)}\right)$$
$$= \frac{1+G(s)H(s)}{G(s)} \cdot \frac{G(s)}{1+G(s)H(s)} = 1$$이 된다.

답 ②

20 주파수 응답 ①   □□□ check up!

$G(j\omega) = \dfrac{K}{j\omega(j\omega+1)}$에 있어서 진폭 A 및 위상각 θ는?

$$\lim_{\omega \to \infty} G(j\omega) = A \angle \theta$$

① $A=0,\ \theta=-90°$
② $A=0,\ \theta=-180°$
③ $A=\infty,\ \theta=-90°$
④ $A=\infty,\ \theta=-180°$

제어공학 **821**

해설 주파수 전달함수 $G(j\omega) = \dfrac{K}{j\omega(j\omega+1)}$에서

진폭(크기)는 $|G(j\omega)| = \dfrac{K}{\omega\sqrt{\omega^2+1}}$

위상은 $\theta = \angle G(j\omega) = -90° - \tan^{-1}\omega$

$\omega \to \infty$일 때 $|G(j\omega)| = 0$, 위상 $\theta = -180°$

답 ②

21 주파수 응답 ② □□□ check up!

$G(s) = \dfrac{1}{0.005s(0.1s+1)^2}$에서 $\omega = 10[\text{rad/s}]$일 때의 이득 및 위상각은?

① $20[\text{dB}]$, $-90°$
② $20[\text{dB}]$, $-180°$
③ $40[\text{dB}]$, $-90°$
④ $40[\text{dB}]$, $-180°$

해설 $G(j\omega) = \dfrac{1}{0.005j\omega(0.1j\omega+1)^2}\bigg|_{\omega=10} = \dfrac{1}{j0.05(1+j)^2} = \dfrac{1}{j0.05(j2)}$

$|G(j\omega)| = \dfrac{1}{0.05 \times 2} = 10$

이득 $g = 20\log_{10}[G(j\omega)] = 20\log_{10} 10 = 20[\text{dB}]$

위상각 $\theta = \angle G(j\omega) = -90° + (-90°) = -180°$

답 ②

22 보드선도 □□□ check up!

그림과 같은 보드선도의 이득선도를 갖는 제어시스템의 전달함수는?

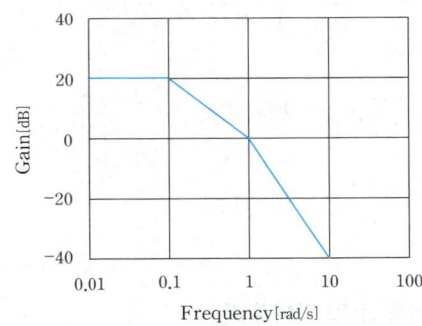

① $G(s) = \dfrac{10}{(s+1)(s+10)}$
② $G(s) = \dfrac{10}{(s+1)(10s+1)}$
③ $G(s) = \dfrac{20}{(s+1)(s+10)}$
④ $G(s) = \dfrac{20}{(s+1)(10s+1)}$

해설 보드선도에서 꺾어지는 절점주파수는 $\omega=0.1,\ 1$ 이므로

$$G(s)=\frac{K}{(j\omega+1)(j10\omega+1)}$$ 이고 그래프에서 $\omega=0.01$일 때

이득이 20[dB]이므로

$\omega=0.01$에서 $G(j0.01)=\dfrac{K}{(j0.01+1)(j0.1+1)}\fallingdotseq\dfrac{K}{1\times1}=K$

이득$=20\log|G(j\omega)|=20\log K=20$[dB]에서 $K=10$

$$G(s)=\frac{10}{(10s+1)(s+1)}$$

답 ②

23 특성방정식 □□□ check up!

특성 방정식 $s^5+2s^4+2s^3+3s^2+4s+1$을 Routh-Hurwitz 판별법으로 분석한 결과로 옳은 것은?

① s-평면의 우반면에 근이 존재하지 않기 때문에 안정한 시스템이다.
② s-평면의 우반면에 근이 1개 존재하기 때문에 불안정한 시스템이다.
③ s-평면의 우반면에 근이 2개 존재하기 때문에 불안정한 시스템이다.
④ s-평면의 우반면에 근이 3개 존재하기 때문에 불안정한 시스템이다.

해설

s^5	1	2	4	0
s^4	2	3	1	0
s^3	$\dfrac{2\times2-1\times3}{2}=0.5$	$\dfrac{4\times2-1\times1}{2}=3.5$	0	0
s^2	$\dfrac{3\times0.5-2\times3.5}{0.5}=-11$	$\dfrac{1\times0.5-2\times0}{0.5}=1$	0	0
s^1	$\dfrac{3.5\times(-11)-0.5\times1}{-11}=\dfrac{39}{11}$	$\dfrac{0\times(-11)-0.5\times0}{-11}=0$	0	0
s^0	$\dfrac{1\times\dfrac{39}{11}-(-11)\times0}{\dfrac{39}{11}}=1$	0	0	0

제1열의 부호의 변화가 2번 있으므로 s 평면의 우반면에 근이 2개 존재하여 불안정하다.

답 ③

24 특성방정식 안정조건 □□□ check up!

특성방정식이 $s^3+2s^2+Ks+5=0$으로 주어지는 제어계가 안정하기 위한 K의 값은?

① $K>0$
② $K<0$
③ $K>\dfrac{5}{2}$
④ $K<\dfrac{5}{2}$

해설 루드 수열

s^3	1	K	0
s^2	2	5	0
s^1	$\dfrac{2\times K-1\times 5}{2}=\dfrac{2K-5}{2}=A$	$\dfrac{0\times 2-1\times 0}{2}=0$	0
s^0	$\dfrac{5\times A-2\times 0}{A}=5$	0	0

제1열의 부호의 변화가 없어야 안정하므로

$A=\dfrac{2K-5}{2}>0$

$K>\dfrac{5}{2}$

답 ③

25 2차제어계의 이득여유 □□□ check up!

단위 부궤환 제어시스템의 루프전달함수 $G(s)H(s)$가 다음과 같이 주어져 있다. 이득여유가 $20[\text{dB}]$이면 이 때의 K의 값은?

$$G(s)H(s)=\frac{K}{(s+1)(s+3)}$$

① $\dfrac{3}{10}$ ② $\dfrac{3}{20}$
③ $\dfrac{1}{20}$ ④ $\dfrac{1}{40}$

해설 $|G(j\omega)H(j\omega)|=\dfrac{K}{(j\omega+1)(j\omega+3)}\bigg|_{\omega=0}=\dfrac{K}{3}$ 이므로

이득여유 $GM=20\log_{10}\dfrac{1}{|G(j\omega)H(j\omega)|_{\omega=0}}=20\log_{10}\dfrac{3}{K}=20[\text{dB}]$

$\dfrac{3}{K}=10$, $K=\dfrac{3}{10}$

답 ①

26 근궤적법 □□□ check up!

폐루프 전달함수 $\dfrac{G(s)}{1+G(s)H(s)}$의 극의 위치를 개루프 전달함수 $G(s)H(s)$의 이득상수 K의 함수로 나타내는 기법은?

① 근궤적법   ② 보드 선도법
③ 이득 선도법   ④ Nyguist 판정법

해설 극의 위치를 개루프 전달함수 $G(s)H(s)$의 이득상수 K의 함수로 나타내는 기법을 근궤적법이라 한다.

답 ①

27 실수축과의 교차점 □□□ check up!

개루프 전달함수 $G(s)H(s)$가 다음과 같이 주어지는 부궤환계에서 근궤적 점근선의 실수축과의 교차점은?

$$G(s)H(s)=\frac{K}{s(s+4)(s+5)}$$

① 0
② -1
③ -2
④ -3

해설
① $G(s)H(s)$의 극점 : 분모가 0인 s
   $s=0,\ s=-4,\ s=-5$ 이므로 극점의 수 $P=3$개
② $G(s)H(s)$의 영점 : 분자가 0인 s
   영점의 수 $Z=0$개 이므로
   실수축과의 교차점은
   $$\sigma=\frac{\sum G(s)H(s)\text{의 극점}-\sum G(s)H(s)\text{의 영점}}{p-z}=\frac{0+(-4)+(-5)}{3-0}=-3$$

답 ④

28 점근선 각도 □□□ check up!

제어시스템의 개루프 전달함수가 $G(s)H(s)=\dfrac{K(s+30)}{s^4+s^3+2s^2+s+7}$로 주어질 때, 다음 중 $K>0$인 경우 근궤적의 점근선이 실수축과 이루는 각 $[°]$은?

① $20°$
② $60°$
③ $90°$
④ $120°$

해설 개루프 전달함수가 $G(s)H(s)$의 극점과 영점을 구하면
$G(s)H(s)$의 극점 : 분모가 0인 s → 극점의 수 $p=4$개
$G(s)H(s)$의 영점 : 분자가 0인 s → 영점의 수 $z=1$개 이므로

점근선의 각도 $a_k=\dfrac{2k+1}{p-z}\times 180°=\dfrac{2k+1}{3}\times 180°$에서

$a_{k=0}=\dfrac{2\times 0+1}{3}\times 180°=60°$

$a_{k=1}=\dfrac{2\times 1+1}{3}\times 180°=180°$

$a_{k=2}=\dfrac{2\times 2+1}{3}\times 180°=300°$

답 ②

29 허수축 교차점

개루프 전달함수가 다음과 같은 제어시스템의 근궤적이 $j\omega$(허수)축과 교차할 때 K는 얼마인가?

$$G(s)H(s) = \frac{K}{s(s+3)(s+4)}$$

① 30
② 48
③ 84
④ 180

해설 특성방정식 $1+G(s)H(s)=0$을 구하여 전개하면

$$1+G(s)H(s) = 1 + \frac{K}{s(s+3)(s+4)} = \frac{s(s+3)(s+4)+K}{s(s+3)(s+4)} = 0 \text{가 되므로}$$

특성방정식 $= s(s+3)(s+4) + K = s^3 + 7s^2 + 12s + K = 0$에서
루드 수열을 작성하면

s^3	1	12	0
s^2	7	K	0
s^1	$\frac{7 \times 12 - 1 \times K}{7} = \frac{84-K}{7} = A$	0	0
s^0	K	0	0

이므로 임계 안정시 허수축에 교차하므로
K의 임계값은 s^1의 제1행 요소를 0으로 놓으면
$A = \frac{84-K}{7} = 0$일 때 $K = 84$

답 ③

30 천이행렬 ①

상태방정식으로 표시되는 제어계의 천이행렬 $\phi(t)$는?

$$\dot{X} = \begin{bmatrix} 0 & 1 \\ 0 & 0 \end{bmatrix} X + \begin{bmatrix} 0 \\ 1 \end{bmatrix} U$$

① $\begin{bmatrix} 0 & t \\ 1 & 1 \end{bmatrix}$
② $\begin{bmatrix} 1 & 1 \\ 0 & t \end{bmatrix}$
③ $\begin{bmatrix} 1 & t \\ 0 & 1 \end{bmatrix}$
④ $\begin{bmatrix} 0 & t \\ 1 & 0 \end{bmatrix}$

Chapter 10. 최신기출 CBT 신경향 문제

해설 계수행렬 $A=\begin{bmatrix} 0 & 1 \\ 0 & 0 \end{bmatrix}$ 이므로 천이행렬 $\phi(t)$는

$$sI-A=s\begin{bmatrix} 1 & 0 \\ 0 & 1 \end{bmatrix}-\begin{bmatrix} 0 & 1 \\ 0 & 0 \end{bmatrix}=\begin{bmatrix} s & -1 \\ 0 & s \end{bmatrix}$$

$$[sI-A]^{-1}=\begin{bmatrix} s & -1 \\ 0 & s \end{bmatrix}^{-1}=\frac{1}{s^2}\begin{bmatrix} s & 1 \\ 0 & s \end{bmatrix}=\begin{bmatrix} \dfrac{1}{s} & \dfrac{1}{s^2} \\ 0 & \dfrac{1}{s} \end{bmatrix}$$

$$\therefore \phi(t)=\mathcal{L}^{-1}\{[sI-A]^{-1}\}=\begin{bmatrix} 1 & t \\ 0 & 1 \end{bmatrix}$$

답 ③

31 천이행렬 ② ☐☐☐ check up!

시스템행렬 A가 다음과 같을 때 상태천이행렬을 구하면?

$$A=\begin{bmatrix} 0 & 1 \\ -2 & -3 \end{bmatrix}$$

① $\begin{bmatrix} 2e^t-e^{-2t} & -e^t+e^{2t} \\ 2e^t-2e^{2t} & -e^t-2e^{2t} \end{bmatrix}$

② $\begin{bmatrix} 2e^{-t}-e^{-2t} & e^{-t}-e^{-2t} \\ -2e^{-t}-2e^{-2t} & -e^{-t}-2e^{2t} \end{bmatrix}$

③ $\begin{bmatrix} 2e^{-t}-e^{-2t} & -e^{-t}+e^{-2t} \\ 2e^{-t}-2e^{-2t} & -e^{-t}-2e^{-2t} \end{bmatrix}$

④ $\begin{bmatrix} 2e^{-t}-e^{-2t} & e^{-t}-e^{-2t} \\ -2e^{-t}+2e^{-2t} & -e^{-t}+2e^{-2t} \end{bmatrix}$

해설 상태천이행렬

$$[sI-A]=\begin{bmatrix} s & 0 \\ 0 & s \end{bmatrix}-\begin{bmatrix} 0 & 1 \\ -2 & -3 \end{bmatrix}=\begin{bmatrix} s & -1 \\ 2 & s+3 \end{bmatrix}$$

$$[sI-A]^{-1}=\frac{1}{(s+1)(s+2)}\begin{bmatrix} s+3 & 1 \\ -2 & s \end{bmatrix}$$

$$=\begin{bmatrix} \dfrac{s+3}{(s+1)(s+2)} & \dfrac{1}{(s+1)(s+2)} \\ \dfrac{-2}{(s+1)(s+2)} & \dfrac{s}{(s+1)(s+2)} \end{bmatrix}$$

$F_1(s)=\dfrac{s+3}{(s+1)(s+2)}=\dfrac{2}{s+1}-\dfrac{1}{s+2} \rightarrow f_1(t)=2e^{-t}-e^{-2t}$

$F_2(s)=\dfrac{1}{(s+1)(s+2)}=\dfrac{1}{s+1}-\dfrac{1}{s+2} \rightarrow f_2(t)=e^{-t}-e^{-2t}$

$F_3(s)=\dfrac{-2}{(s+1)(s+2)}=\dfrac{-2}{s+1}-\dfrac{2}{s+2} \rightarrow f_3(t)=-2e^{-t}+2e^{-2t}$

$F_4(s)=\dfrac{s}{(s+1)(s+2)}=\dfrac{-1}{s+1}-\dfrac{2}{s+2} \rightarrow f_4(t)=-e^{-t}+2e^{-2t}$ 이므로

상태천이행렬은 $\phi(t)=\mathcal{L}^{-1}[(sI-A)^{-1}]=\begin{bmatrix} 2e^{-t}-e^{-2t} & e^{-t}-e^{-2t} \\ -2e^{-t}+2e^{-2t} & -e^{-t}+2e^{-2t} \end{bmatrix}$

답 ④

32 천이행렬 ③

n차 선형 시불변 시스템의 상태방정식을 $\frac{d}{dt}X(t)=AX(t)+Br(t)$로 표시할 때 상태천이 행렬 $\phi(t)$ ($n \times n$행렬)에 관하여 틀린 것은?

① $\phi(t)=e^{At}$
② $\frac{d\phi(t)}{dt}=A\cdot\phi(t)$
③ $\phi(t)=£^{-1}[(sI-A)^{-1}]$
④ $\phi(t)$는 시스템의 정상상태응답을 나타낸다.

해설 $\phi(t)$는 선형 시스템의 과도응답(천이행렬)을 나타낸다.

답 ④

33 Z변환

시간함수 $f(t)=\sin\omega t$의 z변환은?

① $\dfrac{z\sin\omega T}{z^2+2z\cos\omega T+1}$
② $\dfrac{z\sin\omega T}{z^2-2z\cos\omega T+1}$
③ $\dfrac{z\sin\omega T}{z^2-2z\sin\omega T+1}$
④ $\dfrac{z\cos\omega T}{z^2-2z\sin\omega T+1}$

해설 $f(t)$, $F(s)$, $F(z)$의 비교

시간함수 $f(t)$	라플라스변환 $F(s)$	z변환 $F(z)$
$\delta(t)$	1	1
$u(t)=1$	$\dfrac{1}{s}$	$\dfrac{z}{z-1}$
e^{-at}	$\dfrac{1}{s+a}$	$\dfrac{z}{z-e^{-aT}}$
t	$\dfrac{1}{s^2}$	$\dfrac{Tz}{(z-1)^2}$
$\sin\omega t$	$\dfrac{\omega}{s^2+\omega^2}$	$\dfrac{z\sin\omega T}{z^2-2z\cos\omega T+1}$
$\cos\omega t$	$\dfrac{s}{s^2+\omega^2}$	$\dfrac{z(z-\cos\omega T)}{z^2-2z\cos\omega T+1}$

답 ②

34 유접점회로 ☐☐☐ check up!

그림과 같은 논리회로는?

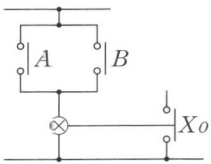

① OR 회로
② AND 회로
③ NOT 회로
④ NOR 회로

해설   접점 A와 B가 병렬연결이므로 OR 회로이다.   답

35 자기유지회로 ☐☐☐ check up!

그림의 시퀀스 회로에서 전자접촉기 X에 의한 A접점(Normal open contact)의 사용 목적은?

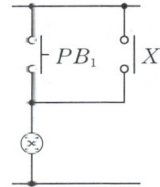

① 자기유지회로
② 지연회로
③ 우선 선택회로
④ 인터록(interlock)회로

해설   ① 자기유지회로
② 지연회로
③ 우선 선택회로
④ 인터록(Interlock)회로   답

36 OR회로

그림의 회로는 어느 게이트(Gate)에 해당되는가?

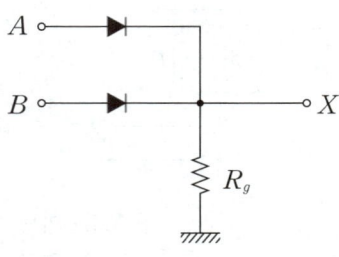

① OR
② AND
③ NOT
④ NOR

해설 입력 A와 B 중 어느 하나 이상이 입력되면 출력이 발생하는 회로이므로 OR게이트가 된다.   **답** ①

37 비례적분동작

적분 시간 3[sec], 비례 감도가 3인 비례적분동작을 하는 제어 요소가 있다. 이 제어 요소에 동작신호 $x(t)=2t$를 주었을 때 조작량은 얼마인가? (단, 초기 조작량 $y(t)$는 0으로 한다.)

① t^2+2t
② t^2+4t
③ t^2+6t
④ t^2+8t

해설 적분 시간 $T_i=3[\sec]$, 비례 감도가 $K_P=3$인 비례적분동작의 전달함수

$$G(s)=\frac{Y(s)}{X(s)}=K_p\left(1+\frac{1}{T_is}\right)=3\left(1+\frac{1}{3s}\right)$$ 가 되므로

조작량 $Y(s)=3\left(1+\frac{1}{3s}\right)X(s)$에서

동작신호 $x(t)=2t$의 라플라스변환 $X(s)=\frac{2}{s^2}$를 대입하면

$Y(s)=3\left(1+\frac{1}{3s}\right)\times\frac{2}{s^2}=\frac{6}{s^2}+\frac{2}{s^3}=6\frac{1}{s^2}+\frac{2}{s^3}$

$y(t)=t^2+6t$ **답** ③

38 논리식 ①

그림의 논리회로와 등가인 논리식은?

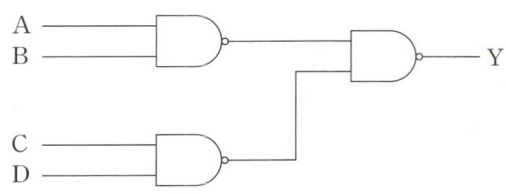

① $Y = A \cdot B \cdot C \cdot D$
② $Y = A \cdot B + C \cdot D$
③ $Y = \overline{A \cdot B} + \overline{C \cdot D}$
④ $Y = (\overline{A \cdot B}) + (\overline{C \cdot D})$

해설 $Y = \overline{\overline{A \cdot B} \cdot \overline{C \cdot D}} = \overline{\overline{A \cdot B}} + \overline{\overline{C \cdot D}}$
$= A \cdot B + C \cdot D$

답

39 논리식 ②

다음 논리회로의 출력 Y는?

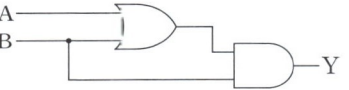

① A
② B
③ $A + B$
④ $A \cdot B$

해설 $Y = (A + B) \cdot B = A \cdot B + B \cdot B = A \cdot B + B$
$= (A + 1) \cdot B = B$

답

40 비례 적분 미분 제어기

전달함수가 $G_C(s) = \dfrac{s^2 + 3s + 5}{2s}$ 인 제어기가 있다. 이 제어기는 어떤 제어기인가?

① 비례 미분 제어기
② 적분 제어기
③ 비례 적분 제어기
④ 비례 적분 미분 제어기

해설 전달함수

$$G_C(s) = \frac{s^2+3s+5}{2s}$$

$$= \frac{1}{2}s + \frac{3}{2} + \frac{5}{2s} = \frac{3}{2}\left(1 + \frac{1}{3}s + \frac{5}{3s}\right)$$

$$= \frac{3}{2}\left(1 + \frac{1}{3}s + \frac{1}{\frac{3}{5}s}\right)$$ 이므로 비례 미분 적분제어기

답 ④

41 시퀀스제어 □□□ check up!

시퀀스(Sequence)제어에서 다음 중 옳지 않은 것은?

① 조합논리회로(組合論理回路)도 사용된다.
② 기계적 계전기도 사용된다.
③ 전체 계통에 연결된 스위치가 일시에 동작할 수도 있다.
④ 시간 지연 요소도 사용된다.

해설 시퀀스 제어

시퀀스 제어란 미리 정해놓은 순서에 따라 각 단계가 순차적으로 진행되는 제어로서 연결스위치가 일시에 동작 할 수는 없다.

답 ③

42 상태천이행렬 □□□ check up!

다음은 천이행렬 $\phi(t)$의 특징을 서술한 관계식이다. 이 중 잘못된 것은?

① $\phi(0) = I$
② $\phi^{-1}(t) = -\phi(-t)$
③ $[\phi(t)]^k = \phi(kt)$
④ $\phi(t_2-t_0) = \phi(t_2-t_1)\phi(t_1-t_0)$

해설 상태천이행렬의 성질

① $x(t) = \phi(t)x(0) = e^{At}x(0)$
   $\phi(t) = e^{At}$
② $\phi(0) = I$ (단, I는 단위행렬)
③ $\phi^{-1}(t) = \phi(-t) = e^{-At}$
④ $\phi(t_2-t_1)\phi(t_1-t_0) = \phi(t_2-t_0)$
⑤ $[\phi(t)]^k = \phi(kt)$

답 ②

43 플립플롭

어느 시퀀스 제어시스템의 내부 상태가 9가지로 바뀐다면 이를 설계할 때 필요한 플립플롭의 최소 개수는?

① 3
② 4
③ 5
④ 6

해설 플립플롭 최소 개수 n
플립플롭의 가지수는 2^n이므로 $2^3=8$, $2^4=16$ 이 되므로
가지수가 9이므로 플립플롭 최소 개수 $n=4$가 되어야 한다.

답 ②

44 인디셜 응답

전달함수 $G(s)=\dfrac{1}{s+1}$ 인 제어계 인디션 응답은?

① $1-e^{-t}$
② e^{-t}
③ $-1+e^{-t}$
④ $e^{-t}+1$

해설 인디셜 응답

인디셜 응답시 기준입력 $r(t)=u(t)=1$, $R(s)=\dfrac{1}{s}$

전달함수 $G(s)=\dfrac{C(s)}{R(s)}=\dfrac{1}{s+1}$ 일 때

응답(출력) $C(s)=G(s)R(s)=\dfrac{1}{s+1}\times\dfrac{1}{s}=\dfrac{1}{s(s+1)}$

역라플라스변환

$C(s)=\dfrac{1}{s(s+1)}=\dfrac{A}{s}+\dfrac{B}{s+1}$

$A=\lim_{s\to 0}s\cdot C(s)=\left[\dfrac{1}{s+1}\right]_{s=0}=1$

$B=\lim_{s\to 0}(s+1)C(s)=\left[\dfrac{1}{s}\right]_{s=-1}=-1$

$C(s)=\dfrac{1}{s}-\dfrac{1}{s+1}$

∴ $c(t)=1-e^{-t}$

답 ①

45 비례미분동작

PD 제어동작은 프로세스 제어계의 과도 특성 개선에 쓰인다. 이것에 대응하는 보상 요소는?

① 지상 보상 요소
② 진상 보상 요소
③ 동상 보상 요소
④ 진지상 보상 요소

해설 동작에 의한 분류

비례 미분동작(PD제어)은 진동을 억제하여 속응성(응답속도)를 개선한다. → 진상보상요소 **답** ②

46 근궤적법 – 이탈점

특성방정식 $(s+1)(s+2)+K(s+3)=0$의 완전 근궤적의 이탈점은 각각 얼마인가?

① $s=-1.5$, $s=-3.5$인 점
② $s=-1.6$, $s=-2.6$인 점
③ $s=-2+\sqrt{3}$, $s=-2-\sqrt{3}$인 점
④ $s=-3+\sqrt{2}$, $s=-3-\sqrt{2}$인 점

해설 특성방정식은

$$(s+1)(s+2)+K(s+3)=0, \quad K=-\frac{(s+1)(s+2)}{(s+3)}=-\frac{s^2+3s+2}{s+3}$$

$\frac{dK}{ds}=0$ 을 만족하는 방정식의 근의 값을 구하면

$$\frac{dK}{ds}=\frac{d}{ds}\left[-\frac{s^2+3s+2}{(s+3)}\right]$$

$$=\frac{-(2s+3)(s+3)+(s^2+3s+2)\times 1}{(s+3)^2}$$

$$=\frac{-s^2-6s-7}{(s+3)^2}=0 \text{ 이므로}$$

$-s^2-6s-7=0$

$s^2+6s+7=0$

$$s=\frac{-6\pm\sqrt{6^2-4\times 1\times 7}}{2\times 1}$$

$$=\frac{-6\pm\sqrt{8}}{2}=-3+\sqrt{2},\ -3-\sqrt{2}=-1.59,\ -4.41$$

근궤적 영역은 $-2\sim-1$ 사이와 $-\infty\sim-3$ 사이에 존재하므로
이 범위에 속한 s값은 $-3+\sqrt{2}$, $-3-\sqrt{2}$ **답** ④

제6과목

전기설비기술기준

Chapter 01 공통사항
Chapter 02 저압전기설비
Chapter 03 고압/특고압 전기설비
Chapter 04 전기철도설비
Chapter 05 분산형 전원설비
Chapter 06 CBT 신경향 문제

제6과목
전기설비기술기준
DAY - 26

30일 단기완성

Chapter 01
공통사항

1 출제경향분석

본장은 전기설비에 대한 용어 해석, 전압의 종별, 접지 등에 관한 전기법규의 전반적인 기본 사항에 대해 다룬, 기본적인 용어 및 절연 등을 묻는 문제가 출제됩니다.

> **반드시 알아야 하는 핵심 포인트**
> ① 전압의 구분　　　　　　② 전기용어 정리
> ③ 접지시스템　　　　　　④ 전선
> ⑤ 피뢰시스템

2 학습 가이드라인

- 반드시 알아야 하는 핵심 포인트는 전기기사 및 산업기사 시험에서 가장 출제빈도가 높은 논점으로 각 파트별 핵심 포인트와 문제를 연계하여 학습해 주시기를 권장합니다.
- 체크리스트를 작성하시면서 문제의 유형과 학습의 완성도를 스스로 확인해 주세요.
- 출제 빈도가 높고 틀리기 쉬운 문제를 맞출 수 있도록 "콕콕 포인트"를 확인해 주세요.

우선순위 논점	KEY WORD	선생님의 콕콕 포인트
접근상태	1차, 2차 접근상태	• 1차 : 3m이상 • 2차 : 3m미만에 시설할 것
전로의절연	전기욕기·전기로·전기보일러·전해조	접지점들과 시험용변압기는 절연하지 않을 것
절연내력시험	접지방식을통한 구분	다중접지0.92배, 비접지1.25배
접지저항	중성점	특고압의 경우 16 단, 중성선 다중접지방식은 6

1-1 공통사항

1. 전압의 구분
  - 저압 : 교류는 1[kV] 이하, 직류는 1.5[kV] 이하인 것.
    - 고압 : 교류는 1[kV]를, 직류는 1.5[kV]를 초과하고, 7[kV] 이하인 것.
    - 특고압 : 7[kV]를 초과하는 것.
2. 용어정리
    - 이웃 연결(연접) 인입선 : 한 수용장스의 인입선에서 분기하여 지지물을 거치지 않고 다른 수용 장소의 인입구에 이르는 부분의 전선
    - 관등회로 : 방전등용 안정기 또는 방전등용 변압기로부터 방전관까지의 전로
    - 지중관로 : 지중 전선로 · 지중 약전류 전선로 · 지중 광섬유 케이블 선로 · 지중에 시설하는 수관 및 가스관과 이와 유사한 것 및 이들에 부속하는 지중함
3. 접근상태
    ① 제1차 접근상태 : 수평 거리로 3[m] 이상
    ② 제2차 접근상태 : 위쪽 또는 옆쪽에서 3[m] 미만

---

01 전압의 종별 □□□ check up!

전압의 종별을 구분할 때 직류에서의 범위는?

① 1000[V]를 넘고 6600[V] 이하인 것
② 1000[V]를 넘고 7000[V] 이하인 것
③ 1500[V]를 넘고 7000[V] 이하인 것
④ 1500[V]를 넘고 6600[V] 이하인 것

해설 고압 : 교류는 1[kV]를, 직류는 1.5[kV]를 초과하고, 7[kV] 이하인 것.   답 ③

---

02 이웃 연결(연접) 인입선 □□□ check up!

한 수용장소의 인입선에서 분기하여 지지물을 거치지 않고 다른 수용 장소의 인입구에 이르는 부분의 전선을 무엇이라고 하는가?

① 가공인입선
② 인입선
③ 이웃 연결(연접) 인입선
④ 옥측배선

해설 이웃 연결(연접) 인입선이란 한 수용장소의 인입선에서 분기하여 지지물을 거치지 않고 다른 수용 장소의 인입구에 이르는 부분의 전선을 말한다.   답 ③

03 관등회로　　□□□ check up!

방전등용 안정기로부터 방전관까지의 전로를 무엇이라 하는가?

① 가섭선
② 가공인입선
③ 관등회로
④ 지중관로

해설 관등회로란 방전등용 안정기로부터 방전관까지의 전로를 말한다.　　답 ③

04 접근상태　　□□□ check up!

다음은 무엇에 관한 설명인가?

> "가공전선이 다른 시설물과 접근하는 경우에 그 가공전선이 다른 시설물의 위쪽 또는 옆쪽에서 수평 거리로 3[m] 미만"

① 제1차 접근상태
② 제2차 접근상태
③ 제3차 접근상태
④ 제4차 접근상태인 곳에 시설되는 상태

해설 "제2차 접근상태"라 함은 가공전선이 다른 시설물과 상방 또는 측방에서 수평거리로 3[m] 미만인 곳에 시설되는 상태를 말한다.　　답 ②

05 지중관로　　□□□ check up!

"지중관로"에 대한 정의로 가장 옳은 것은?

① 지중전선로.지중 약전류 전선로와 지중매설지선 등을 말한다.
② 지중전선로.지중 약전류 전선로와 복합케이블선로.기타 이와 유사한 것 및 이들에 부속되는 지중함을 말한다.
③ 지중전선로.지중 약전류 전선로.지중에 시설하는 수관 및 가스관과 지중매설지선을 말한다.
④ 지중전선로.지중 약전류 전선로.지중 광섬유 케이블 선로.지중에 시설하는 수관 및 가스관과 기타 이와 유사한 것 및 이들에 부속하는 지중함 등을 말한다.

해설 지중관로란 지중전선로.지중 약전류전선로.지중 광섬유케이블 선로.지중에 시설하는 수관 및 가스관과 이와 유사한 것 및 이들에 부속하는 지중함 등을 말한다.　　답 ④

1-2 공통사항

1. 전선의 식별

상(문자)	색상
L1	갈색
L2	검정색
L3	회색
N	파란색
보호도체	녹색 – 노란색

2. 전선의 접속 유의사항
   - 전선의 전기저항을 증가시키지 않을 것.
   - 전선의 세기를 20[%]이상 감소시키지 않을 것.
   - 접속부분에 전기적 부식이 생기지 아니하도록 할 것.
   - 접속 부분을 절연전선의 절연물과 동등 이상의 효력이 있는 것으로 충분히 피복할 것.

3. 절연 제외사항
   - 접지점
   - 전기욕기, 전기로, 전기보일러, 전해조, 시험용 변압기

01 전선색상 식별 □□□ check up!

다음은 보기에서 상과 전선의 색상과 일치하지 않는 것은?

① L1 – 갈색
② L2 – 검정색
③ L3 – 녹색
④ N – 파란색

해설 L3의 경우 회색 선을 적용한다. 답 ③

02 전선의 접속 – 유형 ① □□□ check up!

전선의 접속법을 열거한 것 중 틀린 것은?

① 전선의 세기를 30[%] 이상 감소시키지 않는다.
② 접속부분을 절연전선의 절연물과 동등이상의 절연효력이 있도록 충분히 피복한다.
③ 접속부분은 접속관, 기타의 기구를 사용한다.
④ 알루미늄 도체의 전선관 동도체의 전선을 접속할 때에는 전기적 부식이 생기지 않도록 한다.

해설 전선의 접속시 전선의 세기를 20[%] 이상 감소시키지 말 것. 답 ①

03 전선의 접속 – 유형 ② ☐☐☐ check up!

전선을 접속하는 경우 전선의 세기(인장하중)는 몇 [%] 이상 감소되지 않아야 하는가?
① 10   ② 15
③ 20   ④ 25

해설
- 20[%] 이상 감소시키지 말 것
- 80[%] 이상 유지할 것

답 ③

04 전로의 절연 – 유형 ① ☐☐☐ check up!

전로를 대지로부터 반드시 절연하여야 하는 것은?
① 시험용변압기
② 저압 가공전선로의 접지측 전선
③ 전로의 중성점에 접지공사를 하는 경우의 접지점
④ 계기용변성기의 2차측 전로에 접지공사를 하는 경우의 접지점

해설
- 접지공사의 접지점
- 시험용 변압기
- 전기로, 전기욕기, 전기보일러, 전해조

답 ②

05 전로의 절연 – 유형 ② ☐☐☐ check up!

전로의 절연원칙에 따라 반드시 절연하여야 하는 것은?
① 수용장소의 인입구 접지점
② 고압과 특별고압 및 저압과의 혼촉 위험 방지를 한 경우 접지점
③ 저압가공전선로의 접지측 전선
④ 시험용 변압기

해설
- 접지공사의 접지점
- 시험용 변압기
- 전기로, 전기욕기, 전기보일러, 전해조

답 ③

06 전로의 절연 - 유형 ③

전로를 대지로부터 절연을 하여야 하는 것은 다음 중 어느 것인가?

① 전기보일러
② 전기다리미
③ 전기욕기
④ 전기로

해설 전기욕기·전기로·전기보일러·전해조 등 대지로부터 절연하는 것이 기술상 곤란한 것은 절연하지 않는다.

답 ②

07 누설전류 한도 - 유형 ①

저압전선로의 전선과 대지간의 절연저항은 사용전압에 대한 누설전류가 얼마를 넘지 않도록 하여야 하는가?

① $\dfrac{1}{4000}$
② $\dfrac{1}{3000}$
③ $\dfrac{1}{2000}$
④ $\dfrac{1}{1000}$

해설 저압의 전선로 중 절연부분의 전선과 대지간의 절연저항은 사용전압에 대한 누설전류가 최대공급전류의 $\dfrac{1}{2000}$을 넘지 아니하도록 유지하여야 한다.

답 ③

08 누설전류 한도 - 유형 ②

사용전압이 저압인 전로에서 정전이 어려운 경우 등 절연저항 측정이 곤란한 경우에는 누설전류를 몇 [mA] 이하로 유지하여야 하는가?

① 0.1[mA]
② 1.0[mA]
③ 10[mA]
④ 100[mA]

해설 사용전압이 저압인 전로에서 정전이 어려운 경우 또는 절연저항 측정이 곤란한 경우에는 누설전류를 1[mA] 이하로 유지할 것

답 ②

1-3 공통사항

1. 절연저항

전로의 사용전압[V]	DC시험전압[V]	절연저항[MΩ]
SELV 및 PELV	250	0.5
FELV, 500 이하	500	1.0
500 초과	1,000	1.0

2. 절연내력시험 전압 (10분간/직류2배)

• 전로 및 기구

최대사용전압	접지방식	배수	최저시험전압
7[kV] 이하	무	1.5배	500[V]

※ 다구리(다중접지 0.92배) / 고스톱의 비=12(비접지 1.25) / 냠냠쩝쩝 젓가락(접지 1.1)

• 회전기 (직류 1.6배)

종류		최대사용전압	배수	최저시험전압	시험방법
회전기	조상기 발전기 전동기	7[kV] 이하	1.5배	500[V]	권선과 대지간
		7[kV] 초과	1.25배	10500[V]	

3. 연료전지 및 태양전지

• 1.5배의 직류전압 또는 1배의 교류전압

---

01 절연저항   □□□ check up!

사용전압이 저압인 전로에서 전선과 대지간의 절연저항 값 측정시 DC시험전압이 500[V]인 경우, 전로의 절연저항은 몇 [MΩ] 이상이어야 하는가?

① 0.1[MΩ] ② 0.5[MΩ]
③ 1.0[MΩ] ④ 1.5[MΩ]

해설

전로의 사용전압[V]	DC시험전압[V]	절연저항[MΩ]
SELV 및 PELV	250	0.5
FELV, 500 이하	500	1.0
500 초과	1,000	1.0

답 ③

Chapter 01. 공통사항

02 전로 및 기구의 절연내력시험전압 - 유형 ① □□□ check up!

중성점 직접접지식 전로에 연결되는 최대사용전압이 66[kV]인 전로의 절연내력 시험전압은 최대사용전압의 몇 배인가?

① 1.25
② 0.92
③ 0.72
④ 0.64

해설

전로의 종류	접지방식	배수	최저시험전압
최대사용전압 60[kV]를 초과 170[kV] 이하	중성점 직접접지식	0.72배	-

답 ③

03 전로 및 기구의 절연내력시험전압 - 유형 ② □□□ check up!

22.9[kV] 3상4선식 다중 접지방식의 지중 전선로의 절연내력시험을 직류로 할 경우 시험전압은 몇 [V]인가?

① 16448
② 21068
③ 32796
④ 42136

해설

전로의 종류	시험전압	최저시험전압
최대사용전압 7[kV]를 초과 25[kV] 이하 중성점 접지식 전로(중성선을 가지는 것으로서 그 중성선을 다중 접지하는 것에 한한다.)	0.92배	-

직류로 시험 할 수 있으며, 표에서 정한 시험전압의 2배의 직류전압으로 절연내력을 시험한다.

절연내력시험전압 = 22900 × 0.92배 × 2배 = 42136[V]가 된다.

답 ④

04 전로 및 기구의 절연내력시험전압 - 유형 ③ □□□ check up!

고압 및 특고압 전로의 절연내력시험을 하는 경우 시험전압을 연속하여 몇 분간 가하여 견디어야 하는가?

① 1
② 3
③ 5
④ 10

해설 시험전압을 연속 10분간 가하였을 때 이에 견디어야 한다.

답 ④

05 전로 및 기구의 절연내력시험전압 – 유형 ④

전로(電路)와 대지 간 절연내력시험을 하고자할 때 전로의 종류와 그에 따른 시험전압의 내용으로 옳은 것은?

① 7000[V] 이하 – 2배
② 60000[V] 초과 중성점 비접지 – 1.5배
③ 60000[V] 초과 중성점 접지 – 1.1배
④ 170000[V] 초과 중성점 직접접지 – 0.72배

해설

최대사용전압	접지방식	배수	최저시험전압
7[kV] 이하		1.5배	500[V]
7[kV] 초과 ~ 25[kV] 이하	다중접지방식	0.92배	
7[kV] 초과 ~ 60[kV] 이하	비접지방식	1.25배	10500[V]
60[kV] 초과	비접지방식	1.25배	
	접지방식	1.1배	75000[V]
60[kV] 초과 ~ 170[kV] 이하	중성점직접접지식	0.72배	
170[kV] 초과	중성점직접접지식	0.64배	

답 ③

06 전로 및 기구의 절연내력시험전압 – 유형 ⑤

최대사용전압이 3.3[kV]인 차단기 전로의 절연내력 시험전압은 몇 [V]인가?

① 3036
② 4125
③ 4950
④ 6600

해설

최대사용전압	접지방식	배수	최저시험전압
7[kV] 이하		1.5배	500[V]

절연내력시험전압 = 3300 × 1.5배 = 4950[V]

답 ③

07 변압기의 절연내력시험전압

변압기 1차측 3300[V], 2차측 220[V]의 변압기 전로의 절연내력시험 전압은 각각 몇 [V]에서 10분간 견디어야 하는가?

① 1차측 4950[V], 2차측 500[V]
② 1차측 4500[V], 2차측 400[V]
③ 1차측 4125[V], 2차측 500[V]
④ 1차측 3300[V], 2차측 400[V]

해설

종류	절연내력시험전압	최저시험전압
7[kV] 이하	1.5배	500[V]

- 1차측절연내력시험전압 = 3300[V] × 1.5배 = 4950[V]
- 2차측절연내력시험전압 = 220[V] × 1.5배 = 330[V] (최저시험전압 500[V] 적용)

답 ①

08 전동기의 절연내력시험전압 □□□ check up!

최대사용전압이 220[V]인 전동기의 절연내력시험을 하고자 할 때 시험 전압은 몇 [V]인가?

① 300
② 330
③ 450
④ 500

해설

종류		최대사용전압	배수	최저시험전압	시험방법
회전기	조상기 발전기 전동기	7[kV] 이하	1.5배	500[V]	권선과 대지간
		7[kV] 초과	1.25배	10500[V]	

시험전압값이 최저시험전압값에 미치지 못할 경우 최저시험전압값을 적용한다.

답 ④

09 연료전지 및 태양전지의 절연내력시험전압 □□□ check up!

연료전지 및 태양전지 모듈의 절연내력시험을 하는 경우 충전부분과 대지 사이에 어느 정도의 시험전압을 인가하여야 하는가? (단, 연속하여 10분간 가하여 견디는 것이어야 한다.)

① 최대사용전압의 1.5배의 직류전압 또는 1.25배의 교류전압
② 최대사용전압의 1.25배의 직류전압 또는 1.25배의 교류전압
③ 최대사용전압의 1.5배의 직류전압 또는 1배의 교류전압
④ 최대사용전압의 1.25배의 직류전압 또는 1배의 교류전압

해설
연료전지 및 태양전지 모듈은 최대사용전압의 1.5배의 직류전압 또는 1배의 교류전압

답 ③

1-4 공통사항

1. 접지시스템의 구분 및 종류
   - 구분 : 계통접지, 보호접지, 피뢰시스템접지
   - 종류 : 단독접지, 공통접지, 통합접지
2. 접지극 매설
   - 지표면으로부터 지하 0.75[m] 이상 (철주의 경우 0.3[m] 추가 또는 옆으로 1[m])
   - 수도관 접지저항 3[Ω] 이하 (분기관 5[m] 초과시 2[Ω])
3. 접지도체 굵기

종류	굵기
특고압·고압 전기설비용	6[mm²] 이상
중성점 접지용 접지도체	16[mm²] 이상(단, 25[kV] 이하인 다중접지식 6[mm²])
7[kV] 이하의 전로	6[mm²]

4. 변압기 중성점 접지 : 저항값 = $\dfrac{150[V]}{1선\ 지락전류(I_g)}$[Ω] 이하

01 접지시스템 □□□ check up!

다음 접지시스템의 종류로 알맞지 않은 것은?

① 단독접지 ② 공통접지
③ 통합접지 ④ 보호접지

해설 종류 : 단독접지, 공통접지, 통합접지   답 ④

02 접지극의 매설 □□□ check up!

접지공사에 사용하는 접지선을 사람이 접촉할 우려가 있는 곳에 철주 기타의 금속체를 따라서 시설하는 경우에는 접지극을 몇 [m] 이상 이격시켜야 하는가? (단, 접지극을 철주의 밑면으로부터 30[cm] 이상의 깊이에 매설하는 경우는 제외한다.)

① 1 ② 2
③ 3 ④ 4

해설 접지극을 철주의 밑면으로부터 30[cm] 이상 깊이에 매설하는 경우 이외에는 접지극을 지중에서 그 금속체로부터 1[m] 이상 떼어 매설할 것.   답 ①

03 접지극의 매설 - 유형 ②

접지공사의 접지극을 시설할 때 동결 깊이를 감안하여 지하 몇 [cm] 이상의 깊이로 매설하여야 하는가?

① 60
② 75
③ 90
④ 100

해설

접지선(연동선 또는 캡타이어 케이블)

2[m]

75[cm] 이상 깊이 매설

전주

접지선을 합성수지관 또는 이와 동등 이상의 절연효력 및 강도를 가지는 몰드로 덮을 것

근가

접지극

금속체로부터 1[m] 이상 이격

(단, 두께 2[mm] 미만의 합성수지제 전선관 및 콤바인덕트관은 제외)

답 ②

04 수도관 접지

지중에 매설되어 있는 금속제 수도관로를 각종 접지공사의 접지극으로 사용하려면 대지와의 전기저항 값이 몇 [Ω] 이하의 값을 유지하여야 하는가?

① 1
② 2
③ 3
④ 5

해설 지중에 매설되어 있고 대지와의 전기저항 값이 3[Ω] 이하의 값을 유지하고 있는 금속제 수도관로의 경우 접지극으로 사용이 가능하다.

답 ③

05 접지선의 굵기 - 유형 ①

특고압 및 고압 전기설비용 기구에 접지를 실시할 때 접지선으로 연동선을 사용하는 경우의 최소공칭단면적은 몇 $[mm^2]$인가?

① $6.0[mm^2]$
② $10[mm^2]$
③ $16[mm^2]$
④ $25[mm^2]$

해설

종류	굵기
특고압·고압 전기설비용	6[mm²] 이상

답 ①

06 접지선의 굵기 - 유형 ② ☐☐☐ check up!

특고압전로의 중성점을 접지할 때 접지도체의 경우의 최소공칭단면적은 몇 [mm²]인가?

① 6.0[mm²]   ② 10[mm²]
③ 16[mm²]   ④ 25[mm²]

해설

종류	굵기
특고압·고압 전기설비용	6[mm²] 이상
중성점 접지용 접지도체	16[mm²] 이상 (단, 사용전압이 25[kV] 이하인 특고압 가공전선로 중성선 다중접지식 전로에 지락이 생겼을 때 2초 이내에 자동적으로 이를 전로로부터 차단하는 장치가 되어 있는 것은 6[mm²])

답 ③

07 변압기의 중성점 접지공사 ☐☐☐ check up!

변압기의 고압측 전로의 1선 지락전류가 7[A]일 때 접지공사의 접지저항값은 약 몇 [Ω] 이하로 유지하여야 하는가? (단, 자동차단장치는 없다.)

① 21[Ω]   ② 23[Ω]
③ 25[Ω]   ④ 31[Ω]

해설 변압기 중성점 접지공사의 저항값은 $\dfrac{150[\text{V}]}{1선\ 지락전류(I_g)}[\Omega]$ 이하

$\dfrac{150}{7} = 21.4 \fallingdotseq 21$

답 ①

1-5 피뢰시스템

1. 피뢰시스템의 적용
   전기전자설비가 설치된 건축물·구조물로서 낙뢰로부터 보호가 필요한 것 또는 지상으로부터 높이가 **20[m]** 이상인 것.
2. 피뢰시스템의 구성
   - 직격뢰로 부터 대상물을 보호하기 위한 외부피뢰시스템
   - 간접뢰 및 유도뢰로 부터 대상물을 보호하기 위한 내부피뢰시스템
3. 외부피뢰시스템(수뢰부)
   ① 요소 : 돌침, 수평도체, 그물망(메시)도체
   ② 배치 : 보호각법, 회전구체법, 메시법
4. 인하도선 시스템
   - 건축물·구조물과 분리되지 않은 피뢰시스템의 경우
   병렬인하도선의 최대 간격은 피뢰시스템 등급에 따라 Ⅰ·Ⅱ 등급은 10[m], Ⅲ등급은 15[m], Ⅳ등급은 20[m]로 한다.

01 수뢰부시스템 □□□ check up!

외부시스템 중 수뢰부시스템의 요소로 알맞지 않은 것은?

① 돌침
② 수평도체
③ 그물망(메시)도체
④ 사각도체

해설 수뢰부시스템의 요소로는 돌침, 수평도체, 그물망(메시)도체가 있다. 답 ④

02 인하도선 시스템 □□□ check up!

건축물·구조물과 분리되지 않은 피뢰시스템의 경우 병렬인하도선의 최대 간격은 피뢰시스템 Ⅳ등급의 경우 몇 [m]로 하는가?

① 5
② 10
③ 15
④ 20

해설 병렬인하도선의 최대 간격은 피뢰시스템 등급에 따라 Ⅰ·Ⅱ 등급은 10[m], Ⅲ등급은 15[m], Ⅳ등급은 20[m]로 한다. 답 ④

제6과목
전기설비기술기준
DAY-27

30일 단기완성

Chapter 02
저압전기설비

1 출제경향분석

본장은 저압 전기설비에 대한 계통접지, 차단기, 전선로 등에 관한 전기법규의 전반적인 기본 사항에 대해 다룬, 시설장소에 따른 사용전압 및 이격거리 등을 묻는 문제가 출제됩니다.

반드시 알아야 하는 핵심 포인트

① 계통접지 ② 저압 차단기
③ 저압 전선로 ④ 저압배선설비
⑤ 특수설비

2 학습 가이드라인

- 반드시 알아야 하는 핵심 포인트는 전기기사 및 산업기사 시험에서 가장 출제빈도가 높은 논점으로 각 파트별 핵심 포인트와 문제를 연계하여 학습해 주시기를 권장합니다.
- 체크리스트를 작성하시면서 문제의 유형과 학습의 완성도를 스스로 확인해 주세요.
- 출제 빈도가 높고 틀리기 쉬운 문제를 맞출 수 있도록 "콕콕 포인트"를 확인해 주세요.

우선순위 논점	KEY WORD	선생님의 콕콕 포인트
누전차단기	시설전압	50[V]를 초과
저압퓨즈	불용단, 용단	16[A]기준 1.5배 또는 1.25배에 견딜것
가공전선 굵기	저압가공전선의 굵기	절연전선2.6, 나전선 3.2
애자사용배선	애자사용시 이격거리	전선간 6 조영재와 전선2.5
금속덕트배선	배선 사용면적	일반 : 20[%], 제전출 사용시 50[%]
타임스위치	주거용 및 숙박용	주거용 : 3분이내, 숙박용 1분이내
놀이(유희)용 전차	사용전압 및 변압기 전압	사용전압 : 직육교사 변압기 승압용 2차 150[V] 이하

2-1 저압전기설비

1. 계통접지
   - TN방식 : C – PEN (보호도체(PE)와 중성선(N)을 공용으로 사용)
              S – 보호도체(PE)와 중성선(N)을 단독으로 사용
   - TT방식 : 전원 접지전극과 독립적인 접지극 분리 사용
   - IT방식 : 저항접지 또는 비접지 방식
2. 누전차단기 시설
   - 사용전압이 50[V]를 초과하는 저압기계 기구로서 사람이 쉽게 접촉할 우려가 있는 곳
3. 과부하 보호장치 설치위치
   - 단락 등의 위험이 최소화 되도록 시설된 경우, 분기점에서 3[m]까지 설치가능
4. 저압 옥내전로 인입구 개폐기
   - 인입구에 가까운 곳으로 각극에 설치
   ※ 사용전압이 400[V] 이하인 옥내전로(정격전류 16[A] 이하인 과전류 차단기 또는 16[A] 초과 20[A] 이하인 배선용차단기로 보호되는 곳)로서 다른 옥내전로에 접속하는 길이 15[m] 이하의 전로에서 전기의 공급을 받는 것은 제외

01 IT계통접지 □□□ check up!

충전부 전체를 대지로부터 절연시키거나 한 점에 임피던스를 삽입하여 대지에 접속시키고 전기기기의 노출 도전성 부분 단독 또는 일괄적으로 접지하거나 또는 계통접지로 접속하는 접지계통을 무엇이라 하는가?

① TT 계통　　　　　　　　　　　② IT 계통
③ TN-C 계통　　　　　　　　　　④ TN-S 계통

해설　IT 계통이란 도전부 전체를 대지로부터 절연시키거나 한 점에 임피던스를 삽입하여 대지에 접속시키고 전기기기의 노출 도전성 부분 단독 또는 일괄적으로 접지하는 방식　　　답 ②

02 TN계통접지 □□□ check up!

계통접지의 방식 중 보호도체(PE)와 중성선(N)을 겸용으로 사용하는 방식은?

① TT 계통　　　　　　　　　　　② IT 계통
③ TN-C 계통　　　　　　　　　　④ TN-S 계통

해설 TN방식
- C – PEN(보호도체(PE)와 중성선(N)을 공용으로 사용)
- S – 보호도체(PE)와 중성선(N)을 단독으로 사용

답 ③

03 TT계통접지 □□□ check up!

전원의 한 점을 직접 접지하고, 설비의 노출 도전성 부분을 전원 계통의 접지극과 별도로 전기적으로 독립하여 접지하는 방식은?

① TT 계통
② TN-C 계통
③ TN-S 계통
④ TN-CS 계통

해설 전원의 한점을 직접 접지하고 설비의 노출 도전성 부분을 도호도체(PE)를 이용하여 전원 한 점에 접속하는 접지계통을 말한다.

답 ①

04 TT계통접지 □□□ check up!

주택 등 저압 수용 장소에서 고정 전기설비에 TN-C-S 접지방식으로 접지공사시 중성선 겸용 보호도체 [PEN]를 알루미늄으로 사용할 경우 단면적은 몇 [mm] 이상이어야 하는가?

① 2.5
② 6
③ 10
④ 16

해설 주택 등 저압수용장소에서 TN-C-S 접지방식으로 접지공사를 하는 경우에 보호도체는 다음과 같이 시설하여야 한다.
중성선 겸용 보호도체(PEN)는 고정 전기설비에만 사용할 수 있고, 그 도체의 단면적이 구리는 10[mm^2] 이상, 알루미늄은 16[mm^2] 이상이어야 하며, 그 계통의 최고전압에 대하여 절연시켜야 한다.

답 ④

05 누전차단기 □□□ check up!

누전차단기는 금속제 외함을 가지는 사용전압이 몇 [V]를 초과하는 저압의 기계 기구로서 사람이 쉽게 접촉할 우려가 있는 곳에 시설하는 것에 전기를 공급하는 전로에 시설하는가?

① 40[V]
② 50[V]
③ 60[V]
④ 90[V]

해설 누전차단기는 금속제 외함을 가지는 사용전압이 50[V]를 초과하는 저압의 기계 기구로서 사람이 쉽게 접촉할 우려가 있는 곳에 시설하는 것에 전기를 공급하는 전로에 시설한다.

답 ②

06 과부하 보호장치

과부하 보호장치 설치시 단락의 위험과 화재 및 인체에 대한 위험성이 최소화 되도록 시설된 경우, 분기점으로부터 몇 [m]까지 이동하여 설치할 수 있는가?

① 1
② 2
③ 3
④ 4

해설 과부하 보호장치는 분기점에 설치해야 하나, 분기점과 분기회로의 과부하 보호장치의 설치점 사이의 배선 부분에 다른 분기회로나 콘센트 회로가 접속되어 있지 않고, 다음중 하나를 충족하는 경우에는 변경이 있는 배선에 설치할 수 있다.
- 단락보호가 이루어지고 있는 경우 부하측으로 거리에 구애 받지 않고 이동하여 설치할 수 있다.
- 단락의 위험과 화재 및 인체에 대한 위험성이 최소화 되도록 시설된 경우, 분기점으로부터 3[m]까지 이동하여 설치할 수 있다.

답 ③

07 저압 옥내전로 인입구 개폐기

저압전로에는 인입구에 가까운 곳으로서 쉽게 개폐할 수 있는 곳에 개폐기를 시설하는 경우에는 그 곳의 각 극에 설치하여야한다. 단, 사용전압이 400[V] 이하인 옥내전로(정격전류 16[A] 이하인 과전류 차단기 또는 16[A] 초과 20[A] 이하인 배선용차단기로 보호되는 곳)로서 다른 옥내전로에 접속하는 길이 몇 [m] 이하의 전로에서 전기의 공급을 받는 것은 제외되는가?

① 10
② 15
③ 20
④ 25

해설 저압전로에는 인입구에 가까운 곳으로서 쉽게 개폐할 수 있는 곳에 개폐기를 시설하는 경우에는 그 곳의 각 극에 설치하여야한다. 단, 사용전압이 400[V] 이하인 옥내전로(정격전류 16[A] 이하인 과전류 차단기 또는 16[A] 초과 20[A] 이하인 배선용차단기로 보호되는 곳)로서 다른 옥내전로에 접속하는 길이 15[m] 이하의 전로에서 전기의 공급을 받는 것은 제외된다.

답 ②

2-2 저압전기설비

1. 저압전로의 퓨즈

정격전류의 구분	시간(분)	정격전류의 배수	
		불용단전류	용단전류
4[A] 이하	60	1.5배	2.1배
4[A] 초과 16[A] 미만	60	1.5배	1.9배
16[A] 이상 63[A] 이하	60	1.25배	1.6배
63[A] 초과 160[A] 이하	120	1.25배	1.6배

2. 저압전로의 배선용차단기
   - 산업용 : 63[A] 이하 60분 / 63[A] 초과 120분 / 부동작 1.05배, 동작 1.3배
   - 주택용 : 63[A] 이하 60분 / 63[A] 초과 120분 / 부동작 1.13배, 동작 1.45배
3. 전동기 보호용 과전류보호장치 생략요건
   - 정격 출력이 0.2[kW] 이하
   - 과전류 차단기의 정격전류가 16[A](배선용 차단기 20[A]) 이하인 경우

01 저압퓨즈 □□□ check up!

과전류차단기로 저압전로에 사용하는 50[A] 퓨즈는 수평으로 붙일 경우 정격전류의 1.6배 전류를 통한 경우에 몇 분 안에 용단되어야 하는가?

① 60분 ② 120분
③ 180분 ④ 240분

해설

정격전류의 구분	시간(분)	정격전류의 배수	
		불용단전류	용단전류
4[A] 이하	60	1.5배	2.1배
4[A] 초과 16[A] 미만	60	1.5배	1.9배
16[A] 이상 63[A] 이하	60	1.25배	1.6배
63[A] 초과 160[A] 이하	120	1.25배	1.6배
160[A] 초과 400[A] 이하	180	1.25배	1.6배
400[A] 초과	240	1.25배	1.6배

답 ①

02 저압배선용 차단기

저압전로에 사용하는 배선용 차단기의 경우 주택용일 경우 63[A] 이하 일 때 불용단 전류는 몇 배 인가?

① 1.05배
② 1.13배
③ 1.3배
④ 1.45배

해설 과전류트립 동작시간 및 특성(주택용)

정격전류의 구분	시간(분)	정격전류의 배수	
		불용단전류	용단전류
63[A] 이하	60	1.13배	1.45배
63[A] 초과	120	1.13배	1.45배

답 ②

03 전동기과부하 보호장치의 시설 – 유형 ①

옥내에 시설하는 전동기에는 전동기가 소손될 우려가 있는 과전류가 생겼을 때 자동적으로 이를 저지하거나 이를 경보하는 장치를 하여야 하는데, 단상 전동기인 경우 전원측 전로에 시설하는 과전류차단기의 정격전류가 몇 [A] 이하이면, 이 과부하 보호 장치를 시설하지 않아도 되는가?

① 10[A]
② 16[A]
③ 30[A]
④ 50[A]

해설 과부하보호장치의 제외사항
- 정격출력이 0.2[kW] 이하인 전동기
- 전동기의 구조상 또는 전동기의 부하의 성질상 전동기의 권선에 전동기가 소손할 우려가 있는 과전류가 생길 우려가 없는 경우
- 전동기가 단상의 것으로 그 전원측 전로에 시설하는 과전류차단기의 정격전류가 16[A](배선용차단기는 20[A]) 이하인 경우

답 ②

04 전동기과부하 보호장치의 시설 – 유형 ②

옥내에 시설하는 전동기가 과전류로 소손될 우려가 있을 경우 자동적으로 이를 지지하거나 경보하는 장치를 하여야 한다. 정격출력이 몇 [kW] 이하인 전동기에는 이와같은 과부하 보호장치를 시설하지 않아도 되는가?

① 0.2
② 0.75
③ 3
④ 5

해설 과부하보호장치의 제외사항
정격출력이 0.2[kW] 이하인 전동기

답 ①

2-3 저압전기설비

1. 저압 이웃 연결(연접) 인입선의 시설
   - 인입선에서 분기하는 점으로부터 100[m]을 초과 금지
   - 폭 5[m]을 초과하는 도로를 횡단 금지, 옥내 통과 금지
2. 저압가공인입선의 높이
   도로횡단 : 5[m], 철도횡단 : 6.5[m], 횡단보도교위 : 3[m], 기타 : 4[m]
3. 저압옥측전선로
   - 애자사용공사(전개된 장소), 합성수지관공사, 금속관공사(목조 이외)
   - 버스덕트공사[목조 이외의 (점검할 수 없는 은폐된 장소를 제외)], 케이블공사
4. 저압옥상전선로
   - 지름 2.6[mm] 이상의 경동선으로 절연전선
   - 지지점 간의 거리는 15[m] 이하, 조영재와의 이격거리는 2[m]

01 이웃 연결(연접)인입선 – 유형 ①

한 수용장소의 인입선에서 분기하여 지지물을 거치지 않고 다른 수용 장소의 인입구에 이르는 부분의 전선을 무엇이라고 하는가?

① 가공인입선
② 인입선
③ 이웃 연결(연접) 인입선
④ 옥측배선

해설 이웃 연결(연접) 인입선이란 한 수용 장소의 인입선에서 분기하여 지지물을 거치지 아니하고 다른 수용 장소의 인입구에 이르는 전선을 말한다.   답 ③

02 이웃 연결(연접)인입선 – 유형 ②

저압 이웃 연결(연접)인입선의 시설에 맞지 않는 것은?

① 인입선에서 분기점까지 100[m]를 넘는 지역에 미치지 아니할 것
② 폭 5[m]를 넘는 도로를 횡단하지 아니할 것
③ 옥내를 통과하지 아니할 것
④ 전선은 1.6[mm]의 경동선 또는 동등 이상의 세기 및 굵기의 것

해설 전선은 지름 2.6[mm] 이상의 것 또는 인장강도 2.30[kN] 이상   답 ④

03 저압가공인입선 – 유형 ①

저압가공인입선 시설 시 사용할 수 없는 전선은?

① 절연전선, 케이블
② 지름 2.6[mm] 이상의 인입용 비닐절연전선
③ 인장강도 1.2[kN] 이상의 인입용 비닐절연전선
④ 사람의 접촉우려가 없도록 시설하는 경우 옥외용 비닐절연전선

해설
- 전선 : 절연전선, 케이블
- 지름 2.6[mm] 이상의 경동선 또는 인장강도 2.30[kN] 이상 일 것

답 ③

04 저압가공인입선 – 유형 ②

저압 가공인입선 시설 시 도로를 횡단하여 시설하는 경우 노면상 높이는 몇 [m] 이상으로 하여야 하는가?

① 4
② 4.5
③ 5
④ 5.5

해설

설치장소	저압	고압
도로횡단	5[m] 이상	6[m] 이상

답 ③

05 저압옥측전선로 – 유형 ①

저압 옥측전선로의 시설로 잘못된 것은?

① 철골주 조영물에 버스덕트공사로 시설
② 합성수지관공사로 시설
③ 목조 조영물에 금속관공사로 시설
④ 전개된 장소에 애자사용공사로 시설

해설 저압 옥측전선로에 금속관공사를 시설시 목조 이외의 조영물에 시설하는 경우에 한한다.

답 ③

06 저압옥측전선로 - 유형 ②

저압 옥측전선로에서 목조의 조영물에 시설할 수 있는 공사 방법은?
① 금속관공사
② 버스덕트공사
③ 합성수지관공사
④ 연피 또는 알루미늄 케이블공사

해설
- 애자사용공사(전개된 장소에 한한다)
- 합성수지관공사
- 금속관공사목조 이외의 조영물에 시설하는 경우에 한한다.
- 버스덕트공사목조 이외의 조영물에 시설하는 경우에 한한다.
- 케이블공사(연피케이블.알루미늄피케이블 또는 미네럴인슈레이션케이블을 사용하는 경우에는 목조 이외의 조영물에 시설하는 경우에 한한다.)

답 ③

07 저압옥측전선로 - 유형 ③

저압 옥측전선로에 사용하는 연동선의 굵기는 몇 [mm²] 이상이어야 하는가?
① 2.0[mm²]
② 3.2[mm²]
③ 4.0[mm²]
④ 5.0[mm²]

해설 저압 옥측전선로의 시설
전선은 공칭단면적 4[mm²] 이상의 연동선 일 것

답 ③

08 저압옥상전선로 - 유형 ①

저압 옥상전선로의 시설에 대한 설명으로 틀린 것은?
① 전선은 절연전선을 사용한다.
② 전선은 지름 2.6[mm] 이상의 경동선을 사용한다.
③ 전선은 상시 부는 바람 등에 의하여 식물에 접촉하지 않도록 시설한다.
④ 전선과 옥상 전선로를 시설하는 조영재와의 이격거리를 0.5[m]로 한다.

해설 전선과 그 저압 옥상 전선로를 시설하는 조영재와의 이격거리는 2[m](전선이 고압 절연전선, 특고압 절연전선 또는 케이블인 경우에는 1[m]) 이상일 것

답 ④

09 저압옥상전선로 – 유형 ②

저압 옥상전선로에 시설하는 전선은 인장강도 2.30[kN] 이상의 것 또는 지름이 몇 [mm] 이상의 경동선 이어야 하는가?

① 1.6
② 2.0
③ 2.6
④ 3.2

해설 저압 옥상전선로의 시설
- 전선은 절연전선일 것
- 전선은 지름 2.6[mm] 이상의 경동선 또는 인장강도 2.30[kN] 이상일 것
- 전선은 조영재에 견고하게 붙인 지지즈 또는 지지대에 절연성·난연성 및 내수성이 있는 애자를 사용하여 지지하고 또한 그 지지점간의 거리는 15[m] 이하일 것
- 저압 옥상전선로의 전선은 상시 부는 바람 등에 의하여 식물에 접촉하지 아니하도록 시설하여야 한다.

답 ③

2-4 저압전기설비

1. 저압가공전선의 굵기

저·고압 가공전선의 굵기				
	400[V] 이하		400[V] 초과 저압, 고압	
나전선	3.2[mm]	3.43[kN]	시가지	5.0[mm]	8.01[kN]
절연전선	2.6[mm]	2.30[kN]	시가지외	4.0[mm]	5.26[kN]

2. 저압가공전선의 높이

저·고압 가공전선의 높이	
설치장소	가공전선 높이[m]
도로횡단	6 이상
철도 또는 궤도횡단	레일면상 6.5 이상
횡단보도교 위	3.5 이상 (단, 절연전선 : 3 이상)
기타 (예 도로를 따라 시설), 위조건 사항 인 아닌 경우	5 이상

3. 저압보안공사

   전선은 케이블인 경우 이외에는 인장강도 8.01[kN] 이상 또는 지름 5[mm] 이상 의 경동선 (400[V] 이하 : 인장강도 5.26[kN] 이상의 것 또는 지름 4[mm] 이상의 경동선)

4. 농사용전선로
   - 2[mm] 이상의 경동선, 인장강도 1.38[kN] 이상
   - 높이 3.5[m] 이상, 말구지름 9[cm] 이상, 경간 30[m] 이하

01 저압가공전선의 굵기 ☐☐☐ check up!

사용전압이 400[V] 이하인 저압 가공전선은 케이블이나 절연전선인 경우를 제외하고 인장강도가 3.43[kN] 이상인 것 또는 지름이 몇 [mm] 이상의 경동선이어야 하는가?

① 1.2[mm] ② 2.6[mm]
③ 3.2[mm] ④ 4.0[mm]

Chapter 02. 저압전기설비

해설

저압 가공전선의 굵기					
400[V] 이하			400[V] 초과 저압, 고압		
나전선	3.2[mm]	3.43[kN]	시가지	5.0[mm]	8.01[kN]
절연전선	2.6[mm]	2.30[kN]	시가지외	4.0[mm]	5.26[kN]

답 ③

02 저압가공전선의 높이 – 유형 ①   □□□ check up!

철도 또는 궤도를 횡단하는 저압 가공전선의 높이는 레일면상 몇 [m] 이상인가?

① 5.5
② 6.5
③ 7.5
④ 8.5

해설

저·고압 가공전선의 높이	
설치장소	가공전선 높이[m]
철도 또는 궤도횡단	레일면상 6.5 이상

답 ②

03 저압가공전선의 높이 – 유형 ②   □□□ check up!

시가지에서 저압 가공전선로를 도로를 따라 시설할 경우 지표상의 최저 높이는 몇 [m] 이상이어야 하는가?

① 4.5
② 5
③ 5.5
④ 6

해설

저·고압 가공전선의 높이	
설치장소	가공전선 높이[m]
기타 (예 도로를 따라 시설), 위 조건 사항 인 아닌 경우	5 이상

답 ②

04 저압가공전선의 높이 – 유형 ③   □□□ check up!

옥외용 비닐절연전선을 사용한 저압가공전선이 횡단보도교 위에 시설되는 경우에 그 전선의 노면상 높이는 몇 [m] 이상으로 하여야 하는가?

① 2.5
② 3.0
③ 3.5
④ 4.0

해설	저·고압 가공전선의 높이	
	설치장소	가공전선 높이[m]
	횡단보도교 위	3.5 이상 (단, 저압은 절연전선 : 3 이상)

답 ②

05 저압가공전선의 높이 - 유형 ④ □□□ check up!

교통이 번잡한 도로를 횡단하여 저압 가공전선을 시설하는 경우 지표상 높이는 몇 [m] 이상으로 하여야 하는가?

① 4.0
② 5.0
③ 6.0
④ 6.5

해설	저·고압 가공전선의 높이	
	설치장소	가공전선 높이[m]
	도로횡단	6 이상

답 ③

06 저압보안공사 □□□ check up!

사용전압 380[V]인 저압 보안공사에 사용되는 경동선은 그 지름이 최소 몇 [mm] 이상의 것을 사용하여야 하는가?

① 2.0
② 2.6
③ 4.0
④ 5.0

해설 전선은 케이블인 경우 이외에는 인장강도 8.01[kN] 이상 또는 지름 5[mm] 이상 의 경동선
(400[V] 이하 : 인장강도 5.26[kN] 이상의 것 또는 지름 4[mm] 이상의 경동선)

답 ③

07 농사용전선로 - 유형 ① □□□ check up!

농사용 저압 가공전선로의 시설 기준으로 틀린 것은?

① 사용전압이 저압일 것
② 전선로의 경간은 40[m] 이하일 것
③ 저압 가공전선의 인장강도는 1.38[kN] 이상일 것
④ 저압 가공전선의 지표상 높이는 3.5[m] 이상일 것

해설 저압 농사용 전선로의 시설
농사용 전선로의 경간은 30[m] 이하일 것

답 ②

08 농사용전선로 – 유형 ② ☐☐☐ check up!

농사용 저압 가공전선로의 시설에 대한 설명으로 틀린 것은?

① 전선로의 경간은 30[m] 이하일 것
② 목주의 굵기는 말구 지름이 9[cm] 이상일 것
③ 저압 가공전선의 지표상 높이는 5[m] 이상일 것
④ 저압 가공전선은 지름 2[mm] 이상의 경동선일 것

해설

전선 굵기	2[mm] 이상의 경동선
	인장강도 1.38[kN] 이상
높이	3.5[m] 이상
말구의 지름	9[cm] 이상
경간	30[m] 이하

답 ③

09 구내용전선로 ☐☐☐ check up!

방직공장의 구내 도로에 220[V] 조명등용 가공 전선로를 시설하고자 한다. 전선로의 경간은 몇 [m] 이하이어야 하는가?

① 20
② 30
③ 40
④ 50

해설
- 전선은 지름 2[mm] 이상의 경동선의 절연전선 또는 이와 동등 이상의 세기 및 굵기의 절연전선 일 것. 다만, 경간이 10[m] 이하인 경우에 한하여 공칭단면적 4[mm²] 이상의 연동 절연전선을 사용할 수 있다.
- 전선로의 경간은 30[m] 이하일 것

답 ②

2-5 저압전기설비

1. 저압 옥내배선의 전선
   - 단면적 2.5[mm²] 이상의 연동선
   - 제/전/출 1.5[mm²], 다심케이블, 코드 또는 캡타이어케이블 0.75[mm²]
2. 나전선 사용가능 공사
   - 애자사용공사, 버스덕트공사, 라이팅덕트공사, 접촉전선 시설
3. 저압옥내배선 공사방법 TIP
   - 전선은 절연전선(연선)일 것. 단, 10[mm²] 이하 단선사용가능 (알루미늄16[mm²])
   - 옥외용비닐절연전선 사용불가 (애자사용공사는 인입용 추가)
   - 전선의 접속점은 없도록 시설할 것.
   - 조영재를 관통하지 않을 것.
   - 덕트 끝부분은 막을 것.

01 저압 옥내배선의 전선 – 유형 ①

저압 옥내배선의 사용전선으로 적합하지 않은 것은?

① 단면적 2.5[mm²] 이상의 연동선
② 단면적 1.5[mm²] 이상의 제어회로용 전선
③ 사용전압 400[V] 이하인 경우 전광표시 장치에 사용한 단면적 0.75[mm²] 이상의 연동선
④ 사용전압 400[V] 이하인 경우 출퇴 표시등에 사용한 단면적 0.75[mm²] 이상의 다심케이블

해설 전광표시 장치.출퇴 표시등 기타 이와 유사한 장치 또는 제어회로 등의 배선에 단면적 0.75[mm²] 이상인 다심케이블 또는 다심 캡타이어 케이블을 사용

답 ③

02 저압 옥내배선의 전선 – 유형 ②

저압 옥내배선에 사용되는 연동선의 굵기는 일반적인 경우 몇 [mm²] 이상이어야 하는가?

① 2
② 2.5
③ 4
④ 6

해설 저압 옥내배선
단면적이 2.5[mm²] 이상의 연동선일 것

답 ②

03 저압 옥내배선의 전선 – 유형 ③ ☐☐☐ check up!

저압 옥내배선의 사용전압이 20[V]인 출퇴표시등회로를 금속관공사에 의하여 시공하였다. 여기에 사용되는 배선은 단면적이 몇 [mm²] 이상의 연동선을 사용하여도 되는가?

① 1.5
② 2.0
③ 2.5
④ 3.0

해설 단면적이 2.5[mm²] 이상의 연동선 사용
단, 옥내배선의 사용전압이 400[V] 이하인 경우 다음에 의하여 시설할 수 있다.
- 전광표시장치, 출퇴표시등 기타 이와 유사한 장치 또는 제어회로 등에 사용하는 배선에 단면적 1.5[mm²] 이상의 연동선을 사용한다. **답** ①

04 저압 옥내배선의 전선 – 유형 ④ ☐☐☐ check up!

전광표시 장치에 사용하는 저압 옥내배선을 금속관 공사로 시설할 경우 연동선의 단면적은 몇 [mm²] 이상 사용하여야 하는가?

① 0.75
② 1.25
③ 1.5
④ 2.5

해설
- 단면적이 2.5[mm²] 이상의 연동선일 것
- 단, 전광표시장치, 출퇴표시등 기타 이와 유사한 장치 또는 제어회로 등에 사용하는 배선에 단면적 1.5[mm²] 이상의 연동선일 것
- 전광표시장치, 출퇴표시등 기타 이와 우사한 장치 또는 제어회로 등의 배선에 단면적 0.75[mm²] 이상인 다심케이블 또는 다심캡타이어 케이블일 것 **답** ③

05 나전선 사용제한 – 유형 ① ☐☐☐ check up!

옥내 저압전선으로 나전선의 사용이 기본적으로 허용되지 않는 것은?

① 애자사용공사의 전기로용 전선
② 놀이(유희)용 전차에 전기 공급을 위한 접촉 전선
③ 제분 공장의 전선
④ 애자사용 공사의 전선 피복 절연물이 부식하는 장소에 시설하는 전선

해설 다음의 경우를 제외하고 나전선을 사용하여서는 아니 된다.
전기로용 전선, 버스덕트공사, 라이팅덕트공사 및 접촉전선을 시설하는 경우 나전선을 사용할 수 있다. **답** ③

06 나전선 사용제한 – 유형 ②

배선공사 중 전선이 반드시 절연전선이 아니라도 상관없는 공사방법은?

① 금속관 공사
② 합성수지관 공사
③ 버스 덕트 공사
④ 플로어 덕트 공사

해설 나전선의 사용제한
전기로용 전선, 애자사용공사, 버스덕트공사 또는 라이팅덕트공사 및 접촉전선을 시설하는 경우, 전선의 피복 절연물이 부식하는 장소에 시설하는 전선에는 나전선을 사용할 수 있다. **답 ③**

07 고주파 전류에 의한 장해 방지

전기기계기구가 무선설비의 기능에 계속적이고 또한 중대한 장해를 주는 고주파 전류를 발생시킬 우려가 있는 경우에는 이를 방지하기 위한 조치를 하여야 하는데 다음 중 형광방전등에 시설하여야 하는 커패시터의 정전용량은 몇 [μF]이어야 하는가? (단, 형광방전등은 예열시동식이 아닌 경우이다)

① 0.1[μF] 이상 1[μF] 이하
② 0.06[μF] 이상 0.1[μF] 이하
③ 0.006[μF] 이상 0.5[μF] 이하
④ 0.006[μF] 이상 1[μF] 이하

해설 형광방전등에는 적당한 곳에 정전용량이 0.006[μF] 이상 0.5[μF] 이하(예열시동식의 것으로 글로우램프에 병렬로 접속할 경우에는 0.006[μF] 이상 0.01[μF] 이하)인 커패시터를 시설할 것 **답 ③**

08 애자사용공사 – 유형 ①

저압 옥내배선을 할 때 인입용 비닐절연전선을 사용할 수 없는 공사는?

① 합성수지관배선
② 금속몰드배선
③ 애자사용배선
④ 가요전선관배선

해설 애자사용공사에 의한 저압 옥내배선은 절연전선(옥외용 비닐절연전선 및 인입용 비닐절연전선을 제외)일 것 **답 ③**

09 애자사용공사 – 유형 ②

380[V] 동력용 옥내배선을 전개된 장소에서 애자사용공사로 시공할 때 전선간의 간격은 몇 [cm] 이상이어야 하는가? (단, 전선은 절연전선을 사용한다.)

① 2
② 4
③ 6
④ 8

해설

전 압		전선과 조영재와의 이격거리		전선상호 간격
저 압	400[V] 이하	2.5[cm] 이상		6[cm] 이상
	400[V] 초과	건조한 장소	2.5[cm] 이상	
		기타의 장소	4.5[cm] 이상	

답 ③

10 애자사용공사 – 유형 ③   □□□ check up!

애자사용 공사를 습기가 많은 장소에 시설하는 경우 전선과 조영재 사이의 이격거리는 몇 [cm] 이상이어야 하는가? (단, 사용전압은 440[V]인 경우이다.)

① 2.0
② 2.5
③ 4.5
④ 6.0

해설

전 압		전선과 조영재와의 이격거리		전선상호 간격
저 압	400[V] 이하	2.5[cm] 이상		6[cm] 이상
	400[V] 초과	건조한 장소	2.5[cm] 이상	
		기타의 장소	4.5[cm] 이상	

답 ③

11 합성수지몰드공사   □□□ check up!

합성수지몰드공사에 의한 저압 옥내배선의 시설방법으로 옳은 것은?

① 전선으로는 단선만을 사용하고 연선을 사용하여서는 아니 된다.
② 전선으로 옥외용 비닐절연전선을 사용하였다.
③ 합성수지몰드 안에 전선의 접속점을 두기 위하여 합성수지제의 조인트 박스를 사용하였다.
④ 합성수지몰드 안에는 전선의 접속점을 최소 2개소 두어야 한다.

해설 합성수지몰드 안에는 전선에 접속점이 없도록 할 것. 다만 합성수지몰드 안의 전선을 합성수지제의 조인트 박스를 사용하여 접속할 경우에는 그러하지 아니하다.

답 ③

12 합성수지관공사 - 유형 ①   □□□ check up!

합성수지관공사에 의한 저압 옥내배선에 대한 설명으로 옳은 것은?

① 합성수지관 안에 전선의 접속점이 있어도 된다.
② 전선은 반드시 옥외용 비닐절연전선을 사용한다.
③ 단면적 10[mm²] 이하의 연동선은 단선을 사용할 수 있다.
④ 관의 지지점간의 거리는 3[m] 이하로 한다.

해설
- 절연전선 일 것(옥외용 비닐 절연전선을 제외)
- 전선은 연선일 것. 단, 다음의 것은 적용하지 않는다.
  - 짧고 가는 합성수지관에 넣은 것.
  - 단면적 10[mm²](알루미늄선은 단면적 16[mm²]) 이하의 것
- 전선은 합성수지관 안에서 접속점이 없도록 할 것

답 ③

13 합성수지관공사 - 유형 ②   □□□ check up!

합성수지관공사시 관 상호간과 박스와의 접속은 관의 삽입하는 깊이를 관 바깥지름의 몇 배 이상으로 하여야 하는가?

① 0.5배
② 0.9배
③ 1.0배
④ 1.2배

해설 관 상호간 및 박스와는 관을 삽입하는 깊이를 관의 바깥지름의 1.2배(접착제를 사용할 때는 0.8배) 이상으로 접속할 것

답 ④

14 합성수지관공사 - 유형 ③   □□□ check up!

저압 옥내배선 합성수지관 공사시 연선이 아닌 경우 사용 할 수 있는 전선의 최대 단면적은 몇 [mm²]인가?

① 4
② 6
③ 10
④ 16

해설 전선은 절연전선(옥외용 비닐절연전선을 제외한다)으로 연선일 것 단, 짧고 가는 관에 넣은 것 또는 단면적 10[mm²] 이하의 것은 단선을 사용 할 수 있다.

답 ③

Chapter 02. 저압전기설비

15 금속관공사 – 유형 ① ☐☐☐ check up!

옥내배선의 사용전압이 200[V]인 경우에 이를 금속관공사에 의하여 시설하려고 한다. 다음 중 옥내배선의 시설로서 옳은 것은?

① 전선은 연선을 사용하나 단면적 10[mm²] 이하의 것은 단선을 사용할 수 있다.
② 전선은 옥외용 비닐절연전선을 사용하였다.
③ 콘크리트에 매설하는 전선관의 두께는 1.0[mm]를 사용하였다.
④ 금속관에는 접지공사를 하였다.

해설
- 전선의 종류
  - 절연전선 일 것(옥외용 비닐 절연전선을 제외)
- 전선은 연선일 것. 단, 다음의 것은 적용하지 않는다.
  - 짧고 가는 합성수지관에 넣은 것.
  - 단면적 10[mm²](알루미늄선은 단면적 16[mm²]) 이하의 것

답 ①, ④

16 금속관공사 – 유형 ② ☐☐☐ check up!

저압옥내배선을 위한 금속관을 콘크리트에 매설 할 때 적합한 관의 두께[mm]와 전선의 종류는?

① 1.0[mm] 이상, 옥외용 비닐절연전선
② 1.2[mm] 이상, 600[V] 비닐절연전선
③ 1.0[mm] 이상, 600[V] 비닐절연전선
④ 1.2[mm] 이상, 옥외용 비닐절연전선

해설
- 콘크리트에 매설하는 것은 1.2[mm] 이상
- 콘크리트에 매설하는 것 외의 것은 1[mm] 이상 (단, 이음매가 없는 길이 4[m] 이하인 것을 건조하고 전개된 곳에 시설하는 경우에는 0.5[mm])

답 ②

17 금속관공사 – 유형 ③ ☐☐☐ check up!

금속관공사에서 절연부싱을 사용하는 가장 주된 목적은?

① 관의 끝이 터지는 것을 방지
② 관내 해충 및 이물질 출입 방지
③ 관의 단구에서 조영재의 접촉 방지
④ 관의 단구에서 전선 피복의 손상 방지

해설 관의 끝부분에는 전선의 피복을 손상하지 아니하도록 적당한 구조의 부싱을 사용할 것

답 ④

18 금속관공사 – 유형 ④ ☐☐☐ check up!

금속관 공사에 의한 저압 옥내배선 시설에 대한 설명으로 틀린 것은?

① 인입용 비닐절연전선을 사용했다.
② 옥외용 비닐절연전선을 사용했다.
③ 짧고 가는 금속관에 연선을 사용했다.
④ 단면적 10[mm²] 이하의 전선을 사용했다.

해설
- 전선은 절연전선(옥외용 비닐절연전선을 제외한다)일 것
- 전선은 연선일 것

답 ②

19 가요전선관공사 – 유형 ① ☐☐☐ check up!

가요전선관공사에 있어서 저압 옥내배선 시설에 맞지 않는 것은?

① 전선은 절연전선일 것
② 가요전선관 안에는 전선에 접속점이 없을 것
③ 전개된 장소에서는 1종 금속제 가요전선관
④ 일반적으로 가요전선관은 3종 금속제 가요전선관일 것

해설
- 가요전선관 안 전선에 접속점이 없도록 할 것
- 가요전선관은 2종 금속제 가요 전선관일 것

답 ④

20 가요전선관공사 – 유형 ② ☐☐☐ check up!

저압 옥내배선을 가요전선관 공사에 의해 시공하고자 한다. 이 가요전선관에 설치하는 전선으로 단선을 사용할 경우 그 단면적은 최대 몇 [mm²] 이하이어야 하는가? (단, 알루미늄선은 제외한다.)

① 2.5
② 4
③ 6
④ 10

해설
- 전선의 종류
  절연전선 일 것(옥외용 비닐 절연전선을 제외)
- 전선은 연선일 것. 단, 다음의 것은 적용하지 않는다.
  단면적 10[mm²](알루미늄선은 단면적 16[mm²]) 이하의 것

답 ④

21 금속덕트공사 - 유형 ① □□□ check up!

금속덕트공사에 의한 저압 옥내배선의 시설방법으로 적합하지 않은 것은?

① 금속덕트에 넣은 전선의 단면적의 합계가 덕트 내부 단면적의 20[%] 이하가 되게 하였다.
② 전선은 옥외용 비닐절연전선을 제외한 절연전선을 사용하였다.
③ 덕트를 조영재에 붙이는 경우, 덕트의 지지점간의 거리를 7[m]로 견고하게 붙였다.
④ 저압 옥내배선의 사용전압이 380[V]이어서 덕트에 접지공사를 하였다

해설
- 금속 덕트에 넣은 전선의 단면적(절연피복의 단면적을 포함한다)의 합계는 덕트의 내부 단면적의 20[%](전광표시 장치·출퇴표시등 기타 이와 유사한 장치 또는 제어회로 등의 배선만을 넣는 경우에는 50[%]) 이하일 것
- 금속 덕트 안에는 전선에 접속점이 없도록 할 것
- 폭이 5[cm]를 초과하고 또한 두께가 1.2[mm] 이상 일 것
- 덕트를 조영재에 붙이는 경우에는 덕트의 지지점 간의 거리를 3[m](취급자 이외의 자가 출입할 수 없도록 설비한 곳에서 수직으로 붙이는 경우에는 6[m]) 이하로 할 것 답 ③

22 금속덕트공사 - 유형 ② □□□ check up!

금속덕트 공사에 적당하지 않은 것은?

① 전선은 절연전선을 사용한다.
② 덕트의 끝부분은 항시 개방시킨다.
③ 덕트 안에는 전선의 접속점이 없도록 한다.
④ 덕트의 안쪽 면 및 바깥 면에는 산화방지를 위하여 아연도금을 한다.

해설 덕트의 끝부분은 일반적으로 막을 것. 답 ②

23 금속덕트공사 - 유형 ③ □□□ check up!

금속덕트 공사에 의한 저압 옥내배선에서, 금속덕트에 넣은 전선의 단면적의 합계는 일반적으로 덕트 내부 단면적의 몇 [%] 이하이어야 하는가? (단, 전광표시 장치·출퇴표시등 기타 이와 유사한 장치 또는 제어회로 등의 배선만을 넣는 경우에는 50[%])

① 20 ② 30
③ 40 ④ 50

해설 전선은 절연전선(옥외용 비닐절연전선 제외)으로 금속덕트에 넣는 전선의 단면적(절연 피복 포함) 덕트 내부 단면적의 20[%] 이하일 것 답 ①

24 버스덕트공사

버스덕트 공사에 대한 설명 중 옳은 것은?

① 버스덕트 끝부분을 개방 할 것
② 덕트를 수직으로 붙이는 경우 지지점간 거리는 12[m] 이하로 할 것
③ 덕트를 조영재에 붙이는 경우 덕트의 지지점간 거리는 6[m] 이하로 할 것
④ 저압 옥내배선의 덕트에 접지공사를 할 것

해설
- 덕트 상호간 및 전선 상호간은 견고하고 또한 전기적으로 완전하게 접속할 것
- 버스덕트의 지지점간의 거리를 3[m] 이하로 할 것 단, 수직으로 붙이는 경우 6[m] 이하일 것
- 덕트(환기형의 것을 제외한다)의 끝부분은 막을 것

답 ④

25 라이팅덕트공사

라이팅 덕트 공사에 의한 저압 옥내배선 공사시설 기준으로 틀린 것은?

① 덕트의 끝부분은 막을 것
② 덕트는 조영재에 견고하게 붙일 것
③ 덕트는 조영재를 관통하여 시설할 것
④ 덕트의 지지점 간의 거리는 2[m] 이하로 할 것

해설
- 라이팅덕트 지지점간의 거리는 2[m] 이하일 것
- 라이팅덕트는 조영재를 관통하여 시설하지 말 것

답 ③

26 라이팅덕트공사

라이팅덕트배선에 의한 저압 옥내배선에서 덕트의 지지점간의 거리는 몇 [m] 이하로 하여야 하는가?

① 2 ② 3
③ 4 ④ 5

해설
- 덕트의 지지점 간의 거리는 2[m] 이하로 할 것
- 덕트의 끝부분은 막을 것
- 덕트는 조영재를 관통하여 시설하지 아니할 것

답 ①

27 플로어덕트공사 ☐☐☐ check up!

다음 중 사용전압이 400[V] 이하이고 옥내배선을 시공한 후 점검할 수 없는 은폐장소이며, 건조된 장소일 때 공사방법으로 가장 옳은 것은?

① 플로어덕트공사
② 버스덕트공사
③ 합성수지몰드공사
④ 금속덕트공사

해설 저압 옥내배선의 시설장소별 공사의 종류
플로어 덕트는 바닥 공사이기 때문에 점검할 수 없는 은폐된 장소에 해당한다.

답 ①

2-6 저압전기설비

1. 과전류에 대한 보호

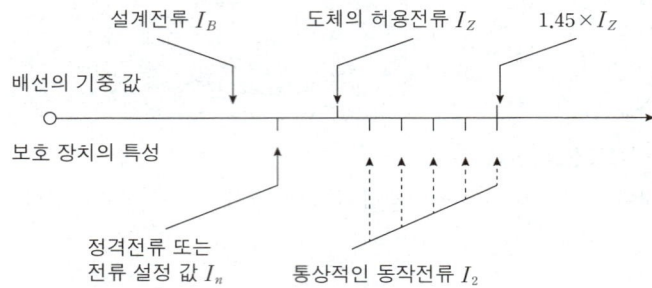

2. 콘센트의 시설
   - 욕실 또는 화장실 등 인체가 물에 젖어있는 상태
     누전차단기(정격감도전류 15[mA] 이하, 동작시간 0.03초 이하의 전류동작형 사용)
3. 점멸기의 시설
   - 타임스위치 : 주거용 3분이내, 숙박용 1분이내
   - 가로등, 경기장, 공장 등 고압방전등은 70[lm/W] 이상
4. 네온방전등
   - 전선의 지지점 간의 거리는 1[m] 이하일 것, 전선 상호 간의 간격은 6[cm] 이상일 것
5. 수중조명등
   - 1차 사용전압 400[V] 이하, 2차측 150[V] 이하의 절연변압기(2차측 비접지)
   - 사용전압 30[V] 이하=혼촉방지판, 30[V] 초과=30[mA] 이하 누전차단기

01 옥내 간선의 시설 - 유형 ①

다음 과전류에 대한 보호중 보호 범위에 대한 설명으로 잘못된 것은?

① 설계전류≤보호장치 정격전류
② 설계전류≤도체의 허용전류
③ 보호장치의 정격전류≤도체의 허용전류
④ 보호장치의 동작전류≤설계전류

해설 과전류에 대한 보호에 있어서 설계전류 값이 가장 작은 값에 속한다.   답 ④

02 옥내 간선의 시설 - 유형 ②   □□□ check up!

과부하보호장치의 통상적인 동작전류 값은 도체의 허용전류의 몇 배를 넘지 않아야 하는가?

① 1.1 ② 1.25
③ 1.3 ④ 1.45

해설 과부하보호장치의 통상적인 동작전류 값은 도체의 허용전류의 1.45보다 작거나 같아야 한다.

답 ④

03 전구선 및 이동전선 - 유형 ①   □□□ check up!

터널 등에 시설하는 사용전압이 220[V]인 저압의 전구선으로 편조 고무코드를 사용하는 경우 단면적은 몇 [mm²] 이상인가?

① 0.5 ② 0.75
③ 1.0 ④ 1.25

해설 사용전압이 400[V] 이하인 저압의 전구선 또는 이동전선은 단면적 0.75[mm²] 이상의 방습코드, 캡타이어코드 또는 비닐캡타이어커이블(1종 캡타이어 케이블 및 비닐 캡타이어 케이블의 사용을 금지)이외의 캡타이어 케이블일 것

답 ②

04 전구선 및 이동전선 - 유형 ②   □□□ check up!

옥내 저압용의 전구선을 시설하려고 한다. 사용전압이 몇 [V] 초과인 전구선은 옥내 시설할 수 없는가?

① 250 ② 300
③ 350 ④ 400

해설 옥내에 시설하는 사용전압이 400[V] 초과인 전구선은 시설하여서는 아니 된다.

답 ④

05 콘센트의 시설   □□□ check up!

욕실 등 인체가 물에 젖어 있는 상태에서 물을 사용하는 장소에 콘센트를 시설하는 경우에 적합한 누전차단기는?

① 정격감도전류 15[mA] 이하, 동작시간 0.03초 이하의 전압동작형 누전차단기
② 정격감도전류 15[mA] 이하, 동작시간 0.03초 이하의 전류동작형 누전차단기
③ 정격감도전류 15[mA] 이하, 동작시간 0.3초 이하의 전압동작형 누전차단기
④ 정격감도전류 15[mA] 이하, 동작시간 0.3초 이하의 전류동작형 누전차단기

해설 욕실 등 인체가 물에 젖어 있는 상태에서 물을 사용하는 장소에 콘센트를 시설하는 경우에는 「전기용품 안전관리법」의 적용을 받는 인체감전보호용 누전차단기(정격감도전류 15[mA] 이하, 동작시간 0.03초 이하의 전류동작형의 것에 한한다)나 인체감전보호용 누전차단기가 부착된 콘센트를 시설하여야 한다.

답 ②

06 타임스위치 - 유형 ①

조명용 전등을 설치할 때 타임스위치를 시설해야 할 곳은?

① 공장
② 사무실
③ 병원
④ 아파트현관

해설
- 호텔 또는 여관 각 객실 입구등은 1분 이내 소등되는 것
- 일반주택 및 아파트의 현관등은 3분 이내 소등되는 것

답 ④

07 타임스위치 - 유형 ②

일반주택 및 아파트 각 호실의 현관등과 같은 조명용 백열전등을 설치할 때에는 타임스위치를 시설하여야 한다. 몇 분 이내에 소등되는 것이어야 하는가?

① 1분
② 3분
③ 5분
④ 10분

해설
- 호텔 또는 여관 각 객실 입구등은 1분 이내 소등되는 것
- 일반주택 및 아파트의 현관등은 3분 이내 소등되는 것

답 ②

08 점멸기의 시설

가로등, 경기장, 공장, 아파트단지 등의 일반조명을 위하여 시설하는 고압방전등은 그 효율이 몇 [lm/W] 이상의 것이어야 하는가?

① 60
② 70
③ 80
④ 90

해설 가로등, 경기장, 공장, 아파트단지 등의 일반조명을 위하여 시설하는 고압방전등은 그 효율이 70[lm/W] 이상의 것이어야 한다.

답 ②

09 진열장 또는 이와유사한 것의 내부 배선 □□□ check up!

진열장 안의 사용전압이 400[V] 이하인 저압 옥내배선으로 외부에서 보기 쉬운 곳에 한하여 시설할 수 있는 전선은? (단, 진열장은 건조한 곳에 시설하고 또한 진열장 내부를 건조한 상태로 사용하는 경우이다.)

① 단면적이 0.75[mm^2] 이상인 코드 또는 캡타이어 케이블
② 단면적이 0.75[mm^2] 이상인 나전선 또는 캡타이어 케이블
③ 단면적이 1.25[mm^2] 이상인 코드 또는 좋연전선
④ 단면적이 1.25[mm^2] 이상인 나전선 또는 다심형전선

해설 외부에서 보기 쉬운 곳에 한하여 단면적 0.75[mm^2] 이상의 코드 또는 캡타이어 케이블을 1[m] 이하마다 지지하여 시설할 수 있다. **답** ①

10 네온방전등공사 – 유형 ① □□□ check up!

다음 중 옥내의 네온방전을 공사하는 방법으로 옳은 것은?

① 방전등용 변압기는 누설변압기일 것
② 관등회로의 배선은 점검할 수 없는 은폐된 장소에서 시설할 것
③ 관등회로의 배선은 애자사용공사에 의할 것
④ 전선의 지지점간의 거리는 2[m] 이하로 할 것

해설
- 전선의 지지점 간의 거리는 1[m] 이하일 것
- 전선 상호 간의 간격은 6[cm] 이상일 것 **답** ③

11 네온방전등공사 – 유형 ② □□□ check up!

옥내의 네온 방전등 공사의 방법으로 옳은 것은?

① 전선 상호 간의 간격은 5[cm] 이상일 것
② 관등회로의 배선은 애자사용공사에 의할 것
③ 전선의 지지점간의 거리는 2[m] 이하로 할 것
④ 관등회로의 배선은 점검할 수 없는 은폐된 장소에 시설할 것

해설
- 전선의 지지점 간의 거리는 1[m] 이하일 것
- 전선 상호 간의 간격은 6[cm] 이상일 것 **답** ②

12 출퇴표시등

출퇴표시등 회로에 전기를 공급하기 위한 변압기는 2차측 전로의 사용전압이 몇 [V] 이하인 절연변압기이어야 하는가?

① 40
② 60
③ 80
④ 100

해설 출퇴표시등 회로의 시설
1차 대지전압 300[V] 이하, 2차 사용전압 60[V] 이하의 절연변압기일 것

답 ②

13 수중조명등 – 유형 ①

풀용 수중조명등에 전기를 공급하기 위하여 사용하는 절연변압기의 2차측 전로의 접지에 대한 설명으로 옳은 것은?

① 직접 접지한다.
② 저항 접지한다.
③ 다중 접지한다.
④ 비접지한다.

해설 1차 사용전압 400[V] 이하, 2차측 150[V] 이하의 절연변압기를 사용할 것(절연변압기 2차측 전로는 비접지)

답 ④

14 수중조명등 – 유형 ②

풀용 수중조명등에 사용되는 절연 변압기의 2차측 전로의 사용전압이 몇 [V]를 초과하는 경우에는 그 전로에 지락이 생겼을 때에 자동적으로 전로를 차단하는 장치를 하여야 하는가?

① 30
② 60
③ 150
④ 300

해설
- 절연변압기 2차전압 30[V] 이하 : 혼촉 방지판을 설치
- 절연변압기 2차전압 30[V] 초과 : 지락이 발생하면 자동적으로 전로를 차단하는 장치를 시설할 것

답 ①

15 교통신호등

교통신호등 시설을 다음과 같이 하였다. 옳지 않은 것은?

① 회로의 사용전압을 600[V]로 하였다.
② 교통신호등 회로의 인하선을 지표상 2.5[m]로 하였다.
③ 교통신호등의 제어장치의 전원측에는 전용개폐기 및 과전류차단기를 각 극에 설치하였다.
④ 교통신호등의 제어장치의 금속제 외함에는 접지공사를 하였다.

해설 교통신호등 회로로부터 전구까지의 전로 사용전압은 300[V] 이하로 다음과 같이 시설한다.
- 전선은 케이블인 경우 이외는 공칭단면적 2.5[mm²] 연동선과 동등 이상의 세기 및 450/750[V] 일반용 단심 비닐절연전선 또는 450/750[V] 내열성 에틸렌아세테이트 고무절연전선일 것.
- 조가용선 사용시 인장강도 3.70[kN]의 금속선 또는 지름 4[mm] 이상의 아연도철선을 2가닥 이상을 꼰 금속선에 매달 것.
- 전선의 지표상의 높이는 2.5[m] 이상일 것.
- 제어장치의 전원측에는 전용 개폐기 및 과전류차단기를 시설하고 150[V]를 넘는 경우는 지락차단장치를 시설한다.

답 ①

2-7 저압전기설비

1. 전기울타리
    - 사용전압 : 250[V] 이하, 사용전선 : 지름 2[mm] 이상의 경동선 또는 인장강도 1.38[kN]
    - 전선과 기둥과의 이격거리 : 2.5[cm] 이상, 전선과 수목의 이격거리 : 30[cm] 이상
2. 전기욕기
    - 사용전압 : 10[V]이하, 전극간의 거리는 1[m] 이상
3. 놀이(유희)용 전차
    - 사용전압 : 직류 60[V] 이하, 교류 40[V] 이하
    - 제3레일 방식, 공급사용 전압 변압기 1차 400[V] 이하, 전차안 승압용 2차 150[V] 이하
4. 전기부식방지
    - 사용전압 : 직류 60[V] 이하
    - 양극과 1[m]안 점과 전위차 10[V] 이내, 1[m] 간격 임의의 2점간 전위차는 5[V] 이내
5. 먼지(분진)위험장소
    - 폭연성(즉시폭발) : 금속관 또는 케이블
    - 가연성(폭연성 제외) : 합성수지관, 금속관 또는 케이블

01 전기울타리 - 유형 ① □□□ check up!

목장에서 가축의 탈출을 방지하기 위하여 전기울타리를 시설하는 경우의 전선은 인장 강도가 몇 [kN] 이상의 것이어야 하는가?

① 0.39[kN]
② 1.38[kN]
③ 2.78[kN]
④ 5.93[kN]

해설

사용전압	250[V] 이하
사용전선	지름 2[mm] 이상의 경동선 또는 인장강도 1.38[kN] 이상
전선과 기둥과의 이격거리	2.5[cm] 이상
전선과 수목의 이격거리	30[cm] 이상

답 ②

02 전기울타리 – 유형 ②

전기울타리의 시설에 사용되는 전선은 지름 몇 [mm] 이상의 경동선인가?

① 2.0
② 2.6
③ 3.2
④ 4.0

해설 전기울타리의 전선은 인장강도 1.38[kN] 이상의 것 또는 지름 2[mm] 이상의 경동선일 것 **답** ①

03 전기울타리 – 유형 ③

전기울타리의 시설에 관한 설명중 옳지 않은 것은?

① 사용전압은 250[V] 이하 이어야 한다.
② 사람이 쉽게 출입하지 아니하는 곳에 시설할 것.
③ 전선은 인장강도 1.38[kN] 이상의 것 또는 지름 2[mm] 이상의 경동선일 것.
④ 전선과 이를 지지하는 기둥 사이의 이격거리는 30[cm] 이상일 것.

해설 전선과 이를 지지하는 기둥 사이의 이격거리는 2.5[cm] 이상일 것. **답** ④

04 전기욕기 – 유형 ①

전기욕기에 전기를 공급하기 위한 전원장치에 내장되어 있는 전원변압기의 2차측 전로의 사용전압은 몇 [V] 이하인 것을 사용하여야 하는가?

① 5
② 10
③ 25
④ 35

해설 전기욕기에 전기를 공급하기 위하여는 전기욕기용 전원장치(내장되어 있는 전원변압기의 2차측 전로의 사용전압이 10[V] 이하인 것에 한한다)를 사용할 것 **답** ②

05 전기욕기 – 유형 ②

전기욕기용 전원장치로부터 욕조안의 전극까지의 전선 상호간 및 전선과 대지 사이에 절연저항 값은 SELV 전로인 경우 몇 [MΩ] 이상이어야 하는가?

① 0.1
② 0.5
③ 1.0
④ 1.5

해설 전기욕기용 전선 상호간 및 전선과 대지 사이의 절연저항값은 기술기준 52조에 따른다. **답** ②

06 전격살충기

전격살충기의 시설방법으로 틀린 것은?

① 전기용품안전 관리법의 적용을 받은 것을 설치한다.
② 전용개폐기를 가까운 곳에 쉽게 개폐할 수 있게 시설한다.
③ 전격격자가 지표상 3.5[m] 이상의 높이가 되도록 시설한다.
④ 전격격자와 다른 시설물 사이의 이격거리는 50[cm] 이상으로 한다.

해설 전격격자는 지표상 또는 마루 위 3.5[m] 이상으로 설치할 것
단, 2차측 개방전압이 7[kV] 이하인 절연변압기 설치시는 지표상 또는 마루 위 1.8[m] 이상의 높이에 설치하고, 전격격자와 다른 공작물 또는 식물과의 이격거리를 30[cm] 이상이어야 한다. **답** ④

07 놀이(유희)용 전차 – 유형 ①

( ) 안에 들어갈 내용으로 옳은 것은?

놀이(유희)용 전차에 전기를 공급하는 전로의 사용전압은 직류의 경우는 (Ⓐ)[V] 이하, 교류의 경우는 (Ⓑ)[V] 이하이어야 한다.

① Ⓐ 60, Ⓑ 40
② Ⓐ 40, Ⓑ 60
③ Ⓐ 30, Ⓑ 60
④ Ⓐ 60, Ⓑ 30

해설 놀이(유희)용 전차에 전기를 공급하는 전로의 사용전압은 직류의 경우는 60[V] 이하, 교류의 경우는 40[V] 이하일 것 **답** ①

08 놀이(유희)용 전차 – 유형 ②

놀이(유희)용 전차의 시설에 대한 설명 중 틀린 것은?

① 전로의 사용전압은 직류의 경우 60[V] 이하, 교류의 경우 40[V] 이하일 것
② 전기를 공급하기 위하여 사용하는 접촉전선은 제3레일 방식일 것
③ 전기를 변성하기 위하여 사용하는 변압기의 1차 전압은 400[V] 이하일 것
④ 전차 안의 승압용 변압기의 2차 전압은 200[V] 이하일 것

해설 전차 안에 승압용 변압기를 사용하는 경우는 절연변압기로 그 변압기의 2차 전압은 150[V] 이하일 것 **답** ④

09 아크용접장치

가반형의 용접전극을 사용하는 아크 용접장치의 용접변압기의 1차측 전로의 대지전압은 몇 [V] 이하이어야 하는가?

① 220
② 300
③ 380
④ 440

해설 용접변압기의 1차측 전로의 대지전압은 300[V] 이하일 것

답 ②

10 도로 등의 전열장치

발열선을 도로, 주차장 또는 조영물의 조영재에 고정시켜 시설하는 경우 발열선에 전기를 공급하는 전로의 대지전압은 몇 [V] 이하이어야 하는가?

① 100
② 150
③ 200
④ 300

해설 발열선에 전기를 공급하는 전로의 대지전압은 300[V] 이하일 것

답 ④

11 소세력회로

전자개폐기의 조작회로 또는 초인벨·경보벨 등에 접속하는 전로로서 최대사용전압이 몇 [V] 이하인 것으로 대지전압이 300[V] 이하인 강전류 전기의 전송에 사용하는 전로와 변압기로 결합되는 것을 소세력회로라 하는가?

① 60
② 80
③ 100
④ 150

해설 전자개폐기 조작회로 또는 차임벨, 경보벨 등에 접속하는 60[V] 이하의 회로를 소세력회로라 한다.

답 ①

12 전기부식 방지장치 - 유형 ①

지중 또는 수중에 시설되어 있는 금속체의 부식을 방지하기 위해 전기부식회로의 사용전압은 직류 몇 [V] 이하이어야 하는가?

① 30
② 60
③ 90
④ 120

해설
- 사용전압은 직류 60[V] 이하일 것
- 지중에 매설하는 양극은 75[cm] 이상의 깊이일 것
- 수중에 시설하는 양극과 그 주위 1[m] 안의 임의의 점과의 전위차 10[V] 이하 일 것
- 지표 또는 수중에서 1[m] 간격을 갖는 임의의 2점간 전위차는 5[V] 이하 일 것

답 ②

13 전기부식 방지장치 - 유형 ②

전기부식방지 시설에서 전원장치를 사용하는 경우 옳은 것은?

① 전기부식방지 회로의 사용전압은 교류 60[V] 이하일 것
② 지중에 매설하는 양극(+)의 매설깊이는 50[cm] 이상일 것
③ 지표 또는 수중에서 1[m] 간격의 임의의 2점간의 전위차는 7[V]를 넘지 말 것
④ 수중에 시설하는 양극(+)과 그 주위 1[m] 이내의 거리에 있는 임의 점과의 사이의 전위차는 10[V]를 넘지 말 것

해설
- 사용전압은 직류 60[V] 이하일 것
- 지중에 매설하는 양극은 75[cm] 이상의 깊이일 것
- 수중에 시설하는 양극과 그 주위 1[m] 안의 임의의 점과의 전위차 10[V] 이하 일 것
- 지표 또는 수중에서 1[m] 간격을 갖는 임의의 2점간 전위차는 5[V] 이하 일 것

답 ④

14 먼지(분진)위험장소 - 유형 ①

다음 중 가연성 먼지(분진)에 전기설비가 발화원이 되어 폭발할 우려가 있는 곳에 시공할 수 있는 저압 옥내 배선공사는?

① 버스덕트공사
② 라이팅덕트공사
③ 가요전선관공사
④ 금속관공사

해설 폭연성 먼지(분진), 화약류 분말이 존재하는 곳, 가연성의 가스 또는 인화성 물질의 증기가 새거나 체류하는 곳의 전기 공작물은 금속관공사, 또는 케이블공사(캡타이어케이블을 제외)에 의하여야 한다.

답 ④

15 먼지(분진)위험장소 - 유형 ②

소맥분, 전분 기타의 가연성 먼지(분진)가 존재하는 곳의 저압 옥내배선으로 적합하지 않은 공사방법은?

① 케이블공사
② 두께 2[mm] 이상의 합성수지관공사
③ 금속관공사
④ 가요전선관 공사

해설 가연성 먼지(분진)에 전기설비가 발화원이 되어 폭발할 우려가 있는 곳(폭연성 먼지(분진)제외) 합성수지관, 금속관, 케이블 가능

답 ④

16 위험물 등이 있는 곳에서의 전기설비 시설 ☐☐☐ check up!

석유류를 저장하는 장소의 전등배선에 사용하지 않는 공사방법은?

① 케이블 공사
② 금속관 공사
③ 애자사용 공사
④ 합성수지관 공사

해설 가연성 먼지(분진), 성냥, 석유류, 셀룰로이드 등의 위험 물질을 제조하거나 저장하는 등의 전기 공작물은 합성수지관공사, 금속관공사, 케이블공사에 의하여야 한다.

답 ③

17 화약류 저장소 ☐☐☐ check up!

화약류 저장소에서의 전기설비 시설기준으로 틀린 것은?

① 전용개폐기 및 과전류차단기는 화약류 저장소 이외의 곳에 둔다.
② 전기기계기구는 반폐형의 것을 사용한다.
③ 전로의 대지전압은 300[V] 이하이어야 한다.
④ 케이블을 전기기계기구에 인입할 때에는 인입구에서 케이블이 손상될 우려가 없도록 시설하여야 한다.

해설
- 전로의 대지전압은 300[V] 이하일 것
- 전기기계기구는 전폐형의 것일 것
- 전용의 개폐기 및 과전류차단기를 화약류 저장소 이외의 곳에 취급자 이외의 자가 쉽게 조작할 수 없도록 시설하고 또한 전로에 지락이 생겼을 때에 자동적으로 전로를 차단하거나 경보하는 장치를 시설하여야 한다.
- 전용의 개폐기 또는 과전류차단기에서 화약류 저장소 인입구까지의 배선에는 케이블을 사용하여 지중선로로 시설하여야 한다.

답 ②

18 전시회, 쇼 및 공연장의 전기설비 ☐☐☐ check up!

무대, 무대마루 밑, 오케스트라박스, 영사실, 기타 사람이나 무대 도구가 접촉할 우려가 있는 곳에 시설하는 저압 옥내배선·전구선 또는 이동전선은 사용전압이 몇 [V] 이하이어야 하는가?

① 100
② 200
③ 300
④ 400

해설 무대마루 밑, 오케스트라박스, 영사실, 기타 사람이나 무대 도구가 접촉할 우려가 있는 곳에 시설하는 저압 옥내배선·전구선 또는 이동전선은 사용전압이 400[V] 이하이며, 그 전로에는 전용 개폐기 및 과전류차단기를 시설할 것

답 ④

19 의료장소 – 유형 ①

□□□ check up!

의료장소에서 전기설비 시설로 적합하지 않는 것은?

① 그룹 0 장소는 TN 또는 TT 접지 계통 적용
② 의료 IT 계통의 분전반은 의료장소의 내부 혹은 가까운 외부에 설치
③ 그룹 1 또는 그룹 2 의료장소의 수술 등, 내시경 조명등은 정전 시 0.5초 이내 비상전원 공급
④ 의료 IT계통의 절연저항이 30[kΩ]까지 감소하면 표시 및 경보하도록 시설

해설 절연감시장치를 설치하여 절연저항이 50[kΩ]까지 감소하면 표시설비 및 음향설비 경보를 발하도록 할 것

답 ④

20 의료장소 – 유형 ②

□□□ check up!

의료장소의 수술실에서 전기설비의 시설에 대한 설명으로 틀린 것은?

① 의료용 절연변압기의 정격출력은 10[kVA] 이하로 한다.
② 의료용 절연변압기의 2차측 정격전압은 교류 250[V] 이하로 한다.
③ 절연감시장치를 설치하는 경우 절연저항이 50[kΩ]까지 감소하면 경보를 발하도록 한다.
④ 전원측에 강화절연을 한 의료용 절연변압기를 설치하고 그 2차측 전로는 접지한다.

해설 의료장소 중 IT 계통의 경우 2차측 전로는 비접지 또는 저항접지를 시행한다.

답 ④

[**D-30** 전기기사·산업기사 필기
30일 필기 단기완성]

제6과목
전기설비기술기준
DAY-28

30일 단기완성

Chapter 03
고압/특고압 전기설비

1 출제경향분석

본장은 고압 및 특고압 전기설비에 대한 접지설비, 전선로, 옥내배선 등에 관한 전기법규의 전반적인 기본 사항에 대해 다룬, 시설장소에 따른 전선의 굵기 및 이격거리 등을 묻는 문제가 출제됩니다.

반드시 알아야 하는 핵심 포인트
① 접지설비
② 전선로
③ 기계기구시설 및 옥내배선
④ 발전소 등의 전기설비 시설
⑤ 전력보안 통신설비의 시설

2 학습 가이드라인

- 반드시 알아야 하는 핵심 포인트는 전기기사 및 산업기사 시험에서 가장 출제빈도가 높은 논점으로 각 파트별 핵심 포인트와 문제를 연계하여 학습해 주시기를 권장합니다.
- 체크리스트를 작성하시면서 문제의 유형과 학습의 완성도를 스스로 확인해 주세요.
- 출제 빈도가 높고 틀리기 쉬운 문제를 맞출 수 있도록 "콕콕 포인트"를 확인해 주세요.

우선순위 논점	KEY WORD	선생님의 콕콕 포인트
중성점 접지	특고압, 고압, 저압	특고압/고압 16, 저압6
조가용선	종류 및 굵기, 이격거리	금속으로된 연선22, 행거법50, 금속테이프20
가공전선 이격거리	저압가공전선의 이격거리	저 – 저60/30, 저 – 고80/40, 지지물30
병행시설	저고압 병행	기본50, 케이블 30
경간	표준경간	A종150, B종250, 철탑600
지중함의시설	4가지 조건	압력, 물, 뚜껑, 1[mm^3] 통풍장치
접지생략	외함 접지생략요건	직300,교150 건조한, 절연시리즈, 누전차단기30[mA], 0.03초
애자사용공사	고압이격거리	전-조5, 전-전8, 조영재따라 시설2[m]
보호장치	발전기 보호장치	증기터빈10000, 내부고장10000, 스러스트베어링2000, 수차압유500, 풍차압유100
보안장치	급전전용통신선	피뢰기1[kV], 릴레이보안기300[V], 3[A], 자복성

3-1 고압·특고압전기설비

1. 가공공동지선
   - 굵기 : 4[mm], 변압기로부터 : 200[m](지름400[m]), 각 접지접항 : 300[Ω] 이하
2. 방전장치
   - 사용전압 3배이하 동작 (생략요건 : 고압전로의 모선 각 상에 피뢰기)
3. 전로의 중성점 접지
   - 굵기 : 특고압(16[mm²]), 고압(16[mm²]), 저압(6[mm²])
4. 풍압하중(갑종)
   - 목주/원형 : 588, 삼각형 : 1412, 강철주 : 1117, 강철탑 : 1255, 애자 : 1039
5. 지지물의 기초 안전율 무시
   - 설계하중 6.8[kN] 이하 : 15[m] 이하 전장×1/6, 16[m] 이하 2.5[m], 20[m] 이하 2.8[m]
   - 설계하중 6.8~9.8[kN] 이하 : 6.8[kN]이하에 30[cm] 가산

01 가공접지선 - 유형 ①

가공 접지선을 사용하여 접지공사를 하는 경우 변압기의 시설 장소로부터 몇 [m]까지 떼어 놓을 수 있는가?
① 50   ② 100
③ 150   ④ 200

해설 가공접지선접지공사는 변압기의 시설 장소마다 시설하여야 한다. 단, 토지의 상황에 의하여 정하진 접지저항값을 얻기 어려운 경우에는시설장소로부터 200[m]까지 떼어놓을 수 있다. **답** ④

02 가공접지선 - 유형 ②

특고압 전로와 저압 전로를 결합하는 변압기 저압 측의 중성점에 접지공사를 토지의 상황 때문에 변압기역 시설장소마다 하기 어려워서 가공접지선을 시설하려고 한다. 이 때 가공접지선으로 경동선을 사용한다면 그 최소 굵기는 몇 [mm]인가?
① 3.2   ② 4
③ 4.5   ④ 5

해설 가공접지선 및 가공공동지선 굵기
4[mm] 이상의 경동선 또는 인장강도 5.26[kN] 이상일 것 **답** ②

03 가공공동지선 – 유형 ①

고저압 혼촉에 의한 위험방지시설로 가공공동지선을 설치하여 시설하는 경우에 각 접지선을 가공공동지선으로부터 분리하였을 경우의 각 접지선과 대지간의 전기저항 값은 몇 [Ω] 이하로 하여야 하는가?

① 75
② 150
③ 300
④ 600

해설 각 접지선을 가공공동지선으로부터 분리하였을 경우의 각 접지선과 대지 사이의 전기저항값은 300[Ω] 이하 이어야 한다.

답 ③

04 가공공동지선 – 유형 ②

고.저압 혼촉에 의한 위험을 방지하려고 시행하는 접지공사에 대한 기준으로 틀린 것은?

① 접지공사는 변압기의 시설장소마다 시행하여야 한다.
② 토지의 상황에 의하여 접지저항 값을 얻기 어려운 경우, 가공 접지선을 사용하여 접지극을 100[m]까지 떼어 놓을 수 있다.
③ 가공 공동지선을 설치하여 접지공사를 하는 경우, 각 변압기를 중심으로 지름 400[m] 이내의 지역에 접지를 하여야 한다.
④ 저압 전로의 사용전압이 300[V] 이하인 경우, 그 접지공사를 중성점에 하기 어려우면 저압측의 1단자에 시행할 수 있다.

해설 가공접지선접지공사는 변압기의 시설 장소마다 시설하여야 한다. 단, 토지의 상황에 의하여 정해진 접지저항값을 얻기 어려운 경우에는 시설장소로부터 200[m]까지 떼어놓을 수 있다.

답 ②

05 혼촉방지판이 있는 변압기에 접속하는 저압 옥외전선의 시설 등

고압전로와 비접지식의 저압전로를 결합하는 변압기로 그 고압권선과 저압권선 간에 금속제의 혼촉방지판이 있고 그 혼촉방지판에 접지공사를 한 것에 접속하는 저압전선을 옥외에 시설하는 경우로 옳지 않은 것은?

① 저압 옥상전선로의 전선은 케이블이어야 한다.
② 저압 가공전선과 고압의 가공전선은 동일 지지물에 시설하지 않아야 한다.
③ 저압전선은 2구내에만 시설한다.
④ 저압 가공전선로의 전선은 케이블이어야 한다.

해설 저압전선은 1구내에만 시설할 것

답 ③

06 특고압과 고압의 혼촉 등에 의한 위험방지 시설 □□□ check up!

변압기에 의하여 특고압전로에 결합되는 고압전로에는 사용전압의 3배 이하의 전압이 가하여진 경우에 방전하는 피뢰기를 어느 곳에 시설할 때, 방전장치를 생략할 수 있는가?

① 변압기의 단자
② 변압기의 단자의 1극
③ 고압전로의 모선의 각상
④ 특고압 전로의 1극

해설 특고압전로에 결합되는 고압전로에는 사용전압의 3배 이하인 전압이 가하여진 경우에 방전하는 장치를 그 변압기의 단자에 가까운 1극에 설치 하여야 한다. 단, 사용전압의 3배 이하인 전압이 가하여진 경우에 방전하는 피뢰기를 고압전로의 모선의 각상에 시설하는 때에는 방전장치를 생략할 수 있다.

답 ③

07 전로의 중성점 접지 □□□ check up!

고압전로의 중성점을 접지할 때 접지선으로 연동선을 사용하는 경우의 최소공칭단면적은 몇 $[mm^2]$인가?

① $6.0[mm^2]$
② $10[mm^2]$
③ $16[mm^2]$
④ $25[mm^2]$

해설 보호 장치의 확실한 동작의 확보, 이상전압의 억제 및 대지전압의 저하를 위하여 전로의 중성점에 접지공사를 한다.
- 고압전로의 중성점 접지 : $16[mm^2]$ 이상의 연동선
- 저압전로의 중성점 접지 : $6[mm^2]$ 이상의 연동선

답 ③

08 가공전선로 지지물의 철탑오름 및 전주오름 방지 □□□ check up!

가공 전선로의 지지물에 취급자가 오르고 내리는데 사용하는 발판 볼트 등은 지표상 몇 [m] 미만에 시설하여서는 아니 되는가?

① 1.2
② 1.8
③ 2.2
④ 2.5

해설 가공전선로의 지지물에 취급자가 오르고 내리는데 사용하는 발판 볼트 등을 지표상 1.8[m] 미만에 시설하여서는 안된다.

답 ②

09 풍압하중 – 유형 ①

빙설이 많은 지방이고 인가가 많이 이웃 연결(연접)된 장소에 시설하는 가공전선로의 구성재 중 병종 풍압하중의 적용을 할 수 없는 것은?

① 저압 또는 고압 가공전선로의 가섭선
② 저압 또는 고압 가공전선로의 지지물
③ 35[kV]이하의 전선에 특고압 절연전선을 사용하는 특고압 가공전선로의 지지물
④ 35[kV]이상인 특고압 가공전선로의 지지물에 시설하는 가공전선

해설
- 저압 또는 고압 가공전선로의 지지물 또는 가섭선
- 사용전압 35[kV] 이하인 특고압 가공전선로의 지지물에 시설하는 저압 또는 고압 가공전선
- 사용전압 35[kV] 이하인 특고압 가공전선로에 사용하는 특고압 절연전선이나 케이블 및 이를 조가하는 금속선

답 ④

10 풍압하중 – 유형 ②

특고압 전선로에 사용되는 애자장치에 대한 갑종 풍압하중은 그 구성재의 수직투영면적 1[m²]에 대한 풍압하중을 몇 [Pa]를 기초로 하여 계산한 것인가?

① 592
② 668
③ 946
④ 1039

해설

풍압을 받는 구분 (갑종의 경우)		풍압[Pa]
전선 기타의 가섭선	다도체를 구성하는 전선	666
	기타의 것(단도체)	745
특고압 전선용의 애자장치		1039

답 ④

11 풍압하중 – 유형 ③

가공전선로에 사용하는 지지물의 강도 계산 시 구성재의 수직 투영면적 1[m²]에 대한 풍압을 기초로 적용하는 갑종풍압하중 값의 기준으로 틀린 것은?

① 목주 : 588[Pa]
② 원형 철주 : 588[Pa]
③ 철근콘크리트주 : 1117[Pa]
④ 강관으로 구성된 철탑(단주는 제외) : 1255[Pa]

해설 목주/원형 : 588, 삼각형 : 1412, 강철주 : 1117, 강철탑 : 1255, 애자 : 1039

답 ③

12 가공전선로의 지지물의 기초 안전율 - 유형 ①

전체의 길이가 16[m]이고, 설계하중이 9.8[kN]인 철근콘크리트주를 지반이 튼튼한 곳에 시설하려고 한다. 기초 안전율을 고려하지 않기 위해서는 묻히는 깊이를 몇 [m] 이상으로 시설하여야 하는가?

① 2.5[m]
② 2.8[m]
③ 3.0[m]
④ 3.2[m]

해설 전장 및 설계하중에 따른 지지물 땅속에 묻히는 깊이

설계하중 전장	6.8[kN] 이하	6.8[kN] 초과 ~9.8[kN] 이하	9.8[kN] 초과 ~14.72[kN] 이하
15[m] 이하	전장×1/6[m] 이상	전장×1/6[m]+0.3[m] 이상	-
15[m] 초과	2.5[m] 이상	2.8[m] 이상	-
16[m] 초과~20[m] 이하	2.8[m] 이상	-	-

답 ②

13 가공전선로의 지지물의 기초 안전율 - 유형 ②

철근 콘크리트주로서 전장이 15[m]이고, 설계하중이 7.8[kN]이다. 이 지지물을 논, 기타 지반이 약한 곳 이외에 기초 안전율의 고려 없이 시설하는 경우에 그 묻히는 깊이는 기준보다 몇 [cm]를 가산하여 시설하여야 하는가?

① 10
② 30
③ 50
④ 70

해설 전장 및 설계하중에 따른 지지물 땅속에 묻히는 깊이

설계하중 전장	6.8[kN] 이하	6.8[kN] 초과 ~9.8[kN] 이하	9.8[kN] 초과 ~14.72[kN] 이하
15[m] 이하	전장×1/6[m] 이상	전장×1/6[m]+0.3[m] 이상	-
15[m] 초과	2.5[m] 이상	2.8[m] 이상	-
16[m] 초과~20[m] 이하	2.8[m] 이상	-	-

답 ②

3-2 고압·특고압전기설비

1. 지지선(지선)의 시설
   굵기 : 2.6[mm], 안전율 : 2.5, 소선수 : 3가닥, 인장하중 : 4.31[kN], 도로횡단 : 5[m]
2. 고압 가공인입선의 높이

도로횡단	철도횡단	횡단보도교위	기타
6[m]	6.5[m]	3.5[m]	5[m](단, 위험표시를 하면 3.5[m]

3. 가공약전류 전선로의 유도장해 방지
   이격거리 2[m] (장해시 : 이격거리증가, 연가실시, 차폐선 2줄이상)
4. 조가용선
   행거법 50[cm], 아연도철연선 22[mm^2], 바인드법 금속테이프 20[cm]
5. 고압 가공전선의 높이

도로횡단	철도횡단	횡단보도교위	기타
6[m]	6.5[m]	3.5[m]	5[m]

01 지지선(지선)의 시설기준 - 유형 ①

가공전선로의 지지물을 지지선(지선)을 시설할 때 옳은 방법은?

① 지지선(지선)의 안전율을 2.0으로 하였다.
② 소선은 최소 2가닥 이상의 연선을 사용하였다.
③ 지중의 부분 및 지표상 20[cm]까지의 부분은 아연도금 철봉 등 내부식성 재료를 사용하였다.
④ 도로를 횡단하는 곳의 지지선(지선)의 높이는 지표상 5[m]로 하였다.

해설
- 지지선(지선)에 연선을 사용할 경우에는 소선 3가닥 이상의 연선일 것
- 지지선(지선)의 안전율은 2.5 이상일 것
- 소선의 지름 2.6[mm] 이상의 금속선을 사용할 것
- 인장하중의 최저는 4.31[kN] 이상일 것
- 도로횡단시 높이는 5[m] 단, 교통에 지장이 없을 경우 4.5[m]

답 ④

02 지지선(지선)의 시설기준 - 유형 ② ☐☐☐ check up!

다음 (①), (②)에 들어갈 내용으로 알맞은 것은?

"지지선(지선)의 안전율은 (①) 이상일 것. 이 경우에 허용 인장하중의 최저는 (②)[kN]으로 한다."

① ① 2.0, ② 2.1
② ① 2.0, ② 4.31
③ ① 2.5, ② 2.1
④ ① 2.5, ② 4.31

해설 지지선(지선)의 안전율은 2.5 이상일 것이며, 이 경우에 허용 인장하중의 최저는 4.31[kN]으로 한다. **답** ④

03 고압 가공인입선 - 유형 ① ☐☐☐ check up!

고압 인입선 시설에 대한 설명으로 틀린 것은?

① 15[m] 떨어진 다른 수용가에 고압 이웃 연결(연접)인입선을 시설하였다.
② 전선은 5[mm] 경동선과 동등한 세기의 고압 절연전선을 사용하였다.
③ 고압 가공인입선 아래 위험표시를 하고 지표상 3.5[m]의 높이에 설치하였다.
④ 횡단 보도교 위에 시설하는 경우 케이블을 사용하여 노면상에서 3.5[m]의 높이에 시설하였다.

해설 고압 연접인입선은 시설하여서는 안 된다. **답** ①

04 고압 가공인입선 - 유형 ② ☐☐☐ check up!

고압가공인입선은 그 아래에 위험 표시를 하였을 경우에는 지표상 높이는 몇 [m] 이상이어야 하는가?

① 3.5[m]
② 4.5[m]
③ 5.5[m]
④ 6.5[m]

해설

도로횡단	철도횡단	횡단보도교위	기타
6[m]	6.5[m]	3.5[m]	5[m](단, 위험표시를 하면 3.5[m])

답 ①

05 고압 옥측전선로 ☐☐☐ check up!

고압 옥측전선로에 사용할 수 있는 전선은?

① 케이블
② 나경동선
③ 절연전선
④ 다심형 전선

해설 고압 옥측전선로에 사용하는 전선은 케이블을 사용한다.　　　　　　　　　　답 ①

06 고압 옥상전선로　　　　　　　　　　□□□ check up!

고압 옥상전선로의 전선이 다른 시설물과 접근하거나 교차하는 경우에는 고압 옥상전선로의 전선과 이들 사이의 이격거리는 몇 [cm] 이상이어야 하는가?

① 30
② 40
③ 50
④ 60

해설
- 조영재 사이의 이격거리는 1.2[m] 이상일 것.
- 고압 옥상 전선로의 전선이 다른 시설물(가공전선을 제외)과 접근하거나 교차하는 경우에는 고압 옥상 전선로의 전선과 이들 사이의 이격거리는 60[cm] 이상이어야 한다.
- 고압 옥상전선로의 전선은 상시 부는 바람 등에 의하여 식물에 접촉하지 아니하도록 시설하여야 한다.　　　　　　　　　　답 ④

07 특고압 옥상전선로　　　　　　　　　　□□□ check up!

특고압으로 시설할 수 없는 전선로는?

① 지중전선로
② 옥상전선로
③ 가공전선로
④ 수중전선로

해설 특고압 옥상전선로(특고압 인입선의 옥상부분을 제외한다)는 시설하여서는 아니된다.　　답 ②

08 가공 약전류전선로의 유도장해 방지　　　　　　　　　　□□□ check up!

저압 가공전선로 또는 고압 가공전선로와 기설 가공 약전류 전선로가 병행하는 경우에는 유도작용에 의한 통신상의 장해가 생기지 아니하도록 전선과 기설 약전류 전선간의 이격거리는 몇 [m] 이상이어야 하는가? (단, 전기철도용 급전선로는 제외한다.)

① 2
② 4
③ 6
④ 8

해설 저·고압 가공전선로와 기설 가공약전류전선로가 병행하는 경우에는 유도작용에 의하여 통신상의 장해가 생기지 아니하도록 전선과 기설 약전류 전선간의 이격거리는 2[m] 이상이어야 한다.　　답 ①

09 가공케이블의 시설 - 유형 ① □□□ check up!

가공 케이블 시설시 고압 가공전선에 케이블을 사용하는 경우 조가용선은 단면적이 몇 [mm²] 이상인 아연도 강연선이어야 하는가?

① 8
② 14
③ 22
④ 30

해설
- 케이블은 조가용선에 행거로 시설할 것. (고압인 때에는 그 행거의 간격을 50[cm] 이하로 시설)
- 조가용선은 인장강도 5.93[kN] 이상의 연선 또는 단면적 22[mm²] 이상인 아연도철연선일 것.

답 ③

10 가공케이블의 시설 - 유형 ② □□□ check up!

특고압 가공전선로를 가공케이블로 시설하는 경우 잘못된 것은?

① 조가용선에 행거의 간격은 1[m]로 시설하였다.
② 조가용선 및 케이블의 피복에 사용하는 금속체에는 접지공사를 하였다.
③ 조가용선은 단면적 22[mm²]의 아연도강연선을 사용하였다.
④ 조가용선에 접촉시켜 금속테이프를 간격 20[cm] 이하의 간격을 유지시켜 나선형으로 감아 붙였다.

해설
- 인장강도 13.93[kN] 이상 또는 단면적 22[mm²] 이상 아연도강연선일 것
- 조가용선에 접촉시켜 금속테이프를 간격 20[cm] 이하의 간격을 유지시켜 나선형으로 감아 붙인다.
- 케이블은 조가용선에 행거로 시설할 것. 이 경우에는 사용전압이 특고압인 때에는 그 행거의 간격을 50[cm] 이하로 시설하여야 한다.

답 ①

11 가공케이블의 시설 - 유형 ③ □□□ check up!

저압 가공전선 또는 고압 가공전선이 도로를 횡단할 때 지표상의 높이는 몇 [m] 이상으로 하여야 하는가? (단, 농로 기타 교통이 번잡하지 않은 도로 및 횡단보도교는 제외한다.)

① 4
② 5
③ 6
④ 7

해설

설치장소	저.고압 가공전선의 높이
도로횡단	지표상 6[m] 이상

답 ③

12 고압 가공전선로의 가공지선   □□□ check up!

고압 가공전선로에 사용하는 가공지선은 지름 몇 [mm] 이상의 나경동선을 사용하여야 하는가?

① 2.6
② 3.0
③ 4.0
④ 5.0

해설

전 압	전선의 굵기	인장강도
고압	지름 4[mm] 이상의 나경동선	5.26[kN] 이상

답 ③

13 고압 가공전선등의 병행 설치   □□□ check up!

저압 가공전선과 고압 가공전선을 동일 지지물에 시설하는 경우 이격거리는 몇 [cm] 이상이어야 하는가?

① 50
② 60
③ 70
④ 80

해설

고압 – 저압
50[cm](단, 고압측에 케이블 사용시 30[cm])

답 ①

14 고압 가공전선로의 경간 – 유형 ①   □□□ check up!

지지물이 A종 철근 콘크리트주 일 때 고압 가공전선로의 경간은 몇 [m] 이하인가?

① 150
② 250
③ 400
④ 600

해설 고압 가공전선로의 경간

지지물	고압 가공전선로
A종(목주)	150[m] 이하
B종	250[m] 이하
철탑	600[m] 이하

답 ①

15 고압 가공전선로의 경간 – 유형 ② □□□ check up!

고압 가공전선로의 지지물로 철탑을 사용한 경우 최대경간은 몇 [m] 이하이어야 하는가?

① 300
② 400
③ 50
④ 600

해설 고압 가공전선로의 경간

지지물	고압 가공전선로
A종(목주)	150[m] 이하
B종	250[m] 이하
철탑	600[m] 이하

답 ④

16 보안공사시 고압 가공전선로의 경간 □□□ check up!

고압 보안공사에서 지지물이 A종 철주인 경우 경간은 몇 [m] 이하인가?

① 100
② 150
③ 250
④ 400

해설

지지물 종류 \ 구분	종주, 목주	종주	철탑
표준경간	150[m]	250[m]	600[m]
저·고압 보안공사	100[m]	150[m]	400[m]

답 ①

참고

1. 가공전선과 타시설물과 이격거리

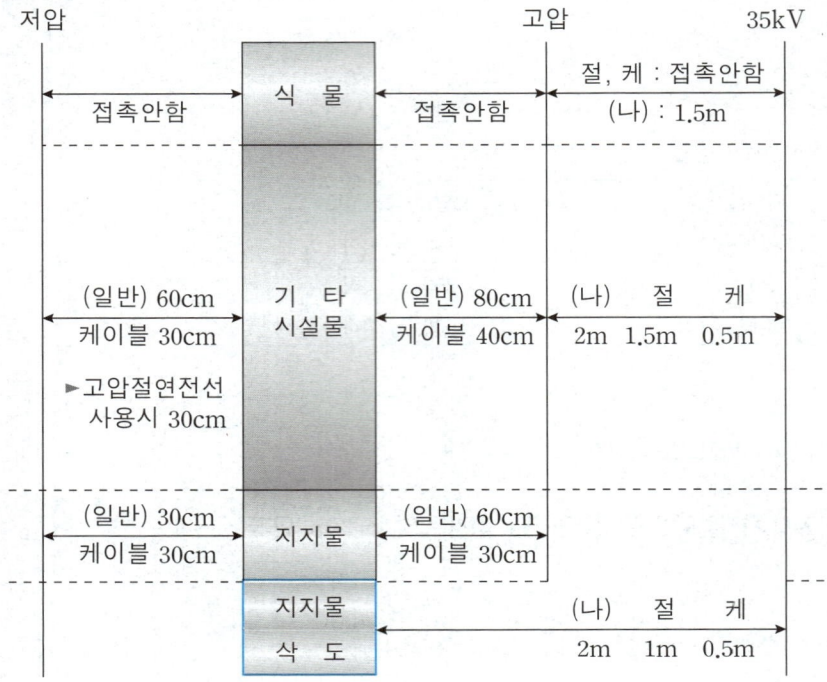

2. 지지물의 경간

단위: [m] 이하

지지물	표준경간	특고압 시가지	보안공사		특고압보안공사		
			저압	고압	제1종	제2종	제3종
A종(목주)	150	75	100		사용불가	100	100
B종	250	150	150		150	200	200
철탑	600	400	400		400	400	400
		※250					

※ 단, 전선이 수평으로 2이상 있는 경우에 전선 상호 간의 간격이 4m 미만일 경우에는 250m 이하로 시공하여야 한다.

3-3 고압·특고압전기설비

1. 가공전선과 건조물의 접근

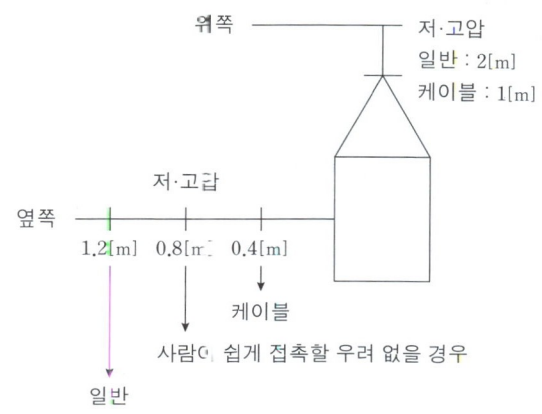

2. 가공전선과 타시설물 이격거리
   - 식물 : 저/고압 (접촉하지 않도록 시설), 특고압 35[kV] 이하 (1.5[m])
   - 전력선 : 저압-저압(60/케30), 저압-고압(80/케40), 저압-특고압(나2[m], 절1.5[m], 케0.5[m])
   - 지지물 : 저압-지지물(30[cm]), 고압-지지물(60/케30), 특고압-지지물(2[m], 1[m], 0.5[m])

01 저압과 건조물의 접근

□□□ check up!

600[V] 비닐절연전선을 사용한 저압 가공전선이 위쪽에서 상부 조영재와 접근하는 경우의 전선과 상부 조영재간의 이격거리는 몇 [m] 이상이어야 하는가?

① 1
② 1.5
③ 2
④ 2.5

해설

조영재의 구분		전선종류	저압[m]	고압[m]
건조물	상부 조영재 상방	일반적인 경우	2	2
		케이블인 경우	1	1
	기타 조영재 또는 상부 조영재의 옆쪽 또는 아래쪽	일반적인 경우	1.2	1.2
		사람이 쉽게 접촉할 우려가 없도록 시설한 경우	0.8	0.8
		케이블 경우	0.4	0.4

답 ③

02 고압과 건조물의 접근

고압 가공전선이 건조물에 접근할 때 조영물의 상부 조영재와의 상방에 있어서의 이격거리는 몇 [m] 이상인가? (단, 전선은 케이블을 사용했다)

① 0.4[m]
② 0.8[m]
③ 1.0[m]
④ 2.0[m]

해설

건조물 조영재의 구분	접근형태		이격거리[m]
상부 조영재	위쪽		2 (전선이 케이블 경우1)
	옆쪽 또는 아래쪽	일반적인 경우	1.2
		사람이 쉽게 접촉할 우려가 없도록 시설한 경우	0.8
		케이블 경우	0.4

답 ③

03 고압가공전선과 식물과의 접근 또는 교차

다음 중 고압 가공전선과 식물과의 이격거리에 대한 기준으로 가장 적절한 것은?

① 고압 가공전선의 주위에 보호망으로 이격시킨다.
② 식물과의 접촉에 대비하여 차폐선을 시설하도록 한다.
③ 고압 가공전선을 절연전선으로 사용하고 주변의 식물을 제거시키도록 한다.
④ 식물에 접촉하지 아니하도록 시설하여야 한다.

해설 고압 가공전선은 상시 부는 바람 등에 의하여 식물에 접촉하지 않도록 시설하여야 한다. 답 ④

04 저압가공전선과 상호간 교차

저압 가공전선 상호간을 접근 또는 교차하여 시설하는 경우 전선 상호간 이격거리 및 하나의 저압 가공전선과 다른 저압 가공전선로의 지지물사이의 이격거리는 각각 몇 [m] 이상이어야 하는가? (단, 어느 한 쪽의 전선이 고압 절연전선, 특고압절연전선 또는 케이블이 아닌 경우이다.)

① 전선 상호간 : 30[cm], 전선과 지지물간 : 30[cm]
② 전선 상호간 : 30[cm], 전선과 지지물간 : 60[cm]
③ 전선 상호간 : 60[cm], 전선과 지지물간 : 30[cm]
④ 전선 상호간 : 60[cm], 전선과 지지물간 : 60[cm]

해설 저압 가공전선 상호 간의 이격거리는 60[cm](고/특고압절연전선 또는 케이블 30[cm]) 이상, 저압 가공전선과 다른 저압 가공전선로의 지지물 사이의 이격거리는 30[cm] 이상이어야 한다.

저압 가공전선 등의 지지물	60[cm] (고압 가공전선이 케이블인 경우에는 30[cm])

답 ③

05 고압가공전선과 상호간 교차 □□□ check up!

고압 가공전선 상호간이 접근 또는 교차하여 시설되는 경우, 고압 가공전선 상호간의 이격거리는 몇 [cm] 이상이어야 하는가? (단, 고압 가공전선은 모두 케이블이 아니라고 한다.)

① 50
② 60
③ 70
④ 80

해설
- 위쪽 또는 옆쪽에 시설되는 고압 가공전선로는 고압 보안공사에 의할 것
- 상호간의 이격거리는 80[cm](어느 한쪽의 전선이 케이블인 경우에는 40[cm]) 이상, 하나의 고압 가공전선과 다른 고압 가공전선로의 지지물 사이의 이격거리는 60[cm](전선이 케이블인 경우에는 30[cm]) 이상일 것

답 ④

06 특고압가공전선과 삭도의 접근 또는 교차 □□□ check up!

사용전압이 22.9[kV]인 가공전선이 삭도와 제1차 접근상태로 시설되는 경우, 가공전선과 삭도 또는 삭도용 지주 사이의 이격거리는 몇 [m] 이상이어야 하는가? (단, 가공전선으로는 나전선을 사용한다고 한다.)

① 0.5[m]
② 1.0[m]
③ 1.5[m]
④ 2.0[m]

해설

사용전압의 구분	이격거리
35[kV] 이하	2[m] (전선이 특고압 절연전선인 경우는 1[m], 케이블인 경우는 50[cm])

답 ④

07 특고압 가공전선과 식물의 이격거리 □□□ check up!

사용전압이 154[kV]인 가공송전선의 시설에서 전선과 식물과의 이격거리는 일반적인 경우에 몇 [m] 이상으로 하여야 하는가?

① 2.8
② 3.2
③ 3.6
④ 4.2

해설

사용전압의 구분	이격거리
60[kV] 이하의 것	2[m]
60[kV]를 넘는 것	2[m]에 사용전압이 60[kV]를 넘는 경우 10000[V]마다 12[cm]를 더한 값

조건에서 154[kV] 가공송전선로와 식물과의 이격거리이다.
- 이격거리＝2[m]＋단수×0.12[m]이므로
- 2+(15.4－6)×0.12
- 2+(9.4 ➜ 절상하면 10)×0.12
- 2+10×0.12＝3.2[m] 이상

답 ②

08 시가지 등에서 특고압 가공전선로의 시설

☐☐☐ check up!

시가지 등에서 특고압 가공전선로의 시설에 대한 내용 중 틀린 것은?

① A종 철주를 지지물로 사용하는 경우의 경간은 75[m] 이하이다.
② 사용전압이 170[kV] 이하인 전선로를 지지하는 애자장치는 2련 이상의 현수애자 또는 장간애자를 사용한다.
③ 사용전압이 100[kV]를 초과하는 특고압 가공전선에 지락 또는 단락이 생겼을 때에는 1초 이내에 자동적으로 이를 전로로부터 차단하는 장치를 시설한다.
④ 사용전압이 170[kV] 이하인 전선로를 지지하는 애자장치는 50[%] 충격섬락전압 값이 그 전선의 근접한 다른 부분을 지지하는 애자장치 값의 100[%] 이상인 것을 사용한다.

해설 애자장치는 50[%] 충격섬락전압의 값이 타부분 애자장치 값의 110[%](사용전압이 130[kV]를 넘는 경우는 100[%]) 이상인 것을 사용하거나 아크혼을 취부하고 또는 2연 이상의 현수애자, 장간애자를 사용한다.

답 ④

09 특고압 가공전선로 시가지에서의 경간

☐☐☐ check up!

시가지에 시설하는 특고압 가공전선로의 지지물이 철탑이고 전선이 수평으로 2 이상 있는 경우에 전선 상호간의 간격이 4[m] 미만인 때에는 특고압 가공전선로의 경간은 몇 [m] 이하이어야 하는가?

① 100
② 150
③ 200
④ 250

해설

지지물	특고압 가공전선로 시가지 경간
철 탑	400[m]이하

단, 전선이 수평으로 2이상 있는 경우에 전선 상호 간의 간격이 4[m] 미만 일 경우 에는 250[m] 이하로 시공하여야 한다.

답 ④

10 특고압 가공전선의 시가지 진입시 굵기

66000[V] 특고압가공전선로를 시가지에 설치 할 때, 전선의 단면적은 [mm²] 몇 이상의 경동연선 또는 이와 동등이상의 세기 및 굵기의 연선을 사용해야 하는가?

① 22[mm²]
② 38[mm²]
③ 55[mm²]
④ 100[mm²]

해설

사용전압의 구분	전선의 단면적
100[kV] 미만	단면적 55[mm²] 이상의 경동연선
100[kV] 이상	단면적 150[mm²] 이상의 경동연선

답 ③

11 가공 약전류전선로의 유도장해 방지

유도장해를 방지하기 위하여 사용전압 66[kV]인 가공전선로의 유도전류는 전화선로의 길이 40[km]마다 몇 [μA]를 넘지 않도록 하여야 하는가?

① 1[μA]
② 2[μA]
③ 3[μA]
④ 4[μA]

해설

유도전류 제한		
사용전압	전화선로의 길이	유도전류
60[kV] 이하	12[km]	2[μA]
60[kV] 초과	40[km]	3[μA]

답 ③

12 특고압 가공전선과 지지물 등의 이격거리

특고압 가공전선과 지지물, 완금류, 지주 또는 지선사이의 이격거리는 사용전압 22900[V]인 경우 일반적으로 몇 [cm] 이상이어야 하는가?

① 15
② 20
③ 30
④ 40

해설

사용전압	이격거리[cm]
15[kV] 미만	15
15[kV] 이상 25[kV] 미만	20
25[kV] 이상 35[kV] 미만	25

답 ②

13 특고압 가공전선의 시가지외 높이

345[kV] 가공송전로를 평지에 건설하는 경우 전선의 지표상 높이는 최소 몇 [m] 이상이어야 하는가?

① 7.58[m]
② 7.95[m]
③ 8.28[m]
④ 8.85[m]

해설

사용전압구분	지표상의 높이	
35[kV] 초과 160[kV] 이하	일반	6[m]
	철도 또는 궤도를 횡단	6.5[m]
	산지	5[m]
	횡단보도교의 위 케이블	5[m]
160[kV] 초과	160[kV] 초과시 10[kV] 또는단수마다 12[cm]를 더한 값	

- $6+(X-16)\times 0.12$
- $-9+(18.5 \rightarrow 19)\times 0.12$
- $6+(34.5-16)\times 0.12$
- 절상 적용 $6+19\times 0.12=8.28[\text{m}]$

답 ③

14 특고압 가공지선의 굵기

특고압 가공전선로에 사용하는 가공지선에는 지름 몇 [mm] 이상의 나경동선을 사용하여야 하는가?

① 2.6
② 3.5
③ 4
④ 5

해설 가공지선의 굵기

전압의 구분	가공지선의 굵기
특고압	지름 5[mm] 이상 또는 인장강도 8.01[kN] 이상

답 ④

3-4 고압·특고압전기설비

1. 철탑의 종류
    - 직선형 : 전선로의 직선부분(3도 이하인 수평각도를 이루는 곳을 포함)에 사용하는 것
    - 각도형 : 전선로중 3도를 초과하는 수평각도를 이루는 곳에 사용하는 것
    - 인류형 : 전가섭선을 인류하는 곳에 사용하는 것
    - 내장형 : 전선로의 지지물 양쪽의 경간의 차가 큰 곳에 사용하는 것
2. 특고압 병행설치(병가)/공가
    - 병행설치(병가) : 35[kV] 이하 1.2[m], 35[kV] 초과 2[m](단 25[kV] 이하 중다접 1[m])
    - 공가 : 저-약 75[cm], 고-약 1.5[m], 특-약 2[m](35[kV] 이하만 가능)
3. 1종 특고압 보안공사
    - A종, 목주 사용불가
    - 애자장치의 값의 110[%](사용전압이 130[kV]를 초과하는 경우는 105[%]) 이상
    - 특고압 가공전선에 지락 또는 단락시 3초(사용전압이 100[kV] 이상인 경우에는 2초)차단
4. 이격거리 (3-3 참조)

---

01 특고압 가공전선로의 지지물로 사용하는 철탑의 종류 - 유형 ① ☐☐☐ check up!

특고압 가공전선로의 지지물로 사용하는 철탑의 종류 중 인류형은?

① 전선로의 이완이 없도록 사용하는 것
② 지지물 양쪽 상호간을 이도를 주기 위하여 사용하는 것
③ 풍압에 의한 하중을 인류하기 위하여 사용하는 것
④ 전가섭선을 인류하는 곳에 사용하는 것

해설 인류형 : 전가섭선을 인류하는 곳에 사용하는 것 답 ④

---

02 특고압 가공전선로의 지지물로 사용하는 철탑의 종류 - 유형 ② ☐☐☐ check up!

특고압 가공전선로의 지지물 중 전선로의 지지물 양쪽의 지지물 간의 거리(경간)의 차가 큰 곳에 사용하는 철탑은?

① 내장형 철탑   ② 인류형 철탑
③ 보강형 철탑   ④ 각도형 철탑

해설 내장형 : 전선로 지지물의 경간의 차가 큰 곳에 사용하는 것 답 ①

03 특고압 가공전선로의 지지물로 사용하는 철탑의 종류 - 유형 ③

전가섭선에 관하여 각 가섭선의 상정 최대장력의 33[%]와 같은 불평균 장력의 수평 종분력에 의한 하중을 더 고려하여야 할 철탑의 유형은?

① 직선형
② 각도형
③ 내장형
④ 인류형

해설 철탑의 경우 다음에 따라 가섭선 불평균 장력에 의한 수평 종하중을 가산한다.
- 인류형의 경우에는 전가섭선에 관하여 각 가섭선의 상정 최대장력과 같은 불평균 장력의 수평 종분력에 의한 하중
- 내장형·보강형의 경우에는 전가섭선에 관하여 각 가섭선의 상정 최대장력의 33[%]와 같은 불평균 장력의 수평 종분력에 의한 하중

답 ③

04 특고압 가공전선로의 내장형 철탑 등의 시설

직선형의 철탑을 사용한 특고압 가공전선로가 연속하여 10기 이상 사용하는 부분에는 몇 기 이하마다 내장 애자장치가 되어 있는 철탑 1기를 시설하여야 하는가?

① 5
② 10
③ 15
④ 20

해설 특고압 가공전선로 중 지지물로서 직선형의 철탑을 연속하여 10기 이상 사용하는 부분에는 10기 이하마다 내장 애자장치가 되어 있는 철탑 또는 이와 동등 이상의 강도를 가지는 철탑 1기를 시설하여야 한다.

답 ②

05 특고압 가공전선로의 병행설치(병가)

35[kV] 가공전선과 저압 가공전선을 동일 지지물에 병행할 때 상호간의 이격거리는 일반적인 경우 몇 [m] 이상인가?

① 1.0
② 1.2
③ 1.5
④ 2.0

해설

전압범위	22.9[kV] 중성선다중접지와 저·고압	특고압-저·고압
35[kN] 이하	1.0[m]	1.2[m]

답 ②

06 특고압 가공전선로에서의 경간

특고압 가공전선로의 철탑의 지지물 간의 거리(경간)는 얼마 이하로 해야 하는가?

① 400
② 500
③ 600
④ 800

해설

지지물	특고압 가공전선로 표준경간
철 탑	600[m] 이하

답 ③

07 제1종 특고압 보안공사

보안공사 중에서 목주, A종 철주 및 A종 철근 콘크리트주를 사용할 수 없는 것은?

① 고압보안공사
② 제1종 특고압 보안공사
③ 제2종 특고압 보안공사
④ 제3종 특고압 보안공사

해설 35[kV]를 넘는 전선과 건조물과 제2차 접근상태인 경우 목주나 A종은 사용불가하며 B종 철주, B종 철근콘크리트주, 철탑을 사용하여야 한다.

답 ②

08 제1종 특고압 보안공사

345[kV] 가공전선로를 제1종 특고압 보안공사에 의하여 시설하는 경우에 사용한 전선은 인장강도 77.47[kN] 이상의 연선 또는 단면적 몇 [mm^2] 이상의 경동연선이어야 하는가?

① 100
② 125
③ 150
④ 200

해설

사용전압		전선의 굵기	인장강도
특고압	100[kV] 미만	55[mm^2] 이상	21.67[kN] 이상
	100[kV] 이상	150[mm^2] 이상	58.84[kN] 이상
	300[kV] 이상	200[mm^2] 이상	77.47[kN] 이상

답 ④

09 제2종 특고압 보안공사

제2종 특고압 보안공사에 있어서 B종 철근콘크리트주에 사용하는 경우에 최대 지지물 간의 거리(경간)는 몇 [m]인가?

① 100[m]
② 150[m]
③ 200[m]
④ 400[m]

해설

지지물	경 간[m]		
	저·고압보안	1종특고압보안	2·3종 특고압 보안
목주·A종	100		100
B종	150	150	200
철탑	400	400	400

답 ③

10 특고압 가공전선로에서의 경간 적용

100[kV] 미만의 특고압 가공전선로의 지지물로 B종 철주를 사용하여 지지물 간의 거리(경간)를 300[m]로 하고자 하는 경우, 전선으로 사용되는 경동연선의 최소 단면적은 몇 [mm^2] 이상이어야 하는가?

① 38
② 50
③ 100
④ 150

해설

지지물		경 간	
	고압	지름 5[mm] 이상	단면적 22[mm^2] 이상
	특고압	단면적 22[mm^2] 이상	단면적 50[mm^2] 이상
목주·A종		150	300
B종		250	500
철탑		600	600

답 ②

11 병행설치(병가)의 보안공사

사용전압 66000[V]인 특고압 가공전선에 고압 가공전선을 동일 지지물에 시설하는 경우 특고압 가공전선로의 보안공사로 알맞은 것은?

① 고압보안공사
② 제1종 특고압 보안공사
③ 제2종 특고압 보안공사
④ 제3종 특고압 보안공사

해설 35[kV]를 초과하고 100[kV] 미만인 특고압가공전선과 저압 또는 고압가공전선이 병가 일 때 특고압 가공전선로는 제2종 특고압 보안공사에 의할 것

답 ③

12 35[kV] 이하 특고압 가공전선과 건조물의 이격거리 □□□ check up!

중성선 다중접지식의 것으로 전로에 지락이 생겼을 때에 2초 이내에 자동적으로 이를 전로로부터 차단하는 장치가 되어 있는 22.9[kV] 가공전선로를 상부 조영재의 위쪽에서 접근상태로 시설하는 경우, 가공전선과 건조물과의 이격거리는 몇 [m] 이상이어야 하는가? (단, 전선으로는 나전선을 사용한다고 한다.)

① 1.2
② 1.5
③ 2.5
④ 3.0

해설

조영재의 구분	전선종류	접근형태	이격거리
상부 조영재	특고압 절연전선	위쪽	2.5
	케이블		1.2
	기타 전선		3

답 ④

13 15[kV] 초과 25[kV] 이하 특고압 가공전선로 이격거리 □□□ check up!

중성선 다중접지식의 것으로서 전로에 지락이 생겼을 때 2초 이내에 자동적으로 이를 전로로부터 차단하는 장치가 되어 있는 22.9[kV] 특고압 가공전선이 다른 특고압 가공전선과 접근하는 경우 이격거리는 몇 [m] 이상으로 하여야 하는가? (단, 양쪽이 나전선인 경우이다.)

① 0.5
② 1.0
③ 1.5
④ 2.0

해설

사용전선의 종류	이격거리
나전선인 경우	1.5[m]
특고압 절연전선인 경우	1.0[m]
한쪽이 케이블이고, 다른쪽이 특고압절연전선 이상	0.5[m]

답 ③

14 15[kV] 초과 25[kV] 이하 특고압 가공전선로의 시설 - 유형 ① □□□ check up!

22.9[kV] 중성선 다중접지 계통에서 각 접지선을 중성선으로부터 분리하였을 경우의 1[km]마다의 중성선과 대지 사이의 합성 전기저항값은 몇 [Ω] 이하이어야 하는가? (단, 전로에 지락이 생겼을 때에 2초 이내에 자동적으로 전로로부터 차단하는 장치가 되어 있다고 한다.)

① 15
② 50
③ 100
④ 150

해설	사용전압	각 접지점의 대지 전기저항치	1[km]마다의 합성 전기저항치
	15[kV] 초과 25[kV] 이하	300[Ω]	15[Ω]

답 ①

15 15[kV] 초과 25[kV] 이하 특고압 가공전선로의 시설 - 유형 ② □□□ check up!

22.9[kV] 가공전선로의 중성선의 다중접지 및 중성선을 시설할 때, 각 접지선을 중성선으로부터 분리하였을 경우 각 접지점의 대지 전기저항값은 몇 [Ω] 이하이어야 하는가?

① 100　　　　　　　　　　　　② 150
③ 300　　　　　　　　　　　　④ 500

해설	사용전압	각 접지점의 대지 전기저항치	1[km]마다의 합성 전기저항치
	15[kV] 이하	300[Ω]	30[Ω]
	15[kV] 초과 25[kV] 이하	300[Ω]	15[Ω]

답 ③

16 15[kV] 초과 25[kV] 이하 특고압 가공전선로의 시설 - 유형 ③ □□□ check up!

22.9[kV] 특고압 가공전선로의 시설에 있어서 중성선을 다중접지하는 경우에 각각 접지한 곳 상호 간의 거리는 전선로에 따라 몇 [m] 이하 이어야 하는가?

① 150[m]　　　　　　　　　　② 300[m]
③ 400[m]　　　　　　　　　　④ 500[m]

해설　15[kV]~25[kV] 이하 중성선 다중 접지방식의 각 접지점 상호거리는 150[m] 이하일 것

답 ①

3-5 고압·특고압전기설비

1. 지중전선로
   - 직접매설식 : 방호구에 넣어 직접매설 (매설깊이 1[m] 이상, 단 압력우려X 60[cm] 이상)
   - 관로식 : 관+지중함 (매설깊이1[m] 이상, 단 압력우려X 60[cm] 이상)
   - 전력구식(암거식) : 지하 구조물
2. 지중함
   - 중량물의 압력에 견딜 것, 물이 고이지 않을 것, 시설자외 쉽게 열리지 않을 것
   - 1[m^3] 이상 통풍장치
3. 지중전선로 이격거리
   - 약전류 – 저/고압 30[cm], 약전류 – 특고압 60[cm]
   - 저압 – 고압 15[cm], 저/고압 – 특고압 30[cm]

01 지중전선로의 시설 – 유형 ①   □□□ check up!

지중전선로를 직접 매설식에 의하여 시설할 때, 중량물의 압력을 받을 우려가 있는 장소에 지중전선을 견고한 트라프 기타 방호물에 넣지 않고도 부설할 수 있는 케이블은?

① 염화비닐절연케이블
② 폴리에틸렌 외장케이블
③ 콤바인덕트케이블
④ 알루미늄피케이블

해설

지중전선로의 시설
직접매설식, 관로식, 암거식으로 시공
콤바인덕트케이블 : 콘크리트 트라프에 넣지 않고 직접 묻을 수 있는 케이블

답 ③

02 지중전선로의 시설 – 유형 ②   □□□ check up!

지중 전선로를 직접 매설식에 의하여 시설하는 경우에 차량 및 기타 중량물의 압력을 받을 우려가 있는 장소의 매설 깊이는 몇 [m] 이상인가?

① 1.0
② 1.2
③ 1.5
④ 1.8

해설 직접 매설식의 경우 매설 깊이를 차량 기타 중량물의 압력을 받을 우려가 있는 장소에는 1[m] 이상, 기타 장소에는 60[m] 이상으로 하고 또한 지중 전선을 견고한 트라프 기타 방호물에 넣어 시설하여야 한다.

답 ①

03 지중전선로의 시설 - 유형 ③

지중 전선로의 시설에서 관로식에 의하여 시설하는 경우 압력을 받을 우려가 없을 때 매설깊이는 몇 [m] 이상으로 하여야 하는가?

① 0.6
② 1.0
③ 1.2
④ 1.5

해설 지중전선로를 관로식에 의하여 시설하는 경우에는 매설깊이를 1[m] 이상으로 시설하여야 한다.
(단, 압력을 받을 우려가 없을 경우 0.6[m] 이상)

답 ①

04 지중함의 시설기준 - 유형 ①

폭발성 또는 연소성의 가스가 침입할 우려가 있는 곳에 시설하는 지중전선로의 지중함은 그 크기가 최소 몇 [m³] 이상인 경우에는 통풍장치 기타 가스를 방사시키기 위한 적당한 장치를 시설하여야 하는가?

① 1
② 3
③ 5
④ 10

해설
- 지중함은 견고하고 차량 기타 중량물의 압력에 견디는 구조일 것
- 지중함은 그 안의 고인 물을 제거할 수 있는 구조로 되어 있을 것
- 폭발성 또는 연소성의 가스가 침입할 우려가 있는 것에 시설하는 지중함으로서 그 크기가 1[m³] 이상인 것에는 통풍장치 기타 가스를 방산시키기 위한 적당한 장치를 시설할 것
- 지중함의 뚜껑은 시설자 이외의 자가 쉽게 열 수 없도록 시설할 것

답 ①

05 지중함의 시설기준 - 유형 ②

지중 전선로에 사용하는 지중함의 시설기준으로 틀린 것은?

① 조명 및 세척이 가능한 적당한 장치를 시설할 것
② 견고하고 차량 기타 중량물의 압력에 견디는 구조일 것
③ 그 안의 고인 물을 제거할 수 있는 구조로 되어 있는 것
④ 뚜껑은 시설자 이외의 자가 쉽게 열 수 없도록 시설할 것

해설 조명 및 세척의 경우 법적으로 지정되어 있지 않다.

답 ①

06 지중약전류전선의 유도장해 방지

□□□ check up!

지중전선로는 기설 지중약전류전선로에 대하여 다음의 어느 것에 의하여 통신상의 장해를 주지 아니하도록 기설약전류전선로로부터 충분히 이격시키는 등의 조치를 취하여야 하는가?

① 충전전류 또는 표피작용
② 충전전류 또는 유도작용
③ 누설전류 또는 표피작용
④ 누설전류 또는 유도작용

해설 지중전선로는 기설 지중약전류전선로에 대하여 누설전류 또는 유도작용에 의하여 통신상의 장해를 주지 아니하도록 기설 약전류전선로로부터 충분히 이격시키거나 기타 적당한 방법으로 시설하여야 한다.

답 ④

07 지중전선과 지중약전류전선과의 접근 또는 교차

□□□ check up!

고압 지중전선이 지중약전류전선 등과 접근하여 이격거리가 몇 [cm] 이하인 때에 양 전선 사이에 견고한 내화성의 격벽을 설치하는 경우 이외에는 지중전선을 견고한 불연성 또는 난연성의 관에 넣어 그 관이 지중약전류전선 등과 직접 접촉되지 않도록 하여야 하는가?

① 15
② 20
③ 25
④ 30

해설

조 건	이격거리
약전류전선 ↔ 저압, 고압 지중전선	30[cm] 이상
약전류전선 ↔ 특고압 지중전선	60[cm] 이상

답 ④

3-6 고압·특고압전기설비

1. 터널안 전선로

전 압	전선의 종류	애자사용 공사시 높이
저 압	2.6[mm] 이상	2.5[m] 이상
고 압	4[mm] 이상	3[m] 이상

2. 기계기구의 높이
- 특고압 35[kV] 이하 5[m], 고압 시가지 4.5[m], 시가지외 4[m]

3. 과전류차단기의 시설제한(퓨즈)
- 포장 퓨즈는 정격전류의 1.3배의 전류에 견디고 또한 2배의 전류로 120분 안에 용단
- 비포장 퓨즈는 정격전류의 1.25배의 전류에 견디고 또한 2배의 전류로 2분 안에 용단

4. 피뢰기의 시설
- 발전소.변전소 또는 이에 준하는 장소의 가공전선 인입구 및 인출구
- 가공전선로에 접속하는 배전용 변압기의 고압측 및 특고압측
- 고압 및 특고압 가공전선로로부터 공급을 받는 수용장소의 인입구
- 가공전선로와 지중전선로가 접속되는 곳

5. 고압 옥내배선
- 애자사용공사(전-조 : 5[cm], 전-전 : 8[cm]), 케이블 및 케이블 트레이 공사

---

01 터널 안 전선로의 시설 - 유형 ①

사람이 상시 통행하는 터널 안의 전선로의 경우 저압 애자사용 공사에 의하여 시설하는 경우 설치 높이는 노면상 몇 [m] 이상인가?

① 1.5 ② 2
③ 2.5 ④ 3

해설

전 압	전선의 종류	시공방법		애자사용 공사시 높이
저 압	2.6[mm] 이상 인장강도 2.30[kN] 이상	• 합성수지관공사 • 케이블공사 • 애자사용공사	• 금속관공사 • 가요전선관공사	노면상, 레일면상 2.5[m] 이상
고 압	4[mm] 이상 인장강도 5.26[kN] 이상	• 케이블공사	• 애자사용공사	노면상, 레일면상 3[m] 이상

답 ③

02 터널 안 전선로의 시설 – 유형 ②

철도.궤도 또는 자동차도의 전용터널 안의 전선로의 시설방법으로 틀린 것은?

① 고압전선은 케이블공사로 하였다.
② 저압전선을 가요전선관공사에 의하여 시설하였다.
③ 저압전선으로 지름 2.0[mm]의 경동선을 사용하였다.
④ 저압전선을 애자사용공사에 의하여 시설하고 이를 레일면상 또는 노면상 2.5[m] 이상의 높이로 유지하였다.

해설 철도.궤도 또는 자동차도의 전용터널 안의 전선로의 저압전선으로는 지름 2.6[mm] 이상을 사용

답 ③

03 수상전선로의 시설 – 유형 ①

수상전선로를 시설하는 경우 알맞은 것은?

① 사용전압이 고압인 경우에는 클로로프렌 캡타이어케이블을 사용한다.
② 가공전선로의 전선과 접속하는 경우, 접속점이 육상에 있는 경우에는 지표상 4[m] 이상의 높이로 지지물에 견고하게 붙인다.
③ 가공전선로의 전선과 접속하는 경우, 접속점이 수면상에 있는 경우, 사용전압이 고압인 경우에는 수면상 5[m] 이상의 높이로 지지물에 견고하게 붙인다.
④ 고압 수상전선로에 지락이 생길 때를 대비하여 전로를 수동으로 차단하는 장치를 시설한다.

해설

수상전선로			
사용전압	전선의종류	높이	
		접속점	
		육상	수면상
저압	클로로프렌 캡타이어케이블	5[m] 단, 저압의 도로 이외 인 것 4[m]	(저) 4[m]
고압	캡타이어케이블		(고) 5[m]

답 ③

04 수상전선로의 시설 - 유형 ②

수상전로의 시설기준으로 옳은 것은?

① 사용전압이 고압인 경우에는 클로로프렌 캡타이어 케이블을 사용한다.
② 수상전로에 사용하는 부유식 구조물(부대)은 쇠사슬 등으로 견고하게 연결한다.
③ 고압 수상전로에 지락이 생길 때를 대비하여 전로를 수동으로 차단하는 장치를 시설한다.
④ 수상선로의 전선은 부유식 구조물(부대)의 아래에 지지하여 시설하고 또한 그 절연피복을 손상하지 아니하도록 시설한다.

해설 수상전선로에는 이와 접속하는 가공전선로에 전용개폐기 및 과전류 차단기를 각 극(과전류 차단기는 다선식 전로의 중성극을 제외한다)에 시설하고 또한 수상전선로의 사용전압이 고압인 경우에는 전로에 지락이 생겼을 때에 자동적으로 전로를 차단하기 위한 장치를 시설하여야 한다. 전선은 부유식 구조물(부대)의 위에 지지하여 시설하고 또한 그 절연피복을 손상하지 아니하도록 시설한다. **답 ②**

05 교량에 시설하는 전선로

교량에 시설하는 전선로의 기준으로 틀린 것은?

① 교량의 윗면에 시설하는 저압전선로는 교량 노면상 5[m] 이상으로 할 것
② 교량에 시설하는 고압전선로에서 전선과 조영재 사이의 이격거리는 20[cm] 이상일 것
③ 저압전선로와 고압전선로를 같은 벼량에 시설하는 경우 고압전선과 저압전선 사이의 이격거리는 50[cm] 이상일 것
④ 벼랑과 같은 수직부분에 시설하는 전선로는 부득이한 경우에 시설하며, 이때 전선의 지지점간의 거리는 15[m] 이하로 할 것

해설 전선과 조영재 사이의 이격거리는 전선이 케이블인 경우 이외에는 30[cm] 이상일 것 **답 ②**

06 특고압 배전용 변압기의 시설 - 유형 ①

특고압 옥외 배전용 변압기를 시설하는 경우, 특별고압측에는 일반적인 경우에 개폐기와 또한 어떤 것을 시설하여야 하는가?

① 과전류차단기
② 방전기
③ 계기용 변류기
④ 계기용 변압기

해설 변압기의 특고압측에 개폐기 및 과전류차단기를 시설할 것 **답 ①**

07 특고압 배전용 변압기의 시설 – 유형 ② ☐☐☐ check up!

특고압 전선로에 접속하는 배전용 변압기의 1, 2차의 전압은?

① 1차 : 25[kV] 이하, 2차 : 저압 또는 고압
② 1차 : 25[kV] 이하, 2차 : 특고압 또는 고압
③ 1차 : 30[kV] 이하, 2차 : 특고압 또는 고압
④ 1차 : 35[kV] 이하, 2차 : 저압 또는 고압

해설 변압기의 1차 전압은 35[kV] 이하, 2차 전압은 저압 또는 고압일 것

답 ④

08 특고압을 직접 저압으로 변성하는 변압기의 시설 ☐☐☐ check up!

특고압을 직접 저압으로 변성하는 변압기를 시설하여서는 아니 되는 변압기는?

① 광산에서 물을 양수하기 위한 양수기용 변압기
② 전기로 등 전류가 큰 전기를 소비하기 위한 변압기
③ 교류식 전기철도용 신호회로에 전기를 공급하기 위한 변압기
④ 발전소․변전소․개폐소 또는 이에 준하는 곳의 소내용 변압기

해설
- 전기로 등 전류가 큰 전기를 소비하기 위한 변압기
- 발전소, 변전소, 개폐소 또는 이에 준하는 곳의 소내용 변압기
- 25[kV] 이하 중성점 다중 접지식 전로에 접속하는 변압기
- 교류식 전기철도용 신호회로에 전기를 공급하기 위한 변압기

답 ①

09 특고압용 기계기구의 시설 ☐☐☐ check up!

154[kV]용 변성기를 사람이 접촉할 우려가 없도록 시설하는 경우에 충전부분의 지표상의 높이는 최소 몇 [m] 이상이어야 하는가?

① 4   ② 5
③ 6   ④ 8

해설

사용전압	설치 높이
35[kV] 이하	5[m] 이상
35[kV]를 넘고 160[kV] 이하	6[m] 이상

답 ③

10 고주파이용설비의 장해방지

고주파 이용설비에서 다른 고주파 이용설비에 누설되는 고주파전류의 허용한도는 기준에 따라 측정하였을 때 각각 측정치의 최대치의 평균치가 몇 [dB]이어야 하는가? (단, 1[mW]를 0[dB]로 한다.)

① 20[dB]
② −20[dB]
③ −30[dB]
④ 30[dB]

해설 고주파 이용설비에서 다른 고주파 이용설비에 누설되는 고주파전류의 허용한도는 고주파 측정 장치로 2회 이상 연속하여 분간 측정하였을 때에 각각 측정치의 최대치의 평균치가 −30[dB](1[mW]를 0[dB]로 한다)일 것

답 ③

11 접지 생략조건 – 유형 ①

저압용의 개별 기계기구에 전기를 공급하는 전로 또는 개별 기계기구에 전기용품안전관리법의 적용를 받는 인체 감전보호용 누전차단기를 시설하면 외함의 접지를 생략할 수 있다. 이 경우의 누전차단기의 정격이 기술기준에 적합한 것은?

① 정격감도전류 15[mA] 이하, 동작시간 0.1초 이하의 전류동작형
② 정격감도전류 15[mA] 이하, 동작시간 0.2초 이하의 전류동작형
③ 정격감도전류 30[mA] 이하, 동작시간 0.1초 이하의 전류동작형
④ 정격감도전류 30[mA] 이하, 동작시간 0.03초 이하의 전류동작형

해설 감전보호용 누전차단기는 정격감도전류 30[mA] 이하, 동작시간 0.03초 이하의 전류동작형에 한한다.

답 ④

12 접지 생략조건 – 유형 ②

전로에 시설하는 기계기구 중에서 외함 접지공사를 생략할 수 없는 경우는?

① 사용전압이 직류 300[V] 또는 교류 대지전압이 150[V] 이하인 기계기구를 건조한 장소에 시설하는 경우
② 정격감도전류 40[mA], 동작시간이 0.5초인 전류 동작형의 인체감전 보호용 누전차단기를 시설하는 경우
③ 외함이 없는 계기용변성기가 고무·합성수지 기타의 절연물로 피복한 것일 경우
④ 철대 또는 외함의 주위에 적당한 절연대를 설치하는 경우

해설 감전보호용 누전차단기는 정격감도전류 30[mA] 이하, 동작시간 0.03초 이하의 전류동작형에 한한다.

답 ②

Chapter 03. 고압/특고압 전기설비

13 아크를 발생하는 기구의 시설 □□□ check up!

고압용의 개폐기 · 차단기 · 피뢰기 기타 이와 유사한 기구로서 동작시에 아크가 생기는 것은 목재의 벽 또는 천장 기타의 가연성 물체로부터 몇 [m] 이상 떼어 놓아야 하는가?

① 1.0[m]
② 1.2[m]
③ 1.5[m]
④ 2.0[m]

해설 고압용 : 1[m] 이상, 특고압용 : 2[m] 이상   답 ①

14 고압용 기계기구의 시설 □□□ check up!

고압용 기계기구를 시설하여서는 안 되는 경우는?

① 시가지 외로서 지표상 3[m]인 경우
② 발전소, 변전소, 개폐소 또는 이에 준하는 곳에 시설하는 경우
③ 옥내에 설치한 기계기구를 취급자 이외의 사람이 출입할 수 없도록 설치한 곳에 시설하는 경우
④ 공장 등의 구내에서 기계기구의 주위에 사람이 쉽게 접촉할 우려가 없도록 적당한 울타리를 설치하는 경우

해설
• 시가지외 : 지표상 4[m] 이상의 높이어 시설
• 시가지 : 지표상 4.5[m] 이상의 높이에 시설   답 ①

15 개폐기의 시설 □□□ check up!

고압용 또는 특고압용 개폐기로서 부하전류를 차단하기 위한 것이 아닌 개폐기의 차단을 방지하기 위한 조치가 아닌 것은?

① 개폐기의 조작위치에 부하전류 유무표시
② 개폐기 설치위치의 1차측에 방전장치시설
③ 개폐기의 조작위치에 전화기, 기타의 지령장치시설
④ 태블릿 등을 사용함으로써 부하전류가 통하고 있을 때에 개로조작을 방지하기 위한 조치

해설 고압용 또는 특고압용 개폐기로서 부하전류의 차단 능력이 없는 것은 부하전류가 통하고 있을 때에는 열리지 않도록 시설해야 한다. 다만, 다음의 경우에는 예외로 한다.
• 개폐기의 조작위치에 부하전류의 유무표시장치가 있는 경우
• 개폐기의 조작위치에 전화기 등의 지시장치가 있는 경우
• 태블릿(Tablet) 등을 사용하는 경우   답 ②

16 고압 및 특고압 전로 중의 과전류 차단기의 시설

다음의 ⓐ, ⓑ에 들어갈 내용으로 옳은 것은?

> 과전류차단기로 시설하는 퓨즈 중 고압전로에 사용하는 비포장퓨즈는 정격전류의 (ⓐ)배의 전류에 견디고 또한 2배의 전류로 (ⓑ)분 안에 용단되는 것이어야 한다.

① ⓐ 1.1, ⓑ 1
② ⓐ 1.2, ⓑ 1
③ ⓐ 1.25, ⓑ 2
④ ⓐ 1.3, ⓑ 2

해설
- 포장 퓨즈 : 1.3배의 전류에 견디고, 2배의 전류에서는 120분 안에 용단되어야 한다.
- 비포장 퓨즈 : 1.25배의 전류에 견디고, 2배의 전류에서는 2분 안에 용단되어야 한다.

답 ③

17 지락차단장치 등의 시설

특고압 전로 또는 고압전로에 변압기에 의하여 결합되는 사용전압 몇 [V] 이상의 저압전로 또는 발전기에 공급하는 사용전압 몇 [V] 이상의 저압전로에는 지락이 생겼을 때에 자동적으로 전로를 차단하는 장치를 시설하여야 하는가?

① 100
② 200
③ 300
④ 400

해설 특고압 전로 또는 고압전로에 변압기에 의하여 결합되는 사용전압 400[V] 이상의 저압전로 또는 발전기에 공급하는 사용전압 400[V] 이상의 저압전로에는 지락이 생겼을 때에 자동적으로 전로를 차단하는 장치를 시설하여야 한다.

답 ④

18 피뢰기의 시설 – 유형 ①

고압 및 특고압 가공전선로로부터 공급을 받는 수용장소의 인입구에 반드시 시설하여야 하는 것은?

① 댐퍼
② 아킹혼
③ 조상기
④ 피뢰기

해설 고압 및 특고압 가공전선로로부터 공급을 받는 수용장소의 인입구에는 법적으로 피뢰기를 시설하여야 한다.

답 ④

19 피뢰기의 시설 - 유형 ②

다음 중 피뢰기를 설치하지 않아도 되는 곳은?

① 발전소, 변전소의 가공전선인입구 및 인출구
② 가공전선로의 말구 부분
③ 가공전선로에 접속한 1차측 전압이 35[kV] 이하인 배전용 변압기의 고압측 및 특고압측
④ 고압 및 특고압 가공전선로로부터 공급을 받는 수용장소의 인입구

해설 피뢰기의 시설 위치는 다음과 같다.
- 발전소, 변전소 또는 이에 준하는 장소의 가공전선인입구 및 인출구
- 가공전선로에 접속하는 배전용 변압기의 고압측 및 특고압측
- 고압 및 특고압 가공전선로로부터 공급을 받는 수용장소의 인입구
- 가공전선로와 지중전선로가 접속되는 곳

답 ②

20 압축공기 계통 - 유형 ①

차단기에 사용하는 압축공기장치에 대한 설명 중 틀린 것은?

① 공기압축기를 통하는 관은 용접에 의한 잔류 응력이 생기지 않도록 할 것
② 주 공기탱크에는 사용압력 1.5배 이상 3배 이하의 최고 눈금이 있는 압력계를 시설할 것
③ 공기압축기는 최고사용압력의 1.5배 수압을 연속하여 10분간 가하여 시험하였을 때 이에 견디고 새지 아니할 것
④ 공기탱크는 사용압력에서 공기의 보급이 없는 상태로 차단기의 투입 및 차단을 연속하여 3회 이상 할 수 있는 용량을 가질 것

해설 압축공기계통
- 최고 사용압력의 1.5배의 수압(수압을 연속하여 10분간 가하여 시험을 하기 어려울 때에는 최고 사용압력의 1.25배의 기압)을 연속하여 10분간 가하여 시험을 하였을 때에 이에 견디고 또한 새지 아니할 것
- 사용 압력에서 공기의 보급이 없는 상태로 개폐기 또는 차단기의 투입 및 차단을 연속하여 1회 이상 할 수 있는 용량을 가지는 것일 것
- 주 공기탱크 또는 이에 근접한 곳에는 사용압력의 1.5배 이상 3배 이하의 최고 눈금이 있는 압력계를 시설할 것

답 ④

21 압축공기 계통 - 유형 ② ☐☐☐ check up!

발전소의 개폐기 또는 차단기에 사용하는 압축공기장치의 주 공기탱크에 시설하는 압력계의 최고 눈금의 범위로 옳은 것은?

① 사용압력의 1배 이상 2배 이하
② 사용압력의 1.15배 이상 2배 이하
③ 사용압력의 1.5배 이상 3배 이하
④ 사용압력의 2배 이상 3배 이하

해설 주 공기탱크 또는 이에 근접한 곳에는 사용압력의 1.5배 이상 3배 이하의 최고 눈금이 있는 압력계를 시설할 것

답 ③

22 고압애자사용공사 - 유형 ① ☐☐☐ check up!

애자사용공사에 의한 고압 옥내배선을 할 때 전선을 조영재의 면을 따라 붙이는 경우, 전선의 지지점간의 거리는 몇 [m] 이하이어야 하는가?

① 2[m]
② 3[m]
③ 4[m]
④ 5[m]

해설

전 압	전선과 조영재와의 이격거리	전선상호간격	전선 지지점간의 거리	
			조영재의 상면 또는 측면	조영재에 따라 시설하지 않는 경우
고 압	5[cm] 이상	8[cm] 이상	2[m] 이하	6[m] 이하

답 ①

23 고압애자사용공사 - 유형 ② ☐☐☐ check up!

애자사용공사에 의한 고압 옥내배선 등의 시설에서 사용되는 연동선의 공칭단면적은 몇 [mm^2] 이상인가?

① 6.0
② 10
③ 16
④ 25

해설 전선은 공칭단면적 6[mm^2] 이상의 연동선, 고압 절연전선 또는 인하용 고압 절연전선일 것

답 ①

24 고압 옥내배선 등의 시설

건조한 장소로서 전개된 장소에 한하여 시설할 수 있는 고압 옥내배선의 방법은?

① 금속관 공사
② 애자사용 공사
③ 가요전선관 공사
④ 합성수지관 공사

해설 고압 옥내배선은 애자사용공사, 케이블공사, 케이블트레이공사에 의한다. 단, 건조하고 전개된 장소에 한하여 애자사용공사를 할 수 있다.

답 ②

25 고압 옥내배선과 타 시설물과의 이격거리

고압 옥내배선이 수관과 접근하여 시설되는 경우에는 몇 [cm] 이상 이격시켜야 하는가?

① 15
② 30
③ 45
④ 60

해설 고압 옥내배선과 수관.가스관이나 이와 유사한 것 사이의 이격거리는 15[cm] 이상이어야 한다.

답 ①

26 옥내 고압용 이동전선의 시설

옥내에 시설하는 고압의 이동전선은?

① 600[V] 고무 절연전선
② 비닐 캡타이어케이블
③ 2.6[mm] 연동선
④ 고압용 제3종 클로로프렌 캡타이어 케이블

해설
- 전선은 고압용의 캡타이어케이블일 것
- 전로에 지락이 생겼을 때에 자동적으로 전로를 차단하는 장치를 시설할 것

답 ④

3-7 고압·특고압전기설비

1. 발전소 등의 울타리·담 등의 시설
   - 높이 : 2[m] 이상, 하단간격 : 15[cm] 이하

사용전압의 구분	높이와 거리의 합계
35[kV] 이하	5[m]
35[kV] 초과 160[kV] 이하	6[m]
160[kV] 초과	6[m]에 160[kV]를 초과하는 10[kV] 또는 그 단수마다 12[cm]를 더한 값

2. 특고압용 변압기의 보호장치

뱅크용량의 구분	동작조건	장치의 종류
5000[kVA] 이상~10000[kVA] 미만	내부고장	차단장치, 경보장치
10000[kVA] 이상	내부고장	차단장치
타냉식변압기	고장 또는 변압기의 온도상승	경보장치

3. 계측장치
   - 발전기, 및 주변압기의 전압 및 전류 또는 전력(VIP)
   - 발전기의 베어링 및 고정자 온도
   - 특고압용 변압기의 온도

01 발전소 등의 울타리·담 등의 시설 - 유형 ①

154[kV]의 옥외 변전소에 있어서 울타리의 높이와 울타리에서 충전부부까지 거리의 합계는 몇 [m] 이상이어야 하는가?

① 5[m] ② 6[m]
③ 7[m] ④ 8[m]

해설

사용전압의 구분	높이와 거리의 합계
35000[V]를 넘고 160000[V] 이하	6[m]

답 ②

02 발전소 등의 울타리·담 등의 시설 – 유형 ②

345000[V]의 전압을 변전하는 변전소가 있다. 이 변전소에 울타리를 시설하고자 하는 경우 울타리의 높이와 울타리로부터 충전부분까지의 거리의 합계는 몇 [m] 이상으로 하여야 하는가?

① 7.42[m] ② 8.28[m]
③ 10.15[m] ④ 12.31[m]

해설
- $6+(34.5-16) \times 0.12$
- $6+(18.5 \ 절상=19) \times 0.12$
- $\therefore 6+19 \times 0.12 = 8.28[m]$

답 ②

03 발전소 등의 울타리·담 등의 시설 – 유형 ③

특고압의 기계기구·모선 등을 옥외에 시설하는 변전소의 구내에 취급자 이외의 자가 들어가지 못하도록 시설하는 울타리·담 등의 높이는 몇 [m] 이상으로 하여야 하는가?

① 2   ② 2.2
③ 2.5 ④ 3

해설
- 울타리 담등의 높이 : 2[m] 이상
- 지표면과 울타리·담등의 하단사이의 간격 : 15[cm] 이하

답 ①

04 특고압전로의 상 및 접속 상태의 표시 – 유형 ①

발전소·변전소 또는 이에 준하는 곳의 특고압전로에 대한 접속상태를 모의모선의 사용 또는 기타의 방법을 표시하여야 하는데, 그 표시의 의무가 없는 것은?

① 전선로의 회선수가 3회선 이하로서 복모선
② 전선로의 회선수가 2회선 이하로서 복모선
③ 전선로의 회선수가 3회선 이하로서 단일모선
④ 전선로의 회선수가 2회선 이하로서 단일모선

해설 단일모선으로 회선수가 2이하 시 모의모선 등으로 표시하지 않아도 된다.

답 ④

05 특고압전로의 상 및 접속 상태의 표시 – 유형 ②

발전소·변전소 또는 이에 준하는 곳의 특고압 전로에는 그의 보기 쉬운 곳에 어떤 표시를 반드시 하여야 하는가?

① 모선(母線) 표시
② 상별(相別) 표시
③ 차단(遮斷) 위험표시
④ 수전(受電) 위험표시

해설 발전소.변전소 또는 이에 준하는 곳의 특고압 전로에는 그의 보기 쉬운 곳에 반드시 상별표시를 하여야 한다.

답 ②

06 발전기 등의 기계적 강도 □□□ check up!

발전기, 변압기, 조상기, 모선 또는 이를 지지하는 애자는 단락전류에 의하여 생기는 어느 충격에 견디어야 하는가?

① 기계적 충격
② 철손에 의한 충격
③ 동손에 의한 충격
④ 열적 충격

해설 발전기·변압기·조상기·계기용 변성기·모선 또는 이를 지지하는 애자는 단락전류에 의하여 생기는 기계적 충격에 견디는 것이어야 한다.

답 ①

07 발전기 등의 보호장치 - 유형 ① □□□ check up!

다음 중 발전기를 전로로부터 자동적으로 차단하는 장치를 시설하여야 하는 경우에 해당되지 않는 것은?

① 발전기에 과전류가 생긴 경우
② 용량이 500[kVA] 이상의 발전기를 구동하는 수차의 압유장치의 유압이 현저히 저하한 경우
③ 용량이 100[kVA] 이상의 발전기를 구동하는 풍차의 압유장치의 유압, 압축공기장치의 공기압이 현저히 저하한 경우
④ 용량이 5000[kVA] 이상인 발전기의 내부에 고장이 생긴 경우

해설 발전기의 내부고장이 생긴 경우 자동적으로 차단장치 시설 용량은 10000[kVA] 이상이다.

답 ④

08 발전기 등의 보호장치 - 유형 ② □□□ check up!

수력발전소의 발전기 내부에 고장이 발생하였을 때 자동적으로 전로로부터 차단하는 장치를 시설하여야 하는 발전기 용량은 몇 [kVA] 이상인가?

① 3000
② 5000
③ 8000
④ 10000

해설 발전기의 내부고장이 생긴 경우 자동적으로 차단장치 시설 용량은 10000[kVA] 이상이다.

답 ④

09 발전기 등의 보호장치 - 유형 ③ □□□ check up!

발전기 등의 보호장치의 기준과 관련하여 발전기를 자동적으로 전로로부터 차단하는 장치를 시설하여야 하는 경우로 알맞은 것은?

① 발전기에 과전류가 생긴 경우
② 발전기에 역상전류가 생긴 경우
③ 발전기의 전류에 고조파가 포함된 경우
④ 발전기의 자기여자현상으로 이상전압이 생긴 경우

해설 발전기에 과전류나 과전압이 생긴 경우 용량에 관계없이 자동 차단장치를 시설하여야 한다.

답 ①

10 특고압용 변압기의 보호장치 - 유형 ① □□□ check up!

내부고장이 발생하는 경우를 대비하여 자동차단장치 또는 경보장치를 시설하여야 하는 특고압용 변압기의 뱅크 용량의 구분으로 알맞은 것은?

① 5000[kVA] 미만
② 5000[kVA] 이상 10000[kVA] 미만
③ 10000[kVA] 이상
④ 타냉식 변압기

해설

특고압용 변압기의 보호		
뱅크 용량의 구분	동작조건	보호장치
5000 이상 ~ 10000[kVA] 미만	내부고장	자동차단장치 또는 경보장치

답 ②

11 특고압용 변압기의 보호장치 - 유형 ② □□□ check up!

송유풍냉식 특별고압용 변압기의 송풍기에 고장이 생긴 경우에 대비하여 시설하여야 하는 보호장치는?

① 경보장치
② 과전류측정장치
③ 온도측정장치
④ 속도조정장치

해설 타냉식(변압기의 권선 및 철심을 직접 냉각시키기 위하여 봉입한 냉매를 강제 순환시키는 냉각방식을 말한다.)의 특별고압용 변압기에는 냉각장치에 고장이 생긴 경우 또는 변압기의 온도가 현저히 상승한 경우에 이를 경보하는 장치를 시설하여야 한다.

답 ①

12 계측장치 – 유형 ① □□□ check up!

다음 중 발전소의 계측요소가 아닌 것은?

① 발전기의 전압 및 전류
② 발전기의 고정자 온도
③ 저압용 변압기의 온도
④ 변압기의 전류 및 전력

해설
- 발전기의 전압 및 전류 또는 변압기의 전압 및 전류 또는 전력
- 발전기의 베어링 및 고정자의 온도
- 특고압용 변압기의 온도

답 ③

13 계측장치 – 유형 ② □□□ check up!

발전소에서 계측장치를 설치하여 계측하는 사항에 포함되지 않는 것은?

① 발전기의 고정자 온도
② 발전기의 전압 및 전류 또는 전력
③ 특고압 모선의 전류 및 전압 또는 전력
④ 주요 변압기의 전압 및 전류 또는 전력

해설
- 발전기의 전압 및 전류 또는 변압기의 전압 및 전류 또는 전력
- 발전기의 베어링 및 고정자의 온도
- 특고압용 변압기의 온도

답 ③

14 계측장치 – 유형 ③ □□□ check up!

전력 계통의 용량과 비슷한 동기 무효전력 보상장치(조상기)를 시설하는 경우에 반드시 시설하지 않아도 되는 장치는?

① 동기 무효전력 보상장치(조상기)의 역률 계측장치
② 동기 무효전력 보상장치(조상기)의 전류 계측장치
③ 동기 무효전력 보상장치(조상기)의 전압 계측장치
④ 동기 무효전력 보상장치(조상기)의 베어링 및 고정자의 온도

해설 동기 무효전력 보상장치(조상기)를 시설하는 경우에는 다음 사항을 계측하는 장치 및 동기검정장치를 시설하여야 한다.
- 동기 무효전력 보상장치(조상기)의 전압 및 전류 또는 전력
- 동기 무효전력 보상장치(조상기)의 베어링 및 고정자의 온도

답 ①

15 상주 감시를 하지 아니하는 발전소의 시설

변전소를 관리하는 기술원 주재소에 경보장치를 시설하지 아니하여도 되는 것은?

① 주요 변압기의 전원측 전로가 무전압으로 된 경우
② 특고압용 타냉식 변압기의 냉각장치가 고장난 경우
③ 출력 2000[kVA] 특고압용 변압기의 온도가 현저히 상승한 경우
④ 조상기 내부에 고장이 생긴 경우

해설 출력 3000[kVA]를 넘는 특고압용 변압기는 그 온도가 현저히 상승한 경우 변전소를 관리하는 기술원 주재소에 경보장치를 시설해야 하므로, 2000[kVA]의 경우 시설할 필요가 없다.　　**답** ③

16 전력보안통신설비의 일반사항

다음 중 전력보안 통신용 전화설비를 하여야 하는 곳의 기준으로 옳은 것은?

① 2 이상의 급전소 상호간과 이들을 총합 운용하는 급전소간
② 3 이상의 급전소 상호간과 이들을 총합 운용하는 급전소간
③ 원격감시제어가 되는 발전소
④ 원격감시제어가 되는 변전소

해설
- 원격감시제어가 되지 아니하는 발전소·변전소·발전제어소·변전제어소·개폐소 및 전선로의 기술원 주재소와 이를 운용하는 급전소간
- 2 이상의 급전소 상호간과 이들을 총합 운용하는 급전소간　　**답** ①

17 첨가통신선의 높이

고압 가공전선로의 지지물에 첨가한 통신선을 횡단보도교 위에 시설하는 경우 그 노면상의 높이는 몇 [m] 이상으로 하여야 하는가?

① 3 이상
② 3.5 이상
③ 5 이상
④ 5.5 이상

해설

구분 \ 종류	가공통신선	첨가통신선 저·고압	첨가통신선 특별고압
횡단보도교	노면상 3[m] 이상	3.5[m] 이상	노면상 5[m] 이상

답 ②

18 특고압 가공전선로 첨가설치 통신선의 시가지 인입 제한 – 유형 ①

시가지에 시설하는 통신선을 특고압 가공전선로의 지지물에 시설하여서는 아니 되는 것은?

① 지름 3.6[mm]의 절연전선
② 인장강도 5.26[kN]
③ 동등 이상의 절연효력이 있는 경우
④ 광섬유케이블

해설 시가지에 시설하는 통신선은 특고압 가공전선로의 지지물에 시설하여서는 아니된다. 단, 통신선이 지름 4[mm] 이상의 절연전선 또는 동등 이상의 세기 및 절연효력이 있고 인장강도 5.26[kN] 이상의 것 또는 광섬유케이블인 경우에는 그렇지 않다.

답 ①

19 특고압 가공전선로 첨가설치 통신선의 시가지 인입 제한 – 유형 ②

특고압 가공전선로의 지지물에 시설하는 통신선 또는 이것에 직접 접속하는 통신선일 경우에 설치하여야 할 보안장치로서 모두 옳은 것은?

① 특고압용 제2종 보안장치, 고압용 제2종 보안장치
② 특고압용 제1종 보안장치, 특고압용 제3종 보안장치
③ 특고압용 제2종 보안장치, 특고압용 제3종 보안장치
④ 특고압용 제1종 보안장치, 특고압용 제2종 보안장치

해설 특고압 가공전선로의 지지물에 시설하는 통신선 또는 이것에 직접 접속하는 통신선일 경우 특고압용 제1종 보안장치, 특고압용 제2종 보안장치를 시설한다.

답 ④

20 보안장치 표준

다음 그림에서 L_1은 어떤 크기로 동작하는 기기의 명칭인가?

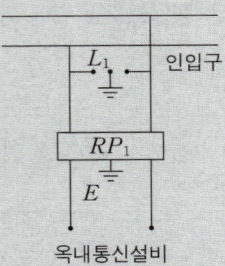

① 교류 1000[V] 이하에서 동작하는 단로기
② 교류 1000[V] 이하에서 동작하는 피뢰기
③ 교류 1500[V] 이하에서 동작하는 단로기
④ 교류 1500[V] 이하에서 동작하는 피뢰기

해설
- RP_1 : 교류 300[V] 이하에서 동작하고, 최소 감도 전류가 3[A] 이하로서 최소 감도전류 때의 응동시간이 1사이클 이하이그 또한 전류 용량이 50[A], 20초 이상인 자복성이 있는 릴레이 보안기
- L_1 : 교류 1[kV] 이하에서 동작하는 피뢰기
- E : 접지

답 ②

21 전력선 반송 통신용 결합장치의 코안장치

□□□ check up!

그림은 전력선 반송통신용 결합장치의 보안장치를 나타낸 것이다. CC의 명칭으로 옳은 것은?

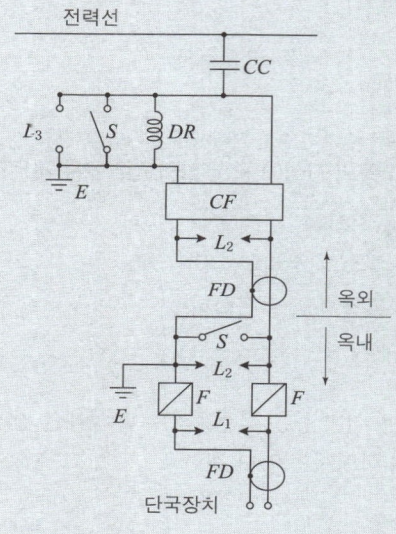

① 동축 케이블
② 결합 콘덴서
③ 접지용 개폐기
④ 구상용 방전갭

해설
- FD : 동축케이블
- F : 정격전류 10[A] 이하의 포장 퓨즈
- DR : 전류 용량 2[A] 이상의 배류선륜
- L_1 : 교류 300[V] 이하에서 동작하는 피뢰기
- L_2 : 동작전압이 교류 1300[V]를 초과하고 1600[V]이하로 조정된 방전갭
- L_3 : 동작전압이 교류 2[kV]를 초과하그 3[kV] 이하로 조정된 구상 방전갭
- S : 접지용 개폐기
- CF : 결합 필터
- CC : 결합 커페시터(결합 안테나를 포함한다.)
- E : 접지

답 ②

22 무선용 안테나

전력보안 통신설비의 무선용 안테나 등을 지지하는 철주, 철근콘크리트주 또는 철탑의 기초 안전율은 얼마 이상이어야 하는가?

① 1.2
② 1.5
③ 1.8
④ 2

해설 전력보안 통신설비인 무선통신용 안테나 또는 반사판을 지지하는 철주·철근콘크리트주 또는 철탑의 기초의 안전율은 1.5 이상이어야 한다.

답 ②

23 무선용 안테나 등의 시설 제한

전력보안 통신설비로 무선용 안테나 등의 시설에 관한 설명으로 옳은 것은?

① 항상 가공전선로의 지지물에 시설한다.
② 접지와 공용으로 사용할 수 있도록 시설한다.
③ 전선로의 주위 상태를 감시할 목적으로 시설한다.
④ 피뢰침설비가 불가능한 개소에 시설한다.

해설 무선용 안테나 및 화상 감시용 설비 등은 전선로의 주위 상태를 감시할 목적으로 시설하는 것 이외에는 가공전선로의 지지물에 시설 하여서는 아니 된다.

답 ③

[**D-30** 전기기사·산업기사 필기
30일 필기 단기완성]

제6과목 전기설비기술기준
DAY-29

30일 단기완성
Chapter 04 전기철도설비

1 출제경향분석

본장은 전기철도설비의 용어, 전기방식, 안전을 위한 보호 등에 관한 전기법규의 전반적인 기본 사항에 대해 다룬, 높이 및 이격거리 등을 묻는 문제가 출제됩니다.

> **반드시 알아야 하는 핵심 포인트**
> ① 용어정리　　　　　　② 전기방식 및 전차선로
> ③ 설비를 위한 보호　　④ 안전을 위한 보호

2 학습 가이드라인

- 반드시 알아야 하는 핵심 포인트는 전기기사 및 산업기사 시험에서 가장 출제빈도가 높은 논점으로 각 파트별 핵심 포인트와 문제를 연계하여 학습해 주시기를 권장합니다.
- 체크리스트를 작성하시면서 문제의 유형과 학습의 완성도를 스스로 확인해 주세요.
- 출제 빈도가 높고 틀리기 쉬운 문제를 맞출 수 있도록 "콕콕 포인트"를 확인해 주세요.

우선순위 논점	KEY WORD	선생님의 콕콕 포인트
가공 직류전차선	레일면상 높이	정적 4.4[m], 동적 4.8[m]
매설배관과 이격	누설전류에 대한 보호	최소 1[m] 이상이격
가공전선 이격거리	저압가공전선의 이격거리	저-저60/30 저-고80/40, 지지물30

4 전기철도설비

1. 용어정의
   - 전차선 : 전기철도차량의 집전장치와 접촉하여 전력을 공급하기 위한 전선을 말한다.
   - 전차선로 : 전기철도차량에 전력를 공급하기 위하여 선로를 따라 설치한 시설물로서 전차선, 급전선, 귀선과 그 지지물 및 설비를 총괄한 것을 말한다.
   - 급전선 : 전기철도차량에 사용할 전기를 변전소로부터 전차선에 공급하는 전선을 말한다.
   - 전선 설치(가선)방식 : 전기철도차량에 전력을 공급하는 전차선의 전선 설치(가선)방식으로 가공식, 강체식, 제3궤조식으로 분류한다.
   - 귀선회로 : 전기철도차량에 공급된 전력을 변전소로 되돌리기 위한 귀로를 말한다.

2. 전차선로의 전압
   - 직류방식 공칭전압 : 750~1500[V]
   - 교류방식 공칭전압 : 급전선과 전차선간의 공칭전압은 단상교류 50[kV]
     (급전선과 레일 및 전차선과 레일사이의 전압은 25[kV])

3. 전차선 및 급전선의 높이

시스템 종류	공칭전압[V]	동적[mm]	정적[mm]
직류	750	4800	4400
	1500	4800	4400
단상교류	25000	4800	4570

4. 누설전류 간섭에 대한 방지
   귀선시스템의 종 방향 전기저항을 낮추기 위해서는 레일 사이에 저저항 레일본드를 접합 또는 접속하여 전체 종 방향 저항이 5[%] 이상 증가하지 않도록 하여야 한다.

01 전선 설치(가선)방식

□□□ check up!

전기철도의 전선 설치(가선)방식으로 해당하지 않는 것은?

① 가공식 ② 강체식
③ 제3궤조식 ④ 배류식

해설   전기철도차량에 전력을 공급하는 전차선의 전선 설치(가선)방식으로 가공식, 강체식, 제3궤조식으로 분류한다.

답 ④

02 전기철도용 급전선

발전소 또는 변전소로부터 다른 변전소 또는 변전소를 거치지 아니하고 전차선로에 이르는 전선을 무엇이라 하는가?

① 가공전선
② 전기철도용 급전선
③ 가공전선로
④ 전기철도용 급전선로

해설 발전소 또는 변전소로부터 다른 발전소 또는 변전소를 거치지 아니하고 전차선에 이르는 전선을 말한다.

답 ②

03 전차선 및 급전선의 높이

가공 직류 전차선의 레일면상의 높이는 정적인 경우 몇 [m] 이상이어야 하는가?

① 4.4
② 4.8
③ 5.2
④ 5.8

해설

시스템 종류	공칭전압[V]	동적[mm]	정적[mm]
직류	750	4800	4400
	1500	4800	4400
단상교류	25000	4800	4570

답 ①

04 전차선로 설비의 안전율

전차선로 설비의 안전율 중 경동선의 경우 몇 이상을 적용하는가?

① 1.0
② 2.0
③ 2.2
④ 2.2

해설
① 합금전차선의 경우 2.0 이상
② 경동선의 경우 2.2 이상
③ 조가선 및 조가선 장력을 지탱하는 부품에 대하여 2.5 이상

답 ③

05 누설전류 간섭에 대한 방지 ☐☐☐ check up!

직류 전기철도 시스템이 매설 배관 또는 케이블과 인접할 경우 누설전류를 피하기 위해 주행레일과 최소 몇 [m] 이상의 거리를 유지하여야 하는가?

① 1
② 2
③ 3
④ 4

해설 직류 전기철도 시스템이 매설 배관 또는 케이블과 인접할 경우 누설전류를 피하기 위해 최대한 이격시켜야 하며, 주행레일과 최소 1[m] 이상의 거리를 유지하여야 한다. **답** ①

06 급전선로 ☐☐☐ check up!

급전선 및 이를 지지하거나 수용하는 설비를 총괄한 것을 무엇이라 하는가?

① 전차선로
② 급전선로
③ 급전방식
④ 전차선

해설 급전선 및 이를 지지하거나 수용하는 설비를 총괄한 것을 말한다. **답** ②

07 장기 과전압 ☐☐☐ check up!

장기 과전압이란 지속시간이 몇 [ms] 이상인 과전압을 말하는가?

① 10
② 20
③ 30
④ 40

해설 지속시간이 20[ms] 이상인 과전압을 말한다. **답** ②

08 교류전기철도 레일 전위의 접촉전압 감소 방법 ☐☐☐ check up!

교류 전기철도 급전시스템은 규정에 제시된 값을 초과하는 경우 접촉전압을 감소시켜야 하는 방법중 틀린 것은?

① 접지극 추가 사용
② 등전위 본딩
③ 전자기적 커플링을 고려한 귀선로의 강화
④ 고장조건에서 레일 전위를 감소시키기 위해 전도성 구조물 접지의 보강

해설
- 접지극 추가 사용
- 등전위 본딩
- 전자기적 커플링을 고려한 귀선로의 강화
- 전압제한소자 적용
- 보행 표면의 절연
- 단락전류를 중단시키는데 필요한 트래핑 시간의 감소

답 ④

09 전식방지대책 □□□ check up!

주행레일을 귀선으로 이용하는 경우에는 누설전류에 의하여 케이블, 금속제 지중관로 및 선로 구조물 등에 영향을 미치는 것을 방지하기 위한 적절한 시설을 하여야 하는데 이 때, 전기철도측의 전식방식 또는 전식예방을 위한 방법중 틀린 것은?

① 변전소 간 간격 축소
② 레일본드의 양호한 시공
③ 장대레일채택
④ 매설금속체 접속부 절연

해설 매설금속체 접속부 절연은 매설금속체측의 누설전류에 의한 전식의 피해가 예상되는 곳에 시행하는 방식이다.

답 ④

10 누설전류 간섭에 대한 방지 □□□ check up!

누설전류 간섭에 대한 방지에 대한 방법 중 틀린 것은?

① 직류 전기철도 시스템의 누설전류를 최소화하기 위해 귀선전류를 금속귀선로 내부로만 흐르도록 하여야 한다.
② 심각한 누설전류의 영향이 예상되는 지역에서는 정상 운전 시 단위길이당 컨덕턴스 값은 규정 값 이하로 유지될 수 있도록 하여야 한다.
③ 귀선시스템의 종 방향 전기저항을 낮추기 위해서는 레일 사이에 저저항 레일본드를접합 또는 접속하여 전체 종 방향 저항이 10[%] 이상 증가하지 않도록 하여야 한다.
④ 직류 전기철도 시스템이 매설 배관 또는 케이블과 인접할 경우 누설전류를 피하기 위해 최대한 이격시켜야 하며, 주행레일과 최소 1[m] 이상의 거리를 유지하여야 한다.

해설 귀선시스템의 종 방향 전기저항을 낮추기 위해서는 레일 사이에 저저항 레일본드를접합 또는 접속하여 전체 종 방향 저항이 5[%] 이상 증가하지 않도록 하여야 한다.

답 ③

[**D-30** 전기기사·산업기사 필기
30일 필기 단기완성]

제6과목
전기설비기술기준
DAY-30

30일 단기완성

Chapter 05
분산형전원설비

1 출제경향분석

본장은 전기철도설비의 용어, 전기방식, 안전을 위한 보호 등에 관한 전기법규의 전반적인 기본사항에 대해 다룬, 높이 및 이격거리 등을 묻는 문제가 출제됩니다.

> **반드시 알아야 하는 핵심 포인트**
> ① 일반사항   ② 태양광발전
> ③ 풍력발전   ④ 연료전지설비

2 학습 가이드라인

- 반드시 알아야 하는 핵심 포인트는 전기기사 및 산업기사 시험에서 가장 출제빈도가 높은 논점으로 각 파트별 핵심 포인트와 문제를 연계하여 학습해 주시기를 권장합니다.
- 체크리스트를 작성하시면서 문제의 유형과 학습의 완성도를 스스로 확인해 주세요.
- 출제 빈도가 높고 틀리기 쉬운 문제를 맞출 수 있도록 "콕콕 포인트"를 확인해 주세요.

우선순위 논점	KEY WORD	선생님의 콕콕 포인트
전기저장장치	주택옥내전로의 대지전압	직류일 경우 600[V]
태양전지모듈	전선의 공칭단면적	저장장치 전기배선은 모두 2.5
풍력터빈	계측장치	필수 계측장치에서 역률은 제외

5 분산형전원설비

1. 용어정의
   - 풍력터빈이란 바람의 운동에너지를 기계적 에너지로 변환하는 장치(가동부 베어링, 나셀, 블레이드 등의 부속물을 포함)를 말한다.
   - MPPT란 태양광발전이나 풍력발전 등이 현재 조건에서 가능한 최대의 전력을 생산할 수 있도록 인버터 제어를 이용하여 해당 발전원의 전압이나 회전속도를 조정하는 최대출력추종(MPPT, Maximum Power Point Tracking) 기능을 말한다.
2. 옥내전로의 대지전압 제한
   - 주택의 옥내전로의 대지전압은 직류 600[V]까지 적용할 수 있다.(조건부)
3. 태양광발전설비
   - 전선은 공칭단면적 2.5[mm^2] 이상, 전압과 전류 또는 전압과 전력 계측장치
4. 풍력발전설비

   풍력터빈에는 설비의 손상을 방지하기 위하여 운전 상태를 계측하는 다음의 계측장치를 시설하여야 한다. (암기 풍압진동개)
   - 회전속도계·나셀 내의 진동을 감시하기 위한 진동계·풍속계·압력계·온도계
5. 연료전지설비
   - 0.1[MPa] 이상의 부분 : 1.5배의 수압(1.25배의 기압) 10분간 시험

01 전기저장장치 옥내전로의 대지전압 제한

주택의 전기저장장치의 축전지에 접속하는 부하 측 옥내배선을 다음에 따라 시설하는경우에 주택의 옥내전로의 대지전압은 직류 몇 [V]까지 적용할 수 있는가?

① 300
② 400
③ 500
④ 600

해설 주택의 전기저장장치의 축전지에 접속하는 부하 측 옥내배선을 다음에 따라 시설하는경우에 주택의 옥내전로의 대지전압은 직류 600[V]까지 적용할 수 있다.
- 전로에 지락이 생겼을 때 자동적으로 전로를 차단하는 장치를 시설할 것
- 사람이 접촉할 우려가 없는 은폐된 장소에 합성수지관배선, 금속관배선 및 케이블배선에 의하여 시설하거나, 사람이 접촉할 우려가 없도록 케이블배선에 의하여 시설하고 전선에 적당한 방호장치를 시설할 것

답 ④

02 전기저장장치의 전기배선 - 유형 ① ☐☐☐ check up!

전기저장장치의 시설중 전기배선의 전선은 공칭단면적 몇 [mm²] 이상의 연동선 또는 이와 동등 이상의 세기 및 굵기의 것을 사용하는가?

① 2.5　　　　　　　　　　　② 2.6
③ 3.2　　　　　　　　　　　④ 4.0

해설　전선은 공칭단면적 2.5[mm²] 이상의 연동선 또는 이와 동등 이상의 세기 및 굵기의 것일 것.

답　①

03 전기저장장치의 전기배선 - 유형 ② ☐☐☐ check up!

태양전지모듈에 사용하는 연동선의 최소 단면적 [mm²]은?

① 1.5　　　　　　　　　　　② 2.5
③ 4.0　　　　　　　　　　　④ 6.0

해설　전선은 공칭단면적 2.5[mm²] 이상의 연동선 또는 이와 동등 이상의 세기 및 굵기의 것일 것.

답　②

04 화재방호설비 시설 ☐☐☐ check up!

풍력발전설비의 풍력터빈은 몇 [kW] 이상의 경우 나셀 내부의 화재 발생시, 이를 자동으로 소화할 수 있는 화재방호설비를 시설해야 하는가?

① 300　　　　　　　　　　　② 400
③ 500　　　　　　　　　　　④ 1000

해설　500[kW] 이상의 풍력터빈은 나셀 내부의 화재 발생 시, 이를 자동으로 소화할 수 있는 화재방호설비를 시설하여야 한다.

답　③

05 풍력터빈 ☐☐☐ check up!

풍력발전에 사용하는 풍력터빈의 강도계산시 강도조건에 해당되지 않는 것은?

① 하중조건　　　　　　　　　② 강도계산의 기준
③ 피로하중　　　　　　　　　④ 최대풍속

해설　최대풍속은 사용조건에 해당된다.

답　④

06 풍력터빈의 계측장치 시설 □□□ check up!

풍력터빈에는 설비의 손상을 방지하기 위하여 운전 상태를 계측하는 장치에 속하지 않는 것은?

① 회전속도계　　　　　　　　　② 풍속계
③ 압력계　　　　　　　　　　　④ 역률계

해설 풍력터빈에는 설비의 손상을 방지하기 위하여 운전 상태를 계측하는 다음의 계측장치를 시설하여야 한다.
　① 회전속도계　　　　② 나셀(nacelle) 내의 진동을 감시하기 위한 진동계
　③ 풍속계　　　　　　④ 압력계
　⑤ 온도계

답　④

07 연료전지설비의 구조 □□□ check up!

연료전지에서 내압시험은 연료전지 설비의 내압 부분 중 최고 사용압력이 0.1[MPa] 이상의 부분은 최고 사용압력의 몇 배의 수압(수압으로 시험을 실시하는 것이 곤란한 경우는 최고 사용압력의 1.25배의 기압)까지 가압하여 압력이 안정된 후 최소 몇 분간 유지하는 시험을 실시하였을 때 이것에 견디고 누설이 없어야 하는가?

① 1.0배, 5분간　　　　　　　　② 1.0배, 10분간
③ 1.5배, 5분간　　　　　　　　④ 1.5배, 10분간

해설 내압시험은 연료전지 설비의 내압 부분 중 최고 사용압력이 0.1[MPa] 이상의 부분은 최고 사용압력의 1.5배의 수압(수압으로 시험을 실시하는 것이 곤란한 경우는 최고 사용압력의 1.25배의 기압)까지 가압하여 압력이 안정된 후 최소 10분간 유지하는 시험을 실시하였을 때 이것에 견디고 누설이 없어야 한다.

답　④

08 안전밸브의 분출압력 □□□ check up!

연료전지설비에서 안전밸브가 1개인 경우는 분출압력은 그 배관의 최고사용압력 이하의 압력으로 한다. 다만, 배관의 최고사용압력 이하의 압력에서 자동적으로 가스의 유입을 정지하는 장치가 있는 경우에는 최고사용압력의 몇 배 이하의 압력으로 할 수 있는가?

① 1.01　　　　　　　　　　　② 1.02
③ 1.03　　　　　　　　　　　④ 1.04

해설 안전밸브가 1개인 경우는 그 배관의 최고사용압력 이하의 압력으로 한다. 다만, 배관의 최고사용압력 이하의 압력에서 자동적으로 가스의 유입을 정지하는 장치가 있는 경우에는 최고사용압력의 1.03배 이하의 압력으로 할 수 있다.

답　③

09 연료전지의 접지설비

연료전지에 대하여 전로의 보호장치의 확실한 동작의 확보 또는 대지전압의 저하를 위하여 특히 필요할 경우에 연료전지의 전로 또는 이것에 접속하는 직류전로에 접지공사를 할 때 접지도체의 굵기는 공칭단면적 몇 [mm²] 이상의 연동선 또는 이와 동등 이상의 세기 및 굵기의 쉽게 부식하지 아니하는 금속선을 사용하는가?

① 2.5[mm²]
② 5[mm²]
③ 6[mm²]
④ 16[mm²]

해설 연료전지에 대하여 전로의 보호장치의 확실한 동작의 확보 또는 대지전압의 저하를 위하여 특히 필요할 경우에 연료전지의 전로 또는 이것에 접속하는 직류전로에 접지공사를 할 때에는 다음에 따라 시설하여야 한다.
- 접지극은 고장 시 그 근처의 대지 사이에 생기는 전위차에 의하여 사람이나 가축 또는 다른 시설물에 위험을 줄 우려가 없도록 시설할 것.
- 접지도체는 공칭단면적 16[mm²] 이상의 연동선 또는 이와 동등 이상의 세기 및 굵기의 쉽게 부식하지 아니하는 금속선(저압 전로의 중성점에 시설하는 것은 공칭단면적 6[mm²] 이상의 연동선 또는 이와 동등 이상의 세기 및 굵기의 쉽게부식하지 않는 금속선)으로서 고장 시 흐르는 전류가 안전하게 통할 수 있는 것을 사용하고 또한 손상을 받을 우려가 없도록 시설할 것.
- 접지도체에 접속하는 저항기.리액터 등은 고장 시 흐르는 전류를 안전하게 통할 수 있는 것을 사용할 것.
- 접지도체.저항기.리액터 등은 취급자 이외의 자가 출입하지 아니하도록 설비한 곳에 시설하는 경우 이외에는 사람이 접촉할 우려가 없도록 시설할 것.

답 ④

[**D-30** 전기기사·산업기사 필기
30일 필기 단기완성]

제6과목
전기설비기술기준
DAY-30

30일 단기완성

Chapter 06
최신기출

01 리플프리직류 □□□ check up!

"리플프리(Ripple-free)직류"란 교류를 직류로 변환할 때 리플성분의 실효값이 몇 % 이하로 포함된 직류를 말하는가?

① 3
② 5
③ 10
④ 15

해설 교류를 직류로 변환할 때 리플성분의 실효값이 10[%] 이하로 포함된 직류를 말한다. **답** ③

02 전기설비기술기준 안전원칙 □□□ check up!

전기설비기술기준에서 정하는 안전원칙에 대한 내용으로 틀린 것은?

① 전기설비는 감전, 화재 그 밖에 사람에게 위해를 주거나 물건에 손상을 줄 우려가 없도록 시설하여야 한다.
② 전기설비는 다른 전기설비, 그 밖의 물건의 기능에 전기적 또는 자기적인 장해를 주지 않도록 시설하여야 한다.
③ 전기설비는 경쟁과 새로운 기술 및 사업의 도입을 촉진함으로써 전기사업의 건전한 발전을 도모하도록 시설하여야 한다.
④ 전기설비는 사용목적에 적절하고 안전하게 작동하여야 하며, 그 손상으로 인하여 전기공급에 지장을 주지 않도록 시설하여야 한다.

해설
- 전기설비는 감전, 화재 그 밖에 사람에게 위해(危害)를 주거나 물건에 손상을 줄 우려가 없도록 시설하여야 한다.
- 전기설비는 사용목적에 적절하고 안전하게 작동하여야 하며, 그 손상으로 인하여 전기 공급에 지장을 주지 않도록 시설하여야 한다.
- 전기설비는 다른 전기설비, 그 밖의 물건의 기능에 전기적 또는 자기적인 장해를 주지 않도록 시설하여야 한다.

답 ③

03 접지극의 시설

하나 또는 복합하여 시설하여야 하는 접지극의 방법으로 틀린 것은?

① 지중 금속구조물
② 토양에 매설된 기초 접지극
③ 케이블의 금속외장 및 그 밖에 금속피복
④ 대지에 매설된 강화콘크리트의 용접된 금속 보강재

해설
- 콘크리트에 매입 된 기초 접지극
- 토양에 매설된 기초 접지극
- 토양에 수직 또는 수평으로 직접 매설된 금속전극(봉, 전선, 테이프, 배관, 판 등)
- 케이블의 금속외장 및 그 밖에 금속피복
- 지중 금속구조물(배관 등)
- 대지에 매설된 철근콘크리트의 용접된 금속 보강재. 다만, 강화콘크리트는 제외한다.

답 ④

04 수뢰부시스템

돌침, 수평도체, 그물망(메시)도체의 요소 중에 한가지 또는 이를 조합한 형식으로 시설하는 것은?

① 접지극시스템
② 수뢰부시스템
③ 내부피뢰시스템
④ 인하도선시스템

해설 수뢰부시스템 이란 낙뢰를 포착할 목적으로 돌침, 수평도체, 그물망(메시)도체 등과 같은 금속 물체를 이용한 외부피뢰시스템의 일부를 말한다.

답 ②

05 전선의 접속

전선의 접속방법으로 틀린 것은?

① 알루미늄 도체의 전선관 동도체의 전선을 접속할 때에는 전기적 부식이 생기지 않도록 한다.
② 접속부분을 절연전선의 절연물과 동등이상의 절연효력이 있도록 충분히 피복한다.
③ 두 개 이상의 전선을 병렬로 사용할 때 각 전선의 굵기를 35[mm^2] 이상의 동선을 사용한다.
④ 전선의 세기를 20[%] 이상 감소시키지 않는다.

해설 두 개 이상의 전선을 병렬로 사용하는 경우에는 다음에 의하여 시설할 것.
　가. 병렬로 사용하는 각 전선의 굵기는 동선 50[mm^2] 이상 또는 알루미늄 70[mm^2] 이상으로 하고, 전선은 같은 도체, 같은 재료, 같은 길이 및 같은 굵기의 것을 사용할 것.

답 ③

06 접지도체의 선정

□□□ check up!

큰 고장전류가 구리 소재의 접지도체를 통하여 흐르지 않을 경우 접지도체의 최소 단면적은 몇 [mm²] 이상이어야 하는가? (단, 접지도체에 피뢰시스템이 접속되지 않는 경우이다.)

① 0.75
② 2.5
③ 6
④ 16

해설 접지도체의 단면적은 큰 고장전류가 접지도체를 통하여 흐르지 않을 경우 접지도체의 최소 단면적은 다음과 같다.
- 구리는 6[mm²] 이상
- 철제는 50[mm²] 이상

답 ③

07 고장보호

□□□ check up!

고장보호에 대한 설명으로 틀린 것은?

① 고장보호는 일반적으로 직접접촉을 방지하는 것이다.
② 고장보호는 인축의 몸을 통해 고장전류가 흐르는 것을 방지하여야 한다.
③ 고장보호는 인축의 몸에 흐르는 고장전류를 위험하지 않는 값 이하로 제한하여야 한다.
④ 고장보호는 인축의 몸에 흐르는 고장전류의 지속시간을 위험하지 않은 시간까지로 제한하여야 한다.

해설 고장 시 기기의 노출도전부에 간접 접촉함으로써 발생할 수 있는 위험으로부터 인축을 보호하는 것을 말한다.

답 ①

08 저압전로의 절연저항

□□□ check up!

저압 전로에서 사용전압이 500[V]초과인 경우 절연저항 값은 몇 [MΩ] 이상 이어야 하는가?

① 0.1
② 0.5
③ 1
④ 1.5

해설

전로의 사용전압[V]	DC시험전압[V]	절연저항[mΩ]
SELV 및 PELV	250	0.5
FELV, 500V 이하	500	1.0
500V 초과	1,000	1.0

답 ③

09 피뢰등전위본딩

피뢰등전위본딩의 상호 접속 중 본딩도체로 직접 접속할 수 없는 장소의 경우에는 무엇을 이용하는가?

① 서지보호장치
② 과전류차단기
③ 개폐기
④ 지락차단장치

해설
① 자연적 구성부재로 인한 본딩으로 전기적 연속성을 확보할 수 없는 장소는 본딩도체로 연결한다.
② 본딩도체로 직접 접속할 수 없는 장소의 경우에는 서지보호장치를 이용한다.
③ 본딩도체로 직접 접속이 허용되지 않는 장소의 경우에는 절연방전갭(ISG)을 이용한다.

답 ①

10 보호도체

한국전기설비규정에 따른 용어의 정의에서 감전에 대한 보호 등 안전을 위해 제공되는 도체를 말하는 것은?

① 접지도체
② 보호도체
③ 수평도체
④ 접지극도체

해설 감전에 대한 보호 등 안전을 위해 제공되는 도체를 말한다.

답 ②

11 인하도선 시스템

건축물·구조물과 분리되지 않은 피뢰시스템인 경우 병렬 인하도선의 최대 간격은 피뢰시스템 등급에 따라 Ⅰ.Ⅱ 등급은 몇 [m]인가?

① 10
② 15
③ 20
④ 30

해설 건축물·구조물과 분리되지 않은 피뢰시스템인 경우
병렬 인하도선의 최대 간격은 피뢰시스템 등급에 따라 Ⅰ.Ⅱ 등급은 10[m], Ⅲ 등급은 15[m], Ⅳ 등급은 20[m]로 한다.

답 ①

12 소세력 회로

소세력회로의 전압이 15[V] 이하일 경우 2차단락전류 제한값은 8[A]이다. 이때 과전류 차단기의 정격전류는 몇 [A] 이하이어야 하는가?

① 1.5
② 3
③ 5
④ 10

해설

소세력 회로의 최대 사용전압의 구분	2차 단락전류	과전류 차단기의 정격전류
15[V] 이하	8[A]	5[A]
15[V] 초과 30[V] 이하	5[A]	3[A]
30[V] 초과 60[V] 이하	3[A]	1.5[A]

답 ③

13 보호도체의 단면적 □□□ check up!

주택 등 저압 수용 장소에서 고정 전기설비에 TN-C-S 접지방식으로 접지공사시 중성선 겸용 보호도체(PEN)는 고정 전기설비에만 사용할 수 있다. 그 보호도체의 단면적이 구리는 몇 [mm²] 이상이어야 하는가?

① 4　　　　　　　　　　　② 6
③ 16　　　　　　　　　　　④ 10

해설　중성선 겸용 보호도체(PEN)는 고정 전기설비에만 사용할 수 있고, 그 도체의 단면적이 구리는 10[mm²] 이상, 알루미늄은 16[mm²] 이상이어야 하며, 그 계통의 최고전압에 대하여 절연되어야 한다.

답 ④

14 케이블트레이 공사 □□□ check up!

케이블트레이 공사에 사용할 수 없는 케이블은?

① 연피 케이블　　　　　　② 난연성 케이블
③ 캡타이어 케이블　　　　④ 알루미늄피 케이블

해설　전선은 연피케이블, 알루미늄피 케이블 등 난연성 케이블 또는 기타 케이블또는 금속관 혹은 합성수지관 등에 넣은 절연전선을 사용하여야 한다.

답 ③

15 첨가 통신선 □□□ check up!

사용전압이 22.9[kV]인 가공전선로의 다중접지한 중성선과 첨가 통신선의 이격거리는 몇 [cm] 이상이어야 하는가? (단, 특고압 가공전선로는 중성선 다중접지식의 것으로 전로에 지락이 생긴 경우 2초 이내에 자동적으로 이를 전로로부터 차단하는 장치가 되어 있는 것으로 한다.)

① 60　　　　　　　　　　　② 75
③ 100　　　　　　　　　　④ 120

해설　특고압 가공전선로의 다중 접지를 한 중성선 사이의 이격거리는 0.6[m] 이상일 것.

답 ①

16 소용량 변전소의 시설 □□□ check up!

사용전압이 170[kV] 이하의 변압기를 시설하는 변전소로서 기술원이 상주하여 감시하지는 않으나 수시로 순회하는 경우, 기술원이 상주하는 장소에 경보장치를 시설하지 않아도 되는 경우는?

① 옥내변전소에 화재가 발생한 경우
② 제어회로의 전압이 현저히 저하한 경우
③ 운전조작에 필요한 차단기가 자동적으로 차단한 후 재폐로한 경우
④ 수소냉각식 조상기는 그 조상기 안의 수소의 순도가 90% 이하로 저하한 경우

해설 운전조작에 필요한 차단기가 자동적으로 차단한 경우(차단기가 재폐로한 경우를 제외한다) **답** ③

17 지중통신선로 □□□ check up!

지중 공가설비로 사용하는 광섬유 케이블 및 동축케이블은 지름 몇 [mm] 이하이어야 하는가?

① 16　　　　　　　　　② 5
③ 4　　　　　　　　　④ 22

해설 지중 공가설비로 사용하는 광섬유 케이블 및 동축케이블은 지름 22[mm] 이하일 것 **답** ④

18 태양광설비 □□□ check up!

태양광설비의 계측장치로 알맞은 것은?

① 역률을 계측하는 장치　　　　② 습도를 계측하는 장치
③ 주파수를 계측하는 장치　　　④ 전압과 전력을 계측하는 장치

해설 태양광설비에는 전압과 전류 또는 전압과 전력을 계측하는 장치를 시설하여야 한다. **답** ④

19 계통 연계용 보호장치 □□□ check up!

계통 연계하는 분산형전원설비를 설치하는 경우 자동적으로 분산형전원설비를 전력계통으로부터 분리하기 위한 장치 시설 및 해당 계통과의 보호협조를 실시하여야 하는 경우로 알맞지 않은 것은?

① 단독운전 상태　　　　　　　② 연계한 전력계통의 이상 또는 고장
③ 조상설비의 이상 발생 시　　　④ 분산형전원설비의 이상 또는 고장

해설 계통 연계하는 분산형전원설비를 설치하는 경우 다음에 해당하는 이상 또는 고장 발생 시 자동적으로 분산형전원설비를 전력계통으로부터 분리하기 위한 장치 시설 및 해당 계통과의 보호협조를 실시하여야 한다.
- 분산형전원설비의 이상 또는 고장
- 연계한 전력계통의 이상 또는 고장
- 단독운전 상태

답 ③

20 이차전지의 차단장치 □□□ check up!

전기저장장치의 이차전지에 자동으로 전로로부터 차단하는 장치를 시설하여야 하는 경우로 틀린 것은?

① 과저항이 발생한 경우
② 과전압이 발생한 경우
③ 제어장치에 이상이 발생한 경우
④ 이차전지 모듈의 내부 온도가 급격히 상승할 경우

해설
- 과전압 또는 과전류가 발생한 경우
- 제어장치에 이상이 발생한 경우
- 이차전지 모듈의 내부 온도가 급격히 상승할 경우

답 ①

21 태양광발전설비 □□□ check up!

태양전지 모듈의 직렬군 최대개방전압이 직류 750 V 초과 1500 V 이하인 시설장소에서 시행해야 하는 안전조치로 알맞지 않은 것은?

① 태양전지 모듈을 지상에 설치하는 경우 울타리·담 등을 시설하여야 한다.
② 태양전지 모듈을 일반인이 쉽게 출입할 수 있는 옥상 등에 시설하는 경우는 식별이 가능하도록 위험 표시를 하여야 한다.
③ 태양전지 모듈을 일반인이 쉽게 출입할 수 없는 옥상·지붕에 설치하는 경우는 모듈 프레임 등 쉽게 식별할 수 있는 위치에 위험 표시를 하여야 한다.
④ 태양전지 모듈을 주차장 상부에 시설하는 경우는 위험표시를 하지 않아도 된다.

해설 태양전지 모듈의 직렬군 최대개방전압이 직류 750[V] 초과 1500[V] 이하인 시설장소는 다음에 따라 울타리 등의 안전조치를 하여야 한다.
① 태양전지 모듈을 지상에 설치하는 경우는 울타리·담 등을 시설하여야 한다.
② 태양전지 모듈을 일반인이 쉽게 출입할 수 있는 옥상 등에 시설하는 경우는 ①의하여 시설하여야 하고 식별이 가능하도록 위험 표시를 하여야 한다.

③ 태양전지 모듈을 일반인이 쉽게 출입할 수 없는 옥상·지붕에 설치하는 경우는 모듈 프레임 등 쉽게 식별할 수 있는 위치에 위험 표시를 하여야 한다.
④ 태양전지 모듈을 주차장 상부에 시설하는 경우는 ②와 같이 시설하고 차량의 출입 등에 의한 구조물, 모듈 등의 손상이 없도록 하여야 한다.
⑤ 태양전지 모듈을 수상에 설치하는 경우는 ③과 같이 시설하여야 한다.

답 ④

22 연료전지의 보호장치 □□□ check up!

연료전지의 사항중 자동적으로 이를 전로에서 차단하고 연료전지에 연료가스 공급을 자동적으로 차단하며 연료전지내의 연료가스를 자동적으로 배기하는 장치를 시설하여야 하는 사항으로 잘못된 것은?

① 연료전지에 과전류가 생긴 경우
② 발전요소의 발전전압에 이상이 생겼을 경우
③ 연료가스 출구에서의 산소농도 또는 공기 출구에서의 연료가스 농도가 현저히 적은 경우
④ 연료전지의 온도가 현저하게 상승한 경우

해설
- 연료전지에 과전류가 생긴 경우
- 발전요소(發電要素)의 발전전압에 이상이 생겼을 경우 또는 연료가스 출구에서의 산소농도 또는 공기 출구에서의 연료가스 농도가 현저히 상승한 경우
- 연료전지의 온도가 현저하게 상승한 경우

답 ③

23 전기저장장치 □□□ check up!

전기저장장치를 전용건물에 시설하는 경우에 대한 설명이다. 다음 ( )에 들어갈 내용으로 옳은 것은?

전기저장장치 시설장소는 주변 시설 (도로, 건물, 가연물질 등)로부터 (㉠)[m] 이상 이격하고 다른 건물의 출입구나 피난계단 등 이와 유사한 장소로부터는 (㉡)[m] 이상 이격하여야 한다.

① ㉠ 3, ㉡ 1
② ㉠ 2, ㉡ 1.5
③ ㉠ 1, ㉡ 2
④ ㉠ 1.5, ㉡ 3

해설 전기저장장치 시설장소는 주변 시설(도로, 건물, 가연물질 등)로부터 1.5 m 이상 이격하고 다른 건물의 출입구나 피난계단 등 이와 유사한 장소로부터는 3[m] 이상 이격하여야 한다.

답 ④

24 분산형 전원설비

중앙급전 전원과 구분되는 것으로서 전력소비지역 부근에 분산하여 배치 가능한 신·재생에너지 발전설비 등의 전원으로 정의되는 용어는?

① 임시전력원
② 분전반전원
③ 분산형전원
④ 계통연계전원

해설 중앙급전 전원과 구분되는 것으로서 전력소비지역 부근에 분산하여 배치 가능한 신·재생에너지 발전설비 등의 전원을 분산형전원이라 한다.

답 ③

25 풍력터빈의 피뢰설비

풍력터빈의 피뢰설비 시설기준에 대한 설명으로 틀린 것은?

① 풍력터빈에 설치한 피뢰설비(리셉터, 인하도선 등)의 기능저하로 인해 다른 기능에 영향을 미치지 않을 것
② 풍력터빈 내부의 계측 센서용 케이블은 금속관 또는 차폐케이블 등을 사용하여 뇌유도 과전압으로부터 보호할 것
③ 풍력터빈에 설치하는 인하도선은 쉽게 부식되지 않는 금속선으로서 뇌격전류를 안전하게 흘릴 수 있는 충분한 굵기여야 하며, 가능한 직선으로 시설할 것
④ 수뢰부를 풍력터빈 중앙부분에 배치하되 뇌격전류에 의한 발열에 용손(溶損)되지 않도록 재질, 크기, 두께 및 형상 등을 고려할 것

해설 수뢰부를 풍력터빈 선단부분 및 가장자리 부분에 배치하되 뇌격전류에 의한 발열에 용손되지 않도록 재질, 크기, 두께 및 형상 등을 고려할 것

답 ④

26 통신설비의 식별

통신설비의 식별표시에 대한 사항으로 알맞지 않은 것은?

① 모든 통신기기에는 식별이 용이하도록 인식용 표찰을 부착하여야 한다.
② 통신사업자의 설비표시명판은 플라스틱 및 금속판 등 견고하고 가벼운 재질로 하고 글씨는 각인하거나 지워지지 않도록 제작된 것을 사용하여야 한다.
③ 배전주에 시설하는 통신설비의 설비표시명판의 경우 직선주는 전주 10경간마다 시설할 것
④ 배전주에 시설하는 통신설비의 설비표시명판의 경우 분기주, 인류주는 매 전주에 시설할 것

해설 1. 모든 통신기기에는 식별이 용이하도록 인식용 표찰을 부착하여야 한다.
2. 통신사업자의 설비표시명판은 플라스틱 및 금속판 등 견고하고 가벼운 재질로 하고 글씨는 각인하거나 지워지지 않도록 제작된 것을 사용하여야 한다.
3. 설비표시명판 시설기준
   ① 배전주에 시설하는 통신설비의 설치표시명판은 다음에 따른다.
      ⓐ 직선주는 전주 5경간마다 시설할 것.
      ⓑ 분기주, 인류주는 매 전주에 시설할 것.
   ② 지중설비에 시설하는 통신설비의 설비표시명판은 다음에 따른다.
      ⓐ 관로는 맨홀마다 시설할 것.
      ⓑ 전력구내 행거는 50[m] 간격으로 시설할 것. 답 ③

27 전기철도 피뢰기 설치장소

전기철도의 설비를 보호하기 위해 시설하는 피뢰기의 시설기준으로 틀린 것은?

① 피뢰기는 변전소 인입측 및 급전선 인출 측에 설치하여야 한다.
② 피뢰기는 가능한 한 보호하는 기기와 가깝게 시설하되 누설전류 측정이 용이하도록 지지대와 절연하여 설치한다.
③ 피뢰기는 개방형을 사용하고 유효 보호거리를 증가시키기 위하여 방전개시전압 및 제한전압이 낮은 것을 사용한다.
④ 피뢰기는 가공전선과 직접 접속하는 지중케이블에서 낙뢰에 의해 절연파괴의 우려가 있는 케이블 단말에 설치하여야 한다.

해설 • 변전소 인입측 및 급전선 인출측
• 가공전선과 직접 접속하는 지중케이블에서 낙뢰에 의해 절연파괴의 우려가 있는 케이블 단말
• 피뢰기는 가능한 한 보호하는 기기와 가깝게 시설하되 누설전류 측정이 용이하도록 지지대와 절연하여 설치한다. 답 ③

28 급전선로

다음 급전선로에 대한 설명으로 옳지 않은 것은?

① 급전선은 나전선을 적용하여 가공식으로 가설한다.
② 가공식은 전차선의 높이 이상으로 전차선로 지지물에 병가하며, 나전선의 접속은 직선접속을 사용할 수 없다.
③ 신설 터널 내 급전선을 가공으로 설계할 경우 지지물의 취부는 C찬넬 또는 매입전을 이용하여 고정하여야 한다.
④ 교량 하부 등에 설치할 때에는 최소 절연이격거리 이상을 확보하여야 한다.

해설
- 급전선은 나전선을 적용하여 가공식으로 가설을 원칙으로 한다. 다만, 전기적 이격거리가 충분하지 않거나 지락, 섬락 등의 우려가 있을 경우에는 급전선을 케이블로 하여 안전하게 시공하여야 한다.
- 가공식은 전차선의 높이 이상으로 전차선로 지지물에 병가하며, 나전선의 접속은 직선접속을 원칙으로 한다.
- 신설 터널 내 급전선을 가공으로 설계할 경우 지지물의 취부는 C찬넬 또는 매입전을 이용하여 고정하여야 한다.
- 선상승강장, 인도교, 과선교 또는 교량 하부 등에 설치할 때에는 최소 절연이격거리 이상을 확보하여야 한다.

답 ②

29 전식방지대책 □□□ check up!

전식방지대책에서 매설금속체측의 누설전류에 의한 전식의 피해가 예상되는 곳에 고려하여야 하는 방법으로 틀린 것은?

① 절연코팅
② 배류장치 설치
③ 변전소 간 간격 축소
④ 저준위 금속체를 접속

해설 매설금속체측의 누설전류에 의한 전식의 피해가 예상되는 곳은 다음 방법을 고려하여야 한다.
- 배류장치 설치
- 절연코팅
- 매설금속체 접속부 절연
- 저준위 금속체를 접속
- 궤도와의 이격거리 증대
- 금속판 등의 도체로 차폐

답 ③

30 전기철도 차량의 역률 □□□ check up!

전기철도차량이 전차선로와 접촉한 상태에서 견인력을 끄고 보조전력을 가동한 상태로 정지해 있는 경우, 가공 전차선로의 유효전력이 200[kW] 이상일 경우 총 역률은 몇 보다는 작아서는 안되는가?

① 0.9
② 0.7
③ 0.6
④ 0.8

해설 전기철도차량이 전차선로와 접촉한 상태에서 견인력을 끄고 보조전력을 가동한 상태로 정지해 있는 경우, 가공 전차선로의 유효전력이 200 kW 이상일 경우 총 역률은 0.8보다는 작아서는 안된다.

답 ④

31 귀선로

귀선로에 대한 설명으로 틀린 것은?

① 나전선을 적용하여 가공식으로 가설을 원칙으로 한다.
② 사고 및 지락 시에도 충분한 허용전류용량을 갖도록 하여야 한다.
③ 비절연보호도체, 매설접지도체, 레일 등으로 구성하여 단권변압기 중성점과 공통접지에 접속한다.
④ 비절연보호도체의 위치는 통신유도장해 및 레일전위의 상승의 경감을 고려하여 결정하여야 한다.

해설
- 귀선로는 비절연보호도체, 매설접지도체, 레일 등으로 구성하여 단권변압기 중성점과 공통접지에 접속한다.
- 비절연보호도체의 위치는 통신유도장해 및 레일전위의 상승의 경감을 고려하여 결정하여야 한다.
- 귀선로는 사고 및 지락 시에도 충분한 허용전류용량을 갖도록 하여야 한다.

답 ①

32 교류 전기철도 급전시스템의 최대 허용 접촉전압

순시조건($t \leq 0.5$초)에서 교류 전기철도 급전시스템에서의 레일 전위의 최대 허용 접촉전압(실효값)을 옳은 것은?

① 60[V]
② 65[V]
③ 440[V]
④ 670[V]

해설

시간 조건	최대 허용 접촉전압(실효값)
순시조건($t \leq 0.5$초)	670[V]
일시적 조건(0.5초$< t \leq 300$초)	65[V]
영구적 조건($t > 300$초)	60[V]

답 ④

33 전차선과 차량 간의 최소 절연이격거리 - ①

직류 750[V]의 전차선과 차량 간의 최소 절연이격거리는 동적일 경우 몇 [mm]인가?

① 25
② 100
③ 150
④ 170

해설

시스템 종류	공칭전압[V]	동적[mm]	정적[mm]
직류	750	25	25
	1,500	100	150
단상교류	25,000	170	270

답 ①

34 전차선과 차량 간의 최소 절연이격거리 - ②

전차선과 차량 간의 최소 절연이격거리는 단상교류 25[kV]일 때 동적은 몇 [mm]인가?

① 100
② 150
③ 170
④ 270

해설 전차선과 차량간의 최소 절연이격거리

시스템 종류	공칭전압[V]	동적[mm]	정적[mm]
직류	750	25	25
	1,500	100	150
단상교류	25,000	170	270

답 ③

35 전기철도의 전기방식

전기철도의 전기방식에 관한 사항으로 잘못된 것은?

① 공칭전압(수전전압)은 교류 3상 22.9[kV], 154[kV], 345[kV]을 선정한다.
② 직류방식에서 비지속성 최고전압은 지속시간이 3분 이하로 예상되는 전압의 최고값으로 한다.
③ 수전선로의 계통구성에는 3상 단락전류, 3상 단락용량, 전압강하, 전압불평형 및 전압왜형율, 플리커 등을 고려하여 시설하여야 한다.
④ 교류방식에서 비지속성 최저전압은 지속시간이 2분 이하로 예상되는 전압의 최저값으로 한다.

해설
- 직류방식 : 비지속성 최고전압은 지속시간이 5분 이하로 예상되는 전압의 최고값으로 하되, 기존 운행중인 전기철도차량과의 인터페이스를 고려한다.
- 교류방식 : 비지속성 최저전압은 지속시간이 2분 이하로 예상되는 전압의 최저값으로 하되, 기존 운행중인 전기철도차량과의 인터페이스를 고려한다.

답 ②

36 레일 전위의 접촉전압 감소 방법

교류 전기철도 급전시스템에서 접촉전압을 감소시키는 방법에 해당되지 않는 것은?

① 등전위본딩
② 접지극 추가
③ 보행 표면의 절연
④ 레일본드의 양호한 시공

해설 교류 전기철도 급전시스템은 다음 방법을 고려하여 접촉전압을 감소시켜야 한다.
- 접지극 추가 사용
- 등전위 본딩
- 전자기적 커플링을 고려한 귀선로의 강화
- 전압제한소자 적용
- 보행 표면의 절연
- 단락전류를 중단시키는데 필요한 트래핑 시간의 감소

답 ④

37 누전차단기의 추가보호 □□□ check up!

교류계통에서 일반적으로 사용되며 일반인이 사용하는 정격전류 몇 [A] 이하의 콘센트에는 누전차단기를 설치해야 하는가?

① 20
② 31
③ 63
④ 51

해설 교류계통 누전차단기 추가적보호
- 일반적으로 사용되며 일반인이 사용하는 정격전류 20[A] 이하 콘센트
- 옥외에서 사용되는 정격전류 32[A] 이하 이동용 전기기기

답 ①

38 절연유 유출장비설비 □□□ check up!

옥외설비의 절연유 유출방지설비에 대한 사항으로 잘못된 것은?

① 절연유 유출 방지설비의 선정은 기기에 들어 있는 절연유의 양, 빗물 및 화재보호시스템의 용수량, 근접 수로 및 토양조건을 고려하여야 한다.
② 집유조 및 집수탱크는 바닥으로부터 절연유 및 냉각액의 유출을 방지하여야 한다.
③ 벽, 집유조 및 집수탱크에 관련된 배관은 액체가 침투하는 것이어야 한다.
④ 절연유 및 냉각액에 대한 집유조 및 집수탱크의 용량은 물의 유입으로 지나치게 감소되지 않아야 하며, 자연배수 및 강제배수가 가능하여야 한다.

해설 옥외설비의 절연유 유출방지설비
① 절연유 유출 방지설비의 선정은 기기에 들어 있는 절연유의 양, 빗물 및 화재보호시스템의 용수량, 근접 수로 및 토양조건을 고려하여야 한다.
② 집유조 및 집수탱크가 시설되는 경우 집수탱크는 최대 용량 변압기의 유량에 대한 집유능력이 있어야 한다.
③ 벽, 집유조 및 집수탱크에 관련된 배관은 액체가 침투하지 않는 것이어야 한다.
④ 절연유 및 냉각액에 대한 집유조 및 집수탱크의 용량은 물의 유입으로 지나치게 감소되지 않아야 하며, 자연배수 및 강제배수가 가능하여야 한다.

답 ③

39 옥측배선

건축물 외부의 전기사용장소에서 그 전기사용장소에서의 전기사용을 목적으로 조영물에 고정시켜 시설하는 전선을 무엇이라 하는가?

① 옥외배선
② 옥내배선
③ 가공인입선
④ 옥측배선

해설 옥측배선
옥측배선이란 건축물 외부의 전기사용장소에서 그 전기사용장소에서의 전기사용을 목적으로 조영물에 고정시켜 시설하는 전선을 말한다.

답 ④

40 주택의 옥내전로

주택의 옥내전로(전기기계기구내의 전로를 제외)의 대지전압은 300[V] 이하 일 때 잘못된 것은?

① 주택의 전로 인입구에는 「전기용품 및 생활용품 안전관리법」에 적용을 받는 감전보호용 누전차단기를 시설하여야 한다.
② 누전차단기를 자연재해대책법에 의한 자연재해위험개선지구의 지정 등에서 지정되어진 지구 안의 지하주택에 시설하는 경우에는 침수시 위험의 우려가 없도록 지하에 시설하여야 한다.
③ 백열전등의 전구소켓은 스위치나 그 밖의 점멸기구가 없는 것이어야 한다.
④ 전기기계기구로서 사람이 쉽게 접촉할 우려가 있는 부분이 절연성이 있는 재료로 견고하게 제작되어 있는 것을 사용해야한다.

해설 누전차단기를 자연재해대책법에 의한 자연재해위험개선지구의 지정 등에서 지정되어진 지구 안의 지하주택에 시설하는 경우에는 침수시 위험의 우려가 없도록 지상에 시설하여야 한다.

답 ②

41 발전소 등의 부지 시설조건

발전소, 변전소, 개폐소의 시설부지 조성을 위해 산지를 전용할 경우에 전용하고자 하는 산지의 평균 경사도는 몇 [°] 이하이어야 하는가?

① 10°
② 15°
③ 25°
④ 20°

해설 전기설비의 부지의 안정성 확보 및 설비 보호를 위하여 발전소·변전소·개폐소를 산지에 시설할 경우 부지조성을 위해 산지를 전용할 경우에는 전용하고자 하는 산지의 평균 경사도가 25° 이하여야 한다.

답 ③

42 보조 보호등전위본딩도체

케이블의 일부가 아닌 경우 또는 선로도체와 함께 수납되지 않은 본딩도체 중 보조 보호등전위본딩 도체에서 기계적 보호가 된 것이 구리인 경우 굵기는 몇 이상인가?

① 2.5
② 6
③ 4
④ 16

해설 보조 보호등전위본딩 도체

케이블의 일부가 아닌 경우 또는 선로도체와 함께 수납되지 않은 본딩도체는 다음 값 이상 이어야 한다
- 기계적 보호가 된 것은 구리도체 2.5[mm^2], 알루미늄 도체 16[mm^2]
- 기계적 보호가 없는 것은 구리도체 4[mm^2], 알루미늄 도체 16[mm^2]

답 ①

43 전기울타리 시설

전기울타리의 접지전극과 다른 접지 계통의 접지 전극의 거리는 몇 [m] 이이어야 하는가?

① 1
② 2
③ 3
④ 5

해설 전기울타리 접지
1. 전기울타리 전원장치의 외함 및 변압기의 철심은 접지공사를 하여야 한다.
2. 전기울타리의 접지전극과 다른 접지 계통의 접지전극의 거리는 2[m] 이상이어야 한다. 다만, 접지 계통 간 접지망을 가진 경우에는 그러하지 아니 한다.
3. 가공전선로의 아래를 통과하는 전기울타리의 금속부분은 교차지점의 양쪽으로부터 5[m] 이상의 간격을 두고 접지하여야 한다.

답 ②

44 과부하보호장치 생략

사용 중 예상치 못한 회로의 개방이 위험 또는 큰 손상을 초래할 수 있는 다음과 같은 부하에 전원을 공급하는 회로에 대해서는 과부하 보호장치를 생략할 수 있는 사항으로 잘못된 것은?

① 소방설비의 전원회로
② 전자석 크레인의 전원회로
③ 전류변성기의 2차회로
④ 전압변성기의 2차회로

해설 **안전을 위해 과부하 보호장치를 생략할 수 있는 경우**
사용 중 예상치 못한 회로의 개방이 위험 또는 큰 손상을 초래할 수 있는 다음과 같은 부하에 전원을 공급하는 회로에 대해서는 과부하 보호장치를 생략할 수 있다.
① 회전기의 여자회로
② 전자석 크레인의 전원회로
③ 전류변성기의 2차회로
④ 소방설비의 전원회로
⑤ 안전설비(주거침입경보, 가스누출경보 등)의 전원회로

답 ④

45 회생제동 □□□ check up!

전기철도의 회생제동에 대한 사항으로 잘못된 것은?

① 전차선로 지락이 발생한 경우 회생제동을 중단한다.
② 전차선로에서 전력을 받을 수 없는 경우 회생제동을 중단한다.
③ 전기철도 전력공급시스템은 회생제동이 상용제동으로 사용이 가능하도록 해야 한다.
④ 회생전력을 다른 전기장치에서 흡수할 수 있는 경우에는 전기철도차량은 다른 제동시스템으로 전환되어야 한다.

해설 회생전력을 다른 전기장치에서 흡수할 수 없는 경우에는 전기철도차량은 다른 제동시스템으로 전환되어야 한다.

답 ④

46 전력보안통신설비 □□□ check up!

전력보안통신설비의 시설 장소 중 배전선로에 대한 사항으로 잘못된 것은?

① 154[kV]계통 배전선로 구간(가공, 지중, 해저)
② 22.9[kV]계통에 연결되는 분산전원형 발전소
③ 폐회로 배전 등 신 배전방식 도입 개소
④ 배전자동화, 원격검침, 부하감시 등 지능형전력망 구현을 위해 필요한 구간

해설 **전력보안통신설비의 시설 요구사항**
배전선로
- 22.9[kV]계통 배전선로 구간(가공, 지중, 해저)
- 22.9[kV]계통에 연결되는 분산전원형 발전소
- 폐회로 배전 등 신 배전방식 도입 개소
- 배전자동화, 원격검침, 부하감시 등 지능형전력망 구현을 위해 필요한 구간

답 ①

47 변전소 설비

전기철도 변전소의 설비에 대한 사항으로 잘못된 것은?

① 차단기는 계통의 장래계획을 고려하여 용량을 결정하고, 회로의 특성에 따라 기종과 동작책무 및 차단시간을 선정하여야 한다.
② 개폐기는 선로 중 중요한 분기점, 고장발견이 필요한 장소, 빈번한 개폐를 필요로 하는 곳에 설치하며, 개폐상태의 표시, 잠금장치 등을 설치하여야 한다.
③ 제어반의 경우 아닐로그방식을 원칙으로 하여야 한다.
④ 제어용 교류전원은 상용과 예비의 2계통으로 구성하여야 한다.

해설 변전소의 설비

1. 변전소 등의 계통을 구성하는 각종 기기는 운용 및 유지보수성, 시공성, 내구성, 효율성, 친환경성, 안전성 및 경제성 등을 종합적으로 고려하여 선정하여야 한다.
2. 급전용변압기는 직류 전기철도의 경우 3상 정류기용 변압기, 교류 전기철도의 경우 3상 스코트결선 변압기의 적용을 원칙으로 하고, 급전계통에 적합하게 선정하여야 한다.
3. 차단기는 계통의 장래계획을 고려하여 용량을 결정하고, 회로의 특성에 따라 기종과 동작책무 및 차단시간을 선정하여야 한다
4. 개폐기는 선로 중 중요한 분기점, 고장발견이 필요한 장소, 빈번한 개폐를 필요로 하는 곳에 설치하며, 개폐상태의 표시, 잠금장치 등을 설치하여야 한다.
5. 제어용 교류전원은 상용과 예비의 2계통으로 구성하여야 한다.
6. 제어반의 경우 디지털계전기방식을 원칙으로 하여야 한다.

답 ③

48 관등회로 접지생략

관등회로의 사용전압이 400[V] 이하 또는 변압기의 정격 2차 단락전류 혹은 회로의 동작전류가 몇 [mA] 이하의 것으로 안정기를 외함에 넣고, 이것을 등기구와 전기적으로 접속되지 않도록 시설할 경우 접지공사를 생략할 수 있는가?

① 25
② 50
③ 75
④ 100

해설 접지생략

관등회로의 사용전압이 400[V] 이하 또는 변압기의 정격 2차 단락전류 혹은 회로의 동작전류가 50[mA] 이하의 것으로 안정기를 외함에 넣고, 이것을 등기구와 전기적으로 접속되지 않도록 시설할 경우 접지를 생략할 수 있다.

답 ②

49 급전용변압기

급전용 변압기는 교류 전기철도의 경우 어떤 것의 적용을 원칙으로 하는가?

① 단상 정류기용 변압기
② 3상 정류기용 변압기
③ 3상 스코트결선 변압기
④ 단상 스코트결선 변압기

해설 급전용 변압기

급전용 변압기는 직류 전기철도의 경우 3상 정류기용 변압기, 교류 전기철도의 경우 3상 스코트결선 변압기의 적용을 원칙으로 하고, 급전계통에 적합하게 선정하여야 한다.

답 ③

50 보호도체의 단면적

선도체와 같은 재질의 보호도체를 사용시 선도체의 단면적이 16[mm²]일 경우 보호도체의 단면적은 몇 [mm²]를 사용해야 하는가?

① 6
② 2.5
③ 10
④ 16

해설 보호도체의 최소 단면적

선도체의 단면적 S ([mm²], 구리)	보호도체의 최소 단면적([mm²], 구리)
	보호도체의 재질이 선도체와 같은 경우
$S \leq 16$	S
$16 < S \leq 35$	16
$S > 35$	$S/2$

답 ④

30일 단기완성
전기기사·산업기사
핵심 & 출제예상문제

발행일 5판1쇄 발행 2025년 12월 15일
발행처 듀오북스
지은이 대산전기수험연구회
펴낸이 박승희

등록일자 2018년 10월 12일 제2021-20호
주소 서울시 중랑구 용마산로96길 82, 2층(면목동)
편집부 (070)7807_3690
팩스 (050)4277_8651
웹사이트 www.duobooks.co.kr

이 책에 실린 모든 글과 일러스트 및 편집 형태에 대한 저작권은 듀오북스에 있으므로 무단 복사, 복제는 법에 저촉 받습니다.
잘못 제작된 책은 교환해 드립니다.

정가 36,000원 **ISBN** 979-11-90349-90-1 13560